中国水科学研究进展报告

Report on Advances in Water Science Research in China

2019 — 2020

左其亭 主编

中国水利水电出版社
www.waterpub.com.cn

·北京·

内 容 提 要

本书在全面收集 2019—2020 年有关水科学研究成果的基础上，系统展示了这两年水科学的最新研究进展，为水科学研究提供了基础性参考资料。本书为"中国水科学研究进展报告"的第 5 本。全书共分 13 章。第 1 章阐述了水科学的范畴及学科体系，介绍了本书的总体框架。第 2 章至第 11 章是对 2019—2020 年水科学 10 个分类的研究进展进行了专题介绍，具体包括水文学、水资源、水环境、水安全、水工程、水经济、水法律、水文化、水信息、水教育共 10 个方面的研究进展，是研究进展专题报告。第 12 章介绍了 2019—2020 年水科学方面的学术著作出版情况。第 13 章对本书引用的文献进行了统计分析。

本书是一本汇聚有关水科学研究最新进展的工具书，可供高等院校和科研院所的师生及科研人员参考。

图书在版编目（ＣＩＰ）数据

中国水科学研究进展报告. 2019—2020 / 左其亭主编. -- 北京：中国水利水电出版社，2021.7
ISBN 978-7-5170-9789-1

Ⅰ. ①中… Ⅱ. ①左… Ⅲ. ①水—科学研究—研究报告—中国—2019-2020 Ⅳ. ①P33

中国版本图书馆CIP数据核字(2021)第149264号

书　　名	中国水科学研究进展报告 2019—2020 ZHONGGUO SHUIKEXUE YANJIU JINZHAN BAOGAO 2019—2020
作　　者	左其亭　主编
出版发行	中国水利水电出版社 （北京市海淀区玉渊潭南路 1 号 D 座　100038） 网址：www. waterpub. com. cn E - mail：sales@ waterpub. com. cn 电话：（010）68367658（营销中心）
经　　售	北京科水图书销售中心（零售） 电话：（010）88383994、63202643、68545874 全国各地新华书店和相关出版物销售网点
排　　版	中国水利水电出版社微机排版中心
印　　刷	清淞永业（天津）印刷有限公司
规　　格	184mm×260mm　16 开本　31.25 印张　831 千字
版　　次	2021 年 7 月第 1 版　2021 年 7 月第 1 次印刷
定　　价	**136.00 元**

前　言

水是生命之源、生产之要、生态之基。然而，随着经济社会的发展，人类对水的需求不断增加，对水系统的作用越来越大，出现的水问题越来越严重。由于水系统的复杂性、水问题破解的艰巨性，涉及自然科学、社会科学的多个学科，迫切需要从多学科视角和多学科融合的途径来研究水问题。为此，本人曾在 2007 年年初把水科学表达为水文学、水资源、水环境、水安全、水工程、水经济、水法律、水文化、水信息、水教育 10 个方面的集合。后来于 2011 年把研究与水有关的学科统称为水科学（water science），具体来说，水科学是一门研究水的物理、化学、生物等特征，分布、运动、循环等规律，开发、利用、规划、管理与保护等方法的知识体系。

为进一步总结水科学研究进展，凝练学科发展方向，指导水管理生产实践，自 2011 年起，作者每两年发布一本水科学研究进展报告，为水科学发展贡献一点微薄之力。《中国水科学研究进展报告 2011—2012》《中国水科学研究进展报告 2013—2014》《中国水科学研究进展报告 2015—2016》《中国水科学研究进展报告 2017—2018》（以下简称"前 4 本水科学研究进展报告"）已分别于 2013 年、2015 年、2017 年、2019 年正式出版。本书是基于前 4 本书的总体框架编撰的第 5 本中国水科学研究进展报告，系统展示 2019—2020 年水科学的最新研究进展。

由于资料收集的工作量特别大，再加上学科方向较多，本书特别邀请了不同研究方向的学者参与了大量仔细的收集和撰写工作。本书聚集了二十多位学者的智慧，是集体创作的结晶。本书共 13 章，在各章中注明其撰写人员及贡献，并拥有该章的版权。其中，第 1 章由左其亭撰写（所有编委人员参与），第 2 章由甘容、陶洁、凌敏华撰写，第 3 章由左其亭、马军霞、张修宇撰写，第 4 章由窦明、徐洪斌、陈豪撰写，第 5 章由王富强、赵衡撰写，第 6 章由张金萍、肖宏林撰写，第 7 章由丁相毅、梁士奎撰写，第 8 章由胡德胜、杨焱撰写，第 9 章由王瑞平、贾兵强、陈超撰写，第 10 章由宋轩撰写，第 11 章由宋孝忠撰写，第 12 章由吴青松、张志卓撰写，第 13 章由张志卓、吴青松、王孟飞撰写。全书由左其亭统稿。

第 1 章首先阐述了水科学的范畴及学科体系，介绍了本书的总体框架；其次重点介绍了 2019—2020 年水科学研究进展总体情况，是研究进展综合报告；最后简要介绍水科学发展趋势与展望。第 2 章至第 11 章是对 2019—2020 年水科学 10 个分类的研究进展专题介绍，分别是水文学、水资源、水环境、水安全、水工程、水经济、水法律、水信息、水文化、水教育研究进展专题报告。第 12 章介绍了 2019—2020 年水科学方面的学术著作出版情况。第 13 章对本报告引用的文献进行了统计分析。

需要特别说明的是，为了保持研究报告的可比性和相对一致的编写风格，本书基本沿用"前 4 本水科学研究进展报告"的框架和格式；此外，为了保持一本书的相对独立性，本书的前言、第 1 章基本是在"前 4 本水科学研究进展报告"的基础上修改而成；各个专题研究进展报告的概述内容也部分沿用了"前 4 本水科学研究进展报告"的内容，略显重复。

本书的每章内容都凝聚着作者的智慧和心血。在本书即将出版之际，衷心感谢各位作者对本书的支持和付出的努力！本书收集的资料是多个研究课题的工作基础，并得到了国家自然科学基金（U1803241 和 51779230）、河南省重大公益性科技专项（201300311500）以及河南省水循环模拟与水环境保护国际联合实验室的经费支持。在此向支持和关心作者研究工作的所有单位和个人表示衷心的感谢。感谢出版社同仁为本书出版付出的辛勤劳动。

由于本书追求的目标是全面介绍水科学的最新研究进展，资料收集整理非常不容易，再加上时间仓促，书中错误和缺点在所难免，欢迎广大读者批评指正。

左其亭

2021 年 5 月

目　录

第1章 水科学学科体系及 2019—2020 年 研究进展综合报告

1.1 概述

1.1.1 背景及意义

水是人类生存和发展不可或缺的一种宝贵资源，也是所有生物生存不可缺少的物质基础。人类自一开始出现就与水打交道，不断积累对水的认识、用水方法和治水经验。可以说，关于水知识的积累并形成相关学科的历史非常悠久，也无法准确说出其起源时间。至目前，关于水的学科、行业、理论方法及生产实践可以说是"五花八门"，这也符合人类不同阶段、不同层次、不同行业、不同观念、不同信仰对水的认识的多元化。"水科学"（water science）是最近 20 多年来出现频率很高的一个词，已经渗透到社会、经济、生态、环境、资源利用等许多方面，也派生出许多新的分支学科或研究方向，成为学术研究和科技应用的热点。每年涌现出大量的理论研究和实践应用成果，需要对最新研究成果进行系统总结。

水科学的发展关乎国民经济发展、国计民生、水资源可持续利用、人体健康、生活水准，甚至国家和地区安全，是一门应用性很强的学科。政府部门和广大科技人员对水的利用和管理也不断提出新的思路和观点，对水问题的治理和水资源管理也不断出现新的经验和成果。为了把先进理论、技术、方法和经验进行推广和应用，需要对最新研究成果和应用经验进行归纳总结。

由于水系统的复杂性、水问题形成的多样性，研究与水有关的学科非常多，从目前存在的学科门类上分析，几乎都涉及水的问题，比如，物理学、化学、地理学、资源学、环境学、经济学、管理学、医学等。因此，就出现了多学科门类从不同视角、不同理论、不同思维去关注和研究水的特征或问题。当然，形成这一局面，一方面是好的，可以发挥多个学科的优势，去关注和研究水的方方面面特征或问题；另一方面由于学科之间的沟通不足，存在诸多的差异，往往会出现"管中窥豹"的现象。因此，也需要把不同学科研究水的成果进行汇总和交流。

由于信息收集的限制，特别是工作量较大，在很多期刊论文、学位论文、研究报告、学术著作等撰写中，往往对最近几年的文献阐述不多，对最新成果关注不够，有时候会带来重复性工作，影响研究成果的创新性。因此，从这方面来讲，也需要对最新研究成果进行及时的总结。

从以上论述可以看出，非常有必要对近期水科学研究进展进行全面总结，为进一步凝练学科发展方向和制定发展战略、指导水管理等生产实践奠定基础。正是基于这一背景和思考，从 2007 年开始策划，经过 4 年的讨论，确定了水科学学科体系框架，于 2011 年发表了《水科学的学科体系及研究框架探讨》一文[1]；自 2011 年起每两年发布一本《中国水科学研究进展报告》，《中国水科学研究进展报告 2011—2012》[2] 已于 2013 年 6 月正式出版，并得到广大水科学工作者的肯定，也收到一些很好的改进意见。2015 年 6 月出版了《中国水科学研究进展报告 2013—2014》[3]，基本沿用第 1 本的框架和结构，增加了部分章节内容，使这一系列研究报告更加完善。《中国水科学研究进展报告 2015—2016》[4] 和《中国水科学研究进展报告 2017—2018》[5] 也于 2017 年和 2019 年相继出版。从第 2 本开始对引文文献进行统计，并按单位对引文数量进行排名。部分学者认为，本系列报告不仅对最新研究成果进行了很好的总结，而且为推动学术界对中文期刊成果的重视做出了贡献。特别是在科研考评过于追捧 SCI 论文的今天，非常有必要积极推动对中文期刊成果的重视和宣传。

本书是基于《中国水科学研究进展报告 2011—2012》[2]《中国水科学研究进展报告 2013—2014》[3]《中国水科学研究进展报告 2015—2016》[4] 和《中国水科学研究进展报告 2017—2018》[5]（以下简称"前 4 本水科学研究进展报告"）的总体框架，编撰的第 5 本中国水科学研究进展报告，系统展示 2019—2020 年水科学的最新研究进展。

1.1.2　资料收集与分析过程

（1）在 2011 年，本书编者已经对 2010 年以前有关水科学方面的书籍、期刊、报道等文献资料进行了梳理，总结出水科学研究的主要内容框架和发展过程，构架了水科学学科体系和本系列报告书的框架。

（2）前 4 本水科学研究进展报告已经对 2011—2018 年的分年度资料进行了系统收集和整理。在此基础上，继续对 2019 年、2020 年资料进行分年度收集，资料主要来源于网络、期刊、著作、文献数据库（中国知网、万方等）以及其他途径获得的公开信息。

（3）对收集到的各种资料进行分类整理，归纳总结。首先去掉重复发表、层次较低、内容没有新意的文献资料，再进行分类归纳。

（4）按照水科学学科体系分组进行总结提炼，每一分组由一名专家牵头，撰写各分类的研究进展专项报告；最后，再进行汇总。

1.1.3　撰写思路及分工

（1）本书是一本全面反映水科学发展现状的文集，涉及的内容丰富，文献很多，编撰工作量很大，特别是研究方向较多，一个人不可能对每个方向都很熟悉。基于这一状况，本书采用分方向、分内容撰写，再汇总的思路。因此，可以说，本书是编写团队的集体成果。

（2）大致的分工安排：本书由左其亭任主编，负责全书的框架制定、协调和对全书统稿工作；各章安排 1~2 名负责人，负责对本章内容的安排、协调和统稿工作；在各章中又有进一步的分工与合作，每章的最后列出本章的撰写人员及分工。

1.1.4　本章主要内容介绍

本章是研究进展综合报告，也是对本书的主干内容的一个概括介绍，可以算作本书的绪论，主要内容包括以下几部分。

（1）对本书的背景及意义、编撰过程、编撰思路、分工情况以及撰写内容进行简单概述，以帮助读者了解本书的主要背景和过程。

（2）在前 4 本水科学研究进展报告的基础上，简要介绍水科学的范畴、学科体系，为本书对水科学的分方向撰写奠定基础。

（3）简单介绍本书采用的水科学方向及分章情况。

（4）分别对水科学 2019—2020 年研究进展进行综述。

（5）在前 4 本水科学研究进展报告的基础上，进一步阐述水科学发展趋势与展望。

1.1.5　其他说明

为了保持研究报告的可比性和相对一致的编写风格，本书基本沿用前 4 本水科学研究进展报告的框架和格式；此外，为了保持一本书的相对独立性，本书的前言、第 1 章基本是在前 4 本水科学研究进展报告的基础上精简、修改而成，略显重复。各个专题研究进展报告的概述内容也部分沿用了前 4 本水科学研究进展报告的内容。

本章关于"水科学的范畴及学科体系"内容引自《中国水科学研究进展报告 2015—2016》[4]，主要参考文献 [1]，并经文献 [2] 和文献 [3] 修改，在文献 [3] 的基础上又进行精简、修改而成。考虑到一本书的完整性和系列研究报告的一贯性，保留了本节的主要内容。本章"发展趋势与展望"内容和撰写框架主要参考文献 [6]，并经文献 [2] 和文献 [3] 修改，在文献 [3] 和本书后续章节提炼的基础上修改完善而成；"水科学 2019—2020 研究进展综述"一节是对本书后续各章内容的概括和总结。

1.2　水科学的范畴及学科体系

1.2.1　水科学的概念及范畴

根据文献 [1] 的论述，"水科学"一词应用非常广泛，已经成为一个很普通的词汇，甚至有时显得比较混乱。对水科学的理解多种多样，涉及的研究范畴也很难界定清楚，涉及的学科也很多。很多情况下也是随便使用，可能没有想到"一定要界定清楚"，甚至没有必要一定界定清楚。有时候可以笼统地应用"水科学"这一词汇，但作为一门学科，还是要进一步界定其概念、内涵和研究范围。左其亭于 2011 年在文献 [1] 中，通过大量文献分析，在对水科学理解进行评述的基础上，定义了水科学的概念及其研究范畴，提出了水科学的学科体系。本节内容主要引自文献 [1]，2015 年在文献 [1] 的基础上进行修改完善而成。

从研究内容来看，可以把水科学描述为，对"水"的开发、利用、规划、管理、保护、研究，涉及多个行业、多个区域、多个部门、多个学科、多个观念、多个理论、多个方法、多个政策、多个法规，是一个庞大的系统科学。我们不妨把研究与水有关的学科统称为水科学（water science）。具体来说，水科学（water science）是一门研究水的物理、化学、生物等特征，分布、运动、循环等规律，开发、利用、规划、管理与保护等方法的知识体系[1]。左其亭曾在 2007 年年初把水科学表达为水文学、水资源、水环境、水安全、水工程、水经济、水法律、水文化、水信息、水教育等 10 个方面、相互交叉的集合（水科学网，http://www.waterscience.cn/. 2007 - 2 - 1）。

1.2.2　水科学学科体系

水科学是一个跨多个学科门类的学科。比如，①研究水的物理化学特征、数学物理方程、数值分析、水文地理特征、生物学机理和规律等内容，应该是理学范畴；②研究水资源开发、利用、保护，水资源配置与调度、水资源工程规划等内容属于水利工程学科，是工学范畴；③研究水土资源开发、利用、节水灌溉等内容，属于农学范畴；④研究水环境与人体健康关系与调控等健康医学研究，属于医学范畴；⑤研究水价值、水价、水市场与水交易、水利经济等内容，属于经济学范畴；⑥研究水法规、水政策宣传、水知识普及等内容，属于法学和教育学范畴；⑦研究水利发展史、河流生态环境历史演变、水文化考究等内容，属于历史学范畴；⑧研究水系统的优化分配、可持续管理等内容，属于管理学范畴。

由此可见，水科学是一个跨越多个学科门类的学科，所研究的内容不可能完全隶属于某一个学科，应该根据不同方向隶属多个学科，同时需要多个学科交叉研究，才能解决水科学问题。比如，研究水资源可持续利用问题，不仅仅需要水利工程学科的知识，还需要经济学、管理学、理学、法学等知识，需要全社会共同努力。

如图 1.1 所示，作者把水科学描述成涉及 9 个学科门类（理学、工学、农学、医学、经济学、法学、教育学、历史学、管理学），包括相互交叉的 10 个方面，即水文学、水资源、水环境、水安全、水工程、水经济、水法律、水文化、水信息、水教育。

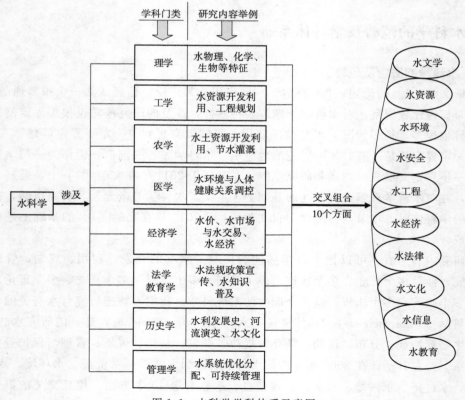

图 1.1　水科学学科体系示意图

当然，10个方面的内容也有不同的侧重，也是相互交叉的。左其亭曾在2007年对这些内容做过简单介绍，文献［2］在此基础上进行了详细的归纳，简要介绍如下。

（1）"水文学"研究领域。水文学是地球科学的一个重要分支，它是一门研究地球上水的起源、存在、分布、循环和运动等变化规律，并运用这些规律为人类服务的知识体系。讨论的主要内容有：地球上水的起源、存在、循环、分布，水的物理、化学性质，水循环机理与模型，全球气候变化和人类活动影响下的水文效应与水文现象等；讨论的主要学科分支有：河流水文学、湖泊水文学、沼泽水文学、冰川水文学、海洋水文学、地下水文学、土壤水文学、大气水文学，水文测验学、水文调查、水文实验，水文学原理、水文预报、水文分析与计算、水文地理学、河流动力学，工程水文学、农业水文学、森林水文学、城市水文学，随机水文学、模糊水文学、灰色系统水文学、遥感水文学、同位素水文学，现代水文学。

（2）"水资源"研究领域。水资源学是在认识水资源特性、研究和解决日益突出的水资源问题的基础上，逐步形成的一门研究水资源形成、转化、运动规律及水资源合理开发利用基础理论并指导水资源业务（如水资源开发、利用、保护、规划、管理）的知识体系。主要讨论的内容有：水资源形成、转化、循环运动规律；水资源承载能力理论、水资源优化配置理论、水资源可持续利用理论；水资源开发、利用、评价、分析、配置、规划、管理、保护以及对水价政策制定和行政管理等。

（3）"水环境"研究领域。本书讨论的水环境内容比较广泛，涵盖所有与水有关的环境学问题，但不包括环境治理工程的设计施工等内容，主要内容偏重水环境调查、监测与分析，水功能区划，水质模型与水环境预测，水环境评价，污染物总量控制及其分配，水资源保护规划，生态环境需水量、生态水文学，水污染防治和生态环境保护。

（4）"水安全"研究领域。水安全包括洪水、干旱、污染对生命和财产带来的安全威胁，讨论危害机理及安全调控。水安全不仅包括常指的洪水、干旱带来的安全问题，还包括由于污染问题带来的水环境变化，对人们身体健康带来的影响（包括环境流行病学、环境毒理学），具体来说，研究环境有害因素对人体健康的影响，研究生物地球化学性疾病，研究环境污染所导致的流行病及人群干预措施。

（5）"水工程"研究领域。本书所说的水工程，不等同于"水利工程"，不包括水利工程设计、施工内容，主要内容偏重水资源开发工程方案、河流治理工程方案选择，大型、跨流域或跨界（如省界、市界、县界等）河流的水利工程规划与论证，水利工程建设顺序，水利工程布置方案、可行性研究，水利工程调度、运行管理方案。

（6）"水经济"研究领域。运用经济学理论研究和解决水系统中的经济学问题，比如，研究水系统以最小的投入取得尽可能大的经济-社会-环境效益的分析和评价理论、模型、方法和应用；水利产业经济、科技和社会协调发展分析和判断模型、技术进步分析模型和水工程的财务型投入产出预测和规划模型；水电站（群）厂内经济运行方式和模式；水价及水市场理论，水利工程技术经济。

（7）"水法律"研究领域。解决水问题需要有法律法规作保障，特别现在是法治社会，更应该坚持依法治水。主要研究内容包括：水政策和法律基本理论；流域立法；水权利体系及用水权制度；流域生态补偿理论基础；河（湖）长制法律机制；治水改革实践及经验；水污染防治及水资源保护法制基础；国际河流及其他跨界河流分水理论及法律基础。

（8）"水文化"研究领域。人们在研究水科学时，目光仅盯在现在和未来是不够的，需要把水系统变化纳入历史的长河中，从历史发展的眼光来分析水利工程的作用和效果。主要研究内容包括：中国水利史，黄河文化及科技文明；历史水工程考究；水文化和水工程科学考察；生态环境变迁探索及治理途径，生态型河流水系建设；历史上水文化对后世的影响；人水关系的历史考究和启迪；从历史学的角度看待水文化建设、水利工程规划、水土资源开发利用以及水管理政策和体制。

（9）"水信息"研究领域。现在是信息时代，水系统是一个复杂的巨系统，人们时刻在监测和了解水系统的各种信息，让更多的信息为人类服务。这是非常重要的工作基础，主要研究内容包括：利用地理信息系统、遥感、全球卫星定位系统（即"3S"技术）、计算机技术、水资源数据采集与传输技术、预测预报技术、数值模拟技术、数据库技术、科学计算可视化以及相关的流域数学模型，建立水管理信息系统，进行洪水预报、洪灾监测与评估、水利规划与管理，大型水利水电工程及跨流域调水工程对生态环境影响的监测与综合评价。

（10）"水教育"研究领域。水教育，就是通过多种途径对广大公众、中小学生、大学生、社会团体等不同人群所进行的节水、爱水、护水等水知识普及、水情教育、公众节水科普宣传以及水科学技术教育等。水教育的途径有三方面：一是面向水利高等院校、科技工作者和管理者所开展的水科学知识和水资源保护宣传教育；二是面向中小学生和少年儿童所开展的科普宣传和课外水知识学习教育；三是通过报纸、电视、网络、广播、标语、群众宣传等途径，向广大公众传播水法规、水政策、水科普知识、节水、爱水、护水的思想观念和做法等。水教育的内容有四方面：一是科学技术知识教育，主要面向水利高等院校、科技工作者和管理者；二是水法规、水政策的宣传，主要向全社会介绍我国实行的各种涉水的法规、政策；三是介绍节水、爱水、护水的思想观念和重要意义，让大家都能积极保护水资源；四是介绍简单的节水、科学用水小常识和科普知识。节约水资源、保护水资源关系到每一个人。公众是水资源管理执行人群中的重要部分，尽管每个人的作用可能没有水资源管理决策者那么大，但是，公众人群的数量很大，其综合作用是水资源管理的主流，只有绝大部分人群理解并参与水资源管理，才能保证水资源管理政策的实施。"水教育"就是要加大与水有关的各种宣传教育，特别是向广大群众的水知识宣传，充分利用"世界水日""中国水周"进行水知识普及与公众科普宣传；加强中小学水教育、水利高等教育等。

需要说明的是，这里所说的"水科学"与"水利工程学科"有所不同，它们不是包含和被包含的关系。水利工程学科中研究水的特征、规律、开发利用等"软"的部分，是水科学的一部分。具体来讲，水利工程中关于工程设计、施工部分内容不包括在本书定义的"水科学"中，因为这些内容不仅仅适用于水利工程，在其他行业也可以适用，比如，岩土工程、工程结构、道路、桥梁。当然，水科学中关于水的物理、化学、生物等基础研究内容以及关于水的管理（包括水法律、水文化、水信息、水教育）又不包括在水利工程学科中。在国家自然科学基金申请指南中（参考 2006 年指南），把水利学科分为水科学与水管理、水利工程与海洋工程两大领域。可见，"水科学"与"水利工程"是有区别的。

1.3　本书采用的水科学体系及分章情况

如图 1.1 所示，把水科学描述成相互交叉的 10 个方面，即水文学、水资源、水环境、水安全、水工程、水经济、水法律、水文化、水信息、水教育。本书采用水科学的学科体系框架，按照这 10 个方面各安排 1 章，共安排专项报告 10 章，即第 2 章至第 11 章。

1.4　水科学 2019—2020 年研究进展综述

1.4.1　水文学研究进展

（1）以研究对象分类的水文学方面。在河流水文学领域，文献较多，研究内容丰富，随着黄河国家战略的提出，涌现出更多、研究深度更深的黄河方面的研究成果，主要是对河流水质、泥沙、洪水预报与河流生态环境方面的研究，主要是采用不同的方法进行评价及模拟研究，从总体来看，论文水平有所提高；水系特征和流域特征、河流水热动态与河流冰情方面主要是变化的影响因子分析，河道与河床演变方面主要是演变特征及模拟研究，研究论文相对较少。在湖泊水文学领域，主要集中在湖泊水位与水量变化、湖泊富营养化的研究，但理论探讨不足，应用研究较多，湖泊生态系统方面主要关注的是湖泊生态系统评价，湖泊沉积方面主要是理论研究，而在湖水运动、湖水热动态及湖泊冰情方面研究较少。在沼泽水文学研究方面，涉及沼泽、湿地生态环境方面的研究较多，涉及湿地形成、发育与演化方面文献较少。在冰川水文学方面，主要是冰川变化特征及原因分析，冰川变化对气候变化的响应仍是研究的热点，也有部分学者开展了冰雪融水径流模拟，创新性研究不多。河口海岸水文学方面，偏重河口泥沙淤积规律及作用机理研究，潮波或潮流运动、河口演变与河口三角洲形成方面研究较少，河口和滩涂生态系统方面，主要是提出不同的方法进行生态系统健康评估研究。在水文气象学领域，研究内容丰富，极端降水及气候变化对流域水循环的影响研究一直是热点，主要是不同尺度上的特征分析，创新性成果较少；蒸散发、降水预测及旱涝分析方面主要是方法和模型的研究，成果较多。在地下水水文学领域，以地下水化学和运移方面研究为主，地下水合理开发利用方面的成果有所增多。**代表性成果有：**新时期的治黄方略，河流冰情模拟及预报，洪水演进及风险，河流生态健康修复；湖泊水位演变特征，富营养化评价及防治；湿地演化及驱动因子，沼泽湿地的生态系统评价；冰川变化及其对气候变化的响应；河口泥沙淤积规律，三角洲沉积演化；极端降水及蒸发的变化特征、计算方法，径流对气候变化的响应；地下水运动特征，地下水水质评价，地下水资源可持续开发利用等。

（2）以应用范围分类的水文学方面。在工程水文学领域，产汇流基础理论的研究和突破性进展仍然偏少；在水文模型方面，研究较多，主要是不同的模型在特定区域的适用性及改进研究，其次是模型的参数化及不确定性分析；水文预报和洪水方面，主要集中径流及洪水预报方法的研究，关于水文计算新方法的创新性成果较少。在农业水文学方面，主要是在不同流域开展的土壤水文效应评价，水盐的运移规律及试验模拟研究。城市水文学领域，城市化的水文效应涉及内容较为广泛，涉及海绵城市较多，但不深入，城市雨洪的模拟和管理方面有一定进展。森林水文学方面，研究有所增加，特别是理论方法研究。生态水文学领域，生态水文效应是新的热点，主要是水文生态系统的整体分析与评价，但研究深度和创新性仍不足。**代表性成果有**：水文模型研究及应用，径流及洪水预报方法，水文分析计算新技术，古洪水事件；水分迁移模型试验，土壤水盐运移规律研究；海绵项目径流评估研究，城市洪涝风险管理研究；不同类型的森林水文效应研究；生态系统服务价值评估等。

（3）以工作方式分类的水文学方面。水文测验领域，工作偏重实际应用，集中在水文测验方案的设置优化与水文测验数据处理，在基础理论研究方面略显薄弱。水文调查方面，仍以暴雨洪水的调查和分析为主，研究文献数量不多，以定性分析和成因探讨为主。水文实验方面，涉及实验内容较为广泛，主要是原型实验与室内模拟，但理论研究进展不大，特别是高水平文献不多。**代表性成果有**：水文监测站网选址合理性及优化，自动监测数据的分析模型；暴雨洪水调查分析；室内试验模拟，蒸发原位试验研究，径流流速试验。

（4）以研究方法分类的水文学方面。在水文统计学领域，研究者较多，主要集中在不同的方法在水文参数估计，水文频率计算，水文统计计算方面的应用，创新成果较少。在随机水文学领域，主要集中在各种随机理论方法在水文学中的应用研究，研究内容较丰富，如水文序列分析及水文模拟和预测，涉及地下水随机理论方法与应用方面的文献较少。在同位素水文学领域，涉及同位素技术在水文学中的应用成果较多，特别是利用同位素技术研究地下水补给来源与地下水污染，主要集中在不同地区的应用，创新性研究成果较少，利用同位素研究水文变化、水循环变化、植物水文来源等方面越来越成熟。在数字水文学领域，基于 DEM 的水文模拟和计算方面的成果保持稳定，数字信息化方面的研究有所增加。遥感水文学领域，利用的遥感影像数据产品种类及应用范围有所增加，技术性和应用研究成果较多，但理论探讨不足。**代表性成果有**：不同参数估计方法，洪水频率计算方法；基于不同方法的水文序列预报，随机水文模拟和预测研究；基于同位素的地下水的补给来源及演化分析，植物水文来源的研究；基于 DEM 的水文模拟和计算研究，人工智能，数字流域水循环虚拟仿真；多源遥感土壤水分数据连续融合算法，流域水文遥感的科学问题与挑战。

1.4.2　水资源研究进展

（1）在水资源理论方法及治水思想研究方面，最近两年关于水资源理论方法的应用实践较多，但新理论与新方法研究的文献不多，水资源新思想和独创方法的成果更少；关于水资源可持续利用方面的成果，以应用研究为主，高水平成果不多；关于人水和谐研究方面，理论方法成果不多，应用研究较多，多是治水思想的应用；关于水资源承载能力的研究，一直是热点，产出成果较多，但理论基础研究的突破性成果极少，多数研究还主要是水资源承载力评价方法的研究、以往研究方法的再探讨或应用，创新性成果不多；关于水生态文明或生态水利方面的研究，高水平论文减少较多，水生态文明试点城市建设成果显著减少，其新成果不多；关于最严格水资源管理方面，理论探讨缺乏，量化方法研究成果不多，系统性专著有所增加，总体来看，研究热度已经慢慢下降；关于节水及节水型社会研究方面，成果在减少，应用实例也在减少；在海绵城市研究方面，与水科学有关的研究成果大幅度下降。**代表性成果有**：水资源空间均衡理论方法及应用研究，水资源绿色效率分析，水土资源持续利用综合研究，形成人水和谐论学科体系，水资源承载力动态预测、预警和诊断研究，水生态文明建设战略理论、框架与实践，最严格水资源管理制度理论及保障体系，节水社会建设分区节水模式与评价标准研究，海绵城市径流总量控制率研究等。

（2）在水资源模型研究方面，最近两年专门研究水资源形成转化与模型的研究成果不太多，延伸的相关内容较多；基于水系统模型和水资源模型延伸的相关应用研究较多，分别已在其他相关内容中介绍，比如，应用于开展有关水资源评估、配置、规划、管理等。而专门研究水系统模型和水资源模型直接应用的成果不多。**代表性成果有**：空中水资源的输移与转化研究，区域健康水循环与水资源高效利用研究，城市水系统研究，流域水资源系统模拟，地表水-地下水相互转化研究等。

（3）在水资源分析评价论证研究方面，研究者较多，研究内容丰富，每年涌现出大量的研究成果。最近两年关于水资源机理研究方面，成果很多，涉及水资源机理研究、特征分析以及水资源变化趋势研究成果；关于水资源分析计算方面，文献很多，深入研究不多，理论方法研究进展不大，特别是高水平文献不多，多数是偏于应用或方法探讨；关于水资源数量评价方面，专门研究水资源评价理论方法的文献不多，多数是偏于应用或者是某一评价方法的探讨或应用；关于水资源质量评价方面，主要涉及评价方法探讨、评价方法应用、水质特征分析等内容；关于水资源开发利用及其影响评价和研究方面，是研究热点，呈现大量文献；关于水资源重要性分析及论证研究方面，研究成果较少，且研究深度有限；关于人水关系研究方面，有比较大的进展，成果也较多；关于与水有关的相互作用和协调研究方面，成果较多。**代表性成果有**：水资源-能源-粮食耦合分析及协调，水土资源可持续利用机理，水资源绿色效率驱动机理，水资源利用率和利用效率分析，水资源风险分析，水资源压力分析，人类活动对水系统的影响作用研究，人水关系协调研究等。

（4）在水资源规划与管理研究方面，研究者较多，研究内容丰富。从最近两年情况看，关于水资源规划理论方法与实践方面，学术性文献不多，应用性成果较多，但很难发表在较高水平的学术期刊上，有少量专著和总结性成果；关于水资源管理理论方法与实践方面，文献较多，但多数是有关水资源管理实际应用的成果，深入探讨水资源管理理论方法的成果不多；关于水资源政策制度及其相关（含河长制、水权制度）方面，研究的成果比较多，特别是关于河长制方面的成果较多。**代表性成果有**：流域水资源综合利用与规划管理，黄河流域生态保护和高质量发展水利专项规划，水资源规划模型研究，水资源管理模式，水资源综合管理，跨流域调水管理与立法，水资源税改革研究，水资源资产负债表研究，水权制度及水权交易，"河长制"制度体制、考核评价和管理系统研发等。

（5）在水资源配置与调控研究方面，文献较多，多年来一直是研究的热点。最近两年关于水资源配置理论、方法与模型方面，文献仍然较多，各种研究方法比较丰富；关于水资源配置实例方面，文献较多，主要是一些具体的应用实例的成果总结，以专著居多，以定量研究为主，涉及流域、区域不同尺度，出现多本有特色的专著；关于水资源调控技术与决策系统方面，文献很多，主要包括水资源调控模型研究、水资源调控与调度综合研究、水资源监测、调控与决策系统研发；关于跨界河流分水和竞争性用水方面，开始热衷于以黄河分水为代表的跨界河流分水问题研究，热衷于针对竞争性用水的讨论。**代表性成果有：**流域多水源空间均衡配置研究，水资源优化配置，流域灌溉水资源调控配置，水库水资源优化调度配置，干旱区域水资源合理配置理论与模式，水资源调控，水转化多过程耦合与高效用水调控，江河湖水资源联合调度，水资源监测、调控与决策系统研发，跨界河流分水理论与方法，竞争性用水分配与合作。

（6）在气候变化下水资源研究方面，参与的研究者较多，研究内容丰富，每年涌现出大量的研究成果。最近两年关于气候变化对河川径流等水文循环的影响研究方面，部分论文水平较高，多数论文是重复性工作；关于气候变化对水资源影响研究方面，学术性文献依然较多，但与以往相比略有下降。**代表性成果有：**变化环境下不同时空尺度径流演变及其归因研究，河川径流对变化环境的脉冲响应研究，多个流域气候变化对水资源的影响研究，气候变化对水资源量的影响评估和趋势分析，气候变化对澜湄流域上下游水资源合作潜力的影响分析。

（7）在水战略与水问题研究方面，一般性文献很多，但学术性文献不多，特别是，专门研究水战略或水问题的理论方法文献更少，多数是定性分析和政策探讨。这主要与国家水政策联系比较密切，同时需要站在高层次的角度来分析问题，深入研究难度较大，高层次文献不多。关于水资源开发利用研究方面，有一些新的水战略思想和研究成果，总体显得比较分散，系统性深入研究成果不多；关于河湖水系连通战略研究方面，最近两年学术性文献较多，比前几年明显增多，说明河湖水系连通战略逐渐成为热点；关于水利现代化（含智慧水利）研究方面，前几年出现的成果较少，最近两年明显有较多的成果出现，且对智慧水利（水务或水网）的研究水平不断提高；关于水问题研究方面，定性分析和政策探讨较多，专门研究水问题的具有创新性的理论方法文献不多。**代表性成果有：**露水资源监测与开发，废弃矿井水资源开发利用战略研究，全球治水模式，良性水资源调控思路及应对策略，水资源开发利用策略，河湖水系连通与水资源联合调配，河湖水系连通类型及模式，河湖水系连通评估与方案优化及调控，智慧流域理论方法与技术，智慧水利，智慧灌区，城市智慧水网，水利现代化研究，重大国家战略中水问题研究，与水有关的流域或区域治理。

1.4.3　水环境研究进展

（1）在水环境机理研究方面，水化学反应机理研究是这两年研究的热点，主要集中在天然水化学特征、水质成分内在作用机理、水质与环境介质的相互作用等方面，研究了水化学类型、空间分布特征、影响因素、氢氧同位素、水化学演变机理及过程等。这方面高水平成果较多，研究内容覆盖面广，方法差异较大。**代表性成果有：**不同水体水化学类型和同位素空间分布特征、水化学组分的成因及影响因素、水化学演变特征及演化过程、水质成分的变化规律、水质与环境介质的相互作用关系等。

（2）在水环境调查、监测与分析研究方面，主要在水文水质监测、水污染控制与治理、地表水生态环境改善、地下水污染防控、水资源高效利用以及特种污染水的处理与处置方面，为水生态环境可持续发展提供了新思路、新方法、新技术。**代表性成果有：**流域水环境的污染源调查、三维荧光技术在水环境监测中的应用、水环境综合治理市场现状和发展形势分析、河流微生物对水质影响、长江航运与水环境间关系的实证研究、基于地球大数据构建"美丽湖泊"综合评价体系等。

（3）在水质模型与水环境预测研究方面，综合国内外研究进展可以看出，国际主流的水质模型较为成熟，国内基于水质模型的水环境质量预测缺乏宏观尺度的设计和运用，水质模型预测的水质指标较单一。近两年随着计算机技术、"3S"技术、水环境监测网的不断完善，各种水质模型理论体系和应用方法也正在逐步完善，并且取得了创新性的研究成果。**代表性成果有：**基于模糊优选熵权模型的水环境安全动态评估、基于级别差法的地下水水质评价方法筛选技术研究、水质模型对水环境容量的分析研究、水质水量的调控模拟、水质监测预警管理体系的构建与应用、流域氮磷负荷估算及来源变化解析。

（4）在水环境评价研究方面，针对水体质量评价方法方面开展的研究颇多，但关于新的评价方法缺少理论方面的探索，其研究成果较少；近两年来，底泥、水生物的研究，作为一种新的研究方向，受到了研究人员的重点关注，在分析及应用方面提出了一些新的建议、方法。在水环境影响评估方面，评估模型的应用较之前有所增加，模型设计方面相对来说并不突出。总体来看，这些方面的研究没有很大的进展。**代表性成果有：**地表水环境质量综合评价方法研究与应用进展（采用 EDFC 技术对一些区域地表水环境质量进行检测）、地下水水质评价方法的筛选与应用、河流底泥中重金属污染现状及生态风险分析评价、微生物对河流底泥性能的影响、港口建设、河道周围土地利用、景观开发对河道的影响。

（5）在污染物总量控制及其分配研究方面，近两年对污染物总量控制存在的问题进行分析的文章较多，但理论方法研究成果较少，污染物总量控制模型相比于国外还有较多不足之处。总体来看，研究主要集中在水环境的点源污染这一方面，关于非点源污染对水质的影响尚未给予高度的重视。**代表性成果有：**纳污能力计算及应用研究、水污染物总量控制的研究进展、水环境容量和污染物总量控制方法、排污许可证在污染物总量控制中的应用、水污染物排放总量控制政策评估。

（6）在水环境管理理论研究方面，近两年针对水环境管理模型开展的研究很少，大部分是对模型的应用与分析；针对水环境管理政策方面的研究则主要集中于排污权方面，这方面研究成果较多，但是高水平的文献资料较少；针对水环境风险评价或评估方面的研究成果较多，在水环境风险管理方面的研究成果较之前也有所增多。**代表性成果有：**水环境管理模型的应用、水环境管理效率方法研究、农业面源污染防治政策体系研究、排污权分配模式及策略研究、流域水环境污染物筛选及风险评估、水环境风险分区、评估及管理研究。

（7）在生态水文学研究方面，近年来，生态水文学得到了迅速发展，已成为当今水文学研究的热点之一。近两年，有关生态水文学研究的高水平成果很多，主要集中在模型的构建与集成、多源信息的采集与融合、生态水文时空格局及演变特征、多尺度生态水文综合模拟与不确定研究等。综合现有研究成果来看，未来还需加强生态水文学机理和基础理论的研究、生态水文监测新技术新方法的探索以及生态水文系统综合观测网络的完善。**代表性成果有：**陆生和水生植物与水的相互作用关系研究、耦合陆生和水生的生态水文双向模型、基于多源数据采集的生态水文研究特征及规律分析、生态保护阈值的确定、水生态健康评价体系等。

（8）在水污染治理技术研究方面，我国水污染治理技术的研究方向主要集中在去除难降解有机物、深度脱氮除磷、除盐、节能低耗等相关技术的集成和优化，重点解决水处理稳定达标与高效回收利用问题。点源污染控制技术的研究一直是水污染治理技术的热点问题。涉及水污染治理技术方面的研究成果较多，总体来看，研究内容涵盖了活性污泥法水处理技术、生物膜法水处理技术、污水深度处理技术、脱氮除磷技术、高级氧化技术、膜技术以及生态处理技术等方面；关于面源污染控制技术方面的研究，主要以农村面源为主，针对农村面源出现的问题，进行修复、控制。2020 年实行的农村综合整治政策为农村面源污染治理开辟了道路，在农村污水治理研究进展上取得了较大的进步。**代表性成果有**：对活性污泥特性、生物膜反应器处理效果、生物膜特性、深度处理效果、脱氮除磷性能的研究、人工湿地系统、滤膜等的应用研究、生物滤墙在河道治理中的应用、农村污水治理技术研究进展等。

1.4.4　水安全研究进展

（1）在水安全表征与评价研究方面，总的来看，水安全表征与评价的文献较少，且多是一般性文献，具有创新性的文献仍然不多。研究内容的涉及面没有新的拓展和更新，主要还是集中于区域水安全评价和水安全评价模型构建等方面，评价方法多采用常用的神经网络、层次分析法、小波分析等，也有部分文献是多种评价方法的综合。**代表性成果有**：城市水安全评价，灌区水安全评价，中国水安全建设策略，以及各种水安全评价方法等。

（2）在洪水及洪水资源化研究方面，近两年有大量相关成果涌现，研究内容涉及：洪水特征分析与计算、洪水模拟、洪水预报、洪水调度、洪水风险分析、洪水资源利用和防洪减灾等。近两年的研究更加聚焦于洪水风险识别和动态模拟，中小流域洪水预报和防洪减灾管理等方面，为防洪安全提供了重要支撑。**代表性成果有**：基于遥感空间信息的洪水风险识别，防洪系统优化调度模型构建，洪灾参数损失函数的构建，洪灾致灾机理分析，山洪灾害预警，以及各种洪水预报方法等。

（3）在干旱的概念、内涵、成因、特征、评估和预警预报等方面，由于其涉及面广，每年都涌现出大量的研究成果。近两年干旱的内涵概念、表征指标、干旱形成机理方面一直缺乏创新性的研究成果，这也是未来几年研究的热点和难点问题；而干旱预警预报研究成果相对有所增加，主要在于干旱的预报模型的改进；就农业干旱、气象干旱、水文干旱和社会经济干旱来讲，由于农业干旱成灾机理最为复杂、影响最大，农业干旱的相关研究文献也最多，而且气象干旱的相关研究成果也有所增加；同时干旱监测方面的文献明显增加，主要集中于遥感数据和干旱监测技术的结合。**代表性成果有**：干旱时空演变格局分析，不同类型干旱发展过程和特征研究，基于遥感技术的干旱监测研究，区域干旱风险评估及风险管理，干旱预警预报系统研发等。

（4）水环境安全是水安全的重要组成部分，越来越受到管理人员、科研工作者和社会公众的关注。近两年水污染预警、水污染防治、水环境治理等研究相对减少。虽然受国家水资源管理制度变化的影响，以及人民群众对生态环境的关注和重视，引发了大家对水环境安全的认识和思考，也出现了一些新的研究内容和研究成果，但总体来看研究深度有限，理论研究进展不大，高水平研究文献不多，多数是偏于应用性研究。**代表性成果有**：水环境安全评估，水污染风险评价与预警阈值分析、水污染治理等。

（5）随着气候变化和人类活动的影响，冰凌、泥石流、风暴潮和饮水安全等水安全研究内容越来越受到大家的关注。由于冰凌、泥石流、风暴潮、饮水安全具有明显的地区性特征，因此相关研究群体、研究区域和研究内容都相对集中。近两年冰凌、泥石流、风暴潮和饮水安全的研究也仍以应用性、技术性内容为主，理论方法研究偏少，且缺乏系统性。**代表性成果有：**黄河冰凌灾害风险预测和防凌调度技术研究，暴雨泥石流预测模型，泥石流风险评估，泥石流灾害防治、风暴潮洪水淹没模拟、风暴潮灾害影响分析，农村饮水安全评价等。

1.4.5　水工程研究进展

（1）水工程规划研究进展方面。虽然水工程规划涉及面广泛，但近两年来，对水工程规划的研究成果并不十分丰富。在水工程规划研究中，主要包括水生态环境工程、河流与区域水系工程、排水工程、水电站和供水工程的规划研究。整体来看，多通过构建模型或算法进行水工程规划研究，且主要侧重于理论研究，创新性成果并不突出。河流与区域水系工程规划和水电站规划方面的研究仍较少；近两年在水生态环境工程和供水工程方面研究成果相对较丰富，并取得了一些创新性成果。**代表性成果有：**水生态修复规划、供水管网多目标优化设计以及城市排水系统规划等。

（2）在水工程运行模拟与方案选择研究进展方面。对于水工程运行模拟与方案选择的研究，主要是通过构建模拟模型或模拟方法，对包括水位、水量等相关因素进行水工程运行模拟、运行方案优选和运行安全评估等。近两年来其研究成果十分丰富，总体来看，水工程运行模拟方面涉及范围广，研究对象既有单独水工程运行模拟，也有水工程联合运行模拟。研究方式多通过编写模拟软件或构建模拟模型解决实际水工程运行中的应用问题，缺乏理论的相关研究；水工程运行方案选择往往与水工程优化模拟和水工程运行安全相结合，分析模型和技术方法下水工程运行方案的可行性、效益度以及评估水工程运行安全性，研究成果较多。**代表性成果有：**水电站数值模拟、水库数值模拟、水库淤积形态模拟、水电站运行方案、水库运行方案、梯级水库群联合运行方案、引排水调度方案、水库运行安全风险等。

（3）在水工程优化调度研究进展方面。水工程优化调度不仅是水资源开发利用的关键内容，也是水工程相关研究的热点。水工程优化调度方面的研究成果丰富，研究内容较多。在目前的研究中，水工程优化调度围绕优化调度的技术方法与模型构建开展研究，调度研究内容主要包括生态调度、水电调度、泥沙调度、水量调度、水沙联合调度、水库群调度、闸坝调度、泵站调度以及调度图和调度规则等几个方面。总体看来，水工程优化调度研究对象主要针对具体水利工程，创新性主要体现在利用现代数学方法与模型进行耦合，从而利用调度模型实现在水工程优化调度上的应用。生态调度主要集中在生态流量的研究，以实现某种生态种类所需生态环境或生态流量为目标；水电优化调度多集中于梯级水电站的联合调度研究，重点解决水电站优化调度过程中寻优的求解方法；水工程泥沙调度方面的研究较少，主要是一部分学者进行了水沙联合调度研究内容；水量调度和水库群调度研究中，研究内容丰富，创新性显著，侧重于运用现代各类数学方法来构建调度模型，从而进行调度优化；泵站调度优化算法和调度模型结合来对水资源进行调配，水工程调度图和调度规则研究主要以水库或电站优化调度相结合，在寻优过程中得以实现。**代表**

性成果有：水库生态调度模型、水电联合优化调度、水电优化调度模型、水库调度预测模型、水库水沙调控模型、梯级水库群多目标优化调度、水库群联合调度模型、闸坝调度优化模型、泵站优化调度模型、水库群联合调度规则与调度图优化方法等。

（4）在水工程影响及效益研究进展方面。水工程构建及水工程运行会对河流整体水文情势、水资源开发利用及生态环境等带来影响。因此，需要对水工程建设的影响进行定性和定量评估。近两年来，对水工程影响及效益研究成果较多。特别是水工程对水文情势的影响研究成果较丰富，相关学者有针对整体水文情势的研究，也有对水文情势中具体水文要素的研究，并取得了一定的创新性成果；在对水生态的影响方面，主要集中于对河流水生态及鱼类的影响研究，相关研究多通过构建模拟模型分析水工程对水生态的定量化影响，对水环境的影响也存在许多研究成果，包括河流水环境及其水质等各个方面，理论方面研究较少，且以归纳总结为主；对水资源工程效益评价方面的研究相对不多，主要针对具体工程运行展开；对水文地质的影响研究有所增加，往往采用机理性分析和实践应用相结合，多集中于对滑坡、岸边稳定性等的影响；对河道通航的影响、对江湖关系的影响和对水盐运移的影响相关研究，研究成果总体不多，但针对性强，通常采用机理性分析和实践应用相结合。**代表性成果有**：水库及水电站对河流水文情势的影响、水库对河流水动力条件的影响、水库对河流水温的影响、水库对河流水沙情势的影响、水库运行调度对生态环境的影响、水库及水电站对河道通航条件的影响、水库对江湖关系的影响、水工程对水盐运移的影响和水工程效益评价等。

（5）在水工程管理研究进展方面。水工程管理研究多集中于经验总结性理论研究或利用现代计算机编程技术和相关软件实现对水工程的管理，相关水工程管理研究成果较多，但整体缺乏创新性。总体来看，水工程信息系统管理多集中于应用计算机软件设计，构建水工程管理平台，从而进行信息管理和监控，研究成果缺乏系统的创新性；水环境管理研究内容不多，主要以经验总结为主，并无太多创新性成果；水库及电站管理方面主要为管理政策与管理平台，整体论文研究水平不高；农村水利工程管理和供水工程方面的研究也以理论探讨为主，主要侧重于政策总结和措施建议，并无太大学术创新。**代表性成果有**：水电站安全监测自动化系统、水库综合管控信息化平台、水智慧监管平台、水工程运行管理系统、水利工程集成管理、农村饮水安全工程运行管理、调水工程运行管理等。

1.4.6　水经济研究进展

（1）在水资源-社会-经济-生态环境整体分析研究方面，主要集中在水资源与经济社会发展之间的关系辨识，大多是从管理的角度，基于经济、社会发展及带来的环境问题，进行水资源与经济社会发展、水资源与生态环境相互影响等方面的探讨；研究方法多为区域水生态安全的评估、水资源与水生态承载力方面；涉及实践研究的成果主要集中在水资源可持续利用、水生态文明建设方面。**代表性成果有**：水资源与经济社会发展关系及评价研究、水生态安全评估、区域水生态承载力、水资源利用效率等。

（2）在水资源价值研究方面，主要包括水资源价值理论研究和水价理论及实践两部分。涉及水资源价值理论方面的文献较少，主要关注水资源价值的评价模型及方法；水价理论及实践方面，研究主要集中在水价的制定及优化，研究领域包括农业水价和城市居民生活水价的制定方法及优化建议、工业水价结构性调整等。**代表性成果有**：水资源价值评价模型，水生态系统服务价值，水资源资产负债表，阶梯水价政策的制定，城市水价定价机制，农业水价优化等。

（3）在水权及水市场研究方面，学术性文献较为丰富，研究者存在不同的学科背景，涉及了水利工程学科、经济学科、管理学科等。总体来看，涉及水权研究的文献较多，但主要集中在水权的分配问题方面，涉及水市场研究的文献较多，成果多集中在理论探讨层面，涉及水权转让和交易的应用实践逐步增多。**代表性成果有：** 初始水权分配，水权交易及制度建设，水权交易定价模型，水资源市场化体系设计等。

（4）在水利工程经济研究方面，高水平学术性文献不多，这可能和我国在这一领域的研究相对比较成熟有关，随着海绵城市建设的推进，有关低影响开发措施的效益评价方面有了一定的成果，但创新性理论方法研究较少。**代表性成果有：** 水利工程效益评价，河流生态系统服务价值评价。

（5）在水利投融资研究方面，结合新时期治水思路及新发展理念，围绕水利投融资理论进行了一些初步研究，创新性理论成果相对较少，涉及水利投融资模式的文献多数是关于 PPP 模式在水利工程建设运营中的实践，水利产权制度改革方面，主要集中在小型农田水利设施产权制度改革，在供水管网水权确权、水生态空间确权方面也进行了一些探索。**代表性成果有：** 水利投融资模式研究及应用实践，农村小型水利工程产权制度改革理论等。

（6）在虚拟水与社会水循环研究方面，主要集中在虚拟水计算、虚拟水贸易与虚拟水战略、水足迹等方面，但基于虚拟水的水资源管理和社会水循环方面的研究成果相对较少。虚拟水计算实证研究主要集中在涵盖国际、国家、流域、区域等多个空间尺度的农业虚拟水计算、流动特征及影响因素分析，虚拟水贸易和虚拟水战略研究主要集中在虚拟水贸易测算以及对区域经济社会的影响；在水足迹方面，除了作物生产水足迹计算之外，基于水足迹理论的水资源承载力及可持续利用、生态足迹、灰水足迹方面的应用研究成果明显增多。**代表性成果有：** 农作物虚拟水计算分析，虚拟水贸易影响因素分析，水生态足迹、灰水足迹计算等。

1.4.7　水法律研究进展

（1）在流域管理法律制度研究方面，研究者较多，研究内容较为丰富，每年产出不少成果。这两年流域管理相关问题的研究重心出现了较大改变。《中华人民共和国长江保护法》从形成草案到正式通过和《黄河法》立法前期工作的全面展开，使得流域立法成为这两年的研究热点之一。学者们从流域综合性立法的必要性、立法功能定位、立法法理思考、立法模式等方面进行了深入研究，为流域立法积极建言献策，加速了《中华人民共和国长江保护法》的出台和推动了《黄河法》立法工作的开展。**代表性成果有：** 流域法治何以可能：长江流域空间法治化的逻辑与展开；长江流域立法的模式之变：从分散立法到综合立法；关于制定《中华人民共和国长江保护法》的法理思考；域外流域立法的发展变迁及其对长江保护立法的启示；论长江流域政府间事权的立法配置；长江流域生态环境协商共治模式初探等。

（2）自 2000 年 10 月 23 日水利部时任部长汪恕诚作出《水权和水市场——谈实现水资源优化配置的经济手段》的论述以来，水权一直是学界研究的热点之一。这两年关于水权制度的研究成果相较 2017—2018 年有所减少，研究主题仍集中于水产权及其分配模式、交易机制及价格方面；多为遵循政府现行水权交易思路的实践研究，研究视野较窄，创新性不足。**代表性成果有**：黄河流域水权制度的问题、挑战和对策；大保护背景下的长江水权问题探讨；新中国成立 70 年来中国水权制度建设的回顾与展望；中国水权市场的可持续发展组合条件研究；"以质易量"：水权交易改革的新维度——逻辑缘起、要件阐释、现实条件与制度保障；井灌区地下水水权交易机制与保障措施研究等。

（3）水环境保护法律制度是水科学研究的核心内容之一。学术界长期以来着重从不同角度进行研究，成果较为丰富。与 2017—2018 年相比，这两年对水环境保护法律制度的研究延续了以往特点，侧重于水污染防治、水资源保护以及水环境治理 3 个方面，创新性观点与突破性成果较少。在水污染防治方面，学者们对排污许可制度、污染物等量减量置换制度、污染物总量控制制度以及水污染协同治理制度进行了探讨；在水资源保护方面，学者们对水质达标规划制度、西北地区水资源短缺治理等方面进行了研究；在水环境治理方面，学者们对跨区水环境协同治理、水生环境保护和修复等方面进行了研究。**代表性成果有**：水污染协同治理系统构成与协同度分析——以闽江流域为例；京津冀跨界河流污染治理府际合作模式研究——以整体性治理为视角；我国应逐步实施基于水质的排污许可管理；法律视角下我国水污染防治模式转变机制研究；我国水污染物排放等量减量置换制度的完善；中国水环境质量达标规划制度评估研究等。

（4）涉水生态补偿机制研究方面，参与的学者较多，研究内容丰富，每年有较多学术成果。这两年对涉水生态补偿机制的理论研究成果较往年有所增加，出现了关于流域生态补偿内涵、跨界流域生态补偿理论困境以及流域生态补偿立法伦理基础的较深入探讨。除此之外，这两年的研究延续了以往的重点，集中在流域生态补偿、生态补偿地方立法以及生态补偿的方式和路径 3 个方面。**代表性成果有**：长三角地区省级流域生态补偿制度研究；中国跨省界流域生态补偿实践进展与思考；黄河流域生态补偿机制建设的思路与重点；河流伦理与流域生态补偿立法；跨界流域生态补偿的"新安江模式"及可持续制度安排；我国生态补偿机制市场化建设面临的问题及对策研究；我国流域横向生态补偿制度的建设实施与完善建议等。

（5）河（湖）长制是水科学研究领域的热点之一。2016 年年底河（湖）长制在全国范围内推行，并于 2018 年 6 月全面建立。关于河（湖）长制相关问题研究的热度不断上涨。2017—2018 年期间，学者主要对河（湖）长制的法律机制构建和现实困境进行了分析。这两年的研究出现了不同的角度和侧重点。主要表现在以下三个方面：一是将河（湖）长制与流域生态补偿、水污染治理等主题相结合，出现了一些跨学科的研究成果；二是注重实证研究和应用研究，研究内容呈现深入化、具体化以及可操作性强的特点；三是河（湖）长制立法视角的研究，有学者对河（湖）长制立法必要性进行了研究，探讨了河（湖）长制的立法模式。**代表性成果有**：中国水环境治理机制创新探索——河湖长制研究；公共责任制：河长制产生与发展的历史逻辑；河长制在促进完善流域生态补偿机制中的作用研究；政策扩散视角下河湖长制政策再创新研究；制度性集体行动视域下"河长制"协作机制研究——以天津市为例；河长制何以形成：功能、深层结构与机制条件等。

（6）对外国水法的研究，一直是我国学者在研究水政策法律中十分关注的内容和方向。与 2017—2018 年相比，这两年对外国水法的研究范围有所扩大，不仅有对美国、澳大利亚的研究，还有对乌兹别克斯坦、印度、墨西哥等国家的研究。在研究内容上，我国学者从流域综合治理、水权交易、水环境保护等方面学习借鉴外国的先进理论成果与实践经验，在一定程度上弥补了我国水法治方面的不足与薄弱之处。**代表性成果有：**乌兹别克斯坦水资源困境及改革的路径选择；中美水资源研究现状与发展展望；美国流域治理与公益诉讼司法实践及其启示；"一带一路"主体水资源区国家水资源管理体制对比；澳大利亚墨累-达令流域水改革实践经验及启示等。

（7）关于国际水法，我国学界的研究主要始于 1997 年联合国大会通过《国际水道非航行使用法公约》。与 2017—2018 年相比，这两年关于国际水法方面的研究在数量上没有明显增长，研究国际水法的学者依然不多，但成果质量有所提高，深度有所增加，针对性有所增强。这两年，我国学者侧重于我国的国际实践，以"澜湄机制"等为背景，主要从跨境河流的合作管理、国际水法对我国的影响和启示、水环境保护等方面，对国际水法的相关理论和实践进行研究，取得了一定成果。这对保障我国水资源安全、加强跨境河流的合作管理、水资源的共同开发利用具有重要意义。**代表性成果有：**国际水法对长江流域立法的启示和意义；澜湄国际河流水权的建构逻辑；国际水道法相关国际判例研究；国际河流环境影响评价中的国家利益平衡；国际河流流域组织发展历程及对中国的启示；澜湄水资源合作机制；湄公河干流水电开发事前磋商机制等。

（8）这两年关于水资源其他方面的研究不断深入、扩展，研究内容丰富，理念新颖。如排污许可、生态流量、取水许可、河湖刑法保护制度等方面都有一些学术成果。**代表性成果有：**水资源国家所有权的实现路径及推进对策；节约集约利用理念在黄河水资源保护立法中的应用探析；共治式协商：跨村河流协商治理的内在机制研究——基于华北席村的形态调查；包容性发展视角下饮用水水源保护区的治理与完善；生态流量的法律表达及制度实现；论河长触犯环境监管失职罪的刑法适用等。

1.4.8 水文化研究进展

（1）在水文化遗产研究方面，近两年学界在水文化遗产传承创新、黄河文化遗产研究、地域水文化遗产资源开发与利用、水文化遗产调查等方面，取得相关成果。从总体来看，关于理论性、标志性研究的成果较少，主要是水文化遗产调查和大运河文化遗产开发利用方面的研究。**代表性成果有：**水文化遗产保护的传承与创新、重庆地区水文化遗产的保护和开发、淮安大运河水文化遗产保护与传承、白洋淀水文化资源的保护与开发利用研究、文化遗产保护视角下合肥市水利旅游开发研究、都江堰水文化传承与发展研究、保护黄河水文化遗产、讲好"黄河故事"、黄河水文化遗产的主要类型及其价值。

（2）在水文化理论方面，近年来水文化理论研究主要关注在水文化内涵、黄河文化、水工程文化、城市水文化建设、水精神、水民俗、水哲学、少数民族水文化等方面的研究。从总体来看，上述研究成果仅限于水文化微观研究，对于原创性与基础性理论研究略显不足，研究手段和研究方法略显陈旧。**代表性成果有：**中国传统水文化概论、中国水文化建设若干问题研究、中国水文化发展前沿问题研究、水文化理论研究综述及理论探讨、黄河三角洲水文化研究、旧方志文献所见宁夏黄河水文化、三道河水利工程水文化建设探析、无锡大运河文化带水文化建设路径分析、基于地名的上海地域性水文化特征及建设途径、继承和弘扬中国传统水文化的基本精神、中华传统水文化的基本精神及教育意义、水文化视域下儒道哲学思想比较研究、从马克思文化哲学维度思考巴渝水文化、藏民族水文化对聚落空间的影响研究、中国壮族与泰国泰族人生礼仪中的水文化研究、中国民间信仰与水文化关系探析、西双版纳傣族水文化的生态价值研究等。

（3）在水文化传播方面，相比之前已有较大发展，主要表现在"互联网＋"与新媒体融合展示、黄河文化传播、生态文化教育等方面，但仅仅局限于传播手段和传播媒介，创新性的并且能够被广大人民群众喜闻乐见的传播媒介和手段还鲜见，出现"传而不播"和"自娱自乐"现象。**代表性成果有**：从自媒体看黄河文化国际传播策略、信息技术助推黄河水文化的数字化传播、融媒体视阈下黄河水文化传播策略研究、黄河生态文化传播推动能源行业可持续发展、动画作品在中华水文化传播中的经验探析、新时代黄河生态文化传播路径研究、黄河生态文明的展览展示与文化内涵研究——黄河文化时代精神传播途径研究、文化传播视域下的黄河流域特色旅游高质量发展研究。

（4）在旅游水文化研究方面，学术界主要围绕水文化旅游资源开发与案例分析、水利景区的水文化规划与设计、水上旅游、体育旅游水文化等方面，但是，对于旅游水文化的理论研究成果较少，对于水利风景区旅游内涵和价值认知不足。水景观规划设计还仅仅限于感性认识和初步研究，标志性的理论研究成果还很少见。**代表性成果有**：提升都江堰水文化旅游的思考、探讨基于水文化的城镇旅游特色景观规划设计、水生态文明理念下蜀水文化旅游资源开发研究、黄河重大国家战略背景下的水利风景区建设、以"水文化"为核心建设苏州国际文化旅游胜地的对策、城市河湖型水利风景区发展规划实践与思考、我国水利风景区管理体制改革研究、基于资源特性的水利风景区分类体系、促进京杭运河水上旅游发展研究、大运河苏州段水上旅游产品开发探析、关于推进我国水上旅游交通建设发展的研究建议、济宁市城区水上旅游生态文明建设探讨、东洞庭湖水系体育旅游文化"人水和谐"研究。

（5）在地域水文化研究方面，主要涉及行政区和流域中水与政治、水与经济、水与社会、水与城市等多方面内容，包含与水相关的水事活动内容。研究成果主要是以流域和行政区为主要对象的微观水文化研究，对地域水文化研究对象、研究任务和学科性质还没有论及。**代表性成果有**：扬州市海绵城市规划建设中的水文化建设策略、绍兴水文化的地域特征及其时代趋向、打造洛阳水文化高地刍论、白洋淀水文化资源的保护与开发利用研究、鄱阳湖流域水文化建设及传播策略浅析、从地名解读重庆水文化历史渊源、北京水文化与城市发展研究、兰州市传统地域文化背景下的城市滨水生态空间色彩研究。

1.4.9　水信息研究进展

（1）在基于遥感的水信息研究方面，研究者较多，成果也较为丰富，内容涉及多源遥感数据的土壤水分反演方法及应用，地表蒸发散计算与分析、多源遥感数据水体信息提取及变化检测、湿地遥感监测及评估、植被含水量估算以及河湖水位监测等多个方面。土壤水分遥感反演研究最为丰富，内容涉及可见光、红外、微波等遥感数据反演土壤水分的机理探讨、指数构建和应用、经典反演模型改进及应用等多个方面，利用无人机进行土壤水分反演也开始出现。蒸散发研究也不少，主要是基于能量平衡和多源数据进行蒸散的计算分析与应用等。利用遥感数据进行水体信息研究大量涌现，有经典水体指数的应用与改进，也有新指数和新方法提出。在湿地遥感监测方面，湿地信息提取研究要多于湿地变化监测方面。**代表性成果有**：基于土壤微波辐射布儒斯特角反演土壤含水率，基于多频被动微波遥感的土壤水分反演，空-谱角匹配与多指数法相结合的 OLI 遥感影像水体提取，结合改进的降斑各向异性扩散和最大类间方差的 SAR 图像水体提取，基于 LinkNet 卷积神经网络的高分辨率遥感影像水体信息提取，基于密集连接全卷积神经网络的遥感影像水体全自动提取方法等。

（2）在基于传感器的水信息研究与系统开发方面，研究成果主要集中在水位、土壤水分监测以及基于传感器网络构建精准灌溉决策支持系统等方面。**代表性成果有**：基于近邻传播算法的茶园土壤墒情传感器布局优化，基于物联网和人工智能的柑橘灌溉专家系统。

（3）在基于数值分析的水信息数据挖掘研究方面，研究成果主要集中在基于数学或者机理模型研究水污染扩散模拟以及基于统计模型的水信息发现等方面。**代表性成果有**：基于综合权重和改进物元可拓评价模型的地下水水质评价等。

（4）在基于 GIS 的水信息研究方面，一般性文献很多，主要是利用是 GIS 的空间分析技术对水信息空间数据进行分析和信息发现。主要内容涉及山洪灾害风险评价与区划、洪水预报、水资源评价、水生态与水环境研究等方面。**代表性成果有**：基于地理信息系统的区域水环境承载力评价等。

（5）在基于 GIS 的水信息系统开发方面，主要是利用 GIS 等技术开发水信息管理系统，内容涉及：洪水预报系统开发与应用以及水资源管理信息系统设计与应用等方面。**代表性成果有**：基于 WebGIS 的洪泽湖地区动态洪涝管理信息系统。

（6）在智慧水利研究方面，主要涉及智慧水利基础理论与应用系统研发方面，内容以应用系统开发为主。**代表性成果有**：智慧水利大数据内涵特征、基础架构和标准体系研究，基于人工智能的堤防工程大数据安全管理平台，基于物联网与三维可视化技术的大坝安全管理平台及其实现等。

1.4.10 水教育研究进展

（1）在水利高等教育发展史研究方面，20 世纪 60 年代起，以姚汉源为代表的水利史研究者曾经有所涉及，其后长时间无人问津，近年以华北水利水电大学宋孝忠、山东大学袁博、河海大学刘学坤等为代表的一批学人，深刻认识到水利高等教育史研究的重要意义，开始以此为研究方向，集结学术力量，在浩如烟海的资料中进行收集、整理，取得了一些初步研究成果。**代表性成果有**：抗战时期大后方水利高等教育的发展研究、近代中国水利事业建制化、李仪祉水利教育思想研究等。

（2）在水利高等教育理论研究方面，研究基础依然薄弱、研究团队集聚没有大的进展，研究范围、研究内容、研究方法也少有亮点，与水利高等教育整体规模和发展需要不相适应。从总体看，有价值、有创新的水利高等教育理论研究成果比较有限。**代表性成果有**：中华传统水文化的基本精神及教育意义研究、新时代水利精神与社会主义核心价值观教育融合研究、水利行业型大学创新创业教育研究、办好新时代行业特色高水平本科教育研究等。

（3）在水利高等教育教学研究方面，当前高等水利教学研究涉及课程建设、专业建设、教学方法、实践教学等诸多方面，是水利高等教育研究的一个重要方面，参与者主要是教学一线的专业课教师，因此研究基本上是具体课程教学经验的总结，也能够积极关注翻转课堂等最新教学技术研究，但从整体看缺乏理论深度，急需实现水利专业教学理论的升华。值得关注的是，这两年水利专业课程思政收到越来越多教师的关注和重视，基于"新工科"和工程教育认证的教学理论探讨也日益增多。**代表性成果有：**水利工程专业课程思政教学改革研究、"新工科"背景下水利类专业课程体系、课堂教学和实践教学研究、基于工程教育专业认证的水利类专业学生素质能力培养研究、卓越水利人才培养实践教学体系构建研究等。

（4）在水利职业教育理论研究方面，这是近年来研究的一个热点，水利职业教育的理论研究基本立足于时代的发展，聚焦水利职业教育实践，对促进水利职业教育发展具有一定作用。但高质量水利职业教育理论研究队伍较少，有深度、标志性的研究成果还不够多，对职业教育实践的指导作用不够鲜明，理论与实践的结合有待加强。**代表性成果有：**新时代水利精神融入水利高职院校"三全育人"模式研究，"校企合作、产教融合、协同育人"模式下水利高职人才培养研究，当代水利职业教育校企合作研究等。

（5）在水利职业教学研究方面，近年来在中国水利教育协会的大力推动下，水利行业教学大赛、水利行业技能大赛、水利职业教育专业评估、水利规划教材建设等方面开展得有声有色，有力地推动了水利职业教学研究，取得的多项成果获得国家级教学成果奖。从总体看，与水利高等教育研究一样，也是存在理论研究薄弱、教学研究"繁荣"的现象，提高水利职业教学研究质量已成为促进水利职业教育发展的重要因素。**代表性成果有：**高职水利类专业课混合式教学有效性研究、基于技能竞赛平台的水利工程专业教学改革研究、水利高职"课程思政"与思政课程交互融合研究、水利高职院校水文化教育融入职业核心能力培养研究等。

（6）水利继续教育研究方面，水利职工培训仍然是水利继续教育研究的热点和重点，从终身教育、终身学习视角研究水利行业继续教育数字化学习资源建设和共享、推进水利专业技术人员职业资格认证等方面也开始受到关注，但持续性、专业性研究不够。**代表性成果有：**高职院校继续教育培训的管理模式探究、新时期水利干部教育培训工作研究、基层水利行业职工安全生产教育培训研究等。

（7）在水情教育方面，由于《全国水情教育规划（2015—2020 年）》的颁布实施以及第一批国家水情教育基地的认定，水情教育研究开始受到高度关注，但随着时间推移，投入研究的人员太少，研究的成果的数量和质量与国家政策大力推进的趋势极不相符。**代表性成果有：**水情教育的内涵及外延研究、水情教育的实践研究、基于绿色发展目标的我国农村水情教育困境研究等。

1.5　水科学发展趋势与展望

随着经济社会飞速发展，科学技术日新月异，人类需要解决的水问题越来越迫切、越来越复杂，水科学研究面临着很好的发展机遇，必将快速发展。根据对目前水科学研究现状的分析，结合对未来学科发展走向的判断，参考文献［6］至文献［9］，本书作者在文献［3］和文献［4］中分方向对水科学发展趋势进行分析和展望。本书考虑最近两年的变化，对文献［5］此部分内容进一步梳理补充完善，大部分内容没有变化。

1.5.1 水文学发展趋势与展望

（1）水循环机理与模型研究。包括：城市、农田、植被、生态系统等不同尺度水循环过程观测实验、机理分析、数值模拟，大气水-地表水-地下水-土壤水转化关系观测与模拟，分布式水文模型继续创新发展，分布式水文-经济社会耦合模型，水文-生态耦合模型，高强度变化环境下的水文模型、不同尺度水文模型耦合，人水关系的作用机理及模拟、复杂模型的超级计算方法等。

（2）水文气象站网优化提升与智慧水文系统建设。包括：高精度、智能化水文气象监测设备研发，极端突发水旱灾害自动监测、应急监测，地表水与地下水、取水与排水、水量与水质、总量与效率一体化监控体系建设，水文气象站网优化布局、快速监测、信息收集与储存，水文气象测报新方法，洪水预报、洪灾监测与评估，一体化水管理信息系统建设与应用等。

（3）雨情、汛情、旱情预警预报方法与模型研究。包括：雨情、汛情、旱情预警预报方法，更精准的集合预报方法，应对雨情、汛情、旱情时期水系统变化模拟与处置路径、预案，预报模型研制与系统研发，防洪抗旱减灾自动监测、会商与体系建设等。

（4）气候变化和人类活动影响下的水文效应研究。包括：人类活动对水系统的影响作用分析，气候变化对水系统、水生态的影响作用分析，气候变化和人类活动对水系统影响作用大小和比例的度量，变化环境下水资源脆弱性评价和适应性调控，水系统的恢复性，气候变化下的水资源承载力和水安全，应对气候变化的水资源适应性管理等。这些一直是最近几年的研究热点，也将继续是今后一些年的研究热点。

（5）适应最严格水资源管理制度的水文学研究。包括：适应最严格水资源管理"三条红线"监控和考核需要的自动监测和实时调控，满足水资源开发利用总量控制的水循环计算方法，水资源利用效率控制的水文学计算方法，水功能区纳污总量控制需要的水文学基础，水文及水利现代化建设等。

（6）面向生态水利建设的水文学研究。包括：生态水文学研究，林地、草地、湖泊、湿地等生态水文过程研究，生态需水计算的水文学基础，生态建设带来的水循环变化分析，人类活动的水文-生态效应分析，河湖生态调度等。

（7）面向智慧水利/智慧水务建设的水文学研究。包括：基于现代信息通信技术的水系统快速监测、数据传输、存储，水文监测自动化系统，智慧水网系统的大型水文模型构建与智慧决策等。

（8）海绵城市建设的水文学研究。包括：海绵城市建设水文效应，城市高强度人类活动区水循环机理和模型，城市水文分析与计算、洪水计算，城市小尺度或微观尺度水系统模拟、高精度水文预报、生态水文过程和模型等。

（9）在京津冀协同发展、粤港澳大湾区、长三角、长江经济带、黄河流域、"一带一路"热点区域的水文学专题研究。包括：支持经济社会快速发展、生态环境保护的各方面水文学基础研究，需要回答这些区域发展会带来哪些水问题，如何应对这些水问题，以及如何保障区域可持续发展、人与自然和谐相处。这将是新的研究热点。

1.5.2　水资源发展趋势与展望

（1）水资源形成、转化、循环运动规律研究。包括：社会水循环、自然水循环的实验观测、过程机理、定量描述及耦合模拟，土地利用/覆被发生剧烈变化下的水资源转化机理和规律的认识、模拟及评价方法，水系统结构、模拟及应用，气候变化和人类活动共同影响下水资源系统演变过程及应对机理研究，空中水资源的输移与转化，健康水循环与水资源高效利用，水土资源耦合分析及高效利用，水资源-能源-粮食耦合分析及协调等。

（2）水资源高效利用关键技术研究。包括：水资源高效利用指标确定方法及评估体系，水资源风险分析与调控，用水总量控制方法，饮水安全保障关键技术方法，工业、农业用水效率提升关键技术方法，生态高效用水技术，真实节水理论方法，综合节水技术、节水型社会建设模式及评价标准等。

（3）水资源优化配置理论及战略配置格局研究。包括：大系统水资源优化配置理论方法及模型，社会-经济-水资源-环境协调发展目标的量化方法，水资源与经济社会发展和谐调控理论方法、调控模型，国家水网建设理论方法，考虑多目标协调的水资源配置方案制定（包括社会发展规模控制、经济结构调整、用水分配方案、水资源保护措施），全国、区域、流域尺度最优化水资源战略配置格局研究，面向国家重大需求的水战略研究等。

（4）水资源规划与管理方法研究。包括：多目标水资源规划和水能资源规划制定方法（统筹兼顾防洪、灌溉、供水、发电、航运等功能），水资源的供需平衡分析与水量科学分配，水能资源的评估与供需分析，水能资源开发方案与论证，水能资源开发对河流健康的影响研究与对策，水资源保护与灾害防治规划，现代水资源管理模式，水资源适应性利用理论方法，水资源空间均衡理论方法等。

（5）水资源承载能力和水资源可持续利用理论方法研究。包括：水与可持续发展关系研究，水资源动态承载能力研究方法，可持续发展量化研究方法，水资源与经济社会协调发展理论及量化研究方法、管理模型、方案制定，气候变化和人类活动下水资源适应性利用研究等。

（6）人水和谐理论方法及应用研究。包括：人水和谐论理论方法体系，水资源与经济社会、生态环境和谐发展研究，基于人水和谐思想的水资源开发利用、水资源规划、水资源管理、水环境综合治理等。

（7）最严格水资源管理理论方法及应用研究。包括：最严格水资源管理制度理论体系，水资源开发利用控制红线确定方法，用水效率控制红线确定方法，水功能区限制纳污红线确定方法，"三条红线"控制指标合理分配方法及考核制度体系等。

（8）适应生态文明建设（或生态水利）的水资源保障体系研究。包括：考虑生态保护的水资源优化配置技术、水资源合理分配与调度技术、水利工程优化布局与规划建设关键技术，生态需水保障技术，河流健康保障技术，水资源安全保障体系建设等。

（9）河湖水系连通理论方法及应用研究。包括：河湖水系连通演变规律、驱动因素、构成要素、机理分析，河湖水系连通分类体系及判别指标，河湖水系连通的问题识别、功能分析、适应性分析、方案设计、运行管理、效果评价，河湖水系连通规划方法及应用实践等。

（10）支撑智慧水利（或智慧水务）发展的水利现代化和水资源技术方法研究。包括：

水利现代化建设体系，水资源快速监测、传输、储存及运行计算，水资源和谐调控模型、调控方案快速生成与评估、智慧决策系统研发等。

（11）支撑海绵城市建设的水资源保障体系研究。包括：城市水资源合理开发、高效利用和有效保护的基础科学问题，海绵城市建设引起的水资源变化规律与水系统模型，水资源高效利用途径、非常规水利用途径，水资源安全保障体系等。

（12）支撑京津冀协同发展、粤港澳大湾区、长三角、长江经济带、黄河流域、"一带一路"建设的水资源问题研究。包括：面向国家重大战略的水资源优化配置和河湖水系连通体系建设，水资源一体化规划、配置、调度、保护、监控和考核，基于节水优先方针的一体化节水型社会建设，基于生态优先的水资源保障体系建设，一体化智慧水网建设，生态保护、绿色发展目标下的水资源管理制度体系，水资源保护与开发和谐发展理论与实践，"一带一路"沿线地区水资源安全风险评估、安全监测预警、跨区域水资源配置网络建设，开发、利用、节约、保护、处理水等技术在"一带一路"沿线国家的交流、推广、研发和应用，水科学交流、合作、共享机制建设[9]。

（13）继续探索水资源研究的新理论、新方法。包括：关于水资源的多学科交叉研究，水资源社会学研究，水资源开发利用的工程技术应用，水资源-气候资源联合利用方法，水资源-生物资源开发利用方法，水土资源优化配置与利用方法，受水制约或影响的其他资源规划利用方法，水资源与水经济、水法律、水文化、水教育等交叉研究，以及数学与系统科学、管理科学、计算机科学、遥感等新技术在水资源研究中的应用等。

1.5.3 水环境发展趋势与展望

（1）水环境机理、水质模型与水环境评价、预测研究。包括：不同水体水化学类型和同位素空间分布特征，水化学演变特征，水污染机理及水质迁移转化规律研究，水环境多介质模型，水量-水质-水效联合调控模型，污染物输运高效高精度模拟，考虑人类活动的水环境变化预测模型，水质模型与分布式水文模型的耦合，面源污染预测模型与输出风险评估，基于不确定性理论的水环境评价方法，水环境影响评价方法及模型的应用与优化，突发水污染的预警预报等。

（2）水资源保护和河湖健康保障体系建设关键技术研究。包括：水资源保护理论方法与实施技术，河湖健康理论方法与实施技术，河湖健康评估指标、保障体系，水资源保护规划，河湖水系结构指标与水系连通度的关系，河湖水系连通量化评估方法及综合效果评价，水资源管理保护阈值确定理论方法，地下水超采区治理技术，工程建设技术，工程措施和非工程措施实施方案及效果评估等。

（3）水生态保护与修复理论方法及应用研究。包括：生态水文监测新技术新方法探索，生态水文系统综合观测网络完善，水生态功能评价，水生态健康评价，生态水文模型的构建与集成，水生态承载能力，生态环境需水/环境流量和生态水位理论方法，多源信息的采集与融合，生态水文时空格局及演变特征，多尺度生态水文综合模拟与不确定研究，水生态调度模型，生态对水文变化的响应机制，水生态保护技术，水土保持规划，水土保持工程建设，水土保持监测、评估与控制技术等。

（4）水污染总量控制理论方法及应用研究。包括：水功能区划定，污染源调查评价与识别技术，水体动态纳污能力计算方法，水环境容量分配方法，水污染物排放总量控制政策，水利工程防污联合调度理论方法，排污口优化/规划理论方法，排污权优化分配方案，典型地区农村饮用水及生活污水水质调查方法，底泥污染物的累积与释放等。

（5）水污染治理技术及应用研究。包括：点源污染治理技术，面源污染治理技术，内源污染治理技术，饮用水水源地保护技术，重金属污染防治技术，有毒有机污染防治技术，富营养化污染防治技术，水生态处理技术、深度污水处理技术，膜技术等。

（6）水环境管理理论方法及应用研究。包括：水环境管理技术体系，水环境保护监测预警和监督管理，水源地保护区划定理论方法，水环境风险管理理论方法、评价指标体系，突发水污染风险分区与应急管理，水生态补偿机制及补水后评价，排污权市场交易理论方法，优化模型及综合分配等。

（7）支撑生态文明建设的水环境综合治理研究。包括：水生态可持续发展战略，水环境综合治理体系构建，水工程建设中的生态保护规划与建设技术，水生态文明评价指标体系构建，水生态文明建设保障体系，区域水生态文明建设绩效评价研究及障碍因子诊断分析，水生态文明建设水平评估监控与快速判别和决策系统研发等。

（8）海绵城市建设的面源污染机理及治理技术研究。包括：海绵城市融入国土空间规划体系，海绵城市理念下流域协同治理策略，海绵城市建设引起的水环境变化机理与水质模型，水环境治理中海绵城市理念方法的应用，海绵城市建设的水环境效应，海绵城市污水处理措施及对城市环境的改善，城市面源污染形成机理、治理技术、管理体系及基础设施优化配置等。

1.5.4　水安全发展趋势与展望

（1）防洪抗旱减灾研究。包括：防洪抗旱减灾监测及决策支持系统，防洪安全评估，洪水资源利用，抗旱应急水源选择，防洪抗旱协同调度，流域尺度防洪、抗旱、兴利相结合水资源统一调度，复杂水库群多目标优化调度，干旱形成机理、干旱预警预报理论方法，旱灾风险分析与减灾决策，旱灾适应性管理和调控技术，旱灾损失评估与灾后恢复等。

（2）环境污染、冰凌、泥石流、风暴潮等带来的水安全研究。包括：重大水污染事故的预警预报与控制，环境对人体健康的影响作用机理及评估方法，冰凌、泥石流、风暴潮等形成机理和预警预报理论方法，国家水安全应对策略等。

（3）水安全评估指标、风险分析及调控对策研究。包括：水安全发展目标及评估指标，水安全测算和评估方法，水安全风险评估与风险管理，水安全与乡村振兴、小康社会建设、和谐社会建设的关系，农村饮水安全及用水保障措施，水安全保障体系建设与综合调控，保障水安全的技术体系（如供水、水处理、水环境）等。

（4）分类水安全保障技术及应用研究。包括：先进的农业节水灌溉技术、工业节水技术、生活节水技术、输水管网漏损监测与智能控制技术、污废水再生回用技术研发，节水型社会建设方案的规划、设计、实施方案论证，水安全保障自动监控与精确管理系统研发，面向水安全的水资源管理政策等。

（5）海绵城市建设中水安全保障能力建设研究。包括：城市洪水、干旱、污染的危害机理及安全调控，水安全保障能力提升建设技术，城市水系规划与治理等。

1.5.5 水工程发展趋势与展望

（1）水工程方案优化选择和规划论证研究。包括：水资源开发工程方案优选、河流治理工程方案选择，大型、跨流域或跨区域河流水系工程规划与论证，排水工程规划设计方案选择，水利工程布置方案、可行性研究，水利工程调度、运行管理方案优化选择和规划论证等各个方面。水工程主要包括农田水利工程、抗旱应急水源工程、集中供水工程、农村饮水安全工程、骨干水源工程、水资源配置工程、防洪控制性水利枢纽工程、城市防洪排涝工程、城市给排水工程、海堤工程、跨界河流整治及调水工程、河湖水系连通工程、水土保持工程、生态保护工程、节水工程以及灌溉工程等。

（2）适应性水工程规划建设和管理制度研究。包括：各种水工程规划、建设、调度、运行管理、运行机制和管理制度改革等，以及适应生态文明建设的各种水工程规划、设计、建设、管理的各种技术标准、政策制度等。

（3）适应生态水利的工程建设技术及应用。包括：各种水工程建设的生态保护设计标准、设计技术、建设技术，以及水工程建设中生态保护措施选择及应用等。

（4）适应智慧水利（或智慧水务）建设的水工程规划设计与建设管理研究。包括：水工程建设相关配套的自动监控、远程控制、自动供水、多功能运行管理等，以及面向订单式服务、水管理精准投递的水工程建设等。

（5）海绵城市建设中水工程研究。包括：与海绵城市建设相联系的河流治理工程、雨水收集与利用工程、城市排水除涝工程、城市排水管网优化工程、污水收集处理和回用工程、河湖水系连通工程等方案设计及论证、工程建设顺序、工程调度、运行管理等。

1.5.6 水经济发展趋势与展望

（1）水资源与经济-社会-生态环境复合系统的耦合关系及量化研究。包括：水资源-经济社会-生态环境互馈机制认知及表述，水资源与经济社会发展和谐平衡点量化优选、和谐程度评估及和谐调控，水资源开发利用的经济效益分析、综合效率评价，水利工程生态经济评价等。

（2）水资源价值理论及水价制定研究。包括：水资源价值核算理论，水生态系统服务价值评价模型，水资源价值损失模型及核算体系，水价体系构成及水价制定方法，两部制水价、超额累进加价制度、阶梯式水价制度研究等。

（3）初始水权分配与水市场研究。包括：初始水权分配模型、影响因素、效果评价，水市场的构建、运行与管理，水权交易风险防控，水资源产权制度，水资源资产确权登记、用途管制、有偿使用制度研究，水资源税改革等。

（4）水利投入增长及长效机制研究。包括：公共财政对水利投入方式、比例和管理办法，专项水利资金管理办法和评估体系，水利投资项目遴选和资金监督管理，水利投融资理论与模式，金融机构对水利信贷资金投放方式、融资形式和风险分析，水利投融资渠道等。

（5）社会水循环与虚拟水研究。包括：虚拟水转化运移基本理论方法，基于虚拟水的水资源管理研究，虚拟水贸易和虚拟水战略研究，社会水循环驱动机制、结构、模式、通量核算，社会水循环与自然水循环耦合研究，虚拟水与社会水循环耦合研究等。

（6）支撑生态文明建设和智慧水利建设的水资源经济措施及保障体系研究。包括：水资源经济学研究，水价调控策略研究，水资源安全保障体系建设等。

（7）海绵城市建设的水经济研究。包括：海绵城市建设的投融资途径、经济分析，财务型投入产出模型，经济运行方式和模式等。

1.5.7　水法律发展趋势与展望

（1）水法规体系法律基础研究。包括：水政策和法律基本理论，水法规体系，重点领域（流域管理、节约保护、防汛抗旱、水权制度、农村水利、水土保持等）的法律法规建设，重点问题（饮用水安全、涉水生态补偿、水环境保护、水资源论证、水工程建设规划同意书、洪水影响评价、水土保持方案等）的制度建设等。

（2）水权体系和制度、排污权制度、流域生态补偿机制研究。包括：水资源配置和取水许可，可交易水权制度构建及立法选择，国外水权制度，最严格水资源管理的水权制度及法律基础，排污权交易方法及制度建设，流域生态补偿的伦理基础，跨流域调水生态补偿制度，流域生态补偿机制，水生态补偿财政转移支付制度，国际流域生态补偿等。

（3）有利于水利科学发展的制度体系建设研究。包括：水利科学发展的制度体系内涵、框架（包括最严格水资源管理制度、水利投入稳定增长机制、水资源节约和合理配置的水价形成机制、水利工程良性运行机制），制度体系评估系统，制度体系支撑系统及保障机制，制度体系对水利科学发展作用分析及调控等。

（4）水资源管理制度、体制和考核制度研究。包括：流域管理体制及综合治理模式，水资源保护法律体系、水资源管理制度体系，最严格水资源管理制度，水资源管理体制，流域管理与区域管理相结合管理模式，城乡水资源统一管理制度，水资源管理工作机制，水资源保护和水污染防治协调机制，水事纠纷协调机制及和谐处置途径，水资源管理责任和考核制度，水资源开发利用、节约保护考核指标及综合考核方法，涉水管理法律法规以及政策之间的协调和衔接等。

（5）适应生态水利建设、智慧水利建设的法律政策制度研究。包括：水利设施建设环境影响评价，水-粮食-能源-生态-气候关联关系，水生态文明制度建设与发展思路，适应最严格水资源管理的法律体系，构建最严格水资源管理制度体系，保障生态水利建设和智慧水利建设的法律政策制度体系等。

（6）河（湖）长制研究。包括：河湖管理政策法律法规建设，水污染防治，河（湖）长制治理机制，河（湖）长制推行成效，责任、考核和监督体系等。

1.5.8　水文化发展趋势与展望

（1）对水文化遗产资源的开发利用相关问题的研究。包括：不同地区、流域、典型工程的历史工程水文化考察，水文化和水工程科学考察，现代水治理与中国特色社会主义制度显著优势研究，大运河和黄河国家公园建设，旅游水文化与乡村振兴等。

（2）水文化教育和传播的实践与研究。包括：水文化教育体系、多途径教育内容、方式挖掘、平台构建，水文化传播方法等，国家水情教育基地水文化科普、大运河文化带研学、水文化在"一带一路"沿线国家（地区）的推广。

（3）基于水文化视野的人水和谐关系研究。包括：基于历史视角的水环境变迁研究，基于历史发展的水利工程作用和效果分析，中外调水工程对比、水生态环境保护与协同治理、水资源开发利用以及水政管理政策和体制的历史学分析。

（4）水文化传承创新与生态文明建设研究。包括：现代水利工程研究中水文化分析方法，水利工程建设中文化元素的融入方法，水文化体系构建，基于水文化视角的生态文明建设理论及途径，水生态文明判别标准及建设方向选择等，先进水文化建设、黄河文化特质和价值、长江文化与中华文明等。

1.5.9 水信息发展趋势与展望

（1）基于遥感的水信息研究方面。主要是融合雷达和光学等多源遥感数据，综合利用传统指数法、面向对象、机理模型和深度学习等新技术，挖掘光学和雷达遥感的光谱、空间、时间等多维大数据信息，实现水信息的快速和准确提取。

（2）水信息数据挖掘方面。主要包括水信息系统快速监测技术、水资源数据采集与传输技术、通信技术、预测预报技术、数值模拟技术、数据库技术、科学计算可视化技术以及这些技术在水科学中的应用等。

（3）水利信息化建设方面。主要包括水资源管理信息系统，水文预报分析预警系统，河湖水系生态环境监测监控系统，防洪抗旱决策指挥，突发性涉水事件应急管理系统等。

（4）智慧水利研究方面。利用物联网技术，以水循环为线索，开展新装备、新产品、新途径研究，实现水安全、水资源、水环境、水生态、水管理等信息的高效与立体监测；加快变化环境下的水文水资源预报模型的研制；加强人工智能算法研究，促进智慧水利知识的生成以及智慧水利的应用；加强流域水模拟和预测预报、水工程安全分析和科学调度、水行政管理智能和水信息服务智能等核心水利业务系统建设研究。

1.5.10 水教育发展趋势与展望

（1）推进适应新时代要求的水利高等教育研究。包括：适应新时代教育基本矛盾的转变和治水思路的转变，积极推进高等院校、中等职业学校水利类专业建设，水利高等教育体制改革、课程体系构建、水利类课程思政及教学方式方法研究；积极推进水利人才引进、培养、评价、流动和激励机制建设研究；积极推进水利高等教育发展史研究，为现代水利教育改革发展提供借鉴等。

（2）推进构建"人人参与、人人受益"的全民水情教育体系。包括：以水状况、水政策、水法规、水常识、水科技和水文化等六个方面为主的内容体系；以各级领导干部、公务员、专业技术人员、学生及学龄前儿童、企业从业者、城市社区居民和农村群众等为对象的受教育体系；以政府、学校、企业、社会组织、科研院所等为主体的多元化实施体系，通过全民水情教育体系构建，提高全民水患意识、节水意识、水资源保护意识。

（3）推进构建新时代水利科技创新体系。包括：健全水利科技创新体系，强化基础条件平台建设，加强基础研究和技术研发，加大技术引进和推广应用力度，加强水利国际交流与合作，以提高水科学支持能力、水管理队伍整体水平。

（4）推进构建新时代水文化普及教育体系。根据水文化普及与认同受众的差异性，构建包括学生、水利职工和普通民众三个层面的水文化普及与认同教育体系：各级各类学校学生是水文化普及教育的基础，构建学前教育、义务教育、中等教育、高等教育专门的、连贯性的水文化教育体系；水利职工是水利事业的中坚力量，推进涉及水电、农业、航运、供水、饮水等一切与水有关部门职工的水文化提升教育；社会民众是水文化教育真正的主体，水文化普及教育必须贴近民众，走进民众生活，培养全社会受众水危机意识和先进节水理念，以利于人水和谐的社会环境的建设。

本章撰写人员及分工

本章撰写人员：左其亭、甘容、窦明、王富强、张金萍、丁相毅、胡德胜、贾兵强、宋轩、宋孝忠。左其亭负责统稿。

分工如下：

节　名	作　者	说　明
1.1　概述 1.2　水科学的范畴及学科体系 1.3　本书采用的水科学体系及分章情况	左其亭	
1.4　水科学 2019—2020 年研究进展综述	甘容、左其亭、窦明、王富强、张金萍、丁相毅、胡德胜、贾兵强、宋轩、宋孝忠	
1.5　水科学发展趋势与展望	左其亭、甘容、窦明、王富强、张金萍、丁相毅、胡德胜、贾兵强、宋轩、宋孝忠	左其亭撰写，其余人协助修改完善

参考文献

[1]　左其亭. 水科学的学科体系及研究框架探讨 [J]. 南水北调与水利科技，2011，9（01）：113 - 117.

[2]　左其亭. 中国水科学研究进展报告 2011—2012 [M]. 北京：中国水利水电出版社，2013.

[3]　左其亭. 中国水科学研究进展报告 2013—2014 [M]. 北京：中国水利水电出版社，2015.

[4]　左其亭. 中国水科学研究进展报告 2015—2016 [M]. 北京：中国水利水电出版社，2017.

[5]　左其亭. 中国水科学研究进展报告 2017—2018 [M]. 北京：中国水利水电出版社，2019.

[6]　左其亭，张保祥，王宗志，等. 2011 年中央一号文件对水科学研究的启示与讨论 [J]. 南水北调与水利科技，2011，9（05）：68 - 73.

[7]　左其亭. 中国水利发展阶段及未来"水利 4.0"战略构想 [J]. 水电能源科学，2015，33（04）：1 - 5.

[8]　左其亭. 我国海绵城市建设中的水科学难题 [J]. 水资源保护，2016，32（04）：21 - 26.

[9]　夏军，左其亭. 中国水资源利用与保护 40 年（1978—2018）[J]. 城市与环境研究，2018，5（02）：18 - 32.

第2章 水文学研究进展报告

2.1 概述

2.1.1 背景与意义

（1）水文学是地球科学的一个分支，是水资源研究和开发、利用、保护的重要理论依据和技术支撑，也是水科学的重要基础内容。水文学主要是研究地球上水的起源、存在、分布、循环运动等变化规律（包括水资源的转化规律），既包括水资源的基础研究内容，也包括为水资源的应用服务内容。认识水文循环对人类社会的可持续发展至关重要，对水文循环变化规律的掌握程度极大地影响人类文明与社会经济的发展。

（2）人多水少、水资源时空分布不均是我国的基本国情和水情，水资源短缺、水污染严重、水生态恶化等问题十分突出，已成为制约经济社会可持续发展的主要瓶颈。水文学是水资源的学科基础。在有关水资源的开发利用中，大部分基础工作都要用到水文学的有关知识。水资源开发利用推动水文学的发展，在水资源开发利用中，特别是现阶段我国复杂的水资源问题，针对一些新形势下的新问题，要从技术上解决他们，都需要坚实的水文学基础。

（3）水文学具有悠久的发展历史，是人类从利用水资源开始，并伴随着人类水事活动而发展的一门古老学科。同时，又是一个伴随着新技术、新理论、新方法出现不断演变和发展的与时俱进的学科。由于客观世界的复杂性、广泛存在的不确定性以及人类认识上的局限性，水文学仍有许多难点问题（如不确定性问题、非线性问题、尺度问题等）在理论上和实际应用上未能很好解决。因此，水文学也像其他发展中的学科一样，一直在不断发展之中。特别是，随着现代科学技术的发展，以前没有发现的问题，现在发现了，以前没有解决的问题，现在在逐步解决，使得水文学不断发展、不断壮大。

2.1.2 标志性成果或事件

（1）2019年2月19日颁布中央一号文件，其中与水利相关的内容有：实施区域化整体建设，推进田水林路电综合配套，同步发展高效节水灌溉；进一步加强农田水利建设，推进大中型灌区续建配套节水改造与现代化建设，加大东北黑土地保护力度，加强华北地区地下水超采综合治理；落实河长制、湖长制，推进农村水环境治理，严格乡村河湖水域岸线等水生态空间管理。

（2）2019年2月22日，为深入贯彻落实习近平总书记关于生态文明建设和保障国家水安全的重要讲话精神，着力解决华北地下水超采问题，按照国务院领导的指示，水利部会同有关部门和地方，研究制定了《华北地区地下水超采综合治理行动方案》，提出华北地区地下水超采综合治理的总体思路、治理目标、重点举措和保障措施。

（3）2019年2月26日，水利部在郑州召开水文工作会议。叶建春副部长在会上指出当前水文工作的主要矛盾是新时代水利和经济社会发展对水文服务的需求与水文基础支撑能力不足之间的矛盾，明确了水文改革发展的工作思路就是要紧紧围绕治水思路的转变，全面提升现代化水平，努力做好对水利和经济社会发展的"两个支撑"，要求水文工作要围绕水资源管理、水生态保护和防灾减灾等方面新的需求进行工作思路调整，使水文成为水利行业监管的尖兵和耳目。

（4）2019 年 3 月 22 日是第二十七届"世界水日"，3 月 22—28 日是第三十二届"中国水周"。联合国确定 2019 年"世界水日"的宣传主题为"Leaving no one behind"（不让任何一个人掉队）。"中国水周"活动的宣传主题为"坚持节水优先，强化水资源管理"。

（5）2019 年 5 月 10 日，水利部党组印发《新时代水利人才发展创新行动方案（2019—2021 年）》，明确要以习近平新时代中国特色社会主义思想和党的十九大精神为指导，深入贯彻新时代党的组织路线和"节水优先、空间均衡、系统治理、两手发力"治水思路，瞄准国家发展战略和"补短板、强监管"对水利人才的需求，加快建设一支高素质专业化水利人才队伍。

（6）2019 年 5 月 24 日，长江治理与保护科技创新联盟成立大会暨第一次研讨会在武汉召开。联盟旨在深入贯彻落实习近平总书记生态文明思想、推动长江经济带发展重要讲话精神和治水重要论述，集聚保障长江大保护和共促高质量发展的合力，打造协同创新服务平台，切实推进长江治理与保护科技创新。

（7）2019 年 9 月 18 日，习近平总书记在河南主持召开黄河流域生态保护和高质量发展座谈会时提出了"黄河流域生态保护和高质量发展"这一重大国家战略，指出"既要谋划长远，又要干在当下，一张蓝图绘到底，一茬接着一茬干，让黄河造福人民"；提出 5 方面工作。

（8）2019 年 12 月 18 日，水利部在京发布全国水利一张图（2019 版），水利部叶建春副部长出席发布仪式，并在随后召开的水利网络安全工作座谈会上做讲话，部署下步工作。

（9）2020 年 3 月 22 日是第二十八届"世界水日"，2020 年联合国确定 2020 年"世界水日"的主题为"Water and Climate Change"（水与气候变化）。我国纪念"世界水日"和"中国水周"活动的主题为"坚持节水优先，建设幸福河湖"。

（10）2020 年 4 月 30 日《2020 中国水利发展报告》（以下简称《2020 报告》）正式出版。作为一部全面反映年度水利工作的权威出版物，中国水利发展报告近年来社会影响力不断增大，2018 年被国家新闻出版署列入"十三五"国家重点图书出版规划项目，2019 年荣获"百种科技新书"荣誉称号。

（11）2020 年 5 月 6 日水利部颁布实施《水利职工节约用水行为规范（试行）》（以下简称《行为规范》），为全国水利职工划红线、立规矩，明确提出节水要求，倡导节约每一滴水。

（12）2020 年 8 月 24 日，李克强总理在澜湄合作第三次领导人会议上提出"中方将从今年开始，与湄公河国家分享澜沧江全年水文信息"。

（13）2020 年 10 月 22 日，为充分发挥水文服务国民经济和社会发展的作用，水利部制定了《水文监测资料汇交管理办法》，自 2020 年 12 月 1 日起施行。

（14）2020 年 11 月 13 日，习近平总书记在江苏扬州考察调研，了解南水北调东线工程规划建设和江都水利枢纽建设运行等情况，要求把实施南水北调工程同北方地区节约用水统筹起来，坚持调水、节水两手抓、两手都要硬，要求依托大型水利枢纽设施和江都水利枢纽展览馆，积极开展国情和水情教育。

（15）2020 年 11 月 29 日，浙江省水文管理中心、杭州市林水局联合运河沿线北京、天津、河北、山东、江苏等 6 省市水文部门，共同发起创建"京杭大运河百年水文联盟"活动，现场发布了《京杭大运河百年水文联盟杭州宣言》，联盟坚持以共同保护、共同传承、共同利用为宗旨，建立共识共保机制，弘扬新时代水文精神，努力使百年水文站成为展示大运河文化带建设的重要窗口。

（16）2020 年 12 月 22 日，《水文现代化建设规划》通过水利部审查，履行审批程序后，将作为"十四五"及今后一段时期全国水文现代化发展和基础设施建设的重要依据。

2.1.3 本章主要内容介绍

本章是有关水文学研究进展的专题报告，主要内容包括以下几部分。

（1）对水文学研究的背景及意义、有关水文 2019—2020 年标志性成果或事件、本章的主要内容及有关说明进行简单概述。

（2）本章从 2.2 节开始按照水文学内容进行分类归纳，主要内容包括：以研究对象分类的水文学研究进展、以应用范围分类的水文学研究进展、以工作方式分类的水文学研究进展、以研究方法分类的水文学研究进展。最后简要归纳 2019—2020 年进展及其与2017—2018 年进展的对比分析结果。

2.1.4 有关说明

本章是在《中国水科学研究进展报告 2017—2018》[1]（2019 年 9 月出版）的基础上，在广泛阅读 2019—2020 年相关文献的基础上，系统介绍有关水文学的研究进展。因为相关文献很多，本书只列举最近两年有代表性的文献，且所引用的文献均列入参考文献中。

2.2 以研究对象分类的水文学研究进展

传统的水文科学是按研究对象划分分支学科的，主要有：河流水文学、湖泊水文学、沼泽水文学、冰川水文学、河口海岸水文学、水文气象学和地下水水文学等。左其亭等在《现代水文学（新 1 版）》一书中，阐述了现代水文学的基础理论、技术方法及应用实践[2]。

2.2.1 河流水文学研究进展

河流水文学也称河川水文学，研究河流的自然地理特征、河流的补给、径流形成和变化规律、河流的水温和冰情、河流泥沙运动和河床演变、河水的化学成分、河流与环境的关系等。河流水文学研究是水文学中一个重要的学科方向，国内有大量的科研人员参与研究，每年不断涌现大量的研究成果。主要研究成果涉及水系特征和流域特征研究、河流水热动态与河流冰情研究、河道演变或河床演变研究以及河流水质、泥沙、洪水、产流与汇流研究等方面。以下仅列举有代表性的文献以供参考。

（1）在水系特征和流域特征方面。陆永军等研究了珠江三角洲网河区低水位的时空变化规律[3]。李景保等评价了区内外水利工程对水系结构变化的影响[4]。胡家昱等分析了佛山市中心城区河网水系演变及其驱动因子[5]。孟宪萌等总结了有关水系分形结构的主要研究内容[6]。高吉喜等研究了近 20 年黄河流域陆表水域面积时空变化特征[7]。高玉琴等分析了秦淮河流域水系结构及连通度变化[8]。朱晓丝等研究了乌江流域水域面积变化的气候效应[9]。李敏慧等分析了青藏高原典型流域河网特性及控制因素[10]。左其亭等评估了人类活动对河湖水系连通的影响[11]。刘丙军在《变化环境下珠江河网区水文过程演变研究》一书中，分析了河口围垦等典型人类活动对河网水系结构以及河道地形的影响[12]。

（2）在河流水热动态与河流冰情方面。刘强等分析了黄河下游冰凌特征变化及影响冰情的主要因素[13]。邓宇等建立了冰情自动监测系统连续自动监测封河期气温与冰厚，分析了黄河封河期气温变化对河冰厚度的影响[14]。周建军等研究了长江上游水库群的热环境效应[15]。全栋等分析了黄河干流头道拐河段凌汛期小流量过程变化及其影响因素[16]。罗红春等研究了黄河什四份子弯道冰期水流及冰塞特征[17]。路锦枝等提出了利用水位变化的黑龙江开河方式和开河日期预报[18]。张献志等开展了黄河内蒙古河段凌情要素序列突变点诊断[19]。刘红珍等在《黄河上游河道凌情变化规律与防凌工程调度关键技术》一书中，分析了宁蒙河段凌情特征变化以及在热力、动力和河道边界条件等方面的成因，研究了黄河上游河道凌情变化规律和流凌封河期、稳定封河期以及开河期等凌汛期关键阶段的河道防凌控制流量指标[20]。

（3）在河流水质方面。不同学者开展了基于证据推理理论[21]、多元统计分析[22]、区间型贝叶斯[23]、Pearson 相关性原理[24]、和谐论定量方法—和谐度方程（HDE）[25]、组合权重法[26] 等的水质评价研究。袁静等以三峡库区及其支流为例，对河流型水库水质评价标准纵向量化分区进行了分析[27]。康文华等探究了赤水河流域不同地貌条件下景观对河流水质的影响差异[28]。徐启渝等分析了土地利用结构与空间格局对袁河水质的影响[29]。张庆文等分析了香溪河库湾水质特征与非回水区水华响应关系[30]。纪广月开展了基于改进粒子群算法优化 BP 神经网络的西江水质预测研究[31]。张叶等开展了基于 MIKE21 的城市河流水质改善与达标分析[32]。文广超等分析了基于 Landsat 的淮河干流水质监测的可行性[33]。郑丙辉等在《三峡水库水环境特征及其演变》一书中，论述了三峡水库运行后干流水体水文水动力、水质、水生态演变过程[34]。窦明等在《闸控河流水环境模拟与调控理论研究》一书中，建立了水质多相转化数学模型，分析了不同情景下的水质多相转化规律，识别了影响水质浓度变化的主要因子，并构建了水质浓度变化率与主要因子的量化关系。

（4）在河流泥沙方面。研究文献较多，特别是针对黄河流域的研究增多。王浩等初步探讨了新时期的治黄方略[35]。刘晓燕等探讨了黄土丘陵沟壑区典型流域林草梯田覆盖程度变化与可致流域产沙的降雨阈值之间的响应关系[36]。胡春宏等研究了黄河泥沙百年演变特征与近期波动变化成因[37]。张金良等研究了黄河水沙关系协调度[38]。申孙平等研究了不同水沙条件下黄河上游巴彦高勒至头道拐河段输沙优化调控情况[39]。陈界仁等分析了黄河中游区间各区域水沙量的变化趋势及入黄贡献率变化[40]。张金萍等运用经验模态分解方法和信息熵理论研究了黄河中游的水沙关系[41]。安催花等研究了黄河下游河道平衡输沙的沙量阈值[42]。白涛等研究了高含沙河流的低温输沙效应[43]。张金良在《黄河水沙联合调度关键问题与实践》一书中，提出了水沙预测方法，研究了高含沙洪水的"揭河底"机理，建立了水库泥沙淤积神经网络快速预测模型[44]。

刘洁等研究了长江上游水沙变化对三峡水库泥沙淤积的影响[45]。秦蕾蕾等分析了金沙江下游水沙变化特性及梯级水库拦沙情况[46]。吴乐平等对水库群-河道水沙分配动态博弈模型理论框架进行了探讨[47]。唐小娅等分析了三峡入库水沙特性及汛期泥沙淤积特点，探究了汛期泥沙淤积对坝前水位的滞后响应[48]。严宇红等分析了疏勒河流域泥沙时空分布规律及水沙关系[49]。吴慧凤等模拟了不同极端土地利用情景对流域输沙量的影响[50]。史常乐等分析了三峡大坝—葛洲坝河段水沙变化及冲淤特性[51]。郭庆超等在《金沙江下游干流及主要支流推移质沙量研究》一书中，研究了金沙江下游干流卵石推移质输沙量及沿程变化、推移质输沙规律[52]。

（5）在河道演变或河床演变方面。刘欣等研究了小浪底水库调水调沙以来黄河下游游荡河段河床演变过程[53]。张防修等采用一维非恒定水沙数学模型，研究了黄河下游不同治理方案下河道冲淤规律研究[54]。闫世雄等研究了湘江下游水位变化趋势与河床演变关系[55]。万智巍等基于实测的军事地形图和 Landsat 遥感影像，研究了近百年来长江荆江段的河道演变[56]。王钰等研究了窟野河流域河道与沙丘交互地貌过程[57]。赵维阳等研究了三峡大坝下游近坝段沙质河床形态调整及洲滩联动演变关系[58]。徐照明等研究了长江中下游河道冲淤演变的防洪效应[59]。马子普等研究了河床冲淤演变的洪水绳套曲线规律[60]。曹文洪等在《荆江河道冲刷下切规律及数值模拟》一书中，揭示了荆江河段冲刷下切、河床组成、江湖水沙交换等变化规律，研发了荆江河段冲刷下切平面二维数学模型[61]。

（6）在洪水方面。郭生练等探讨了三峡水库运行期设计洪水及汛期防洪控制水位[62]。李薇等研究了黄河洪水洪峰增值机理及影响因素[63]。原文林等建立了基于随机雨型的山洪灾害临界雨量计算模型及考虑决策者风险偏好的预警模式[64]。阎晓冉等提出了一种考虑峰型及其出现频率的洪水随机模拟方法[65]。王静等建立了流域洪灾损失评估模型[66]。龚铁芳等对比分析了陈旗流域地表、地下两套水系及其与长冲流域洪水的滞时和相似性特征[67]。李小天等基于 MIKE 耦合模型分析了西苕溪洪水演进及风险[68]。杨露等研究了渭河下游河道冲淤变化对洪水演进特性的影响[69]。黄艳等研究了超标准洪水应急避险决策支持技术[70]。高洁等分析了考虑非平稳性特征的雅砻江流域洪水量化[71]。周新春等对比分析了长江流域性洪水辨识与特征[72]。张永勇等研究了淮河中上游流域洪水主要类型及其时空分布特征[73]。宋利祥等在《洪水实时模拟与风险评估技术研究及应用》一书中，介绍了河网洪水实时模拟技术、二维洪水演进高速模拟方法、多尺度耦合洪水演进数学模型、洪灾评估与风险区划方法等[74]。

（7）在产流与汇流方面。闫宝伟等研究了基于分数瞬时单位线的流域汇流模型[75]。李致家等改进了新安江模型中河道汇流方法[76]。蒋晓辉等分析评价了黑河"97"分水方案的适应性[77]。朱燕琴等分析了黄土丘陵区坡面产流产沙的影响因素[78]。励其其等研究了不同降雨强度和下垫面条件对黑土区坡面产流产沙的影响[79]。赵彦军等研究了城市化引起的土地利用变化对济南小清河流域产汇流的影响[80]。杨丽萍等分析了土地利用变化对盘龙江流域产流过程的影响[81]。何育聪等比较了间歇性与连续性降雨对黄土坡面细沟侵蚀影响[82]。

（8）在河流生态环境方面。乔钰等分析了 2018 年黄河下游生态水量调度实践情况，并分析了生态水量调度方案以及生态水量调度效果[83]。李雁鹏等基于 MIKE11 模型建立了水生态数学模型，研究不同的生态修复措施组合方案下河网水质的改善效果[84]。李慧珍等提出流域水环境复合污染生态风险评估的基本框架[85]。侯婷娟等采用不同方法对资水河道内生态需水量进行计算分析和比较[86]。张倩云等提出了基于水文过程的南京市城南河流域水生态系统修复方法[87]。郜国明等探讨了黄河流域生态保护问题与对策[88]。孙然好等在《海河流域河流生态系统健康研究》一书中，提出了构建河流生态系统健康指标体系的原则和方法，分析了海河流域自然和社会背景及其对河流生态系统的影响[89]。杨扬等在《东江流域水环境与水生态研究》一书中，阐述了如何应用底栖动物生物完整性指数评价河流生态健康状况[90]。

2.2.2　湖泊水文学研究进展

从研究对象来看，湖泊水文学包括湖泊水位与水量变化、湖水热动态、湖水运动、湖泊水化学、湖泊富营养化、湖泊沉积以及湖泊生态系统等方面。其中，湖泊水位与水量变化、湖泊富营养化、湖泊生态系统是研究热点，取得研究成果相对较多，而在其他研究方面，研究成果则相对较少。

（1）在湖泊水位与水量变化方面。部分学者研究了三峡水库运行前后洞庭湖区水量及水位等水文情势变化[91]。一些学者利用遥感数据或实测数据对洞庭湖[92]、博斯腾湖[93]、太湖[94]、阿牙克库木湖[95]、柴达木盆地湖泊[96] 等湖水面积、水位、水量等演变特征及其影响因素进行了研究。严登明等构建了分布式水文模型并分析了卧龙湖水量平衡关系[97]。李晓东等评估了区域气象、水文、植被等要素的变化对青海湖湖泊水位变化过程的贡献[98]。闫利等初步探讨了 2000 年以来青藏高原湖泊面积变化与气候要素的响应关系[99]。李育等开展了以东亚及中亚地区虚拟湖泊水位变化为代表的全新世有效水分变化的连续模拟[100]。曾少龙等在考虑鄱阳湖涨水与退水过程的基础上，分析了鄱阳湖水位-湖面面积关系[101]。

（2）在湖水热动态及湖泊冰情方面。吴其慧等利用 RS 和 GIS 技术综合分析了 1986—2017 年呼伦湖湖冰物候特征及其对区域气候的响应[102]。汪关信等分析了青海湖湖冰变化特征及其对气候变化的响应[103]。刘强等量化了不同强度冷空气（寒潮、强冷空气和较强冷空气）对太湖水热通量的影响[104]。靳铮等分析了藏南羊卓雍错湖面非封冻期温湿变化及辐射平衡[105]。姚超等研究了 1990—2018 年中巴经济走廊冰湖时空变化特征[106]。孙悦等研究了雄安新区—白洋淀冰封期水体污染特征及水质评价[107]。

（3）在湖水运动方面。赵冲等从水动力学角度，结合乌伦古湖近 60 年水位变化，分析了乌伦古湖倒灌的原因，探究了风生流、吞吐流和复合驱动 3 种情景下湖泊倒灌峰值阶段的水动力特性[108]。张怡辉等利用 SWAN 风浪模型开展了 2018 年巢湖风浪变化及分布特征研究[109]。肖启涛等分析太湖大型浅水湖泊水体对流混合速率的时空特征[110]。高俊峰等在《鄱阳湖水生态模拟与健康评价》一书中，针对鄱阳湖水利枢纽工程进行了水动力、水环境、水生态影响评价，建立了鄱阳湖健康评价指标体系[111]。

（4）在湖泊水化学与水质方面。黄彬彬等探讨了西藏山南地区沉错湖泊与径流水化学特征及主控因素[112]。周密等提出了变权重水质综合评价体系并应用于江苏中部某湖泊的水质监测数据[113]。杨玉麟等基于 SMS 水质模型对不同规划年份的蘑菇湖水库水质进行模拟，分析了水库水环境容量[114]。沈贝贝等分析了巴尔喀什湖流域水化学和同位素空间分布及环境特征[115]。彭兆亮等提出了一种可促进水生态改善的太湖分区分时动态水质目标制定方法[116]。陆瑶等探讨了鄱阳湖流域多尺度 C、N 输送通量及其水质参数变化特征[117]。敖成欢等研究了基于模糊综合法和灰色关联法的百花湖水质评价[118]。赵爽等研究了基于 WQI 法的鄱阳湖水质演变趋势及驱动因素[119]。靳惠安等研究了封冻期青海湖水化学主离子特征及控制因素[120]。

（5）在湖泊富营养化方面，主要关注的是湖泊营养化评价、富营养化驱动因素及防治等问题。一些学者采用综合营养状态指数法，对高塘湖[121]、沙湖[122]、鄱阳湖[123] 等进行了水体富营养化状态评价。董丹丹等基于 MODIS 数据分析了巢湖泊蓝藻水华覆盖面积、暴发频率等时空分布特征[124]。杨柳燕等研究了太湖蓝藻水华暴发机制与控制对策[125]。杭鑫等应用通径分析法构建了太湖蓝藻水华气象评估模型[126]。张民等阐述了当下太湖蓝藻水华的扩张和驱动因素[127]。郭西亚等采用自主研发的藻斑漂移原位观测技术，分析了不同时间尺度下太湖蓝藻水华易发区藻斑漂移速度的变化特征[128]。朱喜等在《河湖污染与蓝藻爆发治理技术》一书中，总结了治理直至消除蓝藻暴发的治理富营养化、打捞削减蓝藻和恢复湿地的三大策略[129]。

（6）在湖泊沉积方面。学者研究了新疆博斯腾湖[130] 近现代湖泊和呼伦湖西南部咸水湖[131] 干涸湖滨带沉积物粒度分布特征。陈洁等综述了湖泊沉积物-水界面磷的迁移转化机制与定量研究方法[132]。丁浩等研究了若尔盖花湖沉积物氨氧化与反硝化功能基因丰度垂向分布特征及其环境响应[133]。李典鹏等初步探究了水位变化对干涸湖底沉积物有机碳矿化的影响[134]。洪畅等研究了毛乌素沙地布赛淖尔下风向沙化湖滨地表沉积物理化特性[135]。不同学者研究了湖泊沉积物中生物易降解物质[136]、营养盐[137]、磷[138]、总有机碳[139]、微塑料[140]、炭屑[141]、生物硅[142]、多环芳烃[143] 等的分布特征及环境意义。

（7）在湖泊生态系统方面，主要关注的是湖泊生态系统评价。吴岳玲等开展了星海湖水生生态系统健康评价[144]。吴佳鹏等构建了城市湖泊生态健康评价指标体系[145]。陈志鼎等研究了基于 PSR 模型的潜江市后湖管理区生态系统健康评价[146]。陈炼钢等研究了水位变化对鄱阳湖苦草潜在生境面积的影响[147]。何欣霞等分析了春季浮游植物群落结构特征及其与环境因子的关系，评价了湖泊湖荡营养状态[148]。谢洪民等研究了环太湖地区湖泊沿岸带水生植物多样性现状调查[149]。张楚明等探究了太湖流域西氿摇蚊亚化石群落对湖泊生态系统稳态转换的响应[150]。王鸿翔等研究了洞庭湖生态水位及其保障[151]。谢启姣等研究了武汉城市湖泊时空演变及其生态服务价值响应[152]。

2.2.3 沼泽水文学研究进展

沼泽水文学主要研究湿地或沼泽的形成、发育与演化以及湿地或沼泽的生态环境等内容，涉及湿地或沼泽的径流、水的物理化学性质，以及沼泽对河流和湖泊的补给、沼泽改良等。以下仅列举有代表性的文献以供参考。

（1）在湿地形成、发育与演化方面。姚振兴等研究了崇明岛东部盐沼发育与长江入海泥沙的响应关系[153]。周婷等分析了 2003—2013 年中国湿地变化的空间格局与关联性[154]。

赵娜娜等研究了不同气候变化情景下若尔盖湿地流域径流变化趋势以及气候变化对湿地径流的影响[155]。匡翠萍等分析了清淤疏浚工程对七里海潟湖湿地水体交换的影响[156]。罗金明等探讨了扎龙湿地系统对乌裕尔河流域径流量变化的响应[157]。王春连等研究了不同降雨重现期、不同湿地出水口高度等设计参数对湿地水量水质调控效果的影响[158]。刘曼晴等估算了辽河三角洲湿地植被生长季的蒸散量[159]。吴燕锋等评估了流域湿地水文调蓄功能[160]。于成龙等开展了基于 SWAT 模型的西辽河流域自然湿地演变过程及驱动力分析[161]。

（2）在沼泽或湿地生态环境方面。肖洋等构建了鄱阳湖典型洲滩湿地生态水文模型[162]。王新艳等分析了黄河口滨海湿地水文连通对大型底栖动物生物连通的影响[163]。任艺洁等通过静态箱法和扩散模型法估算了洞庭湖湿地洪水期甲烷扩散和气泡排放通量，分析其水体环境因子影响[164]。杜彦良等研究了人工湿地植物水质净化作用的数值模拟[165]。汪豪等综述了湿地环境质量评价方法研究进展[166]。周静等研究了洞庭湖湿地植被长期格局变化及其对水文过程的响应[167]。吴金华等研究了乌裕尔河-双阳河流域湿地景观格局演变及其驱动机制[168]。刘倩等研究了太湖流域湖荡湿地水生植物的分布特征[169]。李卫平等在《寒旱区湿地环境特征及生态修复研究》一书中，阐明了浮游植物、微生物、重金属、有机碳等与寒旱区湿地水土环境的响应关系，通过工程技术示范对寒旱区湿地的生态修复进行了探究[170]。

2.2.4　冰川水文学研究进展

冰川水文学主要研究成果涉及冰川形成与变化，冰川、积雪融化与径流关系，气候变化对冰川的影响等方面。其中，冰川变化及气候变化对冰川的影响研究成果较多。

（1）冰川形成与变化方面。王晶等对特定冰川及其表面流速进行了估算[171]。蒋宗立等分析了喀喇昆仑山音苏盖提冰川表面高程变化[172]。李达等分析了 1998—2017 年麦兹巴赫冰川湖最大面积的变化[173]。赵井东等回顾了中国东部第四纪冰川研究历史及进展[174]。靳胜强等研究了冰川冰储量计算方法及发展趋势[175]。张莎莎等对喀喇昆仑山西北部冰川运动速度和地形控制特征进行了分析[176]。李林凤等研究了冰川变化与地形因子之间的空间关系[177]。刘娟等研究了冈底斯山冰川变化特征及其原因[178]。牟建新等分析了冰川的物质平衡变化特征及差异[179]。刘娟等分析了帕隆藏布流域面积大于等于 $0.01 km^2$ 冰湖时空分布及其动态变化[180]。冀琴等开展了喜马拉雅山冰川变化的遥感监测[181]。赵景敢等分析了托木尔峰自然保护区冰川面积、体积变化情况以及变化速率[182]。康世昌等研究了"一带一路"区域冰冻圈变化及其对水资源的影响[183]。管伟瑾等总结了近年来冰川运动速度的提取方法、冰川运动速度时空分布与变化及其影响因素的相关研究进展[184]。丁永建在《冰冻圈变化及其影响》一书中，给出了冰川快速变化机理、欧亚大陆及北半球积雪变化、格陵兰和南极冰盖物质平衡新算法等方面的最新结果[185]。

（2）冰川、积雪融化与径流关系方面。雍斌分析了 2003 年 1 月至 2010 年 12 月 8 年间全球冰川和冰帽对海平面上升的整体贡献[186]。贾玉峰等基于含有冰川模块的 HBV 模型，开展新疆伊犁河支流喀什河流域冰雪融水径流模拟研究[187]。王欣等研究了慕士塔格山卡尔塔马克冰川补给径流与非冰川补给径流水化学特征及主控因素[188]。王慧等探讨了新疆区域积雪期的时空变化规律，分析了其与气温、降水的关系[189]。唐小雨等对有无遮蔽条件下季节性积雪分层物理特性进行了对比分析[190]。丁永建等梳理了中国冰冻圈水文过程变化研究新进展[191]。何秋乐等研究了长江源冰川融水变化及其对径流的影响[192]。刘爽爽等分析了天山典型冰川区径流年内变化[193]。

（3）气候变化与冰川的影响方面。王乐扬等研究了气候变化对天山地区（中亚）冰川和径流的影响[194]。朱荣等研究了青藏高原北部多温型山谷冰川不同海拔处冰温变化[195]。罗伦等对藏东南嘎隆拉冰川表碛冻融过程与零点幕效应进行了研究[196]。尤晓妮等探究了气温和降水与冰芯记录形成过程及其分辨率的关系[197]。欧健滨等研究了1987—2016年雀儿山冰川变化及其对气候变化的响应关系[198]。王盼盼等研究了北极山地冰川物质平衡变化及其对气候的响应[199]。赵求东等研究了天山南坡高冰川覆盖率的木扎提河流域水文过程对气候变化的响应[200]。

2.2.5 河口海岸水文学研究进展

河口海岸水文学主要研究成果涉及河口泥沙运动与泥沙流、潮波或潮流、河口演变与河口三角洲形成、河口和滩涂生态系统等方面。

（1）河口泥沙运动与泥沙流方面。王愉乐等推导出泥沙起跃概率计算公式，并将其引用到Engelund推移质输沙率模型中[201]。杨文俊等回顾了泥沙起动概率模型的发展历程，提出了一种获取泥沙起动概率数据的计算方法[202]。程烨等采用泥沙滚动起动模式，考虑了床面泥沙暴露度及近底水流的随机性，从理论上推导出了推移质泥沙的起动概率公式[203]。杨海飞等研究了新水沙形势下长江口悬沙浓度的时空分布特征[204]。朱玲玲等研究了三峡水库不同类型支流河口段泥沙淤积规律及主要影响因素的作用机理[205]。李一鸣等分析了长江河口各河槽沉积特征，探讨其影响因子及作用机制[206]。李溢汶等研究了新形势下长江口横沙浅滩演变分析及趋势预测[207]。徐长江等研究了荆江三口分流分沙变化[208]。

（2）潮波或潮流方面。陈宜展等根据2016年春、夏、秋、冬季海口湾海域实测海流全潮实测资料，分析了海口湾潮流的季节性变化特征[209]。朱巧云等利用潮汐调和分析方法，对比分析三峡工程蓄水前后长江河口段的潮汐变化特征[210]。尹小玲等研究了分层型河口咸水上溯对径流潮汐共同作用的基本响应[211]。

（3）河口演变与河口三角洲形成方面。杨卓媛等分析了黄河口河段平滩河槽形态调整特点、河段平滩流量变化过程及其与累积河床冲淤量的关系[212]。陈俊卿等分析了2016—2017年调水调沙中断后黄河口地形和沉积物粒度演变特征及其影响因素[213]。李云龙等分析了黄河三角洲地表水体演化特征及驱动机制[214]。何磊等对黄河三角洲利津超级叶瓣的沉积演化框架和时空分布特征进行了重新厘定[215]。华凯等研究了长江口横沙通道近岸冲刷地貌形成机制[216]。李博闻等开展了黄河口水下三角洲冬季床面变化初步观测研究[217]。余欣等研究了黄河河口演变与流路稳定关键技术[218]。杨霄分析了长江镇扬河段江心沙洲的演变过程及原因[219]。

（4）河口和滩涂生态系统方面。康亚茹等开展了基于PSR模型及灰色系统理论的辽河口潮滩湿地生态系统健康评估与预测研究[220]。贾鹏等研究了基于功能类群分析呼兰河口湿地浮游植物群落结构特征[221]。牛志广等用商值法评价了不同水质基准条件下三氯生对渤海湾近岸海域的生态风险[222]。乔文慧等研究了2001—2016年福建省海岸带植被覆盖变化特征[223]。骆永明在《渤海及海岸环境与生态系统演变》一书中，揭示了渤海海域及海峡微生物、微微型浮游生物、浮游植物群落的结构及时空分布特征[224]。

2.2.6　水文气象学研究进展

水文气象学主要研究成果涉及极端降水、蒸散发、降水预测、旱涝分析、气候变化与水循环关系研究等方面。极端降水及蒸散发研究成果较多，极端降水主要集中在不同尺度上的分析；蒸散发集中在时空变化特征及计算方法研究；降水预测研究较多，主要是预测方法的研究；旱涝分析研究成果较多，集中在采用不同的方法进行旱涝时空特性分析；气候变化与水循环关系研究成果较多，但创新成果不多。

（1）极端降水研究方面。在极端降水变化研究成果较多，比如一些学者在雅砻江流域[225]、澄碧河流域[226]、海河流域[227]、汉江流域[228]、淮河流域[229]、北江流域[230]、松辽流域[231]、澜沧江流域[232] 等流域尺度上的研究，在内蒙古[233]、甘肃[234]、黑龙江[235]等省级区域尺度上的研究，在京津冀地区[236]、西北干旱区[237]、三江平原[238]、秦岭地区[239]、塔克拉玛干沙漠腹地[240]、典型岩溶地区[241]、青藏高原[242]、三峡库区[243] 等不同区域尺度上的研究。周才钰等采用回归分析、双累积曲线等方法，研究了极端降雨指标的变化趋势及对输沙量的影响[244]。张俊等分析了极端降雨事件的时间变化特征，以及不同子流域间极端事件的相关关系[245]。尹红等基于 ETCCDI 指数分析了 2017 年中国极端温度和降水特征[246]。赵阳等研究了极端降雨条件下黄河典型流域水沙变化特性[247]。万一帆等研究了南昌市城市化进程对极端降水的影响[248]。

（2）蒸散发方面。研究成果较多，主要集中在两个方面：一是蒸散发时空变化特征及影响因素分析；二是蒸散量计算方法研究。以下仅列举有代表性文献以供参考。孙从建等分析了黄土塬面保护区潜在蒸发量时空变化及其与气象、环流因子关系[249]。刘悦等研究了滁州市城西试验流域植被区土壤蒸发特性及其与降水、水面蒸发和土壤含水量等驱动要素之间的关系[250]。邢立文等构建了 LSTM 模型以预测作物蒸散量，并与其他 4 种经验模型进行对比分析[251]。尹剑等改进了基于地表能量平衡系统的蒸散发估算模型，进行大尺度流域的多年蒸散发反演[252]。鲍玲玲等选用支持向量机模型、高斯指数模型、随机森林模型、极限学习机模型和广义回归神经网络模型 5 种人工智能模型计算重庆地区参考作物蒸散量[253]。张映梅等开展了非饱和黄土水分蒸发温度效应试验研究[254]。

（3）降水预测方面。主要是预测方法和模型的研究，如耦合支持向量机回归和贝叶斯岭回归的 BRR - SVR 优化模型[255]、CEEMD - Elman 的预测耦合模型[256]、滑动马尔可夫预测模型[257]、灰色预测模型和长序列趋势拟合方法[258]、机器学习方法[259]、小波包分解的 LS - SVM - ARIMA 组合[260]、长短期记忆网络[261] 等。石英等基于 RCP4.5 情景下 6.25km 高分辨率统计降尺度数据，分析了雄安新区及整个京津冀地区未来极端气候事件如极端降水等的可能变化[262]。娄伟等分析了多模式下泾河上游流域未来降水变化预估[263]。

（4）旱涝分析方面。研究成果较多，一些学者分别采用标准化降水指数[264]、帕默尔干旱指数[265]、标准化综合干旱指数[266]、标准化降水蒸散指数[267]、径流干旱指数（SDI）[268]、综合气象干旱指数[269]、模糊 C 均值聚类法[270]、分形理论[271] 等方法对不同区域进行了干旱时空变化及特征分析。一些学者研究了基于降水集中度指数和标准化降水指数[272]、SSPI 指数和夏季长周期旱涝急转指数[273] 的不同地区的旱涝时空特性。王煜等开展了面向干旱全过程的黄河流域干旱应对系统的研究[274]。

王艳艳等研究了洪灾损失评估系统[275]。李超超等构建了三参数洪涝灾害损失-重现期风险函数[276]。韩跃鸣等探讨了基于蓄满超渗兼容模型的山洪灾害临界雨量[277]。杨家伟等提出了一种基于气象旱涝指数识别旱涝急转事件的新方法[278]。齐述华等研究了鄱阳湖水文干旱发生的机制[279]。马鹏里等分析了气候变暖背景下中国各区域干旱强度、次数和持续时间变化特征及其差异性[280]。李明等基于 Copula 函数研究了中国东部季风区干旱风险[281]。丁一汇等研究了东亚夏季风水汽输送带及其对中国大暴雨与洪涝灾害的影响[282]。孙鹏等在《淮河流域干旱形成机制与风险评估》一书中，揭示了气候变化和人类活动影响下淮河流域气象、水文和农业干旱过程的时空演变规律，识别了影响其干旱变化的主要因素，开展了旱灾风险评估研究[283]。

（5）气候变化与水循环关系方面。一些学者分别研究了长江流域[284]、汉江流域[285]、富春江流域[286]、漾弓江流域[287]、秦淮河流域[288]、北极勒拿河流域[289]、昕水河流域[290]、新疆干旱内陆[291]、喀斯特流域[292] 径流对气候变化的响应。张宇等研究了西风带和南亚季风对三江源雨季水汽输送及降水的影响[293]。戴升等研究了气候变暖背景下极端气候对青海祁连山水文水资源的影响[294]。赵宗慈等综述了全球变暖与海平面上升的研究进展[295]。许莹莹等开展了基于主成分分析的裸地潜水蒸发与气象要素关系模拟研究[296]。赵洁等研究了未来气候变化对大连周水子地区海水入侵程度的影响预测[297]。王晓颖等开展了气候变化和人类活动对白河流域径流变化影响的定量研究[298]。刘俊萍等在《河川径流对变化环境的脉冲响应研究》一书中，介绍了基于 BP 神经网络的渭河流域上游径流预测、渭河流域中游气象因子变化特征分析、渭河流域中游径流变化特征等[299]。

2.2.7　地下水水文学研究进展

地下水水文学主要研究成果涉及地下水的形成和运动、地下水化学、地下水合理开发与管理等方面。其中，地下水形成研究新成果不多；地下水运动研究成果较多，主要偏重于动态变化及预测；地下水化学研究成果较多，主要集中在水化学特征分析及评价方面；地下水合理开发与管理研究成果也相对较多。以下仅列举几个有代表性的文献以供参考。

（1）地下水形成方面。王玉伟等利用人工示踪法，研究了位山灌区地下水补给特征[300]。张琛等分析了大西沟河和地下水的转换关系和转化强度[301]。易磊等利用砂槽物理模型，研究了不同水流密度下地下水流系统的变化规律[302]。李杰彪等基于环境示踪剂氯查明了北山地区浅部地下水补给量[303]。黄小琴等解析了阆海湖与地下水之间的转化关系和驱动力条件[304]。申豪勇等综述了国内外有关地下水补给研究方面进展及发展趋势[305]。李云良等分析了鄱阳湖洪泛区碟形湖-地下水转化关系与交换通量[306]。王雨山等对地下水补给来源和咸化的水文地球化学过程进行了研究，分析了海原盆地地下水咸化特征和控制因素[307]。杨楠等研究了基于水化学和氢氧同位素的兴隆县地下水演化过程[308]。张发旺等在《亚洲地下水与环境》一书中，研究了气候地貌控制下的地下水形成、循环及其与生态环境关系[309]。

（2）地下水运动研究方面。地下水位动态变化特征及其驱动力方面研究较多[310]。严东东等通过野外调查和数值模拟对黑方台滑坡灾害与地下水的响应规律进行了研究[311]。

韩宇平等研究了华北典型灌区气候变化条件下地下水响应规律[312]。苏军伟等对地下水在岩石孔隙中微观流动行为进行了模拟研究[313]。叶仁政等对目前我国多年冻土区地下水的研究现状进行了分析、整理与归纳[314]。古力米热·哈那提等研究了生态输水条件下塔里木河下游断面尺度地下水流数值模拟[315]。杨林等建立了滨海盆地变密度地下水流与溶质运移三维耦合数值模型[316]。刘晓光等研究了平原型水库水位变化对库区附近地下水位影响的滞后性[317]。王京晶等开展了基于昼夜水位波动法估算地下水蒸散发量的研究[318]。夏日元等在《典型岩溶地下河系统水循环机理研究》一书中，研究了水文地质动态监测系统、水动力及水化学动态特征、地下河系统水动力场[319]。张先起等在《人民胜利渠灌区地下水演变特征与预测》一书中，介绍了地下水监测体系、地下水质变化特征、地下水分运移、地下水位预测理论与方法等[320]。

（3）地下水化学方面。一些学者分别研究了窟野河流域[321]、黑河流域[322]、湔江冲洪积扇地区[323]、河套灌区[324]、滦河三角洲地区[325]、榆中盆地[326]、塔城盆地[327]、呼和浩特盆地[328]、黔南龙里地区[329]、通辽科尔沁地区[330]、巴中北部岩溶山区[331]、黄土区洛川塬[332]、齐齐哈尔市[333]、贵阳市[334]等地下水水化学特征及其成因。一些学者采用不同的方法及模型对地下水水质进行了评价，如 AHP 法灰色关联和模糊综合评价[335]、随机森林模型[336]、投影寻踪与内梅罗指数组合模型[337]、遗传算法-BP 神经网络法[338]。

吕翠美等分析了郑州市城区及郊县地下水主要污染组分及成因[339]。陈建生等讨论了长江三峡库区水渗漏引起的地下水污染问题[340]。李亮等基于 AHP-DRASTIC 评价模型，定量定性地分析了无锡市潜水污染风险[341]。饶志等对鄱阳湖平原地下水重金属进行了健康风险评价[342]。吴建强等建立了平原河网区地下水污染风险评价体系[343]。曹文庚等研究了南水北调中线受水区保定平原地下水质量演变预测[344]。张航泊等开展了咸阳平原区潜水主要组分环境背景值研究[345]。吕晓立等研究了"引大入秦"灌溉工程对甘肃秦王川盆地地下水化学组分的影响[346]。吴吉春等在《地下水环境化学》一书中，介绍了地下水的化学成分及其演变、地下水污染及其主要污染物、地下水污染物的主要化学过程、地下水污染物迁移以及地下水环境化学的主要研究方法等[347]。

（4）地下水合理开发与管理方面。王建华等研究了华北地区地下水超采综合治理技术支撑体系[348]。高东东等基于禀赋差异性建了地下水资源可持续开发利用评价指标体系[349]。齐欢研究了 R/S 和 Mann-Kendall 法在济南市地下水管理模型中的应用[350]。王旭升等调查分析了鄂尔多斯浩勒报吉水源地开采地下水的环境影响[351]。李治军等探讨了地下水控制性关键水位[352]。黄金廷等解析了格尔木河流域地下水生态功能及经济损益阈值[353]。苏晨等采用了数值模拟辅以均衡分析的方法，模拟预测了塔城盆地地下水开采的边界影响[354]。王思佳等梳理了近 30 年来国内外关于干旱、半干旱环境地下水可持续性研究的重要成果[355]。窦明等研究了城市水源地深层承压水合理开采水位阈值[356]。刘元晴等研究了莱芜盆地地下水开发利用中的环境地质问题及成因[357]。宋小庆等在《贵州省岩溶地下水资源功能》一书中，计算并评价了贵州省岩溶地下水的资源量和质量，建立了贵州岩溶区地下水浅层地热能适宜性评价模型，评价了贵州省主要城市的浅层地热能（地下水）资源量和开发利用潜力[358]。

2.3 以应用范围分类的水文学研究进展

按照应用范围对水文学科进行分类，可以分为：工程水文学、农业水文学、城市水文学、森林水文学和生态水文学等。随着水文学学科发展，相应的学科之间交叉不断增强。

2.3.1 工程水文学

工程水文学研究水文学原理应用与工程实践的方法，为水利工程或其他有关工程的规划、设计、施工、运行管理提供水文依据。主要研究内容包括水文计算、水文预报等。其中，理论研究成果主要集中在产、汇流理论，水文模型的构建和应用，以及水文预报方面，水文计算方面偏重实践应用。以下仅列举几个有代表性的文献以供参考。芮孝芳按时间顺序阐述了工程水文学在中国的发展[359]。

（1）产、汇流基本理论研究。李彬权等估算了淤地坝拦蓄作用下的产流阈值[360]。严登明等用室内人工降雨模拟试验结合数据分析的方法，研究了草地覆盖度变化下地表径流和壤中流的变化规律[361]。蔡雄飞等开展了前期含水量对喀斯特山地石灰土坡面产流产沙的影响[362]。徐相忠等研究了降雨类型与坡度对棕壤垄沟系统产流产沙的影响[363]。张利超等研究了降雨侵蚀过程中红壤坡耕地地表汇流网络特征[364]。苏辉东等开展了崇陵流域土石山区坡面优先流发育路径研究[365]。杨凯等分析了生物结皮坡面不同降雨历时的产流特征[366]。杨坪坪等研究了地表粗糙度及植被盖度对坡面流曼宁阻力系数的影响[367]。张建军在《水文学》一书中，阐述了产流、汇流的过程与机理，分析了产流、汇流的主要影响因素[368]。

（2）水文模型的研究及应用。研究文献较多，主要涉及是不同的模型在特定区域的适用性及改进研究，其次是模型的参数化及不确定性分析。陈华等比较了雨量站网布设对水文模型不确定性影响[369]。马利平等研究了耦合溃口演变的二维洪水演进数值模型[370]。徐旭等开展了基于降雨入渗过程的非饱和湿润峰模型研究[371]。刘佳嘉等进行了考虑城市管网的分布式水文模型子流域划分及编码研究[372]。梁国华等开展了流域水文模型识别方法研究与应用[373]。曾思栋等研究了生态水文双向耦合模型的研发与应用[374]。陈晓宏等研究了溶蚀丘陵型岩溶流域概念性水文模型及其应用[375]。秦泽宁等开展了分布式水文模型时空离散化并行计算方法研究[376]。胡庆芳等研究了汉江流域安康站日径流预测的长短期记忆神经网络 LSTM 模型[377]。陆垂裕等在《采煤沉陷区分布式水循环模拟与水利工程效用研究》一书中，介绍了面向对象模块化的"河道-沉陷区-地下水"分布式水循环模拟模型的开发及其在采煤沉陷区应用[378]。陈建在《MIKE21 水动力模型在河道规划中的应用实例》一书中，汇集了 MIKE21 在防洪评价、河道整治、洪水演进及水库泥沙防治中的应用实例[379]。

（3）水文试验与模拟研究。刘松等分析了三种水文模型在干旱半干旱地区洪水预报的适用性[380]。冯玉启等开展了透水道路径流系数试验[381]。董宇轩等进行了山西介休市实际蒸散发模拟[382]。侯保俭等开展了呼和浩特市平原区地下水数值模拟研究[383]。刘悦等开展了城西试验流域水文特性及水文过程模拟[384]。丁锐等开展了植被作用下明渠交汇水流特性数值模拟，并采用水槽试验对该模型进行了验证[385]。张升堂等研究了基于多流向流量分配的水流阻力算法试验[386]。陈嵩等进行了丘陵区坡地砾石量及粒径对土壤水分蒸发影响的模拟试验研究[387]。吕刚等研究了山丘陵区不同年龄荆条冠层截留降雨模拟实验[388]。陈倩等开展了城市洪涝中雨水口泄流能力的试验研究[389]。邓龙洲等开展了南方风化花岗岩坡地产流过程与侵蚀率模拟研究[390]。刘俊国等在《蓝绿水-虚拟水转化理论与应用：以黑河流域为例》一书中，综合运用野外调查、实验观测、统计数据、水文模拟和投入产出经济模型等多种手段，形成了蓝绿水 - 虚拟水转化研究的理论框架和方法体系[391]。

（4）水文预报研究。研究文献较多，主要集中径流及洪水预报方法的研究。严昌盛等研究了基于雷达短时临近降雨预报的王家坝洪水预报[392]。许斌等引入了基于 Bagging 算法的随机森林模型与基于 Boosting 算法的梯度提升树模型（GBDT），并将两类模型算法应用在中长期径流预报中[393]。刘章君等综述了贝叶斯水文概率预报的研究进展[394]。赵益平构建了基于 R/S 分析法的 BP 网络径流预测模型[395]。胡春歧等构建了陆气耦合实时洪水预报系统[396]。金君良等探讨不同处理方案和初始集合质量对气象水文耦合径流预报精度及不确定性的影响[397]。刘慧媛等开展了基于时变增益水文模型的实时预报研究[398]。高丽等综述了极端天气的数值模式集合预报研究进展[399]。蒋晓蕾等研究了洪水概率预报评价指标[400]。魏恒志等在《白龟山水库分布式洪水预报模型》一书中，阐述了白龟山水库洪水预报调度研究及成果的实际运用效果[401]。

（5）水文分析计算新技术。孔凡哲等提出一种基于 SCS 流速公式的时变分布式单位线计算方法[402]。韩会明等改进了灰色模型在气象干旱中预测[403]。宋松柏分析了 Copula 函数在水文多变量分析计算中的问题[404]。刘强等研究了基于改进的 BP 神经网络径流量还原计算[405]。朱迪等研究了基于分组赋权和改进内梅罗指数的赣江中下游整体水文改变度计算[406]。王小刚等开展了珠江口瞬时水位解算方法研究及应用[407]。程银才等提出了改进的洪水涨落影响水位流量关系整编校正因素法[408]。纪国良等研究了一种改进的合成流量法在水文预报中的应用[409]。孙忠华等提出了空间信息技术在洪涝险情分析中的应用实践[410]。童海滨等在《Maple 在水文学中的应用》一书中，给出了 Maple 语言在水文学领域几个常见方向（如降水与蒸发、地表水及流域产汇流、地下水问题、水文统计与水文预报、水污染及水质模型与同位素水文）中的应用[411]。赵玲玲在《流域水文循环模拟中蒸散发估算方法研究》一书中，构建了新的土壤湿度折算函数，采用考虑二氧化碳等环境因子胁迫的 Jarvis 方法，实现了 DTVGM 模型水-碳耦合模拟[412]。

（6）典型洪水计算分析。金双彦等采用系列长度和最大值处理方式估算了暴雨区各站"7·26"降雨量的重现期[413]。李艳等分析了资水桃江站 2016—2017 年的"姊妹"洪水[414]。尹志杰等分析了长江流域"2017·07"暴雨洪水[415]。何永晴等采用年最大值法推算暴雨强度公式并推求西宁市短历时暴雨雨型[416]。徐高洪等分析了 2020 年长江上游控制性水文站洪水重现期[417]。王梅霞等研究了新疆哈密"2018·7·31"特大暴雨山洪汇水量估算与应用[418]。史玉品等分析了渭河"2019·9"洪水特性及气象成因[419]。王光朋等研究了汉江上游郧县段北宋时期古洪水事件[420]。李晓刚等研究了无定河下游全新世古洪水[421]。

2.3.2　农业水文学

农业水文学研究土壤-植物-大气连续体系统中水文现象的基本规律，为农业合理用水、节水和灌溉提供科学依据。主要涉及的水文现象和研究内容包括降水-土壤水-地下水的相互转化，以及溶质在系统中的运移转化等。

（1）土壤水分运移转化规律研究。张世斌等研究了降雨条件下重塑黄土中水分迁移模型试验[422]。张冠华等梳理了径流驱动土壤分离过程的影响因素及机制研究进展[423]。李昊旭等研究了卫宁平原包气带水分运移特征[424]。杜好田等研究了黄土丘陵区降水变化对退耕草地土壤水分特征的影响[425]。李艳萍等分析了短期增温下青藏高原多年冻土区植物生长季土壤水分的动态变化[426]。丑亚玲等研究了渭河流域西部季节冻融对浅层非饱和土壤水热变化的影响[427]。李新乐等研究了白刺沙包浅层土壤水分动态及其对不同降雨量的响应[428]。王宇祥等研究了基于 Hydrus-1D 模型的科尔沁沙地沙丘-草甸相间区土壤水分动态模拟[429]。程东娟等研究了秸秆施入深度对土壤水分运移和水吸力变化的影响[430]。裴青宝在《红壤水分溶质运移及滴灌关键技术参数研究》一书中，阐述了红壤水分溶质运移规律及建模过程中所需相关参数的测定和确定[431]。

（2）土壤水盐运移及相互作用研究。周亮等开展了不同土质的浅层土壤水盐运移规律模拟研究[432]。高金花等开展了膜下滴灌结合暗管技术土壤水盐特性研究[433]。李成等研究了垄膜沟灌对旱区农田土壤盐分运移特征的影响[434]。阎腾飞等研究了磁化水灌溉条件下黄河三角洲刺槐林地土壤盐分时空分布特征及变化规律[435]。樊丽琴等分析了银北高水位盐碱地土壤盐分与地下水特征关系[436]。周利颖等研究了河套灌区不同掺沙量对重度盐碱土壤水盐运移的影响[437]。李晓菊等研究了腐殖酸对滨海盐碱土水盐运移特征的影响[438]。毕远杰等在《微咸水灌溉模式对土壤水盐运移影响研究》一书中，介绍了连续灌溉条件下不同矿化度对土壤水盐入渗及分布特征影响、矿化度-周期数-循环率耦合条件下土壤水盐入渗及分布特征等[439]。

2.3.3 城市水文学

城市水文学研究城市化的水文效应，为城市的给排水和防洪工程建设以及生态环境改善提供水文依据。城市水文学的主要研究内容包括城市化的水文效应、城市雨洪资源管理等。以下仅列举有代表性的文献以供参考。

（1）城市化的水文效应研究。刘家宏等研究了不同水文年型海绵城市径流总量控制率特征[440]。徐宗学等梳理了国内外在城市化水文效应、城市产汇流理论、城市雨洪模拟与管理方面的研究进展[441]。李怀恩等分析了海绵城市雨水径流集中入渗对土壤和地下水影响研究进展[442]。梁昌梅等研究了城市化进程中河湖水系的时空演变特征[443]。姜芊孜等开展了城市化背景下陂塘水文调节能力变化研究[444]。杨应增等研究了岩溶地下河水化学对城镇化进程的时序响应[445]。巨鑫慧等研究了京津冀城市群土地利用变化对地表径流的影响[446]。陈佩琪等研究了城市化对流域水文过程的影响模拟与预测[447]。杨婷婷等开展了完整水文年下基于监测与模拟的典型海绵项目径流评估研究[448]。薛海等研究了降水量与城市大气环境关系[449]。黄婉彬等研究了城市化对地下水水量、水质与水热变化的影响[450]。吕素冰在《区域健康水循环与水资源高效利用研究》一书中，评价了区域健康水循环，剖析了城市化对水循环的影响[451]。

（2）城市雨洪资源利用及管理研究。黄国如等开展了广州东濠涌流域城市洪涝灾害情景模拟与风险评估[452]。付潇然等研究了面向内涝防治的地下调蓄池容量设计[453]。李智等开展了基于 SWMM 的城市洪涝风险管理研究[454]。许怡等对伦敦的城市洪水风险管理措施进行总结和分析[455]。刘德东等开展了区域雨洪资源利用潜力及模式研究[456]。马美红等探讨了山地城市内涝与山洪灾害综合防御[457]。马瑾瑾等研究了海绵城市建设中雨水资源利用潜力[458]。刘家宏等解析了海绵城市内涝防治系统的功能[459]。徐驰等开展了南京市高淳区城市水网防洪及雨洪资源利用模拟研究[460]。高均海等研究了京津冀平原城市洪涝综合治理的若干问题[461]。王金亭等在《城市防洪（第 2 版）》一书中，介绍了城市防洪组织与管理、城市河道整治、防洪抢险技术、城市雨洪利用与模拟等[462]。

2.3.4　森林水文学

森林水文学研究森林水文效应、保水作用及水土流失的防治。森林的水文效应主要包括森林对降水的影响、林冠截留、林区蒸散发、林地土壤水动态和下渗过程、森林对径流形成机理的影响等。以下仅列举一些有代表性的文献以供参考。

（1）森林的水文效应研究。魏玲娜等研究了基于水文模型与遥感信息的植被变化水文响应[463]。戴军杰等研究了南方红壤丘陵区樟树林土壤水分动态变化[464]。韩新生等研究了六盘山半干旱区华北落叶松林土壤水分时空变化与影响因素[465]。林峰等开展了基于 SWAT 模型的森林分布不连续流域水源涵养量多时间尺度分析[466]。武秀荣运用 Gash 修正模型对祁连山北麓中段青海云杉林降水截留进行模拟[467]。孙姗姗等研究了半干旱沙地樟子松林降雨再分配特征[468]。马晓至等研究了西黄土区典型林分枯落物层水文生态特性[469]。杜妍等研究了苏南丘陵区毛竹林林冠水文特征[470]。周秋文等在《喀斯特地区植被与土壤层水文效应研究》一书中，从林冠截留、树干流、枯落物及土壤层水分调节、地表产流与侵蚀产沙等方面，解析了喀斯特植被与土壤层水文过程及机制[471]。

（2）不同区域和类型的森林水文效应研究。刘一霖等研究了川西高山峡谷区 6 种森林枯落物的持水与失水特性[472]。孙欧文等研究了浙江省典型森林类型枯落物及林下土壤水文特性[473]。涂志华等研究了大伙房水库流域不同植被类型枯落物层和土壤层水文效应[474]。娄淑兰等研究了三峡山地不同类型植被和坡位对土壤水文功能的影响[475]。王金悦等研究了南亚热带 5 种典型人工林凋落物的水文效应[476]。季树新等研究了不同林龄人工梭梭林对降雨的滞后响应[477]。刘深思等进行了 5 种沙地灌木对地下水埋深变化响应的差异性和一致性研究[478]。

2.3.5　生态水文学

生态水文学研究所有生命及无生命组成的交互关系中的水文过程、现象及特性的科学。王根绪等在《生态水文学概论》一书中，从学科体系角度，阐述了陆地植被生态水文、水域生态水文、环境生态水文、城市生态水文以及流域生态水文等主要领域的基本内容、理论方法及其实践应用[479]。

（1）生态系统特征分析研究。方红卫等梳理了生态河流动力学研究的进展与挑战[480]。于晓龙等开展了东平湖生态水位和水生态系统健康研究[481]。薛联青等开展了基于 PSR 模型的塔里木河流域生态脆弱性评价[482]。尚文绣等开展了面向河流生态完整性的黄河下游生态需水过程研究[483]。于守兵等梳理了黄河河口生态需水研究进展[484]。刘攀峰等开展了杜仲在我国的潜在适生区估计及其生态特征分析[485]。颜俨等对中国内陆河流域生态系统服务价值进行了再评估[486]。吴一帆等研究了生态修复措施对流域生态系统服务功能的提升[487]。兰紫橙等开展闽江流域生态系统服务价值评估及权衡协同关系研究[488]。

（2）生态-水文过程及相互影响。赵凌栋等开展了基于景观指数的高邮湖湿地生态水文连通性分析[489]。李小娟等研究了高寒草甸生物结皮发育特征及其对土壤水文过程的影响[490]。党学亚等研究了柴达木盆地生态植被的地下水阈值[491]。阿依加马力・克然木等开展了流域水文变化对胡杨荒漠河岸林林窗及形成木特征的影响研究[492]。徐力刚等梳理了湿地水文过程与植被响应研究进展与案例[493]。王瑞玲等开展了基于黄河鲤栖息地水文-生态响应关系的黄河下游生态流量研究[494]。王浩等研究了水循环视角下的黄河流域生态保护关键问题[495]。刘昌明等分析了生态需水及其与流速因素的相互作用[496]。葛金金等综述了水文-生态响应关系构建方法[497]。黄振宇等分析了洪水过程对水生态系统影响的研究进展[498]。徐宗学等在《黑河流域中游地区生态水文过程及其分布式模拟》一书中，开展了黑河流域中游地区水文过程演变规律及其生态效应、黑河流域中游地区生态系统演变规律及其对水循环的影响，以及生态-水文过程耦合模拟相关研究[499]。杨大文等在《高寒山区生态水文过程与耦合模拟》一书中，介绍了黑河上游山区生态水文特征与机理、高寒山区流域水文过程[500]。

（3）生态-水文系统整体分析与评价。林梦然等研究了龙羊峡水库对坝下河段生态水文情势影响[501]。李大鸣等对渤海新区海岸带水环境及生态环境进行了评价研究[502]。姜旭新等进行了额尔齐斯河流域河谷生态系统水文情势变化影响分析及生态修复建议[503]。黄昌硕等金项链牛首山河水生态监测与安全评估研究[504]。魏秀等分析了汉江黄金峡以上流域社会经济-生态-水文的变化规律[505]。季晓翠等开展了基于云模型的滨海小流域水生态文明评价[506]。章光新等综述了基于生态水文调控的流域综合管理研究[507]。夏军等阐述了中国生态水文学发展趋势与重点方向[508]。顾慧等分析了模型驱动数据空间分辨率对模拟生态水文过程的影响[509]。程国栋等在《"黑河流域生态-水文过程集成研究"重大计划最新研究进展》一书中，介绍了黑河生态-水文过程与驱动机制、生态-水文集成模型以及水资源管理决策支持系统[510]。左其亭等在《闸控河流水文生态效应分析与调控》一书中，介绍了闸控河流生态水文效应、水生态系统健康评价相关理论与方法研究等[511]。

2.4 以工作方式分类的水文学研究进展

2.4.1 水文测验

水文测验是系统收集和整理水文资料的各种技术工作的总称。狭义的水文测验指水文要素的观测，包括水位、流量、泥沙等，所得的水文资料是工程设计的基本依据。水文测验工作偏重实际应用，集中在水文测验方案的设置优化与水文测验数据处理，在基础理论研究方面略显薄弱。以下仅列举几个有代表性的文献以供参考。

（1）在水文测验方案方面。聂鼎等提出了基于图像处理的小型水库水位测量方法[512]。陈强等针对可可西里盐湖提出水文监测方案构想[513]。刘炜等研究了水文站流量测验代表垂线分析原理及应用[514]。刘谦等提出了山东水文资源局全覆盖式自动化水文测报网络系统建设[515]。程海峰等研究了长江口水文监测站网选址合理性及优化[516]。王小赞等研究了雨量站网布设对子流域降雨量计算结果的影响[517]。黄超介绍了 H - ADCP 在后峡水文站河道流量监测中的应用[518]。廖爱民等分析了多类型雨量计的降雨特性[519]。卢海文等提出了一种基于 GPS 定位技术的浮标追踪测流系统[520]。胡兴艺提出了文丘里法在河流流量推算中的应用[521]。魏家红等在《水质监测与评价》(第三版)一书中,介绍了水质监测、水质评价、水质预测、硬度的测定、化学需氧量的测定等[522]。

(2)在水文测验数据处理方面。梅军亚等开展了侧扫雷达测流系统在水文信息监测中的比测研究及误差分析[523]。王志良等开展了黄河流域水文数据插补方法比较及应用[524]。董程等基于 28 个河流水文站的水位-流量观测数据,结合水文站空间位置,分析长江汛期的洪水汛情空间分布与水位-流量特征关系[525]。胡尊乐等构建了定点式 H - ADCP 自动监测数据的分析模型[526]。武俐等开展了基于主成分分析和模糊数学的黄河小浪底水质监测与评价[527]。刘秀林等研究了金沙江下游遥测雨量站数据质量[528]。杨桂莲等浅析了国家地下水监测工程数据在地下水动态月报评价中的应用效果[529]。蔡圣准等提出综合评分法定量的分析不同时段不同异常监测点被剔除后对降水量变化幅度的影响[530]。刘晓燕等基于不同时期实测的 1300 多对雨强和含沙量数据,分析了不同空间尺度情况下的雨强—沙峰含沙量关系[531]。

2.4.2　水文调查

水文调查是指为了水文分析计算、水利规划、水文预报以及其他工农业生产部门的需要而进行的野外查勘、试验,并向有关部门搜集资料的工作,针对水文工作需要,主要内容为暴雨洪水及水污染调查。

李颖智等提出了区域地下水污染调查取样点布设量化分配方法[532]。周华开展了宁夏红柳沟流域"7·01"暴雨洪水调查分析[533]。刘园开展了流域水环境的污染源调查[534]。陈文龙等结合历史资料分析和"5·22"特大暴雨灾害调查,从降雨强度、城市建设、城市排水排涝系统和潮汐影响角度分析了广州城市洪涝的原因[535]。刘冠华等在《2018 年河南省 8·18 暴雨洪水》一书中,系统分析了 2018 年"8·18"暴雨洪水,研究了产汇流规律,掌握了工程运行情况以及防洪除涝的新情况、新变化[536]。李爱民等在《山西省山洪灾害调查评价》一书中,开展了山洪灾害基本情况、小流域基本特征、水文、社会经济等情况的调查,分析了小流域洪水规律[537]。

2.4.3　水文实验

水文实验是水科学研究的重要组成部分,也是水文事业发展的基础性工作。水文实验主要探求在自然和人类活动影响条件下,水文循环过程中各种水文要素变化和转化规律,并对有关新理论、新方法、新仪器和新设备进行检验。

廖爱民等开展了实验小流域尺度下高精度水位计的比测分析[538]。雷四华等梳理了室外原型实验与室内模拟试验两方面的进展,对已有成果的局限性进行了分析[539]。韩剑桥等采用室内模拟试验,研究了沿程冲刷与溯源侵蚀共同作用条件下细沟断面形态的分异特征[540]。李想等通过设置多组实验,研究了暴雨和缓冲带特征对城市滨水缓冲带雨洪消减的影响[541]。方刚等开展了基于巴拉素井田多孔抽水试验的含水层特征及水力联系研究[542]。贾洪涛等采用室内试验模拟容重对红壤地下滴灌水分运动规律的影响[543]。许文豪等开展了鄂尔多斯高原湖泊蒸发原位试验研究[544]。

李新鸽等依托黄河三角洲滨海湿地增减雨野外控制试验平台，采用土壤碳通量观测系统对湿地土壤呼吸速率进行监测[545]。翟金榜等进行了冻结作用下考虑补水层影响的水分迁移试验[546]。林敬兰开展了土石混合崩积体坡面细沟径流流速试验研究[547]。覃自阳等通过室内模拟其典型顺/逆层坡面特征及地下孔裂隙发育程度，利用人工降雨试验研究不同雨强条件下地表地下产流特征[548]。曾荣昌等开展室内放水冲刷试验，研究喀斯特槽谷区不同岩石与坡面夹角下地表集中水流曼宁系数的变化规律及其影响因素[549]。

2.5　以研究方法分类的水文学研究进展

2.5.1　水文统计学

水文统计学主要研究成果涉及水文参数估计、水文频率分析、水文统计等方面。总体来看，相关研究成果较多，主要集中在水文参数估计方法及应用，水文频率计算方法及应用，水文统计计算及应用。以下仅列举几个有代表性的文献以供参考。

（1）在水文参数估计方面。王博等引入新型智能优化算法估算年降水量频率曲线参数[550]。阳玲等通过数值拟合、最小二乘法、牛顿迭代法求得含水层的压力传导系数[551]。武亚遵等借助 CFP 管道流模型对管道各参数对岩溶系统流量和流态的影响程度及各参数的敏感性进行了分析[552]。李祥东等采用经典统计学和地统计学分析土壤水力参数的空间变异特征[553]。徐流洋通过对试验数据的统计分析得出青铜灌区古灌渠河床渗透系数空间变异性[554]。赵玲玲等采用 P-Ⅲ型分布和广义极值分布对洪水分布函数的不同参数估计方法进行对比[555]。

（2）在水文频率分析方面。陈得方等提出了基于多项式正态变换的年径流频率计算[556]。吴业楠等研究了基于层次贝叶斯法的无资料地区洪水频率分析[557]。胡辰等采用布尔分布对辽宁省西部半干旱地区水文频率进行分析[558]。宁迈进等开展了趋势变异条件下非一致性洪水频率计算方法的择优比较分析[559]。高盼星等提出了一种将水文气象规律与统计学科相结合的洪水频率计算方法[560]。鲁帆等采用具有时变统计参数的 GAMLSS 模型，研究黄河干流年径流系列的非一致性水文频率计算[561]。魏玲娜等研究了淮河上游紫罗山流域枯水频率及退水规律[562]。杜懿等开展了基于均一化数据的中国典型分区水文频率线型研究[563]。李薇等在《流域概率水文预报方法研究》一书中，介绍了水文预报的方法和研究现状[564]。

（3）在水文统计方面。曾瑜等采用经验统计法和统计系列对比法研究了鄱阳湖入湖水沙演变过程及影响因素[565]。罗红春等采用非线性统计等方法分析了黄河石嘴山站的水沙序列变化及发展趋势[566]。窦旭等采用统计学方法地质统计学原理分析土壤含水率与盐分时空分布和变异规律[567]。沈鎏澄等利用数理统计方法分析了青藏高原中东部地区 1961—2014 年雪深时空变化特征及其成因[568]。林莎等开展了基于地统计学的黄土高寒区典型林地土壤水分盈亏状况研究[569]。陈军武等利用水文学、数理统计学等理论和方法，分析了流域暴雨、洪水的时空分布规律[570]。张娜等利用经典统计与地统计相结合的方法，对灌区地下水埋深的时空分布进行分析[571]。

2.5.2　随机水文学

（1）在地下水随机理论方法与应用方面。钟乐乐等采用高斯过程回归方法对地下水模型结构误差进行了统计模拟[572]。林宇等采用基于遗传选择策略的粒子群算法（GSSPSO）优化选取 SVR 模型的参数，再用预测性能较为精准的回归型支持向量机（SVR）模型对地下水位进行预测[573]。

（2）在径流随机分析与模拟方面。王小杰等基于分形和 R/S 分析了渭河干流径流变化特征[574]。王东升等使用一元线性回归、退水系数、离散系数等分析了牛栏江枯季径流特点及趋势[575]。王文川等利用灰色模型和 BP 神经网络模型对径流深数据进行预测[576]。殷兆凯等开展了基于长短时记忆神经网络的降雨径流模拟及预报[577]。丛培月等开展了基于 Budyko 假设的黄河下游非一致性径流模拟[578]。姜瑶等对比了基于年径流序列的五种趋势检测方法的性能[579]。董磊华等在《考虑气候模式影响的径流模拟不确定性研究》一书中，构建了气候模式影响下的径流模拟不确定性分析框架[580]。

（3）在水文序列分析方面。李雅晴等应用自回归模型拟合水文序列相依变异识别的 RIC 定阶准则[581]。田小靖等比较了 9 种水文序列突变点识别方法[582]。吴子怡等提出了一种基于相关系数的水文序列分段趋势变异识别方法[583]。高熠飞等开展了基于柯西分布的水文序列异常值检测方法[584]。

（4）在随机水文模拟和预测方面。芮孝芳研究了水文随机变量二维分布及其应用[585]。金浩宇等开展了基于集成方法的长江源区未来气候变化预测研究[586]。梁忠民等利用随机森林模型对漱水河流域 1980—2010 年 23 场洪水进行超前预警[587]。桑宇婷等开展了基于 CEEMD - BP 模型的汾河上游月径流预测[588]。庄晓雯等开发了耦合逐步聚类分析方法的开都河径流预测模型[589]。敦宇等开展了基于随机模拟的地下水铬污染健康风险动态评价[590]。郑恺原等提出了基于 PSO - WRF 的渭河中下游年径流预测模型[591]。武桂芝等研究了基于拟合改进的径流灰色预测模型[592]。景唤等研究了河流过程的累积现象和随机模型[593]。

2.5.3　同位素水文学

同位素水文学主要研究成果涉及同位素技术在水文学中的广泛应用，包括判断地下水来源、地下水污染源，分析地下水地表水相互作用关系，研究水文变化、水循环变化等。研究成果多，应用非常广泛。

（1）在利用同位素判断地下水来源、地下水污染源、分析地下水地表水相互作用关系应用方面。李玲等利用放射性同位素测年，研究了乌兰布和沙漠地下水年龄以及地下水补给速率[594]。一些学者利用稳定同位素技术与地下水水化学指标分别在长白山[595]、托克逊两河流域[596]、济南东源饮用水源地[597]、青海湖沙柳河流域[598]、太湖北部地区[599]、祁连山南坡[600] 等地区进行了地下水的补给来源及演化分析。在地下水污染方面，分析了岩溶地区[601]、南阳盆地[602]、莱州湾东岸[603]、滦平盆地[604] 地下水硝酸盐来源。一些学者利用同位素技术分别分析了安阳河[605]、绿洲带[606]、柴达木盆地[607]、青海湖沙柳河流域[608]、冬奥会崇礼赛区[609] 等地表水与地下水的转化关系。

（2）在应用同位素水文学研究水文变化方面。陈学秋等研究了流域初始状态对环境同位素法划分流量的影响[610]。谢永玉等分析了长江下游小流域不同降雨类型水文要素的同位素特征[611]。李宗省等分析了祁连山北坡稳定同位素生态水文学研究的初步进展与成果应用[612]。孙从建等研究了亚洲中部高山降水稳定同位素空间分布特征[613]。周苏娥等开展了基于 Stewart 模型改进方案的新疆降水同位素的云下蒸发效应比较[614]。畅俊斌等研究了水汽源区变化对陕西关中降水稳定同位素的影响[615]。谢永玉等长江下游湿润流域不同水源的同位素组成对台风雨响应[616]。车存伟等开展了基于氢氧稳定同位素的兰州市南北两山土壤蒸发时空变化及影响因素研究[617]。孙龙等总结了基于氢氧同位素技术的流域水源涵养研究进展[618]。

（3）在应用同位素水文学研究水循环变化方面。孙金凤等针对盆地的不同地段、不同水体的环境同位素特征，分析了泰莱盆地的"三水"转化关系[619]。郭政昇等分析了 ENSO 事件对珠江中下游地区降水氢氧同位素的影响[620]。谢林环等分析了城镇化流域降水径流氢氧同位素特征及洪水径流分割[621]。王邺凡等研究了印度河上游 Bagrot 山谷降水稳定同位素变化及与水汽来源的关系[622]。张荷惠子等研究了黄土丘陵沟壑区不同水体间同位素特征及水体转化关系[623]。车存伟等研究了黄河流域降水稳定同位素的云下二次蒸发效应[624]。刘芳等研究了祁连山南坡水体氢氧稳定同位素特征[625]。

（4）在应用同位素水文学研究河流、湖泊水量水质变化方面。桂娟等分析了各水体稳定同位素特征及其所指示的环境意义，并进行了径流分割[626]。殷超等开展了基于水化学和氮氧同位素的贵州草海丰水期水体硝酸盐来源辨析[627]。张东等分析了基于硫酸盐硫同位素的伊洛河流域河水溶解性重金属来源[628]。金赞芳等研究了千岛湖水体氮的垂向分布特征及来源[629]。孔乐等综述了利用冷水珊瑚氧、碳同位素重建中-深层海水古温度的原理和方法[630]。黄一民等研究了台风"海马"对洞庭湖流域降水同位素的影响[631]。

（5）在应用同位素技术研究植物水文来源方面。郭雨桐等研究了湿地要素中碳氮同位素特征与水文连通的关系[632]。邢丹等开展了基于稳定同位素的石漠化地区桑树根系水来源研究[633]。王金强等研究了干旱绿洲区 3 种典型农田防护林的水分来源[634]。姜生秀等石羊河下游青土湖白刺灌丛水分来源及其对生态输水的响应[635]。冯蕴等开展了基于稳定同位素的干旱半干旱地区杨树水分来源研究[636]。李涛等研究了新疆准噶尔盆地不同径级梭梭和白梭梭的水分来源[637]。王锐等分析了亚热带典型植物水分利用来源变化的水稳定同位素[638]。

2.5.4 数字水文学

数字水文学主要研究成果涉及基于 DEM 的流域水文特征分析、水文模拟和计算等方面。技术性和应用性研究成果较多，但具有创新的学术性成果不多。以下仅列举几个有代表性的文献以供参考。

（1）基于 DEM 的流域水文特征方面。窦明等研究了淮河流域水系盒维数与连通度相关性[639]。赵卫东等研究了顾及平原区微地貌的地形湿度指数及其地表水环境意义[640]。赵冰雪等研究了基于 OLI 影像和 DEM 的山区水体提取方法[641]。夏积德等研究了渭河干流杨凌段水边线提取及其分维数计算方法[642]。张意奉等研究了陕北安塞坊塌小流域的沟道形态及其泥沙连通性[643]。刘宇等开展了基于 DEM 的山丘区小流域河网提取分析研究[644]。张晓娇等研究了基于 DEM 的大清河子流域划分方法[645]。

　　（2）基于 DEM 的水文模拟和计算等方面。何蒙等开展了基于 DEM 的河宽模型在山区中小流域内的构建与应用[646]。王磊等对比了基于 DEM 数据的 HEC - HMS 和 Vflo 降雨特征模拟[647]。高超等利用数字高程模型，结合人口、经济、土地利用数据构建海平面上升风险暴露度评估模型[648]。吕宝阔基于辽河流域的 DEM 数据，分析整个研究区域的年降雨情况[649]。张浪等研究了 HEC - HMS 模型在四川省清溪河流域山洪预报中的应用[650]。熊立华等在《珠江流域分布式降雨径流模拟》一书中，解释了分布式降雨径流模型所需的数字流域信息的提取原理与方法，介绍了基于 DEM 的分布式降雨径流模型的应用实例[651]。

　　（3）数字信息化方面。陈瑜彬基于面向大数据平台的网络化服务理念，设计开发了流域防洪预报调度一体化系统[652]。赵宗慈等研究了人工智能应用于地球系统科学[653]。曹春号等研制了脉冲式蒸发器水面蒸发量手机在线检测装置[654]。杨婷婷等开展了基于物联网大数据的城市降雨径流控制率分析[655]。寇嘉玮等基于 WebGIS 的洪泽湖地区动态洪涝管理信息系统的研究[656]。冶运涛等在《流域水循环虚拟仿真理论与技术》一书中，研究了数字流域水循环过程时空数据模型和数字流域水循环虚拟仿真理论与方法[657]。

2.5.5　遥感水文学

　　遥感水文主要研究成果涉及遥感影像数据分析，基于遥感的水文模拟和计算等方面，技术性和应用性研究成果较多。

　　（1）遥感影像数据分析方面。刘玉婷等研究了基于 MOD16 的东江流域地表蒸散发时空特征[658]。黄木易等基于遥感分类数据分析了巢湖流域生态服务价值时空演变特征[659]。郭焘等分析了基于 MODIS 的土壤含水量时空变化及干旱化程度[660]。孟庆博等研究了 TRMM 卫星降水产品在尼洋河流域的适用性定量分析[661]。周远刚等分析了博格达峰地区冰川和积雪变化遥感监测及影响因素[662]。韩伟孝等研究了基于长时序 Landsat 5/8 多波段遥感影像的青海湖面积变化[663]。闵心怡等开展了基于改进的湿润地区站点与卫星降雨数据融合的洪水预报精度分析[664]。张璐等研究了基于 GRACE 数据监测黄河流域陆地水储量变化[665]。蔡建楠等开展了基于 GA - PLS 算法的河网水体化学需氧量高光谱反演[666]。徐鹏飞等研究了基于 GF1 _ WFV 的千岛湖水体叶绿素 a 浓度时空变化[667]。王重洋等在《河口近岸悬浮泥沙遥感监测研究》一书中，建立了一种基于 Landsat 系列卫星数据的悬浮泥沙定量遥感反演模型[668]。

　　（2）基于遥感的水文模拟和计算等方面。闵心怡等分析了 TRMM RT 降雨在洪水模拟应用中的可行性[669]。尹剑等研究了考虑坡面地形的蒸散发遥感估算[670]。赵长森等研究了低空遥感无人机影像反演河道流量[671]。姚晓磊等提出了基于累积分布函数匹配的多源遥感土壤水分数据连续融合算法[672]。翟劲燚等研究了改进的劈窗算法结合 Landsat 8 热红外数据反演地表温度[673]。郭泽呈等开展了基于 SPCA 和遥感指数的干旱内陆河流域生态脆弱性时空演变及动因分析[674]。吴炳方等总结了流域遥感：内涵与挑战[675]。曾子悦等总结了基于遥感空间信息的洪水风险识别与动态模拟研究进展[676]。黄依之等进行了 CMOR-PH 卫星反演降水数据质量评估及水文过程模拟研究[677]。孙芳蒂等开展了鄱阳湖水文特征动态变化遥感监测[678]。张璐等研究了基于遥感的秦淮河径流量估算方法[679]。史卓琳等总结了河流水情要素遥感研究进展[680]。刘元波等总结了流域水文遥感的科学问题与挑战[681]。陈嘉琪等研究了基于数字遥感影像的呼伦湖水量平衡分析[682]。吴炳方在《流域遥感》一书中，介绍了流域灾害遥感以及流域水利工程遥感所涉及的理论、方法和数据产品等[683]。

2.6 与 2017—2018 年进展对比分析

（1）以研究对象分类的水文学方面。在河流水文学领域，最近两年与前几年的总体情况类似，仍以河流泥沙、洪水预报及河流生态环境方面研究居多，随着黄河国家战略的提出，涌现出更多、研究深度更深的黄河研究成果；在河道研究与河床演变、河流水热动态与河流冰情、水系特征和流域特征方面的研究偏少，主要是方法的应用研究。在湖泊水文学领域，湖泊水位与水量变化、湖泊富营养化、湖泊生态系统是研究热点，取得研究成果相对较多。在沼泽水文学和河口海岸水文学领域的研究仍然偏少。在冰川水文学领域，每年涌现出大量的研究成果，特别是冰川变化及气候变化对冰川的影响研究成果较多。在水文气象学领域，近两年的研究与之前一样，集中在极端降水和气候变化与水循环关系方面，但涉及的流域及尺度更广。在地下水水文学研究领域，近两年的研究仍以地下水化学和运移方面研究为主，也出现一些新的情况，如地下水合理开发利用方面的成果增多。

（2）以应用范围分类的水文学方面。在工程水文学领域，产汇流基础理论的研究和突破性进展仍然偏少；在水文模型方面，研究人员较多，主要是模型的应用及改进；水文预报和洪水方面的研究较多，主要是方法的创新。在农业水文方面的研究，主要集中在不同地区的土壤水文过程研究，创新性研究成果不多；最近两年的研究也出现一些新的情况，土壤水盐运移研究开展的背景条件有所变化。城市水文学领域，海绵城市的研究仍是研究热点，但城市雨洪的模拟和管理研究增加。森林水文学的研究有所增加，特别是理论方法研究。生态水文学方面，研究内容丰富，每年涌现出大量的研究成果，特别是水文生态系统的整体分析与评价，但研究深度和创新性仍不足。

（3）水文学工作方式方面。水文测验最近两年与前几年的总体情况类似，在方案设置研究方面较多，水文测验数据处理方面研究成果相对减少，最近两年的研究也出现一些新的情况，比如，全覆盖式自动化水文测报网络系统建设。水文调查研究成果不多，依然偏重暴雨洪水的调查和分析。水文实验，最近两年与前几年的总体情况类似，主要是原型实验与室内模拟，但理论研究进展不大，特别是高水平文献不多。

（4）在以研究方法分类的水文学研究方面。在水文统计学领域，近两年研究文献较多，主要集中在水文频率分析，以应用研究为主。在随机水文学领域，仍以随机水文模拟和预测方面研究成果居多，偏重时间序列的分析，主要是方法的创新。在同位素水文学领域，最近两年与前几年的总体情况类似，利用同位素技术研究地下水补给来源与地下水污染的成果较多，主要集中在不同地区的应用，创新性研究成果较少，其他应用方面保持稳定。在数字水文学领域，基于 DEM 的水文模拟和计算方面的成果保持稳定，数字信息化方面的研究有所增加。遥感水文学领域仍是研究的热点，利用的遥感影像数据产品种类及应用范围有所增加，总结和应用的文献较多。

本章撰写人员及分工

本章撰写人员（按贡献排名）：甘容、陶洁、凌敏华。甘容负责统稿。具体分工如下表。

节　名	作　者	单　位
2.1　概述	甘　容	郑州大学
2.2　以研究对象分类的水文学研究进展	凌敏华 甘　容	郑州大学
2.3　以应用范围分类的水文学研究进展	陶　洁 甘　容	郑州大学
2.4　以工作方式分类的水文学研究进展		
2.5　以研究方法分类的水文学研究进展	甘　容	郑州大学
2.6　与 2017—2018 年进展对比分析		

参考文献

[1]　左其亭. 中国水科学研究进展报告 2017—2018 [M]. 北京：中国水利水电出版社，2019.

[2]　左其亭，王中根. 现代水文学（新 1 版）[M]. 北京：中国水利水电出版社，2019.

[3]　陆永军，季荣耀，王志力，等. 珠江三角洲网河区低水位时空变化规律 [J]. 水科学进展，2019，30（06）：800 - 809.

[4]　李景保，何蒙，于丹丹，等. 水利工程对长江荆南三口水系结构变化的影响 [J]. 地理科学，2019，39（06）：1025 - 1035.

[5]　胡家昱，刘丙军. 基于空间自回归和地理加权回归模型的佛山市中心城区河网水系演变驱动分析 [J]. 水文，2019，39（02）：7 - 13.

[6]　孟宪萌，张鹏举，周宏，等. 水系结构分形特征的研究进展 [J]. 地球科学进展，2019，34（01）：48 - 56.

[7]　高吉喜，王永财，侯鹏，等. 近 20 年黄河流域陆表水域面积时空变化特征研究 [J]. 水利学报，2020，51（09）：1157 - 1164.

[8]　高玉琴，刘云苹，闫光辉，等. 秦淮河流域水系结构及连通度变化分析 [J]. 水利水电科技进展，2020，40（05）：32 - 39.

[9]　朱晓丝，周国富，钟九生. 乌江流域水域面积变化的气候效应 [J]. 水力发电，2020，46（08）：10 - 13，98.

[10]　李敏慧，陈毅，吴保生. 青藏高原典型流域河网特性及控制因素 [J]. 清华大学学报（自然科学版），2020，60（11）：951 - 957.

[11]　左其亭，崔国韬. 人类活动对河湖水系连通的影响评估 [J]. 地理学报，2020，75（07）：1483 - 1493.

[12]　刘丙军. 变化环境下珠江河网区水文过程演变研究 [M]. 北京：科学出版社，2019.

[13]　刘强，冀鸿兰，张宝森，等. 黄河下游冰凌特征变化及影响因素分析 [J]. 水电能源科学，2019，37（11）：19 - 23.

[14]　邓宇，GONCHAROV Vadim，张宝森，等. 气温变化对黄河封河期冰厚的影响分析 [J]. 人民黄河，2019，41（05）：19 - 22.

[15]　周建军，杨倩，张曼. 长江上游水库群的热环境效应与修复对策 [J]. 湖泊科学，2019，31（01）：1 - 17.

[16] 全栋，李超，路新川，等. 黄河干流头道拐河段凌汛期小流量过程变化及其影响因素研究 [J]. 冰川冻土，2020，42 (02)：620 - 628.

[17] 罗红春，冀鸿兰，邬国明，等. 黄河什四份子弯道冰期水流及冰塞特征研究 [J]. 水利学报，2020，51 (09)：1089 - 1100.

[18] 路锦枝，王涛，郭新蕾，等. 利用水位变化的黑龙江开河方式和开河日期预报 [J]. 水利水运工程学报，2020 (03)：29 - 36.

[19] 张献志，杨明晖，刘吉峰. 黄河内蒙古河段凌情要素序列突变点诊断 [J]. 人民黄河，2020，42 (S2)：21 - 22，33.

[20] 刘红珍，张志红，李超群，等. 黄河上游河道凌情变化规律与防凌工程调度关键技术 [M]. 郑州：黄河水利出版社，2019.

[21] 胡东滨，蔡洪鹏，陈晓红，等. 基于证据推理的流域水质综合评价法——以湘江水质评价为例 [J]. 资源科学，2019，41 (11)：2020 - 2031.

[22] 时文博，曹春燕，宋颖，等. 基于多元统计分析的黄河山东段水质评价研究 [J]. 人民黄河，2020，42 (02)：48 - 53.

[23] 谢小慧，刘颖，杜倩颖，等. 基于区间型贝叶斯的年度水质评价 [J]. 人民长江，2019，50 (10)：63 - 68.

[24] 裴晓龙，丁强，杨玉珍，等. 2013—2017 年延河水质变化及其影响因素 [J]. 水土保持通报，2019，39 (02)：115 - 117，123.

[25] 逯晔坤，靳春玲，贡力. 黄河兰州段水质评价的 HDE 方法应用 [J]. 中国农村水利水电，2019 (03)：32 - 36.

[26] 段小卫，卜鸡明，周峰，等. 基于组合权重法的河流水质综合评价 [J]. 水文，2020，40 (01)：70 - 75.

[27] 袁静，汪金成，钱宝. 三峡库区及其支流水质评价方法选择及应用 [J]. 水电能源科学，2019，37 (07)：39 - 42，34.

[28] 康文华，蔡宏，林国敏，等. 不同地貌条件下景观对河流水质的影响差异 [J]. 生态学报，2020，40 (03)：1031 - 1043.

[29] 徐启渝，王鹏，舒旺，等. 土地利用结构与空间格局对袁河水质的影响 [J]. 环境科学学报，2020，40 (07)：2611 - 2620.

[30] 张庆文，宋林旭，纪道斌，等. 香溪河库湾水质特征与非回水区水华响应关系 [J]. 中国环境科学，2019，39 (07)：3018 - 3026.

[31] 纪广月. 基于改进粒子群算法优化 BP 神经网络的西江水质预测研究 [J]. 水动力学研究与进展 (A 辑)，2020，35 (05)：567 - 574.

[32] 张叶，孟德娟，于子铖，等. 基于 MIKE21 的城市河流水质改善与达标分析 [J]. 水电能源科学，2020，38 (09)：48 - 52.

[33] 文广超，刘正疆，谢洪波，等. 基于 Landsat 的淮河干流水质监测的可行性分析 [J]. 水资源与水工程学报，2020，31 (05)：37 - 41.

[34] 郑丙辉，张佳磊，王丽婧，等. 三峡水库水环境特征及其演变 [M]. 北京：科学出版社，2020.

[35] 王浩，赵勇. 新时期治黄方略初探 [J]. 水利学报，2019，50 (11)：1291 - 1298.

[36] 刘晓燕，李晓宇，高云飞，等. 黄土丘陵沟壑区典型流域产沙的降雨阈值变化 [J]. 水利学报，2019，50 (10)：1177 - 1188.

[37] 胡春宏，张晓明，赵阳. 黄河泥沙百年演变特征与近期波动变化成因解析 [J]. 水科学进展，2020，31 (05)：725 - 733.

[38] 张金良，练继建，张远生，等. 黄河水沙关系协调度与骨干水库的调节作用 [J]. 水利学报，2020，51 (08)：897 - 905.

[39] 申孙平，吴腾，李涛，等. 黄河上游巴彦高勒至头道拐河段输沙优化调控研究 [J]. 泥沙研究，2019，44（03）：53 - 59.

[40] 陈界仁，任磊，任莎莎. 黄河中游区间入黄水沙量的贡献率变化分析 [J]. 中国农村水利水电，2019（11）：1 - 4，9.

[41] 张金萍，肖宏林，张鑫. 基于经验模态分解方法和信息熵的水沙关系研究 [J]. 水资源保护，2019，35（04）：30 - 34，41.

[42] 安催花，鲁俊，吴默溪，等. 黄河下游河道平衡输沙的沙量阈值研究 [J]. 水利学报，2020，51（04）：402 - 409.

[43] 白涛，慕鹏飞，张明. 高含沙河流的低温输沙效应——以黄河上游巴彦高勒站为例 [J]. 水科学进展，2020，31（02）：194 - 202.

[44] 张金良. 黄河水沙联合调度关键问题与实践 [M]. 北京：科学出版社，2020.

[45] 刘洁，杨胜发，沈颖. 长江上游水沙变化对三峡水库泥沙淤积的影响 [J]. 泥沙研究，2019，44（06）：33 - 39.

[46] 秦蕾蕾，董先勇，杜泽东，等. 金沙江下游水沙变化特性及梯级水库拦沙分析 [J]. 泥沙研究，2019，44（03）：24 - 30.

[47] 吴乐平，王欣，江恩慧，等. 水库群-河道水沙分配动态博弈模型理论框架 [J]. 人民黄河，2019，41（05）：34 - 37，42.

[48] 唐小娅，童思陈，许光祥，等. 三峡水库汛期泥沙淤积对坝前水位的滞后响应 [J]. 水科学进展，2019，30（04）：528 - 536.

[49] 严宇红，黄维东，吴锦奎，等. 疏勒河流域泥沙分布规律及水沙关系研究 [J]. 干旱区地理，2019，42（01）：47 - 55.

[50] 吴慧凤，陈莹. 晋江西溪流域土地利用变化的输沙响应 [J]. 水土保持通报，2019，39（04）：48 - 53.

[51] 史常乐，牛兰花，赵国龙，等. 三峡大坝—葛洲坝河段水沙变化及冲淤特性 [J]. 水科学进展，2020，31（06）：875 - 884.

[52] 郭庆超，董先勇，於三大，等. 金沙江下游干流及主要支流推移质沙量研究 [M]. 北京：中国水利水电出版社，2019.

[53] 刘欣，刘远征. 小浪底水库调水调沙以来黄河下游游荡河段河床演变研究 [J]. 泥沙研究，2019，44（05）：56 - 60.

[54] 张防修，史玉品，毕桂真，等. 黄河下游不同治理方案下河道冲淤规律研究 [J]. 人民黄河，2019，41（03）：36 - 43，48.

[55] 闫世雄，隆院男，蒋昌波，等. 湘江下游水位变化趋势与河床演变关系研究 [J]. 水资源与水工程学报，2019，30（06）：150 - 156.

[56] 万智巍，贾玉连，洪祎君，等. 基于历史地图与遥感影像的近百年来长江荆江段河道演变 [J]. 地理科学，2019，39（04）：696 - 704.

[57] 王钰，李小妹，冯起，等. 窟野河流域河岸沙丘地貌格局及变化 [J]. 中国沙漠，2019，39（01）：52 - 61.

[58] 赵维阳，杨云平，张华庆，等. 三峡大坝下游近坝段沙质河床形态调整及洲滩联动演变关系 [J]. 水科学进展，2020，31（06）：862 - 874.

[59] 徐照明，徐兴亚，李安强，等. 长江中下游河道冲淤演变的防洪效应 [J]. 水科学进展，2020，31（03）：366 - 376.

[60] 马子普，乐茂华，许琳娟. 河床冲淤演变的洪水绳套曲线规律研究 [J]. 泥沙研究，2020，45（05）：1 - 6.

[61] 曹文洪，毛继新，赵慧明. 荆江河道冲刷下切规律及数值模拟 [M]. 北京：中国水利水电出版

社，2019.

[62]　郭生练，熊丰，王俊，等. 三峡水库运行期设计洪水及汛控水位初探 [J]. 水利学报，2019，50
　　　（11）：1311 - 1317，1325.

[63]　李薇，谢国虎，胡鹏，等. 黄河洪水洪峰增值机理及影响因素研究 [J]. 水利学报，2019，50
　　　（09）：1111 - 1122.

[64]　原文林，宋汉振，刘美琪. 基于随机雨型的山洪灾害预警模式 [J]. 水科学进展，2019，30
　　　（04）：515 - 527.

[65]　阎晓冉，王丽萍，张验科，等. 考虑峰型及其频率的洪水随机模拟方法研究 [J]. 水力发电学
　　　报，2019，38（12）：61 - 72.

[66]　王静，王艳艳，李娜，等. 2016 年太湖流域洪灾损失及骨干工程防洪减灾效益评估研究 [J]. 水
　　　利水电技术，2019，50（09）：176 - 183.

[67]　龚轶芳，陈喜，张志才，等. 喀斯特峰丛 - 洼地小流域洪水滞时及相似性分析 [J]. 水利水电科
　　　技进展，2019，39（04）：7 - 12.

[68]　李小天，戚蓝，胡琳琳，等. 基于 MIKE 耦合模型的西苕溪洪水演进及风险分析 [J]. 水力发
　　　电，2019，45（07）：24 - 28.

[69]　杨露，王新宏，黄修山，等. 渭河下游河道冲淤变化对洪水演进特性的影响 [J]. 水资源与水工
　　　程学报，2019，30（01）：73 - 79.

[70]　黄艳，李昌文，李安强，等. 超标准洪水应急避险决策支持技术研究 [J]. 水利学报，2020，51
　　　（07）：805 - 815.

[71]　高洁，杨龙. 考虑非平稳性特征的雅砻江流域洪水量化分析 [J]. 水力发电，2020，46（09）：
　　　55 - 62.

[72]　周新春，许银山，杨雁飞，等. 长江流域性洪水辨识与特征对比分析 [J]. 人民长江，2020，51
　　　（12）：111 - 115.

[73]　张永勇，陈秋潭. 淮河中上游流域洪水主要类型及其时空分布特征 [J]. 地理科学进展，2020，
　　　39（04）：627 - 635.

[74]　宋利祥，胡晓张. 洪水实时模拟与风险评估技术研究及应用 [M]. 北京：中国水利水电出版
　　　社，2020.

[75]　闫宝伟，段美壮，江慧宁，等. 基于分数瞬时单位线的流域汇流模型研究 [J]. 人民长江，
　　　2020，51（08）：84 - 88.

[76]　李致家，臧帅宏，刘志雨，等. 新安江模型中河道汇流方法的改进 [J]. 河海大学学报（自然科
　　　学版），2020，48（03）：189 - 194.

[77]　蒋晓辉，夏军，黄强，等. 黑河 "97" 分水方案适应性分析 [J]. 地理学报，2019，74（01）：
　　　103 - 116.

[78]　朱燕琴，赵志斌，齐广平，等. 黄土丘陵区坡面产流产沙的影响因素分析 [J]. 干旱区资源与环
　　　境，2020，34（08）：173 - 178.

[79]　励其其，刘鸿涛，孟岩，等. 不同降雨强度和下垫面条件对黑土区坡面产流产沙的影响 [J]. 水
　　　利水电技术，2020，51（05）：91 - 98.

[80]　赵彦军，徐宗学，赵刚，等. 城市化对济南小清河流域产汇流的影响研究 [J]. 水力发电学报，
　　　2019，38（10）：35 - 46.

[81]　杨丽萍，邹进. 土地利用变化对盘龙江流域产流过程的影响分析 [J]. 中国农村水利水电，2020
　　　（07）：36 - 40，45.

[82]　何育聪，郑浩杰，韩剑桥. 间歇性与连续性降雨对黄土坡面细沟侵蚀影响的比较 [J]. 水土保持
　　　学报，2020，34（06）：8 - 13.

[83]　乔钰，胡慧杰. 黄河下游生态水量调度实践 [J]. 人民黄河，2019，41（09）：26 - 30，35.

［84］ 李雁鹏，吴玮，张如锋，等. MIKE11 模型在河道生态修复方案优选中的应用 ［J］. 水电能源
      科学，2019，37（11）：41 - 45.

［85］ 李慧珍，裴媛媛，游静. 流域水环境复合污染生态风险评估的研究进展 ［J］. 科学通报，2019，
      64（33）：3412 - 3428.

［86］ 侯婷娟，高耶. 资水河道内生态需水量研究 ［J］. 水文，2019，39（05）：40 - 44，60.

［87］ 张倩云，韩璐遥，俞芳琴，等. 基于水文过程的南京市城南河流域水生态系统修复方法 ［J］.
      水电能源科学，2020，38（02）：61 - 64，51.

［88］ 郜国明，田世民，曹永涛，等. 黄河流域生态保护问题与对策探讨 ［J］. 人民黄河，2020，42
      （09）：112 - 116.

［89］ 孙然好，武大勇，陈利顶，等. 海河流域河流生态系统健康研究 ［M］. 北京：科学出版
      社，2020.

［90］ 杨扬，王赛，崔永德，等. 东江流域水环境与水生态研究 ［M］. 北京：科学出版社，2020.

［91］ 徐长江，徐高洪，戴明龙，等. 三峡水库蓄水期洞庭湖区水文情势变化研究 ［J］. 人民长江，
      2019，50（02）：6 - 12.

［92］ 高耶，谢永宏，邹冬生，等. 近 40 年洞庭湖区内湖水面面积变化及其驱动因素 ［J］. 湖泊科
      学，2019，31（03）：755 - 765.

［93］ 吴红波. 基于星载雷达测高资料估计博斯腾湖水位-水量变化研究 ［J］. 水资源与水工程学报，
      2019，30（03）：9 - 16，23.

［94］ 季海萍，吴浩云，吴娟. 1986—2017 年太湖出、入湖水量变化分析 ［J］. 湖泊科学，2019，31
      （06）：1525 - 1533.

［95］ 陈军，汪永丰，郑佳佳，等. 中国阿牙克库木湖水量变化及其驱动机制 ［J］. 自然资源学报，
      2019，34（06）：1345 - 1356.

［96］ 杜玉娥，刘宝康，贺卫国，等. 1976—2017 年柴达木盆地湖泊面积变化及其成因分析 ［J］. 冰
      川冻土，2018，40（06）：1275 - 1284.

［97］ 严登明，李蒙，翁白莎，等. 卧龙湖水量平衡分析 ［J］. 南水北调与水利科技，2019，17
      （03）：16 - 22.

［98］ 李晓东，赵慧芳，汪关信，等. 流域水热条件和植被状况对青海湖水位的影响 ［J］. 干旱区地
      理，2019，42（03）：499 - 508.

［99］ 闾利，张廷斌，易桂花，等. 2000 年以来青藏高原湖泊面积变化与气候要素的响应关系 ［J］.
      湖泊科学，2019，31（02）：573 - 589.

［100］ 李育，张宇欣，张新中，等. 以东亚及中亚地区虚拟湖泊水位变化为代表的全新世有效水分变
      化的连续模拟 ［J］. 中国科学：地球科学，2020，50（08）：1106 - 1121.

［101］ 曾少龙，赖格英，杨涛. 从涨退水看鄱阳湖水位-湖面面积关系 ［J］. 水文，2019，39（03）：
      46 - 51.

［102］ 吴其慧，李畅游，孙标，等. 1986—2017 年呼伦湖湖冰物候特征变化 ［J］. 地理科学进展，
      2019，38（12）：1933 - 1943.

［103］ 汪关信，张廷军，李晓东，等. 利用被动微波探测青海湖湖冰物候变化特征 ［J］. 冰川冻土，
      2021，43（1）：296 - 310.

［104］ 刘强，王伟，肖薇，等. 不同强度冷空气对太湖水热交换的定量影响 ［J］. 湖泊科学，2019，
      31（04）：1144 - 1156.

［105］ 靳铮，张雪芹，次旦央宗. 藏南羊卓雍错湖面非封冻期温湿变化及辐射平衡分析 ［J］. 干旱区
      研究，2020，37（04）：947 - 955.

［106］ 姚超，王欣，赵轩茹，等. 1990—2018 年中巴经济走廊冰湖时空变化特征 ［J］. 冰川冻土，
      2020，42（01）：33 - 42.

[107] 孙悦，李再兴，张艺冉，等. 雄安新区—白洋淀冰封期水体污染特征及水质评价 [J]. 湖泊科学，2020，32（04）：952 - 963.

[108] 赵冲，李国强，诸葛亦斯，等. 乌伦古湖咸水倒灌原因及缓解条件分析 [J]. 中国农村水利水电，2019，（12）：65 - 68，74.

[109] 张怡辉，胡维平，彭兆亮. 2018 年巢湖风浪特征分析 [J]. 湖泊科学，2020，32（04）：1177 - 1188.

[110] 肖启涛，段洪涛，张弥，等. 大型浅水湖泊水体对流混合速率分析 [J]. 湖泊科学，2020，32（04）：1189 - 1198.

[111] 高俊峰，李海辉，齐凌艳，等. 鄱阳湖水生态模拟与健康评价 [M]. 北京：科学出版社，2020.

[112] 黄彬彬，严登华，李卿鹏. 赣江尾闾河段水环境演变规律与驱动因子分析 [J]. 人民长江，2019，50（S2）：26 - 29.

[113] 周密，陈龙赞，马振. 基于变权重的水质综合评价体系 [J]. 河海大学学报（自然科学版），2019，47（01）：20 - 25.

[114] 杨玉麟，李俊峰，刘伟伟，等. 基于 SMS 水质模型的蘑菇湖水环境容量分析 [J]. 南水北调与水利科技，2019，17（06）：127 - 137.

[115] 沈贝贝，吴敬禄，吉力力·阿不都外力，等. 巴尔喀什湖流域水化学和同位素空间分布及环境特征 [J]. 环境科学，2020，41（01）：173 - 182.

[116] 彭兆亮，胡维平. 基于水生态改善的太湖分区分时动态水质目标制定方法 [J]. 湖泊科学，2019，31（04）：988 - 997.

[117] 陆瑶，高扬，贾珺杰，等. 鄱阳湖流域多尺度 C、N 输送通量及其水质参数变化特征 [J]. 环境科学，2019，40（06）：2696 - 2704.

[118] 敖成欢，钟九生，赵梦，等. 基于模糊综合法和灰色关联法的百花湖水质评价 [J]. 水土保持通报，2020，40（01）：116 - 122，129.

[119] 赵爽，倪兆奎，黄冬凌，等. 基于 WQI 法的鄱阳湖水质演变趋势及驱动因素研究 [J]. 环境科学学报，2020，40（01）：179 - 187.

[120] 靳惠安，姚晓军，高永鹏，等. 封冻期青海湖水化学主离子特征及控制因素 [J]. 干旱区资源与环境，2020，34（08）：140 - 146.

[121] 戴然. 不同方法在高塘湖富营养化评价中的对比研究 [J]. 中国农村水利水电，2019，（08）：168 - 173.

[122] 李延林，邱小琼. 沙湖的水环境容量和污染物总量控制 [J]. 水土保持通报，2019，39（05）：272 - 277.

[123] 温春云，刘聚涛，胡芳，等. 鄱阳湖水质变化特征及水体富营养化评价 [J]. 中国农村水利水电，2020（11）：83 - 88.

[124] 董丹丹，孙金彦，黄祚继，等. 基于 MODIS 数据的巢湖蓝藻水华时空分布规律 [J]. 人民长江，2019，50（S1）：49 - 51.

[125] 杨柳燕，杨欣妍，任丽曼，等. 太湖蓝藻水华暴发机制与控制对策 [J]. 湖泊科学，2019，31（01）：18 - 27.

[126] 杭鑫，李心怡，谢小萍，等. 基于通径分析法的太湖蓝藻水华定量气象评估模型 [J]. 湖泊科学，2019，31（02）：345 - 354.

[127] 张民，阳振，史小丽. 太湖蓝藻水华的扩张与驱动因素 [J]. 湖泊科学，2019，31（02）：336 - 344.

[128] 郭西亚，张杰，罗婧，等. 水华藻斑漂移速度时变特征研究 [J]. 中国环境科学，2019，39（01）：306 - 313.

[129] 朱喜，胡云海. 河湖污染与蓝藻爆发治理技术 [M]. 郑州：黄河水利出版社，2020.

[130] 华攸胜，马龙，吉力力·阿不都外力，等. 新疆博斯腾湖近现代湖泊沉积物粒度分布特征及其

环境记录 [J]. 干旱区研究, 2019, 36 (05): 1109 - 1116.

[131] 韩旭娇, 张国明, 刘连友, 等. 呼伦湖西南部咸水湖干涸湖滨带沉积物粒度特征 [J]. 中国沙漠, 2019, 39 (02): 158 - 165.

[132] 陈洁, 许海, 詹旭, 等. 湖泊沉积物-水界面磷的迁移转化机制与定量研究方法 [J]. 湖泊科学, 2019, 31 (04): 907 - 918.

[133] 丁浩, 徐慧敏, 苏芮, 等. 若尔盖花湖沉积物氨氧化与反硝化功能基因丰度垂向分布特征及其环境响应 [J]. 环境科学学报, 2019, 39 (10): 3482 - 3491.

[134] 李典鹏, 姚美思, 孙涛, 等. 水位变化对干涸湖底沉积物有机碳矿化的影响 [J]. 湖泊科学, 2019, 31 (03): 881 - 890.

[135] 洪畅, 韩旭娇, 戴佳栋, 等. 毛乌素沙地布寨淖尔下风向沙化湖滨地表沉积物理化特性 [J]. 中国沙漠, 2020, 40 (02): 86 - 93.

[136] 祁闯, 方家琪, 张利民, 等. 太湖草型湖区沉积物中生物易降解物质组成与分布规律 [J]. 环境科学, 2019, 40 (10): 4505 - 4512.

[137] 张嘉雯, 魏健, 刘利, 等. 衡水湖沉积物营养盐形态分布特征及污染评价 [J]. 环境科学, 2020, 41 (12): 5389 - 5399.

[138] 刘辉, 胡林娜, 朱梦圆, 等. 沉积物有效态磷对湖库富营养化的指示及适用性 [J]. 环境科学, 2019, 40 (09): 4023 - 4032.

[139] 方家琪, 祁闯, 张新厚, 等. 太湖竺山湾沉积物碳氮磷分布特征与污染评价 [J]. 环境科学, 2019, 40 (12): 5367 - 5374.

[140] 李文华, 简敏菲, 余厚平, 等. 鄱阳湖 "五河" 入湖口沉积物中微塑料污染物的特征及其时空分布 [J]. 湖泊科学, 2019, 31 (02): 397 - 406.

[141] 王梓莎, 苗运法, 赵永涛, 等. 柴达木盆地北缘湖泊表层沉积物炭屑特征及其环境意义 [J]. 中国沙漠, 2020, 40 (04): 10 - 17.

[142] 刘斌, 盛恩国, 蓝江湖, 等. 湖泊沉积物生物硅指标在不同时间尺度下的气候/环境指示意义研究 [J]. 干旱区资源与环境, 2020, 34 (12): 143 - 147.

[143] 万宏滨, 周娟, 罗端, 等. 长江中游湖泊表层沉积物多环芳烃的分布、来源特征及其生态风险评价 [J]. 湖泊科学, 2020, 32 (06): 1632 - 1645.

[144] 吴岳玲, 郭琦, 邱小琮, 等. 星海湖水生生态系统健康评价 [J]. 水力发电, 2020, 46 (05): 1 - 4, 66.

[145] 吴佳鹏, 刘来胜, 王启文, 等. 城市湖泊生态健康评价指标体系研究 [J]. 水力发电, 2020, 46 (03): 1 - 3, 112.

[146] 陈志鼎, 王玲玲. 基于 PSR 模型的潜江市后湖管理区生态系统健康评价 [J]. 水电能源科学, 2020, 38 (07): 57 - 60.

[147] 陈炼钢, 陈黎明, 徐祎凡, 等. 水位变化对鄱阳湖苦草潜在生境面积的影响 [J]. 水科学进展, 2020, 31 (03): 377 - 384.

[148] 何欣霞, 陈诚, 董建玮, 等. 江苏里下河腹部地区湖泊湖荡春季浮游植物群落结构和营养状态 [J]. 环境科学学报, 2019, 39 (08): 2626 - 2634.

[149] 谢洪民, 李启升, 刘帅领, 等. 环太湖地区河道和湖泊沿岸带水生植物多样性现状调查 [J]. 湖泊科学, 2020, 32 (03): 735 - 744.

[150] 张楚明, 倪振宇, 唐红渠. 太湖流域西苕溪摇蚊亚化石群落对湖泊生态系统稳态转换的响应 [J]. 湖泊科学, 2020, 32 (02): 587 - 595.

[151] 王鸿翔, 朱永卫, 查胡飞, 等. 洞庭湖生态水位及其保障研究 [J]. 湖泊科学, 2020, 32 (05): 1529 - 1538.

[152] 谢启姣, 刘进华. 1987—2016 年武汉城市湖泊时空演变及其生态服务价值响应 [J]. 生态学报,

2020，40 (21)：7840 - 7850.

[153] 姚振兴，陈庆强，杨钦川. 20 世纪 50 年代中期以来崇明岛东部盐沼发育对长江入海泥沙的响应 [J]. 地理学报，2019，74 (03)：572 - 585.

[154] 周婷，马姣娇，徐颂军. 2003—2013 年中国湿地变化的空间格局与关联性 [J]. 环境科学，2020，41 (05)：2496 - 2504.

[155] 赵娜娜，王贺年，张贝贝，等. 若尔盖湿地流域径流变化及其对气候变化的响应 [J]. 水资源保护，2019，35 (05)：40 - 47.

[156] 匡翠萍，董智超，顾杰，等. 清淤疏浚工程对七里海潟湖湿地水体交换的影响 [J]. 中国环境科学，2019，39 (01)：343 - 350.

[157] 罗金明，王永洁，刘复刚，等. 扎龙盐沼湿地对乌裕尔流域径流变化的水文响应 [J]. 干旱区地理，2019，42 (04)：838 - 844.

[158] 王春连，王佳，郝明旭. 不同设计参数对雨水湿地水量水质的调控规律 [J]. 生态学报，2019，39 (16)：5943 - 5954.

[159] 刘曼晴，胡德勇，于琛，等. 辽河三角洲湿地生长季蒸散量时空格局及影响因素 [J]. 生态学报，2020，40 (02)：701 - 710.

[160] 吴燕锋，章光新，Alain N. ROUSSEAU. 流域湿地水文调蓄功能定量评估 [J]. 中国科学：地球科学，2020，50 (02)：281 - 294.

[161] 于成龙，王志春，刘丹，等. 基于 SWAT 模型的西辽河流域自然湿地演变过程及驱动力分析 [J]. 农业工程学报，2020，36 (22)：286 - 297.

[162] 肖洋，张翔，王孟，等. 鄱阳湖典型洲滩湿地生态水文过程模拟初探 [J]. 人民长江，2019，50 (12)：31 - 36，112.

[163] 王新艳，闫家国，白军红，等. 黄河口滨海湿地水文连通对大型底栖动物生物连通的影响 [J]. 自然资源学报，2019，34 (12)：2544 - 2553.

[164] 任艺洁，邓正苗，谢永宏，等. 洞庭湖湿地洪水期甲烷扩散和气泡排放通量估算及水环境影响分析 [J]. 湖泊科学，2019，31 (04)：1075 - 1087.

[165] 杜彦良，张双虎，王利军，等. 人工湿地植物水质净化作用的数值模拟研究 [J]. 水利学报，2020，51 (06)：675 - 684.

[166] 汪豪，娄厦，刘曙光，等. 湿地环境质量评价方法研究进展 [J]. 水利水电科技进展，2020，40 (06)：85 - 94.

[167] 周静，万荣荣，吴兴华，等. 洞庭湖湿地植被长期格局变化 (1987—2016 年) 及其对水文过程的响应 [J]. 湖泊科学，2020，32 (06)：1723 - 1735.

[168] 吴金华，房世峰，刘宝军，等. 乌裕尔河-双阳河流域湿地景观格局演变及其驱动机制 [J]. 生态学报，2020，40 (13)：4279 - 4290.

[169] 刘倩，李超，徐军，等. 太湖流域湖荡湿地水生植物的分布特征 [J]. 中国环境科学，2020，40 (01)：244 - 251.

[170] 李卫平，宋智广，杨文焕，等. 寒旱区湿地环境特征及生态修复研究 [M]. 北京：中国水利水电出版社，2020.

[171] 王晶，杨太保，冀琴，等. 1990—2015 年喜马拉雅山东段中国和不丹边境地区冰川变化研究 [J]. 干旱区地理，2019，42 (03)：542 - 550.

[172] 蒋宗立，王磊，张震，等. 2000—2014 年喀喇昆仑山音苏盖提冰川表面高程变化 [J]. 干旱区地理，2020，43 (01)：12 - 19.

[173] 李达，上官冬辉，黄维东. 天山麦兹巴赫冰川湖 1998—2017 年面积变化相关研究 [J]. 冰川冻土，2020，42 (4)：1126 - 1134.

[174] 赵井东，王杰，杨晓辉. 中国东部 (105°E 以东) 第四纪冰川研究回顾、进展及展望 [J]. 冰川

冻土，2019，41（01）：75 - 92.

[175]　靳胜强，田立德. 西藏阿里地区嘎尼冰川厚度特征及冰储量估算 [J]. 冰川冻土，2019，41（03）：516 - 524.

[176]　张莎莎，张震，刘时银，等. 喀喇昆仑山西北部冰川运动速度地形控制特征 [J]. 冰川冻土，2019，41（05）：1015 - 1025.

[177]　李林凤，李开明. 石羊河流域冰川变化与地形因子的关系探究 [J]. 冰川冻土，2019，41（05）：1026 - 1035.

[178]　刘娟，姚晓军，刘时银，等. 1970—2016 年冈底斯山冰川变化 [J]. 地理学报，2019，74（07）：1333 - 1344.

[179]　牟建新，李忠勤，张慧，等. 中国西部大陆性冰川与海洋性冰川物质平衡变化及其对气候响应——以乌源 1 号冰川和帕隆 94 号冰川为例 [J]. 干旱区地理，2019，42（01）：20 - 28.

[180]　刘娟，姚晓军，高永鹏，等. 帕隆藏布流域冰湖变化及危险性评估 [J]. 湖泊科学，2019，31（04）：1132 - 1143.

[181]　冀琴，刘睿，杨太保. 1990—2015 年喜马拉雅山冰川变化的遥感监测 [J]. 地理研究，2020，39（10）：2403 - 2414.

[182]　赵景啟，满苏尔·沙比提，等. 1992—2017 年托木尔峰国家级自然保护区冰川变化 [J]. 干旱区研究，2020，37（04）：1079 - 1086.

[183]　康世昌，郭万钦，吴通华，等. "一带一路"区域冰冻圈变化及其对水资源的影响 [J]. 地球科学进展，2020，35（01）：1 - 17.

[184]　管伟瑾，曹泊，潘保田. 冰川运动速度研究：方法、变化、问题与展望 [J]. 冰川冻土，2020，42（04）：1101 - 1114.

[185]　丁永建. 冰冻圈变化及其影响 [M]. 北京：科学出版社，2019.

[186]　雍斌. 全球冰川和冰帽对海平面上升的贡献 [J]. 水资源保护，2019，35（02）：36.

[187]　贾玉峰，李忠勤，金爽，等. 1959—2017 年天山乌鲁木齐河源 1 号冰川流域径流及其组分变化 [J]. 冰川冻土，2019，41（06）：1302 - 1312.

[188]　王欣，丁永建，张勇. 冰川融水对山地冰冻圈冰湖水文效应的影响 [J]. 湖泊科学，2019，31（03）：609 - 620.

[189]　王慧，王梅霞，王胜利，等. 1961—2017 年新疆积雪期时空变化特征及其与气象因子的关系 [J]. 冰川冻土，2021，43（1）：61 - 69.

[190]　唐小雨，高凡，闫正龙，等. 有无遮蔽条件下季节性积雪分层物理特性对比分析 [J]. 灌溉排水学报，2019，38（11）：74 - 84.

[191]　丁永建，张世强，吴锦奎，等. 中国冰冻圈水文过程变化研究新进展 [J]. 水科学进展，2020，31（05）：690 - 702.

[192]　何秋乐，匡星星，梁四海，等. 1966—2015 年长江源冰川融水变化及其对径流的影响——以冬克玛底河流域为例 [J]. 人民长江，2020，51（02）：77 - 85，130.

[193]　刘爽爽，李忠勤，张慧，等. 天山典型冰川区径流年内变化分析 [J]. 干旱区研究，2020，37（06）：1388 - 1395.

[194]　王乐扬，SORG Annina，BOLCH Tobias，等. 气候变化对天山地区（中亚）冰川和径流的影响 [J]. 华北水利水电大学学报（自然科学版），2019，40（01）：97.

[195]　朱荣，陈记祖，孙维君，等. 青藏高原北部多温型山谷冰川不同海拔处冰温变化研究——以祁连山老虎沟 12 号冰川为例 [J]. 冰川冻土，2019，41（06）：1292 - 1301.

[196]　罗伦，朱立平，王永杰，等. 藏东南嘎隆拉冰川表碛冻融过程与零点幕效应 [J]. 冰川冻土，2019，41（04）：751 - 760.

[197]　尤晓妮，李忠勤，王莉霞. 乌鲁木齐河源 1 号冰川气象要素与冰芯记录形成过程及其分辨率的

关系研究 [J]. 冰川冻土, 2019, 41 (02): 259 - 267.

[198] 欧健滨, 许刘兵, 蒲焘. 1987—2016 年雀儿山冰川变化及其对气候变化的响应 [J]. 冰川冻土, 2021, 43 (1): 36 - 48.

[199] 王盼盼, 李忠勤, 王璞玉, 等. 北极山地冰川物质平衡变化及其对气候的响应 [J]. 干旱区研究, 2020, 37 (05): 1205 - 1214.

[200] 赵求东, 赵传成, 秦艳, 等. 天山南坡高冰川覆盖率的木扎提河流域水文过程对气候变化的响应 [J]. 冰川冻土, 2020, 42 (04): 1285 - 1298.

[201] 王愉乐, 张根广, 张宇卓, 等. 均匀无黏性泥沙起跃概率及输沙率公式 [J]. 泥沙研究, 2019, 44 (06): 1 - 6.

[202] 杨文俊, 孟震, 汤洁. 泥沙起动概率概念及其计算方法 [J]. 泥沙研究, 2019, 44 (05): 1 - 8.

[203] 程烨, 张根广. 均匀推移质泥沙起动概率量化分析 [J]. 泥沙研究, 2019, 44 (03): 7 - 12.

[204] 杨海飞, 张鹏. 新水沙形势下长江口悬沙浓度的时空分布研究 [J]. 人民长江, 2019, 50 (10): 37 - 41.

[205] 朱玲玲, 许全喜, 鄢丽丽. 三峡水库不同类型支流河口泥沙淤积成因及趋势 [J]. 地理学报, 2019, 74 (01): 131 - 145.

[206] 李一鸣, 张国安, 游博文, 等. 长江河口河槽近期沉积特征及影响因子分析 [J]. 地理学报, 2019, 74 (01): 178 - 190.

[207] 李溢汶, 张诗媛. 新形势下长江口横沙浅滩演变分析及趋势预测 [J]. 人民长江, 2020, 51 (S2): 16 - 19, 62.

[208] 徐长江, 刘冬英, 张冬冬, 等. 2020 年荆江三口分流分沙变化研究 [J]. 人民长江, 2020, 51 (12): 203 - 209.

[209] 陈宜展, 曹永港, 肖志建, 等. 海口湾海域潮流季节性特征分析 [J]. 中山大学学报 (自然科学版), 2019, 58 (05): 73 - 79.

[210] 朱巧云, 张志林, 乔红杰. 三峡工程蓄水前后长江河口段潮汐特征变化分析 [J]. 水文, 2019, 39 (03): 75 - 79.

[211] 尹小玲, 赵雪峰, 黄舒琴, 等. 分层型河口咸水上溯对径流潮汐共同作用的基本响应 [J]. 水资源保护, 2020, 36 (04): 68 - 74.

[212] 杨卓媛, 夏军强, 周美蓉, 等. 黄河口尾闾段河床形态调整及过流能力变化 [J]. 水科学进展, 2019, 30 (03): 305 - 315.

[213] 陈俊卿, 范勇勇, 吴文娟, 等. 2016—2017 年调水调沙中断后黄河口演变特征 [J]. 人民黄河, 2019, 41 (08): 6 - 9, 116.

[214] 李云龙, 孔祥伦, 韩美, 等. 1986—2016 年黄河三角洲地表水体变化及其驱动力分析 [J]. 农业工程学报, 2019, 35 (16): 105 - 113.

[215] 何磊, 叶思源, 袁红明, 等. 黄河三角洲利津超级叶瓣时空范围的再认识 [J]. 地理学报, 2019, 74 (01): 146 - 161.

[216] 华凯, 程和琴, 郑树伟. 长江口横沙通道近岸冲刷地貌形成机制 [J]. 地理学报, 2019, 74 (07): 1363 - 1373.

[217] 李博闻, 贾永刚, 张颖, 等. 黄河口水下三角洲冬季床面变化初步观测研究 [J]. 泥沙研究, 2020, 45 (02): 16 - 22.

[218] 余欣, 吉祖稳, 王开荣, 等. 黄河河口演变与流路稳定关键技术研究 [J]. 人民黄河, 2020, 42 (09): 66 - 70, 129.

[219] 杨霄. 1570—1971 年长江镇扬河段江心沙洲的演变过程及原因分析 [J]. 地理学报, 2020, 75 (07): 1512 - 1522.

[220] 康亚茹, 许慧, 张明亮, 等. 基于 PSR 模型及灰色系统理论的辽河口潮滩湿地生态系统健康评

估与预测研究 [J]. 水利水电技术, 2020, 51 (11): 163 - 170.

[221] 贾鹏, 范亚文, 陆欣鑫. 基于功能类群分析呼兰河口湿地浮游植物群落结构特征 [J]. 生态学报, 2021, 41 (03): 1042 - 1054.

[222] 牛志广, 张玉彬, 吕志伟, 等. 三氯生的水质基准推导及其对渤海湾近岸海域的生态风险 [J]. 天津大学学报 (自然科学与工程技术版), 2019, 52 (07): 754 - 762.

[223] 乔文慧, 王强. 2001—2016 年福建省海岸带植被覆盖变化特征 [J]. 水土保持通报, 2020, 40 (01): 236 - 242.

[224] 骆永明. 渤海及海岸环境与生态系统演变 [M]. 北京: 科学出版社, 2020.

[225] 高洁. 基于 GAMLSS 的雅砻江流域极端降水时空特性研究 [J]. 水力发电, 2019, 45 (01): 13 - 17, 56.

[226] 莫崇勋, 何嘉奇, 班华珍, 等. 澄碧河流域极端降水变化分析 [J]. 水电能源科学, 2019, 37 (08): 6 - 10.

[227] 马梦阳, 韩宇平, 王庆明, 等. 海河流域极端降水时空变化规律及其与大气环流的关系 [J]. 水电能源科学, 2019, 37 (06): 1 - 4, 74.

[228] 汪成博, 李双双, 延军平, 等. 1970—2015 年汉江流域多尺度极端降水时空变化特征 [J]. 自然资源学报, 2019, 34 (06): 1209 - 1222.

[229] 陈琛, 石朋, 瞿思敏, 等. 未来气候模式下淮河流域极端降水量的时空变化分析 [J]. 西安理工大学学报, 2019, 35 (04): 494 - 500.

[230] 陈思淳, 黄本胜, 时芳欣, 等. 1956—2016 年北江流域极端降水时空变化及概率统计特征 [J]. 中国农村水利水电, 2019 (10): 47 - 53.

[231] 袭祝香, 杨雪艳, 刘玉汐, 等. 松辽流域 1961—2017 年极端降水变化特征 [J]. 水土保持研究, 2019, 26 (03): 199 - 203, 212.

[232] 丁凯熙, 张利平, 佘敦先, 等. 全球升温 1.5℃和 2.0℃情景下澜沧江流域极端降水的变化特征 [J]. 气候变化研究进展, 2020, 16 (04): 466 - 479.

[233] 春兰, 秦福莹, 宝鲁, 等. 近 55a 内蒙古极端降水指数时空变化特征 [J]. 干旱区研究, 2019, 36 (04): 963 - 972.

[234] 王双合, 马正耀, 马金辉. 甘肃近 50 年暴雨洪水极端值分析探讨 [J]. 人民黄河, 2020, 42 (08): 11 - 14.

[235] 王晓宁, 岳大鹏, 赵景波, 等. 黑龙江省 1958—2017 年极端降水时空变化与灾害效应 [J]. 水土保持研究, 2020, 27 (05): 138 - 146.

[236] 苗正伟, 李娜, 路梅, 等. 1961—2017 年京津冀地区极端降水事件变化特征 [J]. 水利水电技术, 2019, 50 (03): 34 - 44.

[237] 赵求东, 赵传成, 秦艳, 等. 中国西北干旱区降雪和极端降雪变化特征及未来趋势 [J]. 冰川冻土, 2020, 42 (01): 81 - 90.

[238] 鲁菁, 张玉虎, 高峰, 等. 近 40 年三江平原极端降水时空变化特征分析 [J]. 水土保持研究, 2019, 26 (02): 272 - 282.

[239] 孟清, 高翔, 白红英, 等. 1960—2015 年秦岭地区极端降水的时空变化特征 [J]. 水土保持研究, 2019, 26 (06): 171 - 178, 183.

[240] 周雪英, 贾健, 刘国强, 等. 1997—2017 年塔克拉玛干沙漠腹地降水特征 [J]. 中国沙漠, 2019, 39 (01): 187 - 194.

[241] 甘露, 刘睿, 吴建峰, 等. 典型岩溶地区极端降水事件变化特征分析 [J]. 水电能源科学, 2020, 38 (11): 9 - 12, 89.

[242] 马伟东, 刘峰贵, 周强, 等. 1961—2017 年青藏高原极端降水特征分析 [J]. 自然资源学报, 2020, 35 (12): 3039 - 3050.

[243]　董钊煜，彭涛，董晓华，等. 1960—2016 年三峡库区极端降水事件时空变化特征 [J]. 水资源与水工程学报，2020，31（05）：93 - 101.

[244]　周才钰，何毅，穆兴民，等. 黄河中游极端降雨对输沙量影响的时序分析 [J]. 人民黄河，2019，41（03）：6 - 10，15.

[245]　张俊，高雅琦，徐卫立，等. 长江流域极端降雨事件时空分布特征 [J]. 人民长江，2019，50（08）：81 - 86，135.

[246]　尹红，孙颖. 基于 ETCCDI 指数 2017 年中国极端温度和降水特征分析 [J]. 气候变化研究进展，2019，15（04）：363 - 373.

[247]　赵阳，刘冰，张晓明，等. 极端降雨条件下黄河典型流域水沙变化特性研究 [J]. 泥沙研究，2020，45（06）：47 - 52.

[248]　万一帆，刘卫林，刘丽娜，等. 南昌市城市化进程对极端降水的影响 [J]. 水力发电，2020，46（08）：27 - 31.

[249]　孙从建，郑振婧，李新功，等. 黄土塬面保护区潜在蒸发量时空变化及其与气象、环流因子关系分析 [J]. 自然资源学报，2020，35（04）：857 - 868.

[250]　刘悦，鲍振鑫，金君良，等. 滁州市城西试验流域植被区土壤蒸发特性及其驱动要素研究 [J]. 华北水利水电大学学报（自然科学版），2019，40（06）：1 - 6.

[251]　邢立文，崔宁博，董娟. 基于 LSTM 深度学习模型的华北地区参考作物蒸散量预测研究 [J]. 水利水电技术，2019，50（04）：64 - 72.

[252]　尹剑，欧照凡. 基于地表能量平衡的大尺度流域蒸散发遥感估算研究 [J]. 南水北调与水利科技，2019，17（03）：79 - 88.

[253]　鲍玲玲，杨永刚，刘建军，等. 基于 5 种人工智能模型计算重庆地区参考作物蒸散量 [J]. 水土保持研究，2021，28（01）：85 - 92.

[254]　张映梅，夏琼，王旭，等. 非饱和黄土水分蒸发温度效应试验研究 [J]. 人民黄河，2020，42（05）：147 - 151.

[255]　贺玉琪，王栋，王远坤. BRR - SVR 月降水量预测优化模型 [J]. 水利学报，2019，50（12）：1529 - 1537.

[256]　张先起，胡登奎，刘斐. 基于 CEEMD - Elman 耦合模型的年降水量预测 [J]. 华北水利水电大学学报（自然科学版），2019，40（04）：32 - 39.

[257]　屈文岗，徐盼盼，钱会. 华山地区降水特征分析与年降水量预测 [J]. 水土保持研究，2019，26（03）：128 - 134.

[258]　熊俊楠，龚颖，刘志奇，等. 基于灰色理论的西藏暴雨洪涝预测 [J]. 冰川冻土，2019，41（02）：457 - 469.

[259]　杜懿，龙铠豪，王大洋，等. 基于机器学习方法的安徽省年降水量预测 [J]. 水电能源科学，2020，38（07）：5 - 7，41.

[260]　徐冬梅，张一多，王文川. 基于小波包分解的 LS - SVM - ARIMA 组合降水预测 [J]. 南水北调与水利科技（中英文），2020，48（06）：71 - 77.

[261]　沈皓俊，罗勇，赵宗慈，等. 基于 LSTM 网络的中国夏季降水预测研究 [J]. 气候变化研究进展，2020，16（03）：263 - 275.

[262]　石英，韩振宇，徐影，等. 6.25km 高分辨率降尺度数据对雄安新区及整个京津冀地区未来极端气候事件的预估 [J]. 气候变化研究进展，2019，15（02）：140 - 149.

[263]　娄伟，李致家，刘玉环. 多模式下泾河上游流域未来降水变化预估 [J]. 南水北调与水利科技（中英文），2020，18（06）：1 - 16.

[264]　周帅，王义民，畅建霞，等. 黄河流域干旱时空演变的空间格局研究 [J]. 水利学报，2019，50（10）：1231 - 1241.

[265]　贺晓婧，荣艳淑. 长江流域上游干旱特征分析 [J]. 水电能源科学，2020，38（01）：1-4.

[266]　韩幸烨，杜付然，李琼芳，等. 标准化综合干旱指数在北汝河流域干旱评价中的应用 [J]. 水电能源科学，2019，37（06）：19-22，27.

[267]　任贤月，穆振侠，周育琳. 基于不同蒸散方法的 SPEI 在天山南北坡气象干旱的差异性分析 [J]. 南水北调与水利科技，2019，17（03）：48-55.

[268]　郑越馨，吴燕锋，潘小宁，等. 三江平原气象水文干旱演变特征 [J]. 水土保持研究，2019，26（04）：177-184，189.

[269]　王慧敏，郝祥云，朱仲元. 基于综合气象干旱指数的干旱状况分析——以锡林河流域为例 [J]. 水土保持研究，2019，26（02）：326-329，336.

[270]　卫林勇，江善虎，任立良，等. 基于模糊 C 均值聚类法的河南省近 57 年干旱特征分析 [J]. 水资源与水工程学报，2019，30（01）：33-39.

[271]　武剑，谢光庆. 基于分形理论的楚雄州近 700 年水旱灾害分析 [J]. 人民长江，2020，51（S2）：24-27.

[272]　张琪，张芯瑜，柳艺博. 基于 SPI 指数和 CI 指数的东北地区降水集中度与旱涝关系研究 [J]. 中国农村水利水电，2019（11）：151-154，160.

[273]　白恒，严登明，翁白莎，等. 皖北地区旱涝演变及急转特征 [J]. 水电能源科学，2019，37（01）：1-4.

[274]　王煜，尚文绣，彭少明. 基于水库群预报调度的黄河流域干旱应对系统 [J]. 水科学进展，2019，30（02）：175-185.

[275]　王艳艳，李娜，王杉，等. 洪灾损失评估系统的研究开发及应用 [J]. 水利学报，2019，50（09）：1103-1110.

[276]　李超超，程晓陶，王艳艳，等. 洪涝灾害三参数损失函数的构建 I——基本原理 [J]. 水利学报，2020，51（03）：349-357.

[277]　韩跃鸣，马细霞. 基于蓄满超渗兼容模型的山洪灾害临界雨量探讨 [J]. 水电能源科学，2019，37（10）：5-8，29.

[278]　杨家伟，陈华，侯雨坤，等. 基于气象旱涝指数的旱涝急转事件识别方法 [J]. 地理学报，2019，74（11）：2358-2370.

[279]　齐述华，张秀秀，江丰，等. 鄱阳湖水文干旱化发生的机制研究 [J]. 自然资源学报，2019，34（01）：168-178.

[280]　马鹏里，韩兰英，张旭东，等. 气候变暖背景下中国干旱变化的区域特征 [J]. 中国沙漠，2019，39（06）：209-215.

[281]　李明，胡炜霞，王贵文，等. 基于 Copula 函数的中国东部季风区干旱风险研究 [J]. 地理科学，2019，39（03）：506-515.

[282]　丁一汇，柳艳菊，宋亚芳. 东亚夏季风水汽输送带及其对中国大暴雨与洪涝灾害的影响 [J]. 水科学进展，2020，31（05）：629-643.

[283]　孙鹏，张强，姚蕊，等. 淮河流域干旱形成机制与风险评估 [M]. 北京：科学出版社，2020.

[284]　徐文馨，陈杰，顾磊，等. 长江流域径流对全球升温 1.5℃ 与 2.0℃ 的响应 [J]. 气候变化研究进展，2020，16（06）：690-705.

[285]　田晶，郭生练，刘德地，等. 气候与土地利用变化对汉江流域径流的影响 [J]. 地理学报，2020，75（11）：2307-2318.

[286]　骆月珍，潘娅英，张青，等. 富春江流域径流量变化及其气候因子影响分析 [J]. 水土保持研究，2019，26（02）：223-226.

[287]　方金鑫，蒲焘，史晓宜，等. 气候变化背景下玉龙雪山漾弓江流域径流变化及其影响因素分析 [J]. 冰川冻土，2019，41（02）：268-274.

[288] 代晓颖，许有鹏，林芷欣，等. 长江下游秦淮河流域径流变化及影响因素分析 [J]. 水土保持研究，2019，26（04）：68 - 73.

[289] 胡弟弟，康世昌，许民. 1936—2017 年北极勒拿河流域气候变化及其对径流的影响 [J]. 冰川冻土，2020，42（01）：216 - 223.

[290] 冷曼曼，张志强，于洋，等. 昕水河流域径流变化及其对气候和人类活动的响应 [J]. 水土保持学报，2020，34（03）：113 - 119，128.

[291] 何兵，高凡，唐小雨，等. 基于滑动 Copula 函数的新疆干旱内陆河流水文气象要素变异关系诊断 [J]. 水土保持研究，2019，26（01）：155 - 161.

[292] 朱靖轩，刘雯，李振炜，等. 喀斯特流域径流对植被和气候变化的多尺度响应 [J]. 生态学报，2020，40（10）：3396 - 3407.

[293] 张宇，李铁键，李家叶，等. 西风带和南亚季风对三江源雨季水汽输送及降水的影响 [J]. 水科学进展，2019，30（03）：348 - 358.

[294] 戴升，保广裕，祁贵明，等. 气候变暖背景下极端气候对青海祁连山水文水资源的影响 [J]. 冰川冻土，2019，41（05）：1053 - 1066.

[295] 赵宗慈，罗勇，黄建斌. 全球变暖和海平面上升 [J]. 气候变化研究进展，2019，15（06）：700 - 703.

[296] 许莹莹，李薇，王振龙，等. 基于主成分分析的裸地潜水蒸发与气象要素关系模拟 [J]. 水文，2020，40（04）：7 - 13，39.

[297] 赵洁，林锦，吴剑锋，等. 未来气候变化对大连周水子地区海水入侵程度的影响预测 [J]. 水文地质工程地质，2020，47（03）：17 - 24.

[298] 王晓颖，宋培兵，廖卫红，等. 气候变化和人类活动对白河流域径流变化影响的定量研究 [J]. 水资源与水工程学报，2020，31（04）：50 - 56.

[299] 刘俊萍，曹飞凤，韩伟，等. 河川径流对变化环境的脉冲响应研究 [M]. 北京：中国水利水电出版社，2019.

[300] 王玉伟，王凤，徐征和，等. 基于人工示踪法的位山灌区地下水补给特征研究 [J]. 中国农村水利水电，2019（05）：142 - 148.

[301] 张琛，段磊，刘明明，等. 伊犁河支流大西沟河水与地下水转化关系研究 [J]. 水文地质工程地质，2019，46（03）：18 - 26.

[302] 易磊，漆继红，许模，等. 基于砂槽模型研究不同水流密度下盆地地下水流系统 [J]. 水文地质工程地质，2019，46（03）：40 - 46.

[303] 李杰彪，苏锐，周志超，等. 基于环境示踪剂氯的北山地区浅部地下水补给研究 [J]. 干旱区地理，2020，43（01）：135 - 143.

[304] 黄小琴，张一冰，李英，等. 银川市湖泊-地下水转化关系——以阅海湖为例 [J]. 干旱区研究，2019，36（06）：1344 - 1350.

[305] 申豪勇，梁永平，徐永新，等. 中国北方岩溶地下水补给研究进展 [J]. 水文，2019，39（03）：15 - 21.

[306] 李云良，姚静，谭志强，等. 鄱阳湖洪泛区碟形湖域与地下水转化关系分析 [J]. 水文，2019，39（05）：1 - 7.

[307] 王雨山，李戍，李海学，等. 海原盆地地下水咸化特征和控制因素 [J]. 水文地质工程地质，2019，46（04）：10 - 17，57.

[308] 杨楠，苏春利，曾邯斌，等. 基于水化学和氢氧同位素的兴隆县地下水演化过程研究 [J]. 水文地质工程地质，2020，47（06）：154 - 162.

[309] 张发旺，程彦培，董华，等. 亚洲地下水与环境 [M]. 北京：科学出版社，2019.

[310] 管春兴，张虹波，王战，等. 玛纳斯河流域山前平原区地下水资源动态变化分析 [J]. 水利水

电技术，2019，50（03）：1-9.

[311]　严东东，马建秦，高重阳，等. 黄土塬滑坡地貌演化与水文过程响应机理 [J]. 南水北调与水利科技，2019，17（05）：156-165.

[312]　韩宇平，刘存强，赵雨婷，等. 华北典型灌区气候变化条件下地下水响应研究 [J]. 南水北调与水利科技，2019，17（02）：107-115，122.

[313]　苏军伟，王乐，吕高，等. 岩石孔隙内地下水流动的微观数值模拟研究 [J]. 水资源与水工程学报，2019，30（05）：7-13，20.

[314]　叶仁政，常娟. 中国冻土地下水研究现状与进展综述 [J]. 冰川冻土，2019，41（01）：183-196.

[315]　古力米热·哈那提，张音，关东海，等. 生态输水条件下塔里木河下游断面尺度地下水流数值模拟 [J]. 水科学进展，2020，31（01）：61-70.

[316]　杨林，黄栋声，李海良，等. 滨海盆地变密度地下水流与溶质运移三维耦合数值模型研究 [J]. 水利水电技术，2020，51（03）：116-123.

[317]　刘晓光，黄勇. 平原型水库水位变化对库区附近地下水位影响的滞后性研究 [J]. 水电能源科学，2020，38（04）：84-86，166.

[318]　王京晶，刘鹄，徐宗学，等. 基于昼夜水位波动法估算地下水蒸散发量的研究——以河西走廊典型绿洲为例 [J]. 干旱区研究，2021，38（01）：59-67.

[319]　夏日元，赵良杰，王喆，等. 典型岩溶地下河系统水循环机理研究 [M]. 北京：科学出版社，2020.

[320]　张先起，赵文举，穆玉珠，等. 人民胜利渠灌区地下水演变特征与预测 [M]. 北京：中国水利水电出版社，2019.

[321]　刘慧，白皓，田国林. 神木市窟野河流域地下水水化学时空演化特征 [J]. 人民黄河，2019，41（08）：76-81，87.

[322]　王晓艳. 陕西黑河流域地下水水化学特征 [J]. 中国沙漠，2019，39（04）：168-176.

[323]　唐金平，张强，胡漾，等. 湔江冲洪积扇地下水化学特征及控制因素分析 [J]. 环境科学，2019，40（07）：3089-3098.

[324]　崔佳琪，李仙岳，史海滨，等. 河套灌区地下水化学演变特征及形成机制 [J]. 环境科学，2020，41（09）：4011-4020.

[325]　牛兆轩，蒋小伟，胡云壮. 滦河三角洲地区深层地下水化学演化规律及成因分析 [J]. 水文地质工程地质，2019，46（01）：27-34.

[326]　吕晓立，刘景涛，朱亮，等. 甘肃省榆中盆地地下水化学演化特征及控制因素 [J]. 干旱区资源与环境，2020，34（02）：194-201.

[327]　吕晓立，刘景涛，周冰，等. 塔城盆地地下水"三氮"污染特征及成因 [J]. 水文地质工程地质，2019，46（02）：42-50.

[328]　张恒星，张翼龙，李政红，等. 基于主导离子分类的呼和浩特盆地浅层地下水化学特征研究 [J]. 干旱区资源与环境，2019，33（04）：189-195.

[329]　张荣，王中美，周向阳. 黔南龙里地区岩溶地下水水化学特征及水质评价 [J]. 水利水电技术，2019，50（05）：167-174.

[330]　李旭光，何海洋，田辉，等. 通辽科尔沁地区地下水水化学特征分析 [J]. 灌溉排水学报，2019，38（06）：92-98.

[331]　唐金平，张强，胡漾，等. 巴中北部岩溶山区地下水化学特征及演化分析 [J]. 环境科学，2019，40（10）：4543-4552.

[332]　李洲，李晨曦，华琨，等. 黄土区洛川塬地下水化学特征及影响因素分析 [J]. 环境科学，2019，40（08）：3559-3567.

[333]　傅雪梅，苏婧，孙源媛，等. 齐齐哈尔市高铁锰地下水分布特征及成因分析 [J]. 干旱区资源

与环境，2019，33（08）：121-127.

[334] 王亚维，王中美，王益伟，等．贵阳市岩溶地下水水化学特征及水质评价 [J]．节水灌溉，2019（06）：60-66.

[335] 柴蕴栩，肖长来，梁秀娟，等．改进 AHP 法灰色关联和模糊综合评价在地下水质评价中的适用性 [J]．水利水电技术，2019，50（04）：146-152.

[336] 闫佰忠，孙剑，安娜．基于随机森林模型的地下水水质评价方法 [J]．水电能源科学，2019，37（11）：66-69.

[337] 李琪，赵志怀．基于投影寻踪与内梅罗指数组合模型的地下水水质评价 [J]．水电能源科学，2019，37（11）：70-73.

[338] 李松青，王心义，姬红英，等．基于遗传算法-BP 神经网络法的深埋地下水水质评价 [J]．水电能源科学，2019，37（01）：49-52，16.

[339] 吕翠美，刘苗苗，李会勤，等．郑州市城区及郊县地下水主要污染组分及成因 [J]．南水北调与水利科技，2019，17（05）：124-130.

[340] 陈建生，张茜，马芬艳，等．长江三峡库区水渗漏引起的地下水污染问题讨论 [J]．河海大学学报（自然科学版），2019，47（06）：487-491.

[341] 李亮，王敏，邢怀学，等．基于 AHP-DRASTIC 评价模型的无锡市潜水污染风险评价 [J]．合肥工业大学学报（自然科学版），2019，42（03）：310-314.

[342] 饶志，储小东，吴代赦，等．鄱阳湖平原地下水重金属含量特征与健康风险评估 [J]．水文地质工程地质，2019，46（05）：31-37.

[343] 吴建强，王敏，黄沈发，等．平原河网区地下水污染风险评价体系及其应用 [J]．水资源保护，2019，35（04）：55-62.

[344] 曹文庚，杨会峰，高媛媛，等．南水北调中线受水区保定平原地下水质量演变预测研究 [J]．水利学报，2020，51（08）：924-935.

[345] 张航泊，宋亚娅，王友林，等．咸阳平原区潜水主要组分环境背景值研究 [J]．干旱区资源与环境，2020，34（04）：128-134.

[346] 吕晓立，刘景涛，韩占涛，等．"引大入秦"灌溉工程对甘肃秦王川盆地地下水化学组分的影响 [J]．农业工程学报，2020，36（02）：166-174.

[347] 吴吉春，孙媛媛，徐红霞，等．地下水环境化学 [M]．北京：科学出版社，2019.

[348] 王建华，陆垂裕．华北地区地下水超采综合治理技术支撑体系探析 [J]．中国水利，2020，（13）：19-21，25.

[349] 高东东，吴勇，陈盟．基于禀赋差异性的地下水资源可持续开发利用评价——以德阳市为例 [J]．水文，2019，39（06）：34-40.

[350] 齐欢．R/S 和 Mann-Kendall 法在济南市地下水管理模型中的应用 [J]．中国农村水利水电，2019（08）：20-25.

[351] 王旭升，尹立河，方坤，等．鄂尔多斯浩勒报吉水源地开采地下水的环境影响分析 [J]．水文地质工程地质，2019，46（02）：5-12.

[352] 李治军，顾万元，戴长雷，等．地下水控制性关键水位探讨——以双发乡为例 [J]．灌溉排水学报，2019，38（S2）：157-160.

[353] 黄金廷，崔旭东，王冬，等．格尔木河流域地下水生态功能及经济损益阈值解析 [J]．干旱区地理，2019，42（02）：263-270.

[354] 苏晨，程中双，郑昭贤，等．塔城盆地地下水开采的边界影响分析 [J]．干旱区资源与环境，2020，34（02）：187-193.

[355] 王思佳，刘鹄，赵文智，等．干旱、半干旱区地下水可持续性研究评述 [J]．地球科学进展，2019，34（02）：210-223.

[356] 窦明，胡浩东，王继华，等. 城市水源地深层承压水合理开采水位阈值研究 [J]. 郑州大学学报（工学版），2020，41（05）：60-65.

[357] 刘元晴，周乐，马雪梅，等. 莱芜盆地地下水开发利用中的环境地质问题及成因 [J]. 干旱区资源与环境，2020，34（11）：118-124.

[358] 宋小庆，郑明英. 贵州省岩溶地下水资源功能 [M]. 北京：科学出版社，2019.

[359] 芮孝芳. 工程水文学在中国的发展 [J]. 水利学报，2019，50（01）：145-154.

[360] 李彬权，朱畅畅，梁忠民，等. 淤地坝拦蓄作用下的产流阈值估算 [J]. 水电能源科学，2019，37（08）：11-13.

[361] 严登明，翁白莎，宋新山，等. 那曲流域草地覆盖变化对降雨产流过程的影响 [J]. 水资源保护，2019，35（06）：44-51.

[362] 蔡雄飞，雷丽，王济，等. 前期含水量对喀斯特山地石灰土坡面产流产沙的影响 [J]. 水土保持研究，2019，26（01）：29-33.

[363] 徐相忠，刘前进，张含玉. 降雨类型与坡度对棕壤垄沟系统产流产沙的影响 [J]. 水土保持学报，2020，34（04）：56-62，71.

[364] 张利超，刘窑军，李朝霞，等. 降雨侵蚀过程中红壤坡耕地地表汇流网络特征 [J]. 水土保持研究，2019，26（01）：53-60.

[365] 苏辉东，赵思远，贾仰文，等. 崇陵流域土石山区坡面优先流发育路径研究 [J]. 水文，2019，39（06）：1-6.

[366] 杨凯，赵军，赵允格，等. 生物结皮坡面不同降雨历时的产流特征 [J]. 农业工程学报，2019，35（23）：135-141.

[367] 杨坪坪，李瑞，盘礼东，等. 地表粗糙度及植被盖度对坡面流曼宁阻力系数的影响 [J]. 农业工程学报，2020，36（06）：106-114.

[368] 张建军. 水文学 [M]. 北京：中国林业出版社，2020.

[369] 陈华，霍苒，曾强，等. 雨量站网布设对水文模型不确定性影响的比较 [J]. 水科学进展，2019，30（01）：34-44.

[370] 马利平，侯精明，张大伟，等. 耦合溃口演变的二维洪水演进数值模型研究 [J]. 水利学报，2019，50（10）：1253-1267.

[371] 徐旭，席越，姚文娟. 基于降雨入渗全过程的非饱和湿润峰模型 [J]. 水利学报，2019，50（09）：1095-1102.

[372] 刘佳嘉，周祖昊，陈松，等. 考虑城市管网的分布式水文模型子流域划分及编码研究 [J]. 水利水电技术，2019，50（06）：49-54.

[373] 梁国华，张雯，何斌，等. 流域水文模型识别方法研究与应用 [J]. 人民长江，2019，50（01）：53-57.

[374] 曾思栋，夏军，杜鸿，等. 生态水文双向耦合模型的研发与应用：Ⅰ模型原理与方法 [J]. 水利学报，2020，51（01）：33-43.

[375] 陈晓宏，颜依寒，李诚，等. 溶蚀丘陵型岩溶流域概念性水文模型及其应用 [J]. 水科学进展，2020，31（01）：1-9.

[376] 秦泽宁，周祖昊，刘明堂，等. 分布式水文模型时空离散化并行计算方法研究 [J]. 人民黄河，2020，42（08）：15-20.

[377] 胡庆芳，曹士圯，杨辉斌，等. 汉江流域安康站日径流预测的 LSTM 模型初步研究 [J]. 地理科学进展，2020，39（04）：636-642.

[378] 陆垂裕，王建华，孙青言，等. 采煤沉陷区分布式水循环模拟与水利工程效用研究 [M]. 北京：科学出版社，2019.

[379] 陈建. MIKE21 水动力模型在河道规划中的应用实例 [M]. 北京：中国水利水电出版

社，2019.

[380] 刘松，张利平，佘敦先，等. 干旱半干旱地区流域水文模型的适用性 [J]. 武汉大学学报（工学版），2019，52（05）：384-390.

[381] 冯玉启，王文海，李俊奇，等. 透水道路径流系数试验研究 [J]. 水利水电技术，2019，50（05）：27-35.

[382] 董宇轩，占车生，潘成忠，等. 山西介休市实际蒸散发模拟及变化特征分析 [J]. 水电能源科学，2019，37（03）：13-16，8.

[383] 侯保俭，翟家齐，侯红雨，等. 呼和浩特市平原区地下水数值模拟 [J]. 水电能源科学，2019，37（02）：27-30，126.

[384] 刘悦，舒心怡，管晓祥，等. 城西试验流域水文特性及水文过程模拟 [J]. 水资源与水工程学报，2019，30（04）：32-38.

[385] 丁锐，李坤芳，黄尔，等. 植被作用下明渠交汇水流特性数值模拟研究 [J]. 中国农村水利水电，2019（08）：105-109，115.

[386] 张升堂，曲军霖，王雪瑞，等. 基于多流向流量分配的水流阻力算法试验研究 [J]. 中国农村水利水电，2019（10）：153-157.

[387] 陈嵩，吕刚，张卓，等. 辽西低山丘陵区坡地砾石量及粒径对土壤水分蒸发影响的模拟试验研究 [J]. 灌溉排水学报，2019，38（S1）：86-89.

[388] 吕刚，王磊，张卓，等. 辽西低山丘陵区不同年龄荆条冠层截留降雨模拟实验研究 [J]. 生态学报，2019，39（17）：6372-6380.

[389] 陈倩，夏军强，董柏良. 城市洪涝中雨水口泄流能力的试验研究 [J]. 水科学进展，2020，31（01）：10-17.

[390] 邓龙洲，张丽萍，孙天宇，等. 南方风化花岗岩坡地产流过程与侵蚀率模拟研究 [J]. 水土保持学报，2020，34（03）：35-41.

[391] 刘俊国，冒甘泉，张信信，等. 蓝绿水-虚拟水转化理论与应用：以黑河流域为例 [M]. 北京：科学出版社，2020.

[392] 严昌盛，朱德华，马燮铫，等. 基于雷达短时临近降雨预报的王家坝洪水预报研究 [J]. 水利水电技术，2020，51（09）：13-23.

[393] 许斌，杨凤根，郦于杰. 两类集成学习算法在中长期径流预报中的应用 [J]. 水力发电，2020，46（04）：21-24，34.

[394] 刘章君，郭生练，许新发，等. 贝叶斯概率水文预报研究进展与展望 [J]. 水利学报，2019，50（12）：1467-1478.

[395] 赵益平，王文圣，刘浅奎. R/S-BP网络耦合模型及其在年径流预测中的应用 [J]. 华北水利水电大学学报（自然科学版），2019，40（04）：40-45.

[396] 胡春歧，赵才. 陆气耦合洪水预报技术应用研究 [J]. 水力发电，2019，45（09）：48-51，79.

[397] 金君良，舒章康，陈敏，等. 基于数值天气预报产品的气象水文耦合径流预报 [J]. 水科学进展，2019，30（03）：316-325.

[398] 刘慧媛，夏军，邹磊，等. 基于时变增益水文模型的实时预报研究 [J]. 中国农村水利水电，2019（06）：16-22.

[399] 高丽，陈静，郑嘉雯，等. 极端天气的数值模式集合预报研究进展 [J]. 地球科学进展，2019，34（07）：706-716.

[400] 蒋晓蕾，梁忠民，胡义明，等. 洪水概率预报评价指标研究 [J]. 湖泊科学，2020，32（02）：539-552.

[401] 魏恒志，刘永强. 白龟山水库分布式洪水预报模型 [M]. 北京：中国水利水电出版社，2019.

[402]　孔凡哲，郭良. 一种时变分布式单位线计算方法 [J]. 水科学进展，2019，30（04）：477-484.

[403]　韩会明，刘喆玥，刘成林，等. 灰色模型的改进及其在气象干旱预测中的应用 [J]. 南水北调与水利科技，2019，17（06）：62-68.

[404]　宋松柏. Copula 函数在水文多变量分析计算中的问题 [J]. 人民黄河，2019，41（10）：40-47，57.

[405]　刘强，张道长，张居嘉，等. 基于改进的 BP 神经网络径流量还原计算研究 [J]. 人民黄河，2019，52（06）：6-9.

[406]　朱迪，梅亚东，吴贞晖，等. 基于分组赋权和改进内梅罗指数的赣江中下游整体水文改变度计算 [J]. 武汉大学学报（工学版），2019（12）：1048-1055.

[407]　王小刚，赵薛强，许军. 珠江口瞬时水位解算方法研究及应用 [J]. 水利水电技术，2020，51（11）：117-124.

[408]　程银才，朱磊，张春霞. 改进的洪水涨落影响水位流量关系整编校正因素法 [J]. 水电能源科学，2020，38（09）：60-62.

[409]　纪国良，周曼，胡腾腾，等. 一种改进的合成流量法及其在水文预报中的应用 [J]. 水电能源科学，2020，38（02）：36-39.

[410]　孙忠华，胡雅文，王巧，等. 空间信息技术在洪涝险情分析中的应用实践 [J]. 人民长江，2020，51（12）：196-202，209.

[411]　童海滨，杨士琪，郭萃，等. Maple 在水文学中的应用 [M]. 北京：科学出版社，2020.

[412]　赵玲玲. 流域水文循环模拟中蒸散发估算方法研究 [M]. 北京：中国水利水电出版社，2019.

[413]　金双彦，高亚军，徐建华. 系列长度和最大值处理方式对降雨量重现期估算的影响 [J]. 水文，2019，39（05）：25-29.

[414]　李艳，曾爱军. 资水桃江站 2016—2017 年"姊妹"洪水分析 [J]. 水文，2019，39（02）：92-96.

[415]　尹志杰，王容，李磊，等. 长江流域"2017·07"暴雨洪水分析 [J]. 水文，2019，39（02）：86-91.

[416]　何永晴，尹继鑫，沈洁，等. 西宁市短历时暴雨雨型及适用性分析 [J]. 冰川冻土，2019，41（04）：900-906.

[417]　徐高洪，邵骏，郭卫. 2020 年长江上游控制性水文站洪水重现期分析 [J]. 人民长江，2020，51（12）：94-97，103.

[418]　王梅霞，张太西，余行杰，等. 新疆哈密"2018·7·31"特大暴雨山洪汇水量估算与应用研究 [J]. 干旱区地理，2020，43（04）：939-945.

[419]　史玉品，靳莉君，刘静，等. 渭河"2019·9"洪水特性及气象成因分析 [J]. 水资源与水工程学报，2020，31（06）：24-30.

[420]　王光朋，查小春，黄春长，等. 汉江上游郧县段北宋时期古洪水事件研究 [J]. 干旱区地理，2020，43（04）：967-976.

[421]　李晓刚，黄春长，庞奖励. 无定河下游全新世古洪水研究 [J]. 干旱区地理，2020，43（02）：380-387.

[422]　张世斌，朱才辉，袁继国. 降雨条件下重塑黄土中水分迁移模型试验研究 [J]. 水利学报，2019，50（05）：621-630.

[423]　张冠华，胡甲均. 径流驱动土壤分离过程的影响因素及机制研究进展 [J]. 水科学进展，2019，30（02）：294-304.

[424]　李昊旭，崔亚莉，马小波，等. 卫宁平原包气带水分运移特征研究 [J]. 干旱区地理，2019，42（04）：845-853.

[425]　杜好田，焦峰，姚静，等. 黄土丘陵区降水变化对退耕草地土壤水分特征的影响 [J]. 水土保持研究，2019，26（05）：81-88.

[426] 李艳萍，史利江，徐满厚，等. 短期增温下青藏高原多年冻土区植物生长季土壤水分的动态变化 [J]. 干旱区研究，2019，36（03）：537-545.

[427] 丑亚玲，李永娥，王莉杰，等. 渭河流域西部季节冻融对浅层非饱和土壤水热变化的影响 [J]. 冰川冻土，2019，41（04）：926-936.

[428] 李新乐，吴波，张建平，等. 白刺沙包浅层土壤水分动态及其对不同降雨量的响应 [J]. 生态学报，2019，39（15）：5701-5708.

[429] 王宇祥，刘廷玺，段利民，等. 基于 Hydrus-1D 模型的科尔沁沙地沙丘-草甸相间区土壤水分动态模拟 [J]. 中国沙漠，2020，40（02）：195-205.

[430] 程东娟，周客，王利书，等. 秸秆施入深度对土壤水分运移和水吸力变化的影响 [J]. 水土保持学报，2020，34（01）：116-120.

[431] 裴青宝. 红壤水分溶质运移及滴灌关键技术参数研究 [M]. 郑州：黄河水利出版社，2020.

[432] 周亮，苏涛，赵令. 不同土质的浅层土壤水盐运移规律模拟——以内蒙古解放闸灌域为例 [J]. 节水灌溉，2019（02）：91-95.

[433] 高金花，张礼绍，廉冀宁，等. 膜下滴灌结合暗管技术土壤水盐特性研究 [J]. 中国农村水利水电，2019，（09）：76-82.

[434] 李成，冯浩，罗帅，等. 垄膜沟灌对旱区农田土壤盐分及硝态氮运移特征的影响 [J]. 水土保持学报，2019，33（03）：268-275.

[435] 阎腾飞，刘秀梅，刘合满，等. 磁化水灌溉条件下黄河三角洲刺槐林地土壤盐分时空分布特征及变化规律 [J]. 水土保持通报，2019，39（05）：135-142.

[436] 樊丽琴，李磊，吴霞. 银北高水位盐碱地土壤盐分与地下水特征关系分析 [J]. 节水灌溉，2019（06）：55-59，66.

[437] 周利颖，李瑞平，苗庆丰，等. 河套灌区不同掺沙量对重度盐碱土壤水盐运移的影响 [J]. 农业工程学报，2020，36（10）：116-123.

[438] 李晓菊，单鱼洋，王全九，等. 腐殖酸对滨海盐碱土水盐运移特征的影响 [J]. 水土保持学报，2020，34（06）：288-293.

[439] 毕远杰，雷涛. 微咸水灌溉模式对土壤水盐运移影响研究 [M]. 郑州：黄河水利出版社，2020.

[440] 刘家宏，丁相毅，邵薇薇，等. 不同水文年型海绵城市径流总量控制率特征研究 [J]. 水利学报，2019，50（09）：1072-1077.

[441] 徐宗学，程涛. 城市水管理与海绵城市建设之理论基础——城市水文学研究进展 [J]. 水利学报，2019，50（01）：53-61.

[442] 李怀恩，贾斌凯，成波，等. 海绵城市雨水径流集中入渗对土壤和地下水影响研究进展 [J]. 水科学进展，2019，30（04）：589-600.

[443] 梁昌梅，张翔，李宗礼，等. 武汉市城市化进程中河湖水系的时空演变特征 [J]. 华北水利水电大学学报（自然科学版），2019，40（06）：61-68.

[444] 姜芊孜，俞孔坚，王志芳. 城市化背景下陂塘水文调节能力变化研究 [J]. 中国农村水利水电，2019（12）：52-59，64.

[445] 杨应增，何守阳，吴攀，等. 岩溶地下河水化学对城镇化进程的时序响应 [J]. 环境科学，2019，40（10）：4532-4542.

[446] 巨鑫慧，高肖，李伟峰，等. 京津冀城市群土地利用变化对地表径流的影响 [J]. 生态学报，2020，40（04）：1413-1423.

[447] 陈佩琪，王兆礼，曾照洋，等. 城市化对流域水文过程的影响模拟与预测研究 [J]. 水力发电学报，2020，39（09）：67-77.

[448] 杨婷婷，李志一，赵冬泉. 完整水文年下基于监测与模拟的典型海绵项目径流评估 [J]. 水电

能源科学，2020, 38 (10)：5 - 7.

[449]　薛海，张帆. 降水量与城市大气环境关系——以 113 个环保重点城市为例 [J]. 自然资源学报，2020, 35 (04)：937 - 949.

[450]　黄婉彬，鄢春华，张晓楠，等. 城市化对地下水水量、水质与水热变化的影响及其对策分析 [J]. 地球科学进展，2020, 35 (05)：497 - 512.

[451]　吕素冰. 区域健康水循环与水资源高效利用研究 [M]. 北京：科学出版社，2019.

[452]　黄国如，罗海婉，陈文杰，等. 广州东濠涌流域城市洪涝灾害情景模拟与风险评估 [J]. 水科学进展，2019, 30 (05)：643 - 652.

[453]　付潇然，刘家宏，周冠南，等. 面向内涝防治的地下调蓄池容量设计 [J]. 水利水电技术，2019, 50 (11)：1 - 8.

[454]　李智，刘玉菲，任星芮男，等. 基于 SWMM 的城市洪涝风险管理研究 [J]. 水利水电技术，2019, 50 (11)：35 - 42.

[455]　许怡，吴永祥，王高旭，等. 伦敦城市洪水风险管理的启示 [J]. 水利水电科技进展，2019, 39 (04)：13 - 18, 26.

[456]　刘德东，谭乐彦，刘国印，等. 区域雨洪资源利用潜力及模式研究 [J]. 人民黄河，2019, 41 (09)：83 - 86, 128.

[457]　马美红，王中良，喻海军，等. 山地城市内涝与山洪灾害综合防御探讨 [J]. 人民黄河，2019, 41 (09)：59 - 64.

[458]　马瑾瑾，陈星，许钦. 海绵城市建设中雨水资源利用潜力评价研究 [J]. 水资源与水工程学报，2019, 30 (01)：27 - 32, 39.

[459]　刘家宏，王佳，王浩，等. 海绵城市内涝防治系统的功能解析 [J]. 水科学进展，2020, 31 (04)：611 - 618.

[460]　徐驰，董庆华，张宏雅，等. 南京市高淳区城市水网防洪及雨洪资源利用模拟研究 [J]. 中国农村水利水电，2020 (05)：53 - 57, 62.

[461]　高均海. 京津冀平原城市洪涝综合治理的若干问题研究 [J]. 自然灾害学报，2020, 29 (04)：1 - 7.

[462]　王金亭，刘红英，刘宏丽，等. 城市防洪 [M]. 2 版. 郑州：黄河水利出版社，2019.

[463]　魏玲娜，陈喜，王文，等. 基于水文模型与遥感信息的植被变化水文响应分析 [J]. 水利水电技术，2019, 50 (06)：18 - 28.

[464]　戴军杰，章新平，吕殿青，等. 南方红壤丘陵区樟树林土壤水分动态变化 [J]. 水土保持研究，2019, 26 (04)：123 - 131.

[465]　韩新生，王彦辉，于澎涛，等. 六盘山半干旱区华北落叶松林土壤水分时空变化与影响因素 [J]. 水土保持学报，2019, 33 (01)：111 - 117.

[466]　林峰，陈兴伟，姚文艺，等. 基于 SWAT 模型的森林分布不连续流域水源涵养量多时间尺度分析 [J]. 地理学报，2020, 75 (05)：1065 - 1078.

[467]　武秀荣，金铭，赵维俊，等. 运用 Gash 修正模型对祁连山北麓中段青海云杉林降水截留的模拟 [J]. 水土保持学报，2020, 34 (05)：216 - 222.

[468]　孙姗姗，刘新平，王翠萍，等. 半干旱沙地樟子松林降雨再分配特征 [J]. 干旱区地理，2021, 44 (01)：109 - 117.

[469]　马晓至，毕华兴，王珊珊，等. 晋西黄土区典型林分枯落物层水文生态特性研究 [J]. 水土保持学报，2020, 34 (06)：77 - 83, 88.

[470]　杜妍，庄家尧，周勇. 苏南丘陵区毛竹林林冠水文特征 [J]. 水土保持研究，2020, 27 (03)：308 - 314.

[471]　周秋文，周旭，罗娅，等. 喀斯特地区植被与土壤层水文效应研究 [M]. 北京：科学出版

社，2020.

[472] 刘一霖，温娅檬，李巧玉，等. 川西高山峡谷区 6 种森林枯落物的持水与失水特性 [J]. 水土保持学报，2019，33 (05)：151 - 156，162.

[473] 孙欧文，蔡建国，吴家森，等. 浙江省典型森林类型枯落物及林下土壤水文特性 [J]. 水土保持研究，2019，26 (01)：118 - 123.

[474] 涂志华，范志平，孙学凯，等. 大伙房水库流域不同植被类型枯落物层和土壤层水文效应 [J]. 水土保持学报，2019，33 (01)：127 - 133.

[475] 娄淑兰，刘目兴，易军，等. 三峡山地不同类型植被和坡位对土壤水文功能的影响 [J]. 生态学报，2019，39 (13)：4844 - 4854.

[476] 王金悦，邓羽松，林立文，等. 南亚热带 5 种典型人工林凋落物水文效应 [J]. 水土保持学报，2020，34 (05)：169 - 175.

[477] 季树新，王理想，白雪莲，等. 不同林龄人工梭梭林对降雨的滞后响应 [J]. 干旱区研究，2020，37 (02)：349 - 356.

[478] 刘深思，徐贵青，李彦，等. 5 种沙地灌木对地下水埋深变化响应的差异性和一致性研究 [J]. 生态学报，2021 (02)：1 - 11.

[479] 王根绪，张志强，李小雁. 生态水文学概论 [M]. 北京：科学出版社，2020.

[480] 方红卫，何国建，黄磊，等. 生态河流动力学研究的进展与挑战 [J]. 水利学报，2019，50 (01)：75 - 87，96.

[481] 于晓龙，徐洪增，刘新阳，等. 东平湖生态水位和水生态系统健康研究 [J]. 人民黄河，2019，41 (11)：59 - 64.

[482] 薛联青，王晶，魏光辉. 基于 PSR 模型的塔里木河流域生态脆弱性评价 [J]. 河海大学学报（自然科学版），2019，47 (01)：13 - 19.

[483] 尚文绣，彭少明，王煜，等. 面向河流生态完整性的黄河下游生态需水过程研究 [J]. 水利学报，2020，51 (03)：367 - 377.

[484] 于守兵，凡姚申，余欣，等. 黄河河口生态需水研究进展与展望 [J]. 水利学报，2020，51 (09)：1101 - 1110.

[485] 刘攀峰，王璐，杜庆鑫，等. 杜仲在我国的潜在适生区估计及其生态特征分析 [J]. 生态学报，2020，40 (16)：5674 - 5684.

[486] 颜俨，姚柳杨，郎亮明，等. 基于 Meta 回归方法的中国内陆河流域生态系统服务价值再评估 [J]. 地理学报，2019，74 (05)：1040 - 1057.

[487] 吴一帆，张璇，李冲，等. 生态修复措施对流域生态系统服务功能的提升——以潮河流域为例 [J]. 生态学报，2020，40 (15)：5168 - 5178.

[488] 兰紫橙，贾岚，程煜. 闽江流域生态系统服务价值评估及权衡协同关系 [J]. 生态学报，2020，40 (12)：3909 - 3920.

[489] 赵凌栋，车丁，张晶，等. 基于景观指数的高邮湖湿地生态水文连通性分析 [J]. 水利水电技术，2019，50 (01)：126 - 133.

[490] 李小娟，张莉，张紫萍，等. 高寒草甸生物结皮发育特征及其对土壤水文过程的影响 [J]. 水土保持研究，2019，26 (06)：139 - 144.

[491] 党学亚，卢娜，顾小凡，等. 柴达木盆地生态植被的地下水阈值 [J]. 水文地质工程地质，2019，46 (03)：1 - 8.

[492] 阿依加马力·克然木，玉米提·哈力克，塔依尔江·艾山，等. 流域水文变化对胡杨荒漠河岸林林窗及形成木特征的影响 [J]. 生态学报，2019，39 (17)：6322 - 6331.

[493] 徐力刚，赖锡军，万荣荣，等. 湿地水文过程与植被响应研究进展与案例分析 [J]. 地理科学进展，2019，38 (08)：1171 - 1181.

[494]　王瑞玲，黄锦辉，葛雷，等. 基于黄河鲤栖息地水文-生态响应关系的黄河下游生态流量研究 [J]. 水利学报，2020，51（09）：1175-1187.

[495]　王浩，胡鹏. 水循环视角下的黄河流域生态保护关键问题 [J]. 水利学报，2020，51（09）：1009-1014.

[496]　刘昌明，门宝辉，赵长森. 生态水文学：生态需水及其与流速因素的相互作用 [J]. 水科学进展，2020，31（05）：765-774.

[497]　葛金金，张汶海，彭文启，等. 水文-生态响应关系构建方法综述 [J]. 水利水电技术，2020，51（11）：23-29.

[498]　黄振宇，潘保柱. 洪水过程对水生态系统影响的研究进展 [J]. 西安理工大学学报，2020，36（03）：300-306.

[499]　徐宗学，胡立堂，彭定志，等. 黑河流域中游地区生态水文过程及其分布式模拟 [M]. 北京：科学出版社，2020.

[500]　杨大文，郑元润，高冰，等. 高寒山区生态水文过程与耦合模拟 [M]. 北京：科学出版社，2020.

[501]　林梦然，董增川，贾一飞. 龙羊峡水库对坝下河段生态水文情势影响研究 [J]. 人民黄河，2019，41（03）：69-73，78.

[502]　李大鸣，张星瑞，罗珊，等. 渤海新区海岸带陆域环境研究Ⅲ：生态环境综合评价 [J]. 干旱区资源与环境，2020，34（03）：94-101.

[503]　姜旭新，黄婧，张岩，等. 额尔齐斯河流域河谷生态系统水文情势变化影响分析及生态修复建议 [J]. 中国农村水利水电，2019（10）：12-16.

[504]　黄昌硕，盖永伟，吴京. 南京市江宁区牛首山河水生态监测与安全评估研究 [J]. 水资源与水工程学报，2019，30（05）：14-20.

[505]　魏秀，刘登峰，刘慧，等. 汉江黄金峡以上流域社会经济-生态-水文的变化规律分析 [J]. 华北水利水电大学学报（自然科学版），2019，40（03）：39-47，88.

[506]　季晓翠，王建群，傅杰民. 基于云模型的滨海小流域水生态文明评价 [J]. 水资源保护，2019，35（02）：74-79.

[507]　章光新，陈月庆，吴燕锋. 基于生态水文调控的流域综合管理研究综述 [J]. 地理科学，2019，39（07）：1191-1198.

[508]　夏军，张永勇，穆兴民，等. 中国生态水文学发展趋势与重点方向 [J]. 地理学报，2020，75（03）：445-457.

[509]　顾慧，唐国平，江涛. 模型驱动数据空间分辨率对模拟生态水文过程的影响 [J]. 地理研究，2020，39（06）：1255-1268.

[510]　程国栋，傅伯杰，宋长青，等. "黑河流域生态-水文过程集成研究"重大计划最新研究进展 [M]. 北京：科学出版社，2020.

[511]　左其亭，梁士奎，陈豪，等. 闸控河流水文生态效应分析与调控 [M]. 北京：科学出版社，2019.

[512]　聂鼎，张冀，刘毅，等. 基于图像处理的小型水库水位测量方法 [J]. 水电能源科学，2019，37（11）：28-32.

[513]　陈强，温得平，文雄飞，等. 青海可可西里盐湖水文监测方案初步构想 [J]. 人民黄河，2019，41（11）：7-10，48.

[514]　刘炜，王怀柏，段雯，等. 水文站流量测验代表垂线分析原理及应用 [J]. 人民黄河，2019，41（04）：7-10.

[515]　刘谦，翟戊亮. 山东水文资源局全覆盖式自动化水文测报网络系统建设 [J]. 人民黄河，2019，41（01）：160.

[516]　程海峰，刘杰，王珍珍，等. 长江口水文监测站网选址合理性分析及优化 [J]. 人民长江，2019，50 (06)：70 - 75.

[517]　王小赞，赵彦增. 雨量站网布设对子流域降雨量计算结果的影响 [J]. 中国农村水利水电，2019 (11)：10 - 14，27.

[518]　黄超. H - ADCP 在后峡水文站河道流量监测中的应用 [J]. 水科学与工程技术，2019 (03)：25 - 27.

[519]　廖爱民，刘九夫，张建云，等. 基于多类型雨量计的降雨特性分析 [J]. 水科学进展，2020，31 (06)：852 - 861.

[520]　卢海文，武利生，王志文. GPS 浮标追踪测流系统研究 [J]. 水文，2020，40 (05)：61 - 66.

[521]　胡兴艺. 文丘里法在河流流量推算中的应用 [J]. 水文，2019，39 (02)：72 - 75.

[522]　魏家红，张尧旺. 水质监测与评价 [M]. 3 版. 郑州：黄河水利出版社，2019.

[523]　梅军亚，陈静，香天元. 侧扫雷达测流系统在水文信息监测中的比测研究及误差分析 [J]. 水文，2020，40 (05)：54 - 60.

[524]　王志良，黄珊，陈海涛. 黄河流域水文数据插补方法比较及应用 [J]. 人民黄河，2020，42 (07)：14 - 18.

[525]　董程，冯民权. 长江流域洪水汛情分布与水位-流量特征关系分析 [J]. 西安理工大学学报，2020，36 (03)：316 - 322.

[526]　胡尊乐，仲兆林，郭红丽，等. 定点式 H - ADCP 自动监测数据的处理 [J]. 水文，2020，40 (06)：46 - 50.

[527]　武俐，王祖恒，王亮，等. 基于主成分分析和模糊数学的黄河小浪底水质监测与评价 [J]. 水土保持通报，2020，40 (05)：118 - 124.

[528]　刘秀林，张行南，方园皓，等. 金沙江下游遥测雨量站数据质量研究 [J]. 人民长江，2019，50 (03)：131 - 135，171.

[529]　杨桂莲，宋凡，鲁程鹏，等. 国家地下水监测工程数据在地下水动态月报评价中的应用效果浅析 [J]. 水文，2019，39 (05)：45 - 49，24.

[530]　蔡圣准，肖桂荣. 宁德市降水量异常点剔除的影响分析 [J]. 水文，2019，39 (01)：38 - 43.

[531]　刘晓燕，刘昌明，党素珍. 黄土丘陵区雨强对水流含沙量的影响 [J]. 地理学报，2019，74 (09)：1723 - 1732.

[532]　李颖智，蔡五田，耿婷婷，等. 区域地下水污染调查取样点布设量化分配方法 [J]. 水文地质工程地质，2019，46 (05)：24 - 30.

[533]　周华. 宁夏红柳沟流域 "7·01" 暴雨洪水调查分析 [J]. 水科学与工程技术，2019 (01)：22 - 24.

[534]　刘园. 流域水环境的污染源调查 [J]. 水力发电，2020，46 (09)：23 - 27，36.

[535]　陈文龙，夏军. 广州 "5·22" 城市洪涝成因及对策 [J]. 中国水利，2020 (13)：4 - 7.

[536]　刘冠华，何俊霞，崔亚军. 2018 年河南省 8·18 暴雨洪水 [M]. 郑州：黄河水利出版社，2020.

[537]　李爱民，陈彦平. 山西省山洪灾害调查评价 [M]. 郑州：黄河水利出版社，2019.

[538]　廖爱民，刘九夫，张建云，等. 实验小流域尺度下高精度水位计的比测分析 [J]. 水科学进展，2019，30 (03)：337 - 347.

[539]　雷四华，刘培. 城市内涝实验及模拟研究进展 [J]. 人民长江，2019，50 (S1)：31 - 35.

[540]　韩剑桥，高建恩，李兴华，等. 降雨和径流综合作用下的细沟断面形态分异特征 [J]. 水电能源科学，2019，37 (02)：115 - 118.

[541]　李想，邸青. 暴雨和缓冲带特征对城市滨水缓冲带雨洪消减与水质净化效果的影响机制 [J]. 生态学报，2019，39 (16)：5932 - 5942.

[542]　方刚，刘柏根. 基于巴拉素井田多孔抽水试验的含水层特征及水力联系研究 [J]. 水文，2019，

39 (03)：36－40，67.

[543]　贾洪涛，张鹏飞，代智光. 容重对红壤区地下滴灌水分入渗能力影响研究 [J]. 节水灌溉，2019 (04)：36－40.

[544]　许文豪，王晓勇，张俊，等. 鄂尔多斯高原湖泊蒸发原位试验研究 [J]. 水文地质工程地质，2019，46 (05)：16－23.

[545]　李新鸽，韩广轩，朱连奇，等. 降雨量改变对黄河三角洲滨海湿地土壤呼吸的影响 [J]. 生态学报，2019，39 (13)：4806－4820.

[546]　翟金榜，芮大虎，张军，等. 冻结作用下考虑补水层影响的水分迁移试验 [J]. 冰川冻土，2019，41 (06)：1406－1413.

[547]　林敬兰. 土石混合崩积体坡面细沟径流流速试验研究 [J]. 水土保持学报，2020，34 (05)：119－123.

[548]　覃自阳，甘凤玲，何丙辉. 岩层倾向对喀斯特槽谷区地表/地下产流过程的影响 [J]. 水土保持学报，2020，34 (05)：68－75，80.

[549]　曾荣昌，李天阳，何丙辉. 喀斯特槽谷区坡面集中水流曼宁系数变化特征 [J]. 水土保持通报，2020，40 (04)：266－273，279.

[550]　王博，宋松柏，夏积德，等. 新型智能优化算法估算年降水量频率曲线参数 [J]. 水力发电学报，2019，38 (12)：49－60.

[551]　阳玲，杜金月，王同科，等. 运用地下水对潮汐的响应识别压力传导系数 [J]. 水文地质工程地质，2019，46 (06)：26－30，39.

[552]　武亚遵，李彦涛，林云，等. 管道流模型参数敏感性分析及其在许家沟泉域的应用 [J]. 水文地质工程地质，2020，47 (02)：68－75.

[553]　李祥东，邵明安，赵春雷. 西北干旱区土壤水力参数空间变异与模拟 [J]. 干旱区研究，2019，36 (06)：1325－1332.

[554]　徐流洋，蔡子昭，王心义. 青铜灌区古灌渠河床渗透系数空间变异性研究 [J]. 水文，2020，40 (02)：80－85.

[555]　赵玲玲，杨兴，刘丽红，等. 华南强降水地区洪水频率分布参数估计方法及应用 [J]. 水电能源科学，2019，37 (05)：23－25，44.

[556]　陈得方，宋松柏. 基于多项式正态变换的年径流频率计算研究 [J]. 水力发电学报，2019，38 (11)：58－69.

[557]　吴业楠，钟平安，闫海滨，等. 基于层次贝叶斯法的无资料地区洪水频率分析 [J]. 水电能源科学，2019，37 (01)：74－77.

[558]　胡辰，夏军，佘敦先，等. 布尔分布在辽宁省西部半干旱地区水文频率分析中的应用 [J]. 水文，2019，39 (01)：20－26.

[559]　宁迈进，孙思瑞，吴子怡，等. 趋势变异条件下非一致性洪水频率计算方法的择优比较分析——以洞庭湖区弥陀寺站为例 [J]. 水文，2019，39 (06)：14－19.

[560]　高盼星，王义民，赵明哲，等. 考虑不同成洪暴雨类型的洪水频率计算 [J]. 自然灾害学报，2019，28 (03)：166－174.

[561]　鲁帆，肖伟华，戴雁宇，等. 黄河干流年径流量非一致性频率计算 [J]. 水力发电学报，2020，39 (12)：76－84.

[562]　魏玲娜，丁颖，陈喜，等. 淮河上游紫罗山流域枯水频率及退水规律分析 [J]. 人民长江，2020，51 (02)：86－90.

[563]　杜懿，安程，王大洋，等. 基于均一化数据的中国典型分区水文频率线型研究 [J]. 中国农村水利水电，2020 (08)：134－138，145.

[564]　李薇，周建中，侯新，等. 流域概率水文预报方法研究 [M]. 郑州：黄河水利出版社，2020.

[565] 曾瑜，刘进宝，厉莎，等. 鄱阳湖流域气候变化和人类活动对入湖水沙的影响 [J]. 人民长江，2020，51 (01)：28-35.

[566] 罗红春，冀鸿兰，牟献友，等. 黄河石嘴山站水沙变化及趋势分析 [J]. 南水北调与水利科技，2019，17 (04)：193-201.

[567] 窦旭，史海滨，苗庆丰，等. 盐渍化灌区土壤水盐时空变异特征分析及地下水埋深对盐分的影响 [J]. 水土保持学报，2019，33 (03)：246-253.

[568] 沈鎏澄，吴涛，游庆龙，等. 青藏高原中东部积雪深度时空变化特征及其成因分析 [J]. 冰川冻土，2019，41 (05)：1150-1161.

[569] 林莎，贺康宁，王莉，等. 基于地统计学的黄土高寒区典型林地土壤水分盈亏状况研究 [J]. 生态学报，2020，40 (02)：728-737.

[570] 陈军武，黄维东，朱晓涛，等. 祖厉河流域最大暴雨洪水特性研究 [J]. 人民黄河，2020，42 (04)：7-11，29.

[571] 张娜，韩小龙，汤英，等. 宁夏石嘴山市引黄灌区地下水时空变化特性及影响因素 [J]. 干旱区研究，2020，37 (05)：1124-1131.

[572] 钟乐乐，曾献奎，吴吉春. 基于高斯过程回归的地下水模型结构不确定性分析与控制 [J]. 水文地质工程地质，2019，46 (01)：1-10.

[573] 林宇，苏爱军. 重庆藕塘滑坡地下水位时间序列混沌性判别与预测 [J]. 人民长江，2020 (S1)：102-105，131.

[574] 王小杰，姜仁贵，解建仓，等. 基于分形和 R/S 分析的渭河干流径流变化特征研究 [J]. 水利水运工程学报，2019 (01)：102-108.

[575] 王东升，刘新有，袁树堂，等. 牛栏江中上段枯季径流分析及月径流模拟 [J]. 水电能源科学，2019，37 (05)：10-14.

[576] 王文川，李文锦，徐冬梅，等. 基于马尔可夫链校正 GM-BP 模型的径流预测 [J]. 南水北调与水利科技，2019，17 (05)：44-49.

[577] 殷兆凯，廖卫红，王若佳，等. 基于长短时记忆神经网络 (LSTM) 的降雨径流模拟及预报 [J]. 南水北调与水利科技，2019，17 (06)：1-9，27.

[578] 丛培月，牟献友，冀鸿兰，等. 基于 Budyko 假设的黄河下游非一致性径流模拟 [J]. 水资源与水工程学报，2019，30 (04)：92-97，112.

[579] 姜瑶，徐宗学，王静. 基于年径流序列的五种趋势检测方法性能对比 [J]. 水利学报，2020，51 (07)：845-857.

[580] 董磊华，熊立华，张丛林，等. 考虑气候模式影响的径流模拟不确定性研究 [M]. 北京：中国水利水电出版社，2020.

[581] 李雅晴，谢平，桑燕芳，等. 水文序列相依变异识别的 RIC 定阶准则——以自回归模型为例 [J]. 水利学报，2019，50 (06)：721-731.

[582] 田小靖，赵广举，穆兴民，等. 水文序列突变点识别方法比较研究 [J]. 泥沙研究，2019，44 (02)：33-40.

[583] 吴子怡，谢平，桑燕芳，等. 基于相关系数的水文序列分段趋势识别方法 [J]. 水力发电学报，2019，38 (07)：77-86.

[584] 高熠飞，王建平，李林峰. 基于柯西分布的水文序列异常值检测方法 [J]. 河海大学学报 (自然科学版)，2020 (04)：307-313.

[585] 芮孝芳. 水文随机变量二维分布及其应用 [J]. 水利水电科技进展，2019，39 (05)：36-42，65.

[586] 金浩宇，鞠琴，曲珍，等. 基于集成方法的长江源区未来气候变化预测研究 [J]. 水力发电，2019，45 (11)：9-13.

[587] 梁忠民，唐甜甜，李彬权，等. 洪水超前预警综合评价方法研究及应用 [J]. 人民黄河，2019，41 (10)：82 - 86.

[588] 桑宇婷，赵雪花，祝雪萍，等. 基于 CEEMD - BP 模型的汾河上游月径流预测 [J]. 人民黄河，2019，41 (08)：1 - 5.

[589] 庄晓雯，尹成波，曹银妹，等. 基于逐步聚类分析法的开都河径流预测模型 [J]. 人民黄河，2019，41 (02)：1 - 4.

[590] 敦宇，武超，杨帆，等. 基于随机模拟的地下水铬污染健康风险动态评价 [J]. 南水北调与水利科技，2019，17 (06)：121 - 126，137.

[591] 郑恺原，向小华，吴晓玲. 基于 PSO - WRF 的渭河中下游年径流预测模型 [J]. 水利水电技术，2020，51 (08)：39 - 44.

[592] 武桂芝，王程. 基于拟合改进的径流灰色预测模型研究 [J]. 人民黄河，2020，42 (10)：34 - 36，41.

[593] 景唤，钟德钰，张红武，等. 河流过程的累积现象和随机模型 [J]. 地理学报，2020，75 (05)：1079 - 1094.

[594] 李玲，魏国孝，岳宁，等. 乌兰布和沙漠地下水补给研究 [J]. 人民黄河，2019，41 (04)：46 - 50.

[595] 张文卿，王文风，刘淑芹，等. 长白山矿泉水补给径流与排泄关系 [J]. 河海大学学报（自然科学版），2019，47 (02)：108 - 113.

[596] 李宁，吴彬，杜明亮，等. 托克逊两河流域地下水化学组分来源及同位素指示作用分析 [J]. 节水灌溉，2019 (03)：76 - 81.

[597] 张雅，苏春利，马燕华，等. 水化学和环境同位素对济南东源饮用水源地地下水演化过程的指示 [J]. 环境科学，2019，40 (06)：2667 - 2674.

[598] 杨羽帆，曹生奎，冯起，等. 青海湖沙柳河流域浅层地下水氢氧稳定同位素分布特征 [J]. 中国沙漠，2019，39 (05)：45 - 53.

[599] 李亮，王敏，邢怀学，等. 太湖北部地区地下水环境同位素组成及其演化分析 [J]. 人民长江，2020，51 (05)：41 - 46，153.

[600] 刘芳，曹广超，曹生奎，等. 祁连山南坡主要流域河水稳定同位素特征及补给关系 [J]. 中国沙漠，2020，40 (06)：151 - 161.

[601] 赵然，韩志伟，田永著，等. 岩溶流域地表水和地下水硝酸盐来源定量识别 [J]. 中国环境科学，2020，40 (04)：1706 - 1714.

[602] 杨锐婧，冯民权，汪银龙. 汾河下游丰水和枯水期的河流硝酸盐污染来源特征 [J]. 水土保持通报，2019，39 (06)：211 - 217.

[603] 康萍萍，许士国. 基于同位素模型法的莱州湾东岸地下水硝酸盐污染源贡献率研究 [J]. 水利水电技术，2020，51 (11)：155 - 162.

[604] 孙厚云，卫晓锋，贾凤超，等. 基于多环境介质氮素和同位素的滦平盆地地下水硝酸盐来源示踪 [J]. 环境科学，2020，41 (11)：4936 - 4947.

[605] 张敏，平建华，禹言，等. 同位素技术解析安阳河与地下水相互作用 [J]. 水文地质工程地质，2019，46 (06)：31 - 39.

[606] 郭新，李升，余斌. 绿洲带地表水与地下水 δD、δ～ (18) O 特征 [J]. 干旱区研究，2019，36 (03)：567 - 574.

[607] 韩积斌，许建新，徐凯，等. 柴达木盆地尕斯库勒盐湖地表水-地下水的转化与铀的补给通量 [J]. 湖泊科学，2019，31 (06)：1738 - 1748.

[608] 雷义珍，曹生奎，曹广超，等. 青海湖沙柳河流域不同时期地表水与地下水的相互作用 [J]. 自然资源学报，2020，35 (10)：2528 - 2538.

[609] 师明川，付世骞，杜尚海. 基于同位素技术的冬奥会崇礼赛区地表水-地下水转化关系研究 [J]. 中国农村水利水电，2020（03）：52-57.

[610] 陈学秋，瞿思敏，张雄鹰，等. 流域初始状态对环境同位素法划分流量的影响 [J]. 长江科学院院报，2019，36（06）：20-25.

[611] 谢永玉，瞿思敏，王轶凡，等. 长江下游小流域不同降雨类型水文要素同位素特征分析 [J]. 水电能源科学，2019，37（01）：45-48.

[612] 李宗省，冯起，李宗杰，等. 祁连山北坡稳定同位素生态水文学研究的初步进展与成果应用 [J]. 冰川冻土，2019，41（05）：1044-1052.

[613] 孙从建，张子宇，陈伟，等. 亚洲中部高山降水稳定同位素空间分布特征 [J]. 干旱区研究，2019，36（01）：19-28.

[614] 周苏娥，张明军，王圣杰，等. 基于 Stewart 模型改进方案的新疆降水同位素的云下蒸发效应比较 [J]. 冰川冻土，2019，41（02）：304-315.

[615] 畅俊斌，吴广涛，元佳飞，等. 水汽源区变化对陕西关中降水稳定同位素的影响 [J]. 水文，2019，39（05）：71-77.

[616] 谢永玉，瞿思敏，勾建峰，等. 长江下游湿润流域不同水源的同位素组成对台风雨响应 [J]. 水电能源科学，2020，38（06）：17-20.

[617] 车存伟，张明军，王圣杰，等. 基于氢氧稳定同位素的兰州市南北两山土壤蒸发时空变化及影响因素研究 [J]. 地理研究，2020，39（11）：2537-2551.

[618] 孙龙，陈利顶，杨磊. 基于氢氧同位素技术的流域水源涵养研究进展 [J]. 生态学报，2020，40（24）：8872-8881.

[619] 孙金凤，高宗军，冯建国，等. 泰莱盆地水环境同位素分布特征及其意义 [J]. 水电能源科学，2019，37（12）：30-32.

[620] 郭政昇，郑国璋，曹富强，等. ENSO 事件对珠江中下游地区降水氢氧同位素的影响 [J]. 自然资源学报，2019，34（11）：2454-2468.

[621] 谢林环，江涛，曹英杰，等. 城镇化流域降水径流氢氧同位素特征及洪水径流分割 [J]. 地理学报，2019，74（09）：1733-1744.

[622] 王邺凡，余武生，张寅生，等. 印度河上游 Bagrot 山谷降水稳定同位素变化及与水汽来源的关系 [J]. 干旱区地理，2019，42（02）：252-262.

[623] 张荷惠子，于坤霞，李占斌，等. 黄土丘陵沟壑区小流域不同水体氢氧同位素特征 [J]. 环境科学，2019，40（07）：3030-3038.

[624] 车存伟，张明军，王圣杰，等. 黄河流域降水稳定同位素的云下二次蒸发效应 [J]. 干旱区地理，2019，42（04）：790-798.

[625] 刘芳，曹广超，曹生奎，等. 祁连山南坡水体氢氧稳定同位素特征研究 [J]. 干旱区研究，2020，37（05）：1116-1123.

[626] 桂娟，李宗省，冯起，等. 祁连山古浪河流域径流组分特征 [J]. 冰川冻土，2019，41（04）：918-925.

[627] 殷超，杨海全，陈敬安，等. 基于水化学和氮氧同位素的贵州草海丰水期水体硝酸盐来源辨析 [J]. 湖泊科学，2020，32（04）：989-998.

[628] 张东，杨锦媚，黄兴等. 基于硫酸盐硫同位素的伊洛河流域河水溶解性重金属来源 [J]. 中国环境科学，2019，39（06）：2549-2559.

[629] 金赞芳，岑佳蓉，胡宇铭，等. 千岛湖水体氮的垂向分布特征及来源解析 [J]. 中国环境科学，2019，39（08）：3441-3449.

[630] 孔乐，黄恩清，田军. 冷水珊瑚氧、碳同位素——古水温重建与钙化机制 [J]. 地球科学进展，2019，34（12）：1252-1261.

[631]　黄一民，赵日梅，宋献方，等. 台风"海马"对洞庭湖流域降水同位素的影响研究 [J]. 地理科学，2019，39 (07)：1184 - 1190.

[632]　郭雨桐，崔圆，王晨，等. 湿地要素中碳氮同位素特征与水文连通的关系 [J]. 自然资源学报，2019，34 (12)：2554 - 2568.

[633]　邢丹，肖玖军，韩世玉，等. 基于稳定同位素的石漠化地区桑树根系水来源研究 [J]. 农业工程学报，2019，35 (15)：77 - 84.

[634]　王金强，李俊峰，王昭阳，等. 干旱绿洲区 3 种典型农田防护林的水分来源 [J]. 水土保持通报，2019，39 (01)：72 - 77.

[635]　姜生秀，安富博，马剑平，等. 石羊河下游青土湖白刺灌丛水分来源及其对生态输水的响应 [J]. 干旱区资源与环境，2019，33 (09)：176 - 182.

[636]　冯蕴，贾德彬，李雪松，等. 基于稳定同位素的干旱半干旱地区杨树水分来源研究 [J]. 节水灌溉，2019 (04)：27 - 31.

[637]　李涛，彭丽萍，师庆东，等. 新疆准噶尔盆地不同径级梭梭和白梭梭的水分来源 [J]. 生态学报，2020，40 (06)：2099 - 2110.

[638]　王锐，章新平，戴军杰，等. 亚热带典型植物水分利用来源变化的水稳定同位素分析 [J]. 水土保持学报，2020，34 (01)：202 - 209.

[639]　窦明，于璐，靳梦，等. 淮河流域水系盒维数与连通度相关性研究 [J]. 水利学报，2019，50 (06)：670 - 678.

[640]　赵卫东，龚俊豪，赵纪堂，等. 顾及平原区微地貌的地形湿度指数及其地表水环境意义 [J]. 合肥工业大学学报（自然科学版），2019，42 (01)：113 - 118.

[641]　赵冰雪，王雷，胡和兵. 基于 OLI 影像和 DEM 的山区水体提取方法 [J]. 水文，2019，39 (04)：34 - 39，83.

[642]　夏积德，江仕荣，周波. 渭河干流杨凌段水边线提取及其分维数计算方法研究 [J]. 水资源与水工程学报，2019，30 (06)：45 - 49.

[643]　张意奉，焦菊英，陈一先，等. 陕北安塞坊塌小流域的沟道形态及其泥沙连通性 [J]. 水土保持研究，2019，26 (03)：11 - 15.

[644]　刘宇，吴剑，王喆，等. 基于 DEM 的山丘区小流域河网提取分析研究 [J]. 水利水电技术，2020，51 (09)：52 - 57.

[645]　张晓娇，焦裕飞，刘佳，等. 基于 DEM 的大清河子流域划分方法 [J]. 人民黄河，2020，42 (06)：13 - 17.

[646]　何蒙，李致家，童冰星，等. 基于 DEM 的河宽模型在山区中小流域内的构建与应用 [J]. 水力发电，2019，45 (04)：22 - 27.

[647]　王磊，孙文俊. 基于 DEM 数据的 HEC - HMS 和 Vflo 降雨特征模拟对比研究——以北京密云区为例 [J]. 环境科学学报，2019，39 (10)：3559 - 3564.

[648]　高超，汪丽，陈财，等. 海平面上升风险中国大陆沿海地区人口与经济暴露度 [J]. 地理学报，2019，74 (08)：1590 - 1604.

[649]　吕宝阔. 辽河流域非点源污染负荷研究 [J]. 人民黄河，2020，42 (S2)：126 - 127.

[650]　张浪，李俊，黄晓荣，等. HEC - HMS 模型在四川省清溪河流域山洪预报中的应用 [J]. 中国农村水利水电，2020 (01)：130 - 135.

[651]　熊立华，郭生练，曾凌，等. 珠江流域分布式降雨径流模拟 [M]. 北京：科学出版社，2019.

[652]　陈瑜彬，邹冰玉，牛文静，等. 流域防洪预报调度一体化系统若干关键技术研究 [J]. 人民长江，2019，50 (07)：223 - 227.

[653]　赵宗慈，罗勇，黄建斌，等. 人工智能应用于地球系统科学 [J]. 气候变化研究进展，2020，16 (01)：126 - 129.

[654] 曹春号，杨启良，李加念，等. 脉冲式蒸发器水面蒸发量手机在线检测装置研制 [J]. 农业工程学报，2019，35 (01)：106 - 113.

[655] 杨婷婷，李志一，赵冬泉. 基于物联网大数据的城市降雨径流控制率分析 [J]. 水电能源科学，2020，38 (05)：15 - 17，210.

[656] 寇嘉玮，董增川，罗赟，等. 基于 WebGIS 的洪泽湖地区动态洪涝管理信息系统 [J]. 长江科学院院报，2019，36 (01)：145 - 150.

[657] 冶运涛，蒋云钟，梁犁丽. 流域水循环虚拟仿真理论与技术 [M]. 北京：中国水利水电出版社，2019.

[658] 刘玉婷，李恒凯，王秀丽. 基于 MOD16 的东江流域地表蒸散发时空特征分析 [J]. 长江科学院院报，2019，36 (12)：16 - 22.

[659] 黄木易，方斌，岳文泽，等. 近 20a 来巢湖流域生态服务价值空间分异机制的地理探测 [J]. 地理研究，2019，38 (11)：2790 - 2803.

[660] 郭焘，于红博，马梓策，等. 基于 MODIS 的土壤含水量时空变化及干旱化程度分析 [J]. 水土保持研究，2019，26 (04)：185 - 189，2.

[661] 孟庆博，刘艳丽，刘冀，等. TRMM 卫星降水产品在尼洋河流域的适用性定量分析 [J]. 水资源与水工程学报，2019，30 (01)：89 - 96.

[662] 周远刚，赵锐锋，张丽华，等. 博格达峰地区冰川和积雪变化遥感监测及影响因素分析 [J]. 干旱区地理，2019，42 (06)：1395 - 1403.

[663] 韩伟孝，黄春林，王昀琛，等. 基于长时序 Landsat 5/8 多波段遥感影像的青海湖面积变化研究 [J]. 地球科学进展，2019，34 (04)：346 - 355.

[664] 闵心怡，杨传国，李莹，等. 基于改进的湿润地区站点与卫星降雨数据融合的洪水预报精度分析 [J]. 水电能源科学，2020，38 (04)：1 - 5.

[665] 张璐，江善虎，任立良，等. 基于 GRACE 数据监测黄河流域陆地水储量变化 [J]. 人民黄河，2020，42 (04)：47 - 51，64.

[666] 蔡建楠，刘海龙，姜波，等. 基于 GA - PLS 算法的河网水体化学需氧量高光谱反演 [J]. 灌溉排水学报，2019，39 (09)：126 - 131.

[667] 徐鹏飞，毛峰，金平斌，等. 基于 GF1_WFV 的千岛湖水体叶绿素 a 浓度时空变化 [J]. 中国环境科学，2020，40 (10)：4580 - 4588.

[668] 王重洋，陈水森，杨骥，等. 河口近岸悬浮泥沙遥感监测研究 [M]. 北京：中国水利水电出版社，2020.

[669] 闵心怡，杨传国，程雨春，等. TRMM RT 降雨在洪水模拟应用中的可行性分析 [J]. 中国农村水利水电，2019 (06)：1 - 5.

[670] 尹剑，欧照凡. 考虑坡面地形的蒸散发遥感估算及空间分布研究 [J]. 节水灌溉，2019 (05)：92 - 98.

[671] 赵长森，潘旭，杨胜天，等. 低空遥感无人机影像反演河道流量 [J]. 地理学报，2019，74 (07)：1392 - 1408.

[672] 姚晓磊，鱼京善，孙文超. 基于累积分布函数匹配的多源遥感土壤水分数据连续融合算法 [J]. 农业工程学报，2019，35 (01)：131 - 137.

[673] 翟劼燊，黄对，王文种，等. 改进的劈窗算法结合 Landsat 8 热红外数据反演地表温度研究 [J]. 水文，2019，39 (05)：8 - 13，95.

[674] 郭泽呈，魏伟，庞素菲，等. 基于 SPCA 和遥感指数的干旱内陆河流域生态脆弱性时空演变及动因分析——以石羊河流域为例 [J]. 生态学报，2019，39 (07)：2558 - 2572.

[675] 吴炳方，朱伟伟，曾红伟，等. 流域遥感：内涵与挑战 [J]. 水科学进展，2020，31 (05)：654 - 673.

[676]　曾子悦，许继军，王永强. 基于遥感空间信息的洪水风险识别与动态模拟研究进展 [J]. 水科学进展，2020，31（03）：463-472.

[677]　黄依之，张行南，方园皓. CMORPH 卫星反演降水数据质量评估及水文过程模拟 [J]. 水电能源科学，2020，38（09）：1-4.

[678]　孙芳蒂，马荣华. 鄱阳湖水文特征动态变化遥感监测 [J]. 地理学报，2020，75（03）：544-557.

[679]　张璐，董增川，任杰，等. 基于遥感的秦淮河径流量估算方法 [J]. 中国农村水利水电，2020（11）：24-27，41.

[680]　史卓琳，黄昌. 河流水情要素遥感研究进展 [J]. 地理科学进展，2020，39（04）：670-684.

[681]　刘元波，吴桂平，赵晓松，等. 流域水文遥感的科学问题与挑战 [J]. 地球科学进展，2020，35（05）：488-496.

[682]　陈嘉琪，陈仕琦，马芬艳，等. 基于数字遥感影像的呼伦湖水量平衡分析 [J]. 水资源保护，2020，36（06）：73-79.

[683]　吴炳方. 流域遥感 [M]. 北京：科学出版社，2019.

第3章 水资源研究进展报告

3.1 概述

3.1.1 背景与意义

水资源是基础性自然资源和战略性经济资源，是一个国家综合国力的有机组成部分。水资源与粮食、石油资源并列为三大战略资源，水安全、粮食安全、能源安全并列为世界安全的重要方面。2015年1月在瑞士日内瓦召开的全球第45届达沃斯世界经济论坛，发布的《2015年全球风险报告》将水资源危机定为全球第一大风险因素。2019年发布的《2019年全球风险报告》和2020年发布的《2020年全球风险报告》仍将水资源危机列为全球影响最大的十大风险之一。2021年发布的《2021年全球风险报告》将"自然资源危机"（包括水资源危机）列为全球第五大风险因素。可见，水资源问题受到国际社会的高度重视。

水是生命之源、生产之要、生态之基。兴水利、除水害，历来是治国安邦的大事，事关人类生存、经济发展、社会进步。由于经济社会快速发展，水资源供需矛盾日益突出，水资源已成为制约我国国民经济发展的重大"瓶颈"。

2020年10月26—29日，召开了中国共产党第十九届中央委员会第五次全体会议，提出了"贯彻落实国家节水行动，建立水资源刚性约束制度"，要求把水资源作为刚性约束指标，倒逼经济社会发展转型，走高质量发展道路。

随着人们对水资源的重视以及解决水资源问题的迫切需要，水资源研究成为20世纪90年代以来较为活跃的领域之一，许多专家、学者对此展开大量研究，同时提出的理论方法和学术观点，在实践中得到广泛应用。因此，对水资源的理论和应用研究成果进行总结，可为水资源的进一步研究和应用提供借鉴。

3.1.2 标志性成果或事件

（1）2019年1月3日，中央一号文件《中共中央 国务院关于坚持农业农村优先发展做好"三农"工作的若干意见》指出，进一步加强农田水利建设，同步发展高效节水灌溉，加强华北地区地下水超采综合治理，推进农村饮水安全巩固提升工程，加强农村饮用水水源地保护，加快解决农村"吃水难"和饮水不安全问题，加快推进农业水价综合改革。

（2）2019年1月15日，水利部举行全国水利工作会议，提出"水利工程补短板、水利行业强监管"的工作总基调，论述了我国治水的主要矛盾已经发生深刻变化，从人民群众对除水害兴水利的需求与水利工程能力不足的矛盾，转变为人民群众对水资源水生态水环境的需求与水利行业监管能力不足的矛盾。

（3）2019年3月22日是第二十七届"世界水日"，3月22—28日是第三十二届"中国水周"。联合国确定 2019 年"世界水日"的宣传主题是"Leaving no one behind"（不让任何一个人掉队）。我国确定 2019 年"中国水周"活动的宣传主题是"坚持节水优先，强化水资源管理"。

（4）2019 年 3 月 28—29 日，水利部召开水资源管理工作座谈会，贯彻落实 2019 年全国水利工作会议精神和"水利工程补短板、水利行业强监管"总基调，分析水资源管理工作面临的新形势，理清强化水资源监督管理的工作思路，安排部署 2019 年水资源管理工作。

（5）2019 年 9 月 18 日，习近平总书记在郑州主持召开黄河流域生态保护和高质量发展座谈会并发表重要讲话，提出"黄河流域生态保护和高质量发展，同京津冀协同发展、长江经济带发展、粤港澳大湾区建设、长三角一体化发展一样，是重大国家战略"，发出"让黄河成为造福人民的幸福河"的伟大号召。

（6）2020 年 1 月 2 日，中央一号文件《中共中央　国务院关于抓好"三农"领域重点工作，确保如期实现全面小康的意见》指出，全面解决饮水安全问题，推进城乡供水一体化，加强农村饮用水水源保护，做好水质监测，继续实施华北地区地下水超采综合治理，启动农村水系综合整治试点。

（7）2020 年 1 月 9 日，水利部举行全国水利工作会议，提出"坚定不移践行水利改革发展总基调，加快推进水利治理体系和治理能力现代化"。

（8）2020 年 3 月 22 日是第二十八届"世界水日"，3 月 22—28 日是第三十三届"中国水周"。联合国确定 2020 年"世界水日"的宣传主题是"Water and climate change"（水与气候变化）。我国确定 2020 年"中国水周"活动的宣传主题是"坚持节水优先，建设幸福河湖"。

（9）2020 年 4 月，水利部印发了《关于做好河湖生态流量确定和保障工作的指导意见》，对加强全国河湖生态流量保障工作作出安排部署。

（10）2020 年 5 月 19 日，水利部召开水资源管理工作座谈会，全面落实 2020 年全国水利工作会议部署和"水利工程补短板、水利行业强监管"水利改革发展总基调，分析当前水资源管理工作面临的形势，安排部署 2020 年水资源管理工作。

（11）2020 年 5 月，水利部制定印发了《黄河流域以水而定　量水而行水资源监管行动方案》，安排部署黄河流域水资源监管工作。

（12）2020 年 10 月 27 日，水利部召开 2020 年地下水管理工作座谈会，会议提出，围绕合理分水、管住用水、系统治水，通过加快地下水超采综合治理，补短板；通过监测、通报、许可、监督检查，强监管，推动地下水资源早日实现采补平衡、可持续利用，做好地下水管理与保护工作。

（13）2020 年 12 月，水利部印发《关于黄河流域水资源超载地区暂停新增取水许可的通知》，全面安排部署黄河流域水资源超载地区暂停新增取水许可工作。

3.1.3　本章主要内容介绍

本章是有关水资源研究进展的专题报告，主要内容包括两部分：

（1）对水资源研究的背景及意义、有关水资源 2019—2020 年标志性成果或事件、本章主要内容以及有关说明进行概述。

（2）本章从 3.2 节开始按照水资源内容进行归纳编排，主要内容包括：水资源理论方法及治水思想研究进展、水资源模型研究进展、水资源分析与评价研究进展、水资源规划与管理研究进展、水资源配置与调控研究进展、气候变化下水资源研究进展、水战略与水问题研究进展。最后，简要归纳 2019—2020 年进展与 2011—2018 年进展的对比分析结果。

3.1.4 有关说明

本章是在前 4 本水科学研究进展报告[1-4] 的基础上，在广泛阅读 2019—2020 年相关文献的基础上，系统介绍 2019—2020 年有关水资源的研究进展。其中，本章的"背景与意义"、整体框架引自或参考前 4 本水科学研究进展报告。与前 4 本水科学研究进展报告相对比，因为最近两年水资源研究的重点和热点问题发生一些变化，本次撰写在小节安排和重点内容介绍方面有部分调整。另外，因为相关文献很多，本书只列举最近两年有代表性的文献，且所引用的文献均列入参考文献中。

3.2 水资源理论方法研究进展

水资源是经济社会发展的重要基础资源，水资源研究是水科学的一个重要学科方向，国内有大量的科研人员参与研究，每年不断涌现出大量的研究成果。其中，水资源理论方法研究是极其重要的基础，一方面，它是水资源基础研究不断深入的理论探讨；另一方面，它是水资源应用与时俱进、不断深入的经验总结和理论深化。治水思想反映了水资源工作的发展方向，是现代水资源研究的重要体现。

3.2.1 在水资源理论总结与应用研究方面

水资源研究一直都是水科学的一个热点方向，国内外有大量的学者从事这方面的研究，每年涌现的成果，既有实践应用方面的，也有理论方法上的。当然，深层次的理论研究相对较少，特别是一个新理论的提出往往比较艰难。最近两年关于水资源研究的应用实践较多，但新理论研究与应用的文献相对较少，这一状况与前 8 年基本一致。以下仅列举最近两年几个有代表性的文献以供参考。

（1）在水资源空间均衡理论方法及应用研究方面，产出了系统研究成果。比如，左其亭等提出了水资源空间均衡理论方法及应用研究框架[5]，提出了水资源空间均衡理论应用规则和量化方法[6]，夏帆等提出了水资源空间均衡系数计算方法，并进行了应用[7]。

（2）在水资源预警理论方法及应用研究方面，曹升乐等出版《水资源预警理论与应用》一书，介绍了水资源预警理论与方法，包括点预警与过程预警、静态预警与动态预警的概念和确定方法，建立了地表水预警、地下水预警和区域预警理论体系，并进行应用[8]；李福臻等以济南市为例研究了区域水资源预警方法[9]。

（3）孙才志等研究了中国水资源绿色效率，对中国水资源经济、环境、绿色效率等方面进行分析，提出了水资源绿色效率的驱动机理，探讨了水资源绿色效率的提升机制与保障体系[10]。

（4）支援在《水资源态势与虚拟水出路》一书中，梳理了世界主要地区的水资源与社会、经济及环境的相互作用关系，以合理高效用水、节约水资源为目标，把"虚拟水"概念引入产业用水分析，提出了新的研究方法和实证案例[11]。

（5）刘俊国等综合运用野外调查、实验观测、统计数据、水文模拟和投入产出经济模型等多种手段，形成了蓝绿水-虚拟水转化研究的理论框架和方法体系，利用水文模型模拟了黑河流域蓝绿水时空分布特征及转化规律[12]。

（6）殷秀海等为解决当前城乡复杂水系存在的问题，践行现代水生态文明建设思想，提出了一种 W‑SREELE 城市水系综合治理理念，即统筹兼顾水安全-水资源-水环境-水生态-水景观-水经济的水系综合治理解决方案[13]。

（7）冯起等以保障西北内陆区水资源安全为目标，以水资源高效利用与调控为主线，以西北内陆区水资源安全风险评估及变化环境下水循环与水资源变化趋势为基础，集成保水节水技术、空中与地表水资源联合利用关键技术、荒漠绿洲生态保护的水资源调配技术，提出了西北内陆区水资源配置方案、保障体系与对策建议[14]。

3.2.2　在水资源可持续利用研究方面

我国学者基本是从 20 世纪 90 年代末期才开始研究水资源可持续利用问题，2002 年把可持续发展作为全国水资源综合规划指导思想以来，大批学者多年来一直对水资源可持续利用方面进行研究，每年都会涌现出一些研究成果，但最近几年一直在缓慢发展，高质量的成果不多，大多数是其应用研究成果。以下仅列举有代表性的文献以供参考。

（1）在水土资源持续利用综合研究方面，孙兆军在《全球典型旱区水土资源持续利用》一书中，总结了水土资源持续利用的重点方向、关键技术、配套装备等，提出了水土资源持续利用的若干技术模式，总结了中国西北旱区水土资源持续利用的新技术、新方法和新成果[15]。

（2）在方法上的研究，主要是一些方法的引用。比如，引入水足迹理论进行干旱区水资源可持续利用评价[16]，采用和谐评估方法进行地下水可持续利用评价[17]，黄河兰州段水生态可持续发展分析[18]，应用能值分析方法研究水资源生态经济系统可持续性[19]。其中，生态足迹法应用较多。除以上方法外，还有一些其他方法的引用，比如，随机森林法、层次分析法、多指标综合评价方法等。刘志明等引入了可持续发展综合指标测度，对社会经济可持续发展及社会经济与生态环境良性发展条件进行判断[20]。

（3）多数成果还是应用研究，包括在不同尺度上的应用。比如，在省级（直辖市）区的应用（中部四省[21]、山西省[22]、吉林省[23]、江苏省[24]、黑龙江省[25]、重庆市[26]）、在市或县区域的应用（庄河市[27]、张家口市[28]、梨树县[29]）、在流域或河流支流的应用（汉江干流[30]、奎屯河[31]）。还有专门针对地下水可持续开发利用的应用研究（德阳市地下水[32]、华北平原地下水[33]）。

3.2.3　在人水和谐研究方面

人水和谐思想起源很早，但作为一国的治水思想是在 21 世纪初期由我国学者提出，2004 年中国水周的主题是"人水和谐"，从此才进入广大学者和公众的视线，从此才成为我国新时代治水思路的核心思想，在治水实践中有广泛的应用。总体来看，最近两年在人水和谐理论方法研究方面成果不多，值得一提的是，发展形成了人水和谐论学科体系；基于人水和谐的应用研究较多，特别是生产实践中应用较多，但多是治水思想的应用。这里只介绍最近两年有代表性的几个文献资料。

（1）左其亭在《人水和谐论及其应用》一书中，系统介绍了人水和谐理论方法及应用体系，内容包括：人水和谐的有关概念及人类认识的变化，人水关系研究基础，和谐论理论方法及应用，人水和谐论的提出及研究展望，人水和谐论五要素及和谐度方程，人水和谐平衡理论，人水和谐辨识、和谐评估、和谐调控三方面的核心方法，人水和谐论的典型应用实例[34]。左其亭把人水和谐论的发展历程分为 3 个阶段，分别是萌芽阶段（2005 年以前）、形成阶段（2006—2017 年）和发展阶段（2018 年以后），提出人水和谐论体系框架，包括理论体系、方法论和应用实践，并对其主要内容进行系统总结，提出人水和谐的基本原理和判别准则[35]。

（2）在人水和谐评估方法研究方面，比如，杨丹等基于正态云模型评价人水和谐度[36]，王盈心等基于投影寻踪评价模型评价城市人水和谐等级[37]，潘思成等引用新型萤火虫算法-投影寻踪模型评价区域人水和谐[38]，陆赛等基于 GRA - IECD 协调发展模型评价人水和谐[39]。

（3）在人水和谐应用研究方面，比如，王大洋等研究了粤港澳大湾区背景下广东省 9 市人水和谐关系时空特性[40]，陈宇婷等研究了基于人水和谐目标的中小河流评价指标[41]，黄德春等研究了强度-总量控制下水资源利用效率对人水和谐的影响[42]。

3.2.4 在水资源承载能力研究方面

关于水资源承载能力的研究，一直是研究的热点问题，也是保障经济社会可持续发展的基础研究内容，具有重要的理论及应用意义。最近两年的文献很多，和前几年大致相似，这与前几年开展水资源承载力国家重点研发项目研究、国家水资源承载能力评估项目有关，产出成果较多。从目前收集的文献来看，尽管文献总数很多，但理论基础研究的突破性成果极少，多数研究还主要是水资源承载力评价方法的研究、以往研究方法的再探讨或应用，创新性成果不多。以下仅列举有代表性的文献以供参考。

（1）在水资源承载力动态预测、预警和诊断研究方面，耿雷华等在《水资源承载力动态预测与调控技术及其应用研究》一书中，提出了重点地区水资源承载力诊断体系，研发了水资源承载动态预测与调控技术，以黄河流域、沂沭泗流域、长江中下游地区、珠江三角洲、吉林省等 5 个重点区域为应用对象，预测了各重点地区未来水资源承载状况，提出了各重点地区水资源承载能力提升与负荷削减调控方案[43]；鲁佳慧等基于 PSR 和物元可拓模型，开展了水资源承载力预警研究[44]；卞锦宇等研究了水资源承载力诊断体系构建及关键诊断因子识别问题[45]。

（2）采用模拟模型方法来研究水资源承载能力只有少量成果。比如，徐凯莉等采用系统动力学方法模拟水资源承载能力[46]；康艳等基于 LMDI - SD 耦合模型模拟绿色发展灌区水资源承载力[47]；徐晨光等基于 SD - EF 模型研究郑州市水资源承载力[48]。

（3）采用多种评价方法来研究水资源承载能力的成果很多。比如，康健等评价了海河流域农业水资源承载力[49]；徐翔宇等提出了基于风险矩阵的多要素水资源承载力综合评价方法[50]；门宝辉等基于云理论评价了北京市水环境承载力[51]；叶海焜等基于协调发展度评价了南京市水资源承载状态[52]；张宁宁等评价了黄河流域水资源承载力[53]；余灏哲等基于量-质-域-流评价了京津冀水资源承载力[54]；刘琼等研究了区域地下水资源承载能力评价理论与方法[55]；周侃等研究了干旱半干旱区水资源承载力评价及空间规划问题[56]；张琦等基于模糊综合评判模型评价了东北三省水资源承载力[57]；李季孝等评价了云南石漠化区水资源承载力[58]；费鑫鑫等评价了滇池流域水资源承载力[59]；卞锦宇评价了太湖流域水资源承载力[60]；孙国营等基于三支决策改进 TOPSIS 方法评价了水资源承载力[61]；安强等基于模糊综合评价法评价了河南省中原城市群水资源承载力[62]；张丽洁等基于正态云模型评价了黄河流域水资源承载力[63]；陈磊等基于改进综合赋权法评价了塔里木河流域"三源一干"水资源承载力[64]；左其亭等基于组合权重 TOPSIS 模型评价了黄河流域九省区水资源承载力[65]；李丹阳等基于总量和强度控制评价了区域水资源承载能力[66]；邹全程等基于 PSO－PPE 模型评价了宁夏扬水灌区水土资源承载力[67]；许杨等基于 DPSR-改进 TOPSIS 模型评价了淮安市水资源承载力[68]；杜雪芳等评价了黄河下游生态型引黄灌区水资源承载力[69]；张修宇等评价了基于生态的大功引黄灌区水资源承载力[70]；夏继勇研究了过境水影响区域水资源承载力评价方法[71]；薛辰影等研究了水资源承载力评价指标约简方法[72]；夏玮静等研究了基于流域的陕西省水资源承载力评价方法[73]；雍志勤等基于投影寻踪模型评价了榆林市水资源承载能力[74]；夏欢等基于改进 TOPSIS 模型评价了连云港市水资源承载力[75]；刘朝露等评价了临海市水资源承载力[76]；田培等基于变权 TOPSIS 模型评价了长江经济带水资源承载力[77]。

（4）采用评价方法以外的其他方法来研究水资源承载能力比较少见，这里列举 2 个采用定量指标计算方法来直接度量水资源承载力的文献：杨瑞祥等研究了雄安新区水资源承载力计算及提升途径[78]，张萌雪等基于水量供需平衡研究了河北省张家口市崇礼区水资源承载力计算[79]。

（5）此外，还有一些与水资源承载能力有关的研究成果。比如，张鑫等基于区间模糊双层规划研究了水资源承载力与产业结构优化问题[80]，刘洪霞等研究了新疆沙产业状况与水资源承载力问题[81]。

（6）还有少量针对水资源承载力影响因素、关键指标、驱动机理等基础研究成果，比如，周建中等分析研究了长江上游流域水资源承载力的障碍因子[82]，徐志等研究了长江口影响水资源承载力关键指标与临界条件[83]，张晓东等研究了宁夏地区水资源承载力动态变化及驱动因子和未来情形[84]。

3.2.5　在水生态文明或生态水利研究方面

2013 年 1 月，水利部印发了《关于加快推进水生态文明建设工作的意见》（水资源〔2013〕1 号），提出把生态文明理念融入水资源开发、利用、治理、配置、节约、保护的各方面和水利规划、建设、管理的各环节，加快推进水生态文明建设。随后，从 2013 年开始，每年都涌现出一批有关水生态文明概念、内涵、理论及应用研究的成果。从最近两年的文献来看，与前几年相比，呈现两方面的特点：一是随着水生态文明试点城市建设工作告一段落，有关这方面的高水平论文减少较多，比 2017—2018 年减少更多；二是水生态文明试点城市建设成果的专著比 2017—2018 年显著减少，新成果不多。总体来看，关于水生态文明的研究热度已经慢慢下降。以下仅列举有代表性的文献以供参考。

（1）赵钟楠在《水生态文明建设战略——理论、框架与实践》一书中，分析了我国水生态文明建设的现状形势，提出了我国水生态文明建设的总体战略，明确了流域区域和城乡水生态文明建设的总体布局，提出了推进水生态文明建设的主要对策[85]。

（2）在水生态文明理论基础研究方面，成果很少，赵钟楠等阐述了基于问题导向的水生态文明概念与内涵[86]，索贵彬等基于 SBM - Tobit 模型研究了京津冀城市生态文明建设效率[87]，索贵彬等研究了资源与环境约束下京津冀生态文明建设水平时空特征及演变趋势[88]。

（3）在水生态文明评价及应用研究方面，成果相对多些，但研究深度有限。比如，王富强等评价了郑州市水生态文明城市建设成效[89]，季晓翠等基于云模型评价了滨海小流域水生态文明水平[90]，张翔宇等采用模糊综合评价模型评价了黄河流域及相关片区的十个城市水生态文明建设现状[91]。

3.2.6 在最严格水资源管理研究方面

我国政府于 2009 年首次提出实施最严格水资源管理制度的构想，2011 年中央一号文件明确指出要实行"最严格的水资源管理制度"，2012 年 1 月国务院发布《关于实行最严格水资源管理制度的意见》（国发〔2012〕3 号），2013 年 1 月国务院办公厅发布《关于印发实行最严格水资源管理制度考核办法的通知》（国办发〔2013〕2 号）。从 2011 年开始，国内陆续有一些学者开展有关最严格水资源管理的研究，涌现一批研究成果，成为新的研究热点。从最近两年的文献来看，与 2017—2018 年基本一致，关于这方面的理论探讨缺乏，量化方法研究成果不多，但与 2017—2018 年相比应用研究成果减少较多，系统性专著有所增加。总体来看，关于最严格水资源管理制度的研究热度已经慢慢下降。以下仅列举有代表性的理论研究文献以供参考。

（1）代表著作 1：曹升乐等在《水资源管理"三条红线"确定理论与应用》一书中，介绍了水资源管理"三条红线"确定理论方法及其应用、基于"三条红线"的水资源优化配置与应用、水资源综合利用与管理效果评价及应用[92]。

（2）代表著作 2：王建华等在《水资源红线管理基础与实施系统设计》一书中，建立了最严格水资源管理制度理论框架，研究了"三条红线"互动关系，建立了包含用水总量、万元工业增加值用水量、农田灌溉水有效利用系数、水功能区水质达标率等四项考核指标的监测统计技术方法与方案，提出了不同来水条件下用水总量折算方法，设计了实行最严格水资源管理制度考核系统与方案[93]。

（3）代表著作 3：张大伟等在《黑河流域最严格水资源管理法规体系构建》一书中，总结了国内外典型流域水资源法制化管理的经验得失，提炼了本土化环境和实现路径可借鉴的国际经验和思路，综合评述了黑河流域水资源管理实践中涉及的主要法规制度，按照规范内容，构建了"一大一小一中"三套黑河流域最严格水资源管理法规体系框架，提出了推荐方案和近期立法规划[94]。

（4）在最严格水资源管理类型识别研究方面，胡林凯等提出了最优觅食算法（OFA）-投影寻踪（PP）识别模型，并应用于识别云南省 16 个州市最严格水资源管理区域类型[95]。

（5）针对最严格水资源管理制度考核评估的研究，比如，尚熳廷等研究了长江流域省区用水总量与用水效率控制评估问题[96]，邓坤等评估了最严格水资源管理制度考核实施情况与考核成效[97]。

（6）针对最严格水资源管理的经验总结。于琪洋详细分析了实行最严格水资源管理制度考核工作[98]，郝书芳总结了淮北市实行最严格水资源管理制度的经验与成效[99]，李生潜介绍了石羊河流域实施最严格水资源管理实践探索[100]。

（7）针对最严格水资源管理相关影响的研究。田贵良等研究了最严格水资源管理制度对长江经济带水资源利用效率的影响[101]，张翔宇等研究了最严格水资源管理制度对工业用水效率的影响[102]，刘海新等研究了"最严格水资源管理制度"对京津冀地区农业干旱的影响[103]。

3.2.7　在节水及节水型社会研究方面

2002 年 2 月，水利部印发了《关于开展节水型社会建设试点工作指导意见的通知》。从 2002 年到 2010 年共分 4 批开展了 100 个国家级、200 个省级节水型社会建设试点。从 2002 年前后开始，国内陆续有一些学者开展有关节水型社会建设的研究，涌现一批研究成果。从最近两年的文献来看，与 2017—2018 年相似，关于这方面的研究成果在减少，相较于 2017—2018 年应用实例也在减少。以下仅列举有代表性的理论研究文献以供参考。

（1）在节水及节水型社会综合研究方面，刘华平等在《节水社会建设分区节水模式与评价标准研究》一书中，基于工业和农业产业分类，提出了分区节水型社会评价指标体系，制定了湖南省节水型灌区和工业园区的评价标准[104]；刘慧民等基于 GIS 技术研究了城市节水型绿地系统规划[105]，杜青辉等研究了河南省黄河供水区水资源节约集约利用[106]。

（2）在节水潜力研究方面，代小平等研究了作物相对水分利用效率与理论节水潜力[107]，赵志博等研究了不同情景模式下雄安新区的水资源利用效率和节水潜力[108]，刘柏君等研究了青海省西宁海东地区节水潜力与节水对策[109]。

（3）在节水评价研究方面，王文川等基于博弈论可变集模型评价了节水型社会建设[110]，崔金涛等基于层次分析法评价了新疆节水型社会建设[111]，张志旭等评价了咸阳市用水量变化驱动效应与节水水平[112]。

（4）在节水指标研究方面，韩克武等研究了配重浮球覆盖下干旱区平原水库的节水率[113]。

3.2.8　在海绵城市研究方面

2014 年住房和城乡建设部出台了《海绵城市建设技术指南——低影响开发雨水系统构建（试行）》，2015 年国务院办公厅印发了《关于推进海绵城市建设的指导意见》，之后我国出现了海绵城市建设的热潮，研究成果急剧增加，是前几年新的研究增长点。但从最近两年的文献来看，与水科学有关的研究成果大幅度下降。以下仅列举有代表性的理论研究文献以供参考。

（1）刘家宏等定量分析了海绵城市径流总量控制率的年际变化特性和概率分布特征，基于海绵城市建设技术指南核算了特定年份径流总量控制率的客观指标[114]。

（2）冯峰等针对海绵城市中观尺度的区域水系统综合评价问题，引入工程弹性的理念，构建了由生态弹性、工程弹性、自然弹性和社会弹性 4 个维度共 17 个影响因子的弹性指标体系，基于相对差异函数的模糊可变评价模型，对 17 个指标 5 个级别（极强、较强、中等、较弱、极弱）弹性阈值进行说明和界定[115]。

（3）杜新强等以某海绵城市建设实验区为例，采用 Visual MODFlow 软件分别对海绵城市不同建设方案条件下的地下水水位动态进行模拟预测，分析海绵城市建设对区域地下水资源的补给效应[116]。

3.3　水资源模型研究进展

本节所讲的水资源模型包括各种有关描述水资源量和质的模型以及延伸的更广泛的水系统模型。水资源模型是水资源学科研究的一类重要工具，常常被应用于水资源评价、规划、管理等研究工作和生产实践中。

3.3.1　在水资源形成转化与模型研究方面

水资源形成转化过程和模拟模型研究，是水资源研究的重要基础。总体来看，有关水资源形成转化与模型的研究人员较多，但最近两年专门针对此内容的研究成果相对较少，延伸的相关内容较多，已在本章其他小节进行了介绍。以下仅列举有代表性文献以供参考。

（1）李舒等在《井工矿开采下流域水资源变化情势》一书中，系统总结煤矿开采对水文循环影响机制的基础上，利用分布式水文模型、数理统计、GRACE 重力卫星工具构建了一个研究多个矿区的煤矿开采对流域水资源影响的综合方法，并将该方法应用于窟野河流域[117]。

（2）李铁键等在《空中水资源的输移与转化》一书中，提出采用白水通量代表空中水资源，建立了空中水资源输移及其降水转化分析的方法体系，分析了陆地降水来源和空中水资源的降水效率[118]。

（3）刘家宏等在《城市高强度耗水现象与机理》一书中，揭示了城市高耗水现象及其内在机理，提出了城市全口径耗水的概念，建立了城市水平衡分析框架，基于水量平衡原理建立了城市耗水计算分析模型，将理论和模型在北京市和厦门市进行了应用[119]。

（4）吕素冰在《区域健康水循环与水资源高效利用研究》一书中，评价了区域健康水循环，剖析了城市化对水循环的影响，分析了区域水资源利用演变规律及驱动因子，核算了农业、工业、生活水资源利用效益，实证评价了实行最严格水资源管理制度考核[120]。

（5）张翔等基于水系统理论与城市水系统模拟相关研究，提出了城市水系统中水-经济社会-生态环境各因素之间相互作用和反馈的关联模型理论框架，建立了城市水系统演变过程中由针对经济发展的正反馈回路和针对可持续性的负反馈回路共同控制的新模式，构建了模拟城市水-经济社会-生态环境内在联系的城市水系统关联模型。以武汉市为例，建立了武汉市城市水-经济社会-生态环境各要素之间互馈作用的模拟模型，预测了武汉市的城市发展轨迹[121]。

（6）在地表水-地下水相互转化研究方面，雷义珍等研究了青海湖沙柳河流域不同时期地表水与地下水的相互作用[122]，薛联青等研究了塔里木河干流地表水与地下水耦合模拟[123]。

（7）此外，卓拉等研究了黄河流域作物生产与消费实体水-虚拟水耦合流动时空演变与驱动力[124]，王富强等基于 AHP 和熵权法评价了京津冀地区水循环健康水平[125]，汤秋鸿基于陆地水循环与全球变化介绍了全球变化水文学[126]。

3.3.2　在水系统与水资源模型应用研究方面

水系统模型和水资源模型应用及相关内容的研究较多，但高水平成果较少。综合近几年的文献分析，基于水系统模型和水资源模型延伸的相关应用研究较多，分别已在其他相关内容中介绍，比如，应用于开展有关水资源评估、配置、规划、管理等。而专门研究水系统模型和水资源模型直接应用的成果不多。以下仅列举有代表性文献以供参考。

（1）汪跃军在《淮河流域水资源系统模拟与调度》一书中，阐述了淮河水资源系统研究目标、水资源系统模拟、水工程系统联合运行模拟仿真、典型区水量水质联合调度、水资源优化调度决策支持系统等内容[127]。

（2）顾世祥等在《滇池流域水资源系统演变及生态替代调度》一书中，针对滇池、普渡河、牛栏江等流域，开展了与水有关的自然地理、气候环境、社会经济、水资源等调查分析，揭示了滇池流域水文水资源特性及其开发利用规律，运用 MIKEBASIN、ARC_WAS 等模拟优化技术，构建了高原湖泊流域的健康水循环调控模式[128]。

（3）韩玉等分别建立了浑河流域地表水地下水水流耦合模拟模型及水质耦合模拟模型，模拟对象包括地表水、包气带水和饱水带水[129]，张晓宇等基于系统动力学研究了阿拉善"三生"用水系统演化模拟与调控[130]。

3.4　水资源分析评价论证研究进展

水资源分析、评价、论证是水资源行业的主要基础工作内容，对正确认识水资源状况、存在的问题、水资源质量和数量以及人类活动取用水对水资源的影响等方面具有重要意义，因此，研究者较多，研究内容丰富，每年涌现出大量的研究成果[2]。特别是随着国家水资源管理制度的变化，对水资源分析、评价、论证提出更高的要求，出现一些新的研究内容，比如，前几年出现较多的最严格水资源管理"三条红线"分析计算，以及最近两年出现比较多的水资源-能源-粮食耦合分析及协调的研究成果。

3.4.1　在水资源机理研究、特征分析及趋势研究方面

关于水资源基础研究的内容非常丰富，是水资源学发展的基础，也是探索水资源基础科学问题的反映。本小节主要介绍水资源机理研究、特征分析以及水资源变化趋势研究成果。从最近两年的文献来看，相关研究成果很多。以下仅列举有代表性文献以供参考。

（1）在水资源机理研究方面，张甘霖等研究了地球关键带过程与水土资源可持续利用的机理[131]，吴普特等研究了区域主要作物生产实体水-虚拟水耦合流动机理[132]，孙才志等研究了基于 GWR 模型的中国水资源绿色效率驱动机理[133]，操信春等研究了中国耕地水资源短缺时空格局的驱动机制[134]，黄琦等研究了祁连山地区降水空间分布特性的形成机理[135]，王忠静等研究了干旱区凝结水对水量平衡方程影响作用[136]，王国庆等定量分析了中国主要江河径流变化的成因[137]，田富强等基于分布式水文模型研究了雅鲁藏布江径

流水源组成机理[138]，张旭等基于分层聚类研究了中国省际水资源子系统与社会经济、生态环境子系统的相关关系[139]。

（2）在水资源特征分析方面，孙才志等分析了中国省际水资源绿色效率空间关联网络特征[140]、基于 MRIO 与 SNA 分析了中国水资源空间转移网络特征[141]，左其亭等分析了黄河沿线省区水资源生态足迹时空特征[142]，陈婷等分析了长江流域近七十年空中水资源的时空变化特征[143]，周晋军等研究了城市耗水的"自然-社会"二元属性及季节性特征[144]，张建云等研究了 1956—2018 年中国江河径流演变及其变化特征[145]，王建华等研究了中国水土资源开发利用特征及匹配性[146]。

（3）在水资源变化趋势研究方面，沈蕊芯等研究了新疆奎屯河流域平原区地下水资源量演变情势[147]，王少丽等研究了年径流系数变化特征及预测模型[148]，莫崇勋等基于生态足迹研究了广西壮族自治区水资源生态特征时空变化规律及其驱动因素[149]，高建东等研究了 1998—2017 年海河流域水资源变化趋势[150]，曹文庚等预测了南水北调中线受水区保定平原地下水质量演变趋势[151]，陈飞等研究了中国地下水资源演变趋势及影响因素[152]，刘静等分析了近 60 年塔里木河三源流径流演变规律与趋势[153]。

3.4.2 在水资源分析计算方面

涉及"水资源分析计算"的学术性文献非常多，主要内容涉及：①水资源需求量分析计算；②水资源利用率和利用效率的分析计算；③水资源利用潜力分析计算；④水资源短缺分析计算；⑤水资源脆弱性分析计算；⑥水资源风险分析计算以及其他研究等。总体来看，文献很多，深入研究不多，理论方法研究进展不大，特别是高水平文献不多，多数是偏于应用或方法探讨。以下仅列举有代表性文献以供参考。

（1）有关水资源需求量分析计算的研究。比如，李俊等基于分数阶灰色模型研究了农业用水量需求预测[154]，吴凡等基于改进灰色模型研究了石河子市需水量需求预测[155]，吴泽宁等基于不同预测方法组合评价了郑州市工业需水量[156]，李亮等基于作物需水量评估了贵州省贵阳市城市农业水资源需求量[157]，陈益平等预测了人类活动影响下内陆干旱区张掖盆地需水量[158]。

（2）有关水资源利用率和利用效率分析计算的研究。①付强等在《灌区灌溉水利用效率分析及用水优化管理》一书中，系统研究了灌溉用水效率指标体系及测算方法、灌溉用水效率时空分布规律、灌溉水利用效率影响因素分析、渠道渗漏模拟、渠道入渗影响因素分析、灌区水资源优化配置理论、灌区多水源优化配置实例分析、灌区灌溉制度优化、灌区节水潜力计算与评价、水足迹理论下的农业用水分析等[159]；②在水资源利用效率方法研究方面，邱莹莹等基于 SE - DEA 和 Malmquist 指数研究了城市水资源利用效率[160]，张峰等研究了环境资源约束下中国工业绿色全要素水资源效率[161]，邓光耀基于污水排放量分配研究了中国水资源利用效率测算方法[162]；③在黄河流域水资源利用效率研究方面，孟钰等研究了黄河流域水资源利用效率的空间分异特性[163]，左其亭等分析了全面建成小康社会进程中黄河流域水资源利用效率时空演变特征[164]；④在区域水资源利用效率研究方面，郑乐等基于超效率 DEA 模型研究了宁夏工业水资源利用效率[165]，李莉等基于 DEA - BC～2 模型分析了新疆水资源利用效率时空差异性[166]，李杨等研究了湘西自治州水资源利用效率及驱动因素[167]；⑤在水资源利用效率相关内容的研究方面，刘家宏等研究了水资源利用效率的频谱分析方法及应用[168]，胡霞等研究了工业用水效率全过程驱动因子识别模型[169]，杨静雯等研究了淮河生态经济带水资源利用效率的空间溢出效应[170]，秦腾等研究了环境约束下中国省际水资源效率空间关联网络构建及演化因素[171]。

（3）有关水资源利用潜力分析计算的研究。比如，孟凡香等研究了区域雨水资源化潜力计算及时空分布规律[172]，马瑾瑾等评价了海绵城市建设中雨水资源利用潜力[173]，冯堂武等研究了山东省荆泉岩溶水系统地下水资源开发潜力[174]，柴素盈等研究了昆明市主城区雨水资源潜力特征[175]。

（4）有关水资源短缺分析计算的研究。比如，刘俊国等在对国内外水资源短缺评价进行系统梳理的基础上，提出了"量-质-生"三维水资源短缺理论及评价框架体系，并对三维水资源短缺评价原理和核算方法进行了阐述[176]。

（5）有关水资源脆弱性分析计算的研究。比如，张永芳等基于综合权重法评价了河北省水资源脆弱性并分析了其影响因素[177]，赵昀皓等基于概率性 Budyko 方程评估了我国可利用水资源量脆弱性[178]，任源鑫等评价了宝鸡市水资源脆弱性[179]，张蕊基于突变级数法评价了山西省水资源脆弱性[180]，刘晓敏等基于熵权法评价了河北省水资源脆弱性[181]，白庆芹等基于 DPSIR 模型评价了西藏水资源脆弱性[182]。

（6）有关水资源风险分析计算的研究。张玉虎等在《水资源系统风险评估技术及应用》一书中，以水资源系统及其要素为研究对象，开展了水资源系统及其要素的风险机理探讨、实证分析和综合技术集成，构建了水资源系统及其要素风险评估的一系列关键支撑技术和方法体系[183]；孙才志等在《下辽河平原地下水脆弱性与风险性评价》一书中，从地下水的功能、价值、污染、生态等方面，运用环境风险评价模型、多目标决策与分析模型、计算数学模型、遥感与地理信息系统理论及方法等对下辽河平原地下水功能、地下水资源价值、地下水系统恢复能力、地下水污染风险进行了评价与分析[184]；王红瑞等系统总结了水资源风险分析理论及评估方法[185]，梁缘毅等研究了中国水资源安全风险评价[186]，赵红玲等研究了玉溪市水资源短缺风险时空分异特性[187]。

（7）水资源其他分析的研究。比如，刘东等在《区域农业水土资源系统恢复力测度方法及其调控机理研究》一书中，介绍了区域农业水土资源系统恢复力测度方法，并对农业水土资源系统恢复力进行了评价，分析了区域农业水资源系统恢复力驱动机制，得出各农场的关键驱动因子，建立了区域农业水土资源系统恢复力情景分析方案集[188]。

3.4.3　在水资源数量评价及相关研究方面

水资源评价包括水资源数量、质量、水资源开发利用及其影响评价。涉及水资源评价的学术性文献较多。总体来看，专门研究水资源评价理论方法的文献不多，多数是偏于某一评价方法的探讨或应用。水资源数量评价内容包括降水量、蒸发量、地表水资源量、地下水资源量、水资源总量、水资源可利用量等。以下仅列举有代表性文献以供参考。

（1）有关降水量评价的研究。比如，张白玉等基于 TRMM 和 FY - 2C 开展长江流域月降水量的网格化估算研究[189]，张先起等基于 CEEMD - Elman 耦合模型进行年降水量预测[190]。

（2）有关蒸发量评价的研究。比如，张朝逢等研究了陕西省近 30 年潜在蒸发量的时空变异规律[191]，丘永杭等研究了福建省蒸发量变化趋势及其敏感性分析[192]，熊玉琳等研究了海河流域蒸发皿蒸发量变化及其影响[193]，张鹏飞等研究了渭河流域蒸发皿蒸发量时空变化与驱动因素[194]，曹国亮等研究了干旱区季节性湖泊艾丁湖面积动态变化及蒸发量[195]。

（3）有关地表水资源量评价的研究。比如，王小杰等研究了渭河干流径流变化趋势及突变情况[196]，于婵等研究了变化环境下半干旱草原流域径流变化特征及其影响因子[197]。

（4）有关地下水资源量评价的文献，比如，罗党等基于时滞 GM(1,1) 模型研究了地下水资源量预测方法[198]。

（5）有关水资源总量评价的研究。比如，张卫等在《以地面沉降为约束的地下水资源评价：以上海地区为例》一书中，基于对上海地区的水文地质、工程地质、地下水资源及土体力学性质的多年研究，建立了以控制地面沉降为约束的三维水流——维沉降地下水流模型，评价并预测了上海地区地下水资源量[199]；齐泓玮等对中国水资源空间不均匀性进行了定量评价[200]，陈灏等基于 AWRI 指数对汉江上游流域水资源量进行评估[201]，刘君龙等基于 DPSIR-模糊集对评价模型对湖北省水资源进行评价[202]。

（6）有关水资源可利用量评价的研究。比如，陈泽峰等基于概率 Budyko 方程提出流域未来可用水资源比例预估方法[203]。

3.4.4   在水资源质量评价及相关研究方面

水资源质量评价内容主要涉及评价方法探讨、评价方法应用、水质特征分析等内容。以下仅列举有代表性文献以供参考。

（1）在水资源质量评价方法研究方面，多数是一些方法的引用或改进。钱凯旋等研究了基于基尼系数的水质模糊综合评价模型[204]，胡东滨等研究了基于证据推理的流域水质综合评价方法[205]，闫佰忠等研究了基于随机森林模型的地下水水质评价方法[206]，李琪等研究了基于投影寻踪与内梅罗指数组合模型的地下水水质评价方法[207]，王亚维等研究了基于 GRA-AHP 模型的岩溶地下水水质评价方法[208]，李松青等研究了基于遗传算法-BP 神经网络法的深埋地下水水质评价方法[209]，周密等研究了基于变权重的水质综合评价体系[210]，李祥蓉等研究了采用静电放电算法-投影寻踪融合模型进行水质综合评价的方法[211]。

（2）许多评价方法在水资源质量评价中都有广泛应用，应用成果丰富。杨程等采用 T-S 模糊神经网络模型评价鸣翠湖水质[212]，纪广月采用改进粒子群算法优化 BP 神经网络方法预测西江水质[213]，段小龙等采用基于模糊 Borda 法的组合评价方法评价林芝水质[214]，陆丹等采用区间型贝叶斯模型方法评价湟水干流水质[215]，陈婧等采用基于博弈论组合赋权的模糊综合水质评价法评价姜堰区水质[216]，武俐等基于主成分分析和模糊数学方法评价黄河小浪底水质[217]，徐冬梅等采用基于博弈论的可变模糊评价模型方法评价水质[218]，刘诚分析了不同评价方法在阿克苏市地下水水质评价中的应用情况[219]，逯晔坤等把 HDE 方法应用于黄河兰州段水质评价[220]。

（3）还有一些成果聚焦到水质特征的分析，比如，邵志江等研究了永定河上游主要河流地表水水质时空变化特征[221]，董雯等分析了渭河西咸段水质时空变异特征[222]，卓海华等分析了长江流域片水资源质量评价结果与趋势[223]，王国重等基于决策树方法分析了河南省主要水库水质影响因素[224]。

3.4.5　在水资源开发利用及其影响评价和研究方面

水资源开发利用及其影响评价是研究热点，最近两年涌现出大量文献，主要内容涉及水资源开发利用评价与分析、用水结构分析及相关研究、用水量分析研究、用水效率评价与分析、供水量分析、水资源压力分析以及其他水资源评价相关内容。以下仅列举有代表性文献以供参考。

（1）在水资源开发利用评价与分析研究方面。刘振伟等分析了"一带一路"沿线国家水资源开发利用情况[225]，杨艳昭等分析了"一带一路"沿线国家水资源禀赋及开发利用情况[226]，商庆凯等基于水足迹理论评价了青海省水资源利用状况[227]，艾亚迪等基于 AHP-熵权法评价了西安市水资源开发利用程度[228]，侯林秀等基于水足迹法评价了阿拉善地区水资源利用状况[229]，姜秋香等分析了三江平原水资源开发利用程度变化与驱动因素[230]，路瑞等基于水资源生态足迹评价了黄河流域水资源利用状况[231]。

（2）在用水结构分析及相关研究方面。陈颖杰等基于生态位理论分析了黄河流域用水结构[232]，谷芳莹等分析了区域用水结构及公平性演变规律[233]，王磊等研究了中国省域用水量空间关联结构及其驱动效应[234]，陈新颖等研究了淮河流域总用水量与用水结构变化的响应关系[235]。

（3）在用水量分析研究方面。樊良新在《饮水安全工程下的农村居民生活用水管理》一书中，研究了供水方式、供水时间对农村家庭生活用水行为的影响，构建了基于计划行为理论的居民节水行为模型，揭示了居民用水感知、节水意识、节水行为、节水动机与障碍之间的内在联系，构建了农村居民家庭生活用水模型，研究了农村家庭生活用水量驱动因子，预测了未来农村家庭人均生活用水量[236]；李艳萍基于逐步回归分析和通径分析研究了用水量影响因素[237]，徐伟铭等基于神经网络模型进行了全国用水量"四维"模拟[238]，陈东景等研究了中国工业用水强度收敛性的门槛效应[239]，栗清亚等研究了京津冀区域产业用水时空变化规律及影响因素[240]，刘华先等研究了北京市星级旅游饭店水资源利用变化及影响因素[241]，孙思奥等研究了黄河流域水资源利用时空演变特征及驱动要素[242]，刘晶等研究了近 20 年中国水资源及用水量变化规律与成因[243]。

（4）在用水效率评价与分析研究方面。庞庆华等研究了基于 DEA-Malmquist 模型的用水效率综合评价方法[244]，罗勇等研究了基于主客观耦合的区域水资源综合利用效率评价方法[245]，操信春等研究了水足迹框架下稻田水资源利用效率综合评价方法[246]，刘华军等研究了黄河流域用水效率的空间格局及动态演进[247]，巩灿娟等研究了黄河中下游沿线城市水资源利用效率的时空演变及影响因素[248]，陈璇璇等基于超效率 DEA 模型评价了陕晋两省水资源利用效率[249]，李俊鹏等基于公共产品视角研究了水资源利用效率提升路径[250]。

（5）在供水量分析研究方面的文献相对较少。贺波等研究了基于多粒度特征和 XG-Boost 模型的城市日供水量预测[251]。

（6）在水资源压力分析研究方面。刘静等基于水足迹理论评价了中国水资源压力[252]，田欣等研究了中国省际水资源压力的转移模式[253]，熊鸿斌等基于三维水足迹-LMDI 分析了安徽省水资源压力及驱动力[254]，任才等基于作物水足迹评价分析了塔里木盆地水资源压力[255]，黄莎等评价了人类活动与气候变化影响下的长江流域水资源压力[256]。

（7）其他水资源评价相关的内容。比如，纪静怡等基于组合赋权云模型综合评价了水资源管理水平[257]，余亚丽等基于云模型评价了安康市水资源保护效果[258]。

3.4.6 在水资源重要性分析及论证研究方面

2002 年 5 月 1 日起我国正式实行建设项目水资源论证制度，明确要求需要申请取水许可的建设项目，必须先对取用水资源进行专题论证。在开展建设项目水资源论证工作过程中，也发表一些研究成果。总体来看，最近两年与前几年的情况相似，有关的研究成果较少，且研究深度有限。以下仅列举有代表性文献以供参考。

（1）在供水能力和供水安全论证方面。王庆利等研究了基于遗传算法优化的水库多目标供水能力分析方法[259]，钟涛等研究了区域供水安全指标体系构建及短板要素甄别方法[260]。

（2）在水资源可获取性评价方面。闫妍等研究了像元尺度上广西西江流域水资源可获取性综合评价[261]。此外，黄怡等基于多级流域尺度分析，论证了冰冻圈水资源对中国社会经济的重要性[262]，张华等研究了 1967—2017 年甘肃省小麦需水量和缺水量时空特征[263]，王士武等研究了区域水资源论证＋水耗标准制度[264]。

3.4.7 在人水关系研究方面

人水关系可以简单地理解为"人文系统"与"水系统"之间的关系。实际上，人们所面对的水问题研究，宽泛一点说，都是属于人水关系研究的一部分，人们所做的各项水利工作应该都是在协调或调控人水关系。在这里主要介绍直接涉及人水关系及相互作用机理方面的研究成果，具体包括：①人类活动对水系统的影响作用研究；②水系统对人类活动的制约作用研究；③人水关系及协调关系研究。从最近两年的成果来看，关于人水关系的研究有比较大的进展，成果也较多。以下仅列举有代表性文献以供参考。

（1）人类活动对水系统的影响作用研究，相关成果比较多，研究的界限也难以划分清楚。杨柳等研究了高度城镇化背景下水系演变及其响应，分析了城镇化对水系的作用关系[265]；侯精明等研究了建筑小区尺度下 LID 措施前期条件对径流调控效果的影响，模拟分析了不同重现期降雨下 LID 措施和传统开发情况在不同前期条件下的径流控制及峰值削减效果[266]；陈佩琪等构建了城市暴雨洪涝模型，模拟和预测了城市化过程对流域水文过程的影响[267]；谢季遥等研究了城镇化对厦门市水资源脆弱性的影响，分析了城镇化作用下的水资源脆弱性反馈机制[268]；岳青华等研究了不同引配水模式对区域水质提升的效果[269]，张国栋等研究了汾河上游土地利用变化对径流的影响[270]，张炜等研究了新型城镇化对水资源利用效率的影响[271]，吴培军等定量分析了鄱阳湖水利枢纽调度对水资源利用的影响[272]；韩昕雪琦等研究了我国西北地区主要农作物贸易对区域水资源影响，评估了西北地区农产品贸易输出引发的水资源压力[273]；刘禹研究得出人类活动导致 500 年来黄河径流和泥沙空前减少的结论[274]，周国逸等研究得出不恰当的植被恢复导致水资源减少的结论[275]，秦文静等利用 SWAT 模型模拟研究了土地利用和气候变化及两者共同作用对王家桥小流域径流的影响[276]，左其亭等评估了人类活动对河湖水系连通的影响作用[277]，李景保等研究了水利工程对长江荆南三口水系结构变化的影响[278]，王晓峰等研究了黄河中游地区生态恢复对流域水资源的影响[279]。

（2）在水系统对人类活动的制约作用研究方面。丛东来等研究了哈尔滨市水资源开发利用与城镇化发展的响应关系，通过响应关系测算得出结论：城镇化发展对水资源的变动具有更强的敏感性，经济集聚和空间扩张产生了明显的资源消耗效应，水资源开发利用程度对城镇化发展有制约作用[280]；王宾等通过构建长江经济带水资源对城镇化的约束尾效模型，量化研究了长江经济带水资源对城镇化的约束效应[281]。

（3）在人水关系及协调关系研究方面。张国兴等引入基尼系数、洛伦兹曲线和不平衡指数，系统分析与精准量化水资源分布与经济发展在时空上的匹配程度[282]；陈紫璇等研究了中国耕地与水资源的匹配关系，从时空尺度对我国水土资源不匹配程度进行了分析[283]；童彦等运用耦合协调发展相关研究成果，构建城市化与水资源耦合协调发展评价指标体系，定量测算云南省多年城市化与水资源耦合度、发展度和协调度[284]；胡光伟等构建湖南省水资源与社会经济系统协同度评价模型，对湖南省水资源与社会经济系统协同发展情况进行评价[285]；刘青利等构建了水贫困与城镇化发展评价指标体系，采用熵权法、水贫困指数模型和耦合协调度模型，对河南省水贫困和城镇化发展及其耦合协调时空特征进行了研究[286]；焦士兴等运用层次分析法及耦合协调度模型，对河南省城镇化与水资源系统的协调发展状况进行研究[287]；刘朝露等构建城镇化发展与水资源利用协调性评价指标体系，采用 TOPSIS 法，评价了宁夏城镇化发展与水资源利用的协调性[288]；乔扬源等基于水足迹理论分析评价了山西省水资源利用与经济增长协调发展状况[289]；常烃等构建了京津冀水资源-经济-社会系统耦合协调度模型，综合运用熵值法、AHP 法、耦合度与耦合协调度计算等，分析评价了京津冀水资源与经济社会协调程度[290]；韩雁等采用洛伦兹基尼系数和不均衡指数模型，对张家口水资源与社会经济发展要素的时空匹配特征进行研究[291]；王娜等利用水资源生态足迹理论、LMDI 模型和 Tapio 脱钩模型，评价了鄂尔多斯市水资源利用与经济发展协调关系[292]；刘建华等利用 Copulas 函数和灰色关联度分析法对黄河下游水资源利用量与高质量发展间的关联程度进行定量评估[293]。

3.4.8　在与水有关的相互作用和协调研究方面

人与自然、人与人之间的各种关系错综复杂，很多情况下需要进行协调才能保障系统协调发展。与水有关的相互作用和协调关系比较多。以下仅列举有代表性文献以供参考。

（1）关于水-能源-粮食系统模拟与协调研究。比如，周露明等基于生命周期理论和灰色预测方法构建了水-能源-粮食纽带关系耦合模拟模型[294]；刘晶等构建我国水-能源-粮食关联系统协同安全评价指标体系及评价模型，利用层次分析法确定各指标权重，对全国及不同地区水-能源-粮食关联系统进行协同安全评价[295]；王雨等基于系统动力学理论，建立了黑龙江省水-能源-粮食纽带关系仿真模型[296]；王凯等构建山西省水-能源-粮食（W-E-F）系统评价指标体系，采用综合评价指数和耦合协调模型，测算了水-能源-粮食系统耦合协调程度[297]；孙才志等研究了黄河流域水资源-能源-粮食纽带关系[298]；赵良仕等利用耦合协调度模型对黄河流域水-能源-粮食安全系统耦合协调度进行测算[299]。

（2）在水与其他子系统协调分析及应用实例研究方面。彭思涵等基于城市代谢理论，将城市化-水资源系统代谢过程分解为同化过程和异化过程，研究了城市化-水资源系统协同演化情况[300]；周露明等建立了水资源-能源-经济系统的耦合协调评价指标体系，利用耦合协调模型定量分析整个系统的协调发展水平及子系统相互之间的耦合关系[301]；何理等研究了全球气候变化影响下中亚水土资源与农业发展多元匹配特征[302]；闻豪等对"一带一路"重点省份水资源-经济-生态环境耦合协调关系进行定量分析与评价[303]；关伟等研究了中国能源水足迹时空特征及其与水资源匹配关系[304]；孙才志等基于多区域投入-产出模型（MRIO）和生态网络分析（ENA），分析了中国省区能源-水资源耦合关系[305]；何中政等基于梯度分析法研究了长江上游水库群供水-发电-环境互馈关系[306]；周有荣等引入阴-阳对优化（YYPO）算法、投影寻踪（PP）和正态云模型（CM），构建了 YYPO-PP-CM 水资源-经济-社会-水生态协调度评价模型，评价了云南省水资源-经济-社会-水生态系统协调度水平[307]；聂晓等运用耦合协调度模型分析了湖北省水资源环境与经济发展耦合关系时序特征[308]。

3.5 水资源规划与管理研究进展

水资源规划与管理是水资源工作的重要内容之一，也是水资源学科的重要研究领域之一。其研究内容丰富，每年都会涌现出一些研究成果。从最近两年情况看，关于水资源规划理论方法与实践的成果较少，与 2017—2018 年情况基本差不多，这可能与目前水资源规划工作已经开展多年、工作内容比较成熟有关。水资源管理理论方法与实践的成果相对较多，这可能与现代治水更加注重水资源管理有关。

3.5.1 在水资源规划理论方法与实践方面

涉及水资源规划方面的学术性文献不多，应用性成果较多，但很难发表在较高水平的学术期刊上，有少量专著和总结性成果。以下仅列举有代表性文献以供参考。

（1）游海林等在《赣江流域水资源综合利用与规划管理》一书中，介绍了赣江流域水利工程施工合同管理、施工质量管理、施工进度管理、施工成本管理、施工安全与环境管理、水利工程档案管理等[309]。

（2）左其亭等阐述了黄河流域生态保护和高质量发展水利专项规划的目的和意义、思路与目标任务、规划方法，提出了"现状-目标-方案-实施-保障"水利专项规划结构，构建了包括结构层次、章节安排和主要内容的水利专项规划编制框架[310]。

（3）此外，关于水资源规划的模型研究。比如，张涛等建立了交易成本下水资源优化配置的双层多目标规划模型[311]，王宗志等研究了浅水湖泊洪水资源适度开发规模优选模型[312]。

3.5.2 在水资源管理理论方法与实践方面

关于水资源管理的文献较多，但多数是有关水资源管理实际应用的成果，深入探讨水资源管理理论方法的成果不多。此外，需要说明的是，与水资源管理有关的文献很多，可以纳入本节介绍，但多数内容已在其他小节中介绍，本节不再赘述。以下仅列举有代表性文献以供参考。

（1）代表著作 1：王亚敏在《居民幸福背景下的水资源管理模式创新研究》一书中，介绍了水资源管理基础理论及发展沿革、居民幸福背景下水资源经济福利、社会福利、政治福利、文化福利及生态福利管理模式研究、居民幸福背景下水资源管理模式创新思考等[313]。

（2）代表著作 2：吴锋等在《内陆河流域水资源综合管理》一书中，构建了水-生态-经济耦合系统的模型方法体系，并在黑河流域开展水资源综合管理应用实践研究[314]。

（3）代表著作 3：熊友才等在《石羊河流域水资源管理集成研究》一书中，总结了近30 年来石羊河流域生态系统退化和社会经济发展历史，简析了国家重大生态修复工程石羊河流域重点治理背景下生态环境变化规律与生态效度变异特征，在不同尺度和不同层次上综合评估了流域水资源管理的有效性[315]。

（4）代表著作 4：丁志宏等在《基于 ET 的黄河流域水资源综合管理》一书中，提出了融合 ET 管理理念，由地表水资源管理体系、ET 管理体系和地下水资源管理体系所组成的黄河流域水资源综合管理技术体系，补充和完善了现行的以"八七"分水方案为主体框架的黄河流域水资源管理体系[316]。

（5）代表著作 5：管光明等在《跨流域调水管理与立法》一书中，梳理了国内外重大跨流域调水工程的建设及运行管理实践，分析了跨流域调水管理面临的主要问题和挑战，提出了我国跨流域调水的立法建议[317]。

（6）关于水资源管理的学术论文，代表成果有：杨芬等探讨了缺水型大城市多水源调配管理技术体系，提出了城市水源-工程-单位-用户四层供水系统网络拓扑结构、城市供用耗排水量流转关系、水资源调配工程与管理体系、水资源日常调度规程、多水源联合调度模型等关键技术问题的解决思路与方法[318]；王建华提出了包含陆域"产水侵蚀-用水效率-限制排污"三大过程管控和水域"量-质-域-流-温"五大属性管控的长江流域水资源"3+5"综合管理模式[319]；罗浩等建立了基于开发利用、用水效率和限制纳污的水资源管理绩效评价体系，采用 GC - TOPSIS 模型对水资源管理绩效进行评价[320]。

3.5.3 在水资源政策制度及其相关（含河长制、水权制度）方面

水资源政策制度是国家或地方进行水资源管理、治水的重要依据和主要工具，是一种非工程措施，具有重要作用。每年关于这方面的研究比较多。自 2006 年起，随着我国提出实行"河长制"，关于"河长制"方面的研究成果开始出现，最近两年也有一些新进展。以下仅列举有代表性文献以供参考。

（1）在水资源税改革研究方面。刘森等在《水资源税改革"河北模式"及效果评价》一书中，总结了河北省水资源税改革工作的典型经验和工作亮点，提出了水资源税改革"河北模式"，阐述了"河北模式"的内涵和工作经验，评价了水资源税改革的整体效果，分析指出了改革实施中存在的问题，并提出了有针对性的解决方案，分析了该模式在全国推广的可能性和途径，包括推广经验、推广条件和推广途径等[321]。

（2）在水资源资产负债表研究方面。叶有华等在《深圳市宝安区水资源资产负债表研究与实践》一书中，研究了深圳市宝安区水资源资产负债表框架体系构建、水资源资产实物量和质量核算、两河一库水资源资产负债表编制、水资源资产管理和保护工作实绩考核等[322]；此外，朱靖等基于最严格水资源管理制度及"三条红线"管制衡量标准，从水量、水质和水生态 3 个方面明确水资源资产负债表的核算内容，并以模糊综合评价法、虚拟治理成本法和能值分析法为核算方法，对四川省水资源资产负债表进行试编[323]。

（3）李雯等梳理并分析了"一带一路"沿线国家水资源管理体制，从水资源管理决策

部门、组织结构和法律法规三方面对其水资源管理体制进行总结归纳，将其分为分散管理、多部门管理、大部门管理、专设部门管理和非政府机构参与管理五大类[324]。

（4）在水权制度及水权交易研究方面。郑航等将流域水权制度分解为三个层次（初始水权分配、水权调度实现和水权交易）和三个维度（量质、时间和空间），提出了流域水权制度的体系框架[325]；沈大军等分析了黄河流域水权制度的问题和挑战，建议黄河流域应进一步明晰水权、建立生态和环境水权、构建水权交易机制、转变机构职能[326]；刘红利等研究了基于最严格水资源管理制度的县域水权交易决策模型[327]。

（5）在"河长制"制度体制本身研究方面。许莹莹等基于全国主要流域重点断面水质自动监测周报和政策演进数据，运用双重差分法（DID）实证研究了"河长制"政策效应及其地区异质性[328]；解建仓等基于过程化管理的思路论证了"河长制"与"强监管"的关系[329]；陈金木等从河长制的法律定位、河长的法律性质及职责、河长是否是行政主体、河长制工作机构的法律性质及职责、河长及河长制工作机构与现有行政管理的关系、河长制的运作机制等方面分析了河长制法律化的关键内容，提出了在单行法中增补河长制的内容与河长制综合立法等河长制法律化的路径建议[330]；高家军基于史密斯政策执行模型的视角，分析"河长制"执行过程出现的诸多问题，从优化制度设计、提升执行人员素质、拓宽公众参与渠道等角度提出优化"河长制"执行的策略，探索"河长制"可持续发展的路径[331]；曾璐等论证了推行行政河长制与民间河长制的双轨河长制的必要性与可行性，界定了行政河长与民间河长的责任分工[332]；蔡鹏航结合山水林田湖草一体理念，从加强国家、地方层面立法，树立流域宏观思维、推进区域协同治水等方面提出关于完善河长制的实施路径[333]；王雅琪等研究了黄河流域治理体系中河长制制度体系[334]。

（6）在"河长制"考核评价研究方面。秦格等通过逻辑论证，分析了河长制绩效评价体系理论研究的起点、研究假设、研究原则和内容框架的设计等要素，构建了河长制绩效评价的理论框架[335]；郑荣伟等从河道指标、水质指标、群众满意指标等方面，运用层次分析法优化并建立了河长制评价体系[336]；刘小勇等研究提出了基于层次分析法和熵值法的河湖长制工作综合评估指标体系和方法，并以宁夏回族自治区隆德县为例进行了深入研究分析[337]；唐新玥等从水资源保护、水域岸线管护、水污染防治、水环境治理与水生态修复、执法监督以及河长体系和工作机制建设情况 6 个方面选取 25 个评价指标，根据已划分的河长制考核评价等级与标准，构建了基于云模型的区域河长制考核评价模型[338]；彭欣雨等建立了基于组合权重-理想区间法的河长制实施效果评价模型[339]。

（7）在"河长制"管理系统研发方面。张慧等根据河道网格化管理思想，依托人工智能（AI）技术、地理信息系统（GIS）、全球定位系统（GPS）、基站定位、云计算、物联网、大数据、移动通信网等技术，研发了河长制综合管理系统 APP，为各级河长的巡河任务、员工管理以及考核评价工作的落实提供了可视化平台[340]；研发了基于多终端的河长制管理云平台[341]。

3.6　水资源配置研究进展

水资源配置是水资源规划、管理、调度的基础，是系统科学应用于水资源学研究中的重要方面，也是水资源学的一个重要分支。水资源调控是针对水资源进行的实际操作，对水资源开发利用与保护具有重要意义。针对水资源配置与调控开展的定量化、最优化方法研究，在水资源分析、评价、论证、规划、管理等工作中具有广泛的应用，每年涌现出大量的研究成果和应用实例。

3.6.1　在水资源配置理论、方法与模型研究方面

涉及水资源配置的文献较多，其中反映水资源配置理论、方法与模型的最新研究进展的成果也不少，说明水资源配置理论、方法与模型研究比较丰富，一直是一个热点研究方向。以下仅列举有代表性文献以供参考。

（1）代表著作1：王煜等在《流域多水源空间均衡配置研究》一书中，针对湟水流域，研究了基于分布式水文-水动力学-栖息地模型的河道内生态需水分析技术、生态优先下多水源可供水量评价技术与流域多水源空间均衡配置技术[342]。

（2）代表著作2：褚钰在《基于政策网络的流域水资源帕累托优化配置研究》一书中，构建了流域水资源政策网络，阐释了基于政策网络的流域水资源帕累托优化配置机理，研究了流域水资源配置的帕累托改进路径，构建了考虑公平的、考虑公平及效率的流域水资源帕累托优化配置模型，研究了清漳河流域水资源帕累托优化配置[343]。

（3）在水资源配置方法研究方面的研究较多，主要包括：①优化配置方法研究，比如：谭倩等针对农业水资源多目标规划中存在的权重不确定性问题，建立了基于鲁棒优化方法的农业水资源多目标优化配置模型方法（MRPWU）[344]；杜丽娟等采用GWAS模型，将水资源优化配置问题模拟为生物进化问题，采用基于精英策略的非支配遗传改进算法求解，建立了适用于洰史杭灌区的水资源优化配置模型[345]；郑志磊等建立了城市多水源供水优化模型，针对不同气候和需水情景研究了海水淡化与外调水在城市供水系统的配置问题[346]；吴贞晖等提出了面向总量控制的水量动态优化分配方法，实现了用水总量控制指标的实时调整[347]；李佳伟等采用治水新思想量化研究方法和多目标决策模型，将治水新思想以目标函数和约束条件的形式引入模型，构建了面向现代治水新思想的水资源优化配置模型[348]；贺建文构建了基于 NSGA-Ⅱ算法的多目标、多水源、多用户内陆干旱区城市水资源优化配置模型[349]；吴云等建立了基于改进 NSGA-Ⅱ算法的水资源多目标优化配置模型[350]；卞雨等在传统鸡群算法（CSO）的基础上，通过改进其初始种群生成方式、改进小鸡学习公式等提出了一种改进的 CSO 算法，对水资源优化配置模型进行求解[351]；高黎明等根据区域用水需求与总量控制及水功能区限制纳污管控要求，统筹协调生活、生产、生态用水，建立了基于水量水质双控的区域水资源优化配置模型[352]；陈红光等将区间两阶段随机规划方法与线性部分信息理论结合，构建了多水源、多用户、多目标的区间两阶段-部分信息模型，并将该模型应用于城市水资源优化配置中[353]；郭萍等基于二次水分生产函数，以灌区总灌溉净效益最大和用水效率最大为目标，构建了多目标农业水土资源优化配置模型，对不同作物不同月份的地表水灌溉水量和地下水灌溉水量、灌区种植结构进行联合优化配置[354]；王安迪等基于节水-经济-生态多重目标，构建了系统动力学-多目标规划（SD-MOP）耦合的生态型灌区水资源优化配置模型[355]；陆晓等提出一种改进的多目标布谷鸟算法（IMOCS），应用于构建水资源优化配置模型[356]；吴云等以区域缺水率最小和污染物排放最小为目标函数，采用改进飞蛾扑火算法，构建了区域水资源优

化配置模型[357]；黄显峰等将碳足迹引入水资源配置，将缺水率和供用水过程碳的净排量最小纳入总体目标函数中，构建了基于碳足迹的区域水资源优化配置模型[358]；②一般水资源配置方法研究，比如，李丽琴等针对内陆干旱区城市发展和生态环境保护的强烈互斥性，在整体识别内陆干旱区水循环与生态演变耦合作用机理上，构建基于生态水文阈值调控的水资源多维均衡配置模型[359]；邹进在分析城市水资源配置系统结构基础上，基于二元水循环理论，构建了考虑水资源质、量均衡的城市用水优化配置模型[360]；谢新民等构建了由水资源优化配置模块、地下水可开采量动态计算模块和地下水"取水总量与水位"双控计算模块3部分组成的地下水资源配置模型[361]；③水资源配置评价方法研究者较少，比如，孙国营等通过改进熵值法确定权重，通过改进TOPSIS方法和灰色关联方法对水资源配置方案进行评价，在此基础上建立了新的水资源配置方案优选方法[362]。

3.6.2 在水资源配置实例研究方面

在水资源配置实例研究方面，最近两年的情况与前几年基本一致，相关的文献较多，主要是一些具体的应用实例的成果总结，以专著居多。总体来看，以定量研究为主，涉及流域、区域不同尺度，出现多本有特色的专著。以下仅列举有代表性文献以供参考。

（1）代表著作1：张超等在《阿克苏河流域灌溉水资源调控配置研究》一书中，研究了阿克苏灌区土地利用变化及预测、土地利用空间配置优化、流域SWAT径流模拟、水资源供需平衡分析、灌溉水资源空间配置优化等[363]。

（2）代表著作2：蒋晓辉等在《基于水库群多目标调度的黑河流域复杂水资源系统配置研究》一书中，建立了由水资源供需平衡模型、水库调度模型和地下水均衡模型等耦合形成的黑河流域水资源合理配置模型，优化了"97"分水方案，构建了水资源调配方案集和综合评价方法，提出了不同来水年的黄藏寺水库运用方式和大流量集中泄水方案[364]。

（3）代表著作3：郭生练等在《汉江流域水文模拟预报与水库水资源优化调度配置》一书中，研究了汉江流域分布式水文模型、气候和土地利用变化对汉江径流的影响、丹江口水库防洪兴利综合调度、安康-丹江口梯级水库多目标联合调度、汉江中下游水质模拟和水华控制、水资源承载能力和优化配置等[365]。

（4）代表著作4：李金燕等在《生态优先的宁夏中南部干旱区域水资源合理配置理论与模式研究》一书中，提出了基于生态优先的宁夏中南部干旱区域水资源合理配置理论框架，建立了研究区域生态目标、经济目标、社会目标等多目标水资源合理配置模型[366]。

（5）代表著作5：李晓宇等在《内陆行政区水资源配置案例研究》一书中，介绍了内陆行政区水资源调查评价、水资源开发利用情况调查评价、需水预测、节约用水、水资源保护、供水预测、水资源配置、总体布局与实施方案、规划实施效果评价等[367]。

（6）代表著作6：王光焰等在《塔里木河流域干流水资源配置原理与实践》一书中，分析了塔里木河流域内降水特性、蒸散发时空变化、流域丰枯遭遇、虚拟水平衡等基础信息，研究了"三条红线"约束下的水资源分配与优化配置[368]。

（7）在流域水资源配置实践方面的研究。比如，郭毅等将基尼系数及纳什效率系数分别作为度量区域水资源分配公平程度和效率高低的指标，构建郁江流域水资源优化配置模型，并应用NSGA-Ⅱ对模型求解，得到郁江流域水资源配置结果[369]；何莉等以水资源充分利用和环境保护为双重目标，考虑水质约束，构建了洋河流域农业水资源优化配置模型[370]。

（8）在行政区域水资源配置实践方面的研究。比如，吴云等研究了晋中南-长治供水区水资源优化配置模型[371]，杨成刚等研究了基于水量水质联合调控系统的宁波市三江平原河网引配水方案[372]，单义明等研究了基于 ITSRP 模型的吕梁市水资源优化配置[373]，刘寒青等研究了基于区间两阶段随机规划方法的北京市水资源优化配置[374]。

（9）在灌区水资源配置实践方面的研究。比如，胡艳玲等研究了基于线性规划和MODFLOW 耦合技术的人民胜利渠灌区水资源优化配置[375]，潘琦等研究了考虑渠道渗漏的黄羊灌区农业水资源多目标优化配置[376]。

3.6.3　在水资源调控技术与决策系统研究方面

最近两年涉及水资源调控技术与决策系统研究的文献很多，主要分 3 大类：①水资源调控模型研究；②水资源调控与调度综合研究；③水资源监测、调控与决策系统研发。以下仅列举有代表性文献以供参考。

（1）代表著作 1：孙青言等在《高纬度寒区水循环机理与水资源调控》一书中，构建了符合三江平原水循环和自然地理特征的分布式水循环模型，揭示了高纬度寒区水循环的演变机理，研究了三江平原水资源调控的适宜模式[377]。

（2）代表著作 2：汪妮等在《陕北农牧交错带沙地农业与水资源调控》一书中，以水资源管理控制指标为限制，以沙地农业利用剩余水资源可利用量为约束，优化配置陕北农牧交错带水资源，从宏观层面提出了水土资源与生态环境协调发展的应对策略[378]。

（3）代表著作 3：康绍忠等在《西北旱区绿洲农业水转化多过程耦合与高效用水调控——以甘肃河西走廊黑河流域为例》一书中，研究了基于节水高效与绿洲健康的水资源调配策略等方面的相关方法和应用成果[379]。

（4）代表著作 4：张金良在《黄河水沙联合调度关键问题与实践》一书中，研究了水库排沙和异重流调度、水库汛期浑水发电与优化调度、水沙联合调度及其对下游河道的影响，介绍了调水调沙试验与生产运行实践过程[380]。

（5）代表著作 5：何建兵等在《长三角典型复杂江河湖水资源联合调度关键技术研究与应用》一书中，提出了复杂水系水资源联合调度多目标协同策略和协同准则，形成了基于多目标协同的水资源联合调度关键技术，建立了太湖流域复杂江河湖水资源联合调度智能决策系统，提出了保障太湖流域水安全的水资源联合调度技术方案[381]。

（6）代表著作 6：何建兵等在《太湖流域江河湖水资源联合调度实践与理论探索》一书中，剖析了太湖流域江河湖水资源联合调度需求，识别出流域时空尺度多目标协同情景，初步探索并提出了复杂水系水资源联合调度多目标协同准则，构建了太湖流域江河湖水资源联合调度多目标决策模型[382]。

（7）代表著作 7：左其亭等在《闸控河流水文生态效应分析与调控》一书中，介绍了闸控河流水量-水质-水生态实验、闸控河流水量-水质-水生态模型、闸控河流水量-水质-水生态调控及保障体系构建等[383]。

（8）在水资源调控模型研究方面，最近两年发表的论文很多，特别是优化模型构建成果较多。比如：裴源生等以 SWAT 模型为基础，通过改进子流域划分方法、添加经济社会模块和人工用水模块，对其人工侧支循环模拟进行了系统的完善，开发了基于 SWAT

和二元水循环的水量-水质-水效联合调控模型 SWATWAQER[384]；纪昌明等研究了面向梯级水库多目标优化调度的一种新型多目标粒子群算法 LMPSO，并应用于溪洛渡-向家坝梯级水库的中长期多目标优化调度[385]；王煜等在水资源均衡调控理论与方法研究的基础上，建立了黄河流域水资源均衡调控模型[386]；姬志军等设计了基于动态互馈模拟的半分布式水资源综合调度模型，包括产汇流模块、再生水模块及水资源调度模块，实现水资源系统单元的动态、联动、互馈的水资源模拟与调度[387]；左其亭等将遥感技术与和谐论理论方法相结合，是以人水和谐度最大为目标，以水资源-经济社会-生态环境多维临界阈值及互馈关系方程、水循环方程等边界条件为约束，建立了新疆水资源适应性利用多维临界和谐配置-调控模型[388]；杨芬等在规划用水总量控制红线和用水效率控制红线管控下，充分考虑水行政主管部门调配管理目标与约束，建立了北京市多水源联合调度模拟模型，实现了用水管控、水源配置、水量调度统筹的多水源联合调度[389]；高甫章等研究了克拉玛依市水资源多维临界调控模型[390]；张海丽等通过 MIKE11 建立基于闸泵联控的水动力水质调控模型，设定水动力水质调控多目标函数并选取灰色多目标优选算法进行效果评选[391]；李文武等提出采用强化学习的 HSARSA（λ）算法，应用于水库长期随机优化调度模型求解[392]；吴梦烟等采用改进的烟花算法，求解带自适应罚函数的水库多目标优化调度数学模型[393]；贾一飞等针对以龙羊峡-刘家峡为主的黄河上游梯级水库群在遭遇连续枯水年极端气候条件下的优化调度问题，建立了黄河上游水库群优化调度模型，提出改进的逐步优化算法（ICGC-POA）并对模型进行求解[394]；王兴菊等研究了基于可变模糊集理论的跨流域调水工程水资源优化调度模型[395]；曹明霖等研究了跨区域调水多水源水库群系统供水联合优化调度多情景优化模型[396]；张代青等研究了基于河道流量生态服务效应的水库生态价值优化调度模型[397]；黄志鸿等研究了面向生态友好的水库群调度模型[398]；刘玒玒等研究了西安市引汉济渭与黑河引水工程多水源联合调配模型[399]；吴志远等研究了基于分段粒子群算法的梯级水库多目标优化调度模型[400]。

（9）在水资源调控与调度综合研究方面，最近两年发表的论文较多。比如，邓铭江等提出水库调度已从将"生态目标"嵌入兴利调度的简单调控过程，转变为"后坝工时代"大尺度生态调度的综合调控过程，即：全流域-大空间尺度、长系列-大时间尺度、水循环-大系统尺度[401]；周建中等提出一种基于防洪库容风险频率曲线的梯级水库群防洪风险共担理论及水库风险-调度-决策理论体系，并结合溪洛渡、向家坝、三峡水库实际情况，运用自主研发的梯级水库群联合防洪调度风险分析模型，分析梯级水库群在汛期不同时段的防洪风险[402]；岳华等选取最高水位最低化准则作为超标洪水协同应急调度模型的目标函数，采用逐步优化算法，研究了梯级水库群超标洪水的协同应急调度[403]；彭少明等构建了应对干旱的梯级水库群多时空尺度协同优化调度模型，实现流域水资源年际调控、年内优化、库群协同、空间协调[404]；何绍坤等建立了基于防洪、发电和蓄水的多目标调度模型，采用 Pareto 存档动态维度搜索算法（PA-DDS）优化求解，实现了金沙江梯级与三峡水库群联合蓄水优化调度[405]；金文婷等建立了并联水库多目标优化调度模型，应用于枯水年引汉济渭并联水库多目标调度及决策[406]；刘江侠等提出了控制河道外经济社会用水和增加外流域调水的永定河水资源调配构想[407]；刘攀等从水文时变预报预测、调度指标的动态评价、调度规则的跟踪控制以及柔性调度规则等 4 个方面提出了"水库适应性调度"的研究思路与方法[408]。

（10）在水资源监测、调控与决策系统研发方面，技术研发和应用较多，但高水平论文不多。这里列举代表性成果，比如，艾学山等建立了水库防洪调度的常规调度模型和多目标优化调度模型，开发了两种模型的人机交互式计算工具，给决策者提供方便快捷的辅助决策[409]。

（11）此外，还有一些其他相关内容的研究。比如，吴贞晖等提出了一种模拟和优化相结合的多目标水库调度图优化方法，按照分区调度策略进行长系列模拟调度，通过均衡供水目标、灌溉目标、生态需水目标和发电目标，获得了贵州夹岩水利枢纽多目标水库优化调度图[410]；陈立华等研究了西江流域水资源优化调度网络图动态构建方法[411]。

3.6.4　在跨界河流分水和竞争性用水研究方面

最近两年开始热衷于以黄河分水为代表的跨界河流分水问题研究，针对竞争性用水的讨论一直是热点问题。以下仅列举有代表性文献以供参考。

（1）关于跨界河流分水问题的研究。王煜等回顾了黄河"八七"分水方案出台的历史背景、研究历程以及在实践中不断细化和完善的过程，分析了 1999 年统一调度之前和之后两个时段的运用情况和效果[412]；王忠静等分析了黄河"八七"分水方案的内涵与意义，总结了分水决策的经验与体会[413]；王煜等运用动力系统原理构建了黄河分水方案适应性的动力微分方程和综合评价模型，从敏感性、稳定性、抗力和恢复力 4 个方面建立了包含 20 个指标的适应性评价指标体系，定量评价 1999 年以来分水方案的适应性，并采用 HP（Hodrick - Prescott）滤波识别适应性变化趋势[414]；左其亭等总结了跨界河流分水思想、原理及规则，提出了一套系统的跨界河流分水计算方法，即"基于分水思想-分水原理-分水规则的多方法综合-动态-和谐分水方法"（简称 SDH 方法），并应用该理论方法计算得出黄河分水新方案[415]；蒋晓辉等通过构建黑河水资源配置模拟模型，对分水方案在不同需水条件和黄藏寺水库建成运行后长系列年（1958—2012 年）实施情况进行了模拟，分析评价了黑河"97"分水方案的适应性[416]；孙周亮等基于结合主观性和客观性因素的思想，分别采用层次分析法和熵权法计算水量分配权重，并采用基于博弈论的组合赋权法对上述权重进行组合，最终得到澜沧江-湄公河各国的水量分配权重[417]；刘艳丽等基于水利益共享的跨境水资源分配理念，研究提出了澜沧江-湄公河流域水资源分配原则[418]。

（2）关于竞争性用水分配与合作相关问题的研究。任俊霖等研究了澜沧江-湄公河水资源合作机制[419]，刘艳丽等研究了基于水利益共享的跨境流域水资源多目标分配方法[420]，陈艳萍等对破产理论下的跨境河流水量分配方法进行优化改进[421]；尚文绣等定义了不同用水部门之间的竞争与协作关系，建立了缺水流域用水竞争度和协作度量化方法[422]；李芳等基于非对称性演化博弈模型，探讨了跨境水资源各流域国的博弈策略动态演化过程，并基于鹰鸽博弈模型，分析了跨境水资源冲突与合作关系[423]。

3.7　气候变化下水资源研究进展

气候变化是目前国际上一个研究热点，也是应对气候变化带来的一系列问题的重要研究需求。在气候变化情形下，水资源如何变化，对科学评价水资源状况、分析水资源利用途径、有效应对气候变化、减少因环境变化带来的影响损失，都具有重要的意义。因此，目前参与的研究者较多，研究内容丰富，每年涌现出大量的研究成果。

3.7.1　在气候变化对河川径流等水文循环的影响研究方面

最近两年涉及气候变化对河川径流等水文循环的影响研究的学术性文献较多，说明气候变化对河川径流影响是研究热点。总体来看，与前几年的情况相似，部分论文水平较高，多数论文是重复性工作。以下仅列举有代表性文献以供参考。

（1）代表著作 1：张强等在《变化环境下不同时空尺度径流演变及其归因研究》一书中，模拟评估中国未来流域径流时空演变特征，探讨了全球主要大河流域水热耦合平衡对气候年内变化和植被动态的响应，评估了全球不同时间尺度径流变化成因及主导因子[424]。

（2）代表著作 2：刘俊萍等在《河川径流对变化环境的脉冲响应研究》一书中，研究了渭河流域上游气象因子变化特征、径流变化特征、径流预测、中游径流预测等[425]。

（3）在长江流域研究的代表性成果，比如，秦鹏程等利用第五次国际耦合模式比较计划（CMIP5）中 5 个气候模式在 3 种典型浓度路径（RCPs）下的预估结果驱动 SWAT 水文模型，预估了 21 世纪气候变化对长江上游年径流量、季节分配以及极端径流的影响[426]；杨倩等采用 7 种基于 Budyko 理论的弹性系数法和 SWAT 模型，定量分析了气候变化和人类活动对汉江上游径流变化的影响[427]；田晶等采用两种全球气候模式（BCC - CSM1.1 和 BNU - ESM）输出，利用 DBC 降尺度模型、CA - Markov 模型，通过设置不同的气候和土地利用（LUCC）情景组合，采用 SWAT 模型模拟汉江流域的未来径流过程，定量评估了气候变化和 LUCC 对汉江流域径流的影响[428]；班璇等定量分析了气候变化和水利工程对丹江口大坝下游水文情势的影响[429]；魏晓玥等综合运用多种方法定量分析了金沙江上游近 60 年径流变化对气候的响应关系[430]；邓鹏等应用 CMIP5 多模式气象数据结果驱动 VIC 模型，定量评估了 RCP2.6、RCP4.5 和 RCP8.5 未来气候情景下的鄱阳湖流域径流变化[431]；董立俊等研究了气候变化条件下雅砻江流域未来径流变化趋势[432]。

（4）在黄河流域研究的代表性成果。比如，王国庆等采用水文模拟途径定量评估了气候要素变化和人类活动对黄河重点水文站河川径流变化的影响[433]；裴宏伟等利用有序聚类分析、小波分析和双累积曲线等方法，系统分析了清水河流域径流演变特性及气候变化和人类活动的影响[434]；冷曼曼等根据生态水文分析法与水量平衡原理定量解析了昕水河流域气候变化和人类活动对年径流的影响[435]；魏晓婷等定量分解了气候变化和人类活动对泾河流域径流变异的贡献率[436]；王国庆等采用水文模拟的途径定量评估了气候要素变化和人类活动对山西省岚河流域河川径流的影响[437]；王晓颖等采用基于 Budyko 假设的水量平衡法评估了气候变化和人类活动对白河流域径流变化的影响[438]。

（5）在海河流域研究的代表性成果。比如，王泽勇等综合采用多种方法，定量分析了气候变化和人类活动对密云水库上游流域径流变化的影响[439]；崔豪等研究解析了人类活动和气候变化对大清河流域上游径流过程的相对影响，分离了人类活动与气候变化对大清河流域上游径流过程的贡献率[440]；吴立钰等研究了气候变化和人类活动对伊逊河流域径流变化的波动影响过程[441]；王少丽等定量分析了降水和下垫面变化对北京市漫水河流域径流量的影响[442]。

（6）在其他领域或区域的相关成果。比如，王子龙等利用寒区水文模型 CRHM 模拟预测了 2025—2060 年未来气候变化下东北中等流域冬季径流[443]；王艳等采用多种方法分析了奎屯河流域两条主要河流在气候变化影响下的年内变化、年际变化和周期变化趋势等特性[444]；王赛男等研究了气候变化和人类活动对南洞岩溶地下河系统径流年际变化的影响[445]；王珂等采用基于 Pearson 相关分析法和贡献率计算方法，定量分析了澜沧江源区降水量和气温变化对径流量变化的影响[446]。

3.7.2　在气候变化对水资源影响研究方面

最近两年关于气候变化对水资源影响研究的学术性文献依然较多，但与以往相比略有下降。以下仅列举有代表性文献以供参考。

（1）在气候变化对水资源量的影响评估和趋势分析研究方面。比如，王国庆等动态模拟了气候变化下黄河流域未来水资源情势的变化趋势[447]；王永强等通过构建区域地表水资源量模拟模型，分析了气候变化对黄河上中游地区地表水资源量的影响[448]；余樯等研究了气候变化对湖北省未来水资源量变化趋势的影响作用[449]；康世昌等研究了"一带一路"区域冰冻圈变化对水资源的影响[450]。

（2）在其他相关方面的研究。比如，秦欢欢采用综合、系统的方法构建了北京市需水量预测模型，考虑气候变化和人类活动的影响，预测了不同用水部门的需水量[451]；运晓博等研究了气候变化对澜湄流域上下游水资源合作潜力的影响[452]；许迪等研究了气候变化对农业水管理的影响[453]。

3.8　水战略与水问题研究进展

从收集的文献资料来看，涉及"水战略与水问题"的一般性文献很多，但学术性文献不多，特别是，专门研究水战略或水问题的理论方法文献更少，多数是定性分析和政策探讨。主要内容涉及：①水资源开发利用战略研究；②河湖水系连通战略；③水利现代化研究；④水问题研究；⑤最近两年增加了关于黄河流域生态保护和高质量发展重大国家战略相关的水问题研究成果。关于水战略与水问题的研究，主要与国家水政策联系比较密切，同时需要站在高层次的角度来分析问题，深入研究难度较大，高层次文献不多。

3.8.1　在水资源开发利用战略研究方面

在水资源开发利用战略研究方面，有一些新的水战略思想和研究成果，总体显得比较分散，系统性深入研究成果不多。以下仅列举有代表性文献以供参考。

（1）代表著作 1：徐莹莹在《露水资源监测与开发》一书中，介绍了露水的形成过程、影响因素、作用意义、露水收集和计算方法，提出了露水资源监测方法及开发途径[454]。

（2）代表著作 2：武强等在《废弃矿井水资源开发利用战略研究》一书中，分析总结了我国废弃矿井地下水污染的模式及其特征，研究了我国废弃矿井水再利用限制性因素，提出了废弃矿井水开发利用战略建议[455]。

（3）在宏观战略层面上的研究。比如，严登华等剖析了全球水问题的根本症结，从治水目标、总体路径和治理措施等方面解析了全球治水模式的不足，从耦合流域水循环多过程互馈机制的角度，提出了治水新模式[456]；张金良等从区域特征、资源禀赋、生态环境、国家发展战略安排等多个方面综合评价了黄河-西北内陆河生态经济带建设的优势条件和面临问题，研究了支撑生态经济带建设的水战略对策，系统提出了西部调水、黄土高原治理、水沙调控体系完善、下游滩区生态治理与修复等综合措施[457]。

（4）在水资源调配研究方面。比如，周斌等从富自然调蓄水、污水集中与分散处理相结合、统一调控管理、消耗水管理及水市场协同发力5方面提出了京津冀地区良性水资源调控思路及应对策略[458]；贾绍凤等分析了新形势下黄河流域水资源配置战略调整方向和措施[459]。

（5）在时空格局层面上的研究。比如，刘柏君等基于黄河流域现状水资源配置格局分析成果，解析了黄河流域生态保护和高质量发展、流域相关城市群发展战略，提出了黄河流域水资源配置新思路，研究了新战略与规划工程条件下的黄河流域未来水资源配置格局[460]。

（6）在洪水资源利用方面的研究。比如，彭涛提出了基于"控制对象允许蓄量"的乌江中下游干流梯级水库洪水资源利用方式[461]；董磊华等研究了三河口水库洪水资源利用方式[462]。

（7）在水资源开发利用策略研究方面。比如，张伟强等通过梳理河南省水资源利用现状和存在的问题，剖析了河南省水资源领域面临的战略机遇，阐述了河南省水资源保护和利用前沿关键技术创新与应用[463]；袁秀等研究提出了黄河三角洲综合利用海水、淡水和废水对区域和斑块尺度的生境类型进行配置的生态补水恢复模式和水资源综合利用策略[464]；克里木等研究了新疆水资源禀赋、开发利用状况，提出了持续推进节水型社会建设、合理确定生态环境目标、坚持生态优先、加快推进西北地区生态文明工程建设等相关长期战略对策[465]。

3.8.2 在河湖水系连通战略研究方面

总体来看，在河湖水系连通战略研究方面，最近两年学术性文献较多，比前几年明显增多，说明河湖水系连通战略逐渐成为热点。以下仅列举有代表性文献以供参考。

（1）代表著作：陈成豪等在《海南岛河湖水系连通与水资源联合调配研究》一书中，评估了海口市河湖水系连通工程，进行了河湖水系连通水量调度数值模拟研究，构建了海口市水资源优化配置模型，开发了海口市河湖水系连通系统[466]。

（2）在河湖水系连通类型及模式研究方面。比如，陈吟等系统分析了水系连通性的内涵、连通类型和连通模式，把水系连通分为河道连通、水系连通及流域间水系连通3个层次，提出了主流连通模式、分-汇流连通模式和滩槽连通模式等3种连通模式[467]。

（3）在河湖水系连通评估方面。比如，王延贵等基于水系连通性的内涵、分析模式和连通机理，从河流边界、水流、泥沙、生态环境等方面提出河道（湖库）连通指标，将连通指标分为基本指标、过渡指标和功能指标，建立了水系连通性的功能评价指标体系[468]；陈昂等从4个维度构建了河流连通性指数的5个评价指标，包括破碎度指数、库容调节系数、水资源利用消耗率、路网密度和城市夜间灯光指数，基于河流生态系统四维结构和功能整体模型，构建了河流连通性综合评价方法[469]；李凯轩等构建了与洞庭湖区水系连通工程综合评价相适应的指标体系，包括结构连通性、水力连通性、生态环境效益和社会经济效益等 4 个主要要素层共 12 个关键指标，提出了水系连通工程定量评价方法[470]；危小建等利用图论理论、连通性指数和空间网络中心性评价指标，对水系连通性进行评价[471]；沈婕等构建了包括水资源、水环境、水生态和水灾害 4 个子系统于一体的河湖水系连通风险评价指标体系，并建立了基于模糊集对分析的风险评价方法[472]。

　　（4）在河湖水系连通方案优化及调控方面。比如，窦明等建立了多闸联合调度下的水系连通方案优选模型，优选得到在不同工况下的清潩河许昌段最佳水系连通方案[473]；黄草等分析评价了洞庭湖不同片区现状及规划水系格局与连通性的差异以及合理性，提出了水系连通规划的优化方案[474]；林楚翘等评估了博斯腾湖流域的水系现状，分析了博斯腾湖大小湖与开都河的水量状况，提出了水系的优化调控方法[475]；杨卫等研究确定了面向生态环境的汤逊湖河湖水系连通引水调控方案[476]。

　　（5）在河湖水系连通其他定量研究方面。比如，窦明等定量研究了淮河水系盒维数指标与水系连通度指标之间的相关性[477]；杨志等将交通运输学中的图论模型和景观生态学中的网络分析方法引入流域连通性优化中，提出两种适用于强人工干扰流域格网状水系综合连通性量化的改进方法[478]；高玉琴等通过计算秦淮河流域的河网密度、水面率、河网复杂度、河网稳定度、河网连通度、水文连通度，得出秦淮河流域水系结构演变过程及连通度变化规律[479]；张嘉辉等建立了城市化对水系连通性影响的定量分析指标体系，分析了水系连通功能指标和水系连通形态指标关系[480]。

　　（6）在河湖水系连通格局及实例研究方面。比如，陈传友等提出了我国大西线"江河连通"调水新格局[481]；杨志等研究了城市人工浅水湖泊群水系连通方案[482]；梁昌梅等分析了武汉市城市化进程中河湖水系的时空演变特征[483]；翟正丽等基于水资源配置平衡分析了云南省水系连通格局效果[484]；魏銮銮等研究了太湖流域城市化对平原河网水系结构与连通性的影响[485]；陈亚宁等系统分析了塔里木河流域水系连通存在的问题并提出对策建议[486]；王坤等分析了清水河流域水系连通变化特征[487]。

3.8.3　在水利现代化（含智慧水利）研究方面

　　在水利现代化（含智慧水利）研究方面，前几年出现的成果较少，最近两年明显有较多的成果出现，且对智慧水利（水务或水网）的研究水平不断提高。以下仅列举有代表性文献以供参考。

　　（1）代表著作 1：冶运涛等在《智慧流域理论、方法与技术》一书中，介绍了智慧流域的科学基础与理论框架、智慧流域智能感知技术体系、面向智能感知的降水传感网节点布局优化技术、面向智能感知的水情测报遥测站网论证分析技术、面向智能感知的水质多参数监测设备研制技术、面向智能仿真的水动力水质三维虚拟仿真技术等[488]。

　　（2）代表著作 2：和吉等在《基于现代智能技术的灌区水资源利用研究》一书中，介绍了基于现代智能技术的灌区水资源利用、农业干旱风险分析及评估研究的理论和方法[489]。

　　（3）在智慧水利认识方面。比如，张建云等分析认为，智慧水利是运用物联网、云计算、大数据等新一代信息通信技术，促进水利规划、工程建设、运行管理和社会服务的智慧化，提升水资源的利用效率和水旱灾害的防御能力，改善水环境和水生态，保障国家水安全和经济社会的可持续发展；智慧水利是水利信息化发展的新阶段，也是水利现代化的具体体现[490]。

（4）在智慧灌区方面。比如，史良胜等提出了智慧灌区的定义和基本功能，初步论述了智慧灌区架构、理论和方法[491]；俞扬峰等构建了基于 GIS 的大型灌区移动智慧管理系统框架，研发了灌区 GIS 移动智慧管理系统[492]。

（5）在城市智慧水网方面。比如，刘家宏等对海绵城市建成后的运行管理方式进行分析，研究基于城市水文模型的海绵城市智慧管控系统的作用，重点阐述了调蓄设施的智慧管控系统的建设和应用[493]；王建华等提出了由智能化的水物理网、水信息网、水调度网耦合而成城市智能水网系统，并对城市智能水网建设重点方向、关键支撑技术和基本原则进行了探讨[494]。

（6）在水利现代化研究方面。比如，樊霖等构建了由 16 个指标构成的新时代水利现代化评价指标体系，并对我国水利现代化进程进行了评估分析[495]；孙世友等以实现水循环全过程、全方位、全要素智能数据源感知为基础，以建设数据流、业务流为核心的大数据管理、服务模式为主线，构建以流域为基本业务单元，以水体为主要服务对象的业务应用模式，形成包括"大感知、大地图、大模型、大数据、大应用"的水利现代化技术架构[496]；李根等通过构建多层次评价指标体系，优化计算方法，并且通过横向、纵向对比分析评价结果，因地制宜提出水利现代化程度综合评估方法[497]。

3.8.4 在水问题以及重大国家战略中水问题研究方面

中国是水问题比较突出的国家，人们一直十分关注水问题，每年关于水问题的分析讨论、学术研究、对策制定等层出不穷。最近两年的成果情况与前几年基本相似，总体来讲，定性分析和政策探讨较多，专门研究水问题的具有创新性的理论方法文献不多。以下仅列举有代表性文献以供参考。

（1）在"一带一路"沿线水问题方面的研究。比如，金辉虎等研究了"一带一路"建设沿线水资源安全问题，提出了水资源安全问题的解决途径[498]。

（2）在长江经济带水问题方面的研究。比如，夏军等从应对 1954 年洪水、1998 年洪水与 2020 年洪水比较，提出新时代长江防洪总体战略仍然应该坚持"蓄泄兼筹，以泄为主"，采取工程体系和非工程措施[499]；李艺璇等研究了湖南长江经济带产业水资源利用与城镇化的耦合协调机制[500]；刘红光等构建了长江经济带省际水资源生态补偿模型，提出了长江经济带省际水资源生态横向补偿标准[501]。

（3）在黄河流域水问题方面的研究。比如，刘昌明等揭示了黄河流域水循环对气候变化的高度敏感性，阐释了近年来黄河中游植被恢复对径流和蒸发等水循环过程的影响，评估了基流补给对于黄河流域水资源的重要性，指出黄河流域生态保护和高质量发展亟待解决缺水问题[502]。

（4）在京津冀地区水问题方面的研究。比如，曹晓峰等提出了京津冀区域水资源及水环境调控与安全保障策略；通过技术途径打造山水林田湖海水生态格局，构建水健康循环与高效利用模式，发展与水生态承载力相适应的生产生活方式，提升水环境质量与保障区域水生态健康，建立区域水环境质量协同管理体系[503]。

3.8.5 在与水有关的流域或区域治理研究方面

水在国民经济发展中占有非常重要又不可替代的作用，流域或区域治理也离不开水的保障。因此，与水有关的流域或区域治理研究成果较多，最近两年又涌现出一些新成果，以下仅列举有代表性文献以供参考。

（1）在流域综合治理研究方面。褚俊英等提出了流域综合治理的基本概念，构建了流域综合治理系统的多维嵌套理论构架，即主要体现在时间维、空间维、要素维、过程维以及调控维 5 个维度的耦合关联，提出了流域综合治理的三大关键技术体系：机理辨识技术体系、定量综合模拟技术体系以及优化决策技术体系[504]。

（2）在黄河流域治理和黄河重大国家战略相关研究方面。王浩等基于治黄矛盾及其发展变化规律，提出了新时期治黄五大方略，即坚持生态优先的高质量发展、以水为脉的系统治理保护、应对极端灾害风险的综合预防、流域自然-社会水循环协同管控、流域和区域统筹的五大平衡控制[505]；左其亭通过对黄河重大国家战略的分析，结合黄河流域实际问题和发展需求，阐述了这一战略的提出背景及目标定位，总结了战略实施的指导思想和主要抓手，提出了该战略实施的研究框架，描绘了黄河流域未来 15 年发展路线图[506]；牛玉国等从防洪保安全、优质水资源、健康水生态、宜居水环境、先进水文化等五方面，以完善防洪工程体系、"宽河固堤、稳定主槽、因滩施策、综合治理"的下游治理思路、"一线七库、节点控制、南北相济、东西均衡"的水资源配置格局、"三区一廊道"的流域水生态保护总体布局等为重点，阐述了黄河流域生态保护和高质量发展国家战略的实现路径[507]；王金南总结了当前黄河生态保护与高质量发展面临的重点问题，提出了新时期推进黄河共同保护和协同治理的总体思路，提出了未来一段时期黄河生态保护和高质量发展的优先政策建议[508]；董战峰等分析了黄河下游生态保护与高质量发展面临的水资源衰减与用水刚性增长矛盾突出、生态功能持续退化、部分地区环境污染严重、滩区治理压力大等问题，提出了黄河下游生态保护与高质量发展的基本思路与重点任务[509]；张金良提出了构筑黄河流域生态保护和高质量发展水战略根基的框架[510]。

（3）在淮河流域治理方面。钟平安等从流域战略地位提升、经济社会发展、自然环境演变、水问题变化等多视角，系统梳理了新时期治淮主要矛盾，从水沙基本规律辨析、靶向问题揭示、河湖格局重构、综合治理措施等多方面提出了淮河中下游综合治理的战略思考和建议[511]。

3.9　与 2017—2018 年进展对比分析

（1）在水资源理论方法及治水思想研究方面，最近两年与前几年的总体情况类似，跳跃不大，总体来看，水资源新理论总结少见，在治水思想相关的研究成果中，水资源承载力研究较多，生态文明、海绵城市、最严格水资源管理的应用层面较多，但理论方法减少；水资源可持续利用、人水和谐、节水型社会等研究持平，深度研究不多。具体来讲，关于水资源理论总结的文献不多，深入的理论研究相对越少，应用实践较多；水资源可持续利用方面的成果仍然以应用研究为主，高质量的成果不多；人水和谐理论研究成果不多，应用成果较多，但值得一提的是，提出了人水和谐论学科体系；水资源承载能力研究一直是热点，最近两年的成果强势增加，但理论基础研究的突破性成果依然不多，多数研究还主要是水资源承载力评价方法的研究、以往研究方法的应用；水生态文明方面的研究热度比前几年有所下降，成果略有减少；最严格水资源管理制度依然较多，但理论探讨缺乏，量化方法研究成果不多，研究热度在慢慢下降；节水和节水型社会的相关成果有所减少，应用实例也在减少；关于海绵城市与水科学有关的研究成果大幅度下降，偏向应用，科学问题研究较少，具体的科学问题研究融入其他学科中。

（2）水资源模型是水资源学科研究的一类重要工具，常常被应用于水资源评价、规划、管理等工作中，一直以来被很多学者所青睐，研究人员较多。与前几年情况基本一致，最近两年出现一些学术性文献，但专门研究水系统模型和水资源模型的文献较少，总体创新程度不高，多数是应用成果。

（3）水资源分析、评价、论证是水资源行业的主要基础工作内容，研究内容丰富。最近两年与前几年的总体情况类似，跳跃不大，最近两年出现比较多的水资源-能源-粮食耦合分析的成果。在水资源机理、特征分析及趋势研究方面，成果很多。在水资源分析计算方面，文献很多，但深入研究不多，理论方法研究进展不大，特别是高水平文献不多，多数是偏于应用或方法探讨。在水资源数量评价及相关研究方面，多数是偏于应用或者是某一评价方法的探讨或应用。在水资源质量评价及相关研究方面，主要涉及评价方法探讨、应用，创新方法研究不多。在水资源开发利用及其影响评价和研究方面，文献多，内容比较广泛，应用相对较多，系统性研究少。在水资源重要性分析及论证研究方面，成果较少且研究深度有限。在人水关系研究方面，研究成果增多，有比较大的进展，与水有关的相互作用和协调研究成为热点。

（4）水资源规划与管理是水资源工作的重要内容之一，一直以来研究内容丰富。最近两年情况与前几年基本类似。在水资源规划理论方法与实践方面，学术性文献不多，应用性成果较多但很难发表在较高水平的学术期刊上；在水资源管理理论方法与实践方面，文献较多，但多数是有关水资源管理实际应用的成果，深入探讨水资源管理理论方法的成果不多。在水资源政策制度及其相关方面，研究成果有所增加，关于河长制的理论研究深度较浅，应用较多；宏观研究较多，科学问题深度较少。

（5）水资源配置是水资源规划、管理、调度的重要基础，水资源调控是针对水资源进行的实际操作，对水资源开发利用与保护具有重要意义。水资源配置与调控多年来一直是研究的热点。最近两年情况与前几年基本类似，水资源配置的文献仍然较多，成果总结以专著居多；水资源调控技术与决策系统研究的文献很多，优化计算方法层出不穷，水资源调度等应用研究增加；以黄河、澜湄河为代表的跨界河流分水研究增多，竞争性用水的协调研究加强，成为新的热点，专门增加了对该内容的介绍。

（6）气候变化是目前国际上一个研究热点，参与的研究者较多，研究内容丰富。总体来看，最近两年，在气候变化对河川径流等水文循环的研究方面，文献较多，部分论文水平较高，多数论文是重复性工作；在气候变化对水资源影响研究方面，学术性文献依然较多，但与以往相比略有下降。

（7）关于水战略与水问题的一般性文献很多，但学术性文献不多，特别是专门研究水战略或水问题的理论方法文献更少，多数是定性分析和政策探讨。在水资源开发利用战略研究方面，成果比较分散，系统性深入研究成果不多。在河湖水系连通战略研究方面，学术性文献较多，比前几年明显增多，说明河湖水系连通战略逐渐成为热点。在水利现代化

（含智慧水利）研究方面，出现的成果明显增多，且研究水平不断提高。在水问题以及重大国家战略中水问题研究方面，定性分析和政策探讨较多，具有创新性的理论方法文献不多。与水有关的流域或区域治理研究成果较多，增加了关于黄河重大国家战略水问题的研究。

本章撰写人员及分工

本章撰写人员（按贡献排名）：左其亭、马军霞、张修宇。左其亭负责统稿。具体分工如下。

节　名	作　者	单　位
3.1　概述	左其亭	郑州大学
3.2　水资源理论方法研究进展	左其亭	郑州大学
3.3　水资源模型研究进展	左其亭	郑州大学
3.4　水资源分析评价论证研究进展	马军霞	郑州大学
3.5　水资源规划与管理研究进展	左其亭	郑州大学
3.6　水资源配置研究进展	左其亭 张修宇	郑州大学 华北水利水电大学
3.7　气候变化下水资源研究进展	张修宇	华北水利水电大学
3.8　水战略与水问题研究进展	马军霞	郑州大学
3.9　与 2017—2018 年进展对比分析	左其亭 张修宇 马军霞	郑州大学 华北水利水电大学 郑州大学

参考文献

［1］　左其亭. 中国水科学研究进展报告 2011—2012 ［M］. 北京：中国水利水电出版社，2013.

［2］　左其亭. 中国水科学研究进展报告 2013—2014 ［M］. 北京：中国水利水电出版社，2015.

［3］　左其亭. 中国水科学研究进展报告 2015—2016 ［M］. 北京：中国水利水电出版社，2017.

［4］　左其亭. 中国水科学研究进展报告 2017—2018 ［M］. 北京：中国水利水电出版社，2019.

［5］　左其亭，韩春辉，马军霞，等. 水资源空间均衡理论方法及应用研究框架 ［J］. 人民黄河，2019，41（10）：113 - 118.

［6］　左其亭，韩春辉，马军霞. 水资源空间均衡理论应用规则和量化方法 ［J］. 水利水运工程学报，2019（06）：50 - 58.

［7］　夏帆，陈莹，窦明，等. 水资源空间均衡系数计算方法及其应用 ［J］. 水资源保护，2020，36（01）：52 - 57.

［8］　曹升乐，于翠松，宋承新，等. 水资源预警理论与应用 ［M］. 北京：科学出版社，2020.

［9］　李福臻，曹升乐，刘阳，等. 区域水资源预警方法研究及其应用——以济南市为例 ［J］. 中国农村水利水电，2020（04）：65 - 70.

［10］　孙才志，赵良仕，马奇飞，等. 中国水资源绿色效率研究 ［M］. 北京：科学出版社，2020.

［11］　支援. 水资源态势与虚拟水出路 ［M］. 北京：科学出版社，2020.

［12］　刘俊国，冒甘泉，张信信，等. 蓝绿水-虚拟水转化理论与应用：以黑河流域为例 ［M］. 北京：

科学出版社，2020.

[13] 殷秀海，房金磊，温嘉琦．W - SREELE 城市水系综合治理的理念与应用 [J]．水电能源科学，2020，38（01）：28 - 31.

[14] 冯起，龙爱华，王宁练，等．西北内陆区水资源安全保障技术集成与应用 [J]．人民黄河，2019，41（10）：103 - 108.

[15] 孙兆军．全球典型旱区水土资源持续利用 [M]．北京：科学出版社，2019.

[16] 常玉婷，尤斌．基于水足迹理论的干旱区水资源可持续利用评价 [J]．干旱环境监测，2019，33（04）：150 - 154.

[17] 郑二伟，李溦，凌敏华．基于和谐评估方法的地下水可持续利用评价研究 [J]．人民黄河，2020，42（10）：64 - 69.

[18] 贡力，马梦含，靳春玲，等．基于和谐理论的黄河兰州段水生态可持续发展分析 [J]．水资源与水工程学报，2020，31（04）：9 - 16.

[19] 潘莘，黄晓荣，魏晓玥，等．基于能值的成都市水资源生态经济系统可持续性研究 [J]．水力发电，2019，45（09）：12 - 16，31.

[20] 刘志明，周召红，王永强，等．区域水资源承载力及可持续发展综合评价研究 [J]．人民长江，2019，50（03）：145 - 150.

[21] 胡绵好，袁菊红，陈拉．多维视角下区域淡水资源可持续利用研究——以中部四省为例 [J]．水利与建筑工程学报，2020，18（04）：7 - 14.

[22] 杜阳，武鹏林．基于 DPSIR - PCA 的山西省水资源可持续性评价 [J]．人民黄河，2019，41（04）：42 - 45.

[23] 朱光磊，赵春子，朱卫红，等．基于生态足迹模型的吉林省水资源可持续利用评价 [J]．中国农业大学学报，2020，25（09）：131 - 143.

[24] 郭利丹，井沛然．基于生态足迹法的江苏省水资源可持续利用评价 [J]．水利经济，2020，38（03）：19 - 25，83 - 84.

[25] 王思聪，梁契宗，陈思元，等．基于生态足迹法的黑龙江省水资源可持续利用分析 [J]．黑龙江大学工程学报，2020，11（02）：29 - 37.

[26] 张倩，谢世友．基于水生态足迹模型的重庆市水资源可持续利用分析与评价 [J]．灌溉排水学报，2019，38（02）：93 - 100.

[27] 刘昭阳．基于 AHP 法的庄河市水资源可持续利用评价 [J]．地下水，2020，42（04）：182 - 183，269.

[28] 韩雁，张小玲．张家口水资源优化配置与可持续利用研究 [J]．草业科学，2020，37（07）：1376 - 1385.

[29] 董毅，梁秀娟，肖长来，等．基于 Bossel 指标体系的梨树县地下水资源可持续利用评价 [J]．水力发电，2019，45（01）：9 - 12.

[30] 李双，杜建括，邢海虹，等．基于水足迹理论和灰靶模型的汉江干流水资源可持续利用评价 [J]．节水灌溉，2019（09）：74 - 80.

[31] 葛强．基于随机森林的奎屯河水资源可持续利用评价 [J]．人民珠江，2019，40（01）：75 - 79.

[32] 高东东，吴勇，陈盟．基于禀赋差异性的地下水资源可持续开发利用评价——以德阳市为例 [J]．水文，2019，39（06）：34 - 40.

[33] 秦欢欢，孙占学，高柏，等．气候变化影响下华北平原地下水可持续利用研究 [J]．灌溉排水学报，2020，39（01）：106 - 114.

[34] 左其亭．人水和谐论及其应用 [M]．北京：中国水利水电出版社，2020.

[35] 左其亭．人水和谐论及其应用研究总结与展望 [J]．水利学报，2019，50（01）：135 - 144.

[36] 杨丹，唐德善，周祎．基于正态云模型的人水和谐度评价 [J]．水资源与水工程学报，2020，31（03）：53 - 58.

[37] 王盈心，王大庆，方志俊. 基于投影寻踪评价模型的城市人水和谐等级评价 [J]. 海河水利，2020 (04)：31-35.

[38] 潘思成，崔东文. 新型萤火虫算法-投影寻踪模型在区域人水和谐评价中的应用 [J]. 水资源与水工程学报，2020，31 (01)：124-130.

[39] 陆赛，唐德善，孟令爽. 基于 GRA-IECD 协调发展模型的人水和谐评价 [J]. 人民黄河，2019，41 (03)：84-88.

[40] 王大洋，王大刚. 粤港澳大湾区背景下广东省 9 市人水和谐关系时空特性研究 [J]. 水资源与水工程学报，2020，31 (05)：23-29.

[41] 陈宇婷，王卫标，俞佳，等. 基于人水和谐目标的中小河流评价指标研究 [J]. 水利发展研究，2019，19 (09)：25-26，65.

[42] 黄德春，任也平，张长征. 强度-总量控制下的水资源利用效率对人水和谐的影响 [J]. 水利经济，2019，37 (02)：1-7，12，85.

[43] 耿雷华，黄昌硕，卞锦宇，等. 水资源承载力动态预测与调控技术及其应用研究 [M]. 南京：河海大学出版社，2020.

[44] 鲁佳慧，唐德善. 基于 PSR 和物元可拓模型的水资源承载力预警研究 [J]. 水利水电技术，2019，50 (01)：58-64.

[45] 卞锦宇，黄昌硕，耿雷华，等. 水资源承载力诊断体系构建及关键诊断因子识别 [J]. 节水灌溉，2019 (07)：56-61，67.

[46] 徐凯莉，吕海深，朱永华. 水资源承载力系统动力学模拟及研究 [J]. 水资源与水工程学报，2020，31 (06)：67-72.

[47] 康艳，闫亚廷，杨斌. 基于 LMDI-SD 耦合模型的绿色发展灌区水资源承载力模拟 [J]. 农业工程学报，2020，36 (19)：150-160.

[48] 徐晨光，黄佳，满洲. 基于 SD-EF 模型的郑州市水资源承载力研究 [J]. 中国农村水利水电，2020 (12)：9-14.

[49] 康健，王建华，王素芬. 海河流域农业水资源承载力评价研究 [J]. 水利水电技术，2020，51 (04)：47-56.

[50] 徐翔宇，郦建强，金菊良，等. 基于风险矩阵的多要素水资源承载力综合评价方法 [J]. 水利水电科技进展，2020，40 (01)：1-9.

[51] 门宝辉，丽娜·托库. 基于云理论的北京市水环境承载力综合评价 [J]. 水力发电，2019，45 (11)：4-8.

[52] 叶海焯，董增川，罗晶，等. 基于协调发展度的南京市水资源承载状态评价 [J]. 水电能源科学，2019，37 (10)：41-43，47.

[53] 张宁宁，粟晓玲，周云哲，等. 黄河流域水资源承载力评价 [J]. 自然资源学报，2019，34 (08)：1759-1770.

[54] 余灏哲，李丽娟，李九一. 基于量-质-域-流的京津冀水资源承载力综合评价 [J]. 资源科学，2020，42 (02)：358-371.

[55] 刘琼，李瑞敏，王轶，等. 区域地下水资源承载能力评价理论与方法研究 [J]. 水文地质工程地质，2020，47 (06)：173-183.

[56] 周侃，樊杰，王亚飞，等. 干旱半干旱区水资源承载力评价及空间规划指引——以宁夏西海固地区为例 [J]. 地理科学，2019，39 (02)：232-241.

[57] 张琦，李松森，夏慧琳. 基于模糊综合评判模型的东北三省水资源承载力研究 [J]. 水土保持通报，2019，39 (05)：179-188，193.

[58] 李季孝，符裕红，张代杰，等. 云南石漠化区水资源承载力评价 [J]. 灌溉排水学报，2020，39 (12)：128-135.

[59]　费鑫鑫，李京东，李磊，等. 滇池流域水资源承载力评价与驱动力研究 [J]. 灌溉排水学报，2019，38 (11)：109 - 116.

[60]　卞锦宇，宋轩，耿雷华，等. 太湖流域水资源承载力特征分析及评价研究 [J]. 节水灌溉，2020 (01)：73 - 78，83.

[61]　孙国营，孙新杰，霍兴赢，等. 基于三支决策改进 TOPSIS 的水资源承载力评价 [J]. 节水灌溉，2019 (12)：77 - 81.

[62]　安强，魏传江，贺华翔，等. 基于模糊综合评价法的河南省中原城市群水资源承载力评价研究 [J]. 节水灌溉，2019 (12)：65 - 71.

[63]　张丽洁，康艳，粟晓玲. 基于正态云模型的黄河流域水资源承载力评价 [J]. 节水灌溉，2019 (01)：76 - 83.

[64]　陈磊，梁新平. 基于改进综合赋权法的塔里木河流域 “三源一干” 水资源承载力评价 [J]. 节水灌溉，2019 (01)：72 - 75，83.

[65]　左其亭，张志卓，吴滨滨. 基于组合权重 TOPSIS 模型的黄河流域九省区水资源承载力评价 [J]. 水资源保护，2020，36 (02)：1 - 7.

[66]　李丹阳，方国华，黄显峰. 基于总量和强度控制的区域水资源承载能力评价研究 [J]. 水资源与水工程学报，2019，30 (05)：134 - 139.

[67]　邹全程，伍昊洋，叶威，等. 基于 PSO - PPE 模型的宁夏扬水灌区水土资源承载力综合评价 [J]. 水资源与水工程学报，2019，30 (04)：250 - 256.

[68]　许杨，陈菁，夏欢，等. 基于 DPSR -改进 TOPSIS 模型的淮安市水资源承载力评价 [J]. 水资源与水工程学报，2019，30 (04)：47 - 52，62.

[69]　杜雪芳，李彦彬，张修宇. 黄河下游生态型引黄灌区水资源承载力研究 [J]. 水利水运工程学报，2020 (02)：22 - 29.

[70]　张修宇，杜雪芳，徐建新，等. 基于生态的大功引黄灌区水资源承载力分析 [J]. 人民黄河，2019，41 (06)：49 - 52，57.

[71]　夏继勇. 过境水影响区域水资源承载力评价方法及应用 [J]. 水电能源科学，2019，37 (04)：40 - 43，47.

[72]　薛辰影，方红远，吉久伟. 水资源承载力评价指标约简方法研究 [J]. 南水北调与水利科技，2019，17 (03)：23 - 30，78.

[73]　夏玮静，王宁练，沈月. 基于流域的陕西省水资源承载力研究 [J]. 干旱区地理，2020，43 (03)：602 - 611.

[74]　雍志勤，张鑫. 基于投影寻踪模型的榆林市水资源承载能力研究 [J]. 灌溉排水学报，2019，38 (01)：101 - 107.

[75]　夏欢，陈菁，许杨，等. 基于改进 TOPSIS 模型的连云港市水资源承载力研究 [J]. 节水灌溉，2019 (02)：86 - 90，95.

[76]　刘朝露，陈星，崔广柏，等. 临海市水资源承载力动态变化及驱动因素分析 [J]. 水资源与水工程学报，2019，30 (01)：46 - 52.

[77]　田培，张志好，许新宜，等. 基于变权 TOPSIS 模型的长江经济带水资源承载力综合评价 [J]. 华中师范大学学报 (自然科学版)，2019，53 (05)：755 - 764.

[78]　杨瑞祥，侯保灯，鲁帆，等. 雄安新区水资源承载力分析及提升途径研究 [J]. 水利水电技术，2019，50 (10)：1 - 9.

[79]　张萌雪，鲁春霞，吴燕红，等. 基于水量供需平衡的河北省张家口市崇礼区水资源承载力分析 [J]. 水土保持通报，2020，40 (01)：276 - 282.

[80]　张鑫，雍志勤，葛杰，等. 基于区间模糊双层规划的水资源承载力与产业结构优化研究 [J]. 水利学报，2019，50 (05)：565 - 577.

[81]　刘洪霞，冯益明，管文轲. 新疆沙产业状况与水资源承载力研究 [J]. 干旱区地理，2020, 43 (05): 1202 - 1209.

[82]　周建中，朱龙军，吕昊，等. 长江上游流域水资源承载力及其障碍因子研究 [J]. 水力发电，2020, 46 (10): 18 - 21.

[83]　徐志，马静，王浩，等. 长江口影响水资源承载力关键指标与临界条件 [J]. 清华大学学报 (自然科学版)，2019, 59 (05): 364 - 372.

[84]　张晓东，金矿. 宁夏地区水资源承载力动态变化及驱动因子和未来情形分析 [J]. 节水灌溉，2019 (09): 67 - 73.

[85]　赵钟楠. 水生态文明建设战略——理论、框架与实践 [M]. 北京: 中国水利水电出版社，2020.

[86]　赵钟楠，张越，黄火键，等. 基于问题导向的水生态文明概念与内涵 [J]. 水资源保护，2019, 35 (03): 84 - 88.

[87]　索贵彬，田木易. 基于 SBM - Tobit 模型的京津冀城市生态文明建设效率研究 [J]. 河北地质大学学报，2020, 43 (01): 103 - 106.

[88]　索贵彬，杨建勋. 资源与环境约束下京津冀生态文明建设水平时空特征及演变趋势 [J]. 河北地质大学学报，2020, 43 (04): 70 - 75.

[89]　王富强，刘沛衡，魏怀斌. 郑州市水生态文明城市建设成效评价 [J]. 华北水利水电大学学报 (自然科学版)，2019, 40 (05): 58 - 63.

[90]　季晓翠，王建群，傅杰民. 基于云模型的滨海小流域水生态文明评价 [J]. 水资源保护，2019, 35 (02): 74 - 79.

[91]　张翔宇，宋瑞明，刘姝芳，等. 模糊综合评价模型在水生态文明评价中的应用 [J]. 水力发电，2019, 45 (02): 39 - 42, 114.

[92]　曹升乐，孙秀玲，庄会波，等. 水资源管理"三条红线"确定理论与应用 [M]. 北京: 科学出版社，2020.

[93]　王建华，李海红，冯保清，等. 水资源红线管理基础与实施系统设计 [M]. 北京: 科学出版社，2020.

[94]　张大伟，徐辉. 黑河流域最严格水资源管理法规体系构建 [M]. 北京: 科学出版社，2019.

[95]　胡林凯，崔东文. 基于 OFA - PP 模型的区域最严格水资源管理类型识别与评价 [J]. 水文，2018, 38 (06): 65 - 71.

[96]　尚熳廷，王小军，刘明朝，等. 长江流域省区用水总量与用水效率控制评估 [J]. 人民长江，2019, 50 (01): 84 - 88.

[97]　邓坤，张璇，王敬斌，等. 最严格水资源管理制度考核实施情况与考核成效分析 [J]. 中国农村水利水电，2020 (04): 61 - 64, 70.

[98]　于琪洋. 实行最严格水资源管理制度考核工作分析与展望 [J]. 中国水利，2019 (17): 6 - 8.

[99]　郝书芳. 淮北市实行最严格水资源管理制度经验与成效 [J]. 治淮，2019 (09): 53 - 55.

[100]　李生潜. 石羊河流域实施最严格水资源管理的实践探索 [J]. 中国水利，2019 (11): 16 - 18.

[101]　田贵良，盛雨，吴继云，等. 最严格水资源管理制度对长江经济带水资源利用效率的影响研究 [J]. 南京工业大学学报 (社会科学版)，2020, 19 (05): 90 - 103, 116.

[102]　张翔宇，李玉娟，张国玉，等. 最严格水资源管理制度对工业用水效率的影响 [J]. 长江科学院院报，2020, 37 (05): 23 - 27.

[103]　刘海新，高叶鹏，王炜. "最严格水资源管理制度"对京津冀地区农业干旱的影响 [J]. 河北工程大学学报 (社会科学版)，2020, 37 (03): 9 - 13.

[104]　刘华平，张晓今，胡红亮. 节水社会建设分区节水模式与评价标准研究 [M]. 郑州: 黄河水利出版社，2020.

[105] 刘慧民，宫思羽，邹铁安，等. 基于 GIS 技术规划城市节水型绿地系统的研究 [J]. 农业工程学报，2019，35（06）：279-287.

[106] 杜青辉，刘晓琴，郝阳玲. 河南省黄河供水区水资源节约集约利用初探 [J]. 华北水利水电大学学报（自然科学版），2020，41（04）：10-14，60.

[107] 代小平，周雯晶，韩宇平，等. 作物相对水分利用效率与理论节水潜力 [J]. 水科学进展，2019，30（05）：682-690.

[108] 赵志博，赵领娣，王亚薇，等. 不同情景模式下雄安新区的水资源利用效率和节水潜力分析 [J]. 自然资源学报，2019，34（12）：2629-2642.

[109] 刘柏君，侯保俭，王林威，等. 青海省西宁海东地区节水潜力与节水对策研究 [J]. 灌溉排水学报，2020，39（S1）：65-70.

[110] 王文川，李磊，徐冬梅. 基于博弈论可变集模型的节水型社会建设评价 [J]. 人民长江，2020，51（04）：117-121，231.

[111] 崔金涛，吐尔逊·买买提明，张磊，等. 基于层次分析法的新疆节水型社会建设综合评价 [J]. 灌溉排水学报，2020，39（S2）：129-132.

[112] 张志旭，宋孝玉，刘晓迪，等. 咸阳市用水量变化驱动效应与节水评价 [J]. 水资源与水工程学报，2020，31（06）：73-79，87.

[113] 韩克武，侍克斌，杨云鹏，等. 配重浮球覆盖下干旱区平原水库节水率研究 [J]. 干旱区地理，2020，43（03）：644-651.

[114] 刘家宏，丁相毅，邵薇薇，等. 不同水文年型海绵城市径流总量控制率特征研究 [J]. 水利学报，2019，50（09）：1072-1077.

[115] 冯峰，靳晓颖，刘翠，等. 基于相对差异函数的海绵城市弹性评价 [J]. 水利水运工程学报，2021（01）：53-61.

[116] 杜新强，贾思达，方敏，等. 海绵城市建设对区域地下水资源的补给效应 [J]. 水资源保护，2019，35（02）：13-17，24.

[117] 李舒，刘姝芳，张丹，等. 井工矿开采下流域水资源变化情势 [M]. 郑州：黄河水利出版社，2020.

[118] 李铁键，李家叶，傅汪，等. 空中水资源的输移与转化 [M]. 武汉：长江出版社，2019.

[119] 刘家宏，周晋军，王浩，等. 城市高强度耗水现象与机理 [M]. 北京：科学出版社，2019.

[120] 吕素冰. 区域健康水循环与水资源高效利用研究 [M]. 北京：科学出版社，2019.

[121] 张翔，廖辰旸，韦芳良，等. 城市水系统关联模型研究 [J]. 水资源保护，2021，37（01）：14-19，27.

[122] 雷义珍，曹生奎，曹广超，等. 青海湖沙柳河流域不同时期地表水与地下水的相互作用 [J]. 自然资源学报，2020，35（10）：2528-2538.

[123] 薛联青，魏卿，魏光辉. 塔里木河干流地表水与地下水耦合模拟 [J]. 河海大学学报（自然科学版），2019，47（03）：195-201.

[124] 卓拉，栗萌，吴普特，等. 黄河流域作物生产与消费实体水-虚拟水耦合流动时空演变与驱动力分析 [J]. 水利学报，2020，51（09）：1059-1069.

[125] 王富强，马尚钰，赵衡，等. 基于 AHP 和熵权法组合权重的京津冀地区水循环健康模糊综合评价 [J]. 南水北调与水利科技（中英文），2021，19（01）：67-74.

[126] 汤秋鸿. 全球变化水文学：陆地水循环与全球变化 [J]. 中国科学：地球科学，2020，50（03）：436-438.

[127] 汪跃军. 淮河流域水资源系统模拟与调度 [M]. 南京：东南大学出版社，2019.

[128] 顾世祥，陈刚. 滇池流域水资源系统演变及生态替代调度 [M]. 北京：科学出版社，2020.

[129] 韩玉，卢文喜，李峰平，等. 浑河流域地表水地下水水质耦合模拟 [J]. 中国环境科学，2020，

40 (04)：1677 - 1686.

[130]　张晓宇，许端阳，卢周扬帆，等. 基于系统动力学的阿拉善"三生"用水系统演化模拟与调控 [J]. 干旱区资源与环境，2019，33 (08)：107 - 113.

[131]　张甘霖，朱永官，邵明安. 地球关键带过程与水土资源可持续利用的机理 [J]. 中国科学：地球科学，2019，49 (12)：1945 - 1947.

[132]　吴普特，卓拉，刘艺琳，等. 区域主要作物生产实体水-虚拟水耦合流动过程解析与评价 [J]. 科学通报，2019，64 (18)：1953 - 1966.

[133]　孙才志，马奇飞，赵良仕. 基于 GWR 模型的中国水资源绿色效率驱动机理 [J]. 地理学报，2020，75 (05)：1022 - 1035.

[134]　操信春，刘喆，吴梦洋，等. 水足迹分析中国耕地水资源短缺时空格局及驱动机制 [J]. 农业工程学报，2019，35 (18)：94 - 100.

[135]　黄琦，覃光华，王瑞敏，等. 基于 MSWEP 的祁连山地区降水空间分布特性解析 [J]. 水利学报，2020，51 (02)：232 - 244.

[136]　王忠静，张子雄，索滢. 干旱区凝结水评估及对水量平衡方程影响 [J]. 水利学报，2019，50 (06)：710 - 720.

[137]　王国庆，张建云，管晓祥，等. 中国主要江河径流变化成因定量分析 [J]. 水科学进展，2020，31 (03)：313 - 323.

[138]　田富强，徐冉，南熠，等. 基于分布式水文模型的雅鲁藏布江径流水源组成解析 [J]. 水科学进展，2020，31 (03)：324 - 336.

[139]　张旭，董前进，许银山，等. 基于分层聚类的中国省际水资源复合系统状态辨识 [J]. 武汉大学学报（工学版），2020，53 (01)：16 - 22.

[140]　孙才志，马奇飞. 中国省际水资源绿色效率空间关联网络研究 [J]. 地理研究，2020，39 (01)：53 - 63.

[141]　孙才志，郑靖伟. 基于 MRIO 与 SNA 的中国水资源空间转移网络分析 [J]. 水资源保护，2020，36 (01)：9 - 17.

[142]　左其亭，姜龙，冯亚坤，等. 黄河沿线省区水资源生态足迹时空特征分析 [J]. 灌溉排水学报，2020，39 (10)：1 - 8，34.

[143]　陈婷，敖天其，黎小东. 长江流域近七十年空中水资源的时空变化特征 [J]. 中国农村水利水电，2019 (05)：6 - 11.

[144]　周晋军，王浩，刘家宏，等. 城市耗水的"自然-社会"二元属性及季节性特征研究——以北京市为例 [J]. 水利学报，2020，51 (11)：1325 - 1334.

[145]　张建云，王国庆，金君良，等. 1956—2018 年中国江河径流演变及其变化特征 [J]. 水科学进展，2020，31 (02)：153 - 161.

[146]　王建华，何国华，何凡，等. 中国水土资源开发利用特征及匹配性分析 [J]. 南水北调与水利科技，2019，17 (04)：1 - 8.

[147]　沈蕊芯，吕树萍，杜明亮，等. 新疆奎屯河流域平原区地下水资源量演变情势 [J]. 干旱区研究，2020，37 (04)：839 - 846.

[148]　王少丽，臧敏，王亚娟，等. 年径流系数变化特征及预测模型研究 [J]. 水土保持学报，2020，34 (05)：56 - 60，67.

[149]　莫崇勋，赵梳坍，阮俞理，等. 基于生态足迹的广西壮族自治区水资源生态特征时空变化规律及其驱动因素分析 [J]. 水土保持通报，2020，40 (06)：297 - 302，311.

[150]　高建东，冯棣. 1998—2017 年海河流域水资源变化趋势分析 [J]. 灌溉排水学报，2019，38 (S2)：101 - 105.

[151]　曹文庚，杨会峰，高媛媛，等. 南水北调中线受水区保定平原地下水质量演变预测研究 [J].

水利学报，2020，51 (08)：924 - 935.

[152] 陈飞，徐翔宇，羊艳，等. 中国地下水资源演变趋势及影响因素分析 [J]. 水科学进展，2020，31 (06)：811 - 819.

[153] 刘静，龙爱华，李江，等. 近 60 年塔里木河三源流径流演变规律与趋势分析 [J]. 水利水电技术，2019，50 (12)：10 - 17.

[154] 李俊，宋松柏，郭田丽，王小军. 基于分数阶灰色模型的农业用水量预测 [J]. 农业工程学报，2020，36 (04)：82 - 89.

[155] 吴凡，陈伏龙，张志君，等. 基于改进灰色模型的石河子市需水量预测 [J]. 水资源与水工程学报，2020，31 (03)：76 - 82.

[156] 吴泽宁，张海君，王慧亮. 基于不同预测方法组合的郑州市工业需水量评价 [J]. 水电能源科学，2020，38 (03)：46 - 48.

[157] 李亮，马良瑞，熊康宁. 基于作物需水量的城市农业水资源评估——以贵州省贵阳市为例 [J]. 水土保持通报，2019，39 (04)：300 - 305.

[158] 陈益平，秦欢欢. 人类活动影响下内陆干旱区张掖盆地需水量预测 [J]. 节水灌溉，2020 (02)：61 - 66.

[159] 付强，刘巍，吕纯波. 灌区灌溉水利用效率分析及用水优化管理 [M]. 北京：科学出版社，2020.

[160] 邱莹莹，盛佳. 基于 SE - DEA 和 Malmquist 指数的城市水资源利用效率研究 [J]. 华北水利水电大学学报（自然科学版），2020，41 (05)：25 - 33.

[161] 张峰，王晗，薛惠锋. 环境资源约束下中国工业绿色全要素水资源效率研究 [J]. 中国环境科学，2020，40 (11)：5079 - 5091.

[162] 邓光耀. 基于污水排放量分配的中国水资源利用效率测算 [J]. 水资源保护，2019，35 (05)：28 - 34.

[163] 孟钰，杜琼英，管新建，等. 黄河流域水资源利用效率评估及空间分异研究 [J]. 中国农村水利水电，2020 (10)：12 - 16.

[164] 左其亭，张志卓，姜龙，等. 全面建设小康社会进程中黄河流域水资源利用效率时空演变分析 [J]. 水利水电技术，2020，51 (12)：16 - 25.

[165] 郑乐，杨法暄，钱会，等. 基于超效率 DEA 模型的宁夏工业水资源利用效率研究 [J]. 水资源与水工程学报，2020，31 (02)：81 - 86.

[166] 李莉，刘爽. 基于 DEA - BC~2 模型的新疆水资源利用效率时空差异性分析 [J]. 水文，2019，39 (02)：28 - 32，43.

[167] 李杨，尹常亮，欧朝敏. 湘西自治州水资源利用效率及驱动因素分析 [J]. 节水灌溉，2019 (08)：75 - 79，89.

[168] 刘家宏，邵薇薇，王浩，等. 水资源利用效率频谱分析方法及应用 [J]. 水利水运工程学报，2019 (06)：132 - 138.

[169] 胡霞，程亮，王宗志，等. 工业用水效率全过程驱动因子识别模型 [J]. 南水北调与水利科技，2019，17 (03)：201 - 208.

[170] 杨静雯，何刚，周庆婷，等. 淮河生态经济带水资源利用效率的空间溢出效应研究 [J]. 水力发电，2020，46 (11)：29 - 33.

[171] 秦腾，佟金萍，章恒全. 环境约束下中国省际水资源效率空间关联网络构建及演化因素 [J]. 中国人口·资源与环境，2020，30 (12)：84 - 94.

[172] 孟凡香，李天霄，付强，等. 区域雨水资源化潜力计算及时空分布规律研究 [J]. 水利学报，2020，51 (05)：556 - 568.

[173] 马瑾瑾，陈星，许钦. 海绵城市建设中雨水资源利用潜力评价研究 [J]. 水资源与水工程学报，

2019，30（01）：27－32，39.

[174]　冯堂武，孔凡杜，马亚弟.山东省荆泉岩溶水系统地下水资源开发潜力研究［J］.水电能源科学，2019，37（10）：48－51，29.

[175]　柴素盈，曹言，张星梓.昆明市主城区雨水资源潜力特征分析［J］.人民长江，2019，50（05）：82－87，106.

[176]　刘俊国，赵丹丹.“量-质-生”三维水资源短缺评价：评述及展望［J］.科学通报，2020，65（36）：4251－4261.

[177]　张永芳，贾士靖，刘蕾，等.基于综合权重法的河北省水资源脆弱性评价及影响因素分析［J］.水电能源科学，2020，38（04）：22－25，83.

[178]　赵昀皓，邢万秋，傅健宇.基于概率性 Budyko 方程的我国可利用水资源量脆弱性评估［J］.水资源保护，2020，36（02）：47－52.

[179]　任源鑫，张海宁，周旗，等.宝鸡市水资源脆弱性评价［J］.水资源与水工程学报，2019，30（03）：119－126.

[180]　张蕊.基于突变级数法的山西省水资源脆弱性评价［J］.水电能源科学，2019，37（04）：29－32.

[181]　刘晓敏，刘志辉，孙天合.基于熵权法的河北省水资源脆弱性评价［J］.水电能源科学，2019，37（04）：33－35，39.

[182]　白庆芹，武俊杰，郝守宁.基于 DPSIR 模型的西藏水资源脆弱性评价［J］.人民长江，2019，50（06）：98－103.

[183]　张玉虎，向柳，陈秋华.水资源系统风险评估技术及应用［M］.北京：中国水利水电出版社，2019.

[184]　孙才志，郑德凤，吕乐婷.下辽河平原地下水脆弱性与风险性评价［M］.北京：科学出版社，2019.

[185]　王红瑞，钱龙霞，赵自阳，等.水资源风险分析理论及评估方法［J］.水利学报，2019，50（08）：980－989.

[186]　梁缘毅，吕爱锋.中国水资源安全风险评价［J］.资源科学，2019，41（04）：775－789.

[187]　赵红玲，陈俊旭，吕燕，等.玉溪市水资源短缺风险时空分异及预测研究［J］.节水灌溉，2019（01）：57－60，71.

[188]　刘东，赵丹，朱伟峰，等.区域农业水土资源系统恢复力测度方法及其调控机理研究［M］.北京：科学出版社，2020.

[189]　张白玉，邱新法，曾燕，等.基于 TRMM 和 FY－2C 的长江流域月降水量的网格化估算研究［J］.长江科学院院报，2020，37（04）：138－145.

[190]　张先起，胡登奎，刘斐.基于 CEEMD－Elman 耦合模型的年降水量预测［J］.华北水利水电大学学报（自然科学版），2019，40（04）：32－39.

[191]　张朝逢，陈皓锐，岳中奇，等.陕西省近30年潜在蒸发量的时空变异规律［J］.水利与建筑工程学报，2020，18（05）：18－24.

[192]　丘永杭，孙晓航，黄奇晓，等.福建省蒸发量变化趋势及其敏感性分析［J］.福建农林大学学报（自然科学版），2020，49（02）：256－265.

[193]　熊玉琳，赵娜.海河流域蒸发皿蒸发量变化及其影响［J］.南水北调与水利科技（中英文），2020，18（02）：22－30.

[194]　张鹏飞，赵广举，穆兴民，等.渭河流域蒸发皿蒸发量时空变化与驱动因素［J］.干旱区研究，2019，36（04）：973－979.

[195]　曹国亮，李天辰，陆垂裕，等.干旱区季节性湖泊面积动态变化及蒸发量——以艾丁湖为例［J］.干旱区研究，2020，37（05）：1095－1104.

[196]　王小杰，姜仁贵，解建仓，等.渭河干流径流变化趋势及突变分析［J］.水利水运工程学报，

2019（02）：33 - 40.

[197] 于婵，王威娜，高瑞忠，等. 变化环境下半干旱草原流域径流变化特征及其影响因子定量分析 [J]. 水文，2019，39（01）：78 - 84.

[198] 罗党，丁婳婳. 基于时滞 GM（1，1）模型的地下水资源量预测 [J]. 华北水利水电大学学报（自然科学版），2020，41（05）：19 - 24.

[199] 张卫，覃小群，易连兴，等. 以地面沉降为约束的地下水资源评价：以上海地区为例 [M]. 武汉：中国地质大学出版社，2019.

[200] 齐泓玮，尚松浩，李江. 中国水资源空间不均匀性定量评价 [J]. 水力发电学报，2020，39（06）：28 - 38.

[201] 陈灏，董前进. 基于 AWRI 指数的汉江上游流域水资源量评估 [J]. 人民长江，2019，50（06）：92 - 97，129.

[202] 刘君龙，陈进，袁喆，等. 基于 DPSIR - 模糊集对评价模型的湖北省水资源评价 [J]. 南水北调与水利科技（中英文），2020，18（03）：57 - 64.

[203] 陈泽峰，王卫光，李长妮，等. 基于概率 Budyko 方程的流域未来可用水资源比例预估 [J]. 中国农村水利水电，2019（06）：10 - 15，22.

[204] 钱凯旋，罗军刚，连亚妮，等. 基于基尼系数的水质模糊综合评价模型及应用 [J]. 水电能源科学，2020，38（01）：36 - 39.

[205] 胡东滨，蔡洪鹏，陈晓红，等. 基于证据推理的流域水质综合评价法——以湘江水质评价为例 [J]. 资源科学，2019，41（11）：2020 - 2031.

[206] 闫佰忠，孙剑，安娜. 基于随机森林模型的地下水水质评价方法 [J]. 水电能源科学，2019，37（11）：66 - 69.

[207] 李琪，赵志怀. 基于投影寻踪与内梅罗指数组合模型的地下水水质评价 [J]. 水电能源科学，2019，37（11）：70 - 73.

[208] 王亚维，王中美，王益伟，等. 基于 GRA - AHP 模型的岩溶地下水水质评价 [J]. 水力发电，2019，45（08）：1 - 3，62.

[209] 李松青，王心义，姬红英，等. 基于遗传算法-BP 神经网络法的深埋地下水水质评价 [J]. 水电能源科学，2019，37（01）：49 - 52，16.

[210] 周密，陈龙赞，马振. 基于变权重的水质综合评价体系 [J]. 河海大学学报（自然科学版），2019，47（01）：20 - 25.

[211] 李祥蓉，崔东文. 静电放电算法-投影寻踪融合模型及其在水质综合评价中的应用 [J]. 水资源与水工程学报，2019，30（06）：96 - 101.

[212] 杨程，郭亚昆，郑兰香，等. T - S 模糊神经网络模型训练样本构建及其在鸣翠湖水质评价中的应用 [J]. 水动力学研究与进展（A 辑），2020，35（03）：356 - 366.

[213] 纪广月. 基于改进粒子群算法优化 BP 神经网络的西江水质预测研究 [J]. 水动力学研究与进展（A 辑），2020，35（05）：567 - 574.

[214] 段小龙，宗永臣，黄德才，等. 基于模糊 Borda 法的组合评价在林芝水质评价中的应用 [J]. 水力发电，2020，46（09）：43 - 47.

[215] 陆丹，耿昭克，闵敏，等. 基于区间型贝叶斯模型的湟水干流水质评价 [J]. 水利水运工程学报，2020（02）：15 - 21.

[216] 陈婧，赵敏，周华，等. 基于博弈论组合赋权的姜堰区模糊综合水质评价法及应用 [J]. 水电能源科学，2019，37（09）：32 - 35，91.

[217] 武俐，王祖恒，王亮，等. 基于主成分分析和模糊数学的黄河小浪底水质监测与评价 [J]. 水土保持通报，2020，40（05）：118 - 124.

[218] 徐冬梅，邵莉，徐梦臣，等. 基于博弈论的可变模糊评价模型在水质评价中的应用 [J]. 节水

灌溉，2019 (10)：60 - 63.

[219]　刘诚. 不同评价方法在阿克苏市地下水水质评价中的应用分析 [J]. 节水灌溉，2019 (04)：66 - 71.

[220]　逯晔坤，靳春玲，贡力. 黄河兰州段水质评价的 HDE 方法应用 [J]. 中国农村水利水电，2019 (03)：32 - 36.

[221]　邵志江，郑斌，汪涛. 永定河上游主要河流地表水水质时空变化特征 [J]. 自然资源学报，2020，35 (06)：1338 - 1347.

[222]　董雯，王瑞琛，李怀恩，等. 渭河西咸段水质时空变异特征分析 [J]. 水力发电学报，2020，39 (11)：80 - 89.

[223]　卓海华，湛若云，王瑞琳，等. 长江流域片水资源质量评价与趋势分析 [J]. 人民长江，2019，50 (02)：122 - 129，206.

[224]　王国重，李中原，张继宇，等. 基于决策树的河南省主要水库水质影响因素分析 [J]. 武汉大学学报（工学版），2019，52 (09)：774 - 781.

[225]　刘振伟，陈少辉. "一带一路" 沿线国家水资源及开发利用 [J]. 干旱区研究，2020，37 (04)：809 - 818.

[226]　杨艳昭，封志明，孙通，等. "一带一路" 沿线国家水资源禀赋及开发利用分析 [J]. 自然资源学报，2019，34 (06)：1146 - 1156.

[227]　商庆凯，阴柯欣，米文宝. 基于水足迹理论的青海省水资源利用评价 [J]. 干旱区资源与环境，2020，34 (05)：70 - 77.

[228]　艾亚迪，魏传江，马真臻. 基于 AHP - 熵权法的西安市水资源开发利用程度评价 [J]. 水利水电科技进展，2020，40 (02)：11 - 16.

[229]　侯林秀，温璐，赵吉，等. 基于水足迹法的阿拉善地区水资源利用评价与分析 [J]. 干旱区资源与环境，2020，34 (12)：35 - 41.

[230]　姜秋香，张舜凯，张旭，等. 三江平原水资源开发利用程度变化与驱动因素 [J]. 南水北调与水利科技，2020，18 (01)：74 - 81.

[231]　路瑞，赵琰鑫. 基于水资源生态足迹的黄河流域水资源利用评价 [J]. 人民黄河，2020，42 (11)：48 - 52，134.

[232]　陈颖杰，金保明，金君良，等. 基于生态位理论的黄河流域用水结构分析 [J]. 水利水电技术，2020，51 (12)：36 - 46.

[233]　谷芳莹，龚亮，贾冬梅，等. 区域用水结构及公平性演变分析 [J]. 人民黄河，2020，42 (07)：51 - 56.

[234]　王磊，薛惠锋，崔惠敏，等. 中国省域用水量空间关联结构及其驱动效应研究 [J]. 节水灌溉，2019 (04)：95 - 101.

[235]　陈新颖，董增川，寇嘉玮，等. 淮河流域总用水量与用水结构变化的响应 [J]. 水电能源科学，2019，37 (02)：35 - 38.

[236]　樊良新. 饮水安全工程下的农村居民生活用水管理 [M]. 北京：科学出版社，2019.

[237]　李艳萍. 基于逐步回归分析和通径分析的用水量影响因素分析 [J]. 水电能源科学，2020，38 (07)：42 - 44.

[238]　徐伟铭，鱼京善，王崴，等. 基于神经网络模型的全国用水量 "四维" 模拟 [J]. 南水北调与水利科技，2020，18 (01)：11 - 17.

[239]　陈东景，孙兆旭，郭继文. 中国工业用水强度收敛性的门槛效应分析 [J]. 干旱区资源与环境，2020，34 (05)：85 - 92.

[240]　栗清亚，裴亮，孙莉英，等. 京津冀区域产业用水时空变化规律及影响因素研究 [J]. 生态经济，2020，36 (10)：141 - 145，159.

[241] 刘华先，陈远生，朱鹤，等. 北京市星级旅游饭店水资源利用变化及影响因素 [J]. 资源科学，
2019，41 (04)：814 - 823.

[242] 孙思奥，汤秋鸿. 黄河流域水资源利用时空演变特征及驱动要素 [J]. 资源科学，2020，42
(12)：2261 - 2273.

[243] 刘晶，鲍振鑫，刘翠善，等. 近 20 年中国水资源及用水量变化规律与成因分析 [J]. 水利水运
工程学报，2019 (04)：31 - 41.

[244] 庞庆华，周未沫. 基于 DEA - Malmquist 模型的用水效率综合评价研究 [J]. 人民长江，2020，
51 (09)：90 - 95.

[245] 罗勇，王乐志，傅春，等. 基于主客观耦合的区域水资源综合利用效率评价 [J]. 人民长江，
2019，50 (12)：80 - 84.

[246] 操信春，崔思梦，吴梦洋，等. 水足迹框架下稻田水资源利用效率综合评价 [J]. 水利学报，
2020，51 (10)：1189 - 1198.

[247] 刘华军，乔列成，孙淑惠. 黄河流域用水效率的空间格局及动态演进 [J]. 资源科学，2020，
42 (01)：57 - 68.

[248] 巩灿娟，徐成龙，张晓青. 黄河中下游沿线城市水资源利用效率的时空演变及影响因素 [J].
地理科学，2020，40 (11)：1930 - 1939.

[249] 陈璇璇，张旖旎，刘莉，等. 基于超效率 DEA 模型的陕晋两省水资源利用效率评价 [J]. 灌溉
排水学报，2020，39 (10)：138 - 144.

[250] 李俊鹏，郑冯忆，冯中朝. 基于公共产品视角的水资源利用效率提升路径研究 [J]. 资源科学，
2019，41 (01)：98 - 112.

[251] 贺波，马静，高赫余. 基于多粒度特征和 XGBoost 模型的城市日供水量预测 [J]. 长江科学院
院报，2020，37 (05)：43 - 49.

[252] 刘静，余钟波. 基于水足迹理论的中国水资源压力评价 [J]. 水资源保护，2019，35 (05)：35 - 39.

[253] 田欣，熊翌灵，刘尚炜，等. 中国省际水资源压力的转移模式 [J]. 中国人口·资源与环境，
2020，30 (12)：75 - 83.

[254] 熊鸿斌，周银双. 基于三维水足迹 - LMDI 的安徽省水资源压力及驱动力分析 [J]. 水土保持通
报，2019，39 (05)：194 - 203.

[255] 任才，於嘉闻，龙爱华，等. 基于作物水足迹的塔里木盆地水资源压力评价分析 [J]. 水利水
电技术，2019，50 (12)：27 - 37.

[256] 黄莎，付湘，秦嘉楠，等. 基于人类活动与气候变化的长江流域水资源压力评价 [J]. 中国农
村水利水电，2019 (05)：12 - 16，28.

[257] 纪静怡，方红远，徐志欢. 基于组合赋权云模型的水资源管理综合评价 [J]. 中国农村水利水
电，2020 (12)：40 - 45，56.

[258] 余亚丽，唐德善. 基于云模型的安康市水资源保护效果评价 [J]. 中国农村水利水电，2020
(10)：34 - 40.

[259] 王庆利，林鹏飞，贾玲，等. 基于遗传算法优化的水库多目标供水能力分析——以岳城水库为
例 [J]. 水利水电技术，2020，51 (12)：55 - 62.

[260] 钟涛，吴慧芳，印天成，等. 区域供水安全指标体系构建及短板要素甄别 [J]. 水电能源科学，
2020，38 (02)：52 - 55.

[261] 闫妍，王钰，胡宝清，等. 像元尺度上广西西江流域水资源可获取性综合评价 [J]. 水力发电，
2019，45 (03)：13 - 17.

[262] 黄怡，效存德，苏勃，等. 冰冻圈水资源对中国社会经济的重要性：基于多级流域尺度分析
[J]. 科学通报，2020，65 (24)：2636 - 2650.

[263] 张华，王浩. 1967—2017 年甘肃省小麦需水量和缺水量时空特征 [J]. 干旱区地理，2019，42

　　　　　　　(05)：1094 - 1104.

[264]　王士武，李其峰，戚核帅，等. 对区域水资源论证＋水耗标准制度探索与实践 [J]. 中国农村水利水电，2019 (05)：29 - 33.

[265]　杨柳，许有鹏，田亚平，等. 高度城镇化背景下水系演变及其响应 [J]. 水科学进展，2019，30 (02)：166 - 174.

[266]　侯精明，李东来，王小军，等. 建筑小区尺度下 LID 措施前期条件对径流调控效果影响模拟 [J]. 水科学进展，2019，30 (01)：45 - 55.

[267]　陈佩琪，王兆礼，曾照洋，等. 城市化对流域水文过程的影响模拟与预测研究 [J]. 水力发电学报，2020，39 (09)：67 - 77.

[268]　谢季遥，陈星，许钦. 城镇化对厦门市水资源脆弱性的影响评价 [J]. 水电能源科学，2020，38 (04)：18 - 21，59.

[269]　岳青华，王司辰，朱捷，等. 不同引配水模式对区域水质提升效果分析 [J]. 水力发电，2019，45 (09)：88 - 92.

[270]　张国栋，张照玺，余韵，等. 汾河上游土地利用变化对径流的影响研究 [J]. 人民黄河，2020，42 (10)：29 - 33.

[271]　张炜，马竞熙. 新型城镇化对水资源利用效率的影响研究 [J]. 人民黄河，2020，42 (03)：44 - 49.

[272]　吴培军，段明，陈江，等. 鄱阳湖水利枢纽调度对鄱阳湖水资源利用的影响 [J]. 人民长江，2020，51 (09)：101 - 106.

[273]　韩昕雪琦，安婷莉，高学睿，等. 我国西北地区主要农作物贸易对区域水资源影响 [J]. 南水北调与水利科技，2020，18 (01)：82 - 97.

[274]　刘禹. 人类活动导致 500 年来黄河径流和泥沙空前减少 [J]. 科学通报，2020，65 (32)：3504 - 3505.

[275]　周国逸，夏军，周平，等. 不恰当的植被恢复导致水资源减少 [J]. 中国科学：地球科学，2021，51 (02)：175 - 182.

[276]　秦文静，王云琦，王彬，等. 土地利用和气候变化对王家桥小流域径流的影响 [J]. 水文，2019，39 (02)：49 - 54.

[277]　左其亭，崔国韬. 人类活动对河湖水系连通的影响评估 [J]. 地理学报，2020，75 (07)：1483 - 1493.

[278]　李景保，何蒙，于丹丹，等. 水利工程对长江荆南三口水系结构变化的影响 [J]. 地理科学，2019，39 (06)：1025 - 1035.

[279]　王晓峰，杨丹，冯晓明，等. 黄河中游地区生态恢复对流域水资源的影响 [J]. 水土保持通报，2020，40 (06)：205 - 212.

[280]　丛东来，于少鹏，陈曦，等. 哈尔滨市水资源开发利用与城镇化发展的响应关系 [J]. 水土保持通报，2020，40 (01)：269 - 275，296.

[281]　王宾，杨琛. 长江经济带水资源对城镇化的约束效应研究 [J]. 宏观经济研究，2019 (06)：122 - 131.

[282]　张国兴，徐龙. 基于时空维度的水资源与经济匹配分析 [J]. 水电能源科学，2020，38 (03)：54 - 57.

[283]　陈紫璇，陈云浩，雷添杰. 中国耕地变化及耕地与水资源的匹配研究 [J]. 水利水电技术，2019，50 (02)：69 - 78.

[284]　童彦，潘玉君，张梅芬，等. 云南省城市化与水资源的耦合协调发展研究 [J]. 水土保持通报，2020，40 (06)：243 - 248，258.

[285]　胡光伟，许滢，张明，等. 基于 SPA 的湖南省水资源与社会经济发展协同度评价 [J]. 水利水电技术，2019，50 (01)：65 - 72.

[286]　刘青利，崔思静. 河南省水贫困与城镇化耦合协调时空特征 [J]. 人民黄河，2020，42 (08)：

62 - 66, 72.

[287] 焦士兴, 王安周, 李青云, 等. 河南省城镇化与水资源耦合协调发展状况 [J]. 水资源保护, 2020, 36 (02): 21 - 26.

[288] 刘朝露, 陈星. 宁夏城镇化发展与水资源利用的协调性分析 [J]. 水电能源科学, 2020, 38 (02): 47 - 51.

[289] 乔扬源, 贾陈忠. 基于水足迹理论的山西省水资源利用与经济发展脱钩状况分析 [J]. 节水灌溉, 2019 (12): 58 - 64, 71.

[290] 常烃, 贾玉成. 京津冀水资源与经济社会协调度分析 [J]. 人民长江, 2020, 51 (02): 91 - 96.

[291] 韩雁, 贾绍凤, 鲁春霞, 等. 水资源与社会经济发展要素时空匹配特征——以张家口为例 [J]. 自然资源学报, 2020, 35 (06): 1392 - 1401.

[292] 王娜, 春喜, 周海军, 等. 干旱区水资源利用与经济发展关系研究——以鄂尔多斯市为例 [J]. 节水灌溉, 2020 (06): 108 - 113.

[293] 刘建华, 黄亮朝. 黄河下游水资源利用与高质量发展关联评估 [J]. 水资源保护, 2020, 36 (05): 24 - 30, 42.

[294] 周露明, 谢兴华, 朱珍德. 水-能源-粮食纽带关系耦合模拟模型及案例研究 [J]. 中国农村水利水电, 2020 (10): 1 - 6.

[295] 刘晶, 刘翠善, 李潇, 等. 中国水-能源-粮食关联系统协同安全评价 [J]. 水利水运工程学报, 2020 (04): 24 - 32.

[296] 王雨, 王会肖, 杨雅雪, 等. 黑龙江省水-能源-粮食系统动力学模拟 [J]. 水利水电科技进展, 2020, 40 (04): 8 - 15.

[297] 王凯, 李景保, 李欢. 山西省水-能源-粮食系统耦合协调时空变化特征研究 [J]. 水资源与水工程学报, 2020, 31 (03): 45 - 52, 58.

[298] 孙才志, 靳春玉, 郝帅. 黄河流域水资源-能源-粮食纽带关系研究 [J]. 人民黄河, 2020, 42 (09): 101 - 106.

[299] 赵良仕, 刘思佳, 孙才志. 黄河流域水-能源-粮食安全系统的耦合协调发展研究 [J]. 水资源保护, 2021, 37 (01): 69 - 78.

[300] 彭思涵, 刘丙军, 林钟华. 基于代谢理论的城市化-水资源系统协同演化研究 [J]. 水文, 2019, 39 (04): 1 - 6.

[301] 周露明, 谢兴华, 余丽, 等. 水资源管理中的水-能源-经济耦合关系 [J]. 水电能源科学, 2019, 37 (04): 144 - 147, 166.

[302] 何理, 王喻宣, 尹方平, 等. 全球气候变化影响下中亚水土资源与农业发展多元匹配特征研究 [J]. 中国科学: 地球科学, 2020, 50 (09): 1268 - 1279.

[303] 闻豪, 文风. "一带一路" 重点省份水资源-经济-生态环境耦合协调分析 [J]. 武汉大学学报 (工学版), 2019, 52 (10): 870 - 877.

[304] 关伟, 赵湘宁, 许淑婷. 中国能源水足迹时空特征及其与水资源匹配关系 [J]. 资源科学, 2019, 41 (11): 2008 - 2019.

[305] 孙才志, 靳春玉, 阎晓东. 基于 MRIO 和 ENA 的中国省区能源-水资源耦合关系研究 [J]. 华北水利水电大学学报 (自然科学版), 2020, 41 (03): 32 - 40.

[306] 何中政, 周建中, 贾本军, 等. 基于梯度分析法的长江上游水库群供水-发电-环境互馈关系解析 [J]. 水科学进展, 2020, 31 (04): 601 - 610.

[307] 周有荣, 崔东文. 云南省水资源-经济-社会-水生态协调度评价 [J]. 人民长江, 2019, 50 (03): 136 - 144.

[308] 聂晓, 张中旺. 湖北省水资源环境与经济发展耦合关系时序特征研究 [J]. 灌溉排水学报, 2020, 39 (02): 138 - 144.

[309]　游海林，张建华，吴永明. 赣江流域水资源综合利用与规划管理 [M]. 郑州：黄河水利出版社，2020.

[310]　左其亭，费小霞，李东林. 黄河流域生态保护和高质量发展水利专项规划思路与内容框架 [J]. 人民黄河，2020，42（09）：21-25.

[311]　张涛，吕一兵. 交易成本下水资源优化配置的双层多目标规划模型 [J]. 武汉大学学报（工学版），2020，53（05）：404-409.

[312]　王宗志，刘克琳，刘友春，等. 浅水湖泊洪水资源适度开发规模优选模型 [J]. 水科学进展，2020，31（06）：908-916.

[313]　王亚敏. 居民幸福背景下的水资源管理模式创新研究 [M]. 吉林：吉林大学出版社，2019.

[314]　吴锋，邓祥征. 内陆河流域水资源综合管理 [M]. 北京：科学出版社，2020.

[315]　熊友才，李凤民. 石羊河流域水资源管理集成研究 [M]. 北京：科学出版社，2019.

[316]　丁志宏，冯宇鹏，朱琳. 基于 ET 的黄河流域水资源综合管理 [M]. 郑州：黄河水利出版社，2019.

[317]　管光明，庄超，许继军. 跨流域调水管理与立法 [M]. 北京：科学出版社，2019.

[318]　杨芬，王萍，王俊文，等. 缺水型大城市多水源调配管理技术体系与方法研究 [J]. 水利水电技术，2019，50（10）：53-59.

[319]　王建华. 生态大保护背景下长江流域水资源综合管理思考 [J]. 人民长江，2019，50（10）：1-6.

[320]　罗浩，周维博，白洁芳，等. 基于 GC-TOPSIS 模型的水资源管理绩效评价及障碍度分析 [J]. 水资源与水工程学报，2019，30（04）：26-31.

[321]　刘淼，左其亭，王静，等. 水资源税改革"河北模式"及效果评价 [M]. 北京：中国水利水电出版社，2020.

[322]　叶有华，陈龙. 深圳市宝安区水资源资产负债表研究与实践 [M]. 北京：科学出版社，2019.

[323]　朱靖，余玉冰，王淑. 四川省水资源资产负债表编制研究 [J]. 人民黄河，2019，41（09）：77-82.

[324]　李雯，左其亭，李东林，等. "一带一路"主体水资源区国家水资源管理体制对比 [J]. 水电能源科学，2020，38（03）：49-53.

[325]　郑航，刘悦忆，冯景泽，等. 流域水权制度体系框架及其在东江的分析应用 [J]. 水利水电技术，2019，50（10）：60-67.

[326]　沈大军，阿丽古娜，陈琛. 黄河流域水权制度的问题、挑战和对策 [J]. 资源科学，2020，42（01）：46-56.

[327]　刘红利，杜彦臻，林洪孝，等. 基于最严格水资源管理制度的县域水权交易决策模型研究 [J]. 水电能源科学，2019，37（05）：15-18.

[328]　许莹莹，唐培钧. "河长制"政策效应及地区异质性研究 [J]. 生态经济，2020，36（12）：181-186，192.

[329]　解建仓，陈小万，赵津，等. 基于过程化管理的"河长制"与"强监管" [J]. 人民黄河，2019，41（10）：143-147，154.

[330]　陈金木，李政. 河长制法律化的关键内容与实施路径 [J]. 水利发展研究，2020，20（11）：5-9.

[331]　高家军. "河长制"可持续发展路径分析——基于史密斯政策执行模型的视角 [J]. 海南大学学报（人文社会科学版），2019，37（03）：39-48.

[332]　曾璐，毛春梅. 基于行政与民间途径的双轨河长制构建 [J]. 中国农村水利水电，2019（05）：91-94.

[333]　蔡鹏航. 河长制的实施困境及其完善路径 [J]. 哈尔滨师范大学社会科学学报，2019，10（01）：34-37.

[334]　王雅琪，赵珂. 黄河流域治理体系中河长制的适配与完善 [J]. 环境保护，2020，48（18）：56-60.

[335]　秦格，刘晓艳. 河长制绩效评价体系理论及框架构建 [J]. 水利经济，2020，38（04）：28-

32，40，82．

[336] 郑荣伟，续衍雪，程静．基于 AHP 的河长制评价体系构建 [J]．浙江水利水电学院学报，2020，32（04）：25-29．

[337] 刘小勇，傅渝亮，李晓晓，等．河湖长制工作综合评估指标与方法研究 [J]．人民长江，2020，51（10）：42-46，104．

[338] 唐新玥，唐德善，常文倩，等．基于云模型的区域河长制考核评价模型 [J]．水资源保护，2019，35（01）：41-46．

[339] 彭欣雨，唐德善．基于组合权重-理想区间法的河长制实施效果评价模型及应用研究 [J]．水资源与水工程学报，2020，31（02）：50-56．

[340] 张慧，王吉永，王连勇，等．河长制综合管理系统 APP 的设计与实现 [J]．灌溉排水学报，2020，39（S2）：99-103．

[341] 张慧，王连勇，王吉永，等．基于多终端的河长制管理云平台设计与实践 [J]．灌溉排水学报，2020，39（S2）：104-108．

[342] 王煜，李福生，侯红雨．流域多水源空间均衡配置研究 [M]．北京：科学出版社，2020．

[343] 褚钰．基于政策网络的流域水资源帕累托优化配置研究 [M]．北京：中国社会科学出版社，2019．

[344] 谭倩，缑天宇，张田媛，等．基于鲁棒规划方法的农业水资源多目标优化配置模型 [J]．水利学报，2020，51（01）：56-68．

[345] 杜丽娟，陈根发，柳长顺，等．基于 GWAS 模型的灌区水资源优化配置研究：以湑史杭灌区为例 [J]．水利水电技术，2020，51（12）：26-35．

[346] 郑志磊，郑航，刘悦忆，等．基于优化模型的城市供水多水源配置研究 [J]．水利水电技术，2020，51（09）：58-64．

[347] 吴贞晖，梅亚东，蔡昊．面向总量控制的流域水量动态优化分配方法 [J]．长江科学院院报，2020，37（08）：42-48．

[348] 李佳伟，左其亭，马军霞，等．面向现代治水新思想的水资源优化配置模型及应用 [J]．水电能源科学，2019，37（11）：33-36．

[349] 贺建文．内陆干旱区城市多目标水资源优化配置研究 [J]．人民黄河，2020，42（S1）：26-29．

[350] 吴云，曾超，杨侃，等．基于改进 NSGA-Ⅱ算法的水资源多目标优化配置 [J]．人民黄河，2020，42（05）：71-75．

[351] 卞雨，杨侃，何琦，等．基于改进鸡群算法的区域水资源配置模型研究 [J]．人民长江，2020，51（09）：84-89．

[352] 高黎明，陈华伟，李福林．基于水量水质双控的缺水地区水资源优化配置 [J]．南水北调与水利科技（中英文），2020，18（02）：70-78．

[353] 陈红光，王中君，王琼雅，等．基于区间两阶段-部分信息模型的城市水资源优化配置 [J]．资源科学，2019，41（08）：1416-1426．

[354] 郭萍，单宝英，郭珊珊．基于 Pareto 解集的多目标农业水土资源优化配置模型 [J]．天津大学学报（自然科学与工程技术版），2019，52（10）：1008-1016．

[355] 王安迪，康艳，宋松柏．基于 SD-MOP 模型的生态型灌区水资源优化配置研究 [J]．节水灌溉，2019（08）：68-74．

[356] 陆晓，吴云，杨侃，等．基于改进多目标布谷鸟算法的水资源配置研究 [J]．中国农村水利水电，2020（04）：56-60．

[357] 吴云，吴梦烟，杨侃，等．基于改进飞蛾扑火算法的区域水资源优化配置模型研究 [J]．中国农村水利水电，2019（09）：8-13．

[358] 黄显峰，石志康，金国裕，等．基于碳足迹的区域水资源优化配置模型 [J]．水资源保护，

　　　　　　2020, 36 (04)：47 - 51.

[359]　李丽琴, 王志璋, 贺华翔, 等. 基于生态水文阈值调控的内陆干旱区水资源多维均衡配置研究
　　　　[J]. 水利学报, 2019, 50 (03)：377 - 387.

[360]　邹进. 基于二元水循环及系统熵理论的城市用水配置 [J]. 水利水电科技进展, 2019, 39
　　　　(02)：16 - 20.

[361]　谢新民, 李丽琴, 周翔南, 等. 基于地下水"双控"的水资源配置模型与实例应用 [J]. 水资
　　　　源保护, 2019, 35 (05)：6 - 12.

[362]　孙国营, 陕振沛, 孙新杰, 等. 基于 TOPSIS -灰色关联方法的水资源配置评价模型研究 [J].
　　　　节水灌溉, 2019 (07)：68 - 71, 76.

[363]　张超, 张辉, 刘新华, 等. 阿克苏河流域灌溉水资源调控配置研究 [M]. 北京：科学出版
　　　　社, 2019.

[364]　蒋晓辉, 黄强, 何宏谋, 等. 基于水库群多目标调度的黑河流域复杂水资源系统配置研究
　　　　[M]. 北京：科学出版社, 2020.

[365]　郭生练, 田晶, 杨光, 等. 汉江流域水文模拟预报与水库水资源优化调度配置 [M]. 北京：中
　　　　国水利水电出版社, 2020.

[366]　李金燕, 张维江. 生态优先的宁夏中南部干旱区域水资源合理配置理论与模式研究 [M]. 郑
　　　　州：黄河水利出版社, 2019.

[367]　李晓宇, 牛茂苍, 胡著翔, 等. 内陆行政区水资源配置案例研究 [M]. 郑州：黄河水利出版
　　　　社, 2019.

[368]　王光焰, 孙怀卫, 陈长清, 等. 塔里木河流域干流水资源配置原理与实践 [M]. 武汉：武汉大
　　　　学出版社, 2019.

[369]　郭毅, 陈璐, 周建中, 等. 基于均衡发展的郁江流域水资源优化配置 [J]. 水电能源科学,
　　　　2020, 38 (03)：42 - 45.

[370]　何莉, 杜煜, 张照垄, 等. 基于农牧业需水特性的洋河流域农业水资源优化配置 [J]. 农业工
　　　　程学报, 2020, 36 (04)：72 - 81.

[371]　吴云, 苏律文, 仲晓林, 等. 晋中南-长治供水区水资源优化配置模型研究 [J]. 水电能源科
　　　　学, 2019, 37 (04)：25 - 28, 108.

[372]　杨成刚, 田传冲, 周芬. 基于水量水质联合调控系统的宁波市三江平原河网引配水研究 [J].
　　　　水电能源科学, 2019, 37 (01)：32 - 35, 48.

[373]　单义明, 杨侃, 吴云, 等. 基于 ITSRP 模型的吕梁市水资源优化配置研究 [J]. 人民黄河,
　　　　2020, 42 (11)：42 - 47.

[374]　刘寒青, 赵勇, 李海红, 等. 基于区间两阶段随机规划方法的北京市水资源优化配置 [J]. 南
　　　　水北调与水利科技, 2020, 18 (01)：34 - 41, 137.

[375]　胡艳玲, 黄仲冬, 齐学斌, 等. 基于线性规划和 MODFLOW 耦合技术的人民胜利渠灌区水资
　　　　源优化配置研究 [J]. 灌溉排水学报, 2019, 38 (12)：85 - 92.

[376]　潘琦, 郭萍, 张帆, 等. 考虑渠道渗漏的黄羊灌区农业水资源多目标优化配置研究 [J]. 水资
　　　　源与水工程学报, 2020, 31 (04)：166 - 173.

[377]　孙青言, 陆垂裕, 肖伟华, 等. 高纬度寒区水循环机理与水资源调控 [M]. 北京：科学出版
　　　　社, 2019.

[378]　汪妮, 刘思源, 解建仓. 陕北农牧交错带沙地农业与水资源调控 [M]. 北京：科学出版
　　　　社, 2019.

[379]　康绍忠, 赵文智, 黄冠华, 等. 西北旱区绿洲农业水转化多过程耦合与高效用水调控——以甘
　　　　肃河西走廊黑河流域为例 [M]. 北京：科学出版社, 2020.

[380]　张金良. 黄河水沙联合调度关键问题与实践 [M]. 北京：科学出版社, 2020.

[381] 何建兵，李敏，吴修锋，等. 长三角典型复杂江河湖水资源联合调度关键技术研究与应用 [M]. 北京：中国水利水电出版社，2019.

[382] 何建兵，李敏，蔡梅. 太湖流域江河湖水资源联合调度实践与理论探索 [M]. 南京：河海大学 出版社，2019.

[383] 左其亭，梁士奎，陈豪，等. 闸控河流水文生态效应分析与调控 [M]. 北京：科学出版 社，2019.

[384] 裴源生，许继军，肖伟华，等. 基于二元水循环的水量-水质-水效联合调控模型开发与应用 [J]. 水利学报，2020，51（12）：1473-1485.

[385] 纪昌明，马皓宇，彭杨. 面向梯级水库多目标优化调度的进化算法研究 [J]. 水利学报，2020，51（12）：1441-1452.

[386] 王煜，彭少明，武见，等. 黄河流域水资源均衡调控理论与模型研究 [J]. 水利学报，2020，51（01）：44-55.

[387] 姬志军，王畅. 基于动态互馈模拟的半分布式水资源综合调度模型 [J]. 水利水电技术，2019，50（09）：83-88.

[388] 左其亭，韩淑颖，韩春辉，等. 基于遥感的新疆水资源适应性利用配置-调控模型研究框架 [J]. 水利水电技术，2019，50（08）：52-57.

[389] 杨芬，王萍，黄大英，等. 基于调配管理的北京市多水源水量联合调度研究 [J]. 水利水电技术，2020，51（01）：70-76.

[390] 高甫章，何新林，杨广. 克拉玛依市水资源多维临界调控研究 [J]. 水利水电技术，2019，50（01）：73-80.

[391] 张海丽，贺新春，邓家泉. 基于闸泵联控的感潮河网区水动力水质调控 [J]. 长江科学院院报，2019，36（08）：36-41，48.

[392] 李文武，刘江鹏，蒋志强，等. 基于 HSARSA（λ）算法的水库长期随机优化调度研究 [J]. 水电能源科学，2020，38（12）：53-57.

[393] 吴梦烟，杨侃，吴云，等. 基于改进烟花算法的汾河水库优化调度模型研究 [J]. 水电能源科 学，2020，38（05）：71-75.

[394] 贾一飞，董增川，林梦然. 龙羊峡-刘家峡水库连续枯水年优化调度研究 [J]. 水电能源科学，2019，37（03）：54-57.

[395] 王兴菊，孙杰豪，赵然杭，等. 基于可变模糊集理论的跨流域调水工程水资源优化调度 [J]. 南水北调与水利科技（中英文），2020，18（06）：85-92，100.

[396] 曹明霖，徐斌，王腊春，等. 跨区域调水多水源水库群系统供水联合优化调度多情景优化模型 研究与应用 [J]. 南水北调与水利科技，2019，17（06）：54-61，112.

[397] 张代青，沈春颖，于国荣，等. 基于河道流量生态服务效应的水库生态价值优化调度 [J]. 武 汉大学学报（工学版），2020，53（02）：101-109，116.

[398] 黄志鸿，董增川，周涛，等. 面向生态友好的水库群调度模型 [J]. 河海大学学报（自然科学 版），2020，48（03）：202-208.

[399] 刘玒玒，李伟红，赵雪. 西安市引汉济渭与黑河引水工程多水源联合调配模拟 [J]. 水土保持 通报，2020，40（01）：136-141.

[400] 吴志远，黄显峰，李昌平，等. 基于分段粒子群算法的梯级水库多目标优化调度模型研究 [J]. 水资源与水工程学报，2020，31（03）：145-154.

[401] 邓铭江，黄强，畅建霞，等. 大尺度生态调度研究与实践 [J]. 水利学报，2020，51（07）：757-773.

[402] 周建中，顿晓晗，张勇传. 基于库容风险频率曲线的水库群联合防洪调度研究 [J]. 水利学报，2019，50（11）：1318-1325.

[403] 岳华，马光文，杨庚鑫. 梯级水库群超标洪水的协同应急调度研究 [J]. 水利学报，2019，50
      (03)：356 - 363.

[404] 彭少明，王煜，尚文绣，等. 应对干旱的黄河干流梯级水库群协同调度 [J]. 水科学进展，
      2020，31 (02)：172 - 183.

[405] 何绍坤，郭生练，刘攀，等. 金沙江梯级与三峡水库群联合蓄水优化调度 [J]. 水力发电学报，
      2019，38 (08)：27 - 36.

[406] 金文婷，王义民，白涛，等. 枯水年引汉济渭并联水库多目标调度及决策 [J]. 水力发电学报，
      2019，38 (02)：68 - 81.

[407] 刘江侠，任涵璐. 基于生态需水的永定河水资源调配研究 [J]. 水电能源科学，2019，37
      (02)：31 - 34.

[408] 刘攀，张晓琦，邓超，等. 水库适应性调度初探 [J]. 人民长江，2019，50 (02)：1 - 5，12.

[409] 艾学山，支悦，董璇，等. 适应气候变化的交互式水库防洪调度决策分析系统 [J]. 水利水电
      技术，2020，51 (10)：180 - 187.

[410] 吴贞晖，梅亚东，李析男，等. 基于"模拟-优化"技术的多目标水库调度图优化 [J]. 中国农
      村水利水电，2020 (07)：216 - 221.

[411] 陈立华，滕翔，严诚，等. 西江流域水资源优化调度网络图动态构建研究 [J]. 中国农村水利
      水电，2019 (08)：1 - 4，11.

[412] 王煜，彭少明，武见，等. 黄河"八七"分水方案实施 30a 回顾与展望 [J]. 人民黄河，2019，
      41 (09)：6 - 13，19.

[413] 王忠静，郑航. 黄河"八七"分水方案过程点滴及现实意义 [J]. 人民黄河，2019，41 (10)：
      109 - 112，127.

[414] 王煜，彭少明，郑小康，等. 黄河"八七"分水方案的适应性评价与提升策略 [J]. 水科学进
      展，2019，30 (05)：632 - 642.

[415] 左其亭，吴滨滨，张伟，等. 跨界河流分水理论方法及黄河分水新方案计算 [J]. 资源科学，
      2020，42 (01)：37 - 45.

[416] 蒋晓辉，夏军，黄强，等. 黑河"97"分水方案适应性分析 [J]. 地理学报，2019，74 (01)：
      103 - 116.

[417] 孙周亮，刘艳丽，刘冀，等. 基于博弈论组合赋权法的澜沧江-湄公河水量分配 [J]. 水资源与
      水工程学报，2020，31 (01)：1 - 5.

[418] 刘艳丽，孙周亮，刘冀，等. 澜沧江-湄公河流域可分配水量计算与水利益共享 [J]. 人民长
      江，2020，51 (08)：111 - 117.

[419] 任俊霖，彭梓倩，孙博文，等. 澜湄水资源合作机制 [J]. 自然资源学报，2019，34 (02)：
      250 - 260.

[420] 刘艳丽，赵志轩，孙周亮，等. 基于水利益共享的跨境流域水资源多目标分配研究——以澜沧
      江-湄公河为例 [J]. 地理科学，2019，39 (03)：387 - 393.

[421] 陈艳萍，刘晶婕，吴凤平. 跨境河流水量分配方法探讨：破产理论下的评估与改进 [J]. 中国
      人口·资源与环境，2020，30 (12)：66 - 74.

[422] 尚文绣，彭少明，王煜，等. 缺水流域用水竞争与协作关系——以黄河流域为例 [J]. 水科学
      进展，2020，31 (06)：897 - 907.

[423] 李芳，吴凤平，陈柳鑫，等. 非对称性视角下跨境水资源冲突与合作的鹰鸽博弈模型 [J]. 中
      国人口·资源与环境，2020，30 (05)：157 - 166.

[424] 张强，刘剑宇. 变化环境下不同时空尺度径流演变及其归因研究 [M]. 北京：科学出版
      社，2019.

[425] 刘俊萍，曹飞凤，韩伟，等. 河川径流对变化环境的脉冲响应研究 [M]. 北京：中国水利水电

出版社，2019.

[426] 秦鹏程，刘敏，杜良敏，等. 气候变化对长江上游径流影响预估 [J]. 气候变化研究进展，2019，15（04）：405 – 415.

[427] 杨倩，刘登峰，孟宪萌，等. 环境变化对汉江上游径流影响的定量分析 [J]. 水力发电学报，2019，38（12）：73 – 84.

[428] 田晶，郭生练，刘德地，等. 气候与土地利用变化对汉江流域径流的影响 [J]. 地理学报，2020，75（11）：2307 – 2318.

[429] 班璇，师崇文，郭辉，等. 气候变化和水利工程对丹江口大坝下游水文情势的影响 [J]. 水利水电科技进展，2020，40（04）：1 – 7.

[430] 魏晓玥，黄晓荣，潘莘，等. 金沙江上游近 60 年径流变化对气候的响应 [J]. 水力发电，2019，45（08）：12 – 17.

[431] 邓鹏，孙善磊，黄鹏年. 气候变化对鄱阳湖流域径流的影响 [J]. 河海大学学报（自然科学版），2020，48（01）：39 – 45.

[432] 董立俊，董晓华，曾强，等. 气候变化条件下雅砻江流域未来径流变化趋势研究 [J]. 气候变化研究进展，2019，15（06）：596 – 606.

[433] 王国庆，管晓祥，王乐扬，等. 气候变化和人类活动对黄河重点区间径流的影响 [J]. 人民黄河，2019，41（10）：26 – 30，39.

[434] 裴宏伟，杨佳，张红娟，等. 变化环境下清水河流域径流演变特征及驱动力 [J]. 南水北调与水利科技（中英文），2020，18（02）：1 – 13.

[435] 冷曼曼，张志强，于洋，等. 昕水河流域径流变化及其对气候和人类活动的响应 [J]. 水土保持学报，2020，34（03）：113 – 119，128.

[436] 魏晓婷，黄生志，黄强，等. 定量分解气候变化与人类活动对季节径流变异的贡献率 [J]. 水土保持学报，2019，33（06）：182 – 189.

[437] 王国庆，张建云，鲍振鑫，等. 人类活动和气候变化对岚河流域河川径流的影响 [J]. 灌溉排水学报，2019，38（06）：113 – 118.

[438] 王晓颖，宋培兵，廖卫红，等. 气候变化和人类活动对白河流域径流变化影响的定量研究 [J]. 水资源与水工程学报，2020，31（04）：50 – 56.

[439] 王泽勇，廖卫红，丁星臣，等. 气候变化和人类活动对密云水库上游流域径流变化的影响 [J]. 水电能源科学，2020，38（06）：13 – 16.

[440] 崔豪，肖伟华，周毓彦，等. 气候变化与人类活动影响下大清河流域上游河流径流响应研究 [J]. 南水北调与水利科技，2019，17（04）：54 – 62.

[441] 吴立钰，张璇，李冲，等. 气候变化和人类活动对伊逊河流域径流变化的影响 [J]. 自然资源学报，2020，35（07）：1744 – 1756.

[442] 王少丽，臧敏，王亚娟，等. 降水和下垫面对流域径流量影响的定量研究 [J]. 水资源与水工程学报，2019，30（06）：1 – 5.

[443] 王子龙，何馨，姜秋香，等. 气候变化下东北中等流域冬季径流模拟和预测 [J]. 水科学进展，2020，31（04）：575 – 582.

[444] 王艳，乔长录，张和平. 气候变化下奎屯河流域径流特征分析 [J]. 水利水电技术，2020，51（02）：60 – 68.

[445] 王赛男，李建鸿，蒲俊兵，等. 气候和人类活动对典型岩溶地下河系统径流年际变化的影响 [J]. 自然资源学报，2019，34（04）：759 – 770.

[446] 王珂，蒲焘，史晓宜，等. 澜沧江源区气温与降水对径流变化的影响 [J]. 气候变化研究进展，2020，16（03）：306 – 315.

[447] 王国庆，乔翠平，刘铭璐，等. 气候变化下黄河流域未来水资源趋势分析 [J]. 水利水运工程

学报，2020（02）：1-8.

[448]　王永强，刘志明，袁喆，等. 气候变化对黄河流域地表水资源量的影响评估 [J]. 人民黄河，2019，41（08）：57-61，67.

[449]　余樨，张翔，柯航，等. 气候变化对湖北省未来水资源量变化趋势的影响 [J]. 水电能源科学，2020，38（09）：36-38，47.

[450]　康世昌，郭万钦，吴通华，等. "一带一路"区域冰冻圈变化及其对水资源的影响 [J]. 地球科学进展，2020，35（01）：1-17.

[451]　秦欢欢. 气候变化和人类活动影响下北京市需水量预测 [J]. 人民长江，2020，51（04）：122-127.

[452]　运晓博，汤秋鸿，徐锡蒙，等. 气候变化对澜湄流域上下游水资源合作潜力的影响 [J]. 气候变化研究进展，2020，16（05）：555-563.

[453]　许迪，李益农，龚时宏，等. 气候变化对农业水管理的影响及应对策略研究 [J]. 农业工程学报，2019，35（14）：79-89.

[454]　徐莹莹. 露水资源监测与开发 [M]. 北京：科学出版社，2019.

[455]　武强，孙文洁，董东林，等. 废弃矿井水资源开发利用战略研究 [M]. 北京：科学出版社，2020.

[456]　严登华，王浩，周梦，等. 全球治水模式思辨与发展展望 [J]. 水资源保护，2020，36（03）：1-7.

[457]　张金良. 黄河-西北生态经济带建设的水战略思考 [J]. 人民黄河，2019，41（01）：37-40，57.

[458]　周斌，桑学锋，秦天玲，等. 我国京津冀地区良性水资源调控思路及应对策略 [J]. 水利水电科技进展，2019，39（03）：6-10，17.

[459]　贾绍凤，梁媛. 新形势下黄河流域水资源配置战略调整研究 [J]. 资源科学，2020，42（01）：29-36.

[460]　刘柏君，彭少明，崔长勇. 新战略与规划工程下的黄河流域未来水资源配置格局研究 [J]. 水资源与水工程学报，2020，31（02）：1-7.

[461]　彭涛. 乌江中下游干流梯级水库洪水资源利用方式研究 [J]. 水电能源科学，2020，38（08）：59-61，103.

[462]　董磊华，金弈，张傲然，等. 三河口水库洪水资源利用方式研究 [J]. 中国农村水利水电，2021（02）：62-65，77.

[463]　张伟强，杜敬华，王雁霄，等. 新时期河南省水资源保护和利用瓶颈与发展路径 [J]. 灌溉排水学报，2020，39（10）：123-129.

[464]　袁秀，孙燕燕，王计平，等. 基于水鸟栖息地恢复的黄河三角洲水资源综合利用策略 [J]. 资源科学，2020，42（01）：104-114.

[465]　克里木，姜付仁. 新疆水资源禀赋、开发利用现状及其长期战略对策 [J]. 水利水电技术，2019，50（12）：57-64.

[466]　陈成豪，李龙兵，黄国如，等. 海南岛河湖水系连通与水资源联合调配研究 [M]. 北京：中国水利水电出版社，2019.

[467]　陈吟，王延贵，陈康. 水系连通的类型及连通模式 [J]. 泥沙研究，2020，45（03）：53-60.

[468]　王延贵，陈吟，陈康. 水系连通性的指标体系及其应用 [J]. 水利学报，2020，51（09）：1080-1088，1100.

[469]　陈昂，吴森，周小国，等. 河流连通性综合评价方法研究 [J]. 长江科学院院报，2020，37（02）：21-27.

[470]　李凯轩，李志威，胡旭跃，等. 洞庭湖区水系连通工程指标体系与评价方法 [J]. 水利水电科

技进展，2020，40（06）：6-10，22.

[471]　危小建，江平，陈竹安，等. 基于拓扑结构和空间网络结构的水系连通性评价 [J]. 人民长江，2019，50（05）：76-81.

[472]　沈婕，梁忠民，王军. 基于模糊集对分析的河湖水系连通风险评估 [J]. 水力发电，2020，46（11）：1-5.

[473]　窦明，石亚欣，于璐，等. 基于图论的城市河网水系连通方案优选——以清潩河许昌段为例 [J]. 水利学报，2020，51（06）：664-674.

[474]　黄草，陈叶华，李志威，等. 洞庭湖区水系格局及连通性优化 [J]. 水科学进展，2019，30（05）：661-672.

[475]　林楚翘，易雨君，刘铁. 博斯腾湖流域水系连通评价及优化调控 [J]. 环境工程，2020，38（10）：21-25.

[476]　杨卫，许明祥，李瑞清，等. 面向生态环境的河湖连通引水调控方案研究 [J]. 武汉大学学报（工学版），2020，53（10）：861-868.

[477]　窦明，于璐，靳梦，等. 淮河流域水系盒维数与连通度相关性研究 [J]. 水利学报，2019，50（06）：670-678.

[478]　杨志，冯民权. 基于图论的强人工干扰流域综合连通性量化的改进方法 [J]. 水资源保护，2020，36（04）：52-59.

[479]　高玉琴，刘云苹，闫光辉，等. 秦淮河流域水系结构及连通度变化分析 [J]. 水利水电科技进展，2020，40（05）：32-39.

[480]　张嘉辉，叶长青，朱丽蓉，等. 考虑水功能需求的海口市水系连通指标阈值研究 [J]. 水资源与水工程学报，2019，30（02）：122-129.

[481]　陈传友，沈镭，胡长顺，等. 我国大西线"江河连通"调水新格局的设想与评析 [J]. 水利水电科技进展，2019，39（06）：1-8.

[482]　杨志，冯民权. 城市人工浅水湖泊群水系连通方案研究 [J]. 人民长江，2020，51（04）：49-58.

[483]　梁昌梅，张翔，李宗礼，等. 武汉市城市化进程中河湖水系的时空演变特征 [J]. 华北水利水电大学学报（自然科学版），2019，40（06）：61-68.

[484]　翟正丽，桑学锋，顾世祥，等. 基于水资源配置平衡的云南省水系连通格局效果分析 [J]. 水资源保护，2019，35（03）：48-52，62.

[485]　魏鏊鏊，李一平，翁晟琳，等. 太湖流域城市化对平原河网水系结构与连通性影响 [J]. 湖泊科学，2020，32（02）：553-563.

[486]　陈亚宁，郝兴明，陈亚鹏，等. 新疆塔里木河流域水系连通与生态保护对策研究 [J]. 中国科学院院刊，2019，34（10）：1156-1164.

[487]　王坤，许超，王文杰，等. 1980—2015年清水河流域水系连通变化研究 [J]. 北京大学学报（自然科学版），2019，55（04）：747-754.

[488]　冶运涛，蒋云钟，赵红莉，等. 智慧流域理论、方法与技术 [M]. 北京：中国水利水电出版社，2020.

[489]　和吉，崔立军，葛建文，等. 基于现代智能技术的灌区水资源利用研究 [M]. 北京：中国农业出版社，2019.

[490]　张建云，刘九夫，金君良. 关于智慧水利的认识与思考 [J]. 水利水运工程学报，2019（06）：1-7.

[491]　史良胜，查元源，胡小龙，等. 智慧灌区的架构、理论和方法之初探 [J]. 水利学报，2020，51（10）：1212-1222.

[492]　俞扬峰，马福恒，霍吉祥，等. 基于GIS的大型灌区移动智慧管理系统研发 [J]. 水利水运工程学报，2019（04）：50-57.

[493]　刘家宏，李泽锦，张颖春，等．基于城市水文模型的海绵城市智慧管控 [J]. 水利水电技术，2019，50 (09)：1 - 9.

[494]　王建华，赵红莉，冶运涛．城市智能水网系统解析与关键支撑技术 [J]. 水利水电技术，2019，50 (08)：37 - 44.

[495]　樊霖，庞靖鹏．新时代我国水利现代化进程评估分析 [J]. 水利经济，2020，38 (06)：7 - 11，19，81.

[496]　孙世友，鱼京善，杨红粉，等．基于智慧大脑的水利现代化体系研究 [J]. 中国水利，2020 (19)：52 - 55.

[497]　李根，程玉亮，阎诗佳，等．基于层次分析法和模糊综合评判法的水利现代化程度综合评价研究 [J]. 水利发展研究，2019，19 (06)：63 - 67.

[498]　金辉虎，韩健．"一带一路"建设沿线水资源安全问题及思考 [J]. 环境科学与管理，2019，44 (02)：76 - 78.

[499]　夏军，陈进．从防御 2020 年长江洪水看新时代防洪战略 [J]. 中国科学：地球科学，2021，51 (01)：27 - 34.

[500]　李艺璇，刘慧，方钰佳，等．湖南长江经济带产业水资源利用与城镇化耦合协调机制研究 [J]. 绿色科技，2020 (04)：208 - 214.

[501]　刘红光，陈敏，唐志鹏．基于灰水足迹的长江经济带水资源生态补偿标准研究 [J]. 长江流域资源与环境，2019，28 (11)：2553 - 2563.

[502]　刘昌明，刘小莽，田巍，等．黄河流域生态保护和高质量发展亟待解决缺水问题 [J]. 人民黄河，2020，42 (09)：6 - 9.

[503]　曹晓峰，胡承志，齐维晓，等．京津冀区域水资源及水环境调控与安全保障策略 [J]. 中国工程科学，2019，21 (05)：130 - 136.

[504]　褚俊英，周祖昊，王浩，等．流域综合治理的多维嵌套理论与技术体系 [J]. 水资源保护，2019，35 (01)：1 - 5，13.

[505]　王浩，赵勇．新时期治黄方略初探 [J]. 水利学报，2019，50 (11)：1291 - 1298.

[506]　左其亭．黄河流域生态保护和高质量发展研究框架 [J]. 人民黄河，2019，41 (11)：1 - 6，16.

[507]　牛玉国，张金鹏．对黄河流域生态保护和高质量发展国家战略的几点思考 [J]. 人民黄河，2020，42 (11)：1 - 4，10.

[508]　王金南．黄河流域生态保护和高质量发展战略思考 [J]. 环境保护，2020，48 (Z1)：18 - 21.

[509]　董战峰，璩爱玉，冀云卿．高质量发展战略下黄河下游生态环境保护 [J]. 科技导报，2020，38 (14)：109 - 115.

[510]　张金良．黄河流域生态保护和高质量发展水战略思考 [J]. 人民黄河，2020，42 (04)：1 - 6.

[511]　钟平安，唐洪武．淮河中下游洪涝综合治理的思考与初探 [J]. 水科学进展，2020，31 (05)：746 - 753.

第 4 章　水环境研究进展报告

4.1　概述

4.1.1　背景与意义

（1）水环境是一个城市文明的象征，是提高城市文化和生活品位的一项重要衡量指标，也是构建和谐社会的重要组成部分。然而，随着工业化与城市化进程的加快，人口剧增，人类资源开发活动带来的污染现象日趋严重，呈现出一系列的水环境问题，严重威胁着人们的健康。水环境问题不仅仅是生态问题，也是经济和政治问题，直接关系到粮食安全、生态安全、国民健康安全、社会安全等，越来越受到国际社会的关注。

（2）2011 年中央一号文件《中共中央　国务院关于加快水利改革发展的决定》指出，"水是生命之源、生产之要、生态之基。兴水利、除水害，事关人类生存、经济发展、社会进步，历来是治国安邦的大事"。确保水资源可持续利用，是实现经济社会可持续发展的重要前提条件。然而，由于经济社会的快速发展，存在水污染严重、部分地区水生态环境恶化等问题，成为发展民生水利及水利可持续发展的障碍。

（3）党的十九大报告提出"坚持人与自然和谐共生"，建设生态文明是中华民族永续发展的千年大计。必须树立和践行"绿水青山就是金山银山"的理念，坚持节约资源和保护环境的基本国策，像对待生命一样对待生态环境，统筹山水林田湖草系统治理，实行最严格的生态环境保护制度，形成绿色发展方式和生活方式，坚定走生产发展、生活富裕、生态良好的文明发展道路，建设美丽中国，为人民创造良好生产生活环境，为全球生态安全作出贡献。

（4）关于水环境方面的研究，从 20 世纪 70 年代以来，我国在水环境的基础理论研究、模拟技术研究及污染治理技术研究等方面取得了大量的研究成果，积累了大量科学资料，提出很多丰富多彩的理论方法和学术观点，极大地促进水环境的可持续利用和有效保护，带动水环境科学的发展和经济社会的可持续发展。因此，加强水环境研究，已成为支撑我国可持续发展的重要学科领域，也很有必要及时总结有关水环境研究的最新进展，促进水环境研究理论发展和实践应用。

4.1.2　标志性成果或事件

（1）2019 年 4 月 28 日，生态环境部部长李干杰主持召开生态环境部常务会议，审议并通过《地级及以上城市国家地表水考核断面水环境质量排名方案》。开展地级及以上城市国家地表水考核断面水环境质量排名，是落实"水十条"部署、推动环境信息公开、保障公众知情权、加强水污染防治社会监督的重要举措，对于更好突出污染防治工作的问题导向和目标导向，突出重点区域和城市，有效倒逼地方进一步加大污染防治工作力度，促进形成城市间环境质量"比、赶、超"的良好氛围有着重要意义。

（2）2019 年 6 月 18 日，中共中央办公厅、国务院办公厅印发《中央生态环境保护督察工作规定》，中央实行生态环境保护督察制度，设立专职督察机构，对省、自治区、直辖市党委和政府、国务院有关部门以及有关中央企业等组织开展生态环境保护督察。

（3）2020 年 1 月 21 日，生态环境部、水利部联合印发《关于建立跨省流域上下游突发水污染事件联防联控机制的指导意见》（以下简称《指导意见》）。《指导意见》聚焦机制建设"谁来做""做什么"和"怎么做"的问题，明确省级政府负责统筹建立并落实跨省流域上下游突发水污染事件联防联控机制。

（4）2020 年 3 月 3 日，中共中央办公厅、国务院办公厅印发《关于构建现代环境治理体系的指导意见》，到 2025 年，建立健全环境治理的领导责任体系、企业责任体系、全民行动体系、监管体系、市场体系、信用体系、法律法规政策体系，落实各类主体责任，提高市场主体和公众参与的积极性，形成导向清晰、决策科学、执行有力、激励有效、多元参与、良性互动的环境治理体系。

（5）2020 年 4 月 30 日，中共中央办公厅、国务院办公厅印发了《省（自治区、直辖市）污染防治攻坚战成效考核措施》（以下简称《措施》），并发出通知，要求各地区各部门结合实际认真贯彻落实。《措施》适用于对各省（自治区、直辖市）党委、人大、政府污染防治攻坚战成效的考核。

（6）2020 年 11 月 5 日由生态环境部部务会议审议通过《生态环境标准管理办法》，自 2021 年 2 月 1 日起施行。《生态环境标准管理办法》第四条规定：国家生态环境标准包括国家生态环境质量标准、国家生态环境风险管控标准、国家污染物排放标准、国家生态环境监测标准、国家生态环境基础标准和国家生态环境管理技术规范。

4.1.3　本章主要内容介绍

本章是有关水环境研究进展的专题报告，主要内容包括以下两部分：

（1）对水环境研究的背景及意义、有关水环境 2019—2020 年标志性成果或事件、主要内容以及有关说明进行简单概述。

（2）本章从 4.2 节开始按照水环境内容进行归纳，主要内容包括：水环境机理研究进展，水环境调查、监测与分析研究进展，水质模型与水环境预测研究进展，水环境评价研究进展，污染物总量控制及其分配研究进展，水环境管理理论研究进展，水生态理论方法研究进展，水污染治理技术研究进展，水生态保护与修复技术研究进展。

4.1.4　其他说明

本章是在前 4 本水科学研究进展报告[1-4] 的基础上，在广泛阅读 2019—2020 年相关文献的基础上，系统介绍有关水环境的研究进展。所引用的文献均列入参考文献中。

4.2　水环境机理研究进展

污染物在进入水体后会发生迁移、扩散、吸附、解吸、沉降、再悬浮、摄入、内源呼吸、生化降解等一系列反应过程，同时还会在水体、悬浮物、底泥、水生生物等不同载体之间发生相态转化和形态变化。研究污染物在水环境系统中的反应机理，对于认识污染物的变化规律、预测其浓度时空变化过程具有极为重要的意义。

4.2.1 在水化学反应机理研究方面

水化学反应机理研究是开展水环境保护工作的基础，它涉及水体中各种生物化学反应的基础性研究。目前在这方面的研究成果很多，其中高水平成果也较多，但研究内容覆盖面广、研究方法差异较大。其主要研究工作大致可分为四个方面：一是对天然水化学特征进行研究；二是对水体中水质成分的内在作用机理进行研究；三是对水质与环境介质的相互作用机理进行研究；四是对水质与水生生物的作用机制进行研究。

（1）在天然水化学特征研究方面，发表的相关文献很多，大致可分为以下几类：一类是利用水化学方法对水体的水化学参数和氢氧同位素进行分析，研究其水化学类型、空间分布特征及成因和影响因素；一类是研究水体氢氧同位素及水化学成分；一类是对水体水化学演化机理及过程进行研究；还有一类是通过分析水体水化学特征，评价水体的水质状况及不同水体间的水力联系。

有关水化学类型、空间分布特征及成因和影响因素方面的文献众多，此处列举部分具有代表性的文献。沈贝贝等初步研究巴尔喀什湖流域不同水体水化学类型和同位素空间分布特征，探讨其形成原因和环境意义[5]。李杰彪等对甘肃北山地区稳定同位素变化特征及其影响因素、降水中主要离子变化特征、不同离子来源及贡献、水汽来源进行分析[6]。靳惠安等分析封冻期青海湖湖水、湖冰和积雪不同水体化学主离子特征、水化学类型、空间变化及控制因素[7]。汪生斌等分析格尔木河从源头至入湖口的水化学特征、形成原因以及主要离子来源[8]。冯文凯等对遂宁市红层丘陵区浅层地下水水化学特征及水质和成因进行分析[9]。任晓辉等对酒泉东盆地地下水化学特征及其成因进行系统的研究[10]。唐春雷等分析龙子祠泉域岩溶地下水水化学特征，揭示龙子祠泉水的水文地球化学特征和环境同位素特征[11]。侯庆秋等对内蒙古四子王旗浅层地下水化学特征、水化学类型及水化学成因进行研究[12]。冯波等对平罗县平原区潜水水化学特征及成因进行分析[13]。郑涛等对涡河流域中部地区不同深度地下水的水化学特征及其形成机制进行分析和探讨[14]。王翔等测定新疆奎屯地下水中氟和主要化学离子含量，并对该地区高氟地下水的水化学特征及成因进行研究[15]。林丽等分析新疆叶尔羌河流域浅层地下水化学特征及形成机制[16]。张勇等分析荞麦地流域地下水水化学特征，并定性和定量探讨荞麦地流域地下水水化学的物质来源[17]。

有关水体氢氧同位素及水化学成分研究的文献很多。熊贵耀等测定大沽河 26 个地下水样本和 4 个地表水样本氢氧同位素及水化学成分[18]。袁宏颖等对乌拉特灌域地下水化学组分的含量、分布、组成、来源进行综合分析及评价[19]。秦鹏一等分析安阳冲洪积扇含水层水化学分布特征及影响水化学组分的成因[20]。张涛等分析然乌湖流域地表水主要离子特征及其控制因素，揭示该区地表水水中的主要物质来源[21]。李旭光等分析通辽市科尔沁区地下水化学各组分之间的响应关系、作用机制，并研究地下水水化学成分的来源和形成过程[22]。李宁等对托克逊两河流域地下水化学组分来源进行分析，并对研究区水环境同位素特征进行分析，确定该区域地下水的水化学作用及组分来源[23]。

有关水体水化学演化机理及过程研究的文献很多。吕晓立等基于新疆塔城盆地地下水系 5 种水化学图对地下水化学组分进行异常识别，并对盆地地下水化学演变进行深入分析[24]。崔佳琪等研究河套灌区永济灌域地下水化学演化特征,并阐明地下水化学的形成机制,说明不同因子的影响程度[25]。唐金平等分析湔江冲洪积扇地下水化学类型与离子空间分布特征,讨论控制地下水化学演化过程的主要因素与离子的主要来源[26]。杨楠等深入讨论兴隆县地下水的水化学特征、补给来源和水文地球化学演化过程[27]。唐健健等开展岛礁地下水主要水化学离子现场和室内测试,分析珊瑚岛礁地下水水化学总体分布特征和主要离子组分之间的关系,探讨岛礁地下水演化过程[28]。彭磊等分析地下水水化学特征和克里雅河尾闾绿洲的水化学演化规律[29]。张百祖等在分析疏勒河中下游盆地地下水 TDS 含量空间变化和分析地下水化学特征的基础上,阐明控制该地区地下水化学演化的主要因素[30]。崔小顺等分析塔城盆地北区承压水化学类型分布特征,并结合研究区水文地质条件,分析地下水化学形成作用及其演化机制[31]。魏兴等分析喀什三角洲地下水的水文地球化学特征,探讨水化学演化规律及主要离子来源[32]。

　　同样,有关通过分析水体水化学特征,评价水体的水质状况及不同水体间的水力联系的文献也有很多。冯建国等分析大武水源地的主要离子特征及其成因,并运用综合评价法对水源地水质进行评价[33]。李贵恒等分析泰莱盆地地下水主要离子及水化学特征,并运用模糊综合评价法、Wilcox 图解法评价水质现状及灌溉水质[34]。王继华等研究了豫北平原地下水水化学的主要离子的空间分布特征及水化学形成机制,揭示水化学分布特征和主要形成作用,采用综合指标法和单因子法评价水质问题,并分析主要影响因素的超标情况[35]。冯国平等对修武地区地下水水化学特征及主要影响因素进行分析,并对水质进行评价[36]。郭亚文等分析南小河沟流域地表水和地下水的氢氧稳定同位素和水化学特征,揭示地表水与地下水之间的相互关系[37]。张清华等分析张家口市不同流域水体氢氧同位素特征、水化学特征及时空变化特征、地表地下水转化关系[38]。韩蕊荫等通过采集贵州荔波自然保护区内的板寨地上河小流域的地表和地下水样品,分析不同季节该流域水体的水化学特征,并结合 $\delta^{13}C$ 同位素值探讨水体溶质的来源和水化学过程[39]。张宏鑫等揭示控制雷州半岛岭北地区地下水水质的主要水文地球化学过程[40]。

　　(2) 在水质成分内在作用机理研究方面,曹阳等对中新天津生态城孔隙水的 pH 值、总硬度、TDS、K^+、Na^+、Ca^+、Mg^+、CO_3^{2-}、HCO_3^-、SO_4^{2-}、Cl^-、Sr、Br 质量浓度,Cl/Br、$\gamma Na/\gamma Cl$ 及 $^{87}Sr/^{86}Sr$ 等水化学和同位素参数进行测试分析,探讨地下空间水质的垂向分布情况[41]。张涵等揭示成都平原某典型城镇农村区不同时季地下水水质时空异质性、污染影响因素、潜在污染源及污染源时季变化规律[42]。周巾枚等对崇左响水区域内 60 个地下水样品中的常规指标和重金属元素进行测定和分析,运用内梅罗综合指数法分析不同类型地下水环境质量[43]。张彦等通过统计分析河南省水体污染物的分布特征、水体污染物的变化趋势及突变情况,以及在时间和空间上的相似性和差异性特征[44]。宁忠瑞等对黄河干流宁夏段进行年内水文时期(丰水期、平水期、枯水期)划分,筛选出对水体质量有代表性影响的水质指标,采用等权重的综合水质标识指数法对结果进行分析[45]。曹文庚等预测 2030 年保定平原浅层地下水位上升后,水岩相互作用过程中的表面络合作用、铁锰氧化物及氢氧化物的吸附作用、离子的竞争与协同吸附效应,以及不同矿物的溶解平衡反应[46]。喻生波等分析苏干湖盆地内不同水体氢氧同位素特征,揭示盆地内水资源形成与水环境演化规律[47]。冯卫等对卫河水系 1963—2018 年的水质指标数据进行计算，分析了河流水质的时空变化特征[48]。胡裕滔等分析徐六泾断面 5 项水质基本指标（水温、pH、溶解氧、电导率、浊度）和 3 项重点监测指标（总有机碳、氨氮、高锰酸盐指数）近 6 年的变化趋势[49]。

（3）在水质与环境介质的相互作用研究方面，史淑娟等通过分析 3 种主要污染物与生态流量关联的优序度，筛选出与河流生态流量关系最为密切的典型污染物，评估典型污染物时空变化趋势，分析其与生态流量之间的影响效应[50]。辛苑等开展了单场强降雨对北运河上游水质的影响研究，系统解析强降雨对北运河上游水质的影响特征[51]。段仲昭等分析滇池流域多年极端降水指标变化特征及其对滇池湖体水质的影响，评估不同极端降水指标、经济社会指标、人为氮磷输入量、调水量等驱动因子对滇池 TP、TN 浓度的重要性[52]。曾凯等基于实测资料对华阳河湖群水位在空间、时间变化上对水质指标的影响趋势以及水位、水质的相关性进行分析[53]。刘长杰等分析于桥水库入库水质-水温、总氮（TN）、总磷（TP）与流量的相关关系，模拟了库区水质变化与入库流量的响应关系[54]。何泽等以硝酸盐、溶解氧、化学需氧量为环境因子，分析指示环境因子演化的微生物群落结构特征及功能性指示菌属[55]。

（4）在水质与水生生物的作用机制方面，李蓓等构建基于 Apriori 算法的太湖水环境关键因子关联规则挖掘模型，对影响太湖水体富营养化的水环境关键因子进行识别[56]。李军等对会仙岩溶湿地地下水水化学特征和微生物群落结构进行分析和总结[57]。陈结平等以焦岗湖本土种植的泽泻、千屈菜、石菖蒲以及金鱼藻等水生植物为研究对象，在人工模拟自然条件下，研究其对焦岗湖水体中总氮（TN）、总磷（TP）、氨氮（NH_3-N）、化学需氧量（COD）等污染物的去除效果[58]。朱利英等比较分析 2006 年、2011 年和 2018 年温榆河水环境质量与浮游植物群落结构的时空变化，探讨浮游植物群落变化与水温、溶解氧、pH 值和营养盐之间的相互关系[59]。杨海强等对渭河干流及秦岭北麓 5 条典型支流共 40 个样点的大型底栖动物进行调查，并对河流水质进行评价[60]。

（5）张发旺等在《亚洲地下水与环境》[61] 一书中，研究气候地貌控制下的地下水形成、循环及其与生态环境关系，划分洲际尺度的地下水系统，分析归纳地下水的赋存类型、资源量、水质、地热的分布特征规律，揭示地下水环境背景、环境效应、生态环境特征和问题，提出跨界含水层和谐管理和地下水可持续利用与保护建议。

（6）吴吉春等在《地下水环境化学》[62] 一书中，介绍地下水及其分布、地下水的化学成分及其演变、地下水污染及其主要污染物、地下水化学基础、地下水污染物的主要化学过程、地下水污染物迁移、地下水污染修复技术以及地下水环境化学的主要研究方法等，并突出水文地质学、环境化学、生物学等多学科交叉特色。

（7）郑丙辉等在《三峡水库水环境特征及其演变》[63] 一书中，论述三峡水库运行后干流水体水文水动力、水质、水生态演变过程，以及流域氮、磷污染源输入和水库消落带土壤与沉积物的特征，以大宁河支流回水区为典型，探讨三峡水库支流回水区氮、磷迁移转化和水华形成机制。

（8）高博等在《白洋淀典型污染物水环境过程及效应》[64] 一书中，介绍白洋淀不同环境介质中典型污染物的水环境过程及效应，主要内容包括：重金属、持久性有机污染物等典型污染物在白洋淀水环境中的空间分布特征、赋存规律、污染评价、来源解析以及环境效应评估，氮元素的时空分布特征及其生物地球化学过程等。

（9）任焕莲等在《漳泽水库沉积物中氮磷污染特征分析研究》[65] 一文中，研究漳泽水库富营养化现状和多年变化情况，剖析引起水体氮磷富集的内源和外源因素，着重在室内静态模拟试验条件下，分析外源截断情况下内源对水体的二次污染，建立了对应的内源营养物质释放模型，并对 2018 年内源氮磷释放进行预测和合理性验证。

4.2.2　在水质相态转化理论研究方面

近年来，许多学者从单纯对水体中污染物变化规律的研究，逐步扩展到对悬浮物、底泥、水生生物等水环境系统中其他介质的研究，特别是针对污染物在不同载体之间进行界面转移和相态转化过程的研究。总体来看，由于关注的焦点不同，在水质相态转化研究对象选取方面也各有侧重：首先在溶解相与底泥相转化机理方面研究最多；其次是悬浮相与底泥相转化机理研究方面；最后是溶解相与生物相的转化机理研究。

（1）在溶解相与底泥相转化理论研究方面，燕文明等通过室内培养原位沉积柱，探究了好养环境中摇蚊幼虫扰动与铁的氧化耦合作用下沉积物-水界面体系中磷形态的迁移转化规律[66]。李琼等根据宜昌市黄柏河流域内 3 座梯级水库水体及沉积物柱状样品的数据分析，估算了沉积物-水界面磷释放通量，以及内源磷占磷总量的比例[67]。李志伟等分析了淮河干流（正阳关—洪泽湖）19 个断面不同时段（2014—2017 年）水样和沉积物中 TP、沉积物中重金属砷（As）、铜（Cu）、铅（Pb）、锌（Zn）、镉（Cd）等污染物的浓度和分布，探讨了河道流量、温度等因素对水体及沉积物中 TP、重金属时空分布的影响[68]。毛凯等利用实验室模拟法，研究了不同反应时间、溶液初始 pH 和重金属浓度对污泥生物质炭吸附效果的影响，并运用四步萃取法分析了生物炭上 Zn 的吸附形态[69]。汤亚洲等通过研究发现，蓝藻降解期间沉积-水界面溶解氧浓度迅速降低形成厌氧条件，在厌氧条件下溶解态钨和锰的浓度显著增加，沉积物中增加的钨会进一步扩散至上覆水中，显著增加上覆水体中溶解态钨的浓度[70]。滕应等系统分析了国内外场地土壤-地下水污染物多介质界面过程与调控研究进展与发展趋势，指出了目前该研究领域中存在的科学与技术问题，提出了我国场地土壤-地下水污染物多介质界面过程与调控原理的研究思路与重点方向[71]。刘庆等采用动力学试验与静态吸附试验，探讨了三泉水库库水与库底沉积物之间氟的作用过程[72]。潘延鑫等探究了陕西富平县卤泊滩盐碱地农田排水沟水体与底泥界面氧通量变化规律[73]。姜涛等分析了冰封期乌梁素海冰、冰下水和不同深度沉积物样品中 TDS、Na^+ 和 Cl^- 的浓度，并对水-沉积物界面 Na^+ 和 Cl^- 的扩散通量进行估算[74]。

（2）在悬浮相与底泥相转化理论研究方面，郝永飞等分析了淮河干流（正阳关—老子山）19 个断面上覆水和沉积物中关键污染物指标总磷（TP）及主要重金属（As、Cu、Pb、Zn）含量，探究了淮河干流 TP 和重金属时空分布特征与主要影响因素，并对各污染物的环境影响效应作出评价[75]。朱雅等分析了水库沉积物中铁、锰、硫化物和有机质的分布特征及季节性变化规律，并重点研究了泛黑期水库沉积物间隙水 Fe^{2+}、Mn^{2+}、S^{2-} 和 DOC 的剖面分布规律及迁移方向[76]。姜涛等测定了冰封期乌梁素海湖区上覆水体与沉积物间隙水中 $NH_4^+ - N$ 的浓度，估算了沉积物-水界面 $NH_4^+ - N$ 的扩散通量[77]。肖雄等研究了阿哈水库上覆水体及沉积物孔隙水中 Co、Ni、Cu、Zn、As、Cr 及 Pb 7 种重金属的时空分布规律及其界面扩散通量[78]。吕逸韬等测量了三峡库区支流御临河 5 个水动力条件

（平均流速为 0.00m/s、0.03m/s、0.07m/s、0.12m/s、0.20m/s）下沉积物-水界面（SWI）氧通量的变化及水动力条件对 SWI 氧通量产生机制的影响[79]。高学平等采用涡动相关法开展室内试验研究，探究了沉积物-水界面氧通量与水动力条件的响应关系[80]。陈洁等综述了磷在上覆水、沉积物中的赋存形态和生物有效性，沉积物-水界面磷迁移转化的机制与定量研究方法，探讨了沉积物性质、环境因子和生物特性对界面磷迁移的驱动机制，以及磷在浅水湖泊、深水湖泊中迁移转化机制的差异[81]。文帅龙等利用 Peeper（pore water equilibriums）技术获取了沉积物-水界面氮磷剖面特征，分析了大黑汀水库间隙水氮磷分布的空间差异，采集沉积物无扰动柱样用静态培养法对其水土界面氮磷交换速率进行了估算[82]。

（3）还有学者对水质在水体与生物相之间转化做了研究。白军红等通过吸附模拟实验探讨了不同类型湿地（潮汐淹水湿地、淡水恢复湿地和季节性淹水湿地）表层土壤对磷的吸附动力学特征及其影响因素，评估了不同淹水条件下湿地土壤对磷的吸附能力[83]。林春焕等通过室内模拟水-底泥-沉水植物（苦草）生态系统，采用方差分析及主因子识别法分析了苦草对藻类生长的影响[84]。丁卓等通过监测不同量絮凝藻沉积于一定量底泥表面时上覆水水质和底泥组成的变化，探究了使用 PAC 絮凝除藻时沉积藻量对水体水质及底泥内源释放的影响[85]。

（4）窦明等在《闸控河流水环境模拟与调控理论研究》[86] 一书中，建立了水质多相转化数学模型，分析了不同情景下的水质多相转化规律，识别了影响水质浓度变化的主要因子并构建了水质浓度变化率与主要因子的量化关系，分析了水闸调度对水质改善可调性及闸坝建设对径流变化的影响，模拟了不同情景闸坝群联合调控下水质水量的变化过程。

（5）魏自民等在《东北典型湖库微生物、藻类群落特性研究》[87] 一书中，分析了浮游细菌种群结构与水体营养特性的响应关系，探讨了水体中氮、磷代谢相关功能微生物的演化规律，揭示了东北典型湖库氨氧化细菌种群的多样性，系统识别鉴定了东北典型湖库浮游植物的形态学特征，揭示了浅水、深水湖库水生态指标对真核浮游植物多样性影响的差异性。

4.3　水环境调查、监测与分析研究进展

水环境包括水、底泥和其中的生物，关于水环境方面的研究主要围绕这三项展开。其中对底泥的研究越来越多。这主要是因为底泥不但是水环境中污染物的储存库，而且在一定条件下向水体中释放污染物，这是水体污染物超标的原因之一。

4.3.1　在水质调查、监测与分析研究方面

水质调查内容主要分为湖库、饮用水、地下水、生活污水水质调查等多个方面，关于水质调查、监测、分析方面的文献比较多。随着农村问题的不断发展，关于典型地区农村饮用水及生活污水水质方面的文献也不断增多。

在湖库水质调查分析方面，陶玉强等收集、分析了 2003 年至 2019 年 2 月公开发表的 80 篇文献中的中国湖泊水体 POPs 数据，揭示了中国湖泊水体 POPs 的污染现状及分布特征[88]。全路路等综述了截至 2017 年 12 月赣江流域的水环境、鱼类资源及人类活动干扰影

响的相关文献，对赣江流域水环境现状进行评价[89]。朱科等针对沈乌灌域 8 个典型天然湖泊 2016—2017 年非冰封期（3—11 月）水质监测数据，借助 SPSS 软件，采用主成分分析方法，选取 COD_{Mn}、$NH_3 - N$、TN、TP、DO 5 个因子作为评价指标，对研究对象进行了水质评价并对其水质变化原因进行了阐述[90]。

在饮用水水质调查分析方面，周冏等根据 2009—2018 年农村饮用水水源地水质监测数据，综合评价和分析了中国农村地表和地下饮用水达标情况、空间分布和主要超标因子等[91]。周蓓等应用 1 套改良型水质综合指数法对 3 种不同类型的饮用水水质进行评价，将选取的 26 项检测指标按照卫生学意义分为 5 大类，并对各分类指标赋权，选用内梅罗法和最差因子判别法与五色等级分级法结合对 2017 年 4—8 月的 3 种类型饮用水进行水质评价[92]。耿雅妮等在宝鸡市区采集 110 个饮用水样，对水样中重金属（Cr、Cd、As、Mn、Pb、Cu、Zn、Ni）含量采用 ICP - MS 测定，采用水质污染指数（HPI）和 US EPA 健康风险模型对饮用水水质进行综合评价，并基于 GIS 对健康风险等级进行了可视化表述[93]。

在地下水调查分析方面，张世旭等运用单因子评价和模糊综合评价两种方法分别对贵州毕节地区的岩溶地下水质量进行了评价[94]。钱声源等 2017 年对焦作地区 42 个地下水样品进行了采集和测试，综合运用数理统计、Piper 三线图和相关性分析等方法分析了该区地下水水化学特征，并运用单因子评价和基于主成分分析的模糊综合评价法对研究区地下水水质进行了评价[95]。马志敬等以黑龙洞泉域作为研究区，通过采用数值模拟的方法对研究区建立概念模型和数学模型进行地下水水质运移模拟分析[96]。王姝等运用数理统计法、Piper 三线图、相关性分析、Gibbs 图及离子比例系数等手段，对河西走廊浅层地下水 75 个水样点的水化学指标进行了全面研究[97]。王亚维等运用数理统计、Piper 三线图、Schoeller 图对贵阳市岩溶 60 个地下水监测点枯、丰两季的水化学指标进行分析，采用基于 GRA - AHP 的地下水水质评价模型对研究区的水质进行评价[98]。

在污水水质方面，陈威等基于活性污泥法污水处理工艺技术原理及上海某污水处理厂工艺运行数据，考虑与污水处理出水水质密切相关的 7 个因素，采用 BP 神经网络算法建立了污水处理出水 COD 和氨氮预测模型[99]。柴伟等根据水厂入水和出水数据，采用径向基函数神经网络建立污水处理过程模型，评估了出水水质和水厂性能[100]。周昊等以一家规模生猪养殖场的排放污水为研究对象，对衡量污水水质的 7 个主要指标的变化特征、相关性和其中 2 个指标的回归建模进行了研究[101]。陈浪等通过搭建河砂滤池和生物炭滤池，分别考察了 2 组反应器在不同 C/N 比、厌氧/好氧高度比及表面水力负荷条件下对污染物去除效果的影响，并在较优参数条件下比较了 2 组反应器的提标效果[102]。郭新亚等针对农村生活污水管理的需求，在水生态功能区和水环境控制单元的基础上提出了农村生活污水入河水质核算方法[103]。

在水质分析监测方法、数据处理方面，黄彬彬等基于赣江尾闾地区 1997—2015 年的水质监测数据，采用主成分分析法得到赣江尾闾河段主要污染物为 COD_{Mn} 和 $NH_3 - N$，利用聚类分析法研究了水质的年内和年际变化规律[104]。陈欣佛等根据湟水流域 2008—2017 年实测水质资料，运用季节性肯德尔（Kendall）检验法对选取的代表性水质站点进行水质趋势变化分析、污染物输送率趋势变化分析和流量校准污染物浓度趋势分析[105]。杨盼等基于长江干流 6 个断面 2005—2016 年的高锰酸盐指数、五日生化需氧量、氨氮和总磷 4 项指标的监测数据，采用主成分分析法提取所有主成分，计算得到包含所有水质指标信息的综合得分值，再通过 Spearman 秩相关系数法分析主成分综合得分值的变化趋势[106]。黎育红等建立了一种城市河道水质实时监测系统，以自主研发的 SFM600WS 浮标水质分析仪自动、连续、准确地监测所研究河道水体水质多参数，以专门的无线数据传输模块实现所采集数据的稳定、远程自动传输，在所建立的流式大数据平台上实现高效率的水质数据查询和特征提取[107]。

　　柯丽娜等在《辽宁省近岸海域环境问题与承载力分析研究》[108] 一书中，提出了基于可变模糊集理论的海水水质评价模型，建立了基于 ArcEngine 的海水水质可变模糊评价系统，构建了辽宁省海岸带海洋资源、生态和环境承载力计算方法，对未来海域承载能力发展趋势进行了系统动力学模型预测，提出了辽宁省海岸带海洋经济、资源、生态和环境可持续发展建议。

4.3.2　在底泥污染调查、监测与分析研究方面

　　底泥污染与水体污染息息相关。近几年关于底泥的研究越来越多，不再单单作为水体污染治理的一个方面，而是作为一个新的研究方向受到越来越多人的重视。

　　在底泥污染调查方面，可华明等采集嘉陵江亭子口水库干流底泥、上覆水及间隙水样品，分别测定了 Pb、Cu、Cd、Cr 和 Zn 的含量与赋存形态，用 IWCTU、NI、分配系数法评价其中重金属毒性风险和污染水平[109]。崔会芳等对宜兴市横山水库典型断面进行采样分析，表明沉积物有机质含量与磷酸根、氨氮、二价铁的扩散释放通量相关性显著（$P < 0.05$），说明沉积物中有机质的矿化可能是底泥氮磷释放的主要影响因素[110]。彭堰濛等以四川绵阳某小型农村社区为研究对象，监测经简易化粪池集中处理后生活污水的 NH_3-N 和 COD 排放特征，并采用元素分析和内源静态模拟释放实验研究了该社区排水通道中底泥累积与释放污染物的特性[111]。

　　在底泥污染控制方面，宋小君等探究了底泥注射钙改性材料对底泥微环境及内源磷释放的影响，结果表明注射钙改性材料有利于缓慢持续释放氧气，创造底泥微氧化环境[112]。王锋等考察了 CaO_2 原位处理黑臭河道底泥 AVS 和有机物的效果，同时对底泥的颜色、ORP、pH 和重金属含量及形态变化进行了检测[113]。孙井梅等模拟河道反应器，在投加菌剂的基础上投加不同剂量的生物促生剂，以单独投加菌剂组作为空白实验，通过为期四十余天的实验研究微生物与促生剂协同作用时的修复效果[114]。

　　在底泥重金属方面，张占梅等以重庆市主城区花溪河等 5 条河流为研究对象，检测了河流底泥中 6 种重金属 Cd、Cr、Cu、Ni、Pb 和 Zn 的浓度，采用内梅罗综合指数法和地累积指数法分析了河流底泥重金属污染程度，采用 Hakanson 潜在生态风险评价法对重金属生态风险进行了评价[115]。白冬锐等分析了苏州古城区域 20 个代表性断面中 8 种重金属（Cd、Cu、Cr、As、Mn、Ni、Pb 和 Zn）的含量，评价了重金属的污染程度和潜在生态风险并甄别了污染来源[116]。陈志凡等分析了开封市不同区位 3 条代表性河流底泥样品中重金属总量及形态，采用改进的 Hakanson 潜在生态风险指数法评价了不同区位河流底泥的污染情况，使用 MC-ICP-MS 分析了 Pb、Zn 和 Cu 的稳定同位素组成，并基于此尝试解析底泥中重金属污染来源[117]。

　　在水质生态修复、水质调控技术上涉及底泥污染方面，张华俊等创新性应用"污染源

前处理＋湖体水生态系统构建"综合技术体系于工程实践，采用修建初期雨水调蓄池、生活污水截流进污水厂、污水厂尾水人工湿地提标、湖体构建水生态系统等措施对海口市某湖泊进行综合治理[118]。丁玉琴等将芦苇制成生物炭，投加到底泥中以控制内源磷释放，以某校园河道底泥和上覆水为研究对象，探讨镁改性芦苇生物炭在不同投加方式（混合和覆盖）下对上覆水磷酸盐的吸附作用及内源磷释放的控制效果[119]。

4.3.3　在水生态调查、监测与分析研究方面

关于水生态方面的研究可分为水生态功能分区、水生态承载力、水生态环境及生态补偿等。

在水生态功能调查方面，朱金峰等评价了白洋淀湿地生态系统敏感性和生态系统服务功能重要性，将白洋淀湿地初步划分为 7 个一级生态功能区和 19 个二级生态功能区[120]。刘录三等围绕长江水生态环境安全的主要问题及形势进行了剖析，提出了进一步加强长江流域水生态环境安全保障的对策建议[121]。高俊峰等在界定水生态功能分区涉及的主要概念基础上，分析了湖泊型流域水生态系统的尺度，为湖泊型流域水生态功能分区体系的建立奠定了理论基础，根据分区的目的，建立了分区的原则和指标体系，研发了分区技术、结果验证校核方法[122]。和克俭等采用地理加权回归（GWR）模型评估流域特征对东江水质的影响，验证水质及流域影响空间差异是否与一二级水生态功能分区结果吻合，并对比了 GWR 模型与普通最小二乘（OLS）模型性能，讨论了 GWR 在分区验证方面的应用价值及不足[123]。

在水生态承载力方面，荣月静等基于生态系统服务功能及生态敏感性，利用 PSR 模型进行了沁水区块煤层气开发区域的生态承载力评价[124]。沈威等从城市生态系统的组成要素、结构特征出发，选择状态空间法从社会经济协调力、资源环境支撑力和生态弹性力 3 个维度构建了城市生态承载力综合评价指标体系[125]。张津瑞等基于生态足迹模型方法，对 2008—2017 年长江中游城市群生态承载力的差异性进行了比较研究[126]。唐婧等对现阶段不同流域的水生态环境承载力进行统一客观的评价，对临界超载的流域控制单元采取污染物总量控制等风险防治措施[127]。刘孟浩等将多类型保护地生态承载力划分为自然基础承载力、社会经济活动承载力以及游憩承载力，构建了适用于多类型保护地的生态承载力核算框架模型[128]。

在水生态环境及生态补偿等方面，彭玉婷构建多层次综合效益评价指标体系，选取 2011—2018 年水源地黄山市生态、经济和社会发展数据，采用熵权法定量评价水源地生态补偿综合效益，并运用耦合协调度模型分析各效益的动态演进过程[129]。杨玉霞等分析黄河流域水生态补偿实践现状，从原则、内容和水生态补偿资金测算三方面构建了黄河流域水生态补偿机制，提出了加强水生态补偿机制基础研究与试点工作的建议[130]。刘庄等以太湖流域为例，根据"十二五"期间流域内各区域 COD 和 NH_3-N 两种污染物的削减量和削减成本，构建基于单目标非线性规划方程组的流域污染物削减总成本最小化模型，核算生态补偿金额并确定生态补偿方向[131]。

张远等在《中国重点流域水生态系统健康评价》[132] 一书中，介绍了适合我国流域水生态系统健康综合评价的体系框架与技术方法，阐述了水生态系统健康综合评价的技术步骤及方法，以全国及松花江、辽河、海河、淮河、黑河、东江、太湖、巢湖、滇池、洱海

十大重点流域为对象，开展了流域水生态系统健康综合评价的技术应用示范。

郝吉明等在《我国资源环境承载力与经济社会发展布局战略研究》[133] 一书中，以大气环境承载力、重点流域地表水环境承载力、水资源对区域社会经济发展的支撑能力、环境容量对煤油气资源开发的约束为依据，结合主体功能区定位要求，提出了全国、京津冀地区、西北五省及内蒙古地区产业发展绿色化布局战略。

4.4　水质模型与水环境预测研究进展

本小节主要包括各种水质模型的介绍以及其理论和应用研究。水质模型是水环境学科研究的一类重要工具，常常被应用于水质评价、预测、管理等研究工作和生产实践中。

4.4.1　在水质模型研究方面

总体来看，有关水质模型应用方面的研究人员较多，但最近两年具有创新的学术性文献并不多。专门研究水质模型理论方法的论文相对较少，特别是高水平文献不多，多数侧重于应用研究。以下仅列举有代表性文献以供参考。

（1）在模型综述方面，贺文艳等在《稻田水质模型研究和应用进展》[134] 一文中，简要介绍稻田水质模型（RICEWQ 模型）的系统结构、农药归趋的主要过程、模型的输入输出，综述国内外相关的研究进展。赖锡军在《流域水环境过程综合模拟研究进展》[135] 一文中，梳理总结流域非点源污染过程和河湖等受纳水体水环境过程模拟的理论方法和模型软件，面向模拟不确定性问题讨论模型选择、开发与集成、率定验证等流域水环境过程综合模拟建模的关键环节。李一平等在《地表水环境数学模型研究进展》[136] 一文中，简述地表水环境数学模型，包括水动力学模型、水质模型和水生态模型的发展历史、应用现状及国内外最新研究成果，深入探讨模型敏感性和不确定性分析、模型模拟精度等应用中被广泛关注的疑难问题，指出模型系统化、综合化和平台化，大数据支撑下的与新兴技术结合创新，以及模型法规化等将成为水环境模拟与预测领域未来的研究热点。金光球等在《平原河流水沙界面生源物质迁移转化过程及水环境调控的研究进展》[137] 一文中，总结阐述河流水质模型和闸坝泵条件下的水环境调控模型，并指出平原河流水沙运动对生源物质输运作用机理及水环境调控。陆耀烽等在《近岸海域水质模型研究现状及展望》[138] 一文中，总结和比较 EFDC、WASP 和 MIKE 三种模型的概念、性能、优势和局限性，介绍其在近岸海域的应用，并对近海水质模型进行展望。

（2）在理论研究方面，曹引等在《基于自适应网格的急流条件下污染物输运高效高精度模拟》[139] 一文中，基于自适应网格技术构建 Godunov 格式有限体积模型，模型利用自适应结构网格离散二维浅水控制方程，对水位梯度或污染物浓度梯度较大的区域进行精细网格划分，同时细化干湿边界区域网格，模型采用 MUSCL - Hancock 方法求解二维浅水控制方程，利用 HLLC 格式近似 Riemann 解计算界面通量，对界面两侧的 Riemann 变量进行非负重构和局部底部高程修正以确保模型计算的和谐性和稳定性。任婷玉等在《基于贝叶斯优化的三维水动力-水质模型参数估值方法》[140] 一文中，提出基于贝叶斯优化的复杂水质模型参数估值方法，并将该方法应用于云南异龙湖的三维水动力-水质模型的参数估值中。林希晨等在《东南沿海平原河网区域水质水量模型研究》[141] 一文中，采取"流域分区-用户定位-排污计算"的污染负荷计算思路,建立水质水量耦合模型,并以河网主要污染物氨氮为评价指标,提出重点断面的水质改善目标以及对应的污染控制方案与引水方案。金昌盛等在《基于奇异谱分析-遗传算法反向传播神经网络模型的湘江新港断面水质预测》[142]一文中,运用奇异谱分析对湘江新港断面 557 周的 pH 值、DO、高锰酸盐指数和氨氮数据进行预处理,再运用遗传算法优化反向传播神经网络模型进行拟合与预测。裴源生等在《基于二元水循环的水量-水质-水效联合调控模型开发与应用》[143]一文中,以 SWAT 模型为基础,通过改进子流域划分方法、添加经济社会模块和人工用水模块,对其人工侧支循环模拟进行系统的完善,开发基于 SWAT 的水量-水质-水效联合调控模型 SWAT_WAQER,并以广西南流江流域为例,从国民经济用水量、河道径流与水质等方面对模型进行校验,并在此基础上划分 2030 年"三条红线"控制指标。刘洁等在《基于改进遗传算法的河流水污染源反演方法》[144]一文中,利用一维河流水质模型和水质监测数据,研究建立基于改进遗传算法的河流水污染定量源反演方法,并将该方法应用于美国特拉基河流的 3 个不同流量下的示踪剂实验中,对示踪剂排放历史进行定量源反演分析。纪广月在《基于改进粒子群算法优化 BP 神经网络的西江水质预测研究》[145]一文中,提出一种改进粒子群算法优化 BP 神经网络的水质预测模型,并以西江 2011—2018 年的水质监测数据为研究对象,与 PSO-BP、GA-BP、DE-BP 和 BP 模型进行对比。王一旭等在《基于自组织映射与随机森林耦合模型的流域水质空间差异性评估》[146]一文中,基于流域特征指标与水质的关联性,以子流域为分析单元,利用自组织映射人工神经网络模型(SOM)对苕溪流域水质数据聚类分析为 3 类后与随机森林模型(RF)进行耦合,对全流域水质进行空间差异性评估。薛同来等在《基于 GA 优化的 SVR 水质预测模型研究》[147]一文中,提出基于遗传算法(Genetic Algorithm,GA)优化参数的支持向量机回归(Support Vector Regression,SVR)水质预测模型,并以北京市污水处理厂进水污水作为研究对象进行实验。冯诗韵等在《基于 Matlab 软件自动化求取参数的 HEC-RAS 模型构建》[148]一文中,采用 HEC-RAS 模型开展湖州市长兴城区平原河网水动力和水质模拟,模型的水质模块率定采用 Matlab 软件自动化求取参数,代替常规试错法求参率定。秦文虎等在《基于长短时记忆网络的水质预测模型研究》[149]一文中,构建基于缺失值填补算法和长短时记忆网络(LSTM)相结合的水质预测模型,并以太湖水质监测数据为样本,对模型进行检验。

(3)此外,大量的文献资料介绍了不同区域或流域的水质模型应用成果。比如,范楚婷等基于 MIKE 模型建立水动力水质模型,对北京副中心区入河的点源和非点源污染进行减排方案设置,模拟分析不同减排方案下的河道水质响应[150]。田凯达等以合肥市十五里河为例,基于 MIKE11 软件平台构建河流一维水动力水质耦合模型,根据流域污染特征设定三种水质改善方案进行数值模拟分析,评价分析各情景方案的水质改善效果[151]。高学平等建立南昌市昌北水系一维水动力水质模型,采用集中式与分布式两种汇入方式概化研究范围内入河的非点源污染,模拟分析两种汇入方式下补水前后的水系水质[152]。关大玮等基于 MIKE21 建立珠江三角洲某水乡社区航道的二维水动力模型,模拟设计方案下闸门开闭时内航道水位变化,耦合对流扩散模块和水动力模块,模拟调度日内航道水质变化[153]。蒋卫威等采用 TITech-WARM 模型构建官厅水库三维水动力及水质模型,并分别从入库污染负荷、出水口位置与调水改变水位等作情景假设，探讨其对水质的影响[154]。刘勇进等建立 EFDC 二维水质模型，模拟并分析库区在水体交换期以及水体静止期化学需氧量及氨氮浓度空间变化特点[155]。王欢等利用 MIKE21FM 构建箦笞湖二维水动力、水质数学模型，并对模型参数进行率定验证，运用模型模拟分析四种水质提升方案下的水动力、水质情况[156]。易雨君等构建南水北调中线工程典型输水渠段的一维水动力水质模型，模拟倒虹吸、节制闸、涵洞、隧洞、渡槽、公路桥 6 种水工建筑物影响下输水渠道内的水流特性，并运用该模型预测店北公路桥突发水污染事故时污染物的沿程分布规律[157]。刘广州等基于三维水质模型对珠江口夏季有机碳的分布特征及其收支进行研究，量化各动力学过程对有机碳分布的影响[158]。涂华伟等从流域水环境系统出发，建立一套耦合"陆面单元-河网-湖泊"为一体的水环境模型，模拟分析实施各种水环境综合整治方案后的城市内湖泊水质改善状况，并将该方法应用于广东省惠州市金山湖流域[159]。刘佳嘉等构建考虑城市管网的河流水质模拟模型，按天然水系和城市管网两个系统模拟污染物的迁移转化过程，以及两个系统之间的水量污染交换，并以深圳坪山河流域为例进行应用研究[160]。李胜东等利用 MIKE21 水环境模型软件，构建杞麓湖二维水动力水质模型，定量研究水动力变化对湖泊流场及水质的影响[161]。杨卫等以汤逊湖水系连通工程为研究对象，建立二维浅水湖泊水动力水质数学模型，分析 5 种引水流量工况下汤逊湖的 NH_3-N、TN 和 TP 水环境改善效果，并根据改进的成本效益评估法对不同引水方案的环境效益进行评估，由此确定最佳的引水调控方案[162]。卢诚等以十堰市神定河为研究对象，基于环境流体动力学模型构建神定河水动力水质模型，并用此模型研究新建项目对下游水质的影响[163]。张琳等构建华阳河湖群水质数学模型，模拟分析不同水位调控方案下河湖群水质改善情况[164]。刘晨辉等采用 MIKE21 模型，建立荆州中环污水处理厂排污口所在长江河段二维水动力学和水质扩散模型，模拟污水中 COD、BOD_5、氨氮等主要污染物在长江河段中的迁移和扩散情况，分析污水排放对长江水质的影响范围和影响程度[165]。刘广州等基于经过验证的三维水动力-水质模型，对珠江口夏季有机碳进行海陆源区分，并对海陆源有机碳的分布特征、贡献比重及其通量过程进行研究[166]。

（4）童海滨等在《Maple 在水文学中的应用》[167] 一书中，介绍计算机代数系统 Maple 软件的技术特征，给出 Maple 语言在水文学领域几个常见方向（如降水与蒸发、地表水及流域产汇流、地下水问题、水文统计与水文预报、水污染及水质模型与同位素水文）中的应用，针对每个方向，简要介绍其中的基本概念并列举典型问题。

（5）华祖林在《环境水力学》[168] 一书中，介绍污染物质在水体中输运扩散的方程、简化情况下污染物浓度计算基本公式、顺直中小型河道污染带特征计算、污染物的分散现象与分散系数确定、不规则水域中污染物的混合输运以及水质模型等内容。

4.4.2 在点源污染预测研究方面

关于点源污染预测的研究，是保障经济社会可持续发展的基础研究内容，具有重要的理论及应用意义。但是，最近两年未见到在点源污染预测方面公开发表的研究成果。

4.4.3 在非点源污染预测研究方面

关于非点源污染预测的研究，一直以来都是研究的热点问题，也是保障经济社会可持续发展的基础研究内容，具有重要的理论研究价值及应用意义。最近两年也涌现出一批理论研究和应用研究的成果，总体来看，关于该领域的理论研究成果较少，主要体现在技术方法的应用方面。以下仅列举有代表性的文献以供参考。

（1）荆延德等在《基于 LUCC 的南四湖流域面源污染输出风险评估》[169] 一文中，基于 1990—2015 年土地利用和统计数据，运用输出风险模型、CA - Markov 模型及回归模型，结合 GIS 技术，对南四湖流域的 1990—2015 年间土地利用覆盖变化情况和面源污染输出风险空间变化情况进行分析，模拟 2020 年土地利用变化和输出风险空间分布。

（2）刘迎军等在《基于 LSTM 神经网络的流域污染物通量预测》[170] 一文中，提出基于长短时记忆神经网络（LSTM）的流域污染物通量预测模型，并通过与流域分布式水文和污染物迁移转化过程模型（SWAT 模型）的对比分析，评价模型的预测性能。

（3）雷俊华等在《中国省域化肥面源污染时空格局演变与分组预测》[171] 一文中，运用化肥流失系数法对中国 1997—2018 年 31 个省（自治区、直辖市）化肥面源污染排放强度进行核算，再运用空间自相关和热点分析对其进行时空格局演变分析，揭示化肥面源污染的时空演变规律，探讨区域间的相互影响，并根据时空格局特征将全国分为热点区、冷点区和非热（冷）点区，在考虑相邻省份间空间异质性和相关性的条件下，分组模拟和预测化肥面源污染排放强度与人均农业产值间的环境库兹涅茨曲线时间路径。

（4）黄智华等在《三峡库区农业非点源污染机理与负荷估算——以香溪河流域为例》[172] 一书中，介绍了香溪河流域的自然地理背景、农业非点源污染主要来源等，分析香溪河及库湾回水区的地表水环境特征，研究区坡地径流氮磷流失机理以及香溪河流域农业非点源污染时空分布特征，开展香溪河流域农业非点源污染管理措施的情景模拟等内容。

（5）生态环境部环境与经济政策研究中心在《水环境管理的理论、实践与技术》[173] 一书中，介绍了流域水环境管理、城市与工业水环境管理、饮用水与地下水环境管理、水环境管理法治研究、水环境管理研究、农业面源污染治理措施及优化、农业面源污染的技术与方法等内容。

（6）王沛芳等在《生态节水型灌区建设理论技术及应用》[174] 一书中，创建了生态节水型灌区建设理论体系，提出了灌区节水与面源污染防控协同新方法，研发了灌区节水减污、面源污染源头防控与资源化、耦合于排灌沟渠河道的带状与面状湿地净污系统、构建与生态化、灌区智能化网络监控与优化决策系统等核心技术。

4.5　水环境评价研究进展

本小节的水环境评价研究包括水体环境质量评价方法以及水体环境影响评估两个部分。水环境质量包括水质、水生生物和底质三部分的质量，水环境质量评价是合理开发利用和保护水资源的一项基本工作。水体环境影响评估是在水环境评价的基础上，进一步分析建设项目等对区域水环境的影响，并给出主要污染物排放控制对策。

4.5.1　在水体质量评价方法研究方面

关于水体质量评价方法方面的研究，近两年研究成果较多，但总体来看在新评价方法方面的研究成果相对较少，大多是基于对原有评价方法或模型的实际应用或优化。以下仅列举有代表性的文献以供参考。

（1）李科等在《优化混合交叉赋权-联系云模型的水质评价方法》[175] 一文中，以安宁河中游太和段地下水质量为评价对象，运用了一种优化混合交叉赋权-联系云耦合模型对水质进行了评价。

（2）汪豪等在《湿地环境质量评价方法研究进展》[176] 一文中，对目前国内外湿地水环境常用方法进行了归类综述，针对目前湿地水环境中存在的不足，指出今后应结合遥感技术和地理信息系统自动化获取实时监测数据，优化水环境动态评价模型，并加强湿地土壤质量标准的建立，进一步研究多种评价方法的耦合及评价模型的优化。

（3）郇环等在《基于级别差法的地下水水质评价方法筛选技术研究》[177] 一文中，以洛阳市为例，采用内梅罗指数法、模糊综合评价法和普适法 3 种方法开展地下水水质评价，通过建立级别差法，筛选出了最合适的地下水水质评价方法。

（4）赖文哲等在《基于熵权-偏序集的水质评价方法》[178] 一文中，利用粗糙集和条件信息熵的水质评价模型对重庆市南川凤嘴江的实测水质数据进行了综合评价，科学、有效地确定了各水质评价指标的权重，并对同一等级的水质进行细化分级。

（5）高峰等在《松花江流域省界缓冲区水环境监测与评价》[179] 一书中，研究了水质评价方法（单因子评价法、趋势分析法、主成分分析法、物元分析法、聚类分析法、神经网络预测法），并探讨了人工智能算法在松花江流域省界缓冲区水质评价与预测的应用。

（6）还有大量有关水体质量评价方法的应用研究成果，比如，逯晔坤等运用和谐论定量方法-和谐度方程（HED）确定兰州段水质，最终确定黄河兰州段水质为 III 类水[180]。闫佰忠等利用基于随机森林模型的地下水水质评价模型对安阳市的水质进行了评价[181]。李鹏章等用基于好氧污泥呼吸速率的 STOD 值法评价了某化工废水水质[182]。

4.5.2　在水环境其他介质（底泥、水生物）评价研究方面

关于水体环境其他介质（底泥、水生物）评价方法方面的研究，底泥和微生物作为一种新的研究方向，受到了研究人员的重点关注，在分析及应用方面提出了一些新的建议、方法，但相对于水质评价方面的研究仍较少，主要还是基于对原有评价方法或模型的实际应用或改进。以下仅列举有代表性的文献以供参考。

（1）李乾岗等在《三角帆蚌对白洋淀底泥氮磷释放及微生物的影响探究》[183] 一文中，探究了三角帆蚌对白洋淀底泥的影响，以白洋淀淀区水和底泥为试验材料，通过室内模拟试验并结合 16SrRNA 高通量测序技术，考察了三角帆蚌的活动对底泥氮、磷释放以及微生物丰度和多样性的影响，并探讨了三角帆蚌在白洋淀湿地修复中所起到的作用。

（2）杨盼等在《巢湖南淝河河口底泥污染特征及疏浚决策》[184] 一文中，通过对该区域底泥中营养物、重金属含量及释放特征进行分析，然后分别采用有机指数法、污染指数法及潜在生态风险评价对底泥的污染状况进行评估，从而了解巢湖南淝河河口区域底泥污染特征，并为底泥疏浚提供决策依据。

（3）王建芳等在《Cu^{2+}、Pb^{2+} 污染对苦草生长及底泥表层微生物的影响》[185] 一文中，研究了铜、铅在匀质污染底泥和异质污染底泥下对苦草生长、繁殖分配的影响，同时也进一步研究了铜铅对底泥表层微生物的影响。

4.5.3　在水环境影响评估研究方面

关于水环境影响评估方面的研究，两年多是以环境影响评估方法的运用和实际项目的环境影响评估为主要研究方向。总体来看，关于水环境影响评估研究的学术性论文不多，以下仅列举有代表性的文献以供参考。

（1）陈丹青等在《泰兴高沙土地区幼蟹养殖对水环境的影响》[186] 一文中，通过单样本 t 检验法对江苏省泰兴市江源农牧有限公司 3 个幼蟹养殖池塘和水源的各种水质指标进行监测评价，进而分析幼蟹养殖对周围水环境的影响。

（2）周芳等在《港口建设对水动力和水环境的综合影响》[187] 一文中，采用平面二维数值模型 MIKE21FM 预测了港口建设后对水动力环境的影响；通过添加平面二维非恒定的对流-扩散模块预测了悬浮物的扩散；用物质运输方程预测废水排放；通过差分数值模拟法分析了废水排放对水质的影响。

（3）张萍等在《广元市土地利用类型及社会经济因子对河流水质的影响》[188] 一文中，利用单因子指数与土地利用数据、社会经济数据进行回归分析，得到土地利用类型与经济数据对河流水质的影响。

（4）彭勃等在《小流域土地利用景观格局对水质的影响》[189] 一文中，运用 GIS 技术及 SPSS 统计分析法，探讨了芦山县清源河流域土地景观格局对河流水质的影响，并分析了丰水期、平水期和枯水期土地景观格局与河流水质的关系。

（5）吴时强等在《太湖流域重大治污工程水生态影响监测与评估》[190] 一书中，研究了重大工程生态影响跟踪监测技术，构建了以单因子指数与综合指数为一体的重大工程生态影响评估指标体系，提出了太湖流域重大工程生态影响跟踪监测与评估技术方案。

（6）李一平等在《地表水环境数值模拟与预测——EFDC 建模技术及案例实训》[191] 一书中，介绍了环境流体动力学模型的基本原理、建模技术和案例实训，采用 EFDC 技术对河流、浅水湖泊、深水湖泊（水库）和河口区域等地表水环境质量进行了预测。

4.6　污染物总量控制及其分配研究进展

本小节的污染物总量控制及其分配包括水功能区纳污能力、水环境容量分配方面的研究。污染物总量控制是制定能把污染物排放总量控制在水功能区承受极限内的合理治污方案的依据，是实施容量总量控制、目标总量控制和行业总量控制的前提，常常被应用于水环境管理等研究工作和生产实践中。

4.6.1　在水功能区纳污能力研究方面

随着人们对水环境保护的日益重视，关于水功能纳污能力方面的研究正成为水环境研究领域的热点，最近两年也涌现出一批理论研究、技术方法研究和应用研究的成果。总体来看，近两年在理论方法和应用研究的成果均较少，且高水平的研究成果更少。以下仅列举有代表性的文献以供参考。

（1）水功能区划方面，张永军等在《通辽市水功能区划及水功能区水质评价研究》[192] 一文中，对通辽市水功能区数量及长度进行统计，并采用全因子和双因子指标分别对全市各水系水功能区及各旗县市区水功能区水质进行评价。王金哲等在《适宜西北内陆区地下水功能区划的体系指标属性与应用》[193]一文中，详解适宜西北内陆区地下水功能区划的体系指标属性组成、特征、内涵、区划原则和方法。

（2）纳污能力方面，肖洋等在《小型城市湖泊纳污能力核算中设计水文条件研究》[194]一文中，以武汉市江汉区北湖为研究对象，以降雨径流系数法和水量平衡原理为基础，确定小型城市湖泊纳污能力核算的设计水文条件并核算湖泊纳污能力。林婉妮等在《水交换作用下渤海纳污承载能力研究》[195]一文中，将渤海分为莱州湾、渤海湾、辽东湾和渤海中部4个不同区域，讨论在水交换作用下渤海水域污染面积与污水排放量的相关性，建立渤海海域污染物累积量的计算方法，对渤海承载排污的能力进行分析。宋晓峰等在《陕西省引汉济渭工程受水区退水河流纳污能力研究》[196]一文中，以陕西省引汉济渭工程受水区退水河流为研究对象，基于河流水文条件、退水量及其污染物入河量等因素，针对受水区水域纳污能力开展研究，并核定退水量波动对纳污能力的影响。

（3）应用研究方面，喻婷等利用丹麦DHI－MIKE21软件建立二维水动力和对流扩散模型，模拟得到举水干流中下游段水质变化趋势图，并进一步分析举水干流主要污染物纳污能力[197]。杨海燕等运用系统动力学模型对泰安市水资源与水环境系统进行模拟和预测，并通过对供水总量与需水总量、纳污能力与污染物排放量的对比，得出在趋势型情景下，泰安市水资源供需比与水环境纳污-排放比将持续下降[198]。李善综等提出一种基于水质约束的水资源可利用量计算方法，从河流内在水质约束的角度出发推求水资源可利用量[199]。潘祥东等以盐津河为计算对象，收集分析当地水文资料，并开展沿河污染源调查分析，确定纳污能力计算的指标为COD、NH_3-N和TP，并利用一维水质模型和纳污能力计算模型对各控制单元分别进行纳污能力计算[200]。

4.6.2　在水环境容量分配研究方面

随着水体生态环境问题的日益突显，水环境容量分配日益成为研究的热点问题，也是对可利用水资源的有效保障。最近两年涌现出一批理论研究、技术方法研究和应用研究的成果，从总体来看，水环境容量计算方面的成果较多，水环境容量分配理论和技术方法方面的研究成果较少。以下仅列举有代表性的文献以供参考。

（1）水环境容量计算方面。孙冬梅等在《海河干流汛期动态水环境容量计算研究》[201]一文中，提出基于水动力水质模型的河流动态水环境容量计算方法，计算海河干流4个控制单元汛期COD、TN、TP的水环境容量，并对天津市中心城区及环城四区选取透水铺装、下凹绿地、绿色屋顶和生物滞留设施等4种措施进行低影响开发改造，并在SWMM模型中模拟改造效果。项颂等在《基于控制断面水质达标的河流水环境容量案例分析：以银川市灵武东沟为例》[202]一文中，以银川市灵武东沟小流域为研究对象，基于灵武东沟入黄口断面水质达标要求，建立"控制单元划分-水环境问题诊断-污染排放与水质响应关系建立-水环境容量核算与分配-污染管控"系统体系，进行河流水环境容量研究。李延林等在《沙湖的水环境容量和污染物总量控制》[203]一文中，于2015—2017年冬（1月）、春（4月）、夏（7月）、秋（10月）监测沙湖水体理化指标，并采用综合营养状态指数法对其富营养化状态进行评价，采用沃伦威德（Vollenweider）模型和狄龙（Dillion）模型计算4种不同水质目标情景下的高锰酸盐指数、总氮和总磷的水环境容量。郭琦等在《银川市阅海湖水环境容量评估》[204] 一文中，分别于 2015—2017 年冬（1 月）、春（4 月）、夏（7 月）、秋（10 月）对阅海湖进行水样采集，设置 3 类水质目标情景，采用已有模型评估阅海湖 2015—2017 年在不同水质目标情景下高锰酸盐指数、化学需氧量、五日生化需氧量、总氮、氨氮、总磷的最大环境容量。吴贻创等在《喀斯特山区河流水环境容量核算与污染控制的单元化研究——以清水江流域鱼梁江河段为例》[205] 一文中，以喀斯特山区清水江流域鱼梁江河段为研究对象，采用 Daniel 趋势检验法和水量-水质同步估测模型等分析流域水质变化及其污染负荷和核算多水文情势下的水环境容量等。杨玉麟等在《基于 SMS 水质模型的蘑菇湖水环境容量分析》[206] 一文中，在污染源调查和污染负荷估算的基础上，基于 SMS 水质模型对不同规划年份的蘑菇湖水库水质进行模拟，通过得出的各类污染物浓度场分布特征及演变趋势，分析水库水环境容量，并提出污染负荷削减总量的防治方案。马雪鑫等在《乌梁素海水环境容量分析》[207] 一文中，采用零维模型分别计算并分析乌梁素海冰封期与非冰封期的水环境容量，基于水文实际条件，分析入湖水量对出口断面污染物质量浓度的影响。王莹等在《沙颍河安徽段水环境容量计算及动态分析》[208] 一文中，采用 MIKE11 模型建立水流与水质模型，采用线性规划法，以入淮河干流Ⅲ类水为水质目标，计算沙颍河安徽段水环境容量并分析其动态特征。王万宾等在《杞麓湖流域污染负荷及水环境容量估算研究》[209] 一文中，以云南省杞麓湖流域为研究区域，利用马尔科夫链蒙特卡洛（MCMC）抽样与贝叶斯统计方法对流域典型污染因子 COD、TN、TP 输出系数及综合降解系数进行参数估计，并估算流域污染负荷及水环境容量。商放泽等在《基于流域的深圳市现状及未来污染负荷分析》[210] 一文中，采用时间序列分析法、最小二乘法、综合方法等分析深圳市各流域现状污染和水环境容量，并预测各流域未来污染和水环境容量。钟鸣等在《基于不确定性方法的河流水环境容量计算》[211] 一文中，考虑河流水环境系统参数的不确定性，应用延拓盲数法和蒙特卡洛法计算水环境容量，并结合水功能区目标与污染物排放规模来划定分期限制纳污红线。

（2）水环境容量分配理论研究方面。郭洪鹏等在《控制单元农业面源污染负荷总量分配方法》[212] 一文中，以变异系数 TOPSIS 法、熵权 TOPSIS 法和评价值组合赋权法为赋权方法，构建基于控制单元空间尺度的、针对面源污染年排放负荷的多层分配目标规划模型，并运用该模型对州河流域的 COD 污染物进行总量分配，并基于基尼系数法筛选出兼顾公平性与可行性的最优分配方案。牛晋兰等《流域水环境容量计算及分配方法探讨——以濑溪河为例》[213] 一文中，以污染排放和单位流量污染源断面水质贡献率作为指标，基于公平和效率的原则，同时兼顾环境治理激励，构建水环境容量及污染物分配模型，并以濑溪河流域（荣昌段）水环境容量分配为例进行研究。

（3）水环境容量分配应用方面。彭欣雨等以榆溪河流域（榆林市境内）为研究对象，采用 TMDL 模型，结合单因子评价指标模型、简单负荷估值模型，在此基础上引入离差和均方差法，进行水污染负荷分配，根据污染负荷分配结果提出基于 TMDL 值的污染控制措施[214]。刘勇进等以运河镇江段为例，选取 COD、NH_3-N、TP 为污染因子，建立日最大允许负荷量（TMDL）管理模型，在考虑 5% 安全裕量下，计算各类污染源在近期（2020 年）、远期（2030 年）的削减量及削减率，并提出相应的污染防治措施[215]。吕马飞等基于 TMDL（最大日负荷总量）水环境治理技术方法，以镇江市运粮河流域整治为例，以水体水质为目标导向，探讨出一套应用于流域排口污染物削减的研究方法[216]。申诗嘉等基于动态水环境容量核算技术核算流域水环境容量，依据水环境承载力进行总量分配，确定污染物总量控制目标，并结合主体功能定位探讨差异化的空间管控措施[217]。

（4）付意成等在《基于水环境容量总量控制的流域水生态补偿标准研究》[218]一书中，研究基于"水功能分区-入河排污口-控制单元"的水环境容量总量分配技术方法，提出以水功能区水质达标为导向的控制单元污染物排放总量分配方案，建立污染物控制模型和补偿标准测算方法，构建基于水环境容量总量控制的浑河流域水生态补偿标准计算方法体系。

（5）谢莹等在《中国北方典型流域水质目标管理技术研究》[219]一书中，建立控制单元分级划分体系，对各控制单元中特定污染物的污染负荷进行模拟计算和情景分析，研究控制单元的水环境容量计算方法和不同情景下的污染负荷削减方案，提出滦河流域水质目标管理的对策建议。

4.7　水环境管理理论研究进展

水环境管理理论研究包括水环境管理模型、政策以及风险管理方面的研究。水环境管理理论研究能够实现水污染的有效控制，能够实现区域水环境安全、经济社会的可持续发展和生态环境的良性循环。

4.7.1　在水环境管理模型研究方面

水环境管理是指与"水"这一环境要素相关的环境管理，是环境管理的重要组成部分，是环境保护中必不可少的手段。对此，开展了一系列的研究工作，但总体来看，学术性论文文献不多。以下仅列举有代表性文献以供参考。

周科在《基于遗传算法的灰色非线性水环境管理模型及应用》[220]一文中，以郑州市贾鲁河水环境治理规划为基础，统筹考虑到治理区域内的工程建设、水环境改善策略、污水处理厂建设运行以及配套水库调度等，构建灰色非线性水环境管理模型，并选择遗传算法作为计算手段，对该模型进行求解。朱靖等在《岷沱江流域水环境治理绩效综合评价方法研究》[221]一文中，从水生态保护与修复、水污染治理与控制、水资源开发利用和社会经济承载4个维度构建评价指标体系，先采用灰色关联分析法和均方差决策法建立组合权重，再通过加权综合指数法和理想解模型对2011—2017年岷沱江流域10个主要地级市的水环境治理绩效进行动态评价。

4.7.2　在水环境管理政策研究方面

近年来，水污染事故频发，使得水体遭受到较大程度的污染。为此，国家出台了相应的水环境管理和保护政策，并取得了一系列的研究成果。总体来看，目前针对排污权方面的研究成果较多。以下仅列举有代表性文献以供参考。

（1）水环境管理政策方面，潘泽强等以粤港澳大湾区跨界河流治理的协作机制为代表，选取淡水河、深圳河与鸭涌河为例进行梳理与比较分析，分别探讨以粤内、粤港与粤澳为核心的伙伴关系在协作式河流规划治理中的协作异同，并对建设粤港澳大湾区环境管理协作机制提出政策建议[222]。李涛等采用环境政策评估的一般模式，对我国水污染物排放总量控制政策进行初步评估，并提出相关政策建议[223]。王焕松等系统梳理排污许可制改革有关入河排污口监管的制度建设现状，重点分析衔接排污许可制，做好入河排污口管理面临的主要问题，从理顺体制机制、完善技术支撑、摸清底数关系、实施分类整治、建立长效机制、深化制度改革等方面，提出结合排污许可制改革强化入河排污口管理[224]。李涛等采用环境政策评估的一般模式，对我国点源水污染物排放控制政策进行评估[225]。王斓琪等提出"一证链式"排污许可环境管理内涵，仍遵循排污许可证制度为管理核心的基本原则，立足于固定源环境管理制度的实际施行问题，基于"证前-证中-证后"的管理模式构建全过程污染物指标的循环衔接，并强化证后监管助推制度执行[226]。

（2）排污权方面，王雅娟等在关联价值的信息结构下，设计一种网上拍卖机制，以实现初始排污权公平有效的分配[227]。刘佩贵等以合肥市为例，构建城市二维初始水权分配评价指标体系，建立城市二维初始水权优化模型[228]。杜慧慧等采用按需分配、地区人口、同比削减法、经济总量法、排污绩效法、历史排污量法、层析分析法、环境容量法等不同模式进行排污权初始分配研究，指出海南省排污权初始分配主要采用经济总量、排污绩效、地区人口和综合分配模式研究[229]。吴芳等选择苏南运河沿线防洪包围区域人口、GDP 和土地面积为控制指标，通过绘制洛伦茨曲线计算相应的环境基尼系数，并以控制指标的环境基尼系数之和最小为目标函数，设定合理的约束条件，计算得到各区域排水权的优化分配方案[230]。田贵良等从市场竞价的角度探讨太湖流域水排污权交易的价格形成机制，提出考虑水排污权交易的成本以及交易量的改进双边叫价拍卖模型，并运用算例说明该模型的实践应用[231]。

（3）生态环境部对外合作与交流中心在《水环境管理国际经验研究之加拿大》[232] 一书中，通过对加拿大水环境现状和治理历程，加拿大流域管理体系的分析和对美国饮用水水源地保护管理相关研究以及管理过程中出现的典型案例的分析研究，提出对我国水环境管理质量为目标的水环境管理制度体系相关政策的制定的启示。

（4）生态环境部环境与经济政策研究中心在《水环境管理的理论、实践与技术》[233] 一书中，介绍流域水环境管理、城市与工业水环境管理、饮用水与地下水环境管理、水环境管理法治研究、水环境管理研究、农业面源污染治理措施及优化、农业面源污染的技术与方法等内容。

4.7.3　在水环境风险管理研究方面

水环境安全是当今经济社会可持续发展中不可回避的重要战略问题，开展水环境风险分析与管理研究，对于实现区域水环境安全，实现经济社会可持续发展和生态环境良性循环具有重要意义。对此，做了一些研究，取得了一些成果，但总体来看，学术性论文文献不多。以下仅列举有代表性文献以供参考。

（1）赵旸等在《中国苹果主产区 2006—2016 年磷元素收支及其环境风险变化》[234] 一文中，以中国苹果主产区为研究对象，基于物质流分析和磷足迹评价的方法，探讨 2006—2016 年中国苹果主产区磷收支及其磷足迹情况，并结合灰水足迹和土壤环境风险评价指数，探讨中国苹果主产区水土环境风险情况。

（2）周夏飞等在《东江流域突发水污染风险分区研究》[235] 一文中，以 2015 年为基准年，基于环境统计数据、DEM 数据、水质监测断面数据和基础地理数据，引入地理信息系统空间分析法、区域生长法，综合考虑水系流向、水系级别及水质等因素，对东江流域开展突发水污染风险分区。

（3）王欢欢等在《白洋淀水环境风险受体脆弱性评价》[236] 一文中，从风险受体敏感性和缓冲能力两方面，选取 14 项指标，构建白洋淀水环境风险受体脆弱性评价指标体系，提出脆弱性评价与分级方法，并对白洋淀水环境风险受体脆弱性进行评价。

（4）杨蕊等在《基于 Vine Copula 函数的河湖连通水环境多因子联合风险识别研究》[237] 一文中，基于 Vine Copula 函数构建南四湖在南水北调东线一期工程运行前后水环境多因子联合风险模型，通过对总磷、总氮、氨氮和叶绿素 4 种风险因子的敏感性分析，识别出运行后的关键风险因子，并结合南四湖Ⅲ类水的供水水质要求，设置运行后关键风险因子不同风险状态组合下的系列风险情景，识别出运行后潜在水环境多因子联合风险。

（5）梁中耀等在《湖泊水质目标风险管理研究》[238] 一书中，提出湖泊水质目标风险管理的理论体系和 3 个关键步骤，识别出其中的 4 个主要风险来源，探究面向管理的水质达标评价方法，以典型案例为研究对象，识别重点研究湖泊水质目标管理中潜在的风险及成因。

（6）许秋瑾等在《水污染治理、水环境管理与饮用水安全保障技术评估与集成》[239] 一书中，围绕污染源系统治理技术、水体修复技术两大技术系统，基本构建形成系统、完整的水污染治理技术体系；围绕饮用水安全保障工程技术、全过程饮用水安全监管技术两大技术系统，基本构建形成全流程、多层级的饮用水安全保障监管技术体系；集成形成水环境管理、总量控制、风险管理和政策保障四大技术系统，初步构建我国水环境管理技术体系。

4.8　水生态理论方法研究进展

生命起源于水，水又是一切生物的重要组分。生物体不断地与周边环境进行水分交换，环境中水的质和量是决定生物分布、种的组成和数量以及生活方式的重要因素。水生态理论研究是水环境保护的一个重要研究方向，近年来随着生态问题的日益突出，国内许多学者尝试用生态学理论方法来解决水环境问题，并取得了一定的成效。总体来看，有关水生态理论方法方面的研究主要聚焦于以下三个方面：一是对生态水文过程的认识；二是对生态环境需水计算方法的研究；三是对水生态理论方法的应用研究。

4.8.1　在生态水文过程研究方面

生态系统与周边环境之间有着非常密切的关系，生态建设中的水科学问题及其研究已成为生产实践中急需解决的问题之一。目前，生态水文过程研究是一个新的研究领域，这方面的研究成果非常多，然而由于问题的复杂性、资料的有限性和方法的不成熟性，其研究工作仍有待进一步科学化、系统化。总体来看，近年来在这一领域的研究工作大致包含以下三个方面：一是对生态水文过程研究进展的综述性评述；二是研究人类活动及其带来的生态水文效应；三是开展生态水文演变规律及理论方法方面的研究。

（1）在生态水文过程研究进展方面，赵宁研究了陆地表层系统生态格局与生态过程变化的水文学机理，揭示了陆生环境和水生环境植物与水的相互作用关系[240]。曾思栋等构建了一个耦合陆面水文与生物地球化学循环的生态水文双向紧密耦合模型[241]。陈静等分析了人类活动对岩溶湿地水量、水质以及生态系统演化的影响，总结了岩溶湿地生态水文模型的研究现状及发展趋势[242]。徐力刚等概述了湖泊湿地生态水文学的研究进展，凝练了湖泊湿地生态水文学研究的方法体系、思路及框架，提出了湖泊湿地生态水文学未来的研究发展趋势和亟须加强研究的重点方向[243]。夏军等阐述了生态水文学发展历程和挑战性问题，提出了中国生态水文学具体发展方向[244]。段凯等研究了流域水-碳平衡的耦合关系与对变化环境的响应规律，从水循环与碳循环要素的监测、水-碳耦合关系的量化和模拟、变化环境对水-碳平衡的干扰、流域尺度上水-碳平衡演化规律识别与归因等方面对相关研究进展进行综述[245]。陈求稳等重点梳理了水库运行下关键生源要素的生物地球化学循环变化及其水生态效应、底栖动物生境和鱼类生境以及鱼类洄游通道的影响、水生态环境保护工程与非工程措施等方面的研究进展[246]。

（2）在生态水文效应研究方面，蒋楠等研究了小水电工程对黄尾河流域生态水文效应的影响[247]。胡剑汝等利用 WEPP 模型对不同侵蚀治理措施坡面径流泥沙情况进行了模拟预测，对减流减沙生态水文效应进行了比较分析[248]。塔莉等研究了冀北山地天然次生林枯落物层水文生态功能对不同林分密度的响应，以 5 种密度天然次生林作为研究对象，采用室内浸泡法对枯落物层水文生态效应进行了定量测定[249]。潘天石等对冀西北地区张家口市森林、农田和草地生态系统的枯落物在生长季末期持水能力及其与生物量之间的关系进行了分析[250]。塔莉等以滦河上游 3 种典型植被类型作为研究对象，采用室内浸泡法、环刀法分别对枯落物层与土壤层水文生态效应进行了定量测定[251]。曹国亮等利用陆地卫星遥感影像，采用水体指数法解译了艾丁湖 1986—2018 年的湖泊面积变化，分析了湖泊面积变化与区域气候变化、河流径流量变化的相关关系，并分析了艾丁湖历年最大湖水容积和湖面蒸发量变化[252]。马俊逸等采用 TWINSPAN 和 CCA 等方法，研究了小苏干湖内陆盐沼湿地植物群落空间分布格局与主要环境因子之间的关系[253]。韩先明等选取植被归一化指数 NDVI 研究了近年来雅鲁藏布江流域植被覆盖变化情况，并采用趋势分析法、Hurst 指数法和偏相关系数法研究了流域植被覆盖变化及其对气候变化的响应关系[254]。李茂华等利用 Mann-Kendall 趋势法分析了过去 34 年全球 9 种植被的叶面积指数时空变化特征，使用相关分析和逐步线性回归分别探讨了全球 9 种植被 LAI 与降水、温度的年际与月关系[255]。周静等采用逐步回归分析法识别了影响洞庭湖湿地植被分布格局的关键水情变量并建立其与植被面积的响应关系[256]。陈炼钢等构建了鄱阳湖苦草生境数值模拟模型，建立了苦草潜在适宜生境和水深≤4m 水域面积变化与星子站水位的定量响应函数，并据此分析了三峡水库运用及拟建鄱阳湖水利枢纽对苦草潜在生境面积的影响[257]。朱广伟等分析了近 30 年来长江中下游地区大型湖泊富营养化关键指标变化的特征及其驱动因素[258]。朱永华等运用时空替代和土壤单重分形等方法，定量分析了植被群落和土壤颗粒变化特征，并探讨了二者对地下水埋深变化的响应机理[259]。葛金金等通过系统归纳构建水文-生态响应关系的常用方法，分析了不同方法在操作难易程度、数据量及尺度需求、产出结果等适用性方面的差异，识别了常用方法实用案例结论及响应关系趋势[260]。

（3）在生态水文演变规律及研究方法方面，易雨君等系统地梳理了自 20 世纪 60 年代以来白洋淀的水文、水环境和水生态演变历程，并分析了导致一系列演变发生的可能原因[261]。王东升等采用一元线性回归、Mann - Kendall 等分析了金沙江流域云南片内主要支流水文径流极小值演变特征，采用 Tennant 法及地区经验综合分析了其河道生态基流，并对其生态基流保障程度进行了评价[262]。闫雪燕等探究了动态调水过程中丹江口水库库湾浮游植物季节变化规律和驱动因子[263]。姜田亮等利用 Pearson 相关系数分析了耗水量与改进帕尔默干旱指数的最大相关性和滞时，以此探讨了西北地区 9 种植被类型和 17 个生态地理分区的植被耗水量演变规律及其对气象干旱的响应[264]。张阿龙等辨析了近 55 年内蒙古锡林河和巴拉格尔河流域不同高原内陆河流域气温-降水-径流突变与生态演变规律[265]。刘畅等研究了大黑汀水库热分层及缺氧区的时空演化特征，识别了在一定水质及底质污染状况条件下，水库缺氧区形成与演化的主要驱动因素[266]。李浩等针对普通理论方法难以定量描述影响水生态系统变迁的影响因素及具体的影响程度，构建了包含人口密度、人均用水量、废水排放量等 8 个指标的水生态系统体系，定量描述了水生态系统受影响因素的实际程度，并评价了各年水生态系统的优劣[267]。万思成等以海河上游典型流域蔡家庄流域为研究区域，采用 2000—2016 年的 MODIS NDVI 数据作为植被数据，研究了该区域植被年内和年际动态变化特性及其与关键气候要素的相关关系及响应规律[268]。黄犁等基于 1976 年、1989 年、1998 年、2006 年、2016 年 5 期 Landsat MSS/TM/OLI 遥感影像，提取玛纳斯河流域近 40 年的绿洲分布情况，利用数理统计模型及景观指数等方法分析了绿洲时空演变过程及其景观格局变化[269]。刘有志等基于溪洛渡水库近 4 年的水库水温及相关监测资料，引入 CE - QUAL - W2 模型，实现了水库从开始蓄水到初期运行阶段的水库水温模拟，研究表明，水库蓄水接近正常水位后，逐渐形成水位变动区、温度不稳定区、温度过渡区和温度相对稳定区 4 个明显的区域，且不同区域水温随季节变化的特性不同[270]。

（4）左其亭等在《闸控河流水文生态效应分析与调控》[271] 一书中，介绍了闸控河流水文生态效应分析的理论基础、关键技术、野外实验、数学模型、调控与保障体系，开展了闸控河流生态水文效应分析、水生态系统健康评价相关理论与方法研究、闸控河流水量-水质-水生态实验研究、闸控河流水量-水质-水生态模型研究、闸控河流水量-水质-水生态调控研究及保障体系构建等。

（5）李小雁等在《黑河流域植被格局与生态水文适应机制》[272] 一书中，采用野外调查、实验观测、遥感解译、模型模拟和情景分析等方法，编制了全流域 1∶10 万植被类型图，构建了黑河流域生态水文参数集，制订了全流域生态情景集，揭示了黑河流域植被空间分布格局与多尺度生态适应性，评估了黑河流域水资源与生态需水现状及存在的问题，提出了黑河流域生态安全和社会经济可持续发展的政策建议。

（6）杨大文等在《高寒山区生态水文过程与耦合模拟》[273] 一书中，论述了黑河上游山区生态水文特征与机理、高寒山区流域水文过程、高寒山区流域分布式生态水文模型的构建与验证、基于分布式生态水文模型的黑河上游生态水文模拟与预测、基于数值模拟结果的黑河上游冻土退化的生态水文效应分析等。

（7）徐宗学等在《黑河流域中游地区生态水文过程及其分布式模拟》[274] 一书中，针对黑河中游地区水循环与生态系统关系及耦合机理，开展了气候变化和人类活动影响下黑河流域中游地区水文过程演变规律及其生态效应、黑河流域中游地区生态系统演变规律及其对水循环的影响，以及生态-水文过程耦合模拟相关研究。

（8）田义超等在《赤水河流域生态水文过程研究》[275] 一书中，在不同的时空尺度上分析了流域气候变化特征及其土地利用的时空差异性特征，建立了喀斯特流域的生态水文过程模型，预估了气候变化和人类活动对生态水文过程的影响，采用生态补偿核算方法及 SOFM 自组织神经网络算法建立了赤水河流域的生态补偿标准和生态安全分区方案。

（9）胡振鹏在《鄱阳湖水文生态特征及其演变》[276] 一书中，研究了鄱阳湖地形地貌特征及其产生的水文生态效应，揭示了鄱阳湖水文及其相关因素的变化过程及其特征，定量研究了鄱阳湖浮游生物、湿地植被、底栖动物、鱼类和越冬候鸟等生物种群的分布、结构、演变过程及其驱动因素，提出了鄱阳湖枯水期最低生态需水过程和保护鄱阳湖湿地生态系统健康的建议。

4.8.2　在生态环境需水理论研究方面

生态环境需水这一概念的提出，体现了当今社会放弃传统的以人类需求为中心的水资源开发管理观念，强调水资源、生态系统和人类社会之间的相互协调和平衡。生态环境需水研究已成为水生态理论研究领域的一个新兴热点问题，近年来高水平成果不断涌现。目前，其研究重点主要集中在以下三个方面：一是开展河道内生态环境需水量研究；二是开展河道外植被系统需水量研究；三是开展生态水位计算方法研究。

（1）在河道内生态环境需水量研究方面，刘晓燕等提出了河口三角洲不同来沙条件和年内不同时段用水时需预留的生态流量和生态水量[277]。刘昌明等探讨了生态系统动态变化与水流驱动力因素之间的关系，提出了考虑河道内生态需水与水力因素关系的生态水力半径法，并指出充分利用水生生物信息与河道信息估算河道内生态需水[278]。刘立军等基于改进的流量历时保证率法进行河道生态需水计算，指出体现以丰补枯、水热同步更符合流域特征，成果与常用方法和评价标准的协调性好[279]。葛金金等运用常用的 5 种水文学方法计算了沙颍河的适宜生态流量，并进行了对比分析[280]。余真真等建立了基于河道边界条件水动力学与水质相耦合模型，以河流水功能区水质目标作为协控因子，进一步考虑伊洛河河口黄河鲤繁殖期对水质的要求并进行了自净需水流量计算[281]。庄锦亮等对现有的年内展布法进行了改进，根据多年各月平均流量和同期均值比计算了博阳河各月河道内基本生态环境需水量[282]。季小兵等基于开都河大山口水文站 1960—2018 年的实测径流数据，采用 Tennant 法、典型水文频率年法、最枯月平均流量法和 QP 法等 4 种水文学方法计算了河流的生态流量[283]。郭亚男等采用 Tennant 法、MIKE21 二维水质模型和水量平衡法计算了灌河最小生态水量、水质需水、景观需水等，采用 MIKE21 水动力模型动态模拟计算了四大家鱼、鳝鱼等的敏感生态需水[284]。于守兵等梳理了近 20 年来黄河河口生态需水目标、需水类别和需水量计算结果，结合黄河河口演变特点，提出了生态需水研究的重点和主要方向[285]。唐文雯等依据逐月最小值法和 Tennant 法确定了河流最小生态流量，并分析了突变前后河流最小生态流量保证程度、对未来保证最小生态流量进行了探讨[286]。章运超等选用水力学法中基于水力参数与流量间相关关系的湿周法和生态水力学法分别计算了通顺河武汉段的生态需水量[287]。李金燕等采用改进的 Tennant 法及当前广泛应用的最小月平均流量法对河道内基本生态环境需水量进行了估算比较，初步确定了调水区各截引沟道水资源可利用量的最大值及适宜值[288]。魏健等采用环境需水量和生态需水量两种方法，计算了永定河官厅山峡段不同阶段河流生态修复所需的生态水量[289]。翁传松等基于前期海河流域（洋河流域为海河流域的一条二级支流）河流生态需水量计算方法学研究结果，选取水文学及目标水质法计算了洋河干流左卫、响水铺、鸡鸣驿和八号桥 4 个典型断面最小、适宜和理想生态需水量[290]。

（2）在河道外植被系统需水量研究方面，岳东霞等以流域生态需水为研究主线，计算了疏勒河流域及其所辖县区近 20 年生态承载力和天然植被生态需水量[291]。冯湘华等研究了肃南裕固族自治县植被生长季参考作物蒸散发量随时间的趋势性变化及其空间分布特征，分析了不同草地类型生态需水定额和有效降雨量的特征关系[292]。李晨等以香蒲、菖蒲、红鞘水竹芋、美人蕉和水葱等 5 种滇池流域典型湿地植物为对象开展了需水规律试验，并计算分析了不同湿地植物的全生育期总需水量以及各生育阶段日均需水量[293]。钟旭珍等对关中—天水区植被—土壤复合系统生态需水量和空间分布规律进行了计算和分析，并借助 CA - Markov 模型对各生态功能区 2020 年、2025 年的单位面积生态需水进行了模拟预测[294]。班璇等建立了底栖动物各类群的物理栖息地模型，计算了变化流量下栖息地适宜面积的时间序列，并据此进行生态流量决策[295]。杨阳等采用食物网模型识别了鱼类关键物种，结合无人机反演河段大断面，采用改进的生态水力半径法（AEHRA）计算了生态需水[296]。

（3）在生态水位计算方法研究方面，吴玲玲等利用 P - Ⅲ 曲线推求 Tennant 法推荐流量阈值的水文保证率，确定了淮河流域河流系统生态流量满足各等级所对应的水文保证率，并将其应用于流量资料缺乏的淮河入海水道生态水位计算[297]。华祖林等解析了生态水位和生态流量的内涵，提出了一种考虑河流形态、河道水生生物、水质和景观娱乐为要点的实用计算方法[298]。杨毓鑫等采用天然水位资料法、年保证率法、最低年平均水位法、生态水位法、湖泊形态分析法及最小空间需求法，分别对东洞庭湖、南洞庭湖和西洞庭湖的最低生态水位进行了计算[299]。黄兵等分析了水文变异原因，在此基础上分别计算了东、南、西洞庭湖水文变异条件下的生态水位[300]。翟家齐等从地下水生态水位的概念、确定方法、阈值区间等方面入手，综述了干旱区绿洲地下水生态水位研究的重要进展及未来发展建议[301]。董哲仁等简要回顾了生态流量发展沿革，提出了生态流量定义，讨论了生态流量的理论要点，比较了水文法、水力学法、栖息地评价法和整体法等各类生态流量计算方法[302]。彭文启对生态流量及其表达方式、自然水流范式与非自然河流的基本生态水文需求、生态流量生态保护对象与生态流量保证率、生态流量与水资源开发利用程度的关系、"三生"用水协调等问题进行了讨论和辨析，以期为系统推进生态流量管理工作提供参考[303]。尚文绣等建立了一种面向河流生态完整性的生态需水过程评估方法，兼顾指示物种生存繁衍和土著生物群落基本生存[304]。

（4）冯起等在《干旱内陆河流域水文水资源》[305] 一书中，研究了流域水文水资源系统、流域水资源形成与分布及内陆水循环与水文平衡，对降水、冰雪消融与融水径流、出山径流、地下水、洪水与枯水径流、蒸发量与生态需水量、流域水体化学等主要水文水资源要素进行定量分析，开展了流域水文水资源在生态水文、生态环境建设、水资源承载力、水资源合理利用和可持续管理等方面的评价与分析应用。

（5）梁士奎在《闸控河流生态需水调控理论方法及应用》[306] 一书中，阐述了众多闸坝条件下的河流生态需水问题，选取具有典型闸控河流特征的沙颍河为研究对象，介绍了多闸坝河流生态需水调控的理论基础、研究体系、量化方法和应用研究成果。

（6）李瑞清等在《江汉平原河湖生态需水研究》[307] 一书中，总结了河湖生态需水的概念、内涵及常用计算方法，重点针对江汉平原范围内汉江中下游干流以及具有一定工作基础的典型支流、重要湖泊等河湖水系开展生态需水研究，提出了不同区域、不同类型河湖适宜的生态需水计算方法及成果，提出了生态需水保障的措施体系以及保障工程建议。

4.8.3　在水生态理论应用研究方面

除了以上有关生态水文过程和生态环境需水理论方面的研究外，近年来在水生态应用研究方面还有一些新的成果出现，例如水生态保护阈值研究、水生态健康评价方法研究、水生态承载力研究等，这都是水生态理论方法研究的重要支撑内容，在这方面国内学者也开展了相应的研究工作。

（1）在水生态保护阈值研究方面，李丽琴等基于生态水文阈值调控的水资源多维均衡配置模型，用于耗水总量和地下水采补平衡，水量平衡和水土平衡，水生态平衡和水盐平衡，并给出了相应的多重循环迭代算法[308]。窦明等提出了承压水合理开采水位概念及划定方法，以河南省西平县新建水源地为研究区，划定了城市水源地承压水合理开采水位[309]。黄金廷等在分析格尔木河流域水文地质条件、环境地质问题基础上，采用遥感解译、野外调查和地下水动态监测的方法，界定了地下水的生态功能及阈值[310]。韩祯等为量化湿地植被对淹水时长的生态需求，通过耦合水动力模型和统计模型，建立植被分布面积对淹水时长的响应关系，明确了优势湿地植被的生态阈值[311]。崔燚等以若尔盖县湿地为研究对象，从地形地貌和水文条件两个方面选择 6 项指标，利用熵值法筛选出对湿地稳态转换影响最大的指标并厘定生态阈值，最终基于乡镇尺度确定生态阈值调控范围[312]。侯利萍等通过分析潜在生态阈值的 S 形曲线式、补给-压力式和跃迁式驱动-响应机理，归纳了局部加权回归散点平滑法、分段回归、高斯模型、拐点分析软件、稳态转换检测软件、指示种阈值分析和系统动力学仿真模型 7 种生态阈值确定方法，并评述了其优缺点和适用性[313]。宗宁等利用空间代替时间的方法，在半干旱高寒草原区选择 5 种沙化梯度作为研究对象，系统研究了沙化过程中植物、土壤及微生物特征的变化，并对沙化过程的生态阈值进行了估算[314]。李代魁等按照河流、湖泊、湿地、森林、草地、河口与海洋、农田、荒漠、城市、冻原 10 种生态系统类型，筛选归纳了相关生态阈值，并阐释了稳态转换机理[315]。张军泽等研究了典型红壤区自然和人工恢复模式下乔木层和灌草层盖度的动态变化特征，利用线性模型和三种阈值模型（包括分段回归模型、阶跃函数模型以及通用模型）评估了不同恢复模式下两种盖度指标之间的阈值效应[316]。李轶等基于 2016 年 5 月乐清湾海域的海洋调查资料，分析了浮游动物真刺唇角水蚤的优势度及其与海水盐度的相关性，并利用高斯模型研究了在盐度梯度下真刺唇角水蚤丰度的生态阈值[317]。

（2）在水生态健康评价方法研究方面，贡力等将和谐理论运用于生态可持续发展分析研究中，通过社会、经济、水生态、水资源、水环境 5 个和谐性系统构建指标体系，遴选出 22 个指标进行研究分析黄河兰州段水生态可持续发展能力[318]。王文川等构建了基于随机森林算法的清水河流域生态系统健康评价方法[319]。徐宗学等构建了着生藻类生物完整性水生态系统健康评价指标体系,对渭河流域水生态系统健康状况进行了评价[320]。吴岳玲等采用主成分分析法筛选出高锰酸盐指数、底栖动物指数、水生植物指数等10个因子构成了星海湖水生生态系统健康评价体系[321]。李世龙等构建了阅海湖水生生态系统健康评价指标体系,运用灰关联法对水生生态系统健康等级进行了评价[322]。王富强等建立了生态系统健康评价体系,根据综合评价指数确定了不同时期湿地的生态系统健康状况[323]。

(3)在水生态承载力研究方面,杨东明等引入了耦合协调发展理论,将水环境承载力表征为水量系统与水质系统在社会经济载体上的耦合结果,计算得到了水量系统与水质系统的综合指数和二者间的协调度与协调发展度[324]。宋菲燕等在现有水环境承载力评价赋权方法的基础上考虑权重计算的不确定性,以珠三角地区为例探究了该方法在水环境承载力评价中的适用性[325]。崔晨韵等构建了包括2个水资源指标、10个与水相关的生态环境指标、7个社会经济指标的长兴县生态环境承载力评价指标体系[326]。杨柳等在深入分析生态环境可持续发展评价和生态服务价值评价这两种方法的基础上,针对二者的特点和不足,以其理论共同点为基础构建了生态承载力贡献率评估模型[327]。尚海龙等运用改进的熵值法与水环境承载力模型测算了贵州高原2008—2017年水环境承载力,并对其动态变化趋势及影响因素进行了分析[328]。万炳彤等基于DPSIRM模型构建区域水环境承载力评价指标体系,并基于SVR模型构建了区域水环境承载力评价模型,以此研究了长江经济带2009—2018年的水环境承载力演变趋势及空间差异[329]。邓红卫等构建了恩施州水环境承载力评价指标体系,计算得到了2017年恩施州水环境承载力的量化值和水环境承载状态的空间分布图[330]。任晓庆等采用WaREES框架从"水资源-水环境-水生态-水安全"4个维度构建了承载力评估和指标贡献量化方法,对滦河流域进行了水生态承载力评估研究[331]。门宝辉等基于驱动力-压力-状态-响应模型构建了评价指标体系,运用云理论推算了2004—2017年北京市各年的水环境承载力水平[332]。

4.9 水污染治理技术研究进展

水污染治理技术是水环境研究的一个重要学科方向,是环境可持续发展的重要保障,在这一领域涌现出大量的科研成果。从总体上来看,一方面是关于在点源污染和面源污染的控制技术上的研究应用和经验总结,另一方面是关于饮用水的安全保障技术的理论探讨和深化研究。

4.9.1 在点源污染控制技术研究方面

关于点源污染控制技术的研究是水污染治理技术的重要内容。目前在这一研究方面的研究者较多,研究内容丰富。总体来看,研究工作主要涉及在活性污泥法水处理技术方面、生物膜水处理技术方面、污水深度处理技术方面、脱氮除磷技术方面、高级氧化技术方面、膜技术方面以及生态处理技术方面。以下仅对代表性的技术和代表性的论文进行说明。

(1)在活性污泥法水处理技术方面,陈丹丹等分析了各污泥深度脱水技术作用机理,结果表明,物理法中水热预处理对污泥的可脱水程度提升最大,较低声强、短时间的超声波处理对污泥脱水性能有着明显的改善[333]。彭永臻等通过对 Illumina Hi Seq 4000 平台宏基因组测序结果分析，探究了污水处理厂中生物脱氮系统中的微生物群落的多样性、功能菌种以及主要的代谢途径[334]。李倩等从活性污泥中经分离、驯化得到 1 株耐 Cd 细菌菌株，最大 Cd^{2+} 耐受浓度为 350mg/L，是 1 株具有较强 Cd^{2+} 吸附能力的细菌菌株[335]。郭耀等发现活性污泥的物理性能参数和呼吸速率存在很好的相关关系[336]。庄海峰等将纳米 Fe_3O_4 投加至上流式厌氧污泥床反应器中，发现能显著提高厌氧活性污泥对偶氮染料废水的降解性能，COD 去除率、色度去除率及产甲烷量分别提高了 61.9%、10.1% 和 68.1%。同时，纳米 Fe_3O_4 增加了厌氧活性污泥的 EPS 含量，有利于酶 F420 产生，提升了污泥导电性，有利于活性污泥的稳定性和高效性，具有良好的实际应用前景[337]。刘文龙等通过研究活性污泥在长期好氧饥饿条件下的微生物种群结构变化，以具有良好硝化和除磷性能的活性污泥为实验对象，发现好氧饥饿时间越长，活性污泥硝化及除磷性能所受的影响越大，污泥的种群结构变化越明显[338]。

（2）在生物膜法水处理技术方面，魏小涵等通过研究 MBBR 系统中温度和溶解氧对生物膜硝化和反硝化过程氮素去除的影响，发现系统温度的升高可以同时强化生物膜硝化和反硝化过程，且好氧反应器中溶解氧水平的提高对硝化过程有利，从而提高系统的脱氮效果[339]。王嗣禹等通过研究发现生物膜系统内 DO 的变化受曝气量影响较小，短程硝化效果受 DO 影响较小，短程硝化速率更稳定，更适合作为 ANAMMOX 脱氮工艺的前处理单元[340]。郑志佳等通过探索寒冷地区冬季低温期污水处理厂出水氨氮不达标的解决措施，发现在低温条件下污水厂出水氨氮不达标的主要因素是活性污泥泥龄不足，温度对硝化菌群活性的影响次之，通过投加悬浮载体延长污泥龄，可显著改善冬季低温条件下的硝化效果；悬浮载体的硝化速率受温度的影响程度显著低于活性污泥[341]。常颐等研究采用生物膜-活性污泥组合工艺（IFAS）处理模拟市政污水，证明该技术可实现高效脱氮，有着反应可控性高、装置简易、反应建立时间短且运行稳定、污泥产量少、好等优点，适用于低碳氮比的市政污水处理及工业污水[342]。巩有奎等以实际生活污水为处理对象，利用序批式生物膜反应器（SBBR），碳纤维为填料（填充率 35%），在（20±2.0）℃条件下，分别通过低氧和间歇曝气两种运行方式，成功实现了亚硝酸型同步生物脱氮过程[343]。张杏等采用快速排泥法对小试规模的移动床生物膜反应器（MBBR）进行启动运行，发现能够在 12d 左右实现 MBBR 的快速挂膜，系统挂膜启动阶段运行状况良好[344]。

（3）在污水深度处理技术方面，宋亚朋等以印染污水生化处理出水为研究对象，组建了集管式臭氧/紫外（O_3/UV）反应系统、臭氧发生系统、气液分离系统、臭氧破坏系统和生物曝气滤池（BAF）系统为一体的中试集成设备[345]。栗文明等分析对比了近年来工程中常用的臭氧氧化、Fenton 氧化等高级氧化技术，结合工程设计案例分析臭氧催化氧化的效果，为臭氧催化氧化技术的应用提供参考[346]。王玉玺等以 8 种典型抗生素为研究对象，综述了它们的物理化学性质及其在传统污水处理厂中的归趋、浓度水平以及相应的去除效率，探讨了它们的深度处理技术及其在再生水厂中的去除情况[347]。王文豪等采用多段预处理＋A/O＋臭氧氧化＋BAF 工艺深度处理煤化工综合废水[348]。杜希等通过实验发现采用臭氧催化氧化-BAF 组合工艺可有效对印染废水二级出水进行深度处理，出水 COD_{Cr} 和色度都有效降低[349]。

（4）在脱氮除磷技术方面，方月英等发现反硝化生物滤池（DNBF）在较宽泛的流速范围内，当进水 COD/TN 值≥3.5 时能达到较好的脱氮效果[350]。李亚峰等针对常规倒置 A^2/O 工艺存在的碳源竞争、进水碳源不足、SRT 矛盾等不足进行优化改进，通过分段进水、投加外加碳源、MBR 工艺联合运行的方式达到提高脱氮除磷性能的目的[351]。都叶奇等研究了进水 C/N 对同步硝化内源反硝化系统脱氮除磷的影响[352]。袁梦飞等研究了不同曝气量和好氧时间下对同步硝化内源反硝化系统脱氮除磷的影响[353]。李冬等通过联合调控好氧时间及曝气强度成功将除磷颗粒污泥诱导成具有同步短程硝化反硝化除磷功能的颗粒污泥[354]。郭耀杰等采用改进型氧化沟装置处理模拟农村生活污水，考察 HRT 对该系统脱氮除磷效果的影响[355]。王晓霞等研究了不同污泥龄对同步硝化内源反硝化系统脱氮除磷的影响[356]。黄靓等采用 SBR 反应器驯化培养反硝化聚磷菌，考察了厌氧-缺氧-好氧和厌氧-缺氧运行模式下反硝化聚磷菌的增殖情况、反应器的脱氮除磷特性及胞内聚合物聚 β-羟基丁酸（PHB）和糖原的合成消耗情况[357]。

（5）在高级氧化技术方面，孙昕等研究了超声活化过硫酸盐高级氧化技术对两种致嗅物质的降解规律及其影响因素[358]。于永波等研究了 N 原子掺杂石墨烯对过一硫酸盐的催化效果[359]。李珂等研究了基于硫酸根自由基的高级氧化对水体中的头孢类抗生素的去除效果[360]。陈立湘等通过 Fe^{2+} 活化过硫酸钠产生硫酸根自由基的高级氧化技术对电镀生产过程产生的难降解、高浓度的有机废水进行预处理，探讨了 $S_2O_8^{2-}$ 投加量、$n(Fe^{2+})$：$n(S_2O_8^{2-})$、废水 pH 等因素对有机物去除及废水可生化性的影响[361]。伊学农等选取萘普生作为研究对象，探讨了其在 UV/氯体系中的降解特性[362]。

（6）在膜技术方面，陶辉等针对超滤工艺处理地表水的物理反应条件进行优化，考察不同运行条件对超滤膜污染的控制效果，从而确定超滤膜处理地表原水的最优运行参数[363]。李新望等研究了陶瓷超滤膜对经混凝过滤预处理后的河水和未经预处理的河水的过滤效果[364]。张娟等采用超滤膜短流程工艺处理南水北调源水，分析了超滤膜的净水效能以及膜污染情况[365]。陶辉等采用死端过滤方式进行试验，考察了背压（超滤膜出水端的压力）对再生纤维素（RC）超滤膜运行特性的影响，包括膜通量、膜过滤阻力、膜的截留性能及膜微观结构[366]。刘丹阳等采用低压纳滤中试装置深度处理微污染地表水源水，探讨了其中纳滤膜的截留性能和膜污染情况[367]。

（7）在生态处理技术方面，岑璐瑶等利用种植不同植物的人工湿地对污水厂尾水进行深度处理以达到更严格的排放标准[368]。潘傲等研究了 4 种植物条件下表面流人工湿地的氮磷平衡以及微生物群落结构[369]。巩秀珍等通过后置短程反硝化 AOA-SBR 工艺实现了低 C/N 城市污水的脱氮除磷[370]。赵梦云等通过研究植物收割对人工湿地中污染物去除的长期影响，发现每年收割不仅能够促进人工湿地中植物的直接作用，还能促进植物的间接作用和人工湿地基质层对污染物的去除能力，进而提高人工湿地的脱氮除磷效果[371]。赵林丽等比较了不同盐度下人工湿地芦苇的生长情况以及几种典型污染物的去除效果[372]。

4.9.2　在面源污染控制技术研究方面

面源污染主要以农村面源污染为代表，因此面源污染控制主要围绕治理农村面源来展开。

（1）谢经朝等在《汉丰湖流域农业面源污染氮磷排放特征分析》[373] 一文中，为把握汉丰湖流域农业面源污染现状，探明其首要污染源和重点控制区域，应用排污系数法估算了汉丰湖流域 2015 年种植业源、畜禽养殖业源和农村生活源 TN、TP 污染物的贡献量，利用 GIS 空间分析法研究了其排放的空间分布特征。

（2）朱金格等在《生态沟-湿地系统对农田排水氮磷的去除效应》[374] 一文中，探讨了生态拦截系统对农田尾水氮、磷的去除效应及其应用前景，在太湖水源地陆域保护区原位构建生态沟-湿地系统对涵盖施肥期的农田尾水进行了拦截净化。

（3）冯爱萍等在《海河流域氮磷面源污染空间特征遥感解析》[375] 一文中，以 MODIS 遥感数据为驱动，采用以遥感影像元为基本模拟单元的 DPeRS 源污染负荷估算模型，分析了 2016 年海河流域氮磷面源污染空间分布特征，并对"十三五"《重点流域水污染防治规划》中划定的海河流域 172 个控制单元进行面源污染优先控制单元分析。

（4）翟敏婷等在《河流水质模拟及污染源归因分析》[376] 一文中，针对大连市登沙河流域水环境质量问题，采用输出系数法估算流域内工业点源、农村生活、畜禽养殖、农业种植的氨氮和总磷入河污染负荷，基于 QUAL2K 水质模型模拟污染物的迁移转化规律，解析各污染源在不同时、空尺度下对河流中、下游水质考核断面的污染负荷贡献。

4.9.3　在饮用水安全保障技术研究方面

饮用水安全与人们的日常生活息息相关，可是安全可靠的饮用水资源却越来越少。因此关于饮用水安全保障方面的研究也在加紧进行，但相比其他研究方向，这类文献相对较少。

（1）王杨等在《基于活性微生物特征的供水管壁生物膜生长特性》[377] 一文中，通过比较 3 种典型室内供水管材：聚氯乙烯（PVC）、无规共聚聚丙烯（PPR）、不锈钢（STS）内壁活性微生物的生长特性和群落多样性，发现相比 PVC 和 PPR，STS 管壁上的活性微生物种类最少、多样性最低、群落结构最简单；PVC 和 PPR 管壁上致嗅微生物活性蓝藻细菌和放线菌占比都较高，在输配过程中更易产生臭味问题。

（2）于水利在《基于纳滤膜分离的健康饮用水处理工艺》[378] 一文中，针对当前饮用水水源的污染特征，提出了以纳滤为核心的饮用水深度处理工艺，分析了纳滤膜的截留和扩散机理，探讨了纳滤膜对水中有机物及矿物质的分离效果及影响因素，构建并评价了以纳滤膜为核心的饮用水深度处理工艺系统。

（3）方文侃等在《新型材料磁性氧化锆的除氟效能》[379] 一文中，采用一步共沉淀法制备了磁铁矿纳米颗粒为核和水合氧化锆为壳的磁性氧化锆材料，研究了其除氟性能。

（4）柳剑男等在《部分城市自来水中典型无机金属元素的达标状况》[380] 一文中，针对当前给水管网中出现的无机金属元素超标问题，以 36 个城市的给水管网为研究对象，在不同时段采集龙头水并利用电感耦合等离子体质谱法对水样中常见无机金属元素进行检测分析，系统评价了现有市政管网中金属元素的达标状况和超标原因，并提出了相应的改善对策。

4.10　水生态保护与修复技术研究进展

加强水生态系统保护与修复，是水生态文明建设的重要内容，也是经济社会可持续发展的必要保障。随着我国水生态文明建设试点工作的稳步推进，水生态系统保护与修复正成为一个新的研究热点，每年涌现出大量的研究成果。但由于这一研究领域覆盖面宽泛，因此其研究内容相对分散，其中比较有代表性的成果主要集中在水生态调度研究、水生态保护技术研究、城市生态水系规划研究等方面。

4.10.1 水生态调度研究方面

水生态调度是开展水生态保护与修复的一项重要措施。目前在这一领域的研究者较多，研究内容丰富，高水平研究成果也较多。总体来看，研究内容涉及水生态调度模型研究、水生态调度方案和模式研究、生态补水的效果和影响评价等方面。

（1）在水生态调度模型研究方面，李力等基于逐月最小生态径流计算法确定了河流最小生态流量，以河流生态需水满足度最大和梯级发电量最大为目标建立了多目标优化调度模型，并采用改进 NSGA-Ⅱ算法对模型进行了求解[381]。吴振天等建立了以水库群发电量最大、适宜生态缺溢流量平方和最小为目标的调度模型，采用 NSGA-Ⅱ算法求解该模型[382]。陈晓宏等针对发电及生态效益目标实施了单/多目标最优化，探究了气候变化对电站发电和生态调度的影响、发电和生态目标间协调关系对气候变化的响应[383]。黄志鸿等提出了一种利用分时段加权法处理多目标问题的方法，依据大系统分解协调技术求解了浊漳河流域多目标水库群优化调度模型[384]。彭辉等采用水库群模拟优化方法建立了考虑下游河道生态需水的水库群多目标联合调度模型[385]。尚文绣等基于水文情势的主要特征设计了 15 个水文情势评价指标，并将其应用于水库生态调度模型的目标函数中，同时提出了参考各时段实时可利用水量的水库生态供水规则[386]。高仕春等建立了以"保证河道生态用水，优先生活用水"为目标的水资源配置模型，得到了水库生态调度控制线和运行规则，以及地表水资源分配方案[387]。张代青等提出了水库生态价值调度的新概念，探讨了水库生态价值优化调度模型的建立及仿生算法的求解，开展了新丰江水库生态价值优化调度模型建立及蜂群算法求解研究[388]。

（2）在水生态调度方案研究方面，靳伟荣等建立了包括水力条件、水质改善、调水成本的多目标评价指标体系，对城市河湖处于不同水位和水质状态时的多个不同生态调水流量方案进行比选，优选出了南昌市在不同水质水量状态下的生态调水流量[389]。吴贞晖等以贵州夹岩水利枢纽为对象，通过均衡供水目标、灌溉目标、生态需水目标和发电目标，获得了多目标水库优化调度图[390]。李瑛等分析了引汉济渭工程水源区洪水资源利用可行性，提出了工程兼顾供水保证率目标的生态调度方案[391]。刘铁龙研究了适用于渭河干流宝鸡峡至魏家堡河段水利工程特点和生态环境状况的河道基流生态补偿和调度方案[392]。王祥等通过量化三峡-葛洲坝梯级水库运行约束，构建模型评估了不同时间开展生态调度的可行性[393]。乔钰等在确定黄河下游生态水量调度目标及原则的基础上，对生态水量调度方案以及生态水量调度效果进行了分析[394]。李英海等开展了考虑生态流量需求的溪洛渡-向家坝梯级水电站汛末蓄水调度研究，提出了基于调度图的改进提前蓄水方案，并引入了生态流量满足度结合其他兴利指标对蓄水方案进行了评价[395]。邓铭江等以塔里木河下游生态输水和额尔齐斯河生态调度为研究对象，通过连续 20 年的动态监测、资料收集、野外数据采集及实验室数据处理，对生态输水方式、生态恢复响应、生态调度策略和生态保护模式等进行了深入研究[396]。

（3）在生态补水效果及影响研究方面，严子奇等统筹考虑了深圳市坪山河流域内水库、污水处理厂、再生水厂等多种供水节点，识别了现状条件下各断面生态流量保障程度[397]。戴凌全等拟定了 3 种水库典型消落方案，依托构建的江湖一体化耦合水动力模型分析了不同消落方式对洞庭湖补水效果的空间分布格局[398]。周文琦等建立了研究区域 MIKE11 水量水质耦合模型，模拟分析了不同补水方案下污染物 COD、$NH_3 - N$、TP 削减率及流速分布变化，进而得出不同生态补水方案效果[399]。莫晶等采用层次分析法构建了包括河道生境、河岸生境、滨岸带生境 3 个方面共 12 项指标的河流生境质量评价体系，分析了生态补水后永定河北京山区段河流生境现状及其空间分布[400]。廖淑敏等采用经验统计模型和克里金插值法分析了输水前后塔里木河下游地下水埋深和夏季归一化差异植被指数（NDVI）的时空变化，剖析了地下水和植被对生态输水的累积生态响应规律[401]。胡立堂等以 2020 年春季永定河生态补水实践为研究基础，采用地下水均衡分析、相关分析和聚类分析等多种技术手段，详细讨论了不同河段河道渗漏损失、地下水动态变化与控制因素[402]。史贵君等以深圳市宝安区铁排河为研究对象，计算了不同河段的生态环境需水量、水库最小下泄生态流量及再生水和雨水的潜力资源，在保障水量及水质的前提下，提出相应的生态补水措施[403]。高伟等为了有效保障河流生态需水，构建了基于多水源的河道月尺度生态补水目标优化模型，并以滇池流域的宝象河为例，开展了案例研究[404]。

（4）万芳在《乌梁素海生态补水研究》[405] 一书中，论述了乌梁素海生态补水的必要性、过程及成效，对湖泊及流域水循环承载力进行计算和控制，研究了乌梁素海生态需水量，并从黄河引水对其进行生态补水，对生态补水方案进行评价和论证。

（5）万芳在《面向风险预警机制的复杂水库群供水调度规则研究》[406] 一书中，论述了面向风险预警机制的复杂水库群供水优化调度，对供水预警系统进行了分析，建立了供水水库群优化调度三层规划模型，制定了水库群共同供水任务分配规则，基于决策者的不同风险偏好，分析和研究了水库群供水预警系统及其准确度。

（6）白涛等在《汉江上游梯级水库优化调度理论与实践》[407] 一书中，研究了汉江上游梯级水库防洪和兴利调度，介绍了汉江流域水电站的概况，分析了径流特征，揭示了汉江上游径流的基本规律，介绍了水库防洪的理论与方法，总结了汛限水位动态控制和水库风险调度的原理和方法，模拟了汉江上游河道的生态径流过程，建立了发电量大和生态缺水量小的多目标调度模型。

（7）李瑛等在《引汉济渭跨流域复杂水库群联合调配研究》[408] 一书中，开展了引汉济渭跨流域复杂水库群联合调度研究，分析了汉江与渭河的径流特征，揭示了引汉济渭工程调水区汉江流域与受水区渭河流域径流的丰枯遭遇规律，构建了工程调水区水库群联合调度模拟模型，制定了引汉济渭工程联合运行的调度图和调度函数，阐明了多年调节水库三河口年末水位的消落规律。

（8）刘钢等在《黑河生态水量调度优化研究》[409] 一书中，梳理了黑河干流现行水量分配方案的编制背景及实施情况，总结了水量调度实施的经验与存在问题，分析了影响干流水量调度的控制要素及关键指标，研究了绿洲生态演化规律及驱动机制，探索黑河干流水量调度的优化方法，提出了水量调度优化建议。

（9）汪跃军在《淮河流域水资源系统模拟与调度》[410] 一书中，阐述了流域基本概况、淮河水资源系统研究目标、水资源系统模拟、水工程系统联合运行模拟仿真、典型区水量水质联合调度、水资源优化调度决策支持系统、研究结论等。

（10）何建兵等在《太湖流域江河湖水资源联合调度实践与理论探索》[411] 一书中，回顾了太湖流域调度的发展演变历程，分析验证了基于多目标的水利工程体系联合调控对于保障水资源安全的作用，剖析了太湖流域江河湖水资源联合调度需求，识别出流域时空尺度多目标协同情景，初步探索并提出了复杂水系水资源联合调度多目标协同准则，构建了太湖流域江河湖水资源联合调度多目标决策模型。

4.10.2　在水生态保护技术研究方面

目前关于水生态保护技术方面的文献较多，但多数是有关水生态保护与修复工作实际应用的文献，深入探讨水生态保护技术、方法的成果不多。总体来看，研究内容涉及水生态保护理论研究、水生态保护技术集成研究、水生态补偿机制研究等方面。

（1）在水生态保护理论研究方面，杨成从坚持生态优先、坚持重在保护、坚持要在治理、坚持绿色发展、坚定文化自信等方面对黄河中卫段水生态保护与治理的路径进行了有益探索[412]。熊文等构建了天门市水生态系统服务价值评价指标体系并开展了水生态系统服务价值评价[413]。吴健明等建议引入公私协作的治理理念，建立权责明确、分工配合、职能互补的综合治理机制，促进流域水生态保护与治理[414]。王帅等通过探讨以三江源为代表的水生态保护实践对生态文明建设的贡献，挖掘生态保护的理论创新与实践经验，为解决生态补偿机制创新、水资源利用冲突与机会损失补偿等问题寻找机制创新与解决方案[415]。张云昌在分析我国水生态系统状况的基础上，认为应加强对水生态保护与修复理论和方法的研究、宣传，用可持续发展理论、生物多样性理论、复杂系统理论指导水生态保护与修复工作[416]。

（2）在水生态保护技术集成研究方面，刘聚涛等提出了生态流域综合治理规划思路和内容，构建了陆域生态保障与污染防控、岸线生态建设与美化优化、水域环境保护与生态修复、产业布局优化与文化旅游建设、流域综合管理与制度建设五大生态流域综合治理体系[417]。陈凤玉等研究提出了水生态补偿制度、水利投融资机制、"水生态银行"运作机制、水生态空间管控制度、水缘规划范围产业管理等制度[418]。陈春塱等以永定河准Ⅳ类再生水补水及微污染河水为对象，针对水处理工艺的局限性，通过研发集成新兴处理技术及示范工程，实现脱氮除磷，控制水体富营养化及安全风险[419]。

（3）在水生态补偿机制研究方面，王慧杰等建立了基于层次分析（AHP）-模糊综合评价法的政策评价模型以及生态补偿政策绩效评估指标体系，并以新安江流域为研究对象，评估了生态补偿政策在第一个试点阶段（2012—2014 年）期间的绩效[420]。周宏伟等采用利益相关者分析方法，确定了流域水流生态补偿主客体，提出了以废水排放量、用水量和人均 GDP 共 3 项指标测算各省（市）筹措资金，从污染治理和环境保护补偿两个方面确定资金分配量[421]。毕建培等探讨了水流生态保护补偿的内涵，分析了国内水流生态保护补偿法规政策和试点实践开展情况，指出了目前水流生态保护补偿工作过程中存在的问题[422]。刘丹等提出了山西省水环境生态补偿机制的优化方向和实施要求，优化建立了"上下游双向"横向生态补偿的山西省水环境生态补偿机制[423]。孟钰等构建了生态补偿效果综合评估指标体系，建立了基于层次分析法与熵权法的组合赋权模型，以小洪河流域为例，对流域内 4 县 2008—2015 年在生态补偿政策实施前后的补偿效果进行综合评价[424]。何理等通过回顾国内外地下水生态补偿的实践，梳理了地下水生态补偿的问题，在充分借鉴地表水生态补偿机制经验的前提下，结合地下水开发利用的特点，完善了地下水生态补偿相关的理论、方法和框架[425]。李燃等从补偿主体、受偿客体、补偿方式、补偿标准和实施机制 5 个方面，探讨了于桥水库饮用水源地生态补偿机制[426]。

（4）周杰等在《秦岭重要水源涵养区生物多样性变化与水环境安全》[427] 一书中，建立了生物多样性与生态安全评价模型，水资源水环境系统耦合模型，流域管理、生态补偿与社会经济发展评价模型，开展了秦岭水源地生物多样性与生态系统耦合研究、自然环境变化影响评价和社会经济活动影响评价，模拟了秦岭水源涵养区生物多样性与水环境的相互作用、响应机制，并预测了其变化趋势。

（5）王浩等在《我国水安全战略和相关重大政策研究》[428] 一书中，阐述了国家综合节水战略、水资源-粮食-能源协同安全战略、河湖生态水量与健康保障战略、新形势下的地下水保障战略、水资源配置安全保障战略、我国水安全保障市场机制与总体战略等。

（6）高俊峰等在《鄱阳湖水生态模拟与健康评价》[429] 一书中，构建了鄱阳湖水文水动力、水质、浮游植物（藻类）模型，模拟分析了其在典型水文年的时空分布的特征和变化规律，针对鄱阳湖水利枢纽工程进行了水动力、水环境、水生态影响评价，建立了鄱阳湖健康评价指标体系，分析评价了鄱阳湖健康状态。

（7）李兆华等在《洪湖生态安全调查与评估（二期）》[430] 一书中，研究了洪湖生态系统状态与生态服务功能的本底、格局及其变化，建立了洪湖资源环境本底数据库，揭示了人类活动对洪湖生态环境的影响。

（8）李原园等在《河流生态修复——规划和管理的战略方法》[431] 一书中，通过回顾国内外河流生态修复的理论和实践，从宏观和战略层面阐述了有关河流生态修复的理论、框架、方法和规划技术及要求。

（9）徐子蒙在《长江经济带水源涵养生态补偿机制研究》[432] 一书中，提出了基于地理国情监测成果的生态服务价值核算模型，剖析了不同地域水源涵养量、价值量的时空动态驱动机制，分析了长江经济带水源涵养量的时空分布特点和流动变化特征，建立了基于水源涵养空间流动和区域发展差异的生态补偿核算模型，提出了长江经济带水源涵养直接补偿与异地横向补偿、现金补偿与实物补偿相结合等政策建议。

4.10.3　在城市生态水系规划研究方面

城市水系工程的规划与建设，是水生态文明中城市建设的核心。目前在这一领域有一些新的研究成果，研究内容涉及水系连通的概念解读及界定、图论理论与水系连通研究相结合、水系连通效果模拟与评价等方面。

（1）在水系连通的概念解读及界定方面，何理等讨论了河湖水系连通的概念及内涵，分析了河湖水系连通分类方法，提出了河湖水系高质量连通和高效连通多种模式[433]。陈世峰等分析了开都河-黄水沟-大湖区-小湖区连通工程实施后博斯腾湖矿化度的时空变化及其驱动因素，以期为进一步改善博斯腾湖水环境提供科学指导[434]。陈吟等为了深入了解河流系统的连通性，基于河流系统的组成单元和主要功能，系统分析了水系连通性的内涵、连通类型和连通模式[435]。

（2）在图论理论与水系连通研究结合方面，窦明等以淮河流域作为研究对象，运用分形理论计算了全流域 13 个水资源三级分区有、无人工水系情况下的水系分形盒维数及有、无闸坝工程情况下的水系连通度，并采用统计学方法研究了淮河水系盒维数指标与水系连通度指标之间的联系[436]。高玉琴等通过计算 1990 年、2000 年、2010 年和 2015 年 4 个时期秦淮河流域的河网密度、水面率、河网复杂度、河网稳定度、河网连通度、水文连通度，得出秦淮河流域水系结构演变过程及连通度变化规律，并运用统计学方法得到水系结构指标与水系连通度之间的联系[437]。魏蓥蓥等基于景观生态学和图论的相关理论，利用 2002 年与 2015 年的水系数据，对张家港地区以及各行政分区水面率、河网密度、河频率等指标进行了研究，旨在揭示该地区河网水系结构与连通性参数变化及城市化对其影响[438]。窦明等以清潩河许昌段为研究对象，借助图论法构建了城市水系河网图模型，描述了河网水系对水量的分配作用，建立了多闸联合调度下的水系连通方案优选模型，优选得到在不同工况下的清潩河许昌段最佳水系连通方案[439]。

（3）在水系连通效果模拟与评价方面，赵思远等以南昌市望城新区为例，从结构连通性、水力连通性和地貌特性 3 个方面出发，构建了一套全面的水系连通性评价体系，并对规划前、后的河网水系格局与连通性进行了对比分析[440]。李凯轩等构建与洞庭湖区水系连通工程综合评价相适应的指标体系，提出定量评价方法，并运用于澧县城区水系连通工程的综合评价[441]。陆志华等以武澄锡虞区作为研究对象，从保障防洪安全、促进水环境改善两个方面梳理了研究区河湖水系连通与水安全保障实践及需求，提出了河湖水系连通与水安全保障的研究思路[442]。朱诗洁等融合水系连通度、景观脆弱度、水质污染度三个特征指标，建立了适用于资料缺乏地区水系连通工程的综合效益指数（CEI），定量评价了鄱阳湖典型滨湖城市共青城市 2018 年、2019 年河湖水系连通工程的综合效益[443]。李凯轩等采用基于景观生态学理论的水系连通性评价指标，定量评价了洞庭湖区 20 个蓄洪垸内水系连通性的现状[444]。曹慧群等以武汉大东湖水网连通工程中东湖-沙湖连通为例，建立水动力-水质耦合数学模型，模拟分析水网连通前后东湖、沙湖的水动力与水质变化，并从空间分布和时间变化两方面，分析水质变化与水动力变化的响应关系[445]。黄草等基于景观生态学中网络连通度分析方法，建立了水系格局与连通性评价指标体系，分析评价了洞庭湖不同片区现状及规划水系格局与连通性的差异以及合理性，提出了水系连通规划的优化方案[446]。杨志等构建了一维河网和二维浅水湖泊水生态模型，揭示了多种河湖水系连通方案下湖泊水动力特性和污染物质迁移转化规律，进一步结合多种方案下湖泊污染物质削减量和出水水质，组合优化水系连通方案[447]。左其亭等从自然和人工两个方面分析了河湖水系连通的影响因素，阐述了人类活动对河湖水系连通的影响过程，并从河湖水系连通关系、河湖水系功能（自然角度）、河湖水系连通功能（社会角度）三个方面归纳了人类活动的正负面影响；在此基础上，提出了有针对性的影响量化评估方法[448]。赵凌栋等选择连接度指数 CONNECT、斑块内聚力指数 COHESION、破碎化指数 FN 以及分离度 DIVISION 指标，构建了高邮湖湿地生态水文连通度综合指数 CECI，分别对比分析了不同水位和相同水位不同年份下高邮湖湿地生态连通性的变化情况[449]。沈婕等研究构建了包括水资源、水环境、水生态和水灾害 4 个子系统于一体的河湖水系连通风险评价指标体系，并建立了基于模糊集对分析的风险评价方法[450]。陈昂等构建了河流连通性综合评价方法,从 4 个维度凝练了构建河流连通性指数的 5 个评价指标,建立了河流连通性指数计算方法、综合评价方法及评价依据[451]。郭雨桐等选取黄河三角洲恢复区和潮汐区湿地典型样点,分析了样点水文连通度、植物/土壤/水体悬浮颗粒物中碳氮稳定同位素分布特征及水文连通度与碳氮稳定同位素间的关系[452]。朱晨春等基于西北江三角洲 1958—2005 年 15 个站点的月潮位统计数据,通过纵向连通性指标、分段线性回归方程等多种方法分析了整体区域和主要河段上纵向连通性的变化特征,并结合相关分析方法探讨其成因[453]。

　　(4) 董哲仁在《生态水利工程学》[454] 一书中,阐述了水生态系统的特征和河湖生态模型基础理论,介绍了河湖调查与栖息地评价方法,阐述了包括生态水文学、生态水力学、景观分析、环境流以及河道演变在内的生态要素分析与计算方法,提出了水生态修复规划准则,阐述了河流廊道自然化工程、湖泊与湿地生态修复工程、河湖水系连通工程以及鱼道工程的规划设计方法。

　　(5) 陈成豪等在《海南岛河湖水系连通与水资源联合调配研究》[455] 一书中,明晰了河湖水系连通的基本概念、内涵和特征,分析了海口市水资源水环境问题,评估了海口市河湖水系连通工程,进行了河湖水系连通水量调度数值模拟研究,构建了海口市水资源优化配置模型,开发了海口市河湖水系连通系统。

　　(6) 何建兵等在《长三角典型复杂江河湖水资源联合调度关键技术研究与应用》[456] 一书中,构建了"水文-外边界-水质异常事件"交互的多维研究情景,提出了复杂水系水资源联合调度多目标协同策略和协同准则,形成了基于多目标协同的水资源联合调度关键技术,建立了太湖流域复杂江河湖水资源联合调度智能决策系统,提出了保障太湖流域水安全的水资源联合调度技术方案,并开展了应用示范。

　　(7) 代稳在《水系连通性变异下长江荆南三口水资源态势及调控机制》[457] 一书中,分析了研究区水资源年内、周期和趋势变化规律,识别了研究区水文干旱特征,对比分析了水系连通变异下该地区水文干旱历时、水文干旱强度与水文干旱峰值的变化特征,并剖析了变异下水资源开发利用的影响,构建了基于水资源安全的 SD 模型,模拟不同情境下水资源供需状况,提出了实施基于水资源安全的调控措施。

　　(8) 张永明在《漳卫南运河水资源承载能力和生态修复研究》[458] 一书中,阐述了漳卫南运河水资源承载能力评价、河流水生态修复模式与方案设计、漳卫新河河口生态修复和保护研究、河湖连通及水资源配置研究、岳城水库饮用水源地达标建设等。

4.11　与 2017—2018 年进展对比分析

　　(1) 有关水环境机理方面的研究成为近年来持续的热点,高水平研究成果也较多。一些学者从天然水化学特征研究、水质成分内在作用机理、水质与环境介质的相互作用等方面,研究了地下水和地表水水质成分在物理、化学和生物等作用下的转化机理,为揭示水环境系统内在作用机理及其环境效应提供了很好的借鉴。

　　(2) 有关水质模型研究与应用一直是水环境评价与预测方面的研究热点。近两年仍以水质模型应用方面的研究成果居多,但是理论研究方面也发表了一些创新性的高水平论文，如污染物输运高效高精度模拟、水量-水质-水效联合调控模型开发与应用等研究成果。

（3）有关水生态理论方法及应用方面的研究取得了较快发展。一些学者对生态水文过程研究、生态水文模型的研制、生态需水理论研究等开展了较为深入的研究，并发表了一些高水平学术论文。但在水生态保护与修复技术方面的研究成果尽管数量仍保持较多，但高水平的研究成果偏少，主要应用聚焦在生态调度方案研究、水生态补偿机制研究、水系连通效果模拟与评价等方面。

（4）近两年在污染物总量控制及其分配方面取得了诸多研究成果，从研究进展情况来看研究成果仍以应用性研究成果居多，尤其是纳污能力计算及应用方面和水环境容量计算方面的研究成果最多，而针对水功能区划和水环境容量分配方面的研究略显不足，且整体上高水平研究成果相对较少。

本章撰写人员及分工

本章撰写人员：窦明、徐洪斌、陈豪。具体分工如下：

节　　名	作　者	说　明
4.1　概述	徐洪斌 陈　豪	郑州大学 华北水利水电大学
4.2　水环境机理研究进展	窦　明	郑州大学
4.3　水环境调查、监测与分析研究进展	徐洪斌	郑州大学
4.4　水质模型与水环境预测研究进展	陈　豪	华北水利水电大学
4.5　水环境评价研究进展	徐洪斌	郑州大学
4.6　污染物总量控制及其分配研究进展	陈　豪	华北水利水电大学
4.7　水环境管理理论研究进展	陈　豪	华北水利水电大学
4.8　水生态理论方法研究进展	窦　明	郑州大学
4.9　水污染治理技术研究进展	徐洪斌	郑州大学
4.10　水生态保护与修复技术研究进展	窦　明	郑州大学
4.11　与2017—2018年进展对比分析	窦　明	郑州大学

参考文献

［1］　左其亭. 中国水科学研究进展报告2011—2012［M］. 北京：中国水利水电出版社，2013.
［2］　左其亭. 中国水科学研究进展报告2013—2014［M］. 北京：中国水利水电出版社，2015.
［3］　左其亭. 中国水科学研究进展报告2015—2016［M］. 北京：中国水利水电出版社，2017.
［4］　左其亭. 中国水科学研究进展报告2017—2018［M］. 北京：中国水利水电出版社，2019.
［5］　沈贝贝，吴敬禄，吉力力·阿不都外力，等. 巴尔喀什湖流域水化学和同位素空间分布及环境特征［J］. 环境科学，2020，41（01）：173-182.
［6］　李杰彪，苏锐，周志超，等. 北山地区大气降水中水化学及稳定同位素特征［J］. 中国环境科学，2020，40（12）：5152-5161.
［7］　靳惠安，姚晓军，高永鹏，等. 封冻期青海湖水化学主离子特征及控制因素［J］. 干旱区资源与环境，2020，34（08）：140-146.

[8]　汪生斌，祁泽学，王万平，等. 格尔木河水化学特征及成因 [J]. 水资源保护，2020，36（05）：93-98.

[9]　冯文凯，方宏宇，黎一禾，等. 红层丘陵区浅层地下水水化学特征及水质评价 [J]. 水力发电，2020，46（02）：12-16，84.

[10]　任晓辉，吴玺，高宗军，等. 酒泉东盆地地下水化学特征及成因分析 [J]. 干旱区资源与环境，2019，33（10）：109-116.

[11]　唐春雷，郑秀清，梁永平. 龙子祠泉域岩溶地下水水化学特征及成因 [J]. 环境科学，2020，41（05）：2087-2095.

[12]　侯庆秋，董少刚，张旻玮. 内蒙古四子王旗浅层地下水水化学特征及其成因 [J]. 干旱区资源与环境，2020，34（04）：116-121.

[13]　冯波，唐莲. 宁夏平罗县平原区潜水水化学特征分析及成因 [J]. 水文，2020，40（04）：73-78，60.

[14]　郑涛，焦团理，胡波，等. 涡河流域中部地区地下水化学特征及其成因分析 [J]. 环境科学，2021，42（02）：766-775.

[15]　王翔，罗艳丽，邓雯文. 新疆奎屯地区高氟地下水的水化学特征及成因分析 [J]. 干旱区资源与环境，2021，35（02）：102-108.

[16]　林丽，曾妍妍，周金龙，等. 新疆叶尔羌河流域浅层地下水化学特征及形成机制 [J]. 干旱区资源与环境，2020，34（06）：146-152.

[17]　张勇，郭纯青，朱彦光，等. 云南荞麦地流域地下水水化学特征及物质来源分析 [J]. 环境科学，2019，40（06）：2686-2695.

[18]　熊贵耀，付腾飞，韩江波，等. 大沽河流域地下水水化学及同位素特征 [J]. 海洋科学进展，2019，37（04）：626-637.

[19]　袁宏颖，杨树青，丁雪华，等. 乌拉特灌域地下水水化学离子特征评价及来源分析 [J]. 节水灌溉，2020（02）：67-72，79.

[20]　秦鹏一，徐先锋，蔡五田，等. 河南安阳冲洪积扇含水层水化学分布特征及成因分析 [J]. 水文，2020，40（06）：89-96.

[21]　张涛，王明国，张智印，等. 然乌湖流域地表水水化学特征及控制因素 [J]. 环境科学，2020，41（09）：4003-4010.

[22]　李旭光，何海洋，田辉，等. 通辽科尔沁地区地下水水化学特征分析 [J]. 灌溉排水学报，2019，38（06）：92-98.

[23]　李宁，吴彬，杜明亮，等. 托克逊两河流域地下水化学组分来源及同位素指示作用分析 [J]. 节水灌溉，2019（03）：76-81.

[24]　吕晓立，刘景涛，韩占涛，等. 城镇化进程中新疆塔城盆地浅层地下水化学演变特征及成因 [J]. 环境科学，2020，41（03）：1197-1206.

[25]　崔佳琪，李仙岳，史海滨，等. 河套灌区地下水化学演变特征及形成机制 [J]. 环境科学，2020，41（09）：4011-4020.

[26]　唐金平，张强，胡漾，等. 渝江冲洪积扇地下水化学特征及控制因素分析 [J]. 环境科学，2019，40（07）：3089-3098.

[27]　杨楠，苏春利，曾邵斌，等. 基于水化学和氢氧同位素的兴隆县地下水演化过程研究 [J]. 水文地质工程地质，2020，47（06）：154-162.

[28]　唐健健，胡明鉴，汪稔. 珊瑚岛礁地下水水化学特征及其形成机制 [J]. 水文，2020，40（05）：85-90，48.

[29]　彭磊，比拉力·依明，万彦博，等. 沙漠腹地达理雅博依绿洲浅层地下水水化学特征分析 [J]. 干旱区资源与环境，2021，35（03）：88-95.

[30] 张百祖，宋天琪. 疏勒河流域地下水化学特征及控制因素研究 [J]. 人民黄河，2020，42（06）：68 - 72，78.

[31] 崔小顺，郑昭贤，程中双，等. 塔城盆地北区承压地下水化学特征及其形成机制 [J]. 南水北调与水利科技，2019，17（05）：148 - 155.

[32] 魏兴，周金龙，乃尉华，等. 新疆喀什三角洲地下水化学特征及演化规律 [J]. 环境科学，2019，40（09）：4042 - 4051.

[33] 冯建国，季德帅，高宗军，等. 山东淄博大武水源地地下水水化学特征及水质评价 [J]. 长江科学院院报，2020，37（09）：18 - 23.

[34] 李贵恒，冯建国，鲁统民，等. 泰莱盆地地下水水化学特征及水质评价 [J]. 水电能源科学，2019，37（04）：52 - 55，121.

[35] 王继华，朱洪生，潘登. 豫北平原地下水水化学和水质分布特征 [J]. 水电能源科学，2020，38（12）：49 - 52.

[36] 冯国平，高宗军，蔡五田，等. 豫北山前修武地区地下水水化学特征及水质评价 [J]. 长江科学院院报，2021，38（01）：27 - 34.

[37] 郭亚文，田富强，胡宏昌，等. 南小河沟流域地表水和地下水的稳定同位素和水化学特征及其指示意义 [J]. 环境科学，2020，41（02）：682 - 690.

[38] 张清华，赵玉峰，唐家良，等. 京津冀西北典型流域地下水化学特征及补给源分析 [J]. 自然资源学报，2020，35（06）：1314 - 1325.

[39] 韩蕊荫，唐杨，吴起鑫. 荔波板寨小流域水化学和溶解无机碳的稳定同位素特征 [J]. 长江流域资源与环境，2020，29（05）：1199 - 1205.

[40] 张宏鑫，吴亚，罗炜宇，等. 雷州半岛岭北地区地下水水文地球化学特征 [J]. 环境科学，2020，41（11）：4924 - 4935.

[41] 曹阳，申月芳，焦志亮，等. 中新天津生态城孔隙水化学垂向分布及其成因 [J]. 吉林大学学报（地球科学版），2019，49（04）：1109 - 1120.

[42] 张涵，李奇翔，郭珊珊，等. 成都平原典型区地下水污染时空异质性及污染源分析 [J]. 环境科学学报，2019，39（10）：3516 - 3527.

[43] 周巾枚，蒋忠诚，徐光黎，等. 崇左响水地区地下水水质分析及健康风险评价 [J]. 环境科学，2019，40（06）：2675 - 2685.

[44] 张彦，梁志杰，李平，等. 河南省 2009—2017 年水体污染物时空分布特征解析 [J]. 灌溉排水学报，2020，39（10）：91 - 98，144.

[45] 宁忠瑞，李虹彬. 基于水质标识指数的黄河宁夏段水质评价与分析 [J]. 灌溉排水学报，2020，39（S1）：56 - 61.

[46] 曹文庚，杨会峰，高媛媛，等. 南水北调中线受水区保定平原地下水质量演变预测研究 [J]. 水利学报，2020，51（08）：924 - 935.

[47] 喻生波，屈君霞. 苏干湖盆地地下水氢氧稳定同位素特征及其意义 [J]. 干旱区资源与环境，2021，35（01）：169 - 175.

[48] 冯卫，孟春芳，冯利，等. 卫河水系新乡段历年不同水期水质变化分析 [J]. 灌溉排水学报，2019，38（08）：121 - 128.

[49] 胡裕滔，周才杨，虞铭卫. 长江徐六泾近 6 年水质变化趋势及其响应机制分析 [J]. 人民长江，2019，50（11）：49 - 55，63.

[50] 史淑娟，王战勇，郭悦嵩，等. 小洪河流域生态水污染状况时空趋势分析 [J]. 节水灌溉，2019（08）：90 - 93，101.

[51] 辛苑，李萍，吴晋峰，等. 强降雨对北运河流域沙河水库水质的影响 [J]. 环境科学学报，2021，41（01）：199 - 208.

[52]　段仲昭，王明净，高伟，等. 1951—2017 年滇池流域极端降水变化及湖体水质响应 [J]. 环境科学学报，2020，40（02）：615－622.

[53]　曾凯，王家生，章运超，等. 华阳河湖群水位变化对水质的影响 [J]. 长江科学院院报，2020，37（08）：49－53，68.

[54]　刘长杰，余明辉，周潮晖，等. 输水对于桥水库水质时空变化的影响 [J]. 湖泊科学，2019，31（01）：52－64.

[55]　何泽，张敏，宁卓，等. 区域地下水环境演化的分子生物学特征——以太行山前平原浅层水为例 [J]. 中国环境科学，2019，39（08）：3484－3492.

[56]　李蓓，李勇涛，蔡梅. 基于数据挖掘的太湖蓝藻生长水环境关键因子研究 [J]. 河海大学学报（自然科学版），2020，48（06）：506－513.

[57]　李军，赵一，蓝芙宁，等. 桂林会仙典型岩溶湿地水化学特征和微生物现状 [J]. 人民长江，2021，52（02）：37－43.

[58]　陈结平，胡友彪，张治国，等. 焦岗湖本土水生植物的水质净化试验 [J]. 水土保持通报，2019，39（02）：172－178.

[59]　朱利英，陈媛媛，刘静，等. 温榆河水环境质量与浮游植物群落结构的时空变化及其相互关系 [J]. 环境科学，2020，41（02）：702－712.

[60]　杨海强，潘保柱，朱朋辉，等. 渭河干流和秦岭北麓典型支流底栖动物群落结构及水质生物评价 [J]. 湖泊科学，2020，32（06）：1793－1805.

[61]　张发旺，程彦培，董华，等. 亚洲地下水与环境 [M]. 北京：科学出版社，2019.

[62]　吴吉春，孙媛媛，徐红霞，等. 地下水环境化学 [M]. 北京：科学出版社，2019.

[63]　郑丙辉，张佳磊，王丽婧，等. 三峡水库水环境特征及其演变 [M]. 北京：科学出版社，2020.

[64]　高博，万晓红，赵健，等. 白洋淀典型污染物水环境过程及效应 [M]. 北京：中国水利水电出版社，2019.

[65]　任焕莲，刘娜. 漳泽水库沉积物中氮磷污染特征分析研究 [M]. 郑州：黄河水利出版社，2019.

[66]　燕文明，王汗，宋兰兰，等. 基于微量分析的沉积物-水界面磷铁相关性研究 [J]. 河海大学学报（自然科学版），2019，47（06）：492－498.

[67]　李琼，刘佳，李永凯. 黄柏河流域水库底泥内源磷释放对水质影响分析 [J]. 人民长江，2019，50（03）：60－65.

[68]　李志伟，丁凌峰，唐洪武，等. 淮河干流污染物分布及变化规律 [J]. 河海大学学报（自然科学版），2020，48（01）：29－38.

[69]　毛凯，陈颢明，陈天民，等. 不同粒径污泥生物质炭对水体中 Zn 污染的吸附效应研究 [J]. 环境科学学报，2020，40（02）：536－545.

[70]　汤亚洲，陈沐松，李财. 蓝藻降解对湖泊沉积物钨迁移转化的影响 [J]. 江苏农业科学，2020，48（19）：300－304.

[71]　滕应，骆永明，沈仁芳，等. 场地土壤-地下水污染物多介质界面过程与调控研究进展与展望 [J]. 土壤学报，2020，57（06）：1333－1340.

[72]　刘庆，杨军耀，王亚琴，等. 氟在库水与库底沉积物之间的作用过程及机理 [J]. 水电能源科学，2019，37（01）：57－60.

[73]　潘延鑫，冯绍元，罗纳，等. 典型盐碱地改良区农田排水沟水体与底泥界面氧通量研究 [J]. 水利学报，2019，50（07）：835－843.

[74]　姜涛，张生，赵胜男，等. 乌梁素海盐分在冰-水-沉积物间的分布及迁移特征 [J]. 湖泊科学，2019，31（04）：969－975.

[75]　郝永飞，金光球，唐洪武，等. 淮河干流典型污染物时空分布特性分析 [J]. 河海大学学报（自然科学版），2020，48（04）：291－299.

[76] 朱雅，李一平，罗凡，等. 我国南方桉树人工林区水库沉积物污染物的分布特征及迁移规律 [J]. 环境科学，2020，41 (6)：2247 - 2256.

[77] 姜涛，张生，赵胜男，等. 冰封期乌梁素海沉积物-水界面氨氮的交换特征 [J]. 湖泊科学，2019，31 (01)：81 - 87.

[78] 肖雄，龙健，张润宇，等. 阿哈水库沉积物-水界面重金属扩散通量 [J]. 生态学杂志，2019，38 (05)：1508 - 1519.

[79] 吕逸韬，邹浩东，詹昊，等. 水动力对沉积物-水界面氧通量产生机制的影响 [J]. 中国环境科学，2020，40 (02)：798 - 805.

[80] 高学平，郭晓雪，孙博闻，等. 基于涡动相关法的沉积物-水界面氧通量与水动力条件响应关系 [J]. 水利学报，2020，51 (03)：315 - 325.

[81] 陈洁，许海，詹旭，等. 湖泊沉积物-水界面磷的迁移转化机制与定量研究方法 [J]. 湖泊科学，2019，31 (04)：907 - 918.

[82] 文帅龙，吴涛，杨洁，等. 冬季大黑汀水库沉积物-水界面氮磷赋存特征及交换通量 [J]. 中国环境科学，2019，39 (03)：1217 - 1225.

[83] 白军红，叶晓飞，胡星云，等. 黄河口典型芦苇湿地土壤磷的吸附动力学特征 [J]. 自然资源学报，2019，34 (12)：2580 - 2587.

[84] 林春焕，艾矫燕，李鑫飞，等. 苦草对水-底泥-沉水植物系统中藻类生长的影响 [J]. 环境工程，2019，37 (04)：43 - 47.

[85] 丁卓，王怡，刘晶晶，等. PAC絮凝沉积藻量对水-底泥系统营养盐释放的影响 [J]. 中国给水排水，2020，36 (07)：78 - 83.

[86] 窦明，张彦，米庆彬，等. 闸控河流水环境模拟与调控理论研究 [M]. 北京：科学出版社，2020.

[87] 魏自民，赵越，张旭，等. 东北典型湖库微生物、藻类群落特性研究 [M]. 北京：科学出版社，2020.

[88] 陶玉强，赵睿涵. 持久性有机污染物在中国湖库水体中的污染现状及分布特征 [J]. 湖泊科学，2020，32 (02)：309 - 324.

[89] 仝路路，郭传波，王瑞，等. 多重人类活动干扰下赣江流域水环境和鱼类资源的研究现状分析 [J]. 长江流域资源与环境，2019，28 (12)：2879 - 2892.

[90] 朱科，李为萍，史海滨，等. 沈乌灌域天然湖泊非冰封期水质阶段性评价与分析 [J]. 灌溉排水学报，2019，38 (03)：114 - 120.

[91] 周园，罗海江，孙聪，等. 中国农村饮用水水源地水质状况研究 [J]. 中国环境监测，2020，36 (06)：89 - 94.

[92] 周蓓，关玥，赵亚芳，等. 应用改良型水质综合指数法评价饮用水水质 [J]. 环境工程，2020，38 (08)：244 - 248.

[93] 耿雅妮，董洁，张军，等. 宝鸡市区生活饮用水重金属空间分布及风险评价 [J]. 环境科学与技术，2019，42 (02)：231 - 236.

[94] 张世旭，王中美，代天豪. 毕节地区岩溶地下水水化学特征与水质评价 [J]. 长江科学院院报，2019，36 (05)：28 - 33，41.

[95] 钱声源，张乾坤，陈从建，等. 焦作地区地下水水化学特征分析及水质评价 [J]. 长江科学院院报，2020，37 (04)：30 - 36.

[96] 马志敬，边凯，庞宇，等. 黑龙洞泉域岩溶地下水水质运移模拟分析 [J]. 科学技术与工程，2020，20 (36)：14838 - 14846.

[97] 王姝，高宗军，王贞岩，等. 河西走廊浅层地下水主离子特征及水质评价 [J]. 人民长江，2020，51 (04)：35 - 41.

［98］　王亚维，王中美，王益伟，等. 贵阳市岩溶地下水水化学特征及水质评价［J］. 节水灌溉，2019（06）：60 - 66.

［99］　陈威，陈会娟，戴凡翔，等. 基于人工神经网络的污水处理出水水质预测模型［J］. 给水排水，2020，56（S1）：990 - 994.

［100］　柴伟，郭龙航，池彬彬. 污水处理厂出水水质变量区间预测建模［J］. 化工学报，2019，70（09）：3449 - 3457.

［101］　周昊，徐爱俊，周素茵. 生猪养殖污水水质指标相关性分析与建模［J］. 农业工程学报，2020，36（01）：200 - 207.

［102］　陈浪，勾曦，覃银红，等. 生物炭滤池对污水处理厂尾水水质提标研究［J］. 环境科学与技术，2019，42（03）：114 - 121.

［103］　郭新亚，李超，袁进，等. 山西省沁河流域农村生活污水入河水质研究［J］. 环境科学学报，2019，39（08）：2617 - 2625.

［104］　黄彬彬，严登华，李卿鹏. 赣江尾闾河段水环境演变规律与驱动因子分析［J］. 人民长江，2019，50（S2）：26 - 29.

［105］　陈欣佛，柴元冰，闵敏. 基于 Kendall 检验法的湟水水质变化趋势分析［J］. 人民黄河，2019，41（09）：97 - 101.

［106］　杨盼，卢路，王继保，等. 基于主成分分析的 Spearman 秩相关系数法在长江干流水质分析中的应用［J］. 环境工程，2019，37（08）：76 - 80.

［107］　黎育红，史岩，黄求洪，等. 面向智慧水务的城市河道水质实时监测系统［J］. 水电能源科学，2020，38（11）：50 - 53，49.

［108］　柯丽娜，韩增林，王权明，等. 辽宁省近岸海域环境问题与承载力分析研究［M］. 北京：科学出版社，2019.

［109］　可华明，杨清伟，董廷旭，等. 嘉陵江亭子口水库底泥-水系统中重金属分布与评价［J］. 环境科学与技术，2020，43（09）：214 - 218.

［110］　崔会芳，陈淑云，杨春晖，等. 宜兴市横山水库底泥内源污染及释放特征［J］. 环境科学，2020，41（12）：5400 - 5409.

［111］　彭堰濛，李云桂，罗湘，等. 小型农村社区尾水排放通道底泥内源释放特征［J］. 环境化学，2020，39（05）：1321 - 1329.

［112］　宋小君，李大鹏，黄勇. 注射钙改性材料对易悬浮条件下底泥微环境的影响［J］. 环境化学，2020，39（11）：3171 - 3179.

［113］　王锋，董文艺，王宏杰，等. CaO_2 原位处理河道黑臭底泥效能研究［J］. 环境工程，2020，38（12）：64 - 69，123.

［114］　孙井梅，刘晓朵，汤茵琪，等. 微生物-生物促生剂协同修复河道底泥——促生剂投量对修复效果的影响［J］. 中国环境科学，2019，39（01）：351 - 357.

［115］　张占梅，黄大俊，石瑞琦，等. 重庆主城区河流底泥中重金属污染现状及生态风险分析［J］. 重庆交通大学学报（自然科学版），2020，39（11）：122 - 127.

［116］　白冬锐，张涛，包峻松，等. 苏州古城区域河道底泥的重金属污染分布及生态风险评价［J/OL］. 环境科学：1 - 13［2021 - 03 - 30］. https://doi. org/10. 13227/j. hjkx. 202011048.

［117］　陈志凡，徐薇，化艳旭，等. 开封城市河流底泥重金属积累生态风险评价及同位素源解析［J］. 环境科学学报，2020，40（04）：1321 - 1330.

［118］　张华俊，李遥洁，李森，等. 重度污染源汇入湖泊综合治理工程的实践［J］. 中国给水排水，2020，36（21）：28 - 34.

［119］　丁玉琴，李大鹏，张帅，等. 镁改性芦苇生物炭控磷效果及其对水体修复［J］. 环境科学，2020，41（04）：1692 - 1699.

[120] 朱金峰，周艺，王世新，等. 白洋淀湿地生态功能评价及分区 [J]. 生态学报，2020，40 (02)：459-472.

[121] 刘录三，黄国鲜，王璠，等. 长江流域水生态环境安全主要问题、形势与对策 [J]. 环境科学研究，2020，33 (05)：1081-1090.

[122] 高俊峰，高永年，张志明. 湖泊型流域水生态功能分区的理论与应用 [J]. 地理科学进展，2019，38 (08)：1159-1170.

[123] 和克俭，黄晓霞，丁佼，等. 基于 GWR 模型的东江水质空间分异与水生态功能分区验证 [J]. 生态学报，2019，39 (15)：5483-5493.

[124] 荣月静，郭新亚，杜世勋，等. 基于生态系统服务功能及生态敏感性与 PSR 模型的生态承载力空间分析 [J]. 水土保持研究，2019，26 (01)：323-329.

[125] 沈威，鲁丰先，秦耀辰，等. 长江中游城市群城市生态承载力时空格局及其影响因素 [J]. 生态学报，2019，39 (11)：3937-3951.

[126] 张津瑞，施国庆. 长江中游城市群生态承载力差异的比较研究 [J]. 长江流域资源与环境，2020，29 (08)：1694-1702.

[127] 唐婧，张子一. 可持续发展的生态视角下流域水生态环境承载力评估技术应用与发展 [J]. 给水排水，2020，56 (S1)：295-301.

[128] 刘孟浩，席建超，陈思宏. 多类型保护地生态承载力核算模型及应用 [J]. 生态学报，2020，40 (14)：4794-4802.

[129] 彭玉婷. 新安江流域水源地生态补偿的综合效益评价 [J]. 江淮论坛，2020 (05)：75-82.

[130] 杨玉霞，闫莉，韩艳利，等. 基于流域尺度的黄河水生态补偿机制 [J]. 水资源保护，2020，36 (06)：18-23，45.

[131] 刘庄，庄巍，晁建颖，等. 平原河网地区双向生态补偿机制与核算方法 [J]. 环境科学研究，2020，33 (11)：2554-2560.

[132] 张远，江源. 中国重点流域水生态系统健康评价 [M]. 北京：科学出版社，2019.

[133] 郝吉明，王金南，许嘉钰，等. 我国资源环境承载力与经济社会发展布局战略研究 [M]. 北京：科学出版社，2019.

[134] 贺文艳，毛萌. 稻田水质模型研究和应用进展 [J]. 应用生态学报，2019，30 (11)：3963-3970.

[135] 赖锡军. 流域水环境过程综合模拟研究进展 [J]. 地理科学进展，2019，38 (08)：1123-1135.

[136] 李一平，施媛媛，姜龙，等. 地表水环境数学模型研究进展 [J]. 水资源保护，2019，35 (04)：1-8.

[137] 金光球，魏杰，张向洋，等. 平原河流水沙界面生源物质迁移转化过程及水环境调控的研究进展 [J]. 水科学进展，2019，30 (03)：434-444.

[138] 陆耀烽，丁志斌，黎炜，等. 近岸海域水质模型研究现状及展望 [J]. 海洋科学，2020，44 (02)：161-170.

[139] 曹引，冶运涛，梁犁丽，等. 基于自适应网格的急流条件下污染物输运高效高精度模拟 [J]. 水利学报，2019，50 (03)：388-398.

[140] 任婷玉，梁中耀，刘永，等. 基于贝叶斯优化的三维水动力-水质模型参数估值方法 [J]. 环境科学学报，2019，39 (06)：2024-2032.

[141] 林希晨，倪红珍，王琳，等. 东南沿海平原河网区域水质水量模型研究 [J]. 水利水电技术，2019，50 (06)：150-157.

[142] 金昌盛，邓仁健，刘俊希，等. 基于奇异谱分析-遗传算法反向传播神经网络模型的湘江新港断面水质预测 [J]. 环境污染与防治，2019，41 (06)：710-713，719.

[143] 裴源生，许继军，肖伟华，等. 基于二元水循环的水量-水质-水效联合调控模型开发与应用

[J]. 水利学报，2020，51（12）：1473 - 1485.

[144]　刘洁，张丰帆，赵泞，等. 基于改进遗传算法的河流水污染源反演方法 [J]. 环境科学学报，2020，40（10）：3598 - 3604.

[145]　纪广月. 基于改进粒子群算法优化 BP 神经网络的西江水质预测研究 [J]. 水动力学研究与进展（A 辑），2020，35（05）：567 - 574.

[146]　王一旭，王飞儿，俞洁. 基于自组织映射与随机森林耦合模型的流域水质空间差异性评估 [J]. 环境科学学报，2020，40（06）：2278 - 2285.

[147]　薛同来，赵冬晖，韩菲. 基于 GA 优化的 SVR 水质预测模型研究 [J]. 环境工程，2020，38（03）：123 - 127.

[148]　冯诗韵，王飞儿，俞洁. 基于 Matlab 软件自动化求取参数的 HEC - RAS 模型构建 [J]. 环境科学学报，2020，40（02）：623 - 630.

[149]　秦文虎，陈溪莹. 基于长短时记忆网络的水质预测模型研究 [J]. 安全与环境学报，2020，20（01）：328 - 334.

[150]　范楚婷，彭定志，古玉，等. 基于 MIKE 模型的北京副中心污染物减排方案模拟 [J]. 北京师范大学学报（自然科学版），2019，55（05）：656 - 661.

[151]　田凯达，刘晓薇，王慧，等. MIKE11 模型在合肥市十五里河水质改善研究中的应用 [J]. 水文，2019，39（04）：18 - 23.

[152]　高学平，陈子溪，孙博闻. 非点源污染概化方式对城市水系补水模拟的影响 [J]. 水利水电技术，2019，50（08）：137 - 145.

[153]　关大玮，陈俊昂，冯斯安. 基于潮位变化的某水乡社区闸门调度方案对航道水质改善效果的影响 [J]. 水电能源科学，2019，37（06）：44 - 47.

[154]　蒋卫威，鱼京善，中村恭志，等. 基于 TITech - WARM 的官厅水库三维水质模拟 [J]. 北京师范大学学报（自然科学版），2019，55（03）：381 - 388.

[155]　刘勇进，李红. 汤村水库不同工况下水质模拟 [J]. 节水灌溉，2019，（06）：47 - 50.

[156]　王欢，陈江海，陈翔，等. 基于 MIKE21FM 模型的厦门筼筜湖水质提升方案 [J]. 水电能源科学，2019，37（02）：43 - 46.

[157]　易雨君，唐彩红，张尚弘. 南水北调中线工程典型渠段一维水动力水质模拟与预测 [J]. 水利水电技术，2019，50（02）：14 - 20.

[158]　刘广州，胡嘉镗，李适宇，等. 珠江口夏季有机碳的分布特征及其收支模拟研究 [J]. 环境科学学报，2019，39（04）：1123 - 1133.

[159]　涂华伟，王莉，张潇，等. 河湖连通条件下城市湖泊水环境治理研究 [J]. 中国农村水利水电，2020，（12）：101 - 105，111.

[160]　刘佳嘉，周祖昊，严子奇，等. 坪山河水质模拟研究 [J]. 中国水利，2020，（22）：38 - 40.

[161]　李胜东，冯健，张世宝，等. 生态补水措施对杞麓湖水质改善效果的模拟分析 [J]. 水电能源科学，2020，38（11）：35 - 39.

[162]　杨卫，许明祥，李瑞清，等. 面向生态环境的河湖连通引水调控方案研究 [J]. 武汉大学学报（工学版），2020，53（10）：861 - 868.

[163]　卢诚，安瑴达，张晓彤，等. 基于 EFDC 模型的神定河水质模拟 [J]. 中国环境监测，2020，36（04）：106 - 114.

[164]　张琳，杨启红，曾凯，等. 华阳河湖群非汛期水位调控水质改善效应研究 [J]. 华北水利水电大学学报（自然科学版），2020，41（03）：67 - 73.

[165]　刘晨辉，刘思飔，李丹，等. 基于 MIKE21 模型的长江中环排污口水质影响分析 [J]. 中国农村水利水电，2020，（01）：72 - 76，82.

[166]　刘广州，胡嘉镗，李适宇. 珠江口夏季海陆源有机碳的模拟研究——分布特征、贡献比重及其

迁移转化过程 [J]. 中国环境科学，2020，40（01）：162 - 173.

[167] 童海滨，杨士琪，郭萃，等. Maple 在水文学中的应用 [M]. 北京：科学出版社，2020.

[168] 华祖林. 环境水力学 [M]. 北京：科学出版社，2020.

[169] 荆延德，张华美. 基于 LUCC 的南四湖流域面源污染输出风险评估 [J]. 自然资源学报，2019，34（01）：128 - 139.

[170] 刘迎军，王康，李立. 基于 LSTM 神经网络的流域污染物通量预测 [J]. 水力发电学报，2020，39（10）：72 - 81.

[171] 雷俊华，苏时鹏，余文梦，等. 中国省域化肥面源污染时空格局演变与分组预测 [J]. 中国生态农业学报（中英文），2020，28（07）：1079 - 1092.

[172] 黄智华，周怀东，刘晓波. 三峡库区农业非点源污染机理与负荷估算——以香溪河流域为例 [M]. 北京：中国水利水电出版社，2019.

[173] 生态环境部环境与经济政策研究中心. 水环境管理的理论、实践与技术 [M]. 北京：中国环境出版社，2019.

[174] 王沛芳，钱进，侯俊，等. 生态节水型灌区建设理论技术及应用 [M]. 北京：科学出版社，2020.

[175] 李科，康小兵，杨四福. 优化混合交叉赋权-联系云模型的水质评价方法 [J]. 环境科学与技术，2020，43（10）：70 - 76.

[176] 汪豪，娄厦，刘曙光，等. 湿地环境质量评价方法研究进展 [J]. 水利水电科技进展，2020，40（06）：85 - 94.

[177] 郇环，廉新颖，杨昱，等. 基于级别差法的地下水水质评价方法筛选技术研究 [J]. 环境科学研究，2020，33（02）：402 - 410.

[178] 赖文哲，毛志勇，岳立柱，等. 基于熵权-偏序集的水质评价方法 [J]. 长江科学院院报，2021，38（03）：32 - 38.

[179] 高峰，刘伟，郑国臣，等. 松花江流域省界缓冲区水环境监测与评价 [M]. 北京：科学出版社，2020.

[180] 逯晔坤，靳春玲，贡力. 黄河兰州段水质评价的 HDE 方法应用 [J]. 中国农村水利水电，2019（03）：32 - 36.

[181] 闫佰忠，孙剑，安娜. 基于随机森林模型的地下水水质评价方法 [J]. 水电能源科学，2019，37（11）：66 - 69.

[182] 李鹏章，李爱民，陈博之，等. 基于活性污泥呼吸速率的化工废水水质评价方法 [J]. 化工进展，2020，39（06）：2472 - 2478.

[183] 李乾岗，魏婷，张光明，等. 三角帆蚌对白洋淀底泥氮磷释放及微生物的影响探究 [J]. 环境科学研究，2020，33（10）：2318 - 2325.

[184] 杨盼，杨春晖，马鑫雨，等. 巢湖南淝河河口底泥污染特征及疏浚决策 [J]. 环境科学，2021，42（02）：712 - 722.

[185] 王建芳，严雪. Cu^{2+}、Pb^{2+} 污染对苦草生长及底泥表层微生物的影响 [J]. 环境科学与技术，2020，43（06）：53 - 59.

[186] 陈丹青，马旭洲，张文博，等. 泰兴高沙土地区幼蟹养殖对水环境的影响 [J]. 江西农业大学学报，2020，42（05）：970 - 978.

[187] 周芳，陈明波. 港口建设对水动力和水环境的综合影响 [J]. 水运工程，2020（09）：91 - 96.

[188] 张萍，张倚铭，唐娅，等. 广元市土地利用类型及社会经济因子对河流水质的影响 [J]. 安徽农业科学，2020，48（20）：52 - 56.

[189] 彭勃，付永胜，赵君凤，等. 小流域土地利用景观格局对水质的影响 [J]. 生态科学，2019，38（03）：90 - 99.

[190]　吴时强，吴修锋，戴江玉，等著. 太湖流域重大治污工程水生态影响监测与评估 [M]. 北京：科学出版社，2019.

[191]　李一平，龚然，[美] 保罗·克雷格. 地表水环境数值模拟与预测——EFDC 建模技术及案例实训 [M]. 北京：科学出版社，2019.

[192]　张永军，张鹏凯，田云. 通辽市水功能区划及水功能区水质评价研究 [J]. 内蒙古水利，2019，(09)：16 - 18.

[193]　王金哲，张光辉，崔浩浩，等. 适宜西北内陆区地下水功能区划的体系指标属性与应用 [J]. 水利学报，2020，51 (07)：796 - 804.

[194]　肖洋，喻婷，潘国艳. 小型城市湖泊纳污能力核算中设计水文条件研究 [J]. 人民长江，2019，50 (11)：80 - 83，90.

[195]　林婉妮，王诺，付蔷. 水交换作用下渤海纳污承载能力研究 [J]. 海洋湖沼通报，2019，(05)：42 - 48.

[196]　宋晓峰，金弈. 陕西省引汉济渭工程受水区退水河流纳污能力研究 [J]. 人民黄河，2020，42 (10)：76 - 80.

[197]　喻婷，陈晓群，苗滕. 举水干流水功能区纳污能力计算研究 [J]. 节水灌溉，2019，(09)：62 - 66，73.

[198]　杨海燕，孙晓博，周广宇，等. 基于系统动力学模型的泰安市水资源与水环境系统模拟分析 [J]. 科学技术与工程，2019，19 (35)：348 - 355.

[199]　李善综，王森，方晶. 基于水质约束的中小河流水资源可利用量计算方法 [J]. 中国农村水利水电，2019，(03)：73 - 75，82.

[200]　潘祥东，唐磊，蒲迅赤，等. 基于一维水质模型的盐津河纳污能力计算 [J]. 中国农村水利水电，2020，(06)：72 - 75，81.

[201]　孙冬梅，程雅芳，冯平. 海河干流汛期动态水环境容量计算研究 [J]. 水利学报，2019，50 (12)：1454 - 1466.

[202]　项颂，庞燕，胡小贞，等. 基于控制断面水质达标的河流水环境容量案例分析：以银川市灵武东沟为例 [J]. 环境工程，2019，37 (10)：29 - 34.

[203]　李延林，邱小琮. 沙湖的水环境容量和污染物总量控制 [J]. 水土保持通报，2019，39 (05)：272 - 277.

[204]　郭琦，尹娟，邱小琮，等. 银川市阅海湖水环境容量评估 [J]. 水土保持通报，2019，39 (05)：290 - 294，300.

[205]　吴贻创，何守阳，杨应增，等. 喀斯特山区河流水环境容量核算与污染控制的单元化研究——以清水江流域鱼梁江河段为例 [J]. 中国农村水利水电，2019，(09)：111 - 120.

[206]　杨玉麟，李俊峰，刘伟伟，等. 基于 SMS 水质模型的蘑菇湖水环境容量分析 [J]. 南水北调与水利科技，2019，17 (06)：127 - 137.

[207]　马雪鑫，李畅游，史小红，等. 乌梁素海水环境容量分析 [J]. 灌溉排水学报，2019，38 (06)：105 - 112.

[208]　王莹，张幼宽，梁修雨，等. 沙颍河安徽段水环境容量计算及动态分析 [J]. 人民黄河，2019，41 (01)：79 - 84.

[209]　王万宾，管堂珍，梁启斌，等. 杞麓湖流域污染负荷及水环境容量估算研究 [J]. 环境污染与防治，2020，42 (11)：1436 - 1442.

[210]　商放泽，李兵，黄跃飞，等. 基于流域的深圳市现状及未来污染负荷分析 [J]. 环境科学与技术，2020，43 (S1)：208 - 217.

[211]　钟鸣，周刚，高运法，等. 基于不确定性方法的河流水环境容量计算 [J]. 人民长江，2020，51 (03)：31 - 36.

[212] 郭洪鹏，张维，宋文华，等. 控制单元农业面源污染负荷总量分配方法 [J]. 水电能源科学，2019，37（11）：74 - 78.

[213] 牛晋兰，丁佳佳，苏丽萍. 流域水环境容量计算及分配方法探讨——以濉溪河为例 [J]. 人民长江，2020，51（03）：37 - 41，72.

[214] 彭欣雨，唐彦，唐德善，等. 基于 TMDL 计划的榆溪河流域水污染治理方案研究 [J]. 中国农村水利水电，2019，（10）：24 - 27，33.

[215] 刘勇进，李红，李忠. 基于水功能区达标的苏南运河镇江段污染负荷分配 [J]. 水电能源科学，2020，38（06）：26 - 29.

[216] 吕马飞，朱晓娟，王婷婷，等. 基于 TMDL 理念的流域排口污染物削减研究 [J]. 华北水利水电大学学报（自然科学版），2020，41（02）：18 - 23.

[217] 申诗嘉，彭虹，夏函，等. 基于环境质量底线的污染物总量控制研究——以汉江中上游为例 [J]. 人民长江，2020，51（07）：52 - 57.

[218] 付意成，徐贵，臧文斌，等. 基于水环境容量总量控制的流域水生态补偿标准研究 [M]. 北京：中国水利水电出版社，2019.

[219] 谢莹，杨春生，王慧亮，等. 中国北方典型流域水质目标管理技术研究 [M]. 郑州：黄河水利出版社，2019.

[220] 周科. 基于遗传算法的灰色非线性水环境管理模型及应用 [J]. 人民长江，2019，50（05）：20 - 24，40.

[221] 朱靖，余玉冰，王淑. 岷沱江流域水环境治理绩效综合评价方法研究 [J]. 长江流域资源与环境，2020，29（09）：1995 - 2004.

[222] 潘泽强，宁超乔，袁媛. 协作式环境管理在粤港澳大湾区中的应用——以跨界河治理为例 [J]. 热带地理，2019，39（05）：661 - 670.

[223] 李涛，杨喆，周大为，等. 我国水污染物排放总量控制政策评估 [J]. 干旱区资源与环境，2019，33（08）：92 - 99.

[224] 王焕松，王海燕，张亮，等. 排污许可与入河排污口协同管理现状、问题分析与政策建议 [J]. 环境保护，2019，47（11）：37 - 41.

[225] 李涛，石磊，马中. 中国点源水污染物排放控制政策初步评估研究 [J]. 干旱区资源与环境，2020，34（05）：1 - 8.

[226] 王斓琪，于鲁冀，王燕鹏，等. 基于"一证链式"排污许可内涵的固定污染源环境管理制度初探 [J]. 生态经济，2020，36（12）：187 - 192.

[227] 王雅娟，吴杰，邵嫄，等. 关联价值下初始排污权分配的网上拍卖机制 [J]. 中国农村水利水电，2019，（07）：174 - 177，188.

[228] 刘佩贵，冯源，尚熳廷，等. 考虑水量和排污量的城市二维初始水权分配优化模型 [J]. 中国农村水利水电，2019，（03）：1 - 4，10.

[229] 杜慧慧，卢俊平，赵琳琳. 海南省排污权初始分配模型的研究 [J]. 灌溉排水学报，2020，39（S2）：119 - 122.

[230] 吴芳，曹秋迪，张丹丹，等. 基于环境基尼系数的苏南运河排水权分配 [J]. 河海大学学报（自然科学版），2020，48（04）：314 - 319.

[231] 田贵良，刘吉宁，魏蓓. 基于改进双边叫价拍卖模型的太湖流域水排污权定价及仿真 [J]. 生态经济，2020，36（01）：172 - 177.

[232] 生态环境部对外合作与交流中心. 水环境管理国际经验研究之加拿大 [M]. 北京：中国环境科学出版社，2019.

[233] 生态环境部环境与经济政策研究中心. 水环境管理的理论、实践与技术 [M]. 北京：中国环境出版社，2019.

[234]　赵旸，李卓，刘明，等. 中国苹果主产区 2006—2016 年磷元素收支及其环境风险变化 [J]. 农业环境科学学报，2019，38 (12)：2779 - 2787.

[235]　周夏飞，於方，刘琦，等. 东江流域突发水污染风险分区研究 [J]. 生态学报，2020，40 (14)：4813 - 4822.

[236]　王欢欢，尹心安，田凯，等. 白洋淀水环境风险受体脆弱性评价 [J]. 农业环境科学学报，2020，39 (11)：2606 - 2612.

[237]　杨蕊，吴时强，高学平，等. 基于 Vine Copula 函数的河湖连通水环境多因子联合风险识别研究 [J]. 水利学报，2020，51 (05)：606 - 616.

[238]　梁中耀，刘永. 湖泊水质目标风险管理研究 [M]. 北京：科学出版社，2019.

[239]　许秋瑾，胡小贞，等. 水污染治理、水环境管理与饮用水安全保障技术评估与集成 [M]. 北京：中国环境科学出版社，2019.

[240]　赵宁. 新书介绍：生态水文过程观测方法 [J]. 地球科学进展，2020，35 (02)：218.

[241]　曾思栋，夏军，杜鸿，等. 生态水文双向耦合模型的研发与应用：Ⅰ 模型原理与方法 [J]. 水利学报，2020，51 (01)：33 - 43.

[242]　陈静，罗明明，廖春来，等. 中国岩溶湿地生态水文过程研究进展 [J]. 地质科技情报，2019，38 (06)：221 - 230.

[243]　徐力刚，赖锡军，万荣荣，等. 湿地水文过程与植被响应研究进展与案例分析 [J]. 地理科学进展，2019，38 (08)：1171 - 1181.

[244]　夏军，张永勇，穆兴民，等. 中国生态水文学发展趋势与重点方向 [J]. 地理学报，2020，75 (03)：445 - 457.

[245]　段凯，孙阁，刘宁. 变化环境下流域水-碳平衡演化研究综述 [J]. 水利学报，2021，52 (03)：300 - 309.

[246]　陈求稳，张建云，莫康乐，等. 水电工程水生态环境效应评价方法与调控措施 [J]. 水科学进展，2020，31 (05)：793 - 810.

[247]　蒋楠，高成. 基于 IHA 分析的小水电工程对黄尾河水沙的影响 [J]. 水电能源科学，2020，38 (04)：14 - 17，59.

[248]　胡剑汝，饶良懿，申震洲. 基于 WEPP 的砒砂岩坡面复合侵蚀治理生态水文效应评价 [J]. 水土保持学报，2020，34 (02)：123 - 129，238.

[249]　塔莉，张丽茹. 冀北山地天然次生林枯落物层水文生态功能对不同林分密度的响应 [J]. 水土保持研究，2020，27 (06)：46 - 51，59.

[250]　潘天石，左丽君，张增祥，等. 冀西北地区不同生态系统枯落物的水文效应 [J]. 水土保持通报，2020，40 (03)：50 - 55，63.

[251]　塔莉，梁文俊. 接坝山区陡坡地段阔叶林改造对水文生态环境的影响 [J]. 水土保持通报，2019，39 (04)：166 - 171，176.

[252]　曹国亮，李天辰，陆垂裕，等. 干旱区季节性湖泊面积动态变化及蒸发量——以艾丁湖为例 [J]. 干旱区研究，2020，37 (05)：1095 - 1104.

[253]　马俊逸，赵成章，苟芳珍，等. 盐沼湿地植物的群落分类及其空间分布格局对土壤水盐的响应 [J]. 干旱区研究，2020，37 (04)：1001 - 1008.

[254]　韩先明，左德鹏，李佩君，等. 雅鲁藏布江流域植被覆盖变化及其对气候变化的响应 [J]. 水利水电科技进展，2021，41 (01)：16 - 23.

[255]　李茂华，都金康，李皖彤，等. 1982—2015 年全球植被变化及其与温度和降水的关系 [J]. 地理科学，2020，40 (05)：823 - 832.

[256]　周静，万荣荣，吴兴华，等. 洞庭湖湿地植被长期格局变化 (1987—2016 年) 及其对水文过程的响应 [J]. 湖泊科学，2020，32 (06)：1723 - 1735.

[257] 陈炼钢，陈黎明，徐祎凡，等. 水位变化对鄱阳湖苦草潜在生境面积的影响 [J]. 水科学进展，2020，31 (03)：377-384.

[258] 朱广伟，许海，朱梦圆，等. 三十年来长江中下游湖泊富营养化状况变迁及其影响因素 [J]. 湖泊科学，2019，31 (06)：1510-1524.

[259] 朱永华，张生，孙标，等. 西辽河流域通辽平原区地下水埋深与植被及土壤特征的关系 [J]. 水土保持通报，2019，39 (01)：29-36.

[260] 葛金金，张汶海，彭文启，等. 水文-生态响应关系构建方法综述 [J]. 水利水电技术，2020，51 (11)：23-29.

[261] 易雨君，林楚翘，唐彩红. 1960s 以来白洋淀水文、环境、生态演变趋势 [J]. 湖泊科学，2020，32 (05)：1333-1347.

[262] 王东升，袁树堂，杨祺. 金沙江流域云南片水文极小值演变及生态基流保障分析 [J]. 水资源保护，2019，35 (04)：35-41.

[263] 闫雪燕，张銎，李玉英，等. 动态调水过程水文和理化因子共同驱动丹江口水库库湾浮游植物季节变化 [J]. 湖泊科学，1-14 [2021-05-27]. http://kns.cnki.net/kcms/detail/32.1331. p. 20210313.1046.002.html.

[264] 姜田亮，粟晓玲，郭盛明，等. 西北地区植被耗水量的时空变化规律及其对气象干旱的响应 [J]. 水利学报，2021，52 (02)：229-240.

[265] 张阿龙，高瑞忠，刘廷玺，等. 高原内陆河流域气候水文突变与生态演变规律——以内蒙古锡林河和巴拉格尔河流域为例 [J]. 中国环境科学，2019，39 (12)：5254-5263.

[266] 刘畅，刘晓波，周怀东，等. 水库缺氧区时空演化特征及驱动因素分析 [J]. 水利学报，2019，50 (12)：1479-1490.

[267] 李浩，刘云. 东营市水生态系统演变与驱动力研究 [J]. 中国农村水利水电，2020 (04)：44-48.

[268] 万思成，曾瑞，张建云，等. 海河上游典型流域植被动态演变规律及其对气候因子的响应 [J]. 华北水利水电大学学报（自然科学版），2019，40 (06)：25-31.

[269] 黄犁，徐丽萍. 玛纳斯河流域绿洲时空演变及其景观格局变化 [J]. 干旱区研究，2019，36 (05)：1261-1269.

[270] 刘有志，相建方，陈文夫，等龙. 狭长型水库蓄水至初期运行阶段水温演化规律研究 [J]. 水利学报，2020，51 (11)：1412-1422.

[271] 左其亭，梁士奎，陈豪，等. 闸控河流水文生态效应分析与调控 [M]. 北京：科学出版社，2019.

[272] 李小雁，郑元润，王彦辉，等. 黑河流域植被格局与生态水文适应机制 [M]. 北京：科学出版社，2020.

[273] 杨大文，郑元润，高冰，等. 高寒山区生态水文过程与耦合模拟 [M]. 北京：龙门书局，2020.

[274] 徐宗学，胡立堂，彭定志，等. 黑河流域中游地区生态水文过程及其分布式模拟 [M]. 北京：科学出版社，2020.

[275] 田义超，王世杰，白晓永，等著. 赤水河流域生态水文过程研究 [M]. 北京：科学出版社，2020.

[276] 胡振鹏. 鄱阳湖水文生态特征及其演变 [M]. 北京：科学出版社，2020.

[277] 刘晓燕，王瑞玲，张原锋，等. 黄河河川径流利用的阈值 [J]. 水利学报，2020，51 (06)：631-641.

[278] 刘昌明，门宝辉，赵长森. 生态水文学：生态需水及其与流速因素的相互作用 [J]. 水科学进展，2020，31 (05)：765-774.

[279] 刘立军，张扬，郭丽君，等. 基于改进流量历时保证率法的河道生态需水计算 [J]. 中国农村水利水电，2020，(03)：74 - 77，82.

[280] 葛金金，彭文启，张汶海，等. 确定河道内适宜生态流量的几种水文学方法——以沙颍河周口段为例 [J]. 南水北调与水利科技，2019，17 (02)：75 - 80.

[281] 余真真，闫莉，王瑞玲，等. 多目标协控下伊洛河自净需水流量研究 [J]. 水资源保护，2020，36 (05)：38 - 42.

[282] 庄锦亮，廖海梅，曾德军. 改进的年内展布法在生态环境需水量计算中的应用 [J]. 人民长江，2020，51 (10)：62 - 66，132.

[283] 季小兵，马玉其，王新友，等. 基于 1960—2018 年实测径流与水文学方法的开都河生态流量分析 [J]. 水资源与水工程学报，2020，31 (06)：17 - 23，30.

[284] 郭亚男，韩亚萍，宋文超. 灌河流域生态需水确定及保障措施分析 [J]. 人民黄河，2020，42 (02)：63 - 66.

[285] 于守兵，凡姚申，余欣，等. 黄河河口生态需水研究进展与展望 [J]. 水利学报，2020，51 (09)：1101 - 1110.

[286] 唐文雯，陆宝宏，范月华，等. 罗敷河流域径流演变特征及最小生态流量保障程度研究 [J]. 水力发电，2020，46 (10)：5 - 9.

[287] 章运超，曾凯，王家生，等. 资料短缺平原河流的生态需水量计算——以通顺河武汉段为例 [J]. 长江科学院院报，2020，37 (07)：35 - 40.

[288] 李金燕，包淑萍. 河道内生态需水及取水断面可调水量研究 [J]. 人民黄河，2019，41 (11)：36 - 42，92.

[289] 魏健，潘兴瑶，孔刚，等. 基于生态补水的缺水河流生态修复研究 [J]. 水资源与水工程学报，2020，31 (01)：64 - 69，76.

[290] 翁传松，刘德富，张佳磊，等. 典型北方季节性河流生态需水量研究 [J]. 中国农村水利水电，2020，(08)：29 - 34.

[291] 岳东霞，陈冠光，朱敏翔，等. 近 20 年疏勒河流域生态承载力和生态需水研究 [J]. 生态学报，2019，39 (14)：5178 - 5187.

[292] 冯湘华，宋孝玉，覃琳，等. 肃南裕固族自治县天然草地植被生态需水研究 [J]. 南水北调与水利科技，2019，17 (04)：115 - 122，148.

[293] 李晨，崔远来，顾世祥，等. 滇池流域典型湿地植物需水规律试验研究 [J]. 中国农村水利水电，2019，(03)：100 - 105.

[294] 钟旭珍，王丽霞，姚昆，等. 基于生态环境功能分区的关中—天水区生态需水量测评 [J]. 水土保持研究，2020，27 (06)：240 - 246.

[295] 班璇，郭舟，熊兴基，等. 长江中游典型河段底栖动物的物理栖息地模型构建与应用 [J]. 水利学报，2020，51 (08)：936 - 946.

[296] 杨阳，汪中华，王雪莲，等. 河流生态需水计算及空间满足率分析——以济南市为例 [J]. 地球科学进展，2020，35 (05)：513 - 522.

[297] 吴玲玲，闫中月，阮晓红. 基于 Tennant 法改进的生态水位计算方法研究 [J]. 人民长江，2019，50 (05)：47 - 51.

[298] 华祖林，董越洋，褚克坚. 高度人工化城市河流生态水位和生态流量计算方法 [J]. 水资源保护，2021，37 (01)：140 - 144.

[299] 杨毓鑫，杜春艳，张金帆，等. 洞庭湖湖区最低生态水位的确定 [J]. 水资源保护，2019，35 (03)：89 - 94.

[300] 黄兵，姜恒，廖小红，等. 水文变异条件下的洞庭湖生态水位研究 [J]. 中国农村水利水电，2019，(03)：88 - 91，96.

[301] 翟家齐，董义阳，祁生林，等．干旱区绿洲地下水生态水位阈值研究进展［J］．水文，2021，41（01）：7-14.

[302] 董哲仁，张晶，赵进勇．生态流量的科学内涵［J］．中国水利，2020，（15）：15-19.

[303] 彭文启．生态流量五个关键问题辨析［J］．中国水利，2020，（15）：20-25.

[304] 尚文绣，彭少明，王煜，等．面向河流生态完整性的黄河下游生态需水过程研究［J］．水利学报，2020，51（03）：367-377.

[305] 冯起，高前兆，司建华，等．干旱内陆河流域水文水资源［M］．北京：科学出版社，2019.

[306] 梁士奎．闸控河流生态需水调控理论方法及应用［M］．北京：中国水利水电出版社，2019.

[307] 李瑞清，等．江汉平原河湖生态需水研究［M］．北京：中国水利水电出版社，2020.

[308] 李丽琴，王志璋，贺华翔，等．基于生态水文阈值调控的内陆干旱区水资源多维均衡配置研究［J］．水利学报，2019，50（03）：377-387.

[309] 窦明，胡浩东，王继华，等．城市水源地深层承压水合理开采水位阈值研究［J］．郑州大学学报（工学版），2020，41（05）：60-65.

[310] 黄金廷，崔旭东，王冬，等．格尔木河流域地下水生态功能及经济损益阈值解析［J］．干旱区地理，2019，42（02）：263-270.

[311] 韩祯，王世岩，刘晓波，等．基于淹水时长梯度的鄱阳湖优势湿地植被生态阈值［J］．水利学报，2019，50（02）：252-262.

[312] 崔燚，张学霞，张雪，等．若尔盖县湿地稳态转换的水文地貌生态阈值［J］．生态学报，2020，40（23）：8794-8804.

[313] 侯利萍，何萍，范小杉，等．生态阈值确定方法综述［J］．应用生态学报，2021，32（02）：711-718.

[314] 宗宁，石培礼，孙建．高寒草地沙化过程植被与土壤特征变化的生态阈值估算［J］．干旱区研究，2020，37（06）：1580-1589.

[315] 李代魁，何萍，徐杰，等．我国生态系统生态阈值研究基础［J］．应用生态学报，2020，31（06）：2015-2028.

[316] 张军泽，陈锡云，岳辉，等．不同恢复模式下红壤区森林植被盖度变化的阈值效应分析［J］．自然资源学报，2019，34（11）：2403-2414.

[317] 李轶，杨旖祎，叶属峰．乐清湾海域真刺唇角水蚤在盐度梯度下的生态阈值研究［J］．应用海洋学学报，2019，38（03）：393-398.

[318] 贡力，马梦含，靳春玲，等．基于和谐理论的黄河兰州段水生态可持续发展分析［J］．水资源与水工程学报，2020，31（04）：9-16.

[319] 王文川，梅宝澜，李磊，等．基于随机森林算法的清水河流域生态系统健康评价［J］．华北水利水电大学学报（自然科学版），2020，41（06）：11-17.

[320] 徐宗学，刘麟菲．基于着生藻类的渭河流域水生态系统健康评价［J］．人民黄河，2020，42（09）：123-129.

[321] 吴岳玲，郭琦，邱小琮，等．星海湖水生生态系统健康评价［J］．水力发电，2020，46（05）：1-4，66.

[322] 李世龙，雷兴碧，邱小琮，等．银川阅海湖水生生态系统健康评价［J］．南水北调与水利科技（中英文），2020，18（03）：168-173，200.

[323] 王富强，刘沛衡，杨欢，等．基于PSR模型的刁口河尾闾湿地生态系统健康评价［J］．水利水电技术，2019，50（11）：75-83.

[324] 杨东明，卢韵竹，王富强，等．基于量-质耦合协调发展的城市水环境承载力评价［J］．华北水利水电大学学报（自然科学版），2020，41（06）：32-39.

[325] 宋菲燕，林凯荣，何艳虎，等．考虑权重不确定性的珠三角地区水环境承载力评价：基于博弈

论与云模型 [J]. 水利水电技术，2020，51 (11)：145-154.

[326]　崔晨韵，朱永华，吕海深，等. 长兴县与水相关的生态环境承载力评价 [J]. 河海大学学报（自然科学版），2020，48 (05)：406-412.

[327]　杨柳，刘少博，马年明. 基于生态足迹和生态服务价值的生态承载力贡献率研究 [J]. 水电能源科学，2020，38 (06)：137-140.

[328]　尚海龙，撒慧丽. 贵州高原水环境承载力时空演化分析 [J]. 水力发电，2020，46 (04)：10-15.

[329]　万炳彤，赵建昌，鲍学英，等. 基于 SVR 的长江经济带水环境承载力评价 [J]. 中国环境科学，2020，40 (02)：896-905.

[330]　邓红卫，王鹏. 基于地理信息系统的区域水环境承载力评价 [J]. 长江科学院院报，2020，37 (08)：22-28.

[331]　任晓庆，杨中文，张远，等. 滦河流域水生态承载力评估研究 [J]. 水资源与水工程学报，2019，30 (05)：72-79.

[332]　门宝辉，丽娜·托库. 基于云理论的北京市水环境承载力综合评价 [J]. 水力发电，2019，45 (11)：4-8.

[333]　陈丹丹，窦昱昊，卢平，等. 污泥深度脱水技术研究进展 [J]. 化工进展，2019，38 (10)：4722-4746.

[334]　彭永臻，钱雯婷，王琦，等. 基于宏基因组的城市污水处理厂生物脱氮污泥菌群结构分析 [J]. 北京工业大学学报，2019，45 (01)：95-102.

[335]　李倩，张平，廖柏寒，等. 一株耐 Cd 菌株的分离、鉴定及基本特性 [J]. 微生物学报，2019，59 (01)：11-24.

[336]　郭耀，李志华，杨成建，等. 活性污泥物理结构对呼吸过程的影响 [J]. 环境科学，2019，40 (06)：2813-2820.

[337]　庄海峰，唐浩杰，单胜道，等. 纳米 Fe_3O_4 强化厌氧活性污泥降解偶氮染料废水 [J]. 工业水处理，2019，39 (12)：41-44.

[338]　刘文龙，刘超，沈琛，等. 活性污泥长期好氧饥饿下的微生物种群结构演化 [J]. 哈尔滨工业大学学报，2019，51 (08)：20-27.

[339]　魏小涵，毕学军，尹志轩，等. 温度和 DO 对 MBBR 系统硝化和反硝化的影响 [J]. 中国环境科学，2019，39 (02)：612-618.

[340]　王嗣禹，刘灵婕，王芬，等. 溶解氧对悬浮与附着生长系统短程硝化反应的影响机制 [J]. 环境科学，2019，40 (12)：5430-5437.

[341]　郑志佳，白华清，孟涛，等. 低温下 MBBR 强化硝化原理分析和应用 [J]. 中国给水排水，2019，35 (23)：6-11.

[342]　常赜，孙宁，蒋然. 生物膜-活性污泥工艺强化硫化物自养反硝化技术 [J]. 水处理技术，2019，45 (02)：120-123，128.

[343]　巩有奎，彭永臻. 运行方式对 SBBR 亚硝酸型同步脱氮及 N_2O 释放的影响 [J]. 化工学报，2019，70 (06)：2289-2297.

[344]　张杏，程文，任杰辉，等. 移动床生物膜反应器启动及污水处理效果研究 [J]. 水处理技术，2019，45 (06)：85-88，92.

[345]　宋亚朋，王建兵，聂海峰，等. 管式 $O_3/UV-BAF$ 处理印染生化尾水的中试实验 [J]. 环境工程学报，2019，13 (02)：264-271.

[346]　栗文明，白永刚，周军，等. 臭氧催化氧化应用于工业园区污水处理厂深度处理工艺的选择及设计 [J]. 给水排水，2019，55 (05)：90-93.

[347]　王玉玺，丁笑寒，王烁阳，等. 抗生素在城市污水处理过程中的去除研究进展 [J]. 环境科学

与技术，2019，42（05）：135－142.

[348] 王文豪，高健磊，高镜清. 预处理＋A/O＋臭氧氧化＋BAF 深度处理煤化工废水 [J]. 工业水处理，2019，39（06）：103－106.

[349] 杜希，陈浩，谢伟东，等. 印染废水出水 COD 提标的工程实例 [J]. 工业水处理，2019，39（03）：99－102.

[350] 方月英，徐锡梅，恽云波，等. 反硝化生物滤池在污水深度处理中的应用 [J]. 中国给水排水，2019，35（11）：97－102.

[351] 李亚峰，杨嗣靖，于燿滢. 基于倒置 A$_2$/O 工艺脱氮除磷存在问题的优化措施 [J]. 工业水处理，2019，39（08）：15－18.

[352] 都叶奇，于德爽，甄建园，等. 进水 C/N 对 SNEDPR 系统脱氮除磷的影响 [J]. 环境科学，2019，40（02）：816－822.

[353] 袁梦飞，于德爽，巩秀珍，等. 不同曝气量和好氧时间下 SPNDPR 系统处理低 C/N 城市污水的脱氮除磷性能 [J]. 环境科学，2019，40（03）：1382－1389.

[354] 李冬，刘博，王文琪，等. 除磷颗粒诱导的同步短程硝化反硝化除磷颗粒污泥工艺 [J]. 环境科学，2020，41（02）：867－875.

[355] 郭耀杰，鲁建江，童延斌，等. 水力停留时间对氧化沟处理农村污水的影响 [J]. 水处理技术，2019，45（03）：106－110.

[356] 王晓霞，甄建园，赵骥，等. 不同污泥龄（SRT）对 SNEDPR 系统脱氮除磷影响 [J]. 环境科学，2019，40（01）：352－359.

[357] 黄靓，郭海燕，刘小芳. 反硝化聚磷菌的培养及其脱氮除磷特性 [J]. 化工环保，2019，39（02）：158－162.

[358] 孙昕，孙杰，李鹏飞，等. 超声活化过硫酸盐降解水中典型嗅味 [J]. 环境科学，2019，40（04）：1811－1818.

[359] 于永波，黄湾，董正玉，等. N 原子杂化石墨烯高效活化过一硫酸盐降解 RBk5 染料废水 [J]. 环境科学，2019，40（07）：3154－3161.

[360] 李珂，刘振鸿，钱雅洁，等. 基于硫酸根自由基的高级氧化对头孢氨苄的降解特性 [J]. 环境工程学报，2019，13（01）：40－48.

[361] 陈立湘，柯水洲，朱佳，等. 亚铁活化过硫酸钠氧化预处理电镀废水 [J]. 化工环保，2019，39（02）：148－152.

[362] 伊学农，方佳男，高玉琼，等. 紫外线-氯联合高级氧化体系降解水中的萘普生 [J]. 环境工程学报，2019，13（05）：1030－1037.

[363] 陶辉，卜紫婧，陈卫，等. 超滤膜技术处理地表水的运行参数优化 [J]. 中国给水排水，2019，35（05）：8－11，18.

[364] 李新望，谷晓娟，左大海，等. 陶瓷超滤膜在电厂化学水处理系统改造中的应用 [J]. 工业水处理，2019，39（08）：107－110.

[365] 张娟，牛豫海，张自力，等. 超滤膜短流程工艺处理南水北调原水的运行效能 [J]. 中国给水排水，2020，36（23）：37－41.

[366] 陶辉，周敏，林涛，等. 高背压条件下超滤膜运行特性研究 [J]. 华中科技大学学报（自然科学版），2019，47（11）：66－70.

[367] 刘丹阳，赵尔卓，仲丽娟，等. 低压纳滤膜用于微污染地表水深度处理的中试研究 [J]. 给水排水，2019，55（04）：15－23.

[368] 岑璐瑶，陈滢，张进，等. 种植不同植物的人工湿地深度处理城镇污水处理厂尾水的中试研究 [J]. 湖泊科学，2019，31（02）：365－374.

[369] 潘傲，张智，孙磊，等. 种植不同植物的表面流人工湿地净化效果和微生物群落差异分析 [J].

环境工程学报，2019，13 (08)：1918 - 1929.

[370] 巩秀珍，于德爽，袁梦飞，等. 后置短程反硝化 AOA - SBR 工艺实现低 C/N 城市污水的脱氮除磷 [J]. 环境科学，2019，40 (01)：360 - 368.

[371] 赵梦云，熊家晴，郑于聪，等. 植物收割对人工湿地中污染物去除的长期影响 [J]. 水处理技术，2019，45 (11)：112 - 116.

[372] 赵林丽，姜小三，邵学新，等. 模拟盐度变化对人工湿地脱氮除磷效果的影响 [J]. 土壤，2019，51 (06)：1122 - 1128.

[373] 谢经朝，赵秀兰，何丙辉，等. 汉丰湖流域农业面源污染氮磷排放特征分析 [J]. 环境科学，2019，40 (04)：1760 - 1769.

[374] 朱金格，张晓姣，刘鑫，等. 生态沟-湿地系统对农田排水氮磷的去除效应 [J]. 农业环境科学学报，2019，38 (02)：405 - 411.

[375] 冯爱萍，吴传庆，王雪蕾，等. 海河流域氮磷面源污染空间特征遥感解析 [J]. 中国环境科学，2019，39 (07)：2999 - 3008.

[376] 翟敏婷，辛卓航，韩建旭，等. 河流水质模拟及污染源归因分析 [J]. 中国环境科学，2019，39 (08)：3457 - 3464.

[377] 王杨，朱斌，童俊，等. 基于活性微生物特征的供水管壁生物膜生长特性 [J]. 环境科学，2019，40 (02)：853 - 858.

[378] 于水利. 基于纳滤膜分离的健康饮用水处理工艺 [J]. 给水排水，2019，55 (04)：12 - 14，23.

[379] 方文侃，李小娣，方菁，等. 新型材料磁性氧化锆的除氟效能 [J]. 环境科学，2019，40 (05)：2295 - 2301.

[380] 柳剑男，王文东，陈志文，等. 部分城市自来水中典型无机金属元素的达标状况 [J]. 中国给水排水，2020，36 (05)：46 - 51.

[381] 李力，周建中，戴领，等. 金沙江下游梯级水库蓄水期多目标生态调度研究 [J]. 水电能源科学，2020，38 (11)：62 - 66.

[382] 吴振天，董增川，倪效宽，等. 梯级水库群发电与生态效益竞争关系定量分析 [J]. 水电能源科学，2020，38 (09)：67 - 70.

[383] 陈晓宏，钟睿达. 气候变化对澜沧江下游梯级电站发电及生态调度的影响 [J]. 水科学进展，2020，31 (05)：754 - 764.

[384] 黄志鸿，董增川，周涛，等. 浊漳河流域水库群多目标生态调度模型研究 [J]. 水电能源科学，2019，37 (03)：58 - 62.

[385] 彭辉，刘图，杨洵，等. 考虑生态流量的小流域水库群联合调度研究 [J]. 人民长江，2019，50 (05)：196 - 199，216.

[386] 尚文绣，王远见，贾冬梅. 基于天然水文情势的水库调度规则研究 [J]. 人民黄河，2019，41 (06)：34 - 37.

[387] 高仕春，刘宇栋，程西方，等. 基于水资源配置的水库群生态调度研究 [J]. 中国农村水利水电，2020 (05)：63 - 67.

[388] 张代青，沈春颖，于国荣，等. 基于河道流量生态服务效应的水库生态价值优化调度 [J]. 武汉大学学报（工学版），2020，53 (02)：101 - 109，116.

[389] 靳伟荣，谢亨旺，付湘，等. 赣抚平原灌区城市生态环境优化调度研究 [J]. 中国农村水利水电，2020 (08)：82 - 86，90.

[390] 吴贞晖，梅亚东，李析男，等. 基于"模拟-优化"技术的多目标水库调度图优化 [J]. 中国农村水利水电，2020 (07)：216 - 221.

[391] 李瑛，金弈，董磊华，等. 引汉济渭工程水库生态调度方案研究 [J]. 人民黄河，2020，42

（07）：80 - 82，94.

[392]　刘铁龙. 渭河基流保障生态补偿及调度方案层次化分析 [J]. 人民黄河，2020，42（03）：40 - 43.

[393]　王祥，鲍正风，舒卫民，等. 面向运行约束的三峡水库生态调度研究 [J]. 中国农村水利水电，2020（01）：39 - 42，47.

[394]　乔钰，胡慧杰. 黄河下游生态水量调度实践 [J]. 人民黄河，2019，41（09）：26 - 30，35.

[395]　李英海，夏青青，张琪，等. 考虑生态流量需求的梯级水库汛末蓄水调度研究——以溪洛渡-向家坝水库为例 [J]. 人民长江，2019，50（08）：217 - 223.

[396]　邓铭江，黄强，畅建霞，等. 大尺度生态调度研究与实践 [J]. 水利学报，2020，51（07）：757 - 773.

[397]　严子奇，周祖昊，王浩，等. 基于精细化水资源配置模型的坪山河流域生态补水研究 [J]. 中国水利，2020（22）：28 - 30，33.

[398]　戴凌全，蔡卓森，刘海波，等. 三峡水库枯水期不同运行方式对洞庭湖生态补水效果研究 [J]. 水资源与水工程学报，2019，30（03）：170 - 175.

[399]　周文琦，俞芳琴，韩璐遥，等. 生态补水对城南河水质水量改善效果研究 [J]. 南水北调与水利科技（中英文），2020，18（03）：151 - 157，191.

[400]　莫晶，杨青瑞，彭文启，等. 生态补水后永定河北京山区段河流生境质量评价 [J]. 中国农村水利水电，2021（02）：30 - 36.

[401]　廖淑敏，薛联青，陈佳澄，等. 塔里木河生态输水的累积生态响应 [J]. 水资源保护，2019，35（05）：120 - 126.

[402]　胡立堂，郭建丽，张寿全，等. 永定河生态补水的地下水位动态响应 [J]. 水文地质工程地质，2020，47（05）：5 - 11.

[403]　史贵君，仝晓辉，汪银龙，等. 城市高度建成区河道生态补水治理方案研究 [J]. 人民长江，2020，51（04）：75 - 80，134.

[404]　高伟，李金城，严长安. 多水源河流生态补水优化配置模型与应用 [J]. 人民长江，2020，51（07）：75 - 81.

[405]　万芳. 乌梁素海生态补水研究 [M]. 北京：科学出版社，2019.

[406]　万芳. 面向风险预警机制的复杂水库群供水调度规则研究 [M]. 北京：科学出版社，2019.

[407]　白涛，李瑛，黄强. 汉江上游梯级水库优化调度理论与实践 [M]. 北京：中国水利水电出版社，2019.

[408]　李瑛，白涛，杜小洲，等. 引汉济渭跨流域复杂水库群联合调配研究 [M]. 北京：中国水利水电出版社，2020.

[409]　刘钢，董国涛，范正军，等. 黑河生态水量调度优化研究 [M]. 郑州：黄河水利出版社，2020.

[410]　汪跃军. 淮河流域水资源系统模拟与调度 [M]. 南京：东南大学出版社，2019.

[411]　何建兵，李敏，蔡梅. 太湖流域江河湖水资源联合调度实践与理论探索 [M]. 南京：河海大学出版社，2019.

[412]　杨成. 黄河中卫段水生态保护与治理路径探索 [J]. 中国水利，2020（16）：36 - 38.

[413]　熊文，孙晓玉，彭开达，等. 汉江下游平原典型区域水生态系统服务价值评价 [J]. 人民长江，2020，51（08）：71 - 77.

[414]　吴健明，姚舟. 协作治理模式下的流域水生态综合治理机制构建 [J]. 中国水利，2020（09）：31 - 33.

[415]　王帅，陈文磊. 水生态补偿理论及其在三江源国家公园中的实践 [J]. 中国水利，2020（11）：10 - 12.

[416]　张云昌. 浅谈水生态保护与修复的理论和方法 [J]. 中国水利，2019（23）：12 - 14，22.

[417]　刘聚涛，胡芳，许新发，等. 生态文明背景下生态流域综合治理规划编制探索 [J]. 中国水利，2020 (23)：24 - 26，17.

[418]　陈凤玉，刘伟，李昊洋，等. 南平市水利行业强监管制度体系创新探索 [J]. 中国水利，2020 (02)：42 - 44.

[419]　陈春塱，高远，仲蒙蒙，等. 永定河氮磷深度净化关键技术及富营养化控制集成技术研发与示范 [J]. 中国水利，2021 (01)：67 - 68，41.

[420]　王慧杰，毕粉粉，董战峰. 基于 AHP - 模糊综合评价法的新安江流域生态补偿政策绩效评估 [J]. 生态学报，2020，40 (20)：7493 - 7506.

[421]　周宏伟，彭焱梅. 太湖流域水流生态补偿机制研究 [J]. 人民长江，2020，51 (04)：81 - 85.

[422]　毕建培，刘晨，林小艳. 国内水流生态保护补偿实践及存在的问题 [J]. 水资源保护，2019，35 (05)：114 - 119.

[423]　刘丹，赵亮，张锐，等. 山西省跨界断面生态补偿机制实践及优化研究 [J]. 人民长江，2019，50 (01)：35 - 38，57.

[424]　孟钰，张宽，高富豪，等. 基于组合赋权模型的小洪河流域生态补偿效果评价 [J]. 节水灌溉，2019 (10)：64 - 67.

[425]　何理，赵文仪，侯保俊，等. 地下水生态补偿机制的回顾与探索 [J]. 水资源与水工程学报，2020，31 (5)：1 - 6.

[426]　李燃，包景岭，罗彦鹤，等. 于桥水库饮用水源地生态补偿机制研究 [J]. 人民黄河，2019，41 (11)：26 - 29，75.

[427]　周杰，等. 秦岭重要水源涵养区生物多样性变化与水环境安全 [M]. 北京：科学出版社，2019.

[428]　王浩，胡春宏，王建华，等. 我国水安全战略和相关重大政策研究 [M]. 北京：科学出版社，2019.

[429]　高俊峰，李海辉，齐俊艳，等. 鄱阳湖水生态模拟与健康评价 [M]. 北京：科学出版社，2020.

[430]　李兆华，王敏，万家云，等. 洪湖生态安全调查与评估（二期）[M]. 北京：科学出版社，2020.

[431]　李原园，赵钟楠，王鼎，等. 河流生态修复——规划和管理的战略方法 [M]. 北京：科学出版社，2019.

[432]　徐子蒙. 长江经济带水源涵养生态补偿机制研究 [M]. 北京：测绘出版社，2020.

[433]　何理，王静遥，李恒臣，等. 面向高质量发展的河湖水系连通模式研究 [J]. 中国水利，2020 (10)：11 - 15.

[434]　陈世峰，陈亚宁，周洪华，等. 水系连通工程下博斯腾湖矿化度时空变化及其驱动因素研究 [J]. 水资源与水工程学报，2020，31 (06)：95 - 102.

[435]　陈吟，王延贵，陈康. 水系连通的类型及连通模式 [J]. 泥沙研究，2020，45 (03)：53 - 60.

[436]　窦明，于璐，靳梦，等. 淮河流域水系盒维数与连通度相关性研究 [J]. 水利学报，2019，50 (06)：670 - 678.

[437]　高玉琴，刘云苹，闫光辉，等. 秦淮河流域水系结构及连通度变化分析 [J]. 水利水电科技进展，2020，40 (05)：32 - 39.

[438]　魏蓥蓥，李一平，翁晟琳，等. 太湖流域城市化对平原河网水系结构与连通性影响 [J]. 湖泊科学，2020，32 (2)：553 - 563.

[439]　窦明，石亚欣，于璐，等. 基于图论的城市河网水系连通方案优选——以清潩河许昌段为例 [J]. 水利学报，2020，51 (06)：664 - 674.

[440]　赵思远，陈菁，涂建琴，等. 城镇化进程中低丘山区水系连通性的初步研究与实践 [J]. 中国

农村水利水电，2020（02）：34 - 39.

[441] 李凯轩，李志威，胡旭跃，等. 洞庭湖区水系连通工程指标体系与评价方法 [J]. 水利水电科技进展，2020，40（06）：6 - 10，22.

[442] 陆志华，蔡梅，马农乐，等. 武澄锡虞区河湖水系连通与水安全保障研究的思考 [J]. 人民长江，2020，51（08）：118 - 122.

[443] 朱诗洁，毛劲乔，戴会超. 资料缺乏地区水系连通工程效益评价方法研究 [J]. 水力发电学报，2021，40（02）：12 - 19.

[444] 李凯轩，李志威，胡旭跃，等. 洞庭湖区蓄洪垸内农田渠系连通性评价及优化 [J]. 水资源与水工程学报，2020，31（06）：236 - 242.

[445] 曹慧群，李晓萌，罗慧萍. 大东湖水网连通的水动力与水环境变化响应 [J]. 人民长江，2020，51（05）：54 - 59.

[446] 黄草，陈叶华，李志威，等. 洞庭湖区水系格局及连通性优化 [J]. 水科学进展，2019，30（05）：661 - 672.

[447] 杨志，冯民权. 城市人工浅水湖泊群水系连通方案研究 [J]. 人民长江，2020，51（04）：49 - 58.

[448] 左其亭，崔国韬. 人类活动对河湖水系连通的影响评估 [J]. 地理学报，2020，75（07）：1483 - 1493.

[449] 赵凌栋，车丁，张晶，等. 基于景观指数的高邮湖湿地生态水文连通性分析 [J]. 水利水电技术，2019，50（01）：126 - 133.

[450] 沈婕，梁忠民，王军. 基于模糊集对分析的河湖水系连通风险评估 [J]. 水力发电，2020，46（11）：1 - 5.

[451] 陈昂，吴森，周小国，等. 河流连通性综合评价方法研究 [J]. 长江科学院院报，2020，37（02）：21 - 27.

[452] 郭雨桐，崔圆，王晨，等. 湿地要素中碳氮同位素特征与水文连通的关系 [J]. 自然资源学报，2019，34（12）：2554 - 2568.

[453] 朱晨春，陈晓宏，杨杰，等. 西北江三角洲河道纵向连通性变化及其成因分析 [J]. 水文，2020，40（06）：68 - 74.

[454] 董哲仁. 生态水利工程学 [M]. 北京：中国水利水电出版社，2019.

[455] 陈成豪，李龙兵，黄国如，等. 海南岛河湖水系连通与水资源联合调配研究 [M]. 北京：中国水利水电出版社，2019.

[456] 何建兵，李敏，吴修锋，等. 长三角典型复杂江河湖水资源联合调度关键技术研究与应用 [M]. 北京：中国水利水电出版社，2019.

[457] 代稳. 水系连通性变异下长江荆南三口水资源态势及调控机制 [M]. 郑州：黄河水利出版社，2020.

[458] 张永明. 漳卫南运河水资源承载能力和生态修复研究 [M]. 北京：中国水利水电出版社，2019.

第 5 章　水安全研究进展报告

5.1　概述

5.1.1　背景与意义

（1）目前，水安全尚无统一的概念，观点不一、内涵丰富，这也体现水安全研究的复杂性和艰巨性。一般来讲，水安全，是指在现在或将来，由于自然的水文循环波动或人类对水循环平衡的不合理改变，或是二者的耦合，使得人类赖以生存的区域水状况发生对人类不利的演进，并正在或将要对人类社会的各个方面产生不利的影响，表现为干旱、洪涝、水量短缺、水质污染、水环境破坏等等方面；并由此可能引发粮食减产、社会不稳、经济下滑及地区冲突等等。

（2）水安全问题越来越成为全世界关注的焦点，各国投入了大量的人力物力去研究解决水安全问题。2000 年 3 月在荷兰海牙召开的世界部长级会议和 2000 年 8 月在瑞典斯德哥尔摩召开的世界水论坛的主题都是"21 世纪水安全"，可见水安全是世界各国所面临的共同课题。

（3）2000 年的海牙会议上提出：为了保障 21 世纪水安全，我们面临着"满足基本需求、保证食物供应、保护生态系统、共享水资源、控制灾害、赋予水价值、合理管理水资源"等一系列挑战，并提出了相应的对策。在对水安全问题进行思考的同时，我们注意到水资源不仅是一个生态环境问题，也是一个经济问题、社会问题和政治问题，直接关系到国家的安全。对水资源紧张的国家和地区来说，水资源已经成为关系到生存和发展的战略问题，同时也是影响国家安全和国际关系的一个重要方面。

（4）水安全的内涵主要包括以下几方面：①水安全是人类和社会经济可持续发展的一种环境和条件；②水安全系统由众多因素构成，经济社会和生态系统满足的程度不同，水安全的满足程度也不同，因此水安全是一个相对概念；③水安全是一个动态的概念，随着技术和社会发展水平不同，水安全程度不同；④水安全具有空间地域性、局部性；⑤水安全可调控性，通过水安全系统中各因素的调控、整治，可以改变水安全程度；⑥维护水安全需要成本。

（5）关于水安全方面的研究，已经成为 21 世纪以来备受关注的研究领域之一，相继出现了大量的研究成果，为保障国家水安全提供了有力的支撑和保障。在水安全研究中，水安全的表征、评价、洪水、干旱、水污染、冰凌、泥石流、风暴潮等都是其研究的主要内容。加强水安全方面的相关研究，已成为支撑我国经济社会可持续发展和确保国家粮食安全、能源安全和生态安全的重要学科领域，也很有必要及时总结有关水安全研究领域的最新进展，促进水安全研究的理论发展和实践应用。

（6）水安全风险是人类面临的重大挑战，从降低风险、回避风险、分担风险、增强风险的预见能力、增强风险的抗御能力、增强风险的应急能力、提高风险的承受能力与避免人为加重风险等方面都需要相应的技术支持。

（7）水安全保障包括技术保障、社会保障、经济保障、政策保障、制度保障等，是一个庞大的系统工程。水安全研究的相关关键技术，只是水安全保障的一个方面，构建水安全保障体系，应从供水管理向需水管理转变，从粗放用水方式向集约用水方式转变，从过度开发水资源向主动保护水资源转变，从单一治理向系统治理转变。

（8）水安全概念的内涵、外延正随着社会的发展在不断拓展，水安全的理论研究有待进一步深化，水安全保障关键技术日新月异，水安全保障体系研究方兴未艾。

5.1.2　标志性成果或事件

（1）2020 年，我国出现 1998 年以来最严重汛情，全国共发生 21 次编号洪水，长江、淮河、松花江、太湖洪水齐发，836 条河流发生超警戒水位以上洪水，较多年平均偏多 80%，三峡水库出现建库以来最大入库洪峰 7.5 万 m^3/s。西南、华北、东北地区相继发生旱情，部分地区旱涝急转。全国大中型水库和小（1）型水库无一垮坝，大江大河和重要圩垸堤防无一决口，洪涝灾害伤亡人数大幅低于近 20 年平均值，旱区群众饮水安全得到有效保障，最大程度减轻了洪涝干旱损失。

（2）2020 年 11 月 23 日，黄河内蒙古三湖河口河段首次出现流凌，12 月 4 日黄河包头水文站上游 17km 处（包茂高速公路黄河大桥）出现首封，黄河中游河曲河段、龙口库区、临汾河段、三门峡库区及下游山东河段先后封河，最大封冻长度 1079km。2021 年 1 月中旬，受气温回升影响，封冻河段开始消融，至 3 月 13 日黄河封冻河段全线开通。本年度黄河凌汛期间凌情总体平稳，全河未发生大的凌汛灾害。

（3）2020 年 6 月 16 日，为进一步加强山洪灾害监测预警监督管理工作，规范监督检查行为，确保山洪灾害监测预警工作正常开展，有效发挥监测预警系统防灾减灾效益，水利部印发了《山洪灾害监测预警监督检查办法（试行）》。

（4）2020 年 4 月 30 日，水利部联合国务院扶贫办、统计局、卫生健康委共同开展农村饮水安全脱贫攻坚技术培训。水利部副部长田学斌出席培训会并讲话。培训以视频形式举行。水利部、国务院扶贫办、卫生健康委有关司局，水利部相关单位负责人和有关人员在部机关参加培训，各流域管理机构，25 个有农村饮水安全脱贫攻坚任务省份的水利、扶贫、卫生健康、统计部门有关负责同志，四川凉山州、新疆伽师县及部分国家级贫困县水利部门负责人与有关人员在当地参加培训。

（5）2020 年 1 月 24 日 0 时开始，应泰国政府请求，为帮助泰方共同应对和缓解当前湄公河中游旱情，水利部协调南方电网、华能澜沧江公司，将目前景洪水电站的下泄流量从 850m^3/s 加大至 1000m^3/s。

（6）2020 年 1 月 21 日，为全面贯彻落实习近平新时代中国特色社会主义思想特别是习近平生态文明思想和全国生态环境保护大会精神，推动建立跨省流域上下游突发水污染事件联防联控机制，经国务院同意，生态环境部、水利部联合印发《关于建立跨省流域上下游突发水污染事件联防联控机制的指导意见》。

（7）2020 年 1 月 9—10 日全国水利工作会议在北京召开。李克强总理作出重要批示。水利部党组书记、部长鄂竟平出席会议并讲话。鄂竟平指出，2019 年，防汛抗旱水利提升工程加快实施，水利扶贫攻坚扎实推进，农村水利建设全面提速，解决 101.6 万人建档立卡贫困人口的饮水安全问题，巩固提升 5480 万人农村人口供水保障水平，超额完成年度目标任务。

（8）2019 年，长江等流域共发生 14 次编号洪水，全国共有 615 条河流发生超警以上洪水，119 条河流发生超保洪水，35 条中小河流发生超历史洪水。东北、华北、西南等地部分地区发生春夏旱，江南、江淮等地出现夏秋冬连旱。2019 年全国大中型和小（1）型水库无一垮坝，主要江河堤防无一决口，旱区群众饮水安全得到有力保障，最大程度减轻了洪涝干旱灾害损失。

（9）2019 年 11 月 19 日，黄河内蒙古三湖河口河段于本年度首次出现流凌，12 月 6 日黄河头道拐水文断面（内蒙古托克托县）上游 4km 处首次封河，黄河中游河曲河段、龙口库区、壶口河段先后封河。黄河上游宁夏河段和下游山东河段出现短时流凌，没有封河。本年度黄河最大封冻长度 699.5km，期间黄河凌情平稳。2020 年 2 月上旬开始，受气温回升影响，封冻河段持续出现消融，至 3 月 18 日黄河封冻河段全线开通，全河未发生大的凌汛灾害。

（10）2019 年 7 月 4 日，为规范和加强水工程防洪抗旱调度运用监管，切实保障防洪安全和供水安全，确保水工程防洪抗旱调度运用依法、依规，水利部组织制定了《水工程防洪抗旱调度运用监督检查办法（试行）》（水防〔2019〕207 号），并于 2020 年 6 月 30 日对其进行了修订。

（11）2019 年 5 月 23 日，为规范和加强汛限水位监督管理工作，切实保障防洪安全，水利部组织制定了《汛限水位监督管 理规定（试行）》，并于 2020 年 5 月 29 日进行了修订。

（12）2019 年 5 月 22 日，为贯彻落实"水利工程补短板、水利行业强监管"水利改革发展总基调，进一步加强山洪灾害防治非工程措施运行维护管理，根据近年来技术手段进步、各地实践探索取得的经验和实际工作需要，水利部部组织对《山洪灾害防治非工程措施运行维护指南》和《山洪灾害监测预警设施设备运行维护管理要求》进行了修订。

5.1.3　本章主要内容介绍

本章是有关水安全研究进展的专题报告，主要内容包括以下几部分。

（1）对水安全研究的背景、内涵及意义，有关水安全的 2019—2020 年标志性成果或事件，水安全研究的主要内容以及有关说明进行简单概述。

（2）本章从 5.2 节开始按照水安全相关研究内容进行归纳编排，主要内容包括：水安全表征与评价研究进展，洪水及洪水资源化研究进展，干旱研究进展，水污染研究进展，以及水安全其他方面进展等。最后简要归纳 2019—2020 年进展与 2017—2018 年进展的对比分析结果。

5.1.4　有关说明

本章是在前 4 本水科学研究进展报告[1-4] 的基础上，在广泛阅读 2019—2020 年相关文献的基础上，较为系统地介绍有关水安全的研究进展。因为相关文献很多，本书只列举最近两年有代表性的文献，且所引用的文献均列入参考文献中。

5.2 水安全表征与评价

近两年关于水安全表征的文献基本没有，关于水安全评价的文献较多，但具有创新性的文献不多，主要还是集中于利用不同的评价模型构建评价指标体系进行水安全评估等方面。这里只介绍近两年具有代表性的文献资料。

（1）王浩等《我国水安全战略和相关重大政策研究》[5] 一书聚焦我国水安全，分为国家综合节水战略、水资源-粮食-能源协同安全战略、河湖生态水量与健康保障战略、新形势下的地下水保障战略、水资源配置安全保障战略和我国水安全保障市场机制与总体战略六大方面，系统分析了新时代我国水安全保障的战略需求，构建了我国水安全保障提升总体战略与框架，提出了我国水资源安全保障主要政策建议，为国家水安全保障和现代化水治理体系建设提供科技支撑。

（2）对水安全评价方法进行研究和应用的文献较多，比如，张修宇等[6-7] 分别构建了灌区水安全量化指标体系和城市水安全量化指标体系；孙雅茹[8] 采用基于博弈论的组合赋权法确定各指标的权重，并利用云模型理论构建评价模型；田涛[9] 运用熵权法和可拓学理论构建城市水安全评价模型，建立基于 DPSIR 模型的水安全评价指标体系；沈晓梅[10] 运用熵值法构建了水资源、水经济、水生态、水环境、水工程五维一体的综合评价指标体系；李杰[11] 提出了树种算法（TSA）-投影寻踪（PP）识别模型来识别水安全类型；王磊等[12] 借助文本自由语法、转化函数及信息熵的基本原则，对城市水安全风险进行评估。

（3）李博等[13] 基于 ArcGIS 和 GAP 分析，构建综合水安全格局并分析其 GAP 的位置与类型。

5.3 洪水及洪水资源化研究进展

洪水灾害防治与洪水风险管理历来是水安全研究的重点内容，我国的部分地区每年都遭受不同程度的洪涝灾害影响，如何对洪水进行准确的模拟预报、科学进行洪水调度、准确评估洪水风险、合理利用洪水资源，是目前洪水及其资源化利用研究的重点内容。近两年每年都有大量相关成果涌现，本部分从洪水特征分析与计算、洪水模拟、洪水预报、洪水调度、洪水风险分析、洪水资源利用和防洪减灾等几个方面综述近两年的相关研究进展。

5.3.1 洪水特征分析与计算

洪水特征分析与计算的文献相对来讲比较多，主要集中于重现期计算、设计洪水计算、洪水频率计算及成因分析等方面。文献主要为具体技术方法的应用成果，洪水特征描述的新理论和新方法成果较少，这也说明要实现洪水特征分析与计算理论方法创新确实比较困难。以下仅列举有代表性的文献以供参考。

（1）曹绮欣等在《渭河洪水特性与风险研究》[14] 一书中，总结了渭河高含沙洪水特点，提出了适用于渭河高、低含沙水流且量纲和谐的挟沙力公式，建立了渭河中游河道洪水演进计算及演示系统，计算绘制了渭河下游南、北两岸洪水风险图 582 张，分析了渭河全线整治后中下游河道的过洪能力。

（2）刘冠华等在《2018 年河南省 8·18 暴雨洪水》[15] 一书中，系统分析了 2018 年 "8·18" 暴雨洪水，通过暴雨洪水调查、工程运行情况调查，分析研究了产汇流规律，掌握了工程运行情况以及防洪除涝的新情况、新变化。

（3）鲁俊等在《黄河宁夏河段洪水冲淤特性研究——以 2018 年洪水为典型》[16] 一书中，分析了历史洪水冲淤变化规律，重点分析了 2018 年黄河上游洪水形成与演进过程、河道冲淤变化以及中水河槽变化，分析了河道治理工程适应性，论证提出了有利于输沙的调控指标。

（4）对洪水重现期研究和应用的文献较多，比如，王丹青等[17] 采用累积距平法、皮尔逊频率曲线和克里金插值等方法对水位进行还现分析以及对暴雨洪水重现期进行分析；赵玲玲[18] 由择优构建的 Gumbel Copula 及 Kendall 测度计算了洪水峰量联合分布的 "或" "且" 和 Kendall 重现期及其设计洪水分位数；甘富万等[19] 采用 Copula 函数构建干流浔江与支流郁江洪水的联合分布，对比分析同现重现期和二次重现期差异，分别根据同频率和最可能组合经调洪演算推求水闸防洪水位。

（5）对设计洪水进行研究和应用的文献较多，比如，郭生练等[20-21] 探讨三峡水库运行期设计洪水及汛期防洪控制水位，还提出梯级水库运行期设计洪水理论方法和研究内容，探讨非一致性洪水频率分析和基于 Copula 函数的最可能地区洪水组成法；熊丰等[22] 采用 t - Copula 函数建立各分区洪水的联合分布，并分析计算各水库运行期的设计洪水及汛控水位；王义民等[23] 提出综合指数量化线型的拟合情况，并将其作为先验信息应用于贝叶斯模型；柳小珊等[24] 采用地区组成法着重分析了富水流域并联水库富水水库和王英水库下游有防洪保护对象的设计洪水；温得平等[25] 研讨了受上游水库调蓄影响时设计洪水的计算方法。

（6）对洪水频率进行研究和应用的文献较多，比如，赵玲玲等[26] 基于洪水序列数据，检验不同洪水超定量的拟合优度指标，并将择优的 GPD、GEV 和 P-Ⅲ型模型推算的洪水重现水平做了对比分析；李婧等[27] 采用分位数回归模型和 GAMLSS 模型对渭河流域以及珠江流域 5 个站点的年最大洪水序列进行非一致性频率分析；宁迈进等[28] 采用 4 种考虑趋势变异的非一致性洪水频率计算方法推求了年最大洪峰流量的频率分布；高盼星等[29] 以流域暴雨类型与洪水过程关系为切入点，研究探索一种将水文气象规律与统计学科相结合的洪水频率计算方法。

（7）对洪水成因进行研究和应用的文献较多，比如，丁一汇等[30] 综合评述了东亚夏季风水汽输送带的特征和形成原因，并以近百年最强的 5 次持续大暴雨过程为例，分析了季风水汽输送带的重要作用；陈立华等[31] 通过计算暴雨时间、空间变差系数、相对中心和洪水集中度等特征指标定量分析暴雨洪水特性，结合洪水组合和遭遇情况分析洪水成因。

（8）马子普等[32] 通过引入冲刷系数及淤积系数，将发生冲淤时的洪水水位流量关系调整为水深流量关系，分别得到了涨水冲刷、落水淤积及涨水淤积时的水深流量关系式。

（9）仇红亚等[33] 引入椭圆 Copula，分别建立洞庭湖流域多源洪水发生时间、时间-

量级和过程遭遇模型，推求多情景下多源洪水遭遇概率，全面揭示了流域洪水发生时间、量级和过程的遭遇规律。

（10）黄鹏年等[34] 以伊河河源地区东湾流域为例，基于新安江模型和蒙特卡洛抽样方法，通过集总式、降雨集总-汇流分布式、降雨分布-汇流集总式和降雨分布-汇流分布式 4 种方式，研究降雨分布式输入与汇流分布式模拟对洪峰精度和不确定性的影响。

（11）宋云天等[35] 以北京房山红螺谷沟"7·21"洪水为例，计算分析了泥沙输移、河床冲淤对最高洪水位、最大流速、峰现时间等山洪特征值的影响。

（12）揭梦璇等[36] 以永宁江流域为研究对象，构建了暴雨、洪峰及潮位的三维联合分布模型，通过计算联合风险率、同现风险率、条件风险率及其重现期分析不同洪潮遭遇组合的风险，并提出了不同支流暴雨条件下的干流洪峰及潮位最可能组合方案。

（13）龚轶芳等[37] 以两个邻近的典型喀斯特峰丛-洼地小流域为研究对象，选取不同量级流量的洪水过程，对比分析陈旗流域地表、地下两套水系及其与长冲流域洪水的滞时和相似性特征。

（14）费龙等[38] 利用 TRMM（Tropical Rainfall Measuring Mission）3B43 月降水数据，并结合降水 Z 指数，研究朝鲜 1998—2018 年的降水和旱涝时空格局。

（15）李琼等[39] 以河溶水文站为例，采用系统分析法研究受洪水涨落影响绳套关系水位-流量关系轴线摆动变化范围。

（16）王书霞等[40] 分析 4 种模式的 VIC 模型，分析极端洪水的模拟能力，并结合 P-Ⅲ型分布曲线预估了澜沧江流域在两种情景下未来时期极端洪水的强度变化情况。

（17）张永勇等[41] 论文以淮河中上游流域 16 个水文站 2006—2015 年 125 场洪水过程数据为基础，辨识了流域内代表性洪水类型，揭示了各洪水类型的时空分布特征。

（18）王海英[42] 提出基于降水大数据的不同区域洪水灾害特征统计系统设计方法，构建 SCS 产流模型、汇流模型、基流模型、河道演进计算模型，利用上述模型对不同区域洪水灾害的特征进行统计。

5.3.2 洪水模拟

洪水模拟方面的文献较多，主要聚焦于模型改进、参数率定及模型修改以适用特定区域等方面，偏向于应用，以下仅列举有代表性文献以供参考。

（1）宋利祥等在《洪水实时模拟与风险评估技术研究及应用》[43] 一书中，介绍了河网洪水实时模拟技术、二维洪水演进高速模拟方法、多尺度耦合洪水演进数学模型、洪灾评估与风险区划方法，以珠江流域西江浔江段防洪保护区为例，构建了洪水实时模拟与洪灾动态评估平台。

（2）马利平等[44] 采用源项法耦合了溃口演变模型 DB-IWHR 与基于 GPU 加速技术的二维水动力模型，建立了一个包含上游库区二维水动力过程、溃口演变和下游淹没区二维洪水演进的高性能耦合模型。

（3）曾子悦等[45] 回顾了洪水风险识别与动态模拟研究的发展历程及技术需求，讨论总结了危险分区法、水文模型和微波遥感监测等 3 种洪水研究典型方法的应用进展，提出未来洪水风险识别与动态模拟研究的重点。

（4）董柏良等[46] 建立了具有典型街区构造的洪水演进物理模型，模型中布设道路、建筑物、人行道、绿化带等设施。基于试验数据定量分析了建筑物密度、绿化带设置等对洪水演进过程带来的影响。

（5）阎晓冉等[47] 提出一种考虑峰型及其出现频率的洪水随机模拟方法，在洪峰、洪量、洪水历时的基础上，引入峰型系数及峰现时间，通过 Copula 函数构建上述特征量的联合分布函数并进行特征量随机模拟。

（6）刘成堃等[48] 基于 OpenSceneGraph 图形框架搭建 3D GIS 环境，实现了三维环境下水体的四类淹没表达，提出了三维地形瓦片支持下的 3D 射线淹没损失计算方法，并以三峡库区洪水为例开展淹没模拟和损失评估。

（7）李大鸣等[49] 以二维浅水方程为基本理论，综合考虑地质以及土地利用情况，采用有限体积法进行离散，构建了山区小流域内的单沟水动力学模型。

（8）徐杰等[50] 将基于物理的分布式 TOPKAPI 模型应用到淮河上游息县以上流域，模拟该区域 2007—2017 年间的 11 场次洪水过程，分析模型的适用性。

（9）余富强等[51] 通过耦合水文模型与二维水动力模型的方法，使得在模拟城市下垫面洪水淹没情况的同时，又能使模拟达到较快的运算速度。

（10）陈祖煜等[52] 采用"水科院模型"和"南科院模型"对溃决洪水流量过程进行反演分析和参数敏感性分析。

（11）李薇等[53] 基于能自动捕捉激波、间断的高精度 HartenLatex - van Leer - Contact（HLLC）近似黎曼算子，并结合局部时间步长技术，建立满足静水平衡特性的各向异性孔隙率浅水模型。

（12）龚政等[54] 综述了国内外漫顶溃堤过程和海岸洪水在城市内部演进的数值模拟技术的研究进展，从溃口底部的冲刷、溃口侧壁的展宽和下游坡面的溯源冲刷三方面评述了溃堤机理模型，分析了各类洪水演进模型和建筑物概化方法的优缺点和适用性。

（13）姚原等[55] 建立小溪流域的分布式水文模型，通过实测水文资料对模型重要参数进行率定和验证，并对其适用性进行评价，来研究森林覆盖率变化对洪水特性的影响。

（14）张兆安等[56] 采用基于二维动力波的方法耦合了水文及水动力过程的数值模型，模拟分析了不同来流条件下洪水演进时的淹没过程。

（15）王盼等[57] 基于水动力数值模拟方法，采用 MIKE11 构建一维水动力模型，MIKE URBAN 构建管道水流模型，MIKE FLOOD 耦合一维水动力模型与管网水动力模型，建立适用于城市设计洪水模拟的耦合模型。

（16）黄维东[58] 建立了小流域最大暴雨量-暴雨历时关系模型、最大洪峰流量-流域特征关系模型。

（17）彭亮[59] 应用 GIS 工具生成数字高程（DEM）栅格数据，构建了 FloodArea 洪水淹没模型，绘制了研究区的洪水风险图。

（18）康彦付[60] 构建了紫荆关流域分布式 HEC - HMS 水文模型，并从历史实测暴雨洪水事件中选择 14 场洪水对构建的 HEC - HMS 水文模型进行了参数率定和模型验证。

（19）吴滨滨[61] 建立了考虑动态下渗的一二维耦合水动力学模型，并选择海河流域漳卫河系与大名泛区联合防洪体系作为典型应用区域，探讨了下渗对于河道行洪、蓄滞洪区分洪以及洪水演进过程的影响。

（20）王俊珲[62] 将高分辨率数值模型与三维可视化技术耦合，以陕西沣西新城、英国莫帕斯镇洪涝灾害过程为例，采用基于 GPU 加速技术的高分辨数值模型对城镇及江河洪涝灾害过程进行数值模拟。

（21）贺露露[63] 根据设计暴雨及设计和校核潮位资料，运用 MIKE 构建了一维河网模型、二维水动力模型以及 MIKE FLOOD 耦合计算模型，对比分析两种方案的淹没面积和水深、典型河道断面水位以及重点区域洪水演进过程。

5.3.3 洪水预报

洪水预报是目前科研工作者关注的热点之一。从研究内容来看以洪水分类预报、预报方法的改进等方面为主，多以实践经验和应用实例为主，在理论方法和学术水平上没有较大突破和创新，公开发表的期刊层次也多以核心期刊为主。以下仅列举有代表性文献以供参考。

（1）魏恒志等在《白龟山水库分布式洪水预报模型》[64] 一书从理论分析、物理模型、参数优选等方面，阐述了白龟山水库洪水预报调度研究及成果的实际运用效果，主要内容包括：水库概况、洪水预报模型国内外研究发展趋势、水文资料整编与分析、入库洪水预报模型理论及构建、流溪河模型入库洪水预报系统等。

（2）巴欢欢等[65] 采用 TIGGE（Thorpex Interactive Grand Global Ensemble）降水预报数据驱动 GR4J 水文模型，开展三峡入库洪水集合概率预报，分析比较 BMA、Copula - BMA、EMOS、M - BMA 4 种统计后处理方法的有效性。

（3）彭安帮等[66] 提出了一种资料缺乏地区中小河流洪水预报方法，建立 Topmodel 洪水预报模型进行洪水模拟，对参数移植前后模拟精度进行对比分析。

（4）刘恒等[67] 对洪水进行分类预报，不同类型洪水采用不同预报参数，并以大伙房水库 25 场历史典型洪水进行实例验证与分析。

（5）胡义明等[68] 采用分位点回归模型分析洪水预报的不确定性，提供洪水预报倾向值（预报概率分布的中位数）和 90% 置信的预报区间成果，实现了洪水概率预报。

（6）梁忠民等[69] 提出了一种全过程联合校正的洪水预报修正方法。

（7）马亚楠等[70] 基于 API 模型和三水源新安江模型，采用各区分单元、入湖分单元分区间的方法，考虑水利工程以及大洪水期蓄滞洪区的应用情况，进行降雨径流预报与洪水过程研究。

（8）牟凤云等[71] 对巫山县范围内 12369 条径流河段进行分类预测，并结合 GIS 空间可视化技术，基于 RF 模型预测洪水致灾范围，分析洪水灾害预测结果的空间特征。

（9）张金男等[72] 引入边缘雨量站降雨数据，基于随机优选方法，构建优选雨量站权重改进降雨输入的新安江模型，对资料短缺流域进行洪水预测。

（10）李丽等[73] 分析了雨量站变迁给洪水预报带来的影响，并给出了两套解决方案，最佳方案用于修改系统，即基于流域特征按照泰森多边形法动态确定雨量站列表和权重，临时解决方案，即剔除哑站后将权重同倍比放大。

（11）徐杰等[74] 选择 K 最近邻（KNN）算法、传统的误差自回归（AR）方法、反馈模拟方法 3 种实时校正方法，以陕西省陈河流域为试验对象进行洪水预报。

（12）李致家等[75] 建立了具有行蓄洪区流域的洪水预报模拟方法，取得较好的模拟预报效果。

（13）陈竹青等[76] 基于水文模型参数不确定性的客观存在性，在分析随机参数概率分布特征的基础上，文章提出随机参数扰动下洪水概率预报的方法。

（14）张学功等[77] 在分析纳希瞬时单位线法参数 n 和 K 作用的基础上，设计了变雨强瞬时单位线模型。

（15）蒋卫威等[78] 以我国东南沿海典型山区小流域-梅溪流域为例，构建了山区水文-城区水动力耦合模型。

（16）李匡等[79] 针对现有状态变量初值修正方法的不足，提出了一种基于状态变量初值修正的洪水预报方法（ISVC 方法）。

（17）李红霞等[80] 对中小河流洪水预报相关研究进展和存在的问题进行了总结，并指出未来在多源信息高效融合、精细化洪水模拟、高精度降水预报等方面还应进行更深入的研究。

（18）刘志雨等[81] 从顶层对基于影响预报和风险预警的新一代洪水预报预警系统（"国家洪水预报预警系统"）总体框架进行了研究和设计。

（19）张娟等[82] 提出一种基于历史洪水预报误差系列的样本重组自回归外延方法。

（20）温娅惠等[83] 分析不同预见期和不同降雨输入情况下洪水预报的精度。

（21）蒋晓蕾等[84] 建立了洪水概率预报的"精度-可靠度"联合评价指标体系。

（22）田济扬等[85] 在北方半湿润半干旱地区的大清河流域构建了陆气耦合洪水预报系统，并利用 2012、2013 年发生的 3 场降雨洪水，对系统的降雨洪水预报结果进行分析。

（23）王亦尘等[86] 选取 1980—2018 年共 18 场历史洪水进行参数率定和验证，考虑下垫面变化等因素，分为 1980—2000 年和 2001—2018 年 2 个阶段进行模拟。

5.3.4　洪水调度

洪水调度方面文献较多，研究内容主要集中于水库群联合优化调度、多目标优化的洪水调度模型和应急调度等方面，以应用实例为主。以下列举有代表性文献以供参考。

（1）章四龙等在《中小型水库抗暴雨能力关键技术研究》[87] 一书中，提出了中小型水库抗暴雨能力预警指标，给出了预警指标的计算方法；构建了水库产汇流计算方案，提出了一种适用于大多数中小型水库的通用洪水调度模型；针对强降雨超过中小型水库抗暴雨能力的情况，给出了溃坝洪水及淹没分析计算方法，并在典型流域进行了应用实践。

（2）屈璞等《沂沭泗河防洪及生态调度研究与实践》[88] 一书分为上、下两篇。上篇为洪水调度研究，阐述了国内外防洪调度研究进展，并针对沂沭泗河洪水的特点、防洪工程能力，结合近几年预报、调度面临的主要问题，将大系统分解原理应用于沂沭泗河防洪工程的联合调度，建立沂沭泗河多水系、多工程群的联动预调度计算模型，提出沂沭泗河流域防洪调度的建议，为防洪决策提供技术支撑。下篇是生态调度实践，详细介绍了国内外生态调度的实践情况，并对沂沭河生态流量调度方案、2002—2003 年南四湖生态调度、2014 年南四湖生态调度进行了分析总结。

（3）鄢军军等[89] 根据五岳抽水蓄能电站的特点，以满足流域防洪要求和工程安全为目标，通过不同条件下对电站下水库调洪原则及成果的分析探讨，研究提出下水库（五岳水库）洪水调度规则。

（4）朱迪等[90] 在逐步优化算法（POA）基础上，引入莱维飞行更新策略、模式搜索法以及并行技术，提出了三层并行 POA 算法（TPPOA），并应用于赣江中下游复杂防洪系统的防洪优化调度中。

（5）周建中等[91] 提出一种基于防洪库容风险频率曲线的梯级水库群防洪风险共担理论及水库风险-调度-决策理论体系。

（6）岳华等[92] 选取最高水位最低化准则作为超标洪水协同应急调度模型的目标函数，采用逐步优化算法求解梯级水库群超标洪水协同应急调度模型。

（7）詹新焕等[93] 构建在实际生产中广泛应用的新安江模型，采用确定性系数和绝对误差评价模型误差，并通过合格率评定径流深预报和峰现时间预报的精度等级。

（8）康玲等[94] 提出了长江上游水库群联合防洪调度系统非线性安全度策略，构建水库群防洪库容优化分配模型，深入探讨水库群系统非线性安全度策略的防洪效果。

（9）李映辉等[95] 将相似洪水动态展延相关理论与水库防洪优化调度模型相结合，提出了基于相似洪水动态展延的防洪调度决策方法。

（10）梁艺缤等[96] 以汉江上游石泉-安康梯级水库防洪调度系统为研究对象，以 20 年一遇流域区间型洪水为例，建立了考虑河道流量演进的梯级水库防洪调度优化模型，分析了梯级水库间的防洪库容协调关系。

5.3.5 洪水风险分析

洪水风险分析与洪水风险管理是近年来研究的热点，出版的著作与往年相比数量增多，同时涉及洪水风险分析和洪水风险管理的文献较多，而洪水风险评估是其中的重点。以下列举有代表性文献以供参考。

（1）程晓陶等著的《洪水风险情景分析方法与实践——以太湖流域为例》[97] 一书以太湖流域为研究对象，系统地介绍了流域洪水动因响应分析、区域高分辨台风模式、气候变化、城镇化与经济社会发展等人类活动对流域水文过程的影响、平原河网区大尺度水力学模型、堤防工程可靠性分析、经济社会发展预测与水灾损失评估、洪水风险情景分析集成平台、太湖流域防灾减灾能力评估和风险演变趋势分析等内容。

（2）刘卫林等著的《中小河流溃堤洪水风险分析与预警》[98] 一书针对水文资料缺乏的中小河流，从洪水的危险性和承灾体的易损性两方面探讨了洪水风险综合评价方法，评价了研究区域的洪水风险，并对洪水风险分布进行了区划，通过中小流域水文计算和水动力模型研究了洪水预警指标，提出了临界水位预警指标的确定方法。

（3）罗秋实等著的《黄河下游滩区洪水淹没风险实时动态仿真技术》[99] 一书主要内容包括：黄河下游概况、黄河下游设计洪水、河道冲淤与中水河槽过流能力、滩区生产提与决口条件、黄河下游二维水沙演进模型、黄河下游滩区洪水淹没风险、GIS 在洪水风险分析中的应用、洪水淹没风险动态演示系统等。

（4）张金良等著的《黄河下游堤防决口与防洪保护区洪水淹没风险研究》[100] 一书构建了大范围淹没区复杂流动自适应复合模拟模型，解决了大范围淹没区复杂流动自适应模拟难题，提出了优化利用水库库容削减堤防决口流量的调度技术，探明了多沙河流悬河堤防冲蚀、口门展宽和河道分流分沙过程以及淹没区内多源洪水与复杂构筑物互馈效应和洪水淹没风险形成机制，开发了洪水淹没风险实时仿真和动态演示系统。

（5）王铁锋等主编的《防洪保护区洪水风险图编制及洪水风险区划关键技术》[101] 一书主要内容包括：洪水风险图编制及洪水风险区划国内外研究进展情况，洪水风险图的分类与编制方法、防洪保护区洪水风险图编制的重点、难点及处理方法和防洪保护区洪水风险图编制实例及其推广应用，洪水风险区划主要内容、防洪保护区洪水风险区划难点解析和防洪保护区洪水风险区划图编制实例及其推广应用等。

（6）赵恩来等主编的《河南省山洪灾害分析与评价》[102] 一书分析了山洪灾害防治区暴雨特性、小流域特征和社会经济情况，研究了历史山洪灾害情况，分析了小流域洪水规律，综合研究评价了防治区沿河村落、集镇和城镇的防洪现状，划分了山洪灾害危险区，绘制危险区图，确定了预警指标和阈值。

（7）刘娟等著的《西北高原地区中小河流洪水风险研究》[103] 一书，选择具有西北内陆地区河流代表性的格尔木河和巴音河进行研究，构建了水动力学洪水分析模型，研究了连续密集拦河建筑物概化及其对城市防洪的影响，探讨了西北高原地区洪灾损失率，并提出了针对性的防洪减灾策略。

（8）李超超等[104-105] 探讨了洪涝灾害风险演变驱动机制，构建了具有物理意义的三参数洪涝灾害损失-重现期（D-R）风险函数，以现状与未来情景下太湖流域的洪涝灾害评估结果作为洪涝损失-重现期曲线构建样本，选取 3 组函数构建了太湖流域洪涝灾害风险函数，选择最优 S 型函数作为预测模型，并且根据函数转折点对洪灾风险进行了分级。

（9）王艳艳等[106] 在对洪灾损失评估方法进行研究的基础上，建立地物空间叠加分析和洪灾损失评估模型，在 GIS 平台上集成土地利用、社会经济和洪水淹没数据，开发完成独立的洪灾损失评估系统。

（10）顿晓晗等[107] 提出一种基于长系列历史实测径流资料的防洪库容频率曲线推算方法，以此为基础建立了水库实时防洪调度风险分析模型。

（11）徐宗学等[108] 阐述了气候变化和城市化发展对城市洪涝灾害的影响机制，系统分析了城市洪涝灾害的驱动要素和致灾机理，梳理了城市洪涝灾害的风险评估和分区方法，并以济南市海绵城市示范区为例，对城市洪涝灾害风险分区方法进行了分析和对比。

（12）张超等[109] 构建了基于 Archimedean Copula 函数的洪水发生时间和量级（包括洪峰和过程）的联合分布函数，解析了长江上游与洞庭湖洪水的遭遇风险。

（13）潘汀超等[110] 提出改进组合赋权-模糊聚类算法，开展洪水灾害风险评价研究。

（14）王复生等[111] 针对南水北调东线山东段区域的防汛需求，主要从洪水灾害的危险性、敏感性和易损性 3 方面建立洪水灾害风险区划模型。

（15）姚斯洋等[112] 考虑到洪水汇流淹没过程中干、支流实际降水情况的差异，构建基于干、支流不同频率组合方案下洪水淹没情景的 MikeFlood 耦合水动力模型。

（16）陈伏龙等[113] 分析了肯斯瓦特水库年最大洪峰流量序列非一致性，将过去、现在两种条件下年最大洪峰流量序列作为水库入库融雪洪水过程，根据水库防洪调度规则进行调洪演算，并通过频率分析法对两种条件下水库极限防洪风险率进行分析计算。

（17）李德龙等[114] 利用 MIKE21FM 非结构化网格模型对下游行洪区进行洪水风险分析。

（18）刘高峰等[115] 针对目前城市洪涝灾害治理现状，提出基于流域系统视角的城市洪水风险综合管理框架，从流域水系、区域城市群和单个城市 3 个层面统筹规划城市海绵体的建设和弹性需求。

（19）王陇等[116] 以陕北榆林市 24 个小流域为研究对象，通过设计洪水及设计洪水位分析、防洪能力确定、暴雨预警响应级别判定和临界雨量计算，定量评价每个小流域的山洪灾害风险程度。

（20）刘媛媛等[117] 采用层次分析法和 AHP_熵权法对孟印缅地区的洪水灾害风险分布进行了比较研究。

（21）吴秀兰等[118] 利用 FloodArea 模型动态模拟暴雨洪灾的淹没情况，并结合研究区承灾因子（人口分布、GDP、土地利用类型），完成该流域的暴雨洪灾风险区划。

（22）王光朋等[119] 根据所选取的 14 个评价指标，以格网尺度（1km×1km）为评价单元，采用基于组合权重的模糊综合评价法对京津冀都市圈的洪涝灾害进行了风险等级评价。

（23）陈军飞等[120] 提出从大数据智慧城市、自然水生态可持续发展和雨洪灾害风险分散机制等方面进一步开展城市雨洪的风险管理工作。

（24）徐玉霞等[121] 构建了宝鸡市农业洪水灾害脆弱性评价指标体系，运用均方差赋权法确定权重，利用 ArcGIS 10.2 技术以县域尺度视角对研究区农业洪水灾害脆弱性进行了综合评价与区划。

（25）魏炳乾等[122] 根据当地暴雨资料分别推求设计洪水，并计算了不同频率的设计洪水位，确定了沿河村落的防洪能力，最后根据成灾流量反推法计算了不同土壤含水量下的临界雨量值。

5.3.6 洪水资源利用

近两年有关洪水资源利用的文献较少，多以应用实例分析为主，新的研究思路和研究成果较少。以下仅列举有代表性文献以供参考。

（1）刘德东等[123] 以泗河流域为研究对象，统筹水库、闸、坝、河渠、地下水回灌区等点线面水利要素，集成水库、闸坝调控技术，构建流域雨洪调控模型，对 15 年流域雨洪调控利用情况进行情景模拟研究。

（2）彭涛等[124] 提出了基于"控制对象允许蓄量"的梯级水库洪水资源利用方式，以协调多水库和多防洪保护对象的相互影响，并以 1963 年实际洪水过程为例进行模拟调度，从防洪、兴利的角度综合分析了洪水资源利用效益。

（3）徐驰等[125] 建议在未来的城市建设中进一步加强雨洪资源利用的研究，兼顾水网的防洪效益和水资源利用效益。

（4）闫成山等[126] 采用极限分析理论，建立了岸堤水库流域洪水资源利用潜力评估方法，评价了岸堤水库流域洪水资源利用的现状和潜力。

（5）刘德东等[127] 以聊城市为例，对雨洪丰枯遭遇情况、雨洪资源量、雨洪资源利用潜力进行了分析评估，提出了雨洪资源利用总体思路和主要任务。

5.3.7 防洪减灾

近两年关于防洪减灾和预警预报的专著较多，多为实例介绍。涉及的文献较多，多侧重于防洪减灾管理的政策和措施等，缺乏较为系统性的成果和理论创新，高层次期刊的文章较少。以下仅列举具有代表性的文献供参考。

（1）钟凌著的《山洪预警关键技术研究》[128] 一书整理分析了山洪危险性理论、基于临界降雨的山洪预警方法以及基于水文气象耦合的山洪预报方法，研究了中小流域山洪预报预警相关方法。

（2）姜加虎著的《洪泽湖与淮河洪涝灾害的关系及治淮》[129] 一书介绍了洪泽湖的形成与治淮关系，基于古今资料和实地调研、考察的成果，提出了对淮河流域洪涝灾害形成机理和治淮方略的认识和看法。

（3）蒋小欣著的《城市防洪与水环境治理——以平原水网城市苏州为例》[130] 一书介绍了苏州市城市防洪和改善水环境的具体方案，分析了方案的优点和不足，以京杭大运河堤防建设为例，介绍了防洪堤防和城市景观、休闲健身、海绵城市建设、世界遗产保护等功能相结合的具体做法。

（4）杨军生等主编的《太原市山洪灾害评价与防控研究》[131] 一书介绍了太原市山洪灾害的现状和防治的目的与意义，对太原市各县（市）山洪灾害进行了分析评价，提出了利用非工程措施进行山洪灾害防控的建议与方法。

（5）李爱民等主编的《山西省山洪灾害调查评价》[132] 一书以小流域为单位，开展了山洪灾害基本情况、小流域基本特征、水文、社会经济等情况的调查，分析了小流域洪水规律，评价了山洪灾害重点防治区内沿河村落、集镇、城镇的防洪能力现状，划分了不同等级危险区，科学确定了预警指标和阈值。

（6）王金亭等主编的《城市防洪（第 2 版）》[133] 一书主要内容包括：城市防洪工程措施、城市防洪规划、城市防洪组织与管理、城市河道整治、防洪抢险技术、城市雨洪利用与模拟等。

（7）黄艳等[134] 研发了适应不同分漫溃情景的超标准洪水风险快速建模与预判技术、风险人群精准识别预警与实时监控技术和避险转移路径动态优化技术，在此基础上，研发了基于空天地水多源信息、实时信息驱动的防洪应急避险决策支持平台。

（8）钟平安等[135] 从多视角系统梳理了新时期治淮主要矛盾，从 4 个方面介绍了淮河干流河道与洪泽湖演变及治理需进一步开展研究的内容和技术方法以及初步研究成果。

（9）王艳艳等[136] 建立集成了与太湖流域防洪效益评估相关的系列模型和方法，模拟了太湖流域遇特大洪水的灾害损失，开展了不同防洪工程应对流域性特大洪水减灾效益的预测分析。

（10）周建银等[137] 对土石坝漫顶溃决过程现象、机理及其模拟的研究进展进行了综述，讨论了物理模型试验的尺度设计，总结了不同条件下溃坝试验的研究成果，分类总结了漫顶溃坝数学模型研究进展，并对该研究领域今后的研究工作提出了若干展望。

（11）徐照明等[138] 在长江中下游河道冲淤及其蓄泄能力变化预测成果的基础上，对比计算了现状和未来河道蓄泄能力条件下，遇 1954 年洪水，长江上游水库防洪调度和中下游地区超额洪量的变化情况。

（12）原文林等[139] 依据概率分布传递扩散原理，以雨型特征参数为控制条件，提出了基于参数控制的随机雨型生成法，建立了基于随机雨型的山洪灾害临界雨量计算模型及考虑决策者风险偏好的预警模式。

（13）朱迪等[140] 以防洪控制断面洪峰削减率最大为目标，建立了赣江中下游防洪系统联合防洪调度模型。

（14）艾学山等[141] 建立了水库防洪调度的常规调度模型和多目标优化调度模型，开发了两种模型的人机交互式计算工具，并通过优化调度模型的非劣解集分析水库防洪风险，在灵活的人机交互计算基础上给决策者提供方便快捷的辅助决策。

（15）甘富万等[142] 运用 Copula 函数构建干流浔江年最大洪峰与支流郁江年最大洪峰、浔江年最大洪峰与相应时段郁江流量、郁江年最大洪峰与相应时段浔江流量 3 种洪水组合样本的联合分布，对比这 3 种洪水组合样本对防洪设计的影响。

（16）黄启有等[143] 从不同级别行政机构对洪水风险图的管理应用角度，基于平台的可扩展性、可移植性、分权限的原则，设计了省市县级洪水风险图成果管理与应用通用平台架构。

（17）徐美等[144] 在利用精细化洪涝模型构建暴雨-内涝情景库的基础上，提出了利用情景匹配模式针对预报降雨发布城市内涝预警的方法。

（18）孙静等[145] 采用 NAM 建立小流域半分布式水文模型，对模型进行率定，建立洪水水面线-沿线居民户高程判定模型，定位防洪能力最薄弱的居民户，确定成灾水位，以水位流量反推法推算防灾对象的成灾流量，采用模型试算法计算临界雨量。

（19）甘富万等[146] 利用 Copula-蒙特卡罗模拟方法对修建在支流入汇口处的水利工程的防洪设计水位进行计算，并以珠江流域西江支流郁江的广西桂平航运枢纽水闸为例展开研究。

（20）汪权方等[147] 开展大范围洪涝淹没区的遥感识别及信息提取，并利用能够同时兼顾遥感错分和漏分信息的复合分类精度系数进行识别精度评价。

5.4 干旱研究进展

干旱灾害是我国最主要的自然灾害之一。由于干旱是一种较为复杂的自然现象，影响因素众多，众多学者针对干旱的成因、特征、评估，以及预警预报等方面进行探讨，每年涌现出大量的研究成果和应用实例。干旱一般可分为农业干旱、气象干旱、水文干旱和社会经济干旱，其中农业干旱成灾机理最为复杂、影响最大，农业干旱研究的相关文献也相对较多。

5.4.1 干旱的概念及内涵

最近两年涉及干旱的概念和内涵的文章基本没有，一方面是由于干旱的概念和内涵相对比较稳定，另一方面是这方面要有新的突破和创新也比较困难。

陈昌春等[148] 介绍了骤发干旱定义的认识及深化过程，由最初定义的热浪型骤发干旱扩展为热浪型骤发干旱与降水短缺型骤发干旱两种。

5.4.2 干旱成因分析

关于干旱成因分析的文章较少，现有相关研究多以概念性成因分析、理论框架探讨、区域某一特定干旱事件成因分析等内容为主。以下仅列举有代表性的文献以供参考。

（1）孙鹏等在《淮河流域干旱形成机制与风险评估》[149] 一书在淮河流域干旱的时空演变特征及风险评估多年系统研究的基础上进行总结与提炼，揭示了气候变化和人类活动影响下淮河流域气象、水文和农业干旱过程的时空演变规律，识别了影响其干旱变化的主要因素，开展了旱灾风险评估研究。

（2）陈征等[150] 以 WaterGAP 用水量模型的灌溉耗水量与取水量数据、scPDSI 数据为基础，探讨了黄淮海平原灌溉用水量变化特征及其与气象干旱的关系。

（3）齐述华等[151] 利用 Landsat 卫星系列遥感影像，结合长时间序列水文资料，分析鄱阳湖水文特征变化，探讨了鄱阳湖水文特征变化与采砂之间的关系。

（4）吕星玥等[152] 基于长江中下游 70 个气象站点逐月降水和 CRU 逐月降水格点数据、NOAA 逐月海温数据以及 NCEP/NCAR 逐月再分析数据，分析长江中下游地区2010/2011 年秋冬春连旱的时空特征，进一步探讨此次连旱的可能成因。

（5）谢清霞等[153] 运用综合气象干旱指数（CI）统计出西南地区累计干旱日数和频次，并分析两者近 56 年来的时空变化特征，再挑选其高、低值年进行大气环流形势讨论，最后制作差值图（均为高值年减低值年）与相关场构造的图进行比较。

（6）周丹等[154] 选用标准化降水蒸散指数，分析了华北地区不同时间尺度干旱事件发生的时空变化特征，并从大气环流和全球变化两个方面分析了气象干旱的主要成因。

（7）卢晓宁等[155] 应用二维离散小波变换的方法，分析伏旱多年平均状况及其演变趋势的多尺度特征，并对导致旱情发生发展的驱动因子进行多尺度的分解分析。

（8）闫昕旸等[156] 从干旱区划分、干旱区气候成因及其变化等几个方面归纳和总结了近几十年来国内外部分研究进展。

（9）温云亮等[157] 利用 Copula 熵理论对河南省 1951—2014 年逐月气象数据进行分析，解决干旱驱动因素多样等问题。

5.4.3　干旱特征分析

关于干旱特征分析的文献较多，主要内容聚焦于干旱时空分布规律、干旱演变过程、区域干旱状况对比和评价等，分析工具多以概率分析、数理统计方法为主。以下仅列举有代表性的文献以供参考。

（1）栾清华等在《多水源调配体系下区域农业干旱的定量评估》[158] 一书中以邯郸东部平原为研究区域，优化了红线控制下区域多水源工程的调配布局，提出了基于土壤水库解析的农业干旱定量化方法，定量评估了历史干旱情景再现下的农业干旱，预估了干旱应急水源——地下水的蓄量变化，并给出了区域干旱应对策略。

（2）基于 SPEI 指数对地区干旱时空特征进行分析的文献较多，比如，邢广君等[159] 利用 M - K 趋势检验及 R/S 法和连续小波变换和交叉小波变换分析了贵州省近 59 年干旱变化趋势；任贤月等[160] 探讨 1960—2016 年气象干旱时空变化特征与分析不同蒸散方法下干旱指数的差异性。陈子燊等[161] 应用旋转经验正交函数分解、趋势和突变检验、小波谱与小波全域相干谱分析等方法，分析珠江流域该时期干旱空间分布与时间变化特征；温庆志等[162] 构建非平稳性标准化降水蒸散指数（NSPEI）并进行适用性评价；王春林等[163] 分析了河西走廊的 15 个气象站点的干旱频率、干旱站次比和干旱强度的演化趋势；

陈燕丽等[164] 分析广西喀斯特地区干旱时空演变规律；金红梅等[165] 探讨 1962—2017 年中国西北地区干旱的时空分布特征及其非线性特征；邹磊等[166] 采用 Mann - Kendall (M - K) 趋势检验、经验正交函数以及小波变换等方法分析渭河流域干旱时空变化特征；张璐等[167] 借助 Mann - Kendall、Mann Whitney Pettitt 突变检验等方法深入剖析锡林河地区多年干旱演变趋势及未来干旱预测；张璐等[168] 对天山山区 55 年以来气温和降水的变化特征、不同时间尺度的干旱变化特征、草地生长季干旱特征及变化趋势进行了分析；杨星星等[169] 分析对比了干旱强度及历时两个维度的多种特征，采用灾害风险系统理论评估了广西农业旱灾风险；王学凤等[170] 对辽宁省近 54 年旱涝时空演变特征进行分析。

（3）基于 SPI 干旱指数对地区干旱时空特征进行分析的文献较多，比如，周帅等[171] 分析了黄河流域干旱时空演变规律；李明等[172] 探讨 55 年来长江中下游地区干旱事件在不同时间尺度下的空间特征；杨国庆等[173] 采用标准化降水指数（SPI）分析沧州干旱时空特征；张瑞涵等[174] 以黄河流域为例，基于 RCP8.5 情景下的降水数据得到流域 2011—2055 年的系列 SPI 值，研究气候变化条件下流域的旱涝特征；李大鹏等[175] 分析了西江流域地区干旱站次比、干旱频率、干旱趋势和驱动力；苟非洲等[176] 使用 Mann - Kendall 秩次检验法和重标极差分析法分析 SPI 序列的趋势性和持续性，识别干旱历时和烈度，计算"且"和"或"的联合重现期表征干旱风险，并分析其空间分布特征；马有绚等[177] 探讨青海省不同功能区春季干旱频率、干旱站次比的时空演变特征，并着重分析影响青海省不同功能区春季旱涝分布的环流异常特征；于家瑞等[178] 分析黑龙江省干旱的时空演变特征；韩会明等[179] 利用反距离权重法对干旱频率进行空间插值，分析了年、四季干旱的空间分布特征，并通过加权 Markov 模型对降水量状态进行了预测。

（4）基于 Copula 函数对干旱时空特征进行分析的文献较多，比如，徐翔宇等[180] 通过给定阈值识别干旱斑块和判断两相邻时间干旱的连续性，提出了时空连续的干旱事件三维识别方法，和基于 Copula 函数的干旱历时-面积-烈度三变量频率分析方法；周念清等[181] 以阈值为变量设定 3 种游程截取水平识别干旱，然后利用经拟合优选的 Copula 函数构建干旱历时与干旱烈度的联合分布，并进行概率分析和重现期计算；韩会明等[182] 对干旱历时进行边缘分布拟合前预处理，利用 Copula 函数计算"或"和"且"两种情境下不同等级干旱的重现期，分析干旱历时与烈度的时空特征；冯瑞瑞等[183] 应用 Copula 函数构建干旱特征变量间的多维联合概率分布，进而对宜昌站的干旱特征进行分析；代稳等[184] 构建出水文干旱特征联合分布 Copula 函数，对水系连通变异下荆南三口河系水文干旱特征进行深入研究；王怡璇等[185] 应用经验 Copula 函数建立了联合降水亏缺指数，并依据联合降水亏缺指数分析了 1959—2011 年间流域干旱时空变化特征；侯陈瑶等[186] 从站点尺度和区域尺度对辽宁省干旱特征的联合分布和重现期进行了分析。

（5）方国华等[187] 在时空维度下构建干旱事件发展时空特征变量并进行特征分析，对干旱发展过程和演变特征开展研究。

（6）果华雯等[188] 利用研究区内 1960—2015 年 32 个气象站逐月降水量和月平均气温等资料，计算每个站点的逐月综合气象干旱指数 CI，并利用累积距平法等分析中国南北过渡带干旱变化情况。

（7）罗纲等[189] 基于淮河蚌埠闸以上地区 60 个站点 1961—2015 年气象数据，计算作物水分亏缺指数与相对湿润度指数，并通过游程理论识别 30 场主要干旱事件的历时、烈度及重现期频率，展开农业干旱与气象干旱关联性研究。

（8）李明等[190] 利用空间系统聚类方法对中国东北进行气候分区，通过标准化降水指数探讨了中国东北各亚区气象干旱的时间演变规律，并结合小波功率谱和小波全谱分析了各亚区干旱的周期变化特征。

（9）严小林等[191] 采用小波分析、功率谱分析以及经验正交分解方法对海河流域旱涝时空演变规律进行了分析研究。

（10）周平等[192] 利用 GH Copula 函数构建特征值的联合分布，计算干旱事件特征值的各种重现期，辨析各种重现期的内涵及其对实际旱情的反映。

（11）王志霞等[193] 基于区域水文干旱指数、标准化径流指数、径流距平指数和径流 Z 指数，评估了 1960—2014 年天山西部山区喀什河流域的干旱特征。

（12）孙艺杰等[194] 分析了黄土高原多尺度干旱时空变化特征，并探讨了遥相关指数对黄土高原干旱变化的影响。

（13）李明等[195] 使用干旱频率和 Sen 斜率分析了黄土高原地区干旱的分布特征与变化趋势，并探讨了气象干旱与农业干旱的相关性。

（14）李明等[196] 计算了中国东部季风区不同时间尺度的标准化降水指数，并结合游程理论识别气象干旱事件。

（15）李玲萍等[197] 采用标准化流量指数（SDI）、游程理论来获得干旱事件的特征指标，分析了石羊河流域水文干旱演变特征。

（16）程文举等[198] 计算西土沟流域 8 个观测站点的潜在蒸散发，利用双作物系数法计算出各个观测站点的作物系数，由此计算出实际蒸散发，并计算了该流域的 SPEI（标准化降水蒸散发指数）。

（17）吴英杰等[199] 采用降水量距平百分率（Pa），从干旱频率和干旱变化趋势率分析了研究区近 45 年来干旱时空分布特征。

（18）罗志文等[200] 利用青岛市气象和天然径流资料，借助极端降水指数、气象和水文干旱指数，采用回归分析、相关分析和 ARCGIS 空间分析等方法对该市气象和水文干旱的变化特征进行分析。

（19）张璐等[201] 通过计算气象水文干旱指数，并采用交叉小波分析、累积距平、游程理论等方法探究锡林河流域水文干旱演变特征及主导因素。

（20）朱圣男等[202] 根据计算出的 SPI 指数，利用 M－K 趋势检验、相关性分析等方法分析了 1960—2005 年抚河流域月、四季、年干旱及空间变化特征，并研究了 ENSO 事件与该区域的关系。

（21）孔令颖等[203] 基于传统的潜在蒸散与降水量之比构成的干湿指数，由 FAO56－PM 潜在蒸散量对干旱指标进行重新界定，从长时序上分析了陕西省气象干旱的时空变化特征。

（22）杜波波等[204] 采用 MODIS 产品数据计算温度植被干旱指数 TVDI，反演 2002—2016 年锡林郭勒草原植被生长期土壤干湿状况，对干旱的时空分布特征进行了研究。

（23）郑越馨等[205] 探究了三江平原近 50 年气象干旱和水文干旱时空演变特征，并对气象干旱与水文干旱进行了对比分析。

（24）王慧敏等[206] 利用 1981—2016 年的降水量与气温的逐月数据，绘制最值曲线并对其相关性进行了分析，利用数据计算得到综合气象干旱指数（CI）且用其对锡林河流域干旱状况进行了分析。

（25）冯凯等[207] 基于三维干旱识别方法提取 2 类干旱的 6 个干旱特征，提出时空尺度干旱事件匹配准则，确定存在时空联系的气象-农业干旱事件，探讨气象、农业干旱时空响应特征并建立干旱特征响应模型。

（26）刘立文等[208] 选择山西省为研究区，通过 TVDI 模型获取农业旱情状况，并通过趋势分析、稳定性分析、H 指数等方法研究山西省农业干旱时空变化特征。

（27）张向明等[209] 分别采用基于 SRI 的水文干旱等级划分标准和基于标准化降水指数（SPI）的干旱等级划分标准，识别水文干旱历时、烈度、烈度峰值 3 个干旱特征变量，利用 Copula 函数进行水文干旱多变量联合分布研究，计算了不同干旱事件的重现期。

（28）王璐等[210] 采用 Copula 函数和综合干旱指数（MSDI）分析了干旱多属性概率特征及其动态变化，运用交叉小波变换，探究了太阳黑子、大气环流异常因子（AO、ENSO）和植被覆盖指数（NDVI）对黄河干旱的影响。

（29）周丽等[211] 采用综合气象干旱指数（CI）与 Intensity Analysis 等方法，从干旱事件频次、干旱等级变化强度和干旱等级转换 3 个方面，分析了近 30 年四川冬春季干旱事件的变化特征。

5.4.4 干旱表征指标

干旱表征指标研究方面文献较少，也是干旱研究的主要研究内容之一，研究内容集中于干旱评价指标的改进、干旱指标的适应性评价、干旱指标评估结果的对比分析等，为科学评估区域干旱提供了较好的思路和借鉴。以下仅列举有代表性的文献以供参考。

（1）周平等[212] 基于 GH Copula 推导了双变量联合重现期与边缘分布变量重现期的关系以及双变量事件发生次数与其重现期、变量相关程度间的定量关系。

（2）王玲玲等[213] 选取降水距平百分率、湿润度指数、土壤含水量、标准化降水指数 4 种干旱评价指标，采用改进的 TOPSIS 评价模型，对自贡地区 2017 年旱情进行综合指标评价。

（3）王素萍等[214] 对目前应用最为广泛的 5 种干旱指数在该区域的适用性进行了评估，并对各指数监测结果差异原因进行了初步探讨。

（4）葛鲁亮等[215] 建立了基于多源遥感数据与有序加权平均（OWA）相结合的干旱监测模型，用 OWA 方法计算综合遥感干旱评价指数 OWA-IDI 对山东省 1982—2014 年的干旱过程进行分析。

（5）冯冬蕾等[216] 计算改进后的综合气象干旱指数（MCI）、相对湿润度指数（MI）、标准化降水指数（SPI）以及标准化权重降水指数（SPIW），并对比分析其在东北地区的适用性。

（6）金建新等[217] 对西藏 32 年的 UNEP 干旱指数、降水、降水集中指数 PCI 进行了时空变化规律研究。

（7）陈家宁等[218] 对综合气象干旱指数（Comprehensive Meteorological Drought Index，CI）进行了改进，使其更适用于干旱的长期监测。

（8）李晓英等[219] 探究标准化陆地水储量指数（SWSI）、标准化降水指数（SPI）与条件植被指数（VCI）对流域干旱的指示性。

（9）郭盛明等[220] 利用熵权法联合气象干旱指数（标准化降水蒸散指数）和农业干旱指数（标准化土壤湿度指数），构建气象农业综合干旱指数。

5.4.5　干旱监测

干旱监测是干旱评价、干旱预测、抗旱减灾等工作的基础，随着监测手段的丰富和监测能力的提升，干旱监测的成果也越来越丰富，相关研究的文章也不断涌现，主要涉及遥感监测、干旱监测模型应用性分析、监测方法的改进等方面。以下仅列举有代表性的文献以供参考。

（1）郝增超等[221] 以干旱监测和预报技术为重点，综述了近年来的研究进展与发展方向。

（2）余灏哲等[222] 综合考虑干旱发生过程中大气降水—植被生长—土壤水分盈亏等致旱因子，基于多元回归模型构建综合干旱指数，以实现对京津冀地区干旱时空监测评价。

（3）吴泽棉等[223] 从提高土壤水分数据空间分辨率、加强农业干旱机制研究与完善农业干旱监测体系三方面提出基于土壤水分的农业干旱监测所面临的挑战与机遇。

（4）曾林等[224] 采用温度植被干旱指数（TVDI）进行藏西北地区的干旱监测研究，并将监测结果分别与基于 EOS/MODIS 数据监测的结果、同期的野外实测土壤水分数据以及气象站点的降水量数据进行了对比分析。

（5）刘高鸣等[225] 以河南省的冬小麦为研究对象，计算了标准化降水蒸散指数 SPEI、植被状态指数 VCI、温度状态指数 TCI、温度植被状态指数 TVDI，同时结合河南省农业气象灾害旬报对冬小麦受灾的记录，构建了基于决策树的定性农业干旱监测模型。

（6）马艳敏等[226] 基于 NOAA、EOS/MODIS、HJ-1A 多源卫星数据，利用植被供水指数、水体指数，对吉林省 2015 年伏旱、2017 年 7 月暴雨洪涝灾害进行遥感监测和精细化定量评估分析。

（7）王思琪等[227] 利用多源遥感数据和稻谷产量资料，采用降水条件指数（PCI）、植被状态指数（VCI）、土壤湿度条件指数（SMCI）、温度条件指数（TCI）以及优化植被干旱指数（OVDI）5 种干旱指数，对 2012、2013 年长江中下游 5 省的干旱状况进行监测。

（8）李亚男等[228] 利用 FY-4 AGRI 数据对 2018 年秋季河北省的干旱状况进行监测，并对比同期的 Himawari-8 AHI 数据，验证其监测精度，对比了两种传感器在干旱监测中的表现。

（9）冯锐等[229] 对近年来国内外利用多光谱卫星数据和近地面高光谱数据进行干旱监测研究进展及其适用性进行了归纳总结。

（10）王乃哲等[230] 采用 RDI 指数分析了 5 个地区季尺度以及年尺度的干旱特征，并指出了未来新疆地区干旱评估的发展方向。

（11）陈丙寅等[231] 构建了改进型的温度植被干旱指数（mTVDI）用于新疆干旱区旱情监测。

（12）熊俊楠等[232]以西藏主要耕作区为研究区，2001—2015 年 MODIS、TRMM 和 SRTM-DEM 数据为数据源，采用空间主成分分析方法构建区域干旱综合监测模型。

（13）胡鹏飞等[233]构建了综合遥感干旱监测模型规模干旱条件指数，对黄土高原地区农用地生长季（4—10 月）旱情的时空分布特征进行研究。

（14）刘一哲等[234]利用 MODIS 产品数据计算 TVDI，采用模糊数学法建立基于 MODIS TVDI 的干旱等级划分标准，并对监测结果进行精度验证，分析了近年来藏北地区旱情的时空变化特征。

（15）王正东等[235]利用 EVI-LST 构建的 TVDI 模型反演山东省 2014—2016 年的干旱情况，最后利用气象站观测数据对 TVDI 结果进行了相关性分析。

（16）邓梓锋等[236]采用基于 GRACE 重力卫星数据的无量纲的标准化水储量赤字干旱指数对珠江流域 2002—2017 年进行干旱监测，通过将其和常用干旱指数与实际干旱质心轨迹进行对比，评估其在珠江流域的干旱监测效用。

（17）江笑薇等[237]系统地分析了综合干旱监测的概念内涵，梳理了综合干旱监测模型的构建方法，提出了综合干旱监测模型未来应努力发展的方向。

（18）余军林等[238]探索适用于喀斯特地表干旱遥感监测的技术方法，运用大气校正法反演地表温度（Ts）和归一化植被指数（NDVI），构建花江峡谷区 2013 年、2014 年和 2015 年旱季的温度-植被干旱指数（TVDI），并结合地面实测数据对 TVDI 作为旱情指标进行了验证。

5.4.6 干旱风险评估

干旱风险评估是进行干旱灾害管理，减少干旱灾害损失的有效途径，近两年研究成果多涉及农业干旱脆弱性评价、干旱风险评估方法、干旱风险区划等。以下仅列举有代表性的文献以供参考。

（1）代萌等[239]以渭河流域为研究对象，采用 Copula 函数计算了中度、严重干旱下的联合重现期，基于 31 年滑动窗口研究了干旱多属性风险的动态特征，并运用交叉小波变换对干旱动态演变的驱动力进行了探究。

（2）马雅丽等[240]选取晋北地区作物因素、环境因素和人为因素的 11 项指标，通过综合加权建立农业旱灾脆弱性评估模型，并基于 GIS 的 Iso 非监督聚类方法进行分区。

（3）王莺等[241]构建农业干旱脆弱性评价指标体系，并根据方差贡献率建立中国北方地区农业干旱脆弱性评价模型，获得中国北方地区水资源、农业经济、社会和防旱抗旱能力脆弱性评价结果。

（4）张存厚等[242]从旱灾致灾因子危险性、孕灾环境敏感性、承灾体易损性和防灾减灾能力 4 个方面选取影响干旱的 8 个关键性指标，构建旱灾风险评估模型，借助 GIS 空间分析功能，对内蒙古草原旱灾风险进行综合评估。

（5）韩兰英等[243]总结分析国内外干旱灾害风险研究进展的基础上，综合干旱灾害风险因子耦合模拟的理论，建立精细化动态的农作物干旱灾害风险评估模型，构建一套适合农业干旱灾害风险评估的详细理论和技术框架。

（6）王慧敏等[244]计算了标准化降水指数（SPI）与综合气象干旱指数（CI）并用其对研究区干旱状况进行表征，并利用主成分分析法对锡林河流域的干旱情况进行评价。

（7）梁淑琪等[245] 构建了由旱灾危险性子系统、旱灾暴露性子系统、灾损敏感性子系统和抗旱能力子系统组成的干旱灾害风险评估体系和评价指标。

（8）郑金涛等[246] 采用标准化降水指数（SPI），运用游程理论和 Mann‑Kendall 检验法分析了气象干旱时空演变特征，并进一步评估了三峡库区干旱致灾因子危险性。

（9）张璐等[247] 通过计算标准化降水蒸散指数（SPEI），分析了锡林河流域年、季、月尺度上的干旱发生的频率和干旱强度，揭示了锡林河流域多年来的干旱时空演变特征。

（10）罗党等[248] 以面板数据矩阵表征为出发点，结合样本行为矩阵的位移关联度、速度关联度和加速度关联度，构建了基于面板数据的灰色 C 型关联模型。

（11）罗党等[249] 提出了基于面板数据且指标类型具有灰色多源异质性特征的 DT 型关联模型，并将此模型应用到河南省中部 5 个城市干旱灾害危险性分析。

（12）卢晓昱等[250] 计算描述干旱危险性强度的指标——标准化降水蒸散指数（SPEI），基于信息扩散理论得到未来不同干旱等级的超越概率，并着重分析了多模式在不同典型浓度路径（RCPs）下对未来气候变化特征的预估。

（13）刘晓冉等[251] 构建重庆干旱灾害风险评估模型，结合相关气象、生态和社会经济数据，运用 GIS 空间数据分析完成重庆不同季节干旱灾害风险评估及区划。

（14）聂明秋等[252] 采用非参数核密度估计法构建了综合干旱指数（NKMSDI），结合干旱风险因子（脆弱性、暴露度、恢复力）探究了其干旱风险的动态演变特征。

5.4.7　干旱预警预报

准确的干旱预警预报是科学抗旱的前提和基础。近两年与 2017—2018 年相比，相关研究成果有所增加，干旱预报方面以预报方法的改进研究为主，干旱预警方面以实用性研究为主。以下仅列举有代表性的文献以供参考。

（1）韩会明等[253] 针对传统 GM（1，1）模型在数据预处理阶段存在的不足，分析模型误差的产生原因，提出新的数据预处理方法。

（2）张容焱等[254] 构建与国家干旱业务体系相一致的、适合福建的气象干旱监测预警和强度评估体系。

（3）赵美言等[255] 以 4 个时间尺度标准化降水指数（SPI）为表征指标，利用小波神经网络（WNN）、支持向量回归（SVR）、随机森林（RF）三种机器学习算法分别构建了海河北系干旱预测模型，利用 Kendall、K‑S、MAE 三种检验方法判定模型表现及其稳定性。

（4）张建海等[256] 建立了 SPI 序列自回归移动平均模型（ARIMA）、长短时记忆神经网络模型（LSTM）和基于二者优点提出的 ARIMA‑LSTM 组合模型。

（5）顾世祥等[257] 建立多元气象因素对 ET_0 的联合分布模型，并将枯季 1—4 月的多维 Copula 联合分布预测模型的系统性偏差构造成修正函数，代回 ET_0 预报模型以改善预报效果。

（6）李松旌等[258] 基于可公度性理论，采用层次分析法和 MATLAB、SAS 软件进行干旱发生年份预测，并与前人预测结果及蝴蝶结构图预测结果进行对比验证。

（7）李吉程等[259] 定义了有别于旱情和旱灾的旱灾危机的概念与内涵，考虑了人类活动对旱灾形成过程的影响，并基于旱情评估、水文模拟、水资源调控、危机预警等模型构建了面向灌区的旱灾危机预警系统。

5.4.8　干旱综合应对

近两年干旱综合应对方面的相关研究成果相对较少。以下仅列举有代表性的文献以供参考。

（1）王煜等[260]基于干旱演变过程设计了干旱指数，通过天气预报模型、回归分析等进行干旱、需水与径流预报，并设置多年调节水库旱限水位、识别洪水和泥沙分期特征，建立了梯级水库群协同优化调度模型，调配抗旱水源。

（2）唐朝生[261]对针对干旱灾害问题工程地质界开展的大量研究和取得的创新性研究成果，进行综述。

（3）王富强[262]构建了基于 SWAT 的区域农业干旱模拟模型，选取土壤相对湿度作为农业干旱指标进行模型的适用性评价，并系统分析贾鲁河流域的农业干旱特征。

（4）谢育廷[263]对东江流域气象干旱和水文干旱的等级分布进行评估，并分析干旱演变特征及降水、潜在蒸散发、下垫面、水库径流调节作用、社会经济耗水对流域干旱等级的影响，为流域抗旱减灾的水资源管理决策提供科学依据。

5.5　水环境安全研究进展

水资源、洪水和水环境的有机统一构成水安全体系，三者是一个问题的三个方面，相互联系、相互作用，形成了复杂、时变的水安全系统。因此，水环境安全是水安全的重要组成部分，如何对水污染进行预警和防治，具有重要的意义。目前水环境安全研究的参与者众多，研究内容丰富，每年都有大量的研究成果涌现。

5.5.1　水环境安全

由于水环境安全的概念比较宽泛，界定也比较困难，与水环境安全相关的研究内容较多，以水环境安全评价、水环境安全监管等方面为主。以下仅列举有代表性的文献以供参考。

（1）周杰等著《秦岭重要水源涵养区生物多样性变化与水环境安全》[264]一书建立了生物多样性与生态安全评价模型，水资源水环境系统耦合模型，流域管理、生态补偿与社会经济发展评价模型，模拟了秦岭水源涵养区生物多样性与水环境的相互作用、响应机制，并预测了其变化趋势。

（2）秦昌波等[265]提出保障我国水环境安全的战略思路，即按照生态文明和"美丽中国"建设的总体要求，坚持系统治理、两手发力，注重综合管理与协同防控，落实"减总量、反退化、防风险、护生态"的水环境保护任务，形成用水安全、环境安全、生态安全的国家综合水环境安全保障体系。

（3）李中原等[266]通过 DPSIR 模型建立了彰武水库水环境安全评估指标体系，根据熵值法计算了各指标的权重，尝试用云模型对其 2015 年的水环境安全状况予以评估。

（4）张晓楠等[267]统计我国化肥施用量与施用强度的数据，与主要发达国家的情况进行对比分析，建议由市场需求倒逼农业生产者采取环保措施，减少农业面源污染，从而实现粮食安全与水环境安全的协调发展。

（5）王国重等[268] 以故县水库为例，应用 DPSIR 模型建立了水库水环境安全评估的指标体系，通过熵值法确定了各指标的权重，采用云模型对其 2015 年的水环境安全进行了评估。

5.5.2　水污染预警

近两年，关于水污染预警研究的文章非常少，以下仅列举有代表性的文献以供参考。

（1）王嘉瑜等[269] 基于国内外已有研究报道，较系统地梳理了地下水污染风险预警相关研究，归纳总结了预警等级及阈值确定方法的研究现状，并对进一步研究做了展望。

（2）杨天宇[270] 利用 Visual Modflow 和 Hydrus－1D 分别对大凌河集中式饮用水水源地包气带与饱和带过程进行模拟，制定了不同复杂程度的承压层与潜层预警临界值。

5.5.3　水污染防治

近两年，涉及水污染防治的研究内容较少，以下仅列举有代表性的文献以供参考。

（1）龙岩在《跨流域调水工程突发水污染事件应急调控决策体系与应用》[271] 一书提出了调水工程突发水污染事件追踪溯源方法、应急调控决策模型，建立了多类型突发水污染事件应急调控预案库，构建了适用于调水工程的突发水污染事件应急调控决策体系。

（2）宋永会等在《辽河流域水污染治理技术集成与应用示范》[272] 一书中总结了"十一五"水体污染控制与治理科技重大专项实施以来，辽河流域十余年的研究进展和成效，包含共性技术研发、区域综合示范、产业化发展等主要内容。

（3）李春晖等[273] 采用文献调研法综述了以突发水污染风险识别为前提的风险评价与应急对策的研究现状及发展趋势，采取专家意见法提出环境风险受体量化分级依据。并采用类比法对突发水污染风险评价的方式进行归类，依据环境风险特征对应急对策进行研究。

5.6　水安全其他方面研究进展

水灾害事件除了洪水和干旱外，冰凌、泥石流、风暴潮事件也在严重影响着城乡居民生活和工农业生产，除此之外，如何能够保障居民的饮用水安全，也是水资源研究领域的重要难点。

5.6.1　冰凌

由于冰凌的发生具有很强的区域性，因此冰凌灾害的研究群体、研究区域和研究内容都相对集中。近两年冰凌的研究内容多集中在凌情特点、成因及危害等方面。以下仅列举有代表性的文献以供参考。

（1）刘红珍等[274] 分析了宁蒙河段凌情特征变化以及在热力、动力和河道边界条件等方面的成因，研究了黄河上游河道凌情变化规律和流凌封河期、稳定封河期以及开河期等凌汛期关键阶段的河道防凌控制流量指标，开发了应对凌汛的水库群联合防凌补偿调度技术，优化了龙羊峡、刘家峡等水库联合防凌调度运用方案及应急分凌区分凌调度方式。

（2）郜国明等[275] 以几十年来黄河河冰的相关研究成果为基础，探讨了目前黄河冰凌研究需要解决的若干科学和技术问题，初步展望了黄河冰凌研究的趋势。

（3）黄国兵等[276] 以某长距离调水工程为研究对象，基于原型观测资料分析渠道冬季冰情发展规律和存在的冰凌问题。

（4）靳春玲等[277] 针对冰凌灾害风险的动态非线性特征，构建灰色 GMP（1，1，N）-Verhulst 组合预测模型，同时引入信息熵理论的知识，提出基于 Markov 链修正的熵权法灰色组合预测方法。

（5）陈冬伶等[278] 从热力、动力和河道条件三方面对导致 2018—2019 年度凌情特点的原因进行分析。

（6）郭立兵等[279] 阐述凌汛水文过程及其形成机理条件、致灾影响因素，系统总结多元环境因素驱动下，黄河宁蒙段凌汛封开河时序与周期、冰盖厚度、冰期输水泄流能力、槽蓄水增量、防凌减灾控制等方面的时空演变特点。

5.6.2 泥石流

由于泥石流具有一定的突发性，且成因复杂，因此研究内容涉及面很广、研究文献也较多，内容集中于泥石流成因分析、泥石流时空分布特征、泥石流危险性评价、泥石流防治及避险措施等方面。以下仅列举有代表性的文献以供参考。

（1）对泥石流的成因分析的文献较多，比如，张友谊等[280] 提出针对震后泥石流物源起动机制应从模型试验、数值模拟分析等方面进一步研究的建议。甘建军等[281] 对某次泥石流的发育条件和形成机理进行分析，并利用极限平衡法计算了泥石流的稳定性。齐云龙等[282] 详细分析了帕隆藏布中上游九绒沟泥石流暴发前的降雨过程，并对降雨和气温在泥石流起动中的作用机制进行了分析。王之君等[283] 基于突变理论，将液固比 S_r、沟床坡度 α 和细粒含量 C 作为泥石流起动的控制参量，建立了细粒含量与泥石流起动之间的量化关系。郎秋玲等[284] 将偏好比率法与粗糙集理论组合赋权并优化，分析吉林省泥石流孕灾因子权重。陈志等[285] 对某次特大泥石流事件进行分析，得出降水是泥石流发生的根本原因，造成沟域内岩土体现出崩滑物源、坡面物源和沟道物源三者的启动及链生效应。舒安平等[286] 采用自制泥石流模拟变坡水槽，实施了 24 组溃坝泥石流模拟实验，将溃坝泥石流划分为局部型和整体型两类，并分析了这两类溃坝型泥石流的成因。李伟等[287] 以公格尔山地区的冰雪融水型泥石流为研究对象，基于水槽试验，分析不同融水量冲刷冰碛土形成泥石流的起动机理。高波等[288] 采用高分辨率遥感影像，对 4 次泥石流发生前的孕灾背景进行解译，同时结合无人机航空摄影和地面调查对天摩沟泥石流形成机制和成灾特征进行了对比分析。

（2）对泥石流特征进行分析的文献较多，比如，赵聪等[289] 对汶川地震重灾区震后10 年泥石流发育概况以及其发展演变规律进行研究分析。党超等[290] 探讨了溃口深度的计算方法，并分析了冰碛湖溃决泥石流的容重峰值流量与洪峰演进计算方法的适用性与流程。胡至华等[291] 基于无接触的泥石流次声信号的有效波形特征提取识别不同类型的泥石流及预警泥石流规模、危害。熊江等[292] 将物源分为 4 级，基于流域水系理论和方法计算物源面积、密度和连接度，在此基础上探讨泥石流物源演化特征。张勇等[293] 分析了芦藤坑沟泥石流形成的物源、地形和水源条件，并分析了泥石流灾害的特征与形成演化过程。赵怀刚等[294] 以某尾矿库为背景，开展堆（溃）坝模型试验，探索在山地复杂地形条件下尾矿库溃后泥石流的演进规律。徐正宣等[295] 在研究川藏铁路宋家沟泥石流的发育特征及形成条件的基础上，评价其危险性，针对泥石流对铁路工程的影响，给出防治建议。黄海等[296] 探索了泥石流容重在不同时空条件下的动态演化特征及其影响机制。熊江等[297] 以HEC‐HMS 水文模型构建高家沟流域模型，在获得流域清水流量结果基础上采用雨洪修正法计算不同雨型下泥石流流量。扈秀宇等[298] 对区域性泥石流敏感性进行分析，为吉林省洮南市泥石流灾害预测研究提出一种高效快捷的分析模型。戴志清等[299] 以空心寨沟泥石流为例，分析了泥石流的基本特征，确定了相关的动力学参数，揭示了泥石流的形成规律及灾变机制。

（3）对泥石流进行模拟分析的文献较多，比如，周伟等[300] 选择崩滑比和平均雨强作为模型的预测因子，基于 Fisher 判别法建立了台风暴雨泥石流预测模型。陈明等[301] 运用Open LISEM 软件对研究区进行泥石流启动和冲出过程数值模拟。甘建军等[302] 采用现场调查、流槽试验、Voellmy 碎屑流运动理论和快速物质运动仿真平台（RAMMS3D）等方法对泥石流演化过程模拟。张研等[303] 建立基于相关向量机的蒋家沟泥石流平均流速预测模型。

（4）对泥石流的危险性评价进行分析的文献较多，比如，陈丽荣等[304] 提出一种基于突发性泥石流破坏范围采用生态系统服务功能损失量估算方法评估旅游景区生态破坏程度的方法。何树红等[305] 对不同经济损失研究方法进行分类和归纳分析，提出泥石流灾害经济损失研究的启示和展望。谢涛等[306] 探讨了地貌信息熵理论在冰川地貌条件下的应用，并提出了相应的修正系数，并选取天山公路沿线 13 条泥石流沟进行了危险性评价。王高峰等[307] 探索了单沟泥石流风险评估方法，包括泥石流危险区划、易损性分析和风险评价三方面主要内容。徐嘉等[308] 分析了泥石流的发育特征，并在充分考虑了雨强、坡降、物源三者对磨槽沟泥石流的影响基础上，选取泥石流的三要素评估法对危险性做出评价。聂银瓶等[309] 以八一沟为研究区，用 Flow‐R 模型对泥石流可能的危害范围进行模拟计算，并用混淆矩阵对模拟结果进行评估。

（5）对泥石流的防治与避险措施进行分析的文献较多，比如，田述军等[310] 对不同降雨条件和不同防治工程条件下泥石流进行模拟，结合危险度模型，开展泥石流防治工程减灾效益评价。李维炼等[311] 设计并开展了不同可视化方法对泥石流灾害信息认知影响的对比实验，探索了不同可视化方法在泥石流灾害信息传递能力方面的差异性。窦梓雯等[312] 探讨制定旅游景区突发泥石流灾害应急对策。魏学利等[313] 提出基于危险性的公路泥石流工程防治原则，探讨不同防治分类下公路泥石流防治模式。谢涛等[314] 分析了冰川泥石流成因，提出了基于激发条件和堆积体稳定性的冰川降雨型泥石流预警模型。刘兴荣等[315] 对陇南市武都区 16 条沟道的 65 道泥石流拦挡坝破损形式及导致坝体破损的相关条件进行详细调查和统计分析。徐根祺等[316] 采用快速多个主成分并行提取算法选取出 6 个泥石流灾害影响因子，并以泥石流影响因子为输入，泥石流发生概率为输出，构建了泥石流预报模型。陈宁生等[317] 探讨新的防灾模式，通过综合利用泸沽铁矿的弃渣，在生产建筑砂石料的同时回收其中的铁矿粉，并利用弃土回填实现复垦和生态改良。刘铁骥等[318] 现场调查冕宁县冷渍沟泥石流，利用 Massflow 和 ArcGIS 软件，再现了冷渍沟泥石流的运动特征，得到泥石流工程治理前、后的危险性评价图。

5.6.3 风暴潮

风暴潮是一种灾害性的自然现象。由于剧烈的大气扰动,如强风和气压骤变导致海水异常升降,同时和天文潮叠加时的情况,如果这种叠加恰好是强烈的低气压风暴涌浪形成的高涌浪与天文高潮叠加则会形成更强的破坏力。由于风暴潮的复杂性,相关研究文献依然较多,内容集中在风暴潮特征分析、风暴潮预测、风暴潮损失评估、风暴潮淹没模拟方法等方面。以下仅列举有代表性的文献以供参考。

(1) 饶文利等[319] 在分析台风风暴潮情景、情景要素的概念模型基础上,采用框架表示法构建情景,通过动态贝叶斯网络法构建台风风暴潮动态情景网络,并利用先验概率与条件概率计算实现了台风风暴潮的关键情景推演。

(2) 龚政等[320] 通过近年来对江苏沿海有影响的台风暴潮作用前后的滩面高程观测,结合台风浪资料分析,探究了江苏中部沿海潮滩对风暴潮的响应过程。

(3) 何威等[321] 应用二维水动力模型对椒江河口的风暴潮进行模拟。

(4) 张鑫等[322] 从时间维、空间维和逻辑维剖析风暴潮灾害损失及灾害救助关联的协同机理,设计并构建包括内容体系、结构体系、层次体系以及服务体系的风暴潮灾害四维救助保障体系。

(5) 何蕾等[323] 以珠江三角洲为研究区,基于风暴潮历史灾害数据,分析了风暴潮增水与社会经济损失的关联性,提出了定量评价工程性适应风暴潮灾害的经济损益理论关系模型。

(6) 郭腾蛟等[324] 本文以广东省为案例研究区,用验证性因素分析方法对影响灾害经济损失的危险性、脆弱性、抗灾能力 3 类风险要素进行指标甄别遴选,并将研究区按照经济发展条件分为 3 个时段,分别分析不同时段内各个风险要素指标的变化。

(7) 陈磊[325] 以 1999—2018 年影响香港的台风过程所引发的风暴最大增水为研究对象,利用广义极值分布分和二元 Copula 函数,构造两站最大台风增水的联合概率分布,根据其联合重现频率进行潮灾的联合强度概率分析。

(8) 王璐阳[326] 构建了大气-海洋-陆地相耦合的一体化数值模拟系统,实现了上海市"风""暴""潮""洪"多灾种复合情景的极端洪涝淹没模拟,并验证了耦合方法的有效性。

5.6.4 饮水安全

饮水安全是目前水利工作者关注的热点问题之一。近两年,涉及饮水安全的研究文献较少,内容集中农村饮水安全评估、饮水安全保障等方面,创新性的研究内容不多。以下仅列举有代表性的文献以供参考。

(1) 李亚龙等在《西藏农村饮水安全工程建设管理实践与探索》[327] 一书总结了"十五"以来西藏农村人畜饮水解困、农村饮水安全、农村饮水安全巩固提升工程建设与实施效果和运行管理现状,分析了西藏农村饮水安全存在问题及需求,结合典型案例进一步总结了西藏农村饮水安全工程建设管理、运行管理及水源地保护的经验和做法。

(2) 樊良新在《饮水安全工程下的农村居民生活用水管理》[328] 一书研究了供水方式、供水时间对农村家庭生活用水行为的影响,构建了基于计划行为理论的居民节水行为模型，揭示了居民用水感知、节水意识、节水行为、节水动机与障碍之间的内在联系，构建了农村居民家庭生活用水模型，研究了农村家庭生活用水量驱动因子，预测了未来农村家庭人均生活用水量，并对当前农村生活用水管理提出建议。

（3）中国疾病预防控制中心环境与健康相关产品安全所组织编写《饮用水污染物短期暴露健康风险与应急处理技术》[329] 一书遴选了约 50 种重要污染物，依据通用的评价框架和风险评估方法，结合污染物可能导致的健康效应，研究了各污染物在不同暴露时长下的健康风险，提出了饮用水突发污染事件应急期处置和管控以及公众用水指导建议。

（4）袁星[330] 提出了进一步做好黄河流域内农村饮水安全工作的建议，包括实现水资源动态配置、加强饮水安全设施建设和工程管理、强化水源地保护与监测等，从优先保障饮用水水量和水质方面全面维护流域内农村地区的饮水安全。

（5）李学辉[331] 通过对云南山区禄丰县的实地调查，在总结山区饮水工程状况和特点的基础上，提出旱季水源短缺地区"混合供水"和海拔高差较大地区"分级供水"的供水系统设计模式。

（6）尤李俊等[332] 研究了青海省民和县农村饮水安全评价指标体系，以《农村饮水安全评价准则》（T/CHES 18—2018）中的评价指标作为一级指标，结合民和县实际情况，选取、分析了影响民和县农村饮水安全的 14 个二级指标。

5.7　与 2017—2018 年进展对比分析

（1）在水安全表征与评价研究方面，与 2017—2018 年相比水安全表征方面的文献基本没有，水安全评价方面的文献虽多，但研究内容涉及面没有新的拓展，还是集中于评价标准和评价方法等方面，评价方法多采用常用的熵权法、神经网络、层次分析法等，也有部分文献是多种评价方法的综合。

（2）防洪安全和洪水风险管理是水安全的重要组成部分。关于洪水模拟、洪水预报、洪水调度、洪水风险分析、洪水资源化利用和防洪减灾等，每年都有大量相关成果涌现。与 2017—2018 年的研究成果相比，近两年的研究更加聚焦于洪水过程的精确模拟、洪水风险评估与风险管理、水文气象预报和防洪减灾管理等方面，为防洪安全提供了重要支撑。

（3）关于干旱的概念、内涵、成因、特征、评估和预警预报等，每年都涌现出大量的研究成果。与 2017—2018 年的研究成果相比，成果大部分聚焦于干旱的特征分析，干旱预警预报成果稍有所增加，在干旱形成机理方面一直缺乏创新性的研究成果，这两方面仍是未来几年研究的热点和难点问题。

（4）水环境安全是水安全的重要组成部分，越来越受到管理人员、科研工作者和社会公众的关注。与 2017—2018 年相比，水环境安全方面的研究内容比较丰富，但是相对高层次的文章有所减少，主要涉及水环境安全评价、水污染预警等级、水污染风险评价等方面。同时，受国家水资源管理制度变化的影响，以及人民群众对生态环境的关注和重视，引发了大家对水环境安全的认识和思考，也出现了一些新的研究内容和研究成果，但总体来看研究深度有限，理论研究进展不大，高水平研究文献不多，多数是偏于应用。

（5）随着气候变化和人类活动的影响，冰凌、泥石流、风暴潮和饮水安全等水安全研究内容越来越受到大家的关注。由于冰凌、泥石流、风暴潮、饮水安全具有明显的地区性特征，因此相关研究群体、研究区域和研究内容都相对集中；与2017—2018年相比，冰凌、泥石流、风暴潮和饮水安全的研究也仍以应用性、技术性内容为主，理论方法研究偏少，且缺乏系统性。

本章撰写人员及分工

本章撰写人员（按贡献排名）：王富强、赵衡。王富强负责统稿。具体分工及贡献如下：

节　名	作　者	单　位
5.1　概述	王富强	华北水利水电大学
5.2　水安全表征与评价	王富强	华北水利水电大学
5.3　洪水及洪水资源化研究进展	王富强 赵　衡	华北水利水电大学
5.4　干旱研究进展	王富强	华北水利水电大学
5.5　水环境安全研究进展	王富强 赵　衡	华北水利水电大学
5.6　水安全其他方面研究进展	王富强 赵　衡	华北水利水电大学
5.7　与2017—2018年进展对比分析	王富强	华北水利水电大学

参考文献

［1］　左其亭. 中国水科学研究进展报告2011—2012［M］. 北京：中国水利水电出版社，2013.
［2］　左其亭. 中国水科学研究进展报告2013—2014［M］. 北京：中国水利水电出版社，2015.
［3］　左其亭. 中国水科学研究进展报告2015—2016［M］. 北京：中国水利水电出版社，2017.
［4］　左其亭. 中国水科学研究进展报告2017—2018［M］. 北京：中国水利水电出版社，2019.
［5］　王浩，胡春宏，王建华，等. 我国水安全战略和相关重大政策研究［M］. 北京：科学出版社社，2019.
［6］　张修宇，秦天，杨淇翔，等. 黄河下游引黄灌区水安全评价方法及应用［J］. 灌溉排水学报，2020，39（10）：18-24.
［7］　张修宇，秦天，孙菡芳，等. 基于层次分析法的郑州市水安全综合评价［J］. 人民黄河，2020，42（06）：42-45，52.
［8］　孙雅茹，董增川，徐瑶，等. 基于云模型的城市水安全评价［J］. 人民黄河，2019，41（08）：52-56，67.
［9］　田涛，薛惠锋. 城镇化背景下广州市水安全评价研究［J］. 人民黄河，2019，41（01）：51-57.
［10］　沈晓梅，胡凯莉，夏语欣，等. 浙江省水安全状态及其时空变化特征研究［J］. 人民长江，2020，51（03）：25-30.
［11］　李杰，崔东文. 云南省水安全区域类型识别TSA-PP模型及应用［J］. 人民长江，2019，50（02）：58-64，114.

[12]　王磊, 薛惠锋, 赵臣啸. 基于犹豫模糊语言的城市水安全风险评估 [J]. 中国农村水利水电, 2020, (10): 7-11.

[13]　李博, 甘恬静. 基于 ArcGIS 与 GAP 分析的长株潭城市群水安全格局构建 [J]. 水资源保护, 2019, 35 (04): 80-88.

[14]　曹绮欣, 冯普林, 石长伟, 等. 渭河洪水特性与风险研究 [M]. 郑州: 黄河水利出版社, 2020.

[15]　刘冠华, 何俊霞, 崔亚军. 2018 年河南省 8·18 暴雨洪水 [M]. 郑州: 黄河水利出版社, 2020.

[16]　鲁俊, 梁艳洁, 王小鹏. 黄河宁夏河段洪水冲淤特性研究——以 2018 年洪水为典型 [M]. 郑州: 黄河水利出版社, 2020.

[17]　王丹青, 许有鹏, 王思远, 等. 城镇化背景下平原河网区暴雨洪水重现期变化分析——以太湖流域武澄锡虞区为例 [J]. 水利水运工程学报, 2019 (05): 27-35.

[18]　赵玲玲, 杨兴, 刘丽红, 等. 基于 Kendall 重现期的华南中小流域洪水峰量联合分布研究 [J]. 水土保持通报, 2020, 40 (01): 162-169.

[19]　甘富万, 张华国, 黄宇明, 等. 基于二次重现期的桂平航运枢纽水闸设计洪水组合研究 [J]. 水文, 2020, 40 (02): 48-54.

[20]　郭生练, 熊丰, 王俊, 等. 三峡水库运行期设计洪水及汛控水位初探 [J]. 水利学报, 2019, 50 (11): 1311-1317, 1325.

[21]　郭生练, 熊立华, 熊丰, 等. 梯级水库运行期设计洪水理论和方法 [J]. 水科学进展, 2020, 31 (05): 734-745.

[22]　熊丰, 郭生练, 陈柯兵, 等. 金沙江下游梯级水库运行期设计洪水及汛控水位 [J]. 水科学进展, 2019, 30 (03): 401-410.

[23]　王义民, 高盼星, 郭爱军, 等. 改进先验概率的贝叶斯法在设计洪水中的应用 [J]. 水力发电学报, 2019, 38 (07): 67-76.

[24]　柳小珊, 卢少为. 富水流域设计洪水研究 [J]. 水利水电技术, 2020, 51 (S2): 215-219.

[25]　温得平, 李其江, 赵兴明, 等. 受水库调蓄影响的设计洪水分析——以格尔木河大干沟水电站为例 [J]. 水文, 2019, 39 (05): 30-34.

[26]　赵玲玲, 陈子桑, 刘昌明, 等. 基于广义 Pareto 分布的洪水序列频率分析 [J]. 中山大学学报 (自然科学版), 2019, 58 (03): 32-39.

[27]　李婧, 闫磊, 屈春来, 等. 分位数回归和 GAMLSS 模型在非一致性洪水频率分析中的比较 [J]. 水利水电科技进展, 2020, 40 (05): 48-54, 75.

[28]　宁迈进, 孙思瑞, 吴子怡, 等. 趋势变异条件下非一致性洪水频率计算方法的择优比较分析——以洞庭湖区弥陀寺站为例 [J]. 水文, 2019, 39 (06): 14-19.

[29]　高盼星, 王义民, 赵明哲, 等. 考虑不同成洪暴雨类型的洪水频率计算 [J]. 自然灾害学报, 2019, 28 (03): 166-174.

[30]　丁一汇, 柳艳菊, 宋亚芳. 东亚夏季风水汽输送带及其对中国大暴雨与洪涝灾害的影响 [J]. 水科学进展, 2020, 31 (05): 629-643.

[31]　陈立华, 陈云瑶, 滕翔. 西江流域灾害性暴雨洪水特征及成因分析 [J]. 水文, 2020, 40 (05): 71-77, 84.

[32]　马子普, 乐茂华, 许琳娟. 河床冲淤演变的洪水绳套曲线规律研究 [J]. 泥沙研究, 2020, 45 (05): 1-6.

[33]　仇红亚, 李妍清, 陈璐, 等. 洞庭湖流域洪水遭遇规律研究 [J]. 水力发电学报, 2020, 39 (11): 59-70.

[34]　黄鹏年, 李致家. 分布式降雨输入与汇流模拟对洪峰计算的影响 [J]. 水力发电学报, 2019, 38 (11): 49-57.

[35]　宋云天, 曾鑫, 张禹, 等. 泥沙输移对山洪特征值时空分布的影响——以北京 "7.21" 山洪为例

[J]. 清华大学学报（自然科学版），2019，59（12）：990 - 998.

[36] 揭梦璇，周芬，张真奇. 基于三维 Copula 函数的永宁江流域洪潮遭遇分析 [J]. 武汉大学学报（工学版），2020，53（11）：958 - 965.

[37] 龚轶芳，陈喜，张志才，等. 喀斯特峰丛-洼地小流域洪水滞时及相似性分析 [J]. 水利水电科技进展，2019，39（04）：7 - 12.

[38] 费龙，邓国荣，张洪岩，等. 基于降水 Z 指数的朝鲜降水及旱涝时空特征 [J]. 自然资源学报，2020，35（12）：3051 - 3063.

[39] 李琼，张幼成，王洪心，等. 洪水涨落水位-流量分布规律及应用 [J]. 河海大学学报（自然科学版），2019，47（06）：507 - 513.

[40] 王书霞，张利平，李意，等. 气候变化情景下澜沧江流域极端洪水事件研究 [J]. 气候变化研究进展，2019，15（01）：23 - 32.

[41] 张永勇，陈秋潭. 淮河中上游流域洪水主要类型及其时空分布特征 [J]. 地理科学进展，2020，39（04）：627 - 635.

[42] 王海英. 基于降水大数据的不同区域洪水灾害特征统计系统设计 [J]. 灾害学，2020，35（04）：29 - 32.

[43] 宋利祥，胡晓张，等. 洪水实时模拟与风险评估技术研究及应用 [M]. 北京：中国水利水电出版社，2020.

[44] 马利平，侯精明，张大伟，等. 耦合溃口演变的二维洪水演进数值模型研究 [J]. 水利学报，2019，50（10）：1253 - 1267.

[45] 曾子悦，许继军，王永强. 基于遥感空间信息的洪水风险识别与动态模拟研究进展 [J]. 水科学进展，2020，31（03）：463 - 472.

[46] 董柏良，夏军强，陈瑾晗. 典型街区洪水演进的概化水槽试验研究 [J]. 水力发电学报，2020，39（07）：99 - 108.

[47] 阎晓冉，王丽萍，张验科，等. 考虑峰型及其频率的洪水随机模拟方法研究 [J]. 水力发电学报，2019，38（12）：61 - 72.

[48] 刘成垫，马瑞，张力，等. 3DGIS 支持下的洪水淹没模拟与快速损失评估研究 [J]. 水利水电技术，2020，51（12）：204 - 209.

[49] 李大鸣，王腾飞，孙仲谋，等. 北京山区单沟洪水演进水动力模型研究 [J]. 水利水电技术，2020，51（09）：105 - 113.

[50] 徐杰，李致家，马亚楠，等. 基于 TOPKAPI 模型的湿润流域洪水模拟 [J]. 南水北调与水利科技，2020，18（01）：18 - 25.

[51] 余富强，鱼京善，蒋卫威，等. 基于水文水动力耦合模型的洪水淹没模拟 [J]. 南水北调与水利科技，2019，17（05）：37 - 43.

[52] 陈祖煜，陈生水，王琳，等. 金沙江上游"11·03"白格堰塞湖溃决洪水反演分析 [J]. 中国科学：技术科学，2020，50（06）：763 - 774.

[53] 李薇，邹吉玉，胡鹏. 基于孔隙率和局部时间步长的城市洪水模拟 [J]. 浙江大学学报（工学版），2020，54（03）：614 - 622.

[54] 龚政，郭蕴哲，杭俊成，等. 沿海城市溃堤洪水模拟技术研究进展 [J]. 水利水电科技进展，2020，40（03）：78 - 85.

[55] 姚原，顾正华，李云，等. 森林覆盖率变化对流域洪水特性影响的数值模拟 [J]. 水利水运工程学报，2020（01）：9 - 15.

[56] 张兆安，侯精明，王峰，等. 考虑下渗影响的洪水演进过程数值模拟研究 [J]. 西安理工大学学报，2020，36（04）：502 - 506.

[57] 王盼，何洋，杜志水. 基于水动力数值计算的城市设计洪水模拟研究 [J]. 西安理工大学学报，

2020, 36 (03)：362 - 366.

[58]　黄维东. 甘肃省境内典型小流域暴雨特性及洪水过程模拟研究 [J]. 水文, 2019, 39 (06)：
　　　 27 - 33.

[59]　彭亮, 马云飞, 卫仁娟, 等. 基于 GIS 栅格数据的叶尔羌河灌区洪水风险动态模拟与识别 [J].
　　　 灌溉排水学报, 2020, 39 (06)：124 - 131.

[60]　康彦付, 李建柱, 马秋爽. 紫荆关流域分布式 HEC - HMS 水文模型构建及洪水模拟 [J]. 灌溉
　　　 排水学报, 2019, 38 (04)：108 - 115.

[61]　吴滨滨, 喻海军, 穆杰, 等. 考虑下渗的河道与蓄滞洪区洪水演进过程模拟 [J]. 水资源保护,
　　　 2019, 35 (06)：68 - 75.

[62]　王俊晖, 侯精明, 王峰, 等. 洪涝过程模拟及三维实景展示方法研究 [J]. 自然灾害学报,
　　　 2020, 29 (04)：149 - 160.

[63]　贺露露, 陈伟毅, 刘俊萍, 等. 海岛地区小流域暴雨洪涝灾害模拟研究 [J]. 水土保持通报,
　　　 2020, 40 (02)：129 - 133.

[64]　魏恒志, 刘永强. 白龟山水库分布式洪水预报模型 [M]. 北京：中国水利水电出版社, 2019.

[65]　巴欢欢, 郭生练, 钟逸轩, 等. 考虑降水预报的三峡入库洪水集合概率预报方法比较 [J]. 水科
　　　 学进展, 2019, 30 (02)：186 - 197.

[66]　彭安帮, 刘九夫, 马涛, 等. 辽宁省资料短缺地区中小河流洪水预报方法 [J]. 水力发电学报,
　　　 2020, 39 (08)：79 - 89.

[67]　刘恒. 基于神经网络与遗传算法的洪水分类预报研究 [J]. 水利水电技术, 2020, 51 (08)：
　　　 31 - 38.

[68]　胡义明, 罗序义, 梁忠民, 等. 基于分位点回归模型的洪水概率预报方法 [J]. 南水北调与水利
　　　 科技 (中英文), 2020, 18 (05)：1 - 12.

[69]　梁忠民, 黄一昕, 胡义明, 等. 全过程联合校正的洪水预报修正方法 [J]. 南水北调与水利科
　　　 技, 2020, 18 (01)：1 - 10, 17.

[70]　马亚楠, 李致家, 刘墨阳, 等. 洪泽湖以上流域洪水预报研究 [J]. 南水北调与水利科技,
　　　 2019, 17 (04)：19 - 26, 36.

[71]　牟凤云, 杨猛, 林孝松, 等. 基于机器学习算法模型的巫山县洪水灾害研究 [J]. 中山大学学报
　　　 (自然科学版), 2020, 59 (01)：105 - 113.

[72]　张金男, 吴剑, 魏国振, 等. 优选雨量站权重改进降雨输入的洪水预报方法 [J]. 大连理工大学
　　　 学报, 2020, 60 (05)：537 - 546.

[73]　李丽, 王加虎, 陈明霞, 等. 中国洪水预报系统中动态考虑雨量站列表与权重研究 [J]. 水电能
　　　 源科学, 2020, 38 (09)：63 - 66.

[74]　徐杰, 李致家, 霍文博, 等. 半湿润流域洪水预报实时校正方法比较 [J]. 河海大学学报 (自然
　　　 科学版), 2019, 47 (04)：317 - 322.

[75]　李致家, 梁世强, 霍文博, 等. 淮河上中游复杂流域洪水预报 [J]. 河海大学学报 (自然科学
　　　 版), 2019, 47 (01)：1 - 6.

[76]　陈竹青, 王艺晗, 刘开磊, 等. 随机参数扰动下的洪水概率预报研究 [J]. 合肥工业大学学报
　　　 (自然科学版), 2019, 42 (12)：1661 - 1666.

[77]　张学功, 谢敏辉, 罗贤章, 等. 变雨强瞬时单位线法在水库洪水预报中的应用研究 [J]. 水文,
　　　 2020, 40 (06)：40 - 45.

[78]　蒋卫威, 鱼京善, 赤穗良辅, 等. 基于水文水动力耦合模型的山区小流域洪水预报 [J]. 水文,
　　　 2020, 40 (05)：28 - 35.

[79]　李匡, 丁留谦, 刘舒, 等. 基于状态变量初值修正的洪水预报方法研究 [J]. 水文, 2020, 40
　　　 (04)：26 - 32.

［80］ 李红霞，王瑞敏，黄琦，等. 中小河流洪水预报研究进展［J］. 水文，2020，40（03）：16－23，50.

［81］ 刘志雨，侯爱中. 洪水影响预报和风险预警理念与业务实践［J］. 水文，2020，40（01）：1－6.

［82］ 张娟，钟平安，徐斌，等. 洪水预报自回归实时校正多步外延方法研究［J］. 水文，2019，39（06）：41－45，6.

［83］ 温娅惠，李致家，孙明坤，等. 降雨输入对实时洪水预报精度与预见期的影响［J］. 湖泊科学，2019，31（01）：39－51.

［84］ 蒋晓蕾，梁忠民，胡义明，等. 洪水概率预报评价指标研究［J］. 湖泊科学，2020，32（02）：539－552.

［85］ 田济扬，刘佳，严登华，等. 双校正模式下的大清河流域陆气耦合洪水预报研究［J］. 水文，2019，39（03）：1－7，57.

［86］ 王亦尘，杜龙刚. 基于新安江改进模型和 NAM 模型的通县站洪水预报研究［J］. 灌溉排水学报，2020，39（S1）：107－112.

［87］ 章四龙，侯爱中，吴志勇，等. 中小型水库抗暴雨能力关键技术研究［M］. 北京：中国水利水电出版社，2019.

［88］ 屈璞，杨殿亮，赵艳红，等. 沂沭泗河防洪及生态调度研究与实践［M］. 郑州：黄河水利出版社，2020.

［89］ 鄢军军，罗茜，周铁柱. 五岳抽水蓄能电站下水库洪水调度规则研究［J］. 水力发电，2020，46（03）：91－93.

［90］ 朱迪，梅亚东，许新发，等. 复杂防洪系统优化调度的三层并行逐步优化算法［J］. 水利学报，2020，51（10）：1199－1211.

［91］ 周建中，顿晓晗，张勇传. 基于库容风险频率曲线的水库群联合防洪调度研究［J］. 水利学报，2019，50（11）：1318－1325.

［92］ 岳华，马光文，杨庚鑫. 梯级水库群超标洪水的协同应急调度研究［J］. 水利学报，2019，50（03）：356－363.

［93］ 詹新焕，王宗志，王立辉，等. 基于净雨预报信息的水库防洪调度方式研究［J］. 水力发电学报，2020，39（09）：57－66.

［94］ 康玲，周丽伟，李争和，等. 长江上游水库群非线性安全度防洪调度策略［J］. 水利水电科技进展，2019，39（03）：1－5.

［95］ 李映辉，钟平安，朱非林，等. 基于相似洪水动态展延的水库防洪调度决策方法及其应用［J］. 水电能源科学，2020，38（10）：39－43.

［96］ 梁艺缤，郭爱军，畅建霞. 汉江上游石泉-安康梯级水库联合防洪调度研究［J］. 西安理工大学学报，2020，36（03）：294－299.

［97］ 程晓陶，吴浩云. 洪水风险情景分析方法与实践——以太湖流域为例［M］. 北京：中国水利水电出版社，2019.

［98］ 刘卫林，彭友文，梁艳红. 中小河流溃堤洪水风险分析与预警［M］. 北京：中国水利水电出版社，2019.

［99］ 罗秋实，崔振华，沈洁，等. 黄河下游滩区洪水淹没风险实时动态仿真技术［M］. 郑州：黄河水利出版社，2019.

［100］ 张金良，刘继祥，罗秋实，等. 黄河下游堤防决口与防洪保护区洪水淹没风险研究［M］. 郑州：黄河水利出版社，2019.

［101］ 王铁锋，金正浩，马军. 防洪保护区洪水风险图编制及洪水风险区划关键技术［M］. 郑州：黄河水利出版社，2019.

［102］ 赵恩来，刘洪武，王晓勇. 河南省山洪灾害分析与评价［M］. 郑州：黄河水利出版社，2019.

[103]　刘娟，刘杨，张瑞海，等. 西北高原地区中小河流洪水风险研究 [M]. 郑州：黄河水利出版社，2020.

[104]　李超超，程晓陶，王艳艳，等. 洪涝灾害三参数损失函数的构建Ⅰ——基本原理 [J]. 水利学报，2020，51（03）：349-357.

[105]　李超超，程晓陶，王艳艳，等. 洪涝灾害三参数损失函数的构建Ⅱ——实例研究 [J]. 水利学报，2020，51（05）：519-526.

[106]　王艳艳，李娜，王杉，等. 洪灾损失评估系统的研究开发及应用 [J]. 水利学报，2019，50（09）：1103-1110.

[107]　顿晓晗，周建中，张勇传，等. 水库实时防洪风险计算及库群防洪库容分配互用性分析 [J]. 水利学报，2019，50（02）：209-217，224.

[108]　徐宗学，陈浩，任梅芳，等. 中国城市洪涝致灾机理与风险评估研究进展 [J]. 水科学进展，2020，31（05）：713-724.

[109]　张超，彭杨，纪昌明，等. 长江上游与洞庭湖洪水遭遇风险分析 [J]. 水力发电学报，2020，39（08）：55-68.

[110]　潘汀超，戚蓝，田福昌，等. 组合赋权-模糊聚类算法的改进及其在洪灾风险评价的应用 [J]. 南水北调与水利科技（中英文），2020，18（05）：38-56.

[111]　王复生，李传奇，张焱炜，等. 基于 GIS 的南水北调东线山东段区域洪灾风险区划 [J]. 南水北调与水利科技，2019，17（06）：45-53.

[112]　姚斯洋，刘成林，魏博文，等. 基于 MikeFlood 的组合情景洪水风险分析 [J]. 南水北调与水利科技，2019，17（01）：61-69.

[113]　陈伏龙，李绍飞，冯平，等. 考虑融雪洪水跳跃变异的水库极限防洪风险复核 [J]. 水利水电科技进展，2019，39（06）：9-16，43.

[114]　李德龙，黄萍，许小华，等. 柘林水库第二溢洪道行洪区洪水风险分析 [J]. 水电能源科学，2020，38（12）：62-65.

[115]　刘高峰，龚艳冰，黄晶. 基于流域系统视角的城市洪水风险综合管理弹性策略研究 [J]. 河海大学学报（哲学社会科学版），2020，22（03）：66-73，107.

[116]　王陇，宋孝玉，刘雨，等. 榆林市无资料小流域山洪灾害风险评价 [J]. 西安理工大学学报，2020，36（04）：516-522.

[117]　刘媛媛，王绍强，王小博，等. 基于 AHP_熵权法的孟印缅地区洪水灾害风险评估 [J]. 地理研究，2020，39（08）：1892-1906.

[118]　吴秀兰，江远安，余行杰，等. 基于 FloodArea 的新疆依格孜牙河流域山洪灾害风险区划 [J]. 干旱气象，2019，37（04）：663-669.

[119]　王光朋，刘连友，胡子瑛. 京津冀都市圈格网尺度洪涝灾害风险评价研究 [J]. 灾害学，2020，35（03）：186-193.

[120]　陈军飞，丁佳敏，邓梦华. 城市雨洪灾害风险评估及管理研究进展 [J]. 灾害学，2020，35（02）：154-159，166.

[121]　徐玉霞，许小明，方锋，等. 县域尺度下的宝鸡市农业洪水灾害脆弱性评价及区划 [J]. 干旱区地理，2020，43（03）：652-660.

[122]　魏炳乾，杨坡，罗小康，等. 无资料中小流域山洪灾害分析与评价 [J]. 自然灾害学报，2019，28（03）：158-165.

[123]　刘德东，公绪英，谭乐彦，等. 泗河流域雨洪调控利用模拟研究 [J]. 水利水电技术，2020，51（10）：10-19.

[124]　彭涛. 乌江中下游干流梯级水库洪水资源利用方式研究 [J]. 水电能源科学，2020，38（08）：59-61，103.

[125] 徐驰，董庆华，张宏雅，等. 南京市高淳区城市水网防洪及雨洪资源利用模拟研究 [J]. 中国农村水利水电，2020 (05)：53-57，62.

[126] 闫成山，董凤军，王君诺，等. 岸堤水库流域洪水资源利用潜力计算方法研究 [J]. 中国农村水利水电，2019 (04)：13-18.

[127] 刘德东，谭乐彦，刘国印，等. 区域雨洪资源利用潜力及模式研究 [J]. 人民黄河，2019，41 (09)：83-86，128.

[128] 钟凌. 山洪预警关键技术研究 [M]. 北京：中国水利水电出版社，2019.

[129] 姜加虎，窦鸿身，苏守德，等. 洪泽湖与淮河洪涝灾害的关系及治淮 [M]. 北京：中国水利水电出版社，2020.

[130] 蒋小欣. 城市防洪与水环境治理——以平原水网城市苏州为例 [M]. 北京：中国水利水电出版社，2020.

[131] 杨军生，孙西欢. 太原市山洪灾害评价与防控研究 [M]. 郑州：黄河水利出版社，2019.

[132] 李爱民，陈彦平. 山西省山洪灾害调查评价 [M]. 郑州：黄河水利出版社，2019.

[133] 王金亭，刘红英，刘宏丽. 城市防洪（第2版）[M]. 郑州：黄河水利出版社，2019.

[134] 黄艳，李昌文，李安强，等. 超标准洪水应急避险决策支持技术研究 [J]. 水利学报，2020，51 (07)：805-815.

[135] 钟平安，唐洪武. 淮河中下游洪涝综合治理的思考与初探 [J]. 水科学进展，2020，31 (05)：746-753.

[136] 王艳艳，王静，胡昌伟，等. 太湖流域应对特大洪水防洪工程效益模拟 [J]. 水科学进展，2020，31 (06)：885-896.

[137] 周建银，姚仕明，王敏，等. 土石坝漫顶溃决及洪水演进研究进展 [J]. 水科学进展，2020，31 (02)：287-301.

[138] 徐照明，徐兴亚，李安强，等. 长江中下游河道冲淤演变的防洪效应 [J]. 水科学进展，2020，31 (03)：366-376.

[139] 原文林，宋汉振，刘美琪. 基于随机雨型的山洪灾害预警模式 [J]. 水科学进展，2019，30 (04)：515-527.

[140] 朱迪，梅亚东，许新发，等. 赣江中下游防洪系统调度研究 [J]. 水力发电学报，2020，39 (03)：22-33.

[141] 艾学山，支悦，董璇，等. 适应气候变化的交互式水库防洪调度决策分析系统 [J]. 水利水电技术，2020，51 (10)：180-187.

[142] 甘富万，张华国，黄宇明，等. 干、支流洪水作用下洪水组合样本的选择对防洪设计的影响 [J]. 南水北调与水利科技，2019，17 (05)：180-187.

[143] 黄启有，周从明，刘宁，等. 省市县级洪水风险图成果管理与应用通用平台研究与实现 [J]. 水电能源科学，2020，38 (10)：48-51.

[144] 徐美，刘舒，孙杨，等. 利用洪涝模型进行城市内涝风险快速识别与预警 [J]. 武汉大学学报（信息科学版），2020，45 (08)：1185-1194.

[145] 孙静，桑国庆，王维林，等. 基于半分布式水文模型的小流域山洪临界雨量指标计算 [J]. 水文，2020，40 (04)：1-6.

[146] 甘富万，黄宇明，张华国，等. 河流支流入汇口处水利工程防洪设计水位研究：以珠江流域西江桂平航运枢纽为例 [J]. 湖泊科学，2020，32 (01)：198-206.

[147] 汪权方，张雨，汪倩倩，等. 基于视觉注意机制的洪涝淹没区遥感识别方法 [J]. 农业工程学报，2019，35 (22)：296-304.

[148] 陈昌春，张余庆，王峻晔，等. 骤发干旱研究进展与展望 [J]. 南水北调与水利科技，2020，18 (01)：26-33.

[149]　孙鹏，张强，姚蕊，等. 淮河流域干旱形成机制与风险评估 [M]. 北京：科学出版社，2020.

[150]　陈征，王文杰，蒋卫国，等. 黄淮海平原灌溉水量变化特征及其与气象干旱的关系 [J]. 自然资源学报，2020，35（05）：1228-1237.

[151]　齐述华，张秀秀，江丰，等. 鄱阳湖水文干旱化发生的机制研究 [J]. 自然资源学报，2019，34（01）：168-178.

[152]　吕星玥，荣艳淑，石丹丹. 长江中下游地区 2010/2011 年秋冬春连旱成因再分析 [J]. 干旱气象，2019，37（02）：198-208.

[153]　谢清霞，谷晓平，万雪丽，等. 西南地区干旱的变化特征及其与大气环流的关系 [J]. 干旱区地理，2020，43（01）：79-86.

[154]　周丹，罗静，郑玲，等. 基于格点数据的华北地区气象干旱特征及成因分析 [J]. 水土保持研究，2019，26（04）：195-202，2.

[155]　卢晓宁，曾德裕，黄玥，等. 四川省伏旱及驱动因子多尺度分析 [J]. 农业工程学报，2019，35（09）：138-146.

[156]　闫昕旸，张强，闫晓敏，等. 全球干旱区分布特征及成因机制研究进展 [J]. 地球科学进展，2019，34（08）：826-841.

[157]　温云亮，李艳玲，黄春艳，等. 基于 Copula 熵理论的干旱驱动因子选择 [J]. 华北水利水电大学学报（自然科学版），2019，40（04）：51-56.

[158]　栾清华，孙青言，陆垂裕，等. 多水源调配体系下区域农业干旱的定量评估 [M]. 北京：科学出版社，2018.

[159]　邢广君，崔弼峰. 贵州省干旱变化特征及其与大气环流关系 [J]. 南水北调与水利科技，2019，17（06）：75-85.

[160]　任贤月，穆振侠，周育琳. 基于不同蒸散方法的 SPEI 在天山南北坡气象干旱的差异性分析 [J]. 南水北调与水利科技，2019，17（03）：48-55.

[161]　陈子燊. 珠江流域干旱时空变化的经验诊断分析 [J]. 中山大学学报（自然科学版），2020，59（04）：33-42.

[162]　温庆志，孙鹏，张强，等. 非平稳标准化降水蒸散指数构建及中国未来干旱时空格局 [J]. 地理学报，2020，75（07）：1465-1482.

[163]　王春林，司建华，赵春彦，等. 河西走廊近 57 年来干旱灾害特征时空演化分析 [J]. 高原气象，2019，38（01）：196-205.

[164]　陈燕丽，蒙良莉，黄肖寒，等. 基于 SPEI 的广西喀斯特地区 1971—2017 年干旱时空演变 [J]. 干旱气象，2019，37（03）：353-362.

[165]　金红梅，乔梁，颜鹏程，等. 基于近似熵的中国西北地区干旱的非线性特征 [J]. 干旱气象，2019，37（05）：713-721.

[166]　邹磊，余江游，夏军，等. 基于 SPEI 的渭河流域干旱时空变化特征分析 [J]. 干旱区地理，2020，43（02）：329-338.

[167]　张璐，朱仲元，席小康，等. 基于 SPEI 的锡林河流域干旱演化特征分析 [J]. 干旱区研究，2020，37（04）：819-829.

[168]　郭燕云，胡琦，傅玮东，等. 基于 SPEI 指数的新疆天山草地近 55a 干旱特征 [J]. 干旱区研究，2019，36（03）：670-676.

[169]　杨星星，杨云川，邓思敏，等. 基于 SPEI 的广西干旱综合特征及农业旱灾风险研究 [J]. 水土保持研究，2020，27（04）：113-121.

[170]　王学凤，路洁，曹永强. 辽宁省近 54 年旱涝特征分析及其对大气环流响应研究 [J]. 水利学报，2020，51（12）：1514-1524.

[171]　周帅，王义民，畅建霞，等. 黄河流域干旱时空演变的空间格局研究 [J]. 水利学报，2019，

50 (10)：1231 - 1241.

[172] 李明，柴旭荣，王贵文，等．长江中下游地区气象干旱特征 [J]．自然资源学报，2019，34 (02)：374 - 384.

[173] 杨国庆，王佳真，孙萌萌．基于标准化降水指数的沧州干旱时空特征 [J]．干旱气象，2019，37 (02)：218 - 225，242.

[174] 张瑞涵，高涵．气候变化条件下黄河流域的旱涝特征 [J]．西安理工大学学报，2020，36 (03)：323 - 329.

[175] 李大鹏，慕鹏飞，白涛，等．基于标准化降水指数 SPI 的西江流域多尺度干旱特征及其驱动力分析 [J]．西安理工大学学报，2020，36 (01)：41 - 50.

[176] 苟非洲，强文博，程玉婷．基于标准化降水指数的渭河流域多尺度干旱特征分析 [J]．西安理工大学学报，2019，35 (04)：443 - 451.

[177] 马有绚，李万志，王丽霞，等．基于 SPI 的青海省春季干旱时空演变特征及环流诊断 [J]．干旱气象，2020，38 (03)：362 - 370.

[178] 于家瑞，艾萍，袁定波，等．基于 SPI 的黑龙江省干旱时空特征分析 [J]．干旱区地理，2019，42 (05)：1059 - 1068.

[179] 韩会明，刘喆玥，刘成林，等．1960—2018 年吉安地区干旱特征分析与短期预测 [J]．灌溉排水学报，2019，38 (11)：85 - 92.

[180] 徐翔宇，许凯，杨大文，等．多变量干旱事件识别与频率计算方法 [J]．水科学进展，2019，30 (03)：373 - 381.

[181] 周念清，李天水，刘铁刚．基于游程理论和 Copula 函数研究岷江流域干旱特征 [J]．南水北调与水利科技，2019，17 (01)：1 - 7.

[182] 韩会明，刘喆玥，刘成林，等．基于 Copula 函数的赣江流域气象干旱特征分析 [J]．水电能源科学，2020，38 (08)：9 - 13.

[183] 冯瑞瑞，荣艳淑，吴福婷．基于 Copula 函数的宜昌水文干旱特征分析 [J]．水文，2020，40 (02)：23 - 30，71.

[184] 代稳，吕殿青，李景保，等．水系连通变异下荆南三口河系水文干旱识别与特征分析 [J]．地理学报，2019，74 (03)：557 - 571.

[185] 王怡璇，陈伏龙，冯平，等．滦河流域多时间尺度干旱时空特征分析 [J]．高原气象，2020，39 (02)：347 - 356.

[186] 侯陈瑶，朱秀芳，肖名忠，等．基于游程理论和 Copula 函数的辽宁省农业气象干旱特征研究 [J]．灾害学，2019，34 (02)：222 - 227.

[187] 方国华，涂玉虹，闻昕，等．1961—2015 年淮河流域气象干旱发展过程和演变特征研究 [J]．水利学报，2019，50 (05)：598 - 611.

[188] 果华雯，张元伟，宋小燕，等．中国南北过渡带干旱时空变化 [J]．南水北调与水利科技（中英文），2020，18 (02)：79 - 85，158.

[189] 罗纲，阮甜，陈财，等．农业干旱与气象干旱关联性——以淮河蚌埠闸以上地区为例 [J]．自然资源学报，2020，35 (04)：977 - 991.

[190] 李明，王贵文，柴旭荣，等．基于空间聚类的中国东北气候分区及其气象干旱时间变化特征 [J]．自然资源学报，2019，34 (08)：1682 - 1693.

[191] 严小林，张建云，鲍振鑫，等．海河流域近 500 年旱涝演变规律分析 [J]．水利水运工程学报，2020，(04)：17 - 23.

[192] 周平，周玉良，金菊良，等．合肥市干旱识别及基于 Copula 的特征值重现期分析 [J]．水电能源科学，2020，38 (12)：1 - 5.

[193] 王志霞，穆振侠，周育琳，等．不同水文干旱指数在天山西部山区的适用性分析 [J]．水电能

源科学，2020，38（09）：16－19，82.

[194] 孙艺杰，刘宪锋，任志远，等. 1960—2016 年黄土高原多尺度干旱特征及影响因素 [J]. 地理研究，2019，38（07）：1820－1832.

[195] 李明，葛晨昊，邓宇莹，等. 黄土高原气象干旱和农业干旱特征及其相互关系研究 [J]. 地理科学，2020，40（12）：2105－2114.

[196] 李明，胡炜霞，王贵文，等. 基于 Copula 函数的中国东部季风区干旱风险研究 [J]. 地理科学，2019，39（03）：506－515.

[197] 李玲萍，卢泰山，刘明春，等. 基于标准化流量指数（SDI）的石羊河流域水文干旱特征 [J]. 中国沙漠，2020，40（04）：24－33.

[198] 程文举，席海洋，司建华，等. 河西内陆河浅山区流域蒸散发估算及干旱特性研究 [J]. 干旱区研究，2020，37（05）：1105－1115.

[199] 吴英杰，李玮，王文君，等. 基于降水量距平百分率的内蒙古地区干旱特征 [J]. 干旱区研究，2019，36（04）：943－952.

[200] 罗志文，王小军，尹义星，等. 青岛市气象和水文干旱变化特征分析 [J]. 水文，2019，39（05）：84－90.

[201] 张璐，朱仲元，王慧敏，等. 锡林河流域水文干旱演变特征及影响因素分析 [J]. 水土保持学报，2020，34（04）：178－184，192.

[202] 朱圣男，刘卫林，万一帆，等. 抚河流域干旱时空分布特征及其与 ENSO 的相关性 [J]. 水土保持研究，2020，27（06）：131－138.

[203] 孔令颖，扶松林，韩晓阳，等. 基于传统干湿指数的省域长历时气象干旱变化特征及其对旱作粮食单产的影响 [J]. 水土保持研究，2020，27（03）：159－167.

[204] 杜波波，阿拉腾图娅，包刚. 2002—2016 年锡林郭勒草原干旱时空特征 [J]. 水土保持研究，2019，26（04）：190－194，202.

[205] 郑越馨，吴燕锋，潘小宁，等. 三江平原气象水文干旱演变特征 [J]. 水土保持研究，2019，26（04）：177－184，189.

[206] 王慧敏，郝祥云，朱仲元. 基于综合气象干旱指数的干旱状况分析——以锡林河流域为例 [J]. 水土保持研究，2019，26（02）：326－329，336.

[207] 冯凯，粟晓玲. 基于三维视角的农业干旱对气象干旱的时空响应关系 [J]. 农业工程学报，2020，36（08）：103－113.

[208] 刘立文，段永红，徐立帅，等. 山西省农业干旱时空变化特征 [J]. 灌溉排水学报，2020，39（02）：114－121.

[209] 张向明，粟晓玲，张更喜. 基于 SRI 与 Copula 函数的黑河流域水文干旱等级划分及特征分析 [J]. 灌溉排水学报，2019，38（05）：107－113.

[210] 王璐，黄生志，黄强，等. 基于综合干旱指数的黄河流域干旱多变量概率特征研究 [J]. 自然灾害学报，2019，28（06）：70－80.

[211] 周丽，谢舒蕾，吴彬. 基于 CI 和强度分析方法的四川冬春季干旱事件变化特征 [J]. 自然灾害学报，2020，29（03）：36－44.

[212] 周平，周玉良，金菊良，等. 水文双变量重现期分析及在干旱中应用 [J]. 水科学进展，2019，30（03）：382－391.

[213] 王玲玲，罗伟，何巍，等. 基于气象指标优化模型的自贡地区干旱等级评定 [J]. 中国农村水利水电，2019（02）：126－130.

[214] 王素萍，王劲松，张强，等. 多种干旱指数在中国北方的适用性及其差异原因初探 [J]. 高原气象，2020，39（03）：628－640.

[215] 葛鲁亮，金菊良，宁少尉，等. 基于遥感有序加权平均干旱指数的山东省干旱动态分析 [J].

灾害学，2020，35（03）：172 - 178，229.

[216] 冯冬蕾，程志刚，赵雷，等. 4 种干旱判别指数在东北地区适用性分析 [J]. 干旱区地理，2020，43（02）：371 - 379.

[217] 金建新，张娜，桂林国. 西藏地区干旱指标的时空演变 [J]. 水土保持研究，2019，26（05）：377 - 380.

[218] 陈家宁，孙怀卫，王建鹏，等. 综合气象干旱指数改进及其适用性分析 [J]. 农业工程学报，2020，36（16）：71 - 77.

[219] 李晓英，吴淑君，王颖，等. 淮河流域陆地水储量与干旱指标分析 [J]. 水资源保护，2020，36（06）：80 - 85.

[220] 郭盛明，粟晓玲. 黑河流域气象农业综合干旱指数构建及时空特征分析 [J]. 华北水利水电大学学报（自然科学版），2019，40（03）：7 - 15.

[221] 郝增超，侯爱中，张璇，等. 干旱监测与预报研究进展与展望 [J]. 水利水电技术，2020，51（11）：30 - 40.

[222] 余灏哲，李丽娟，李九一. 基于 TRMM 降尺度和 MODIS 数据的综合干旱监测模型构建 [J]. 自然资源学报，2020，35（10）：2553 - 2568.

[223] 吴泽棉，邱建秀，刘苏峡，等. 基于土壤水分的农业干旱监测研究进展 [J]. 地理科学进展，2020，39（10）：1758 - 1769.

[224] 曾林，扎西央宗，冯文兰，等. 基于 FY - 3A/VIRR 数据的藏西北干旱遥感监测研究 [J]. 冰川冻土，2019，41（02）：334 - 341.

[225] 刘高鸣，谢传节，何天乐，等. 基于多源数据的农业干旱监测模型构建 [J]. 地球信息科学学报，2019，21（11）：1811 - 1822.

[226] 马艳敏，郭春明，李建平，等. 卫星遥感技术在吉林旱涝灾害监测与评估中的应用 [J]. 干旱气象，2019，37（01）：159 - 165.

[227] 王思琪，张翔，陈能成，等. 基于多种干旱指数的长江中下游五省干旱监测与对比 [J]. 干旱气象，2019，37（02）：209 - 217.

[228] 李亚男，于文金，谢涛，等. 基于 FY - 4 AGRI 与 Himawari - 8 AHI 的干旱灾害监测及旱情分析——以 2018 年河北省秋季干旱为例 [J]. 灾害学，2019，34（04）：228 - 234.

[229] 冯锐，张玉书，武晋雯，等. 基于多光谱和高光谱的干旱遥感监测研究进展 [J]. 灾害学，2019，34（01）：162 - 166.

[230] 王乃哲，景元书，徐向华，等. RDI 指数在新疆 5 个地区干旱监测的应用 [J]. 干旱区地理，2020，43（01）：99 - 107.

[231] 陈丙寅，杨辽，陈曦，等. 基于改进型 TVDI 在干旱区旱情监测中的应用研究 [J]. 干旱区地理，2019，42（04）：902 - 913.

[232] 熊俊楠，李伟，刘志奇，等. 基于多源数据的西藏东南部历史干旱监测与分析 [J]. 干旱区地理，2019，42（04）：735 - 744.

[233] 胡鹏飞，李净，王丹，等. 基于 MODIS 和 TRMM 数据的黄土高原农业干旱监测 [J]. 干旱区地理，2019，42（01）：172 - 179.

[234] 刘一哲，冯文兰，扎西央宗，等. 基于 MODIS TVDI 和模糊数学方法的藏北地区旱情等级遥感监测 [J]. 干旱区研究，2020，37（01）：86 - 96.

[235] 王正东，郭鹏，万红，等. 基于 MODIS 数据的山东省 2014—2016 年干旱监测分析 [J]. 水土保持研究，2019，26（02）：330 - 336.

[236] 邓梓锋，吴旭树，王兆礼，等. 基于 GRACE 重力卫星数据的珠江流域干旱监测 [J]. 农业工程学报，2020，36（20）：179 - 187.

[237] 江笑薇，白建军，刘宪峰. 基于多源信息的综合干旱监测研究进展与展望 [J]. 地球科学进展，

2019, 34 (03)：275 - 287.

[238]　余军林，罗娅，赵志龙，等. 基于 TVDI 和 Landsat - 8 的喀斯特峡谷区干旱监测 [J]. 水土保持通报，2019，39 (01)：104 - 113.

[239]　代萌，黄生志，黄强，等. 干旱多属性风险动态评估与驱动力分析 [J]. 水力发电学报，2019，38 (08)：15 - 26.

[240]　马雅丽，郭建平，栾青，等. 晋北农牧交错带农业旱灾脆弱性评价 [J]. 灾害学，2020，35 (03)：75 - 81.

[241]　王莺，赵文，张强. 中国北方地区农业干旱脆弱性评价 [J]. 中国沙漠，2019，39 (04)：149 - 158.

[242]　张存厚，张立，吴英杰，等. 内蒙古草原干旱灾害综合风险评估 [J]. 干旱区资源与环境，2019，33 (07)：115 - 121.

[243]　韩兰英，张强，程英，等. 农业干旱灾害风险研究进展及前景分析 [J]. 干旱区资源与环境，2020，34 (06)：97 - 102.

[244]　王慧敏，郝祥云，朱仲元. 基于干旱指数与主成分分析的干旱评价——以锡林河流域为例 [J]. 干旱区研究，2019，36 (01)：95 - 103.

[245]　梁淑琪，王文圣，金菊良. 农业干旱灾害风险模糊集对评价法及其应用 [J]. 水文，2019，39 (01)：1 - 6.

[246]　郑金涛，彭涛，董晓华，等. 三峡库区气象干旱演变特征及致灾因子危险性评价 [J]. 水土保持研究，2020，27 (05)：213 - 220.

[247]　张璐，朱仲元，王慧敏，等. 基于 SPEI 的锡林河流域气象干旱风险分析 [J]. 水土保持研究，2020，27 (02)：220 - 226.

[248]　罗党，李晶. 面板数据下区域农业干旱灾害风险的灰色 C 型关联分析 [J]. 华北水利水电大学学报（自然科学版），2020，41 (06)：47 - 53.

[249]　罗党，胡燕. 多源异质信息下区域干旱危险性的 DT 型关联分析方法 [J]. 华北水利水电大学学报（自然科学版），2020，41 (01)：18 - 26.

[250]　卢晓昱，任传友，王艳华. 气候变化背景下辽宁省未来气象干旱危险性风险评估 [J]. 自然灾害学报，2019，28 (01)：65 - 75.

[251]　刘晓冉，康俊，王颖，等. 基于 GIS 的重庆地区不同季节干旱灾害风险评估与区划 [J]. 自然灾害学报，2019，28 (02)：92 - 100.

[252]　聂明秋，黄生志，黄强，等. 基于非参数法的气象-水文干旱风险评估及其动态演变探究 [J]. 自然灾害学报，2020，29 (02)：149 - 160.

[253]　韩会明，刘喆玥，刘成林，等. 灰色模型的改进及其在气象干旱预测中的应用 [J]. 南水北调与水利科技，2019，17 (06)：62 - 68.

[254]　张容焱，庄瑶，薛峰，等. 福建气象干旱风险监测预警和评估技术 [J]. 灾害学，2019，34 (03)：114 - 122.

[255]　赵美言，胡涛，张玉虎，等. 基于机器学习模型的海河北系干旱预测研究 [J]. 干旱区地理，2020，43 (04)：880 - 888.

[256]　张建海，张棋，许德合，等. ARIMA - LSTM 组合模型在基于 SPI 干旱预测中的应用——以青海省为例 [J]. 干旱区地理，2020，43 (04)：1004 - 1013.

[257]　顾世祥，赵众，陈晶，等. 基于高维 Copula 函数的逐日潜在蒸散量及气象干旱预测 [J]. 农业工程学报，2020，36 (09)：143 - 151.

[258]　李松旌，樊向阳，景若瑶，等. 基于可公度性理论的干旱预测方法研究 [J]. 灌溉排水学报，2020，39 (02)：107 - 113，137.

[259]　李吉程，王斌，张洪波，等. 泾惠渠灌区旱灾危机预警研究 [J]. 自然灾害学报，2019，28 (03)：65 - 78.

[260] 王煜，尚文绣，彭少明. 基于水库群预报调度的黄河流域干旱应对系统 [J]. 水科学进展，2019，30（02）：175 - 185.

[261] 唐朝生. 极端气候工程地质：干旱灾害及对策研究进展 [J]. 科学通报，2020，65（27）：3009 - 3027，3008.

[262] 王富强，王金杰，石家豪. 基于 SWAT 模型的区域农业干旱模拟研究 [J]. 华北水利水电大学学报（自然科学版），2019，40（01）：64 - 70.

[263] 谢育廷，涂新军，吴海鸥，等. 东江流域干旱等级演变及主要因子影响 [J]. 自然灾害学报，2020，29（04）：69 - 82.

[264] 周杰，等. 秦岭重要水源涵养区生物多样性变化与水环境安全 [M]. 北京：科学出版社，2019.

[265] 秦昌波，李新，容冰，等. 我国水环境安全形势与战略对策研究 [J]. 环境保护，2019，47（08）：20 - 23.

[266] 李中原，王国重，张继宇，等. 彰武水库水环境安全评估 [J]. 水资源与水工程学报，2019，30（05）：89 - 94.

[267] 张晓楠，邱国玉. 化肥对我国水环境安全的影响及过量施用的成因分析 [J]. 南水北调与水利科技，2019，17（04）：104 - 114.

[268] 王国重，李中原，张继宇，等. 故县水库水环境安全评估 [J]. 水文，2020，40（01）：64 - 69.

[269] 王嘉瑜，蒲生彦，胡玥，等. 地下水污染风险预警等级及阈值确定方法研究综述 [J]. 水文地质工程地质，2020，47（02）：43 - 50.

[270] 杨天宇. 基于大凌河集中式饮用水水源地地下水污染预警研究 [J]. 水利规划与设计，2019（04）：41 - 43，138.

[271] 龙岩，雷晓辉，马超，等. 跨流域调水工程突发水污染事件应急调控决策体系与应用 [M]. 北京：中国水利水电出版社，2020.

[272] 宋永会，等. 辽河流域水污染治理技术集成与应用示范 [M]. 北京：科学出版社，2020.

[273] 李春晖，田雨桐，赵彦伟，等. 突发水污染风险评价与应急对策研究进展 [J]. 农业环境科学学报，2020，39（06）：1161 - 1167.

[274] 刘红珍，张志红，李超群，等. 黄河上游河道凌情变化规律与防凌工程调度关键技术 [M]. 郑州：黄河水利出版社，2019.

[275] 郜国明，邓宇，田治宗，等. 黄河冰凌近期研究简述与展望 [J]. 人民黄河，2019，41（10）：77 - 81，108.

[276] 黄国兵，杨金波，段文刚. 典型长距离调水工程冬季冰凌危害调查及分析 [J]. 南水北调与水利科技，2019，17（01）：144 - 149.

[277] 靳春玲，吴梦娟，贡力. 基于灰色 Markov - GMP - Verhulst 模型的黄河宁蒙段冰凌灾害风险预测 [J]. 自然灾害学报，2019，28（02）：82 - 91.

[278] 陈冬伶，刘兴畅，韩作强. 2018—2019 年度黄河宁蒙河段凌情特点及成因 [J]. 人民黄河，2020，42（12）：36 - 40，60.

[279] 郭立兵，周跃华，田福昌，等. 黄河宁蒙段凌汛致灾影响因素及灾害演变特点 [J]. 人民黄河，2020，42（02）：22 - 26，33.

[280] 张友谊，叶小兵，顾成壮. 强震区震后泥石流物源起动机制研究现状 [J]. 灾害学，2020，35（03）：144 - 149.

[281] 甘建军，储小东. 中低山台风暴雨型泥石流形成机制和动力特征——以江西德安杜家沟泥石流为例 [J]. 灾害学，2020，35（01）：150 - 155.

[282] 齐云龙，邓明枫. 川藏公路波密段九绒沟泥石流形成机制研究 [J]. 灾害学，2019，34（03）：123 - 127.

[283] 王之君，李仁年，拓万全. 基于历史观测数据的泥石流突变起动模式研究——以陇南山区白龙江流域为例 [J]. 灾害学，2019，34（02）：140 - 144.

[284] 郎秋玲，张以晨，张继权，等. 基于组合赋权理论的泥石流孕灾因子分析 [J]. 灾害学，2019，34（01）：68 - 72.

[285] 陈志，杨志全，刘传秋. 云南省麻栗坡县猛硐河 "9.02" 泥石流调查 [J]. 山地学报，2019，37（04）：631 - 638.

[286] 舒安平，朱福杨，王澍，等. 溃坝泥石流起动过程及其动力学特征 [J]. 水利学报，2019，50（06）：661 - 669.

[287] 李伟，魏学利，李宾，等. 公格尔山区融水冲刷形成泥石流的起动试验研究 [J]. 泥沙研究，2019，44（06）：59 - 65.

[288] 高波，张佳佳，王军朝，等. 西藏天摩沟泥石流形成机制与成灾特征 [J]. 水文地质工程地质，2019，46（05）：144 - 153.

[289] 赵聪，梁京涛，谢忠胜，等. 汶川地震强震区震后 10 年泥石流活动特征遥感动态分析——以平武县石坎河流域为例 [J]. 灾害学，2019，34（04）：222 - 227.

[290] 党超，褚娜娜，张鹏. 冰碛湖溃决泥石流流量计算方法 [J]. 冰川冻土，2019，41（01）：165 - 174.

[291] 胡至华，袁路，马东涛，等. 基于 EEMD 分形和 LS - SVM 的次声信号识别泥石流类型 [J]. 山地学报，2020，38（04）：619 - 629.

[292] 熊江，唐川，史青云，等. 强震区泥石流物源演化特征分析 [J]. 山地学报，2019，37（05）：728 - 736.

[293] 张勇，陈宁生，王涛，等. 泰宁县芦蘼坑沟 "5.8" 特大泥石流成因和特性分析 [J]. 泥沙研究，2019，44（04）：54 - 59.

[294] 赵怀刚，王光进，张超，等. 尾矿库溃坝泥石流运动过程试验研究 [J]. 泥沙研究，2019，44（01）：31 - 37.

[295] 徐正宣，袁东，刘志军，等. 川藏铁路宋家沟泥石流发育特征及危险性分析 [J]. 长江科学院院报，2020，37（10）：165 - 170，176.

[296] 黄海，刘建康，杨东旭. 泥石流容重的时空变化特征及影响因素研究 [J]. 水文地质工程地质，2020，47（02）：161 - 168.

[297] 熊江，唐川，龚凌枫. 基于 HEC - HMS 模型的不同雨型泥石流流量变化特征 [J]. 水文地质工程地质，2019，46（03）：153 - 161.

[298] 扈秀宇，秦胜伍，窦强，等. 基于 GIS 和随机森林模型的泥石流敏感性分析——以吉林省洮南市北部山区为例 [J]. 水土保持通报，2019，39（05）：204 - 210，217.

[299] 戴志清，毕丹，李贵朋，等. 空心寨沟沟谷型泥石流动力学特性研究 [J]. 华北水利水电大学学报（自然科学版），2020，41（05）：60 - 66.

[300] 周伟，邓玖林. 基于 Fisher 判别法的台风暴雨泥石流预测模型 [J]. 水科学进展，2019，30（03）：392 - 400.

[301] 陈明，唐川，王飞龙，等. 基于 OpenLISEM 模型的泥石流启动冲出预测 [J]. 泥沙研究，2020，45（04）：59 - 65.

[302] 甘建军，罗昌泰. 中低山冲沟型泥石流运动参数及过程模拟 [J]. 自然灾害学报，2020，29（02）：97 - 110.

[303] 张研，吴康丽，邓雪沁，等. 基于相关向量机的蒋家沟泥石流平均流速预测模型 [J]. 自然灾害学报，2019，28（06）：146 - 153.

[304] 陈丽荣. 突发性泥石流对旅游景区生态破坏程度评估方法 [J]. 灾害学，2020，35（02）：30 - 33.

[305] 何树红，姜毅，计晓林. 泥石流灾害经济损失研究综述 [J]. 灾害学，2019，34（04）：153 - 158.

[306] 谢涛，尹前锋，高贺，等. 基于地貌信息熵的天山公路冰川泥石流危险性评价 [J]. 冰川冻土，2019，41（02）：400－406.

[307] 王高峰，杨强，陈宗良，等. 白龙江流域甘家沟泥石流风险评估研究 [J]. 泥沙研究，2020，45（04）：66－73，65.

[308] 徐嘉，罗明，刘岁海. 乌东德水电站磨槽沟泥石流发育特征及危险性评价 [J]. 泥沙研究，2019，44（05）：68－73.

[309] 聂银瓶，李秀珍. 基于 Flow－R 模型的八一沟泥石流危险性评价 [J]. 自然灾害学报，2019，28（01）：156－164.

[310] 田述军，张静，张珊珊. 震后泥石流防治工程减灾效益评价研究 [J]. 灾害学，2020，35（03）：102－109.

[311] 李维炼，朱军，黄鹏诚，等. 不同可视化方法对泥石流灾害信息认知影响对比分析 [J]. 灾害学，2020，35（02）：230－234.

[312] 窦梓雯. 关于制定旅游景区突发泥石流灾害应急对策的初步探讨 [J]. 灾害学，2020，35（01）：198－202.

[313] 魏学利，陈宝成，李宾. 山区公路泥石流工程防治原则与模式探讨 [J]. 灾害学，2019，34（S1）：26－33，43.

[314] 谢涛，尹前锋，高贺，等. 基于激发条件和堆积体稳定性的冰川降雨型泥石流预警模型研究 [J]. 冰川冻土，2019，41（04）：884－891.

[315] 刘兴荣，周自强，董耀刚，等. 泥石流拦挡坝破损分析及优化对策——以陇南市武都区为例 [J]. 山地学报，2020，38（03）：473－482.

[316] 徐根祺，李丽敏，温宗周，等. 基于宽度学习模型的泥石流灾害预报 [J]. 山地学报，2019，37（06）：868－878.

[317] 陈宁生，佘德彬. 基于弃渣综合利用的矿山泥石流灾害防治新模式——以冕宁盐井沟泸沽铁矿为例 [J]. 山地学报，2019，37（01）：78－85.

[318] 刘铁骥，孙书勤，赵峥，等. 基于 Massflow 模型的冷渍沟泥石流工程治理效果评价 [J]. 水利水电技术，2020，51（10）：195－201.

[319] 饶文利，罗年学. 台风风暴潮情景构建与时空推演 [J]. 地球信息科学学报，2020，22（02）：187－197.

[320] 龚政，黄诗涵，徐贝贝，等. 江苏中部沿海潮滩对台风暴潮的响应 [J]. 水科学进展，2019，30（02）：243－254.

[321] 何威，姚炎明，黄森军，等. 椒江河口形态变化对风暴潮位的影响——以 9711 号台风为例 [J]. 水力发电学报，2019，38（07）：21－35.

[322] 张鑫，张玥. 风暴潮灾害救助保障体系的构建 [J]. 河海大学学报（哲学社会科学版），2020，22（01）：37－43，106.

[323] 何蕾，李国胜，李阔，等. 珠江三角洲地区风暴潮灾害工程性适应的损益分析 [J]. 地理研究，2019，38（02）：427－436.

[324] 郭腾蛟，李国胜. 基于验证性因素分析的台风风暴潮灾害经济损失影响因子优化分析 [J]. 自然灾害学报，2020，29（01）：121－131.

[325] 陈磊. 香港沿岸台风暴潮灾害联合强度概率分析 [J]. 水资源与水工程学报，2019，30（06）：20－23，29.

[326] 王璐阳，张敏，温家洪，等. 上海复合极端风暴洪水淹没模拟 [J]. 水科学进展，2019，30（04）：546－555.

[327] 李亚龙，惠君，罗文兵，等. 西藏农村饮水安全工程建设管理实践与探索 [M]. 北京：科学出版社，2019.

[328]　樊良新. 饮水安全工程下的农村居民生活用水管理 [M]. 北京：科学出版社，2019.

[329]　中国疾病预防控制中心环境与健康相关产品安全所. 饮用水污染物短期暴露健康风险与应急处理技术 [M]. 北京：人民卫生出版社，2020.

[330]　袁星，孔畅，王利，等. 黄河流域农村饮水安全问题及对策 [J]. 资源科学，2020，42 (01)：69 - 77.

[331]　李学辉. 云南山区饮水安全小型集中供水工程设计与探索 [J]. 中国农村水利水电，2020 (10)：208 - 210.

[332]　尤李俊，陈建宏，韩赟，等. 青海省民和县农村饮水安全评价指标体系研究 [J]. 中国农村水利水电，2019 (07)：124 - 128.

第6章 水工程研究进展报告

6.1 概述

6.1.1 背景与意义

（1）水工程主要是指用于控制和调配自然界的地表水和地下水，以达到除害兴利目的而修建的工程。《中华人民共和国水法》（修订案）中，第八章第七十九条指出，本法所称水工程，是指在江河、湖泊和地下水源上开发、利用、控制、调配和保护水资源的各类工程。水工程按目的或服务对象可分为灌溉工程、输水工程、排水工程、防洪工程、水土保持工程等。水工程需要通过修建坝、堤、溢洪道、水闸、进水口、渠道、渡槽、筏道、鱼道等不同类型的水工建筑物，以实现其服务目标。水工程是我国水安全、水保障、水生态、水环境、水景观、水文化的基础，直接影响我国的社会经济发展。鉴于水工程的重要地位，所以我国有必要健全水工程管理体系、规划体制、建设体制、养护体制、法规体系以及水工程的管理保障体系、现代化发展体系。

（2）水是生命之源，人类生产和生活离不开水资源，但其自然存在的状态并不完全符合人类的需要。只有修建水利工程，才能控制水流，防止洪涝灾害，并进行水量的调节和分配，以满足人民生活和生产对水资源的需要。在古代，古人就通过修建水利工程满足生活和生产所需，例如，李冰父子修建都江堰两千多年来一直发挥着防洪灌溉的作用，使成都平原成为水旱从人、沃野千里的"天府之国"。在现代，我国60多年的新中国发展史也是一部辉煌的水利工程发展史，一大批水利工程建设防止了中国江河水患，确保了水润民生、水泽万物。当前，在水利工程建设正如火如荼进行的同时，也需要水工程规划、运行、调度、管理及相应软件的配套实施。

（3）随着黄河流域生态保护和高质量发展、长江大保护、粤港澳大湾区建设等国家战略的提出，水工程的科研创新和实践挑战必须适应新环境、新形势和新发展下的国家和地方战略需求，为此重点领域和相关行业科研热情不断高涨，极大地促进了水工程领域的科学研究。诸多学者开始专注于水工程建设的前期规划、中期运行和后期管理的研究中来，并取得了一系列有价值的研究成果。特别是在水利工程管理、水利信息化、科技创新等方面取得了显著成果，这些成果为水工程服务功能的完善和运行提供了重要的技术支撑。因此，很有必要对有关水工程的规划管理和运行调度等研究领域的最新成果进行细致总结，在水利行业中为实现"两个一百年"奋斗目标有的放矢，确保水资源的高效安全和可持续利用。

6.1.2 标志性成果或事件

（1）2019年1月，为进一步规范和加强农村水电安全生产监督检查工作，及时发现并消除安全隐患，压实安全生产责任，提高安全生产管理水平，水利部办公厅发布了关于规范和加强农村水电安全生产监督检查工作的通知（办水电〔2019〕19 号）。

（2）2019 年 2 月，中华人民共和国水利部发布了关于修订印发水利工程管理考核办法及其考核标准的通知（水运管〔2019〕53 号）。

（3）2019 年 2 月，为进一步加强和规范水土保持工程建设管理，充分发挥中央资金效益，根据《中央财政水利发展资金使用管理办法》，结合水土保持工程实际，制定了《中央财政水利发展资金水土保持工程建设管理办法》（水保〔2019〕60 号）。

（4）2019 年 4 月，水利部发布了关于进一步加强黄土高原地区淤地坝工程安全运用管理的意见（水保〔2019〕109 号）。

（5）2019 年 5 月，水利部办公厅发布了关于进一步加强水利规划管理工作的意见（办规计〔2019〕97 号）。

（6）2019 年 6 月，为促进大中型灌区和灌排泵站提升管理水平，保障大中型灌排工程安全运行和持续发挥效益，服务乡村振兴战略和经济社会发展，水利部办公厅发布了关于印发大中型灌区、灌排泵站标准化规范化管理指导意见（试行）的通知（办农水〔2019〕125 号）。

（7）2019 年 7 月，水利部发布了关于印发渭河流域水量分配方案的通知（水资管函〔2019〕138 号）。

（8）2019 年 7 月，为规范和加强生产建设项目水土保持监督管理工作，根据《中华人民共和国水土保持法》及相关法律法规、标准规范等，水利部办公厅发布了关于印发生产建设项目水土保持监督管理办法的通知（办水保〔2019〕172 号）。

（9）2019 年 8 月，为保障河湖生态用水，推进小水电绿色发展，维护长江健康生命，水利部 生态环境部发布了关于加强长江经济带小水电站生态流量监管的通知（水电〔2019〕241 号）。

（10）2020 年 4 月，水利部办公厅 国家发展改革委办公厅发布了关于开展"十四五"大型灌区续建配套与现代化改造实施方案编制工作的通知（办农水〔2020〕56 号）。

（11）2020 年 6 月，为进一步规范和加强水工程防洪抗旱调度运用监管，水利部发布了关于修订印发水工程防洪抗旱调度运用监督检查办法（试行）的通知（水防〔2020〕131 号）。

（12）2020 年 7 月，水利部办公厅发布了关于印发全国重点河湖生态流量确定工作方案的通知（办资管〔2020〕151 号）。

（13）2020 年 8 月，水利部发布了关于印发 2019 年度实行最严格水资源管理制度考核结果的函（水资管函〔2020〕116 号）。

（14）2020 年 11 月，为持续深化水土保持"放管服"改革，更好服务市场主体、优化营商环境，水利部办公厅发布了关于进一步优化开发区内生产建设项目水土保持管理工作的意见（办水保〔2020〕235 号）。

（15）2020 年 12 月，为切实加强丹江口水库的管理和保护，根据《中华人民共和国水法》《中华人民共和国防洪法》《南水北调工程供用水管理条例》《水库大坝安全管理条例》等法律、行政法规，水利部公布了关于丹江口水库管理工作的实施意见（水政法〔2020〕305 号）。

6.1.3　本章主要内容介绍

本章是有关水工程研究进展的专题报告，主要内容包括以下几部分。

（1）对水工程研究的背景及意义、有关水工程 2019—2020 年标志性成果或事件、本章主要内容以及有关说明进行简单概述。

（2）本章从 6.2 节开始按照水工程内容进行归纳编排，主要内容包括：水工程规划研究进展、水工程运行模拟与方案选择研究进展、水工程优化调度研究进展、水工程影响及效益研究进展、水工程管理研究进展。最后简要归纳 2019—2020 年进展与 2017—2018 年进展的对比分析结果。

6.1.4　有关说明

本章是在《中国水科学研究进展报告 2017—2018》（2019 年 9 月出版）的基础上，在广泛阅读 2019—2020 年相关文献的基础上，系统介绍有关水工程的研究进展。本章所说的水工程，不等同于"水利工程"，不包括水利工程设计、施工内容。主要内容偏重水资源开发工程方案、河流治理方案选择、跨流域的河流的水利工程规划与论证及水利工程建设调度、运行管理方案。本章在广泛阅读相关文献的基础上，系统介绍有关水工程的进展。因为相关文献很多，本书只列举最近两年有代表性的文献，且所引用的文献均列入参考文献中。

6.2　水工程规划研究进展

水工程规划涉及诸多领域，强化水工程规划是实施最严格水资源管理的基础。总体而言，具体的水工程规划研究较为分散，各项水工程均有所涉及。在水资源开发利用实践中，主要集中于水生态环境工程、河流水系工程、城市引排水工程、供水工程的规划。水工程规划研究主要包括以下几个方面。

6.2.1　在水生态环境工程方面

加强生态文明建设，加大水生态工程建设已成为目前研究水利行业研究的一项热点和重点工作。但近两年来，就所查阅的参考文献而言，对水生态环境工程的规划研究仍偏向于具体工程，研究内容有待梳理和加深。董哲仁[1] 在《生态水利工程学》一书中阐述了水生态系统的特征和河湖生态模型基础理论，提出了水生态修复规划准则，阐述了河流廊道自然化工程、湖泊与湿地生态修复工程、河湖水系连通工程以及鱼道工程的规划设计方法。历从实等通过多次设计比选，研究了砂砾料源优化对生态环境的影响，确定了"节地保田、扩库增容、坝下保护、坝上深挖"优化方案[2]。张永明等在《漳卫南运河水资源承载能力和生态修复研究》一书中对河流水生态修复模式与方案设计、河口生态修复和保护、河湖连通及水资源配置等进行了研究[3]。

6.2.2　在河流与区域水系工程方面

河流与区域水系规划往往涉及宏观整体各项河流配套工程规划与布局，主要集中于江河流域或区域的实践应用研究，鲜有理论分析，并且研究内容较少。仅有马明敏等[4] 以深圳市坪山河流域为例，通过建立临界距离数学模型，对坪山河流域综合治理规划，并对该流域内规划水质净化站分散式布局模式的合理性进行了研究。

6.2.3　在排水工程方面

排水工程规划多针对于城市排水系统而言，并且随着城市的快速发展，下垫面条件不断发生变化，日益凸显的"城市看海"现象促使相关学者越来越重视城市排水系统的规划研究。虽然采取了一定的技术方法，通过构建模型和数学模拟分析，以期对城市排水除涝工程进行合理的规划。但整体而言，研究相对不足，无论是在理论方法上、还是在技术研究和实际应用层面上都有较大的提升和创新空间。以下仅列举有代表性文献以供参考。王建富等[5] 基于传统的雨水规划方案，并通过数字模型进行优化调整，对西部平原城镇雨水系统进行规划研究。牟晋铭利用 InfoWorks ICM 软件建立上海市某雨水排水系统模型，并利用模型确定系统改造方案[6]。张士官等基于雨洪模型 SWMM 模拟某老城区雨水管网现状，分析检查井节点溢流与管网荷载状况，分别提出改变管径方案、改变下垫面性质方案及改变管径与海绵理念相结合方案，并对不同方案效果进行研究[7]。

6.2.4　在水电站方面

水电站规划方面虽有研究，但整体研究不多，仅程春田等[8] 为充分发挥水电机组的调峰能力，提出了梯级水电站群高水头巨型机组不规则多限制区的自动规避方法，从而对水电站进行合理规划。王光纶等在《水工程水资源认识研究》一书中介绍了万安水电站枢纽工程、三峡水利枢纽工程、清江流域梯级开发以及南水北调等水工程设计，并对水资源保护与开发、水资源综合调度、水土生态治理及水文认识方面进行了研究[9]。

6.2.5　在供水工程方面

供水规划也是水工程规划的一项重要内容。近两年对供水规划的研究相对增多。王麒等[10] 建立了不同抽灌模式下水源热泵系统运行能耗最小的数学模型，利用遗传算法求解数学模型以实现抽灌量的优化配置。陆倩等采用平面二维水动力数学模型对工程附近的水流流态进行模拟计算，从水动力条件角度对平原河网地区泵闸合建枢纽的不同平面布置形式进行比选分析[11]。周强等基于 FLOW HEAT 软件，建立数学模型研究了一抽多灌井群的最佳布置方式[12]。吉瑞博等为提升管网设计的整体优化水平，建立了供水管网多目标优化设计模型对一抽多灌井群的布置方式进行研究[13]。刘少武等根据 DBS 分区方法，利用 EPANET 2.0 软件对供水管网系统进水点数量和位置进行优化设计[14]。何胜男等利用人工神经网络和粒子群优化算法对初期雨水调蓄池进行规划设计研究[15]。岳宏宇等针对城市供水管网压力监测点的优化布置问题，构建了监测点优化布置模型，并利用群体智能优化算法对模型进行求解，从而对供水管网压力监测点进行优化布置研究[16]。

6.3　水工程运行模拟与方案选择研究进展

水工程运行模拟与方案选择是水工程良好运行、充分发挥其服务功能的重要保障。在目前的文献中，水工程运行模拟与方案选择研究成果较多，但多集中于水工程（如水电站、水库、闸门、引排水工程等）及相应配套措施等水工程方面，且以构建模型和数值模拟研究为主，探讨模型在不同设置方案或参数下水工程的运行模拟状况，从而对方案进行优选和水工程运行安全评价等。

6.3.1　在水工程运行模拟方面

　　水工程运行模拟方面设计范围较广，包括水库、水电站、供水、水生态工程等的运行模拟，研究对象既有单独水工程运行模拟，也有水工程联合运行模拟。总体来说，研究内容多集中于构建模拟模型或模拟方法从而对包括水位、水量、水质和水温等水工程运行及其相关因素的模拟，但研究内容总体缺乏相关理论研究，以下仅列举有代表性文献以供参考。

　　(1) 郭生练等[17] 构建多输入单输出 (MISO) 系统模型，模拟向家坝至三峡水库未控区间的洪水过程，研究探讨三峡水库运行期设计洪水及汛期防洪控制水位 (汛控水位)。马利平等采用源项法，构建了包含上游库区二维水动力过程、溃口演变和下游淹没区二维洪水演进的高性能耦合模型[18]。张根广等基于弹簧光顺模型及局部网格重构模型，实现了闸坝下游局部冲刷坑的三维演化模拟[19]。张晓曦等利用耦合的水力模型，模拟了某模型水泵水轮机在甩负荷过程中发生的空化现象。采用极端的运行条件，成功实现了尾水管内水柱分离-弥合过程的模拟[20]。杨哲豪等基于三角形非结构网格，采用有限体积法建立了平面二维水动力学模型，用于模拟复杂边界和地形下溃坝洪水的运动过程[21]。史舒婧等建立了模拟海底管线周围三维流动和冲刷的数值模型。并利用该数值模型模拟管道附近的三维冲刷发展过程，探索了不同希尔兹参数条件下冲坑的发展规律和流场变化情况[22]。

　　(2) 王俊岭等[23] 以某城市区域管网为对象，针对不同位置进行了不同损坏程度的漏损模拟，并构建基于 BP 神经网络的实时漏点定位模型。易雨君等通过构建一维水动力水质模型，模拟不同水工建筑物影响下南水北调中线工程典型输水渠段的输水流特性[24]。方晴等为研究热带地区湖泊型水库水温分布规律，采用垂向一维水温模型模拟水温分布，探究了水库水温结构及垂向水温年内演变规律[25]。宋文超等应用 MIKE 21 水环境数值模拟软件，构建了象湖二维水动力和水质模型，模拟计算了不同补水方式、换水方案下湖区流场变化及湖体水质演化过程[26]。周铮等利用 SWAT 软件构建了北山水库流域的分布式水文模型，对该流域地表径流进行了模拟[27]。赵仕霖等针对城市雨洪建模过程中的地表与地下排水管网水流交换问题，提出了一维地下排水管网与二维城市地表动态耦合的分区匹配算法进行了数值模拟研究[28]。

　　(3) 假冬冬等[29] 建立了考虑细颗粒淤积物流动特性的水库淤积形态模拟方法，在此基础上对小浪底水库淤积形态进行了研究。熊丰等通过蒙特卡罗法和遗传算法 (GA) 推求金沙江下游梯级水库的最可能地区组成，分析计算各水库运行期的设计洪水及汛控水位[30]。卓明泉等以水面扰动压强区域表达船舶航行影响，在浅水波传播的 Boussinesq 方程中引入压力梯度项，并据此改写开源程序 COULWAVE 代码对浅水航道船行波进行数值模拟[31]。刘亚新等针对常规水位预测方法信息挖掘能力不足和启发式算法机理不明确等缺点，提出了一种基于长短时记忆 (LSTM) 网络的水位预测方法[32]。聂鼎等针对目前水位测量方法的不足，提出了一种基于图像处理技术的水位检测方法[33]。刘甜等以汉江上游梯级水库系统为例，引入智能算法及相似典型放缩，构建了基于分预见期校正的 CFS 与 SWAT 耦合径流预测模型，从而对径流进行预测[34]。

　　(4) 李励等[35] 针对水电站厂内运行中机组负荷分配问题，提出了一种基于差分进化算法的自适应狼群算法，对水电站厂内优化运行进行研究。马细霞等引入样本熵、小波熵概念，提出基于信息熵和统计参数的径流随机模拟序列检验方法[36]。罗岚兮等运用 CFD 计算流体力学方法，对不同规格的虹吸雨水斗在天沟内的运行情况进行建模，模拟雨水流经不同规格雨水斗时的流态及进入管路系统后的虹吸启动情况[37]。张兆安等采用耦合溃口演变过程的水动力数值模型，模拟分析了不同淤积程度下淤地坝溃坝洪水过程[38]。刘有志等通过引入 CE-QUAL-W2 模型，对溪洛渡水库从开始蓄水到初期运行阶段的水库水温进行了模拟[39]。万五一等建立了基于 MacCormack 格式的变空间步长的水锤计算模型（V-MCS），模拟了变特性管路系统中的水锤过程，获得了管道压力与流量波动过程以及全线极值压力分布情况[40]。郑铁刚等结合动网格模拟技术对叠梁门运行调度过程进行了模拟，并结合物理模型试验分析探讨了水温-水动力耦合作用机理及取水层范围和厚度变化规律[41]。

（5）孙万光等[42] 以守恒形式圣维南方程作为控制方程，提出基于动量方程的变量空间重构方法，并基于 Godunov 格式，采用精确 Riemann 求解器对复杂明渠水流运动进行高精度模拟。骆光磊等提出一种水库群运行自适应矩估计改进深度神经网络模拟方法，通过改善深度神经网络参数训练方式，从水库群历史运行数据中提取调度规则，在此基础上对水库群运行进行模拟[43]。刘竹丽等针对闸门流激振动问题，采用双向流固耦合方法，建立了闸门和流场的有限元模型，对不同开度下闸门流激振动情况进行了数值模拟[44]。孙望良等建立抽水蓄能电站运行优化模型，并提出了一种基于双向切负荷法的抽水蓄能电站运行搜索优化方法，对抽水蓄能电站运行方式进行了研究[45]。胡海松等以某水库多闸孔溢流坝为例，利用 Flow-3D 软件建立数学模型研究小流量下闸孔优化调度运行[46]。

6.3.2　在水工程运行方案选择方面

水工程运行方案选择往往与水工程优化模拟与调度结合在一起，多针对具体实际工程运行调度问题，分析模型和技术方法在运行方案下的可行性和效益度，从而对优化方案进行优选。总体而言，水工程运行方案成果较为丰富，涉及面也较广，主要包括水电站运行、水库蓄水方案，水库运行调度方案、引排水调度方案等几个方面。以下仅列举有代表性文献以供参考。

（1）潘华等[47] 通过采用风-水-火电力系统联合调度模型和布谷鸟搜索算法，对水电站消纳风电调峰运行经济策略进行了研究。余豪等利用有限水文资料，采用时间序列中长期预报方法耦合动态规划优化调度方法的方式，制订可实时修正的中长期调度方案[48]。杨堃等以最小发电耗水量为目标建立经济运行模型，同时将改进的鲸鱼算法（IWOA）运用到经济运行模型中，对三峡水电站厂内经济运行进行研究[49]。魏娜等通过构建复杂水资源系统时变耦合模型，开展基于时变耦合模型的引嘉入汉工程调蓄方案研究[50]。杨凤英等对江坪河水电站水库下闸蓄水方案进行了研究[51]。

（2）王志超等[52] 采用数值模拟和物理模型试验相结合的方法，模拟试验了溢洪道的典型下泄方案。王芳芳等根据淤积泥沙扬动流速相似原理，试验研究大古水电站在不同运行方式下坝前库区的排沙效果和排沙漏斗形态[53]。阎晓冉等通过构建评价指标体系，对不同水库运行工况下的调度方案实施过程进行仿真计算，并评价其实施效果[54]。陈璇等针对秦淮河流域现状防洪能力不足的问题，构建了一维水文水动力耦合模型，研究了外秦淮河、秦淮新河等河道清淤、秦淮东河工程实施、新增调蓄湖泊、圩区限排等工程及非工程措施的防洪效果[55]。王慧亮等针对中原城市群水资源系统现状，从水资源-经济-生态系统的角度构建水资源调控效果评价指标体系，利用人工神经网络综合优选模型对不同方案水资源调控效果进行评价和优选[56]。尹海龙等建立 3 种引排水方案的水动力和水质模型，模拟雨天不同降雨截流量水平下的河道水质情况，并对不同方案进行优选[57]。吴月秋等以三峡水库为研究对象，将边际替代率应用于水库多目标优化调度方案决策，研究了防洪和发电矛盾对立转化的最佳均衡点[58]。

（3）高学平等[59] 基于径向基函数（RBF）代理模型建立调水过程优化模型，得到了调水过程方案参数区间内的最优方案，并基于实际调水情况求得不同起调水位下的调水过程最优方案。王珊珊针对水泵优化选型问题，通过构建基于 AHP-熵权 TOPSIS 法的水泵机组优化选型模型，对水泵机组进行了优选[60]。陈璇等采用 MIKE11 软件搭建了秦淮河流域及秦淮东河水文水动力耦合模型，借助于该模型，对雨前预降、武定门闸控泄以及东河单线行洪等工程调度方案的合理性及防洪效益进行了定量分析[61]。崔松云等通过对纵穿昆明主城的盘龙江在加入外流域调水条件下的洪水进行分析，提出盘龙江现状行洪能力条件下小洪水的洪水调度方案[62]。张海丽等通过 Mike11 建立基于闸泵联控的水动力水质调控模型，设定水动力水质调控多目标函数并选取灰色多目标优选算法进行闸泵联控方案效果评选[63]。

（4）张艳平等[64] 以大伙房水库为例，基于协商对策的多目标群决策模型，对水库汛限水位实时动态控制方案进行优选。窦明等借助图论法构建了城市水系河网图模型和多闸联合调度下的水系连通方案优选模型，优选得到在不同工况下的清潩河许昌段最佳水系连通方案[65]。陈晓静等建立秦淮区北部片区河网一维水质模型，对不同补水规模和补水线路下的片区水质变化情况进行模拟，研究其补水方案[66]。王一鑫利用水电站厂内经济运行数学准则，详细分析了观音阁水库输水工程中调流机组与调流阀的联合运行方式[67]。

（5）江颖等[68] 采用立面二维水沙数学模型开展小浪底水库底孔防淤堵的数值模拟研究。在设计水沙条件下，计算和比较两种泄水孔洞运用方案对坝区河床纵剖面淤积形态、排沙比和发电效益的影响。李瑛等分析引汉济渭工程水源区洪水资源利用可行性，在此基础上提出了工程兼顾供水保证率目标的生态调度方案[69]。杨志等构建了一维河网和二维浅水湖泊水生态模型，模拟得到不同换水频率、不同恒定流量和不同波动流量等换水方式下人工湖泊的流场和水质浓度场，研究了多种河湖水系连通方案下湖泊水动力特性和污染物质迁移转化规律[70]。杨卫等通过建立二维浅水湖泊水动力水质数学模型，分析不同引水流量工况下汤逊湖的水环境改善效果，并根据改进的成本效益评估法对不同引水方案的环境效益进行评估，由此确定最佳引水调控方案[71]。刘娜等采用泥沙冲淤数值模型，计算各排沙水位方案的水库泥沙淤积及回水，对水库淹没范围以及发电量进行影响分析，同时对合适的排沙运行水位进行研究[72]。

（6）肖若富等[73] 采用逆序递推动态规划法，以某提水工程总干二级为例进行站内优化研究，进而保证泵站安全运行的前提下寻求最优的调度方式。包中进等通过建立泵站及泵前航道平面二维数学模型，计算分析了泵站不同运行工况下进水口附近流速流态分布情况，提出了满足泵前航道安全的调度运行方式[74]。靳伟荣等采用权重法对建立的多目标评价指标体系进行求解，从而对城市河湖处于不同水位和水质状态时的多个不同生态调水流量方案进行比选[75]。王卿等在原水系统运行安全性、水质稳定性、调度经济性、水源切换灵活性等方面进行了研究，制定了九溪线稳定运行方案及突发紧急情况应急调度方案[76]。谢华等通过改变流道顶板仰角和流道出口段高度，拟定了 5 个设计方案，采用基于CFD 的三维数值模拟方法分析流道内部流场，对方案进行了优选[77]。

6.3.3　在水工程运行安全方面

　　水工程运行安全往往与水工程风险分析模型、水工程运行模拟及防洪安全评价结合在一起，分析评估模型和评价技术方法下水工程运行的安全性和风险度。以下仅列举有代表性文献以供参考。

　　（1）顿晓晗等[78] 建立了水库实时防洪调度风险分析模型，分析了三峡水库汛期不同时段实时防洪风险。陈典等分析了水电送出型直流输电工程投运后电网的稳定特性，针对暂态过电压问题，从运行方式和网架补强两方面提出了优化控制措施[79]。王祥来等以现场安全检查为基础，从多个安全方面，对上海崇明岛东风西沙水库及取输水泵闸工程进行了全面的安全分析与评价[80]。朱哲等运用系统安全分析与评估方法，构建水电工程反恐怖风险评估指标体系，确定各指标量化分级区间及权重，并建立水电工程防御潜在恐怖风险分级标准[81]。孙开畅等基于偏最小二乘的结构方程模型和水利工程施工风险评价模型，针对水利工程进行了施工风险分析[82]。

　　（2）聂相田等[83] 基于云模型理论和诱导有序加权平均（IOWA）算子建立了长距离引水工程运行安全风险评价模型，对南水北调中线工程进行了评价分析。柴朝晖等以华阳河湖群为例，通过实测资料分析、现场调研、数值模拟研究了其进行生态调度的可行性及具体方案[84]。张志辉等构建水闸安全性态评价云模型，对水闸的总体安全性态作出评价，并基于该模型评价结果对水闸安全性态作出预测[85]。王力等通过问卷可靠性检验建立评估指标体系，接着采用主成分综合评价法计算风险影响程度，然后构建评估的未确知测度模型，在此基础上，借助雷达模型对重大水利枢纽工程社会稳定风险做出预估[86]。赵海超等将集对分析理论中的联系数和集对势引入水闸安全态势评判中，并通过对指标权重的主客观组合赋权，对水闸运行安全状态进行了综合评估和发展状况进行了趋势预测[87]。张春晋等基于数值模拟，从泄流能力等不同方面对黄河小浪底水电站泄洪洞进行了防洪安全分析[88]。

　　（3）张岚等[89] 基于原型监测成果，研究了某大型抽水蓄能电站上水库初蓄期安全运行特性。徐得潜等以合肥市雨水管道为例，采用属性层次模型（AHM）及可拓评价法，从不同方面评估了雨水管道的风险，并建立城市雨水管道风险评估模型[90]。李春江等采用降雨-径流模型，预测不同暴雨强度条件下的坝前水位，分析水位变化对大坝的影响，最后构建了气象预报-水位预警-防洪抢险三位一体的小型水库汛期安全预警模式[91]。王芳等建立了基于系统动力学的风险分析反馈模型，分析影响倒虹吸工程稳定的因子的重要性程度，并采用层次分析法对反馈模型进行了验证[92]。江新等建立了基于 SPA -云模型的工程运营风险评估模型，对水利工程运营风险等级进行了研究[93]。何勇将起调水位范围、运行方式等作为梯级弃水风险控制指标，提出了梯级水库常遇洪水弃水风险控制方法[94]。王元元等选取太湖流域湖西区作为典型区域，通过水利计算、水雨情资料分析、模拟调度等方法，提出了合适的调水时机，设计和优选了调度方案[95]。

（4）管新建等[96] 在考虑多种风险因素影响下，构建风险综合评估指标体系，建立综合评估模型，对水库防洪调度风险进行了综合评估。贡力等以博弈论思想为指导，采用G1 法计和改进熵权法计算各指标的客观权重，最终建立了寒冷地区长距离输水明渠冬季运行安全评价模型[97]。阴彬等从系统安全的角度，全面分析"人、设备、环境、管理"四要素对缆机群安全运行的影响，并分析了缆机群运行存在的主要安全风险[98]。何杨杨等依据规范的分级标准，将水闸的健康状况划分为 4 个等级，在主、客观组合赋权的基础上运用云模型，判断各指标所属的安全等级，从而对水闸工程进行安全评价[99]。陈豪等基于 BIM 的多源异构空间信息融合技术，构建了重力坝型水电站大坝安全诊断与决策支持系统[100]。

（5）李京阳等[101] 建立了水库震后安全评价指标体系，将评价等级标准划分为 4 级，并利用层次分析法确定各指标权重，最终通过模糊综合评价法对大坝安全程度进行量化评价。郭宝航等通过决策级融合分析方法与多层次模糊综合评价模型，提出了基于多源信息融合的长距离引水工程结构安全风险评价方法[102]。顾功开等运用数值模型和物理模型相结合的方法进行了仿真模拟和试验研究，综合评估了闸门的流激振动安全性[103]。张修宇等构建了灌区水安全量化指标体系，运用模糊综合评价模型对灌区的水安全状况进行了综合评价[104]。汪伦焰等构建了基于模糊 VIKOR - FMEA 的南水北调运行管理安全风险分析模型[105]。李慧敏等针对输水渠道运行安全问题，选取 6 种故障模式进行分析评估。运用可转换为区间直觉模糊数的多粒度语言评估方法分别对 6 种故障模式的严重度（S）、不易探测度（D）和发生频度（O）进行评估，最后构建基于 TODIM 方法各个故障模式排序模型[106]。

6.4　水工程优化调度研究进展

水工程优化调度是水工程建设运行管理的核心组成部分，也是水资源开发利用的关键内容。近两年来，利用现代数学方法来构建耦合模型，解决调度中出现的实际问题依然是当下研究的重点和热点。在目前的研究中，水工程优化调度围绕优化调度的技术方法与模型构建开展，特别是以三峡水库为代表，研究成果居多。调度内容涉及广泛，包括生态调度、水电调度、泥沙调度、水量调度、水沙联合调度、水库群调度、闸坝群调度、泵站调度以及调度图与调度规则 9 个方面，每年涌现出大量的研究成果和实例。

6.4.1　在生态调度方面

生态调度作为水工程优化调度及生态建设的重要内容，在目前的研究中越来越受到重视。就目前的参考文献而言，研究主要集中于水库的生态调度，用以实现所需的生态环境或生态流量为目标；或与水量联合调度，以期实现水量与生态综合效益最优的目的。研究方法则主要通过构建生态调度优化模型和优化算法来实现。总体来看，理论探讨研究不足，但总体成果丰富。以下仅列举有代表性文献以供参考。

（1）黄显峰等[107] 总结了常用的生态流量过程计算方法，将物元分析法与 Tennant 法耦合，提出了 ME - Tennant 河流生态流量过程评价模型。栾慕等以江西省吉安市后河为例，基于 MIKE 21 模型及原理构建了生态调度管理模型，并验证了模型的合理性，利用该模型模拟分析了在 3 种不同工况下后河水动力条件的改善程度[108]。张代青等以新丰江水库为案例，开展了新丰江水库生态价值优化调度模型建立及蜂群算法求解研究[109]。

（2）刘树锋等[110] 以横溪引水式水电站为例，应用改进的流量-历时曲线（FDC）法计算丰、平、枯水年的生态流量，并进行生态调度研究。游进军等针对生态补偿实施难度大的实际问题，提出一种基于效益统一核算的区域供水系统生态调度补偿机制，构建了基于供水收益变化的生态补偿计算方法[111]。

（3）黄志鸿等[112] 针对各水库时间上目标的需水差异，提出一种利用分时段加权法处理多目标问题的方法，依据大系统分解协调技术求解了浊漳河流域多目标水库群优化调度模型。李力等以河流生态需水满足度最大和梯级发电量最大为目标建立多目标优化调度模型，并采用改进 NSGA-Ⅱ算法对模型进行求解，从而进行金沙江下游梯级蓄水期联合生态调度[113]。高仕春等以流域关键断面的生态基流为基础，建立以"保证河道生态用水，优先生活用水"为目标的水资源配置模型，对水库生态调度控制线和运行规则进行研究[114]。王祥等通过量化三峡-葛洲坝梯级水库运行约束，构建模型评估不同时间开展生态调度的可行性[115]。梁士奎等在《闸控河流生态需水调控理论方法及应用》一书中阐述了众多闸坝条件下的河流生态需水问题，选取具有典型闸控河流特征的沙颍河为研究对象，介绍了多闸坝河流生态需水调控的理论基础、研究体系、量化方法和应用研究成果[116]。

6.4.2　在水电调度方面

水库优化调度发展至今，电力运行调度作为目前水库综合利用的一项重要调度内容，其带来的经济效益和社会效益已成为水库综合效益的核心组成部分。随着现代水情、库情以及人类发展用水过程的复杂化，伴随着计算机技术的兴起和发展，实现各种复杂情形下水电联合优化调度，并对水库发电调度实行优化管理，也是诸多学者迫切需要研究和解决的重点问题。总体来看，水电优化调度多集中于构建模型和寻优算法来对梯级水电站的联合调度进行研究。主要参考文献如下：

（1）赵志鹏等[117] 建立了考虑回水顶托的梯级水库混合整数线性规划（MILP）调峰模型，对水电日前调峰调度进行优化研究。赵适宜等以发电成本最低为目标，提出一种基于基尼系数可兼顾系统运行公平与经济性的"三公"调度模型[118]。钟文杰等建立了发电风险分析的指标体系，通过构建常规调度和优化调度模型，对发电调度进行研究[119]。吴洋等基于我国目前的电力市场结构及交易规则，构建了以发电效益最大为目标的梯级水电站月度合约电量优化分解模型[120]。夏军等以系统供电成本最小为目标，实现系统内部小水电群的经济调度优化，并采用自适应模拟退火遗传算法，对非线性混合整数 0-1 规划进行求解，从而对调度优化模型进行了研究[121]。赵夏等针对流域梯级水电站间负荷分配问题，建立以龙头水库日发电耗水量最小及梯级弃水量最小为目标的流域梯级水电站厂间经济运行模型[122]。

（2）马高权等[123] 构建了考虑电网输电断面限制的水电站群耗水量最小模型，提出耦合多维搜索算法，对各时段电站出力进行调度研究。谢海华等提出了一种新的多策略人工蜂群算法，并且将其应用于梯级水电站优化调度问题[124]。张歆蒴等以弃风弃光量最小和梯级水电蓄能最大为目标构建优化调度模型，通过改进 POA 算法进行了大型风光水互补发电优化调度研究[125]。周建中等研究建立了水电站长中短期嵌套预报调度模型，并引入系统动力学反馈机制，提出了一种水电站长中短期嵌套耦合实时来水系统动力学预报调度模型[126]。陈晓宏等以澜沧江下游梯级电站为例，结合多模式多情景未来径流预估结果及水库发电调度模型，针对发电及生态效益目标实施了单/多目标最优化研究[127]。赵珍玉等研究了风电的日内反调峰特性对梯级水电站发电的影响，并对梯级水电站的日发电量上下限进行了研究[128]。

（3）苗树敏等[129]结合西南干流跨省送电工程实际，提出巨型水电站跨省调峰多目标优化方法，构建了短期多电网调峰模型。王亮等为解决光伏电站出力可调度性弱的问题，构建了梯级水光联合发电系统短期优化调度模型[130]。曾昱等以溪洛渡、向家坝、三峡、葛洲坝水库为例，分别建立了单库优化调度和梯级水库联合调度模型，并进行了调度模拟，在此基础上，进行了水库间和梯级间联合调度补偿电量分配[131]。肖小刚等提出了一种多级协同模式（MLCM）下大规模水电站群跨网调峰调度方法。以各受端省级电网余荷均方差最小为目标建立电站群联合跨网调峰调度模型[132]。陈学义等针对水电站多目标联合优化调度问题，提出双层改进粒子群算法（TIPSO）[133]。白涛等在《汉江上游梯级水库优化调度理论与实践》一书中研究了汉江上游梯级水库防洪和兴利调度，介绍了水库防洪的理论与方法，建立了发电量很大和生态缺水量小的多目标调度模型，总结了汛限水位动态控制和水库风险调度的原理和方法，模拟了汉江上游河道的生态径流过程[134]。

（4）严冬等[135]建立了水电资源生态模型，采用差分进化算法对生态-发电均衡调度策略进行求解，从而进行水电联合调度。刘文静等提出运用数据包络分析算法对采用改进粒子群求解的水火电多目标问题的优化结果进行效益评估[136]。吉兴全等构建了含大规模风电的源荷储协调优化调度模型[137]。张孝军等提出了柘溪水库防洪发电优化调度策略[138]。张睿等采用多属性决策方法构建了多目标调度决策模型，提出了丹江口水利枢纽综合调度方式[139]。徐雨妮等建立了梯级水库群发电调度合作博弈模型，采用改进后的水循环算法对模型进行分层求解从而研究了发电调度[140]。肖杨等构建梯级水库发电优化调度模型，利用逐步优化-逐次逼近动态规划混合算法进行求解分析了沅水梯级水库发电效益[141]。支悦等提出了水电站水库"以水定电"调度模型的快速求解方法——浮子算法，分析了水库发电优化调度[142]。李文武等提出采用基于强化学习的 HSARSA（λ）算法对水库长期随机优化调度进行了研究[143]。吴振天等建立了以水库群发电量最大、适宜生态缺溢流量平方和最小为目标的调度模型，并采用 NSGA-Ⅱ算法求解该模型[144]。张翔宇等引入风电惩罚成本，建立了风电与抽水蓄能电站联合调度优化模型[145]。

6.4.3　在泥沙调度方面

近两年在水工程单独泥沙调度方面的研究仍然较少，主要侧重于水库排沙与水量联合调度等。郑珊等[146]改进了河床演变的滞后响应模型，得到了权重归一化的滞后响应模型，采用改进后的模型建立了三门峡水库累计淤积量的计算方法。胡春宏等分析了三峡水库"蓄清排浑"的调度运用方式，并根据上游来水来沙减少等新情况对水库运用方式进行了优化调整[147]。

6.4.4　在水量调度方面

近两年，有关水库水量调度研究的成果十分丰富，研究对象涉及单个水库、梯级水库等，有单纯水量调度，也有与发电结合在一起。在具体研究内容上，理论方法研究较少，主要偏重模型与方法在实际调度中的应用，且侧重于运用现代各类数学方法解决寻优技术难题。以下仅列举有代表性文献以供参考。

（1）贾振兴[148] 应用判别模式法对张家庄水库进行汛期分期，以均方差评价指标S为标准对模型分期结果进行评价，并进行水库调度研究。赵强等构建了以削峰率最大为目标的水库实时防洪调度模型，提出了防洪库容分期动态使用的方法[149]。宋君辉等采用分步试算的调洪计算方法，研究制定了云峰水库预报调度方案[150]。林立等以松古平原联库工程为例，分析了复杂工程边界条件下区域水库并联调度方案，采用模拟聚合水库方法对水库供水实施调度进行了研究[151]。孟钰等建立了基于生态流量逐级保证的水库多目标水量分配模型[152]。朱红分析了淠史杭灌区以"统一调度、计划供水、总量控制、综合利用"为主要特征的水资源配置与供水调度体系[153]。

（2）艾学山等[154] 建立了水库防洪调度的常规调度模型和多目标优化调度模型。李映辉等将相似洪水动态展延相关理论与水库防洪优化调度模型相结合，提出了基于相似洪水动态展延的防洪调度决策方法[155]。贺建文等建立了渠系优化配水模型，开发了渠道优化配水系统，并采用NSGA-Ⅱ遗传算法对灌区水量分配进行优化[156]。曾超等提出了一种考虑不确定性的水库供、蓄水优化模型[157]。刘玒玒等构建了多水源联合调配模拟模型，确定调配规则，并分析了不同来水频率情况下的多水源联合调配方案[158]。

（3）朱迪等[159] 建立了赣江中下游防洪系统联合防洪调度模型，并采用离散邻域的动态规划-逐步优化算法（DP-POA）进行防洪优化调度。何绍坤等建立了基于防洪、发电和蓄水的多目标调度模型，并采用Pareto存档动态维度搜索算法（PA-DDS）进行优化蓄水方案研究[160]。杨芬等绘制了多维嵌套北京市供水网络拓扑结构，建立了北京市多水源联合调度模拟模型[161]。杨成刚等构建了宁波市区三江平原河网水量水质联合调控模型系统[162]。龚志浩针对含有翻水线的两库系统，对系统的联合调度控制参数设计正交试验，然后采用动态规划对子系统模型进行分析[163]。

（4）侯时雨等[164] 建立了澜沧江-湄公河全流域分布式水文及水库调度模型，模拟全流域规划水库的联合调度过程。王渤权等构建了考虑西霞院黄委调令的水库群优化调度模型，并针对模型特点，提出了POA-GA嵌套搜索的求解方法[165]。唐勇等构建了基于不同主体约束条件下水电站整体发电量最大的中长期优化调度模型[166]。史利杰等建立了多目标优化调度模型，同时，提出改进多目标蝙蝠算法（IMOBA）用于求解多目标优化调度模型，对洛河流域水库优化调度研究[167]。吴梦烟等针对水库多目标优化调度问题，采用改进的烟花算法求解带自适应罚函数的水库多目标优化调度数学模型[168]。

（5）李英海等[169] 开展了考虑生态流量需求的汛末蓄水调度研究，进而提出了基于调度图的改进提前蓄水方案。杨琦等提出了一种用于多水源优化调度建模、求解及方案评价的实用方法，并以北方某工业园区的多水源供水为例进行了模拟计算[170]。沈来银等提出了一种不需要作物需水预测成果的渠系优化配水模型框架[171]。杜丽娟等采用GWAS模型和基于精英策略的非支配遗传改进算法，建立了适用于淠史杭灌区的水资源优化配置模型[172]。苏华英等提出了基于实时弃水风险评估的梯级水电优化调度方法，并详述了模型的构建及求解方法[173]。贾一飞等建立了光伏发电出力预测模型及龙羊峡水光互补短期优化调度模型，并采用改进的逐步优化算法对模型进行求解[174]。马永胜等建立了多目标联合优化调度模型，采用大系统分解协调（LSSDC）理论与方法，构建了引嘉入汉调水工程联合调度最优决策制定模式[175]。

6.4.5　在水沙联合调度方面

水素来与沙相伴，在水库优化调度过程中，水沙调度必然存在。近两年来对水沙联合调度方面的研究整体不多，仅有史红玲等[176] 根据灌区对入渠水沙资源的分配目标，提出了配置能力指标的表达式，并利用灌区水沙资源分布的规律性，对表达式的指标值进行了量化。陈波等对达克曲克水电站采取了蓄水排沙和连续排沙相结合的水沙调度方式研究[177]。王婷等对前汛期中小洪水小浪底水库调水调沙方式进行了研究[178]。吴乐平等从不同方面对水库群-河道水沙分配动态博弈模型理论框架进行了探讨[179]。张金良等提出了水沙关系协调度的概念，分析了黄河水沙关系协调度与骨干水库的调节作用[180]。张金良等在《黄河水沙联合调度关键问题与实践》一书中分析了黄河中下游来水来沙特性，建立了水库泥沙淤积神经网络快速预测模型，研究了水库排沙和异重流调度、水库汛期浑水发电与优化调度、水沙联合调度及其对下游河道的影响，给出了调水调沙试验与生产运行实践过程[181]。

6.4.6　在水库群调度方面

水库群是一群共同工作的水库整体，它们在一定程度上能互相协作，共同调节径流。在近两年的研究中，水库群作为水利方面的核心工程，在水资源开发利用实践中作用突出。水库群是个复杂的系统工程，具有涉及范围广泛，涵盖内容众多，以及相关因素联系错综复杂的特点，因此水库群优化调度一直以来都是诸多学者研究的难点和重点。在目前的水库群调度相关研究中，也多致力于构建水库群系统调度模型、采用先进技术方法寻求水库群调度最优解。以下仅列举有代表性文献以供参考。

（1）马昱斐等[182] 提出基于全微分法的增益归因-分配模型。胡铁松等以辽宁省碧流河水库与英那河水库为例，设计了水库调度问题的优化求解方法，开展了并联供水工程研究[183]。纪昌明等以锦东和官地水库梯级为例，建立考虑动态滞时的梯级水电站水库群日优化调度模型，并采用逐次优化法对采用动态滞时与固定滞时的优化方案进行求解和对比分析[184]。吴云等建立了混沌变异布谷鸟算法求解多阶段组合优化问题的数学模型。并将其应用于长治盆地供水区的优化调度[185]。吴智丁提出多目标仿水循环算法（MWCA），并将其引入梯级水库群多目标优化调度中[186]。吴洋等以澜沧江小湾和糯扎渡梯级水电站为例，提出考虑多元交易品种的梯级水电站长期竞价调度方法[187]。黄景光等构建了基于峰谷分时电价下的梯级水电站日最大发电效益模型[188]。李荣波等针对水库多目标调度方案优选问题，构建了耦合主客观权重优化技术和VIKOR模型的MDIP - VIKOR评价模型[189]。俞洪杰等建立了潘口-小漩梯级水库短期优化调度模型，并采用改进的POA算法对模型进行求解调度研究[190]。

（2）陈哲等[191] 采用社会情感优化算法（SEOA算法），在生成初始种群和算法收敛速度两方面进行改进，最后将改进后的算法运用到东榆林水库调度配置中。纪昌明等提出一种新型的多目标粒子群算法LMPSO，将该算法应用于溪洛渡-向家坝梯级水库的中长期多目标优化调度中[192]。朱迪等在 POA 算法基础上，提出了三层并行 POA 算法（TP-POA），并应用于赣江中下游复杂防洪系统的防洪优化调度中[193]。何中政等提出了基于梯度分析法的供水-发电-环境两两互馈关系研究方法[194]。蒋志强等基于多维动态规划的最优化计算结果，提出了一套新的梯级系统中多年调节水库年末最佳消落水位优化控制方法[195]。陈牧风等针对水资源多目标开发要求和多利益主体效益分配问题，提出了同时考虑水库贡献度和牺牲度的组合系数增益分配模型[196]。王庆利等将遗传算法与调度图相结合，提出了岳城水库多目标供水能力计算方法[197]。邓志诚等提出基于聚集度自适应反向学习粒子群算法[198]。彭涛提出了基于"控制对象允许蓄量"的梯级水库洪水资源利用方式，并进行了模拟调度[199]。黄景光等提出逐步优化算法（POA）与水位廊道耦合方法，用于含混合抽水蓄能的梯级水电站调度模型研究[200]。

（3）孔波等[201] 建立了电站-水库-泵站群多目标优化调度模型，并提出了求解多目标优化调度模型的综合改进布谷鸟新算法来求解模型。吴志远等[202] 提出了约束破坏向量、分段粒子群算法以及多目标分段粒子群算法，并用于闽江流域金溪梯级水库多目标优化调度中。李瑛在《引汉济渭跨流域复杂水库群联合调配研究》一书中构建了工程调水区水库群联合调度模拟模型，开展了引汉济渭跨流域复杂水库群联合调度研究，制定了引汉济渭工程联合运行的调度图和调度函数，分析了汉江与渭河的径流特征[203]。周建中等提出了一种基于防洪库容风险频率曲线的梯级水库群防洪风险共担理论及水库风险-调度-决策理论体系[204]。王煜等建立了梯级水库群协同优化调度模型，调配抗旱水源[205]。蔡卓森等采用 RVA 法量化下游河道适宜生态流量，建立以调度期内发电量最大和下游河道适宜生态流量改变度最小为目标的梯级水库群多目标优化调度模型[206]。康玲等通过构建水库群防洪库容优化分配模型，提出了长江上游水库群联合防洪调度系统非线性安全度策略[207]。

（4）张剑亭等[208] 引入基于信息熵的增益分配法，对乌江流域 7 座梯级水库联合优化调度的增益分配问题进行研究。杨旭等按照梯级调度综合效益实现流程，创新提出"气流-水流-电流"的增值描述模式，并采用数据融合信息组（DFIG）理论对水库调度系统进行设计[209]。纪昌明等构建精细至水电站各机组工作特性的优化调度模型，用于梯级水库日优化调度的研究中[210]。岳华等采用逐步优化算法求解梯级水库群超标洪水协同应急调度模型，对梯级水库群超标洪水应急调度方案进行了研究[211]。张凤翔等通过构建模型对淮河流域沂河、沭河上游水库削峰效果、洪水同步性、水库群补偿能力进行了分析[212]。李克飞等建立了黄河大型水库群联合调度模型，开展长系列调度模拟，提出汛期和用水高峰期黄河上下游不同水库的调度规律[213]。

（5）贾一飞等[214] 建立了黄河上游水库群优化调度模型，提出改进的逐步优化算法（ICGC-POA）并对模型进行求解，从而进行优化调度研究。张永永等构建了以流域综合缺水量最小为目标的黄河干流骨干水库群联合调度模型[215]。彭辉等采用水库群模拟优化方法建立了考虑下游河道生态需水的水库群多目标联合调度模型[216]。曹明霖等根据引调水成本的相对高低提出供水成本递增的多情景分层优化模型，对跨区域调水的多水源水库群系统调度进行研究[217]。马立亚等建立了汉江流域引调水工程及水库统一调度模型[218]。易灵等提出了"库容高低配"调度模式，通过预泄能力约束和库容补偿调度，建立了基于"库容高低配"策略的水库群汛末蓄水调度模型，制定梯级水库汛末优化调度方案[219]。彭少明等以减少干旱年份流域缺水量和优化缺水时空分布为目标，构建了应对干旱的梯级水库群多时空尺度协同优化调度模型[220]。张蓓等建立了计及发电量最大化和时段最小出力最大化的双目标模型，并提取了互补运行中梯级水电的调度策略[221]。

（6）朱锦干等[222] 构建了梯级水库汛前消落控制模型，针对不同典型来水并通过设定梯级各水库不同消落时机代入模型进行模拟调度。谢荻雅等建立了计及偏差考核的电站收益模型，基于单站运行约束条件，同时构建了基于偏差考核的梯级水电调度模型[223]。李赫等建立了基于发电、蓄水和生态的多目标优化调度模型，采用逐次逼近动态规划方法进行求解，从而对水库群进行联合蓄水优化调度研究[224]。沈笛等构建考虑泥沙淤积的小浪底-西霞院水库群优化调度模型[225]。郭生练等建立提前蓄水多目标联合优化调度模型，并采用分区策略、大系统聚合分解、参数模拟优化方法和并行逐次逼近寻优算法求解[226]。胡向阳等提出了兼顾"时-空-量-序-效"多维属性的模型功能结构，构建了长江上游水库群多区域协同防洪调度模型[227]。

（7）黄志鸿等[228] 以生态溢缺水率和综合缺水率作为目标建立了浊漳河流域水库群生态调度模型。许子宽等综合考虑研究区各用水单元，建立了常规水-非常规水、当地水-外调水耦合的水库群联合调度数学模型[229]。蒋晓辉等在《基于水库群多目标调度的黑河流域复杂水资源系统配置研究》一书中构建了由水资源供需平衡模型、水库调度模型和地下水均衡模型等耦合形成的黑河流域水资源合理配置模型，分析评价了"97"分水方案的适应性，研究了不同来水年的黄藏寺水库运用方式和大流量集中泄水方案[230]。郭生练等在《汉江流域水文模拟预报与水库水资源优化调度配置》一书中对丹江口水库防洪兴利综合调度、安康-丹江口梯级水库多目标联合调度等进行了研究[231]。

6.4.7 在闸坝群调度方面

闸坝群调度作为现代水利工程调度中一种新的调控模式，目前的有关闸坝群调度研究主要集中于闸坝调度对水量及水质的影响、闸坝调度方案等方面，但近两年相关研究内容仍不多，研究成果较少，有待学者进一步研究和探讨。

（1）花胜强等提出了基于多阶邻接变换的船闸调度模型，并在宽度优先的原则上进行闸室内船舶排列后评估[232]。关大玮等基于 MIKE 21 建立了珠江三角洲某水乡社区航道的二维水动力模型，模拟设计方案下闸门开闭时内航道水位变化[233]。

（2）邓浩等[234] 建立梯级橡胶坝调度优化模型，并采用线性加速选择函数与改进的自适应交叉、变异函数，改进传统遗传算法（GA），进行模拟运算。郭红民等采用数值模拟的方法，针对调度中的各级流量，对多闸孔连续尾坎溢流坝闸门优化调度运行进行研究[235]。易汉文等分别采用水力学关系和机器学习方法，构建单孔和多孔闸门流量-开度模型[236]。

6.4.8 在泵站调度方面

泵站在水资源调配及工农业供水等方面起着十分重要的作用。随着国民经济的发展，泵站的数量越来越多。因此，近两年对于泵站调度方面存在较多的研究，以下仅举具有代表性的文献。

（1）王彤等[237] 建立泵站优化调度模型，并使用遗传算法求解最优的水泵运行组合。

李娜等利用泵相似特性理论，对梯级泵站变速调节时的各种开机台数匹配工况进行分析，并通过数值模拟对梯级泵站流量进行平衡匹配[238]。魏良良等基于 BP 神经网络训练水泵特性，进而建立泵站优化调度数学模型，并采用改进的遗传算法求解水泵组合方案及各泵运行参数[239]。韩晓维等建立进水明渠、箱涵、进水池及进水流道三维数学模型，并通过进流指标函数对不同机组组合运行时的进水池内流态及流道进口进流条件进行研究[240]。

（2）高玉琴等[241] 通过构建圩区排涝泵站的优化调度模型，并运用遗传算法对试验方案进行优化求解，得到圩区排涝泵站在"等功耗下排水量最大"的优化调度方案。王彤等基于地表水取水泵站优化调度模型，利用遗传算法以泵站运行总功率最小为目标函数编写泵站优化调度程序，进行优化调度研究[242]。侯国鑫等针对湖南某泵站优化调度问题，建立了变频调角双调节轴流泵站内优化调度模型，并采用粒子群算法进行求解[243]。

（3）陶东等[244] 以某多级提水泵站为研究对象，对泵站级间采用粒子群算法进行优化调度。张焱炜等基于分解协调法建立了梯级泵站能耗优化模型和日运行电费优化模型，利用修正的 Morris 筛选法对模型进行了局部敏感性分析[245]。郭永灵等构建单级泵站日经济优化运行模型，以泵站日运行总费用最低为目标，通过动态规划法从而求解单级泵站的日经济最优运行方案[246]。吴远为等针对泵站节能降耗问题，建立了站内优化调度模型，并利用混沌理论改进粒子群算法，开展站内调度方案寻优问题研究[247]。

6.4.9　在调度图与调度规则方面

水工程调度图和调度规则是水工程管理人员将工程运行调度付诸实施的主要依据。研究中往往与水库或电站优化调度相结合，在求解优化调度的同时，得到相应的调度图和调度规则。总体来看，理论研究不足，实践应用较多，且主要以水工程调度实践为例。以下仅列举有代表性文献以供参考。

（1）郭旭宁等[248] 在《跨流域水库群联合调度理论研究》一书中提出了调水规则和供水规则相结合的跨流域供水水库群联合调度规则，建立了确定水库群调水、供水规则的二层规划模型，采用并行种群混合进化的粒子群算法对调水控制线和供水调度图进行分层优化。鄢军军等通过不同条件下对电站下水库调洪原则及成果的分析探讨，研究提出了五岳水库洪水调度规则[249]。尚文绣等基于水文分期特征，提出了参考各时段实时可利用水量的水库生态供水规则，并应用于万家寨水库[250]。顾文权等建立了适用于多调出水库单一调入水库供水系统的调度规则提取模型[251]。陈立华等基于 unity3D 平台针对西江流域实现动态绘制水网图[252]。杨牧等探究了调度时段尺度差异对梯级蓄能调度图调度结果的影响规律，并进一步量化了不同调度时段长度对梯级水库发电调度结果的影响[253]。沈筱等建立以系统总发电量最大为目标的确定性优化模型，采用动态规划逐次逼近法（DPSA）求解模型，最后建立 BP 人工神经网络模型提取调度规则[254]。

（2）罗德河等[255] 提出基于水库近年来的实测来水记录，建立水库优化调度模型，并采用模拟退火算法，求得各调度年份库水位过程线，得到水库的调度图方法。高玉琴等以三亚市大隆水库为实例，构建了考虑天然水文情势的水库调度规则优化模型，基于 NSGA - Ⅱ 优化算法进行模型求解，得到大隆水库调度规则优化方案[256]。杨牧等提出了一种调度线出力系数初始解构造方法和基于逐步优化算法的出力系数优化流程，能够快速准确地找出蓄能调度图的最优调度线出力系数[257]。吴贞晖等提出了一种模拟和优化相结合的多目标水库调度图优化方法[258]。詹新焕等利用新安江模型预报出的净雨信息，制定水库防洪预报调度规则[259]。万芳在《面向风险预警机制的复杂水库群供水调度规则研究》一书中论述了面向风险预警机制的复杂水库群供水优化调度，建立了供水水库群优化调度三层规划模型，制定了水库群共同供水任务分配规则，分析和研究了水库群供水预警系统及其准确度[260]。

6.5　水工程影响及效益研究进展

水工程修建必然会对流域/区域水文情势、水资源开发利用及生态环境带来影响，为客观评价水工程建设的利弊性，促进人水关系和谐发展，必须要对水工程建设的影响进行评估。水工程影响研究内容丰富，研究成果较多。随着研究的深入和对问题认识的深化，水工程影响研究不断扩展，主要包括水工程对水文情势的影响，对水生态的影响，对水环境的影响，对水资源工程效益评价的影响，对水文地质的影响，对河道通航、江湖关系和水盐运移的影响等 8 个方面。以下仅列举有代表性文献以供参考。

6.5.1　在对水文情势的影响方面

近两年来，水工程对水文情势的影响研究成果十分丰富，主要包括：①对水温的影响；②对水位的影响；③对径流与流量的影响；④对泥沙的影响；⑤对水沙情势的影响；⑥对水动力条件的影响；⑦对河床的影响；⑧对整体水文情势的影响；⑨对地下水的影响；⑩对冰凌情势的影响；⑪对其他水文情势的影响。总体来说，研究过程先通过机理性研究，再定量分析或模型或验证，集中于对水库、水电站、灌区等相关水利枢纽对水文情势各方面影响的研究。以下仅列举有代表性文献以供参考。

（1）有关水工程对水温的影响代表性文献有：赵高磊等[261] 构建了虚拟水库 Alpha，研究了水库梯级修建对水温的极限影响。王福山等利用气候模式 WRF 中的湖泊模型，对未来糯扎渡水库水温变化趋势进行模拟[262]。黄佳维等研究了三峡库区夏季不同支流库湾倒灌特性及其对水温分层和对水华的影响[263]。邱如健等采用一维水温模型研究了三峡水库对长江中游河道水温的影响[264]。许尤等分析了梯级水库对于澜沧江干流水温沿程变化的影响[265]。毕晓静等探究了功果桥电站对坝下河道水温产生的影响[266]。伦冠海等研究了高水头水库的水温垂向分布规律及分层取水对放水温度的影响[267]。张鹏飞通过 EFDC 模型建立了洪家渡水库水温模型，模拟了库区坝前断面水温分布情况[268]。邹珊等采用归因分析和多尺度对比分析，研究了长江段水温的时空变异特性及沿程分布[269]。王海军等建立了三维水动力水温数值模拟模型，研究了幕布材料透水率对下泄水温及幕布总体受力的影响[270]。

（2）有关水工程对水位的影响代表性文献有：王琳等[271] 利用 ABAQUS 有限元软件模拟水库在不同防渗措施与截排水系统的联合作用下对坝后地下水埋深的影响。倪晋等利用水沙数学模型分析了淮河工程实施后河道冲淤演变及水位变化[272]。胡向阳等用集总水文模型分析了典型年份沿江泵站排涝流量对长江干流洪水位的影响[273]。金科等研究了降雨及引江济太工程调度对太湖水位变化的影响[274]。李英海等研究了溪洛渡-向家坝梯级水库调蓄对下游水库汛限水位影响[275]。

（3）有关水工程对径流与流量的影响代表性文献有：范少英等[276] 对三峡水库运用前后鄱阳湖各月调蓄水量的变化情况进行了定量分析。赵秋湘等通过建立荆江三口分流模型，研究了三峡水库对荆江三口发流量、分流比、断流情况的影响[277]。邢龙等构建了一维水动力模型，评估三峡水库调度对长江中下游洪水情势的影响[278]。黄薇等构建了受无调控小水库群影响的流域洪水预报模型，研究了小型水库群对流域洪水过程的影响程度[279]。张旭昇等应用"二分法"改进 MIKE BASIN 模型，研究上游调水对崆峒水库可供水量的影响[280]。温得平等采用同频率地区组成法定量分析了温泉水库对大干沟水电站洪水的消减作用[281]。刘玉等运用相关分析、对比分析、汇流比等方法研究了三峡水库调洪调度运行期对江湖汇流区水情的影响[282]。任春平等建立了汾河核心区水流运动二维数值模型，分析了不同运行工况下液压坝对洪水演进的影响，重点分析了对流场特性、水位变化的影响[283]。赵贵章等采用 Lyne - Holick 滤波法研究水利枢纽工程对河川基流量的影响[284]。刘刚等通过一维水动力模型 MIKE 11 和二维水动力模型 MIKE 21 耦合，模拟坝系连锁溃坝洪水过程[285]。代稳等以荆南三口流域为例，定量分析了水系连通功能变异下荆南三口流域径流特征变化[286]。顾玉娇等运用变化范围法（RVA）较为全面地评估三座店水库对河道径流水文情势的影响[287]。吕海深等研究了淮河流域闸坝对径流量的影响[288]。

（4）有关水工程对泥沙的影响代表性文献有：唐磊等[289] 建立二维水沙数学模型，分别研究了拆坝后水沙输运造成的短期和长期河床形态变化。唐小娅等建立了考虑上游来沙和坝前水位双重影响的泥沙淤积滞后响应模型，探究了汛期泥沙淤积的滞后规律[290]。任实等分析了蓄水以来三峡水库淤积特性[291]。刘洁等分析了长江上游水沙变化对三峡水库泥沙淤积的影响[292]。侯素珍等研究了三门峡水库运用水位对库区淤积分布的影响[293]。秦蕾蕾等采用输沙法分析了溪洛渡和向家坝梯级水库运用以来的拦沙情况[294]。周勤等通过模型试验对桐子林水电站上游近坝段的大量含沙洪水入汇过程进行模拟，研究了库区内泥沙淤积形态和粒径分布规律[295]。袁晶等定量评估了水库拦沙对嘉陵江流域输沙量减小的贡献权重[296]。朱玲玲等基于 DEM 数字高程模型，研究了三峡库区主要支流河口泥沙堆积形态及成因[297]。李海彬等运用 Brune 拦沙率方法，估算西江干支流梯级水库拦沙量，并预测在建和拟建水库运行后西江输沙量变化趋势[298]。吴保生等建立了考虑入库水沙和库水位变化的库区累计淤积量及潼关高程的滞后响应计算方法，并定量分析不同水沙条件和"318 运用"对库区冲淤和潼关高程变化的影响[299]。杨春瑞等基于一维水沙数学模型，分析了长期实行中小洪水调度对三峡库区泥沙淤积的影响[300]。申冠卿等分析了小浪底水库运用以来黄河下游河道泥沙冲淤时空变化特性及水库对水沙的调控效果[301]。王普庆等基于河流动力学理论，分析蓄水运用后，闸前河段泥沙淤积分布的规律及其内在机理[302]。

（5）有关水工程对水沙情势的影响代表性文献有：吕超楠等[303] 运用水沙过程线法和双累计曲线法，分析了岷江水库建设特点、水沙输移变化以及二者之间的联系。石雨亮等分析了漫湾水电站运行对下游水沙情势的影响[304]。张金萍等采用 CEEMDAN 方法、集对分析和信息熵理论，分析了水沙随机变化复杂性及水库运行对水沙关系的影响[305]。李勇等对黄河中游水库群水沙联合调度塑造高含沙水流进行研究，并分析了古贤水库建成运用后的影响[306]。毛海涛等对三峡水库蓄水后，其上下游河段水沙特性变化及影响因素进行了研究[307]。张为等采用实测资料分析法和理论分析法，对梯级水库蓄水后三峡水库洪峰沙峰异步特性变化进行分析[308]。蒋楠等基于多种分析方法研究了小水电工程对黄尾河流域生态水文效应的影响[309]。张金萍等利用多时间尺度熵和纳什效率系数，研究了龙羊峡水库对下游水沙条件变化的影响[310]。

（6）有关水工程对水动力条件的影响代表性文献有：曹慧群等[311] 建立了水动力-水质耦合数学模型，模拟分析了水网连通前后东湖、沙湖的水动力与水质变化。李慧玲等采用一维水动力水质模型，模拟预测了不同闸宽条件下跃进片各断面最大流量、总进水量等水动力变化特征[312]。岳青华等采用二维潮流数学模型 MIKE 21 Flow Model _ FM，从潮流、纳潮量和水交换 3 个方面分析大鹏湾内围填海工程对大鹏湾水动力环境的影响[313]。许新发等采用物理模型试验，研究了赣江尾闾综合整治工程对河段水流特性的影响[314]。徐存东等构建了三维几何模型，研究了多泥沙河流侧向进水泵站不同开机组合对泵站前池流态的影响[315]。邱奕翔等建立拱坝-地基-库水系统有限元模型，研究库水模拟对拱坝动力特性的影响[316]。

（7）有关水工程对河床的影响代表性文献有：王英珍等[317] 计算了断面及河段尺度的主槽摆动宽度及强度，确定了小浪底水库运用后游荡段的主槽摆动特点。刘欣等研究了小浪底水库调水调沙以来黄河下游游荡河段河床演变情况[318]。罗方冰等采用三峡水库蓄水以来的实测地形与河床组成资料，分析了河床冲淤分布特征及成因[319]。李溢汶等采用河段平均的方法计算了沙市段河段尺度的深泓摆幅及平滩河槽形态参数，研究了裁弯工程实施及三峡工程运用对沙市段河床演变的影响[320]。杨卓媛等建立了一维耦合水沙数学模型，分析了不同断面间距对沿程水位及河段冲淤量等计算结果的影响[321]。申冠卿等根据小浪底水库拦沙运用后的河道观测资料，分析了黄河下游河道泥沙冲淤及河床质组成的时空变化特性[322]。余阳等从河床冲刷量、平滩河槽形态、平滩流量等方面分析了小浪底水库运行前后黄河下游游荡河段的河床调整过程及过流能力变化[323]。郑国诞等采用建闸后至今十余年的地形资料进行闸上河道河床演变分析[324]。岳红艳等开展一维水沙数学模型计算，探讨了长江中游宜都至松滋河口段近期河道演变特性[325]。夏军强等采用基于河段尺度的平滩河槽形态参数的统计方法，分析了近期长江中游水沙过程及河床冲淤情况[326]。谢思泉等研究了三峡水库运用后水沙变异条件下河势变化和冲淤特性[327]。

（8）有关水工程对整体水文情势的影响代表性文献有：郑丙辉等[328] 在《三峡水库水环境特征及其演变》一书中论述了三峡水库运行后干流水体水文水动力、水质、水生态演变过程，以及流域氮、磷污染源输入和水库消落带土壤与沉积物的特征，探讨了三峡水库支流回水区氮、磷迁移转化和水华形成机制。胡春宏分析了三峡水库 175m 试验性蓄水十年来，进出库水沙特性、库区泥沙冲淤情况、坝下游水沙变化与河道冲刷情况[329]。王鸿翔等应用水文指标变动范围法和水文改变度法综合评估了三峡水库运行对洞庭湖水文指标改变程度[330]。郭文献等应用生态水文指标变动范围法（RVA）综合分析了三峡水库蓄水对长江中下游河流生态水文指标改变程度及其生态效应[331]。林梦然等采用水文变化范围法（RVA）并结合水库运行特点及黄河上游生态特征，评估龙羊峡水库运行对其坝下河段水文情势的改变程度及生态影响[332]。徐长江等基于实测资料分析了三峡水库运行前后洞庭湖区水文情势变化[333]。张康等通过 IHA 法和利用 CRITIC 法改进 RVA 完成串并混联运行模式下的水文指标变化趋势和整体水文变异程度的研究[334]。朱烨等研究了上游调水对汉江中下游的影响，并对调水前后汉江中下游的水文情势进行了分析[335]。张陵等开展了三峡、葛洲坝水利枢纽所控制的宜昌江段水电开发对河流水文情势影响研究，同时分析了下游水文情势变化对中华鲟生境的影响[336]。

王鸿翔等[337] 采用生态水文指标变化范围法（IHA - RVA）以及水文改变度法综合评价了资水流域的水文情势改变程度。班璇等用变化范围法划分不同影响期，并对丹江口下游的水文情势的变化趋势进行评估[338]。郑越馨等基于水文变化指标/变化范围法（IHA - RVA），定量评估了尼尔基水库运行下对下游嫩江水文情势的影响[339]。陈立华等基于RVA 法得到了不同情况下黔江水文情势特征的水文改变指标情况[340]。王宁等采用 RVA方法从河流水文情势指标和生态多样性指标两方面分析尼尔基水利枢纽运行对下游河流水文情势的影响[341]。邴建平等构建了反映长江中游复杂江湖关系的一、二维水动力数学模型，定量评估了三峡水库对长江与鄱阳湖江湖水文过程的影响程度[342]。唐玉兰等采用基于水文改变指标法（IHA）的变化范围法（RVA）分析了水库运行对太子河本溪段的生态水文指标改变度[343]。包中进等采用拦河闸平面二维数学模型，对不同方案沿程洪水位变化、影响范围以及洪水过程线的变化进行了分析[344]。黄草等采用水文变异指标法及变化范围法（IHA - RVA），定量分析了拉萨河干流梯级水电站不同调度模式对水文情势变化的影响[345]。

（9）有关水工程对地下水的影响代表性文献有：李满良等[346] 探究了气候变化对泾惠渠灌区地下水位动态变化的影响。刘晓光等运用 Modflow 软件建立地下水流的三维数值模型，对平原型水库水位变化对库区附近地下水位影响的滞后性进行了研究[347]。汪生斌等基于数值模拟方法，分析了温泉水库、南山口一级电站以及洪水等因素对格尔木河地下水位上升程度的影响[348]。王琳等采用数值模拟的方法研究了平原水库"防-截-导"渗流控制对坝后地下水埋深的影响[349]。

（10）有关水工程对冰凌情势的影响还有：赵海镜等[350] 采用资料分析和数值模拟方式，总结了电站水库冰情的形成及消长规律，分析了电站机组运行和水库冰情之间的关系。陈冬伶等分析了海勃湾水库运用对黄河内蒙古河段的防凌作用及对凌情的影响[351]。

（11）有关水工程对其他水文情势的影响还有：于丹青等[352] 揭示了漫湾水库运行下库内洲滩潜流带夏季热传输特征与驱动机制。曾少岳等介绍了向家坝水电站泄洪消能建筑物的体形，分析了其泄洪雾化范围及对水富县城湿度的影响[353]。张静等采用趋势分析法和相关分析法研究了三峡库区蓄水后相关气候要素的变化情况[354]。冯立文等采用数值模拟了洪湾渔港规划方案实施后河道流场、流速的变化以及泥沙淤积情况[355]。朱巧云等利用潮汐调和分析方法，对比分析了三峡工程蓄水后长江河口段的潮汐特征[356]。代稳等构建了出水文干旱特征联合分布 Copula 函数，对水系连通变异下该河系水文干旱特征进行了研究[357]。李景保等对长江荆南三口水系图进行解译，并运用灰色关联度模型定量评价区内外水利工程对水系结构变化的影响[358]。杨光彬等基于实测资料分析了三门峡水库自2003 年采用"318"控制运用以来，入库水沙条件、运用水位及潼关高程的变化特点[359]。何军等借助通径分析法研究三峡工程首次 135m 蓄水前、后不同气象因子对库区参考作物蒸发蒸腾量的影响[360]。张强等在《东江、黄河、辽河流域地表水文过程模拟及水利工程水文效应研究》一书中研究了不同流域径流过程的模拟和预测，构建不同模型研究了径流模拟与预测精度和不确定性，探讨了人类活动影响前后流域丰枯遭遇、洪水频率、重现期及水生态的情况[361]。熊友才等在《石羊河流域水资源管理集成研究》一书中总结了石羊河流域生态系统退化和社会经济发展历史，简析了国家重大生态修复工程石羊河流域重点治理背景下生态环境变化规律与生态效度变异特征，综合评估了流域水资源管理的有效性[362]。

6.5.2 在对水生态的影响方面

水工程的建设通过影响水文情势进而对水生态产生重要影响，这些影响或利或弊。目前，随着我国生态文明建设的大力开展，对水生态的关注日益重视，因此此类研究成果也较多。总体来看，在对水生态的影响方面，主要集中于对河流泥沙及鱼类的影响方面，理论研究虽有，但更多的是集中构建模拟模型分析水工程对水生态的定量化影响。以下仅列举有代表性文献以供参考。

（1）常留红等[363]建立二维数值模型，研究了潮汐河段航道整治丁坝群对鱼类"三场一通道"的影响规律。夏军等构建了一种基于 AHP-Grey 的动态生态环境评价模型，对雅安某小水电进行了评估[364]。董继坤通过对黄河河道整治工程菏泽段建设过程中采取的水生态保护措施及取得的成果进行研究，探索出了有效的水生态防护方法和修复措施[365]。宋劼等基于 2018 年黄河小浪底水库调水调沙前后采样结果，研究了黄河小浪底调水调沙对下游河流系统浮游生物群落的动态影响[366]。易亮等采用平面二维水动力数学模型，研究了航道整治工程所导致的水文情势变化对河段内四大家鱼产卵场的影响[367]。许栋等通过对丰水期和枯水期采样处理和计量鉴定，研究了海南南渡江干流的底栖动物的生物量、丰度、多样性、均匀度在丰枯水期的沿程变化[368]。

（2）王新艳等[369]选取黄河口滨海湿地三条水文连通强度差异明显的潮沟，分析了水文连通强度对大型底栖动物分布和生物多样性的影响。张帅等在野外调查和室内实验的基础上，结合历史数据，研究了大河家水电站建成前后水生生物的变化情况[370]。戴凌全等通过构建江湖一体化耦合水动力模型，定量描述了三峡水库枯水期不同运行方式对洞庭湖生态补水效果的空间差异[371]。许晓春等从细致分析水利工程后评价特点、评价原则、工作内容入手，详细阐述了对水利工程生态环境影响后评价体系的构建过程，并提出了对应的评价模型及方法建议[372]。王煜等通过资料调查、数值模拟等方法，构建了优化中华鲟产卵场水动力环境的梯级水库联合调度模型[373]。汪青辽等采用流量历时曲线法和栖息地模拟法分别进行生态流量研究，确定目标鱼类产卵繁殖期适宜的生态流量值[374]。李培科等根据河南新密地区贾鲁河生态修复理念及其实践，从技术层面提出修复路线和技术性防控对策[375]。侯俊等采用 MIKE 数值模拟与 HSI 栖息地模型结合的方法，研究了在不同生命期不同流量对鱼类栖息地的影响[376]。

（3）贾建辉等[377]利用当量因子法和功能价值评估法，分析了武江干流梯级水电开发对受淹没影响的河岸带陆地生态系统和河流生态系统服务的效益及损失。罗慧萍等通过构建的东沙湖水动力模型，模拟到各工况下的关键生态水文要素值，并评估引水调度的生态水文效应[378]。温佳琦等基于牡丹江镜泊湖电站至石岩电站江段的底栖动物采样数据，分析该江段的底栖动物沿程变化规律以及梯级水电站群对水生态环境的影响[379]。宋南奇等构建了基于 GIS 的空间变化和建设周期动态变化的环境影响评价模型，研究了人工岛机场填海对生态环境造成的影响[380]。吴时强等在《太湖流域重大治污工程水生态影响监测与评估》一书中研究了重大工程生态影响跟踪监测技术，构建了以单因子指数与综合指数为一体的重大工程生态影响评估指标体系，提出了太湖流域重大工程生态影响跟踪监测与评估技术方案[381]。

6.5.3　在对水环境的影响方面

水工程的建设对于水环境的影响也至关重要。近两年来涌现出大量的研究成果，理论方面研究较少，实践应用较多。主要借助模型应用与实验分析，研究水工程对水环境的影响。以下仅列举有代表性文献以供参考。

（1）窦明等[382]在《闸控河流水环境模拟与调控理论研究》一书中建立了水质多相转化数学模型，分析了不同情景下的水质多相转化规律，分析了水闸调度对水质改善可调性及闸坝建设对径流变化的影响，模拟了不同情景闸坝群联合调控下水质水量的变化过程。刘畅等研究了大黑汀水库热分层及缺氧区的时空演化特征，识别了在一定的水质及底质污染状况条件下，水库缺氧区形成与演化的主要驱动因素[383]。张乾柱等通过分析水体离子组成及时空变化规律等水化学特征，研究丹江口水库水化学特征及影响因素[384]。岳青华等通过建立数学模型，分析不同的引配水模式对温黄平原河网水质提升效果[385]。王婕等以富春江水库蓝藻水华为研究对象，对变动回水区生态水文特征开展调查[386]。侯传莹等通过对黄河下游河道断面进行采样，分析了水沙调控前、中、后 3 个时期下游河道水体的水质及氮磷因子变化趋势，并对营养状况作相应评价[387]。

（2）李万智等[388]构建密云水库平面二维水环境数学模型，分析了调水可能带来的水质及水环境风险。黄绳等分析讨论了中线工程水源地、总干渠以及因调水引起的汉江中下游的主要生态环境问题及潜在风险，并提出了应对策略和规避风险的建议[389]。蔡晓钰等通过分析阳澄淀泖区引水前后主要污染物浓度的变化及引水量与水质综合污染指数的关系，明确了调水对阳澄淀泖区不同区域的水质改善程度[390]。李琼等通过对黄柏河流域内 3 座梯级水库的水体进行了逐月采样，估算了沉积物-水界面磷释放通量以及内源磷占磷总量的比例[391]。许典子等构建了水资源生态足迹模型，综合评价建库以来三峡库区水资源生态足迹与水资源生态承载力时空演变[392]。秦国帅等以碧流河水库为例，对建库以来典型洪水前后水质状况进行分析，研究了洪水过程对水库水质安全的影响[393]。肖烨等采用前后对比分析法，分析了丹江口水库周围及上游流域水环境变化特征及其主要影响因素[394]。杨凡等采用香溪河和神农溪回水区水质监测数据，分析了香溪河和神农溪的溶解氧和叶绿素 a 等指标垂向分布特征，讨论了影响其垂向分布的环境因子[395]。

（3）唐小娅等[396]建立了总磷通量和泥沙通量的统计模型并建立了总磷通量计算公式，分析了三峡水库 TP 浓度时空变化特征、通量变化及滞留效应。刘明坤等基于常规水质指标应用主成分分析法评价了不同季节金泽水库上游来水及库区水质变化，利用平行因子分析了金泽水库上游来水及库区水中荧光溶解性有机质组成结构及分布特征[397]。徐进等基于逐月对李家河水库进行水质监测，研究了污染物来源和水质演变的规律[398]。匡翠萍等基于三重嵌套非结构网格建立七里海潟湖湿地水动力和物质输运数学模型，研究了工程对七里海潟湖水动力和水体交换的影响[399]。宋劼等通过调水调沙前、中、后期对下游河流进行调查采样，结合结构方程模型和基于距离的冗余分析，分别明确了调水调沙影响下浮游生物以及细菌群落对水环境因子的响应规律[400]。杨蕊等基于 Vine Copula 函数构建了南四湖在南水北调东线一期工程运行前后水环境多因子联合风险模型，识别出运行后的关键风险因子和运行后潜在水环境多因子联合风险[401]。林蓉璇等采用 MIKE FLOOD 模型构建茅洲河河口一维、二维耦合的水动力、水质模型，研究了茅洲河河口建闸后对茅洲河干流及河口附近水质的影响[402]。菅浩然等采用 EFDC 生态动力学模型模拟了巢湖不同调水流量、调水线路、调水时间对水环境的影响[403]。

（4）李慧明等[404] 应用单因子评价法、均值综合污染指数和内梅罗综合污染指数，对比分析库区 8 个监测断面水质质量状况及趋势变化。姚嘉伟等采用 CE－QUAL－W2 模型建立了立面二维水温模型，基于模拟结果和监测数据，分析了水库热分层的季节性变化及水质响应特征[405]。黄玥等采用综合水质标识指数 Pi 和自回归综合移动平均模型 ARIMA 模型，研究三峡水库水位调度对出库断面水质的影响并预测水质变化趋势[406]。李琨等构建了御临河流域的水文、水动力和水质模型，研究了生态调节坝对御临河水动力水质的影响[407]。徐婉明等采用数值模拟方法，分析了工程前后港池水域的流速流向、纳潮量和水体半交换时间的变化情况[408]。刘小华等构建二维水动力模型耦合 ECOLab 水质模型，对旬阳水电站建库后的不同工况进行了水质的风险评估[409]。辛苑等对比强降雨前后沙河水库的水质监测数据，研究了强降雨对北运河上游水质的影响特征[410]。谢培等基于 EFDC 模型模拟了 2010—2014 年三峡库区及主要支流的水动力水质过程，研究了上游来水和重点支流对库区水质的影响及水龄变化特征[411]。左其亭等在《闸控河流水文生态效应分析与调控》一书中介绍了闸控河流水文生态效应分析的理论基础以及闸控河流水量-水质-水生态实验和模型研究[412]。

6.5.4 在对水资源工程效益评价方面

总体来说，在对水资源工程效益评价方面的文献并不多，研究内容主要针对具体工程建设展开，涉及河道治理、水土保持、水电站等各个方面。

（1）王静等[413] 建立了流域洪灾损失评估模型，分析了 2016 年太湖流域梅雨期间骨干工程发挥的防洪减灾效益。高爽等建立一维非稳态水量水质模型，模拟了宜兴市水环境治理工程环境绩效[414]。何勇等构建了以梯级发电量最大为目标的效益补偿模型，提出了电价-电量相结合的发电效益补偿方法[415]。

（2）马艺钊等[416] 使用对比的方法分析小浪底兴建前后的防洪、灌溉等功能产生的经济效益。陈晓楠等建立了一种结合可变模糊集理论和云理论新的综合评判模型，对南水北调中线工程供水发挥的综合效益进行了分析预测[417]。宋子奇等采用生态与经济并重的能值分析法，对浙东引水工程的生态效益进行了量化分析[418]。付成让选取了评价指标，评价了聊城市位山灌区改造工程效益[419]。

6.5.5 在对水文地质的影响方面

大型的水利工程往往对水文地质具有深刻的影响作用，这种作用又反过来影响水利工程功能是否能正常发挥。因此，水利工程建设、运行与管理必须建立在对其对水文地质影响的深刻了解基础之上。总的来说，近两年在对水文地质的影响方面研究内容相对增多，多集中于对滑坡、岸边稳定性等的影响，研究中往往采用机理性分析和实践应用相结合。以下仅列举主要有代表性的参考文献。

（1）霍志涛等[420] 基于水波动力理论 FAST 模拟软件，对三峡库区进行涌浪计算分析及预测。李秋全等构建了滑坡变形趋势判断模型和变形预测模型，判断和预测三峡库区堆积层滑坡的变形趋势[421]。余松等使用灰色聚类方法，评估了各段的水库诱发地震的震级上限[422]。韩斐等在位移时间序列的分解中引入可以控制分解模态数目的变分模态分解方法，对位移值进行了预测[423]。华小军等提出了一种库区边坡群稳定性分析方法，并应用于三峡库区一个典型边坡群[424]。张永辉等结合前期勘测成果对沧江桥-营盘滑坡的稳定性进行了分析，对滑坡防治效果进行了初步评价[425]。张龙飞等利用 Geostudio 有限元软件分析了不同工况下凉水井滑坡的变形特征与稳定性演化规律，定义并获取了滑坡各处的降雨响应因子与联合响应因子[426]。

（2）张珂峰[427] 利用 Geostudio 软件模拟了三峡库区某边坡在库水位骤降及库水位骤降＋降雨条件下的渗透稳定性规律，同时基于灰色关联度理论对不同边坡物理力学参数进行了稳定性的定量化敏感性分析。江德军等从边坡灾变机制及稳定性特征出发，探讨在复杂地质条件、水位变动等致灾因子作用下边坡的失稳模式、破坏机制、渐进失稳过程及失稳后风险[428]。卢乾等采用刚体极限平衡法对左岸坝肩路基边坡进行稳定分析，并采取"覆盖层开挖＋混凝土贴坡挡墙＋微型钢管桩＋预应力锚杆"的边坡综合处理方案[429]。仇文岗等通过数值计算与稳定性分析理论，对库区水位下降期间各因素变化对边坡稳定性系数的影响进行了分析[430]。瞿英蕾等分析了影响老坝安全的各种因素，研究新老坝间水位与老坝稳定的关系及影响趋势[431]。付小林等通过大型离心模型试验和数值模拟，研究了库水下降诱发滑坡变形破坏机理[432]。杨金林等采用极限平衡分析方法，分析了不同库水位工况下右岸松散堆积体稳定性演化规律[433]。徐浩伦等建立流-固耦合计算模型，分别计算了边坡后缘蓄水系统开挖和蓄水系统内水位变化及各种工况的边坡稳定性系数[434]。

6.5.6　在对河道通航的影响方面

河道通航是流域/区域交通运输的重要组成部分。水利工程建设会对河流水文情势产生深刻影响，进而影响到原有的河道通航条件。目前，有关水工程对河道通航的影响研究不多，以下列举有代表性文献以供参考。陈绪坚[435] 提出了水沙过程非恒定变化分析方法，分析了向家坝枢纽坝下水位、流量和含沙量非恒定变化特性及其对通航条件的影响。夏冬梅等利用 MIKE 21 软件构建了二维水动力模型，计算了不同工况下的水动力条件及河道冲淤情况[436]。马利平等采用集成 HLLC 近似黎曼求解器的二维水动力模型，模拟研究了支沟清水沟水库溃坝洪水对主河道大理河行洪过程的影响[437]。刘卫林等构建了盱江南丰段的一、二维数值模型；对景观坝建设前后 20 年一遇设计洪峰流量进行了洪水模拟[438]。顾莉等基于一维水动力学数学模型，分析了向家坝水电站发生切机产生的非恒定流对下游航运造成影响[439]。潘增等通过构建向家坝-普安一维河道水动力模型，分析了河道地形变化等因素对枢纽通航、发电的影响[440]。吴越等通过物理模型试验，结合理论分析，研究了在不同下游水深条件下，直导航墙长度变化对船闸下游引航道保护长度的影响[441]。

6.5.7 在对江湖关系的影响方面

江湖之间存在着某种特定的联系性，水工程的运行会改变河流的水势从而间接影响湖泊的调蓄能力，所以水利工程的建设及运行，会江湖关系造成影响。近两年来对江湖关系的影响研究较少，仅有窦明等[442]研究了河湖水系的发育程度和连通效果对淮河流域水资源的合理开发利用产生的影响。汪雁佳等运用 Mann‑Kendall 趋势检验法、回归分析、流量年特征值等方法研究了三口水位的时序演变特征及其与流量、降水、江湖水量交换、人类活动的关系[443]。傅春等研究了闸坝通过哪些方面对流域连通性形成阻隔、破坏，探讨闸坝的数量、所处的地理位置以及自身通过能力对连通性的影响[444]。

6.5.8 在对水盐运移的影响方面

水盐运移主要针对灌区而言，灌区内的引水灌溉，会对地下水和土地盐分产生影响。因此，合理地引水灌溉以及对水盐运移的研究也是十分重要的。近两年相关研究内容不多，仅有王国帅等[445]对耕地‑荒地‑海子系统分别构建水量和盐量平衡模型，研究了耕地‑荒地‑海子系统间水分和盐分运移关系。黄晨建立了长江口‑杭州湾大范围的二维潮流盐度数学模型，探讨了深水航道治理工程对长江口盐水入侵的影响[446]。赵然杭等通过田间试验与室内试验，对比分析灌溉前后 $0 \sim 100cm$ 土层土壤的水盐变化，从而探究引黄灌溉对黄河下游盐碱地土壤水盐运移的影响[447]。黄风等采用试验监测和数值建模，利用 Hydrus 软件模拟出坝后农田土壤水盐运移规律[448]。

6.6 水工程管理研究进展

水工程管理是相较工程建设而言，水工程管理属于软件设施建设内容，但却是确保水工程合理运行的必要条件。水利系统内部长期的"重建轻管"思想使得以往的水工程管理成为水工程优化运行的软肋。为深化改革，改进管理，相关人员已加大对水工程管理的研究力度，试图以此提升水工程管理短板。尽管目前有关水工程管理研究成果也较多，特别是在工程信息系统管理方面，全面系统地提升了水工程管理的整体性和协调性，研究内容也十分广泛，但总体来说，研究内容相对较少，系统性和规范性不强，往往集中于经验介绍式的泛泛陈述，缺乏创新性研究成果。

6.6.1 在水信息系统管理方面

水信息系统的管理是为了更好地实现水工程的高效运行和科学调度。现代的水信息系统管理通常借助计算机技术进行实现。总体来看，相关研究内容较少，且多集中于应用工程管理软件设计和管理平台建设，研究深度不够，缺乏系统的创新性科研成果。以下仅列举有代表性文献以供参考。

（1）惠磊等[449]在《疏勒河灌区信息化系统升级耦合及应用研究》一书中构建了灌区信息化系统升级耦合总体设计体系，提出了基于桌面云总体架构、云终端等灌区桌面云建设方案和信息超融合建设方案。易华等采用 M2M 物联网技术构建了溪洛渡水电站安全监测自动化系统[450]。牛广利等设计和研发了一套基于云平台的大坝安全监测数据管理及分析系统[451]。郭建文等引入"互联网＋"的信息管理理念，研发了数字黄登大坝施工质量管理信息化系统[452]。许永祥等从水库运行管理的实际出发，为双塔水库除险加固工程建立了一个综合管控信息化平台[453]。刘东海等为了实现海量动态安全监测信息的高效管理，提出了基于建筑信息模型（BIM）的输水工程动态安全监测信息集成与网络可视化方法[454]。

（2）李增焕等[455] 基于灌区实时信息采集布点优化技术、实时信息监测技术、实时灌溉预报模型、渠系动态配水模型、互联网技术、闸门监测控制技术，构建基于 B/S 架构的大型灌区通用化智慧灌溉系统。撒文奇等研究和开发了基于 BIM＋GIS 的水闸安全监控与预警处置系统[456]。鄢江平等研发了大坝智能建造环境下的质量智慧管理系统用于施工质量信息"实时采集-实时分析-决策反馈"的动态质量管理[457]。陈亮雄等以鹤地水库为例，综合采用无人机航测、地图缓存、遥感水质参数反演以及"互联网＋"技术研发了一套完整的水库水政监管系统[458]。任海文等引入 QR code 二维码技术与 SQL 数据库技术，研究在 BIM 模型中查询堤防工程运维状态的管理技术[459]。王国强等通过分析应用空间定位技术、云服务技术、GIS 技术等相关信息化技术手段，开发了水库移民实物指标调查复核移动端产品[460]。陶相婉等基于博弈视角，结合城镇水务行业政府监管的实际情况，提出了智慧监管平台的建设运行管理建议[461]。

6.6.2　在水环境管理方面

在水环境管理的研究内容较为分散，涉及保护措施、监控系统、水华预警等。但总体来说，研究成果较少。近两年来仅有朱党生等[462] 通过借鉴都江堰水利工程治水理念及工程规划建设等方面的经验，研究总结了生态水利工程的内涵，提出生态水利工程建设应按照"树理念、变设计、抓调度、强监管、补缺漏"的总体要求。

6.6.3　在水库及电站管理措施方面

在水库及电站管理措施方面，研究内容不多，主要为管理政策与管理平台建设，以及水库及电站移民管理方面研究，整体论文研究水平不高，主要是针对具体实例管理进行研究或给出经验总结、政策建议等。

（1）张社荣等[463] 提出了基于 BIM＋GIS 的水电工程施工期协同管理框架，开发了基于 BIM＋GIS 的水电工程施工期协同管理系统。何向阳等采用 IaaS、PaaS 和 SaaS 三层结构，研究提出了一种基于云平台的水库大坝安全管理信息化解决方案[464]。张晔楠等提出了一种改进蚁群算法，用于解决水利工程项目管理中的多目标决策问题[465]。孙超君等基于生态河湖理念，对秦淮新河水利工程运行管理情况进行了研究[466]。吴淼等通过开展生态流量管理指标和方法研究，建立了一种水库大坝工程生态流量评估的分类管理方法[467]。樊启祥等建立了一套适用于不同水利工程作业场景定位精度和响应速度的综合定位技术体系并开发了人员与设备定位系统[468]。胡晶等基于区块链技术对水利工程的施工管理进行探索[469]。邬俊等对杨房沟水电站 EPC 总承包管理模式进行了介绍，对杨房沟 EPC 总承包模式质量管理进行了研究[470]。

（2）邹其会等[471] 分析水电移民复合安置方式的项目实施效果和适用性。董飞等根据沙沱水电站移民安置实际情况，对以耕地为基础的长效补偿机制和库区专项工程推行业主返包代建方式进行了分析[472]。王雪等提出了大中型水库标准化管理水平的因素集、权重集及评价集，建立了浙江省大中型水库标准化管理模糊综合评判决策的数学模型[473]。李献忠等开发了基于 BIM＋GIS 的长距离引调水工程运行管理系统[474]。方卫华等根据相关法规和规范性文件，从补短板和强监管两个角度，给出了改进小型水库安全管理的典型流程及其每个环节的方法[475]。任中阳运用模糊贴近度理论，建立了水电工程安全管理合规性评价模型[476]。金有杰等提出了小型水库安全"单一水库-区域/流域库群-科研院所托管"的分级监管模式，并设计了小型水库安全分级监管云平台架构[477]。

6.6.4　在农村水利工程管理方面

农村水利工程作为区域水利工程的一大主要内容，其相关管理也逐渐被认识和深化。目前看来，研究内容并不太多，主要集中于农村水利工程管理模式、管理机制以及管理系统研发等。

（1）俞扬峰等[478] 基于 GIS 技术及大数据等现代信息技术，研发了灌区 GIS 移动智慧管理系统。余根坚等分析了德令哈市怀头他拉水库灌区农业水价综合改革管理信息系统[479]。刘洋等基于无线通信、数据自动采集、自动控制等技术开发了小型灌溉泵站群监控管理系统[480]。成荣亮等基于 Android 平台构建了灌区智能巡检系统[481]。魏文密分析了彭阳县农村饮水安全管理现状，总结了当地工程管理运行信息化、现代化管理现状[482]。

（2）郁片红等[483] 介绍了农村分散式污水收集处理信息化系统建设监管平台的系统设计数字化施工和监管功能实现，并构建了基于地理信息系统的农村污水数据库。费基勇总结了贵州省农村饮水安全工程运行管理的模式和具体做法[484]。李亚龙等在《西藏农村饮水安全工程建设管理实践与探索》一书中总结了"十五"以来西藏农村饮水安全、农村饮水安全巩固提升工程建设与实施效果和运行管理现状，分析了西藏农村饮水安全存在问题及需求，总结了西藏农村饮水安全工程建设管理、运行管理及水源地保护的经验和做法[485]。

6.6.5　在供水工程管理方面

供水工程管理方面主要集中于农村供水工程的建设和管理，内容也多以措施和建议评价为主，研究内容有限，成果并无显著创新。以下仅列举有代表性文献以供参考。段梦等[486] 基于水敏感城市理念框架，构建城市水系统综合管理评价指标体系与方法。槐先锋等系统梳理分析了中线工程应急管理方面的短板，研究提出了相关应对措施[487]。高玉琴等通过构建泵站管理现代化评价指标体系，将熵权法和专家赋权法耦合确定综合权重，得到泵站管理现代化物元评价模型[488]。管光明等在《跨流域调水管理与立法》一书中梳理了国内外重大跨流域调水工程的建设及运行管理实践，分析了跨流域调水管理面临的主要问题和挑战[489]。

6.7　与 2017—2018 年进展对比分析

（1）在水工程规划研究进展方面：总体来说，近两年水工程规划研究成果仍然并不丰富，多通过构建模型或算法来对水工程规划进行方案决策，但研究成果缺乏创新性。在近两年在区域水系工程规划和水电站规划方面的研究仍较少，同时在排水工程规划方面的研究也仍不足。但是近两年来在水生态环境工程和供水工程方面研究成果相对较丰富。

（2）在水工程运行模拟与方案选择研究进展方面：水工程运行模拟与方案选择研究成果相对较丰富，经常会构建耦合模型和模拟方法进行研究及应用，并产生较为重要的运行方案及实践应用成果，对水工程的优化调度和科学管理具有重要参考价值。对于近两年水工程运行模拟与方案选择的研究，仍主要通过结合具体水工程构建模型和模拟方法开展研究，近两年研究内容有所拓展，成果有所增加，在闸门、水电站、调水和引排水等工程模拟与方案选择，以及水工程运行安全方面都有所涉及和拓展。

（3）在水工程优化调度研究方面：水工程优化调度方面的研究一直是水工程研究的热点，近两年在水工程调度方面的研究成果十分丰富。研究对象仍以具体工程为主，包括：水库、水电站、泵站以及闸坝等，创新性主要体现在构建调度模型和优化算法或者进行两者间的互相耦合，从而对水工程进行各方面的优化调度研究。较之以往，生态调度主要集中在水库或者水库群联合生态流量的研究；水电调度仍集中于构建模型和各类优化算法进行求解；在单纯泥沙调度方面的研究仍然较少，而大部分集中于水沙联合调度方面的研究；在水量调度方面的研究成果仍然十分丰富，主要是运用现代各类数学方法解决寻优技术难题得以局部突破，最终构建优化调度模型，相关成果创新性显著；水库群调度研究成果依然较多，联合优化调度成果显著；闸坝群调度作为现代水利工程调度一种新的调控模式，在近两年研究中研究成果有所增多；在调度图和调度规则方面，通常与梯级水库群或水电站优化调度相结合，在寻优过程中得以实现优化调度。而结合近两年的优化调度研究成果，增加了在泵站优化调度方面的研究内容。

（4）在水工程影响及效益研究进展方面：随着下垫面环境的急剧改变和人类追求和谐发展理念的强烈要求，水工程的修建在一定程度上必然会对河流水文情势产生影响，所以水工程影响及效益方面的研究一直都是研究的热点，研究成果较多。但总体来说，理论研究偏少，主要是构建评估模型和评估方法以及模拟计算来进行相关影响研究。特别是在对水文情势的研究方面，研究仍较具体，牵扯面广，水动力、地下水以及其他具体水文要素的研究都有涉及，并增加了对水沙情势的影响研究内容。较之以往，在对水生态以及水环境的影响研究方面有所增加，对水资源工程效益评价方面和对江湖关系影响的研究则相对减少，另外根据近两年的研究新增加了对水盐运移的影响研究。

（5）在水工程管理研究进展方面：水工程管理的研究多结合现代计算机编程技术和相关软件，研究成果相对较多，特别是在水工程信息系统管理方面，存在较多研究成果。水工程信息系统管理和水库及电站管理措施方面研究内容丰富，并且二者存在较多的相似之处，多集中于应用计算机软件设计，并进行信息管理和监控，虽然全面系统地提升了水工程管理的整体性和协调性，但整体研究深度不够，缺乏系统的创新性科研成果。类似的其他管理内容的研究也主要集中于采用计算机软件集成实现各项水工程综合集成管理，其中，农村水利工程以及供水工程管理中，也主要侧重于政策总结和措施建议，并无太大学术创新成果。而水库及电站管理措施与水库及电站移民管理存在交叉之处，因此，根据近两年的研究内容将水库及电站移民管理方面的研究归结到水库及电站管理措施中。

本章撰写人员及分工

本章由张金萍、肖宏林撰写。其中，张金萍撰写 6.1 节、6.2 节、6.3 节、6.7 节，并统稿本章内容；肖宏林撰写 6.4 节、6.5 节、6.6 节。

参考文献

[1] 董哲仁. 生态水利工程学 [M]. 北京：中国水利水电出版社，2019.

[2] 历从实，张振远，陈功鑫. 前坪水库砂砾料源优化对生态环境的影响 [J]. 中国水利，2020 (18)：74-76.

[3] 张永明，李瑞江，于伟东. 漳卫南运河水资源承载能力和生态修复研究 [M]. 北京：中国水利 水电出版社，2019.

[4] 马明敏，奚晓伟，王浩. 基于数学模型评估的再生水厂优化布局方法研究——以深圳市坪山河流 域为例 [J]. 中国水利，2020 (22)：31-33.

[5] 王建富，薛祥山，刘改妮，等. 基于数字模型的西部平原城镇雨水系统规划优化 [J]. 中国给水 排水，2019，35 (07)：128-134.

[6] 牟晋铭. 基于水力模型的雨水排水系统改造方案 [J]. 中国给水排水，2019，35 (17)： 129-132.

[7] 张士官，吕谋，焦春蛟，等. 基于 SWMM 模型的雨水管网改造方案优化研究 [J]. 水电能源科 学，2020，38 (02)：114-117.

[8] 程春田，赵志鹏，靳晓雨，等. 梯级水电站群高水头巨型机组不规则多限制区自动规避方法 [J]. 水利学报，2019，50 (11)：1299-1310.

[9] 王光纶，等. 水工程水资源认识研究 [M]. 北京：科学出版社，2019.

[10] 王麒，李松青，王心义，等. 基于遗传算法的水源热泵系统抽灌量优化配置 [J]. 水利学报， 2019，50 (06)：743-752.

[11] 陆倩，崔冬，田利勇，等. 平原河网地区泵闸合建枢纽布置形式 [J]. 水利水电科技进展， 2019，39 (03)：62-67.

[12] 周强，王楠. 基于 FLOW HEAT 的地下水源热泵—抽多灌井群优化布置数值研究 [J]. 水电能 源科学，2019，37 (09)：124-127.

[13] 吉瑞博，王志红，周中健，等. 基于多决策变量协同设计的供水管网多目标优化模型研究 [J]. 给水排水，2019，55 (03)：125-131.

[14] 刘少武，黄东洪，王旗齐. 区块化供水管网系统进水点的优化设计研究 [J]. 中国给水排水， 2019，35 (03)：44-49.

[15] 何胜男，陈文学，刘燕，等. 基于人工神经网络和粒子群优化的初期雨水调蓄池设计方法研究 [J]. 水利学报，2020，51 (12)：1558-1566.

[16] 岳宏宇，吕谋，李红卫，等. 基于群体智能优化算法的供水管网压力监测点布置 [J]. 中国给水 排水，2020，36 (21)：66-70.

[17] 郭生练，熊丰，王俊，等. 三峡水库运行期设计洪水及汛控水位初探 [J]. 水利学报，2019，50 (11)：1311-1317，1325.

[18] 马利平，侯精明，张大伟，等. 耦合溃口演变的二维洪水演进数值模型研究 [J]. 水利学报， 2019，50 (10)：1253-1267.

[19] 张根广，吴彰松，王新雷，等. 巨亭水电站下游局部冲刷三维数值模拟 [J]. 泥沙研究，2019， 44 (04)：12-17.

[20] 张晓曦，陈秋华. 水泵水轮机甩负荷过渡过程尾水管水柱分离数值模拟 [J]. 水动力学研究与进 展（A 辑），2019，34 (06)：749-755.

[21] 杨哲豪，吴钢锋，张科锋，等. 基于非结构网格的二维溃坝洪水数值模型 [J]. 水动力学研究与 进展（A 辑），2019，34 (04)：520-528.

[22] 史舒婧，梁东方，黄杰，等. 水下管道附近泥沙冲刷的三维数值模拟 [J]. 水动力学研究与进展

（A 辑），2019，34（02）：166 - 173.

[23]　王俊岭，吴宾，聂练桃，等．基于神经网络的管网漏失定位实例研究［J］．水利水电技术，2019，50（04）：47 - 54.

[24]　易雨君，唐彩红，张尚弘．南水北调中线工程典型渠段一维水动力水质模拟与预测［J］．水利水电技术，2019，50（02）：14 - 20.

[25]　方晴，马剑波，沈文龙，等．松涛水库水温数值模拟研究［J］．水力发电，2020，46（02）：6 - 11.

[26]　宋文超，万俊，符强，等．基于水质目标的人工生态湖运行方式研究［J］．人民黄河，2019，41（11）：43 - 48.

[27]　周铮，吴剑锋，杨蕴，等．基于 SWAT 模型的北山水库流域地表径流模拟［J］．南水北调与水利科技，2020，18（01）：66 - 73.

[28]　赵仕霖，金生，杨宁．地表水流与地下管流耦合的数值模拟研究［J］．水动力学研究与进展（A辑），2020，35（04）：454 - 460.

[29]　假冬冬，王远见，江恩惠，等．小浪底水库淤积形态数值模拟［J］．水科学进展，2020，31（02）：240 - 248.

[30]　熊丰，郭生练，陈柯兵，等．金沙江下游梯级水库运行期设计洪水及汛控水位［J］．水科学进展，2019，30（03）：401 - 410.

[31]　卓明泉，许劲松，朱志夏．浅水航道船行波数值模拟研究［J］．水动力学研究与进展（A辑），2019，34（01）：63 - 68.

[32]　刘亚新，樊启祥，尚毅梓，等．基于 LSTM 神经网络的水电站短期水位预测方法［J］．水利水电科技进展，2019，39（02）：56 - 60，78.

[33]　聂鼎，张夔，刘毅，等．基于图像处理的小型水库水位测量方法［J］．水电能源科学，2019，37（11）：28 - 32.

[34]　刘甜，梁忠民，邱辉，等．基于 CFS 的汉江上游梯级水库系统月入库径流预测［J］．水电能源科学，2019，37（08）：14 - 17，10.

[35]　李励，赖喜德，陈小明．基于改进狼群算法的水电站厂内优化运行研究［J］．水电能源科学，2019，37（06）：164 - 168.

[36]　马细霞，朱慧青．基于信息熵和统计参数的径流随机模拟序列检验方法［J］．水电能源科学，2019，37（04）：5 - 8，51.

[37]　罗岚兮，归谈纯，李学良，等．虹吸式屋面雨水排水系统单斗虹吸启动数值模拟研究［J］．给水排水，2019，55（01）：86 - 92，99.

[38]　张兆安，侯精明，刘占衍，等．淤地坝淤积对漫顶溃坝洪水影响数值模拟研究［J］．水资源与水工程学报，2019，30（04）：148 - 153，158.

[39]　刘有志，相建方，陈文夫，等．狭长型水库蓄水至初期运行阶段水温演化规律研究［J］．水利学报，2020，51（11）：1412 - 1422.

[40]　万五一，陈潇逸，张永进．基于 MacCormack 格式的变网格瞬变流模拟［J］．水利学报，2020，51（11）：1315 - 1324.

[41]　郑铁刚，孙双科，柳海涛，等．叠梁门分层取水水温-水动力动态过程模拟及分析［J］．水利学报，2020，51（03）：305 - 314.

[42]　孙万光，杨辉，马军，等．基于精确 Riemann 求解器的复杂明渠水流运动模拟［J］．水动力学研究与进展（A辑），2020，35（06）：767 - 774.

[43]　骆光磊，周建中，赵云发，等．水库群运行的改进深度神经网络模拟方法［J］．水力发电学报，2020，39（09）：23 - 32.

[44]　刘竹丽，陈赟，伊元忠．不同开度下平面钢闸门流固耦合数值模拟研究［J］．人民黄河，2020，42（11）：79 - 83.

[45] 孙望良，梅亚东，肖小刚，等. 面向清洁能源消纳的抽水蓄能电站运行方式研究 [J]. 中国农村水利水电，2020 (12)：172 - 179.

[46] 胡海松，罗居刚，严锐，等. 多闸孔溢流坝小流量泄洪消能闸门调度优选方式研究 [J]. 中国农村水利水电，2020 (02)：77 - 82, 87.

[47] 潘华，梁作放，陈文超，等. 基于布谷鸟搜索算法的水电站消纳风电调峰运行策略研究 [J]. 水利水电技术，2019，50 (03)：207 - 211.

[48] 余豪，费如君，黄锦原. 耦合中长期预报方案的优化调度系统研究 [J]. 水力发电，2020，46 (02)：79 - 84.

[49] 杨堃，杨侃，华萍，等. 基于改进鲸鱼算法的三峡水电站经济运行模型及其应用 [J]. 水电能源科学，2020，38 (06)：46 - 49.

[50] 魏娜，卢锟明，解建仓，等. 基于时变耦合模型的引嘉入汉工程调蓄方案研究 [J]. 西安理工大学学报，2019，35 (04)：420 - 426.

[51] 杨凤英，吉鹏. 江坪河水电站水库下闸蓄水方案研究 [J]. 水力发电，2020，46 (06)：74 - 77.

[52] 王志超，许新发，邬年华，等. 太湖水库弯曲溢洪道水流特征及优化措施研究 [J]. 水利水电技术，2019，50 (03)：110 - 116.

[53] 王芳芳，吴时强，高昂，等. 大古水电站坝前排沙运行方式与排沙漏斗形态 [J]. 水利水电科技进展，2019，39 (02)：51 - 55, 94.

[54] 阎晓冉，王丽萍，俞洪杰，等. 三种水库优化调度方案实施模式的对比研究 [J]. 水电能源科学，2019，37 (01)：61 - 64, 44.

[55] 陈璇，杨根林，杨红卫. 基于 MIKE11 模型的秦淮河流域洪水调度方案 [J]. 水电能源科学，2019，37 (01)：70 - 73.

[56] 王慧亮，陈开放，李云飞，等. 中原城市群水资源综合调控方案与效果评价 [J]. 人民黄河，2019，41 (06)：58 - 61.

[57] 尹海龙，林夷媛，徐祖信，等. 潮汐河网地区雨天黑臭治理数学模型研究 [J]. 水动力学研究与进展（A辑），2020，35 (01)：113 - 121.

[58] 吴月秋，王丽萍，张验科，等. 基于边际替代率的水库多目标调度方案决策 [J]. 水力发电学报，2021，40 (01)：97 - 106.

[59] 高学平，朱洪涛，闫晨丹，等. 基于 RBF 代理模型的调水过程优化研究 [J]. 水利学报，2019，50 (04)：439 - 447.

[60] 王珊珊. 基于 AHP - 熵权 TOPSIS 法的津期店二泵站水泵优化选型 [J]. 水利水电技术，2019，50 (07)：92 - 98.

[61] 陈璇，杨根林，管桂玲，等. 秦淮东河工程防洪调度方案研究 [J]. 人民长江，2019，50 (04)：36 - 41.

[62] 崔松云，肖林，董盛明，等. 昆明主城现状条件下小洪水防洪调度方案研究 [J]. 中国农村水利水电，2019 (01)：22 - 25, 30.

[63] 张海丽，贺新春，邓家泉. 基于闸泵联控的感潮河网区水动力水质调控 [J]. 长江科学院院报，2019，36 (08)：36 - 41, 48.

[64] 张艳平，张双虎，周惠成，等. 水库汛限水位实时动态控制方案优选研究 [J]. 中国水利水电科学研究院学报，2019，17 (01)：9 - 15, 23.

[65] 窦明，石亚欣，于璐，等. 基于图论的城市河网水系连通方案优选——以清潩河许昌段为例 [J]. 水利学报，2020，51 (06)：664 - 674.

[66] 陈晓静，李昆朋，李萍，等. 秦淮区北部水系引补水方案模拟 [J]. 水利水电科技进展，2020，40 (02)：6 - 10, 22.

[67] 王一鑫. 观音阁水库输水工程调流电站运行方式研究 [J]. 水电能源科学，2020，38 (11)：

77 - 79.

[68]　江颖，李珍，安静泊. 小浪底水库泄水孔洞调度方案比选研究 [J]. 人民黄河，2020，42（10）：11 - 15，22.

[69]　李瑛，金弈，董磊华，等. 引汉济渭工程水库生态调度方案研究 [J]. 人民黄河，2020，42（07）：80 - 82，94.

[70]　杨志，冯民权. 城市人工浅水湖泊群水系连通方案研究 [J]. 人民长江，2020，51（04）：49 - 58.

[71]　杨卫，许明祥，李瑞清，等. 面向生态环境的河湖连通引水调控方案研究 [J]. 武汉大学学报（工学版），2020，53（10）：861 - 868.

[72]　刘娜，李仲钰，杜志水，等. 澜沧江乌弄龙水库泥沙淤积及排沙运行方式 [J]. 西安理工大学学报，2020，36（03）：357 - 361.

[73]　肖若富，龚诗雯，周玉国，等. 泵站站内机组运行组合的优化研究 [J]. 中国农村水利水电，2020（12）：164 - 166，171.

[74]　包中进，刘云，韩晓维. 杭州八堡泵站泵前航道安全调度研究 [J]. 中国农村水利水电，2020（08）：62 - 65，70.

[75]　靳伟荣，谢亨旺，付湘，等. 赣抚平原灌区城市生态环境优化调度研究 [J]. 中国农村水利水电，2020（08）：82 - 86，90.

[76]　王卿，蔡慧野，朱宇珂. 千岛湖配供水工程九溪线运行方案探讨 [J]. 给水排水，2020，56（08）：19 - 23.

[77]　谢华，黎臻，刘德祥，等. 基于三维数值模拟的柳港泵站肘形进水流道优化设计 [J]. 中国农村水利水电，2019（09）：129 - 132.

[78]　顿晓晗，周建中，张勇传，等. 水库实时防洪风险计算及库群防洪库容分配互用性分析 [J]. 水利学报，2019，50（02）：209 - 217，224.

[79]　陈典，刘飞，田旭，等. 水电送出型直流输电工程安全稳定研究 [J]. 水力发电学报，2020，39（03）：56 - 65.

[80]　王祥来，王雪丰，刘安民，等. 东风西沙水库综合安全评价分析 [J]. 水利水电技术，2019，50（S2）：154 - 159.

[81]　朱哲，张晓光，贾超，等. 水电工程反恐风险评估指标体系及风险分级方法 [J]. 水利水电技术，2019，50（10）：110 - 118.

[82]　孙开畅，蒙彦昭，颜鑫，等. 基于 PLS - SEM 的水利工程施工安全分析 [J]. 水利水电技术，2019，50（06）：115 - 119.

[83]　聂相田，范天雨，董浩，等. 基于 IOWA - 云模型的长距离引水工程运行安全风险评价研究 [J]. 水利水电技术，2019，50（02）：151 - 160.

[84]　柴朝晖，姚仕明，刘同宦，等. 人工通江湖泊非汛期生态调度方案研究 [J]. 长江科学院院报，2020，37（06）：28 - 33.

[85]　张志辉，曹邱林. 基于云模型的水闸安全性态评价研究 [J]. 长江科学院院报，2020，37（01）：61 - 66.

[86]　王力，靳李平，武乾，等. 重大水利枢纽工程社会稳定风险评估 [J]. 长江科学院院报，2020，37（04）：152 - 159.

[87]　赵海超，苏怀智，李家田，等. 基于多元联系数的水闸运行安全态势综合评判 [J]. 长江科学院院报，2019，36（02）：39 - 45.

[88]　张春晋，孙西欢，李永业，等. 基于数值模拟的小浪底龙抬头式泄洪洞防洪安全分析 [J]. 水利水电科技进展，2019，39（06）：68 - 74.

[89]　张岚，单海年，潘琳. 某大型抽水蓄能电站上水库初蓄期安全运行性态分析 [J]. 水电能源科学，2019，37（09）：55 - 58.

[90] 徐得潜, 卫尤澜. 基于 AHM - 可拓评价法的城市雨水管道风险评估 [J]. 水电能源科学, 2019, 37 (09): 92 - 95.

[91] 李春江, 史学建, 张宝森, 等. 暴雨条件下小型水库预警模式研究 [J]. 人民黄河, 2019, 41 (09): 55 - 58, 64.

[92] 王芳, 何勇军, 李宏恩. 基于系统动力学的引调水工程风险分析——以倒虹吸工程为例 [J]. 南水北调与水利科技 (中英文), 2020, 18 (03): 184 - 191.

[93] 江新, 李炜, 胡文佳, 等. 基于 SPA - 云模型的水利工程运营风险态势评估 [J]. 中国农村水利水电, 2019 (11): 145 - 150, 160.

[94] 何勇. 梯级水库常遇洪水弃水风险控制方法研究与应用 [J]. 中国农村水利水电, 2019 (09): 162 - 170, 180.

[95] 王元元, 刘增贤, 马农乐, 等. 复杂江河湖连通地区引清调度方案设计研究 [J]. 中国农村水利水电, 2019 (04): 1 - 7.

[96] 管新建, 胡栋, 孟钰. 多风险因素影响下的水库防洪调度风险综合评估研究 [J]. 中国农村水利水电, 2019 (03): 161 - 166.

[97] 贡力, 路瑞琴, 靳春玲, 等. 基于博弈 - 改进可拓理论的寒冷地区长距离明渠冬季运行安全评价 [J]. 自然灾害学报, 2019, 28 (06): 81 - 92.

[98] 阴彬, 杨建业, 龚远平, 等. 白鹤滩水电站缆机群运行主要安全风险分析及预防对策 [J]. 中国水利, 2019 (18): 97 - 98, 102.

[99] 何杨杨, 苏怀智. 考虑规范分级的水闸安全云评价方法 [J]. 水利水电科技进展, 2020, 40 (02): 29 - 35.

[100] 陈豪, 邱小弟, 丁玉江, 等. 基于实测数据的重力坝型水电站大坝安全诊断关键技术研究与系统实现 [J]. 水力发电, 2020, 46 (04): 105 - 110.

[101] 李京阳, 岳春芳, 李江, 等. 基于模糊综合评价的下天吉水库震后安全评价 [J]. 水电能源科学, 2020, 38 (06): 55 - 58.

[102] 郭宝航, 张社荣, 王超, 等. 基于多源信息融合的长距离引水工程结构安全风险评价方法 [J]. 水电能源科学, 2020, 38 (06): 84 - 88.

[103] 顾功开, 徐栋栋, 李德. 乌东德水电站水工闸门动力安全评价 [J]. 人民长江, 2020, 51 (03): 136 - 142.

[104] 张修宇, 秦天, 杨淇翔, 等. 黄河下游引黄灌区水安全评价方法及应用 [J]. 灌溉排水学报, 2020, 39 (10): 18 - 24.

[105] 汪伦焰, 马莹, 李慧敏, 等. 基于模糊 VIKOR - FMEA 的南水北调运行管理安全风险评估 [J]. 中国农村水利水电, 2020 (10): 194 - 202.

[106] 李慧敏, 吉莉, 李锋, 等. 基于 FMEA 的调水工程输水渠道运行安全风险评估 [J]. 长江科学院院报, 2021, 38 (02): 24 - 31.

[107] 黄显峰, 钟婧玮, 方国华, 等. 基于 ME - Tennant 法的河道生态流量过程评价模型研究 [J]. 长江科学院院报, 2019, 36 (02): 20 - 26.

[108] 栾慕, 谢玉芝, 李天飞, 等. 城市地区湖库型河道生态调控管理研究 [J]. 水电能源科学, 2019, 37 (11): 46 - 49.

[109] 张代青, 沈春颖, 于国荣, 等. 基于河道流量生态服务效应的水库生态价值优化调度 [J]. 武汉大学学报 (工学版), 2020, 53 (02): 101 - 109, 116.

[110] 刘树锋, 陈记臣, 关帅. 基于改进 FDC 法的小水电生态流量计算与生态调度研究 [J]. 长江科学院院报, 2020, 37 (08): 29 - 34.

[111] 游进军, 刘鼎, 梁团豪, 等. 基于供水统一核算的水利工程生态调度补偿方法及应用 [J]. 中国水利水电科学研究院学报, 2020, 18 (02): 86 - 94.

[112]　黄志鸿，董增川，周涛，等. 浊漳河流域水库群多目标生态调度模型研究 [J]. 水电能源科学，2019，37（03）：58－62.

[113]　李力，周建中，戴领，等. 金沙江下游梯级水库蓄水期多目标生态调度研究 [J]. 水电能源科学，2020，38（11）：62－66.

[114]　高仕春，刘宇栋，程西方，等. 基于水资源配置的水库群生态调度研究 [J]. 中国农村水利水电，2020（05）：63－67.

[115]　王祥，鲍正风，舒卫民，等. 面向运行约束的三峡水库生态调度研究 [J]. 中国农村水利水电，2020（01）：39－42，47.

[116]　梁士奎，等. 闸控河流生态需水调控理论方法及应用 [M]. 北京：中国水利水电出版社，2019.

[117]　赵志鹏，刘杰，程春田，等. 考虑回水顶托影响的梯级库群日前调峰 MILP 模型 [J]. 水利学报，2019，50（08）：925－935.

[118]　赵适宜，李正文，丁鹏，等. 基于基尼系数的“三公”调度模型研究 [J]. 水利水电技术，2019，50（04）：212－219.

[119]　钟文杰，陈璐，周建中，等. 考虑随机来水的水电站中长期发电调度多重风险分析 [J]. 长江科学院院报，2020，37（10）：37－44.

[120]　吴洋，苏承国，周彬彬，等. 考虑日前市场的梯级水电站月度合约电量优化分解模型 [J]. 水力发电，2019，45（12）：75－79，104.

[121]　夏军，叶超，魏洁，等. 计及供电成本的小水电群经济调度优化模型研究 [J]. 水力发电，2019，45（11）：89－94.

[122]　赵夏，湛洋，陈仕军. 基于动态廊道遗传算法的流域梯级水电站厂间负荷分配研究 [J]. 水力发电，2019，45（10）：88－92.

[123]　马高权，申建建，周娜，等. 考虑电网安全约束的跨流域水电站群发电调度方法 [J]. 水力发电，2019，45（07）：103－107.

[124]　谢海华，孙辉，龚文引. 多策略人工蜂群算法在梯级水电站优化调度中的应用 [J]. 南水北调与水利科技，2019，17（02）：196－201，88.

[125]　张歆莳，黄炜斌，王峰，等. 大型风光水混合能源互补发电系统的优化调度研究 [J]. 中国农村水利水电，2019（12）：181－185，190.

[126]　周建中，何中政，贾本军，等. 水电站长中短期嵌套预报调度耦合实时来水系统动力学建模方法研究及应用 [J]. 水利学报，2020，51（06）：642－652.

[127]　陈晓宏，钟睿达. 气候变化对澜沧江下游梯级电站发电及生态调度的影响 [J]. 水科学进展，2020，31（05）：754－764.

[128]　赵珍玉，张一，李刚，等. 风电并网条件下的梯级水电站长期优化调度 [J]. 水力发电学报，2020，39（12）：62－75.

[129]　苗树敏，王亮，杜成锐，等. 巨型水电站跨省调峰多目标优化方法 [J]. 水力发电，2020，46（11）：81－86.

[130]　王亮，陈刚，苗树敏，等. 梯级水光联合发电系统短期优化调度模型 [J]. 水力发电，2020，46（03）：94－98.

[131]　曾昱，周建中，鲍正风，等. 金沙江下游—三峡梯级水库群调度运行补偿电量分配 [J]. 水电能源科学，2020，38（08）：51－54.

[132]　肖小刚，周建中，张祥，等. 多级协同模式下华中电网大规模水电站群跨网调峰调度研究 [J]. 水电能源科学，2020，38（03）：66－70.

[133]　陈学义，方国华，吴承君. 基于 TIPSO 的水电站优化调度研究 [J]. 人民黄河，2020，42（06）：58－62，67.

[134] 白涛，李瑛，黄强. 汉江上游梯级水库优化调度理论与实践 [M]. 北京：中国水利水电出版社，2019.

[135] 严冬，贺开俊，陈杨杨，等. 保障生态流量的水电联合调度策略研究 [J]. 水力发电，2019，45 (07)：99 - 102，129.

[136] 刘文静，付仙兰，吴杰康，等. 基于超效率 DEA 效益评估的水火电力系统优化调度方式研究 [J]. 水力发电，2019，45 (02)：98 - 100，105.

[137] 吉兴全，张广伟，刘志鹏，等. 考虑抽水蓄能及电网运营成本的源荷储协调优化调度 [J]. 水电能源科学，2019，37 (03)：191 - 195.

[138] 张孝军，郭俊，李波，等. 柘溪水库防洪发电优化调度策略研究 [J]. 人民长江，2020，51 (09)：16 - 21.

[139] 张睿，张利升，饶光辉. 丹江口水利枢纽综合调度研究 [J]. 人民长江，2019，50 (09)：214 - 220.

[140] 徐雨妮，付湘. 水库群系统发电调度的合作博弈研究 [J]. 人民长江，2019，50 (06)：211 - 218.

[141] 肖杨，王也，东岩. 沅水梯级水库长期发电优化调度研究 [J]. 人民长江，2019，50 (S1)：320 - 323.

[142] 支悦，艾学山，董祚，等. 水库发电优化调度模型的快速求解算法及应用 [J]. 水力发电学报，2020，39 (06)：49 - 61.

[143] 李文武，刘江鹏，蒋志强，等. 基于 HSARSA (λ) 算法的水库长期随机优化调度研究 [J]. 水电能源科学，2020，38 (12)：53 - 57.

[144] 吴振天，董增川，倪效宽，等. 梯级水库群发电与生态效益竞争关系定量分析 [J]. 水电能源科学，2020，38 (09)：67 - 70.

[145] 张翔宇，李丹，张予燮，等. 考虑 N - 1 安全约束的风—火—蓄联合优化调度模型及仿真 [J]. 水电能源科学，2019，37 (08)：202 - 206.

[146] 郑珊，吴保生，侯素珍，等. 三门峡水库时空冲淤与滞后响应 [J]. 水利学报，2019，50 (12)：1433 - 1445.

[147] 胡春宏，方春明，许全喜. 论三峡水库"蓄清排浑"运用方式及其优化 [J]. 水利学报，2019，50 (01)：2 - 11.

[148] 贾振兴. 降雨量突变对水库汛期分期及调度影响研究 [J]. 水力发电，2019，45 (12)：17 - 20，100.

[149] 赵强，钟平安，刘冠华，等. 基于预报调度的河口村水库汛限水位动态控制域研究 [J]. 水电能源科学，2019，37 (10)：56 - 59.

[150] 宋君辉，王立刚，李慧莉，等. 云峰水库防洪预报调度研究 [J]. 水电能源科学，2019，37 (05)：35 - 37，163.

[151] 林立，范土贵，陈一帆，等. 松古平原水库并联调度应用研究 [J]. 人民黄河，2019，41 (S2)：30 - 32.

[152] 孟钰，张一鸣，管新建，等. 基于生态逐级保证的河口村水库水量分配研究 [J]. 人民黄河，2019，41 (05)：38 - 42.

[153] 朱红. 溧史杭灌区水资源配置与调度实践 [J]. 中国水利，2019 (03)：16 - 18.

[154] 艾学山，支悦，董璇，等. 适应气候变化的交互式水库防洪调度决策分析系统 [J]. 水利水电技术，2020，51 (10)：180 - 187.

[155] 李映辉，钟平安，朱非林，等. 基于相似洪水动态展延的水库防洪调度决策方法及其应用 [J]. 水电能源科学，2020，38 (10)：39 - 43.

[156] 贺建文，何英. 基于 NSGA - Ⅱ 遗传算法的丰收灌区优化配水研究 [J]. 人民黄河，2020，42

（S2）：276 - 278，286.

[157]　曾超，吴云，杨侃，等. 考虑不确定性的水库供、蓄水调度方法研究 [J]. 人民黄河，2020，42（07）：46 - 50.

[158]　刘玒玒，李伟红，赵雪. 西安市引汉济渭与黑河引水工程多水源联合调配模拟 [J]. 水土保持通报，2020，40（01）：136 - 141.

[159]　朱迪，梅亚东，许新发，等. 赣江中下游防洪系统调度研究 [J]. 水力发电学报，2020，39（03）：22 - 33.

[160]　何绍坤，郭生练，刘攀，等. 金沙江梯级与三峡水库群联合蓄水优化调度 [J]. 水力发电学报，2019，38（08）：27 - 36.

[161]　杨芬，王萍，黄大英，等. 基于调配管理的北京市多水源水量联合调度研究 [J]. 水利水电技术，2020，51（01）：70 - 76.

[162]　杨成刚，田传冲，周芬. 基于水量水质联合调控系统的宁波市三江平原河网引配水研究 [J]. 水电能源科学，2019，37（01）：32 - 35，48.

[163]　龚志浩. 含翻水线的两库系统联合调度优化方法研究 [J]. 水资源与水工程学报，2019，30（05）：155 - 160.

[164]　侯时雨，田富强，陆颖，等. 澜沧江-湄公河流域水库联合调度防洪作用 [J]. 水科学进展，2021，32（01）：68 - 78.

[165]　王渤权，沈笛，赵珂，等. 基于 POA - GA 嵌套算法的小浪底-西霞院水库联合优化调度 [J]. 中国农村水利水电，2020（09）：242 - 247.

[166]　唐勇，黄春雷，张胜，等. "一库两厂"水电站协同调度研究 [J]. 人民长江，2019，50（12）：187 - 191.

[167]　史利杰，苏律文，杨侃. 基于改进多目标蝙蝠算法的洛河流域水库优化调度 [J]. 水电能源科学，2020，38（08）：55 - 58，82.

[168]　吴梦烟，杨侃，吴云，等. 基于改进烟花算法的汾河水库优化调度模型研究 [J]. 水电能源科学，2020，38（05）：71 - 75.

[169]　李英海，夏青青，张琪，等. 考虑生态流量需求的梯级水库汛末蓄水调度研究——以溪洛渡-向家坝水库为例 [J]. 人民长江，2019，50（08）：217 - 223.

[170]　杨琦，田一梅，李震，等. 区域多水源供水系统优化调度 [J]. 中国给水排水，2019，35（15）：68 - 72.

[171]　沈来银，胡铁松，周姗，等. 基于 SHAW 模型的河套灌区秋浇渠系优化配水模型研究 [J]. 水利学报，2020，51（04）：458 - 467.

[172]　杜丽娟，陈根发，柳长顺，等. 基于 GWAS 模型的灌区水资源优化配置研究：以淠史杭灌区为例 [J]. 水利水电技术，2020，51（12）：26 - 35.

[173]　苏华英，王国松，廖胜利. 基于实时弃水风险评估的梯级水电优化调度方法 [J]. 水力发电，2020，46（08）：80 - 83.

[174]　贾一飞，林梦然，董增川. 龙羊峡水电站水光互补优化调度研究 [J]. 水电能源科学，2020，38（10）：207 - 210，106.

[175]　马永胜，史娟，潘景辰. 复杂跨流域调水系统联合优化调度研究——以陕西省引嘉入汉调水工程为例 [J]. 水资源与水工程学报，2020，31（05）：142 - 148.

[176]　史红玲，胡春宏，王延贵. 黄河下游引黄灌区水沙配置能力指标研究 [J]. 泥沙研究，2019，44（01）：1 - 7.

[177]　陈波，陈涛. 达克曲克水电站水沙调度方式探索与实践 [J]. 人民黄河，2019，41（07）：72 - 75.

[178]　王婷，李小平，曲少军，等. 前汛期中小洪水小浪底水库调水调沙方式 [J]. 人民黄河，2019，41（05）：47 - 50，66.

［179］　吴乐平，王欣，江恩慧，等. 水库群-河道水沙分配动态博弈模型理论框架 ［J］. 人民黄河，
　　　　　2019，41（05）：34 - 37，42.

［180］　张金良，练继建，张远生，等. 黄河水沙关系协调度与骨干水库的调节作用 ［J］. 水利学报，
　　　　　2020，51（08）：897 - 905.

［181］　张金良. 黄河水沙联合调度关键问题与实践 ［M］. 北京：科学出版社，2020.

［182］　马昱斐，钟平安，徐斌，等. 基于全微分法的多主体梯级水电站群联合调度增益归因及分配
　　　　　［J］. 水利学报，2019，50（07）：881 - 893.

［183］　胡铁松，曾祥，王敬，等. 并联供水水库联合调度规则最优性条件研究 Ⅱ：算法开发与实例研
　　　　　究 ［J］. 水利学报，2019，50（02）：193 - 200.

［184］　纪昌明，刘源，张验科，等. 考虑动态水流滞时的梯级水库群日优化调度 ［J］. 水力发电学报，
　　　　　2019，38（08）：37 - 47.

［185］　吴云，陆晓，杨侃，等. 基于混沌变异布谷鸟算法的水库供水优化调度 ［J］. 水力发电，2019，
　　　　　45（10）：84 - 87.

［186］　吴智丁. 基于仿水循环算法的梯级水库群多目标优化调度研究 ［J］. 水力发电，2019，45
　　　　　（11）：101 - 107.

［187］　吴洋，申建建，胡浩然，等. 电力市场环境下梯级水电站长期优化调度方法 ［J］. 水力发电，
　　　　　2019，45（11）：95 - 100.

［188］　黄景光，吴巍，程璐瑶，等. 基于水循环算法的梯级水电站短期优化调度 ［J］. 水电能源科学，
　　　　　2019，37（01）：65 - 69.

［189］　李荣波，李安强，游中琼，等. 基于 8MDIP - VIKOR 的水库多目标调度方案评价模型 ［J］. 人
　　　　　民长江，2019，50（05）：191 - 195.

［190］　俞洪杰，纪昌明，张验科，等. 反调节作用下的梯级水库短期优化调度研究 ［J］. 人民长江，
　　　　　2019，50（05）：185 - 190.

［191］　陈哲，杨侃，吴云，等. 基于 SEOA 算法的水库调度优化配置模型应用研究 ［J］. 水资源与水
　　　　　工程学报，2019，30（05）：170 - 175.

［192］　纪昌明，马皓宇，彭杨. 面向梯级水库多目标优化调度的进化算法研究 ［J］. 水利学报，2020，
　　　　　51（12）：1441 - 1452.

［193］　朱迪，梅亚东，许新发，等. 复杂防洪系统优化调度的三层并行逐步优化算法 ［J］. 水利学报，
　　　　　2020，51（10）：1199 - 1211.

［194］　何中政，周建中，贾本军，等. 基于梯度分析法的长江上游水库群供水-发电-环境互馈关系解
　　　　　析 ［J］. 水科学进展，2020，31（04）：601 - 610.

［195］　蒋志强，廖想，纪昌明，等. 两河口水库三种年末消落水位控制方式研究 ［J］. 水力发电学报，
　　　　　2021，40（01）：43 - 53.

［196］　陈牧风，董增川，贾文豪，等. 梯级水库群多目标调度增益分配的组合系数法 ［J］. 水力发电
　　　　　学报，2020，39（11）：90 - 99.

［197］　王庆利，林鹏飞，贾玲，等. 基于遗传算法优化的水库多目标供水能力分析——以岳城水库为
　　　　　例 ［J］. 水利水电技术，2020，51（12）：55 - 62.

［198］　邓志诚，孙辉，赵嘉，等. 基于聚集度自适应反向学习粒子群算法在水库优化调度中的应用
　　　　　［J］. 水利水电技术，2020，51（04）：166 - 174.

［199］　彭涛. 乌江中下游干流梯级水库洪水资源利用方式研究 ［J］. 水电能源科学，2020，38（08）：
　　　　　59 - 61，103.

［200］　黄景光，黄静梅，吴巍，等. 含混合式抽水蓄能电站的梯级水电站优化调度 ［J］. 水电能源科
　　　　　学，2020，38（05）：76 - 80.

［201］　孔波，付少杰，黄强. 大型复杂跨流域调水工程电站-水库-泵站群多目标优化调度 ［J］. 水资

源保护，2020，36（06）：67 - 72.

[202]　吴志远，黄显峰，李昌平，等. 基于分段粒子群算法的梯级水库多目标优化调度模型研究 [J].
　　　　水资源与水工程学报，2020，31（03）：145 - 154.

[203]　李瑛，白涛，杜小洲，等. 引汉济渭跨流域复杂水库群联合调配研究 [M]. 北京：中国水利水
　　　　电出版社，2020.

[204]　周建中，顿晓晗，张勇传. 基于库容风险频率曲线的水库群联合防洪调度研究 [J]. 水利学报，
　　　　2019，50（11）：1318 - 1325.

[205]　王煜，尚文绣，彭少明. 基于水库群预报调度的黄河流域干旱应对系统 [J]. 水科学进展，
　　　　2019，30（02）：175 - 185.

[206]　蔡卓森，戴凌全，刘海波，等. 兼顾下游生态流量的溪洛渡-向家坝梯级水库蓄水期联合优化调
　　　　度研究 [J]. 长江科学院院报，2020，37（09）：31 - 38.

[207]　康玲，周丽伟，李争和，等. 长江上游水库群非线性安全度防洪调度策略 [J]. 水利水电科技
　　　　进展，2019，39（03）：1 - 5.

[208]　张剑亭，郭生练，陈柯兵，等. 基于信息熵的梯级水库联合优化调度增益分配法 [J]. 水力发
　　　　电学报，2020，39（02）：94 - 102.

[209]　杨旭，尚毅梓，刘志武，等. 基于多源数据融合的金沙江下游-三峡梯级水库调度系统设计与应
　　　　用 [J]. 水利水电技术，2019，50（08）：154 - 165.

[210]　纪昌明，马皓宇，吴嘉杰，等. 梯级水库短期优化调度模型的精细化与 GPU 并行实现 [J]. 水
　　　　利学报，2019，50（05）：535 - 546.

[211]　岳华，马光文，杨庚鑫. 梯级水库群超标洪水的协同应急调度研究 [J]. 水利学报，2019，50
　　　　（03）：356 - 363.

[212]　张凤翔，马莹，赵艳红，等. 沂沭河上游水库群补偿调度能力研究 [J]. 水力发电，2019，45
　　　　（12）：80 - 85，122.

[213]　李克飞，武见，赵新磊，等. 应对干旱的黄河梯级水库群调度规律研究 [J]. 水力发电，2019，
　　　　45（08）：90 - 93.

[214]　贾一飞，董增川，林梦然. 龙羊峡-刘家峡水库连续枯水年优化调度研究 [J]. 水电能源科学，
　　　　2019，37（03）：54 - 57.

[215]　张永永，李福军，彭少明，等. 应对干旱的黄河干流骨干水库群联合调度研究 [J]. 人民黄河，
　　　　2019，41（09）：31 - 35.

[216]　彭辉，刘图，杨洵，等. 考虑生态流量的小流域水库群联合调度研究 [J]. 人民长江，2019，
　　　　50（05）：196 - 199，216.

[217]　曹明霖，徐斌，王腊春，等. 跨区域调水多水源水库群系统供水联合优化调度多情景优化模型
　　　　研究与应用 [J]. 南水北调与水利科技，2019，17（06）：54 - 61，112.

[218]　马立亚，沈晓钧，雷静，等. 汉江流域引调水工程及水库统一调度模型研究 [J]. 南水北调与
　　　　水利科技，2019，17（02）：116 - 122.

[219]　易灵，卢治文，黄锋，等. 红水河龙滩、岩滩梯级水库汛末优化调度策略 [J]. 武汉大学学报
　　　　（工学版），2020，53（04）：303 - 309.

[220]　彭少明，王煜，尚文绣，等. 应对干旱的黄河干流梯级水库群协同调度 [J]. 水科学进展，
　　　　2020，31（02）：172 - 183.

[221]　张蓓，朱燕梅，马光文，等. 考虑新能源的梯级水电中长期调度策略研究 [J]. 水电能源科学，
　　　　2020，38（11）：67 - 71.

[222]　朱锦干，周建中，张勇传. 金沙江下游梯级汛前联合消落控制方式研究 [J]. 水电能源科学，
　　　　2020，38（07）：61 - 64.

[223]　谢荻雅，黄炜斌，陈仕军，等. 基于市场偏差考核的梯级水电调度模型研究 [J]. 水电能源科

学，2020，38 (07)：69 - 72.

[224] 李赫，赵燕，米玛次仁，等. 西江上游水库群联合蓄水优化调度研究 [J]. 水电能源科学，2020，38 (06)：30 - 33，79.

[225] 沈笛，赵珂，王渤权，等. 考虑减淤的小浪底-西霞院水库联合优化调度 [J]. 人民黄河，2020，42 (12)：23 - 28.

[226] 郭生练，何绍坤，陈柯兵，等. 长江上游巨型水库群联合蓄水调度研究 [J]. 人民长江，2020，51 (01)：6 - 10，35.

[227] 胡向阳，丁毅，邹强，等. 面向多区域防洪的长江上游水库群协同调度模型 [J]. 人民长江，2020，51 (01)：56 - 63，79.

[228] 黄志鸿，董增川，周涛，等. 面向生态友好的水库群调度模型 [J]. 河海大学学报（自然科学版），2020，48 (03)：202 - 208.

[229] 许子宽，郭志辉. 并联供水水库群联合调度模型研究 [J]. 中国农村水利水电，2020 (01)：116 - 119，124.

[230] 蒋晓辉，黄强，何宏谋，等. 基于水库群多目标调度的黑河流域复杂水资源系统配置研究 [M]. 北京：科学出版社，2020.

[231] 郭生练，田晶，杨光，等. 汉江流域水文模拟预报与水库水资源优化调度配置 [M]. 北京：中国水利水电出版社，2020.

[232] 花胜强，陈正平，刘艳平，等. 基于多阶邻接变换的船闸调度模型 [J]. 水电能源科学，2019，37 (09)：163 - 165，168.

[233] 关大玮，陈俊昂，冯斯安. 基于潮位变化的某水乡社区闸门调度方案对航道水质改善效果的影响 [J]. 水电能源科学，2019，37 (06)：44 - 47.

[234] 邓浩，郝瑞霞. 基于改进遗传算法的梯级橡胶坝调度优化 [J]. 人民黄河，2020，42 (03)：150 - 154.

[235] 郭红民，柳滔，胡海松，等. 多闸孔连续尾坎溢流坝优化调度数值模拟研究 [J]. 水力发电，2019，45 (07)：94 - 98.

[236] 易汉文，宁芊，赵成萍. 灌区水量调度中闸门流量-开度模型研究 [J]. 人民黄河，2019，41 (07)：158 - 162.

[237] 王彤，杨军. M市供水泵站优化调度模型及应用 [J]. 水电能源科学，2019，37 (07)：141 - 145.

[238] 李娜，吴建华，刘亚明，等. 张峰水库梯级泵站供水系统优化调度研究 [J]. 水电能源科学，2019，37 (05)：164 - 167.

[239] 魏良良，丁祥，蔡甜，等. 基于BP神经网络与改进遗传算法的泵站优化调度 [J]. 水电能源科学，2019，37 (05)：168 - 171.

[240] 韩晓维，刘云，孟金波，等. 基于流道进流指标分析的大型泵站进水池优化调度研究 [J]. 中国农村水利水电，2019 (02)：177 - 181，186.

[241] 高玉琴，杜承霖，张泽宇，等. 基于正交试验法的平原圩区排涝泵站优化调度 [J]. 水利水电科技进展，2020，40 (06)：48 - 53.

[242] 王彤，李春桐，刘文睿. 基于遗传算法的地表水取水泵站优化调度 [J]. 水电能源科学，2020，38 (06)：89 - 91，107.

[243] 侯国鑫，刘梅清，梁兴，等. 变频调角双调节轴流泵机组在大型泵站中的优化运行研究 [J]. 中国农村水利水电，2020 (07)：212 - 215.

[244] 陶东，李娜，肖若富，等. 多级提水泵站优化调度研究 [J]. 中国农村水利水电，2020 (05)：123 - 127.

[245] 张焱炜，李传奇，孙策，等. 基于分解协调法的梯级泵站优化模型局部敏感性分析 [J]. 中国

农村水利水电, 2020 (05): 128 - 132, 138.

[246]　郭永灵, 张海晨, 朱兴林. 基于动态规划法的单级泵站日经济运行优化模型 [J]. 中国农村水利水电, 2020 (01): 192 - 196.

[247]　吴远为, 梁兴, 刘志勇, 等. 基于改进粒子群算法的排涝泵站优化调度分析 [J]. 中国农村水利水电, 2020 (01): 185 - 187.

[248]　郭旭宁, 蔡思宇, 雷晓辉, 等. 跨流域水库群联合调度理论研究 [M]. 北京: 中国水利水电出版社, 2019.

[249]　鄢军军, 罗茜, 周铁柱. 五岳抽水蓄能电站下水库洪水调度规则研究 [J]. 水力发电, 2020, 46 (03): 91 - 93.

[250]　尚文绣, 王远见, 贾冬梅. 基于天然水文情势的水库调度规则研究 [J]. 人民黄河, 2019, 41 (06): 34 - 37.

[251]　顾文权, 吴振, 韩琦, 等. 基于风险分析的水库群供水调度规则 [J]. 武汉大学学报 (工学版), 2019, 52 (03): 189 - 193, 200.

[252]　陈立华, 滕翔, 严诚, 等. 西江流域水资源优化调度网络图动态构建研究 [J]. 中国农村水利水电, 2019 (08): 1 - 4, 11.

[253]　杨牧, 杨江骅, 王辉敏, 等. 时段差异性对梯级水库蓄能调度方式的影响 [J]. 水电能源科学, 2020, 38 (10): 34 - 38.

[254]　沈筱, 方国华, 谭乔凤, 等. 风光水发电系统联合调度规则提取 [J]. 水力发电, 2020, 46 (05): 114 - 117, 126.

[255]　罗德河, 李玉起, 吴树锋, 等. 基于模拟退火算法的水库优化调度图绘制 [J]. 人民黄河, 2020, 42 (S1): 137 - 138.

[256]　高玉琴, 周桐, 马真臻, 等. 考虑天然水文情势的水库调度图优化 [J]. 水资源保护, 2020, 36 (04): 60 - 67.

[257]　杨牧, 杨江骅, 王辉敏, 等. 梯级蓄能调度图绘制及其调度线出力系数优化研究 [J]. 中国农村水利水电, 2020 (11): 166 - 173.

[258]　吴贞晖, 梅亚东, 李析男, 等. 基于 "模拟-优化" 技术的多目标水库调度图优化 [J]. 中国农村水利水电, 2020 (07): 216 - 221.

[259]　詹新焕, 王宗志, 王立辉, 等. 基于净雨预报信息的水库防洪调度方式研究 [J]. 水力发电学报, 2020, 39 (09): 57 - 66.

[260]　万芳. 面向风险预警机制的复杂水库群供水调度规则研究 [M]. 北京: 科学出版社, 2019.

[261]　赵高磊, 林玲, 蒲迅赤, 等. 梯级水库水温影响的极限 [J]. 水科学进展, 2020, 31 (01): 120 - 128.

[262]　王福山, 孙挺, 朱德军, 等. 基于 WRF 湖泊模型的糯扎渡水库未来水温模拟 [J]. 水力发电学报, 2019, 38 (09): 73 - 82.

[263]　黄佳维, 纪道斌, 宋林旭, 等. 三峡水库夏季不同支流倒灌特性及其影响分析 [J]. 水力发电学报, 2019, 38 (04): 63 - 74.

[264]　邱如健, 王远坤, 王栋, 等. 三峡水库蓄水对宜昌—城陵矶河段水温情势影响研究 [J]. 水利水电技术, 2020, 51 (03): 108 - 115.

[265]　许尤, 杨正健, 徐雅倩, 等. 梯级水库对澜沧江干流水温沿程变化的影响 [J]. 长江科学院院报, 2019, 36 (07): 18 - 22.

[266]　毕晓静, 陆颖, 保文秀, 等. 功果桥水库坝下河道水温原型观测及分析 [J]. 水电能源科学, 2019, 37 (04): 56 - 58, 135.

[267]　伦冠海, 皇甫泽华, 尚俊伟, 等. 前坪水库高水头分层取水水温分布研究 [J]. 人民黄河, 2019, 41 (12): 93 - 96.

[268] 张鹏飞. 不同洪量对洪家渡水库水温分层结构影响分析 [J]. 中国农村水利水电，2019 (12)：75 - 79，85.

[269] 邹珊，李雨，陈金凤，等. 长江攀枝花—宜昌江段水温时空变化规律 [J]. 长江科学院院报，2020，37 (08)：35 - 41，48.

[270] 王海军，冯立阳，练继建. 深水水库隔水幕布透水率对下泄水温影响研究 [J]. 水资源与水工程学报，2020，31 (01)：140 - 145.

[271] 王琳，严新军，毛海涛，等. 防-截-排系统对平原水库坝后地下水位的影响 [J]. 水利水电技术，2019，50 (12)：49 - 56.

[272] 倪晋，虞邦义，张辉，等. 淮河干流蚌埠至浮山河段河床演变预测 [J]. 泥沙研究，2020，45 (02)：38 - 43.

[273] 胡向阳，刘佳明，吴家阳，等. 长江中下游沿江泵站排涝对干流防洪的影响分析 [J]. 人民长江，2020，51 (12)：172 - 178.

[274] 金科，王雪姣，陈甜. 降雨及引江济太调度对太湖水位变化的影响分析 [J]. 水文，2020，40 (06)：63 - 67.

[275] 李英海，夏青青，张海荣，等. 考虑溪洛渡水库调蓄影响的向家坝分期汛限水位研究 [J/OL]. 水文：1 - 9 [2021 - 05 - 25]. https：//doi. org/10. 19797/j. cnki. 1000 - 0852. 20200203.

[276] 范少英，邓金运，王小鹏，等. 三峡水库运用对鄱阳湖调蓄能力的影响 [J]. 水科学进展，2019，30 (04)：537 - 545.

[277] 赵秋湘，付湘，孙昭华. 三峡水库运行对荆江三口分流的影响评估 [J]. 长江科学院院报，2020，37 (02)：7 - 14.

[278] 邢龙，张冬冬，李帅. 三峡水库运行对长江中下游洪水情势的影响 [J]. 水电能源科学，2019，37 (09)：44 - 46.

[279] 黄薇，张欣，孙映宏，等. 无调控小水库群对寿昌江流域洪水预报的影响 [J]. 水电能源科学，2019，37 (06)：51 - 53.

[280] 张旭昇，单金红. 改进的 MIKE BASIN 在水库调节计算中的应用 [J]. 人民黄河，2019，41 (12)：55 - 58，78.

[281] 温得平，李其江，赵兴明，等. 受水库调蓄影响的设计洪水分析——以格尔木河大干沟水电站为例 [J]. 水文，2019，39 (05)：30 - 34.

[282] 刘玉，李景保，李欢，等. 三峡水库调洪调度对江湖汇流区洪水相互顶托的影响 [J]. 水资源与水工程学报，2019，30 (02)：114 - 121，129.

[283] 任春平，李海军，梁荣荣. 汾河中游液压坝群对洪水演进的影响 [J]. 水电能源科学，2020，38 (02)：76 - 79.

[284] 赵贵章，徐远志，王莉莉，等. 黄河上游青铜峡水利枢纽对河川基流的影响 [J]. 河海大学学报 (自然科学版)，2020，48 (03)：195 - 201.

[285] 刘刚，李鹏，刘强，等. 黄土丘陵区淤地坝系对流域洪水过程影响与溃坝模拟 [J]. 西安理工大学学报，2020，36 (04)：468 - 474.

[286] 代稳，张美竹，王金凤，等. 水系连通功能变异下荆南三口流域径流特征 [J]. 水土保持研究，2021，28 (01)：380 - 386.

[287] 顾玉娇，杨肖丽，任立良，等. 基于 RVA 法和 PCA 法评估三座店水库对下游径流的影响 [J]. 中国农村水利水电，2020 (08)：177 - 181，187.

[288] 吕海深，丁然，朱永华. 淮河流域闸坝对径流量的影响分析 [J]. 中国农村水利水电，2020 (04)：166 - 171，176.

[289] 唐磊，何术锋，莫康乐，等. 小型水坝拆除后河貌演变模拟分析——以西河水坝为例 [J]. 水科学进展，2019，30 (05)：699 - 708.

[290]　唐小娅, 童思陈, 许光祥, 等. 三峡水库汛期泥沙淤积对坝前水位的滞后响应 [J]. 水科学进展, 2019, 30 (04): 528 - 536.

[291]　任实, 刘亮. 三峡水库泥沙淤积及减淤措施探讨 [J]. 泥沙研究, 2019, 44 (06): 40 - 45.

[292]　刘洁, 杨胜发, 沈颖. 长江上游水沙变化对三峡水库泥沙淤积的影响 [J]. 泥沙研究, 2019, 44 (06): 33 - 39.

[293]　侯素珍, 郭秀吉, 胡恬. 三门峡水库运用水位对库区淤积分布的影响 [J]. 泥沙研究, 2019, 44 (06): 14 - 18.

[294]　秦蕾蕾, 董先勇, 杜泽东, 等. 金沙江下游水沙变化特性及梯级水库拦沙分析 [J]. 泥沙研究, 2019, 44 (03): 24 - 30.

[295]　周勤, 何长青, 米家杉, 等. 干清支浑型水库泥沙淤积形态和运动规律研究 [J]. 水力发电, 2019, 45 (08): 117 - 121.

[296]　袁晶, 许全喜, 熊明, 等. 嘉陵江流域水库拦沙及其减沙贡献权重研究 [J]. 人民长江, 2019, 50 (11): 24 - 29, 43.

[297]　朱玲玲, 许全喜, 张欧阳, 等. 三峡水库支流河口淤积及拦门沙形成风险研究 [J]. 中国科学: 技术科学, 2019, 49 (05): 552 - 564.

[298]　李海彬, 黄东, 徐灿波, 等. 西江输沙量特性变化及趋势分析 [J]. 泥沙研究, 2020, 45 (01): 52 - 58.

[299]　吴保生, 郑珊, 沈逸. 三门峡水库冲淤与 "318 运用" 的影响 [J]. 水利水电技术, 2020, 51 (11): 1 - 12.

[300]　杨春瑞, 邓金运, 齐永铭, 等. 中小洪水调度对三峡水库泥沙淤积的长期影响 [J]. 水电能源科学, 2020, 38 (06): 34 - 37.

[301]　申冠卿, 李勇, 张原锋, 等. 小浪底水库拦沙对黄河下游河道的减淤作用 [J]. 人民黄河, 2020, 42 (06): 1 - 6.

[302]　王普庆, 王平. 阿拉尔拦河闸蓄水运用后闸前泥沙淤积特点及清淤措施探讨 [J]. 灌溉排水学报, 2020, 39 (S2): 95 - 98.

[303]　吕超楠, 金中武, 林木松, 等. 岷江流域水库建设对水沙输移的影响 [J]. 长江科学院院报, 2020, 37 (08): 9 - 15, 21.

[304]　石雨亮, 何成荣, 梅志宏. 漫湾水库泥沙淤积发展规律及对下游水沙情势影响分析 [J]. 水力发电, 2019, 45 (09): 84 - 87, 108.

[305]　张金萍, 肖宏林, 张鑫. 水库运行对径流—泥沙关系的影响分析 [J]. 水电能源科学, 2019, 37 (09): 17 - 20, 50.

[306]　李勇, 窦身堂, 谢卫明. 黄河中游水库群联合调控塑造高效输沙洪水探讨 [J]. 人民黄河, 2019, 41 (02): 20 - 23, 28.

[307]　毛海涛, 王正成, 林荣, 等. 三峡水库蓄水后上下游河段水沙特性变化及影响因素分析 [J]. 水资源与水工程学报, 2019, 30 (05): 161 - 169.

[308]　张为, 李昕, 任金秋, 等. 梯级水库蓄水对三峡水库洪峰沙峰异步特性的影响 [J]. 水科学进展, 2020, 31 (04): 481 - 490.

[309]　蒋楠, 高成. 基于 IHA 分析的小水电工程对黄尾河水沙的影响 [J]. 水电能源科学, 2020, 38 (04): 14 - 17, 59.

[310]　张金萍, 肖宏林, 张鑫. 龙羊峡水库对下游水沙条件变化的影响分析 [J]. 中国农村水利水电, 2020 (01): 83 - 87, 96.

[311]　曹慧群, 李晓萌, 罗慧萍. 大东湖水网连通的水动力与水环境变化响应 [J]. 人民长江, 2020, 51 (05): 54 - 59.

[312]　李慧玲, 陈菁, 金秋, 等. 水闸规模对河道水动力水环境的影响研究 [J]. 人民长江, 2019,

50 (02): 181 - 185, 196.

[313] 岳青华，丁聪. 围填海工程对半封闭海湾水动力环境影响分析——以大鹏湾内围填海工程为例 [J]. 中国农村水利水电，2019 (11): 129 - 132, 144.

[314] 许新发，黄志文，周苏芬，等. 不同整治工程条件下赣江尾闾河网水流特性试验研究 [J]. 长江科学院院报，2019, 36 (07): 7 - 13.

[315] 徐存东，王荣荣，刘辉，等. 多泥沙河流侧向进水泵站开机组合对前池流态的影响研究 [J]. 水利学报，2020, 51 (01): 92 - 101.

[316] 邱奕翔，魏楚函，武志刚，等. 库水模拟对拱坝动力特性的影响分析 [J]. 水力发电学报，2020, 39 (06): 109 - 120.

[317] 王英珍，夏军强，周美蓉，等. 小浪底水库运用后黄河下游游荡段主槽摆动特点 [J]. 水科学进展，2019, 30 (02): 198 - 209.

[318] 刘欣，刘远征. 小浪底水库调水调沙以来黄河下游游荡河段河床演变研究 [J]. 泥沙研究，2019, 44 (05): 56 - 60.

[319] 罗方冰，陈迪，郭怡，等. 三峡水库蓄水以来下游近坝河段冲淤分布特征及成因 [J]. 泥沙研究，2019, 44 (03): 31 - 38.

[320] 李溢汶，夏军强，邓珊珊，等. 三峡工程运用前后沙市段河床形态调整特点 [J]. 长江科学院院报，2019, 36 (02): 13 - 19.

[321] 杨卓媛，夏军强，周美蓉，等. 黄河尾闾段一维耦合水沙数学模型研究及其应用 [J]. 湖泊科学，2019, 31 (06): 1726 - 1737.

[322] 申冠卿，张原锋，张敏. 小浪底水库运用后黄河下游河道洪水与泥沙输移特性 [J]. 泥沙研究，2020, 45 (06): 59 - 66.

[323] 余阳，夏军强，李洁，等. 小浪底水库对下游游荡河段河床形态与过流能力的影响 [J]. 泥沙研究，2020, 45 (01): 7 - 15.

[324] 郑国诞，曹颖，史英标，等. 曹娥江大闸建闸后闸上河道冲淤变化分析 [J]. 人民长江，2020, 51 (S2): 20 - 23.

[325] 岳红艳，赵占超，吕庆标，等. 长江中游宜都至松滋河口段近期河床演变分析 [J]. 人民长江，2020, 51 (09): 1 - 5, 121.

[326] 夏军强，周美蓉，许全喜，等. 三峡工程运用后长江中游河床调整及崩岸特点 [J]. 人民长江，2020, 51 (01): 16 - 27.

[327] 谢思泉，刘亚，卢金友. 三峡水库运用后连续急弯河道冲淤特性分析 [J]. 长江科学院院报，2021, 38 (01): 8 - 13, 26.

[328] 郑丙辉，张佳磊，王丽婧，等. 三峡水库水环境特征及其演变 [M]. 北京：科学出版社，2020.

[329] 胡春宏. 三峡水库 175m 试验性蓄水十年泥沙冲淤变化分析 [J]. 水利水电技术，2019, 50 (08): 18 - 26.

[330] 王鸿翔，查胡飞，李越，等. 三峡水库对洞庭湖水文情势影响评估 [J]. 水力发电，2019, 45 (11): 14 - 18, 44.

[331] 郭文献，李越，卓志宇，等. 三峡水库对长江中下游河流水文情势影响评估 [J]. 水力发电，2019, 45 (05): 22 - 27.

[332] 林梦然，董增川，贾一飞. 龙羊峡水库对坝下河段生态水文情势影响研究 [J]. 人民黄河，2019, 41 (03): 69 - 73, 78.

[333] 徐长江，徐高洪，戴明龙，等. 三峡水库蓄水期洞庭湖区水文情势变化研究 [J]. 人民长江，2019, 50 (02): 6 - 12.

[334] 张康，杨明祥，梁藉，等. 长江上游水库群联合调度下的河流水文情势研究 [J]. 人民长江，

　　　　　2019, 50 (02)：107 - 114.

[335]　朱烨，李杰，潘红忠. 南水北调中线调水对汉江中下游水文情势的影响 [J]. 人民长江，2019，
　　　　　50 (01)：79 - 83.

[336]　张陵，郭文献，李泉龙. 长江中下游水电开发对河流水文情势的影响研究 [J]. 中国农村水利
　　　　　水电，2019 (09)：94 - 99.

[337]　王鸿翔，赵颖异，卓志宇，等. 基于 IHA - RVA 法的资水流域水文情势评估 [J]. 华北水利水
　　　　　电大学学报（自然科学版），.2019, 40 (02)：16 - 21, 51.

[338]　班璇，师崇文，郭辉，等. 气候变化和水利工程对丹江口大坝下游水文情势的影响 [J]. 水利
　　　　　水电科技进展，2020, 40 (04)：1 - 7.

[339]　郑越馨，章光新，吴燕锋，等. 尼尔基水库运行对嫩江水文情势的影响 [J]. 水电能源科学，
　　　　　2020, 38 (07)：20 - 23.

[340]　陈立华，佘贞燕. 基于 RVA 法分析水库及支流入汇对黔江中游水文情势影响 [J]. 水电能源科
　　　　　学，2020, 38 (05)：42 - 45, 5.

[341]　王宁，骆辉煌，杨青瑞，等. 基于 RVA 法的尼尔基水库下游水文变异分析 [J]. 人民长江，
　　　　　2020, 51 (06)：107 - 112.

[342]　邴建平，邓鹏鑫，张冬冬，等. 三峡水库运行对鄱阳湖江湖水文情势的影响 [J]. 人民长江，
　　　　　2020, 51 (03)：87 - 93.

[343]　唐玉兰，王雅峰，马甜甜，等. 观音阁水库建设运行对太子河本溪段水文情势影响 [J]. 水文，
　　　　　2020, 40 (02)：92 - 96, 79.

[344]　包中进，王自明，韩晓维，等. 闸上河道规模对行洪影响分析 [J]. 中国农村水利水电，2020
　　　　　(09)：217 - 221.

[345]　黄草，黄梦迪，胡国华，等. 梯级电站运行下拉萨河干流水文情势变异及归因分析 [J]. 水资
　　　　　源与水工程学报，2020, 31 (05)：62 - 69, 79.

[346]　李满良，孙刚锋. 泾惠渠灌区气候变化对地下水位的影响 [J]. 人民黄河，2019, 41 (S2)：
　　　　　33 - 36.

[347]　刘晓光，黄勇. 平原型水库水位变化对库区附近地下水位影响的滞后性研究 [J]. 水电能源科
　　　　　学，2020, 38 (04)：84 - 86, 166.

[348]　汪生斌，祁泽学，苏世杰，等. 基于数值模拟的格尔木地区地下水位致灾性抬升机理研究 [J].
　　　　　干旱区研究，2020, 37 (05)：1132 - 1139.

[349]　王琳，毛海涛，严新军，等. 平原水库“防-截-导”渗流控制对坝后地下水位的影响 [J]. 水
　　　　　资源与水工程学报，2020, 31 (03)：254 - 260.

[350]　赵海镜，刘书宝，张艳红. 蒲石河抽水蓄能电站水库冰情研究 [J]. 水力发电，2019, 45
　　　　　(12)：90 - 94.

[351]　陈冬伶，梁聪聪，赵淑饶. 海勃湾水库的防凌作用及对凌情的影响 [J]. 水文，2020, 40
　　　　　(04)：85 - 90.

[352]　于丹青，陈求稳，马宏海，等. 漫湾水库运行下库内洲滩潜流带夏季热传输特征 [J]. 水利学
　　　　　报，2019, 50 (04)：497 - 505.

[353]　曾少岳，张永涛，张苾萃，等. 向家坝水电站泄洪雾化及其影响分析 [J]. 水力发电，2019,
　　　　　45 (12)：54 - 58.

[354]　张静，刘增进，肖伟华，等. 三峡水库蓄水后库区气候要素变化趋势分析 [J]. 人民长江，
　　　　　2019, 50 (03)：113 - 116, 165.

[355]　冯立文，姚清河，苏炜，等. 洪湾渔港工程潮流泥沙的输运特性 [J]. 中山大学学报（自然科
　　　　　学版），2019, 58 (01)：56 - 64.

[356]　朱巧云，张志林，乔红杰. 三峡工程蓄水前后长江河口段潮汐特征变化分析 [J]. 水文，2019,

39（03）：75-79.

[357] 代稳，吕殿青，李景保，等. 水系连通变异下荆南三口河系水文干旱识别与特征分析 [J]. 地理学报，2019，74（03）：557-571.

[358] 李景保，何蒙，于丹丹，等. 水利工程对长江荆南三口水系结构变化的影响 [J]. 地理科学，2019，39（06）：1025-1035.

[359] 杨光彬，吴保生，章若茵，等. 三门峡水库"318"控制运用对潼关高程变化的影响 [J]. 泥沙研究，2020，45（03）：38-45.

[360] 何军，张伟，李家明，等. 三峡工程建成蓄水对库区参考作物蒸发蒸腾量的影响研究 [J]. 中国农村水利水电，2020（08）：122-125.

[361] 张强，张正浩，孙鹏. 东江、黄河、辽河流域地表水文过程模拟及水利工程水文效应研究 [M]. 北京：科学出版社，2019.

[362] 熊友才，李凤民. 石羊河流域水资源管理集成研究 [M]. 北京：科学出版社，2019.

[363] 常留红，徐斌，张鹏，等. 深水航道整治丁坝群对鱼类生境的影响 [J]. 水利学报，2019，50（09）：1086-1094.

[364] 夏军，叶超，魏洁，等. 基于动态评估模型的绿色小水电生态环境影响研究 [J]. 水力发电，2019，45（10）：6-11，19.

[365] 董继坤. 河道整治工程对水生态的影响及保护措施探讨 [J]. 人民黄河，2019，41（S2）：46-47，56.

[366] 宋劼，易雨君，侯传莹，等. 小浪底水库调水调沙对下游河道浮游生物的影响 [J]. 人民黄河，2019，41（08）：38-43，75.

[367] 易亮，冯桃辉，刘玉娇. 航道整治水文情势变化对四大家鱼产卵场的影响——以荆江周天河段为例 [J]. 人民长江，2019，50（04）：94-99.

[368] 许栋，张博曦，及春宁，等. 梯级水库对南渡江干流底栖动物丰枯水期沿程变化的影响 [J]. 水资源保护，2019，35（02）：60-66，84.

[369] 王新艳，闫家国，白军红，等. 黄河口滨海湿地水文连通对大型底栖动物生物连通的影响 [J]. 自然资源学报，2019，34（12）：2544-2553.

[370] 张帅，毛旭锋，唐文家，等. 黄河大河家水电站建成后水生生物变化分析 [J]. 中国农村水利水电，2019（04）：140-144，148.

[371] 戴凌全，蔡卓森，刘海波，等. 三峡水库枯水期不同运行方式对洞庭湖生态补水效果研究 [J]. 水资源与水工程学报，2019，30（03）：170-175.

[372] 许晓春，刘湘伟，付京城. 水利工程对生态环境的影响后评价体系研究 [J]. 水利水电技术，2020，51（S2）：322-325.

[373] 王煜，李金峰，翟振男. 优化中华鲟产卵场水动力环境的梯级水库联合调度研究 [J]. 水利水电科技进展，2020，40（01）：56-63.

[374] 汪青辽，刘媛，郝红升，等. 滇中引水工程取水口下游金沙江生态流量研究 [J]. 水力发电，2020，46（09）：28-31.

[375] 李培科，韩华伟. 水利工程对生态系统健康性与完整性影响研究 [J]. 人民黄河，2020，42（S2）：95-96.

[376] 侯俊，裴佳琦，黄喻威，等. 基于鱼类需求的息县枢纽工程闸下河段环境流量研究 [J]. 水资源保护，2020，36（02）：8-12，20.

[377] 贾建辉，陈建耀，龙晓君，等. 水电开发对河流生态系统服务的效应评估与时空变化特征分析——以武江干流为例 [J]. 自然资源学报，2020，35（09）：2163-2176.

[378] 罗慧萍，曹慧群，罗平安. 引水调度对东沙湖生态水文要素的影响 [J]. 长江科学院院报，2020，37（12）：22-27.

[379]　温佳琦，王皓冉，陈永灿，等. 梯级电站作用下牡丹江底栖动物沿程变化规律 [J]. 环境科学，2020，41 (07)：3266 - 3274.

[380]　宋南奇，黄杰，李滨勇，等. 人工岛机场填海工程对生态环境影响的综合评价 [J]. 中国环境科学，2020，40 (08)：3703 - 3712.

[381]　吴时强，吴修锋，戴江玉，等. 太湖流域重大治污工程水生态影响监测与评估 [M]. 北京：科学出版社，2019.

[382]　窦明，张彦，米庆彬，等. 闸控河流水环境模拟与调控理论研究 [M]. 北京：科学出版社，2020.

[383]　刘畅，刘晓波，周怀东，等. 水库缺氧区时空演化特征及驱动因素分析 [J]. 水利学报，2019，50 (12)：1479 - 1490.

[384]　张乾柱，邓浩俊，卢阳，等. 丹江口水库水化学特征现状分析 [J]. 长江科学院院报，2020，37 (09)：24 - 30，49.

[385]　岳青华，王司辰，朱捷，等. 不同引配水模式对区域水质提升效果分析 [J]. 水力发电，2019，45 (09)：88 - 92.

[386]　王婕，吴挺峰，丁艳青. 富春江水库变动回水区蓝藻水华成因初探 [J]. 水电能源科学，2019，37 (02)：51 - 54.

[387]　侯传莹，易雨君，宋劼，等. 小浪底水库水沙调控对下游河道水质的影响 [J]. 人民黄河，2019，41 (08)：32 - 37.

[388]　李万智，杨进新，石维新，等. 南水入密云水库对水质及水环境的影响 [J]. 人民黄河，2019，41 (03)：89 - 93，99.

[389]　黄绳，农禽智，梁建奎，等. 南水北调中线工程运行的环境问题及风险分析 [J]. 人民长江，2019，50 (08)：46 - 51.

[390]　蔡晓钰，杨金艳，杨文晶，等. 引江调水对阳澄淀泖区水环境改善效果分析 [J]. 人民长江，2019，50 (03)：54 - 59，93.

[391]　李琼，刘佳，李永凯. 黄柏河流域水库底泥内源磷释放对水质影响分析 [J]. 人民长江，2019，50 (03)：60 - 65.

[392]　许典子，张万顺，彭虹，等. 三峡库区水资源生态足迹及承载力时空演变研究 [J]. 人民长江，2019，50 (05)：99 - 106.

[393]　秦国帅，刘建卫，许士国，等. 洪水事件对碧流河水库水质影响 [J]. 南水北调与水利科技，2020，18 (01)：110 - 117，143.

[394]　肖烨，黄志刚. 丹江口水库水环境变化特点及其改善对策 [J]. 水土保持通报，2019，39 (06)：218 - 222.

[395]　杨凡，纪道斌，王丽婧，等. 三峡水库汛后蓄水期典型支流溶解氧与叶绿素 a 垂向分布特征 [J]. 环境科学，2020，41 (05)：2107 - 2115.

[396]　唐小娅，童思陈，黄国鲜，等. 三峡水库总磷时空变化特征及滞留效应分析 [J]. 环境科学，2020，41 (05)：2096 - 2106.

[397]　刘明坤，童俊，胡波，等. 金泽水库上游来水及库区水质变化时空分布特征 [J]. 环境科学，2019，40 (10)：4461 - 4468.

[398]　徐进，黄廷林，李凯，等. 李家河水库污染物来源及水体分层对水质的影响 [J]. 环境科学，2019，40 (07)：3049 - 3057.

[399]　匡翠萍，董智超，顾杰，等. 清淤疏浚工程对七里海潟湖湿地水体交换的影响 [J]. 中国环境科学，2019，39 (01)：343 - 350.

[400]　宋劼，易雨君，周扬，等. 小浪底水库下游浮游生物及细菌群落对水沙调控的响应规律 [J]. 水利学报，2020，51 (09)：1121 - 1130.

[401] 杨蕊，吴时强，高学平，等. 基于 Vine Copula 函数的河湖连通水环境多因子联合风险识别研究 [J]. 水利学报，2020，51（05）：606-616.

[402] 林蓉璇，王鑫，徐辉荣. 茅洲河河口建闸对闸上水质的影响研究 [J]. 水利水电技术，2020，51（08）：140-151.

[403] 菅浩然，韩涛. 引江济巢工程对改善巢湖水质的数值模拟分析 [J]. 水电能源科学，2020，38（09）：53-55.

[404] 李慧明，候林丽，徐鹏. 不同水质指数法在峡江水库水质评价中的应用 [J]. 人民长江，2020，51（S2）：32-36，87.

[405] 姚嘉伟，刘晓波，董飞，等. 平原型水库水体热分层的水质响应特征与水质改善成效 [J]. 南水北调与水利科技（中英文），2020，18（03）：158-167.

[406] 黄玥，黄志霖，肖文发，等. 三峡水库水位调度对出库水质影响分析与水质预测 [J]. 水资源与水工程学报，2020，31（04）：78-85.

[407] 李琨，徐强，陈俊宇，等. 生态调节坝对御临河水动力水质影响的模拟研究 [J]. 水资源与水工程学报，2020，31（03）：15-23.

[408] 徐婉明，邓伟铸，倪锦锋，等. 南澳羊屿村围填海拆除工程对水环境的影响 [J]. 水资源与水工程学报，2020，31（02）：115-120.

[409] 刘小华，魏炳乾，黄磊，等. 水库壅水对水源地水环境的影响研究 [J]. 水资源与水工程学报，2020，31（02）：57-64.

[410] 辛苑，李萍，吴晋峰，等. 强降雨对北运河流域沙河水库水质的影响 [J]. 环境科学学报，2021，41（01）：199-208.

[411] 谢培，乔飞，秦延文，等. 三峡库区水质和水龄数值模拟研究 [J]. 环境科学学报，2021，41（02）：574-582.

[412] 左其亭，梁士奎，陈豪，等. 闸控河流水文生态效应分析与调控 [M]. 北京：科学出版社，2019.

[413] 王静，王艳艳，李娜，等. 2016 年太湖流域洪灾损失及骨干工程防洪减灾效益评估研究 [J]. 水利水电技术，2019，50（09）：176-183.

[414] 高爽，蒋红，徐缇，等. 基于断面水质响应的宜兴市水环境治理工程环境绩效评估 [J]. 水电能源科学，2020，38（05）：135-138.

[415] 何勇，王静，刘兴举，等. 电价与电量结合的龙头电站效益补偿机制研究 [J]. 水力发电学报，2019，38（11）：40-48.

[416] 马艺钊，郭群力. 小浪底水利枢纽对周边经济带动作用研究 [J]. 人民黄河，2019，41（S2）：138-139，142.

[417] 陈晓楠，段春青，崔晓峰，等. 基于可变云模型的南水北调中线供水效益综合评价探析 [J]. 华北水利水电大学学报（自然科学版），2019，40（03）：32-38.

[418] 宋子奇，方国华，闻昕，等. 基于能值分析的跨流域引调水工程生态效益计算 [J]. 水资源与水工程学报，2020，31（05）：56-61.

[419] 付成让. 位山灌区节水改造工程效益评价 [J]. 水科学与工程技术，2020，（03）：61-63.

[420] 霍志涛，黄波林，张全，等. 三峡库区黑石板滑坡涌浪分析 [J]. 水利水电技术，2020，51（01）：115-122.

[421] 李秋全，郝付军. 三峡库区堆积层滑坡的变形趋势判断及预测 [J]. 水利水电技术，2019，50（05）：228-233.

[422] 余松，吴建超，张丽芬，等. 灰色聚类方法预测西藏忠玉水电站水库诱发地震的震级上限 [J]. 水利水电技术，2019，50（04）：102-106.

[423] 韩斐，牛瑞卿，李士垚，等. 基于变分模态分解和深度置信神经网络模型的滑坡位移预测 [J].

长江科学院院报，2020，37（08）：61 - 68.

[424]　华小军，樊启祥，尚毅梓，等. 边坡群稳定性耦联分析方法在三峡库区的应用 [J]. 水利水电科技进展，2019，39（01）：54 - 57，69.

[425]　张永辉，宫海灵，刘增杰. 大华桥水电站沧江桥-营盘滑坡稳定性分析及初步治理 [J]. 水力发电，2019，45（06）：50 - 55.

[426]　张龙飞，杨宏伟，李曜男，等. 库水与降雨对凉水井滑坡变形及稳定性的影响 [J]. 水利水运工程学报，2019（02）：16 - 24.

[427]　张珂峰. 基于灰色关联度理论的库水位变动-降雨联合作用下的边坡渗透稳定性研究 [J]. 水电能源科学，2019，37（12）：99 - 102.

[428]　江德军，黄会宝，柯虎. 某水电站库区边坡稳定性及变形失稳机制研究 [J]. 水电能源科学，2019，37（09）：115 - 119.

[429]　卢乾，朱瑞晨，姜宏军，等. 西部某水电站左岸坝肩边坡稳定分析及处理措施 [J]. 人民长江，2019，50（S1）：120 - 122.

[430]　仇文岗，王尉，高学成. 库区水位下降对库岸边坡稳定性的影响 [J]. 武汉大学学报（工学版），2019，52（01）：21 - 26.

[431]　瞿英蕾，陈全宝，陶琳琳. 丰满水电站新坝建设期度汛对老坝稳定的影响分析及对策 [J]. 水利水电技术，2020，51（S2）：143 - 148.

[432]　付小林，汤明高，叶润青，等. 不同库水消落方式下动水压力型滑坡变形与稳定性响应研究 [J]. 水利水电技术（中英文），2021，52（01）：201 - 211.

[433]　杨金林，符新阁，王玉川，等. 动态水位诱导下临库边坡稳定性分析 [J]. 水力发电，2020，46（01）：41 - 44.

[434]　徐浩伦，韩旭，孙红月. 后缘蓄水系统对边坡稳定性的影响 [J]. 自然灾害学报，2020，29（05）：202 - 208.

[435]　陈绪坚. 金沙江梯级水库下游水沙过程非恒定变化及其对通航条件的影响 [J]. 水利学报，2019，50（02）：218 - 224.

[436]　夏冬梅，张丹蓉，谢东风，等. 二维水动力模型在姚江大库船闸通航影响分析中的应用 [J]. 水电能源科学，2019，37（07）：146 - 149，98.

[437]　马利平，侯精明，刘昌军，等. 清水沟水库溃坝对主河道行洪过程影响数值模拟研究 [J]. 水资源与水工程学报，2019，30（01）：130 - 136.

[438]　刘卫林，万一帆，刘丽娜，等. 基于 MIKE 模型的南丰景观坝行洪能力影响分析 [J]. 水利水电技术，2020，51（04）：57 - 66.

[439]　顾莉，王立杰，周小飞，等. 向家坝水电站切机非恒定流对干流航运影响研究 [J]. 水力发电，2021，47（01）：107 - 110.

[440]　潘增，陈忠贤，范向军，等. 向家坝水电站下游河道变化对枢纽运行影响研究 [J]. 人民长江，2020，51（S2）：320 - 324.

[441]　吴越，杨校礼，李昱，等. 弧形短导航墙对船闸下游引航道内水流结构的影响 [J]. 长江科学院院报，2020，37（06）：81 - 84，93.

[442]　窦明，于璐，靳梦，等. 淮河流域水系盒维数与连通度相关性研究 [J]. 水利学报，2019，50（06）：670 - 678.

[443]　汪雁佳，李景保，李雅妮，等. 长江荆南三口河系水位演变规律及对江湖水量交换关系的响应 [J]. 地理研究，2019，38（09）：2302 - 2313.

[444]　傅春，裴伍涵，肖昆. 闸坝对抚河流域连通性的影响研究 [J]. 中国农村水利水电，2020（08）：66 - 70.

[445]　王国帅，史海滨，李仙岳，等. 河套灌区耕地-荒地-海子间水盐运移规律及平衡分析 [J]. 水

利学报，2019，50（12）：1518－1528.

[446] 黄晨. 长江口深水航道工程对盐水入侵的影响 [J]. 水电能源科学，2019，37（03）：29－32.

[447] 赵然杭，杜欣澄，韩军，等. 引黄灌溉对黄河下游盐碱地土壤水盐含量的影响研究 [J]. 中国农村水利水电，2019（04）：47－52，57.

[448] 黄风，毛海涛，严新军，等. 干旱区平原水库坝后农田土壤水盐运移的规律研究 [J]. 中国农村水利水电，2020（08）：105－109，116.

[449] 惠磊，张宏祯，欧阳宏，等. 疏勒河灌区信息化系统升级耦合及应用研究 [M]. 郑州：黄河水利出版社，2020.

[450] 易华，韩笑，王恺仑，等. 物联网技术在大型水电站安全监测自动化系统中的应用 [J]. 长江科学院院报，2019，36（06）：166－170.

[451] 牛广利，李端有，李天旸，等. 基于云平台的大坝安全监测数据管理及分析系统研发与应用 [J]. 长江科学院院报，2019，36（06）：161－165.

[452] 郭建文，陈锐，邓拥军. 黄登水电站建设管理中的数字系统研究与应用 [J]. 水力发电，2019，45（06）：21－25.

[453] 许永祥，袁建军，刘磊，等. 双塔水库安全监测综合信息化系统开发及应用 [J]. 人民长江，2019，50（S2）：229－232.

[454] 刘东海，胡东婕，陈俊杰. 基于BIM的输水工程安全监测信息集成与可视化分析 [J]. 河海大学学报（自然科学版），2019，47（04）：337－344.

[455] 李增焕，毛崇华，杨铖，等. 大型灌区智慧灌溉系统开发与应用 [J]. 中国农村水利水电，2019（02）：108－112，118.

[456] 撒文奇，次旦央吉，于伦创，等. 基于BIM＋GIS的水闸安全监控与预警处置系统研发 [J]. 水利水电技术，2020，51（S1）：202－207.

[457] 鄢江平，翟海峰. 杨房沟水电站建设质量智慧管理系统的研发及应用 [J]. 长江科学院院报，2020，37（12）：169－175，182.

[458] 陈亮雄，杨静学，李兴汉，等. 基于无人机与3S技术的鹤地水库水政监管系统开发与应用 [J]. 长江科学院院报，2020，37（12）：176－182.

[459] 任海文，刘永强，闫文杰. 基于BIM技术的堤防工程运维信息管理系统设计与实现 [J]. 水电能源科学，2020，38（10）：116－120.

[460] 王国强，郭亮亮，罗天文，等. 信息化技术在水库移民信息采集中的应用 [J]. 人民黄河，2020，42（11）：162－165.

[461] 陶相婉，余忻，李琳，等. 基于博弈论的城镇水务智慧监管平台建设与运行管理研究 [J]. 给水排水，2020，56（08）：148－151.

[462] 朱党生，廖文根，史晓新，等. 基于都江堰工程启示的新时期生态水利工程建设思考 [J]. 中国水利，2020（03）：18－21，2.

[463] 张社荣，徐彤，张宗亮，等. 基于BIM＋GIS的水电工程施工期协同管理系统研究 [J]. 水电能源科学，2019，37（08）：132－135，83.

[464] 何向阳，谭界雄，高大水，等. 基于云平台的水库安全管理信息化方案研究 [J]. 人民长江，2019，50（11）：233－236.

[465] 张晔楠，韩沐轩. 改进蚁群算法及其在水利工程项目管理中的应用 [J]. 南水北调与水利科技，2019，17（03）：171－176，184.

[466] 孙超君，邵园园，姚旺. 基于生态河湖理念的水利工程运行管理研究 [J]. 中国水利，2019（20）：33－35.

[467] 吴森，陈昂. 水库大坝工程生态流量评估的分类管理方法研究 [J]. 华北水利水电大学学报（自然科学版），2019，40（03）：54－64.

[468]　樊启祥，刘元达，李果，等. 基于定位系统的水电工程建设资源动态管理 [J]. 水力发电学报，2020，39（12）：1 - 15.

[469]　胡晶，陈祖煜，王玉杰，等. 基于区块链的水利工程施工管理平台架构 [J]. 水力发电学报，2020，39（11）：40 - 48.

[470]　邬俊，徐建军，张洋，等. 杨房沟水电站 EPC 管理模式质量管理实践 [J]. 水利水电技术，2020，51（S1）：208 - 211.

[471]　邹其会，冯海军，陈为西. 关于水电工程移民复合安置方式的探讨 [J]. 水力发电，2020，46（07）：20 - 23.

[472]　董飞，冯海军，李会甫. 沙沱水电站移民安置规划方案实施效果分析 [J]. 水力发电，2020，46（07）：46 - 49.

[473]　王雪，方春晖. 基于模糊理论的浙江省水库标准化管理综合评判 [J]. 水电能源科学，2020，38（11）：90 - 93.

[474]　李献忠，张社荣，王超，等. 基于 BIM＋GIS 的长距离引调水工程运行管理集成平台设计与实现 [J]. 水电能源科学，2020，38（09）：91 - 95.

[475]　方卫华，陈允平，钱雨佳. 基于水利改革发展总基调的小型水库安全管理研究 [J]. 中国农村水利水电，2020（08）：193 - 197.

[476]　任中阳. 基于模糊贴近度的水电工程安全管理合规性评价 [J]. 水科学与工程技术，2020（04）：60 - 63.

[477]　金有杰，牛睿平，刘娜. 小型水库安全分级监管模式与云平台研究 [J]. 中国农村水利水电，2020（01）：154 - 159.

[478]　俞扬峰，马福恒，霍吉祥，等. 基于 GIS 的大型灌区移动智慧管理系统研发 [J]. 水利水运工程学报，2019（04）：50 - 57.

[479]　余根坚，郭静，王鹏，等. 灌区农业水价综合改革管理信息系统研发与应用——以德令哈市怀头他拉水库灌区为例 [J]. 中国农村水利水电，2019（12）：16 - 19，24.

[480]　刘洋，蔡守华，曹晓林. 小型灌溉泵站群监控管理系统设计与研究 [J]. 中国农村水利水电，2019（07）：189 - 192.

[481]　成荣亮，马福恒，俞扬峰，等. 基于 Android 平台的灌区智能巡检系统研发 [J]. 中国水利，2019（20）：62 - 64.

[482]　魏文密. 彭阳县"移动互联网＋农村人饮"管理模式探索与实践 [J]. 中国水利，2019（15）：52 - 54.

[483]　郁片红，孔炜，赵玲玲. 上海浦东农村污水建设监管平台在智慧水务中的应用与实践 [J]. 给水排水，2020，56（01）：130 - 133.

[484]　费基勇. 贵州省农村饮水安全工程运行管理模式浅析 [J]. 中国水利，2020（13）：60 - 61.

[485]　李亚龙，惠军，罗文兵，等. 西藏农村饮水安全工程建设管理实践与探索 [M]. 北京：科学出版社，2019.

[486]　段梦，齐珊娜，屈凯，等. 基于水敏感城市框架下城市水系统综合管理评价方法研究——以西咸新区沣西新城为例 [J]. 给水排水，2019，55（01）：47 - 54.

[487]　槐先锋，陈晓璐，于洋. 南水北调中线干线工程应急管理短板及对策研究 [J]. 中国水利，2019（23）：43 - 45，42.

[488]　高玉琴，刘云苹，叶柳，等. 基于物元分析法的泵站管理现代化评价研究 [J]. 水资源与水工程学报，2019，30（04）：124 - 130.

[489]　管光明，庄超，许继军. 跨流域调水管理与立法 [M]. 北京：科学出版社，2019.

第7章 水经济研究进展报告

7.1 概述

7.1.1 背景与意义

（1）水资源不仅是基础性的自然资源，同时也是战略性的经济资源，与人类社会经济系统紧密联系。目前，水资源问题呈现出复杂的趋势，重要的原因是人类在利用这一基础资源的过程中出现了各类问题，如粗放利用、效率低下、配置不合理、保护不得力等，如何使水资源充分高效地发挥其经济资源功能，是当前水资源科学领域的一项重要研究内容。开展水利经济研究工作，可为提高水利工程效益和水资源利用效率提供科学方法，为水利改革与发展提供理论依据，为水利事业与国民经济协调发展提供有力支撑。

（2）关于水经济方面的研究，早在20世纪80年代初就受到了重视。1980年，在于光远、钱正英等老领导的倡导下成立了中国水利经济研究会，历经九届理事会。关于水经济的研究，过去一直局限于水利工程经济学，自20世纪90年代后期以来，该领域逐渐扩大，相继开展了水利与国民经济的关系研究，水价值、水权、水市场研究，同时水与经济、社会、生态环境的耦合研究也相继开展。21世纪初，有关虚拟水概念的引入为水经济研究开辟了一个新的方向，先后出现了一大批研究成果。水经济研究紧密结合国家经济社会发展需求，为指导国民经济建设起了重要的作用，为促进水资源可持续利用、支撑经济社会可持续发展作出了重要贡献。水经济已成为国家实行最严格水资源管理制度的重要研究领域，有必要及时总结该领域的最新研究进展，促进水经济研究的理论发展和实践应用。

7.1.2 标志性成果或事件

（1）2019年4月，国家发展和改革委员会（以下简称国家发展改革委）、水利部联合印发《国家节水行动方案》（发改环资规〔2019〕695号）（以下简称《方案》），《方案》指出，水是事关国计民生的基础性自然资源和战略性经济资源，是生态环境的控制性要素，要从实现中华民族永续发展和加快生态文明建设的战略高度认识节水的重要性，大力推进农业、工业、城镇等领域节水，深入推动缺水地区节水，提高水资源利用效率，形成全社会节水的良好风尚，以水资源的可持续利用支撑经济社会持续健康发展。提出"总量强度双控""农业节水增效""工业节水减排""城镇节水降损""重点地区节水开源""科技创新引领"6大重点行动，提出"政策制度推动""市场机制创新"两方面改革举措。

（2）2019年4月，水利部印发《水利部关于开展规划和建设项目节水评价工作的指导意见》（水节约〔2019〕136号），对开展规划和建设项目节水评价工作的意义、总体要求、评价范围、评价环节、评价内容、实施管理和保障措施进行了具体介绍。

（3）2019年10月，水利部办公厅印发《规划和建设项目节水评价技术要求》（办节约

〔2019〕206 号）（以下简称《技术要求》）。随《技术要求》一并印发的还有《节水评价指标及其参考标准》，该标准考虑各地水资源条件和经济社会发展水平差异，将全国划分为 6 类节水评价分区，并对全国和 6 类节水评价分区的 11 个节水评价指标，分别核算其平均水平、先进水平对应的指标值，指标值每 2～3 年动态发布一次，供各级开展节水评价章节编制和审查时参考。

（4）2019 年 10 月 22 日，中国水利学会 2019 学术年会在湖北省宜昌市开幕，年会主题为"补短板 强监管 科技助力新时期治水兴水"，通过"会""展""赛""服"多种形式相结合，突出多学科、多领域的交叉融合，共设置河湖长制、水生态保护与修复、水资源、地下水、京津冀、长江大保护、黄河生态文明建设与高质量发展、大湾区等 19 个分会场。

（5）2019 年 11 月 9 日，第十七届中国水论坛在北京召开，论坛以"探索水科学未来，助力可持续发展"为主题，探索相关水科学、水资源管理等技术问题，共分为生态水利与生态文明建设、城市水文与海绵城市建设、水资源创新管理、气候变化与流域水文过程、水环境与水生态、地下水资源与环境、水科学信息技术与大数据、农业水资源高效利用、水灾害、水短缺与水安全、重点区域水安全问题 11 个分主题。

（6）2019 年 11 月，水利部公布《国家成熟适用节水技术推广目录（2019 年）》（以下简称《目录》），《目录》涵盖了水循环利用、雨水集蓄利用、管网漏损检测修复、农业用水精细化管理、用水计量与监控等 5 类 96 项节水技术。

（7）2019 年 11 月，工业和信息化部、水利部联合公布《国家鼓励的工业节水工艺、技术和装备目录（2019 年）》（以下简称《目录》）。《目录》涵盖共性通用技术、钢铁行业、石化行业等 13 大类 128 项工业节水工艺、技术和装备，将引导用水单位积极采购所列工艺、技术和装备，促进全国工业节约用水技术应用水平提升，推动用水方式由粗放向节约集约转变。

（8）2020 年 7 月 13 日，国务院政策例行吹风会上表示，我国计划 2020 年至 2022 年重点推进 150 项重大水利工程建设，主要包括防洪减灾、水资源优化配置、灌溉节水和供水、水生态保护修复、智慧水利等 5 大类，总投资约 1.29 万亿元，带动直接和间接投资约 6.6 万亿元。

（9）2020 年 8 月，国家发展改革委、财政部、水利部、农业农村部四部门联合发出通知，加快推进农业水价综合改革，健全节水激励机制。通知指出，2020 年新增改革实施面积 1.1 亿亩以上。

（10）2020 年 8 月，国家发展改革委、水利部联合批复了《金沙江流域水量分配方案》和《西江流域水量分配方案》；2020 年 11 月，水利部批复沅江、阿伦河、音河、包浍河、新汴河、奎濉河等 6 条跨省江河流域水量分配方案。2020 年全年共批复 9 条跨省江河流域水量分配方案。9 条跨省江河涉及流域面积 110 万 km²，占全国国土总面积的 11.5%；共有地表水资源量 4600 亿 m³，占全国多年平均地表水资源量的 16.8%。

（11）2020 年 10 月 19 日，中国水利学会 2020 学术年会在北京召开，年会的主题为"强化科技支撑，建设幸福河湖"，采取"线下＋线上""会＋赛"相结合的模式。11 月 20 日之前，年会还将继续召开流域发展战略、黄河流域生态保护和高质量发展、水生态、水资源、地下水、京津冀、生态水利工程技术与生态流量、水利史、雨洪利用、水利工程爆破、水利行业强监管、水循环、水利风景区、水工结构与材料、生态水文学、国际分会场等 16 个年会分会场的会议。

（12）2020 年 11 月 1 日，水利部、国家发展改革委公布，三峡工程完成整体竣工验收全部程序。根据验收结论，三峡工程建设任务全面完成，工程质量满足规程规范和设计要求、总体优良，运行持续保持良好状态，防洪、发电、航运、水资源利用等综合效益全面发挥。

（13）2020 年 11 月 6 日，第十八届中国水论坛在南京开幕，论坛以"水科学与未来地球"为主题，面向水科学的研究前沿，对接"未来地球"国际计划，面向人类命运共同体的未来发展，共分为城市与社会水文学、黄河保护与发展、水科学理论方法、极端气象与洪水、流域水文及变化归因、水资源利用管理、国际水资源问题、水文水动力过程、长江经济带高质量发展专题、水环境综合修复、水文气候过程、水库调控及响应、长江流域变化与生态保护、水信息前沿技术、中国水资源问题对策、水生态过程效应和青年学术论坛17 个分主题。

（14）2020 年 11 月，水利部、国家机关事务管理局公布了《国家成熟适用节水技术推广目录（2020 年）》（以下简称《目录》），《目录》涵盖了洁具、洗涤设备、中央空调等 3 类 24 项节水技术。

（15）2020 年 12 月，水利部印发《关于黄河流域水资源超载地区暂停新增取水许可的通知》（以下简称《通知》），全面安排部署黄河流域水资源超载地区暂停新增取水许可工作。《通知》明确了黄河流域水资源超载地区，包括干支流地表水超载 13 个地市［涉及 6 个省（自治区）］、地下水超载 62 个县［涉及 4 个省（自治区）17 个地市］。要求黄河水利委员会、相关地区水行政主管部门就取自超载河流地表水、各超载类型地下水，分别暂停审批相应水源的新增取水许可。

（16）2020 年 12 月 9 日，全国首例地下水取水权交易签约仪式在江苏省宿迁市洋河新区顺利举行，标志着宿迁市地下水水权交易进入改革实施阶段。

（17）2020 年 12 月 14 日，全国首宗雨水交易顺利成交，标志着我国雨水资源等非常规水资源实现生态价值市场化进入了实践阶段。湖南雨创环保科技有限公司以每立方米 0.7 元的价格，对湖南高新物业有限公司集蓄的每年 4000m³ 的雨水资源进行收储，再以 3.85 元/m³ 的价格转让给长沙高新区市政园林环卫有限公司，用于园林绿化、环卫清扫作业用水，替代优质自来水。

7.1.3　本章主要内容介绍

本章是有关水经济研究进展的专题报告，主要内容包括以下几部分。

（1）7.1 节首先对水经济研究的背景及意义、有关水经济方面 2019—2020 年标志性成果或事件、本章主要内容以及有关说明进行简单概述。

（2）从 7.2 节开始按照水经济内容进行归纳编排，主要内容包括：水资源-社会-经济-生态环境整体分析研究进展，水资源价值研究进展，水权及水市场研究进展，水利工程经济研究进展，水利投融资及产权制度改革研究进展，虚拟水与社会水循环研究进展等 6 个方面。

（3）7.8 节与 2017—2018 年有关水经济的研究进展进行对比分析。

7.1.4　其他说明

本章是在《中国水科学研究进展报告 2017—2018》[1]（2019 年 9 月出版）的基础上，在广泛阅读 2019—2020 年相关文献的基础上，系统介绍有关水经济的研究进展。由于相关文献很多，本书只列举最近两年有代表性的文献，且所引用的文献均列入参考文献中。

7.2　水资源-社会-经济-生态环境整体分析研究进展

水资源、社会发展、经济增长和生态环境保护的关系始终紧密相连。水资源的开发利用对于社会、经济、生态环境的可持续发展具有重要的意义，其相互影响也随着时代发展和社会进步呈现阶段性特征，相关领域的研究一直受到各学科的紧密关注。

7.2.1　在理论研究方面

水资源同经济、社会和生态环境整体关系方面的理论研究，大多数是从管理的角度，基于经济、社会发展及带来的环境问题，进行水资源同经济社会发展、水资源同生态环境相互影响等方面的探讨，内容包括基于宏观角度的水资源开发和利用，经济社会发展进程中水利行业发展分析，水资源配置理论和方法，以及水资源、水环境承载力研究。以下仅列出有代表性的文献以供参考。

（1）王慧亮等[2] 以生态经济学的能值理论为基础，从系统能值流、经济发展能值、水资源能值和流域可持续发展能值 4 个方面，构建了包含 13 个指标的黄河流域水资源生态经济可持续发展评价指标体系，评价了黄河流域沿岸各省区的水资源开发利用状况、经济发展状况及水资源生态经济系统的可持续发展状况。

（2）杨莹等[3] 结合水资源-经济社会-生态环境三大系统的特点，构建了互馈关系分析指标体系，结合研究区相关数据，用相关分析和回归分析的方法，对水资源-经济社会-生态环境复合系统的互馈响应关系进行了分析。

（3）张国兴等[4] 以我国大陆 31 个省（自治区、直辖市）为例，选取 2008—2017 年的水资源总量及经济生产总值（GDP）数据，引入基尼系数、洛伦兹曲线和不平衡指数，开展了水资源与经济匹配分析。

7.2.2　在方法研究方面

水资源同经济、社会和生态环境整体关系方面的方法研究，主要包括针对经济社会用水问题的水资源配置方法，以及水资源开发利用对经济社会发展、水环境的影响及其评价等。以下仅列出有代表性的文献以供参考。

（1）胡光伟等[5] 以协同原理和集对分析方法为指导，构建湖南省水资源与社会经济系统协同度评价模型，对湖南省 14 个市州 2006—2016 年的水资源与社会经济系统协同发展情况进行评价。

（2）聂晓等[6] 运用耦合协调度模型，分析了湖北省 2006—2017 年水资源环境与经济发展耦合关系时序特征。

（3）易信[7] 采用生产函数法对中长期我国经济增长趋势进行情景预测，提出需要按照供给和需求双侧发力、宏观和微观齐抓共管、政府和市场共同作用的思路，加快形成节水型增长模式，夯实水资源安全保障的经济基础。

（4）李双等[8] 运用 VAR 模型，通过 ADF 检验、脉冲响应函数和方差分解，对 2000—2016 年陕西省水资源与经济增长的动态关系进行分析。

（5）杨胜苏等[9] 基于熵值法构建湖南省社会经济与水资源利用的综合评价指标体系，利用耦合协调发展度模型，从时间和空间上分析了湖南省 2000—2017 年社会经济与水资源利用的耦合协调关系。

（6）李丽琴等[10] 针对内陆干旱区城市发展和生态环境保护的强烈互斥性，在整体识别内陆干旱区水循环与生态演变耦合作用机理上，构建了基于生态水文阈值调控的水资源多维均衡配置模型。模型分 3 个层次：以流域为单元的水资源系统耗水总量和地下水采补平衡；以行政分区为单元的经济社会系统水量平衡和水土平衡；以河道关键控制断面和灌区为单元的生态环境系统水生态平衡和水盐平衡，并给出相应的多重循环迭代算法。

（7）闻豪等[11] 依据耦合协调度模型，探究"一带一路"倡议下 18 个重点省（自治区、直辖市）水资源、经济、生态环境 3 系统协调共生关系，构建了适用于时空尺度下重点地区 3 系统的指标评价体系，利用主客观综合赋权计算各级指标权重，并计算了耦合度与耦合协调度，按其结果对 2006—2015 年各研究区的 3 系统协调发展程度进行定量分析与评价，对地区协调发展给予评级。

（8）路瑞等[12] 基于水生态足迹理论和 Tapio 弹性分析法，建立了区域水生态承载力评估模型和水资源生态足迹与经济发展的协调程度评估模型，对 2004—2017 年黄河流域水资源生态足迹、水生态承载力以及水资源生态足迹与社会经济发展协调性的时空分异特征进行了分析。

（9）左其亭等[13] 尝试将 DEA 视窗分析方法应用于水资源利用效率研究，结合超效率 DEA 模型，探究黄河流域九省区在全面小康社会建设进程中水资源利用效率时空演变特征，在此基础上，通过 Malmquist 指数分解效率变动的内在原因，并引用空间匹配度计算方法，研究水资源利用效率与全面小康相对水平匹配程度。

（10）李佳伟等[14] 利用历史和监测资料，结合遥感解译提取的水资源、经济社会和生态环境数据，从水资源、经济社会、生态环境 3 个方面选代表性指标，采用 Mann - Kendall 检验、滑动 t 检验等多种统计学方法，分析 1960—2018 年新疆水资源-经济社会-生态环境系统要素时空演变特征。

7.2.3 在实践研究方面

水资源同经济、社会和生态环境整体关系方面的实践研究，主要集中在经济发展同生态环境之间的关系。以下仅列出有代表性的文献以供参考。

（1）余灏哲等[15] 利用 2000—2016 年京津冀水资源利用与城市经济发展指标等数据，基于变异系数、锡尔系数对京津冀用水数量、用水结构与用水量效率进行时空分析，采用灰色关联法探讨了水资源利用类型与城市经济发展指标之间的关联程度，利用二次回归模型分析了产业结构对农业、工业用水的影响，并且重点分析了城市经济发展与生活用水量之间的关系。

（2）周有荣等[16] 引入阴-阳对优化（YYPO）算法、投影寻踪（PP）和正态云模型（CM），构建了 YYPO - PP - CM 水资源-经济-社会-水生态协调度评价模型。从水资源、经济、社会、水生态系统中遴选出 20 个指标来构建水资源-经济-社会-水生态系统协调度评价指标体系和等级标准，采用云模型正向发生器来计算各分级评价指标隶属度；选取了 8 个标准测试函数对 YYPO 算法的优化性能进行仿真验证，并与粒子群优化（PSO）算法、布谷鸟搜索（CS）算法等 4 种传统优化算法的性能进行对比。基于 PP 基本原理，利用云南省 2006—2016 年水资源-经济-社会-水生态指标数据构造投影寻踪优化目标函数，通过 YYPO-PP 给出各评价指标权重，同时，根据隶属度矩阵和权重矩阵来计算水资源-经济-社会-水生态协调度评价的分级确定度，并进行评价分析，最后将评价结果与投影寻踪法、模糊评价法的结果进行比较。

（3）常烃等[17] 构建了京津冀水资源-经济-社会系统耦合协调度模型，以 2007—2016 年为研究时间段，综合运用熵值法、AHP 法、耦合度与耦合协调度计算等分析了各子系统和综合系统的发展水平以及系统的协调程度。

（4）杨海乐等[18] 以珠江流域水资源供应为例，对跨水文单元的水资源供应流动进行了生态补偿核算，对各水文单元的水资源供应的自然资源资产价值进行了量化评估研究。

（5）贺玉晓等[19] 基于分类数据包络分析（Categorical DEA）对 2007—2016 年中国生态地理区城市水资源利用效率进行测算，对其时间变化、空间分布以及空间收敛性进行分析。

（6）刘加伶等[20] 基于强互惠主体理论，运用演化博弈方法分析了水资源生态开发利用时中央政府、当地政府、地方企业三者之间的利益诉求以及补偿行为的动态演化过程；通过以存在复杂利益博弈关系的重庆市万州区水资源开发为案例开展实证分析，对三者之间的利益互动关系与影响因素进行了 SD 仿真模拟和深入分析研究。

（7）韩雁等[21] 以张家口为例，采用洛伦兹基尼系数和不均衡指数模型对水资源与社会经济发展要素的时空匹配特征进行研究。

（8）郝吉明等[22] 在《我国资源环境承载力与经济社会发展布局战略研究》一书中，以大气环境承载力、重点流域地表水环境承载力、水资源对区域社会经济发展的支撑能力、环境容量对煤油气资源开发的约束为依据，结合主体功能区定位要求，提出了全国、京津冀地区、西北五省及内蒙古地区产业发展绿色化布局战略。

（9）周建中等[23] 在《长江上游供水-发电-环境水资源互馈系统风险评估与适应性调控》一书中，研究了变化环境下长江上游水资源耦合系统动态演化特性和变化格局，建立了多重风险约束下水资源耦合互馈系统效益均衡的适应性调控模式，发展了供水-发电-环境互馈的长江上游水资源耦合系统风险评估与适应性调控的理论与方法体系。

（10）李金燕等[24] 在《生态优先的宁夏中南部干旱区域水资源合理配置理论与模式研究》一书中，研究了模式具备的条件、配置的方法和过程，根据研究区域特点提出了基于生态优先的宁夏中南部干旱区域水资源合理配置理论框架，建立了研究区域生态目标、经济目标、社会目标等多目标水资源合理配置模型。

7.3　水资源价值研究进展

水资源价值的相关理论分析和研究，从 2019—2020 年的文献来看，内容从之前的经济价值分析，转向注重水资源的生态服务价值研究。

7.3.1 在水资源价值理论研究方面

水资源价值理论方面的研究文献相对较少，内容主要为水资源价值的评估模型建立，表明近期我国对该领域的关注较为薄弱。以下仅列出有代表性的文献以供参考。

（1）黄硕俏等[25] 从生态经济学的角度，运用能值分析方法，以黄河流域 60 个地市为研究对象，量化了流域水资源工业生产价值，并通过空间自相关分析法，研究了水资源工业生产价值空间分布特征。

（2）吴泽宁等[26] 以黄河流域为研究对象，通过能值理论与方法、空间自相关分析法及空间滞后回归模型，研究了农业系统水资源价值空间分布特征及其主要影响因素。

（3）吴旭等[27] 采用模糊综合评价法，选择 7 个社会经济活动较为频繁的典型流域，结合调查的不同流域 5 类水质标准数据进行具体评价。

（4）寇青青等[28] 以南水北调陕西汉中、安康、商洛水源区及京、津、冀、豫受水区为研究区，在考虑水源区水土保持建设、受水区水市场情况、水源区水资源价值、水源区排污权损失价值基础上，加入未来水资源调度机会成本、市民意愿支付差价占比及意愿支付补偿额占比，重新计算生态补偿总量。

（5）刘丙军等[29] 选取广东省为研究案例，运用相对色散系数法与耦合函数法相结合的耦合协调度评价方法，研究了该区域 1980—2017 年社会经济与水资源系统的协调度。

（6）邵青等[30] 针对调水工程水资源价值评估缺乏系统性指标体系的问题，为了科学评估调水工程水资源的价值，以北京市南水北调水资源为例，结合专家咨询法、理论分析法和频度分析法，提出构建北京市南水北调水资源多维价值评估的三层递阶结构指标体系，包括生态、环境、社会、经济、政治 5 个领域的 19 个分项评估指标。采用层次分析法进行北京市南水北调水资源价值评价。

（7）刘菊等[31] 使用 InVEST 模型与影子工程法，对其生态系统水源涵养量与价值进行量化评估与空间制图。

（8）刘维哲等[32] 根据陕西关中地区农户调研数据，采用剩余价值法计算得到小麦、玉米和苹果灌溉水经济价值均值，以结果作为水价调整上限与现状水价比较，分析了小麦和玉米的水价上调空间，使用分位数模型对影响因素进行了研究。

（9）王奕淇等[33] 基于福利经济学与环境经济学原理，构建了能实现社会效用最大化的流域生态服务价值横向补偿的理论模型，发现只有下游各地方政府给予上游公平合理的补偿，才能弥补上游由于实施生态保护而导致的效用的减少。然后通过层次分析法与结构熵权法相结合，测算下游各地方政府应分摊的横向补偿的权重。

（10）荔琢等[34] 基于 1990—2015 年 6 期土地生态遥感解译数据和社会经济数据，通过修正生态系统服务价值当量因子和计算湿地价值的内外部贡献率，利用 GIS 定量研究了京津冀城市群及各个城市 25 年间不同湿地类型、不同功能生态系统服务价值的变化，并基于此进行功能定位。

（11）熊文等[35] 选取湖北省天门市为汉江下游平原典型研究区域，根据其水生态系统特点及千年生态系统评估（MA）框架，构建了天门市水生态系统服务价值评价指标体系并开展了水生态系统服务价值评价。

（12）吴泽宁等[36] 以黄河流域为例，基于 2015 年各省（自治区）实际用水量数据量化用水价值，结合能值价值理论和空间自相关分析方法，分析了黄河流域各省（自治区）用水价值空间分布及其聚集特征。

（13）岳思羽等[37] 从河道生态基流的概念和内涵出发，借鉴河流功能分类，对河道生态基流的功能进行划分，并阐述了各项功能之间的关系；以此为基础，识别价值构成并提出了河道生态基流价值的评估框架。

（14）张璐等[38] 以出山店水库工程区为例，将水土保持生态系统分为林地、草地、耕地和水域，根据生态服务价值理论，从物质量与价值量两个角度定量估算水土保持生态服务价值。

（15）叶有华等在《深圳市宝安区水资源资产负债表研究与实践》[39] 一书中，对深圳市宝安区概况和水资源进行摸底调查，构建了水资源资产负债表框架体系，开展了水资源资产实物量和质量核算以及两河一库水资源资产负债表编制，进行了水资源资产管理研究和保护工作实绩考核等。

7.3.2   在水价理论及实践方面

水价理论及实践主要集中在水价的制定方面，对水价的相关基础分析较多，但深入的研究尚缺乏。以下仅列出有代表性的文献以供参考。

（1）邓嘉辉等[40] 对阶梯水价的节水效益以及居民水费支出的测算进行了研究，并以大连市为例对测算结果进行分析，提出了用双正态叠加分布拟合居民用水量偏态分布的方法，以及基于价格弹性和居民用水量分布的节水效益和居民水费支出的测算方法，利用收集到的居民月均用水量数据，应用提出的方法计算了阶梯水价方案实施前后大连市居民的节水比例以及居民水费支出，分析了第 1 阶梯水价、第 1 阶梯水量对节水比例和居民水费支出占收入比例的影响方式，并得到不同预期节水比例和不同居民水费支出占收入比例条件下阶梯水价的可行方案集。

（2）谭娟等[41] 提出实施农业水价综合改革，将农业的供水价格及形成机制建立，使水利工程的良性运行得到一定保障，将水价改革及调节的作用发挥充分，提高农业节水和用水效率，在调节水资源供需矛盾方面具有一定的实际意义和理论价值。

（3）李晓英等[42] 分析合肥市的社会经济状况，选取水质、人均水资源量、人均GDP、人均可支配收入、人口密度等反映水资源功能、稀缺程度和水价承受能力的 5 个指标作为资源水价影响因子，在依据水费承受指数和供水因素分析确定资源水价上限的基础上，建立云模型分析影响因子对应各等级的确定度，结合超标倍数法确定各指标权重，分析得到合肥市 2014—2017 年资源水价。

（4）林春智[43] 采用熵权模糊综合评价法，以我国浙江、江苏、湖北和四川四省为样本，评价了各地农业水价综合改革的成效。

（5）樊金红等[44] 针对水价与节水的关系，论述了城镇多水源不同水源的特点，初步计算了多水源体系中各水源之间的比价关系，提出构建多水源水价体系的建议。

（6）付廷臣等在《城市水资源价格定价机制研究》[45] 一书中，指出了现行定价实践中存在的悖论，分析了城市水目标价格体系、目标价格分离性，提出了"中介市场-市场联动定价"的城市水资源定价新机制，探索了新定价机制均衡价格的存在性，验证了"新的定价机制在均衡状态下具有信息有效性和激励兼容性，可以实现目标价格和水资源管理目标"。

7.4　水权及水市场研究进展

随着现代水资源体系的建立和不断完善，水权的界定和划分已成为开展水资源管理的基础，对于水资源的配置，水市场的建立都有重要意义。

7.4.1　在水权研究方面

总体来看，有关水权的创新的学术性文献尚不多，集中在水权的分配问题方面，水权转让和交易的应用实践较少，相应的水市场建立及相关实践也不普遍。以下仅列出有代表性的文献以供参考。

（1）张荟瑶等[46] 通过介绍水权转让模式的探索实践，分析了河套地区水权转让运行十年间发现的问题并提出解决建议，以期完善区域水权转让配置，为支持经济社会可持续发展提供有效途径。

（2）张丽娜等[47] 以政府强互惠（GSR）理论为基础，借鉴二维初始水权配置理念，基于耦合的视角，结合区间数理论，利用强互惠者政府方在省区初始水权配置系统中的特殊地位和作用，将水质影响叠加耦合到水量配置，构建了基于 GSR 理论的省区初始水权量质耦合配置模型。

（3）吴凤平等[48] 根据区域水权交易市场二层决策管理结构的特点，提出了区域水权交易市场中的双层决策机制，构建了区域水权交易定价的双层规划模型。

（4）管新建等[49] 提出了基于模糊数学法和生产函数的干旱地区农业节水向工业水权交易定价模型。该模型由基于模糊数学的水权交易价格综合评价和水权交易价格范围两部分组成，其中水权交易价格综合评价是对影响水权交易价格的各因素进行模糊评价，水权交易价格范围则由生产函数和交易成本决定，将综合评价结果与水权交易价格范围进行复合运算，进而得到水权交易价格。

（5）孙建光等[50] 在可转让农用水权分配研究的基础上，构建了可转让农用水权分配的农民收入模型，并将该模型用于对 2015—2030 年的塔里木河流域可转让农用水权分配的农民收入进行计算。

（6）郭晖等[51] 在介绍合同节水管理的内涵、盈利模式、推进情况以及存在问题的基础上，提出"合同节水管理＋水权交易"节水服务产业创新发展模式，从交易模式、交易主体、交易客体、交易期限、交易方式、交易定价、交易流程、交易履约、收益分配和风险管理等方面构建合同节水量交易机制。

（7）刘红利[52] 针对单纯依靠行政手段配置水资源的不足，提出市场环境下水资源再次优化配置的水权交易意愿分析。通过构建水权交易决策模型，引入复杂适应系统理论，简化并分析了用水主体的行为。采用经济学方程对水权交易行为进行了选择并作出交易决策，分析了研究区潜在水权交易水量。

（8）商放泽等[53] 基于 Hydro30 全球高精度河网，以青海省县级行政单元为基本确权单元，提出了确权单元多年平均径流量、多年平均生态环境需水量、未来需水量预测、用水总量控制红线划定等计算和分配方法。

（9）张文鸽等[54] 基于 AHP – CRITIC 法和模糊识别模型，通过对合理收益系数影响因素选取及量化，利用层次分析法（AHP）和 CRITIC 法综合确定合理收益系数影响因素权重，根据模糊识别理论，提出了缺水地区水权交易价格合理收益系数确定方法，最后将模型运用于鄂尔多斯市农业水权向工业水权转化研究中，确定了该地区的水权交易价格合理收益系数。

（10）姚明磊等[55] 综合考虑各用水部门的发展目标及其历史与现状，提出县域尺度中面向用水部门的初始水权分配原则，确定不同用水部门的用水优先级别，并建立多目标规划模型，将县域获得的水权合理分配到各用水部门，从而减少各用水产业内部的初始水权配置纠纷，降低水权交易中因水权模糊而产生的信息搜集、谈判和监督的成本。

（11）张建斌等[56] 从潜在水权出让方和水权受让方角度，分析了内蒙古沿黄地区传统水权置换模式的潜力；以甘肃张掖地区农户间水权交易案例并结合内蒙古沿黄地区水资源定额管理、水权界定细化和"水权限额"管理的完善及趋势分析了该地区开展农户间水权交易的潜力；从缓解水质性缺水和水污染防治市场化手段的创新并借鉴传统水权置换模式分析了该地区开展工业企业投资水污染治理置换水权的新型水权置换模式及其潜力。

（12）韩桂兰[57] 确定了基于生态水权分配和可转让农用水权分配的绿洲经济转型效应的评价指标体系，构建综合评价模型，评价塔河流域绿洲经济转型效应。

（13）饶康等[58] 以广西宾阳县为实际算例，利用宾阳县 2015 年的各项统计数据，采用模糊优选模型和改进突变模型对宾阳县各乡镇进行了详细的水权分配计算。

（14）沈大军等[59] 基于中国水权制度建设框架，回顾了黄河流域水权制度的发展过程，分析了存在的问题和面临的挑战，并提出了完善黄河流域水权制度的建议。

（15）管新建等[60] 针对目前关于灌区农业水权在农户间分配研究较少且现状分配模式不合理问题，从公平性角度出发，基于灌区农户农业人口和灌溉面积，研究农业节水驱动下农户间农业初始水权分配问题，构建了基于基尼系数法的灌区农户间农业初始水权分配模型。

（16）刘毅等[61] 探索影响我国水权市场可持续发展的差异化组合条件，能够有效提升未来水权市场发展的整体稳健性。在市场环境主义范式下，构建包含初始水权分配的覆盖度、需方主体的活跃度、交易价格调整方式和交易支撑保障力的四维分析框架，运用清晰集定性比较分析方法对 11 个典型的试点水权市场进行研究。

（17）吴蓉等[62] 提出生态需水差分整合移动平均自回归预测模型，据此在生态需水确权的基础上进行流域预留水权确权，并在水权确权的基础上探索水权期权交易模式下预留发展水权再配置方案，实现跨流域水资源优化配置的同时规避水权买卖双方风险，为跨流域特殊水权的确权与再配置提供参考。

（18）张丹等[63] 针对农户水权分配研究较少，且分配方案不易被农户接受的问题，构建了基于用户满意度的综合加权模型。首先确定确权水量，然后根据综合定额、人口、土地、产出量等单一原则确定水权分配方案，并计算对应的用户满意度，构造基于公平感的权重函数，最终得到多原则综合加权后的分配方案。

（19）李海岭等[64] 针对水资源确权分配及水权交易需求，以流域内地区整体的取水权和用水户的用水权为主体，构建基于取水权和用水权的双层次流域水权初始分配模型，并运用层次分析法和模糊数学理论对模型进行求解。

（20）孙建光等[65] 从理论上界定塔河流域基于可转让农用水权分配的生态水权分配调整的内涵，确定调整内容、方法和模型，计算绿洲生态水权分配调整。

（21）潘海英等[66] 应用实验经济学方法建立虚拟水权交易市场，比较不同交易制度下水权市场效率，以及水权成交数量和成交价格的差异，并考察交易成本、市场势力因素及其交互组合对水权市场运行效果的影响。

（22）田贵良等[67] 基于投入产出生产函数思想，采用三阶段 DEA 模型和 Malmquist 指数方法，以固定资产投资、总用水量、劳动力为投入指标，以地区生产总值为输出指标，对中国 30 个省（自治区、直辖市）（西藏自治区和港澳台地区除外）自 2006—2016 年间的水资源利用效率进行了静态和动态分析及评价。通过与其他非试点省份进行参照对比，重点研究水权交易试点地区水资源利用效率的变化趋势，从而探究水权交易对水资源利用效率的影响。

（23）潘海英等在《效率导向下水权市场交易机制设计与政府责任研究》[68] 一书中，提出了包括市场交易制度在内的若干因素，建立了水权市场交易机制设计实验研究的理论框架，建立了虚拟水权交易市场，比较了不同交易制度下水权市场效率以及水权成交数量和成交价格的差异，并考察了交易成本、市场势力、跨期存储因素及其交互组合对水权市场运行效果的影响。

（24）郑航等在《水权分配、管理及交易——理论、技术与实务》[69] 一书中，梳理了水权分配和交易的基本理论及国内外研究进展，总结了我国水权制度建设的历史沿革、典型案例与发展动态，构建了水权制度建设的基本框架，分析了我国水权和水市场建设所需要的制度基础、机制条件及所面临的风险，建立了初始水权分配的多准则优化数学模型，提出了水权调度实现及其风险度的概念和计算方法，阐述了应用互联网平台开展水权交易的业务流程和实践经验。

（25）单平基在《私法视野下的水权配置研究》[70] 一书中，分析了私法配置水权的理论以及水权的生成路径，进行了水资源之上权利层次性解读，分析水权初始配置之优先位序规则的立法建构、水权市场配置规则的私法选择、排水权的私法配置等，并基于 695 件排水纠纷进行了综合分析等。

（26）龚春霞在《水权制度研究——以水权权属关系为中心》[71] 一书中，从水权权属关系出发，以水权权属关系为中心，厘清了水权制度建设中的困境和问题，提供了可能的完善方向，明确了水资源从所有到利用的转变的原因。

（27）鲁冰清在《生态文明视野下我国水权制度的反思与重构》[72] 一书中，概述了水权制度，评析了我国水权制度的历史演变与现状，基于国外水权制度考察，分析了我国水权制度重构的价值取向，提出了我国水权制度重构的基本思路等。

7.4.2　在水市场研究方面

（1）郑航等[73] 针对流域水权制度建设的系统性问题，从宏观层面分析水权制度的完备性，基于我国现有的水权制度安排和实践经验，将水权制度分解为 3 个层次和 3 个维度，提出了流域水权制度的体系框架。

（2）刘定湘等[74] 回顾了学术界对水资源国家所有权性质的讨论，论述水资源国家所有权的法律地位,从公法和私法两方面分析水资源国家所有权的实现路径,并探讨水资源国家所有权实现的推进对策。

（3）洪昌红等[75] 基于我国储备水权的研究现状和新时代的发展需求,提出了储备水权的基本定义,研究并归纳了储备水权保障未来发展的需求、促进产业结构调整和调节水市场的 3 个作用与特征,以及政府预留、市场回购和政府回收的储备水权 3 种主要来源,探讨了储备水权的竞争性配置模式。

（4）高旭阔等[76] 以西安市再生水回用市场发展过程为研究案例,采用演化博弈理论构建了基于政府、再生水厂商、消费者三方博弈的再生水回用市场推广模型,分析其博弈均衡及演化路径。

（5）徐豪等[77] 运用马尔科夫链进行降雨状态的划分和预测,在降雨量预测的基础上进行水期权交易相关费用的确定,将降雨量指标的预测结果融入水期权最终交易价格的确定中,运用改进的期权定价模型结合降雨量预测结果,确定水期权交易的权利金;最后运用扩展性线性支出模型进行计算结果的合理性检验,证明模型所确定的交易价格的合理性。

（6）陈金木等在《水权交易制度建设》[78] 一书中,梳理了内蒙古黄河流域水权交易制度沿革,运用制度评估方法对内蒙古黄河流域水权交易制度进行了评估,归纳了交易制度创新路径和内容,构建了能够满足当前和今后一段时期需要的水权交易制度框架,阐述了交易制度建设重点。

（7）屈忠义等在《节水技术与交易潜力》[79] 一书中,分析了内蒙古黄河流域水资源开发利用现状,开展了盟市内及盟市间水权交易工程实施情况与效果评估,进行了引黄灌区农业耗水结构与时空变化分析,进行了引黄灌区水权转化项目实施后灌区灌溉水利用效率的提高程度和农业与工业用水交易潜力分析,总结了农业及工业节水新技术、新模式。

（8）李万明在《玛纳斯河流域水资源产权与效率研究》[80] 一书中,研究了相关概念及理论基础、干旱区流域生态、经济协调可持续发展理论、城镇为中心的景观格局优化配置、玛河流域水资源管理制度变迁、水权变迁的制度分析、水资源利用效率评价、水资源利用效率影响因素分析、水权主要管理模式分析、水资源管理制度优化、水权管理优化对策等。

（9）徐晋涛在《水资源与水权问题经济分析》[81] 一书中,开展了中国水资源状况和问题的回顾与分析,进行了中国水资源管理体制、政策与制度回顾、水权理论回顾评估,分析了中国水权体制建设的思路,研究了部门间水权交易的潜在收益及我国目前开展的农村用水管理制度的改革分析等。

（10）张建斌等在《内蒙古沿黄地区水权交易的政府规制研究》[82] 一书中,阐释了水权交易的市场失灵和对水权交易进行规制的内在逻辑及在水权交易中的作用,阐述了内蒙古沿黄地区水权交易制度构建的现实基础和水权交易发展现状,分析了其开展水权交易的积极作用和潜在风险,提出了内蒙古沿黄地区水权交易规制的基本思路。

7.5　水利工程经济研究进展

水利是整个国民经济的基础产业,在社会经济建设过程中占有重要地位,无论在规划、设计、施工以及经营管理阶段，经济效益都是水利工程建设的核心问题。一方面，水利建设项目的经济评价是水利项目决策科学化、提高经济效益的重要措施；另一方面，随着"人水和谐"社会和生态文明建设的推进，水利工程生态、环境效益方面的研究也日趋增多。

7.5.1 在水利工程经济效益评价方面

我国水利工程经济效益评价方面成果日趋饱和，在学术上一般没有大的创新，高水平文献不多。此外，随着海绵城市建设的推进，有关低影响开发措施的效益评价方面也有了一定的成果。以下仅列出有代表性的文献以供参考。

（1）王艳艳等[83]建立集成了与太湖流域防洪效益评估相关的系列模型和方法，包括含降雨产流与平原净雨计算的水文分析方法、由河网水动力学模型和平原区域洪水分析模型组成的大尺度水力学模型、综合流域社会经济和淹没因素的洪灾损失评估模型，模拟了太湖流域遇特大洪水的灾害损失，开展了不同防洪工程应对流域性特大洪水减灾效益的预测分析。

（2）朱诗洁等[84]借助易于获取的卫星遥感数据与常规水质监测数据，提取并融合水系连通度、景观脆弱度、水质污染度3个特征指标，建立了适用于资料缺乏地区水系连通工程的综合效益指数（CEI），进而运用德尔菲法确定指标权重，采用模糊综合评价法定量评价了典型滨湖城市河湖水系连通工程的综合效益。

（3）杨恒等[85]通过对效益评价涉及的因素进行分析，建立基于投影寻踪（PP）–云模型理论的综合评价方法。从社会效益、经济效益、生态效益三方面，选择13个评价指标建立评价体系，采用云模型计算主观权重，投影寻踪法计算客观权重，最后通过条件云发生器计算指标隶属度，确定治理工程的效益评价等级。

（4）聂常山等[86]针对调水规模80亿 m^3 的水量配置方案，采用直接市场法、分摊系数法、机会成本法、最优等效替代费用法等计算了西线一期工程对于受水区维持和改善区域生态环境的效益、向黄河干流河道内配置生态水量的效益、向重要城市和能源基地供水的效益及黄河干流梯级电站增发电效益。

（5）赵晶等[87]引入动态可计算一般均衡模型（CGE），加入水源替代模块与供水总量控制模块改进模型，通过"有无南水北调工程"情景对比分析，定量评估了河南省南水北调中线工程供水的社会效益与经济价值。

（6）俞茜等[88]分别从减灾效益、经济效益、环境效益和社会效益4个方面筛选18个评估指标，构建了5类不同低影响开发设施的综合效益评估指标体系，进而评价了低影响开发设施的综合效益。

（7）孙文靖等[89]以典型海绵小区为研究对象，采用水量平衡法、替代工程法、影子工程法、市场价值法、碳税法、造林成本法等，对海绵小区产生的雨水资源利用、固碳释氧、降噪、调蓄径流、文化教育等3大类共10项效益进行定量计算并采用效益费用比进行了静态和动态成本效益分析。

（8）何勇等[90]构建了以梯级发电量最大为目标的效益补偿模型，采用逐步优化算法与离散微分动态规划算法的改进耦合算法进行求解，提出了电价-电量相结合的发电效益补偿方法，形成了相应的流域龙头电站效益补偿机制。

（9）周兰庭等[91] 在建立项目风险因素层次结构的基础上，将 AHP 法和熵权法对应求解的主观权重及客观权重与云模型计算的初始权重相耦合，利用组合评价法确定各风险因子的重要程度，提出利用改进云模型实现对项目成本的风险评价。

（10）徐涛等[92] 在《节水农业补贴政策设计——全成本收益与农户偏好视角》一书中，以提升补贴政策激励效果为目标，给出了全成本收益核算和农户偏好量化视角的政策设计思路，探讨了可行的节水灌溉技术补贴标准、政策实施方式及其他一些相关措施，并在此基础上提出具体的优化建议。

7.5.2　在水利工程生态环境经济评价方面

涉及水利工程生态环境经济评价的文献较多，多数是关于实际的工程运行、管理对生态环境影响的探讨和分析以及生态系统服务价值的评价。以下仅列出有代表性的文献以供参考。

（1）王希义等[93] 基于遥感资料，对区域内的土地类型进行分类，评估整个区域的生态系统服务价值变化特征，并应用主成分分析法等估算了区域的社会经济评价分值，进而对大型输水工程的生态与社会经济效益进行评价。

（2）宋子奇等[94] 根据跨流域引调水工程涉及不同流域、功能综合、结构复杂、相互交叉的特点，采用生态与经济并重的能值分析法对跨流域引调水工程的生态效益进行量化分析，结合典型案例具体计算分析了引水工程给工程沿线地区生态环境等方面带来的效益。

（3）陈建明等[95] 通过分析水生态效应的影响因素，构建了包含社会经济子系统和水生态系统子系统的水生态效应综合评价体系及模型，运用层次分析法和熵权法主客观综合赋权，选取沿海垦区范围内部分地区为典型进行水生态效应评价实证分析。

（4）张代青等[96] 基于河道内流量的特征和功能，揭示了河道内流量的生态系统服务效应；根据河流生态系统的构成、特征、效用和功能，探讨了河流生态系统服务功能（价值）的概念和分类；以河道内流量为量化指标，建立了河流生态系统服务价值评价模型，介绍了河流生态系统服务价值的价值量评价方法，以服务效应和评价模型方式揭示了河流生态系统服务价值与河道内流量之间的复杂函数关系。

（5）徐文奕等[97] 根据水利生态效益的特点，运用市场价值法和人力成本法，从水土保持、水质改善、饮水安全 3 个方面量化水利生态效益，测算了 1990—2015 年全国、陕西省、江苏省的水利生态效益。结果表明，虽然我国水利生态效益总体上升，但效益值仍然偏低，各地区水利生态面临的主要问题不尽相同，需进一步加强水利生态的投资和建设，因地制宜，解决各地主要生态问题。

7.6　水利投融资及产权制度改革研究进展

我国水利基础设施的地位、公益性、准公益性特征，决定了水利建设的艰巨性和投融资体制机制构建的复杂性。深化水利投融资体制改革，构建新的符合加快水利事业发展的投融资机制，是促进水利事业实现跨越式发展的保障之一。

7.6.1　在水利投融资理论方面

结合新时期治水思路及新发展理念，围绕水利投融资理论进行了一些初步研究，整体仍处于探讨阶段，相关文献不多。以下仅列出有代表性的文献以供参考。

（1）陈新忠等[98]　阐述了建设幸福河湖和绿色金融相关概念，在此基础上，分析了绿色金融支持幸福河湖建设存在着水市场落后、金融机构积极性不高、资金投入具有偿付风险等困难和问题，并从完善水权交易市场、完善制度供给、创新绿色金融产品和服务方式等方面提出相关建议。

（2）罗琳等[99]　在总结"十三五"时期我国水利投资完成情况、特点及存在问题的基础上，分析了未来一段时期水利投融资所面临的形势，公共财政依然是水利投资的主渠道、中央水利投资继续向中西部地区倾斜、水生态环境建设等领域投资规模大幅度加大、水利投融资机制不断创新发展，并提出完善水利投融资机制的相关对策建议，包括稳定公共财政投入规模、充分利用金融市场筹措水利资金、推进水利 PPP 项目规范发展、战略性调整水利资金投入方向。

（3）胡国君等[100]　对比分析了 1991—2018 年间江苏省水利投入与同期固定资产投资、财政收入、GDP 等基础数据，结果表明，江苏省初步形成了"政府公共财政投入为主，充分发挥市场融资作用，社会资金广泛参与"的水利投融资体系，但还存在水利相对投入强度下降、结构仍显单一、质效有待提高等问题，从量质并举"补短板"角度，提出争取更大的水利投入量和提升投融资体系质效两条路径来完善水利投融资体系，更好地保障新时期江苏水利"补短板、强监管、提质效"的资金需求，助力江苏水利高质量发展。

（4）陈璐[101]　分析了甘肃省"十三五"期间水利投融资的发展规模，研究当前水利投融资面临的制约问题和任务，提出开展地方政府专项债券融资、推进政府和社会资本合作模式、发挥省级水利投融资平台的引导和推动作用、构建新时期水利投融资体系以及推进水价改革等措施和建议。

（5）任晓栋[102]　结合社会资本参与地方水利基础设施建设工作，从融资模式对比选择、存在问题及解决对策等方面做了一些探究与思考。

（6）苏晓倩[103]　以小型农田水利工程建设为研究对象，介绍了小型农田水利设施投融资模式，重点描述了投融资存在的问题，提出了相关解决措施，主要包括加大政府投入力度并建立农村小型水利机制、合理规划大中型与小型农田水利投资关系、完善政府宏观调控与市场配置、加强财政支农与金融支农关系。

7.6.2　在水利投融资模式方面

涉及水利投融资模式的文献较多，但高水平论文不多，多数是关于 PPP 模式在水利工程建设运营中的实践。以下仅列出有代表性的文献以供参考。

（1）吴强等[104]　总结了社会资本参与流域综合治理项目的现状、特征、模式以及存在的问题，并提出相关建议，主要包括合理控制流域综合治理区域和规模、稳定并提高社会资本收益预期、加强金融支持力度、健全政企双方遵守契约的长效机制等。

（2）李发鹏等[105]　从政策导向、工程建设需要、基础资产现金流、投资收益等方面探讨了南水北调中线调蓄工程建设运用资产证券化手段进行融资的可行性，梳理了可用于资产证券化的相关资产及其融资方式，初步测算了资产证券化的融资规模，提出了进一步推动南水北调中线调蓄工程建设资产证券化融资的相关政策建议。

（3）吴宝海[106] 通过对苏南地区水环境治理现状和问题的梳理分析，指出通过系统设计、资源整合和区域协同治理、建立多方参与的水环境保护基金是推动地方经济绿色发展和转型的重要途径之一。

（4）王亦宁[107] 以农村公共基础设施和环境保护治理投资理论为基础，构建了农村水环境保护治理资金投入机制框架，界定了政府、企业、村集体及村民各自的投资责任和投资方式，从明确农村水环境保护治理事权及支出责任、健全社会力量参与农村水环境保护治理机制、创新农村水环境项目建设运营机制、完善相关优惠政策和激励机制、加大金融支持等方面提出了健全农村水环境保护治理资金投入机制的政策建议。

（5）黄敏吾[108] 介绍了在"融资＋总承包"模式基础上新提出的"F＋EPC"建设模式，系统分析了"F＋EPC"建设模式的定义、意义及成功案例，提出了厘清"F＋EPC"和"垫资承包"之间的不同、规范"F＋EPC"建设模式运作流程、注重人才培养、明确参与部门职责权等推广策略及建议。

（6）周晓花[109] 基于代建制、工程总承包的定义、特点，通过对这两种建设模式的分析比较，提出相关建议，包括研究出台水利工程总承包相关政策，为加快推进水利工程总承包提供依据；综合考虑各种因素，因地制宜合理选择水利工程建设模式；积极探索实践，为水利工程推行代建制、工程总承包提供经验；提升水利工程相关企业能力和水平，为创新建设模式创造条件等。

（7）岳峻[110] 指出了我国公益型水利工程项目投融资体制存在的问题，提出了对出资人制度进行完善、在完善政府投资体制的基础上，对政府投资行为进行规范、政府部门应该与中介组织机构相挂钩、建立投资责任追究制度、发挥金融机构的作用、加强公益型水利工程项目的运营管理体系建设、鼓励和吸引民间投资和社会投资等建议。

（8）李香云等[111] 总结了水利项目 PPP 模式现状情况，分析了项目实施中存在的主要问题，提出了注重项目实施方案编制、提高项目策划质量、完善风险识别和风险成因分析与防范机制、加强绩效考核和激励机制设计等对策建议；李香云[112] 分析了农村供水 PPP 项目总体情况，列举了湖北省来凤县和海南省屯昌县两个农村供水 PPP 项目实施机制，认为农村供水项目采用 PPP 模式取得了突破性进展，也存在诸多需要完善的政策和操作问题。

（9）PPP 项目收益分配方面，盛松涛等[113] 综合考虑利益各方资源投入、风险分担和贡献水平等影响 PPP 项目收益分配的因素，建立了基于 AHP - Shapley 值法的合作博弈修正收益分配模型，并以莽山水库工程 PPP 项目为例进行了收益分配分析计算和修正优化；陈述等[114] 通过引入恩格尔系数、霍夫曼系数预测生活用水量、工业用水量，根据供水和需水之间的供应关系，构建跨区域调水 PPP 项目的预期收益函数，综合权衡风险承担度、资源投入度和贡献程度等因素对跨区域调水 PPP 项目参与各方收益分配的影响，引入跨区域调水 PPP 项目收益分配优化 Shapley 博弈模型并进行了实例应用。

（10）水环境治理 PPP 项目方面，汪伦焰等[115] 借助集对分析理论，构建了基于五元联系数的水环境治理 PPP 项目可持续性评价模型，选取典型水环境治理 PPP 项目进行了案例分析；陈述等[116] 针对污水处理 PPP 项目特性，采用"有无对比法"量化经济、社会、环境外部效益，建立了污水处理 PPP 项目政府补偿决策 Stackelberg 模型；李芊等[117] 通过分析污水处理项目特点与 PPP 模式特征，初步筛选出可供选择的 7 种 PPP 模式，从政府视角，建立项目特征、项目风险与收益、政府特征与合作环境、社会资本特征、权属关系 5 个方面较为全面的污水处理项目 PPP 模式选择指标体系，采用 OWA 算子赋权法计算指标权重，引入灰靶决策理论，构建污水处理项目 PPP 模式选择模型，通过靶心度对每种 PPP 模式进行排序，结合典型污水处理项目进行了验证。

7.6.3 在水利产权制度改革方面

近两年，水利产权制度改革方面的文献主要集中在小型农田水利设施产权制度方面，在供水管网水权确权、水生态空间确权方面也进行了一些探索。以下仅列出有代表性的文献以供参考。

（1）马素英等[118] 在分析河北省水权改革现状基础上，结合河北省地下水超采综合试点推进进度，采用"边研究边示范边总结"的研究思路，从分配方法、关键问题、确权步骤 3 方面对河北省水权确权方法进行了研究，提出了具有普适性的河北省水权确权方法，开展了河北省水权确权实践探索，分析总结了水权确权工作的意义。

（2）赵健等[119] 从水权质量的角度出发，对小流域水权冲突诱因及其协调措施进行研究，阐述了小流域水权冲突的相关概念，归纳总结出小流域水权冲突具有主体多元化、外溢效用严重、对抗激化引致暴力冲突的特征，并对小流域水权冲突经典表现进行介绍，对小流域水权冲突的诱因进行了分析。

（3）张丹等[120] 分析梳理了公共供水管网的水权内涵，提出了公共供水管网水权确权的 3 项基本原则，搭建了公共供水管网水权确权的基本框架，确立了供水公司取水权确权、管网内用户用水权确权的 2 级确权思路，明确了管网内用水户水权的权利主体、权利期限、权利内容、权利形式等确权要素，建议通过试点先行、确权赋能等手段，深入开展公共供水管网水权确权登记工作。

（4）王冠军等[121] 梳理了《水流产权确权试点方案》在各试点区的组织实施情况，总结了水域、岸线等水生态空间确权试点进展，提炼了推进实施过程中一些经验和做法，分析了存在的困难与问题，提出了推进全国水流产权确权相关工作的建议。

（5）柳长顺等[122] 研究认为，从国家发展战略、政策导向、技术流程、供水管理等多个视角考虑，灌溉用水权应当尽快确权到户，技术上完全可行，服务管理可以基本得到保障，建议将灌溉用水权确权到户作为新时代深化水利改革的重要内容，与农业水价综合改革、规范取水许可等工作有机结合，积极稳妥有序推进。

（6）陈华堂等[123] 通过对 2015—2017 年全国 96 个农田水利设施产权制度改革和创新运行管护机制试点进行考察和综合分析，总结了试点任务完成情况及取得的积极成效，在全面梳理相关经验的基础上，总结了改革中遇到的问题和难点。

（7）沈建华等[124] 针对当前小型农田水利设施治理面临的问题，在系统梳理已有研究进展的基础上，从产权的内涵出发讨论小型农田水利设施产权改革的核心问题在于保障收入权，提出目前小型农田水利设施改革思路应从界定所有权转向保障收入权，结合实际案例分析提出了相关建议。

（8）付健[125] 针对小型农田水利设施产权制度改革的 4 个关键技术问题进行了探讨，分别是：是否具备成为产权客体的条件、所有权有哪些权能和产权形式、不同类型的设施适合什么样的改革模式、各类产权主体及其责权如何确定。

（9）典型农田水利设施产权制度改革方面，盛方斌等[126] 对丹阳市农田水利设施产权制度改革和创新运行管护机制进行探究，朱明华等[127] 对浙江省试点县农村小水利确权与管护模式进行了介绍，崔健等[128] 对山东省农田水利设施产权制度改革做法进行了介绍。

（10）陈玉秋[129] 在《水资源资产产权制度探索与创新》一书中，对我国水资源管理的现状与问题、国外水资源资产管理实践与借鉴、我国其他自然资源资产管理的实践与借鉴、我国创新水资源配置方式的探索、我国现行水资源资产管理的相关政策制度、我国水资源资产管理制度框架等进行了介绍。

7.7 虚拟水与社会水循环研究进展

人类大规模地蓄水、引水，极大地改变了水的自然运动状况，相对于实体水资源而言，一方面，虚拟水以"无形"的形式寄存在其他商品中，其便于运输的特点使贸易变成了一种缓解水资源短缺的有用工具。另一方面，社会水循环研究水在人类社会经济系统中的水循环、平衡和变化等运动过程。

7.7.1 在虚拟水计算实证研究方面

涉及虚拟水计算实证研究的文献较多，空间尺度上涵盖了国际、国家、流域、区域等多个尺度，内容上以反映农业虚拟水居多。以下仅列出有代表性的文献以供参考。

（1）孙才志等[130] 对 2007—2016 年中国与"一带一路"沿线国家农产品贸易虚拟水量的时空变化特征进行了分析，结果表明：2007—2016 年中国与"一带一路"沿线国家农产品贸易虚拟水量总体表现为逆差，中国进出口的农产品虚拟水量在"一带一路"沿线国家分布集中，其中与东南亚国家的农产品虚拟水贸易最为密切。

（2）杜依杭等[131] 基于区域间投入产出表以及水资源公报数据，构建虚拟水多区域投入产出计算模型，细化用水产业，计算得出区域间虚拟水相互交换关系与转移量，将区域虚拟水空间流动量与区域间人口迁移和产业转移特征进行关联分析。

（3）卓拉等[132] 以作物生产水足迹和虚拟水流动为表征参数，量化了 2000—2014 年间黄河流域主要作物实体水-虚拟水耦合流动关键过程及其时空演变，从人口、社会经济、农业发展和居民消费 4 方面，运用扩展 STIRPAT 模型辨识其关键社会经济驱动因子。

（4）田贵良等[133] 依据多区域投入产出核算原理，基于产业经济、贸易数据及产业部门用水量，设计多区域投入产出表，构建投入产出模型框架，计算分析了长江经济带虚拟水流动格局，评价了净输出省区虚拟水贸易状态与水资源承载力的协调性。

（5）王婷等[134] 构建了虚拟水-虚拟耕地复合系统协调发展的评价指标体系，引入耦合度和耦合协调度函数，结合时间序列和空间自相关分析方法，测算了 1998、2005、2010 和 2017 年中国 31 个省（自治区、直辖市）的耦合度、耦合协调度和子系统综合发展评价值，对我国主要粮食作物省域虚拟水-虚拟耕地复合系统发展状况进行时空分析。

（6）吴普特等[135] 基于实体水-虚拟水"二维三元"耦合流动理论，集成构建了以水量为参数的区域作物生产广义实体水-虚拟水耦合流动过程量化方法，应用于我国"丝绸之路经济带"沿线西部 6 省（自治区），对其 1985—2013 年主要作物实体水-虚拟水耦合流动过程进行了解析与评价。

（7）李新生等[136] 以灌溉用水和绿水核算区域农业虚拟水生产，以居民膳食消费核算居民虚拟水消费，以两者的差值核算并分析了京津冀地区在生产-消费模式下农业虚拟水流动特征及对区域水资源压力的影响。

（8）管驰明等[137] 采用 LMDI（logarithmic mean divisia index）指数分解模型，将"十一五""十二五"时期西北 5 省（自治区）农业虚拟水变化的驱动因素分解为结构效应、强度效应、经济效应和需求效应等，分别探究不同效应对虚拟水增长的贡献情况及其时空差异。

（9）区域尺度虚拟水计算实证方面，雷雨等[138] 研究了新疆北部地区的虚拟水流动，苏守娟等[139] 研究了新疆南部地区的虚拟水流动，王帅等[140] 分析了河南省农作物虚拟水与隐含碳排放的时空格局及关联机制。

（10）刘俊国等[141] 在《蓝绿水-虚拟水转化理论与应用：以黑河流域为例》一书中，构建了蓝绿水-虚拟水转化理论，综合运用野外调查、实验观测、统计数据、水文模拟和投入产出经济模型等多种手段，形成了蓝绿水-虚拟水转化研究的理论框架和方法体系，利用水文模型模拟了黑河流域蓝绿水时空分布特征及转化规律，揭示了黑河流域产业间以及流域上中下游之间的实体水与虚拟水转化规律。

7.7.2 在虚拟水贸易及虚拟水战略研究方面

涉及虚拟水贸易和虚拟水战略研究的文献较多，在理论研究、测算方法、区域应用以及对区域经济社会的影响方面均有一些研究成果，以下仅列出有代表性的文献以供参考。

（1）孙才志等[142] 基于虚拟水贸易的理论，分析 2007—2016 中国和"一带一路"沿线国家农产品虚拟水贸易现状，利用拓展的引力模型对中国和"一带一路"沿线国家农产品虚拟水贸易的影响因素进行了分析。

（2）孟凡鑫等[143] 基于多区域投入产出分析方法，建立了全球多尺度嵌套模型及相应的环境卫星矩阵数据库，测算了中国对"一带一路"沿线典型国家商品和服务贸易的虚拟水量。总体来说，中国在与"一带一路"沿线典型国家进行贸易时，国内生产耗水量小于国内消费虚拟水，属于虚拟水的"国内消费、国外承担"模式，是虚拟水净进口国；俄罗斯和韩国是中国虚拟水的主要出口国家，印度和印度尼西亚是中国虚拟水的主要进口国。

（3）韩文钰等[144] 基于水资源投入产出模型，改进了行业间虚拟水转移量的计算方法，提出了利用世界投入产出表计算国家间拉动系数的方法，分析了 2005—2014 年中美两国的行业用水特性指标、行业间虚拟水转移量和两国间虚拟水贸易情况。

（4）孙思奥等[145] 基于 2010 年全国区域间投入产出表，测算了京津冀城市群各省（直辖市）水足迹及与全国各省域单元的虚拟水贸易量，从近远程视角定量评估城市群地区对内、外部水资源的依赖程度，分析了虚拟水贸易的距离特征；孙思奥等[146] 基于中国区域间投入产出表成果，测算了青藏高原与中国其他区域之间的虚拟水贸易关系，建立了中国区域城镇与农村地区的虚拟水贸易网络，采用对数平均迪氏指数模型分析了青藏高原对其他区域虚拟水贸易不平衡的影响因素。

　　（5）孙才志等[147] 基于投入产出表分析了辽宁省的虚拟水消费与贸易，魏怡然等[148]
基于多尺度投入产出分析模型对北京市虚拟水消费及贸易情况进行了核算与分析。

　　（6）虚拟水战略研究方面，齐娅荣等[149] 借助 CROPWAT8.0 软件，利用 CROP 数
据库、CLIMATE2.0 数据库和《宁夏统计年鉴》等资料，对宁夏三大产业用水进行评价，
分析了农业虚拟水战略的可行性；林加华等[150] 通过对虚拟水战略进行探讨，力求达到其
对环境的最小影响，立足于虚拟水战略的角度，对环境影响评价必要性、内涵和原则进行
分析，研究其在现阶段存在的问题，对其发展提出可行性建议。

　　（7）邓光耀[151] 在《中国多区域农业虚拟水贸易政策研究》一书中，结合理论界提出
的"虚拟水贸易"概念和现阶段中国各区域虚拟水贸易政策的现状，在水资源经济学相关
理论、贸易相关理论以及一般均衡理论的指导下，利用空间计量方法以及可计算一般均衡
方法系统研究了虚拟水贸易政策。

7.7.3　在基于虚拟水的水资源管理方面

　　涉及虚拟水的水资源管理方面的研究成果较少，以下仅列出有代表性的文献以供
参考。

　　（1）自 20 世纪末虚拟水的概念提出以来，其基本理论、核算方法及案例研究在国内
外得到了蓬勃发展，逐步建立了包含虚拟水含量、虚拟水贸易、虚拟水流动、虚拟水平
衡、水足迹等概念的经济社会水资源管理理论框架，成为研究水资源在经济社会中循环演
变的重要方法。安婷莉等[152] 系统地对虚拟水的概念及特点进行了解析，梳理了虚拟水理
论的产生和发展历程，阐述了当前虚拟水研究进展，并对虚拟水理论在水资源管理中的应
用前景进行了分析，提出了将其应用于农业水资源管理中的三大科学设想。

　　（2）吴普特[153] 在分析我国粮食生产及水资源利用现状及存在问题的基础上，明确了以
进一步发展实体水–虚拟水耦合流动理论与方法为核心任务的过程水文学是实体水–虚拟水统
筹管理的学科基础，梳理了 2015—2019 年粮食生产与消费系统的过程水文学研究进展。

　　（3）方芳等[154] 选取新疆主要农作物小麦、玉米、棉花、水稻、甜菜、薯类为研究对
象，在采用 Penman – Monteith 公式计算新疆 14 地州及 64 个主产县 6 种主要农作物单位
虚拟水产量的基础上，明晰了主要农作物的单位虚拟水价值，借助 IBM SPSS 软件进行对
应分析，从虚拟水价值的视角研究了新疆主要农作物种植偏好与布局。

　　（4）支援[155] 在《水资源态势与虚拟水出路》一书中，梳理了世界主要地区的水资源
与社会、经济及环境的相互作用关系，以合理高效用水、节约水资源为目标，把包含了直
接和间接用水的"虚拟水"概念引入产业用水分析，提出了新的研究方法和实证案例。

7.7.4　在水足迹方面

　　涉及水足迹的文献较多，涌现出一大批反映水足迹实例应用的研究成果，主要包括水
足迹量化计算、基于水足迹的水资源承载力及可持续利用评价等方面，同时生态足迹、灰
水足迹、农业水足迹等方面也有一定的应用研究成果。以下仅列出有代表性的文献以供
参考。

　　（1）水足迹量化计算方面，何潇等[156] 从生命周期（全周期）的角度出发完善水足迹
计算方法，将建设期和运行期均考虑在内，对溪洛渡水电站的总水足迹和净水足迹分别进

行了计算；俞雷等[157] 采用总水量消耗法对雅砻江流域水电站水足迹进行了计算；朱永楠等[158] 对我国煤电生产水足迹进行了计算；马维兢等[159] 核算了 2005—2015 年张家口市市辖区、坝上和坝下 3 个区域的农业、工业、建筑业、服务业和生活等部门的水足迹，分析了不同产业部门水足迹经济效益的时空特征；孙才志等[160] 分析了中国 "四化" 建设对水足迹强度的影响；张凡凡等[161] 分析了中国水足迹强度空间关联格局及影响因素；孙才志等[162] 分析了中国省（直辖市）区水足迹测度及空间转移格局；关伟等[163] 分析了中国能源水足迹时空特征及其与水资源匹配关系；操信春等[164] 在计算水足迹的基础上分析了中国耕地水资源短缺时空格局及驱动机制。

（2）灰水足迹方面，闫峰等[165] 基于不确定性分析理论，提出了改进的灰水足迹模型，并将其应用于太湖流域的水质性缺水研究中。

（3）生态足迹方面，左其亭等[166] 利用生态足迹模型计算了黄河沿线九省区的水资源生态足迹，并利用基尼系数和对数平均迪氏指数法对水资源生态足迹进行分析；李菲等[167] 基于水资源生态足迹模型，核算了甘肃全省及 14 个市（州）2003—2017 年的水资源生态足迹和生态承载力；焦士兴等[168] 基于水资源压力指数，结合扩展的 Kaya 恒等式、LMDI 分解模型，划分了中原城市群的类型，分析了水资源生态足迹的驱动效应；刘玉邦等[169] 对成都市水生态足迹的时间分布特征及其影响因素进行了分析；莫崇勋等[170] 基于生态足迹对广西壮族自治区水资源生态特征时空变化规律及其驱动因素进行了分析；刘珂伶等[171] 基于能值理论分析了北京市水资源生态足迹变化特征；贾陈忠等[172] 分析了山西省水资源生态足迹时空变化特征及驱动因素。

（4）农业水足迹方面，吴芳等[173] 研究了中国农业水足迹时空差异和流动格局；刘静等[174] 研究了江苏省农产品水足迹与虚拟水流动及其环境影响；王杰等[175] 分析了新疆各地州 1991—2015 年农作物水足迹及其与经济增长的空间关系；黄会平等[176] 研究了海河流域农业水足迹分布及对气候变化的响应；齐娅荣等[177] 分析了宁夏固原市主要农作物生产水足迹；韩宇平等[178] 分析了海河流域冬小麦水足迹及影响因素；李曼等[179] 分析了疏勒河流域中下游地区主要粮食作物生产水足迹变化及影响因素；雒新萍等[180] 分析了中国典型农作物需水量及生产水足迹区域差异；高海燕等[181] 分析了宁夏主要农作物生产水足迹及其变化趋势；韩宇平等[182] 分析了河北省主要农作物水足迹与耗水结构。

（5）基于水足迹的水资源承载力及可持续利用评价方面，门宝辉等[183] 基于生态足迹法分析了北京市的水资源承载力；郭利丹等[184] 基于生态足迹法对江苏省水资源可持续利用进行了评价；商庆凯等[185] 基于对青海省水资源利用进行了评价；李思诺[186] 基于对唐山市水资源进行了评价；阚大学等[187] 对中部地区城镇化进程下水资源利用进行了预测；黄佳等[188] 分析了山东省水资源承载力；张城等[189] 对渭河流域水资源进行了评价；刘静等[190] 对中国水资源压力进行了评价；熊鸿斌等[191] 基于三维水足迹-LMDI 分析了安徽省水资源压力及驱动力；乔扬源等[192] 基于水足迹理论分析了山西省水资源利用与经济发展脱钩状况；李双等[193] 基于水足迹理论和灰靶模型对汉江干流水资源可持续利用进行了评价；张倩等[194] 基于水生态足迹模型对重庆市水资源可持续利用进行了分析与评价。

（6）吴普特等[195] 在《农业水足迹与区域虚拟水流动解析》一书中，解析了农业水足迹与区域虚拟水流动的理论、方法和应用，从灌区、流域和国家 3 个尺度探明了我国农业水足迹与区域虚拟水流动时空变化过程及其驱动要素，建立了农业用水效率评价方法和应用案例，明确了区域农业虚拟水流动格局及伴生效应，提出了水足迹控制和虚拟水调控等农业水资源科学管理的思路、方法和举措。

7.7.5　在社会水循环方面

涉及社会水循环的文献不多，在理论和应用上还处于探索阶段，以下仅列出有代表性的文献以供参考。

（1）邓铭江等[196] 从西北内陆河流域长期大量输出高耗水农产品这一现象分析入手，采用理论解析与案例相结合方法，阐述分析内陆河流域自然水循环、"自然-社会"二元水循环、区域间贸易水循环的基本过程、显著特征及其驱动机制，继而首次明确提出内陆河流域"自然-社会-贸易"三元水循环模式，并就其通量计量模型、影响因素与生态环境效应、科学前沿进行了探索分析。

（2）卢琼等[197] 针对全国尺度的超大时空范围、复杂地貌类型、多气候类型等特点，研发了流域出口断面自动识别、多阈值虚拟河网融合等技术，强化高海拔区域垂向过程模拟，构建了全国分布式水循环模型 WEP-CN，绘制了水循环两向水流图，对全国"自然-社会"二元水循环过程进行了多尺度分析和多元化呈现，同时基于对全国粮食和能源虚拟水的研究，实现了全国水循环实体水和虚拟水通量的解析。

（3）朱丽姗等[198] 基于 2000—2015 年保定市的气象数据和社会经济数据，采用信息熵法对保定市的用水结构进行分析。从自然环境和社会经济两方面选取了 20 个驱动因子，采用灰色关联分析法定量分析，结果表明，第一产业产值比重和有效降水这两个因子对社会水循环通量演变的驱动力最大，自然环境因子和农业用水因子对社会水循环通量演变的驱动力较强。

7.8　与 2017—2018 年进展对比分析

（1）在水资源-社会-经济-生态环境整体分析研究方面，水资源同经济、社会和生态环境整体关系方面的理论研究，大多数是从管理的角度，基于经济、社会发展及带来的环境问题，进行水资源同经济社会发展、水资源同生态环境相互影响等方面的探讨。最近两年开展水资源利用分析的方法比较零散，研究成果的深度有限。

（2）最近两年水资源价值研究内容从之前的经济价值分析，逐步转变为水生态系统服务价值相关研究。其中，水资源价值理论方面，研究主要为水资源价值的评价模型建立；水价理论及实践方面，研究主要集中在水价的制定方面，在水权交易和水权制度建设方面的研究逐步增多，但深入的研究尚缺乏。

（3）随着现代水资源体系的建立和不断完善，水权的界定和划分已成为开展水资源管理的基础，对于水资源的配置，水市场的建立都有重要意义。以水权的分配问题方面研究成果较多，近两年来涉及水权转让和交易的应用实践逐步增多。

（4）我国实行的建设项目环境影响评价政策中，工程的经济分析是影响评价的重要内容。随着"人水和谐"社会和生态文明建设的推进，最近两年涉及水利工程的生态影响和环境效益以及生态系统服务价值评价等方面的成果较多，随着海绵城市建设的推进，有关低影响开发措施的效益评价方面也有了一定的成果，但主要体现在应用上，高水平文献数量仍然偏少。

（5）水利投融资体制改革是深化水利改革发展的重要方面。近两年，结合新时期治水思路及新发展理念，围绕水利投融资理论进行了一些初步研究，总体上看，还处于探索阶段，高水平研究文献不多；涉及水利投融资模式的文献较多，主要是关于 PPP 模式在水利工程建设运营中的实践；水利产权制度改革方面，除了主要集中在小型农田水利设施产权制度改革外，在供水管网水权确权、水生态空间确权方面也进行了一些探索。

（6）虚拟水概念的提出，为人们认识并合理利用水资源提供了一个新的思路，越来越受到科研工作者的关注。在虚拟水计算实证研究、虚拟水贸易与虚拟水战略、水足迹等方面每年都有大量的研究成果出现，但基于虚拟水的水资源管理和社会水循环方面的研究成果相对较少。与 2017—2018 年相比，虚拟水应用层面的研究有所加强，生态足迹、灰水足迹方面也有一定的应用研究成果。

本章撰写人员及分工

本章撰写人员（按贡献排名）：丁相毅、梁士奎；丁相毅负责统稿。分工如下：

节　　名	作　者	单　位
7.1 概述	丁相毅	中国水利水电科学研究院
7.2 水资源-社会-经济-生态环境整体分析研究进展	梁士奎	华北水利水电大学
7.3 水资源价值研究进展	梁士奎	华北水利水电大学
7.4 水权及水市场研究进展	梁士奎	华北水利水电大学
7.5 水利工程经济研究进展	丁相毅	中国水利水电科学研究院
7.6 水利投融资及产权制度改革研究进展	丁相毅	中国水利水电科学研究院
7.7 虚拟水与社会水循环研究进展	丁相毅	中国水利水电科学研究院
7.8 与 2017—2018 年进展对比分析	丁相毅	中国水利水电科学研究院

参考文献

[1]　左其亭. 中国水科学研究进展报告 2017—2018 [M]. 北京：中国水利水电出版社，2019.

[2]　王慧亮，申言霞，李卓成，等. 基于能值理论的黄河流域水资源生态经济系统可持续性评价 [J]. 水资源保护，2020，36（06）：12-17.

[3]　杨莹，叶文，岳卫峰，等. 基于水资源-经济社会-生态系统互馈关系的水资源承载能力评价指标优选 [J]. 中国水利，2020（19）：34-36，43.

[4]　张国兴，徐龙. 基于时空维度的水资源与经济匹配分析 [J]. 水电能源科学，2020，38（03）：54-57.

[5]　胡光伟，许滢，张明，等. 基于SPA的湖南省水资源与社会经济发展协同度评价 [J]. 水利水电技术，2019，50（01）：65-72.

[6]　聂晓，张中旺. 湖北省水资源环境与经济发展耦合关系时序特征研究 [J]. 灌溉排水学报，2020，39（02）：138-144.

[7]　易信. 中长期我国经济增长趋势及对水资源需求影响的研究 [J]. 中国水利，2020（19）：

37－39.

[8]　李双，李哲，杜建括，等. 陕西省水资源利用与经济增长动态关系的 VAR 模型分析 [J]. 生态经济，2020，36 (10)：146－154.

[9]　杨胜苏，张利国，喻玲，等. 湖南省社会经济与水资源利用协调发展演化 [J]. 经济地理，2020，40 (11)：86－94.

[10]　李丽琴，王志璋，贺华翔，等. 基于生态水文阈值调控的内陆干旱区水资源多维均衡配置研究 [J]. 水利学报，2019，50 (03)：377－387.

[11]　闻豪，文风. "一带一路"重点省份水资源-经济-生态环境耦合协调分析 [J]. 武汉大学学报（工学版），2019，52 (10)：870－877.

[12]　路瑞，赵琰鑫. 基于水资源生态足迹的黄河流域水资源利用评价 [J]. 人民黄河，2020，42 (11)：48－52，134.

[13]　左其亭，张志卓，姜龙，等. 全面建设小康社会进程中黄河流域水资源利用效率时空演变分析 [J]. 水利水电技术，2020，51 (12)：16－25.

[14]　李佳伟，左其亭，马军霞. 新疆水资源-经济社会-生态环境时空演变特征分析 [J]. 北京师范大学学报（自然科学版），2020，56 (04)：591－599.

[15]　余灏哲，李丽娟，李九一. 一体化进程中京津冀水资源利用与城市经济发展关系时空分析 [J]. 南水北调与水利科技，2019，17 (02)：29－39.

[16]　周有荣，崔东文. 云南省水资源-经济-社会-水生态协调度评价 [J]. 人民长江，2019，50 (03)：136－144.

[17]　常烃，贾玉成. 京津冀水资源与经济社会协调度分析 [J]. 人民长江，2020，51 (02)：91－96.

[18]　杨海乐，危起伟，陈家宽. 基于选择容量价值的生态补偿标准与自然资源资产价值核算——以珠江水资源供应为例 [J]. 生态学报，2020，40 (10)：3218－3228.

[19]　贺玉晓，苏小婉，任玉芬，等. 中国生态地理区城市水资源利用效率时空分异特征 [J]. 生态学报，2020，40 (20)：7464－7478.

[20]　刘加伶，时岩钧，刘冠伸. 水资源开发利用生态补偿研究——以重庆市万州区为例 [J]. 人民长江，2020，51 (10)：80－87.

[21]　韩雁，贾绍凤，鲁春霞，等. 水资源与社会经济发展要素时空匹配特征——以张家口为例 [J]. 自然资源学报，2020，35 (06)：1392－1401.

[22]　郝吉明，王金南，许嘉钰，等. 我国资源环境承载力与经济社会发展布局战略研究 [M]. 北京：科学出版社，2019.

[23]　周建中，张勇传，陈璐，等. 长江上游供水-发电-环境水资源互馈系统风险评估与适应性调控 [M]. 北京：科学出版社，2020.

[24]　李金燕，张维江. 生态优先的宁夏中南部干旱区域水资源合理配置理论与模式研究 [M]. 郑州：黄河水利出版社，2019.

[25]　黄硕俏，吴泽宁，狄丹阳. 水资源工业生产价值能值评估及空间分布 [J]. 南水北调与水利科技，2020，18 (01)：202－208.

[26]　吴泽宁，黄硕俏，狄丹阳，等. 黄河流域农业系统水资源价值及其空间分布研究 [J]. 灌溉排水学报，2019，38 (12)：93－100.

[27]　吴旭，朱美玲. 基于生态文明视角的典型干旱区流域水资源污染损失测算研究——以新疆区域为例 [J]. 水利水电技术，2019，50 (12)：164－169.

[28]　寇青青，运剑苇，刘淑婧，等. 南水北调中线工程生态补偿计算研究 [J]. 西南大学学报（自然科学版），2020，42 (01)：112－117.

[29]　刘丙军，黄睿，于海霞，等. 广东省社会经济-水资源复合系统协调度评价 [J]. 人民珠江，2020，41 (05)：38－42.

［30］　邵青，冷艳杰，彭卓越，等. 北京市南水北调水资源价值评价研究 ［J］. 水利水电技术，2020，
　　　　51 （S2）：220 - 225.

［31］　刘菊，傅斌，张成虎，等. 基于 InVEST 模型的岷江上游生态系统水源涵养量与价值评估 ［J］.
　　　　长江流域资源与环境，2019，28 （03）：577 - 585.

［32］　刘维哲，唐溧，王西琴，等. 农业灌溉用水经济价值及其影响因素——基于剩余价值法和陕西关
　　　　中地区农户调研数据 ［J］. 自然资源学报，2019，34 （03）：553 - 562.

［33］　王奕淇，李国平，延步青. 流域生态服务价值横向补偿分摊研究 ［J］. 资源科学，2019，41
　　　　（06）：1013 - 1023.

［34］　荔琢，蒋卫国，王文杰，等. 基于生态系统服务价值的京津冀城市群湿地主导服务功能研究
　　　　［J］. 自然资源学报，2019，34 （08）：1654 - 1665.

［35］　熊文，孙晓玉，彭开达，等. 汉江下游平原典型区域水生态系统服务价值评价 ［J］. 人民长江，
　　　　2020，51 （08）：71 - 77.

［36］　吴泽宁，狄丹阳，黄硕俏. 黄河流域各省 （区） 用水价值空间聚集特征分析 ［J］. 人民黄河，
　　　　2020，42 （09）：96 - 100，106.

［37］　岳思羽，李怀恩，成波. 河道生态基流的功能与价值构成研究 ［J］. 水利水电技术，2020，51
　　　　（11）：138 - 144.

［38］　张璐，杨硕果，何洪名，等. 水库工程区水土保持生态服务价值估算 ［J］. 人民黄河，2020，42
　　　　（12）：78 - 81.

［39］　叶有华，陈龙. 深圳市宝安区水资源资产负债表研究与实践 ［M］. 北京：科学出版社，2019.

［40］　邓嘉辉，周惠成，李一冰. 阶梯水价的居民节水效益及水费支出的测算 ［J］. 武汉大学学报 （工
　　　　学版），2019，52 （02）：116 - 124.

［41］　谭娟，周琴慧，周雨露. 贵州省农业水价改革研究初探——以赤水市灌区农业水价改革研究为例
　　　　［J］. 灌溉排水学报，2019，38 （S1）：119 - 121，136.

［42］　李晓英，江崇秀，张琛. 基于云模型的城市资源水价研究 ［J］. 河海大学学报 （自然科学版），
　　　　2020，48 （03）：215 - 221.

［43］　林春智. 农业水价综合改革成效评价研究——基于浙江、江苏、湖北及四川省数据分析 ［J］. 价
　　　　格理论与实践，2019 （06）：69 - 72.

［44］　樊金红，沈世豪，王红武. 基于多水源供水的城市水价体系研究 ［J］. 价格理论与实践，2019
　　　　（11）：29 - 32.

［45］　付廷臣，张保林. 城市水资源价格定价机制研究 ［M］. 北京：经济科学出版社，2019.

［46］　张荟瑶，张永江. 黄河河套地区水权转让效果评价 ［J］. 中国水利，2019 （06）：32 - 34.

［47］　张丽娜，吴凤平. 基于 GSR 理论的省区初始水权量质耦合配置模型研究 ［J］. 资源科学，2017，
　　　　39 （03）：461 - 472.

［48］　吴凤平，王丰凯，金姗姗. 关于我国区域水权交易定价研究——基于双层规划模型的分析 ［J］.
　　　　价格理论与实践，2017 （02）：157 - 160.

［49］　管新建，谭力，张文鸽. 基于模糊数学法和生产函数的水权交易价格研究 ［J］. 水电能源科学，
　　　　2019，37 （04）：148 - 151.

［50］　孙建光，韩桂兰. 可转让农用水权分配的农民收入研究——以塔里木河流域为例 ［J］. 人民长
　　　　江，2019，50 （04）：130 - 134.

［51］　郭晖，陈向东，董增川，等. 基于合同节水管理的水权交易构建方法 ［J］. 水资源保护，2019，
　　　　35 （03）：33 - 38，62.

［52］　刘红利，杜彦臻，林洪孝，等. 基于最严格水资源管理制度的县域水权交易决策模型研究 ［J］.
　　　　水电能源科学，2019，37 （05）：15 - 18.

［53］　商放泽，韩京成，黄跃飞，等. 基于流域的县级单元河流水权确权分配 ［J］. 南水北调与水利科

技，2019，17 (05)：1-10，43.

[54] 张文鸽，谭力，李皓冰. 基于模糊识别的水权交易价格收益系数研究 [J]. 人民黄河，2019，41 (06)：44-48.

[55] 姚明磊，董斌，龙志雄，等. 县域尺度中面向用水部门的初始水权配置 [J]. 中国农村水利水电，2019 (07)：178-181，192.

[56] 张建斌，朱雪敏. 内蒙古沿黄地区水权交易潜力研究 [J]. 水利发展研究，2019，19 (08)：20-23，44.

[57] 韩桂兰，孙建光. 塔河流域生态水权和可转让农用水权分配的经济转型效应研究 [J]. 节水灌溉，2019 (10)：93-96.

[58] 饶康，董斌，龙志雄，等. 模糊优选和改进突变模型在典型县域水权分配中的应用和比较 [J]. 节水灌溉，2019 (12)：95-101.

[59] 沈大军，阿丽古娜，陈琛. 黄河流域水权制度的问题、挑战和对策 [J]. 资源科学，2020，42 (01)：46-56.

[60] 管新建，黄安齐，张文鸽，等. 基于基尼系数法的灌区农户间水权分配研究 [J]. 节水灌溉，2020 (03)：46-49，56.

[61] 刘毅，张志伟. 中国水权市场的可持续发展组合条件研究 [J]. 河海大学学报（哲学社会科学版），2020，22 (01)：44-52，106-107.

[62] 吴蓉，王慧敏，刘钢，等. 生态优先视角下跨流域预留水权确权与配置 [J]. 南水北调与水利科技（中英文），2020，18 (05)：13-37.

[63] 张丹，刘姝芳，王寅，等. 基于用户满意度的农户水权分配研究 [J]. 节水灌溉，2020 (09)：8-11，15.

[64] 李海岭，张建岭，李胚，等. 基于双层优选的初始水权分配模型研究 [J]. 人民黄河，2020，42 (10)：70-75.

[65] 孙建光，韩桂兰. 塔河流域可转让农用水权分配的生态水权分配调整研究 [J]. 节水灌溉，2020，(11)：83-86.

[66] 潘海英，朱彬让，周婷. 基于实验经济学的水权市场有效性研究 [J]. 中国人口·资源与环境，2019，29 (08)：112-121.

[67] 田贵良，盛雨，卢曦. 水权交易市场运行对试点地区水资源利用效率影响研究 [J]. 中国人口·资源与环境，2020，30 (06)：146-155.

[68] 潘海英，郑垂勇，袁汝华. 效率导向下水权市场交易机制设计与政府责任研究 [M]. 北京：科学出版社，2020.

[69] 郑航，王忠静，赵建世. 水权分配、管理及交易——理论、技术与实务 [M]. 北京：中国水利水电出版社，2019.

[70] 单平基. 私法视野下的水权配置研究 [M]. 南京：东南大学出版社，2019.

[71] 龚春霞. 水权制度研究——以水权权属关系为中心 [M]. 武汉：湖北人民出版社，2019.

[72] 鲁冰清. 生态文明视野下我国水权制度的反思与重构 [M]. 北京：中国社会科学出版社，2019.

[73] 郑航，刘悦忆，冯景泽，等. 流域水权制度体系框架及其在东江的分析应用 [J]. 水利水电技术，2019，50 (10)：60-67.

[74] 刘定湘，罗琳，严婷婷. 水资源国家所有权的实现路径及推进对策 [J]. 水资源保护，2019，35 (03)：39-43.

[75] 洪昌红，黄本胜，邱静，等. 我国储备水权的作用与配置模式 [J]. 水资源保护，2019，35 (03)：44-47.

[76] 高旭阔，严梦婷. 基于三方博弈的再生水回用市场演化路径分析 [J]. 中国环境科学，2019，39 (12)：5361-5367.

[77] 徐豪，刘钢. 考虑随机降雨预测的区域水期权交易动态定价机制——以广东省为例 [J]. 自然资源学报，2020，35 (03)：713-727.

[78] 陈金木，王俊杰，吴强，等. 水权交易制度建设 [M]. 北京：中国水利水电出版社，2020.

[79] 屈忠义，黄永江，刘晓民，等. 节水技术与交易潜力 [M]. 北京：中国水利水电出版社，2020.

[80] 李万明. 玛纳斯河流域水资源产权与效率研究 [M]. 北京：中国农业出版社，2019.

[81] 徐晋涛. 水资源与水权问题经济分析 [M]. 北京：中国社会科学出版社，2019.

[82] 张建斌，刘清华. 内蒙古沿黄地区水权交易的政府规制研究 [M]. 北京：经济科学出版社，2019.

[83] 王艳艳，王静，胡昌伟，等. 太湖流域应对特大洪水防洪工程效益模拟 [J]. 水科学进展，2020，31 (06)：885-896.

[84] 朱诗洁，毛劲乔，戴会超. 资料缺乏地区水系连通工程效益评价方法研究 [J]. 水力发电学报，2021，40 (02)：12-19.

[85] 杨恒，刘永强. 基于 PP-云模型的河道治理工程效益评价研究 [J]. 水利水电技术，2020，51 (05)：118-125.

[86] 聂常山，赵宇瑶，王延红. 南水北调西线一期工程效益分析 [J]. 人民黄河，2020，42 (06)：120-124.

[87] 赵晶，毕彦杰，韩宇平，等. 南水北调中线工程河南段社会经济效益研究 [J]. 西北大学学报（自然科学版），2019，49 (06)：855-866.

[88] 俞茜，李娜，王杉，等. 低影响开发设施的综合效益评估指标体系研究 [J]. 水力发电学报，2020，39 (12)：94-103.

[89] 孙文靖，李怀恩，刘祺超，等. 城市海绵小区雨水利用的效益分析——以固原市海绵小区建设为例 [J]. 水土保持通报，2020，40 (01)：170-175，183.

[90] 何勇，王静，刘兴举，等. 电价与电量结合的龙头电站效益补偿机制研究 [J]. 水力发电学报，2019，38 (11)：40-48.

[91] 周兰庭，袁志美，徐长华，等. 基于改进云模型的水利工程项目成本风险管理研究 [J]. 水电能源科学，2019，37 (04)：152-154，196.

[92] 徐涛，赵敏娟. 节水农业补贴政策设计——全成本收益与农户偏好视角 [M]. 北京：社会科学文献出版社，2019.

[93] 王希义，彭淑贞，徐海量，等. 大型输水工程的生态效益与社会经济效益评价——以塔里木河下游为例 [J]. 地理科学，2020，40 (02)：308-314.

[94] 宋子奇，方国华，闻昕，等. 基于能值分析的跨流域引调水工程生态效益计算 [J]. 水资源与水工程学报，2020，31 (05)：56-61.

[95] 陈建明，程细英，李美枫. 基于层次熵权法的江苏省沿海垦区水生态效应评价 [J]. 水利经济，2020，38 (02)：43-48，61，83.

[96] 张代青，沈春颖，于国荣. 基于河道内流量的河流生态系统服务价值评价模型研究 [J]. 水利经济，2019，37 (05)：16-20，26，77-78.

[97] 徐文奕，袁汝华，徐斌. 我国水利生态效益实证分析 [J]. 水利经济，2019，37 (03)：20-23，29，85-86.

[98] 陈新忠，杨君伟，陈如仪，等. 绿色金融支持幸福河湖建设初探 [J]. 水利经济，2020，38 (06)：15-19，81-82.

[99] 罗琳，庞靖鹏，陈希卓. "十三五"时期水利投融资进展及形势研判 [J]. 中国水利，2019 (16)：52-55.

[100] 胡国君，朱冠余，胥仲志. "补短板"引领下江苏省水利投融资体系"提质效"路径探析 [J].

　　　　水利经济，2019，37（06）：21－26，33，86.

[101]　陈璐. 甘肃省水利投融资现状及改革措施探讨 [J]. 甘肃水利水电技术，2020，56（12）：60－62.

[102]　任晓栋. 社会资本参与张掖水利行业基础设施建设实践与思考 [J]. 中国水利，2020（10）：54－56.

[103]　苏晓倩. 小型农田水利工程建设投融资问题及解决措施分析 [J]. 中国标准化，2019（02）：112－113.

[104]　吴强，李森，高龙，等. 社会资本参与流域综合治理的现状、问题和建议 [J]. 水利经济，2019，37（04）：23－26，76.

[105]　李发鹏，孙嘉，王建平. 南水北调中线调蓄工程建设资产证券化融资 [J]. 人民黄河，2019，41（S2）：81－84.

[106]　吴宝海. 共生视域下苏南地区水环境保护基金研究 [J]. 水利经济，2020，38（06）：20－24，53，82.

[107]　王亦宁. 基于民生和环境保护“双重目标设定”的农村水环境保护治理资金投入机制研究 [J]. 水利经济，2020，38（02）：36－42，82－83.

[108]　黄敏吾. 创新推进“F＋EPC”建设管理的探讨 [J]. 中国水利，2020（S1）：5－7.

[109]　周晓花. 代建制、工程总承包建设模式比较分析 [J]. 水利发展研究，2020，20（02）：17－20.

[110]　岳峻. 公益型水利工程项目投融资体制分析 [J]. 农村经济与科技，2019，30（24）：35－36.

[111]　李香云，罗琳，王亚杰. 水利项目 PPP 模式实施现状、问题与对策建议 [J]. 水利经济，2019，37（05）：27－30，34，78.

[112]　李香云. 我国农村供水工程采用 PPP 模式现状及建议 [J]. 中国水利，2020（16）：55－59.

[113]　盛松涛，安怡蒙. 基于 AHP－Shapley 值法的水利工程 PPP 项目收益分配研究 [J]. 水利水电技术，2019，50（02）：161－167.

[114]　陈述，梁霄，席炎，等. 跨区域调水 PPP 项目收益分配研究 [J]. 人民黄河，2020，42（05）：76－80.

[115]　汪伦焰，夏晴，李慧敏. 基于五元联系数的水环境治理 PPP 项目可持续性评价 [J]. 水利经济，2019，37（03）：43－48，86－87.

[116]　陈述，袁越，席炎，等. 污水处理 PPP 项目政府补偿决策研究 [J]. 人民黄河，2019，41（09）：92－96.

[117]　李芊，崔同磊. 基于灰靶理论的污水处理项目 PPP 模式选择研究 [J]. 人民长江，2019，50（06）：156－160.

[118]　马素英，孙梅英，付银环，等. 河北省水权确权方法研究与实践探索 [J]. 南水北调与水利科技，2019，17（04）：94－103.

[119]　赵健，胡继连. 水权质量视阈下小流域水权冲突与协调措施 [J]. 水利经济，2019，37（02）：41－45，84，87.

[120]　张丹，王境，王寅，等. 公共供水管网水权确权与登记研究 [J]. 水利发展研究，2019，19（12）：21－23.

[121]　王冠军，廖四辉，戴向前，等. 水生态空间确权试点总结与思考 [J]. 中国水利，2020（17）：34－36.

[122]　柳长顺，杜丽娟，张春玲. 灌溉用水权确权到户有关问题的思考 [J]. 水利经济，2019，37（04）：17－19，75－76.

[123]　陈华堂，张羽翔. 农田水利设施产权制度改革和创新运行管护机制试点研究 [J]. 中国水利，2019（09）：33－36.

[124]　沈建华，蒋剑勇. 小型农田水利设施产权制度改革的核心问题及典型案例分析 [J]. 中国水利，

2019 (01)：49 - 51.

[125] 付健. 小型农田水利设施产权制度改革的关键技术问题 [J]. 中国农村水利水电，2018 (08)：1 - 3.

[126] 盛方斌，张莹. 丹阳市农田水利设施产权制度改革和创新运行管护机制探究 [J]. 黑龙江科学，2020，11 (20)：142 - 143.

[127] 朱明华，赵锟颖. 农村"僵尸"小水利确权与管护模式创新——基于产权制度的理论分析与浙江经验 [J]. 经济研究导刊，2020 (19)：29 - 31.

[128] 崔健. 山东省农田水利设施产权制度改革做法 [J]. 山东水利，2020 (01)：49 - 50，55.

[129] 陈玉秋. 水资源资产产权制度探索与创新 [M]. 北京：中国财政经济出版社，2019.

[130] 孙才志，王中慧. 中国与"一带一路"沿线国家农产品贸易的虚拟水量流动特征 [J]. 水资源保护，2019，35 (01)：14 - 19，26.

[131] 杜依杭，王钧，鲁顺子，等. 城市化背景下中国虚拟水流动空间变化特征及其驱动因素研究 [J]. 北京大学学报 (自然科学版)，2019，55 (06)：1141 - 1151.

[132] 卓拉，栗萌，吴普特，等. 黄河流域作物生产与消费实体水-虚拟水耦合流动时空演变与驱动力分析 [J]. 水利学报，2020，51 (09)：1059 - 1069.

[133] 田贵良，李娇娇，李乐乐. 基于多区域投入产出模型的长江经济带虚拟水流动格局研究 [J]. 中国人口·资源与环境，2019，29 (03)：81 - 88.

[134] 王婷，毛德华. 中国主要粮食作物虚拟水——虚拟耕地复合系统利用评价及耦合协调分析 [J]. 水资源与水工程学报，2020，31 (04)：40 - 49，56.

[135] 吴普特，卓拉，刘艺琳，等. 区域主要作物生产实体水-虚拟水耦合流动过程解析与评价 [J]. 科学通报，2019，64 (18)：1953 - 1966.

[136] 李新生，黄会平，韩宇平，等. 京津冀农业虚拟水流动及对区域水资源压力影响研究 [J]. 南水北调与水利科技，2019，17 (02)：40 - 48.

[137] 管驰明，张洋洋，石常峰. 农业虚拟水消耗影响因素分解及时空差异——以西北5省 (自治区) 为例 [J]. 南水北调与水利科技 (中英文)，2020，18 (05)：193 - 201.

[138] 雷雨，苏守娟，龙爱华，等. 新疆北部地区虚拟水流动研究 [J]. 水利水电技术，2019，50 (12)：65 - 72.

[139] 苏守娟，龙爱华，於嘉闻，等. 新疆南部地区虚拟水流动研究 [J]. 水利水电技术，2019，50 (12)：73 - 79.

[140] 王帅，赵荣钦，韩枫，等. 河南省农作物虚拟水与隐含碳排放的时空格局及关联机制研究 [J]. 华北水利水电大学学报 (自然科学版)，2020，41 (02)：72 - 80.

[141] 刘俊国，冒甘泉，张信信，等. 蓝绿水-虚拟水转化理论与应用：以黑河流域为例 [M]. 北京：科学出版社，2020.

[142] 孙才志，王中慧. 中国和"一带一路"沿线国家农产品虚拟水贸易的驱动因素 [J]. 水利经济，2020，38 (01)：1 - 7，28，85.

[143] 孟凡鑫，夏昕鸣，胡元超，等. 中国与"一带一路"沿线典型国家贸易虚拟水分析 [J]. 中国工程科学，2019，21 (04)：92 - 99.

[144] 韩文钰，张艳军，张利平，等. 基于投入产出分析的中美两国虚拟水贸易研究 [J]. 中国农村水利水电，2020 (12)：27 - 34，39.

[145] 孙思奥，郑翔益，刘海猛. 京津冀城市群虚拟水贸易的近远程分析 [J]. 地理学报，2019，74 (12)：2631 - 2645.

[146] 孙思奥，王晶，戚伟. 青藏高原地区城乡虚拟水贸易格局与影响因素 [J]. 地理学报，2020，75 (07)：1346 - 1358.

[147] 孙才志，杜杭成，刘淑彬. 基于投入产出分析的辽宁省虚拟水消费与贸易研究 [J]. 地域研究

与开发, 2020, 39 (02): 117 - 121, 126.

[148] 魏怡然, 邵玲, 张宝刚, 等. 北京市虚拟水消费与贸易 [J]. 自然资源学报, 2019, 34 (09): 1962 - 1973.

[149] 齐娅荣, 唐莲, 陈炯利. 基于 CROPWAT 的宁夏虚拟水战略适宜性初步评价 [J]. 水文, 2020, 40 (01): 58 - 63.

[150] 林加华, 黄会林, 孙海敏, 等. 虚拟水战略环境影响评价存在的问题及发展建议 [J]. 低碳世界, 2019, 9 (01): 21 - 22.

[151] 邓光耀. 中国多区域农业虚拟水贸易政策研究 [M]. 北京: 中国商业出版社, 2019.

[152] 安婷莉, 韩昕雪琦, 高学睿, 等. 虚拟水理论发展及应用前景综述 [J]. 南水北调与水利科技 (中英文), 2020, 18 (02): 44 - 61.

[153] 吴普特. 实体水-虚拟水统筹管理保障国家粮食安全 [J]. 灌溉排水学报, 2020, 39 (07): 1 - 6.

[154] 方芳, 马琼. 虚拟水价值视角下新疆主要农作物种植偏好及布局研究 [J]. 节水灌溉, 2019 (07): 95 - 100.

[155] 支援. 水资源态势与虚拟水出路 [M]. 北京: 科学出版社, 2020.

[156] 何潇, 李哲, 肖艳, 等. 基于生命周期的溪洛渡水电站水足迹评估 [J]. 水力发电学报, 2019, 38 (07): 36 - 45.

[157] 俞雷, 贾本有, 吴时强, 等. 雅砻江流域水电站水足迹计算及分析 [J]. 水利水运工程学报, 2020 (04): 41 - 47.

[158] 朱永楠, 姜珊, 赵勇, 等. 我国煤电生产水足迹评价 [J]. 水电能源科学, 2019, 37 (09): 28 - 31.

[159] 马维兢, 耿波, 杨德伟, 等. 部门水足迹及其经济效益的时空匹配特征研究 [J]. 自然资源学报, 2020, 35 (06): 1381 - 1391.

[160] 孙才志, 张灿灿, 郜晓雯. 中国 "四化" 建设对水足迹强度的影响分析 [J]. 自然资源学报, 2020, 35 (04): 767 - 778.

[161] 张凡凡, 张启楠, 李福夺, 等. 中国水足迹强度空间关联格局及影响因素分析 [J]. 自然资源学报, 2019, 34 (05): 934 - 944.

[162] 孙才志, 刘淑彬. 基于 MRIO 模型的中国省 (市) 区水足迹测度及空间转移格局 [J]. 自然资源学报, 2019, 34 (05): 945 - 956.

[163] 关伟, 赵湘宁, 许淑婷. 中国能源水足迹时空特征及其与水资源匹配关系 [J]. 资源科学, 2019, 41 (11): 2008 - 2019.

[164] 操信春, 刘喆, 吴梦洋, 等. 水足迹分析中国耕地水资源短缺时空格局及驱动机制 [J]. 农业工程学报, 2019, 35 (18): 94 - 100.

[165] 闫峰, 朱语欣, 李世曙, 等. 基于不确定分析的改进灰水足迹模型及应用 [J]. 水电能源科学, 2020, 38 (04): 30 - 33.

[166] 左其亭, 姜龙, 冯亚坤, 等. 黄河沿线省区水资源生态足迹时空特征分析 [J]. 灌溉排水学报, 2020, 39 (10): 1 - 8, 34.

[167] 李菲, 张小平. 甘肃省水资源生态足迹和生态承载力时空特征 [J]. 干旱区地理, 2020, 43 (06): 1486 - 1495.

[168] 焦士兴, 陈林芳, 王安周, 等. 中原城市群水资源生态足迹变化及驱动研究 [J]. 人民黄河, 2020, 42 (05): 62 - 66.

[169] 刘玉邦, 严雨男. 成都市水生态足迹的时间分布特征及其影响因素 [J]. 南水北调与水利科技 (中英文), 2020, 18 (02): 93 - 98.

[170] 莫崇勋, 赵梳坤, 阮俞理, 等. 基于生态足迹的广西壮族自治区水资源生态特征时空变化规律

及其驱动因素分析 [J]. 水土保持通报, 2020, 40 (06): 297 - 302, 311.

[171] 刘珂伶, 杨柳. 基于能值理论的水资源生态足迹变化特征——以北京市为例 [J/OL]. 水土保持研究: 1 - 9 [2021 - 03 - 27]. https: //doi. org/10. 13869/j. cnki. rswc. 20201109. 002.

[172] 贾陈忠, 乔扬源, 关格格, 等. 山西省水资源生态足迹时空变化特征及驱动因素 [J]. 水土保持研究, 2019, 26 (02): 370 - 376.

[173] 吴芳, 王浩, 杨陈, 等. 中国农业水足迹时空差异和流动格局研究 [J]. 人民长江, 2019, 50 (06): 104 - 110, 218.

[174] 刘静, 余钟波. 江苏省农产品水足迹与虚拟水流动及其环境影响 [J]. 河海大学学报 (自然科学版), 2020, 48 (04): 320 - 326.

[175] 王杰, 龙爱华, 杨广, 等. 近 25 a 来新疆农作物水足迹与经济增长的空间关系分析 [J]. 干旱区地理, 2019, 42 (03): 526 - 533.

[176] 黄会平, 张冰, 李新生, 等. 海河流域农业水足迹分布及对气候变化的响应 [J]. 人民黄河, 2019, 41 (02): 64 - 69, 75.

[177] 齐娅荣, 张嗣翌, 唐莲, 等. 宁夏固原市主要农作物生产水足迹分析 [J]. 水资源与水工程学报, 2020, 31 (01): 91 - 96, 103.

[178] 韩宇平, 贾冬冬, 黄会平, 等. 基于通径分析的海河流域冬小麦水足迹及影响因素 [J]. 水资源保护, 2019, 35 (01): 6 - 13.

[179] 李曼, 何巧凤, 刘焕才. 疏勒河流域中下游地区主要粮食作物生产水足迹变化及影响因素分析 [J]. 节水灌溉, 2020 (09): 94 - 99, 105.

[180] 雒新萍, 刘晓洁. 中国典型农作物需水量及生产水足迹区域差异 [J]. 节水灌溉, 2020 (01): 88 - 93.

[181] 高海燕, 李王成, 李晨, 等. 宁夏主要农作物生产水足迹及其变化趋势研究 [J]. 灌溉排水学报, 2020, 39 (03): 110 - 118.

[182] 韩宇平, 曲唱, 贾冬冬. 河北省主要农作物水足迹与耗水结构分析 [J]. 灌溉排水学报, 2019, 38 (10): 121 - 128.

[183] 门宝辉, 蒋美彤. 基于生态足迹法的水资源承载力研究——以北京市为例 [J]. 南水北调与水利科技, 2019, 17 (05): 29 - 36.

[184] 郭利丹, 井沛然. 基于生态足迹法的江苏省水资源可持续利用评价 [J]. 水利经济, 2020, 38 (03): 19 - 25, 83 - 84.

[185] 商庆凯, 阴柯欣, 米文宝. 基于水足迹理论的青海省水资源利用评价 [J]. 干旱区资源与环境, 2020, 34 (05): 70 - 77.

[186] 李思诺. 基于生态足迹的唐山市水资源评价研究 [J]. 水科学与工程技术, 2019 (02): 56 - 59.

[187] 阚大学, 吕连菊. 中部地区城镇化进程下水资源利用预测研究——基于水足迹视角 [J]. 生态经济, 2020, 36 (03): 99 - 104.

[188] 黄佳, 徐晨光, 满洲. 基于生态足迹的山东省水资源承载力研究 [J]. 人民长江, 2019, 50 (02): 115 - 121.

[189] 张城, 李晶, 周自翔. 渭河流域水足迹空间化及水资源评价 [J]. 陕西师范大学学报 (自然科学版), 2021, 49 (02): 107 - 116.

[190] 刘静, 余钟波. 基于水足迹理论的中国水资源压力评价 [J]. 水资源保护, 2019, 35 (05): 35 - 39.

[191] 熊鸿斌, 周银双. 基于三维水足迹-LMDI 的安徽省水资源压力及驱动力分析 [J]. 水土保持通报, 2019, 39 (05): 194 - 203.

[192] 乔扬源, 贾陈忠. 基于水足迹理论的山西省水资源利用与经济发展脱钩状况分析 [J]. 节水灌

溉，2019 (12)：58 - 64，71.

[193] 李双，杜建括，邢海虹，等. 基于水足迹理论和灰靶模型的汉江干流水资源可持续利用评价 [J]. 节水灌溉，2019 (09)：74 - 80.

[194] 张倩，谢世友. 基于水生态足迹模型的重庆市水资源可持续利用分析与评价 [J]. 灌溉排水学报，2019，38 (02)：93 - 100.

[195] 吴普特，王玉宝，赵西宁，等. 农业水足迹与区域虚拟水流动解析 [M]. 北京：科学出版社，2020.

[196] 邓铭江，龙爱华，李江，等. 西北内陆河流域"自然-社会-贸易"三元水循环模式解析 [J]. 地理学报，2020，75 (07)：1333 - 1345.

[197] 卢琼，牛存稳，贾仰文，等. 全国水循环通量解析及其演进研究 [J]. 中国水利，2020 (19)：22 - 26.

[198] 朱丽姗，肖伟华，侯保灯，等. 社会水循环通量演变及驱动力分析——以保定市为例 [J]. 水利水电技术，2019，50 (10)：10 - 17.

第 8 章　水法律研究进展报告

8.1　概述

8.1.1　背景与意义

（1）水是生命之源、生产之要、生态之基。从满足人类社会需求的角度来看，水是对人类生活和生产活动具有关键作用和重大价值的资源；从生态平衡的角度来看，水是必不可少的生态和环境要素。水资源是一个国家的关键性和基础性战略资源。随着科技进步，人类改造自然的能力不断提高，对水资源造成的影响日益全面和深刻，尤其是不合理的水资源开发利用行为，致使水资源短缺、水污染严重和水灾害频发成为突出问题。如何实现水资源可持续利用是关系国民经济和社会发展的重大战略问题。

（2）2019 年全国水资源总量为 29041 亿 m^3，但我国人均水资源量仅约 2040m^3，约为世界人均水平的三分之一，且时空分布严重不平衡，水资源问题极其严峻。叠加不合理的水资源开发利用模式，水资源问题已经成为制约我国经济社会发展的瓶颈。建立健全并不断完善我国水资源法律法规体系，实施最严格水资源管理制度，是经济社会持续发展的现实需要和客观要求。

（3）自 2011 年中央一号文件《中共中央　国务院关于加快水利改革发展的决定》实施以来，国家发布了一系列文件，加强并不断完善最严格水资源管理制度。2015 年 9 月中共中央、国务院《生态文明体制改革总体方案》对加强水资源管理、开发和保护工作的生态化提出了更加严格的要求。2017 年 6 月 21 日，水利部印发《关于深入贯彻落实中央加强生态文明建设的决策部署　进一步严格落实生态环境保护要求的通知》，明确提出了八点具体要求。2020 年 3 月 9 日，水利部办公厅印发《2020 年水利政策法规工作要点》，要求坚定不移践行水利改革发展总基调，坚持"法规制度定规矩、监督执法作保障"的工作思路，统筹做好政策法规各项工作。这些举措不仅体现了水资源相关问题的严重性和紧迫性，也体现了国家对水资源问题的高度重视和积极应对的态度。

（4）对水法治的基本思想、基础理论和制度设计的深入研究是依法治水的必要前提。良好而完善的法律以及切实有效的实施是经济社会可持续发展的强有力保障。人与自然之间的不协调，实质上是人类与自然之间的问题、个体与个体之间的问题、个体与社会之间的问题。各种水危机的不断出现，是人类不合理利用水资源、严重破坏水平衡的必然恶果；背后的深层次原因，既包括现有水资源法律体系的不健全，也包括相关法律得不到有效实施，从而无法有效对人类的不合理用水行为进行纠正和约束。

（5）依法治水既是依法治国的必要组成部分，更是我国水资源管理工作的重要指导思想，水政策法律研究需要紧紧围绕于它。这两年来形成的一些优秀研究成果或反映国内社会经济发展的现实需要，或总结治水用水管水相关工作中的教训，有利于推动依法治水工作。对这些研究成果进行梳理和总结，对于深化水法治研究，加快涉水科研成果转化，推进依法治水和促进社会经济健康发展有着重大的理论和实践价值。

8.1.2 标志性事件或成果

（1）2019 年 2 月 22 日，为贯彻落实《中共中央办公厅关于统筹规范督查检查考核工作的通知》《国务院办公厅关于对真抓实干成效明显地方进一步加大激励支持力度的通知》要求，强化河（湖）长制正向激励，水利部制定《对河（湖）长制工作真抓实干成效明显地方进一步加大激励支持力度的实施办法》，要求按照基本条件、河湖管理基本成效、工作推进力度、否决项 4 类评价标准，严格评审程序，提出具体激励措施，以增强河（湖）长制工作激励效果，进一步加大河（湖）长制工作成效。

（2）2019 年 4 月 14 日，中共中央办公厅、国务院办公厅联合印发《关于统筹推进自然资源资产产权制度改革的指导意见》，针对自然资源资产底数不清、所有者不到位、权责不明晰、权益不落实、监管保护制度不健全等导致的产权纠纷多发、资源保护乏力、开发利用粗放、生态退化严重等突出问题，提出了坚持保护优先、集约利用；坚持市场配置、政府监管；坚持物权法定、平等保护；坚持依法改革、试点先行的基本原则。力争到 2020 年，基本建立起归属清晰、权责明确、保护严格、流转顺畅、监管有效的自然资源资产产权制度。针对"健全自然资源资产产权制度，进一步推动生态文明建设"这一基本要求，提出了统筹推进自然资源资产产权制度改革的九大任务：健全自然资源资产产权体系、明确自然资源资产产权主体、开展自然资源统一调查监测评价、加快自然资源统一确权登记、强化自然资源整体保护、促进自然资源资产集约开发利用、推动自然生态空间系统修复和合理补偿、健全自然资源资产监管体系、完善自然资源资产产权法律体系。要求采取加强党对自然资源资产产权制度改革的统一领导、深入开展重大问题研究、统筹推进试点、加强宣传引导等多项措施，确保产权制度改革取得实际效果。

（3）2019 年 5 月 9 日，中共中央办公厅、国务院办公厅联合印发《大运河文化保护传承利用规划纲要》，针对大运河面临的遗产保护压力巨大、传承利用质量不高、资源环境形势严峻、生态空间挤占严重、合作机制亟待加强等突出问题和困难，提出强化文化遗产保护传承、推进河道水系治理管护、加强生态环境保护修复、推动文化和旅游融合发展、促进城乡区域统筹协调、创新保护传承利用机制等 6 方面措施，着手统筹大运河沿线区域经济社会发展，探索高质量发展新路径。此外，还从完善政策措施、健全法律保障、抓好督促评估等方面提出了具体要求，以保障大运河文化保护传承利用工作得到有效落实。

（4）2019 年 5 月 10 日，为贯彻落实国务院关于减证便民、优化服务的部署要求，结合证明事项清理工作进展，水利部对部门规章进行了清理，修改了《水利工程建设程序管理暂行规定》《水利工程建设安全生产管理规定》等 4 部规章和《水利水电工程施工企业主要负责人、项目负责人和专职安全生产管理人员安全生产考核管理办法》《水利建设市场主体信用评价管理暂行办法》等 2 部规范性文件，废止了《水利基本建设投资计划管理暂行办法》。

（5）2019 年 5 月 13 日，为打赢河湖执法 3 年攻坚战，巩固和拓展河湖执法成果，维护良好水事秩序，促进河湖健康，水利部制定《河湖违法陈年积案"清零"行动实施方案》，从总体要求、实施重点、实施步骤和工作要求 4 个方面提出了针对性的具体要求，巩固和拓展河湖执法成果，维护河湖健康。

（6）2019年5月13日，中共中央办公厅、国务院办公厅联合印发《国家生态文明试验区（海南）实施方案》。针对水资源生态环境保护措施不足问题，该方案要求坚持污染治理和生态扩容两手发力；全面推行河（湖）长制，完善配套机制，加强围垦河湖、河道垃圾、乱占滥用岸线等专项整治，严格河湖执法；加强南渡江、松涛水库等水质优良河流湖库的保护，严格规范饮用水水源地管理；建立重点治理水体信息公开制度、对水质未达标或严重下降地方政府负责人实行约谈制度；加强河湖水域岸线保护与生态修复，科学规划、严格管控滩涂和近海养殖，推行近海捕捞限额管理，推动渔业生产由近岸向外海转移、由粗放型向生态型转变；按照确有需要、生态安全、可以持续的原则，完善海岛型水利设施网络，为海南实现高质量发展提供水安全保障。

（7）2019年6月17日，为落实2018年《中共中央　国务院关于全面加强生态环境保护　坚决打好污染防治攻坚战的意见》，规范生态环境保护督察工作，压实生态环境保护责任，推进生态文明建设，建设美丽中国，中共中央办公厅、国务院办公厅联合印发《中央生态环境保护督察工作规定》，建立生态环境保护督察制度，设立专职督察机构，组建中央生态环境保护督察组，以解决突出生态环境问题、改善生态环境质量、推动高质量发展。

（8）2019年9月18日，中共中央总书记、国家主席、中央军委主席习近平在郑州主持召开黄河流域生态保护和高质量发展座谈会并发表重要讲话。他肯定了新中国成立以来黄河治理取得巨大成就：主要有水沙治理取得显著成效、生态环境持续明显向好、发展水平不断提升。他指出了当前黄河流域仍存在一些突出困难和问题：主要包括洪水风险依然是流域的最大威胁、流域生态环境脆弱、水资源保障形势严峻、发展质量有待提高。为了让黄河成为造福人民的幸福河，他提出了黄河流域生态保护和高质量发展的主要目标任务：主要是加强生态环境保护、保障黄河长治久安、推进水资源节约集约利用、推动黄河流域高质量发展。他要求从抓紧开展顶层设计、加强重大问题研究、着力创新体制机制三个方面加强对黄河流域生态保护和高质量发展的领导。

（9）2019年11月1日，为统筹划定落实生态保护红线、永久基本农田、城镇开发边界三条控制线，中共中央办公厅、国务院办公厅联合印发《关于在国土空间规划中统筹划定落实三条控制线的指导意见》，要求在生态保护红线内，自然保护地核心保护区原则上禁止人为活动，其他区域严格禁止开发性、生产性建设活动，在符合现行法律法规的前提下，除国家重大战略项目外，仅允许包括自然资源、生态环境监测和执法包括水文水资源监测及涉水违法事件的查处，灾害防治和应急抢险活动等对生态功能不造成破坏的有限人为活动，并从加强组织保障、严格实施管理、严格监督考核3个方面，强化保障措施。

（10）2019年11月11日，为推动河（湖）长制从"有名"全面转向"有实"，持续改善河湖面貌，水利部决定开展示范河湖建设，形成治水效果明显、管护机制完善、可复制可推广的一批典型案例，并制定《关于开展示范河湖建设的通知》。根据各地区遴选出的结果，水利部公布了拟建设示范河湖（第一批）17个具体名单，制定了责任体系完善、制度体系健全、基础工作扎实、管理保护规范、水域岸线空间管控严格、河湖管控成效明显等示范河湖建设具体标准，实施激励约束机制，强化组织领导、资金保障和宣传引导，推动河湖面貌持续改善，建立河湖管护长效机制，营造全社会关爱河湖、珍惜河湖、保护河湖的良好风尚。

（11）2020 年 3 月 10 日，为深入贯彻落实中央和水利部党组决策部署，坚持和深化水利改革发展总基调，扎实做好水利政策法规各项工作，水利部办公厅发布《2020 年水利政策法规工作要点》，要求坚定不移践行水利改革发展总基调，坚持"法规制度定规矩、监督执法作保障"的工作思路，统筹做好政策法规各项工作，就制定实施水法规建设规划、配合做好有关法律法规审查审议工作、加快重点领域立法草案起草、开展相关法律法规制定和修订前期工作等 21 项具体工作做出了部署。

（12）2020 年 3 月 16 日，由于供需矛盾突出，砂价持续上涨，非法采砂反弹压力较大，长江河道采砂管理面临新的形势。水利部、公安部、交通运输部制定《关于建立长江河道采砂管理合作机制的通知》，决定建立长江河道采砂管理合作机制，成立 3 部合作机制领导小组、建立联席会议制度、加强协同联动等，在打击非法采砂行为、加强涉砂船舶管理、推进航道疏浚砂综合利用等领域加强合作。

（13）2020 年 4 月 10 日，为贯彻落实 2020 年全国水利工作会议精神和"水利工程补短板、水利行业强监管"的水利改革发展总基调，扎实做好 2020 年水资源管理工作，水利部办公厅印发《2020 年水资源管理工作要点》，要求从合理分水、管住用水、强化护水、加强研究、抓好党建 5 大方面加强水资源管理。

（14）2020 年 7 月 8 日，为贯彻落实党中央、国务院决策部署，如期完成长江流域禁捕目标任务，国务院办公厅印发《关于切实做好长江流域禁捕有关工作的通知》，要求从 6 个方面切实做好长江流域禁捕有关工作：提高政治站位，压实各方责任；强化转产安置，保障退捕渔民生计；加大投入力度，落实相关补助资金；开展专项整治行动，严厉打击非法捕捞行为；加大市场清查力度，斩断非法地下产业链；加强考核检查，确保各项任务按时完成。11 日，国家市场监督管理总局印发《打击市场销售长江流域非法捕捞渔获物专项行动方案》。13 日，农业农村部印发《进一步加强长江流域重点水域禁捕和退捕渔民安置保障工作实施方案》。

（15）2020 年 8 月 20 日，为防治内河船舶污染水域环境，交通运输部发布《400 总吨以下内河船舶水污染防治管理办法》。该部门规章分为 7 章 27 条，要求采取措施防治生活污水污染、船舶垃圾污染、机器处所油污水污染、洗舱水污染，并加强监督管理。

（16）2020 年 8 月 31 日，中共中央政治局审议通过《黄河流域生态保护和高质量发展规划纲要》。会议要求要把黄河流域生态保护和高质量发展作为事关中华民族伟大复兴的千秋大计，贯彻新发展理念，遵循自然规律和客观规律，统筹推进山水林田湖草沙综合治理、系统治理、源头治理，改善黄河流域生态环境，优化水资源配置，促进全流域高质量发展，改善人民群众生活，保护传承弘扬黄河文化。

（17）2020 年 10 月 22 日，为加强和规范水文监测资料汇交工作，促进资料利用，充分发挥水文服务国民经济和社会发展的作用，水利部发布《水文监测资料汇交管理办法》。该部门规章共 19 条，规定实行水文监测资料统一汇交制度，水文机构应当将水文资料加工整理，服务国民经济和社会发展的需要。

（18）2020 年 12 月 26 日，为加强长江流域生态环境保护和修复，促进资源合理高效利用，保障生态安全，实现人与自然和谐共生、中华民族永续发展，第十三届全国人民代表大会常务委员会第二十四次会议审议通过《中华人民共和国长江保护法》。该法分为总则、规划与管控、资源保护、水污染防治、生态环境修复、绿色发展、保障与监督、法律责任以及附则 9 章，共 96 条。该法于 2021 年 3 月 1 日起施行，为长江流域生态环境保护和高质量发展提供重要法治保障。

8.1.3 本章主要内容介绍

本章是有关水法律研究进展的专题报告，主要内容包括以下 3 个部分：

（1）对水法律研究的背景及意义、2019—2020 年期间有关水法律的标志性成果或事件进行简要概述。

（2）从 8.2 节开始按照下列主要内容的顺序进行介绍：流域管理法律制度研究进展，水权制度研究进展，水环境保护法律制度研究进展，涉水生态补偿机制研究进展，河（湖）长制研究进展，外国水法研究进展，国际水法研究进展，其他方面研究进展等。

（3）8.10 节将 2019—2020 年进展与 2017—2018 年进展，进行了简要对比分析。

8.1.4 其他说明

在广泛阅读并全面总结相关文献的基础上，本章系统介绍有关水法律研究的进展。所引用的文献均列入参考文献中。

8.2 流域管理法律制度研究进展

以流域为视角，实施水资源管理是科学而理想的水资源管理模式。法学学者从法学的视角，不断开辟新的研究领域，探索新的水治理模式，产出了一些关于流域管理的政策法律类学术研究成果。与 2017—2018 年相比，这两年流域管理相关问题的研究重心出现了较大改变。《中华人民共和国长江保护法》从形成草案到正式通过以及《黄河法》立法前期工作的全面展开，使得流域立法成为这两年流域管理相关问题的研究重心。学者们从流域综合性立法的必要性、立法功能定位、立法法理思考、立法模式等方面进行了较深入研究，提升了流域管理法律制度研究的理论性和深度。

（1）柯坚等[1] 认为，"长江保护"的客体识别是长江保护立法的前提性、关键性问题。通过对传统思路下长江保护立法的客体及其背后的还原主义进行反思，提出长江保护立法的客体扩张及对还原主义超越的必要性，认为需要建立以流域的整体观与特殊区域的整体观为主导的国土空间规划、生态敏感区域自然保护地等制度，实现长江保护立法功能从环境要素保护到生态系统保护的递进。

（2）陈虹[2] 从自然单元、社会经济单元、管理单元和法律单元 4 个角度分析了长江流域立法新法理的逻辑起点；从生态环境问题造就了环境法律关系的特殊性、流域法律关系是环境法律关系的一种特殊构造与具体类型两个方面梳理了长江流域立法新法理的变革要素；从流域法治勃兴是各国流域治理的必然趋势、中国流域法治样态正在勃兴、长江流域法治是长江流域空间与抽象法治的化合结晶 3 个方面论述了长江流域立法新法理的理论依归。

（3）屠建学[3] 认为，现有黄河河道保护立法在立法宗旨、管理体制、河道整治与建设、具体河道保护制度设计及法律责任制度设定方面存在一定欠缺。主要原因是立法理念滞后、立法程序不到位、部门影响以及立法不严谨。建议：采取先地方、后中央的路径制定、完善黄河河道保护地方性法规、地方政府规章；在设计黄河河道保护制度时既要确立河道功能保护和生态环境保护立法宗旨，又要明确"一元主导、多元配合"管理体制，既要科学设计具体的河道保护制度，又要平衡设计行政主体及行政相对方的法律责任制度。

（4）王彬等[4] 认为，我国流域立法不均衡，呈现"上冷下热""大冷小热""单项多综合少""虚多实少" 4 个特点。流域立法存在流域法律制度创新主要呼应国家立法热点，流域立法实施效果不明显，流域立法与流域环境质量改善之间关系不明显，部分流域立法条款缺乏可操作性，部分流域立法未严格执行等问题。建议：组织开展地方流域立法后评估，开展流域立法专项清理，总结流域立法本土经验，推动长江、黄河等大型流域立法完善。

（5）何艳梅[5] 认为，《中华人民共和国长江保护法》作为综合性流域法的立法定位以及协调长江流域内多元利益的现实需要，决定了健全长江流域管理体制是《中华人民共和国长江保护法》的立法重点。基于政策文件与水事法律的规定，结合政府机构改革、环境监管体制改革、流域管理机构改革的成果，适当借鉴国外流域管理体制运作的成功经验，分析了健全流域管理体制的基本原则，指出了《中华人民共和国长江保护法》需要明确规定流域管理体制的基本模式。建议：健全长江流域行政管理部门的职能配置，改革现有流域管理机构，以逐步实现流域综合管理。

（6）吴浓娣等[6] 对完善黄河流域法律体系的两条路径进行了分析，路径 1 是修订完善现行法律法规，路径 2 是制定《黄河流域管理条例》或《黄河保护法》。经分析，认为最佳路径是制定《黄河法》，建议：在功能定位上，《黄河法》应是专门适用于黄河流域的综合法；在立法关键上，《黄河法》应将水资源、水环境、水生态、水文化和高质量发展纳入调整范围，强化流域管理机构统筹协调职能和水利行业管理职能，加强防洪保安、水资源保障、生态环境保护和高质量发展方面的制度设计。

（7）南景毓[7] 运用文本分析的方法，从理论层面、规范层面和实践层面讨论了长江流域现行的分散立法模式，发现了长江流域现行立法模式在理论层面存在还原主义方法论，在规范层面存在法律制度体系残缺不全，在实践层面存在生态环境形势恶化和利益冲突明显失衡 3 方面的局限性，建议对长江流域进行综合立法。

（8）董战峰等[8] 分析了开展黄河保护专门立法的必要性，在评估立法现状的基础上，提出了制定《黄河保护法》的立法思路和重点。在立法思路上，综合性流域特别法要立足黄河全流域整体和长远利益，突出流域保护治理的系统性、整体性、协同性；在立法重点上，包括完善黄河流域监督管理体制机制，落实生态环境空间管控，实行流域生态环境保护规划，夯实水安全保障，实施生态系统保护与修复，严格管控生态环境风险，改善流域环境质量，明晰法律责任等。

（9）吕忠梅[9] 认为，制订《中华人民共和国长江保护法》的过程本质上是一次重大的理论与实践创新。既需要突破现有的部门立法理念、单项立法原则和分别立法模式，确立流域立法新层次、新模式，也需要发挥立法重构社会关系、重塑管理体制、重建社会秩序的价值引领功能，确立长江流域治理新规范，并获得社会的广泛认同和遵守。建议：进一步深化对《中华人民共和国长江保护法》基本概念的认识，界定"长江流域"的"社会流域"内涵和独立性、系统性、空间性特征；从法律关系角度标识长江流域治理社会关系，建立长江流域空间关系思维；确立长江流域事权配置维度：按主体层级配置事权，以空间视角设计制度，依托制度形成机制。

（10）王清军[10] 运用历史分析和文本分析的方法，研究了我国流域生态环境管理体制的变革历程、变革路径、变革内容和变革动力，并从流域生态环境管理机构的法律定位和法定职责两个方面指出了我国流域生态环境管理体制的未来发展方向。建议：流域生态环境管理机构应该协调流域"统一标准"的制定，监督流域"统一规划"的履行，具体实施"统一执法"的行为。

（11）魏圣香等[11] 从历史维度和现实考量的角度出发，认为长江立法面临诸多利益冲突，包括经济发展与生态环境保护、中央利益和地方利益、不同的水资源利用用途、流域管理与区域管理、政治管制手段与市场机制等方面。建议：国家可借助长江流域水资源配额交易制度协调经济发展和环境保护之间的冲突，创设专门的生态环境补偿基金来解决中央和地方的不同需求冲突，选择合理的水资源分配模式来协调水资源使用冲突，鼓励各方积极参与长江管理进而实现善治。

（12）王文革等[12] 对长江保护立法的立法原则进行了解读，指出了在《中华人民共和国长江保护法》中，确立流域水资源可持续利用原则对传统流域水资源立法及管理模式提出了挑战。建议：《中华人民共和国长江保护法》的立法内容，应综合囊括开发利用及保护，保护生态应成为立法的重点；贯彻流域治理的新理念，摆脱目前割裂立法的格局；平衡水资源利用上的私人及公共利益；政府根据流域水资源可持续利用的要求，清晰厘清自身定位与职责等。

（13）邱秋[13] 基于对长江流域省界断面水质监测的监测数据的实证分析，研究了长江流域省界断面水质监测制度的运行实效。研究结果表明：一方面，长江流域省界断面水质监测制度取得了明显的实际效果，对于流域各省级区域之间处理好上下游、左右岸关系发挥了积极作用；另一方面，各种监测数据的不一致，严重影响了该制度运行的法律实效。建议：在《中华人民共和国长江保护法》中统一流域监测事权，统一流域监测网络，统一流域监测结果的法律效力，统一流域监测信息的收集和发布等。

（14）邱秋[14] 采用历史分析和比较分析的方法，研究了域外流域立法的发展变迁规律及其对长江保护立法的启示。研究结果表明：在立法层级上，《中华人民共和国长江保护法》是流域特别法，是水事立法的新类型；在立法内容上，《中华人民共和国长江保护法》是流域综合法，而非单项保护法；在适用空间上，《中华人民共和国长江保护法》仅适用于长江流域，能否复制于其他流域需深入研究。

（15）刘佳奇[15] 运用文本分析的方法，对长江流域政府间事权进行了研究。研究发现，在层级维度，流域层级事权存在弱化现象；在内容维度，存在事权仅针对单一"水"要素的问题；在空间维度，对流域特殊性问题缺乏针对性事权配置；在性质维度，存在片面强调事权关系的单项服从问题。建议：《中华人民共和国长江保护法》在法律制度体系构建及展开的过程中需要为中央、流域、地方3个层级分别配置相应的事权；顺次建立流域规划、水安全保障、生态保护与修复、水污染防治、涉水资源可持续利用 5 类基本法律制度；针对长江流域特殊的"点""线""面"问题，设计流域特殊性法律制度对政府间事权给予配置；在各级、各类政府间合理配置权威型、压力传导型、合作协商型、激励型等 4 类事权，形成配套法律制度。

（16）吴昂等[16] 以《中华人民共和国长江保护法》制定为契机，研究了流域生态环境功能区制度的整合与建构。具体来说，介绍了涉水功能区，分析了我国涉水功能区的制度缺陷，从流域生态环境功能区制度的应然面向和流域生态环境功能区制度的具体构建两方面提出了流域生态环境功能区制度的整合构建建议。建议包括：对原涉水功能区划进行整合，明确流域生态环境功能区法律地位，更新综合管理体制，系统化整合支撑制度。

（17）张婕等[17] 基于黑河流域管理的现实情况和发展趋势，从加强黑河流域综合治理、推进流域生态文明建设、落实最严格水资源管理制度、保障流域枢纽工程建设和运行、完善流域管理法制化建设 5 个方面指出了制定《黑河流域管理条例》的必要性，从立法环境、立法时机、立法基础、立法借鉴 4 个方面论述了制定的可行性，并提出了立法框架。

（18）何艳梅[18] 依据水事四法、流域立法、国家政策和改革实践，对我国流域水管理法律体制的演变和发展进行了历史分析和定性评价，指出了我国流域水管理从最初的区域管理体制，演变为流域管理与区域管理相结合的体制，并且目前仍然处于变革之中。建议：修订水事四法、实施流域综合管理、完善河长制、加强部门协作等。

（19）刘康磊[19] 认为，黄河流域的治理和治理能力现代化需要国家立法层面提供更多的制度供给，但国家层面的黄河立法面临诸多困难，需要发挥地方立法的灵活性和积极性，为国家立法进行先行先试。建议：清理现有地方性法规、地方政府规章和地方规范性文件，审查备案已进入立法程序的，建立立法计划、立法程序和立法保障的协调机制，完善涉及黄河治理的地方立法实施的协同保障机制。

（20）丘水林等[20] 认为，随着各种跨界流域生态环境问题不断显现，并开始突破原有流域管理体制的组织边界，推进流域生态环境整体性治理已成为流域生态文明体制改革的新趋向。建议：明晰流域治理层级责权分摊，加强跨区域跨部门协调整合，打通流域府际治理信息壁垒，拓宽流域公私信任合作治理，从而减少流域治理网络组织间信息、认知、管理、决策等行为的执行和监督成本。

（21）赵莺燕等[21] 在对黄河流域水资源及其利用结构特征分析的基础上，提出了事关黄河流域水资源可持续利用的水量、水质和水效三大核心问题。围绕这三大核心问题，剖析了实现黄河流域水资源可持续利用的路径抉择，并从顶层谋划、提升供应能力、完善水权交易、健全生态补偿机制及建设节水型社会等 5 个方面提出了实现黄河流域水资源可持续利用的对策建议。

（22）王树义等[22] 从协商共治的理论视角审视了长江流域治理存在的三个层面的问题：在客体层面，长江流域治理存在"边界失效"和"信息不对称"；在主体层面，长江流域治理主体缺乏多元性；在权力层面，长江流域治理权力存在运行的单向性。建议：制定《长江保护法》，实现良法促流域善治；改革长江流域管理体制，实现流域综合治理；借助自愿性环境协议，推动企业自治；重视社会公众参与，实现流域决策民主化。

（23）吕志祥等[23] 以长江流域生态环境保护的自然、社会以及政策境遇为切入点，分析了其立法、执法、司法以及守法方面的法治障碍。提出长江流域生态环境保护法治路径的实现，需要加强生态环境保护综合性立法、建立生态环境保护联合执法机制、构建跨行政区划司法审判专门管辖制度以及强化环保督察，推进环境守法新常态等建议。

（24）王建华[24] 运用文本分析和实证分析的方法，从水资源系统功能与综合管理模式和长江流域水生态系统状况和成因两个方面对生态大保护背景下长江流域水资源综合管理进行了研究。建议：优化水资源科学配置，强化水资源集约利用；加强重点区域水源涵养和水土流失防治；实施陆域-水域联合防控，提升水环境质量；优化完善长江干支流水利水电工程（群）生态化调度，明确和保障河湖生态流量（水位）；强化基于水生态系统视域的水域空间保护；塑造新形势下合理的江湖海关系，加强中下游河湖生态治理；加强水温影响的调控与管理。

（25）方兰等[25] 在梳理黄河流域相关研究成果的基础上，从粮食安全视角分析了黄河流域现阶段在流域水效率、流域水管理机制、流域水生态文明三个方面存在的问题，提出了关于黄河流域大保护与高质量发展的两方面建议：创新流域水管理机制，服务国家粮食安全；践行"两山"理论，提升流域水生态文明。

（26）彭祥[26] 从黄河流域治理的复杂性入手，在梳理总结流域用水状况和当前面临的主要生态环境问题等基础上，以黄河水沙关系为切入点，阐述了水沙变化对黄河流域生态保护和高质量发展的系统性、全局性影响，分析了当前和今后需要妥善处理的几个重大关系，并从做好顶层设计、创新管理方式、完善制度体系等方面提出了黄河流域系统治理的对策建议。

（27）彭本利等[27] 认为，受地方保护主义、部门本位主义等因素影响，我国流域生态环境治理存在碎片化问题，治理效率低下。建议：构建流域内各级政府及其有关职能部门在流域生态环境治理领域跨区域协同决策、协同执法、协同司法、执法与司法相衔接等协同治理体系；构建约束和激励并举的机制，将协同理念融入流域生态环境治理制度建设的各个环节，使流域生态环境治理获得利益相关方的参与和全社会的支持。

（28）郜国明等[28] 根据黄河流域生态保护和高质量发展这一重大国家战略的目标要求，梳理了当前黄河流域生态保护中存在的如下突出问题：黄河源区生态退化问题仍未根本解决，黄河上游农业面源污染仍未有效治理，黄河中游水土流失治理任务依然艰巨，黄河下游及河口地区生态系统质量有待提升等。针对这些问题，建议：在生态保护配置格局、水源涵养能力、水生态环境修复、水生态环境承载力、新兴污染物及流域生态补偿机制等方面开展相关的理论分析和技术研究，加强战略层面研究、加快流域河湖岸线确权划界工作、实施生态水量统一调度、做好黄河文化支撑、推进黄河立法，确保黄河流域生态保护和高质量发展重大国家战略稳步推进。

（29）肖洋等[29] 认为，跨行政区划流域管理存在部门管理混乱、利益诉求复杂、公地悲剧明显、检测结果不一、公众参与意识淡薄等问题。针对这些问题，建议：建立单一的流域管理组织，编制满足多方诉求的规划，健全双向的补偿赔偿制度，构建权威的第三方检测平台，营造公众参与监督的氛围。

（30）薛澜等[30] 从黄河流域生态保护和高质量发展的国家战略出发，探讨了推进

"黄河战略"相关立法工作的策略选择，分析了"黄河战略"相关立法的需求、原则、框架和关键，针对我国流域管理法缺位、涉水四法功能割裂、政出多门职能交叉等现实特征，给出了黄河立法定位的如下思考及建议：以黄河流域高质量发展为目标，突破模式锁定，综合效益相统一；以黄河流域文化认同为牵引，挖掘时代价值，形成发展共识；以黄河流域高水平保护和治理为手段，聚焦重大议题，识别立法关键；以黄河流域体制机制创新为着力点，统筹空间管控，强调利益协同。

（31）李奇伟[31] 认为，推进流域综合管理法治建设需要在立法、执法、司法等方面着力。具体来说，在立法层面，克服功能性立法、部门立法弊端，应制定"水基本法"，涵盖地表水、地下水、过渡性水域、沿海水域等水体，统合水资源开发利用、环境保护、防洪防汛、灌溉航运等功能要求；在管理层面，应以流域为单元设置管理机构，下设流域委员会和流域管理局，并鼓励公众实质性参与；在司法层面，化解跨行政区域水事纠纷，应在行政裁决机制基础上增设司法处置路径，省域内水纠纷案件选择省会城市或者流经地级市中院进行集中管辖，对于跨省际水纠纷案件应发挥海事法院跨区域管辖优势实行专门管辖。

（32）余俊[32] 认为，我国现行《中华人民共和国水法》《中华人民共和国水污染防治法》虽然形成了长江治理的法律依据，但这种将水质、水量分开立法的法治体系框架不利于水生态环境的整体保护。为了达到共抓大保护、不搞大开发的长江治理的目的，长江保护立法需要协调水资源和水生态环境保护部门之间、长江流域的区际政府之间的法律关系。建议：长江保护立法的体例设计应包括长江流域政府之间联防联控机制，授权立法建构水资源和水生态环境保护综合执法机制，长三角区域在水安全立法协同、立法执法机制建构中应发挥作用。

（33）王敏[33] 分析了地方性长江保护立法的现状，从地方立法的层次构成、调整对象与具体内容、立法技术 3 个方面指出了现行长江保护地方立法存在的问题。建议：树立长江保护地方立法的目标整体观、功能协同观。在国家层面，推进《中华人民共和国长江保护法》立法，完善国家顶层制度设计，自上而下地推进长江保护的法治建设；在地方层面，更新立法理念和立法目标，提升立法内容的针对性。

（34）李云生等[34] 运用文献分析的方法，剖析长江流域生态环境治理存在的如下问题：法律制度保障力度不够，管理体制机制不健全，科技创新驱动力不强，治理工程项目效益不显著，治理评估指标体系不完善，治理的感知数据系统尚未形成。建议：继续完善长江流域生态环境治理制度与管理体系；深入研究长江流域生态环境系统的科学问题；强化流域自然生态系统功能与工程治理功能的和谐统一；加快高新环保技术在治理工程项目中的推广应用；充分发挥大数据智能化价值，提高治理水平；创新金融工具，拓宽流域治理资金渠道。

（35）操小娟等[35] 以湘渝黔交界地区清水江水污染治理为例，研究了从地方分治到协同共治的流域治理机制。研究表明，致使清水江流域治理困境的主要原因有：现有行政管理体制制约，流域治理相关制度欠缺，流域法律不完善等。建议：构建政府主导、多元协同的权责体系；构建流域内政府协同治理机制；构建多层次的参与网络，形成多元共治格局。

（36）赵卫等[36] 针对流域在我国经济社会发展和生态安全保障中的重要地位，总结和分析当前我国流域生态系统治理面临的机遇和主要挑战。按照新时代推进生态文明建设必须坚持的原则要求，提出流域生态系统治理的相关对策建议：建立健全流域生态系统治理模式，以资源为底、质量为纲推进流域生态系统治理，建立统一的生态环境监测预警网络，实施以生态产品供需链为基础的生态补偿等。

（37）王彬辉[37] 审视了长江流域跨界饮用水水源法律保护现状，发现在监督管理主体、跨界饮用水水源保护区划定标准、跨界饮用水水源监测和信息公开以及跨界饮用水水源保护联席会议执行等方面存在碎片化的问题。建议：在《中华人民共和国长江保护法》制定中，从整体性视野出发，明确长江流域生态环境监督管理局的权力和职责、政府联席会议制度的法律性质和地位；明确跨界饮用水水源保护区划定标准和分类管控目标、任务；落实跨界饮用水水源地监测、水环境信息互通和应急机制以及跨界饮用水水源保护生态补偿制度。

（38）王孟等[38] 通过对长江流域入河排污口监督管理现状的描述与分析，针对监督管理中存在的衔接机制界定不清晰、审批程序不规范、设置布局不优化以及监管能力建设不足等问题，建议：制定排污口法规标准体系，完善监管制度，推进规范化建设，强化监测监控，加强统计和信息建设，加强管理能力建设以及加大监管执法和考核力度等。

（39）吕忠梅[39] 指出，权利冲突是造成长江经济带生态环境恶化的制度原因，必须妥善解决。解决现存的权利冲突，需要为长江保护专门立法，而为长江立良法的前提是确定长江保护法的价值取向。建议：在立法技术和方法上，应注重优化立法资源，厘清长江保护法的基本概念，合理借鉴国外经验，明确立法技术路径；按照发展与环境综合决策原则，合理配置政府事权，建立实现"绿色发展"决策体制；建立以实现绿色发展为目标的多元共治机制，鼓励广泛公众参与。

（40）李松有[40] 运用历史分析和文本分析的方法，以江汉平原河湖治理为例，研究传统时期、改革开放时期和新时期的基层流域治理制度。研究结果表明，中国特色的基层流域治理体制，包括国家治理和社会自主治理的互动机制，维系着中国传统的农业文明，培育了国民自由和民主的品格。

（41）熊炜[41] 认为，现行的洞庭湖流域保护立法存在水事法规体系结构性缺陷、水生态和水污染防治的法律制度不健全、立法统筹性不足等问题。在洞庭湖流域保护立法中，建议依据可持续发展，优先保护、预防为主，统筹兼顾、协调发展等原则，对洞庭湖流域的下列制度进行建构或完善：开发与利用环境影响评价制度、保护综合管理制度、生态环境监测预警和监察制度、水资源开发许可证制度、水污染防治制度、湿地生态自然保护区制度、流域生态补偿制度和流域保护中的公众参与制度。

（42）王清军等[42] 从流域环境管理之中央与地方的关系、地方政府间的关系、政府部门间的关系以及政府与社会的关系4个方面，研究了我国流域环境管理的法治路径。建议：在中央与地方间强化统一管理，在政府间缔结流域补偿协议，在政府部门间规范分工协作，在政府与社会间有效回应民间需求。

（43）顾向一等[43] 从环境权力的内部结构性冲突、治理主体的缺位、流域管理体制不完善3个维度，审视现行流域保护法律机制，指出目前的治理模式仍存在政府主体职能越位与扩张、单向度权力运行导致多方利益冲突、权利治理主体边缘化、综合管理体制不完善、相关信息公开机制缺乏等问题。建议：完善法律体系保障机制，构建"大部制"长江流域管理体制，促进多元环境权利竞争性成长。

（44）熊敏瑞等[44]　认为，目前长江流域立法面临水资源开发利用与保护之间存在权利冲突、管理秩序紊乱等多方面的问题。为实现长江流域生态环境的可持续发展，建议：坚持生态优先，推动绿色发展；通过转变流域立法模式、革新管理体制、提升环境决策民主化等方式，不断完善长江流域生态环境保护法治。

（45）姚文广[45]　从实现黄河长治久安、促进水资源节约集约利用、加强流域生态环境保护、实现流域高质量发展、保护传承弘扬黄河文化、推进流域治理体系和治理能力现代化等 6 个方面，研究制定黄河法的必要性；从综合性、整体性和与其他相关法律的关系等 3 个方面，研究黄河法的属性和定位。研究结果表明，从根本上解决黄河存在的突出问题，为黄河流域生态保护和高质量发展重大国家战略提供根本性、全局性、系统性的制度保障，迫切需要制定黄河法。

（46）李冰强[46]　运用文本分析的方法，分析现行流域生态修复与保护立法存在如下四个方面的问题：立法"碎片化"、事务主体及责任设定不合理、修复手段和措施失之偏颇、保障制度缺失等。提出科学设定立法目的、合理选择事务主体、理性设计事务手段和措施、强化保障制度 4 个方面的建议。

（47）雷超男等[47]　以黄河流域水污染防治为例，分析跨界水环境政策执行受阻的表现以及跨界水环境政策执行阻滞的原因。建议：明确各级政府的管辖范围，责权明晰；改变以单一行政区域为治理主体的政府治理价值导向，创新观念，强化区域认同；构建体制化、标准化的多层系区域协同组织；推行环保督察"回头看"。

（48）管光明等[48]　梳理国内外重大跨流域调水工程的建设及运行管理实践，分析跨流域调水管理面临的主要问题和挑战，理清现有法律体系对跨流域调水管理的立法回应与不足，辨明跨流域调水的主要法律诉求。结合国外跨流域调水管理与立法经验，立足于实现我国水资源统一配置调度管理，从如下三个方面提出我国跨流域调水的立法建议：第一，关于跨流域调水立法的总体思路，建议回应跨流域调水的现实问题和需求、确认并协调跨流域调水的多元利益、填补现有法律法规的空白与缺失以及表达关键立法诉求为制度构建的核心；第二，关于跨流域调水立法的基本框架，建议包括管理机构设置、管理权限划分、规划管理、水量调度管理、取水管理、用水管理、生态补偿制度以及水价与水费制度；第三，关于跨流域调水立法的实现方式，建议基于现有法律法规体系进行修改完善、推动跨流域调水管理专门立法进程以及借助流域特别立法途径。

（49）徐辉等[49]　阐述黑河流域管理法律政策能力评估开展的必要性，介绍法律政策评估的理论和实践。通过梳理黑河流域法律政策建设的概况，从价值、质量、意义、实施等方面，对黑河流域法律政策能力进行多方位的综合考察和实证分析。研究显示，现行法规制度基本上能够覆盖黑河流域管理涉及的职责，法律政策能力建设上基本形成了以国家立法为指导、以流域专项法规制度为主体、以区域具体制度为补充的三位一体的流域管理体系。进一步巩固管理取得的前期成果，短期内急需加强对重要水工程建设的管理等方面，长期则需要制定一部黑河流域水资源的基本法，从而在根本上确保流域统一管理的实现。

（50）张大伟等[50] 从黑河流域实施最严格水资源管理法规体系构建的必要性和可行性分析入手，对国内外典型流域水资源法制化管理的经验得失进行梳理和总结，提炼本土化环境和实现路径可借鉴的国际经验和思路，并对黑河流域水资源管理实践中涉及的主要法规制度按照规范内容进行综合评述。在此基础上，以机构能力建设为主线，以流域生态系统管理理念为指导，以流域可持续发展为目标，探讨构建"一大一小一中"三套黑河流域最严格水资源管理法规体系框架，并提出推荐方案和近期立法规划。

（51）闫大鹏等[51] 运用实证分析、文本分析、比较分析和历史分析的方法，研究中小流域综合治理方略理论和规划实践。该书分为上下两篇。上篇概述性介绍境外流域治理的发展历程与趋势、新形势与新政策对流域治理工作的要求，分析南方沿海流域的特点及问题，研究提出南方沿海流域的治理方略理论。下篇以深圳市茅洲河流域为例，研究编制茅洲河流域综合治理规划的实践案例，探索深圳市茅洲河流域综合治理方略和规划方案。

8.3　水权制度研究进展

水权制度一直都是学术界研究的重点内容之一，尤其是我国长期以来存在的初始水权制度模糊、水权交易受限以及水市场机制不完善等现实困境，激发了学者们的研究热情，产出了不少学术成果。与 2017—2018 年相比，这两年水权制度相关问题的研究仍集中于水产权及其分配模式、交易机制及价格方面；且多为遵循政府现行水权交易思路的实践研究。对水权制度基础理论的研究成果较少，深度有所欠缺。

（1）田宓[52] 以归化城土默特大青山沟水为例，探讨"水权"的生成。研究表明：清代律例对内蒙古地区水资源的产权没有做相应规定。在归化城土默特地区，大青山沟水的产权源自户口地的权属。民国时期各种水利法规的制定、公布和实施，使水权从地权中析分出来，获得了单独的法律地位。水契、租水执照和水权状也相应地具备了独立的法律效力。

（2）马素英等[53] 在分析河北省水权改革现状基础上，结合河北省地下水超采综合试点推进进度，采用"边研究边示范边总结"的研究思路，从分配方法、关键问题、确权步骤 3 个方面，对河北省水权确权方法进行研究，提出具有普适性的河北省水权确权方法，开展河北省水权确权实践探索，分析总结水权确权工作的意义。

（3）郭晖等[54] 认为，建立井灌区地下水水权交易制度，既是井灌区地下水保护的客观需要，也是市场经济条件下井灌区地下水管理改革的必然要求，同时具有现实的可行性和紧迫性。从可交易地下水水权的界定、适用范围、准入条件、交易模式、价格机制等方面，对地下水水权交易理论进行综合分析，并结合井灌区的特点，提出井灌区地下水水权交易机制，明确交易保障措施，初步构建井灌区地下水水权交易制度框架。

（4）沈大军等[55] 基于中国水权制度建设框架，回顾黄河流域水权制度的发展过程，发现黄河流域水权制度存在用水计划没有灵活性、用户没有选择、交易没有市场、水量调度部分替代取水许可管理等 4 方面的问题，面临经济和社会发展、生态环境变化、水资源量及其利用变化 3 方面的挑战。建议：从完成水权明晰，建立生态和环境水权及其权利人，构建水权交易机制，转变机构职能，进一步推进水资源监测、计量和管理系统建设 5 个方面推进黄河水权制度的完善。

（5）田贵良[56] 依据市场经济理论，指出水用途改变可能产生的负外部性行为、生态用水供给不足甚至水权交易挤占生态用水的行为、水权计量的信息不对称行为等 5 种行为是造成水权市场失灵的重要原因。在此基础上，提出水权交易全过程强监管的主要环节和措施，并建议强化 3 个地位，即节水效率在水权受让主体资格审查中的优先地位、取用水计量在水权交易强监管中的基础性地位、水利部门在水权交易强监管中的主体地位。

（6）张建斌等[57] 认为，借鉴和发展工业企业投资农业节水工程置换水量的"以量易量"水权交易、工业企业投资水污染治理工程置换水量的"以质易量"水权交易，可以有效缓解水质性缺水，实现水资源利用的"开源"。我国水权交易实践和水权交易制度的不断完善以及水污染治理市场化多元化改革的不断推进，为实施"以质易量"水权交易提供了现实可能性和条件。建议：完善水权确权登记，发展水权交易两级市场，加强水资源二维监测，出台相关实施方案和激励政策，积极推进"以质易量"水权交易模式的构建和发展。

（7）田贵良等[58] 在剖析传统的行政协调方式低效率的基础上，从跨界水资源冲突的产权根源入手，提出运用市场方式、通过跨界双边利益主体的水权交易，来解决跨界水事冲突。以浙江省庆元县与福建省寿宁县之间的省际边界水事矛盾冲突为案例，进行仿真分析，提出水权交易在协调跨界水冲突中的可行性、实践性以及社会福利性。

（8）孙建光等[59] 认为，可转让农用水权向生态水权分配，有助于塔河流域绿洲生态水权纳入流域水量分配方案，保障绿洲生态水权分配，促进绿洲生态环境维持和恢复。从理论上界定塔河流域基于可转让农用水权分配的生态水权分配调整的内涵，确定调整内容、方法和模型，计算绿洲生态水权分配调整。

（9）田贵良等[60] 通过建立模型的方法，研究水权交易市场运行对试点地区水资源利用效率的影响。结果表明：总体而言，水权交易对水资源利用效率有积极的促进作用；技术进步变化对全要素生产率指数有明显的影响，技术进步有利于水资源利用效率的提高。建议：在水权交易试点的基础上，因地制宜地全面推进水权交易市场建设，加大节水技术研发与推广应用，依靠市场机制，激励用水主体的节水行为等。

（10）刘毅等[61] 在市场环境主义范式下，构建包含初始水权分配的覆盖度、需方主体的活跃度、交易价格调整方式和交易支撑保障力的四维分析框架；运用清晰集定性比较分析方法，对 11 个典型的试点水权市场进行研究。研究结果表明：需方主体活跃度高是水权市场可持续运行的必要条件，在此前提下存在维系水权市场可持续发展的 3 种组合条件。建议：适时健全完善水权交易价格调整机制，加快培育水权需方主体并提升其活跃程度，完善区域水资源配置并加快建立水资源配置一级市场等。

（11）黄萍[62] 将长江水权问题放在大保护背景下进行讨论，指出长江水权立法应遵循生存性水权优先原则、行政管理和市场机制相协调原则、永续利用原则、区域差别化原则、公平与效率的原则和类型化原则。长江水资源所有权必须通过进一步明确长江水资源所有权的性质和行使主体、加快长江水资源所有权确权等方法，解决当前存在的所有权产权不明晰、所有权行使主体虚位等问题。建议：强化长江水资源使用权设立条件、权利限制及法律责任，加强长江水资源使用权的政府监管，完善长江水权市场机制。

（12）梁忠[63] 指出中国水权制度经历了萌芽、起步、发展和全面深化改革四个发展阶段，形成了包括宪法、法律、法规、规章等在内的多层次水权规范体系，初步构建起以水资源国家所有权为基础，多种水资源使用权并存的中国特色水权结构。分析当前中国水权制度在总体上存在制度重心偏差、所有权实施不畅、使用权发展不足等缺陷。建议：水权制度改革应坚持系统性和整体性视角，正确处理资源与环境之间、政府与市场之间的关系；水权制度改革的主要内容在于平衡经济利益与生态利益，明确水资源国家所有权的内涵、性质和行使机制，完善水资源使用权的权利类型、界定方式以及取得、登记和流转制度。

（13）洪昌红等[64] 基于我国储备水权的研究现状和新时代的发展需求，提出储备水权的基本定义，研究并归纳储备水权保障未来发展的需求、促进产业结构调整和调节水市场的 3 个作用与特征，以及政府预留、市场回购和政府回收的储备水权 3 种主要来源，探讨储备水权的竞争性配置模式。

（14）史煜娟[65] 以临夏回族自治州为例，结合临夏州水权交易的基础条件，对水权交易原则、水权交易要素、水权交易价格、水权交易程序等方面进行研究。提出在控制用水总量的前提下，运用水权交易的方式解决新增用水需求的思路，并对西北民族地区水权交易实践进行归纳。

（15）单平基[66] 在解读、修正相关水权配置理论的同时，从私法视角思考、研究水权配置问题，寻求水权配置及应对水资源危机的私法路径。主要结论和观点如下：第一，通过私法手段配置水权，有利于定分止争，为解决用水、排水纠纷、规范水权转让及提高用水效率提供规范依据；第二，在论证水资源之上权利划分层次性的基础上，探究水权成立及配置的母权基础，为水权的生成及配置提供私法理论支撑；第三，明晰水权初始配置的优先位序，为水权初始取得纠纷的解决提供理论及制度依据，为水权配置提供私法理论基础及制度保障；第四，探讨水权市场配置规则的私法构建路径，修正、完善物权法理论，有利于将水权配置纳入市场机制，进而发挥市场对水权的再配置作用。

（16）潘海英等[67] 针对最终用水户间的水权市场交易机制设计与政府责任问题，开展研究。围绕如何组织水权市场（水权市场交易机制）问题提出包括市场交易制度在内的若干因素，建立水权市场交易机制设计实验研究的理论框架。应用实验经济学方法建立虚拟水权交易市场，比较不同交易制度下水权市场效率以及水权成交数量和成交价格的差异，考察交易成本、市场势力、跨期存储因素及其交互组合对水权市场运行效果的影响。同时，从经济责任、社会责任两个维度建构水权市场建设中政府责任的分析框架，探讨中国特色水权市场建设中政府责任的实现。

（17）鲁冰清[68] 认为，在生态文明视野下，水权应是水资源所有权和对水资源不同层面价值的利用而产生的各种用水权共同构成的权利束，具有多重结构和多元功能。水权制度重构的基本思路是：立足于水资源所具有的特殊自然属性和社会属性，对水资源进行类型化；从宪法上自然资源国家所有的规范目的和生态文明建设的国家目标出发，根据不同类型水资源的自然特性和社会经济特性，通过宪法、行政法、环境资源法、民法等法律规范，从水资源所有权制度和用水权制度两条进路，构建以公平正义为价值取向、体现多元利益的水权制度。

（18）陈金木等[69] 从盟市内水权交易、盟市间水权交易、市场化水权交易 3 个阶段，对内蒙古黄河流域水权交易制度沿革进行系统梳理。运用制度评估方法，对内蒙古黄河流域水权交易制度进行了评估。运用马克思主义经济学和制度经济学的基本原理，对内蒙古黄河流域水权交易制度创新的诱因、实现路径以及亮点和经验进行归纳提炼，构建当前和今后一段时期交易制度建设框架，指出交易制度建设重点，给出相关对策建议。

（19）张建斌等[70] 在对水权和水权交易的内涵进行论述的基础上，从理论和实践案例两个角度分析水权交易的正效应，以公共资源理论、外部效应理论和信息不对称理论为基础阐释水权交易的市场失灵和政府对水权交易进行规制的内在逻辑及政府在水权交易中的作用；在对内蒙古沿黄地区水资源利用状况进行分析的基础上，阐述该地区水权交易制度构建的现实基础和水权交易发展现状，分析其开展水权交易的积极作用和潜在风险，结合国外水权交易政府规制经验，提出内蒙古沿黄地区水权交易政府规制的基本思路。

（20）孙媛媛[71] 运用实证分析、文本分析等方法，按照从水权元类型到水权单元制度类型再到复合水权系统的思路，在研究水权元类型、水权单元制度类型的基础上，再上升到国家的复合水权系统，对典型国家的水权制度发展过程进行分析，并对水权制度的实施效果进行比较和评价。指出目前的水权制度仍然存在很多问题，不同地区的水资源状况差异很大，采取单一的水权制度形式并不能对水资源进行有效的管理。认为为了加强水资源管理，迫切需要对中国的水权制度进行进一步改革。提出中国水权制度的改革建议：实施区域差异化，借鉴典型国家水权制度优点，明确政府、市场在水权制度建设中的地位，制定合理的水价制度，建立水量水质相结合的水权制度，建立完整的水权制度体系。

（21）龚春霞[72] 在正视中国水资源危机的前提下，从水权权属关系出发，建议通过完善水权制度建设以应对我国水资源危机。以水权权属关系为中心，通过对水资源从所有权到使用权转变的分析，厘清水权制度建设中的困境和问题，提供可能的完善方向。认为水资源从所有权到利用权的转变，主要通过水资源所有权制度、水权配置制度及水权交易制度来实现。从学理基础、理论资源和发展趋势三个方面，对中国水权制度建设进行了讨论。

8.4　水环境保护法律制度研究进展

水环境保护法律制度是水法律研究的核心内容之一，学术界长期密切关注。这两年仍然保持着较高的热度，研究方向与方法呈现多样性特征。尤其是在水污染防治、水资源保护以及水环境治理三个方面，产出了不少研究成果。

（1）贾建辉等[73] 认为，大规模的水电开发在推动我国社会经济发展、改善能源结构、应对气候变化等方面发挥了重要作用，但在快速开发的过程中也对河流生态环境带来了一定影响。在概述国内外水电开发对生态环境影响研究现状的基础上，从生境和生物两个方面，系统地论述水电开发对河流生态环境的影响内容，梳理当前我国水电开发领域内的政策、生态环境保护性对策措施及体制机制等。探讨当前相关研究中存在的多以大中型水利水电工程为主、对小水电梯级开发的研究不足，以局部尺度为主、对流域尺度的研究较少，以宏观定性研究居多、对定量研究较少等问题。

（2）芮晓霞等[74] 以闽江流域为例，分析水污染协同治理复杂系统的构成，运用协同度模型测度福州、三明和南平 3 个地市 2011—2015 年的闽江流域协同治理演化状态。研究结果表明闽江流域水污染协同治理系统的协同程度较低。建议：完善利益激励机制，建立健全协调合作机制，深化监管机制。

（3）韩兆柱等[75] 从整体性治理理论视角，对京津冀跨界河流污染治理过程中面临的治理主体单一、孤岛现象凸显、治理标准不统一、治理动力存在差异等问题进行研究。研究结果表明，地区间跨界（域）协同治理是实现京津冀河流污染治理的有效路径。建议：从整体层面进行规划，充分运用信息技术，形成"线上治理"助推"线下治理"的联动治理模式。

（4）卢金友等[76] 通过文本分析发现，汉江生态经济带存在的主要水生态环境问题包括重要水源地丹江口水库水安全保障不足、汉江中下游水生态受损、汉江部分支流水污染严重等。建议：切实做好丹江口水库水质安全保障、科学开展基于生态流量保障的生态调度、建立生态环境协同保护机制、完善南水北调中线水源地生态补偿机制、加强生态环境保护科技支撑。

（5）杨志等[77] 认为，京津冀协同治理水污染是海河流域建设的核心与立足点，探寻三地联防、联控、联治措施与协同机制是解决水污染问题的关键。在梳理三地分治水污染的局限性和区域协同治理的有效性的基础上，提出了"扎实区域协同、迈向流域共治"的流域化治理理念。通过剖析，发现海河流域治理瓶颈主要在于：资源型缺水和水质型缺水的双重水资源压力，流域权威机构和顶层立法缺失的管理矛盾，以及局部性工程和阶段性补偿的治理局限。建议：统筹资源，优化流域水资源配置；明确目标，评估流域水环境需求；升级机构，重塑流域管理机制；流域立法，健全流域约束机制；联控联治，发展流域一体化水污染治理模式；多元参与，深化流域补偿机制。

（6）牛桂敏等[78] 从环境执法联动、流域综合治理、流域生态补偿机制、河道管理 4 个方面梳理京津冀区域水环境协同治理进展，认为京津冀水污染联防联控面临 6 个方面的问题：缺乏权威的高层领导推进机制，缺乏全域层面的水污染防治行动实施细则，缺乏全域统一的政策法规标准体系，尚未形成区域流域整体性、精细化协同管理机制，区域流域生态补偿和市场交易机制尚未完善，区域流域水污染联防联控责任考核机制尚未完善。建议：建立高层权威的领导推进机制和相关工作机制；制定"京津冀及周边地区落实水污染防治行动计划实施细则"；建立统一的政策法规标准体系；建立区域流域整体性、精细化协同管理机制；推进完善区域流域生态补偿和市场交易机制；健全水污染联防联治责任考核机制。

（7）胡颖等[79] 分析我国排污许可发展的历程和存在的问题，以及美国、欧盟等发达国家和地区的经验。建议：完善基于水质的行政区、流域和控制单元排污许可总量审核系统；编制和修订排污许可证管理相关技术规范；以水质达标为目标完善流域排放标准；完善基于水质的排污许可监管和处罚机制；尽快开展基于水质的排污许可示范；扩大公众参与。

（8）武萍等[80] 解析原水污染防治法的治理模式，分析现行水污染防治法模式转变的原因和背景，揭示水污染防治模式转变中立法理念和立法技术的更新，指出新水污染防治法合作治理模式的缺憾。缺憾包括相关立法缺乏系统性、企业参与合作治理的法律定位不明晰、社会公众参与缺乏理论支撑和制度保障等。建议：通过进一步完善立法，落实"河长制"的相关配套措施，发掘政府经济管理职能作用，监督政府有效履行职责；激励制度具体化、明确化；丰富完善企业环境法律责任；建立公众进行水污染防治的参与路径；建立公众参与的程序性法律机制；为环保民间组织健康发展提供法律保障。

（9）潘佳[81] 通过文本分析和实证分析的方法，分析排污许可设定的法定要求与依据，考证排污许可设定规范样态及实施。提出 4 点建议：依托《排污许可管理条例》，完善排污许可设定与规定制度，规范地方排污许可设定制度，强化排污许可设定程序执行与监督，优化排污许可证的核发与监督机制。

（10）于铭[82] 认为，现行水污染物排放等量减量置换制度缺少对置换应遵循的基本原则、置换的标准和程序等核心问题的规定，也没有厘清置换制度与总量控制体系下其他制度之间的关系。借鉴同样按照置换思路设计的美国湿地"零减损"制度，建议：我国应完善水污染物排放等量减量置换制度，将"零增加"确立为置换的约束性目标，将环境影响评价作为置换的前置程序，确立科学的置换标准，设置灵活的置换方式，构建置换后评估与监督机制。

（11）尹炜等[83] 在总结我国水污染物总量控制制度发展历程的基础上，对目前该制度的实施情况进行分析。结果表明：在现行水污染物总量控制制度的实施过程中，存在基础不牢固、约束力不够、控制项目错位以及监督考核不合理等问题。建议：优化制度设计，强化技术支撑，完善监测体系以及强化监督管理。

（12）马乐宽等[84] 对《重点流域水生态环境保护"十四五"规划编制技术大纲》进行解读。在梳理当前我国流域水生态环境保护现状、问题以及形势的基础上，分析重点流域水生态环境保护"十四五"规划的定位，介绍规划编制的总体思路以及目标制定、问题和症结分析、规划任务设计和项目筛选等重点环节，并对做好规划编制工作提出了注重组织协调和科学精准两方面的建议。

（13）王金南等[85] 分析水生态环境保护修复工作取得的积极成效，指出水生态环境保护面临的严峻形势，提出长江中长期生态环境保护的思路。从如下 5 个方面讨论"十四五"长江流域水生态环境保护的顶层设计：深入贯彻习近平生态文明思想，认真把握好不同区域之间的差异，用改革创新的办法抓长江大保护制度建设，优先解决人民群众身边的突出水生态环境问题以及统筹推进生态环境治理能力和治理体系现代化。

（14）李涛等[86] 通过对我国水质达标规划制度进行评估，发现：我国尚没有覆盖全要素的水质达标规划制度，水环境保护目标分散于各法律和规划之中，水质达标规划缺乏强制性和权威性；横向管理体制存在多头管理和实施的体制障碍，纵向管理体制容易导致地方政府失灵；现行水质标准无法反映我国真实水环境状况，污染负荷分析缺乏准确可靠的数据来源导致规划决策质量不高；规划目标不是实现所有水体达标，没有具体的实施计划，可操作性不强。建议：建立明确的水环境保护目标；建立水质达标规划制度；整合现有点源排放控制政策，实施规范的排污许可证制度。

（15）秦昌波等[87] 指出，我国水环境安全呈现出新老问题相互交织的严峻形势，特别是水生态损害等新问题突出，呈现长期性、复杂性、多样性等特点。建议：按照生态文明和"美丽中国"建设的总体要求，坚持系统治理、两手发力，注重综合管理与协同防控，落实"减总量、反退化、防风险、护生态"的水环境保护任务，全面提高水环境安全持续保障能力，形成用水安全、环境安全、生态安全的国家综合水环境安全保障体系。

（16）白荣君[88]针对陕西水资源短缺、水生态环境质量不高等问题，在分析陕西农村水生态法律问题基础上，从制定综合的农村水生态保护法规、完善农村水生态监管机制、健全水生态救济制度、提高农民水生态保护意识等角度，提出促进陕西新农村水生态文明实现的法律路径。

（17）秦鹏等[89]认为，水产养殖污染防治面临养殖进水污染严重、过程监管乏力和污染者担责落实难等现实困境。指出造成以上困境的根源在于缺乏协调统一的法律责任体系，制度层面偏重末端治理，监管范围过于宽泛等。建议：完善法律责任体系，细化综合防治相关规范，实施全过程防治法律制度，明确界定规模化水产养殖类型。

（18）叶子涵等[90]以四川省3个村庄的实地调研为例，研究水环境污染的现状、成因及其影响。发现：农业生产方式转型、农村生活方式的改变等是农村水环境污染的重要成因，个体追求"单赢"的逐利行为在一定程度上造成了村庄水环境污染的"公地悲剧"。建议：上级政府将环境污染治理作为政绩考核指标，县乡政府实施环境污染治理具体行动，村级组织被动配合环境污染治理行动，村民自身培养污染治理意识与规范日常行动。

（19）徐敏等[91]回顾我国水污染防治发展历程，总结不同阶段我国流域水污染防治工作特点。提出面向2035年水生态环境保护的管理建议：研究美丽中国水生态环境目标指标体系，建立以流域水生态环境功能分区为基础的空间管控体系，落实"山水林田湖草"系统治理理念，健全政府、企业、公众责任落实机制。

（20）高爽等[92]以太湖水危机事件为时间节点，在回顾2007年以来太湖流域水环境治理政策的基础上，从环境政策体系、执行过程中的配套机制、政策环境经济效益3个角度对政策全过程进行评估，分析环境政策在决策、执行、绩效方面的现状，总结政策决策及实施的成功经验及存在问题。从点源治理、城镇生活污水治理、村生活污水治理、农业面源治理、湿地保护与生态修复以及环境经济等6个方面提出了流域典型政策及其实施建议，并为创新太湖流域水环境治理思路提出相应的政策建议。

8.5　涉水生态补偿机制研究进展

涉水生态补偿是基于产权经济学理论、社会公平理论、利益相关理论和水资源生态价值理论等理论逐渐发展而来，而且随着市场供求关系紧张和水资源稀缺程度的增加，利益协调和受益者补偿的思想越来越深入人心，探索与市场经济相适应的水生态补偿制度具有相当的紧迫性和必要性。这两年，涉水生态补偿机制的研究多集中在流域生态补偿、生态补偿地方立法以及生态补偿的方式和路径这3个方面，并且出现了一些对流域生态补偿理论基础的思考。

（1）屈振辉[93]指出河流伦理是流域生态补偿立法的伦理基础，认为流域生态补偿立法必须处理好的3对关系，即上下游关系、干支流关系以及河流与蓄水体之间的关系。揭示河流伦理对流域生态补偿立法的如下重要作用：促进流域生态补偿立法形成，促进流域生态补偿立法宣传，促进流域生态补偿立法进化以及改进流域生态补偿立法思路等。

（2）何理等[94] 运用文本分析和比较分析的方法，回顾国内外地下水生态补偿的实践，梳理出我国地下水生态补偿存在的如下问题：现有体系缺乏、主客体自我矛盾冲突、边界难以界定和取证难度大、成本高等。从生态补偿范围、标准、原则、方式和政策 5 个方面探讨我国生态补偿机制的构建。

（3）王会等[95] 整理和分析上海市、江苏省、浙江省和安徽省省级层面制定的流域生态补偿制度，分析总结其运行机制和特点，并从生态补偿制度、省级政府与市县政府的关系、补偿标准依据、省级政府资金投入等方面对流域生态补偿制度进行系统解析。建议：理顺流域生态补偿制度与其他制度之间的关系，提高流域各方在生态补偿制度完善中的主动性，加强资金筹集和资金使用的激励作用。

（4）孙宏亮等[96] 运用文献分析的方法研究我国跨省界流域生态补偿的进展，认为我国流域生态补偿实践仍处于探索阶段。建议：优先考虑在重要水源地上游建立流域生态补偿机制，有效建立健全市场化、多元化生态补偿机制，科学谋划流域上下游生态补偿共同保护方向，形成一套建立流域生态补偿机制的方法体系。

（5）董战峰等[97] 运用文本分析和规范分析的方法，分析了当前黄河流域生态补偿实践进展，评估黄河流域生态补偿机制建设在补偿思路、补偿关系、补偿范围、补偿标准、补偿方式和配套保障上存在的主要问题，提出黄河流域生态补偿机制建设的基本思路、重点方向以及实施路径。

（6）杨荣金等[98] 以永定河流域生态补偿机制为研究对象，梳理永定河流域生态补偿的探索措施，提出流域生态补偿规划引领、水质水量双补偿、多层次沟通协调的永定河流域生态补偿机制试点思路和科研支撑流域补偿试点、第三方编制生态补偿试点规划方案等建议。

（7）邵莉莉[99] 从区域协同治理的视角研究跨界流域生态系统利益补偿法律机制的构建。结果表明：跨界流域生态系统利益补偿存在实践和理论两方面的困境。建议：跨界流域利益补偿法律机制的构建应该以区域协同理论为指导，从跨界流域利益补偿的本体内容、范围、主体 3 方面予以构建。

（8）沈满洪等[100] 以新安江流域为例，研究跨界流域生态补偿可持续制度安排。结果表明，跨界流域生态补偿机制可以优化流域生态经济资源配置。建议：实施多元补偿，调动各种资源支持生态环境保护；提高补偿标准，尽力体现上游生态环境保护的机会成本；给予多元受偿，激发各个生态环境保护主体的积极性；加强区域合作，建立黄山市经济开发区共同开发机制。

（9）何理等[101] 运用比较分析和实证分析的方法，在分析国内外横向生态补偿实例的基础上，对跨行政区域的流域横向生态补偿进行探讨。针对已有补偿模式面临的困境，构建新型横向生态补偿机制，并为推进新型横向生态补偿实施提出政策支撑和补偿措施落实两方面的建议。

（10）刘加伶等[102] 基于强互惠主体理论，以重庆市万州区水资源开发为例，运用演化博弈方法，分析水资源生态开发利用时中央政府、当地政府、地方企业三者之间的利益诉求以及补偿行为的动态演化过程。结果表明：在中央与当地政府的博弈中，中央通过提高生态补偿资金与政策支持水平，会使得博弈更快达到帕累托最优状态；在当地政府与地方企业的博弈中，政府征收较少的资源环境税会促使污染企业积极治理，减少排污量；运用系统动力学验证了万州区水资源各利益主体行为规律与演化结果的一致性。建议：因地制宜地实施监管模式，制定合理的奖惩机制；完善地方政府水资源考核制度，鼓励地方政府主动执行水资源保护政策。

（11）杨玉霞等[103] 分析黄河流域水生态补偿实践现状，从原则、内容和水生态补偿资金测算 3 个方面构建黄河流域水生态补偿机制。提出加强水生态补偿机制基础研究与试点工作的如下建议：根据黄河特点对黄河流域补偿的标准、补偿资金使用、动态管理、实施保障进一步深入研究；成立黄河流域水生态补偿基金管理办公室，负责上下级、多部门沟通协调，补偿管理办法制定、措施的实施和补偿基金的监管；开展流域重要水源涵养区及重要饮用水水源、跨界水体、下游滩区等水生态补偿试点，探索纵向和横向生态补偿建设。

（12）郑湘萍等[104] 认为，目前我国生态补偿机制市场化建设实践面临主体权责不清、补偿资金获得渠道较窄、各方利益调整不明确以及配套法律制度保障缺乏等问题。主要原因包括生态补偿市场化机制的构建前提不稳固，政府投融资功能未得到有效发挥，缺乏市场交易平台等。建议：积极发挥政府能动主导作用，推进宏观政策的完善和配套法律建设，加强市场建设与监管力度。

（13）时润哲等[105] 从生产性正义、分配性正义、消费性正义、生态性正义四个维度，阐释空间正义在构建长江经济带水资源生态补偿利益协同机制中的作用。建议：长江经济带水资源生态补偿利益协同机制应从主体利益出发，协调经济带空间布局与开发；兼顾整体利益与局部利益，实现经济带发展结构优选与侧重；要素相向流动，实现要素的合理配置与运用；以"点、线、面、体"协同共促的发展方式，推进经济带发展全面、可持续；以绿色化、协同治理实现水资源生态补偿的时空一体化协同。

（14）刘铁龙[106] 针对渭河干流宝鸡峡至魏家堡河段生态流量保证率低的问题，基于层次化需水理论方法和利益相关方解析，研究适用于该河段水利工程特点和生态环境状况的河道基流生态补偿和调度方案，提出渭河流域农业、工业、生活、生态等不同类型用水的优先等级，综合确定层次化的生态环境需水和经济社会需水保障次序。在此基础上，基于不同情景下利益相关方损益分析，按照基于最小生态流量的水生态保障义务、基于低限生态流量的水生态补偿过渡、基于适宜生态流量的水生态补偿责任 3 个层次，提出渭河宝鸡段水生态补偿机制以及不同情景下的生态流量调度方案和具体补偿措施。

（15）孔猛[107] 分析右江流域水生态现状和存在问题、现有生态补偿政策环境及其在郁江流域、珠江流域中的地位和作用，利用外部性理论，通过对标对表有关生态保护规划和区划成果，立足百色市实际，提出右江流域水生态补偿内容、补偿主客体、补偿标准和补偿方式，初步构建右江流域水生态补偿机制框架。建议：多层次构建水生态补偿体系，建立生态补偿标准共商协调机制，建立联防共治机制，形成有所侧重的监测评估体系，重点生态功能区实行 GDP "差别考核"保护水生态环境。

（16）崔晨甲等[108] 梳理流域横向水生态补偿相关政策现状及发展脉络，总结国家已开展的流域横向水生态补偿试点相关工作情况及实践特征。建议：精准施策，行业内部尽快出台流域横向水生态补偿相关政策；因地制宜，围绕新老水问题按照流域区域特点支持和推动横向水生态补偿工作；主动谋划，积极开展统筹考虑水量水质的流域横向水生态补偿试点工作。

（17）于鹏[109] 通过问卷调查的方式，研究民间水资源生态保护补偿的社会意愿和治理模式。结果表明：居民水资源生态保护需求受个体特征影响较小，政策宣传重点应转向强化水生态补偿效益；公众对民间水生态补偿的信任度和参与成本问题对居民参与意愿影响最大，初期需增强机制公信力，打通公众参与渠道。建议：将培育平台和主体、提升社会参与意愿、对相关法律机制预探索作为当前民间水资源生态保护补偿探索的重点；经济相对较发达、水资源禀赋和水质相对较差的地区应作为优先试点区，政府可适度调动社会自发性促进机制建立运转；逐步规范、缩小政府水资源直接干预，启动阶段就对"多元共治"理念一以贯之；在民间水资源生态保护补偿模式建立初期，应预防潜在风险。

（18）毕建培等[110] 基于国内外水流生态保护补偿理论研究情况，探讨水流生态保护补偿的内涵，分析国内水流生态保护补偿法规政策和试点实践开展情况。指出目前水流生态保护补偿工作开展过程中存在如下问题：法规体系建设滞后，补偿标准和量化评估规范等技术支撑体系尚不完善，补偿资金来源和补偿手段单一，配套基础性制度体系尚不健全，缺乏有效的协商机制和平台等。建议：进一步完善政策法规体系，以流域为单元统筹推进补偿工作实施，加快建立配套基础性制度及规范标准体系，不断推动补偿资金渠道和补偿方式多元化，不断提升全社会生态保护补偿意识。

（19）李燃等[111] 运用文献分析和实证分析的方法，借鉴现有研究成果和实践经验，从补偿主体、受偿客体、补偿方式、补偿标准和实施机制 5 个方面探讨于桥水库饮用水源地生态补偿机制，采用生态系统服务功能价值法、水资源价值法、生态保护成本法和发展机会成本法对生态补偿标准进行测算。

（20）李长健等[112] 分析水生态补偿横向转移支付的国内渊源，解读水生态补偿横向转移支付的国外启示，发现水生态补偿横向转移支付存在主体利益的冲突性、转移方式的单一性、执行机构的缺位性、保障制度的短效性 4 个方面的问题，提出主体利益均衡化、转移方式多维化、执行机构中立化、法规政策体系化 4 个方面的建议。

（21）郝春旭等[113] 采用半结构式访谈法、问卷调查法，调研赤水河流域生态服务提供者和受益者的需求；结合支付意愿法，确定赤水河流域生态补偿标准。在征求流域上下游政府部门、其他流域生态服务供给方与服务受益方的需求和意见后，对于进一步完善赤水河流域生态补偿机制设计，提出 3 点建议：建立健全赤水河流域生态补偿制度；拓展补偿模式，建立流域环境综合治理资金分摊机制；提高公众参与性，加强公众监督。

（22）李奇伟[114] 梳理我国流域横向生态补偿制度建设情况和我国流域横向生态补偿制度实施情况，认为我国流域横向生态补偿制度实施过程中存在立法缺失、协同不足、激励失衡、合作不畅、合同瑕疵等问题。建议：制定出台横向生态补偿机制办法；结合生态综合补偿试点，创新政策协同机制；在强化共同利益关联基础上，健全激励机制；构建或者完善流域上下游政府间磋商协作机制；规范流域横向生态补偿协议内容。

（23）陈玉梅等[115] 认为，流域生态保护补偿制度是一种较好协调长江经济带流域生态环境保护中各方利益关系、缓解流域用水主体间各种矛盾的法律制度，但存在立法严重滞后于流域补偿实践、分散立法模式欠缺治理整合的能力以及区域立法缺位造成整体性治理效能不足等方面的缺陷。建议：强化流域生态保护补偿在宪法和环境基本法中的地位；修改并完善水资源利用类法律和其他部门法，如将生态环境利益纳入刑法的规范和调整范畴，进而对相关条款进行立法完善；推进流域生态保护补偿的专门性立法；推进区域立法为流域内省际合作设置稳定框架。

（24）才惠莲[116] 认为，我国跨流域调水生态补偿法律体系的完善，应从以下方面着手：强化生态补偿在环境保护法中的地位，修改水资源开发利用及保护的单行法，尤其是出台跨流域调水工程专门立法，并针对特定工程规定跨流域调水生态补偿的具体内容；对国家兴建的大型跨流域调水工程可以由国务院出台跨流域调水专门立法，对省际区域性调水工程、省内跨市县小型调水工程可以采用区域性立法的方式，并有效解决跨流域调水生态补偿的难点问题；跨流域调水生态补偿的法律形式可以多种多样，有关内容和任务亦有不同，但从整体上看，必然形成一个相互联系、协调一致的法律体系。

（25）耿翔燕[117] 梳理国内外在流域生态补偿方面的相关研究，论证构建双向补偿的流域生态补偿机制的必要性。在现有流域生态补偿多以保护性单向补偿为主的背景下，依据生态补偿的广义含义，遵循"有奖有罚"的基本原则，从双向补偿的角度，构建流域双向生态补偿机制。对双向生态补偿机制中相关利益主体的识别、双向补偿标准的计算、补偿方式的选择以及补偿资金的分配管理和双向补偿机制的构建等关键问题，进行剖析。以山东省小清河流域为例，进行模拟应用。根据模拟应用结果，建议：完善流域检测体系，构建并完善争议仲裁机制，协同优化河长制、财政政策及生态咨询核算制度。

8.6 河（湖）长制研究进展

全面推行河（湖）长制是落实绿色发展理念、推进生态文明建设的内在要求，是解决我国复杂水问题、维护河湖健康生命的有效举措，是完善水治理体系、保障国家水安全的制度创新。这两年，有关河（湖）长制相关问题的研究多集中在河（湖）长制的发展历程、河（湖）长制在水生态问题治理中的成效以及河（湖）长制的完善方面，对河（湖）长制理论研究的成果较少，深度也有所欠缺。

（1）匡尚毅等[118] 基于制度变迁理论，从制度变迁的动因、方式、主体等方面介绍、分析河长制的演变过程、变迁的动因和变迁的路径选择。结果表明：河长制源于水资源危机和水管理体制危机，原有的河湖治理制度无法更好地解决外部性问题和交易费用问题，在诱致性制度变迁和强制性制度变迁的双重作用下最终形成了如今的河长制。

（2）钟凯华等[119] 结合文献分析和GIS空间可视化方法，对河长制推行的时空历程及政策影响因素进行研究。结果显示：河长制推行总体上表现为早期缓慢上升、之后快速上升到现今的稳定实施趋势；从空间延伸来看，体现为由华东、东北、西南地区逐渐向西北、青藏地区扩散，且跨区效应、邻近效应、轴向效应和集聚效应显著的特点。在河长制实践-政策法规出台推广-河长制实践全面推广的实践与制度相互促进的过程中，各级各部门间的借鉴、协作以及中央-地方河长制垂直管理格局的形成，为中国的水环境管理提供了良好的政策支持，也为国家环境治理体系的法制化提供了治理实践和经验借鉴。

（3）田鸣等[120] 在解读河（湖）长制内涵的基础上，提出河（湖）长制推进水生态文明建设战略路径的分析框架；以日本琵琶湖——淀川流域为例，分析其治理历程及实施路径。借鉴日本经验，结合中央政策指引，提出河（湖）长制推进水生态文明建设的"三步走"战略路径，即加强治理体系建设、强化治理成效落实以及推进可持续发展，形成聚焦制度建设、促进利益相关者角色转型以及重塑社会水文化的 3 点政策建议。

（4）朱德米[121] 运用制度理论和自然资源管理理论，对河（湖）长制的运行实践，从体制、机制与技术 3 个层面的匹配程度进行系统研究。在制度设计层面，河（湖）长制具有 4 个特征：以流域的自然属性（流域空间）为基本管理单位，一体化管理、动态管理以及党政主要领导干部的责任制。在运行机制层面，河（湖）长制具有发现、反应、督查和责任 4 类机制；在技术层面，现代信息技术、数据技术和图像技术的发展，为河（湖）长制的运行提供了技术支撑。结果表明，河（湖）长制在实践运行中体制、机制与技术三者匹配程度较低，导致治理效能不高及治理效果难以持续。建议：以河（湖）长制为平台，将体制、机制与技术进行连接与匹配，以实现河流湖泊的长效治理。

（5）郝亚光[122] 从公共性建构的视角，讨论"民间河长制"生成的历史逻辑。认为在基层水利共同体治水的过程中，公共性通过自身共在性、共有性、共识性和公意性功能的发挥，深刻地影响甚至决定社会的行动、制度的形成以及价值的共塑。主要结论：公共性自身的四大属性，不但使基层水利共同体内生出民间河长，而且也使基层水利共同体在公意代表的领导下延续千余年；治水的公共性，不但塑造出政府主导和基层水利自治的双层治水体系，而且还建构出双向治理的社会结构，进而生长出当下由地方主管河长与民间河长共同构成的有效治水体系。

（6）曾璐等[123] 通过分析推行双轨河长制的必要性与可行性、明确界定行政河长与民间河长的责任分工、建立区域内部及跨区域的双重协商平台与内外部监督途径相结合的有效监督机制，指出：基于行政与民间途径的双轨河长制可减轻行政河长原有治理负担，有效促进河湖治理效果的提升。建议：在全面推行行政河长制的同时，应配以由社会力量组成的民间河长制，实现民间河长制的垂直化以与行政河长制双轨并行。

（7）冷涛[124] 运用文本分析和规范分析的方法，从府际学习的角度研究"河长制"政策创新的核心动力，指出当前"河长制"存在强调属地管理的制度设计与流域整体性治理之间的矛盾。建议：从创新府际学习的制度和机制入手，在法律供给、组织结构优化、政策工具运用等层面推动"河长制"持续创新。

（8）郝亚光[125] 运用历史分析和文本分析等方法，从公共责任制的角度，讨论河长制产生与发展的历史逻辑。结果表明：现代河长制之所以在较短时间内凸显成效，根本原因是以政治责任、行政责任、法律责任和专业责任为主导的复合性公共责任体系功能的发挥。

（9）阚琳[126] 运用实证分析和文本分析的方法，以江苏省为例，分析河长制的发展现状，指出河长制在社会公众参与、治理权责、协同合作机制和治理信息层面存在碎片化困境。从整体性治理的视角，提出建立信任机制、健全整合机制、构建协调机制以及开发综合管理信息系统的 4 点建议。

（10）唐见等[127] 梳理完善流域生态补偿机制的必要性，分析利用河长制平台完善流域生态补偿机制的可行性，指出河长制平台在促进完善流域生态补偿机制方面具有非常重要的作用。建议：发挥河长制的科技支撑作用，完善流域生态补偿技术方法；发挥河长制的部门协同作用，完善流域生态补偿监测体系；发挥河长制的统筹兼顾作用，完善流域生态补偿方式。

（11）吕志奎等[128] 从话语建构角度研究河长制的治理机制。结果表明：在流域河长制治理的具体场域中，影响河长制治理绩效的关键要素包括宏观的制度规划、微观的执行保障、横向的部门协调、纵向的层级联动。建议：在顶层设计上兼顾河长制治理政策的统一性和变通性，在分层对接时加强河长制实施的奖惩激励和资源保障，在部际协调时妥善处理好理性行为整合问题，在府际沟通中更加注重政策信息资源的流动互换。

（12）肖建忠等[129] 认为，河（湖）长制是中国在新时代探索解决水生态问题的一项伟大举措，具有重要的现实意义。采用断点回归模型，以湖北省为例，对河（湖）长制进行政策评估。结果表明：河（湖）长制政策在短时间内并没有达到保护水资源的预期效果；河（湖）长制对于湖库的水资源治理没有达到理想效果；河（湖）长制的责任落实不到位，监管机制不完善。建议：积极完善河（湖）长制，充分发挥河（湖）长的引领作用；加大对湖库水资源治理力度；加强河（湖）长制的责任落实，完善考核监管机制。

（13）孟俊彦等[130] 以河（湖）长制政策在全国范围内的扩散现象为主要研究对象，通过总结归纳，阐释该政策在时空维度下的变迁扩散机理及路径。结果表明：河（湖）长制政策的扩散具有受横向影响较小、纵向影响较大的特点。建议：进一步加强政策再创新扩散的法制化建设，建立更加有效的激励机制，进一步畅通再创新政策扩散路径。

（14）王园妮等[131] 以湘潭市"河长助手"为例，研究"河长制"推行中的公众参与。结果表明：以民间组织为中介的公众参与，需要建立在地方政府的信任与需求、民间环保组织的社会资本积累、精准的身份定位以及利益表达的集中与理性化的基础上；公众参与在一定程度上能弥补"河长制"实施过程中的社会动员不足、短暂化与形式化、治理成本高、合法性与有效性不足等"运动式治理"弊端。

（15）马鹏超等[132] 依据参与式治理理论、多中心治理理论、协同治理理论、数字治理理论，按照公众参与程度，将农村水环境治理的公众参与分为决策型、管护型、改善型及监督型4种类型。通过对江苏农村地区公众参与水环境治理的实地调查，分析和比较4种参与类型所对应的典型参与模式：村庄磋商小组、民间河长、以河养河以及互联网＋河长制。研究发现：4种模式各有优劣，参与主体及适用条件不尽相同；公众主体认知强、村两委大力支持的村庄适宜村庄磋商小组模式；治水氛围浓、双河长合作能力强的村庄适宜民间河长模式；市场化程度高、公众经营能力强的村庄适宜以河养河模式；数字化程度高、干群互动频繁的村庄适宜互联网＋河长制模式。

（16）周琴慧等[133] 分析贵州省河（湖）长制工作推进情况，进行河湖现场调查，总结河湖治理的方法和经验。指出：贵州省河（湖）长制实施以来，不少河湖实现了从"没人管"到"有人管"，从"多头管"到"统一管"，从"管不住"到"管得好"的转变。建议：未来需进一步强化河（湖）长履职尽责，推动河（湖）长制尽快从"有名"向"有实""有能"转变。

（17）刘华涛[134] 认为，基层河（湖）长处在河湖管理工作的第一线，在工作思路方法上需要做到 4 点：坚持以法律法规为依据，严格依法打击惩处违法违规行为；增强服务意识，加强社会监督和宣传引导；调动基层群众参与的积极性，提升社会力量参与力度；强化回应机制建设，确保工作流程的明确具体。

（18）郝亚光等[135] 借用"框架分析理论"，提出河长制是"共识动员"下政府和社会共治的论点。指出：河长制框架的扩展和生态文明建设主框架的形成，不但为河长制的实施提供了更完善的制度保证，而且从根源上重塑了绿色生产方式与生活方式，确保河长制的顺利实施和治理成效的持续显现。

（19）吕志奎等[136] 通过实证案例调研分析，指出：河长制通过契约治理机制实现了权力和责任的制度化分配；依托组织结构框架，将党政体制嵌入到了河长制的组织设计之中；通过激励问责机制，实现了治理责任和治理效率的诱因倒逼。河长制的治理逻辑可以概括为：通过流域公共治理权责的制度化配置，调动多层级治理主体的积极性，形成高层党政部门立治、具体职能部门施治、基层群众和社会力量参治的制度化激励。

（20）李永健[137] 认为，河长制是对地方政府主要领导环境保护责任的落实，是水治理体制领域的一项改革创新。河长制由地方各级党政主要领导担任河长，采取高位推动协调职能部门共同治水，缓解了"多龙治水"缺乏行政效率的顽疾。但河长制本质上是环境保护领域一种行政发包制，存在着内生动力不足、委托代理链条过长、难以与流域治理兼容以及多元参与不充分等问题。建议：河长制要契合绿色发展的理念，利用利益诱导、多元工具以及协商共治等手段，建构河湖治理长效机制。

（21）陈晓等[138] 认为，国务院连续两年对河（湖）长制工作推进力度大、河湖管理保护成效明显的地方进行激励，充分激发调动了地方推行河（湖）长制工作的积极性、主动性和创造性。通过案例分析的方法，从国家激励政策的延续与变化、地方激励政策的设立与发展、进一步发挥激励政策作用 3 个方面，论述如何用好政策激励推动基层河（湖）长制工作。

（22）寇晓东等[139] 认为，河长制作为一项新制度，为创新生态环境管理体制提供了重要的理论支持。运用政策扩散理论对西北地区河长制创新扩散的发展历程进行研究，发现其有时间上"缓慢发展、短期暴发"、空间上"自南向北"、层级上"上下结合＋自上而下"的扩散特征，同时面临着"地理因素、地方官员、经济因素、政治因素、政策本身" 5 个因素的影响。根据创新影响因素，西北地区河长制的改进举措可从 4 个方面进行：政策学习与"再创新"相结合；发动多方力量参与；完善干部交流机制；综合协调部门利益。

（23）丰云[140] 认为，河长制的推行呈现出责任主体从模糊到清晰、责任体系从分散到整体、责任内容从笼统到精细、责任落实从文本到实践、责任追究从形式到实质等特点。实践中河长制存在责任主体界定不全面、责任内容定位不清晰、权责关系匹配不对等、责任考核实施不科学等不足。建议：全面、客观、科学地审慎河长制的责任特点和不足，进一步树立责任意识，确立多元化的责任主体，构建整体性的责任体系，明确法制化的责任依据，制定科学化的责任考核，真正做到将责任贯穿河长工作的始终。

（24）孙继昌[141] 从分析河湖功能、作用、管理保护工作的形势和存在问题的原因切入，系统总结河长制的探索历程、实行河长制的必要性、河长制的实施和推行效果，分析这一制度的创新特征和强大生命力的根源。对如何进一步深化河（湖）长制提出如下建议：增强使命担当，切实履职尽责；加强组织指导，用好河长平台；坚持问题导向，实行"一河（湖）一策"开展专项行动，实施集中整治；夯实工作基础，强化技术支撑；注重制度建设，建立长效机制；狠抓督查整改，严格考核奖惩；注重总结宣传，营造舆论氛围。

（25）吴志广[142]认为，全面推行河长制对采砂管理工作提出了新要求。依托河长制平台，加强采砂管理，是落实"水利行业强监管"亟待解决的一项重要任务。从河长制"六大任务"角度探讨加强采砂监管是落实河长制的必然需求，分析采砂管理现状，指出了河长制下采砂管理中存在法规体系不完善、责任未能压实、监管存在缺陷、打击力度有限4方面问题，提出完善法规体系、压实管理责任、强化巡查监管、打击非法采砂的4项建议。

（26）吕志祥等[143]从河长"制"转向河长"治"的深层次原因切入，以其具体内涵和治水理念，对河长"治"之"治理"优势进行论证。结果表明，构建"一龙治水"的长效机制，需要创新河长制全方位治水模式。建议：加强河长"治"权责一致立法保障，推动建立河长"治"激励机制，建立健全河长绩效考核问责制度以及与流域横向生态保护补偿机制相嵌套等。

（27）张树德等[144]从祛除河湖"顽疾"、修复河湖生态以及形成长效机制3个方面回顾河长制助力宁夏生态保护和高质量发展的进展与成效，分析河长制对推动宁夏先行区建设的重要作用。从完善工作机制、系统开展黄河大保护大治理、建设宁夏美丽河湖3方面，提出未来进一步推进宁夏河长制的工作措施。

（28）付莎莎等[145]运用文本分析和规范分析的方法，剖析河长制法律制度、监督机制、经济以及科技内涵，分析河长制实施过程中存在的不足，从加强"自下而上"的法制建设、改善公众参与程度、引入市场激励环境政策、增强科技支撑作用等方面探讨了河长制的发展趋势。

（29）沈亚平等[146]基于对天津市"河长制"制度设计与运行实践的分析，发现"河长制"通过河长及河长办的介入、建立信息传输路径、制定协作规范、促进正外部性、信息公示等方式，从交易成本、合作风险和合作收益的角度克服了水环境治理中的碎片化障碍。但是，天津市"河长制"存在协作机制单一、河长办"角色溢出"等实践与制度中的深层次缺陷。建议：通过建立多样化的协作机制，推动河长办充分授权与角色转变，从而克服"河长制"中的深层次缺陷。

（30）曹新富等[147]通过构建以功能、深层结构与机制条件为主的制度解释框架，对河长制何以形成这一问题展开研究。研究表明：河长制既是流域治理体制应对不足的结果，也是传统体制优势与绿色发展理念汇融的结果。由于河长制诞生于危机情境之下，较为依赖地方党政领导的重视，因此，在其常规化以后，需要完善相关激励制度，以形成长效机制。

（31）王力等[148]基于长江经济带河长制政策的准自然实验，实证检验河长制的环境与经济双重红利效应。结果发现：河长制在减少环境污染的同时，短期内会抑制地区的经济发展，但长期能够实现双重红利；河长制会提升地区的环境规制水平，迫使地区污染产业转移、关停和产业结构升级，进而影响地区的环境保护和经济发展。

（32）万婷婷等[149] 认为，我国业已形成全方位层级监督问责体系，并在河长制的实施中发挥作用，但因监督作用发挥不到位，影响或制约了河长治的实现。为破解这一难题，建议：进一步提升相关信息的公开与交流，加强问责主体对客体的询问与讨论，扩大结果的问责覆盖范围，强化各自的监督问责能力和力度，确保地方各级河长守土负责、守土尽责。

（33）徐莺[150] 认为，整体性治理是河长制的应有之义。通过对河长制实施前后广西河流整体性治理经验的分析，发现河长制工作能有机融入整体性治理之中。非项目运作框架下的基层河长制工作，从整体性治理的角度看，存在如下碎片化问题：威权模式引发政策的不平衡性，治理方式碎片化；公众对流域生态保护参与度不高，公私合作碎片化；基层部门任务重而资金保障不足，权责均衡碎片化。建议：推动河长制立法，淡化"人治"倾向，强化"法治"意识；加强河长制宣传工作，通过社会公益组织和基层自治组织推动公众参与治水；强化资金公开制度，加强资金使用监督；完善流域生态公益诉讼制度，促进河长制的社会效益。

（34）詹国辉等[151] 通过对河长制运作模式的考察发现，压力型体制下目标任务治理的逻辑桎梏着尚不健全的河长制法律制度，滞后的生态治理观念以及多元参与机制的缺失等治理困境限制了河长制的地方实践。建议：法治维度上健全相关法律法规制度，德治维度上强化生态治理观念体系，自治维度上建构多元主体共同参与机制。

（35）王雅琪等[152] 从河长制的缘起与其职责、河长制对流域治理的重要意义两个方面对河长制的理论及其与流域治理的内在契合进行了阐释，发现黄河流域治理体系中河长制存在流域整体性与区域个体性的失调、生态权益与经济发展的失衡、行政保护与社会监督的博弈等 3 方面困境。建议：制度内配置因地制宜的考核评价机制以及完备的监督检举机制，制度外要注重与生态补偿机制、综合政绩考核机制的衔接；在上游重视生态涵养能力，中游关切水土保持水平，下游首抓河道泥沙治理。

（36）吴志广等[153] 以赤水河为例，针对赤水河生态环境保护存在的突出问题，在梳理流域内河长制推行实践的基础上，结合河长制工作的主要任务，总结赤水河流域保护管理的主要经验与不足；从推进流域保护整体规划与立法、促进部门联动与联合执法、规范跨界断面监测评估、严格水量分配调度和完善资金投入激励等方面，提出了河长制下赤水河流域联防联控的政策建议。

（37）郭兆晖等[154] 运用实证分析和文本分析的方法，对河长制在河流治污实践中存在的问题进行研究。结果表明：河长制在河流治污实践中存在省、市、县各级认识不统一，保护与发展相矛盾，协同管理存在困境，考核机制不完善，人员少而不专，河流治污困难大，制度缺乏长效性，治理体系不健全等方面的问题。

（38）周建国等[155] 从治理整合和制度嵌入 2 个维度对河长制进行整体性分析：通过首长负责下的跨部门协作、自上而下的地方领导分级分段包干、上级行政协调下的跨行政区协作，河长制分别实现了跨部门、跨层级以及跨地区治理力量的协调和整合。指出河长制在实现治理整合的同时，受制度环境的结构化制约，面临着内卷化危机；危机包括部门碎片化重新生成、河长制的选择性执行以及地区分割难以消除等。建议：河长制应该基于中国现实情境和治理需要进行完善创新，推进河长制法制化，建立完善跨部门协作的程序性机制，建立完善自上而下的考核、激励及督察制度，积极吸纳体制外力量参与以及建立完善基于政治民主协商的流域利益补偿机制等。

（39）曹新富等[156] 从"分层控制"的视角分析河长制嵌入下流域治理的实践逻辑，从分层控制与流域良治的视角揭示河长制嵌入下流域治理的内在张力。建议：建立完善由流域管理机构牵头的跨省河长协作制度；重视跨部门协作的程序性机制建设；在河长制中引入市场机制；建立完善内外联动的流域治理体系。

（40）詹云燕[157] 认为，河长制的成功之处在于解决了河湖管理保护"多龙治水"的困局，调动了地方政府治水的积极性；河长制的问题在于高度依赖河长个人与考核制度，其发展过程始终伴随着人治与法治之争、应急机制与长效机制之辩，以及重奖励轻惩罚、强化权力集中而弱化公众参与。建议：从制度内与制度外两个方面提升与完善河长制。制度内的提升是指河长制内部机制的改良，包括考核制度的完善、公众参与水平的提高；制度外的提升是指与河长制配套的制度环境建设，包括环保行政队伍与行政执法力度的加强，以及与水环境治理相关的市场工具、政策工具与法律工具的综合运用。

（41）李永健[158] 分析河长制的相关理论概念，指出河长制的主要特征与逻辑实质，揭示河长制的实施成效、整体评价与潜在问题。对河长制的未来发展做出了如下展望：未来河长制的发展需要与绿色发展观等理念相契合，将河湖治理与社会发展相结合，不断增加法治要素和多元主体参与。

（42）颜海娜等[159] 从协同治理的视角，通过实证研究的方法，探讨河长制水环境治理创新的如下困境：上下层级协同的不力，跨部门协同的困顿，政社协同合作的尴尬，协同治理手段的阙如与失当。建议：从体制机制上加大改革的力度，促进科学决策与系统整治，以溯源管控与管网分流模式减轻末端治水的压力，为治水思路走向多元与创新创造条件。

（43）陈涛[160] 从治理机制泛化的角度，对河长制的制度再生产进行研究。结果表明：当前，河长制的制度再生产中出现了治理机制泛化现象。不少地方将"长制"模式视为解决突出矛盾和体制机制障碍的通用良方，沿着河长制轨迹出台了很多类似"长制"。河长制本身的示范功能与治理绩效辐射、常规治理机制失灵、政府主导型治理模式的路径依赖以及地方政府的政绩增长诉求是这种现象产生的主要原因。建议：激活社会力量，发挥公众的主体作用，强化科层部门的"守土有责""守土负责""守土尽责"意识，并通过体制机制创新增强其治理能力。

（44）张治国[161] 在分析河长制立法必要性的基础上，探讨两种河长制立法模式：专项立法和在其他立法中将河长制入法。指出这两种立法模式的优劣，从如何确定河长制立法的层级、如何协调法律与党内法规的关系、如何处理法律与政策的关系、如何安排河长与行政部门的职责等4个方面提出了建议。

8.7 外国水法研究进展

水资源短缺和水污染是世界各国普遍面临的资源环境问题。为应对水资源危机，世界各国不断尝试采取多样化的政策、法律和技术，一些国家取得了较好的成效，尤其美国与澳大利亚在水资源法制化管理方面的实践值得关注。为借鉴经验和吸取教训，取长补短，我国学者从流域综合治理、水权交易、水环境保护等方面研究外国水法及其成效，结合我国的实际情况，探寻对我国水法治的启示，取得了较为丰厚的学术成果。

（1）谷丽雅等[162] 运用文本分析和历史分析的方法，总结澳大利亚墨累-达令流域过去 20 多年的水政策改革经验，结合我国实际，对我国水政策改革提出了 3 点建议：发挥政策导向和水市场的双重作用，以科学规划实现有效监管的目的，采取适应性措施应对气候变化。

（2）伊璇等[163] 选取美国、加拿大、英国、澳大利亚、墨西哥、智利等 6 个国家，从水资源的所有权、使用权、交易流转 3 方面对水权制度进行全面梳理与比较分析，总结其对我国水权制度建设的启示。建议：通过建立完善的水资源管理体制，保障水资源权益的合理分配；通过取水许可，加强政府对水权分配的合理调控；通过加强水资源用途管制和水市场监管，保障公益性用水和水权有序流转。

（3）丁超[164] 运用文本分析和历史分析的方法，从水资源短缺、滥用和污染这 3 个方面，分析乌兹别克斯坦水资源利用的现实困境。从制定水资源利用法并予以修订、设置水管理机构并予以优化、制定水发展战略并予以完善这 3 个方面，梳理乌兹别克斯坦水管理制度的改革历程，揭示乌兹别克斯坦在跨界水资源问题上的立场转变。

（4）闫欣等[165] 以城市水资源综合管理模式在澳大利亚墨尔本的发展为例，探讨城市水资源综合管理模式的发展历程。通过与旧的水管理模式的对比，指出城市水资源综合管理模式的优势，讨论成功构建城市水资源综合管理模式的 4 个限制条件，即多方面的支持与配合、实际情况限制、时间限制和区域限制。

（5）齐跃明等[166] 通过中美交流互访、水资源研究现状调查和 2007—2017 年 Web of Science 中有关水资源领域的文献统计分析，对比中美水资源研究在研究机构、经费来源、研究领域、代表性人物等方面在现阶段所存在的差异，归纳总结中美水资源研究的最新进展。建议：合理地优化利用山区水资源；从生态水文学的角度，综合考虑生态过程和生态响应的影响；加强全球尺度的水资源研究；健全水污染的相关法律。

（6）刘超等[167] 分析美国水资源开发利用现状，从管理历史、管理体制、管理经验等角度综述美国水资源管理的具体办法，指出美国水资源管理政策的未来方向，总结美国水资源管理经验与教训，同时从实施手段、优先实施区域、全球战略变化等方面分析美国水资源治理全球战略。提出我国水资源管理的改进建议：建立水资源统一管理体制；以市场为导向实施管理，建立"水银行"机制；建立水资源可持续发展信息系统；拟定水资源全球治理方案。

（7）宋京霖等[168] 通过对美国检察官提起流域污染诉讼典型案例和美国公民提起流域污染诉讼典型案例以及美国政府部门主导流域生态修复典型案例的分析，得出了对我国水环境治理有益的 3 点启示：认清"两化叠加"治理困境，确立融合平衡理念；创新环境治理手段，拓展司法保护机制；完善协商和解机制，发挥社会民间内生力量。

（8）杨胜兰[169] 通过对印度农业用水现状的分析，揭示农业用水产生的水安全问题：长期大量开采地下水用于农业灌溉，地下水面临枯竭危险；农业用水增加使饮水保障堪忧；农业种植中过量使用化肥和农药导致水质恶化等。梳理印度政府在农业领域采取的应对水安全的如下措施：设立共同参与式的水灌溉管理制度，完善农业基础设施，促进农业用水集约化发展，出台节水管理措施，规范农业用水等。得出对我国有益的启示：完善农业基础设施，大力发展集约化农业产业，形成水利设施健全、节水设施齐备、科技含量高的农业产业发展模式；加强农业用水管理，减少农业水质、环境污染；加大农业资金支持力度，设立农业发展基金、完善农业保险等。

（9）马冰等[170] 梳理美国排污许可证制度的法律法规、标准与控制技术和中国排污许可证制度的实施进展、实施机制和最佳可行技术管理体系，重点比较中美两国排污许可制度的异同点，指出中国在排污许可证证后监管、公众参与制度、相关环境管理制度的衔接和可行技术体系方面存在不足。建议：加强证后监管力度，建立证后监督检查工作机制；加强公众参与；利用信息化平台，完善最佳可行技术；整合衔接相关环境管理制度。

（10）谢伟[171] 认为，美国国家污染物排放消除系统许可证（NPDES）是实践证明比较有效的一种排污许可证，而当前我国正在逐渐推行的排污许可证管理还存在较大不足，已经严重影响到排污许可证的实施效果。结合我国国情和实际，建议从排污许可证的精细管理、分类管理、流域管理、行政执法监督检查程序、强化环保组织参与等方面完善我国排污许可证管理。

（11）李雯等[172] 在11个"一带一路"水资源一级分区中选取13个代表性国家，从水资源管理决策部门、组织结构和法律法规三方面对其水资源管理体制进行总结归纳。从实现"一带一路"命运共同体的高度，对水资源管理体制改革提出4点建议：完善区域内各国流域管理与区域管理相结合的水资源管理体制；提出"一带一路"区域视域下的统一水资源管理框架；将公众参与管理的行为上升到政策层面进行管理和推动；推进"一带一路"区域水资源管理协商机构的建立。

（12）生态环境部对外合作与交流中心[173] 运用比较分析和文本分析的方法，分析加拿大水环境现状和治理历程，介绍加拿大流域管理体系，梳理美国饮用水水源地保护管理相关研究以及管理过程中出现的典型案例，提出对我国水环境管理质量为目标的水环境管理制度体系相关政策制定的启示。主要启示有：唤起并提高民众的资源与环境意识，加强政府环境管理能力，建立并完善富有活力的管理体制，完善相关水环境法律体系。

8.8　国际水法研究进展

国际水法是水法律研究中不可或缺的内容，也是水科学研究的一个重要方向。这两年关于国际水法的研究，学者主要从跨境河流的合作管理、国际水法对我国的影响等方面，对国际法的相关理论和实践进行研究，取得了一定的研究成果。

（1）胡德胜等[174] 认为由于调整对象、事项和目标方面的相似性，国际水法的理论、原则、规则和实践对于长江流域立法具有重要且有益的参考价值。长江流域立法面临利益主体多元、生态环境和资源保护任务艰巨以及治理体制机制不合理这3个方面的巨大挑战。国际水法关于生态整体性路径、公平合理利用原则以及流域治理体制机制3个基本方面的理论、法律和指南以及实践，对于长江流域立法有效应对这些挑战具有重要启示。其意义体现在：直接促进长江流域治理的法治化，间接推进中国流域立法与国际水法之间的兼容性；直接示范国内其他流域，间接助推实现我国成为全球生态文明建设重要参与者、贡献者和引领者的战略。

（2）鲍家志[175] 通过文献分析的方法，指出澜湄国际河流水权的理论构造应当遵循"一个国际河流流域一个制度"的法律惯例。澜湄国际河流水权之争实质是沿岸国关于水体的主权与利用权的冲突；由于主权是抽象的，沿岸国对水资源所负的义务应当是对利用权的限制。建议：重塑澜湄国家政治互信，打造澜湄国家经济协作共赢，完善法律协作机制，开展人文交流，以协调澜湄国家水资源的利益矛盾，推动澜湄国家经济的可持续发展。

（3）孔令杰[176] 通过对国际水道争端的法律解决与相关国际判例的梳理和分析，归纳国际法院和其他法庭界定的国际水道的定义、范围和属性，分析国际法院和其他法庭对国际水道法的若干基本原则的解释和运用，总结水道国须担负的相关义务及享有的主权和相关权利以及水道国对国际不法行为须承担的国家责任。

（4）陈霁巍[177] 梳理中国跨界河流的概况，回顾中国与周边国家跨界河流合作的历史，指出中国与周边国家跨界河流合作的形势。在中国与周边国家跨界河流未来的合作中，建议：更加重视全球气候变化情境下跨界河流的管理，更加关注跨界河流水-能源-粮食-生态关联关系，更加注重探索跨界河流水利益共享机制。

（5）吴圣楠等[178] 回顾澜湄流域洪水灾害防治合作进展。针对域内国家在联合防洪合作工作中的差异，提出对策建议和展望：充分发挥"全流域"组织的协调能力，完善洪水风险治理合作机制，协调国家行为；完善洪水风险治理顶层设计，提高基层治理能力，推动减灾政策执行落地生根；注重规划和政策引导，推动科技成果转移转化共享，加强智库建设与科技咨询，提高流域减灾科技能力与科学决策水平。

（6）何艳梅[179] 运用文本分析和实证分析的方法，对国际河流环境影响评价中的国家利益衡平进行如下研究：梳理国际河流环评的国际法地位，讨论国家利益衡平的理论基础和现实意义，指出国家利益及其冲突的识别，构建我国与共同沿岸国利益衡平机制。

（7）周海炜等[180] 以 TFDD 收录的国际河流流域组织数据库为研究对象，对国际河流流域组织发展历史、现状等基本问题进行研究阐述。结果表明：国际河流流域组织的发展历史，根据组织职能转变与治理机制完善两个角度，大致可以划分为萌芽、雏形与完善 3 个阶段；国际河流流域组织在组织职能、组织类别、结构特征、治理机制 4 个方面呈现差异化的表现。建议：中国国际河流流域组织的设计和选择应基于国家战略规划并充分尊重东北、西北和西南片区的地区差异；健全中国流域组织日常管理与应急管理能力应从组织结构以及治理机制入手；学习西方国际河流流域组织建设的先进经验，注重吸取众多欠发达国家的失败经验，探索能促进流域区域经济发展的治理机制。

（8）张亦弛等[181] 回顾、梳理国际河流流域组织的定义与类型，指出其制度设计特征和有效性，并指明已有研究所面临的方法困境。针对"流域组织如何促进国际河流有效合作"这一问题，建议：整合国际河流流域组织有效性评价指标并进行全球范围的评价；探明国际河流流域组织制度类型所适用的范围与条件；厘清不同国际河流流域组织制度设计特征与治理有效性的关系；基于过程视角探求国际河流流域组织有效性达成路径；采用超越定性与定量研究的新方法；立足地缘文明激发国际河流流域组织成员国的文化认同。

（9）邢鸿飞等[182] 运用实证分析等方法，从湄公河水问题的安全化与去安全化以及中国在湄公河水安全问题中的角色困境两个方面，研究湄公河水安全问题。中国的角色困境包括旱涝灾害问题、水电开发问题和"水霸权"问题3个方面。建议：在湄公河流域，将水电、洪涝、环境等问题从安全议程中移开并回到"正常"的政治话语中。

（10）任俊霖等[183] 分析澜沧江-湄公河流域现有水资源合作机制的现状，梳理澜湄水资源合作机制的框架和合作进展，并在此基础上归纳总结澜湄水资源合作机制合作层次高、领域广、全流域参与等优势。结合澜湄水资源合作机制现阶段合作情况，建议：加强水资源工作组与其他工作组沟通协调，设立专项水资源行动计划专项基金，加强澜湄水资源合作智库建设。

（11）匡洋等[184] 运用文本分析的方法，研究湄公河干流水电开发事前磋商机制。梳理湄委会事前磋商机制的制度框架、管理机构及操作流程，在总结实践进展基础上，客观分析该机制取得的成效和存在的问题，并提出补充注释说明文件、制定受益补偿条款、建立公众参与制度、完善事前磋商流程等4个方面的改进建议。

（12）林灿铃[185] 揭示跨界突发性水污染的民事责任的局限性。从跨界突发性水污染国家责任的对民事责任缺陷之弥补、主权依据、与现行法律规范不冲突3个角度，对跨界突发性水污染国家责任进行了证成。从跨界突发性水污染补偿责任的定性、法律基础、构成要件、责任顺位等4个方面，对跨界突发性水污染国家补偿的法律表达进行了论述。

（13）胡翊[186] 从理论辨析、实现路径、理论分析的优势这3个方面阐释"去安全化"的理论。分析中印在跨界水资源问题上的互动、开展"去安全化"跨界水资源合作的可行性和必要性。建议中印：保持持续有效的互联互通，增强政治互信；积极开展跨界水资源领域的技术交流；从跨界水资源的整体出发，建立水资源综合管理机制；密切同跨界流域国家以及国际组织的合作。

（14）朱新光等[187] 通过文本分析的方法，将中亚水合作机制放在国际法视域下进行评析，发现中亚水合作机制存在区域水配给制有失公允、区域水补偿制形同虚设、跨界流域国水法体系及其实践不一等问题。建议：中亚国家应积极采取措施，增强国家间相互信任，协调好跨界流域国的利益，兼顾本国企业发展和环境保护，通过发挥各国的水资源优势来建立水资源协调和能源补偿机制，借此不断完善中亚水合作机制。

（15）葛勇平等[188] 认为，作为国际水法的基本原则，公平合理利用原则具有条约法及习惯法的规范基础，并且可指导跨界水道的利用及水资源分配，但是其抽象性及模糊性降低了适用的确定性。该原则适用的局限性主要表现为理论基础不成熟，概念难以统一明确，非排他性考虑因素多元但无优先次序等方面。建议：对公平合理利用原则的反思要求充分尊重跨界水道的自然特性，遵从不造成重大损害原则及国际合作原则，厘清相关考虑因素的优先次序，推动建立水道国家的利益共识，从而实现流域国家对跨界水道的公平合理利用。

（16）尹君[189] 以现代国家中政府与非政府组织在公共服务中的伙伴关系为理论基础，分析美国非政府组织与政府在国际合作中的机制，阐述美国非政府组织在湄公河流域活动的实践方式。建议：建立政府与社会组织的合作和监督机制，积累"中国经验"；在国际化过程中，中国社会组织应重点为"一带一路"建设的沿线国家提供公共产品；在国际事务合作中，政府与社会组织应该不断改进和协调合作机制，以便更好地合作和提供更好的国际公共服务。

（17）沈桂花[190] 探索了莱茵河流域沿岸国家如何突破水资源合作治理的集体行动难题，分析了莱茵河流域沿岸国家在合作过程中存在的治理困境和关键性因素。建议：我国在跨界流域水资源的利用、开发和治理中应注重建立对话沟通机制，提供合作平台，培养互信关系；提倡多中心的制度安排，保持制度弹性；加强水质监控和预警网络建设；引导公众参与，发挥公众监督作用。

（18）刘华[191] 运用历史分析和文本分析的方法，从澜湄水资源合作历程回顾及我国应对特点、澜湄水资源合作的基本法律原则、公平合理利用澜湄水资源的基本路径这 3 个方面，研究澜湄水资源公平合理利用的路径。建议：以流域发展为基本理念，共同规划澜沧江-湄公河的可持续发展；激发沿岸国的合作动力；确定合作内容；构建差异化合作机制，落实公平合理利用原则。

（19）何艳梅[192] 研究跨国流域管理体制演进历程和实施状况，指出全球特别是亚非拉地区跨国流域的管理体制在未来还需要进一步发展；尤其是在以下方面有很大的发展空间：运用流域生态系统方法；拓展地理范围和活动领域；建立跨界含水层合作管理体制；在常规的流域管理与国家管理之外，适当开展地方管理、区域管理甚至全球管理。

（20）冯彦[193] 以国际河流水资源利用和管理制度、机制建设及案例分析为主线，以"国际河流水资源概念-国际河流分布-国际河流水资源权属-流域机构建设"为脉络，研究了近年来受社会各界关注的国际河流水资源概念、利用与管理涉及的国家间权利与义务、国际法基本原则等。

（21）吴宏伟[194] 从中亚水资源及跨界河流概况、中亚各国水资源及其开发利用状况、中亚水资源问题的由来及其焦点问题、中亚水资源问题的解决方案及建议、水资源领域的国际合作、中国在解决中亚水资源问题中的作用等 6 个方面研究中亚水资源与跨界河流问题。认为：从长远看，解决中亚水资源问题前景可以预期，但过程会比较艰难，可以说是任重而道远；研究中亚水资源问题对中国非常重要，因为它不仅涉及中亚国家关系和地区经济发展，也是影响中国与中亚国家共建"一带一路"的重要因素。

（22）郭延军[195] 运用实证分析和历史分析的方法，从权力流散、利益共享与多元参与这 3 个方面分析澜湄水资源合作的理论基础。从流域国家与澜湄水资源合作的国家维度、湄公河委员会与澜湄水资源合作的国际组织维度、非政府组织与澜湄水资源合作的社会维度、域外国家与澜湄水资源合作的外部变量、重要国际河流的水资源合作的国际实践这 5 个方面研究澜湄水资源合作及其合作的未来发展趋势，提出构建澜湄水资源合作多层治理机制的可行性与路径选择。

（23）杨珍华[196] 运用历史分析和比较分析等方法，研究中印跨界水资源开发利用的法律问题。具体而言，介绍跨界水资源开发利用的历史与现状，分析其他跨界水资源开发利用的实践与法律渊源，解析中印跨界水资源开发利用的水权问题。关于如何构建中印跨界水资源开发利用的争端解决机制，从中印争端解决机制的现状及其构建的必要性，构建中印跨界水资源开发利用争端解决机制的可行性和路径选择结论，几点概括性认识以及中印跨界水资源开发利用法律制度的特点、缺陷与完善等方面进行了讨论。

8.9 其他方面研究进展

关于水法律的研究，除前面章节设单独主题介绍外，还有其他方面的内容，如排污许可、生态流量、取水许可、河湖刑法保护制度等方面。

（1）向往等[197] 认为，实现黄河水资源的节约集约利用，是有效应对资源性缺水掣肘经济社会可持续发展的重要路径之一。通过界定节约集约利用在水资源领域的基本内涵，结合对现行水资源立法的考察与检视，探究阻碍黄河水资源实现节约集约利用的如下现实困境：未建立流域性节约用水理念与缺乏集约化理念、缺少开展节约集约利用的统筹性管理机构、缺少水资源节约集约利用的立法顶层设计等。建议：确立流域整体理念；理顺流域管理体制；加强立法顶层设计。

（2）杨涛[198] 通过文献分析和实地调查的方法，从国家治水与基层治水的理论和具体实践两个方面，研究跨村河流协商治理的内在机制。结果表明：村落内部及村落间的农户通过建立有效的协商机制，能够成功规避村落用水过程中的冲突，以实现跨村河流的有序利用。

（3）刘定湘等[199] 回顾学术界对水资源国家所有权性质的讨论，论述水资源国家所有权的法律地位，从公法和私法两方面分析水资源国家所有权的实现路径。探讨水资源国家所有权实现的如下推进对策：厘清水资源行政管理权与国家所有权的边界，明确行业行政主管部门的管辖职责，培育并发展壮大水权水市场，进一步健全水资源价格形成机制，促进水权流转。

（4）李璨等[200] 指出，近 10 年山东通过强化水资源开发配置、节约保护、监督管理等方式，充分发挥水资源最大刚性约束作用，取得明显成效。与此同时，山东省在取水许可事中事后监管、地下水开发保护、水权市场培育等方面还面临着一些新的困难和挑战。建议：加快修（制）订相关法规政策和标准体系，建立取水许可审批与事中事后监管衔接机制，提升信息化管理服务水平，加强地下水管理研究，积极培育水市场，强化教育培训。

（5）佟长福等[201] 以杭锦旗在水资源合理开发、高效利用、有效保护和综合管理等方面进行的实践探索为研究对象，认为该地水资源开发利用面临水资源利用效率不高，用水结构不合理、水资源配置体系尚不完善，水生态环境恶化这 3 个方面的问题。建议：实施最严格的水资源管理制度，加强水资源与生态环境保护，夯实水资源安全保障科技支撑，从而实现水资源高效利用支撑经济社会的可持续发展。

（6）刘定湘等[202] 对河湖刑法保护制度进行研究。认为：《中华人民共和国刑法》应加快构建相关制度；《中华人民共和国刑法》需要确立"非法侵占水域岸线罪"；《中华人民共和国刑法》需要推进"水污染行为"单独入刑，强化刑法在水资源水质方面的保护功能；聚焦维护河湖秩序，不仅需要将未按许可证要求采砂的非法采砂行为纳入《中华人民共和国刑法》调整范围，而且要强化采砂执法监管，促进采砂行政执法与刑事司法的有效衔接。

（7）郭甜等[203] 审视了包容性发展概念下现行饮用水水源保护区制度，分析包容性发展概念对饮用水水源保护区治理的路径启发。提出饮用水水源保护区制度的如下调整策略：建立体现水源地个性特征的标准体系，以行为清单为基础进行补偿和奖励，逐步向单一行政管理主体过渡，构建立体监督追责体系，设立饮用水水源保护区管理委员会。

（8）姜潇[204] 认为，《排污许可管理条例（草案征求意见稿）》可以部分解决该领域的立法乱象，提升排污许可制度的法律位阶。该意见稿在宏观层面体现出排污许可制度定位由总量控制转向提高环境质量，在微观层面使排污许可制度责任体系更加完善；但也存在制度间衔接尚显不足、适用范围欠妥、义务类型过于粗糙的局限性。建议：从明确排污许可性质、强化与相关法律制度衔接、加强排污许可程序的可操作性、细化责任规定类型等方面对该意见稿进行完善。

（9）落志筠[205] 运用文本分析和规范分析的方法，从生态流量的法律内涵和立法表达，体系设定以及责任制度这 3 个方面研究了生态流量的法律表达及制度实现。认为：生态流量底线是为了满足流域及其周边区域原有生态系统功能所需要的水流数量以及水文过程的最低要求；流域生态流量协议，是在生态流量底线之上企业与政府达成的更高标准的生态流量约束；生态流量法律责任制度依据生态流量底线和流域生态流量协议为用水主体设置的不同义务，分别规定了不同的法律责任。

（10）王凤婷等[206] 梳理水资源"农转非"的概念内涵、发展脉络、政策影和评估以及补偿机制，分析国外水资源"农转非"对我国实践的启示，展望水资源"农转非"未来的重点研究领域以及在我国的应用前景。结果表明：水资源"农转非"的分类因转移的性质、期限、位置、费用、距离等有所差异，其产生和实施受非农用水需求、节水效能、水资源管理制度等因素的影响；水资源"农转非"政策效果具有两面性，大多研究对其整体效果持肯定态度，政策影响由早期的经济影响向后期的社会和生态影响聚焦。建议：未来应纳入以流域或干支流为代表的中观研究尺度，提高政策影响评估方法的科学性和准确性，建立多学科的综合分析视角。

（11）成波等[207] 基于对长江流域生态流量监督管理现状的梳理，开展长江流域生态流量调查和远程监控等实践工作。针对管理实践过程中存在的法律法规滞后、管控要求不合理、监控体系不完善、保障措施不足等问题，提出了如下改进措施和建议：加快推进生态流量执法监管，科学确定生态流量管控目标，强化生态流量监控监测，规范化推进水能开发利用和管理。

（12）郭晖等[208] 介绍合同节水管理的内涵、盈利模式、推进情况以及存在问题。提出"合同节水管理＋水权交易"节水服务产业创新发展模式；从交易模式、交易主体、交易客体、交易期限、交易方式、交易定价、交易流程、交易履约、收益分配和风险管理等方面，构建合同节水量交易机制。

（13）张伟中等[209] 运用实证分析和文本分析的方法，分析建立黄河河道管理联防联控机制的必要性，设想"河长制"框架下黄河河道管理联防联控机制。建议：加强法规体系建设，建立多功能数字化管理平台，加强社会监督保障，加强考核激励机制保障。

（14）陈禹衡[210] 认为，环境监管失职罪中河长的义务来源是其职权内容和责任内容；前者包括制定综合治理方案和河流监督权力，后者包括水体保护、污染治理、生态修复的责任。河长在环境监管失职罪中主体条件的判定，除了政府工作人员之外，需要对民间河长、公益河长、村级河长进行分别探讨。河长触犯环境监管失职罪的行为模式有 4 种，分别是对水体资源、水质条件、流域设施、整体生态的保护失职；对造成严重损害后果的司法认定需要结合相应的司法解释予以判断，以督促河长更好地履行职责。

（15）张春园等[211] 认为，污水资源化是贯彻国家"节水优先"治水方针的一项重要措施，是解决新时期我国水资源不足与改善水环境、保障国家高质量发展的一项战略性重要举措。在大量调研分析、总结国内外经验的基础上，剖析实施污水资源化的重要性、必要性、紧迫性、可行性，提出国家实施污水资源化的组织、政策、污水处理标准、科技创新、体制及机制等方面的建议。

（16）朱党生等[212] 根据我国水资源保护面临的新形势和新要求，分析水资源保护的概念和内涵。按照"节水优先、空间均衡、系统治理、两手发力"新时代治水思路，围绕"水利工程补短板、水利行业强监管"的水利改革发展总基调，从保护优先、严治"未病"和分类施策、系统"诊疗"两个层面，阐述我国水资源保护的总体思路，提出近期推进水资源保护的重点工作。

（17）付浩龙等[213] 认为，当前农村水利普遍存在工程基础设施建设不完善、农业灌溉水浪费、农村饮用水不安全以及农业化肥面源污染严重等问题，严重影响农业生产、农民增收以及农村人居环境改善。建议：依托全面推行河（湖）长制这一战略机遇，以河（湖）长制水资源保护、水环境治理以及水污染防治管理任务的要求为着力点，大力发展农业节水，大规模推进农田水利工程基础建设和配套改造，持续提升农村饮水安全保障水平，积极加快农业生产转型，推广水肥一体化技术，减少农业面源污染，补齐补强农村水利短板，为加快推进农业现代化绿色发展、实施美丽乡村振兴战略提供坚实的水利支撑和保障。

（18）王浩等[214] 运用实证分析等方法，聚焦我国水安全，研究落实"节水优先、空间均衡、系统治理、两手发力"的新时期治水思路，分析我国水资源安全形势，评价我国水资源安全综合现状。认为我国水安全保障提升总体战略与框架应包括战略导向、战略目标、战略任务和机制创新，主张我国水安全重大保障策略应包括系统精准深度节水策略、荷载均衡水资源配置策略、水资源-粮食-能源协同调控策略、维护河湖生命健康策略、地下水大保护策略和水系统综合管理策略。从如下 11 个方面提出了我国水安全保障主要政策建议：加快节水和地下水等重点领域立法、全面提升河（湖）长制的体制统领、深化流域综合管理改革、建设"国家智能水网工程"、开展"秀美河湖"建设行动、完善水系统红线及其管控体系、实行缺水地区非常规水资源配额制、比照节能环保落实节水激励政策、建立第三方监测和综合技术服务机制、切实强化基层水管能力建设以及将水文化作为国家文化建设重要内容。

（19）庞靖鹏等[215] 围绕市场和激励理论创新在节水中的作用、机理、途径和方式等，从理论、制度、实践 3 个层面对节水有关政策与制度体系进行了综合性分析和研究。具体而言，在概述节水政策的理论与现状、讨论节水理论和政策创新的总体思路的基础上，对需水管理理论及对策、水效"领跑者"理论及制度实践、合同节水管理理论与政策、水资源消耗总量和强度双控行动、北京市节水型社会建设实践、如何用新思想指导推进国家节水行动等领域或者方面进行分析、探讨或者研究，并提出有关政策建议。

（20）赵钟楠等[216] 梳理国内外水生态治理等实践基础，明晰水生态文明的概念内涵，分析我国水生态文明建设的现状形势，提出我国水生态文明建设的总体战略，明确流域区域和城乡水生态文明建设的总体布局。针对存在问题，提出了推进水生态文明建设的如下主要对策：划定水生态保护红线，加强水生态空间管控；实施水资源消耗总量和强度双控行动，全面建立节水型社会；推进绿色水利工程建设，构建生态友好型水利基础设施网络；加强流域综合整治，推进水陆统筹的生态流域建设；实施地下水保护与综合治理，全面提升地下水战略储备能力；推进重大水生态文明制度建设，创新水资源环境管理体制机制；加强水资源水环境监测预警体系建设，着力推进水治理能力现代化；实施水情教育行动，培育绿色和谐水文化。

（21）李肇桀等[217] 针对再生水利用的相关政策法规与制度建设，开展再生水利用法律法规、扶持政策、管理制度、技术标准 4 个方面的研究。在总结现状的基础上，分析再生水利用的政策法规与制度建设存在的问题。按照十九大报告提出的"建立健全绿色低碳循环发展的经济体系，推进资源全面节约和循环利用，实施国家节水行动"有关要求，提出促进再生水利用的政策法规与制度体系建设的如下建议：健全以公共财政为主导的再生水利用多元化投入政策，完善再生水价格政策和利用规划配置政策，健全优惠与激励政策，科学定位再生水利用管理职能，加大对再生水技术研发、创新与推广的政策支持力度。

（22）王孟等[218] 运用文本分析、比较分析和规范分析的方法，从水资源保护立法的基本概念，水资源保护立法的原理、立法现状、水资源保护管理体制 4 个方面，研究水资源保护立法理论和设计，分析我国地方水资源保护立法典范成果，对我国地方水资源保护立法进行宏观性原理研究与微观性制度构建探索。建议：贯彻执行法律与政策，完善水资源保护秩序；完善地方水资源保护制度，满足地方治理需要；探索新的水资源保护制度，繁荣我国水资源保护事业；解决地方急迫的水资源保护问题，缓解地方水资源保护矛盾。

8.10　与 2017—2018 年进展对比分析

（1）在流域管理法律制度研究方面，研究者较多，研究内容较为丰富，每年产出不少成果。与 2017—2018 年相比，这两年流域管理相关问题的研究成果数量大幅增加，研究重心出现了较大改变。《中华人民共和国长江保护法》从形成草案到正式通过以及《黄河法》立法前期工作的全面展开，使得流域立法成为这两年的研究热点之一。学者们从流域综合性立法的必要性、立法功能定位、立法法理思考、立法模式等方面进行了深入研究，为流域立法积极建言献策，加速了《中华人民共和国长江保护法》的出台和推动了《黄河法》立法工作的开展。

（2）自 2000 年 10 月 23 日水利部时任部长汪恕诚作出《水权和水市场——谈实现水资源优化配置的经济手段》的论述以来，水权一直是学界研究的热点之一。这两年关于水权制度的研究成果相较 2017—2018 年有所减少，研究主题仍集中于水产权及其分配模式、交易机制及价格方面；多为遵循政府现行水权交易思路的实践研究，研究视野较窄，创新性不足。

（3）水环境保护法律制度是水科学研究的核心内容之一。学术界长期以来着重从不同角度进行研究，成果较为丰富。与 2017—2018 年相比，这两年对水环境保护法律制度的研究仍侧重于水污染防治、水资源保护以及水环境治理 3 个方面，创新性观点与突破性成果较少。在水污染防治方面，学者们对排污许可制度、污染物等量减量置换制度、污染物总量控制制度以及水污染协同治理制度进行了探讨；在水资源保护方面，学者们对水质达标规划制度、西北地区水资源短缺治理等方面进行了研究；在水环境治理方面，学者们对跨区水环境协同治理、水生环境保护和修复等方面进行了讨论。

（4）在涉水生态补偿机制研究方面，参与的学者较多，研究内容丰富，每年有较多学术成果。这两年对涉水生态补偿机制的理论研究成果较往年有所增加，出现了关于流域生态补偿内涵、跨界流域生态补偿理论困境以及流域生态补偿立法伦理基础的较深入探讨。除此之外，这两年的研究延续了 2017—2018 年的重点，集中在流域生态补偿、生态补偿地方立法以及生态补偿的方式和路径 3 个方面。

（5）河（湖）长制是水科学研究领域的热点之一。2016 年年底河（湖）长制在全国范围内推行，并于 2018 年 6 月全面建立。关于河（湖）长制相关问题研究的热度不断上涨。2017—2018 年期间，学者主要对河（湖）长制的法律机制构建和现实困境进行了分析。这两年的研究出现了不同的角度和侧重点。主要表现在以下 3 个方面：一是将河（湖）长制与流域生态补偿、水污染治理等主题相结合，出现了一些跨学科的研究成果；二是注重实证研究和应用研究，研究内容呈现深入化、具体化以及可操作性强的特点；三是河（湖）长制立法视角的研究，有学者对河（湖）长制立法必要性进行了研究，探讨了河（湖）长制的立法模式。

（6）对外国水法的研究，一直是我国学者在研究水政策法律中十分关注的内容和方向。与 2017—2018 年相比，这两年对外国水法的研究范围有所扩大，不仅有对美国、澳大利亚的研究，还有对乌兹别克斯坦、印度、墨西哥等国家的研究。在研究内容上，我国学者从流域综合治理、水权交易、水环境保护等方面学习借鉴外国的先进理论成果与实践经验，在一定程度上弥补了我国水法治方面的不足与薄弱之处。

（7）关于国际水法，我国学界的研究主要始于 1997 年联合国大会通过《国际水道非航行使用法公约》。与 2017—2018 年相比，这两年关于国际水法方面的研究在数量上没有明显增长，研究国际水法的学者依然不多，但成果质量有所提高，深度有所增加，针对性有所增强。这两年，我国学者侧重于我国的国际实践，以"澜湄机制"等为背景，主要从跨境河流的合作管理、国际水法对我国的影响和启示、水环境保护等方面，对国际水法的相关理论和实践进行研究，取得了一定成果。这对保障我国水资源安全、加强跨境河流的合作管理、水资源的共同开发利用具有重要意义。

（8）这些年来关于水资源其他方面的研究不断深入、扩展，研究内容丰富，理念新颖。如排污许可、生态流量、取水许可、河湖刑法保护制度等方面都有一些学术成果。

本章撰写人员

本章撰写人员（按贡献排名）：胡德胜、杨焱。具体分工如下。

节　名	作　者	单　位
8.1　概述	胡德胜　杨　焱	重庆大学法学院
8.2　流域管理法律制度研究进展	杨　焱　胡德胜	重庆大学法学院
8.3　水权制度研究进展	胡德胜　杨　焱	重庆大学法学院
8.4　水环境保护法律制度研究进展	胡德胜　杨　焱	重庆大学法学院
8.5　涉水生态补偿机制研究进展	杨　焱　胡德胜	重庆大学法学院
8.6　河（湖）长制研究进展	胡德胜　杨　焱	重庆大学法学院
8.7　外国水法研究进展	杨　焱　胡德胜	重庆大学法学院
8.8　国际水法研究进展	杨　焱　胡德胜	重庆大学法学院
8.9　其他方面研究进展	胡德胜　杨　焱	重庆大学法学院
8.10　与 2017—2018 年进展对比分析	胡德胜　杨　焱	重庆大学法学院

参考文献

[1]　柯坚，琪若娜. "长江保护"的客体识别——从环境要素保护到生态系统保护的立法功能递进 [J]. 南京工业大学学报（社会科学版），2020，19（05）：1 - 9，115.

[2]　陈虹. 流域法治何以可能：长江流域空间法治化的逻辑与展开 [J]. 中国人口·资源与环境，2019，29（10）：18 - 23.

[3]　屠建学. 黄河河道保护地方立法研究 [J]. 中国水利，2020（22）：44 - 47.

[4]　王彬，冯相昭. 我国现行流域立法及实施效果评价 [J]. 环境保护，2019，47（21）：25 - 28.

[5]　何艳梅.《长江保护法》关于流域管理体制立法的思考 [J]. 环境污染与防治，2020，42（08）：1054 - 1059.

[6]　吴浓娣，刘定湘.《黄河法》的功能定位及立法关键 [J]. 人民黄河，2020，42（08）：1 - 4，10.

[7]　南景毓. 长江流域立法的模式之变：从分散立法到综合立法 [J]. 广西社会科学，2020（08）：115 - 119.

[8]　董战峰，邱秋，李雅婷.《黄河保护法》立法思路与框架研究 [J]. 生态经济，2020，36（07）：22 - 28.

[9]　吕忠梅. 关于制定《长江保护法》的法理思考 [J]. 东方法学，2020（02）：79 - 90.

[10]　王清军. 我国流域生态环境管理体制：变革与发展 [J]. 华中师范大学学报·（人文社会科学版），2019，58（06）：75 - 86.

[11]　魏圣香，王慧. 长江保护立法中的利益冲突及其协调 [J]. 南京工业大学学报（社会科学版），2019，18（06）：11 - 22，111.

[12]　王文革，陈耿钊. 流域水资源可持续利用——长江保护法立法原则解读 [J]. 南京工业大学学报（社会科学版），2019，18（05）：1 - 15，111.

[13]　邱秋. 长江流域省界断面水质监测制度的运行实效与立法建议——基于监测数据的实证分析 [J]. 南京工业大学学报（社会科学版），2019，18（05）：30 - 41，111.

[14]　邱秋. 域外流域立法的发展变迁及其对长江保护立法的启示 [J]. 中国人口·资源与环境，2019，29（10）：11 - 17.

[15]　刘佳奇. 论长江流域政府间事权的立法配置 [J]. 中国人口·资源与环境，2019，29（10）：24 - 29.

[16]　吴昂，黄锡生. 流域生态环境功能区制度的整合与建构——以《长江保护法》制定为契机 [J]. 学习与实践，2019（08）：5 - 16.

[17] 张婕，钱卿，李柯.《黑河流域管理条例》立法刍议 [J]. 人民黄河，2019，41（07）：42-47.

[18] 何艳梅. 我国流域水管理法律体制的演变与发展 [J]. 水利经济，2020，38（06）：25-30，36，82.

[19] 刘康磊. 黄河流域协同立法的背景、模式及问题面向 [J]. 宁夏社会科学，2020（05）：67-72.

[20] 丘水林，靳乐山. 整体性治理：流域生态环境善治的新旨向——以河长制改革为视角 [J]. 经济体制改革，2020（03）：18-23.

[21] 赵莺燕，于法稳. 黄河流域水资源可持续利用：核心、路径及对策 [J]. 中国特色社会主义研究，2020（01）：52-62.

[22] 王树义，赵小姣. 长江流域生态环境协商共治模式初探 [J]. 中国人口·资源与环境，2019，29（08）：31-39.

[23] 吕志祥，成小江. 长江流域生态环境保护法治路径论析 [J]. 林业经济，2019，41（07）：36-40，47.

[24] 王建华. 生态大保护背景下长江流域水资源综合管理思考 [J]. 人民长江，2019，50（10）：1-6.

[25] 方兰，李军. 粮食安全视角下黄河流域生态保护与高质量发展 [J]. 中国环境管理，2019，11（05）：5-10.

[26] 彭祥. 黄河流域系统治理的对策建议 [J]. 中国水利，2020（17）：25-27.

[27] 彭本利，李爱年. 流域生态环境协同治理的困境与对策 [J]. 中州学刊，2019（09）：93-97.

[28] 郜国明，田世民，曹永涛，等. 黄河流域生态保护问题与对策探讨 [J]. 人民黄河，2020，42（09）：112-116.

[29] 肖洋，周思佳. 跨行政区划流域管理存在问题与对策 [J]. 中国水利，2020（10）：31-32，38.

[30] 薛澜，杨越，陈玲，等. 黄河流域生态保护和高质量发展战略立法的策略 [J]. 中国人口·资源与环境，2020，30（12）：1-7.

[31] 李奇伟. 流域综合管理法治的历史逻辑与现实启示 [J]. 华侨大学学报（哲学社会科学版），2019（03）：92-101.

[32] 余俊. 长江保护立法的体系化功能之思考 [J]. 江苏大学学报（社会科学版），2019，21（03）：46-52.

[33] 王敏. 长江保护地方立法的现状、问题与因应 [J]. 南京工业大学学报（社会科学版），2020，19（05）：37-47，115.

[34] 李云生，王浩，王昕竑，等. 长江流域生态环境治理的瓶颈及对策分析 [J]. 环境科学研究，2020，33（05）：1262-1267.

[35] 操小娟，龙新梅. 从地方分治到协同共治：流域治理的经验及思考——以湘渝黔交界地区清水江水污染治理为例 [J]. 广西社会科学，2019（12）：54-58.

[36] 赵卫，王敏. 流域生态系统治理机遇、挑战及建议 [J]. 环境保护，2019，47（21）：21-24.

[37] 王彬辉. 从碎片化到整体性：长江流域跨界饮用水水源保护的立法建议 [J]. 南京工业大学学报（社会科学版），2019，18（05）：16-29，111.

[38] 王孟，邱凉，邓瑞. 长江流域入河排污口监督管理长效机制研究 [J]. 人民长江，2019，50（09）：1-5，29.

[39] 吕忠梅. 建立"绿色发展"的法律机制：长江大保护的"中医"方案 [J]. 中国人口·资源与环境，2019，29（10）：1-10.

[40] 李松有. 基层流域治理的制度密码：围绕江汉平原河湖治理的讨论 [J]. 湖北民族大学学报（哲学社会科学版），2020，38（05）：8-19.

[41] 熊炜. 洞庭湖流域保护的立法问题研究 [J]. 湘潭大学学报（哲学社会科学版），2020，44（06）：105-109.

[42] 王清军，胡开杰. 我国流域环境管理的法治路径：挑战与应对 [J]. 南京工业大学学报（社会科学版），2020，19（05）：10-23，115.

[43] 顾向一，曾丽渲. 从"单一主导"走向"协商共治"——长江流域生态环境治理模式之变 [J]. 南京工业大学学报（社会科学版），2020，19（05）：24-36，115.

[44] 熊敏瑞，李昭阳. 长江流域生态环境立法问题研究——以长江大保护为背景 [J]. 生态经济，2020，36（10）：185-189.

[45] 姚文广. 黄河法立法必要性研究 [J]. 人民黄河，2020，42（09）：1-5.

[46] 李冰强. 流域生态修复与保护立法：现实困境与对策选择 [J]. 中州学刊，2020（05）：61-65.

[47] 雷超男，廖晓明. 跨界水环境政策执行受阻的博弈分析——以黄河流域水污染防治为例 [J]. 领导科学，2020（08）：27-31.

[48] 管光明，庄超，等. 跨流域调水管理与立法 [M]. 北京：科学出版社，2019.

[49] 徐辉，等. 基于生态系统管理的黑河流域法律政策能力评估 [M]. 北京：科学出版社，2019.

[50] 张大伟，徐辉，等. 黑河流域最严格水资源管理法规体系构建 [M]. 北京：科学出版社，2019.

[51] 闫大鹏，蔡明，郭鹏程，等. 南方沿海流域治理方略与规划研究 [M]. 郑州：黄河水利出版社，2019.

[52] 田宓. "水权"的生成——以归化城土默特大青山沟水为例 [J]. 中国经济史研究，2019（02）：111-123.

[53] 马素英，孙梅英，付银环，等. 河北省水权确权方法研究与实践探索 [J]. 南水北调与水利科技，2019，17（04）：94-103.

[54] 郭晖，范景铭，陈向东. 井灌区地下水水权交易机制与保障措施研究 [J]. 人民黄河，2019，41（06）：53-57.

[55] 沈大军，阿丽古娜，陈琛. 黄河流域水权制度的问题、挑战和对策 [J]. 资源科学，2020，42（01）：46-56.

[56] 田贵良. 关于水权交易全过程实行行业强监管的若干思考 [J]. 中国水利，2019（20）：45-47，57.

[57] 张建斌，李梦莹，朱雪敏. "以质易量"：水权交易改革的新维度——逻辑缘起、要件阐释、现实条件与制度保障 [J]. 西部论坛，2019，29（05）：93-100.

[58] 田贵良，李晓宇，印浩，等. 跨界水资源冲突协调的产权路径、博弈模型与案例仿真 [J]. 管理工程学报，2020，34（06）：173-182.

[59] 孙建光，韩桂兰. 塔河流域可转让农用水权分配的生态水权分配调整研究 [J]. 节水灌溉，2020（11）：83-86.

[60] 田贵良，盛雨，卢曦. 水权交易市场运行对试点地区水资源利用效率影响研究 [J]. 中国人口·资源与环境，2020，30（06）：146-155.

[61] 刘毅，张志伟. 中国水权市场的可持续发展组合条件研究 [J]. 河海大学学报（哲学社会科学版），2020，22（01）：44-52，106-107.

[62] 黄萍. 大保护背景下的长江水权问题探讨 [J]. 南京工业大学学报（社会科学版），2019，18（06）：1-10，111.

[63] 梁忠. 新中国成立 70 年来中国水权制度建设的回顾与展望 [J]. 中国矿业大学学报（社会科学版），2019，21（05）：68-81.

[64] 洪昌红，黄本胜，邱静，等. 我国储备水权的作用与配置模式 [J]. 水资源保护，2019，35（03）：44-47.

[65] 史煜娟. 西北民族地区水权交易制度构建研究——以临夏回族自治州为例 [J]. 西北师大学报（社会科学版），2019，56（02）：140-144.

[66] 单平基. 私法视野下的水权配置研究 [M]. 南京：东南大学出版社，2019.

[67]　潘海英，郑垂勇，等. 效率导向下水权市场交易机制设计与政府责任研究 ［M］. 北京：科学出版社，2020.

[68]　鲁冰清. 生态文明视野下我国水权制度的反思与重构 ［M］. 北京：中国社会科学出版社，2019.

[69]　陈金木，王俊杰，等. 水权交易制度建设 ［M］. 北京：中国水利水电出版社，2020.

[70]　张建斌，刘清华. 内蒙古沿黄地区水权交易的政府规制研究 ［M］. 北京：经济科学出版社，2019.

[71]　孙媛媛. 中国水权制度改革路径选择 ［M］. 北京：经济科学出版社，2019.

[72]　龚春霞. 水权制度研究——以水权权属关系为中心 ［M］. 武汉：湖北人民出版社，2019.

[73]　贾建辉，陈建耀，龙晓君. 水电开发对河流生态环境影响及对策的研究进展 ［J］. 华北水利水电大学学报（自然科学版），2019，40（02）：62 - 69.

[74]　芮晓霞，周小亮. 水污染协同治理系统构成与协同度分析——以闽江流域为例 ［J］. 中国行政管理，2020（11）：76 - 82.

[75]　韩兆柱，任亮. 京津冀跨界河流污染治理府际合作模式研究——以整体性治理为视角 ［J］. 河北学刊，2020，40（04）：155 - 161.

[76]　卢金友，林莉. 汉江生态经济带水生态环境问题及对策 ［J］. 环境科学研究，2020，33（05）：1179 - 1186.

[77]　杨志，牛桂敏. 流域视角下京津冀水污染协同治理路径探析 ［J］. 人民长江，2019，50（09）：6 - 12.

[78]　牛桂敏，郭珉媛，杨志. 建立水污染联防联控机制 促进京津冀水环境协同治理 ［J］. 环境保护，2019，47（02）：64 - 67.

[79]　胡颖，邓义祥，郝晨林，等. 我国应逐步实施基于水质的排污许可管理 ［J］. 环境科学研究，2020，33（11）：2507 - 2514.

[80]　武萍，李颖. 法律视角下我国水污染防治模式转变机制研究 ［J］. 法学杂志，2020，41（05）：84 - 90.

[81]　潘佳. 我国排污许可设定法律审视及转向 ［J］. 河海大学学报（哲学社会科学版），2020，22（01）：99 - 104，108.

[82]　于铭. 我国水污染物排放等量减量置换制度的完善 ［J］. 中州学刊，2020（02）：53 - 58.

[83]　尹炜，裴中平，辛小康. 现行水污染物总量控制制度存在的问题及对策研究 ［J］. 人民长江，2019，50（08）：1 - 5，19.

[84]　马乐宽，谢阳村，文宇立，等. 重点流域水生态环境保护"十四五"规划编制思路与重点 ［J］. 中国环境管理，2020，12（04）：40 - 44.

[85]　王金南，孙宏亮，续衍雪，等. 关于"十四五"长江流域水生态环境保护的思考 ［J］. 环境科学研究，2020，33（05）：1075 - 1080.

[86]　李涛，王洋洋. 中国水环境质量达标规划制度评估研究 ［J］. 青海社会科学，2020（01）：64 - 72.

[87]　秦昌波，李新，容冰，等. 我国水环境安全形势与战略对策研究 ［J］. 环境保护，2019，47（08）：20 - 23.

[88]　白荣君. 我国新农村水生态文明实现的法律制度研究——以陕西为例 ［J］. 农业经济，2020（08）：53 - 54.

[89]　秦鹏，徐海俊. 水产养殖污染防治的现实困境与规范进路 ［J］. 农村经济，2019（12）：88 - 95.

[90]　叶子涵，朱志平. 农村水环境污染及其治理："单赢"之困与"共赢"之法 ［J］. 农村经济，2019（08）：96 - 102.

[91]　徐敏，张涛，王东，等. 中国水污染防治 40 年回顾与展望 ［J］. 中国环境管理，2019，11（03）：65 - 71.

[92] 高爽，张磊，陈婷，等. 太湖流域水环境治理：决策机制、绩效评估及政策建议 [M]. 北京：中国环境科学出版社，2019.

[93] 屈振辉. 河流伦理与流域生态补偿立法 [J]. 华北水利水电大学学报（社会科学版），2019，35（01）：89 - 95.

[94] 何理，赵文仪，侯保俊，等. 地下水生态补偿机制的回顾与探索 [J]. 水资源与水工程学报，2020，31（05）：1 - 6.

[95] 王会，杨光，程宝栋. 长三角地区省级流域生态补偿制度研究 [J]. 环境保护，2020，48（20）：24 - 30.

[96] 孙宏亮，巨文慧，杨文杰，等. 中国跨省界流域生态补偿实践进展与思考 [J]. 中国环境管理，2020，12（04）：83 - 88.

[97] 董战峰，郝春旭，璩爱玉，等. 黄河流域生态补偿机制建设的思路与重点 [J]. 生态经济，2020，36（02）：196 - 201.

[98] 杨荣金，张一，李秀红，等. 创新永定河流域生态补偿机制，助力京津冀协同发展 [J]. 生态经济，2019，35（12）：134 - 138.

[99] 邵莉莉. 跨界流域生态系统利益补偿法律机制的构建——以区域协同治理为视角 [J]. 政治与法律，2020（11）：90 - 103.

[100] 沈满洪，谢慧明. 跨界流域生态补偿的"新安江模式"及可持续制度安排 [J]. 中国人口·资源与环境，2020，30（09）：156 - 163.

[101] 何理，冯立阳，赵文仪，等. 关于我国流域横向生态补偿机制的回顾与探索 [J]. 环境保护，2019，47（18）：32 - 38.

[102] 刘加伶，时岩钧，刘冠伸. 水资源开发利用生态补偿研究——以重庆市万州区为例 [J]. 人民长江，2020，51（10）：80 - 87.

[103] 杨玉霞，闫莉，韩艳利，等. 基于流域尺度的黄河水生态补偿机制 [J]. 水资源保护，2020，36（06）：18 - 23，45.

[104] 郑湘萍，何炎龙. 我国生态补偿机制市场化建设面临的问题及对策研究 [J]. 广西社会科学，2020（04）：66 - 72.

[105] 时润哲，李长健. 空间正义视角下长江经济带水资源生态补偿利益协同机制探索 [J]. 江西社会科学，2020，40（03）：49 - 59，254 - 255.

[106] 刘铁龙. 渭河基流保障生态补偿及调度方案层次化分析 [J]. 人民黄河，2020，42（03）：40 - 43.

[107] 孔猛. 右江流域水生态补偿机制研究初探 [J]. 中国农村水利水电，2020（01）：43 - 47.

[108] 崔晨甲，李森，高龙，等. 流域横向水生态补偿政策现状及实践特征 [J]. 水利水电技术，2019，50（S2）：116 - 120.

[109] 于鹏. 多元共治下的民间水资源生态保护补偿：社会意愿与治理模式 [J]. 城市发展研究，2019，26（11）：116 - 124.

[110] 毕建培，刘晨，林小艳. 国内水流生态保护补偿实践及存在的问题 [J]. 水资源保护，2019，35（05）：114 - 119.

[111] 李燃，包景岭，罗彦鹤，等. 于桥水库饮用水源地生态补偿机制研究 [J]. 人民黄河，2019，41（11）：26 - 29，75.

[112] 李长健，赵田. 水生态补偿横向转移支付的境内外实践与中国发展路径研究 [J]. 生态经济，2019，35（08）：176 - 180.

[113] 郝春旭，赵艺柯，何玥，等. 基于利益相关者的赤水河流域市场化生态补偿机制设计 [J]. 生态经济，2019，35（02）：168 - 173.

[114] 李奇伟. 我国流域横向生态补偿制度的建设实施与完善建议 [J]. 环境保护，2020，48（17）：27 - 33.

［115］ 陈玉梅，李德学. 长江经济带流域生态保护补偿制度的立法完善［J］. 云南民族大学学报（哲学社会科学版），2020，37（04）：153－160.

［116］ 才惠莲. 我国跨流域调水生态补偿法律体系的完善［J］. 安全与环境工程，2019，26（03）：16－21.

［117］ 耿翔燕. 流域双向生态补偿机制研究［M］. 北京：经济科学出版社，2020.

［118］ 匡尚毅，黄涛珍. 制度变迁视角下河长制分析［J］. 中国农村水利水电，2019（02）：7－10.

［119］ 钟凯华，陈凡，角媛梅，等. 河长制推行的时空历程及政策影响［J］. 中国农村水利水电，2019（09）：106－110，120.

［120］ 田鸣，张阳，汪群，等. 河（湖）长制推进水生态文明建设的战略路径研究［J］. 中国环境管理，2019，11（06）：32－37.

［121］ 朱德米. 中国水环境治理机制创新探索——河湖长制研究［J］. 南京社会科学，2020（01）：79－86，115.

［122］ 郝亚光. 公共性建构视角下"民间河长制"生成的历史逻辑——基于"深度中国调查"的事实分析［J］. 河南大学学报（社会科学版），2020，60（02）：15－21.

［123］ 曾璐，毛春梅. 基于行政与民间途径的双轨河长制构建［J］. 中国农村水利水电，2019（05）：91－94.

［124］ 冷涛. 府际学习："河长制"政策创新的核心动力［J］. 人民论坛，2019（18）：42－43.

［125］ 郝亚光. 公共责任制：河长制产生与发展的历史逻辑［J］. 云南社会科学，2019（04）：60－66.

［126］ 阚琳. 整体性治理视角下河长制创新研究——以江苏省为例［J］. 中国农村水利水电，2019（02）：39－43.

［127］ 唐见，曹慧群，何小聪，等. 河长制在促进完善流域生态补偿机制中的作用研究［J］. 中国环境管理，2019，11（01）：80－83.

［128］ 吕志奎，戴倚琳. 基于话语分析的河长制治理机制研究［J］. 天津行政学院学报，2019，21（04）：19－26，69，2.

［129］ 肖建忠，赵豪. 河湖长制能否起到保护水资源的作用？——基于湖北省经验数据［J］. 华中师范大学学报（自然科学版），2020，54（04）：596－603.

［130］ 孟俊彦，王婷，张杰. 政策扩散视角下河湖长制政策再创新研究［J］. 人民黄河，2020，42（10）：60－63，69.

［131］ 王园妮，曹海林. "河长制"推行中的公众参与：何以可能与何以可为——以湘潭市"河长助手"为例［J］. 社会科学研究，2019（05）：129－136.

［132］ 马鹏超，朱玉春. 河长制推行中农村水环境治理的公众参与模式研究［J］. 华中农业大学学报（社会科学版），2020（04）：29－36，175.

［133］ 周琴慧，童道辉，韩雷. 河（湖）长制背景下贵州省河湖治理成效和思考［J］. 灌溉排水学报，2020，39（S2）：115－118.

［134］ 刘华涛. 基层河长湖长的工作思路方法［J］. 华北水利水电大学学报（社会科学版），2020，36（03）：1－5.

［135］ 郝亚光，万婷婷. 共识动员：河长制激活公众责任的框架分析［J］. 广西大学学报（哲学社会科学版），2019，41（04）：133－140.

［136］ 吕志奎，蒋洋，石术. 制度激励与积极性治理体制建构——以河长制为例［J］. 上海行政学院学报，2020，21（02）：46－54.

［137］ 李永健. 全面推行河长制的困境与未来出路［J］. 华北水利水电大学学报（社会科学版），2019，35（01）：34－38.

［138］ 陈晓，郎劢贤，刘卓. 建立健全激励长效机制 推动河长制湖长制从"有名"到"有实"［J］.

中国水利，2020 (14)：1-3.

[139]　寇晓东，汪红. 政策扩散视角下西北地区河长制的创新影响因素研究 [J]. 中国水利，2020 (10)：16-18.

[140]　丰云. 河长制责任机制特点、困境及完善策略 [J]. 中国水利，2019 (16)：16-19，51.

[141]　孙继昌. 河长制湖长制的建立与深化 [J]. 中国水利，2019 (10)：1-4.

[142]　吴志广. 河长制下采砂管理存在的问题及对策思考 [J]. 中国水利，2019 (10)：11-13.

[143]　吕志祥，成小江. 基于流域治理的河长制路径探索 [J]. 中国水利，2019 (02)：12-14.

[144]　张树德，马彬. 河长制湖长制助力宁夏黄河流域生态保护和高质量发展先行区建设 [J]. 中国水利，2020 (20)：28-30.

[145]　付莎莎，温天福，成静清，等. 河长制管理体制内涵与发展趋势探讨 [J]. 中国水利，2019 (06)：8-10.

[146]　沈亚平，韩超然. 制度性集体行动视域下"河长制"协作机制研究——以天津市为例 [J]. 理论学刊，2020 (06)：76-85.

[147]　曹新富，周建国. 河长制何以形成：功能、深层结构与机制条件 [J]. 中国人口·资源与环境，2020，30 (11)：179-184.

[148]　王力，孙中义. 河长制的环境与经济双重红利效应研究——基于长江经济带河长制政策实施的准自然实验 [J]. 软科学，2020，34 (11)：40-45.

[149]　万婷婷，郝亚光. 层级问责：河长制塑造河长治的政治表达 [J]. 广西大学学报（哲学社会科学版），2020，42 (04)：81-86.

[150]　徐莺. 整体性治理视域下广西河长制的经验、问题与优化路径 [J]. 广西大学学报（哲学社会科学版），2020，42 (04)：87-94.

[151]　詹国辉，熊菲. 河长制实践的治理困境与路径选择 [J]. 经济体制改革，2019 (01)：188-194.

[152]　王雅琪，赵珂. 黄河流域治理体系中河长制的适配与完善 [J]. 环境保护，2020，48 (18)：56-60.

[153]　吴志广，汤显强. 河长制下跨省河流管理保护现状及联防联控对策研究——以赤水河为例 [J]. 长江科学院院报，2020，37 (09)：1-7.

[154]　郭兆晖，钱雄峻，张弓. 河长制在河流治污实践中存在的难题分析 [J]. 行政管理改革，2020 (08)：50-55.

[155]　周建国，曹新富. 基于治理整合和制度嵌入的河长制研究 [J]. 江苏行政学院学报，2020 (03)：112-119.

[156]　曹新富，周建国. 河长制促进流域良治：何以可能与何以可为 [J]. 江海学刊，2019 (06)：139-148.

[157]　詹云燕. 河长制的得失、争议与完善 [J]. 中国环境管理，2019，11 (04)：93-98.

[158]　李永健. 河长制：水治理体制的中国特色与经验 [J]. 重庆社会科学，2019 (05)：51-62.

[159]　颜海娜，曾栋. 河长制水环境治理创新的困境与反思——基于协同治理的视角 [J]. 北京行政学院学报，2019 (02)：7-17.

[160]　陈涛. 治理机制泛化——河长制制度再生产的一个分析维度 [J]. 河海大学学报（哲学社会科学版），2019，21 (01)：97-103，108.

[161]　张治国. 河长制立法：必要性、模式及难点 [J]. 河北法学，2019，37 (03)：29-41.

[162]　谷丽雅，侯小虎，张林若. 澳大利亚墨累-达令流域水改革实践经验及启示 [J]. 中国水利，2020 (23)：55-57.

[163]　伊璇，金海，胡文俊. 国外水权制度多维度对比分析及启示 [J]. 中国水利，2020 (05)：40-43，11.

[164]　丁超. 乌兹别克斯坦水资源困境及改革的路径选择 [J]. 世界农业，2019 (09)：12-20，135.

[165]　闫欣，冯园林. 墨尔本城市水资源综合管理模式的发展与应用 [J]. 建筑经济，2020，41（S1）：335 - 337.

[166]　齐跃明，杨雅琪，李鑫，等. 中美水资源研究现状与发展展望 [J]. 西南师范大学学报（自然科学版），2019，44（05）：95 - 102.

[167]　刘超，闫强，赵汀，等. 美国水资源管理体制、全球战略及对中国启示 [J]. 中国矿业，2019，28（12）：28 - 33.

[168]　杰克·图侯斯基，宋京霖. 美国流域治理与公益诉讼司法实践及其启示 [J]. 国家检察官学院学报，2020，28（01）：162 - 176.

[169]　杨胜兰. 印度农业用水对其水安全的影响及应对措施与启示 [J]. 世界农业，2020（02）：81 - 91，140.

[170]　马冰，董飞，彭文启，等. 中美排污许可证制度比较及对策研究 [J]. 中国农村水利水电，2019（12）：69 - 74.

[171]　谢伟. 美国国家污染物排放消除系统许可证管理制度及其对我国排污许可证管理的启示 [J]. 科技管理研究，2019，39（03）：238 - 245.

[172]　李雯，左其亭，李东林，等. "一带一路"主体水资源区国家水资源管理体制对比 [J]. 水电能源科学，2020，38（03）：49 - 53.

[173]　生态环境部对外合作与交流中心. 水环境管理国际经验研究之加拿大 [M]. 北京：中国环境科学出版社，2019.

[174]　胡德胜，孙睿恒，许胜晴. 国际水法对长江流域立法的启示和意义 [J]. 自然资源学报，2020，35（02）：425 - 437.

[175]　鲍家志. 澜湄国际河流水权的建构逻辑 [J]. 社会科学家，2019（05）：116 - 122.

[176]　孔令杰. 国际水道法相关国际判例研究 [J]. 边界与海洋研究，2020，5（02）：5 - 58.

[177]　陈霁巍. 中国跨界河流合作回顾与展望 [J]. 边界与海洋研究，2019，4（05）：60 - 70.

[178]　吴圣楠，雷雨，张汶海，等. 澜沧江-湄公河流域洪水灾害防治合作回顾及建议 [J]. 科技导报，2020，38（16）：80 - 87.

[179]　何艳梅. 国际河流环境影响评价中的国家利益衡平 [J]. 太平洋学报，2020，28（08）：27 - 42.

[180]　周海炜，郑力源，郭利丹. 国际河流流域组织发展历程及对中国的启示 [J]. 资源科学，2020，42（06）：1148 - 1161.

[181]　张亦弛，曹辉，陈江龙，等. 国际河流流域组织研究述评与展望 [J]. 热带地理，2019，39（06）：919 - 930.

[182]　邢鸿飞，王志坚. 湄公河水安全问题初探 [J]. 世界经济与政治论坛，2019（06）：154 - 165.

[183]　任俊霖，彭梓倩，孙博文，等. 澜湄水资源合作机制 [J]. 自然资源学报，2019，34（02）：250 - 260.

[184]　匡洋，李浩，杨泽川. 湄公河干流水电开发事前磋商机制 [J]. 自然资源学报，2019，34（01）：54 - 65.

[185]　林灿铃. 跨界突发性水污染国家责任构建 [J]. 政治与法律，2019（11）：126 - 135.

[186]　胡翊. 基于"去安全化"视角下中印跨界水资源的合作 [J]. 印度洋经济体研究，2019（03）：70 - 85，153 - 154.

[187]　朱新光，朱雅宾. 国际法视域下中亚水合作机制评析 [J]. 国际观察，2020（03）：86 - 108.

[188]　葛勇平，苏铭煜. 公平合理利用原则在国际水法中的适用局限及其反思 [J]. 河海大学学报（哲学社会科学版），2020，22（01）：91 - 98，108.

[189]　尹君. 美国非政府组织参与湄公河流域国家社会治理的机制研究 [J]. 南洋问题研究，2019（03）：41 - 50.

[190] 沈桂花. 莱茵河水资源国际合作治理困境与突破 [J]. 水资源保护，2019，35（06）：37-43.

[191] 刘华. 澜湄水资源公平合理利用路径探析 [J]. 云南大学学报（社会科学版），2019，18（02）：131-137.

[192] 何艳梅. 国际水法调整下的跨国流域管理体制 [J]. 边界与海洋研究，2020，5（06）：53-79.

[193] 冯彦. 国际河流水资源利用与管理（上）[M]. 北京：科学出版社，2019.

[194] 吴宏伟. 中亚水资源与跨界河流问题研究 [M]. 北京：中国社会科学出版社，2019.

[195] 郭延军. 澜湄水资源合作：从多元参与到多层治理 [M]. 北京：世界知识出版社，2020.

[196] 杨珍华. 中印跨界水资源开发利用法律问题研究 [M]. 武汉：武汉大学出版社，2020.

[197] 向往，秦鹏. 节约集约利用理念在黄河水资源保护立法中的应用探析 [J]. 环境保护，2020，48（Z1）：47-49.

[198] 杨涛. 共治式协商：跨村河流协商治理的内在机制研究——基于华北席村的形态调查 [J]. 山东社会科学，2019（01）：82-87.

[199] 刘定湘，罗琳，严婷婷. 水资源国家所有权的实现路径及推进对策 [J]. 水资源保护，2019，35（03）：39-43.

[200] 李璨，王建众，唐克银. 山东强化水资源最大刚性约束的实践与思考 [J]. 中国水利，2020（13）：45-48.

[201] 佟长福，李和平，刘海全，等. 水资源高效利用实践与可持续利用对策——以鄂尔多斯杭锦旗为例 [J]. 中国农村水利水电，2019（10）：70-74，80.

[202] 刘定湘，樊霖，郭姝姝. 论河湖刑法保护制度之构建 [J]. 人民长江，2020，51（08）：50-54，77.

[203] 郭甜，黄锡生. 包容性发展视角下饮用水水源保护区的治理与完善 [J]. 中国人口·资源与环境，2020，30（05）：167-176.

[204] 姜潇. 《排污许可管理条例（草案征求意见稿）》评析 [J]. 中国政法大学学报，2019（01）：32-42，206.

[205] 落志筠. 生态流量的法律表达及制度实现 [J]. 中国人口·资源与环境，2020，30（01）：113-119.

[206] 王凤婷，熊立春，于畅. 水资源"农转非"研究进展与展望 [J]. 中国农业大学学报，2020，25（03）：173-182.

[207] 成波，杨梦斐，杨寅群，等. 长江流域生态流量监督管理探索与实践 [J]. 人民长江，2020，51（09）：51-55，188.

[208] 郭晖，陈向东，董增川，等. 基于合同节水管理的水权交易构建方法 [J]. 水资源保护，2019，35（03）：33-38，62.

[209] 张伟中，何红生，朱永中. 河长制框架下黄河河道管理联防联控机制建设 [J]. 人民黄河，2019，41（05）：16-18，22.

[210] 陈禹衡. 论河长触犯环境监管失职罪的刑法适用 [J]. 华北水利水电大学学报（社会科学版），2019，35（03）：68-72.

[211] 张春园，赵勇. 实施污水资源化是保障国家高质量发展的需要 [J]. 中国水利，2020（01）：1-4.

[212] 朱党生，张建永. 推进我国水资源保护工作的思考及重点 [J]. 中国水利，2019（17）：17-20.

[213] 付浩龙，李亚龙，余琪. 河长制湖长制背景下加强农村水利工作的思考 [J]. 中国水利，2019（13）：42-44.

[214] 王浩，胡春宏，王建华. 我国水安全战略和相关重大政策研究 [M]. 北京：科学出版社，2019.

[215] 庞靖鹏，唐忠辉，严婷婷，等. 节水理论创新与政策实践研究 [M]. 北京：中国水利水电出版

社，2020.

[216] 赵钟楠，李原园，黄火键，等. 水生态文明建设战略——理论、框架与实践 [M]. 北京：中国水利水电出版社，2020.

[217] 李肇桀，等. 再生水利用政策法规与制度建设 [M]. 北京：中国水利水电出版社，2020.

[218] 王孟，刘兆孝，邱凉. 地方水资源保护立法理论与实践 [M]. 武汉：长江出版社，2020.

第9章　水文化研究进展报告

9.1　概述

9.1.1　背景与意义

（1）水是文明之源。在中国，水的作用更加明显。中华民族是一个有着五千年灿烂历史的民族。在认识和改造自然的过程中，先民创造了既绚烂多姿又具有独特内涵的中华传统文化。而水，不仅影响了中国文化的产生，而且随着历史的演进，已成为中国文化所阐释的一个重要"对象主体"并使这一文化体系产生一种特异的艺术光彩。中国古代的易学、儒家以及道家等学派的思想中都有着深厚的水文化思想。因此，中国水文化不仅是中华文化的重要组成部分，也是全人类文化宝库中的瑰宝。

（2）新中国成立70年以来，我国水文化建设取得了丰硕的成果。1995年，成立了中国水利文协水文化研究会，现在更名为水文化工作委员会。这是目前唯一的全国性水文化的社团组织。2008年水利部举办了首届中国水文化论坛，2009年成立了中华水文化专家委员会。为了贯彻党的十七大和十七届六中全会的精神，水利部制订并颁布了《水文化建设规划纲要（2011—2020年）》。规划纲要立足水行业，辐射全社会，对水文化建设的必要性、指导思想、原则目标、主要任务、保障措施都做了明确规定，成为全国水文化建设的行动纲领，水行业振兴的精神动力。

（3）研究水文化，认识水文化，营造水文化，弘扬水文化，对于增强全社会的爱水、亲水、节约水、保护水的意识，转变用水观念和经济增长方式，创新发展模式，形成良好的社会风尚和社会氛围，遵循水的自然规律和社会经济规律，规范人类行为，实现自律式发展，科学地开发利用、节约保护水资源，建设资源节约型、环境友好型社会，从容应对水危机，促进人水和谐，以水资源的可持续利用保证社会经济环境的可持续发展，实现中华民族伟大复兴都具有十分重要的现实意义和深远的历史意义。

9.1.2　标志性成果或事件

（1）2019年2月13日，水利部印发了《水利部关于印发新时代水利精神的通知》，确定新时代水利精神表述语是"忠诚、干净、担当，科学、求实、创新"，并对新时代水利精神内涵进行了诠释。新时代水利精神充分体现了历史的传承性、发展的时代性、行业的独特性，在表述中将"做人"层面和"做事"层面分别做出概括："忠诚"是水利人的政治品格；"干净"是水利人的道德底线；"担当"是水利人的职责所系；"科学"是水利事业发展的本质特征；"求实"是水利事业发展的作风要求；"创新"是水利事业发展的动力源泉。新时代水利精神凝聚水利灵魂，代表水利形象，彰显水利文化，引领水利未来，是对历史文化的沉淀与深化，更是水利人的精神引领与精神坐标。

（2）2019年3月22日是第二十七届"世界水日"，3月22—28日是第三十二届"中国水周"。联合国确定 2019 年"世界水日"的宣传主题为"Leaving no one behind"（不让任何一个人掉队）。我国纪念 2019 年"世界水日"和"中国水周"活动的宣传主题为"坚持节水优先，强化水资源管理"。在"世界水日"当天，中国水利学会、中国水利水电出版社、中国水利水电科学研究院、北京市房山区水务局、北京市房山区教委、北京万方程科技有限公司等多家单位携手北京工商大学附属中学，举办了"全国中小学生水素养大讲堂——生命之水"科普讲座活动。

（3）2019 年 4 月 24—26 日，2019 年全国水情教育与水文化业务培训班在贵阳开课，来自全国水利系统和国家水情教育基地的 90 余人参与培训学习。此次培训班是由水利部宣传教育中心主办，采取集中授课、交流研讨和实地考察相结合的方式进行。邀请了水利部相关司局和单位领导与水文化专家现场授课。培训内容包括：新时代水利精神的传承与弘扬，中外水文明比较与启示，中国古代灌溉工程遗产价值探析，水文化遗产的保护与利用是我国水文化建设的当务之急，中国全球重要农业文化遗产保护与发展实践，水文化研学活动的策划，三峡水情教育活动经验分享等。

（4）2019 年 5 月 13 日，2019 年白鹤梁国际学术研讨会在重庆涪陵举行。此次研讨会以"通过水文化遗产理解人类文明"为主题，旨在推动水文化遗产的保护、展示，探索水与人类文明更亲密的可持续发展。

（5）2019 年 7 月 6 日，在阿塞拜疆首都巴库召开的第 43 届世界遗产大会上，中国世界文化遗产提名项目"良渚古城遗址"被列入《世界遗产名录》。至此，中国世界遗产总数达到 55 处。

（6）2019 年 9 月 6 日，在印度尼西亚巴厘召开的国际灌排委员会第 70 届国际执行理事会全体会议上公布了 2019 年（第六批）世界灌溉工程遗产名录。内蒙古河套灌区、江西抚州千金陂 2 个项目入选世界灌溉工程遗产，我国的世界灌溉工程遗产已达 19 项。国际灌排委员会第 71 届执行理事会于 2020 年 12 月 7—8 日以线上视频会议的形式举办。第 71 届执行理事会公布了 2020 年世界灌溉工程遗产名录，我国申报的 4 项水利工程全部成功入选，分别是福建省福清天宝陂、陕西省龙首渠引洛古灌区、浙江省金华白沙溪三十六堰、广东省佛山桑园围。至此，我国的世界灌溉工程遗产总数已达 23 项。

（7）2019 年 10 月 25 日，2019 年全国水利博物馆联盟会议于涪陵正式举行。本次会议以"传承与发展——新时代水文化遗产保护和利用"为主题。全国水利博物馆联盟成立于 2017 年，旨在促进水利遗产保护和水文化研究成果的共享与转化，为水利改革发展提供精神力量和文化支撑。本次会议由全国水利博物馆联盟、重庆市水利局、重庆中国三峡博物馆主办，重庆白鹤梁水下博物馆、重庆市涪陵区水利局、重庆市涪陵区文化和旅游发展委员会承办，来自全国各地水利、水文领域的 70 余名专家、学者齐聚于此，为水文化遗产保护建言献策。

（8）2019 年 11 月 14 日，中国水利博物馆联合杭州市云谷学校开展主题为"一滴水的旅程"青少年科普体验活动。在博物馆科普老师的带领下参观博物馆"水与人类文明""水利千秋基本陈列"展区，了解一滴水从诞生开始，与生命、人类文明的渊源；聆听、观看水汇聚成河流，再流过农田、大坝、运河、水渠，思考水与生产、生活的关系；通过寻找"中国河流""一滴水的旅程"互动课堂和亲手做"春米水车模型"等系列体验，感受小小水滴从小溪汇成河流，滋润大地，再流入古代水利机具，作为一种大大的能量，进行劳作的旅程，体会水的重要性。

（9）2019年12月10—11日，为贯彻落实习近平总书记在黄河流域生态保护和高质量发展座谈会上的重要讲话以及关于"坚持文化自信，推动社会主义文化繁荣"论述的精神，进一步加强水文化建设工作，促进水文化的发展与繁荣，探讨讲好"黄河故事"的方法、思路和举措，由水利部宣教中心主办的黄河文化座谈会暨水文化工作研讨会在浙江水利水电学院举行。

（10）2020年3月22日是第二十八届"世界水日"，3月22—28日是第三十三届"中国水周"。联合国确定2020年"世界水日"的主题为"Water and climate change"（水与气候变化）。经研究确定，我国纪念2020年"世界水日"和"中国水周"活动的主题为"坚持节水优先，建设幸福河湖"。

（11）2020年6月29日，中国水利职工思想政治工作研究会下发《关于调整中华水文化专家委员会的通知》（水思政〔2020〕7号）。为充分发挥中华水文化专家委员会（以下简称专委会）的研究咨询作用，凝聚水文化专家的智慧力量，搭建有效发挥水文化专家作用的平台，更好满足水利改革发展新实践对水文化专家人才队伍建设的新要求，按照水利部党组的工作部署，新一届专委会设主任委员1人、副主任委员6人，分理论研究组、生态工程组、遗产保护组、教育传播组，共70人。专委会是水利系统水文化建设的人才专家库，主要任务是深入贯彻"十六字"治水思路和水利改革发展总基调，对水利系统水文化建设的重大项目、重大研究课题进行研究、论证、评估，对水文化建设中重要决策和规划开展调查研究、咨询评议，对水文化建设与发展提出相关建议。

（12）2020年11月10日，中国水利政研会在南京召开2020年度水利思想文化建设经验交流会暨中国水利政研会常务理事会议，回顾今年工作，分析当前形势，部署下一阶段任务。

（13）2020年11月14日，习近平总书记在主持召开的全面推动长江经济带发展座谈会上指出，要把修复长江生态环境摆在压倒性位置，构建综合治理新体系，统筹考虑水环境、水生态、水资源、水安全、水文化和岸线等多方面的有机联系，推进长江上中下游、江河湖库、左右岸、干支流协同治理，改善长江生态环境和水域生态功能，提升生态系统质量和稳定性。这是党和国家领导人首次公开提及"水文化"概念，标志着水文化历经30余年发展逐渐提升到国家战略层面，具有重要里程碑意义。

（14）2020年12月11日，水利青年"深研总基调·建功新时代"竞赛活动决赛在京举办。这次竞赛活动是水利部党组深入贯彻落实习近平总书记关于治水工作的重要论述精神和党中央关于实施"青年理论学习提升工程"的部署要求，组织水利系统广大青年干部职工深研践行"水利工程补短板、水利行业强监管"水利改革发展总基调而举办的一次竞赛活动。决赛包括成果展示、必答题、共答题、接力题、抢答题和挑战题等6个环节。水利部机关各司局、在京直属各单位、华北水利水电大学等的负责同志和部机关公务员现场观看决赛，水利系统广大干部职工通过网络直播同步观赛，共计24.6万人次观看直播。

（15）2020年12月26日，中国长江文化研究院科研协作暨长江生态文化研讨会在武汉召开，由湖北大学中国长江文化研究院牵头组建的中国长江文化研究院科研协作体宣告成立。来自水利部宣传教育中心、长江水利委员会、汉江师范学院、重庆白鹤梁水下博物馆、贵州省旅游规划设计院、陕西林业生态研究院、河海大学、西南林业大学等单位专家学者 40 余人参加会议。中国长江文化研究院科研协作体成立以后，将侧重于长江流域水文化、森林文化和流域社会发展的研究工作，深入研究长江水文化的内涵、特征、传承、运用和建设，丰富长江文化研究和传承发展的内涵。研讨会上举行了《水历史和水文明研究》集刊首发式。该集刊是中国第一本聚焦于水历史和水文明研究的集刊，用中英文同时刊发中外学者原创性论文。

9.1.3 本章主要内容介绍

本章是有关水文化研究进展的专题报告，主要内容包括以下几部分。

（1）对水文化研究的背景及意义、有关水文化 2019—2020 年标志性成果或事件、本章主要内容以及有关说明进行简单概述。

（2）本章从第 9.2 节开始按照水文化研究内容进行归纳编排，主要内容包括：水文化遗产研究进展、水文化理论研究进展、水文化传播研究进展、旅游水文化研究进展、地域水文化研究进展、水文化学术动态。最后简要归纳 2019—2020 年进展与 2017—2018 年进展的对比分析结果。

9.1.4 其他说明

在广泛阅读相关文献的基础上，系统梳理了最近两年对水文化的研究成果。因为相关文献很多，本书只列举最近两年有代表性的文献，且所引用的文献均列入参考文献中。

9.2 水文化遗产研究进展

水文化遗产是我们中华民族宝贵的文化资源，是中华民族五千年来智慧的结晶。加强对水文化遗产的研究和整理，使中华民族宝贵的水文化遗产得到传承和发展。水文化遗产研究借助现代技术方法，从水利工程遗产、水文化遗产保护与开发、水文化非物质文化遗产传承等方面，取得了诸多成果。从总体来看，关于理论性、标志性研究的成果较少，主要是物质文化遗产调查和非物质文化遗产传承方面的研究。以下仅列举有代表性的文献仅供参考。

（1）祁玲等在《都江堰水文化传承与发展研究》[1] 一文中，认为都江堰水利工程的修建，灌溉了成都平原，成就了成都"天府之国"的美称。水文化已成为都江堰城市文化之魂、经济发展之基和生态环境之根，其水文化历史悠久，表现形式多样，无论是水物质文化，还是水精神文化都独具魅力，且与城市发展息息相关。文章从文化传承与发展的路径探索入手，提出了都江堰传承和发展水文化可以从开展水文化传承普及工程、设立水文化协同创新中心以及创建水生态文明示范基地等措施入手，打造独一无二的都江堰水文化品牌，更充分地发挥都江堰水文化的作用与潜能。

（2）万金红在《保护黄河水文化遗产，讲好"黄河故事"》[2] 一文中，认为讲好"黄河故事"就是要扎实推进黄河文化遗产保护利用、建设健全黄河流域水利风景区和强化黄河文化的传播表达。

（3）万金红等在《遗产型水利风景区建设刍议》[3]一文中，指出遗产型风景区建设是近年来水利风景区建设的重要方向。我国丰富的水利遗产资源为大规模建设遗产型水利风景区提供了可能性。在分析建设遗产型水利风景区的可行性基础上，提出只有保留好水利遗产的原真性，协调好遗产保护与利用的关系，才能有助于遗产型水利风景区建设。

（4）杨帆在《文化遗产保护视角下合肥市水利旅游开发研究》[4]一文中，指出合肥市一带湖泊河流水系众多，在长期的社会发展中，建设并保留了大量水利工程与文化遗存，形成了与之相关的信仰、民俗等，积累了深厚的水利文化遗产，成为水利旅游发展的主要载体和文化遗产保护的重要对象。随着"大湖名城"新战略位置的调整，该市在水利文化遗产保护和旅游开发中面临的问题与机遇并存。建议活化保护与开发，在开发思路上与水利文化旅游空间营造相结合，与乡村振兴相吻合，与弘扬中国精神、加强研学旅游相匹配。

（5）马东春等在《北京水文化与城市发展研究》[5]一文中，提出水与城的关系密不可分，人类在城市发展历程中形成了独特丰富的水文化。文章通过分析探讨水文化内涵，总结了北京在城市发展过程中水文化遗存类型丰富、数量众多、分布集中、特色鲜明等特点，并提炼了永定河文化、皇城水系文化、漕运文化等北京水文化历史发展的3条主线，剖析了北京水文化遗产在城市发展中的水文化遗产界定和管理、保护和利用的关系、传承和创新的关系等关键问题，在此基础上提出了丰富完善水文化内涵、明确职责建立机制、做好规划和设计、加强传播和教育等相关政策建议。

（6）薛华在《黄河水文化遗产的主要类型及其价值》[6]一文中，指出黄河文化遗产，是一个非常宽泛的概念，涉及方方面面。对水利史或水利文博工作者而言，需要予以特别关注的是黄河水文化遗产。但遗憾的是，对于该遗产的研究，过去却没有引起应有的足够的重视。随着黄河流域生态保护和高质量发展重大国家战略的实施，深入研究黄河水文化遗产，已成为亟需进行的工作。

（7）魏占杰等在《白洋淀水文化资源的保护与开发利用研究》[7]一文中，运用文献调查和实地调查相结合的方法，对白洋淀的水文化资源进行统计和分类，并对白洋淀水文化资源的保护与开发利用提出建议，企盼能够对雄安新区的规划建设有所助益。白洋淀的水文化资源丰富多样，并且具有自己的特点。对白洋淀的水文化资源进行保护与开发利用，要符合雄安新区规划建设的总体要求，坚持保护与开发利用并重、保护第一的原则；要深入挖掘和充分开发白洋淀水文化资源的旅游功能和教育功能，做到白洋淀水文化资源的有效利用；要加强白洋淀水文化资源数据库建设，为保护和开发利用白洋淀水文化资源奠定牢固的数据基础。

（8）王叶飞在《水文化遗产保护视野下的海绵城市建设策略》[8]一文中，提到海绵城市建设要充分研究城市自然水系、气候条件，通过构建水生态基础设施，引进先进技术，实现雨水的疏通、储存、净化等功能。通过科学的海绵城市建设规划，可以有效挽救水文化遗产，帮助自然生态恢复平衡。城市规划者需要深入了解和学习水文化遗产的珍贵理念，与当代海绵城市发展理念相结合，通过构建科学完善的法律法规体系和监督管理机制、积极引进现代技术和吸引社会公众参与等措施，将海绵城市建设与水文化遗产保护充分结合，推动社会生态可持续发展，促进文化遗产的保护工作。

（9）彭友琴等在《关于水文化遗产保护与利用的思考》[9]一文中，认为水文化遗产的保护与利用，是推动社会主义文化繁荣兴盛的时代要求。由于水文化遗产种类"多样性"、结构"复杂性"、管理"多元性"、功能"在用性"等特点，目前水文化遗产保护与利用工作中仍存在一些问题，文章针对这些问题提出了建立管理协作机制、制定标准规范、开展技术人才培养等工作建议。

（10）韩红等在《水文化遗产保护的传承与创新》[10]一文中，指出水是生命之源，孕育了人类文明，启迪人类智慧，在长期的生活、生产实践中，人类创造了灿烂的水文明，留下了大量弥足珍贵的水文化遗产。要加强文化遗产保护传承，通过国家和社会各界的高度重视与积极保护，我国水文化遗产保护取得了明显成效。本文通过梳理水文化遗产保护的历程，归纳当前水文化遗产保护的成果与不足，进而为传承与创新提供进一步研究思路。

（11）王磊在《重庆地区水文化遗产的保护和开发》[11]一文中，指出重庆地区的水文化遗产数量多众、类型多样，区域分布不平衡。针对重庆部分水文化遗产遭受破坏、逐渐消亡的严峻形势，应在保护传承与开发利用相结合的前提下，建立水文化遗产收藏保护和科研机构，开展全市范围内的水文化遗产调查，摸清水文化遗产家底，针对特定的遗产聚集区的不同水文化遗产，开展跨区、县的水文化遗产保护。因地制宜，采取措施，促进水文化遗产有效保护和开发利用。他在《水文化遗产生存状态及解决办法初探》[12]一文中，尝试在总结我国水文化遗产特点和状态基础上，结合水文化遗产调查、研究、保护情况，梳理总结了水文化遗产生存现状和面临的挑战，并结合国内外遗产保护和开发利用经验，对解决办法进行了初步探讨。

（12）潘光杰等在《淮安大运河水文化遗产保护与传承》[13]一文中，指出大运河淮安段历史悠久，水文化遗产众多。当地政府部门重视大运河水文化遗产保护与传承，大力挖掘运河文化的历史价值和现实价值，针对不同的运河文化遗产特点，分别实施不同的保护措施：有效管护"文化运河"的水利功能，精心留住"运河之都"的历史记忆，全面展现"运河风光"的文脉之美，着力擦亮"河清湖晏"的精神符号。

（13）蒋涛等在《水文化教育导论》[14]一书中，以水文化为核心，梳理了水文化遗产中对人类社会发展具有里程碑意义的文化现象和文化符号，阐述了水文明对人类可持续生存发展的重要性。

9.3　水文化理论研究进展

水利部党组在《关于水利系统培育和践行社会主义核心价值观的实施意见》中指出："进一步深化水文化理论研究，加快构建符合社会主义先进文化前进方向、具有鲜明时代特征和行业特色的水文化体系，充分发挥水文化怡情养志、涵育文明的重要作用"。因此，加强水文化理论研究是弘扬中华优秀传统文化的重要举措，可以为实现"中华民族伟大复兴中国梦"提供智力支持和精神动力。近年来，学术界对水文化理论研究颇为关注。《中国水利报》刊发贾兵强[15]、李宗新[16]和凌先有[17]等文章，对水文化学科建设、理论构建、幸福河进行研讨。另外,《安徽日报》刊发宋豫秦[18]、《学习时报》分别刊发鄂竟平[19]、江凌[20] 和牛志奇[21] 的文章,论述水生态文化、新时代水利精神、黄河文化和水利文明。从总体来看,关于基础理论原创性成果较少,主要是水文化研究综述、中华水文化传承弘扬、水习俗、水文化建设等方面的研究。以下仅列举有代表性的文献以供参考。

（1）涂风帆在《从地名解读重庆水文化历史渊源》[22] 一文中,以探寻重庆地名与水文化关系渊源为切入口,从带"水"的地名、用水利工程来命名的地名、以航运内容来命名等方面来解读地名中反映的水环境、水利痕迹在重庆当地航运交通、民俗信仰、地理环境等方面的历史意义。

（2）李德幸在《谈谈都江堰水文化特色与李冰精神》[23] 一文中,总结归纳出都江堰水利文化特色是传承和发展并重、推陈和创新共存、除害与兴利互济、奉献与求实相融、人本与自然和谐。李冰的奉献、担当、创业、科学、创新工匠精神,是当前最需要的时代精神。

（3）杨发军等在《从马克思文化哲学维度思考巴渝水文化》[24] 一文中,认为马克思文化哲学以实现人的全面自由发展为文化的终极价值追求,侧重民族和地域的文化特质,突出强调"人"在历史发展中的能动性作用。巴渝水文化是巴渝先民以"水"作为中介形成的"人化自然"和"人际关系化"。

（4）田德新等在《水文化与大运河文化研究热点、路径与前沿的知识图谱分析》[25] 一文中,通过 CiteSpace 分析发现水文化和大运河文化的研究热点分别为"大禹治水""李冰"和"大禹"与"大运河""京杭大运河""浙江"和"漕运"。水文化研究热点的演化路径呈现为从"李冰""郭守敬"及"水利工程"向"大禹治水",再向"导淮""大禹""张謇"及"李仪祉",最后向"治水思想""都江堰"及"长江"转向的趋势。大运河文化研究热点呈现为从早期关注隋炀帝开凿运河的原因探索、功过评价、个人轶事追溯向大运河漕运研究、大运河沿线城市研究以及大运河文化带建设研究转向的模式。

（5）江爱国在《水文化的核心价值——人水和谐》[26] 一文中,认为水文化作为一种表达人水关系的文化,其在人类文化的传承中扮演着重要角色。从古至今人们一直在追求着人水和谐的状态,这也是水文化的根本价值所在。人水和谐体现在水祀活动和水利活动两个方面,在活动中应该尊重水作为生命主体的地位。

（6）吕娟在《水文化理论研究综述及理论探讨》[27] 一文中,通过对已有的研究成果进行归纳总结,对水文化的内涵与外延进行了进一步梳理,并对水文化概念、结构、分类及作用进行了初步界定,目的是丰富和推动水文化理论体系建设,为水文化实践提供参考。

（7）田甜等在《西双版纳傣族水文化的生态价值研究》[28] 一文中,认为西双版纳傣族水文化蕴涵着朴素的生态内涵,体现着人化自然、水化于人的和谐统一。然而,随着现代化进程的不断推进,西双版纳傣族水文化的生态效应正在发生嬗变,已经严重影响到傣族水文化的传承和发展。加强对傣族人民爱水、惜水、护水观念的传承与教育,构建良好的可持续发展的现代生态产业,转换、重塑和平衡傣族水文化中的人水环境,是保护傣族水文化的生态价值的重要途径。

（8）王亦宁在《对历史时期梁山泊演变的再认识——兼论梁山泊水文化精神》[29] 一

文中，从梁山泊演变与历史上的治黄、漕运等活动关系的角度，着重对金元以后梁山泊萎缩、转变、消失的过程做了梳理和分析。从人水关系的高度上，提出利用经典文学名著的影响，去挖掘梁山泊文化精神的实质和时代价值。

（9）肖冬华在《水文化视域下儒道哲学思想比较研究》[30]一文中，认为水文化视域下儒家哲学思想和道家哲学思想彰显出不同色彩。自然观上，儒家敬流水以体自然之道，道家观静水以体自然之道；社会观上，儒家敬流水以得有为经世之法，道家观静水以获无为而治之方；历史观上，儒家敬流水而尚变，道家观静水而尚不变；人生观上，儒家敬流水以求夏川般进取之人生，道家观静水以慕秋潭般静美之人生；价值观上，儒家敬流水以贵刚强不息之精神，道家观静水以重至柔至弱之品格。

（10）谢婉莹在《论中国古琴艺术中的水文化》[31]一文中，以中国古琴艺术中的水文化作为主要的研究对象，从古琴创制与水的关系入篇，追溯了古琴的产生、古琴的造型与"水"的关系，论述了中国传统水文化对古琴艺术产生的影响。以古琴的音色、弹拨方式与演奏流派为重点，介绍了古琴演奏中的水表达。最后以古琴文学作品与古琴琴曲作品为依托，论述了古琴作品中的水意象。

（11）赵东在《苗族史诗〈亚鲁王〉洪水神话的水文化表达》[32]一文中，认为苗族史诗《亚鲁王》记载的洪水神话是迄今发现较为完整的苗族洪水神话版本，在水文化表达上突显了苗族西部方言区的文化特色。《亚鲁王》的洪水神话通过祖先谱系、音乐起源和英雄时代等文化方式表达了民族文化认同、民族文化特色和地域民间信仰。史诗的洪水神话表达反映了中华多元民族文化的凝聚力，推动中华文化自信和中华民族文化共同体建设。

（12）李诚在《向水而生 因水而变——雄安新区的水文化溯源》[33]一文中，认为雄安地区的文明兴起于滨水文化即白洋淀地区，因为白洋淀"滨水而生、得水而兴""引水为御、水到渠成"的得天独厚的优势为雄安新区发展积淀了丰厚的水文化。在此基础上，对雄安今天水网和桥梁分布进行概述，提出充分利用水资源，最大限度地让水为人所用，推动雄安新区城镇化的进程。

（13）李俊在《三道河水利工程水文化建设探析》[34]一文中，以湖北省襄阳市三道河水利工程为研究对象，系统梳理了三道河水利工程水文化体系、水文化特色及内涵、三道河水工程与水文化融合的特点和成效及存在的问题，并提出了相应的对策，以期为水利工程水文化建设与发展提供借鉴。

（14）张新雨等在《基于地名的上海地域性水文化特征及建设途径》[35]一文中，基于上海市地名数据，采用数理统计方法和GIS技术，通过对水文化地名定义和筛选，探讨上海市水文化地名的空间分布具有异质性高、地域特色性显著、空间不均衡和河湖水面率差异明显等特征。在此基础上，从地域特色传承、河网地名互动以及地名文化保护角度，提出城市规划建设过程中的水文化建设的路径。

（15）钟银梅等在《旧方志文献所见宁夏黄河水文化》[36]一文中，利用旧方志文献资料，论述内涵丰富、体系多元、历史悠久、底蕴深厚的宁夏黄河水景观、水工建筑物、水文物古迹和水工具的物质水文化，水利管理制度与规范的制度水文化以及治水人物事迹与精神、治水技术经验、水利艺文的精神水文化。

（16）在水文化建设方面，李涵在《水文化与城市水利建设若干关系的探讨》[37]一文中，通过对城市水利建设事业与城市水文化间的若干关系的论说，揭示城市水文化与城市水利建设之间的辩证关系，论证城市水文化建设是建设先进文化的关键部分。同时对城市河流、湖泊的水生态环境综合治理模式进行了探讨。葛其荣在《中国水文化建设若干问题研究》[38] 一文中，认为中国水文化建设存在远古治水历史和古代汉字水文化以及水文化源头研究的缺失、水文化构架研究以及水文化传播运用等方面的问题，提出对当前中国水文化建设的有关建议。华烨等在《无锡大运河文化带水文化建设路径分析》[39] 一文中，认为无锡大运河文化带水文化建设就要根据江苏省大运河文化带空间格局，紧扣无锡市域文化特征、资源禀赋和发展趋势，构建"一轴引领，三四通江达湖"的大运河文化带无锡段市域空间布局结构，为将无锡建设成为运河名城提供支撑。司毅兵等在《水利工程建设要融入先进水文化理念——云南滇中引水工程文化建设调研与思考》[40] 一文中，对云南滇中引水工程文化建设中先进水文化理念进行分析。

（17）在民族水文化方面，吴建勇在《水文化与宗教文化的呼应融合——以里运河地区的宗教建筑为例》[41] 一文中，明清时期由于黄河的跨系统入侵超出了当时里运河的治理能力，导致生态压力不断增大，水患愈治愈烈，因而各种宗教文化及地方信仰孕育发展，以淮安、高邮、扬州 3 城为中心形成了里运河区域宗教传播及宗教建筑布局的主轴。辛鑫等在《藏民族水文化对聚落空间的影响研究》[42] 一文中，认为藏族水文化的突出特点在于将自然的水域赋予了具有人文性质的类型划分和空间层级，由此衍生出"水域-社会"的空间结构具有自然属性、分类分层、行为活动的特征。石仁春在《中国壮族与泰国泰族人生礼仪中的水文化研究》[43] 一文中，对中国壮族和泰国泰族人生礼仪中的出生礼、婚礼、葬礼进行了研究，发现由于相似的自然环境和相同的民族起源，水在壮族和泰族中都扮演了重要的角色，被赋予了丰富的内涵。

（18）在中华传统水文化精神方面，黄英燕等在《继承和弘扬中国传统水文化的基本精神》[44] 一文中，认为继承和弘扬中国传统水文化的基本精神，可以为现代水利发展提供精神动力，提高全社会对水文化的认识和关注程度，提出在提高水文化理论研究水平的同时继承和弘扬文化精神。沈先陈在《中华传统水文化的基本精神及教育意义》[45] 一文中，认为中华传统水文化不断滋养着中国人的精神，成为中国人的精神标识。传统水文化中的坚韧不拔、脚踏实地、珍惜时光、舍私为公等文化元素，对当今社会传承水文化中的优良品质，尤其是对高校学生的品德修养具有重要的教育意义。

（19）在水习俗民间信仰方面，张海明在《中国民间信仰与水文化关系探析》[46] 一文中，认为中华民族自古以来对"水"的信仰与依赖，逐渐形成了独特的水文化，而人类文明在不同的发展阶段催生出的民间信仰，也与水文化的发展有着密切的关系，其中包括对生命的信仰，对自然的信仰，对生活方式的信仰等方面，这些民间信仰始终与江河同行，与"水文化"并驾齐驱。徐燕琳等在《疍民水文化水风俗研究——以中山神湾疍民生活为例》[47] 一文中，认为疍民逐水而居，以船为家，亲水敬水，水深刻影响着疍民习俗、生产生活各个方面。神湾镇疍民在人生礼俗（如出生、婚俗等）、节日风俗（如春节、二月二、端午、七夕、七月七等）、生活民俗（如水、船艇、饮食等禁忌）、信仰祭祀（如观音、船头公、渡头神等）诸方面还保留浓厚的水文化习俗，既有疍民文化共性，也有自己的地方性特点。张玮在《明清以来太行山地区水文化与乡村社会——以黎城龙王社庙为中心的考察》[48]一文中，认为明清以来兴盛于民间的龙王庙是太行山地区水文化中极为重要的一种实物载体。黎城龙王社庙不仅是太行山村落的历史演进见证，更反映出太行山乡村社会以水为中心的生活方式。

（20）薛祺等在《无定河流域水文化研究》[49]一书中，系统梳理了研究区域水文化，归纳区域水文化的演变规律，从物质、制度和精神3个角度将水文化分类，阐述了水文化在不同角度下的定义和内涵，采用定量分析的方法，系统评价了研究区域的水文化价值，并针对评价结果和区域水文化内涵，提出了研究区域的水文化传承和发展对策。

（21）李振峰等在《黄河三角洲水文化研究》[50]一书中，对水文化概论、黄河三角洲文化之根——水、黄河三角洲物质形态的水文化、黄河三角洲制度形态的水文化、黄河三角洲精神形态的水文化等进行论述。

（22）程得中等在《中国传统水文化概论》[51]一书中，对治水在大一统国家构建中的作用、诸子百家对水的哲学体悟、历代文人墨客对水的吟咏记叙、艺术家对水的描摹刻画、中华人民共和国成立以来的水利发展方略等进行概述。

（23）华北水利水电大学中华水文化传承创新团队，毕雪燕等在《中华水文化（慕课版）》[52]一书中，以水为线索，串联起古往今来的水历史、水故事、水经典、水哲理等，讲述了水与中华文明、水与农业、水与政治、水与战争、水与工程、水与儒家思想、水与道家思想、水与管子思想、水与墨家思想、水与文学、水与艺术、水与民俗等内容。朱海风等在《河南水文化史》[53]一书中，就河南水文化史脉、史前时期河南水文化、历史时期河南水文化、河南创水战水文化、河南法水象水文化、河南防水利水文化、河南用水兴水文化、河南节水惜水文化、河南管水护水文化、河南崇水祈水文化、河南咏水写水文化、河南水文化遗产等进行阐述。朱海风等在《中国水文化发展前沿问题研究》[54]一书中，围绕中国水文化发展理论前沿热点问题、人水和谐路径及方式、提升水工程文化内涵和品位、水文化资源信息数据库建设、水文化普及与认同等进行探研。贾兵强等在《现代水治理与中国特色社会主义制度优势研究》[55]一书中，从集中力量办大事是中国特色社会主义制度的显著优势、新中国水利事业发展与集中力量办大事的动员组织体制、运行管理、领导责任体制、协同运作以及我国水治理体系和治理能力现代化发展路径等方面探讨我国水治理事业取得举世瞩目的动因以及中国特色社会主义制度优越性在现代水治理事业中的地位和作用。

9.4　水文化传播研究进展

水文化重在建设，成在传播。近年有关水文化传播方面的研究成果尽管数量有限，但相比之前已有较大发展。同时因黄河文化研究的兴起，使黄河水文化传播逐渐成为热点。以下仅列举有代表性的文献以供参考。

（1）果天廓在《传承中华文化是第一使命——谈水文化传播的时代意义》[56]一文中，结合多年从事水文化传播的实践经验，从满足群众文化需求、提高职工人文素养、促进当前水利工作的角度，对水文化传播问题进行分析。

（2）陈超在《动画作品在中华水文化传播中的经验探析》[57]一文中，分析了动画作品传播中华水文化的必要性的基础上，阐述了《中华治水故事》系列动画的制作与社会评价，从弘扬正能量和正确价值取向、尊重史实和文献记载、注重艺术创新、文化亲和力强、内容富含哲理性、适用性强等方面探讨了《中华治水故事》系列动画在传播中华水文化上的经验。并探索了未来水文化题材动画作品的发展路径。陈超《新时代黄河生态文化传播路径研究》[58] 归纳总结了黄河生态文化的界定及特点，汇总了黄河生态文化的功效，阐述了新时代黄河生态文化传播的价值及存在的问题，探索了黄河生态文化传播路径。

（3）张红梅在《"绿水青山"理念下黄河水文化的发展与传播》[59] 一文中，根据"绿水青山就是金山银山"的理念和习近平总书记视察黄河的重要讲话着重分析当今时代黄河的保护和治理，统筹规划与协同管理，绿色生态与红色文化紧密结合，充分挖掘文化内涵，讲好黄河故事等四个层面，分析了宏观蓝图规划和微观意识叙事与黄河水文化发展与传播的相互关系。

（4）史月梅在《"诗言志"视阈下诗歌对黄河文化的传播——以宋代"咏黄"诗为例》[60] 一文中，通过解读宋代"咏黄"诗，从宋代"咏黄"诗对黄河生态的诗意渲染、宋代"咏黄"诗对治河方略的理性思索、宋代"咏黄"诗对黄河战争的沉痛抒写等方面，深入研究宋代"咏黄"诗对黄河文化的传播。

（5）段志鹏在《〈四库全书总目〉视阈下的黄河文献考略与黄河文化传播》[61] 一文中，通过对黄河文献的界定及文献分类、黄河文献考略，黄河文献与黄河文化传播之间关系的探讨，研究了《四库全书总目》中的黄河文献考略与黄河文化传播的互动关系。

（6）朱伟利在《刍议黄河文化的内涵与传播》[62] 一文中，探讨了黄河文化的概念、内涵的基础上，又从建设黄河文化遗产数字库、深入发掘黄河文化、深入发掘黄河文化、借助文化旅游产业拓展传播等方面深度分析了黄河文化的传播。

（7）侯迎慧在《从自媒体看黄河文化国际传播策略》[63] 一文中，分析了黄河文化传播的现状，研究了自媒体国际传播的特点及类型，给出了加强黄河文化国际传播的策略。

（8）杜学霞在《黄河生态文化 70 年传播的基本经验》[64] 一文中，归纳总结了新中国成立 70 年黄河生态文化保护与传播，并总结了新中国成立 70 年黄河生态文化传播基本经验，剖析了新中国成立 70 年黄河生态文化传播的启示。

（9）马献珍在《黄河生态文化传播推动能源行业可持续发展》[65] 一文中，分析黄河生态文化传播对油气行业的影响的基础上，从煤炭行业边开采边复垦、天然气开发与大自然和谐共生等方面分析了黄河流域生态保护与经济发展之间的协调统一关系。最后探讨了弘扬黄河文化对于助力打赢脱贫攻坚战作用机制。

（10）张庆在《黄河生态文明的展览展示与文化内涵研究——黄河文化时代精神传播途径研究》[66] 一文中，分析黄河优秀文化蕴含的时代精神为基础，研究了黄河文化传播的约束因素，从制造地域文化产品、划分层次传播途径、实现黄河文化传播效果最大化等方面，提出了黄河文化传播途径。

（11）王瑞平在《简论黄河文化的传播及其影响》[67] 一文中，从史前文明时期黄河文化的传播入手，分别对先秦时期的黄河文化与传播、秦汉至明清时期的黄河文化与传播、现当代黄河文化的传播与影响等方面系统阐述了历史时期黄河文化的传播及其影响。

（12）毕雪燕在《让更多高校成为黄河治理文化传播的重要阵地》[68] 一文中，阐述黄河治理文化丰富内涵的基础上，探讨了黄河治理文化传播的必要性，最后提出了让更多高校成为黄河治理文化传播的重要阵地的路径。毕雪燕等《文化传播视域下的黄河流域特色旅游高质量发展研究》[69] 分析了黄河流域发展特色旅游的必要性，提出了文化传播视域下黄河流域特色旅游产业开发指导原则，探索了文化传播视域下的五大特色旅游业态。

（13）刘明在《融媒体视阈下黄河水文化传播策略研究》[70] 一文中，探讨了融媒体在黄河水文化传播过程中的作用，并从细分黄河水文化传播的受众群体、深挖黄河水文化内涵、强化黄河水文化的品牌意识、借力文化创意产业传播黄河水文化、强化政府主导作用以整合融媒体资源等方面探讨了融媒体在黄河水文化传播过程中的运用策略。

（14）朱海风在《如何在传播弘扬黄河文化中发挥学术社团作用——以黄河文化研究会为例》[71] 一文中，探寻了在黄河文化传播弘扬大视野中找到研究会工作的出发点，进而研究了在黄河文化传播弘扬大序列中找到研究会工作的着力点问题。提出在黄河文化传播弘扬大愿景中找到研究会工作的结合点，发现在黄河文化传播弘扬大战略中找到研究会工作的增长点。

（15）邢祥等在《新时代黄河文化传播创新路径研究》[72] 一文中，分析了新时代黄河文化传播的时代价值，剖析了新时代黄河文化传播的制约因素，提出了新时代黄河文化传播的路径创新。

（16）祁萌在《新时代黄河文化大传播需要科学思维引导》[73] 一文中，汇总了新时代黄河文化大传播存在的突出矛盾，分析了科学思维在解决黄河文化大传播突出矛盾上的重要性，提出了运用科学思维指引黄河文化大传播的实现途径。

（17）朱涵钰在《信息技术助推黄河水文化的数字化传播》[74] 一文中，分析了移动互联网技术在黄河水文化传播中的重要性，阐述了大数据技术在提高黄河水文化传播的可视性作用机制，探讨了虚拟现实技术在增强黄河水文化传播的趣味性的作用，以及人工智能技术推进黄河水文化传播的高效性，分析了区块链技术保护黄河水文化传播的安全性问题。

9.5　旅游水文化研究进展

水利部《水文化建设规划纲要（2011—2020 年）》（水规计〔2011〕604 号）将水利旅游作为发展水文化产业重要抓手之一。因此，以水文化资源为基础，通过水利风景区、水景观、水上旅游、水习俗等形式，大力发展水文化旅游，对于保护水资源环境、弘扬先进水文化、修复水环境以及发展水产业，对于建设生态水利和美丽乡村都起到了积极而重要的作用。以下仅列举有代表性的文献以供参考。

（1）季鹏等在《公共艺术视角下的老通扬运河水文化初探》[75] 一文中，认为公共艺术是公共空间中具有开放性和大众参与性的艺术作品以及相应的艺术活动，可以与当地的自然、人文元素交融，形成一种可持续的"自我生长"机制。以江苏老通扬运河为例，通过日本"一村一品"活动文化拯救、中国浙江乌镇文化保护与发展等成功案例的启示，探讨以公共艺术介入来提升老通扬运河地域性水文化、参与地区经济建设的可能性。

（2）左其亭等在《黄河重大国家战略背景下的水利风景区建设》[76] 一文中，认为黄河重大国家战略背景下的水利风景区建设黄河流域拥有 260 余处水利风景区，涉及空间范围广，在河源水源涵养区、上游生态功能区、中游粮食主产区、下游黄河湿地均有分布，包括黄河小浪底水利枢纽风景区、甘肃黄河首曲水利风景区、山东大禹文化水利风景区等众多闻名于世的水利风景区，在保护黄河生态、发展流域经济等方面发挥了重要作用。在黄河流域生态保护和高质量发展重大国家战略的大背景下，需要充分认识水利风景区在"建设造福人民的幸福河"事业中的重要地位。

（3）汤勇生等在《水利风景区科普功能发挥的探讨与建议》[77] 一文中，分析了水利风景区科普功能意义的基础上，结合水利风景区科普工作现状，探讨了发挥水利风景区科普功能的巨大作用，并提出未来开展水利风景区工作科普规划的设想和建议。重点是：加强水利风景区科普载体建设，针对社会公众关注的话题或突发事件开展主题科普活动，打造水利风景区特色的水利科普活动品牌，提高景区信息化水平，创作一批优秀水利风景区作品，做好水利风景区科普规划。

（4）胡晓立在《水生态文明理念下蜀水文化旅游资源开发研究》[78] 一文中，认为要真正实现水生态文明理念下蜀水文化旅游资源开发，就必须竭力将水生态文明理念贯穿到蜀水文化旅游资源的开发过程，体现人与自然的和谐，达到绿色资源的可循环可持续利用，为子孙后代留下绿水青山，确保蜀水文化的独特性、历史文化底蕴完美地展示，最终实现社会效益、生态效益和经济效益相统一。

（5）刘江宜等在《旅游海岛水资源环境承载能力研究》[79] 一文中，以水资源环境承载能力为切入点，分析旅游海岛资源环境禀赋对人类活动的支撑力度。运用系统动力学，根据海岛水资源环境特性和经济发展特征，构建了水资源环境承载能力评价体系，并以广西涠洲岛为例进行了实证分析，提出了相应的对策建议。

（6）王承云等在《提升都江堰水文化旅游的思考》[80] 一文中，认为都江堰水文化作为天府文化的主要源头和重要组成。都江堰市在水文化资源旅游开发过程中，要尽可能保持其自然和历史形成的原始风貌，凸显个性，彰显特色，突出水文化的独特文化魅力。

（7）王稷在《探讨基于水文化的城镇旅游特色景观规划设计》[81] 一文中，认为城镇特色的游玩水景观，使游客能在旅游过程中获得最切实的体验，在游玩中享受到水文化的快乐。水文化的城镇旅游特色景观原则是尊重当地文化的水文化城镇景观、对水的分类分层级的保护利用、通过个性的水文化活动带动城镇旅游发展。

（8）张可等在《东洞庭湖水系体育旅游文化"人水和谐"研究》[82] 一文中，通过文献资料法、观察法、逻辑分析法等对东洞庭湖及其周边的精神文化、物质文化、制度文化等进行阐述，同时也对东洞庭湖旅游资源开发存在水系体育旅游文化观念不清晰、旅游资源松散、体育旅游形式单一和体育旅游专业度不高等问题进行分析，提出要在政府领导下普及水系体育旅游文化观念，积极发展水系文化和体育文化相融合旅游文化。

（9）赵宏等在《发展水文化与推动邯郸乡村旅游发展研究》[83] 一文中，认为全面落实党的十九大报告提出的加快生态文明体制改革，推进绿色发展，建设美丽中国的战略部署，为旅游业发展提供了重大机遇。以邯郸为例，探索如何进一步挖掘水文明内涵，通过不断提升水生态文明建设，寻求二者的契合点，以达到振兴邯郸乡村旅游发展的目的。

（10）李鹏等在《基于资源特性的水利风景区分类体系》[84] 一文中，针对现有水利风景区分类体系倾向于从水利专业视角分类，导致水利风景区类型的表达难以被社会公众所接受和辨识，且分类体系存在重复交叉，不利于管理者操作等问题。在分析全国878家水利风景区命名和分类特点的基础上，遵循科学性、唯一性、简明性和实用性等分类基本原则，将水利风景区分为资源（河湖）型、工程型和文化（遗产）型3个大类8个亚类。

（11）张壤玉等在《流域机构水利风景区建设发展中的问题与对策》[85]一文中，通过对流域机构水利风景区建设发展现状的调研，归纳总结其共性特点，分析其当前面临的普遍性问题，从加强顶层设计、建立事权协调机制、确立分级评价机制、强化水利风景区强监管工作、统筹推进水利工程管理和水利风景区建设等方面提出流域机构水利风景区建设发展建议。

（12）刘欢在《我国水利风景区管理体制改革研究》[86]一文中，认为水利部和下属的水管部门为规范水利风景区的健康合理发展，曾出台了一系列的规范和标准。但是由于前期相关的实践经验不足，社会和群众对于水利风景区的认识还不够深入，使得景区在发展过程中产生了诸如重申报轻管理、先建设后规划、先污染后治理、经营机制粗放等问题，在此基础上着重分析了景区管理体制改革的必要性，提出我国水利风景区管理体制改革对策。

（13）许海川等在《城市河湖型水利风景区发展规划实践与思考》[87]一文中，认为水利风景区的建设是推动生态文明、建设美丽中国、传承地域文化和创造美好城市人居环境的重要途径。以山丹河水利风景区为例，探究水利风景区的建设与地域文化传承的结合方法，提出推进生态修复、维护水生态安全、合理开发利用水利资源等举措，加快建设城市河湖型水利风景区。

（14）王燕等在《水文化与旅游产业深度融合的实践探索》[88]一文中，指出随着经济全球化的持续深入，水生态旅游发展迎来新机遇，"水文化＋生态旅游"融合发展模式成为时代的经济名片。以会展博览形式集中展示水文化魅力与价值既是响应水文化传播与发展的新要求，也能带动生态旅游产业和地方经济发展。以2018年水博会为个案，从跨界、融合、发展和创新四方面提出水文化与生态旅游融合发展的路径选择。

（15）陈海彬在《以"水文化"为核心建设苏州国际文化旅游胜地的对策》[89]一文中，认为苏州享有丰富的旅游资源，但是目前苏州文化旅游未能形成系统的产品结构体系、资源整合度不高。通过树立苏州旅游独特的"水文化"核心，辐射次生文化旅游资源，以互联网为平台，个性化设计为手段，建设具有独特魅力的国际文化旅游胜地，提升苏州在国际旅游市场的竞争力和话语权。

（16）在水上旅游资源开发利用方面，殷翔宇等在《促进京杭运河水上旅游发展研究》[90]一文中，系统梳理了京杭运河沿线各地区水上旅游发展的现状，分析了当前面临的新形势和新要求，总结了当前发展面临的主要问题和困难，提出了促进京杭运河水上旅游发展的主要任务和措施。孟迎等在《济宁市城区水上旅游生态文明建设探讨》[91]一文中，指出济宁市水系发达、航道纵横密布，在建设水上旅游方面优势突出。但同时也存在着航道旅游功能弱化、城区河道未有效联通、河道通航水量不足和管理职能分散等问题，提出济宁市城区发展水上旅游的方法。宋玉芹在《大运河苏州段水上旅游产品开发探析》[92]一文中，认为大运河苏州段历史底蕴深厚、文化资源众多，但目前开发现状并不理想。在对大运河苏州段旅游资源进行分类总结的基础之上，要做到挖掘遗存承载的文化，完善水上旅游产品；协同多样化发展，活化大运河文化和整合资源，弘扬大运河历史文化，以期能为大运河苏州段开发提供思路。刘占山等在《交通运输与水上旅游如何奏响融合乐章？》[93] 一文中，认为中央部署提出加快形成以国内大循环为主体，国内国际双循环相互促进的新发展格局，创新发展模式，加快新旧动能转换是交通运输业下一步重点工作方向之一。水上旅游业集交通出行、消费娱乐、休闲养生为一体，呈现面宽、线长、点多的特点。推进水上旅游交通建设对于有效拉动内需、促进区域经济发展、满足人民美好生活需要和打赢三大攻坚战具有重要意义。任俊英在《常州大运河夜间水上旅游开发初探》[94] 一文中，运用系统论的方法，概括了以旅游者需求为指导的旅游开发模式，并以常州运河夜游为例，对常州大运河的夜游进行了分析，提出了相应的建议。高嵩在《关于推进我国水上旅游交通建设发展的研究建议》[95] 一文中，分析了我国发展水上旅游交通的必要性和意义及当前所存在的问题，并提出推进我国水上旅游交通建设发展的相关建议，旨在贯彻落实《交通强国建设纲要》，推动水上旅游事业蓬勃发展。

9.6　地域水文化研究进展

所谓"一方水土养一方人"每个地区受自然环境特别是水环境的影响，造就了独具地方特色的地域水文化。地域水文化涉及行政区和流域中，水与景观设计、海绵城市、文化建设、遗产保护等多方面内容，包含与水相关的水利社会相关内容。这里选取最近两年有代表性的成果进行介绍。

（1）在山东省水文化研究方面，梁国楹《德州运河文化变迁及其特点》[96] 一文中，归纳总结德州运河文化变迁经历的四个历史阶段基础上，进一步归纳了德州运河文化特点。王亦宁《对历史时期梁山泊演变的再认识——兼论梁山泊水文化精神》[29] 从梁山泊演变与历史上的治黄、漕运等活动关系的角度，着重对金元以后梁山泊萎缩、转变、消失的过程做了梳理和分析，并对东平湖与梁山泊的关系提出新的认识。李华《山东水利技师学院水文化生态校园建设实践》[97] 针对山东水利技师学院实际情况，提出要创建水利工程专业实体教学基地，发挥校园河域生态优势，致力于打造水文化生态校园，丰富校园文化。

（2）在江苏省水文化研究方面，季鹏、张莉在《公共艺术视角下的老通扬运河水文化初探》[75] 一文中，以江苏老通扬运河为例，通过日本"一村一品"活动文化拯救、中国浙江乌镇文化保护与发展等成功案例的启示，探讨以公共艺术介入来提升老通扬运河地域性水文化、参与地区经济建设的可能性。安宇等在《浅析淮安治水文化研究》中[98] 剖析了淮安水文化的特质，挖掘了淮安地域文化的短板。曾博宇等在《水文化传承视域下苏南特色田园乡村品牌营造》[99] 解读了水文化对苏南乡村影响资源价值，梳理了吴巷村水文化资源，挖掘了吴巷村培育特色田园乡村面临的困境，提出了水文化传承视域下吴巷村品牌营造策略，并给出水文化传承视域下吴巷村的形象设计指引。王耀宇在《扬州市海绵城市规划建设中的水文化建设策略》[100] 首先分析了海绵城市与水文化的关系，剖析了水文化的建设在海绵城市规划建设中的意义，指出了扬州市水文化所面临的挑战，提出了扬州市海绵城市建设中的水文化建设策略。

（3）在浙江省水文化研究方面，冯岩等在《绍兴水文化的地域特征及其时代趋向》[101]一文中，介绍了绍兴水域，阐述了绍兴水文化的起源与发展，研究了绍兴水文化的地域特征与时代趋向。丁俊清在《温州民居理水文化》[102]将温州民居根据其所处地理条件区分为山地民居，谷口、平原和盆地民居，滨海民居和海岛民居四类，并从建筑形制、布局、梁架和外装修、小木装修、外饰面色彩等方面探讨了各类民居理水文化的特点和内涵，分析了温州民居理水文化的历史成因及其引发的哲学思考。顾芳晖在《由"羽人竞渡"谈宁波水文化实践应用的思考》[103]从加大水文化传播力度，深入挖掘和梳理水文化的形成理念、实践准则和成果，活化水文化等方面探索了水文化实践应用转化的出路。

（4）在河南省、福建省水文化研究方面，刘保亮在《打造洛阳水文化高地刍论》[104]一文中，剖析了打造洛阳水文化高地的时代价值，提出了营造洛阳水文化高地复建河流生态以及彰显城市文脉洛阳水文化高地的路径。魏翔燕在《水文化视角下的海绵绿地景观设计——以福州鹤林生态公园为例》[105]基于水文化传承与海绵绿地建设之间的耦合关系，提出水文化视角下的海绵绿地景观设计原则和策略，并以福州鹤林生态公园为例，分析解读了山水格局塑造、海绵技术应用、植物景观设计和水文化科普展示等方面问题。张新雨等在《基于地名的上海地域性水文化特征及建设途径》[35]通过对水文化地名定义和筛选，探讨上海市水文化地名的空间分布特征及水文化建设途径。陈超[122]以城市水问题为导向，探究了以河南为核心的中原城市水生态文化相关问题，重点剖析了中原城市水生态文化的当代价值、存在问题与今后的发展路径。

（5）在河北、湖南以及云南三省水文化研究方面，魏占杰等在《白洋淀水文化资源的保护与开发利用研究》[7]一文中，运用文献调查和实地调查相结合的方法，对白洋淀的水文化资源进行统计和分类，并对白洋淀水文化资源的保护与开发利用提出建议。程启在《地域文化在城市滨水景观设计中的应用——以长沙湘江风光带为例》[106]以长沙市湘江风光带为例，详细阐述地域文化在城市滨水景观设计中的主要应用与实际效用。司毅兵等在《水利工程建设要融入先进水文化理念——云南滇中引水工程文化建设调研与思考》[40]探讨了水利工程中的物质形态水文化建设、制度形态水文化建设、精神形态水文化的统领作用、提升水利工程的文化内涵和品位等内容。

（6）在安徽、江西两省的水文化研究方面，薛瑞昌等在《短视频背景下的巢湖水文化旅游资源推广研究》[107]一文中，以巢湖水文化旅游资源为研究对象，对比分析杭州、西递等江南水文化商业旅游推广现状，提出利用新媒体为传播渠道和旅游开发推广建议。张进在《基于地域特色的水环境景观规划设计探索——以临淮岗水利风景区为例》[108]从地质学、背景和社会经济三个方面入手，介绍了安徽临淮岗水利风景区。以区域特色为基点，探究基于区域特征的水环境景观规划和设计，进一步提升临淮岗水利风景区的内涵。叶洁楠等在《与地域文化相融的芜湖扁担河滨水文化公园设计》[109]对于滨水城市公园设计研究、滨水城市公园的概念、地域文化在滨水城市公园中的应用等问题进行了阐述，最后提出了基于地域文化的芜湖市扁担河滨水文化公园设计。罗张琴和王雅坤在《鄱阳湖流域水文化建设及传播策略浅析》[110]深入分析挖掘鄱阳湖流域水文化内涵及类型。程宇昌在《新时代地方高校慕课教学的实践与反思——以江西某高校水文化慕课为例》[111]以慕课课程建设为出发点,分析了江西某高校校内水文化建设情况。以重庆水利电力职业技术学院为例,从毕业生质量调查为切入点,探讨了水文化教育融入职业核心能力培养的路径。

(7) 在重庆、四川两省(直辖市)的水文化研究方面,曹源和马建斌在《巴渝水文化融入高校育人体系的实践探索——以重庆水利电力职业技术学院为例》[112] 一文中,分析巴渝水文化的特点、水文化与高校育人体系的关系的基础上,探究了巴渝水文化融入高校育人体系的实践成效。涂风帆在《从地名解读重庆水文化历史渊源》[22] 从带"水"的地名,以水利工程坝、堰、塘、井、桥等命名,以浩、沱、盘、碛、浅等与水有关的地貌特征命名,以航运内容来命名等方面探讨了重庆水文化地名的历史渊源。杨发军和孙道进在《从马克思文化哲学维度思考巴渝水文化》[24] 中从马克思文化哲学视阈在本体论维度、价值论维度、历史观维度等方面探索了巴渝水文化。王磊在《重庆地区水文化遗产的保护和开发》[11] 中阐述了重庆水文化遗产概况,总结了重庆水文化遗产的现状和重庆水文化遗产调查、研究、保护情况,归纳了水文化遗产生存保护面临的挑战。秦素粉和李将将在《重庆古镇水文化历史记忆发掘》[113] 中分析了古镇的水文化特质与遗存现状,阐述了"水"与古镇文化记忆,提出了"重拾记忆,再现传承"的古镇水文化发掘路径。陈思在《地域文化视角下的城市滨水景观设计研究——以四川省富顺县滨江带为例》[114] 中以富顺县滨水景观作为研究对象,以地域文化设计作为观察视角和切入点,分析城市滨水景观的自身地域性内涵、文化意义以及空间设计手法。刘锐等在《构建蜀水文化体系的调研与思考》[115] 中就四川省及全国有关省份的水文化建设情况进行了一次梳理,并实地考察了江浙部分地区的水文化建设情况。文泉霖等在《水景在都江堰城市景观中的应用》[116] 中阐述了都江堰地域文化中水文化的存在形态,针对水景在都江堰城市景观中的应用进行论述。李磊峰等在《水文化元素在都江堰城市公共家具中的应用设计》[117] 中从地域文化元素的应用角度,提出都江堰市公共家具的设计思路与方法,通过形态衍化、纹样提炼、材质置换等设计手法应用到设计当中。

(8) 青海、北京、甘肃、广东 4 省(直辖市)的水文化研究方面,屈海燕等在《地域文化在城市滨水景观设计中的应用——以湟水河乐都主城段滨水景观为例》[118] 一文中,分析了地域文化与滨水景观的关系,尝试进行湟水河乐都主城段滨水景观设计,提出了地域文化在城市滨水景观设计中的应用策略。马东春在《北京水文化与城市发展研究》[5] 一文中解读了北京水文化内涵、北京水文化遗存的特征、北京水文化历史发展主线,归纳了北京水文化遗产传承和发展的关键问题,提出了相应的政策建议。王鹏等在《通识教育核心课程的设计与实践——以"北京水文化"通识课为例》[119] 一文中,以北京水文化研究成果和教学成果为研究对象,总结"北京水文化"通识课教学内容、教学特色及教学成效,分析大学生文化素质教育现状,探讨提高高校通识教育效果的途径与方法。李鸿飞在《传统地域文化背景下的城市滨水生态空间色彩研究——以兰州市为例》[120] 一文中以兰州市河谷滨水生态空间为研究对象,在依托黄河地域文化背景的基础上,通过对地域实体基础色彩进行全方位调研分析,总结出适合兰州市地域特色的基调色彩,构建具有文化内涵的滨河景观空间分区色彩体系,提出山水城市滨水生态空间营建与色脉传承发展的优化建议。姚华松等在《水文化在广州地方性构建中的意义》[121] 一文中,以"自然的社会建构"为理论视角,重点分析广州水体的主要构成——南海、珠江、湖泊、河涌的发展与演化及其对广州地方性构建的作用和意义。

9.7 水文化学术动态

2019年是习近平总书记发表治水重要讲话5周年,是落实水利工程补短板、水利行业强监管的总基调关键之年。2020年是对标对表全面建成小康社会和"十三五"规划目标任务,推动水利工程补短板再掀新高潮、水利行业强监管再上新台阶决胜之年。学术界全面贯彻党的十九大和十九届二中、三中、四中、五中全会精神,深入学习贯彻习近平总书记关于治水的重要论述精神,持续开展水文化研究、传播、传承等工作,积极推动先进水文化建设。以下仅列举有代表性的学术会议以供参考。

(1)2019年4月18日,中国水利报社首届河流文化论坛暨《河流地理专刊》选题策划会在天津举办,来自水利部、流域水利行政部门、科研机构的专家学者等50多人参加会议。与会专家围绕河流文化的传承与传播、水利遗产的保护与利用、水工程文化品位的提升等议题进行了深入研讨。此次论坛,是报社的一次积极探索,为行业提供了一个文化交流的平台,对构建新时代水利行业特色的水文化理论架构和实践体系,锚定水文化传播方向具有重要的意义。

(2)2019年5月10—12日,"水与文明:人类命运共同体视野中的历史探索"国际学术研讨会在武汉举行。本次会议由湖北大学和希腊亚里士多德大学联合主办,来自英国、美国、意大利、法国、德国、瑞典、日本、伊朗、越南、中国等20多个国家和地区的80余位专家学者参加交流研讨。国内外专家学者围绕水与人类文明的起源和发展、水社会史、水利史、水文化史、历史上人类利用水和管理水的智慧及当代启示、当代水危机挑战及其应对、"一带一路"视野下的水文明与人类命运共同体等多个主题进行交流讨论,旨在进一步加强对水与人类文明关系的认识,提高人类应对全球水危机的能力,并推动水历史学科在中国的发展和该领域的国际交流与合作。

(3)2019年5月13日,由重庆中国三峡博物馆、重庆市涪陵区人民政府、湖北大学、长江师范学院主办的"2019白鹤梁水文化遗产与人类文明国际学术研讨会"在涪陵举办。来自美国、法国、希腊、意大利等国家和国内的20余家大学及科研机构,研究水文化和人类遗产保护的专家学者齐聚一堂,共商如何提高人们对水与人类文明之间关系的认识,增强应对全球水危机的能力,推动水历史学科在中国的发展及白鹤梁题刻申报世界文化遗产的进程。此次研讨会以"通过水文化遗产理解人类文明"为主题,旨在推动水文化遗产的保护、展示,探索水与人类文明更亲密的可持续发展。

(4)2019年10月25—26日,由全国水利博物馆联盟、重庆市水利局、重庆中国三峡博物馆联合主办的2019年全国水利博物馆联盟会议在重庆召开,52家全国水利博物馆联盟成员单位参加年会。会议深入学习习近平总书记在视察黄河博物馆的重要指示精神,贯彻落实党中央遗产保护相关文件精神,以"传承与发展——新时代水文化遗产保护和利用"为主题,回顾了2019年联盟工作成果,探讨新时代水文化遗产保护利用的新思路、新方法,旨在进一步探讨新时代水文化遗产保护和利用经验,推动全国水利博物馆联盟工作创新发展。

(5)2019年11月2日,"黄河保护与发展"首届高层论坛在郑州召开。本次论坛由郑州大学、中国工程科技发展战略河南研究院、中国自然资源学会水资源专业委员会等共同主办，来自全国各地近 140 个单位 380 多位专家参加了研讨。此次论坛以"黄河保护与发展的多学科交融"为主题，与会人员围绕黄河流域生态环境保护、水资源利用与工程安全保障、高质量发展、黄河文化传承等主题，共同讨论黄河流域生态保护和高质量发展的理论基础、科技需求和关键问题。

（6）2019 年 12 月 10—11 日，为贯彻落实习近平总书记在黄河流域生态保护和高质量发展座谈会上的重要讲话以及关于"坚持文化自信，推动社会主义文化繁荣"的论述精神，进一步加强水文化建设工作，促进水文化的发展与繁荣，探讨讲好"黄河故事"的方法、思路和举措，由水利部宣传教育中心主办的黄河文化座谈会暨水文化工作研讨会在杭州市举行。在研讨会上，与会专家先后就黄河文化建设和水文化工作做了报告，山西、河南、陕西、宁夏、江苏、浙江等省（自治区）的水利有关单位代表做了水文化方面的典型案例分享，介绍了黄河及当地水文化研究相关成果。与会人员研讨了如何加强黄河文化工作的方向和重点任务，完善了讲好黄河故事工作方案，征求了对《水文化建设与传播三年行动计划》的广泛意见，进一步理清了水文化工作思路，布置了 2020 年第五届节水护水志愿服务与水利公益宣传教育专项赛有关工作。

（7）2020 年 7 月 25 日，由河南省黄帝故里文化研究会、河南省炎黄文化研究会、黄河文化研究会等主办的黄帝文化与黄河文化研讨会在新郑举行。此次研讨会的主题是坚定黄帝文化自信，谱写黄河文化新篇，开启"两黄"文化研究新征程，为新时代中华优秀传统文化的创造性转化、创新性发展，为黄河流域生态保护和高质量发展做出新的贡献具有重要意义。来自中国社会科学院、北京大学、人民大学、山东大学、首都师范大学、郑州大学、陕西历史博物馆、云南中华文明研究会、河南省社会科学院等科研机构、大专院校的 100 余位专家学者参加研讨会。5 位嘉宾做主旨演讲，18 位专家做学术发言。

（8）2020 年 9 月 10—11 日，由济南市人民政府主导，中共济南市委宣传部、济南市城乡水务局（市泉水保护办公室）、济南市园林和林业绿化局等联合主办的 2020 中国古迹遗址保护暨济南泉·城文化景观学术研讨会在济南召开。国内知名文化遗产、水生态、岩溶地质专家和国内文化景观世界遗产地代表等方面的专家学者共聚一堂，畅谈泉水文化，共同研讨济南泉水文化景观保护与申遗等问题，为济南泉水申遗快速成功助力。与会专家了一致认为，"济南泉·城文化景观"项目遗产定位清晰、价值突出、链条完整，具有较强的独特性、稀有性，应加快推进保护管理审批进程。

（9）2020 年 10 月 19 日，中国水利学会 2020 学术年会在北京市隆重召开。水利部副部长陆桂华出席并讲话，中国水利学会理事长胡四一主持开幕式。世界水理事会主席福勋先生，加拿大土木工程学会主席穆利根女士分别通过视频向大会致辞。本届年会的主题为"强化科技支撑，建设幸福河湖"，采用"线下会议＋线上直播"的形式举行。年会特邀嘉宾、2019 年度刘光文水文科技教育基金获奖代表、在京的中国水利学会专委会代表、会员代表等参加了现场会议；学会分支机构、省级水利学会、单位会员的代表和个人会员，水利科研人员和技术骨干，年会论文作者等通过视频直播参加了会议。年会还将陆续召开流域发展战略、黄河流域生态保护和高质量发展、水生态、水资源、地下水、水利史、国际分会场等 16 个分会场会议。

（10）为纪念习近平总书记在郑州主持召开"黄河流域生态保护和高质量发展座谈会"一周年，2020 年 10 月 21—22 日，中华文化·第三届黄河文化论坛在郑州举行。本次论坛由黄河水利委员会、河南省宋庆龄基金会、河南省中华文化促进会等联合主办，来自国内政府部门、高校、科研机构、企事业单位、相关媒体等近 70 家单位和近 200 位代表、嘉宾现场参会。与会专家从考古发掘实证、挖掘黄河文化时代价值、黄河流域生态保护、推动黄河流域文旅融合、打造黄河文化品牌等方面进行了深入研讨，为推动黄河文化遗产保护，黄河文化创造性转化、创新性发展，彰显新时代黄河文化魅力提出了不少富有建设性的意见。

9.8　与 2017—2018 年进展对比分析

（1）总的来说，我们对本章水文化研究的内容延续 2017—2018 年结构体系，分为水文化遗产、水文化理论、水文化传播、旅游水文化、地域水文化和水文化学术动态，补充与之相关的中华传统水文化、水文学、水哲学、城市水文化、大运河文化带建设、水利旅游与水利景区建设、黄河文化以及以流域和行政区为主的微观水文化研究等内容。与此同时，2019—2020 年水文化研究进展，我们把新时代水利精神、黄河文化等先进水文化的成果也补充进来。

（2）在水文化遗产研究方面，伴随着大运河进入后申遗时代、黄河流域生态保护和高质量发展上升为国家战略，学术界对大运河文化遗产开发与利用、黄河水利文化遗产调查与保护、美丽乡村建设视域下水文化遗产关注度很高，但水文化遗产理论的研究还比较少，形不成系统和体系，对水文化遗产传承创新的措施也不到位，对水文化遗产资源开发与利用认识存在不足。

（3）全国水利工作会议明确提出大力弘扬新时代水利精神，以水利行业优良传统为血脉，以水利建设实践为依托，着力构建具有鲜明时代特征和水利行业特色的先进水文化，为奋力开创节水治水管水兴水新局面提供文化支撑，因此加强水文化理论研究显得尤为重要。在水文化理论方面，近年来水文化理论研究队伍逐渐在壮大，研究成果涉及在水文化内涵、水工程文化、城市水文化建设、大运河文化带、黄河文化、水生态文明、水民俗、水哲学、民族水文化等方面的研究，仅仅限于水文化微观研究，对其基础性理论研究略显不足。究其原因，我们认为学术界对水文化学科属性、水文化学科建设还没有达成共识。

（4）加强水文化教育传播，必须大力拓展水文化传播渠道，丰富传播手段，逐步构建传输快捷、覆盖广泛的水文化传播体系。从一定程度上讲，水文化重在建设，成在传播。因为，没有传播就难以普及，没有普及就难以繁荣，没有繁荣就难以提高。在水文化传播方面，黄河文化传播、互联网＋全媒体已成为教育传播的新态势，但仅仅局限于传播途径和技术手段，创新性的并且能够被普通民众喜闻乐见的传播媒介和手段还鲜见，出现"传而不播"和"自娱自乐"现象。

（5）在旅游水文化研究方面，水文化旅游在推动乡村生态旅游发展，促进脱贫攻坚和乡村振兴发挥了重要作用。总体情况来看，2019 年旅游水文化无论是发文的数量还是质量都远低于 2020 年，内容涉及水文化旅游资源开发与案例分析、水利景区的水文化规划与设计、水上旅游、体育旅游水文化。但是，对于旅游水文化的理论研究成果较少，对于水利风景区旅游内涵和价值认知不足。目前旅游水文化的研究仅仅限于有关水利研究部门、水利景区、涉水高等院校，旅游水文化开发还仅仅限于感性认识和初步研究，标志性的理论研究成果还很少见。

（6）作为地域文化的一部分，水文化是地域文化研究中重要组成部分。在地域水文化研究方面，研究成果相比之前明显增多。主要是以流域和行政区为主要对象的微观水文化研究，地域水文化理论研究对象、研究任务和学科性质还没有论及。在地域水文化研究成果中，按照行政区划分，2017—2018 年度水文化研究成果前三名分别是浙江、河南和江苏；2019—2020 年度前三名变为山东、江苏和浙江，山东进入第一方队之首，江苏奋起直追成为第 2 名，而浙江成为第 3 名。

（7）党的十九大以来，习近平总书记多次强调要传承和弘扬中华优秀传统文化。中共中央关于制定国民经济和社会发展第十三个五年规划提出，要构建中华优秀传统文化传承体系。水利部印发《2019—2020 年水利精神文明与水文化建设工作安排》中，把加强水文化传播、水文化遗产保护与利用、丰富水文化产品突出位置，大力推动水文化繁荣发展。由于新冠肺炎疫情防控常态化，2019—2020 年水文化相关的学术会议采用线上线下混合式举行，以腾讯视频线上会议为主，这是与 2017—2018 年度会议召开方式最大不同，且会议数量、频次明显减少，但基本反映出水文化研究新态势。不过，从历次主办单位和参会人员来看，水文化学术会议主要是水利行业在发挥主力作用，教育行政部门、综合性高校和科研院所参与较少，全国性综合性一级学会和国家级新闻媒体更是关注不足。

本章撰写人员及贡献

本章撰写人员（按贡献排名）：王瑞平、贾兵强、陈超。贾兵强负责统稿。具体分工如下：

节　名	作　者	单　位
9.1　概述	王瑞平	华北水利水电大学
9.2　水文化遗产研究进展	王瑞平	华北水利水电大学
9.3　水文化理论研究进展	贾兵强	华北水利水电大学
9.4　水文化传播研究进展	陈　超	华北水利水电大学
9.5　旅游水文化研究进展	贾兵强	华北水利水电大学
9.6　地域水文化研究进展	陈　超	华北水利水电大学
9.7　水文化学术动态	贾兵强	华北水利水电大学
9.8　与 2017—2018 年进展对比分析	贾兵强	华北水利水电大学

参考文献

[1]　祁玲，朱自强. 都江堰水文化传承与发展研究 [J]. 四川水利，2020，41（06）：157 - 160.
[2]　万金红. 保护黄河水文化遗产，讲好"黄河故事"[N]. 中国文物报，2020 - 08 - 18（03）.

［3］ 万金红，廖梦均. 遗产型水利风景区建设刍议［J］. 中国水利，2020（20）：66－67，61.

［4］ 杨帆. 文化遗产保护视角下合肥市水利旅游开发研究［J］. 华北水利水电大学学报（社会科学版），2020，36（04）：27－33.

［5］ 马东春，果天廓. 北京水文化与城市发展研究［J］. 水利发展研究，2020，20（08）：69－73.

［6］ 薛华. 黄河水文化遗产的主要类型及其价值［J］. 黄河. 黄土. 黄种人，2020（14）：33－38.

［7］ 魏占杰，高景霄. 白洋淀水文化资源的保护与开发利用研究［J］. 城市发展研究，2020，27（05）：18－22.

［8］ 王叶飞. 水文化遗产保护视野下的海绵城市建设策略［J］. 浙江水利水电学院学报，2020，32（01）：43－46.

［9］ 彭友琴，周平平，杨亚辉. 关于水文化遗产保护与利用的思考［J］. 水利发展研究，2019，19（12）：67－70.

［10］ 韩红，卢本琼，姜雪. 水文化遗产保护的传承与创新［J］. 智库时代，2019（45）：251－252.

［11］ 王磊. 重庆地区水文化遗产的保护和开发［J］. 浙江水利水电学院学报，2019，35（05）：1－4.

［12］ 王磊，解华顶，张裕童. 水文化遗产生存状态及解决办法初探［J］. 中国水利，2019，31（12）：59－61.

［13］ 潘光杰，刘连建，卫爱玲，等. 淮安大运河水文化遗产保护与传承［J］. 江苏水利，2019（S1）：81－84.

［14］ 蒋涛，秦素粉，胡红梅. 水文化教育导论［M］. 北京：中国水利水电出版社，2019.

［15］ 贾兵强. 加强水文化学科建设 促进中国特色水文化发展［N］. 中国水利报，2019－03－07（4）.

［16］ 李宗新. 构建水文化理论体系势在必行［N］. 中国水利报，2019－05－23（06）.

［17］ 凌先有. 建设幸福河 弘扬水文化［N］. 中国水利报，2020－02－27（01）.

［18］ 宋豫秦. 建立隋唐运河水文化生态博物馆的构想［N］. 安徽日报，2019－12－24（06）.

［19］ 鄂竟平. 弘扬新时代水利精神 汇聚水利改革发展精神力量［N］. 学习时报，2019－09－16（01）.

［20］ 江凌. 推动黄河文化在新时代发扬光大［N］. 学习时报，2020－01－03（01）.

［21］ 牛志奇.《尚书》中的治水精神与水利文明［N］. 学习时报，2020－07－31（07）.

［22］ 涂凤帆. 从地名解读重庆水文化历史渊源［J］. 浙江水利水电学院学报，2019，31（06）：8－12.

［23］ 李德幸. 谈谈都江堰水文化特色与李冰精神［J］. 四川水利，2019，40（06）：153－158.

［24］ 杨发军，孙道进. 从马克思文化哲学维度思考巴渝水文化［J］. 广东水利电力职业技术学院学报，2020，18（02）：44－47.

［25］ 田德新，黄梦园. 水文化与大运河文化研究热点、路径与前沿的知识图谱分析［J］. 中国名城，2020（02）：85－91.

［26］ 江爱国. 水文化的核心价值——人水和谐［J］. 长江工程职业技术学院学报，2019，36（03）：72－74.

［27］ 吕娟. 水文化理论研究综述及理论探讨［J］. 中国防汛抗旱，2019，29（09）：51－60.

［28］ 田甜，骆静谊，刘倩如，等. 西双版纳傣族水文化的生态价值研究［J］. 云南农业大学学报（社会科学），2019，13（03）：99－104.

［29］ 王亦宁. 对历史时期梁山泊演变的再认识——兼论梁山泊水文化精神［J］. 水利发展研究，2019，19（05）：66－72.

［30］ 肖冬华. 水文化视域下儒道哲学思想比较研究［J］. 南昌工程学院学报，2019，38（02）：31－35.

［31］ 谢婉莹. 论中国古琴艺术中的水文化［D］. 郑州：郑州大学，2020.

[32] 赵东. 苗族史诗《亚鲁王》洪水神话的水文化表达 [J]. 贵州民族研究, 2020, 41 (05): 115 - 119.

[33] 李诚. 向水而生　因水而变——雄安新区的水文化溯源 [J]. 前线, 2019 (03): 94 - 96.

[34] 李俊. 三道河水利工程水文化建设探析 [J]. 水利发展研究, 2019, 19 (02): 70 - 73.

[35] 张新雨, 向婧怡, 车越. 基于地名的上海地域性水文化特征及建设途径 [J]. 南京林业大学学报 (人文社会科学版), 2020, 20 (06): 13 - 21.

[36] 钟银梅, 李芳. 旧方志文献所见宁夏黄河水文化 [J]. 宁夏师范学院学报, 2020, 41 (12): 40 - 45.

[37] 李涵. 水文化与城市水利建设若干关系的探讨 [J]. 中国水能及电气化, 2019 (11): 7 - 12.

[38] 葛其荣. 中国水文化建设若干问题研究 [J]. 水资源开发与管理, 2020, 18 (09): 82 - 84, 45.

[39] 华烨, 任稀杨, 赵英. 无锡大运河文化带水文化建设路径分析 [J]. 江苏水利, 2020 (04): 49 - 52.

[40] 司毅兵, 毕玉娟, 平璐. 水利工程建设要融入先进水文化理念——云南滇中引水工程文化建设调研与思考 [J]. 水利建设与管理, 2020, 40 (07): 1 - 4.

[41] 吴建勇. 水文化与宗教文化的呼应融合——以里运河地区的宗教建筑为例 [J]. 中国宗教, 2020 (11): 70 - 71.

[42] 辛鑫, 路红, 夏青, 任利剑. 藏民族水文化对聚落空间的影响研究 [J]. 西部人居环境学刊, 2020, 35 (05): 125 - 131.

[43] 石仁春. 中国壮族与泰国泰族人生礼仪中的水文化研究 [J]. 文化创新比较研究, 2020, 4 (06): 39 - 40.

[44] 黄英燕, 陈宗章. 继承和弘扬中国传统水文化的基本精神 [J]. 文教资料, 2019 (28): 62 - 63, 70.

[45] 沈先陈. 中华传统水文化的基本精神及教育意义 [J]. 浙江水利水电学院学报, 2020, 32 (03): 5 - 8.

[46] 张海明. 中国民间信仰与水文化关系探析 [J]. 浙江水利水电学院学报, 2019, 31 (02): 5 - 9.

[47] 徐燕琳, 胡伊萍. 疍民水文化水风俗研究——以中山神湾疍民生活为例 [J]. 中北大学学报 (社会科学版), 2019, 35 (02): 57 - 61.

[48] 张玮. 明清以来太行山地区水文化与乡村社会——以黎城龙王社庙为中心的考察 [J]. 地域文化研究, 2020 (01): 36 - 49, 153 - 154.

[49] 薛祺, 蕴晨, 马川惠, 等. 无定河流域水文化研究 [M]. 郑州: 黄河水利出版社, 2019.

[50] 李振峰, 王勤山. 黄河三角洲水文化研究 [M]. 合肥: 黄山书社, 2019.

[51] 程得中, 邓泄瑶, 胡先学. 中国传统水文化概论 [M]. 郑州: 黄河水利出版社, 2019.

[52] 毕雪燕, 杨华轲, 罗玲谊, 等. 中华水文化 (慕课版) [M]. 北京: 中国水利水电出版社, 2019.

[53] 朱海风, 贾兵强, 陈超, 等. 河南水文化史 [M]. 郑州: 大象出版社, 2020.

[54] 朱海风, 靳怀堾, 饶明奇, 等. 中国水文化发展前沿问题研究 [M]. 北京: 人民出版社, 2020.

[55] 贾兵强, 张泽中, 山雪艳, 等. 现代水治理与中国特色社会主义制度优势研究 [M]. 北京: 中国水利水电出版社, 2020.

[56] 果天廓. 传承中华文化是第一使命——谈水文化传播的时代意义 [J]. 新闻研究导刊, 2020, 11 (13): 220 - 221.

[57] 陈超. 动画作品在中华水文化传播中的经验探析 [J]. 华北水利水电大学学报 (社会科学版), 2020, 36 (03): 92 - 97.

[58] 陈超. 新时代黄河生态文化传播路径研究 [J]. 新闻爱好者, 2019 (11): 27 - 30.

[59] 张红梅. "绿水青山"理念下黄河水文化的发展与传播 [J]. 新闻爱好者, 2019 (12): 24 - 26.

[60]　史月梅. "诗言志"视阈下诗歌对黄河文化的传播——以宋代"咏黄"诗为例 [J]. 新闻爱好者，
　　　　2020（01）：36 - 39.

[61]　段志鹏.《四库全书总目》视阈下的黄河文献考略与黄河文化传播 [J]. 新闻爱好者，2020
　　　　（11）：56 - 58.

[62]　朱伟利. 刍议黄河文化的内涵与传播 [J]. 新闻爱好者，2020（01）：32 - 35.

[63]　侯迎慧. 从自媒体看黄河文化国际传播策略 [J]. 新闻爱好者，2020（12）：75 - 77.

[64]　杜学霞. 黄河生态文化 70 年传播的基本经验 [J]. 新闻爱好者，2019（11）：31 - 33.

[65]　马献珍. 黄河生态文化传播推动能源行业可持续发展 [J]. 新闻爱好者，2020（04）：69 - 71.

[66]　张庆. 黄河生态文明的展览展示与文化内涵研究——黄河文化时代精神传播途径研究 [J]. 商展
　　　　经济，2020（05）：111 - 113.

[67]　王瑞平. 简论黄河文化的传播及其影响 [J]. 华北水利水电大学学报（社会科学版），2020，36
　　　　（05）：18 - 21.

[68]　毕雪燕. 让更多高校成为黄河治理文化传播的重要阵地 [J]. 新闻爱好者，2020（02）：33 - 36.

[69]　毕雪燕，郭凯旋. 文化传播视域下的黄河流域特色旅游高质量发展研究 [J]. 新闻爱好者，2020
　　　　（06）：62 - 64.

[70]　刘明. 融媒体视阈下黄河水文化传播策略研究 [J]. 新闻爱好者，2020（06）：59 - 61.

[71]　朱海风. 如何在传播弘扬黄河文化中发挥学术社团作用——以黄河文化研究会为例 [J]. 新闻爱
　　　　好者，2020（06）：65 - 67.

[72]　邢祥，邢军. 新时代黄河文化传播创新路径研究 [J]. 新闻爱好者，2020（03）：29 - 32.

[73]　祁萌. 新时代黄河文化大传播需要科学思维引导 [J]. 新闻爱好者，2020（11）：53 - 55.

[74]　朱涵钰. 信息技术助推黄河水文化的数字化传播 [J]. 新闻爱好者，2019（12）：27 - 29.

[75]　季鹏，张莉. 公共艺术视角下的老通扬运河水文化初探 [J]. 中国水利，2020（23）：62 - 64.

[76]　左其亭，张志卓. 黄河重大国家战略背景下的水利风景区建设 [J]. 中国水利，2020
　　　　（20）：50 - 51.

[77]　汤勇生，李贵宝，韩凌杰，等. 水利风景区科普功能发挥的探讨与建议 [J]. 中国水利，2020
　　　　（20）：59 - 61.

[78]　胡晓立. 水生态文明理念下蜀水文化旅游资源开发研究 [J]. 西部学刊，2019（20）：42 - 44.

[79]　刘江宜，窦世权，黎清华，等. 旅游海岛水资源环境承载能力研究 [J]. 生态经济，2019，35
　　　　（10）：130 - 135，184.

[80]　王承云，陈政融. 提升都江堰水文化旅游的思考 [J]. 成都行政学院学报，2019（04）：88 - 91.

[81]　王稷. 探讨基于水文化的城镇旅游特色景观规划设计 [J]. 当代旅游，2019，17（07）：23.

[82]　张可，贺淋净. 东洞庭湖水系体育旅游文化"人水和谐"研究 [J]. 四川体育科学，2019，38
　　　　（02）：96 - 99.

[83]　赵宏，朱美霞. 发展水文化与推动邯郸乡村旅游发展研究 [J]. 河北工程大学学报（社会科学
　　　　版），2019，36（01）：5 - 7.

[84]　李鹏，杨鹏，兰红梅，等. 基于资源特性的水利风景区分类体系 [J]. 水利经济，2020，38
　　　　（06）：60 - 65，83 - 84.

[85]　张壤玉，张玥. 流域机构水利风景区建设发展中的问题与对策 [J]. 水利经济，2020，38（05）：
　　　　63 - 67，78.

[86]　刘欢. 我国水利风景区管理体制改革研究 [D]. 北京：北京林业大学，2020.

[87]　许海川，张文瑞. 城市河湖型水利风景区发展规划实践与思考 [J]. 水利规划与设计，2020
　　　　（03）：39 - 42.

[88]　王燕，程得中. 水文化与旅游产业深度融合的实践探索 [J]. 广东水利电力职业技术学院学报，
　　　　2020，18（03）：67 - 70.

[89]　陈海彬. 以"水文化"为核心建设苏州国际文化旅游胜地的对策 [J]. 当代旅游, 2020 (13): 19 - 22.

[90]　殷翔宇, 方砚, 曲明辉. 促进京杭运河水上旅游发展研究 [J]. 交通与港航, 2019, 6 (05): 79 - 83.

[91]　孟迎, 陆继东. 济宁市城区水上旅游生态文明建设探讨 [J]. 山东水利, 2019 (10): 53 - 54.

[92]　宋玉芹. 大运河苏州段水上旅游产品开发探析 [J]. 当代旅游, 2020, 18 (36): 71 - 72.

[93]　刘占山, 高嵩, 纪永波. 交通运输与水上旅游如何奏响融合乐章? [N]. 中国水运报, 2020 - 11 - 09 (03).

[94]　任俊英. 常州大运河夜间水上旅游开发初探 [J]. 常州工学院学报 (社科版), 2020, 38 (05): 8 - 11.

[95]　高嵩. 关于推进我国水上旅游交通建设发展的研究建议 [J]. 中国水运, 2020 (09): 12 - 14.

[96]　梁国楹. 德州运河文化变迁及其特点 [J]. 德州学院学报, 2020, 36 (05): 56 - 60.

[97]　李华. 山东水利技师学院水文化生态校园建设实践 [J]. 山东水利, 2020 (10): 48 - 49.

[98]　安宇, 刘楠. 浅析淮安治水文化研究 [J]. 智库时代, 2019 (46): 127, 167.

[99]　曾博宇, 单鹏飞. 水文化传承视域下苏南特色田园乡村品牌营造 [J]. 建筑与文化, 2020 (04): 176 - 177.

[100]　王耀宇. 扬州市海绵城市规划建设中的水文化建设策略 [J]. 绿色科技, 2020 (10): 264 - 267.

[101]　冯岩, 沈伟坚, 邢春生. 绍兴水文化的地域特征及其时代趋向 [J]. 文化产业, 2020 (24): 92 - 93.

[102]　丁俊清. 温州民居理水文化 [J]. 建筑遗产, 2020 (01): 24 - 34.

[103]　顾芳晖. 由"羽人竞渡"谈宁波水文化实践应用的思考 [J]. 经济师, 2019 (06): 287, 289.

[104]　刘保亮. 打造洛阳水文化高地刍论 [J]. 洛阳师范学院学报, 2019, 38 (06): 26 - 29.

[105]　魏翔燕. 水文化视角下的海绵绿地景观设计——以福州鹤林生态公园为例 [J]. 中国住宅设施, 2019 (08): 54 - 56.

[106]　程启. 地域文化在城市滨水景观设计中的应用——以长沙湘江风光带为例 [J]. 工程技术研究, 2019, 4 (03): 172 - 173.

[107]　薛瑞昌, 汪琪, 何兴旺. 短视频背景下的巢湖水文化旅游资源推广研究 [J]. 内江科技, 2020, 41 (10): 113 - 114.

[108]　张进. 基于地域特色的水环境景观规划设计探索——以临淮岗水利风景区为例 [J]. 产业与科技论坛, 2019, 18 (11): 217 - 218.

[109]　叶洁楠, 翟原. 与地域文化相融的芜湖扁担河滨水文化公园设计 [J]. 美术教育研究, 2019 (16): 49 - 51.

[110]　罗张琴, 王雅坤. 鄱阳湖流域水文化建设及传播策略浅析 [J]. 水利发展研究, 2019, 19 (07): 68 - 71.

[111]　程宇昌. 新时代地方高校慕课教学的实践与反思——以江西某高校水文化慕课为例 [J]. 江西广播电视大学学报, 2020, 22 (04): 10 - 15.

[112]　曹源, 马建斌. 巴渝水文化融入高校育人体系的实践探索——以重庆水利电力职业技术学院为例 [J]. 张家口职业技术学院学报, 2019, 32 (01): 44 - 46.

[113]　秦素粉, 李将将. 重庆古镇水文化历史记忆发掘 [J]. 三峡论坛 (三峡文学·理论版), 2019 (06): 6 - 8, 13.

[114]　陈思. 地域文化视角下的城市滨水景观设计研究——以四川省富顺县滨江带为例 [J]. 西部皮革, 2019, 41 (10): 38.

[115]　刘锐, 谢祥林, 高键. 构建蜀水文化体系的调研与思考 [J]. 四川水利, 2019, 40 (01): 115 - 120.

[116] 文泉霖，曹译匀，梁雪婷. 水景在都江堰城市景观中的应用 [J]. 江西建材，2019 (08)：47-48.

[117] 李磊峰，侯琳，魏龙国. 水文化元素在都江堰城市公共家具中的应用设计 [J]. 绿色环保建材，2020 (03)：90-92.

[118] 屈海燕，宋迪，宋志生. 地域文化在城市滨水景观设计中的应用——以湟水河乐都主城段滨水景观为例 [J]. 沈阳建筑大学学报（社会科学版），2018，20 (06)：541-546.

[119] 王鹏，王崇臣，齐勇. 通识教育核心课程的设计与实践——以"北京水文化"通识课为例 [J]. 北京教育（高教），2020 (11)：47-49.

[120] 李鸿飞. 传统地域文化背景下的城市滨水生态空间色彩研究——以兰州市为例 [J]. 生态经济，2019，35 (05)：223-229.

[121] 姚华松，邵小文，陈昆仑，等. 水文化在广州地方性构建中的意义 [J]. 城市发展研究，2019，26 (04)：95-102.

[122] 陈超. 现代城市水生态文化研究——以中原城市为例 [M]. 北京：中国水利水电出版社，2019.

第 10 章　水信息研究进展报告

10.1　概述

10.1.1　背景与意义

（1）水信息研究是利用现代信息技术与数值模拟、物理模型相结合，监测与挖掘水系统的各种信息，为人类决策提供更多有价值的信息[1]。水信息的研究领域极为广泛，包括各种水信息数据的获取和分析（如数据采集与监视控制系统、遥感、遥测、数据模型、数据管理和数据库技术等）、先进数值分析方法和技术（如一维、二维和三维计算水力、水质和水生态模型、参数估计和过程识别）、控制技术和决策支持（如基于模型控制、不确定性处理、决策支持系统、分布影响评价和决策、Internet 和 Intranet 等）、标准及应用软件开发（如海岸和河口污染物扩散的过程分析、水资源的流域管理、城市给水排水系统等）以及智能科学理论和新技术应用（如人工智能、专家系统、人工神经网络、进化计算、模糊逻辑、数据挖掘技术、数据仓库技术、数据融合技术、并行计算技术、分布和扩散模型、面向对象和代理等）[2]。

（2）2011 年中央 1 号文件《中共中央　国务院关于加快水利改革发展的决定》的第十五条"强化水文气象和水利科技支撑"中明确指出：推进水利信息化建设，全面实施"金水工程"，加快建设国家防汛抗旱指挥系统和水资源管理信息系统，提高水资源调控、水利管理和工程运行的信息化水平，以水利信息化带动水利现代化。

（3）2019 年 3 月，水利部制定了《2019 年水利网信工作要点》（以下简称《要点》），《要点》通过深化水利业务需求分析、落实水利网络安全任务细化实化方案、推进智慧水利、实施水利网信水平提升行动方案（2019—2021 年），着力补信息化短板；通过整合共享信息资源、完善基础数据库和水利一张图、强化遥感应用，着力支撑强监管。全力推进信息技术与水利业务深度融合，加快提升水利网信水平，为新时代水利改革发展提供强力驱动和有力支撑。

10.1.2　标志性成果或事件

（1）2019 年 7 月，水利部印发了《水利业务需求分析报告》《智慧水利总体方案》《加快推进智慧水利的指导意见》和《水利网信水平提升三年行动方案（2019—2021 年）》4份重要文件，系统谋划了水利网信发展的总框架、路线图、时间表、任务书，为当前和今后一段时期水利网信规划、设计、建设和应用奠定了坚实基础。

（2）2019 年 9 月，水利部印发了《水利网络安全管理办法（试行）》（以下简称《办法》）。《办法》为水利行业网络安全强监管提供准则和依据，是健全水利网络安全保障体系、提升水利网络安全防护能力的重要举措。

（3）2019 年 9 月，水利部在线政务服务平台建设初步建成，并实现与国家在线政务服务平台对接，平台于 9 月 1 日上线运行，实现水利政务服务事项"一网通办"。

（4）2019 年 12 月 18 日，水利部在京发布全国水利一张图（2019 版）。全国水利一张图致力于打破数据壁垒、实现资源共享，构筑统一平台，开展大数据分析、赋能水利业务应用，加快智慧水利发展进程，在落实"水利工程补短板、水利行业强监管"水利改革发展总基调、支撑水利业务协同与智能应用过程中发挥重要的作用。

（5）2020 年 3 月，水利部印发了《水利信息资源共享管理办法（试行）》，为水利信息资源共享提供了准则和依据，为进一步提高水利行业信息共享、业务协同和大数据应用提供了制度保障，对于推进智慧水利、加快提升水利网信水平具有重要意义。

（6）2020 年 3 月，水利部印发了《水利网信建设和应用监督检查办法（试行）》，为水利网信建设和应用的监督检查、问题认定、问题整改和责任追究提供了制度保障，对于水利网信行业自身强监管和推进智慧水利、加快提升水利网信水平具有重要意义。

（7）2020 年 3 月，水利部正式发布智慧水利优秀应用案例和典型解决方案推荐目录（2020 年），推荐目录涵盖水灾害、水资源、水工程、水监督、水行政等 5 类共 51 项，这些应用案例和解决方案都是近年来全国水利行业积极践行水利改革发展总基调、不断探索智慧水利取得的代表性成果，对于引领和带动智慧水利发展具有重要意义。

（8）2020 年 3 月 23 日，水利部印发《关于开展智慧水利先行先试工作的通知》，正式启动智慧水利先行先试工作，计划用 2 年时间，在 3 个流域管理机构、5 个省级水利部门、3 个市级水利部门共 11 家单位开展实施 36 项先行先试任务。

（9）2020 年 5 月 18 日，水利部召开水利网信工作视频会议。会议按照 2020 年全国水利工作会议部署，践行"安全、实用"水利网信发展总要求，总结了 2019 年水利网信工作，分析了当前水利网信工作形势，部署了近期水利网信工作重点任务。

（10）2020 年 10 月，在第 51 届"世界标准日"到来之际，为提升社会公众获取水利行业标准的便捷性，水利部将全部水利行业标准免费公开。自 10 月 14 日起，登录水利部国际合作与科技司官网首页"现行有效标准查询系统"，公众可在线阅览全部标准文本，含有强制性技术内容的标准可免费下载。

10.1.3　本章主要内容介绍

本章是有关水信息研究进展的专题报告，主要内容包括以下几部分。

（1）对水信息研究的学科范畴、水信息研究 2019—2020 年标志性成果或事件、本章主要内容以及有关说明进行简单概述。

（2）本章从 10.2 节开始按照水信息研究内容进行归纳编排，主要包括：基于遥感、传感器、水信息数据挖掘、地理信息系统（GIS）的水信息研究，基于 GIS 水信息系统开发以及智慧水利等相关研究进展。

10.1.4　有关说明

本章在《中国水科学研究进展报告 2011—2012》（2013 年 6 月出版）、《中国水科学研究进展报告 2013—2014》（2015 年 6 月出版）、《中国水科学研究进展报告 2015—2016》（2017 年 6 月出版）和《中国水科学研究进展报告 2017—2018》（2019 年 6 月出版）的基础上，广泛阅读 2019—2020 年相关文献，系统介绍 2019—2020 年有关水信息的研究进展。另外，因为相关文献较多，本书只列举最近两年有代表性的文献，且所引用的文献均列入参考文献中。

10.2　基于遥感的水信息研究进展

遥感是以电磁波与地球表面物质相互作用为基础，探测、分析与研究地球资源与环境，揭示地球表面各要素的空间分布特征与时空变化规律的一门科学技术。遥感提供了大面积快速获取水信息的途径，已经成为水信息提取与挖掘的重要手段。研究内容涉及土壤水分遥感反演、地表蒸散、水体信息提取、湿地变化监测、植被含水量估算以及水位监测等多个方面。

10.2.1　在土壤水分遥感反演方面

土壤水分（湿度、含水量）是联系地表水与地下水的纽带，在全球水循环运动中扮演着重要角色，是水文、气象、生态和农业模型中的重要参数。遥感是监测区域尺度上土壤湿度状况时空变化的有效途径。它通过测量土壤表面发射或反射的电磁能量来进行土壤水分测量，涉及波段较宽，包括可见光、近红外、热红外和微波等不同波段。本节将土壤水分遥感监测研究进展分为土壤水分遥感反演综述、可见光-红外反演方法、微波土壤水分反演方法、多源遥感数据联合反演以及土壤水分反演模型构建及改进等方面。

（1）在土壤水分遥感反演综述方面。梁顺林等[3] 介绍了反射率、下行太阳辐射、反照率、地表温度、长波辐射、总净辐射、荧光遥感、植被生化参数、叶面积指数、光合有效辐射比、植被覆盖度、森林高度、森林生物量、植被生产力、土壤水分、雪水当量、雪盖、蒸散发、地表与地下水量等最新进展，并根据中国学者 2019 年发表的相关论文，对陆表定量遥感核心进展进行了总结。张王菲等[4] 首先介绍了雷达遥感在农业中的应用领域，总结了目前在农作物识别与分类、农田土壤水分反演、农作物长势监测等多个领域研究的综述文献；然后分别阐述了雷达散射计和各类 SAR 特征（包括：SAR 后向散射特征、极化特征、干涉特征、层析特征）在农业各领域中应用的现状和取得的研究成果；最后结合农业应用需求和 SAR 技术发展总结了目前研究中存在的问题和原因，并对未来发展进行了展望。潘宁等[5] 从土壤水分遥感反演的依托数据、方法与应用出发，提出目前的主要研究热点为遥感土壤水分产品评估、相关产品应用及数据同化等 3 个方面。李占杰等[6] 梳理了可见光-近红外遥感、热红外遥感、可见光-近红外-热红外遥感、主动微波遥感、被动微波遥感的发展现状及对应的土壤水分反演方法，介绍了结合主被动微波遥感的 GNSS-R 技术，对土壤水分反演研究中的热点问题进行了归纳和总结，并展望了土壤水分遥感反演的发展趋势。吴学睿等[7] 根据不同遥感平台，叙述地基、塔基、机载和星载 GNSS-R 技术土壤水分监测的发展现状，综述了辐射计联合 GNSS-R 技术进行土壤水分监测的发展状态及 GNSS-R 地基和星载接收机的发展现状，探讨了 GNSS-R/IR 进行土壤水分反演的重点和难点。蒋玲梅等[8] 梳理了积雪覆盖、雪深/雪水当量、土壤冻融状态和土壤水分等参数遥感监测方法的研究进展，总结了利用光学与微波遥感以及多源遥感融合的监测方法，并对该研究领域的发展趋势进行了展望。雷添杰等[9] 对国内外常用的旱情遥感监测指标进行了系统梳理，探讨了未来旱情遥感监测的发展方向，阐述了开展遥感技术与其他专业模型的耦合研究、构建空天地一体化的旱情立体监测网、研制综合遥感监测指数，是未来旱情遥感监测的重要方向。

（2）在可见光-红外遥感反演土壤水分方面。可见光-红外遥感反演土壤水分是在地物波谱特征分析和遥感成像机理研究的基础上，直接利用遥感数据，通过简单的数值运算，从而得到对土壤水分有指示意义的各种遥感指数。国内学者利用不同的遥感数据进行了土壤水分反演方法探讨与试验应用研究，这里仅列举代表性文献。

1）基于 Landsat 数据的土壤水分反演。余军林等[10] 运用大气校正法反演地表温度（T_s）和归一化植被指数（NDVI），构建了花江峡谷区 2013 年、2014 年和 2015 年旱季的温度-植被干旱指数（TVDI），并结合地面实测数据对 TVDI 作为旱情指标进行了验证。王思楠等[11] 采用温度植被干旱指数法（MTVDI）与荒漠化指数法（DDI），利用 2016 年 4 月、9 月的 Landsat 8 数据对毛乌素沙地腹部的土壤水分进行反演，并与实测土壤水分进行对比检验，将反演的土壤含水量图划分为 4 个等级，基于此分析了 2 个时期毛乌素沙地腹部的旱情土壤水分分布变化。姚月锋等[12] 以漓江上游流域为研究区域，利用 Landsat 8 TIRS 数据定量反演流域的地表温度，并结合温度-植被干旱指数探讨了干旱季节流域地表土壤干旱时空分布特征。李永柳等[13] 利用 Landsat 8 地表温度产品数据（LST）和植被指数产品数据（NDVI），采用植被供水指数（VSWI）法，反演了研究区不同年份土壤含水量，结合实测数据进行精度验证，探讨了研究区土壤含水量分布的时空异质性及主要影响因素。聂艳等[14] 以新疆阿克苏河流域为研究区，以 GF-1 WFV 和 Landsat 8 OLI 两种高分辨率遥感影像为数据源，结合 102 个不同深度层的土壤湿度实测数据，选择垂直干旱指数（PDI）、改进型垂直干旱指数（MPDI）和植被调整垂直干旱指数（VAPDI），对土壤湿度指数反演的效果进行比较和验证。张新平等[15] 以黄土沟壑区城市森林表层土壤为研究对象，以 3 期 Landsat 影像和实地土壤水分传感器测定数据为数据源，分别通过像元在二维空间中的散点图及其拟合的干燥边界与湿润边界，获取热学-光学不规则梯形模型（TOTRAM）和光学不规则梯形模型（OPTRAM）的参数，然后在像素水平上（30m×30m）反演了延安城市森林表层土壤水分。杨茹等[16] 基于温度植被干旱指数方法，以淮河流域上游地区作为研究区，利用 2017 年 2 月的 Landsat 8 影像，分别计算了地表温度、归一化植被指数、增强型植被指数，基于 TVDI 构建了两种土壤水分反演模型，研究了增强型植被指数反演土壤水分的可行性及适用性。梁建方等[17] 基于 Landsat 8 OLI_TIRS 数据，采用温度-植被干旱指数（TVDI）估算了涟江流域的土壤水分。

2）基于 MODIS 数据的土壤水分反演。王梅凯等[18] 利用 MODIS（MOD021KM）数据建立一种基于修正表观热惯量的墒情反演模型，在此基础上，结合 BP 人工神经网络（BPNN）进行了协同反演。蔡庆空等[19] 根据地表能量平衡方程，引入改进植被覆盖度参数，构建了一种理论干湿边端点选取方法及基于地表温度-改进植被覆盖度特征空间的 TVDI 模型，结合两期 MODIS 遥感影像数据（DOY088 和 DOY112）及地面观测数据，对陕西杨凌区的麦田土壤含水率进行了估算。吴颖菊等[20] 利用 CLDAS 数据，将机器算法应用到遥感影像指数运算中，分别采用 OLS 算法、Bagging 算法、BRT 算法和随机森林算法模型建立 MODIS 光学遥感数据（LST、Albedo、NDVI、ET）与土壤水分的关系模型，开展土壤水分的降尺度研究。黄友昕等[21] 基于 MODIS 遥感干旱监测指数构建了冬小麦返青期土壤湿度的评价指标体系，在此基础上，结合径向基函数神经网络（RBFNN）协同反演了农地土壤湿度。刘馨等[22] 以黄河源为研究区，利用 2007—2016 年 D193～D257 的 MODIS 的 1km 分辨率的地表温度（LST）和植被指数（NDVI）的产品数据反演了 10 年温度-植被干旱指数（TVDI）。朱彦儒等[23] 针对温度植被干旱指数特征空间的非线性现象，以 MODIS 数据为数据源，通过引入表观热惯量，提出双指数联合（DICIM）的土壤含水量反演模型用以改进 TVDI 指数特征空间的非线性问题。杨彦荣等[24] 基于 MODIS 数据，利用归一化植被指数（NDVI）、修正的土壤调整植被指数（MSAVI）、增强型植被指数（EVI）和地表温度（T_s）等参数，通过构建植被供水指数、基于 MSAVI 的植被供水指数（VSWI - M）和基于 EVI 的植被供水指数（VSWI - E），在评估反演土壤湿度效果的基础上，建立了分区域、基于 NDVI 阈值的混合植被供水指数（MVSWI）模型。杨志辉等[25] 以石羊河流域为研究区，采用植被覆盖度/表面反照率梯形特征空间散点图计算裸土反照率，同时通过稳定性、空间自相关和地理探测器等分析了土壤水分的空间格局及其影响因素。

3）基于多源遥感数据的土壤水分反演。庞治国等[26] 选取包括 30m 分辨率 Landsat、1km 分辨率 MODIS 和 SMAP 卫星 3km 分辨率和 9km 分辨率等土壤水分反演产品，利用 CRS 和 FDR 土壤水分监测数据对不同像元尺度下土壤水分结果进行了精度验证分析。李艳等[27] 基于 Sentinel - 1 雷达数据和 Landsat 8 光学数据，利用改进的水云模型得到拔节期玉米覆盖下的地表土壤后向散射系数，并采用 SAE 深度学习方法建立遥感影像与土壤水分之间的隐式映射，对玉米覆盖下的土壤墒情进行了反演。巩文军等[28] 以河南省焦作市广利灌区为研究对象，利用 Landsat 8 及 MODIS 数据分别以表观热惯量及植被供水指数法反演土壤墒情，以混合象元分解的植被和土壤的丰度作为权重因子，对 2 种方法反演的土壤墒情进行了融合计算。王树果等[29] 在水云模型框架下对其中的植被透过率因子采用 3 种不同的光学遥感指数-修正的土壤调节植被指数（MSAVI）、归一化植被指数（ND-VI）和归一化水体指数（NDWI）进行参数化估计，用于校正植被层的散射贡献。在此基础上，构造了基于 SAR 观测和 Oh 模型的代价函数，利用复型洗牌全局优化算法进行了土壤水分和地表粗糙度的联合反演。王浩等[30] 利用 Sentinel - 1 影像、MODIS 产品和 SRTM 数据，提取雷达后向散射系数等 32 个 SMC 影响因子，经相关分析选择 27 个显著的 SMC 影响因子（$P < 0.05$）作为反演因子，并设计三组因子组合分别与随机森林、支持向量回归、BP 神经网络 3 种机器学习方法结合进行了土壤水分反演。孙宇乐等[31] 以内蒙古河套灌区五原县研究区为实验对象，对实验区进行实地取样化验，获取并处理了多种遥感影像，对其进行各种数学变换，求出其与土壤含水率的相关性强弱；利用 SPSS 与 MATLAB 对数据进行回归分析，采用多元线性回归、最小二乘回归、神经网络回归等不同的回归方法进行分析，得出相对应的回归模型方程，建立了多数据源含水率反演模型。

（3）在微波遥感的土壤水分反演方面。微波遥感具有全天时全天候的特点，对土壤水分敏感，对地表植被具有一定的穿透能力，是大区域土壤水分监测的有效手段。国内相关研究主要集中在不同土壤水分反演评估与验证以及产品的应用研究等方面，这里仅列举代表性文献。

1）在土壤水分反演产品验证与评估方面。范悦等[32] 基于 Triple Collocation（TC）

方法检验了风云三号 C 星（FY-3C）、土壤水分主被动卫星（SMAP）及高级微波散射计（ASCAT）等 3 种常用微波土壤水分产品在中国陆域的质量，并通过 Hovmöller 图评估了这些产品捕捉土壤水分时空变化的能力。姜少杰等[33] 基于 2018 年作物生长季（5—10月）观测站点表层（0～10cm）土壤水分逐日观测资料，选用与观测站点资料时空一致的 FY-3B 升轨/降轨、FY-3C 升轨/降轨、AMSR2、SMOS 卫星土壤水分产品，对各遥感数据进行检验。杨纲等[34] 基于美国俄克拉何马州西南部地区 ARS 水文监测网络中 LWREW 和 FCREW 两个地区 35 个地面监测站的实测数据，对比分析了 2016 年 5 月 1 日至 2018 年 5 月 31 日的 FY-3B，FY-3C 和 AMSR-2 土壤水分产品在该区域的适用性。王树果等[35] 基于 Triple-Collocation（TC）方法，在青藏高原那曲地区的 $0.25°×0.25°$ 和 $1.0°×1.0°$ 2 个空间尺度上对 AMSR2、SMAP 和 SMOS 3 种土壤水分遥感产品进行不确定性分析，开展了基于随机误差的数据融合算法研究。胡路等[36] 基于地基 L 波段微波辐射观测以及配套的土壤和植被参数测量数据，对水平极化单通道算法、垂直极化单通道算法、双通道算法、微波极化差比值算法和扩展双通道算法这 5 种反演算法进行了实现、对比和分析。李瑞娟等[37] 使用 MERRA-2 模拟土壤水分为参考数据，运用传统统计方法（原始数据相关性、距平相关性、偏差以及无偏均方根差）和 TC 不确定性误差模型分析的方法，对亚洲区域 2012 年 7 月至 2016 年 7 月两种被动微波土壤水分 SMOS-L3-SM 和 AMSR2-LPRM-SM 进行对比评估。王作亮等[38] 以青藏高原开展的 L 波段地基微波辐射（ELBARA-Ⅲ型）综合观测试验为依据，基于 $τ-ω$ 辐射传输模型评估了 Wang-Schmugge、Mironov、Dobson 和 Four-Phase 4 种土壤介电模型对 L 波段微波亮温模拟及土壤湿度反演的影响。

2）在土壤水分反演产品应用方面。陈全等[39] 基于多时相的 Sentinel-1 SAR 数据与 Alpha 近似模型构建土壤水分观测方程组，反演了喀斯特石漠化地区地表土壤水分并分析了其时空变化特征及误差影响因素。马红章等[40] 利用改进的积分方程模型（AIEM）进行地表多角度微波发射率的模拟，探索了地表微波辐射多角度信息用于提高地表 SMC 反演精度的可行性。基于不同 SMC 和不同粗糙度地表多角度 V 极化发射率数据的变化趋势提取土壤介质布儒斯特角，得到了基于布儒斯特角的裸露地表 SMC 反演算法。王舒等[41] 基于 SMOS 和 AMSR2 数据，通过研究 L 波段与 C 波段融合亮度温度在土壤水分反演中的潜力，发展多频率土壤水分反演算法，并对黑河上游 4 个像元开展土壤水分反演研究。李伯祥等[42] 根据景县地区玉米农田主被动微波遥感协同反演土壤水分监测试验，结合构建的植被层含水量反演模型和水云模型以及 Sentinel-1A 主动微波数据和部分实测样点土壤体积含水量数据，建立了植被覆盖区农田土壤水分半经验反演模型。陈家利等[43] 基于 SMAP 卫星升轨和降轨时刻的亮温观测数据和经改进后适用于青藏高原地区的零阶微波辐射模型，利用单通道算法（SCA）和双通道算法（DCA），对青藏高原东部黄河源区玛曲区域季节冻土中的未冻水含量进行反演。王雅婷等[44] 以内蒙古乌审旗为研究区，采用水云模型去除地表稀疏植被覆盖的影响，提取全极化 Radarsat-2 SAR 影像裸土后向散射系数（$σ_{soil}^0$），并利用 AIEM 模型和 Oh 模型建立后向散射系数数据库，采用 LUT 法模拟地表有效粗糙度参数，构建基于支持向量回归的土壤水分反演模型。陆峥等[45] 基于 WSN 土壤水分和 AMSR2 计算的土壤发射率，构建线性经验关系，通过黑河流域上游的 4 个被动微波遥感像元上 2013 年 7 月 1 日至 2014 年 6 月 30 日内的实测土壤水分和土壤温度数据，采用四像元交叉拟合法，以获得映射关系的最佳拟合系数，并以此估算了黑河流域上游及中游部分地区的土壤水分。

（4）基于光学和微波遥感的土壤水分反演研究。王梅霞等[46] 在采用归一化植被指数阈值法划分地表覆盖类型的基础上，利用 MODIS 数据选择适用的光学遥感算法估算土壤水分基准值，以及利用风云三号 B 星搭载的微波成像仪（FY 3B/MWRI）数据采用微波遥感算法反演土壤水分日变化量，最后构建了藏北表层土壤水分协同反演的遥感模型并应用于区域土壤水分的估算。罗家顺等[47] 基于 Sentinel-1 合成孔径雷达（SAR）数据及相同时段的中分辨率成像光谱仪（MODIS）和 Landsat 8 两种归一化植被指数（NDVI），构建变化检测模型以估算黑河中游的高分辨率土壤水分，并探讨了模型中具体参数设置对估算精度的影响。

（5）在基于无人机遥感平台进行土壤水分反演方面。张智韬等[48] 以不同水分处理的拔节期大田玉米为研究对象，采用无人机热红外和可见光相机获取试验区遥感图像，通过不同图像分类方法剔除土壤背景，提取了玉米植被覆盖度（V_c）及冠层温度（T_c），计算了冠-气温差（T_{ca}）和冠-气温差与覆盖度的比值，分析了这两种指数与土壤含水率之间的关系。张智韬等[49] 以不同水分处理的大田玉米为研究对象，借助无人机可见光图像，对热红外图像进行植土分离，并提取玉米冠层温度和地表土壤温度。通过剔除温度直方图两端 1% 的温度像元对温度信息进行优化，进而计算了作物水分胁迫指数（CWSI）、冠层相对温差（CRTD）、地表相对温差（SRTD），利用三者之和求得水分-温度综合指数（WTCI），用于诊断不同深度的土壤含水率。郭辉等[50] 以无人机平台获取的热红外遥感影像作为数据源，基于热惯量法反演田块尺度的土壤含水量，通过建立土壤热惯量与土壤含水量之间的线性回归模型，在试验田进行了模型精度验证。杨珺博等[51] 以拔节期不同水分处理的冬小麦为对象，利用低空无人机搭载六波段多光谱相机获取其冠层光谱反射率，并同时采集 5 个不同深度（10cm、20cm、30cm、40cm、60cm）土壤含水率数据，通过逐步回归法、偏最小二乘法、岭回归法建立了光谱数据与 5 个深度的多元回归模型。张瑜等[52] 利用自主研发的六旋翼无人机遥感平台搭载多光谱传感器获取内蒙古达拉特旗昭君镇试验站不同水分胁迫下大田玉米冠层光谱影像，在计算植被指数的基础上，采用经气象因子和作物覆盖度校正后的 FAO-56 双作物系数法计算玉米的作物系数，研究了作物系数与简单比值植被指数、叶面积指数和表层土壤含水率的相关关系。谭丞轩等[53] 基于 2018 年夏玉米拔节期、抽雄-吐丝期和乳熟-成熟期的无人机多光谱遥感影像数据集，通过支持向量机分类剔除土壤背景，提取玉米冠层光谱反射率并计算 10 种植被指数，然后利用全子集筛选法对不同波段和植被指数进行不同深度土壤含水率的敏感性分析，并分别采用岭回归和极限学习机两种方法构建全子集筛选后 0~20cm、20~45cm 和 45~60cm 不同深度下的土壤含水率定量估算模型。

（6）在土壤水分反演算法和模型改进方面。姚晓磊等[54] 基于累积分布匹配原理，在将 SMOS 和 CCI 融合成长序列、近实时遥感土壤水分数据的基础上，提出了多源遥感土壤水分连续融合算法。劳从坤等[55] 为降低 SMOS 土壤水分反演算法的复杂度、提高土壤水分反演精度，对 SMOS 土壤水分反演策略进行调整，利用美国 USCRN 44 个站点实测土壤水分分别与 SMOS 官方反演的土壤水分和 SMOS 调整算法反演的土壤水分进行了对比分析。李奎等[56] 联合多极化雷达和原始多光谱数据源，提出一种改进的卷积神经网络（ICNN）方法。李伯祥等[57] 提出了一种基于 DEM 校正 TVDI 的 SMOS 土壤水分数据降尺度方法。马腾等[58] 将微波遥感与光学遥感相结合，利用 Sentinel－1 数据交叉极化比及变换土壤调节植被指数对地表粗糙度进行估计，构建了一种改进的水云模型（MWCM）。雷志斌等[59] 利用 PROSAIL 模型、实测植被参数及 Landsat 8 光学数据分析了 8 种植被指数与植被冠层含水量的相关性，从中优选出归一化差异水指数（NDWI₅）用于反演植被冠层含水量，并通过分析植被含水量和植被冠层含水量的关系，构建植被含水量模型；结合植被含水量反演模型和简化 MIMICS 模型校正了植被对雷达后向散射系数的影响；基于AIEM 建立裸土后向散射系数模拟数据集，发展了一种主动微波和光学数据协同反演浓密植被覆盖地表土壤水分模型。陈婷婷等[60] 针对多时相 SAR 数据反演土壤水分的 Alpha近似模型存在入射角变化影响模型适用性的问题，在小扰动模型 SPM 的理论基础上推导得出改进的 Alpha 模型，并使用时间序列 Sentinel－1SAR 数据结合地面观测网络在黑河和温尼伯两个实验区进行算法验证。杨贵军等[61] 将“水云模型”中植被参数改为雷达植被指数，利用全极化数据直接支持遥感反演土壤含水量，无须遥感反演植被参数输入。改进模型为利用雷达遥感结合“水云模型”进行土壤含水量监测提供了一种高效便捷方法。葛翔宇等[62] 基于新疆维吾尔自治区典型农业区，利用 6 种预处理方案对所获取的 UAV高光谱数据进行处理，构建了 4 种类型的适宜光谱指数，即差值型指数（DI），比值型指数（RI），归一化型指数（NDI）和垂直型指数（PI），并从光谱机理上论述指数的合理性。最后利用梯度提升回归树（GBRT）、随机森林（RF）和 XGBoost 算法，以 28 个最适光谱指数为独立变量建立 SMC 估算模型，并通过不同集成学习算法的重要性对变量进行排序，从线性和非线性的角度对所构建光谱指数效果进行了评价。王青青等[63] 采用克里金法将站网实测多层土壤湿度数据插值为网格数据，分析其时空变化特征；进而利用风云卫星数据建立遗传算法优化的 BP 神经网络模型进行安徽省土壤湿度反演。徐作敏等[64]选取山东省农业气象站土壤水分数据对 FY－3C 土壤水分产品进行检验，为获取更高质量FY－3C 土壤水分产品，选用变分订正方法对 FY－3C 土壤水分产品进行了偏差订正。赵建辉等[65] 基于 Sentinel－1 携带的合成孔径雷达（SAR）数据和 Sentinel－2 携带的多光谱成像仪（MSI）数据，结合水云模型，开展冬小麦覆盖地表土壤水分协同反演研究。李伯祥等[66] 以河北省景县为研究区，基于 Sentinel－1 SAR 遥感数据和 Sentinel－2 光学遥感数据，采用改进水云模型和 Oh 模型的组合方法，对植被覆盖地表土壤水分进行了定量反演研究。郭二旺等[67] 采用水云模型来消除研究区域植被对后向散射的影响，建立植被含水量和归一化水指数的关系提取模型中所需的植被含水量参数，利用 AIEM 模型结合粗糙度参数 Zs 建立了研究区土壤墒情反演模型。郭交等[68] 基于 Sentinel－1 和 Sentinel－2 多源遥感数据，利用 Oh 模型、支持向量回归（SVR）和广义神经网络（GRNN）模型对土壤水分进行了定量反演。朱燕香等[69] 利用 NDVI－DFI 像元三分模型对 Sentinel－2A影像混合像元进行分解，将得到的光合植被覆盖度代替 OPTRAM 模型中的归一化植被指数（NDVI）进行了土壤水分反演。

10.2.2　在地表蒸发散研究方面

蒸散发（Evapotranspiration，ET）作为陆面过程中地气相互作用的重要过程之一，在地球的大气圈-水圈-生物圈中发挥重要作用。ET 的准确估算对于农业干旱和水文干旱监测、水资源分布及利用、农业生产管理和全球气候变化评估等具有重要的参考价值。由于可见光、近红外和热红外波段等遥感数据可以为蒸散的计算模型提供大范围的特征参数和热信息，使得遥感成为区域蒸散发计算的主要手段。这里仅列举代表性的文献。

（1）在蒸散发计算模型的综合评述方面。张圆等[70] 综述了当前遥感估算地表蒸散发（包括植被蒸腾和土壤蒸发）真实性检验的相关研究成果，归纳并总结了应用于遥感估算地表蒸散发真实性检验的直接检验法和间接检法的主要原理、适用性和优缺点，在此基础上阐述了当前遥感估算地表蒸散发真实性检验研究所面临的挑战。李晓媛等[71] 对区域蒸散发估算方法进行了总结与归纳，并从气候变化和人类活动两个角度总结了干旱半干旱地区蒸散发变化的驱动力，评论了当前蒸散发估算方法及其驱动力研究存在的问题，提出了未来应加强蒸散发估算模型的改进与完善。王桐等[72] 分析了遥感反演瞬时蒸散发的代表性日尺度扩展方法，并对各方法的基本原理、估算精度、适用性等进行了对比分析，进一步综述了日尺度扩展方法存在的不确定性和主要问题，指出今后应从加强有云天及夜间蒸散发扩展机理和方法等方面的研究来提升瞬时蒸散发日尺度扩展精度。

（2）在基于能量平衡算法模型的蒸散发计算方面。王燕鑫等[73] 基于 SEBS 模型，结合气象数据、遥感影像及土地利用分类结果，对河套灌区 2017 年生长季日 ET 进行 SEBS 模型估算，分析了灌区 ET 时空变化特征及不同土地类型的 ET 差异。郭二旺等[74] 以广利灌区为研究对象，基于 SEBAL 模型利用 Landsat 8 数据对研究区域农田蒸散发进行估算，通过地表参数计算净辐射通量、土壤热通量和感热通量，利用余项法求得潜热通量及瞬时蒸散发，将模型计算结果与彭曼公式进行了对比，同时结合灌区的实测数据对计算结果进行了验证。翟劲燚等[75] 阐述了基于 Landsat 8 数据的辐射模块耦合 SEBAL 模型，旨在提高反演结果精度，满足在水文、生态和农业研究应用中的需要。宁亚洲等[76] 利用基于地表能量平衡方程的 SEBAL 模型，对 2017—2018 年疏勒河流域蒸散量进行定量估算与时空分布特征分析，并结合降水量与净灌溉水量数据，对疏勒河流域昌马灌区的年内灌溉水有效利用系数进行估算。尹剑等[77] 结合中国区域气候和土地利用特征，改进地表能量平衡系统（SEBS）模型，估算了长江流域多年蒸散发量，结合基于模型树集成算法获得的全球蒸散发观测产品以及基于流域多年水量平衡的年蒸散发数据，验证估算精度。王军等[78] 针对遥感能量平衡方法估算区域蒸散发（ET）存在的空间歧义性问题，以 METRIC 模型为例，基于地表温度与叶面积指数（LAI）相关趋势图，按照"T_s 频率直方图占比前 5% 的最高温度区、LAI 频率直方图占比后 5% 的裸土区为'干点'，T_s 频率直方图占比后 5% 的最低温度区、LAI 频率直方图占比前 5% 的湿地或农田为'湿点'"的提取方案，综合确定研究区的干湿限，并通过下垫面涡度相关系统实测数据验证了模型估算精度。周妍妍等[79] 以疏勒河流域为例，利用 DEM、MODIS 和气象数据，基于能量平衡原理的 SEBAL 模型，运用 ArcGIS 软件在栅格尺度上反演出该流域的地表蒸散量，并探究其时空变化特征。崔越等[80] 选取湖北省十堰市堵河流域为研究区，基于 BEPS - Terrainlab V2.0 模型，利用 Landsat 5～Landsat 8 遥感影像和气象资料等数据，以日为时间步长模拟了研究区内 1999—2016 年的蒸散发。

（3）在基于 MODIS 蒸散发产品应用方面。王焕等[81] 基于 2000—2014 年的 MOD16A2/ET 产品和气象站数据，综合运用单相关、偏相关和复相关分析法，分析了研究区 ET 的时空变化特征及其与气候因子的关系。刘宁等[82] 基于 FAO56 的 Penman - Monteith 数学模型，结合 Leuning 提出的叶面积指数反演 ET 的理论思想，提出 RLPM 模型。使用 MODIS 中国合成产品 NDVI 和研究区气象资料数据反演出所需的参数值，以黄土高原为研究区域，计算了研究区域内任意时间、任意地点的日 ET 值。董宇轩等[83] 采用物理机制明确的分布式时变增益水文模型（DTVGM）对介休市蒸散发进行模拟，以 MOD16A2 遥感产品验证分析蒸散发时空分布特征，并探讨了土地利用变化对蒸散发的影响。

（4）在基于多源数据和模型比较与应用方面。鲁汉等[84] 以长江流域为研究区域，基于 7 种可公开获得并广泛使用的蒸散发产品（包括 4 种诊断模型产品和 3 种再分析产品），参照水量平衡法获取的蒸散发数据，对 7 种蒸散发产品的时空特征及其长期演变规律进行了分析研究。张珂等[85] 构建基于重力卫星的实际蒸散发重建方法来获取高精度的实际蒸散发信息，然后利用 GLDAS 陆面模式同化数据对 GRACE 重力卫星水储量观测数据进行空间降尺度，通过水量平衡法，重建了金沙江流域 2002—2016 年的子流域尺度实际蒸散发月序列。温馨等[86] 基于 5 个地面通量站点观测数据，对 ET - EB、MOD16、GLEAM、Zhang - ET 和 GLDAS 共 5 种地表温度蒸散发产品进行了验证，继而选取精度较好的产品，通过经验正交分解方法研究了西南河流源区 2001—2013 年地表蒸散发的时空变化特征。于静等[87] 基于卫星遥感资料以及气象站点数据，利用混合型线性双源遥感蒸散模型估算了我国西南地区地表蒸散量，并与 MODIS 数据作对比验证。童山琳等[88] 结合卫星遥感数据和地面观测数据，基于 Penman - Monteith - Leuning 蒸散发反演模型，收集 2010—2015 年旱区内 98 个站点的土地利用类型数据，对区域 ET 值变化特征进行了定量研究，分析了不同下垫面土地利用类型的蒸发能力变化特征。苏宝峰等[89] 针对农田中高分辨率空间模式蒸散量（ET）缺少有效量化的问题，提出一种基于无人机（UAV）估算农田蒸散量的方法。

（5）在蒸散发计算模型与系统构建方面。周钦等[90] 以扬州大学扬子津校区农水与水文生态实验场（P1）及扬州大学江阳路南校区草坪（P2）为研究区，基于实测水文、气象数据，采用彭曼-蒙特斯（Penman - Monteith）公式估算草地生长期内蒸散发量，采用 FAO 推荐的修正彭曼-蒙特斯公式推求参考作物蒸散发量，对水分有效性进行评价；采用有限差分方法结合非饱和土壤水分运动方程构建一维土壤水分运动模型，通过对观测土壤水分的数值模拟检验模型的适用性，对表层（0～10cm）土壤水分进行了模拟。王京晶等[91] 使用多种昼夜水位波动法（White 法、Hays 法、Loheide 法），计算了黑河中游荒漠绿洲过渡带地下水浅埋区生长季典型时段地下水蒸散发（ET_g），并将估算结果同彭曼方法获得的潜在蒸散发（PET）、E - 601 测量的水面蒸发（ET_0）和 Φ_{20} 测量的水面蒸发（ET_1）进行相关性分析。李霞等[92] 通过 Landsat 8 数据计算归一化植被指数（NDVI）、土壤调整植被指数（SAVI）和简单比值植被指数（SR），结合 2017 年地面实测土壤含水量（SM）和叶面积指数（LAI），通过逐步回归分析建立科尔沁地区草甸及沙丘试验区的作物系数估算模型，利用 2018 年模拟作物系数值与 FAO 56 P－M 模型计算所得潜在蒸散量（ET₀）相乘，得到实际蒸散量（ETₐ）的估算值，与涡度相关系统所测实际蒸散量进行了对比验证。杨扬等[93] 利用公用陆面过程模式 CLM 4.0 模式输出的高时间分辨率的净辐射、地表温度作为遥感经验模型的输入，结合 SACOL 站观测资料估算了西北半干旱区的陆面蒸散发，并将估算值与观测值进行了对比分析。

10. 2. 3　在水体信息提取及变化研究方面

水体信息的提取对河道及水域面积计算、岸线演变、水资源演变、沿岸工程等研究均有重要意义。相关学术性研究集中在构建遥感影像水体指数以及采用数据挖掘手段进行水体信息提取等方面。这里仅列举有代表性的文献。

（1）在水体信息提取方法综合评述方面。李丹等[94] 从 4 个方面对卫星遥感在水体信息提取上的应用现状进行综述：水体在电磁波波谱各波谱段的反射特性；1980 年以来国内外基于雷达和光学遥感数据提取水体信息的研究状况和具体应用方向；各种水体信息提取方法的工作原理和优缺点；应用卫星遥感技术提取水体信息面临的挑战和尚待解决的关键问题与发展趋势。周鹏等[95] 按照阈值分割法、分类器模型法、基于"全域-局部"的提取法和光谱混合分析法 4 类，对水体提取理论和方法进行归纳总结。周岩等[96] 对现有水体提取算法与遥感数据进行了综合梳理，归纳了单波段阈值法、多波段谱间关系法、水体指数与阈值法、支持向量机、随机森林、深度学习等常用算法的演变，以及遥感数据源由低（MODIS 等）到中（Landsat 等）和高（高分一、二号等）空间分辨率的发展过程，并在此基础上讨论了各算法与数据源在水体变化研究中的差异。史卓琳等[97] 归纳了河流水体遥感提取的常用传感器及方法、水位/水深遥感反演方法、河道流量遥感估算、河流水质及河冰遥感监测的研究进展，以及利用光学/微波遥感等不同类型的遥感手段获取河流水体范围、水位、水深的优势与不足。

（2）在构建水体指数进行水体信息提取方面。张启华等[98] 基于 Landsat 8 OLI 影像，提出了一种空-谱角匹配与多指数法相结合的水体信息提取方法，并与单波段阈值法、归一化差分水体指数法（NDWI）、光谱角匹配法（SAM）、自动水体提取指数法（AWEI）和一类支持向量机法（OC－SVM）的水体提取结果进行了对比分析和精度评定。王一帆等[99] 利用中国福建福州、西藏尼玛和澳大利亚弗伦奇等地区不同水体类型的 Sentinel－2A MSI 和 Landsat 8 OLI 数据，采用客观阈值法和随机森林重要性评估法，比较和分析了改进型归一化差值水体指数（MNDWI）、自动水体提取指数（AWEI）和水体指数 2015（WI2015）之间的差异。刘双童等[100] 针对 GF－2 卫星影像数据的特点，选取了临夏回族自治州 2 个研究区，分别采用单波段阈值法、归一化差分植被指数法（NDVI）及其他 3 种水体提取指数法（NDWI、SWI、MSWI）对两个研究区进行了水体提取试验。欧健滨等[101] 以高分一号 WFV 图像及 Landsat 8 OLI 图像为数据源，利用阴影轮廓位置与形状在不同太阳高度角及太阳方位角下的差异性，提出了一种基于多时相阴影轮廓差分的城市水体提取方法（WMSD）。叶刚[102] 提出了一种改进标记分水岭的影像分割方法，该方法结合水体的光谱与几何特征建立模型提取初始水体信息，并利用标记分水岭算法实现水体区域的初始分割；然后计算各标记区域内的灰度均值，选取种子像斑样本，并以像斑为单元在梯度影像中进行区域生长；最后利用水体指数模型提取水体信息。周晶晶等[103] 通过对研究区典型地物光谱的分析，将 E-MNDWI 应用于 Landsat 系列数据，提出了针对高潜水位矿区水体信息提取的增强型改进归一化水体指数（E-MNDWI）。李新举等[104] 利用 Landsat 8 数据通过 E-MNDWI 提取沉陷积水区域；利用哨兵 1 号 A 星数据（Sentinel-1A），通过小基线集技术（SBAS-In SAR）提取出沉陷非积水区域。在改进归一化水体指数（MNDWI）的基础上，结合并改进水体和非水体提取方法，获取了整个矿区地表沉陷信息。张文等[105] 利用 1996—2012 年 155 景 Landsat 影像和 2013—2016 年 34 景 GF 影像为数据源，结合湖口站水位监测数据，分别选用改进的归一化差异水体指数 MNDWI 和归一化差异水体指数 NDWI 方法提取了卫星遥感影像的水体信息。贾祎琳等[106] 以我国不同地区的 15 个湖泊为研究区域，基于高分一号（GF-1）卫星遥感影像计算归一化水体指数（NDWI），在此基础上分别采用迭代法、大津法和直方图双峰法选取分割阈值及提取水体信息，并分析了 3 种方法的阈值选取及水体信息提取结果。王大钊等[107] 以鄱阳湖区为研究对象，使用归一化差异水体指数、改进的归一化差异水体指数、自动水体提取指数和基于线性判别分析的水体指数等 4 种水体指数从 2 种影像中提取了湖泊水体的分布信息。刘怀鹏等[108] 提出一种基于归一化水体指数（NDWI）自约束的水体判别方法。张琪等[109] 提出了一种结合引力模型的模糊聚类遥感图像水体分割方法。邹橙等[110] 提出了一种新综合水体指数法（NCWI）来增强水体区域信息；同时利用改进的 OSTU 结合鸡群算法（CSO）快速自适应地确定最佳分割阈值，进行了水体区域的提取。朱小强等[111] 利用不同时间段的艾比湖、博斯腾湖、鄱阳湖以及阿拉湖的 Landsat 8 卫星影像，通过分析水体与不同地物的反射率及主分量特征，构建了一种新型水体指数–温度植被水体指数，针对提取水体信息时阈值设定模糊问题，提出了一种具有稳定阈值的在反射率为 0 时水体与其他地物分离度最好的自动水体信息提取方法。王琳等[112] 以太湖蓝藻为研究对象，以快速提取含蓝藻水体为目标，基于 Landsat 8 影像对比分析了非蓝藻水体与含蓝藻水体光谱反射特征，提出了一种提取含蓝藻水体信息的方法–双红外水体指数（DIBWI）。吴迪等[113] 基于高分二号对地观测卫星多光谱数据，通过归一化水体差异指数提取了水体信息。贾诗超等[114] 利用载有 C 波段合成孔径雷达的 Sentinel-1 卫星数据对大范围的水体信息进行识别，提出了 SDWI 水体信息提取方法。

（3）在基于图像分割进行水体信息提取方面。湛南渝等[115] 提出了以 Sentinel-1A SAR 为数据源，用简化的 SLIC 超像素分割算法对图像进行分割，根据相似度将分割后图像进行分层区域合并，将图像二值化得到最终水体信息的方法。谷鑫志等[116] 分析了水体与其他目标具有的不同后向散射特性，将阈值分割法与马尔可夫随机场（MRF）相结合，发展了一种检测精度较高、自动化程度强的水体信息提取方法。崔倩等[117] 提出了一种基于阈值自动分割的水体自动化提取算法，通过影像直方图分布特征自动确定分割阈值，自动化提取水体。陈媛媛等[118] 通过对 Sentinel-1A SAR 数据进行滤波、辐射校正以及几何校正等预处理，再利用灰度共生矩阵提取影像中的纹理信息，并结合散射强度信息，利用 SVM 算法进行初分类；然后利用地形信息提取山体，并从分类结果中剔除山体阴影，进行了水体信息的提取。李玉等[119] 提出一种结合改进的降斑各向异性扩散和最大类间方差的 SAR 图像水体提取方法，该方法利用降斑各向异性扩散滤波 SAR 图像，在迭代滤波过程中通过计算图像间平均结构相似度自适应控制迭代过程，使其同时保持精细边缘和纹理结构；然后以类间方差最大为准则，自适应确定阈值，实现滤波结果图像二值化分割。在二值化分割结果中，搜索具有相同像元值且位置相邻的前景像元点组成的连通区域，使每个单独的连通区域形成一个被标识的块，通过获取这些块的几何参数来消除图像的误分割，精确划定真实的水体区域，实现了 SAR 图像水体提取。

（4）在基于数据挖掘进行水体信息提取方面。白亮亮等[120] 基于我国高分一号卫星 WFV 数据，利用其较高的时空分辨率特性，建立了库区高分影像时间序列与水体"检测-重建-提取"的流程框架，以提高面向三峡库区的水体分布及面积变化的动态监测能力。范亚洲等[121] 基于高分一号（GF-1）卫星影像数据，使用归一化差分水体指数法（ND-WI）初步提取了水体信息，通过形态学膨胀算法建立缓冲区，多次迭代最大类间方差法计算自适应阈值，用于分割水体与非水体，最终实现了水体的最优提取。张德军等[122] 利用 GF-1 卫星数据，采用支持向量机和目视解译相结合的方法对三峡库区及重庆市水体信息进行了精细化提取。傅姣琪等[123] 提出了一种基于缨帽变换的遥感图像水边线信息提取方法。程滔等[124] 利用高时间分辨率遥感影像开展水体信息提取，保证水体现势性满足标准时点要求；然后，将此结果作为先验知识，基于精细格网数字高程模型数据，利用水体种子点区域生长，提取精细化的水体结果，从而实现对水体提取信息的地理空间修正。王宁等[125] 以安徽省巢湖市为实验区，以国产高分一号（GF-1）和资源三号（ZY-3）高分辨率遥感影像为数据源，以 NDWI 和纹理特征作为分类特征，联合随机森林、支持向量机和 BP 神经网络 3 种分类方法，发展了一种集成分类模型，用于提取养殖水体信息，并进行了阴影剔除和形态学处理。杨知等[126] 选取包含水体的影像数据作为训练数据，然后构建 LinkNet 卷积神经网络模型，并利用构建好的网络模型训练得到水体信息的先验模型进行水体信息提取。赵冰雪等[127] 以皖南山区秋浦河流域为研究对象，综合利用 OLI 影像和 DEM 数据，针对山区水体提取中出现的阴影问题和河流断线问题提出一种新的解决思路。汪权方等[128] 从普适性的大范围水体信息遥感智能采集的需求出发，构建了一种基于视觉选择性注意机制与 AdaBoost 算法的水体信息遥感智能提取方法。王卫红等[129] 基于国产高分影像发展了一种面向复杂环境的城市水体自动化提取方法。王国华等[130] 通过研究中国资源三号卫星影像中水体的光谱特征以及阴影的光谱特征，提出了一种资源三号卫星影像水体提取方法。邵安冉等[131] 选取山东省兖州市兴隆庄煤矿作为研究区，针对遥感影像的光谱特征，采用监督分类和归一化指数计算相结合的方式进行矿区土地利用信息提取试验。叶杰等[132] 利用数学统计方法建立一种 ASTER 数据综合归一化差异水体指数模型 SWI ASTER$_{xy}$，然后利用这一模型对试验区进行水体信息提取。何红术等[133] 提出了改进的 U-Net 网络语义分割方法，该方法借鉴经典 U-Net 网络的解编码结构对网络进行改进，在保持相同训练集、验证集和测试集的情况下，分别用 SegNet、经典 U-Net 网络和改进的 U-Net 网络进行了对照试验。李健锋等[134] 以斯里兰卡中东部为研究区，推导了用于 Sentinel-2 影像的 LBV 变换方程，在分析了水体与植被、阴影、水田泥地等典型地物经 LBV 和 K-T 变换后特征的基础上，提出了基于 LBV 和 K-T 变换的水体提取模型，并从目视判读和定量分析 2 个角度与归一化水体指数、改进的归一化差异水体指数模型的提取结果进行了对比。梁泽毓等[135] 通过引入 DenseNet 密集连接结构（dense block）构建水体提取深度学习全卷积神经网络，提出利用深度学习实现遥感影像水体信息快速自动化提取的方法。曹国亮等[136] 以新疆吐鲁番艾丁湖为例,利用陆地卫星遥感影像采用水体指数法解译了艾丁湖 1986—2018 年的湖泊面积变化,分析了湖泊面积变化与区域气候变化、河流径流量变化的相关关系,并分析了艾丁湖历年最大湖水容积和湖面蒸发量变化。吴玮[137] 以江西省鄱阳县河堤溃口引发的洪水灾害为例,将灾区灾后多时相的高分四号卫星连续监测图像与灾前高分一号卫星图像结合,提出空间位置关系约束条件下的溃决型洪水范围提取方法。

10.2.4 在湿地遥感监测方面

湿地是水陆相互作用形成的独特生态系统,有稳定环境、物种基因保护及资源利用等功能。湿地遥感以遥感数据为主要信息源,辅以必要的专题信息,结合野外调查,进行湿地信息提取及变化等方面的研究。这里仅列举有代表性文献。

(1)在湿地研究综述方面。吴志峰等[138] 厘清了大湾区湿地资源保护与利用存在的关键技术瓶颈与核心科学问题,围绕湿地遥感监测、湿地资源生态资产价值评估、湿地生态功能分区与定位等关键问题,指出开展粤港澳大湾区湿地遥感监测与评估面临的挑战,明确构建"天-空-地"湿地遥感监测的综合技术体系实施方案,并展望粤港澳大湾区湿地常态化监测与资产评估的几个重要方向。潘晓骏等[139] 在综合近年来湿地监测相关研究的基础上,从湿地信息的遥感提取技术、未来演变模拟两个方面对遥感技术在湿地景观时空演化模拟中的应用现状进行了论述,同时对各种技术存在的问题以及优势进行了分析,最后根据研究进展对未来湿地景观时空演化模拟研究进行了展望。

(2)在湿地信息提取方法方面。耿仁方等[140] 以广西桂林会仙喀斯特国家湿地公园为研究区,以无人机航摄影像为数据源,综合利用面向对象的影像分析技术、随机森林算法、阈值分类方法和 Boruta 全相关特征变量选择算法进行了岩溶湿地植被的遥感识别。张帅旗等[141] 选用玛多县 GF1 - WFV 生长季影像,利用先进的分层分类法,对影像进行分割,然后利用单波段阈值法及坡度阈值对湿地进行判识,结合非生长季影像,综合利用波谱关系法、混合水体指数法、归一化差异水体指数法及单波段阈值法对玛多县的高寒湿地分类系统的Ⅲ级类别进行逐一提取,最后得到玛多县高寒湿地类型的地物信息及分布状况。陈琛等[142] 以黄河口滨海湿地的 CHRIS 高光谱遥感影像数据,以代价函数为目标函数自动计算学习率的优化值,提出了一种自适应学习率的 CNN 模型。王凯霖等[143] 基于多时相 Landsat 遥感影像,利用适合白洋淀湿地信息提取的综合提取方法提取了湿地范围。焉恒琦等[144] 以长江三角洲上海崇明东滩鸟类国家级自然保护区、江苏大丰麋鹿国家级自然保护区、西溪国家湿地公园和江苏盐城国家级珍禽自然保护区 4 处国际重要湿地为研究对象,以 Landsat MSS/TM/OLI 遥感影像为基础信息源,采用面向对象的遥感分类方法获取了 1980—2015 年 4 个国际重要湿地(Ramsar)的 5 期土地覆被数据;通过分析湿地面积、景观格局动态及景观指数变化等,定量解析了人类活动对湿地景观变化的影响。张猛[145] 基于多源遥感数据对洞庭湖流域湿地时空格局与变化及生态环境影响进行了多尺度的分析研究。康应东等[146] 以云贵高原 4 处国际重要湿地为研究对象,以 1977—2015 年 5 期 Landsat 系列卫星遥感影像为遥感数据源,基于面向对象的方法获取多期土地覆盖数据,分析了研究区湿地面积变化。侯蒙京等[147] 以若尔盖湿地国家级自然保护区为研究区,以高分一号(GF - 1)遥感影像为数据源,融合光谱特征、水体指数、地形特征、植被指数和纹理信息等 26 个变量进行随机森林（RF）分类实验，根据袋外数据（OOB）的特征变量重要性得分和精度评价结果，选出高寒湿地地区土地覆盖类型的最优分类方案和特征；最后，对特征变量进行降维，并基于相同的变量，采用极大似然法（MLC）、支持向量机（SVM）、人工神经网络（ANN）和 RF 等方法进行分类，并比较了不同方法的优适性。姚博等[148] 采用面向对象多尺度分割算法及光谱差异分割算法分割 Landsat 8 OLI 遥感影像，辅助 Google Earth 高清影像及 2015 年人工解译结果，使用分层抽样法随机产生训练样本与验证样本；综合运用光谱、形状、纹理特征及拓扑关系，构建了 CART 决策树模型提取了研究区湿地信息，并与最大似然法、面向对象最邻近方法的分类结果进行了对比。李凤莹等[149] 以上海南汇东滩湿地为研究对象，选取 2000 年、2006 年、2012 年和 2018 年共 4 期的 Landsat 遥感影像，借助遥感生态指数（RSEI），对研究区生态格局进行客观、定量、可视化的监测与评价。王丽春等[150] 以 2000 年、2006 年和 2016 年 3 期的 Landsat 遥感影像为基础数据源，结合前人研究成果和实地考察，借助 RSEI 指数，对玛纳斯湖湿地生态环境进行了监测和评价。陈远丽等[151] 以漳江口红树林国家级自然保护区为研究对象，2000 年、2005 年、2010 年和 2016 年的 Landsat TM/OLI 影像为数据源，通过面向对象随机森林分类法对保护区湿地进行了分类。郎芹等[152] 基于 Landsat 8 OLI 数据，使用面向对象分类方法和人工解译相结合的方式得到 2016 年青藏高原湿地分布数据，结合 2008 年湿地分类数据以及高程、流域界线等辅助数据，分析了青藏高原的湿地分布现状和 2008—2016 年的湿地变化情况。韩倩倩等[153] 综合遥感与地理信息系统方法，利用 1995 年和 2015 年覆盖全国滨海的 156 景 Landsat TM/OLI 卫星影像，反演了中国滨海潮间带的时空分布，并基于高分辨率影像，目视解译了潮间带开发的土地利用类型。

10.2.5　在植被含水量估算方面

植被含水量不仅反映植被的生长状况，而且对生态环境和生态安全具有重要的指示意义。利用遥感手段提取植被含水率的主要方法有基于植被指数法、基于植被反射光谱法和基于耦合辐射传输模型法等 3 类。这里仅列举有代表性的文献。

（1）在植被指数法方面。靳宁等[154] 利用冬小麦冠层光谱以及 Quickbird、IKONOS、GF-2、GF-1、Landsat8、HJ-1A/B、GF-4 和 MODIS 卫星传感器光谱响应函数模拟卫星多波段反射率参照归一化植被指数（NDVI）、比值植被指数（RVI）和差值植被指数（DVI）的形式，将各卫星波段反射率两两组合，系统分析构建的植被指数与叶片含水量的相关性，探讨了不同空间分辨率波段组合及植被指数对作物水分状况和灌溉活动的响应能力。侯学会等[155] 综合分析基于 Nir-Red 和 Nir-Swir 光谱特征空间开展作物含水量监测的优势与局限，利用垂直干旱指数（PDI）和短波红外垂直失水指数（SPSI）的比值形式，构建了一种基于近红外-红波段-短波红外（Nir-Red-Swir）三波段光谱特征空间的垂直植被水分指数（TPVWI）。项鑫等[156] 基于地面实测冬小麦植被含水量（VWC）数据，基于归一化型和比值型植被水分指数这两种常见的指数类型，提出了调节植被水分指数以削弱土壤背景的影响，使用多个波段反射率数据反演 VWC，提高拟合精度 80％以上，发展了适用于华北平原的农作物水分含量反演模型。刘二华等[157] 基于 2014 年和 2015 年的 6—10 月华北夏玉米不同生育期不同灌水量干旱模拟试验数据构建了植被水分指数（W_1，M_{SI}，G_{VWI}）、复比指数（W_{NV} 和 W_{CG}）和红边反射率曲线面积（D_{area}）的夏玉米冠层等效水厚度（E_{WTC}）和叶片可燃物含水量（F_{MC}）的反演模型。

（2）在高光谱模型构建方面。陆锡昆等[158] 以油茶籽为研究对象，测定油茶籽含水量，建立光谱模型，对油茶籽光谱分别进行 Savitzky - Golay（S - G）卷积平滑、一阶微分、二阶微分和多元散射校正（MSC）预处理，通过逐步回归提取有效敏感波长，并采用偏最小二乘回归（PLSR）、BP 神经网络和径向基（RBF）神经网络方法分别建立预测模型，对模型进行外部验证，选出了最优预测模型。王延仓等[159] 以河北省衡水市安平县为研究区，基于野外高光谱数据，提取、筛选其光谱特征敏感波段，应用光谱指数、连续小波变换进行光谱处理，并采用偏最小二乘法构建冬小麦叶片含水量的定量反演模型。李红等[160] 以 6 种水分胁迫水平的生菜为研究对象，利用高光谱成像技术和特征波长选取方法对生菜冠层含水率进行检测研究，采用偏最小二乘法（PLS）建立了 5 个生菜冠层含水率检测模型。陈秀青等[161] 以叶片、冠层两个尺度，原始、一阶导数两种光谱处理形式的高光谱数据为基础，采用两波段植被指数如归一化差分和比值光谱指数，偏最小二乘回归和竞争自适应重加权采样–偏最小二乘回归 3 种方法对叶片含水量进行建模分析，以确定最佳冬小麦叶片含水量预测模型。李天胜等[162] 测定两种冬小麦的叶片、植株含水量，采集其光谱数据作 SG 平滑、一阶导数和二阶导数处理，分析其相关关系，构建了冬小麦叶片和植株含水量的多种估算模型。

10.2.6 在湖泊水位监测方面

陈月庆等[163] 介绍了 InSAR 监测湿地水位的先决条件，系统阐述了 InSAR 监测湿地水位技术的类型及其优缺点，探讨了 InSAR 监测湿地水位的影响因素。彭焕华等[164] 采用 2000—2017 年的经过辐射一致性校正的 Landsat Collection 1 遥感数据集，在 ENVI 遥感数据处理平台下采用 4 种常见的水体提取方法（单波段阈值、多波段谱间关系、水体指数、支持向量机）开展了水面面积遥感提取方法比较及东洞庭湖区长时间序列水面面积提取。廖静娟等[165] 构建了基于噪声去除技术、改进的波形重跟踪处理算法（ImpMWaPP）和误差混合动态模型为一体的高精度湖泊水位序列提取方法，利用 Cryosat - 2 SARIn 数据获取到 133 个青藏高原湖泊 2010—2018 年的高精度水位序列，并分析了这些湖泊水位变化的时空变化特征。张建涛等[166] 选取 2003—2009 年 ICESat/GLAH14 全球地表高程数据、2018 年 10 月—2019 年 8 月的 ICESat - 2/ATL13 全球内陆水体高程数据，提取了丹江口水库多期水位变化数据，最后利用水位站实测水位对其准确度进行了验证，并分析了丹江口水库年度水位变化规律。常翔宇等[167] 以太湖为例分析了 2011 年 1 月—2014 年 12 月的水位变化，提出利用 Cryosat - 2 测高数据对内陆湖泊水位变化进行研究，并应用水位实测数据对 Level - 2 GDR 数据所采用的 3 种波形重跟踪算法提取的湖面高进行了精度评价以及季节性变化的对比。何飞等[168] 以洪泽湖、高邮湖及洞庭湖为研究对象，利用集中度的概率密度函数方法（CPDF）来提高 Jason - 2 测高数据精度，分析了降水量与各个湖泊水位变化的相关性，并基于实测水位数据对比评价了 Jason - 2 测高卫星原始 GDR 数据和 CPDF 方法处理后的卫星数据的精度。吕铮等[169] 通过采集 GNSS 信噪比（SNR）数据，基于水面反射的 GNSS 多路径信号特性，分析了信号频率、高度角范围及弧段长度等因素对大坝水位反演结果的影响。孙凌宇等[170] 通过 Markov 状态空间法对水位监测系统的可靠性进行分析建模，求得系统处于各个运行状态下的概率，然后根据系统原理构建

GO 图，用 GO 法实现了多状态下的水位监测系统可靠性分析。黎鹏等[171] 利用 ICESat - 1 和 CryoSat - 2 测高数据获取了 2003—2017 年洞庭湖流域内湖泊的水位信息，分析了湖泊水位的时间变化过程，并结合 TRMM 卫星降水数据及人类用水等数据，讨论了湖泊水位变化对气候及人类活动的响应。

10.3   基于传感器的水信息研究进展

基于传感器的水信息研究集中在水域水位和土壤水分监测以及精准灌溉系统的设计、开发与应用等方面。这里仅列举有代表性的文献。

10.3.1   在水位监测方面

宋逢泉等[172] 提出了一套基于通用分组无线服务（GPRS）技术的水位预警监测器的设计方案。闫茂印等[173] 设计了一种基于窄带物联网的钻孔水位智能监测系统。庞铄等[174] 提出了一种全光纤干涉式水位传感系统。周衡等[175] 提出了一种基于视频图像的水位监测方法。谭磊等[176] 通过布置最佳监测电成像系统，利用数值仿真模拟软件平台构建了不同测试系统下的地电模型，结合监测现场环境特征，分析认为单孔型和跨孔型测试系统更为适合水位的动态监测，并结合室内试验成果验证了单孔和跨孔型观测系统监测水位的可靠性。吴鹏等[177] 通过采用嵌入式系统搭建 B/S 架构的远程水位监测系统，实现了 24h 水位实时监测和数据存储。

10.3.2   在土壤水分监测方面

吴勇等[178] 以频域反射性（FDR）土壤水分传感器为例，考虑当前新型的探管式结构，选取 3 种国产主流的 FDR（管式）传感器（编号为 Q1、Q2 和 Q3）进行了 261 d 的田间性能测试试验。王丰华等[179] 设计了一种基于 NB - IoT 的土壤墒情实时监测系统。杨卫中等[180] 设计了一套基于窄带物联网的土壤墒情监测系统。胡优等[181] 通过室内土槽试验，加热埋设于砂土的碳纤维光纤，利用分布式温度传感器测量不同含水率下沿光纤的温度变化，建立最大升温值、累积升温值和热导率与土壤含水率的关系，并比较这 3 种方法推求土壤含水率的测量精度。张武等[182] 针对节水灌溉的土壤墒情传感器布局问题，提出了基于近邻传播算法（AP 聚类算法）的优化布局策略。李邦训等[183] 针对当前生态环境参数采集实时性差、智能化水平低、普通远程通信技术存在盲区等问题，设计并实现了基于北斗与 ZigBee 的生态环境参数实时采集系统。员玉良等[184] 针对目前土壤墒情采集器存在兼容性差、精度低以及稳定性差等问题，设计了一种便携式多通信接口的土壤墒情采集器。李泳霖等[185] 选取 4 个试验区，采用取土烘干法测得 5 个测试深度土壤水分数据，分析了 0～60cm 和 0～100cm 土壤剖面平均含水率与监测点含水率的相关关系，计算了各种情况下土壤剖面平均含水率与监测点含水率的相关系数（r_2）、平均相对误差（δr）以及均方根误差（RMSE）。

10.3.3   在精准灌溉决策支持系统开发方面

李旭等[186] 结合南疆冬小麦快速生长的水分条件及专家实地考察的结果，以彭曼-蒙特斯公式为核心、水分平衡方程为基础，运用天气数据和土壤详细信息构建了南疆冬小麦灌溉管理的数学模型决策模块，开发了南疆冬小麦精确灌溉决策系统。刘斌等[187] 提出了基于 Smith 模糊控制器的温室灌溉智能决策系统。龚瑞昆等[188] 利用部署在农田里的传感器获取土壤湿温度、空气相对湿度、紫外线辐射强度等自然环境参数以及来自互联网的天气预报数据，通过将传感器节点获取的实时数据以及互联网提供的天气预测信息输入 SVR 模型进行训练得到未来的土壤水分差预测值，结合 k - means 聚类算法的预测结果，最后利用 Web 服务和基于 Web 的信息可视化功能进行智能决策，搭建了基于物联网平台并结合规划预测算法的智能灌溉管理系统。杨伟志等[189] 基于物联网和人工智能技术设计了山地柑橘环境监测、智能灌溉专家系统。谭燕等[190] 研究设计了一种基于 Raspberry 的精准灌溉系统，系统采用 Raspberry Pi 3b 与相关传感器设计了系统硬件，应用 python 语言编写系统相关程序，并搭建数据库，开发了二维模糊控制器的模糊算法控制程序。王琨琦等[191] 针对在传统农业生产区面临的农业设施基础建设程度低及专业化人才短缺的问题，开发了一套单通道水肥灌溉系统，并嵌入了基于土壤含水量和光累积辐射的水肥耦合综合决策控制方法。文武[192] 结合农作物生长需水量特点，建立基于物联网的灌溉信息采集与控制模型，从硬件电路配置和软件控制程序方面，构建农业智能灌溉系统的组态显示，针对农业智能灌溉系统进行试验。

10.4　基于数值分析的水信息数据挖掘研究进展

先进的数值分析方法和技术也是水信息数据深入挖掘的重要手段，国内主要研究集中在水环境系统模拟方面，这里仅列举有代表性文献。

肖金球等[193] 建立了一种多隐含层改进型 GA - BP 神经网络来辨识复杂的水质模型，以均方误差 MSE 作为个体适应度，并在权值调整过程中加入动量因子来加快收敛速度，获取最优权阈值，提高其拟合程度和泛化能力；根据校准后水质的 pH、溶解氧、浊度和氨氮数据，利用 TS 模糊神经网络建立了适用于当地的水质评价模型。虞未江等[194] 鉴于物元可拓评价模型存在关联函数计算上的局限性，提出通过改进物元可拓评价模型的构造过程进行水质评价，并引入层次分析法和熵权法计算评价指标的综合权重以避免指标权重的绝对主观性和绝对客观性，建立了基于综合权重和改进物元可拓法的地下水水质评价模型，并从感官、一般化学、毒理学 3 个方面构建了地下水水质综合评价指标体系。万生新等[195] 对 DPSIR（驱动力-压力-状态-影响-响应）模型中"状态"和"影响"指标的选取进行辨析后建立了流域水生态安全评价多层次指标体系，采用改进的群组 AHP 法确定各层指标权重并最终计算水生态安全指数，并以沂河流域临沂段为例进行了水生态安全状况评价。董哲仁等[196] 从生态系统的结构、功能和过程出发，提出了 3 流 4D 连通性生态模型及其参数和判据，用以系统、整体地概括描述河湖水系连通性的生态学机理。季晓翠等[197] 针对滨海小流域完整的水系特征及其洪旱灾害频繁、水生态、水环境问题突出的特点，构建了涵括防洪安全、供水安全、水环境、水生态、水管理、水文化 6 个方面、29 个单项指标的滨海小流域水生态文明综合评价指标体系，提出了基于云模型的滨海小流域水生态文明综合评价方法。

10.5　基于 GIS 的水信息研究进展

地理信息系统（GIS）是空间数据管理和空间信息分析的计算机系统，具有空间数据和属性数据共同管理和空间分析功能，已成为水信息数据挖掘的主要手段。相关的文献较多，但理论研究较少，多侧重于应用。主要集中在山洪灾害风险区划、洪水预报、水资源、水环境与水生态评价与管理等方面。这里仅列举有代表性的文献。

10.5.1　在山洪灾害风险分析方面

（1）在山洪灾害风险区划研究方面。刘晓冉等[198] 依据自然灾害风险评估理论，从致灾因子危险性、孕灾环境脆弱性、承灾体暴露性、防灾减灾能力 4 个方面选取指标，构建重庆市山洪灾害风险评估模型。结合相关气象、生态和社会经济数据，运用 GIS 空间数据分析完成了重庆市山洪灾害风险区划。张乾柱等[199] 利用重庆市 2013—2015 年山洪灾害调查评价数据，融合降雨条件、下垫面、人口条件、经济财产等多元参数，嵌入抗灾能力修正系数，建立了重庆市山洪灾害风险性评价指标体系，利用层次分析法（AHP）确定各指标权重并依托 ArcGIS 空间分析叠加功能，得到了重庆市山洪灾害危险性、易损性、风险性分布图。彭亮等[200] 以叶尔羌河喀群渠首至艾力克塔木之间区域为研究对象，应用 GIS 工具生成数字高程（DEM）栅格数据，构建了 FloodArea 洪水淹没模型，计算了高情景和低情景两种典型历史洪水量级下的淹没范围、水深、流速等风险要素，绘制了研究区的洪水风险图。

（2）在山洪灾害风险预警与评价研究方面。徐辉等[201] 提供了一种基于潜在风险指数（FFPI）的山洪灾害风险预警技术的研究方法。原文林等[202] 将 GIS 技术与水文模型紧密结合，通过构建流域数字水系及 HEC - HMS 模型，确定精准化降雨径流关系，用于山洪灾害临界雨量确定。王燕云等[203] 基于支持向量机回归拟合算法（SVR），应用比拟法建立模型，对无资料小流域山洪灾害临界雨量进行推求。张珊珊等[204] 基于 HEC - HMS 模型，选用雨量预警指标，综合考虑土壤含水量、汇流时间等，由曼宁公式建立水位流量关系，由模型试算法反推临界雨量，进而确定了不同土壤干湿（较干、一般、较湿）情况下的雨量预警指标阈值。原文林等[205] 依据概率分布传递扩散原理，以雨型特征参数为控制条件，提出了基于参数控制的随机雨型生成法，建立了基于随机雨型的山洪灾害临界雨量计算模型及考虑决策者风险偏好的预警模式。郑恒等[206] 将 DPSIR 模型引入山洪灾害风险评估中，对模型中各指标重新定义，对模型内部关系重新梳理，得到新的契合山洪灾害风险评价的 DPSIR 指标体系模型，以及因子度和风险度两个综合评价模型。徐州等[207] 以巫山县大溪乡官田村作为村域尺度山洪灾害危险评价的研究区域，以土地利用类型作为评价单元，根据单元间的拓扑邻接关系，构建了官田村 2D - SPR 山洪灾害危险评价概念模型。周超等[208] 依据洪灾风险概念模型，从触发因子、孕灾环境和承灾体 3 方面选取江西省的 12 个洪灾风险指标，采用 K 近邻、随机森林、AdaBoost 3 种机器学习算法构建洪灾风险评价模型。朱恒槺等[209] 以河南省山洪灾害防治区为例，基于区域灾害系统理论，将山洪灾害系统划分为自然灾害系统、环境灾害系统和人为灾害系统，选取 10 个指标构建山洪灾害风险评价指标体系。首先运用层次分析法计算各指标权重，然后借助 ArcGIS

软件对各个指标进行提取和叠加计算，最终得到风险评价值。原文林等[210] 针对山洪灾害预警指标确定方法中产汇流机制复杂，多参数不确定性影响因素较大的问题，依据极端降水与山洪灾害内在响应联系，提出以 GPD 分布为基础耦合小流域内自然因素和人为因素，构建基于极端降水概率分布的山洪灾害预警指标估算模型。曾忠平等[211] 以吉安市为研究对象，利用洪水灾害数据，随机选取 70% 的洪水事件作为训练区，选取高程、坡度、坡向、曲率、降雨量、河流距离、土地利用、归一化植被指数等 8 个洪水调节因子，采用 Logistic 回归模型进行了洪涝灾害敏感性评价，并使用混淆矩阵、ROC 曲线对评价结果进行了检验。崔洋等[212] 利用高分辨率数字高程模型（DEM）、行政区划、水系和自动气象站历史降水数据，以及居民点、学校、桥梁等社会经济信息资料，采用 FloodArea 模型模拟与 ArcGIS 空间叠加统计分析相结合的方法，分析研究了贺兰山银川段不同重现期山洪灾害风险分布特征，及其对人口、土地利用和国内生产总值（GDP）的影响。

10.5.2　在洪水预报方面

（1）在洪水预报综合评述方面。夏军等[213] 针对中国暴雨洪涝灾害频发的现象及其带来的严重影响和损失，结合我国有关暴雨洪涝灾害预报方法的研究进展，对洪涝灾害预报方法的研究进行了总结与回顾。刘章君等[214] 根据不确定性来源的不同，从输入资料、模型结构、模型参数和综合不确定性等方面，详细综述了贝叶斯水文概率预报的研究进展，归纳了精度评定指标和效果检验方法，并展望了贝叶斯概率水文预报未来的研究重点和方向。黄一昕等[215] 将实时校正方法归纳为终端误差校正和过程误差校正两类，并梳理出各自的典型校正方法以及联合校正方法，概述了不同方法的研究成果及进展；介绍了其中的反馈模拟技术、误差自回归算法（AR）、递推最小二乘算法（RLS）、卡尔曼滤波技术（KF）和动态系统响应曲线算法（DSRC）等 5 种代表性的实时校正技术，阐述了其计算过程；分析其特点与适用性，并对洪水预报实时校正的未来发展方向及研究热点进行了展望。刘志雨[216] 分析了 2020 年以来全国雨水情特点，介绍了水文监测预报预警措施及其在防御洪水中发挥的重要作用，总结了我国水文监测预报预警技术研究与实践进展，阐述了新形势下洪水预测预报面临的问题和挑战，提出了今后发展方向和亟须加强的几项重点工作。

（2）在洪水预报模型构建、改进与应用方面。梁忠民等[217] 提出了一种全过程联合校正的洪水预报修正方法。张浪等[218] 选取四川省山洪易发流域——清溪河流域为研究区，通过 GIS 技术，结合流域 DEM、土壤及土地利用数据提取流域信息，构建 HEC - HMS 降雨-径流模型进行流域山洪预报。沈婕等[219] 将 Copula 函数与模型条件处理器 MCP 相结合，不需要正态-线性条件约束，直接推求以预报值为条件的流量分布函数，构建了 Copula - MCP 的洪水概率预报模型。万新宇等[220] 基于 Elman 动态网络构建流域洪水预报模型，采用具有在线学习功能的实时递归学习算法进行模型训练，并将所建模型和算法运用于淮河水系响洪甸水库的入库洪水实时预报中。严昌盛等[221] 根据淮河王家坝以上流域的历史降雨流量资料，构建了一个基于土壤湿度指数分布的集总式水文模型 PDM。吴鑫俊等[222] 使用水力模型数值模拟结果作为数据驱动，构建了卷积神经网络（CNN）模型，将训练的 CNN 模型应用于洪水演进的预测计算。郭磊等[223] 以鳌江流域为例，构建了水文水动力、洪水影响等无缝耦合的全要素预报调度模型，实现了流域洪水预报调度和面上社会要素的影响预报。顾炉华等[224] 以太湖流域河网为对象，引入集合卡尔曼滤波方法，构建了太湖流域河网水量数据同化模型，探究了水位观测数据同化对河网水量预测精度的影响，并将模型运用于太湖流域河网洪水预报。杜开连等[225] 采用线性动态系统模型与 BP 人工神经网络模型建立东山站洪水位逐时段预报模型，采用 2010—2015 年及 2016—2017 年汛期秦淮河流域实测雨量和东山站水位资料，对模型进行了率定和验证。金保明等[226] 采用泰森多边形法对流域进行划分，分别确定崇阳溪上游流域 6 个雨量站控制子流域的面积权重。选择 1997—2014 年的 14 场流域降雨径流过程为训练样本，采用 3 层网络，其中隐含层节点数采用试算法确定，建立了崇阳溪上游流域 LMBP 神经网络降雨径流预报模型。张娟等[227] 针对自回归模型进行连续多时段校正时中间误差系列缺失问题，提出一种基于历史洪水预报误差系列的样本重组自回归外延方法，以淮河流域王家坝断面为背景，选用洪量相对误差、洪峰相对误差、峰滞时间和确定性系数四个指标开展校正效果评估，并与时程递推外延方法进行了对比。闵心怡[228] 将 TRMM3B42RT、TRMM 3B42、GPM IMERG Early 及 GPM IMERG Late 分别与站点实测降雨数据融合，并利用 HEC-HMS 模型进行洪水模拟，从而改进了卫星降雨洪水预报精度。林子珩等[229] 通过引入置信度距离、离势系数权重，加强传统灰关联方法的抗差能力，减少相似性分析过程中的信息损失，并将改进后的方法应用于相似洪水识别与预报过程中，最后结合池潭水库实测雨洪资料进行验证分析。姚超宇等[230] 通过研究实时洪水预报误差系列构建方法，引入 GBDT 方法建立误差校正模型，并采用粒子群算法优选模型参数，选用洪峰段洪量相对误差、洪峰流量相对误差、确定性系数等指标评估实时校正效果。肖瑜等[231] 以洪水预报模型优选为目标，根据三河口水利枢纽所在流域子午河流域的降雨径流规律和产汇流特性，以及三河口水利枢纽的施工导流方案和度汛标准，选择流域 2010—2015 年实测 13 场历史雨洪资料，采用新安江模型（简称 XAJ 模型）、API 模型、TOPMODEL 模型模拟历史洪水过程，以洪峰流量、峰现时间、合格率、确定性系数 4 个指标为模型综合优选指标体系，引入 D-S 证据理论选择流域洪水预报适宜模型。梁汝豪等[232] 改进了传统的 TOPMODEL 模型，以栅格为单元构建了基于 TOPMODEL 的中小河流分布式洪水预报模型，并以高田水上游流域为研究对象，采用 SCE-UA 优选算法对 1975—2008 年的 8 场洪水进行参数优选，并对 2010—2012 年的 4 场洪水进行模型验证。刘家琳等[233] 采用 API 模型、新安江模型及分布式 TOPKAPI 模型模拟预报了息潢班-王家坝区间流域 2003—2010 年的 10 场洪水情况。王婕等[234] 以长江上游支流沿渡河流域为研究对象，对比分析了 3 种不同类型的水文模型（新安江模型、TOPMODEL、人工神经网络模型）对场次暴雨洪水过程的模拟效果及适用性。刘慧媛等[235] 以湖北省 3 个典型中小流域（高家堰、西河驿、渔洋关）为研究区，基于时变增益水文模型，采用具有可变遗忘因子的递推最小二乘法作为校正方法进行洪水预报实时校正研究。冯娇娇[236] 采用多目标 GLUE 方法分析新安江模型中较敏感参数的不确定性，确定了其后验分布范围；在此基础上，以龙湾流域 12 场洪水为例，相同条件下分别在模型参数先验分布和后验分布范围内对参数进行优化率定。李娟芳等[237] 为探究 HEC-HMS 模型和 TOPMODEL 模型的特性及其模拟效果的差异，选取东庄流域 10 场代表性洪水，以峰现时间误差、径流深误差、时间误差和确定性系数为检验指标，进行了场次洪水模拟。刘恒[238] 基于 BP 神经网络模型，依据分类因子选取原则，选取 6 项具有代表性的影响因子作为模型输入，可将洪水划分成高、中、低 3 类；基于遗传算法，对 3 类洪水进行参数率定，获得 3 组不同的参数组，最终利用训练好的分类预报模型实现了不同类型洪水的变参数预报。吴博等[239] 利用 HEC - HMS 分布式水文模型在 ArcGIS 平台下对 30m 精度的北漳店流域数字高程模型进行流域概化，生成 11 个子流域。刘卫林等[240] 借助 MIKE 软件中的 MIKE 11、MIKE 21 及其耦合模块对罗塘河遭遇 10 年一遇及 20 年一遇洪水进行了溃堤洪水演进模拟；然后依据灾害系统理论从洪水的危险性和易损性两方面选择淹没水深、淹没流速、淹没历时等 7 个指标构建溃堤洪水风险评价指标体系。史利杰等[241] 以大理河流域为研究区，根据流域 DEM、土地利用和土壤等数据，基于 GIS 技术划分流域单元、提取流域信息，采用 SCS 曲线法、Snyder 单位线法、退水曲线法和马斯京根法进行了流域产汇流计算和河道洪水演进模拟。

10.5.3 在水资源评价方面

金建文等[242] 梳理了水资源调查监测手段的相关研究成果，阐述了卫星遥感水资源调查监测的具体内容，着重介绍了卫星遥感在水体位置、面积、水位、储水量、径流量、水质等方面的应用现状。陈登帅等[243] 以延河流域为研究区，基于 GIS 手段和 SWAT 模型，融合多源数据构建了水供给服务供需平衡与空间流动模型，从子流域尺度探究了延河流域水供给服务的供需空间匹配特征与流动规律，明确了流域供给区和受益区的空间范围与流量。袁汝华等[244] 以 DPSIR 理论框架为基础构建水资源承载力综合评价体系，结合毕达哥拉斯模糊集理论与 TOPSIS 法对长三角 25 座城市水资源承载力进行了综合评价。

10.5.4 在水环境研究方面

张有贤等[245] 依据压力-状态-响应（PSR）模型理论，筛选了 5 个评价子集共 28 项评价指标构建了兰州市水环境安全评价指标体系，采用层次分析法和熵权法计算指标的组合权重，选用模糊综合评价法对兰州市 2010—2017 年水环境安全状况进行了评价。万炳彤等[246] 基于 DPSIRM 模型构建区域水环境承载力评价指标体系，并基于 SVR 模型构建了区域水环境承载力评价模型，利用交叉验证法对 SVR 模型参数进行优化选择，进一步提高模型预测精度。邓红卫等[247] 针对恩施州的水环境现状，综合选取社会-资源环境-经济系统下的 15 个评价指标，构建水环境承载力评价指标体系。查木哈等[248] 基于 DPSIR（驱动力-压力-状态-影响-响应）模型共选取 22 个评价指标建立内蒙古水环境承载力评价指标体系，应用主成分分析法评价 2007—2016 年内蒙古水环境承载力变化，采用 Spearman 的秩相关系数评价水环境承载力趋势，并采用向量模法评价了驱动力-压力-状态-影响-响应子系统对水环境承载力的影响。

10.5.5 在水生态研究方面

夏热帕提·阿不来提等[249] 基于遥感与地理信息技术，选取 30 个洪泛湿地生态脆弱性指标，利用 DPSIR 模型和层次分析相结合的方法，对黄河上游洪泛湿地 1986—2014 年生态环境脆弱性变化进行了定量评价。张颖[250] 依据大凌河流域社会经济状况以及水文地质、气候地形等自然条件，构建了包含 15 项典型指标的水资源脆弱性评价体系，对各指标权重利用熵权法确定，并对流域空间利用 GIS 进行划分，在此基础上构建了模糊优选评价模型。卞海彬[251] 基于经济、社会和生态环境等 3 个层面构建评价指标体系，采用物元分析法计算沧州 16 个县区水资源脆弱性综合关联度，并将评价结果通过 GIS 平台进行了空间可视化。项颂等[252] 以云南高原浅水湖泊——星云湖为研究对象，采用现场取样结合 GIS 技术，从水质、富营养化、沉积物、水生生物等方面选择 12 个代表性指标，构建了星云湖水生态健康评价指标体系，并基于熵值法对湖泊水生态健康状况进行现状评价及历史变化分析。熊梅君等[253] 于 2017 年 1—12 月开展浮游植物群落调查，基于 GIS 空间插值进行数据分析和生态学评价，应用浮游植物完整性理论和方法对贵州高原百花水库水生态健康进行了评价。司源等[254] 论述了实施水质动态评价的支撑条件，总结了数据有效利用方面存在的数据孤岛现象较明显、数据共享不畅通、数据有机融合不充分等不足，梳理了多源数据融合的加权平均法、卡尔曼滤波、D - S 证据理论、粗糙集理论等主要技术方法，分类综述了地面数据融合、地空数据融合、多源遥感数据融合等多源数据融合技术在水质监测评价领域的研究现状和应用前景。陆帅帅等[255] 基于驱动力-压力-状态-影响-响应（DPSIR）模型，综合考虑自然因素和人类活动叠加影响，构建了岩溶水生态系统健康评价指标体系；用层次分析法（AHP）确定指标权重，用综合评价法确定岩溶水生态系统所处健康状态，并以晋祠泉域为例，采用 ArcGIS 空间分析技术确定了岩溶水生态系统健康评价等级。袁君梦等[256] 以秦淮河流域作为研究对象，分析其近 20 年来河流下垫面的变化趋势，构建基于水体、植被、地形 3 类因子为基础的水生态安全格局评价指标体系，划分了秦淮河流域的水生态敏感区。

10.6　基于 GIS 的水信息管理系统开发研究进展

地理信息系统是空间数据管理和空间信息分析的计算机系统，其具有空间数据和属性数据共同管理功能，使之成为水信息系统开发的主要手段。相关学术性文献不多，研究主要集中在洪水预报、水资源与水环境管理系统等方面。这里仅列举有代表性的文献。

10.6.1　在洪水预报系统开发方面

程海云[257] 介绍了洪水预报系统发展概况，描述了洪水预报调度一体化系统构建技术的技术难、设计理念、关键技术和主要功能，简述了洪水预报系统在工程调度中的作用，并总结需要进一步提升预报能力，扩充水文预报要素，引入大数据挖掘和机器学习等人工智能新技术，向智慧预报调度系统迭代升级。宫留留等[258] 采用地理信息系统、三维建模、数据库、H5 等技术设计并开发了超标准洪水演变全过程的时空态势图谱应用系统。侯爱中等[259] 调研了国内外水文预报系统的发展现状，分析了分布式水文预报系统的需求和关键技术，初步构建了一套基于开源 GIS 的分布式全要素水文循环模拟系统。胡春歧等[260] 以大清河系阜平水文站以上流域为研究对象，采用中尺度数值大气模式，利用三维变分数据同化技术，以降雨数值预报信息为输入，建立耦合分布式河北雨洪模型，构建了陆气耦合实时洪水预报系统。陈瑜彬等[261] 基于面向大数据平台的网络化服务理念，设计开发了流域防洪预报调度一体化系统。寇嘉玮等[262] 针对外河洪水、区域洪水及暴雨内涝 3 类风险源构建了洪水演进模型，在此基础上基于 WebGIS 开发了 B/S 结构的动态洪涝管理信息系统，采用动态图层技术生成了动态洪水风险图，实现了对规划与模拟工况下的雨水情信息、静态与动态洪水风险信息和受灾损失信息的综合管理以及二维洪水演进过程的动态显示。

10.6.2 在水资源系统开发管理方面

李肖杨等[263] 系统基于 microsoft.net 平台,采用 Visual Studio、SQL Server、Arc-GIS 工具集开发,在流域"地-云-空"一体化监测体系和系统架构的基础上,构建了地图要素管理、基本水文信息、流域生态流量等主要模块,实现了流域空间可视化查询、实时流量动态模拟、流域生态基流计算以及水资源管理配置等功能。李伟等[264] 在分类总结地下水主要数据源基础上,从地下水超采区管理、国家战略区地下水管理和重要地下水水源地管理三个方面阐述了地下水信息展示需求,按照全国地下水总体情况、国家战略区域、地下水超采区域、地下水水源地等四个层级提出了地下水信息展示的总体设想。

10.7 智慧水利研究进展

智慧水利是运用物联网、云计算、大数据等新一代信息通信技术,促进水利规划、工程建设、运行管理和社会服务的智慧化,提升水资源的利用效率和水旱灾害的防御能力,改善水环境和水生态,保障国家水安全和经济社会的可持续发展[265]。相关的学术性文献不多,主要是工程技术应用。这里仅列举有代表性的文献。

10.7.1 在智慧水利基础理论方面

张建云等[265] 提出了智慧水利的概念,认为智慧水利的内涵包括三个方面:①信息传感及物联网、移动互联网、云计算、人工智能等新信息通信技术新信息的应用;②包括气象、水文、农业、海洋、市政等多部门,天上、空中、地面、地下等多源信息的监测与融合;③集信息监测分析、情景预测预报、科学调度决策与控制运用等多功能的系统集成与应用。其中,信息是智慧水利的基础,知识是智慧水利的核心,能力提升是智慧水利的目的。蒋云钟等[266] 在调研大数据应用现状基础上,解析了水利大数据的体量巨大、复杂多样、新老结合、价值很高、模糊很大、交互性、效能性和共情性等内涵特征;从数据源、管理、计算和应用等 4 个层面提出了适用于智慧水利建设的水利大数据基础体系架构,并从功能、技术、部署角度进行阐述;设计了水利大数据实时与离线分析场景的应用框架,用于支撑智慧水利环境下的水利大数据分析和决策;提出了水利大数据相关管理规范和应用标准体系框架;总结了水资源、水环境水生态、水灾害、水工程、水监督、水行政、水公共服务等水利大数据的应用场景。詹全忠等[267] 结合水利行业实际,主要从纵深防御、监测预警、应急响应能力,安全管理、运营体系等建设方面提出网络安全的总体架构,为智慧水利时代建设的网络安全体系指明方向。张建新等[268] 以全国水利行业的视角,通过水利业务需求,研究分析水利感知对象、内容、要素,以及实现的技术与手段,从顶层对智能感知终端、系统、体系等的结构和内容进行研究和设计。杜壮壮等[269] 基于数字孪生技术,融合智能预测和可视化管理,建立了一种面向河道工程管理的数字孪生可视化智能管理方法,虚实结合预测实际发展状态,实现更加科学、智慧的河道工程管理,促进水利工程管理数字化、可视化、智能化。张社荣等[270] 以数字孪生技术为未来的基础应用架构,详细阐述了未来的重点研究方向,为提高水电工程设计施工一体化水平,弥补水利信息化短板提供技术指引。许正中等[271] 提出以区块链、大数据、物联网的先进理念和技术手段推动水资源社会基础设施的技术性转型和数字化建设,构建全国统一的"水资源数联网"技术性社会基础设施,形成像管电一样的全新的水资源治理体系,在夯实国家技术型社会基础设施的同时协同推进水资源的保护治理、协同调度、灾害预警和应急管理等。刘仪影等[272] 针对现阶段移民征迁安置工作需要,行业信息化水平、专业科技水准以及工作效率的提升需求,基于互联网辅助设计、管理、办公,并结合云存储、3S、移动客户端等元素,提出了能满足设计院、业主和地方政府移民管理机构的相关管理和办公的安全、高效、以水利水电工程全生命周期服务为方向的移民征迁安置工作的数字化解决方案。

10.7.2　在智慧水利应用领域方面

饶小康等[273] 针对堤防工程综合安全监测体系,基于物联网技术,建立堤防工程海量数据资源的采集、汇集、交换与共享云平台;同时针对堤防工程质量、险情演化、致溃机理,基于大数据和人工智能技术,构建了堤防工程大数据开放平台和人工智能计算平台,提供海量、多源、异构数据的融合、共享,实现了风险识别、评估、预警模型的构建、运算。马瑞等[274] 利用物联网技术构建了覆盖大坝空中、地表、内部、水下等全空间一体化的信息感知体系,研究了三维可视化技术在海量地形调度、大坝与地形镶嵌、安全信息在三维空间的表达等技术难点,设计了大坝安全管理平台,实现了大坝安全信息在真实地理空间直观展示,以三维地理信息可视技术构建流域空间参考,将不同的大坝进行统一管理,解决了信息孤岛问题。汪洋等[275] 以 BIM、GIS 为基础,通过二次开发,建立信息管理平台,实现 BIM 模型空间查询、多媒体演示、虚拟建造表达和虚拟现实等功能,为大型引调水工程科学决策、智能化管理提供了技术支持。杨建峰等[276] 以通吕运河水利枢纽工程为例,研究了 BIM 技术在水利工程运维管理中的应用;通过 Web 端轻量化图形引擎,将几何模型文件转换成数字文件,建立了数字化工程管理平台。王禹杰等[277] 在详细调研研究区河湖管理及水资源利用现状基础上,综合利用移动通信、RS、GPS 和 GIS 等技术,设计了研究区智慧河长信息平台。

10.8　与 2017—2018 年进展对比分析

(1) 基于遥感的水信息研究进展。利用遥感进行土壤水分反演、植被蒸散计算依然是研究热点,利用遥感信息进行水体面积和变化信息方面研究明显增多,同时无人机技术也开始被用来进行土壤水分反演研究。

(2) 基于传感器的水信息研究进展。主要体现在用于水位、土壤水分和精准灌溉决策支持系统构建,侧重于相关技术的应用。

(3) 基于数值分析的水信息数据挖掘研究进展。没有明显变化。

(4) 基于 GIS 的水信息研究进展。每年都涌现出大量的研究成果,主要是利用 GIS 进行制图与可视化分析,研究内容和深度与之前相比没有明显加深。

(5) 基于 GIS 的水信息系统开发研究进展。主要是工程为主的系统开发与集成应用,理论方法研究文献较少。

(6) 智慧水利研究进展。主要侧重于智慧水利相关概念在水利工程建设和管理中的应用介绍，理论方法研究文献较少。

本章撰写人员：宋轩。

参考文献

[1] 左其亭. 水科学的学科体系及研究框架探讨 [J]. 南水北调与水利科技，2011，9（01）：113 - 117，129.

[2] 顾正华，唐洪武，李云，等. 水信息学与智能水力学 [J]. 河海大学学报（自然科学版），2003（05）：518 - 521.

[3] 梁顺林，白瑞，陈晓娜，等. 2019 年中国陆表定量遥感发展综述 [J]. 遥感学报，2020，24（06）：618 - 671.

[4] 张王菲，陈尔学，李增元，等. 雷达遥感农业应用综述 [J]. 雷达学报，2020，9（03）：444 - 461.

[5] 潘宁，王帅，刘焱序，等. 土壤水分遥感反演研究进展 [J]. 生态学报，2019，39（13）：4615 - 4626.

[6] 李占杰，陈基培，刘艳民，等. 土壤水分遥感反演研究进展 [J]. 北京师范大学学报（自然科学版），2020，56（03）：474 - 481.

[7] 吴学睿，金双根，宋叶志，等. GNSS - R/IR 土壤水分遥感研究现状 [J]. 大地测量与地球动力学，2019，39（12）：1277 - 1282.

[8] 蒋玲梅，崔慧珍，王功雪，等. 积雪、土壤冻融与土壤水分遥感监测研究进展 [J]. 遥感技术与应用，2020，35（06）：1237 - 1262.

[9] 雷添杰，李世灿，李小涵，等. 旱情遥感监测指标研究进展 [J]. 水利水电技术，2019，50（S2）：25 - 31.

[10] 余军林，罗娅，赵志龙，等. 基于 TVDI 和 Landsat 8 的喀斯特峡谷区干旱监测 [J]. 水土保持通报，2019，39（01）：104 - 113.

[11] 王思楠，李瑞平，韩刚，等. 基于 MTVDI 与 DDI 二元回归模型对毛乌素沙地腹部土壤表层水分的研究 [J]. 干旱地区农业研究，2019，37（02）：209 - 214.

[12] 姚月锋，李莉. 基于 Landsat 8 TIRS 数据与 TVDI 的流域地表土壤干旱分析 [J]. 土壤通报，2019，50（02）：282 - 289.

[13] 李永柳，周忠发，蒋翼. 基于 Landsat 8 遥感影像的黔中水利枢纽工程区土壤含水量反演分析 [J]. 水土保持研究，2020，27（04）：78 - 84.

[14] 聂艳，马泽玥，周逍峰，等. 阿克苏河流域土壤湿度反演与监测研究 [J]. 生态学报，2019，39（14）：5138 - 5148.

[15] 张新平，乔治，李皓，等. 基于 Landsat 影像和不规则梯形方法遥感反演延安城市森林表层土壤水分 [J]. 遥感技术与应用，2020，35（01）：120 - 131.

[16] 杨茹，高超，查芊郁，等. 不同植被指数在基于 TVDI 方法反演土壤水分中的应用 [J]. 测绘与空间地理信息，2020，43（02）：33 - 37.

[17] 梁建方，周秋文，韦小茶，等. 典型喀斯特地区土壤水分遥感反演——以涟江流域为例 [J]. 人民珠江，2019，40（09）：68 - 75.

[18] 王梅凯，赵成萍，李博，等. 基于 ATI - BP 的土壤墒情反演研究 [J]. 灌溉排水学报，2020，39（S1）：130 - 134.

[19] 蔡庆空，陶亮亮，蒋瑞波，等. 基于理论干湿边与改进 TVDI 的麦田土壤水分估算研究 [J]. 农业机械学报，2020，51（07）：202 - 209.

[20] 吴颖菊，朱奎，鲁帆，等. 基于 CLDAS 数据和机器算法模型的大清河流域地表土壤湿度降尺度

　　　　研究 [J]. 水利水电技术, 2019, 50 (10): 18 - 24.

[21]　黄友昕, 胡茂胜, 沈永林, 等. MODIS 干旱指数结合 RBFNN 反演冬小麦返青期土壤湿度 [J].
　　　　农业工程学报, 2019, 35 (12): 81 - 88.

[22]　刘馨, 宋小宁, 冷佩, 等. 基于 MODIS 数据的黄河源区土壤干湿状况时空格局变化 [J]. 中国
　　　　科学院大学学报, 2019, 36 (02): 178 - 187.

[23]　朱彦儒, 赵红莉, 黄艳艳, 等. 基于双指数联合模型的土壤含水量反演——以河北省为例 [J].
　　　　南水北调与水利科技 (中英文), 2020, 18 (04): 71 - 80.

[24]　杨彦荣, 胡国强. 基于植被供水指数的旱区土壤湿度反演方法研究 [J]. 现代电子技术, 2019,
　　　　42 (02): 138 - 142, 146.

[25]　杨志辉, 赵军, 朱国锋, 等. 含植被覆盖影响的石羊河流域土壤水分遥感估算及空间格局分析
　　　　[J]. 生态学报, 2020, 40 (23): 8826 - 8837.

[26]　庞治国, 路京选, 卢奕竹, 等. 基于遥感和地面测量的多尺度土壤水分产品验证分析 [J]. 中国
　　　　水利水电科学研究院学报, 2019, 17 (04): 271 - 278.

[27]　李艳, 张成才, 恒卫冬, 等. 基于多源遥感数据反演土壤墒情方法研究 [J]. 节水灌溉, 2020
　　　　(08): 76 - 81.

[28]　巩文军, 郭乙霏, 王文婷, 等. 基于混合象元分解的 Landsat 8 与 MODIS 数据融合反演土壤墒
　　　　情方法研究 [J]. 灌溉排水学报, 2019, 38 (07): 123 - 128.

[29]　王树果, 马春锋, 赵泽斌, 等. 基于 Sentinel - 1 及 Landsat 8 数据的黑河中游农田土壤水分估算
　　　　[J]. 遥感技术与应用, 2020, 35 (01): 13 - 22, 47.

[30]　王浩, 罗格平, 王伟胜, 等. 基于多源遥感数据的锡尔河中下游农田土壤水分反演 [J]. 自然资
　　　　源学报, 2019, 34 (12): 2717 - 2731.

[31]　孙宇乐, 屈忠义, 刘全明, 等. 基于多源遥感协同反演的区域性土壤含水率动态研究 [J]. 西南
　　　　大学学报 (自然科学版), 2020, 42 (12): 46 - 53.

[32]　范悦, 邱建秀, 董建志, 等. 基于 Triple Collocation 方法的微波土壤水分产品不确定性分析与时
　　　　空变化规律研究 [J]. 遥感技术与应用, 2020, 35 (01): 85 - 96.

[33]　姜少杰, 宋海清, 李云鹏, 等. 内蒙古地区 FY - 3B/3C 微波遥感土壤水分数据产品的融合与评
　　　　估 [J]. 中国农业气象, 2020, 41 (08): 529 - 538.

[34]　杨纲, 郭鹏, 李西灿, 等. 风云卫星微波遥感土壤水分产品适用性验证分析 [J]. 水土保持研
　　　　究, 2020, 27 (01): 104 - 111, 118.

[35]　王树果, 刘伟, 梁亮. 基于 Triple - Collocation 方法的微波遥感土壤水分产品不确定性分析及数
　　　　据融合 [J]. 遥感技术与应用, 2019, 34 (06): 1227 - 1234.

[36]　胡路, 赵天杰, 施建成, 等. 基于地基微波辐射观测的土壤水分反演算法评估 [J]. 遥感技术与
　　　　应用, 2020, 35 (01): 74 - 84.

[37]　李瑞娟, 李兆富, 郝睿, 等. 亚洲区域 AMSR2 与 SMOS 土壤水分产品对比研究 [J]. 遥感技术
　　　　与应用, 2019, 34 (01): 125 - 135.

[38]　王作亮, 文军, 刘蓉, 等. 基于地基微波辐射计数据评估不同土壤介电模型反演土壤湿度的适用
　　　　性 [J]. 遥感技术与应用, 2020, 35 (01): 97 - 110.

[39]　陈全, 周忠发, 王玲玉, 等. 基于多时相 Sentinel - 1 SAR 数据的喀斯特石漠化区地表土壤水分
　　　　反演研究 [J]. 红外与毫米波学报, 2020, 39 (05): 626 - 634.

[40]　马红章, 艾璐, 刘素美, 等. 基于土壤微波辐射布儒斯特角反演土壤含水率 [J]. 农业工程学
　　　　报, 2020, 36 (14): 182 - 187.

[41]　王舒, 蒋玲梅, 王健. 基于多频被动微波遥感的土壤水分反演——以黑河上游为例 [J]. 遥感技
　　　　术与应用, 2020, 35 (06): 1414 - 1425.

[42]　李伯祥, 陈晓勇, 徐雯婷. 基于水云模型的 Sentinel - 1A 双极化反演植被覆盖区土壤水分 [J].

水土保持研究，2019，26（05）：39 - 44.

[43] 陈家利，郑东海，庞国锦，等. 基于 SMAP 亮温数据反演青藏高原玛曲区域土壤未冻水 [J].
遥感技术与应用，2020，35（01）：48 - 57.

[44] 王雅婷，孔金玲，杨亮彦，等. 基于 SVR 的旱区稀疏植被覆盖下土壤水分遥感反演 [J]. 地球
信息科学学报，2019，21（08）：1275 - 1283.

[45] 陆峥，韩孟磊，卢麾，等. 基于 AMSR2 多频亮温的黑河流域中上游土壤水分估算研究 [J]. 遥
感技术与应用，2020，35（01）：33 - 47.

[46] 王梅霞，冯文兰，扎西央宗，等. 光学与微波遥感协同反演藏北表层土壤水分研究 [J]. 土壤，
2019，51（05）：1020 - 1029.

[47] 罗家顺，邱建秀，赵天杰，等. 基于 Sentinel - 1 数据的黑河中游土壤水分反演 [J]. 遥感技术与
应用，2020，35（01）：23 - 32.

[48] 张智韬，许崇豪，谭丞轩，等. 覆盖度对无人机热红外遥感反演玉米土壤含水率的影响 [J]. 农
业机械学报，2019，50（08）：213 - 225.

[49] 张智韬，许崇豪，谭丞轩，等. 基于无人机热红外遥感的玉米地土壤含水率诊断方法 [J]. 农业
机械学报，2020，51（03）：180 - 190.

[50] 郭辉，卜小东，黄可京，等. 基于热红外遥感影像的玉米田间土壤水分反演研究 [J]. 中国农机
化学报，2020，41（10）：203 - 210.

[51] 杨珺博，王斌，黄嘉亮，等. 无人机多光谱遥感监测冬小麦拔节期根域土壤含水率 [J]. 节水灌
溉，2019（10）：6 - 10.

[52] 张瑜，张立元，Z. Huihui，等. 玉米作物系数无人机遥感协同地面水分监测估算方法研究 [J].
农业工程学报，2019，35（01）：83 - 89.

[53] 谭丞轩，张智韬，许崇豪，等. 无人机多光谱遥感反演各生育期玉米根域土壤含水率 [J]. 农业
工程学报，2020，36（10）：63 - 74.

[54] 姚晓磊，鱼京善，孙文超. 基于累积分布函数匹配的多源遥感土壤水分数据连续融合算法 [J].
农业工程学报，2019，35（01）：131 - 137.

[55] 劳从坤，杨娜，徐少博，等. 反演策略对 SMOS 土壤水分反演算法的影响研究 [J]. 遥感技术与
应用，2020，35（01）：65 - 73.

[56] 李奎，张瑞，段金亮，等. 利用 SAR 影像与多光谱数据反演广域土壤湿度 [J]. 农业工程学报，
2020，36（07）：134 - 140.

[57] 李伯祥，陈晓勇，徐雯婷. 基于 SMOS 降尺度数据的土壤水分时空变化分析研究 [J]. 中国农村
水利水电，2019（08）：5 - 11.

[58] 马腾，韩玲，刘全明. 考虑地表粗糙度改进水云模型反演西班牙农田地表土壤含水率 [J]. 农业
工程学报，2019，35（24）：129 - 135.

[59] 雷志斌，孟庆岩，田淑芳，等. 基于 GF - 3 和 Landsat 8 遥感数据的土壤水分反演研究 [J]. 地
球信息科学学报，2019，21（12）：1965 - 1976.

[60] 陈婷婷，潘耀忠，孙林. 基于多时相 Sentinel - 1SAR 地表土壤水分反演的 Alpha 近似模型改进
[J]. 土壤学报，2019，56（05）：1269 - 1278.

[61] 杨贵军，岳继博，李长春，等. 基于改进水云模型和 Radarsat - 2 数据的农田土壤含水量估算
[J]. 农业工程学报，2016，32（22）：146 - 153.

[62] 葛翔宇，丁建丽，王敬哲，等. 一种基于无人机高光谱影像的土壤墒情检测新方法 [J]. 光谱学
与光谱分析，2020，40（02）：602 - 609.

[63] 王青青，张珂，叶金印，等. 安徽省土壤湿度时空变化规律分析及遥感反演 [J]. 河海大学学报
（自然科学版），2019，47（02）：114 - 118.

[64] 徐作敏，唐世浩，王昊. 基于变分法的 FY - 3C 土壤水分产品适用性分析 [J]. 灌溉排水学报，

2019, 38 (S1): 68 - 74.

[65]　赵建辉, 张蓓, 李宁, 等. 基于 Sentinel - 1/2 遥感数据的冬小麦覆盖地表土壤水分协同反演 [J]. 电子与信息学报, 2021, 43 (03): 692 - 699.

[66]　李伯祥, 陈晓勇. 基于 Sentinel 多源遥感数据的河北省景县农田土壤水分协同反演 [J]. 生态与农村环境学报, 2020, 36 (06): 752 - 761.

[67]　郭二旺, 郭乙霏, 罗蔚然, 等. 基于 Landsat 8 和 Sentinel - 1A 数据的焦作广利灌区夏玉米土壤墒情监测方法研究 [J]. 中国农村水利水电, 2019 (07): 22 - 25, 34.

[68]　郭交, 刘健, 宁纪锋, 等. 基于 Sentinel 多源数据的农田地表土壤水分反演模型构建与验证 [J]. 农业工程学报, 2019, 35 (14): 71 - 78.

[69]　朱燕香, 潘剑君, 白浩然, 等. 基于 Sentinel - 2A 影像的 OPTRAM 模型及其改进模型的土壤水分估算研究 [J]. 南京农业大学学报, 2020, 43 (04): 682 - 689.

[70]　张圆, 贾贞贞, 刘绍民, 等. 遥感估算地表蒸散发真实性检验研究进展 [J]. 遥感学报, 2020, 24 (08): 975 - 999.

[71]　李晓媛, 于德永. 蒸散发估算方法及其驱动力研究进展 [J]. 干旱区研究, 2020, 37 (01): 26 - 36.

[72]　王桐, 唐荣林, 李召良, 等. 遥感反演蒸散发的日尺度扩展方法研究进展 [J]. 遥感学报, 2019, 23 (05): 813 - 830.

[73]　王燕鑫, 李瑞平, 李夏子. 河套灌区不同土地类型生长季蒸散发量估算及其变化特征 [J]. 干旱区研究, 2020, 37 (02): 364 - 373.

[74]　郭二旺, 郭乙霏, 张凌杰, 等. 基于 SEBAL 模型和 Landsat 8 遥感数据的农田蒸散发估算 [J]. 灌溉排水学报, 2019, 38 (01): 83 - 89.

[75]　翟劲慤, 王文种, 刘九夫, 等. 基于 Landsat 8 辐射模块耦合 SEBAL 模型蒸散发估算 [J]. 水力发电, 2019, 45 (01): 18 - 22, 111.

[76]　宁亚洲, 张福平, 冯起, 等. 基于 SEBAL 模型的疏勒河流域蒸散发估算与灌溉效率评价 [J]. 干旱区地理, 2020, 43 (04): 928 - 938.

[77]　尹剑, 邱远宏, 欧照凡. 长江流域实际蒸散发的遥感估算及时空分布研究 [J]. 北京师范大学学报 (自然科学版), 2020, 56 (01): 86 - 95.

[78]　王军, 李和平, 鹿海员, 等. 基于地表温度和叶面积指数的干湿限研究及区域蒸散发估算 [J]. 干旱区研究, 2019, 36 (02): 395 - 402.

[79]　周妍妍, 郭晓娟, 郭建军, 等. 基于 SEBAL 模型的疏勒河流域蒸散量时空动态 [J]. 水土保持研究, 2019, 26 (01): 168 - 177.

[80]　崔越, 张利华, 吴宗钒, 等. 基于 BEPS - Terrainlab v2.0 模型鄂西犟河流域 1999—2016 年蒸散发模拟分析 [J]. 华中师范大学学报 (自然科学版), 2020, 54 (01): 140 - 148.

[81]　王焕, 梅再美. 贵州省地表蒸散发时空变化及其与气候因子的关系 [J]. 水土保持研究, 2020, 27 (05): 221 - 229.

[82]　刘宁, 崔晨风, 翟羽婷. 基于 MODIS 数据计算的 RLPM 模型在黄土高原地区的应用 [J]. 节水灌溉, 2020 (05): 32 - 37.

[83]　董宇轩, 占车生, 潘成忠, 等. 山西介休市实际蒸散发模拟及变化特征分析 [J]. 水电能源科学, 2019, 37 (03): 13 - 16, 8.

[84]　鲁汉, 叶林媛, 罗鹏, 等. 基于遥感和再分析蒸散发数据的长江流域水循环变化时空特征研究 [J]. 中国农村水利水电, 2020 (11): 42 - 49, 61.

[85]　张珂, 鞠艳, 李致家. 金沙江流域实际蒸散发遥感重建及时空特征分析 [J]. 水科学进展, 2021, 32 (02): 182 - 191.

[86]　温馨, 周纪, 刘绍民, 等. 基于多源产品的西南河流源区地表蒸散发时空特征 [J]. 水资源保护, 2021, 37 (03): 32 - 42.

[87] 于静，柳锦宝，姚云军，等．基于改进遥感蒸散模型的西南地表蒸散研究［J］．人民长江，2019，50（01）：70-74.

[88] 童山琳，崔晨风，伍妮，等．下垫面特征变化对于旱区蒸散发的影响［J］．节水灌溉，2020（07）：59-62.

[89] 苏宝峰，王琮，张茹飞，等．基于无人机光谱遥感的田块尺度蒸散发空间分布估算［J］．农业机械学报，2020，51（03）：156-163，190.

[90] 周钦，黄金柏，周亚明，等．城市背景下草地蒸散发及土壤水分变异特性——以扬州区域性草地植被为例［J］．节水灌溉，2019（03）：22-26.

[91] 王京晶，刘鹄，徐宗学，等．基于昼夜水位波动法估算地下水蒸散发量的研究——以河西走廊典型绿洲为例［J］．干旱区研究，2021，38（01）：59-67.

[92] 李霞，刘廷玺，段利民，等．半干旱区沙丘、草甸作物系数模拟及蒸散发估算［J］．干旱区研究，2020，37（05）：1246-1255.

[93] 杨扬，王丽娟，岳平，等．利用陆面模式和遥感经验模型估算半干旱区陆面蒸散量［J］．水土保持研究，2020，27（05）：147-153，159.

[94] 李丹，吴保生，陈博伟，等．基于卫星遥感的水体信息提取研究进展与展望［J］．清华大学学报（自然科学版），2020，60（02）：147-161.

[95] 周鹏，谢元礼，蒋广鑫，等．遥感影像水体信息提取研究进展［J］．遥感信息，2020，35（05）：9-18.

[96] 周岩，董金玮．陆表水体遥感监测研究进展［J］．地球信息科学学报，2019，21（11）：1768-1778.

[97] 史卓琳，黄昌．河流水情要素遥感研究进展［J］．地理科学进展，2020，39（04）：670-684.

[98] 张启华，王胜利，孙磊，等．空-谱角匹配与多指数法相结合的OLI遥感影像水体提取［J］．测绘通报，2019（12）：71-76.

[99] 王一帆，徐涵秋．基于客观阈值与随机森林Gini指标的水体遥感指数对比［J］．遥感技术与应用，2020，35（05）：1089-1098.

[100] 刘双童，王明孝，杨树文，等．GF-2影像中不同水体指数模型提取精度及稳定性分析［J］．测绘通报，2019（08）：135-139.

[101] 欧健滨，罗文斐，刘畅．多时相阴影轮廓差分辅助下的城市水体提取［J］．测绘通报，2019（03）：116-119.

[102] 叶刚．基于改进标记分水岭分割的城市水体提取研究［J］．人民长江，2020，51（07）：231-235.

[103] 周晶晶，李新举，于新洋．高潜水位煤矿区沉陷水体信息提取［J］．测绘科学，2021，46（05）：104-111.

[104] 李新举，周晶晶．高潜水位煤矿区地表沉陷信息提取方法研究［J］．煤炭科学技术，2020，48（04）：105-112.

[105] 张文，崔长露，李林宜，等．基于长时间序列遥感数据的鄱阳湖水面面积监测分析［J］．水文，2019，39（03）：29-35，21.

[106] 贾祎琳，张文，孟令奎．面向GF-1影像的NDWI分割阈值选取方法研究［J］．国土资源遥感，2019，31（01）：95-100.

[107] 王大钊，王思梦，黄昌．Sentinel-2和Landsat 8影像的四种常用水体指数地表水体提取对比［J］．国土资源遥感，2019，31（03）：157-165.

[108] 刘怀鹏，安慧君，方明．一种NDWI自约束遥感影像水体信息的快速检测方法［J］．石河子大学学报（自然科学版），2020，38（01）：128-132.

[109] 张琪，杨桂芹，王小鹏．结合引力模型的模糊聚类遥感图像水体分割算法［J/OL］．激光与光

电子学进展，1-17 [2021-05-26]. http：//kns. cnki. net/kcms/detail/31. 1690. tn. 20201223. 085. html.

[110]　邹橙，杨学志，董张玉，等. 基于 GF-2 遥感影像的一种快速水体信息提取方法 [J]. 图学学报，2019，40 (01)：99-104.

[111]　朱小强，丁建丽，夏楠，等. 一种稳定阈值的湖泊水体信息提取方法 [J]. 资源科学，2019，41 (04)：790-802.

[112]　王琳，谢洪波，文广超，等. 基于 Landsat 8 的含蓝藻湖泊水体信息提取方法研究 [J]. 国土资源遥感，2020，32 (04)：130-136.

[113]　吴迪，于文金，谢涛. 高分二号卫星数据在粤港澳大湾区水体有机污染监测中的应用 [J]. 热带地理，2020，40 (04)：675-683.

[114]　贾诗超，薛东剑，李成绕，等. 基于 Sentinel-1 数据的水体信息提取方法研究 [J]. 人民长江，2019，50 (02)：213-217.

[115]　湛南渝，李小涛，路京选，等. 基于 SLIC 的哨兵 1 号雷达数据水体信息提取 [J]. 人民长江，2020，51 (04)：213-217，225.

[116]　谷鑫志，曾庆伟，谌华，等. 高分三号影像水体信息提取 [J]. 遥感学报，2019，23 (03)：555-565.

[117]　崔倩，毛旭东，陈德清，等. 基于高分三号卫星数据的水体自动提取及应用 [J]. 中国农业信息，2019，31 (05)：57-65.

[118]　陈媛媛，郑加柱，魏浩翰，等. 基于 Sentinel-1A 数据的南京市水体信息提取 [J]. 地理空间信息，2020，18 (09)：62-65，7.

[119]　李玉，杨蕴，赵泉华. 结合改进的降斑各向异性扩散和最大类间方差的 SAR 图像水体提取 [J]. 地球信息科学学报，2019，21 (06)：907-917.

[120]　白亮亮，曾超，盖长松，等. 基于高分卫星数据多时相重建的水体信息提取 [J]. 水力发电学报，2021，40 (02)：111-120.

[121]　范亚洲，张珂，刘林鑫，等. 水库水体的最大类间方差迭代遥感提取方法 [J]. 水资源保护，2021，37 (03)：50-55，60.

[122]　张德军，杨世琦，王永前，等. 基于 GF-1 数据的三峡库区水体信息精细化提取 [J]. 人民长江，2019，50 (09)：233-239.

[123]　傅姣琪，陈超，郭碧云. 缨帽变换的遥感图像水边线信息提取方法 [J]. 测绘科学，2019，44 (05)：177-183.

[124]　程滔，李广泳，毕凯. 顾及时点特征的水体提取成果空间修正方法 [J]. 国土资源遥感，2019，31 (02)：96-101.

[125]　王宁，程家骅，张寒野，等. 水产养殖水体遥感动态监测及其应用 [J]. 中国水产科学，2019，26 (05)：893-903.

[126]　杨知，欧文浩，刘晓燕，等. 基于 LinkNet 卷积神经网络的高分辨率遥感影像水体信息提取 [J]. 云南大学学报（自然科学版），2019，41 (05)：932-938.

[127]　赵冰雪，王雷，胡和兵. 基于 OLI 影像和 DEM 的山区水体提取方法 [J]. 水文，2019，39 (04)：34-39，83.

[128]　汪权方，张梦茹，张雨，等. 基于视觉注意机制的大范围水体信息遥感智能提取 [J]. 计算机应用，2020，40 (04)：1038-1044.

[129]　王卫红，陈骁，吴炜，等. 高分影像复杂背景下的城市水体自动提取方法 [J]. 计算机科学，2019，46 (11)：277-283.

[130]　王国华，裴亮，杜全叶，等. 针对资源三号卫星影像水体提取的谱间关系法 [J]. 遥感信息，2020，35 (03)：117-121.

[131] 邵安冉，李新举，周晶晶．基于 Sentinel - 2A 影像的矿区土地利用信息提取方法 [J]．山东农业大学学报（自然科学版），2020，51（03）：441 - 446．

[132] 叶杰，王战卫，冯乃琦，等．ASTER 数据的煤矿区水体信息提取 [J]．测绘通报，2020（07）：82 - 87．

[133] 何红术，黄晓霞，李红旮，等．基于改进 U - Net 网络的高分遥感影像水体提取 [J]．地球信息科学学报，2020，22（10）：2010 - 2022．

[134] 李健锋，叶虎平，张宗科，等．面向 Sentinel - 2 影像的 LBV 和 K - T 变换水体信息提取模型 [J]．遥感信息，2020，35（05）：148 - 154．

[135] 梁泽毓，吴艳兰，杨辉，等．基于密集连接全卷积神经网络的遥感影像水体全自动提取方法 [J]．遥感信息，2020，35（04）：68 - 77．

[136] 曹国亮，李天辰，陆垂裕，等．干旱区季节性湖泊面积动态变化及蒸发量——以艾丁湖为例 [J]．干旱区研究，2020，37（05）：1095 - 1104．

[137] 吴玮．高分四号卫星在溃决型洪水灾害监测评估中的应用 [J]．航天器工程，2019，28（02）：134 - 140．

[138] 吴志峰，曹峥，宋松，等．粤港澳大湾区湿地遥感监测与评估：现状、挑战及展望 [J]．生态学报，2020，40（23）：8440 - 8450．

[139] 潘骁骏，聂晨晖，唐伟，等．湿地信息遥感监测与演变模拟研究进展 [J]．测绘与空间地理信息，2020，43（07）：79 - 83．

[140] 耿仁方，付波霖，金双根，等．面向对象的无人机遥感影像岩溶湿地植被遥感识别 [J]．测绘通报，2020（11）：13 - 18．

[141] 张帅旗，周秉荣，史飞飞，等．基于高分一号卫星遥感数据的青藏高原高寒湿地信息提取方法研究——以玛多县为例 [J]．高原气象，2020，39（06）：1309 - 1317．

[142] 陈琛，马毅，胡亚斌，等．一种自适应学习率的卷积神经网络模型及应用——以滨海湿地遥感分类为例 [J]．海洋环境科学，2019，38（04）：621 - 627．

[143] 王凯霖，李海涛，李文鹏，等．基于遥感专题解译的白洋淀湿地底部 DEM 构建 [J]．现代地质，2019，33（05）：1098 - 1105．

[144] 焉恒琦，朱卫红，毛德华，等．长江三角洲国际重要湿地人为胁迫遥感解析 [J]．中国环境科学，2020，40（08）：3605 - 3615．

[145] 张猛．基于多源遥感数据的洞庭湖流域多尺度湿地研究 [J]．测绘学报，2020，49（08）：1065．

[146] 康应东，李晓燕，毛德华，等．云贵高原国际重要湿地景观人为胁迫遥感解析 [J]．生态学杂志，2020，39（10）：3379 - 3387．

[147] 侯蒙京，殷建鹏，葛静，等．基于随机森林的高寒湿地地区土地覆盖遥感分类方法 [J]．农业机械学报，2020，51（07）：220 - 227．

[148] 姚博，张怀清，刘洋，等．面向对象 CART 决策树方法的湿地遥感分类 [J]．林业科学研究，2019，32（05）：91 - 98．

[149] 李凤莹，张饮江，赵志森，等．基于遥感生态指数的上海南汇东滩海岸带湿地生态格局变化评价 [J]．上海海洋大学学报，2020，29（05）：746 - 756．

[150] 王丽春，焦黎，来风兵，等．基于遥感生态指数的新疆玛纳斯湖湿地生态变化评价 [J]．生态学报，2019，39（08）：2963 - 2972．

[151] 陈远丽，路春燕，刘金福，等．漳江口湿地变化的遥感监测 [J]．森林与环境学报，2019，39（01）：61 - 69．

[152] 郎芹，牛振国，洪孝琪，等．青藏高原湿地遥感监测与变化分析 [J]．武汉大学学报（信息科学版），2021，46（02）：230 - 237．

[153] 韩倩倩, 牛振国, 吴孟泉, 等. 基于潮位校正的中国潮间带遥感监测及变化 [J]. 科学通报, 2019, 64 (04): 456-473.

[154] 靳宁, 张东彦, 李振海, 等. 基于多光谱卫星模拟波段反射率的冬小麦水分状况评估 [J]. 农业机械学报, 2020, 51 (11): 243-252.

[155] 侯学会, 王猛, 高帅, 等. 综合近红外-红波段-短波红外三波段光谱特征空间的小麦冠层含水量反演 [J]. 麦类作物学报, 2020, 40 (07): 866-873.

[156] 项鑫, 马林娜, 路朋. 遥感定量反演华北平原地区冬小麦含水量 [J]. 测绘科学, 2019, 44 (06): 212-216.

[157] 刘二华, 周广胜, 周莉, 等. 夏玉米不同生育期叶片和冠层含水量的遥感反演 [J]. 应用气象学报, 2020, 31 (01): 52-62.

[158] 陆锡昆, 罗亚辉, 蒋蘋, 等. 基于高光谱的油茶籽含水量检测方法 [J]. 浙江农业学报, 2020, 32 (07): 1302-1310.

[159] 王延仓, 张萧誉, 金永涛, 等. 基于连续小波变换定量反演冬小麦叶片含水量研究 [J]. 麦类作物学报, 2020, 40 (04): 503-509.

[160] 李红, 张凯, 陈超, 等. 基于高光谱成像技术的生菜冠层含水率检测 [J]. 农业机械学报, 2021, 52 (02): 211-217, 274.

[161] 陈秀青, 杨琦, 韩景晔, 等. 基于叶冠尺度高光谱的冬小麦叶片含水量估算 [J]. 光谱学与光谱分析, 2020, 40 (03): 891-897.

[162] 李天胜, 崔静, 王海江, 等. 基于高光谱特征波长的冬小麦水分含量估测模型 [J]. 新疆农业科学, 2019, 56 (10): 1772-1782.

[163] 陈月庆, 武黎黎, 章光新, 等. 干涉合成孔径雷达监测湿地水位研究综述 [J]. 应用生态学报, 2020, 31 (08): 2841-2848.

[164] 彭焕华, 张静, 梁继, 等. 东洞庭湖水面面积变化监测及其与水位的关系 [J]. 长江流域资源与环境, 2020, 29 (12): 2770-2780.

[165] 廖静娟, 薛辉, 陈嘉明. 卫星测高数据监测青藏高原湖泊 2010—2018 年水位变化 [J]. 遥感学报, 2020, 24 (12): 1534-1547.

[166] 张建涛, 刘传立. 基于激光测高数据的丹江口水库水位变化监测 [J]. 测绘科学, 2021, 46 (02): 20-24, 84.

[167] 常翔宇, 蔡宇, 夏文韬, 等. Cryosat-2 测高数据的太湖水位监测与变化分析 [J]. 测绘科学, 2020, 45 (10): 85-91.

[168] 何飞, 刘兆飞, 姚治君. Jason-2 测高卫星对湖泊水位的监测精度评价 [J]. 地球信息科学学报, 2020, 22 (03): 494-504.

[169] 吕铮, 冯威, 黄丁发. GNSS SNR 信号反演大坝水位变化 [J]. 大地测量与地球动力学, 2020, 40 (02): 146-151.

[170] 孙凌宇, 刘策, 朱丽莉. 基于 GO 法和 Markov 模型的水位监测系统可靠性分析 [J]. 机械设计, 2019, 36 (S2): 165-170.

[171] 黎鹏, 李辉. 基于多源卫星测高数据的洞庭湖流域 2003—2017 年湖泊水位变化监测 [J]. 地球科学, 2020, 45 (06): 1956-1966.

[172] 宋逢泉, 胡功达, 江海燕, 等. 基于 GPRS 的水位预警监测器设计研究 [J]. 合肥工业大学学报 (自然科学版), 2020, 43 (09): 1208-1212.

[173] 闫茂印, 徐乐年, 郇志浩. 基于窄带物联网的钻孔水位智能监测系统 [J]. 煤矿安全, 2020, 51 (03): 115-118.

[174] 庞铄, 罗政纯, 王忠民, 等. 用于海洋水位监测的干涉式光纤水位传感系统 [J]. 光子学报, 2019, 48 (09): 73-80.

[175] 周衡，仲思东. 基于视频图像的水位监测方法研究 [J]. 半导体光电，2019，40（03）：390 - 394，400.

[176] 谭磊，江晓益，向孟. 基于电成像技术的水位动态监测方法试验研究 [J]. 水力发电，2019，45（08）：111 - 116.

[177] 吴鹏，杨江，王敏. 远程分布式地下水位监测系统 [J]. 长江科学院院报，2019，36（09）：161 - 166.

[178] 吴勇，钟永红，杜森，等. FDR 土壤水分传感器田间性能测试分析 [J]. 节水灌溉，2021（02）：41 - 46.

[179] 王丰华，胡春杰，牛智星，等. 基于 NB - IoT 的土壤墒情实时监测系统 [J]. 节水灌溉，2020（01）：53 - 55，60.

[180] 杨卫中，王雅淳，姚瑶，等. 基于窄带物联网的土壤墒情监测系统 [J]. 农业机械学报，2019，50（S1）：243 - 247.

[181] 胡优，李敏，任姮烨，等. 基于加热光纤分布式温度传感器的土壤含水率测定方法 [J]. 农业工程学报，2019，35（10）：42 - 49.

[182] 张武，张嫚嫚，洪汛，等. 基于近邻传播算法的茶园土壤墒情传感器布局优化 [J]. 农业工程学报，2019，35（06）：107 - 113.

[183] 李邦训，陈崇成，黄正睿，等. 基于北斗与 ZigBee 的生态环境参数实时采集系统 [J]. 福州大学学报（自然科学版），2019，47（04）：460 - 466.

[184] 员玉良，白壮壮，吴聪康. 便携式土壤墒情采集器设计 [J]. 节水灌溉，2019（01）：84 - 86，91.

[185] 李泳霖，王仰仁，武朝宝，等. 水分传感器埋设深度及个数对墒情精度的影响 [J]. 节水灌溉，2019（01）：87 - 91.

[186] 李旭，花元涛，吕喜风，等. 南疆冬小麦精确灌溉决策系统的研究 [J]. 节水灌溉，2019（11）：96 - 99.

[187] 刘斌，谢煜，孙艺哲，等. 基于 Smith 预估模糊控制的温室灌溉决策系统设计 [J]. 中国农机化学报，2019，40（08）：149 - 153.

[188] 龚瑞昆，田野，石馨诚. 基于物联网（IOT）的规划预测算法在农业灌溉中的应用 [J]. 节水灌溉，2019（11）：62 - 65，70.

[189] 杨伟志，孙道宗，刘建梅，等. 基于物联网和人工智能的柑橘灌溉专家系统 [J]. 节水灌溉，2019（09）：116 - 120，124.

[190] 谭燕，秦风元. 基于 Raspberry Pi 的室内智能灌溉系统设计与研究 [J]. 节水灌溉，2019（07）：105 - 108，113.

[191] 王琨琦，赵倩，贾冬冬，等. 基于 PLC 控制的单通道水肥灌溉系统构建与决策方法 [J]. 北方园艺，2019（11）：158 - 164.

[192] 文武. 基于物联网技术的农业智能灌溉系统应用 [J]. 农机化研究，2020，42（02）：199 - 204.

[193] 肖金球，周翔，潘杨，等. GA - BP 优化 TS 模糊神经网络水质监测与评价系统预测模型的应用——以太湖为例 [J]. 西南大学学报（自然科学版），2019，41（12）：110 - 119.

[194] 虞未江，贾超，狄胜同，等. 基于综合权重和改进物元可拓评价模型的地下水水质评价 [J]. 吉林大学学报（地球科学版），2019，49（02）：539 - 547.

[195] 万生新，王悦泰. 基于 DPSIR 模型的沂河流域水生态安全评价方法 [J]. 山东农业大学学报（自然科学版），2019，50（03）：502 - 508.

[196] 董哲仁，赵进勇，张晶. 3 流 4D 连通性生态模型 [J]. 水利水电技术，2019，50（06）：134 - 141.

[197] 季晓翠，王建群，傅杰民. 基于云模型的滨海小流域水生态文明评价 [J]. 水资源保护，2019，

35（02）：74 - 79.

[198]　刘晓冉，康俊，王颖，等. 基于 GIS 和 FloodArea 水动力模型的重庆市山洪灾害风险区划 [J]. 水土保持通报，2019，39（02）：206 - 211，2，325.

[199]　张乾柱，王彤彤，卢阳，等. 基于 AHP - GIS 的重庆市山洪灾害风险区划研究 [J]. 长江流域资源与环境，2019，28（01）：91 - 102.

[200]　彭亮，马云飞，卫仁娟，等. 基于 GIS 栅格数据的叶尔羌河灌区洪水风险动态模拟与识别 [J]. 灌溉排水学报，2020，39（06）：124 - 131.

[201]　徐辉，曹勇，曾子悦. 基于 FFPI 的山洪灾害风险预警方法 [J]. 灾害学，2020，35（03）：90 - 95.

[202]　原文林，付磊，高倩雨. 基于 HEC - HMS 模型的山洪灾害临界雨量研究 [J]. 人民黄河，2019，41（08）：22 - 27，31.

[203]　王燕云，原文林，龙爱华，等. 基于 SVR 的无实测资料小流域山洪灾害临界雨量预估模型及应用——以河南新县为例 [J]. 水文，2020，40（02）：42 - 47.

[204]　张珊珊，王江婷，徐征和. 基于 HEC - HMS 的小流域山洪雨量预警 [J]. 中国农村水利水电，2019（07）：40 - 44，52.

[205]　原文林，宋汉振，刘美琪. 基于随机雨型的山洪灾害预警模式 [J]. 水科学进展，2019，30（04）：515 - 527.

[206]　郑恒，桑国庆，刘友春. 基于 DPSIR 模型的沿河村落山洪灾害风险评价 [J]. 人民黄河，2020，42（07）：35 - 39.

[207]　徐州，林孝松. 基于 SPR 与 DEMATEL 模型的村域山洪灾害危险评价 [J]. 水利水电技术，2020，51（03）：124 - 130.

[208]　周超，方秀琴，吴小君，等. 基于三种机器学习算法的山洪灾害风险评价 [J]. 地球信息科学学报，2019，21（11）：1679 - 1688.

[209]　朱恒槺，李虎星，袁灿. 基于区域灾害系统和 ArcGIS 的山洪灾害风险评价 [J]. 人民黄河，2019，41（06）：21 - 25.

[210]　原文林，付磊，高倩雨. 基于极端降水概率分布的山洪灾害预警指标估算模型研究 [J]. 水利水电技术，2019，50（03）：17 - 24.

[211]　曾忠平，王江炜，邹尚君. 基于 GIS 和逻辑回归分析的山地城市洪涝灾害敏感性评估——以江西省吉安市为例 [J]. 长江流域资源与环境，2020，29（09）：2090 - 2100.

[212]　崔洋，常倬林，左河疆，等. 贺兰山银川段不同重现期山洪灾害风险与影响区划研究 [J]. 干旱区地理，2020，43（04）：859 - 870.

[213]　夏军，王惠筠，甘瑶瑶，等. 中国暴雨洪涝预报方法的研究进展 [J]. 暴雨灾害，2019，38（05）：416 - 421.

[214]　刘章君，郭生练，许新发，等. 贝叶斯概率水文预报研究进展与展望 [J]. 水利学报，2019，50（12）：1467 - 1478.

[215]　黄一昕，王钦钊，梁忠民，等. 洪水预报实时校正技术研究进展 [J]. 南水北调与水利科技（中英文），2021，19（01）：12 - 35.

[216]　刘志雨. 洪水预测预报关键技术研究与实践 [J]. 中国水利，2020（17）：7 - 10.

[217]　梁忠民，黄一昕，胡义明，等. 全过程联合校正的洪水预报修正方法 [J]. 南水北调与水利科技，2020，18（01）：1 - 10，17.

[218]　张浪，李俊，黄晓荣，等. HEC - HMS 模型在四川省清溪河流域山洪预报中的应用 [J]. 中国农村水利水电，2020（01）：130 - 135.

[219]　沈婕，梁忠民，胡义明，等. Copula - MCP 洪水概率预报方法研究与应用 [J]. 中国农村水利水电，2020（01）：125 - 129.

[220] 万新宇,华丽娟,孙淼焱,等. 基于 Elman 网络和实时递归学习的洪水预报研究 [J]. 水力发电,2019,45 (04):12-16.

[221] 严昌盛,朱德华,马燮铫,等. 基于雷达短时临近降雨预报的王家坝洪水预报研究 [J]. 水利水电技术,2020,51 (09):13-23.

[222] 吴鑫俊,赵晓东,丁茜,等. 基于数据驱动的 CNN 洪水演进预测方法 [J]. 水力发电学报,2021,40 (05):79-86.

[223] 郭磊,舒全英,刘攀,等. 鳌江流域洪水风险动态预警预报研究 [J]. 中国农村水利水电,2019 (06):35-38,43.

[224] 顾炉华,赖锡军. 基于 EnKF 算法的大型河网水量数据同化研究 [J]. 水力发电学报,2021,40 (03):64-75.

[225] 杜开连,王建群,葛忆,等. 秦淮河流域东山站洪水位预报模型研究 [J]. 水利信息化,2020 (03):25-28.

[226] 金保明,王伟,杜伦阅,等. 基于 LMBP 算法的崇阳溪流域降雨径流预报模型研究 [J]. 福州大学学报(自然科学版),2019,47 (06):842-847.

[227] 张娟,钟平安,徐斌,等. 洪水预报自回归实时校正多步外延方法研究 [J]. 水文,2019,39 (06):41-45,6.

[228] 闵心怡,杨传国,李莹,等. 基于改进的湿润地区站点与卫星降雨数据融合的洪水预报精度分析 [J]. 水电能源科学,2020,38 (04):1-5.

[229] 林子珩,石朋,钟平安,等. 基于改进灰关联分析的相似洪水动态识别与预报方法 [J]. 水电能源科学,2020,38 (01):48-51.

[230] 姚超宇,钟平安,徐斌,等. 基于 GBDT 的实时洪水预报误差校正方法 [J]. 水电能源科学,2019,37 (08):38-42.

[231] 肖瑜,刘茵,苏岩,等. 基于 D-S 证据理论的子午河流域洪水预报模型优选 [J]. 人民黄河,2020,42 (12):45-50.

[232] 梁汝豪,林凯荣,林友勤,等. 基于 TOPMODEL 的中小河流分布式洪水预报模型及其应用 [J]. 水利水电技术,2019,50 (09):62-68.

[233] 刘家琳,梁忠民,李彬权,等. 基于多模型组合的淮河王家坝断面洪水预报 [J]. 水电能源科学,2019,37 (08):34-37.

[234] 王婕,宋晓猛,张建云,等. 中小尺度流域洪水模型模拟比较研究 [J]. 中国农村水利水电,2019 (07):72-76.

[235] 刘慧媛,夏军,邹磊,等. 基于时变增益水文模型的实时预报研究 [J]. 中国农村水利水电,2019 (06):16-22.

[236] 冯娇娇,何斌,王国利,等. 基于 GLUE 方法的新安江模型参数不确定性研究 [J]. 水电能源科学,2019,37 (01):26-28,175.

[237] 李娟芳,王文川,车沛沛,等. HEC-HMS 模型和 TOPMODEL 模型在东庄流域山洪预报的应用研究 [J]. 水电能源科学,2019,37 (03):50-53,8.

[238] 刘恒. 基于神经网络与遗传算法的洪水分类预报研究 [J]. 水利水电技术,2020,51 (08):31-38.

[239] 吴博,梁团豪,林岚,等. 地表覆盖条件对北漳店流域洪水形成的影响 [J]. 中国农村水利水电,2020 (08):139-145.

[240] 刘卫林,刘丽娜,梁艳红,等. 基于 MIKE FLOOD 的中小河流溃堤洪水风险分析 [J]. 水利水电技术,2020,51 (01):88-99.

[241] 史利杰,陈真,张国栋. HEC-HMS 模型在黄河中游大理河流域适用性研究 [J]. 人民黄河,2020,42 (08):21-24.

[242]　金建文，李国元，孙伟，等. 卫星遥感水资源调查监测应用现状及展望 [J]. 测绘通报，2020 (05)：7-10.

[243]　陈登帅，李晶，张渝萌，等. 延河流域水供给服务供需平衡与服务流研究 [J]. 生态学报，2020，40 (01)：112-122.

[244]　袁汝华，王霄汉. 基于 Pythagoras-TOPSIS 法的长三角水资源承载力综合评价分析 [J]. 科技管理研究，2020，40 (15)：71-79.

[245]　张有贤，李二强，罗东霞，等. 基于 AHP-熵权法的兰州市水环境安全模糊综合评价 [J]. 安全与环境学报，2020，20 (02)：709-718.

[246]　万炳彤，赵建昌，鲍学英，等. 基于 SVR 的长江经济带水环境承载力评价 [J]. 中国环境科学，2020，40 (02)：896-905.

[247]　邓红卫，王鹏. 基于地理信息系统的区域水环境承载力评价 [J]. 长江科学院院报，2020，37 (08)：22-28.

[248]　查木哈，吴琴，马成功，等. 基于 DPSIR 模型评价内蒙古水环境承载力 [J]. 内蒙古农业大学学报 (自然科学版)，2020，41 (06)：65-73.

[249]　夏热帕提·阿不来提，刘高焕，刘庆生，等. 基于遥感与 GIS 技术的黄河宁蒙河段洪泛湿地生态环境脆弱性定量评价 [J]. 遥感技术与应用，2019，34 (04)：874-885.

[250]　张颖. 基于 GIS 的大凌河流域水资源脆弱性评价 [J]. 水资源开发与管理，2019 (06)：50-54.

[251]　卞海彬. 基于物元分析与 GIS 的沧州市水资源空间分布与脆弱性评价 [J]. 水利科技与经济，2019，25 (01)：73-77.

[252]　项颂，庞燕，侯泽英，等. 基于熵值法的云南高原浅水湖泊水生态健康评价 [J]. 环境科学研究，2020，33 (10)：2272-2282.

[253]　熊梅君，李秋华，陈倩，等. 基于 GIS 应用 P-IBI 评价贵州高原百花水库水生态系统健康 [J]. 生态学杂志，2019，38 (10)：3093-3101.

[254]　司源，董飞，廉秋月，等. 基于多源监测与数据融合的水质动态评价方法 [J]. 人民黄河，2021，43 (02)：88-94.

[255]　陆帅帅，郑秀清，李旭强，等. 晋祠泉域岩溶水生态系统健康评价 [J]. 中国岩溶，2020，39 (01)：34-41.

[256]　袁君梦，吴凡. 基于 GIS 的秦淮河流域水生态安全格局探讨 [J]. 浙江农业科学，2019，60 (12)：2291-2294，2356.

[257]　程海云. 洪水预报系统及其在工程调度中的作用 [J]. 中国水利，2020 (17)：11-13.

[258]　宫留留，范青松，杨坤. 超标准洪水演变全过程的时空态势图谱系统设计 [J]. 人民长江，2020，51 (S2)：380-384.

[259]　侯爱中，胡宏昌，胡智丹，等. 基于开源 GIS 的分布式全要素水文预报系统 [J]. 中国水利，2020 (11)：43-46.

[260]　胡春歧，赵才. 陆气耦合洪水预报技术应用研究 [J]. 水力发电，2019，45 (09)：48-51，79.

[261]　陈瑜彬，邹冰玉，牛文静，等. 流域防洪预报调度一体化系统若干关键技术研究 [J]. 人民长江，2019，50 (07)：223-227.

[262]　寇嘉玮，董增川，罗赟，等. 基于 WebGIS 的洪泽湖地区动态洪涝管理信息系统 [J]. 长江科学院院报，2019，36 (01)：145-150.

[263]　李肖杨，陈亚宁，刘璐，等. 博斯腾湖流域水资源管理决策支持系统设计与实现 [J]. 水资源保护，2020，36 (06)：53-59.

[264]　李伟，万毅，林锦，等. 国家水资源管理系统地下水监测和管理信息展示初步设想 [J]. 中国水利，2019 (01)：62-64.

[265] 张建云，刘九夫，金君良. 关于智慧水利的认识与思考 [J]. 水利水运工程学报，2019 (06)：1-7.

[266] 蒋云钟，冶运涛，赵红莉. 智慧水利大数据内涵特征、基础架构和标准体系研究 [J]. 水利信息化，2019 (04)：6-19.

[267] 詹全忠，张潮. 智慧水利总体方案之网络安全 [J]. 水利信息化，2019 (04)：20-24，29.

[268] 张建新，蔡阳. 水利感知网顶层设计与思考 [J]. 水利信息化，2019 (04)：1-5，19.

[269] 杜壮壮，高勇，万建忠，等. 基于数字孪生技术的河道工程智能管理方法 [J]. 中国水利，2020 (12)：60-62.

[270] 张社荣，姜佩奇，吴正桥. 水电工程设计施工一体化精益建造技术研究进展——数字孪生应用模式探索 [J]. 水力发电学报，2021，40 (01)：1-12.

[271] 许正中，李连云，刘蔚. 构建水资源数联网 创新国家水治理体系 [J]. 行政管理改革，2020 (09)：68-77.

[272] 刘仪影，潘晓泉，冯绍诚. 水利水电工程移民征迁安置工作数字化研究 [J]. 水力发电，2020，46 (07)：85-88.

[273] 饶小康，马瑞，张力，等. 基于人工智能的堤防工程大数据安全管理平台及其实现 [J]. 长江科学院院报，2019，36 (10)：104-110.

[274] 马瑞，董玲燕，义崇政. 基于物联网与三维可视化技术的大坝安全管理平台及其实现 [J]. 长江科学院院报，2019，36 (10)：111-116.

[275] 汪洋，谈政，陈慧敏，等. 大型引调水工程三维演示系统开发 [J]. 中国水利，2020 (14)：69.

[276] 杨建峰，陈云，王铁力，等. BIM 技术在水利工程运维管理中的应用——以通吕运河水利枢纽工程为例 [J]. 水利水电技术，2020，51 (S1)：185-190.

[277] 王禹杰，黄世秀，王伟，等. "互联网＋"智慧河长信息平台构建——以安徽省肥西县为例 [J]. 中国水利，2019 (08)：27-29.

第 11 章 水教育研究进展报告

11.1 概述

11.1.1 背景与意义

（1）水利在我国有着悠久的历史，水利教育亦是如此。在我国古代，许多圣贤先哲经常以水喻教，希望给求教的学生以启示。《管子》中就有"除五害之说，以水为始。请为置水官，令习水者为吏"的记载，建议由学习过水利工程的专业技术人员任水官。这显示出早在战国时期水利教育已初见端倪。北宋中期，"苏湖教法"的创始人胡瑗在学校中设"经义""治事"两斋，前者学习研究经学基本理论，后者则以学习农田、水利、军事、天文、历算等实学知识为主。他强调"治事则一人各治一事，又兼摄一事。如治民以安其生，讲武以御其寇，堰水以利田，算历以明数"。也就是把治事分为治民、讲武、堰水（水利）和历算等科，这不仅开创了我国分科教学之先河，也开创了水利教育的先河，对后世产生了深远影响。清初思想家、教育家颜元主持的漳南书院的"艺能斋"传授兵农、钱谷、水火、工虞之事。其实用教学内容包括经史、天文、地理、水学、火学、工学、农学等。沈百先评论这一点认为，"其水学一科，乃水利教育之创始"。正是这种长时期丰厚的历史积淀，为我国水利高等教育的萌芽与产生奠定了坚实的基础。

（2）中国有组织地实施水利教育始于 20 世纪初。1904 年，清政府颁布的《奏定大学堂章程》中规定，大学堂内设农科、工科等分科大学。工科大学设 9 个工学门，各工学门设有主课水力学、水力机、水利工学、河海工、测量、施工法等。1915 年，张謇在南京创建了河海工程专门学校，这是中国第一所专门培养水利工程技术人才的学校，也开创了水利高等教育先河。截至 1949 年，全国有 22 所高等学校设立水利系（组）。

（3）中华人民共和国成立后，特别是改革开放以后，我国迎来水利事业的春天，但水利工程人才的匮乏成为制约我国水利事业发展的主要障碍，在这样的形势下，国家大力发展水利高等教育事业，不断提升办学层次，高等水利院校如雨后春笋般的涌现，为我国水利教育事业与水利事业注入了强大动力。

（4）2011 年中央一号文件《中共中央 国务院关于加快水利改革发展的决定》，这是中华人民共和国成立后第一个关于部署水利全面工作的中央文件。强调水是生命之源、生产之要、生态之基，加快水利改革发展，不仅事关农业农村发展，而且事关经济社会发展全局。不仅关系到防洪安全、供水安全、粮食安全，而且关系到经济安全、生态安全、国家安全。从这个角度说，治水重要，治教同样重要，治水需要人才，更需要水利教育。

（5）2011 年 7 月 8—9 日，中央水利工作会议在北京举行，这是新中国成立以来首次以中共中央名义召开的水利工作会议，对事关经济社会发展全局的重大水利问题进行了全面部署，会议要求科学治水、依法管水，必须建设一支高素质人才队伍，突出加强基层水利人才队伍建设，加大急需紧缺专业技术人才培养力度。这给水利类高校人才培养提出了明确的要求，也为水利类高校发展提供了一个千载难逢的战略契机。

（6）2016 年 12 月，经国务院同意，国家发展和改革委员会、水利部、住房和城乡建设部联合印发了《水利改革发展"十三五"规划》，顺利实施和完成这份规划，离不开水利教育和水利人才的培养。

（7）在新的时代，习近平总书记提出"节水优先、空间均衡、系统治理、两手发力"的治水思路，要求我们必须全面加强水资源节约、水环境保护和水生态修复，打造水清岸绿、河畅湖美的美丽家园，赋予了新时代水利工作新内涵新思路，也为水利高层次人才干事创业提供了广阔的平台。新时代治水思路的转变、治水主要矛盾的转变、新老水问题的交织，对水利人才提出了全新的要求，也必将有力地推动新时代中国特色水利教育的改革发展。

（8）2019 年 9 月 18 日，习近平总书记在郑州主持召开黄河流域生态保护和高质量发展座谈会并发表重要讲话，把黄河流域生态保护和高质量发展提到重大国家战略高度，强调治理黄河，重在保护，要在治理，要坚持山水林田湖草综合治理、系统治理、源头治理，统筹推进各项工作，加强协同配合，推动黄河流域高质量发展。这是新时代水利高等教育发展的重大机遇。

（9）中国水利改革发展从水灾害防御开始，走到了解决水环境、水生态问题阶段。当前水利最突出的问题是过度开发水资源造成大量的水环境水生态问题，这是当今治水的主要矛盾，要围绕我国治水主要矛盾和水利工作重点，当前和今后一个时期，根据"水利工程补短板，水利行业强监管"的新时期治水理念，水利高等教育需要有针对性地培养专业技术人才。

（10）关于水教育的研究，无论是水利高等教育、水利职业教育、水利继续教育，近两年研究者更加寥寥，研究团队匮乏的问题依然存在，有深度的研究者依然欠缺，而且研究方法简单，高质量研究成果有限，关于水教育研究方面的文章，大都限于经验之谈，浅尝辄止，很少能够上升到理论高度。可以说，高质量水利人才需要高质量水利教育，高质量水利教育亟须高质量水利教育理论指导，只有高质量的水利教育研究成果，才能有力地促进水利教育高质量的发展。

11.1.2　标志性成果或事件

（1）2019 年，为了着力推进国家扶贫攻坚决策部署，持续推动和加强贫困地区水利人才队伍建设，中共水利部颁布《关于印发贫困地区水利人才队伍建设帮扶方案（2019—2020）的通知》，中国水利教育协会发布《关于开展贫困地区水利人才队伍学历提升的通知》，积极组织水利院校面向贫困地区水利职工加大学历提升力度，力争把国家精准扶贫战略真正落到实处，取得了真真切切的效果。

（2）2019 年 5 月 10 日，水利部党组印发《新时代水利人才发展创新行动方案（2019—2021 年）》，明确提出要以习近平新时代中国特色社会主义思想为指导，深入贯彻新时代党的组织路线和"节水优先、空间均衡、系统治理、两手发力"治水思路，瞄准国家发展战略和"补短板、强监管"对水利人才的需求，加快建设一支高素质专业化水利人才队伍。创新行动分 3 个实施阶段：2019 年为试点启动阶段，加强顶层设计，开展有关课题研究，启动高层次水利人才库建设和梯队人才选拔工作，开展人才创新团队和培养基地试点。2020 年为全面实施阶段，完善组织领导、制度办法和运行机制，全面部署实施创新行动。2021 年为深化完善阶段，健全完善相关制度，开展终期评估，规划后续工作，持续推动水利人才队伍创新发展。通过实施创新行动，建成部级统一的人才管理和交流服务平台，建成 20 个高水平人才创新团队，重点培养 50 名水利领军人才和 200 名青年拔尖人才，建成 30 个水利人才培养基地，重点培养 200 名高技能人才，为国家发展战略和水利改革发展提供人才支撑和保障。

（3）2019 年 6 月 29 日，由中国水利教育协会主办、长江水利委员会、长江科学院承办的第二届水利人才与教育论坛在湖北武汉举办。本次论坛主论坛以"水利创新领军和青年拔尖人才培养"为主题，对水利部党组印发的《新时代水利人才创新行动方案（2019—2021）》进行了全面解读，深入分析了水利行业新时代水利人才发展的总体思路、发展目标、主要任务和实施步骤。分论坛分别以"水利前沿科学与人才""凝聚共识，助推水利人才创新发展"为主题，邀请了中国工程院、中国科学院等有关院士专家学者做专题报告。中国水利水电科学研究院、华北水利水电大学等水利科研院所、企事业单位和院校负责人及师生代表共计 500 余人参加活动。

（4）2019 年 7 月 14—16 日，由中国水利教育协会、教育部高等学校水利类专业教学指导委员会主办，昆明理工大学承办的第六届全国大学生水利创新设计大赛在昆明顺利举办。来自全国 90 所高校的 237 件作品参赛，参赛人数达 1100 余人。本届大赛主题为"智慧水利"，水利高校大学生围绕主题进行实物作品的创新设计与制作。大赛通过实物模型展示、分组答辩、复赛答辩 3 个环节，检验参赛者的创新能力与协作精神。

（5）2019 年 9 月 27 日，由全国水利职业教育教学指导委员会、中国水利教育协会、中国水利工程协会主办，中国水利职业教育集团承办的第二届全国水利职业教育与产业对话活动在广州隆重举办，来自水利部、教育部、地方政府及有关部门、行业企业、职业院校、媒体界等 100 多家单位的 200 多名代表及专家参加了本次对话活动。对话活动以"现代水利与人才培养——智慧·融合·创新"为主题，旨在进一步贯彻落实有关文件精神，深入分析新时代水利职业教育面临的新情况、新问题、新形势，进一步推进水利职业教育产教融合，共同研讨人才培养创新发展大计。

（6）2019 年 10 月 17—19 日，第十三届全国水利职业院校"巴渝杯"技能大赛在重庆水利电力职业技术学院举办。大赛分为高职组和中职组，共设置河道修防技术、水文勘测技术、工程测量等 7 个赛项，来自全国 44 所职业院校的 900 余名师生参加了比赛。

（7）2019 年 11 月 23 日，由水利部人事司指导、中国水利教育协会主办，浙江同济科技职业学院承办的水利德育教育论坛在杭州举行。本次论坛以德育教育为主题，以培养高素质水利人才为主线，深入学习贯彻习近平总书记关于教育、思政、治水系列重要讲话精神，通过专题报告和交流发言，明确了水利院校的初心使命和铸魂育人的目标任务，对于加强水利德育教育具有重要的意义。

（8）2019 年 12 月 21 日，服务"一带一路"与国际化水利人才培养论坛在黄河水利职业技术学院举办，旨在共商新时代国际化水利人才培养大计，共议服务"一带一路"水利人才队伍建设，共享国际化水利人才培养取得的成果和经验。会议强调水利是"一带一路"合作的重点基础设施领域，是服务民生、推动构建人类命运共同体的重要支撑，倡议要以全球化理念共商人才培养大计，与沿线各国在发展战略、建设愿景、总体规划等方面进行有效对接，以全球性的眼光审视人才培养的标准、内容、层次、机制，推动人才培养顶层设计和体系性变革；以务实的态度共建合作平台，国内外有关单位、企业可积极参与服务"一带一路"人才培养基地建设，整合优势资源，促进和拓展国内外交流合作；以共赢的机制共享合作成果，鼓励通过项目协作、柔性引才等方式，大力发展终身教育，与沿线国家地区广泛建立校际合作关系，开展机制化、广领域、多层次交流。

（9）2020 年 11 月 12—14 日，第十四届全国水利职业院校"长江杯"技能大赛在长江工程职业技术学院举办，旨在提升水利职业院校学生实操能力，加强水利行业后备技能人才培养，促进水利职业教育教学改革，推动水利职业院校服务水利改革发展。共设河道修防技术、工程测量、水利工程成图技术、水利工程造价 4 个竞赛项目，来自全国 28 所水利职业院校的 600 多名师生参加了比赛。

（10）2020 年 11 月 27 日，全国水利院校第一届水文化育人研讨会在重庆召开。会议旨在推进水文化育人研究和校园文化建设，更好地服务于人才培养和水利事业发展。会议强调水利院校既是水利事业实践的重要智力支持、技术支撑和后备力量，又是传承弘扬水文化的重要阵地，应把服务和推动水利事业高质量发展作为出发点和落脚点，充分发挥水文化促进治水实践的反哺作用，坚定不移地在水利院校广泛开展水文化教育，注重水文化建设基础研究和成果的推广运用，凝聚治水兴水合力，促进形成人水和谐。

（11）2020 年 12 月 8 日，为落实党中央、国务院关于教材建设的决策部署和《国家职业教育改革实施方案》有关要求，教育部组织评审并公布了"十三五"职业教育国家规划教材书目，共 39 种水利专业教材入选国家"十三五"职业教育规划教材，其中水利类高职教材 38 种、水利类中职教材 1 种。

（12）2021 年 1 月 7—8 日，2020 年 4 月开始启动的 2018—2019 年度全国水利职工教育理论研究成果评审会在武汉召开，成果涉及的主题能够密切联系工作实际，尤其是涉及创新人才培养和创新队伍建设方面，有了新典型、新经验，反映了"十三五"期间水利职工教育、人才培养、人力资源管理等方面的新面貌。

11.1.3　本章主要内容介绍

本章是有关水教育研究进展的专题报告，主要内容包括以下几部分。

（1）对水教育研究的背景及意义、有关水教育 2019—2020 年标志性成果或事件、本章主要内容以及有关说明进行简单概述。

（2）本章从 11.2 节开始按照水教育内容进行归纳编排，主要内容包括：水利高等教育研究进展、水利职业教育研究进展、水利继续教育研究进展、水情教育研究进展。

11.2　水利高等教育研究进展

1915 年，河海工程专门学校的建立，标志着水利高等教育的正式创建。100 年来，我国水利高等教育从无到有、从小到大、从弱到强，走过一条不寻常的发展道路。经历了漫长的孕育过程，也历经了曲折和动荡。改革开放后，我国水利高等教育实现了跨越式发展，不断走向繁荣。但水利高等教育研究仍然比较薄弱，当前有限的水利高等教育研究，主要集中在水利高等教育发展史、水利高等教育理论、水利高等教育教学等几个方面。

11.2.1　在水利高等教育发展史研究方面

水利高等教育史是一门教育学、水利史的交叉学科，老一代除了姚汉源、田园等中国水利史研究者曾经卓有建树并招收了中国第一批水利史研究生外，近来已鲜有人研究。近两年研究成果寥寥，急需进一步推进相关研究，提升研究质量，真正实现以史为鉴。

（1）侯玉婷等[1]　认为，水利事业的建制化是中国传统水利事业走向现代化的重要环节，是从晚清到民国不断探索、改革的过程，水利人才培养是五个主要体现之一，主要表现在从清末的河工研究所、水利函授教育到高校的水利科系，为水利现代化培养了大量高素质专门化人才。

（2）程得中[2]　认为，抗战全面爆发后，高校纷纷内迁西南、西北大后方继续办学，国民政府制定"战时要当平时看"的教育方针，坚持发展普通高等教育。为促进大后方农业生产，以保障抗战对粮食及其他农产品的需要，国民政府大力发展水利事业，对勘测设计、水利工程等水利专业人才的需求大为增加。水利专业的开设相较战前比例大增，很多学校设立独立的水利系。大后方水利高等教育保持了较高的人才培养质量，成功经验是注重与国际接轨，同时探索适应本土的教育模式，在人才培养目标制定、招生、课程教材编定、师资建设、学业考核与实习等方面都有鲜明的特色，可为当下的水利高等教育提供有益借鉴。

（3）张宪明等[3]　认为，水利工匠精神是水利人在长期治水实践中逐步形成的集体人格，是水利人职业道德的集中体现。该文在界定什么是水利工匠精神的基础上，追溯了现代水利工匠精神的发展历程，探析了水利工匠精神缺失的原因，并从将现代水利精神融入创新课程体系、校园生活环境、实训基地建设、教师队伍建设和第二课堂活动，在职业教育实践中培养学生的水利工匠精神。

（4）熊晓芬[4]　认为，作为一代水利大师，李仪祉对于中国水利事业的贡献是具有开创性的，一位水利教育先驱，他与中国现代水利教育的情缘，也与西北的黄土地有着莫大关系。创办水利道路工程专门学校，后来并入重建后的西北大学，成为西北大学工科，也是整个西北地区最早的工科；创办陕西水利专科预备班，后被并入西北农林专科学校。

11.2.2　在水利高等教育理论研究方面

高等教育理论研究是高等教育科学研究的一个重要范畴，与高等教育实践关系的问题是高等教育理论研究中一个基本问题，也是一个至今仍然没有得到很好解决的问题。当前的水利高等教育研究也是这样，需要建立高质量研究团队，不断拓宽研究范围，进一步拓展研究内容，深入研究水利教育理论问题和实践问题，推动研究方法走向科学化。

（1）王清义[5]　认为，在办学过程中，如何贯彻习近平总书记"十六字"治水思路，落实水利工作总基调，肩负起水利人才培养、水利科技创新、水利精神文化传承、水利社会服务、国际交流与合作等工作，培养符合时代需要的水利人才，水利高等教育应该更新观念做好水利人才培养工作、开拓创新做好新时代水利科技工作、打造品牌做好水利服务工作、依托平台讲好中国水故事、拓展渠道深化水利国际合作。

（2）沈先陈[6]　认为，水文化是中华传统文化的重要组成部分，传统水文化孕育的持之以恒的实干精神、珍惜时光怜惜光阴的奋进精神、宵衣旰食的奉献精神等，对高校学生的品德修养具有重要的教育意义，进而从水文化建设角度强调要链接高校的课程教学、营造校园水文化氛围、加强高校之间水文化的交流。

（3）穆志刚[7]　在概述我国水文化教育意义和内容的基础上，剖析了我国水文化教育的主要途径，如课堂教学、课外活动或社会实践、校园环境、地方特色或媒体网络等。明确指出我国水文化教育取得的成绩，如意义逐渐深刻、内容逐渐丰富、途径逐渐增加、团队逐渐扩大、成果逐渐涌现等，提出了促进我国水文化教育进一步发展的建议，如提高水文化教育。

（4）王清义[8]　认为，"忠诚、干净、担当，科学、求实、创新"这12个字既是对中华民族五千年治水精神的传承，也是新时代水利实践创新的需要。华北水利水电大学作为一所以水利水电为特色的高校，要努力践行新时代水利精神，以"忠诚、干净、担当，科学、求实、创新"打造一流师资队伍、建设一流干部队伍、创造一流办学业绩、培育一流学科、培养一流水利人才、产出一流科研成果，加快建设特色鲜明的高水平水利水电大学的步伐，更好服务新时代水利事业发展需要。

（5）刘文锴[9]　结合水利高等教育办学实际，强调办好新时代行业特色高水平本科教育须从课程着手，把握好教育者、课程内容、学习者三个维度，坚持融合创新，坚持改革优化，聚力打造一批特色鲜明的、高水平的"金课"，为加强一流本科教育、培养一流本科人才强好本固好基，为新时代行业和区域经济社会发展提供高质量的人才和智力支持。

（6）王毅等[10]　认为，水利工程研究生实践教育作为专业型研究生培养的重要环节，在研究生培养过程中意义重大。该文以研究生实践教育为出发点，以沈阳农业大学为例重点阐述了研究生实践教育基地的现状与问题、研究生实践地基建设的实施方法，并对运行期间容易出现的问题进行归纳总结，提出合理有效的解决方法，为未来的研究生实践基地的建设和实施提供可借鉴的经验。

（7）贾致荣等[11]　认为，教育国际化是高校服务"一带一路"设施互通建设的迫切需要，也是具有国际视野的土木水利硕士点建设的迫切需要，该文从提高教师国际化水平、建设国际化平台、进行国际化教学改革和建设国际化校园等几方面论述了土木水利研究生教育国际化的实现路径。

（8）刘立[12]　认为，依托新时代水利精神蕴含的丰富文化内涵，借助信息化技术手段，将社会主义核心价值观融入师德师风建设、思政课课堂教学、社会实践活动、校园文化建设全过程，使之成为当代水利院校师生共同的价值观念、精神追求和行为准则，以期推进新时代水利精神与社会主义核心价值观教育融合研究向更深层次发展。

（9）陈伏龙等[13]　认为，OBE教育理念是一种以成果为导向，然后反向设计相宜的教育模式确保毕业生达到相应能力及其水平的工程教育模式。以石河子大学农业水利工程专业为例，提出基于"成果导向"的工程类专业教育教学改革方案，探究工程专业人才培养目标、如何培养工程专业人才、如何保障教学质量等相关内容，推动农业水利工程专业教学改革，进而形成成果导向的闭环教学模式。

（10）谈小龙等[14] 在对现行水利工程领域工程师职业资格设置简述的基础上，分析了水利行业专业工程师职业资格制度存在的问题，从强化职业资格制度意识、明确职业资格制度定位、实行职业资格制度统一领导、完善水利相关法律法规和制定水利行业职业分类与职业标准五个方面对水利行业推进专业工程师职业资格制度提出了具体对策，并对水利工程专业学位研究生教育与专业工程师职业资格认证衔接给出几点思考。

（11）覃源等[15] 以工程教育认证为背景，阐明了符合水利水电工程专业认证要求的应届毕业生跟踪反馈机制的构建原则，分析了其运行方法，并通过案例研究了毕业生跟踪反馈机制在水利水电工程专业培养目标合理性、毕业要求合理性和达成情况、课程体系设置合理性以及专业教学其他方面设置的合理性，为持续改进提供了理论依据。

（12）刘少东等[16] 认为，在经济全球化背景下，按照国际标准培养专业人才是我国高校适应国际化调整的重要途径。随着工程教育认证工作的推进，"以学生为中心""以成果为导向"和"持续改进"的核心教育理念已被广泛接受。对照核心理念梳理了工程认证标准，从培养目标、毕业要求、课程设置、教学组织和持续改进等方面着手，在水利水电工程专业人才培养模式构建实践中融入工程教育核心理念，为相关专业开展类似工作提供借鉴和参考。

（13）杨勇等[17] 认为，高校如何深入推进创新创业教育，对提高人才培养质量具有重要意义。水利行业型大学是当代中国高等教育的重要组成部分，也是大学创新创业教育发展的重要基地。根据水利水电行业特色型大学的特点，让大学创新创业教育得以飞速发展，成为我国经济社会发展培养创新创业型人才的摇篮。一是细化创新创业教育相关课程；二是形成水利水电行业创业特色；三是打造优秀创新创业实践环境；四是持续改进创新创业教育模式。

（14）蒋中明等[18] 针对水利类创新人才培养教育体系现状，结合新工科背景下水利类专业大学生创新能力培养的新要求，构建了水利类专业创新教育的知识层、训练层和应用层"三层级"课程体系，探索"四位一体"的创新教育经费筹措办法，解决了当前背景下创新教育经费不足的问题。

（15）吴云芳等[19] 认为，毕业要求达成度评价是工程教育认证环节中的核心与关键内容，在总结毕业要求达成度评价内容和过程基础上，对武汉大学水利类专业毕业要求达成度评价方法和过程进行分析，对毕业要求及指标点分解等做了详细阐述，为水利类专业人才培养提供参考。

（16）赵志涵等[20] 认为，创新创业教育是一种非功利性教育、一种素质教育、一种系统教育。针对当前创新创业教育中存在的不足，该文提出了与思想教育相结合，构建创新创业教育的意识体系；与专业教育相结合，构建创新创业教育的知识体系；与实践教育相结合，构建创新创业教育的技能体系；与素质教育相结合，构建创新创业教育的品质体系的四维创新创业教育理论模型，并在此基础上，从创新创业教育文化氛围、专业教育、实践教育和素质教育四个方面探索创新创业教育的实践路径。

（17）李炎[21] 认为，为了更好地满足国家和社会对各种技能型人才的需求，高等院校的专业建设应该转变观念，从工程教育专业认证角度出发，加强与国际接轨，满足国家和社会对各种高等技能型人才的需求。以"工程教育专业认证"战略为背景，以天津农学院水利工程学院水利水电工程专业认证过程中建立的教育体系为例，着重探讨了高校水利水电工程专业核心实践能力的具体制定和考核方式及考核时间安排，提出了建立与之相应的水利水电工程专业课程教学体系的思路。

（18）2019 年，由蒋涛、秦素粉、胡红梅主编，中国水利水电出版社出版的《水文化教育导论》，以水文化为核心，梳理了水文化遗产中对人类社会发展具有里程碑意义的文化现象和文化符号，阐述了水文化的教育价值和水文明对人类可持续生存发展的重要性。

（19）2019 年，由左其亭主编，中国水利水电出版社出版的《中国水科学研究进展报告 2017—2018》主要内容包括：水科学的范畴及学科体系，水科学 10 个方面（水文学、水资源、水环境、水安全、水工程、水经济、水法律、水文化、水信息、水教育）研究进展专题介绍，其中专门设置了水教育专题，对 2017—2018 年水教育研究进展进行梳理和回顾。

11.2.3 在水利高等教育教学研究方面

高等教育教学研究就是运用科学的理论和方法，有目的、有意识地对高等学校教学领域中的现象进行研究，以探索和认识教学规律，提高教学质量，主要涉及教学方法研究、课程建设研究、实践实验教学研究、专业发展研究等诸多方面。当前高等水利教学研究是水利高等教育研究的一个重要方面，参与者主要是一线的专业课教师，因此研究基本上是教学经验的总结，但也开始重视课程思政对水利专业课教学的促进作用，重视"新工科"背景下的教学研究，由于基本上是就教学论教学，需要进一步升华并提升理论深度。

（1）周青云等[22] 认为，课程思政是高校思政育人的重要途径。"水利工程学"是水文与水资源工程专业的一门专业课，该文根据水利工程学课程的内容和特点，以工程教育专业认证要求为基础，从教学内容、教学手段及方法等方面进行改革，对思政教育融入专业课程的途径进行了探索和实践。

（2）柏青[23] 认为，近年来由于工程地质问题引发的水利工程事故明显增加，水利类专业的专业基础课程"工程地质"的教学改革迫在眉睫。通过分析水利类工程地质传统课程中存在的问题，并针对问题提出教学内容、方法以及考核方式的教学改革方案，目的在于实现以学生为主体的教学，且通过轻松愉快的课堂学习使学生获得工程地质必要的基本理论、基本知识和基本技能，引导学生用科学的方法来分析和解决实际工程中相关问题。

（3）陈红等[24] 认为，"新工科"背景下实践教学在水利类专业学生探索工程本质、解决实际问题的综合素质培养中发挥着举足轻重的作用。在分析当前水利类专业实践教学中存在的问题的基础上，提出"产-学-研-用"一体化实践教学模式，解决传统实践教学中存在的制约问题，提升教学质量。该实践模式有效响应新工科教学理念，利于实践教学效果的提升。

（4）唐栋等[25] 认为，BIM 实训可以使学生熟练掌握 BIM 相关软件的建模流程，锻炼学生对专业图纸的识读能力以及自觉学习的综合能力，为后续将 BIM 应用于其他课程设计及毕业设计打下基础。而 BIM 技术作为一种新兴的技术，在高校工程类专业教学体系中的存在时期尚短，BIM 课程的教学模式并不如传统的课程教学模式一般明确和系统。长沙理工大学水利工程学院探索了个人与团队建模相结合的 BIM 实训课程教学模式，并对实训成果进行了量化，取得了良好的教学效果。

（5）张宪雷[26] 认为，具有知识点宽泛、概念抽象等特点的《水利水电工程概论》课程是水利高校低年级工科学生的专业基础课程，该文梳理了目前该课程教学改革阶段性成果，针对现阶段存在的教学问题，分别从强化重难点教学、融合传统与现代教学方式、课程考核、理论教学与水工实验模型观摩相结合等方面提出了改善性探讨方案，有针对性提高教学质量。

（6）赵霞等[27] 认为，基于甘肃农业大学农业水利工程专业提出的培养"厚基础、高素质、强能力"复合型人才目标，对专业综合实验课程实验项目进行一体化设计，创新教学管理方式，同时段进行不同实验项目，每个实验项目实行小组组长负责制和小组跟进制。通过深化改革课前预习、实验操作、交流讨论、撰写报告等实践教学环节，着重培养学生创新实践能力、团队合作能力，沟通与交流能力和书面写作能力。实践证明学生的综合素质能力得到普遍提高。该教学方式充分发掘优良学生学习潜力，有效驱动存在"等、靠、混"思想的学生自主跟进学习。

（7）任杰[28] 认为，新工科建设是为了围绕国家战略和区域发展需要，适应新一轮科技革命和产业变革的新趋势。在新工科与专业认证背景下，通过修订课程体系和课程设置、持续改进课程教学质量和实践教学环节，更好地适应社会发展及用人单位的需求，为学生的就业创造有利条件。

（8）蒋瑜[29] 认为，为主动应对世界范围内新一轮科技革命和产业变革，推动工程教育改革创新，达成"新工科"建设十分重要。在新工科背景下，以水利水电工程专业为例，对专业核心课力学课程体系进行教学改革探索。从学生和教师两个主体入手，融入新理念，寻找新模式，优化力学课程体系，提升教师的力学功底，保证学生拥有扎实的力学知识，培养出符合"新工科"要求的人才。

（9）王艳艳等[30] 基于培养学生工程能力为理念，以构建卓越农业水利工程师知识框架、拓展学生学习平台为主线，强化学生主体地位，以优秀教学团队为支撑开发农业水利实训教学仿真软件，并指导学生开发农田水利设计软件和高效节水灌溉设计软件，达到促进职业发展能力的目标，进而促进学校工程教育专业认证工作。

（10）张梅花等[31] 以"大工程观"教育理念为指导，针对目前农业水利工程专业实践教学体系中存在的问题，以提高农业工程复合型创新人才培养质量为目标，在优化实践教学体系、加强师资队伍建设、强化实践教学平台建设、完善实践教学考核体系和反馈机制等方面进行了一系列改革与实践，构建了基于"大工程观"的农业水利工程专业实践教学体系。

（11）林晓英等[32] 认为，"课程思政"是全面落实立德树人根本任务，通过各类课程与思想政治理论课同向同行、充分发挥课堂教学在高校思想政治工作中的主渠道作用，形成协同育人效应。以《水利工程安全运行与风险评价》课程为例，通过分析课程内容与思政内容的映射关系，制订《水利工程工程安全运行与风险评价》课程的教学大纲，同时以"三峡水库安全运行与风险评价"为典型案例，剖析《水利工程安全运行与风险评价》的课程思政实践。

（12）梁丽青等[33] 认为，《水利工程制图》是水利专业基础课程，是制图技能培养的核心课程。课程主要内容为行业的绘图标准、绘图规范、绘图习惯画法，主要培养目标为学生在行业规范、标准、习惯画法要求下，通过空间思维能力训练具有绘制和阅读专业图纸的能力。传统的理论授课特点抽象、枯燥，为改变课程现状，同时在应用人才培养前提下提升素质能力培养，对《水利工程制图》课程进行教学改革研究。

（13）何春保等[34] 认为，按照服务乡村振兴和粤港澳大湾区建设对新时代创新人才培养的要求，通过优化整合校内外水利与土木工程实验教学资源，创建具有农业院校特色的水利与土木工程实验教学平台，构建学科交叉、科教融合、课创一体、校企协同的实践教学模式，在实践教学平台建设、学生实践创新能力培养、课程和专业建设、教师队伍科教水平提升、实验室信息化管理、校内外服务和交流辐射等方面取得了显著成效。

（14）张静等[35] 结合高等教育改革及学科发展趋势，分析了大学生解决问题能力培养的必要性，并基于大学生解决问题能力培养中存在的问题，从多元化教学模式、多样性竞赛活动及"双师型"教学团队三方面探讨了实践教学模式，为水利工程专业大学生解决问题能力培养提供参考。

（15）边亚东等[36] 全面分析了全日制专业学位硕士研究生的实践教学现状，针对存在的问题构建了"案例课堂＋现场实践教学＋校内实践验证分析"的"三位一体"校内外融合实践教学模式，并介绍了该教学模式的设计思路、组织流程、选题方式、课程成绩评定方式等。实践证明，该实践教学模式能够增强学生分析和解决实际问题的能力，提升实践教学效果。

（16）徐波等[37] 为了提高水利工程专业课的教学质量，基于层次分析法对其评价体系与方法进行研究，构建了一个三层的递阶评价体系，研究水利工程专业课教学质量评价体系中评价指标的度量方法、权重计算方法、评价值的计算以及评价等级的判断方法，并建立了评价指标重要性度量方法。此外，为便于上述方法的运用，探索了利用 MATLAB 软件开发水利工程专业课教学质量评价系统的方法。

（17）吴云芳等[38] 认为，以水利类专业课程教学大纲构建为例，探讨如何基于专业认证标准从毕业要求、课程目标、课程教学及课程考核等方面对教学大纲进行全方位的构建。通过实例分析，得出课程分目标达成度评价结果。研究结果可为水利类工程教育专业认证相关教学大纲的修订及达成度评价提供参考。

（18）张献才等[39] 在分析水利水电专业教育融合"互联网＋"现状的基础上，从行业创新动力不足、基础理论研究不足、实践数据与理论研究脱节三方面剖析了"互联网＋"与水利水电专业融合问题的原因，指出在基础理论创新层面、教育教学理念层面和学生考核机制层面是改革的难点所在，进而提出互联网在和水利水电专业融合时要促进专业教师的教学理念的改变、教学手段及方式的转变和教学考核机制的改变。

（19）李渭新等[40] 认为，"以学生为中心"的教育理念已成为高等教育培养模式和培养体系改革的出发点和归宿。在水利类本科人才培养模式的不断改革过程中，突出学生在教育中的主体地位，探索适应社会发展需要和个人发展需要的水利工程人才培养体系和培养模式，不断改进教学方法和教学管理手段。

11.3　水利职业教育研究进展

水利职业教育是水教育的重要组成部分。2006 年，水利部印发《关于大力发展水利职业教育的若干意见》，并将水利职业教育纳入水利人才发展规划。2011 年国家出台了《关于加快水利改革发展的决定》，召开了中央水利工作会议，对加快水利改革发展作出全面部署，提出要大力培养专业技术人才、高技能人才，支持大专院校、中等职业学校水利类专业建设，加大基层水利职工在职教育和培训力度。2013 年，水利部和教育部联合印发《关于进一步推进水利职业教育改革发展的意见》，进一步明确了水利职业教育改革发展的目标和措施任务。这些标志着我国水利职业教育改革发展迎来了重大战略机遇期，当前水利职业教育发展正当其时，水利职业教育的理论研究和教学研究理应顺应时代发展需要，聚焦水利职业教育实践，不断提高研究质量，服务水利职业教育实践。

11.3.1　在水利职业教育理论研究方面

（1）潘永胆等[41]　认为，水利类高等职业院校正在不断地探索与企业深度合作、产教融合的发展之路，在新时期形成了订单班、现代学徒制、职业教育集团等多种校企联合人才培养模式。从水利高等职业教育开展订单班培养实践过程中遇到的难以大规模开展、考核机制不完善等问题展开论述，提出了加强"订单班"组织领导、建立制度、明确教学模式的措施和建议。

（2）高秀清[42]　基于教育部高职专业建设标准、特色高水平高职院校"一校一品"建设构建、服务北京都市型现代农业及乡村振兴，建立跨学科、多领域的"新工科"水利土木工程专业群核心课程体系，以工程项目为载体，以现代学徒制教学融入思政教育、劳动教育、创新创业教育，深度校企合作，共同开发"1＋X"证书，实现"三全育人"及"三教改革"，促进传统学科的专业结构向满足新时代发展需求的"新工科"转型。

（3）詹杏芳等[43]　结合教育部"三全育人"综合改革试点建设工作，提出水利类高职院校实施"三全育人"的"12335"一体化育人体系，详细阐释"紧扣一个育人目标、厚植两种精神、把握三条主线、坚守三个阵地、实施五大工程"工作思路，旨在打造特色育人项目，提高育人实效。

（4）李小莲等[44]　认为，目前水利行业从业人员的素质整体偏低，人才缺口大，市场急需一大批高素质、高技能的水利技能人才填补市场空缺。该文从三种人才培养模式融合发展、定向培养的落地实施、实训基地建设的发展使用方面入手，培养出自主学习能力强、技能比赛成绩优异、受企业欢迎、就业满意度高的水利人才，服务于社会。

（5）邓贤星[45]　认为，水利部发布的《关于印发新时代水利精神的通知》确定新时代水利精神的内涵为忠诚、干净、担当，科学、求实、创新。水利高职院校作为培养水利类高素质技能人才的摇篮，将新时代水利精神融入"三全育人"模式中，既有利于充分落实立德树人的根本任务，又对培养具有严谨、耐心、专业、敬业等品质的水利精工巧匠具有重要意义。

（6）郭庆[46]　认为，虚拟仿真作为一种全新的信息技术，已经被广泛应用于水利职业教育教学中，丰富了原有的教学资源，提高了信息化教学的水平，为职业教育实训教学提供了强有力的后盾。该文从虚拟仿真实训中心建设意义出发，阐述了国内外发展现状与趋势，分析总结了我国目前虚拟仿真教学存在的问题与解决方法，对今后我国虚拟仿真教学的发展能够提供帮助。

（7）李俊等[47] 认为，水利高职院校肩负着培养水利类技术技能型人才的重任。通过剖析当前水利高职院校育人现状、存在问题，提出适合水利高职院校水文化育人的新模式，指出"团队＋基地"建设是基础，"活动＋项目"实施为驱动，品牌建立是关键，文化育人为核心目的。

（8）王韶华等[48] 认为，充分发挥水利类职业院校在技术技能人才培养方面的主阵地作用，是加快推进水利技能人才队伍建设的重要途径。通过对我国水利行业技术技能人才需求与职业院校人才培养的匹配分析，提出科学合理构建水利类职业教育专业体系，引导职业院校合理设置专业，优化专业布局结构，合理设置课程，有效开展教学，注重专业技能和职业素养高度融合，培养高质量技术技能人才的指导性意见。

（9）王晶[49] 认为，目前校企合作中企业参与校企合作的积极性不高，学校处于校企合作的单方努力被动状态。在分析校企合作现状的基础上，提出深化产教融合、加强校企合作的具体对策和措施，让"政、行、企、校"协同联合起来，完善创新校企合作机制，建立校企合作工作成果质量考核标准，量化和明确校企合作过程中学校和企业的"责、权、利"，促进校企合作快速良性发展，让企业和学校在校企合作中达到"双赢"状态，从而更好地发展职业教育。

（10）王乃芳[50] 从水利高职院校角度分析培养学生的水文化素养和提高学生的职业核心能力的内在一致性，以毕业生质量调查为切入点，将学生提升职业核心能力与水文化教育相结合，通过校园文化建设、情感教育、增加课程实践项目等路径促进学生全面发展。同时，针对目前水利高职院校存在的水文化教育落实和传播的难题，一方面要建立完整牢固的教学体系，另一方面要注重水文化教育的开放性和多途径传播。

11.3.2　在水利职业教学研究方面

（1）黄飞华等[51] 认为，实训教学是高职院校培养人才的重要教学方式之一，远景实训教学将课程与现场实景结合，以互联网为载体，把专业施工场景拉进课堂，实现课堂教学和实训同步，学生对专业认识更直观，教学过程更切合实际，理论与实践更融合。该文旨在通过对水利施工类课程远景实训教学的探索与实践，以建立相应的实训教学体系，形成具有水利特色的实训教学模式。

（2）陆静等[52] 认为，有效的混合式教学是保证混合式教学质量的关键。针对当前高职混合式教学中存在的问题，以高职水利类专业核心课《水工建筑物》为例，介绍混合式教学在专业课中的实践情况，探讨混合式教学模式的有效性；通过问卷调查，了解学生对于混合式教学的意见，提出了开展有效的混合式教学的建议，认为高职混合式教学必须立足高职学生学情，合理安排课程活动，着力培养学生自学能力；同时教师要通过教学反思、学习以提升信息化教学能力和育人水平。

（3）张宪明等[53] 认为，水利工程 CAD 课程是水利类专业必修的专业基础课，具有很强的实操技能特征，传统教学方式已经不能满足职业能力培养的要求。该文以全国水利职业院校技能大赛为背景，探索水利工程 CAD 课程教学改革的思路与方法：以赛促教，促进课程改革和教师专业水平的提高；以赛促建，促进教学条件的建设；以赛促学，促进学生自主学习能力。

（4）廖明菊[54]认为，"三教"改革是人才培养质量的重要切入点。面临"互联网＋职业教育"新形势，水利工程造价课程校企共建课程教学资源，以提升学生自主学习兴趣来进行教学设计，探讨线上线下混合式教学模式，应用现代信息化教学手段，解决教学中的重难点，同时立德树人，完成专业课程的思政育人目标。

（5）田园等[55]认为，虚拟仿真技术是继多媒体技术、网络技术之后又一门崭新的技术。将水利水电工程虚拟仿真技术运用到高职实践教学中，可以打破教学实训场地及实验环境的限制，实现以学生为主体地位的实践教学模式，调动学生自主学习的积极性，带动教学目标的实现，提高实训效率，进而提升职业院校学生的实践能力与专业技术应用能力。

（6）魏葆琪[56]认为，习近平总书记在全国高校思想政治工作会议中强调，要用好课堂教学这个主渠道，各类课程都要与思想政治理论课同向同行，形成协同效应。在"互联网＋"的信息时代，混合式教学已成为推进我国高校教学改革的主流趋势。该文通过介绍混合式教学的发展状况，阐述了在教学任务设计中课程思政和混合式教学融合的实施案例，探讨如何将课程思政更好地融入混合式教学中，以期更好完成高校立德树人的育人目标。

（7）张佳丽等[57]认为，水利工程招投标课程具有应用性和实践性极强的特点，随着社会发展，产业转型升级，根据国家和社会发展需要，重视教师的选拔与培训；增加实践课程，升级教学体系；采用新型教学方法，提升信息化水平；丰富教学评价体系，形成多维度评价；让学生"看到"什么是正确的，进而改善传统教学模式中的一些陈旧的、需要适应新的人才培养要求的环节，为针对性培养更加适应国家和社会发展的优秀人才做出努力尝试和探索。

（8）邓飞[58]认为，"思政课程"与"课程思政"交互融合，是促进思政课程和"课程思政"同向同行、协同效应理想状态的实现手段。融合的意义，在于构建全员、全程、全课程育人格局。"思政课程"与"课程思政"交互融合，是落实全员参与育人、拓宽育人的途径。实现立德树人的内在要求，是相辅相成、相得益彰、相互配合、相互支撑、你中有我、我中有你的有机结合与辩证统一。

（9）斯庆高娃等[59]认为，教学资源库是高等职业教育信息化发展的必然趋势，也是深化高职教育教学改革和提高人才培养质量的有效手段。推进水利工程制图课程信息化教学建设，需要开发并应用水利工程制图课程教学资源库，推进水利工程制图教学改革，同时带动高职院校水利类相关专业教学改革，进一步提高高等职业教育人才培养质量。

（10）陆静等[60]认为，随着近年高职学生学业和能力水平差异增大，传统"一刀切"的教学模式忽视学生的个体差异，使教与学之间的矛盾愈加突出。本着正视学生差异、利用差异的原则，以水利工程识图课程为例，探究分层教学在课程教学中的实施策略，通过学生潜在分层、教学目标分层、课堂教学分层及考核分层、分块，以达到改善教学效果的目的。

11.4　水利继续教育研究进展

继续教育是面向学校教育之后所有社会成员特别是成人的教育活动，是终身学习体系的重要组成部分，国家也在个体晋级晋升、所得税减免等方面大力支持继续教育。继续教育实践领域不断发展，研究范畴也在不断扩大和深入，特别是终身教育思想已经为越来越多的人所接受，对继续教育在经济、社会中的地位、作用、方法等都有一定的初步认识和实践，继续教育科学研究也有了重大发展。就水利继续教育而言，当前的水利职工培训越来越受到重视，中国水利工程协会建立了继续教育平台，个人可根据需要进行资格类别选择，进行网络继续教育课程学习。但遗憾的是，水利继续教育研究仍然偏少，研究的范围比较小，主要集中于职工一般培训，对基础理论问题以及新兴问题如河长培训等关注度不够，研究成果质量也亟待提高。

（1）李淑[61] 认为，高职院校肩负着推行和建设终身教育体系以及学习型社会的重任，由于受到人力、财力、资源、模式等方面的限制，高职院校继续教育培训模式的建设以及管理中还存在诸多的问题，该文以湖南水利水电职业技术学院继续教育学院为例分析当前高职院校继续教育培训管理工作的现状，进而探讨如何摆脱困境，构建完善的高职继续教育培训管理模式。

（2）郭淑娟[62] 聚焦水利企业人才队伍建设的主题，主要研究党的十八大以来特别是新一轮党和国家机构改革以来，我国水利事业进入新的发展阶段后，水利企业如何更好地加强自身人才队伍建设，确保企业发展行稳致远，从而推动水利事业整体向纵深发展。以加强企业职工教育培训管理为切入点，在深入分析面临形势和要求的基础上，吸收借鉴海尔集团员工教育培训管理经验研究，提出了创新水利企业教育培训管理工作的措施建议。

（3）王志星[63] 认为，加强水利干部教育培训工作，是建设高素质水利干部队伍的重要环节和手段。党的十八大以来，水利行业以规划为引领，上下联动，大力开展分级分类培训，水利干部教育培训规模不断增长。该文通过对水利行业干部教育培训工作的回顾总结，分析存在的问题，提出明确行业培训管理职能，强化行业指导职责；设立行业干部教育培训专项，保障干部教育培训经费足额落实；加强行业培训机构建设，筑牢行业培训基础；加强师资队伍建设，提升行业培训管理水平；加强课程体系建设，提高行业培训质量等建议。

（4）万博[64] 认为，安全培训作为安全生产管理工作的一项十分重要内容，是引导职工树立正确的安全价值观、提升职工安全素质的重要手段，是贯彻落实"安全第一、预防为主、综合治理"方针以及建立安全长效机制的重要举措。该文从水利行业基层单位出发，基于行业的特殊要求，分析安全生产教育培训的现状，提出培训创新的方法以及以后工作的实践方式，旨在为今后职工安全生产教育培训提供借鉴。

（5）郑斌等[65] 认为，为全面贯彻《干部教育培训工作条例》，落实《全国水利人才队伍建设规划》，有效提升干部职工从业水平，切实发挥教育培训在干部队伍建设中的先导性、基础性和战略性作用，该文结合珠江委培训工作的实际，紧跟培训需求开展各类培训，在实践中不断探索，为水利事业的发展提供人才培训保证和支持。

11.5　水情教育研究进展

近年来，水情教育逐渐进入我们的视野，自从 2011 年中国水利报记者高立洪发表《让水情教育融进校园社区》后，这一研究课题引起人们的关注并得到国家水利主管部门的大力支持。特别是《全国水情教育规划（2015—2020 年）》的颁布实施，水情教育已成为水教育研究的新热点，但在 2017 年以后这一研究的热度有所下降，持续关注度和研究力度不够，研究成果相对较少。

（1）蒋颖等[66] 认为，水情教育是水利行业面向公众普及国情、水情，传播新时代治水理念，增强全社会对水的认知从而影响其行为的重要方式。该文通过分析水情教育现状及内涵，提出水情教育要从自然物质形态（物质层）、制度技术形态（制度层）、行为艺术形态（行为层）和思想意识形态（意识层）等 4 个方面全面发展，并就开展水情教育的重大意义进行阐述。

（2）熊渤等[67] 认为，乡村振兴战略明确了我国农业绿色发展的三大战略目标任务，在此背景下，我国农村水情教育面临农村节水教育、涉水农业生产教育、水污染防治教育等三大困境，又基于此，提出在绿色发展目标下我国推进农村水情教育的应对策略：强化水资源价值教育，提高农村水情教育实效；应加强涉水农业主体的市场化教育，提高涉水农业主体交易实力；构建多部门联合的水情教育团队，开展灵活务实的乡村水情教育；结合农业绿色发展试点，建设一批贴近农民的乡村水情教育基地。

（3）金绍兵等[68] 以 2019 暑期安徽水利水电职业技术学院"寻美家乡河，如梦新安江"水情教育实践团赴歙县新安江流域开展"三下乡"活动为案例，在对活动过程进行介绍的基础上，总结了主要做法与经验及存在的不足，以期引起广大教师对水情教育的关注，对大学生"三下乡"活动的重视，对实践育人的积极践行。

（4）郭丹等[69] 认为，2018 年印发的《国家水情教育基地管理办法》（办宣〔2018〕235 号）就有建设国家水情教育基地的内容，按照"严格标准、公平公正、突出特色、兼顾均衡"的评选原则，全国共评选了三批 34 家国家水情教育基地。该文以工程设施类基地泰州引江河工程为切入点，从四个方面探讨了水情教育基地标准化建设的问题。

11.6　与 2017—2018 年进展对比分析

（1）在水利高等教育研究方面，总体来看，水利高等教育史研究依旧寥寥，水利高等教育理论研究成果质量比较薄弱，水利高等教育教学方面的研究，无论是课程建设、专业建设、还是教学方法、实践教学，都是水利高等教育研究最为庞大的一部分，一些教师能够积极关注"新工科"建设、"课程思政"等最新的东西并结合教学实践开展研究，但整体研究质量仍然不高，还需在理论与实践的结合上多下功夫，进一步提升研究质量。

（2）在水利职业教育方面，水利职业教育的理论研究和教学研究基本立足于时代发展或教育教学需要，聚焦水利职业教育和教学实践，对服务水利职业教育实践具有一定作用。但与水利高等教育研究一样，存在着水利职业教育史研究欠缺、水利职业教育理论研究薄弱、水利职业教育教学研究"繁荣"的现象，急需提高整体研究质量和研究水平。

（3）在水利继续教育方面，水利继续教育研究仍然偏少，对继续教育基础理论问题和实践问题研究都不够，尤其从终身教育、终身学习视角关于水利行业继续教育研究的论文少之又少；对水利职工培训的研究较之前也有所下降，对水利高校的继续教育和涌现的新亮点如河长培训研究等关注度不够，缺乏研究的敏感性，研究成果质量也亟待提高，对水利继续教育实践有效理论指导欠缺。

（4）水情教育在这一时期继续受到高度关注，国家和地方均公布一批教育基地且逐渐有成为研究热点的趋势，特别是《全国水情教育规划（2015—2020年）》的颁布实施，水情教育理论和实践研究理应有所加强，但实际上，对水情教育研究一阵热一阵冷，因为缺少专业的研究人员和研究团队，不仅水情教育研究的持续性偏弱，而且水情教育研究的数量和质量都达不到水利发展的要求。

本章撰写人员及分工

本章撰写人员：宋孝忠。

参考文献

[1] 侯玉婷，沈志忠. 近代中国水利事业建制化研究 [J]. 中国农史，2020，39（01）：25-35.

[2] 程得中. 简论抗战时期大后方水利高等教育的发展 [J]. 高教论坛，2020（04）：97-100.

[3] 张宪明，吴瑜，廖明菊. 基于水利工匠精神的职业教育研究与实践 [J]. 教育信息化论坛，2020（8）：21-22.

[4] 熊晓芬. 李仪祉的西北教育情 [N]. 中国科学报，2019-11-13（06）.

[5] 王清义. 对新时代做好水利教育工作的认识和思考 [J]. 中国水利，2019（12）：7-8.

[6] 沈先陈. 中华传统水文化的基本精神及教育意义 [J]. 浙江水利水电学院学报，2020，32（03）：5-8.

[7] 穆志刚. 我国水文化教育综述 [J]. 长江工程职业技术学院学报，2020，37（01）：15-21.

[8] 王清义. 以弘扬新时代水利精神拓展特色办学的思考 [J]. 中国水利，2020（05）：54-56.

[9] 刘文锴. 聚力特色"金课"建设 办好新时代行业特色高水平本科教育 [J]. 中国高等教育，2020（18）：20-22.

[10] 王毅，徐伟，芦晓峰，等. 水利工程研究生实践教育基地的建设与实施 [J]. 科技资讯，2020，18（35）：136-139.

[11] 贾致荣，王春光. "一带一路"背景下土木水利研究生国际化教育探索 [J]. 科教导刊（下旬），2020（18）：3-5.

[12] 刘立. 新时代水利精神与社会主义核心价值观教育融合研究——以重庆水利电力职业技术学院为例 [J]. 柳州职业技术学院学报，2020，20（02）：13-16.

[13] 陈伏龙，王振华，李刚，等. 基于OBE教育理念的农业水利工程专业教育改革研究 [J]. 教育教学论坛，2020（14）：170-171.

[14] 谈小龙，王伟，苗天宝，等. 专业学位研究生教育与工程师职业资格认证衔接的思考——以水利工程领域为例 [J]. 教育教学论坛，2020（10）：322-323.

[15] 覃源，张鲜维，侯贝贝，等. 基于工程教育认证的水利水电工程专业持续改进跟踪反馈机制及运行 [J]. 中国多媒体与网络教学学报（上旬刊），2020（03）：152-153，156.

[16] 刘少东，马永财，刘文洋，等. 工程教育理念在水利人才培养模式中的实现路径 [J]. 实验室科学，2020，23（01）：233-236.

[17]　杨勇，车軹珏，单正勇. 水利行业型大学创新创业教育研究 [J]. 管理观察，2019（24）：144 - 146.

[18]　蒋中明，秦卫星，唐栋. 水利类专业创新教育体系构建及实践 [J]. 教育教学论坛，2019（35）：143 - 144.

[19]　吴云芳，程勇刚，严鹏. 基于工程教育专业认证的水利类专业 "毕业要求达成度评价" 的研究与实践 [J]. 教育教学论坛，2019（35）：1 - 4.

[20]　赵志涵，戴玉珍. 水利类大学生创新创业教育的理论与实践——以河海大学为例 [J]. 教育现代化，2019，6（31）：13 - 16，31.

[21]　李炎. 工程教育认证理念下水利水电工程专业建设研究 [J]. 绿色科技，2019（07）：273 - 274，277.

[22]　周青云，韩娜娜，李妍，等. 水利工程专业课程思政教学改革初探——以 "水利工程学" 课程为例 [J]. 天津农学院学报，2020，27（04）：102 - 104.

[23]　柏青. 水利类专业 "工程地质" 课程教学改革方案 [J]. 教育教学论坛，2020（50）：344 - 345.

[24]　陈红，张洁，李均熙，等. "新工科" 背景下水利类专业实践教学模式探索 [J]. 江苏教育研究，2020（33）：7 - 10.

[25]　唐栋，蒋中明，李毅，等. 水利类专业 BIM 实训教学模式探讨及实践 [J]. 科技风，2020（33）：195 - 196.

[26]　张宪雷. 《水利水电工程概论》课程教学改革的思考 [J]. 高教学刊，2020（32）：134 - 136，140.

[27]　赵霞，张芮，武兰珍，等. 农业水利工程专业综合实验课程教学改革与实践 [J]. 陇东学院学报，2020，31（05）：115 - 118.

[28]　任杰. 新工科与专业认证背景下水利水电工程专业课程体系及教学模式 [J]. 教育教学论坛，2020（29）：151 - 153.

[29]　蒋瑜. 新工科背景下力学课程体系教学改革探索——以水利水电工程专业为例 [J]. 现代交际，2020（07）：226 - 227.

[30]　王艳艳，刘士余，李保同，等. 基于工程教育认证的农业水利工程专业教育教学改革研究 [J]. 科教导刊（上旬刊），2020（10）：63 - 64.

[31]　张梅花，牛最荣，张芮，等. 基于 "大工程观" 的农业水利工程专业实践教学体系的改革与实践——以甘肃农业大学为例 [J]. 陇东学院学报，2020，31（02）：119 - 123.

[32]　林晓英，王慧亮. 《水利工程安全运行与风险评价》教学的 "课程思政" 探讨 [J]. 中国多媒体与网络教学学报（上旬刊），2020（03）：28 - 29.

[33]　梁丽青，杨珊珊，佟沐霖. 基于素质能力培养的《水利工程制图》课程教学改革研究 [J]. 科技经济导刊，2020，28（06）：146.

[34]　何春保，倪春林，李庚英. 水利与土木工程实验教学示范中心建设与实践 [J]. 实验技术与管理，2020，37（01）：216 - 219.

[35]　张静，闫滨，徐威，等. 水利工程专业大学生解决问题能力培养的实践教学模式研究 [J]. 教育现代化，2019，6（A5）：145 - 147.

[36]　边亚东，郝青喜，纠永志，等. 土木水利专业学位硕士生 "三位一体" 实践教学模式探索 [J]. 实验技术与管理，2019，36（12）：215 - 218.

[37]　徐波，陈婧. 基于层次分析法的水利工程专业课教学质量评价方法研究 [J]. 科技创新导报，2019，16（31）：223 - 228.

[38]　吴云芳，程勇刚，严鹏. 基于工程教育专业认证的水利类专业课程教学大纲的构建 [J]. 教育教学论坛，2019（37）：84 - 85.

[39]　张献才，黄虎. "互联网" 对传统水利水电专业教学影响的探讨 [J]. 教育教学论坛，2019

（30）：207-209.

[40] 李渭新，刘超，覃光华，等. 以学生为中心的水利类本科教学改革与探索 [J]. 教育教学论坛，2019（09）：109-110.

[41] 潘永胆，黄世涛. "产教融合"背景下的水利职业教育订单班实践与思考 [J]. 长江工程职业技术学院学报，2020，37（04）：27-29.

[42] 高秀清. "新工科"高职水利土木专业群核心课程体系研究——以北京农业职业学院为例 [J]. 北京农业职业学院学报，2020，34（05）：68-77.

[43] 詹杏芳，陈希球，王卫卫. 水利类高职院校"三全育人"工作思路探析——以长江工程职业技术学院为例 [J]. 广东水利电力职业技术学院学报，2020，18（03）：54-57.

[44] 李小莲，张凌燕，张宪明. "校企合作、产教融合，协同育人"模式下水利类人才的培养模式探究——以广西水利电力职业技术学院为例 [J]. 现代职业教育，2021（01）：40-41.

[45] 邓贤星. 新时代水利精神融入"三全育人"模式的对策探析——以福建水利电力职业技术学院为例 [J]. 开封文化艺术职业学院学报，2020，40（07）：115-116.

[46] 郭庆. 水利职业院校虚拟仿真实训中心建设探究 [J]. 数字技术与应用，2020，38（05）：229-231.

[47] 李俊，梅来源. 水利高职院校水文化育人创新模式摭谈——以长江工程职业技术学院为例 [J]. 长江工程职业技术学院学报，2020，37（01）：42-44，58.

[48] 王韶华，焦爱萍，熊怡. 水利行业人才需求与职业院校专业设置匹配分析研究 [J]. 中国职业技术教育，2020（05）：22-33.

[49] 王晶. 当代水利职业教育校企合作现状及对策研究 [J]. 现代职业教育，2019（32）：58-59.

[50] 王乃芳. 水利高职院校水文化教育融入职业核心能力培养的路径研究——以重庆水利电力职业技术学院为例 [J]. 广东水利电力职业技术学院学报，2019，17（03）：23-25，47.

[51] 黄飞华，张宪明，刘俊宏. 高职院校远景实训教学体系的探索与实践——以水利施工类课程为例 [J]. 教育教学论坛，2020（39）：360-362.

[52] 陆静，戚丹，张鸥. 高职水利类专业课混合式教学有效性研究 [J]. 杨凌职业技术学院学报，2020，19（03）：76-79，89.

[53] 张宪明，余金凤. 基于全国水利职业院校技能大赛的水利工程CAD课程教学改革探索 [J]. 教育教学论坛，2020（36）：179-180.

[54] 廖明菊. 新形势下水利工程造价课程教学设计探讨 [J]. 教育信息化论坛，2020（07）：46-47.

[55] 田园，张文强. 探索"互联网，虚拟仿真"模式在水利水电工程教学中的应用 [J]. 杨凌职业技术学院学报，2020，19（02）：60-62.

[56] 魏葆琪. 课程思政引领下《水利工程制图与CAD》混合式教学探讨 [J]. 产业与科技论坛，2020，19（12）：150-151.

[57] 张佳丽，张海文，杨林林. 高职水利专业水利工程招投标课程教学浅探 [J]. 内蒙古教育，2020（08）：103-104.

[58] 邓飞. "课程思政"与思政课程交互融合的探索与实践——基于湖南水利水电职业技术学院教育教学的思考 [J]. 文教资料，2020（03）：196-198.

[59] 斯庆高娃，马晓宇，杨健. 基于高职水利类专业人才培养的水利工程制图课程教学资源库建设与教学改革探索 [J]. 现代职业教育，2019（35）：92-93.

[60] 陆静，高志永. 高职水利工程识图课程分层教学模式探究 [J]. 杨凌职业技术学院学报，2019，18（02）：77-79.

[61] 李淑. 我国高职院校继续教育培训的管理模式探究——以湖南水利水电职业技术学院继续教育学院为例 [J]. 中国培训，2020（07）：64-65.

[62] 郭淑娟. 创新水利企业教育培训管理工作的措施建议 [J]. 水利发展研究，2020，20（08）：

60-64.

[63]　王志星. 新时期水利干部教育培训工作的探讨 [J]. 长江工程职业技术学院学报，2019，36
　　　（01）：36-38.

[64]　万博. 基层水利行业职工安全生产教育培训的实践与思考 [J]. 中国管理信息化，2019，22
　　　（04）：96-97.

[65]　郑斌，邓婷，陆永盛，等. 企业员工培训工作的实践、探索与提升——以珠江水利水电培训中心
　　　为例 [J]. 人才资源开发，2020（23）：87-88.

[66]　蒋颖，朱汉明. 水情教育的内涵及外延初探 [J]. 山东水利，2020（09）：52-53.

[67]　熊渤，王腾. 基于绿色发展目标的我国农村水情教育困境及应对策略 [J]. 湖北经济学院学报
　　　（人文社会科学版），2020，17（09）：23-25.

[68]　金绍兵，尹程，吴强，等. 水情教育的实践与思考 [J]. 安徽水利水电职业技术学院学报，
　　　2020，20（02）：31-34.

[69]　郭丹，许晨杨，吴永昊. 如何探索标准化建设国家水情教育基地 [J]. 科技风，2020
　　　（24）：106.

第 12 章 关于水科学方面的学术著作介绍

12.1 概述

（1）水科学涉及学科多，研究内容丰富，每年出版大量的学术著作，对水科学研究及学术交流起到重要作用。

（2）本章主要介绍国内出版水科学有一定影响的出版社以及有关水科学方面的纯学术性著作或参考书籍。内容涉及书的作者、书名、出版社、出版时间以及内容摘要。说明一下，本章所列内容均引自相关网站，可能会因部分书籍没有宣传或者我们没有注意到，所列书籍可能不全；也可能会因为网站介绍内容有误导致本章介绍的部分内容有些不准确。

12.2 科学出版社

科学出版社是中国最大的综合性科技出版机构，由前中国科学院编译局与 20 世纪 30 年代创建的有较大影响的龙门联合书局合并，于 1954 年 8 月成立，是一个历史悠久、力量雄厚，以出版学术书刊为主的开放式出版社。近年来，科学出版社为适应社会主义市场经济的需要，在组织结构、选题结构、市场结构、经营管理机制等方面进行大幅度的调整，形成了以科学（S）、技术（T）、医学（M）、教育（E）、社科（H）为主要出版领域的战略架构与规模。科学出版社 2019—2020 年出版的有关水科学的学术著作见表 12.1。

表 12.1 科学出版社 2019—2020 年出版的有关水科学的学术著作一览表

作者，书名，出版时间	内 容 摘 要
叶有华、陈龙主编，《深圳市宝安区水资源资产负债表研究与实践》，2019 年 3 月	主要内容包括：深圳市宝安区概况和水资源摸底调查、水资源资产负债表框架体系构建、水资源资产实物量和质量核算、两河一库水资源资产负债表编制、水资源资产管理研究和保护工作实绩考核等
张发旺、程彦培、董华等编著，《亚洲地下水与环境》，2019 年 3 月	研究了气候地貌控制下的地下水形成、循环及其与生态环境关系，划分了洲际尺度的地下水系统，分析归纳了地下水的赋存类型、资源量、水质、地热的分布特征规律，揭示了地下水环境背景、环境效应、生态环境特征和问题，提出了跨界含水层和谐管理和地下水可持续利用与保护建议
郝吉明、王金南、许嘉钰等主编，《我国资源环境承载力与经济社会发展布局战略研究》，2019 年 3 月	以大气环境承载力、重点流域地表水环境承载力、水资源对区域社会经济发展的支撑能力、环境容量对煤油气资源开发的约束为依据，结合主体功能区定位要求，提出了全国、京津冀地区、西北五省及内蒙古地区产业发展绿色化布局战略
樊静丽、张九天、张贤等著，《中国能源与水耦合关系研究》，2019 年 3 月	主要内容包括：中国能源与水的生产消费特征和耦合关系、中国能源与水耦合关键部门、能源与水资源政策的协同效应、消费视角下中国能源-水-食物耦合的影响、中国能源与水耦合的研究需求调研等

续表

作者，书名，出版时间	内 容 摘 要
由星莹、张小峰、唐金武等著，《长江中下游河势调整传递及阻隔机理》，2019 年 3 月	总结了长江中下游长河段、长时段河势演变规律，分析了长江中下游河势调整的传导规律，提出能阻隔河势调整向上、下游传递的阻隔性河段，明确了此类特殊河段的分布位置、控制要素、判别指标等特征，揭示了阻隔性河段成因及作用机理
孙青言、陆垂裕、肖伟华等著，《高纬度寒区水循环机理与水资源调控》，2019 年 3 月	介绍了高纬度寒区水循环的主要特征和基础理论，开展了水循环和水资源特征的初步分析，研发和构建了符合三江平原水循环和自然地理特征的分布式水循环模型，揭示了高纬度寒区水循环的演变机理，研究了三江平原水资源调控的适宜模式
陈晓东、张华、张帆等编著，《农副产品加工园区废水处理与资源化利用技术》，2019 年 4 月	以农副产品加工产业集聚区——沈阳辉山农副产品加工园区为样本，调查了园区典型企业生产与污水处理状况，明晰了废水污染特征、处理工艺及效果，以沈阳福润肉类加工有限公司为例介绍了污水资源化技术研发与应用效果，提出了园区废水资源化利用对策
徐莹莹著，《露水资源监测与开发》，2019 年 4 月	介绍了露水的形成过程、影响因素、作用意义、露水收集和计算方法，研究了湿地、农田及城市生态系统中露水的凝结过程、影响因素及其生态效应，介绍了下垫面差异对水汽运移的影响，结合雾霾事件，讨论了雾霾与露水凝结的相互作用
刘家宏、周晋军、王浩等著，《城市高强度耗水现象与机理》，2019 年 4 月	揭示了城市高耗水现象及其内在机理，提出了城市全口径耗水的概念，建立了城市水平衡分析框架，基于水量平衡原理建立了城市耗水计算分析模型，将理论和模型成果在北京市和厦门市进行了应用，解析了城市耗水强度的时空演变特征
吴时强、吴修锋、戴江玉等著，《太湖流域重大治污工程水生态影响监测与评估》，2019 年 4 月	研究了重大工程生态影响跟踪监测技术，构建了以单因子指数与综合指数为一体的重大工程生态影响评估指标体系，提出了太湖流域重大工程生态影响跟踪监测与评估技术方案
张超、张辉、刘新华等著，《阿克苏河流域灌溉水资源调控配置研究》，2019 年 4 月	主要内容包括：阿克苏灌区土地利用变化及预测分析、土地利用空间配置优化、流域 SWAT 径流模拟、水资源供需平衡分析、灌溉水资源空间配置优化等
丁永建、杨建平等著，《中国冰冻圈变化的脆弱性与适应研究》，2019 年 5 月	阐述了冰冻圈脆弱性与适应的概念、理论方法以及冰冻圈变化的影响；分析了冰冻圈灾害风险，以研究案例形式分析了冰冻圈变化对水资源、生态等产生的影响及其脆弱程度和冰湖溃决、雪灾等带来的灾害风险
孙才志、郑德凤、吕乐婷著，《下辽河平原地下水脆弱性与风险性评价》，2019 年 5 月	从地下水的功能、价值、污染、生态等方面，运用环境风险评价模型、多目标决策与分析模型、计算数学模型、遥感与地理信息系统理论及方法等对下辽河平原地下水功能、地下水资源价值、地下水系统恢复能力、地下水污染风险进行了评价与分析
李一平、龚然、(美) 保罗·克雷格著，《地表水环境数值模拟与预测——EFDC 建模技术及案例实训》，2019 年 5 月	介绍了环境流体动力学模型的基本原理、建模技术和案例实训，描述了可视化工具 EFDC_Explorer (EE) 的基本功能和建模操作方法，提供了涵盖河流、浅水湖泊、深水湖泊 (水库) 和河口区域等的 6 个模型案例作为实训素材
吕素冰著，《区域健康水循环与水资源高效利用研究》，2019 年 5 月	评价了区域健康水循环，剖析了城市化对水循环的影响，分析了区域水资源利用演变规律及驱动因子，核算了农业、工业、生活水资源利用效益，对最严格水资源管理制度考核进行了实证评价

续表

作者，书名，出版时间	内 容 摘 要
周杰等著，《秦岭重要水源涵养区生物多样性变化与水环境安全》，2019 年 6 月	建立了生物多样性与生态安全评价模型，水资源水环境系统耦合模型，流域管理、生态补偿与社会经济发展评价模型，开展了秦岭水源地生物多样性与生态系统耦合研究、自然环境变化影响评价和社会经济活动影响评价，模拟了秦岭水源涵养区生物多样性与水环境的相互作用、响应机制，并预测了其变化趋势
万芳著，《乌梁素海生态补水研究》，2019 年 6 月	论述了乌梁素海生态补水的必要性、过程及成效，对湖泊及流域水循环承载力进行计算和控制，研究了乌梁素海生态需水量，并对从黄河引水的生态补水方案进行评价和论证
张远、江源等著，《中国重点流域水生态系统健康评价》，2019 年 6 月	介绍了适合我国流域水生态系统健康综合评价的体系框架与技术方法，阐述了水生态系统健康综合评价的技术步骤及方法，以全国及松花江、辽河、海河、淮河、黑河、东江、太湖、巢湖、滇池、洱海十大重点流域为对象，开展了流域水生态系统健康综合评价的技术应用示范
单正军、卜元卿等著，《太湖东苕溪流域农药面源污染控制与消减技术》，2019 年 6 月	建立了环境样品农药多残留分析技术，摸清了东苕溪流域地表水中的农药污染状况，揭示了农药不同时期浓度变化规律及其对东苕溪河水质与水生态效应的影响，建立了水稻种植农药使用面源污染控制和消减集成技术，在东苕溪流域水稻种植区进行工程示范和技术推广
王浩、胡春宏、王建华等著，《我国水安全战略和相关重大政策研究》，2019 年 6 月	主要内容包括：国家综合节水战略、水资源-粮食-能源协同安全战略、河湖生态水量与健康保障战略、新形势下的地下水保障战略、水资源配置安全保障战略、我国水安全保障市场机制与总体战略等
汪妮、刘思源、解建仓著，《陕北农牧交错带沙地农业与水资源调控》，2019 年 6 月	梳理了陕北农牧交错带沙地治理与农业发展现状，构建了沙地农业利用节水技术体系，以水资源管理控制指标为限制，以沙地农业利用剩余水资源可利用量为约束，优化配置水资源，从宏观层面提出了水土资源与生态环境协调发展的应对策略
张强、刘剑宇著，《变化环境下不同时空尺度径流演变及其归因研究》，2019 年 6 月	识别了全国流域尺度径流变化成因，模拟评估了中国未来流域径流时空演变特征，提出了气候季节性和非同步性指数（SAI），探讨了全球主要大河流域水热耦合平衡对气候年内变化和植被动态的响应，评估了全球不同时间尺度径流变化成因及主导因子
唐德善、唐彦、唐圆圆编著，《水利风险分析与决策》，2019 年 6 月	阐述了风险研究的意义、国内外风险研究的进展、风险分析与决策的基本理论，阐明了风险辨识、风险估计、风险评价与决策的量化方法和分析方法，介绍了风险分析理论和方法在防洪、水库、水资源、水利工程建设及水灾害等方面的具体应用
张强、张正浩、孙鹏著，《东江、黄河、辽河流域地表水文过程模拟及水利工程水文效应研究》，2019 年 6 月	研究了不同流域径流过程的模拟和预测，构建不同模型研究了径流模拟与预测精度和不确定性，针对受人类活动如修建大坝、水库等干扰下的不同流域地表水文过程，探讨了人类活动影响前后流域丰枯遭遇、洪水频率、重现期及水生态的情况
王旭升、胡晓农、金晓媚等著，《巴丹吉林沙漠的水文地质条件及地下水循环模式》，2019 年 6 月	基于水文地质学的科学理论和方法，综合一系列最新调查观测成果，研究总结了巴丹吉林沙漠的水文地质条件，确定了该沙漠地下水循环模式及其与黑河流域下游的关系
熊友才、李凤民主编，《石羊河流域水资源管理集成研究》，2019 年 6 月	总结了近 30 年来石羊河流域生态系统退化和社会经济发展历史，简析了国家重大生态修复工程石羊河流域重点治理背景下生态环境变化规律与生态效度变异特征，调查和分析了农户生计变化与农户响应特征，在不同尺度和不同层次上综合评估了流域水资源管理的有效性

续表

作者，书名，出版时间	内 容 摘 要
刘丙军编著，《变化环境下珠江河网区水文过程演变》，2019 年 6 月	总结了国内外河网区水文过程研究现状及其发展趋势，分析了珠江三角洲河网区水文水资源系统存在的问题及其面临的剧烈外部变化环境，分析了河网区城市化建设、河道挖沙、河口围垦等典型人类活动对土地利用变化、河网水系结构以及河道地形的影响，提出了水文过程全要素变异识别与特征量重构的理论与方法，研究了变化环境对河网区水文过程的影响
宋小庆、郑明英等著，《贵州省岩溶地下水资源功能》，2019 年 7 月	分析了影响岩溶地下水赋存和运移的大地构造、地形地貌、含水介质类型特征等因素，系统划分了贵州省岩溶地下水系统，计算并评价了贵州省岩溶地下水的资源量和质量，建立了贵州岩溶区地下水浅层地热能适宜性评价模型，评价了贵州省主要城市的浅层地热能（地下水）资源量和开发利用潜力
熊立华、郭生练、曾凌等著，《珠江流域分布式降雨径流模拟》，2019 年 7 月	解释了分布式降雨径流模型所需的数字流域信息的提取原理与方法，介绍了基于 DEM 的分布式降雨径流模型（DDRM）的理论基础、模型结构与应用实例，构建了珠江流域分布式降雨径流模拟与预报平台，开展了多时间尺度下的径流模拟与预报研究工作
周成虎、刘毅、王传胜等著，《长江经济带重大战略问题研究》，2019 年 8 月	分析了我国国土空间一级轴线——长江经济带，自改革开放以来功能发育的主要特征以及未来发展面临的主要资源环境约束，研究了资源环境与经济社会协调的城镇化和城市群发展战略、重点产业上中下游协作机制和发展模式，探讨了完善综合交通运输网的具体措施、能源资源供给体系的建设方案和保护水资源及生态环境的主要策略
李亚龙、惠军、罗文兵等编著，《西藏农村饮水安全工程建设管理实践与探索》，2019 年 8 月	总结了"十五"以来西藏农村人畜饮水解困、农村饮水安全的发展历程，以及农村饮水安全巩固提升工程建设与实施效果和运行管理现状，分析了西藏农村饮水安全存在的问题及需求，结合典型案例进一步总结了西藏农村饮水安全工程建设管理、运行管理及水源地保护的经验和做法
柯丽娜、韩增林、王权明等著，《辽宁省近岸海域环境问题与承载力分析研究》，2019 年 8 月	提出了基于可变模糊集理论的海水水质评价模型，建立了基于 ArcEngine 的海水水质可变模糊评价系统，构建了辽宁省海岸带海洋资源、生态和环境承载力计算方法，同时对未来海域承载能力发展趋势进行了系统动力学模型预测，提出了辽宁省海岸带海洋经济、资源、生态和环境可持续发展建议
左其亭、梁士奎、陈豪等著，《闸控河流水文生态效应分析与调控》，2019 年 9 月	介绍了闸控河流水文生态效应分析的理论基础、关键技术、野外实验、数学模型、调控与保障体系，主要内容包括：闸控河流生态水文效应分析、水生态系统健康评价相关理论与方法研究，闸控河流水量-水质-水生态实验研究，闸控河流水量-水质-水生态模型研究，闸控河流水量-水质-水生态调控研究及保障体系构建等
冯起、高前兆、司建华等著，《干旱内陆河流域水文水资源》，2019 年 9 月	主要内容包括：流域水文水资源系统，流域水资源形成与分布及内陆水循环与水文平衡，对降水、冰雪消融与融水径流、出山径流、地下水、洪水与枯水径流、蒸发量与生态需水量、流域水体化学等主要水文水资源要素进行定量分析，开展流域水文水资源在生态水文、生态环境建设、水资源承载力、水资源合理利用和可持续管理等方面的评价与分析应用
谢林伸、常旭、卢森等编著，《城市水环境精细化管理对策与实践——以深圳市南山区为例》，2019 年 9 月	分析了深圳市水环境的整体情况及存在问题，分析了大沙河流域污染源现状、水环境现状、趋势及存在的环境问题，基于"全流域整体把控＋精细控制单元"的思路，科学计算了流域及各控制单元污染物排放量、允许排放量、水质改善需削减量
徐辉等著，《基于生态系统管理的黑河流域法律政策能力评估》，2019 年 10 月	阐述了黑河流域管理法律政策能力评估开展的必要性，介绍了法律政策评估的理论和实践，通过梳理黑河流域法律政策建设的概况，从价值、质量、意义、实施等方面对黑河流域法律政策能力进行多方位的综合考察和实证分析

续表

作者，书名，出版时间	内 容 摘 要
王光纶主编，《水工程水资源认识研究》，2019 年 10 月	主要内容包括：万安水电站枢纽工程、三峡水利枢纽工程、清江流域梯级开发以及南水北调等水工程设计，水资源保护与开发、水资源综合调度、水土生态治理及水文认识研究，易贡堰塞湖排险、唐家山堰塞湖应急处置、舟曲白龙江堰塞排险、红石岩堰塞湖排险处置等水灾害处置与管理，水基系统、泛流域、水文化、符点目标等水理论方面的认识研究
张大伟、徐辉等著，《黑河流域最严格水资源管理法规体系构建》，2019 年 10 月	总结了国内外典型流域水资源法制化管理的经验得失，提炼了本土化环境和实现路径可借鉴的国际经验和思路，综合评述了黑河流域水资源管理实践中涉及的主要法规制度，按照规范内容构建了"一大一小一中"三套黑河流域最严格水资源管理法规体系框架，提出了推荐方案和近期立法规划
孙兆军等著，《全球典型旱区水土资源持续利用》，2019 年 10 月	总结了水土资源持续利用的重点方向、关键技术、配套装备等，提出了水土资源持续利用的若干技术模式，总结了中国西北旱区水土资源持续利用的新技术、新方法和新成果
陆垂裕、王建华、孙青言等著，《采煤沉陷区分布式水循环模拟与水利工程效用研究》，2019 年 11 月	介绍了面向对象模块化的"河道-沉陷区-地下水"分布式水循环模拟模型的开发及其在采煤沉陷区的应用，论证了采煤沉陷区的积水机理和水资源形成转化机制，不同沉陷发展阶段的蓄洪除涝能力、可供水量，以及沉陷区水资源开发利用对淮河干流的环境影响、矿区环境对沉陷区水质的影响和水质保护等方面内容
徐冬梅、王文川著，《南水北调中线干线京石段工程输水运行规律分析》，2019 年 11 月	分析了京石段工程输水的水流波速、稳定调度状态下的过闸流量、渠道水量损失率、渠道充水规律、汛期调度规律、冰期调度规律及渠道退水规律等，总结了输水水流传播规律，分析了渠道水量损失率，研究了安全合理的充水、退水、汛期、冰期输水调度规律
管光明、庄超、许继军著，《跨流域调水管理与立法》，2019 年 11 月	梳理了国内外重大跨流域调水工程的建设及运行管理实践，分析了跨流域调水管理与立法面临的主要问题和挑战，厘清了现有法律体系对跨流域调水管理的立法回应与不足，辨明了跨流域调水的主要法律诉求，提出了我国跨流域调水的立法建议
傅志寰、侯立安等著，《秦巴山脉区域绿色循环发展战略研究（交通与水资源卷）》，2019 年 11 月	提出了秦巴山脉区域绿色交通体系建设的战略选择、总体思路、重点任务和保障措施，分析了秦巴山脉水资源保护、利用现状及存在的问题，提出了战略思路、目标及任务，从完善生态补偿体系、加强水质监测等方面提出了保障措施与政策建议
程国栋、李新等著，《黑河流域模型集成》，2019 年 11 月	介绍了黑河流域生态水文集成建模的总体设计思路、建模方法，以及在上游寒区水文模型集成、中游干旱区地表地下水耦合建模及生态水文模型集成、整个流域内自然与人文过程耦合模型、流域决策支持系统和水资源管理等方面取得的研究成果
梁中耀、刘永著，《湖泊水质目标风险管理研究》，2019 年 11 月	提出了湖泊水质目标风险管理的理论体系和 3 个关键步骤，识别出其中的 4 个主要风险来源；探究了面向管理的水质达标评价方法；以典型案例为研究对象，识别了重点研究湖泊水质目标管理中潜在的风险及成因
魏自民、赵越、张旭等著，《东北典型湖库微生物、藻类群落特性研究》，2019 年 11 月	分析了浮游细菌种群结构与水体营养特性的响应关系，探讨了水体中氮、磷代谢相关功能微生物的演化规律，揭示了东北典型湖库氨氧化细菌种群的多样性，系统识别鉴定了东北典型湖库浮游植物的形态学特征，揭示了浅水、深水湖库水生态指标对真核浮游植物多样性影响的差异性

续表

作者，书名，出版时间	内　容　摘　要
冯彦著，《国际河流水资源利用与管理（上）》，2019 年 11 月	以国际河流水资源利用和管理制度、机制建设及案例分析为主线，以"国际河流水资源概念-国际河流分布-国际河流水资源权属-流域机构建设"为脉络，厘清了近年来受社会各界关注的国际河流水资源概念、水资源利用与管理涉及的国家间权利与义务、国际法基本原则等
万芳著，《面向风险预警机制的复杂水库群供水调度规则研究》，2019 年 11 月	论述了面向风险预警机制的复杂水库群供水优化调度，对供水预警系统进行了分析，建立了供水水库群的优化调度三层规划模型，制定了水库群共同供水任务分配规则，基于决策者的不同风险偏好，分析和研究了水库群供水预警系统及其准确度
刘晓玲、宋永会等著，《市政污泥资源化新技术》，2019 年 11 月	介绍了污泥处理处置的基本方法及污泥资源化利用新技术，主要内容包括：市政污泥及其资源化的基础理论知识、市政污泥的预处理及工程案例分析、市政污泥资源化利用及技术分析、市政污泥恶臭控制及风险管理等
吴炳方著，《流域遥感》，2019 年 11 月	主要内容包括：流域遥感定义、研究内容、科学范畴及方法，流域下垫面遥感，流域水循环遥感，流域水资源可消耗量遥感，流域耗水管理，流域生态遥感，流域灾害遥感以及流域水利工程遥感所涉及的理论、方法和数据产品等
苏亚南、田西昭、徐铁兵等著，《河北省地下水基础环境状况调查评估技术与实践》，2019 年 11 月	介绍了地下水污染状况综合评估、地下水脆弱性评估、地下水污染风险评估、地下水健康风险评估和修复（防控）的方法，并以试点地区为例介绍了地下水污染区划评估的理论和方法
丁永建主编，《冰冻圈变化及其影响》，2019 年 11 月	梳理总结了冰冻圈变化事实、冰冻圈变化模拟和预估、冰冻圈变化的影响以及冰冻圈变化影响的适应等研究进展，给出了冰川快速变化机理、欧亚大陆及北半球积雪变化、格陵兰和南极冰盖物质平衡新算法、基于冻土调查的青藏高原多年冻土分布新结果、累加效应对冰冻圈自身稳定性的影响等方面的最新结果
樊良新著，《饮水安全工程下的农村居民生活用水管理》，2019 年 12 月	研究了供水方式、供水时间对农村家庭生活用水行为的影响，构建了基于计划行为理论的居民节水行为模型，揭示了居民用水感知、节水意识、节水行为、节水动机与障碍之间的内在联系，构建了农村居民家庭生活用水模型，研究了农村家庭生活用水量驱动因子，预测了未来农村家庭人均生活用水量，并对当前农村生活用水管理提出建议
吴锋、邓祥征著，《内陆河流域水资源综合管理》，2020 年 1 月	分析了水-生态-经济耦合系统的模型研究进展，阐述了水-生态-经济耦合系统的互馈作用机制，构建了水-生态-经济耦合系统的模型方法体系，并在黑河流域开展应用实践研究，基于水-生态-社会经济耦合系统模型开展了情景模拟
李小雁、郑元润、王彦辉等著，《黑河流域植被格局与生态水文适应机制》，2020 年 1 月	编制了黑河流域 1：10 万植被类型图，构建了黑河流域生态水文参数集，制订了全流域生态情景集，揭示了黑河流域植被空间分布格局与多尺度生态适应性，评估了黑河流域水资源与生态需水现状及存在的问题，提出了黑河流域生态安全和社会经济可持续发展的政策建议
蒋晓辉、黄强、何宏谋等著，《基于水库群多目标调度的黑河流域复杂水资源系统配置研究》，2020 年 1 月	创建了由水资源供需平衡模型、水库调度模型和地下水均衡模型等耦合形成的黑河流域水资源合理配置模型；分析评价了"97"分水方案的适应性，并优化了"97"分水方案；构建了水资源调配方案集和综合评价方法；提出了黄藏寺水库中游地表水和地下水运用策略、中游闭口策略、狼心山以下水资源配置策略；研究了不同来水年的黄藏寺水库运用方式和大流量集中泄水方案

续表

作者，书名，出版时间	内 容 摘 要
康绍忠、赵文智、黄冠华等著，《西北旱区绿洲农业水转化多过程耦合与高效用水调控——以甘肃河西走廊黑河流域为例》，2020年1月	阐述了绿洲需水对变化环境的响应与时空格局优化、绿洲灌溉水转化多过程耦合与定量表征、绿洲多尺度农业水效率协同提升机制与模式、基于节水高效与绿洲健康的水资源调配策略等方面的相关方法和应用成果
杨大文、郑元润、高冰等著，《高寒山区生态水文过程与耦合模拟》，2020年1月	主要内容包括：黑河上游山区生态水文特征与机理、高寒山区流域水文过程、高寒山区流域分布式生态水文模型的构建与验证、基于分布式生态水文模型的黑河上游生态水文模拟与预测、基于数值模拟结果的黑河上游冻土退化的生态水文效应分析等
曹升乐、于翠松、宋承新等著，《水资源预警理论与应用》，2020年2月	介绍了水资源预警理论与方法，包括点预警与过程预警、静态预警与动态预警的概念和确定方法，建立了地表水预警、地下水预警和区域预警理论体系，并结合实际研究区，分别给出了应用实例
曹升乐、孙秀玲、庄会波等著，《水资源管理"三条红线"确定理论与应用》，2020年2月	主要内容包括：水资源管理"三条红线"确定的理论方法及其应用、基于"三条红线"的水资源优化配置与应用、水资源综合利用与管理效果评价及应用等
朱永华、韩青、戴晶晶等著，《太湖流域与水相关的生态环境承载力研究》，2020年2月	系统研究了流域（区域）与水相关的生态环境承载力的理论方法，以太湖流域的长兴县为例进行应用研究，主要内容包括：建立太湖流域与水相关的生态环境承载力的理论、在长兴县的应用研究等
张金良著，《黄河水沙联合调度关键问题与实践》，2020年3月	分析了黄河中下游来水来沙特性，提出了水沙预测方法，分析了高含沙洪水的运动特征，研究了高含沙洪水的"揭河底"机理，建立了水库泥沙淤积神经网络快速预测模型，研究了水库排沙和异重流调度、水库汛期浑水发电与优化调度、水沙联合调度及其对下游河道的影响，给出了调水调沙试验与生产运行实践过程
刘金涛、韩小乐、陈喜著，《山坡表层关键带结构与水文过程》，2020年3月	介绍了山坡表层关键带科学的最新研究进展，阐述了山坡表层关键带结构与水文产流过程的相互关系，主要内容包括：关键带结构的探测与水文过程的观测、山坡表层关键带结构（如土壤厚度）空间分布规律及预测方法、山坡表层关键带结构和水文响应关系的理论解析等
袁益让、芮洪兴、程爱杰著，《现代油水资源数值模拟方法的理论和应用》，2020年5月	主要内容包括：二相渗流驱动半定问题数值方法的理论与应用、可压缩二相渗流的区域分裂方法、二相渗流驱动问题的混合体积元-分数步差分方法、多孔介质非Darcy流问题的数值方法、核废料污染问题数值模拟的新方法、化学采油数值模拟方法的新进展、冻土问题和地下水污染问题数值模拟的计算方法及其理论分析等
孙然好、武大勇、陈利顶著，《海河流域河流生态系统健康研究》，2020年5月	以海河流域为例介绍了河流生态系统健康评估的基本内涵、调查方法、评估指标、结果应用等，提出了构建河流生态系统健康评估指标体系的原则和方法，分析了海河流域自然和社会背景及其对河流生态系统的影响，阐述了海河流域水质、底泥、藻类等河流生态系统因子调查方法，评估了流域健康状况及其季节动态，评价了不同等级分区的河流生态系统健康特征和时空格局，论述了河流生态系统健康与鱼类保护的关系
杨柳燕等著，《低污染水生态净化技术与应用》，2020年5月	开展了不同生态净化技术比选研究及物化/生物强化生态净化技术集成研究，研究了物化-生态耦合脱氮除磷强化净化、光伏电解人工湿地净化、生态净化模块化组装、水生植物季节维稳与资源化等低污染水生态净化共性关键技术，开展了不同特征低污染水的强化生态净化工程示范

作者，书名，出版时间	内 容 摘 要
孙才志、赵良仕、马奇飞著，《中国水资源绿色效率研究》，2020 年 5 月	以中国水资源绿色效率为研究对象，对中国水资源经济、环境、绿色效率等方面进行探究，提出了水资源绿色效率的驱动机理，探讨了水资源绿色效率的提升机制与保障体系的构建
支援著，《水资源态势与虚拟水出路》，2020 年 5 月	梳理了世界主要地区的水资源与社会、经济及环境的相互作用关系，以合理高效用水、节约水资源为目标，把包含了直接和间接用水的"虚拟水"概念引入产业用水分析，提出了新的研究方法和实证案例
张楚汉、王光谦主编，《世界都市之水》，2020 年 6 月	有针对性地选择、调研了 20 个城市（其中国内城市 8 个，国外城市 12 个），总结了各国城市化过程中在水安全保障方面的经验与教训，梳理了世界各国特别是发达国家的大城市在水安全保障方面的发展历程，介绍了国内外大都市的基本概况、自然条件、供需保障、节水与生态环境治理、洪涝灾害防治、地下水保护与修复、水文化和城市水智慧管理等方面的经验
刘俊国、冒甘泉、张信信等著，《蓝绿水-虚拟水转化理论与应用：以黑河流域为例》，2020 年 6 月	构建了蓝绿水-虚拟水转化理论，综合运用野外调查、实验观测、统计数据、水文模拟和投入产出经济模型等多种手段，形成了蓝绿水-虚拟水转化研究的理论框架和方法体系，利用水文模型模拟了黑河流域蓝绿水时空分布特征及转化规律，揭示了黑河流域产业间以及流域上中下游之间的实体水与虚拟水转化规律
宁虎森、王让会、罗青红等著，《沙区绿洲防护体系与资源高效利用研究——古尔班通古特沙漠农牧业综合开发》，2020 年 6 月	论述了气候、环境、资源、植被及经济发展现状的时空分布特征，阐明了水土耦合、植被-土壤耦合特征，提出了植被配置和保育方法，构建了各圈层低碳发展模式，并从碳排放量、生态系统服务价值、经济产出、景观格局指数方面对优化结果进行了评价
刘世荣、孙鹏森著，《空间生态水文学》，2020 年 6 月	阐述了空间生态水文学的概念、生态水文学的过程及尺度、大尺度生态水文学的研究方法、遥感和同位素在空间生态水文学研究中的应用、生态水文过程的耦合与模拟等基础理论研究成果，对比研究了生态水文过程的耦合及气候变化、植被变化对关键生态水文过程的影响、中国样带尺度的森林水量平衡格局及其对气候变化的响应、全球变化背景下流域的适应性管理
郝晓地著，《蓝色经济下的水技术策略》，2020 年 6 月	确定了未来水科学技术应以纳入物质生态循环为主要目标，阐述了水源、水质与排涝方面的生态方式，详述了有机能源回收与温室气体排放及控制技术，阐明了污水资源化的未来方向与前景，介绍了与之相应的可持续水处理技术及方向
高俊峰、李海辉、齐俊艳等著，《鄱阳湖水生态模拟与健康评价》，2020 年 6 月	构建了鄱阳湖水文水动力、水质、浮游植物（藻类）模型，模拟分析了其在典型水文年的时空分布特征和变化规律，针对鄱阳湖水利枢纽工程进行了水动力、水环境、水生态影响评价，建立了鄱阳湖健康评价指标体系，分析评价了鄱阳湖健康状态
李兆华、王敏、万家云等著，《洪湖生态安全调查与评估（二期）》，2020 年 6 月	研究了洪湖生态系统状态与生态服务功能的本底、格局及其变化，建立了洪湖资源环境本底数据库，揭示了人类活动对洪湖生态环境的影响
夏日元、赵良杰、王喆等著，《典型岩溶地下河系统水循环机理研究》，2020 年 6 月	研究了水文地质动态监测系统、水动力及水化学动态特征、地下河系统水动力场，并进行了水循环转化试验，建立了水资源评价数值模型，揭示了人类活动和环境变化对地下水可持续利用能力的影响

续表

作者，书名，出版时间	内　容　摘　要
骆永明等著，《渤海及海岸环境与生态系统演变》，2020 年 6 月	介绍了渤海水文学、化学、生物学方面的最新研究进展，估算了渤海海峡水交换通量、渤海周边河流中生源要素和污染物的入海通量及大气颗粒物的沉降通量，建立了渤海陆源和外海输入物质的同位素及环境磁识别方法，揭示了渤海海域及海峡微生物、微微型浮游生物、浮游植物群落的结构及时空分布特征
夏军、左其亭、王根绪等著，《生态水文学》，2020 年 6 月	分析了国内外生态水文学的发展历程，总结了学科的战略地位、学科体系的发展及其分支学科的联系，分析了生态水文学学科发展态势，凝练了学科前沿的重大科学技术问题和重大战略研究方向，提出了近期和中长期学科发展的战略布局与建议
周秋文、周旭、罗娅等著，《喀斯特地区植被与土壤层水文效应研究》，2020 年 6 月	以喀斯特地区植被与土壤层水分为研究对象，通过野外定位观测结合室内实验分析的方法，从林冠截留、树干流、枯落物及土壤层水分调节、地表产流与侵蚀产沙等方面，解析了喀斯特植被与土壤层水文过程及机制
徐宗学、胡立堂、彭定志等著，《黑河流域中游地区生态水文过程及其分布式模拟》，2020 年 6 月	针对黑河中游地区水循环与生态系统关系及耦合机理，开展了气候变化和人类活动影响下黑河流域中游地区水文过程演变规律及其生态效应、黑河流域中游地区生态系统演变规律及其对水循环的影响，以及生态-水文过程耦合模拟相关研究
孙鹏、张强、姚蕊等著，《淮河流域干旱形成机制与风险评估》，2020 年 6 月	在淮河流域干旱的时空演变特征及风险评估多年系统研究的基础上进行总结与提炼，揭示了气候变化和人类活动影响下淮河流域气象、水文和农业干旱过程的时空演变规律，识别了影响其干旱变化的主要因素，开展了旱灾风险评估研究
张强、郑泳杰、赖扬晨等著，《中国东部季风区降水过程时空特征与机理》，2020 年 6 月	主要内容包括：变化环境下降水的相关热点问题、中国东部季风区概况、降水研究的主要数据与手段、中国东部季风区降水特征及大气环流背景、WNPSH 主要特征及其对中国东部夏季降水的影响、MJO 的主要特征及其对中国东部冬季降水的影响、TC 极端降水时空特征及水汽条件分析等
武强、孙文洁、董东林等著，《废弃矿井水资源开发利用战略研究》，2020 年 8 月	分析总结了我国废弃矿井地下水污染的模式及其特征，调研了国内外废弃矿井水资源开发利用模式，研究了我国废弃矿井水再利用限制性因素，提出了废弃矿井水开发利用战略建议
刘东、赵丹、朱伟峰等著，《区域农业水土资源系统恢复力测度方法及其调控机理研究》，2020 年 8 月	总结了区域农业水土资源系统恢复力的研究进展，介绍了区域农业水土资源系统恢复力测度方法，并对农业水土资源系统恢复力进行了评价，分析了区域农业水资源系统恢复力驱动机制，得出各农场的关键驱动因子，建立了区域农业水土资源系统恢复力情景分析方案集，全面分析了区域农业水土资源系统恢复力对灌溉用水效率、农业水土环境和土壤墒情等系统要素的响应特征
周建中、张勇传、陈璐等著，《长江上游供水-发电-环境水资源互馈系统风险评估与适应性调控》，2020 年 8 月	研究了变化环境下长江上游水资源耦合系统动态演化特性和变化格局，建立了多重风险约束下水资源耦合互馈系统效益均衡的适应性调控模式，发展了供水-发电-环境互馈的长江上游水资源耦合系统风险评估与适应性调控的理论与方法体系
王琳、王丽著，《村镇水生态规划方法与策略》，2020 年 8 月	梳理了生态规划的技术方法，给出了面向村镇特色的水资源可持续利用的策略，利用 GIS 技术、低影响开发技术、绿色污水处理技术，结合村镇的特点进行了应用示范

续表

作者，书名，出版时间	内　容　摘　要
丁永建、张世强、陈仁升等著，《冰冻圈水文学》，2020 年 8 月	系统论述了冰冻圈水文学，研究方法包括野外观测与试验、室内实验与分析、遥感与地理信息应用和数理统计与模型，从消融及产汇流过程、径流变化过程及泥沙与水化学三方面阐述了水文过程，从冰冻圈与大洋中的淡水组成、冰冻圈与全球水循环和冰冻圈与海平面变化三方面对冰冻圈的大尺度水文影响进行了讨论
王煜、李福生、侯红雨等著，《流域多水源空间均衡配置研究》，2020 年 8 月	开展了湟水流域多水源空间均衡配置研究，创立了基于分布式水文-水动力学-栖息地模型的河道内生态需水分析技术、生态优先下多水源可供水量评价技术与流域多水源空间均衡配置技术
徐宗学、赵捷、李磊等著，《黑河流域生态水文过程及其耦合模拟》，2020 年 8 月	探讨了黑河流域水文过程演变规律、植被生态系统对水文过程的影响、生态-水文过程相互作用机理及其模拟等科学问题，开发了具有友好操作界面的黑河冰川-生态-水文-灌溉耦合模型，模拟分析了流域不同气候变化情景和不同水资源利用模式下陆地生态系统的演化规律及生态水文过程演变趋势
郑春苗、姚莹莹等著，《黑河流域中下游生态水文过程的系统行为与调控研究》，2020 年 8 月	介绍了流域生态水文研究的科学问题，分析了黑河流域水文要素变化影响、基于观测的黑河流域地表-地下水交互过程、流域中下游物质循环演化、中下游地表-地下水模型模拟、流域地下水流系统、流域关键带地下水流过程及影响、未来气候变化对黑河流域水资源的影响等，构建了量化黑河流域地表-地下水系统的框架，提出了定量分析流域尺度地下水系统及其关键带生态水文过程作用机理的研究方法和思路
吴普特、王玉宝、赵西宁等著，《农业水足迹与区域虚拟水流动解析》，2020 年 8 月	解析了农业水足迹与区域虚拟水流动的理论、方法和应用，从灌区、流域和国家 3 个尺度探明了我国农业水足迹与区域虚拟水流动时空变化过程及其驱动要素，建立了农业用水效率评价方法和应用案例，明确了区域农业虚拟水流动格局及伴生效应，提出了水足迹控制和虚拟水调控等农业水资源科学管理的思路、方法和举措
付强、刘巍、吕纯波等著，《灌区灌溉水利用效率分析及用水优化管理》，2020 年 8 月	主要内容包括：概述、灌溉用水效率指标体系及测算方法、灌溉用水效率时空分布规律、灌溉水利用效率影响因素分析、渠道渗漏模拟、渠道入渗影响因素分析、灌区水资源优化配置理论、灌区多水源优化配置实例分析、灌区灌溉制度优化、灌区节水潜力计算与评价、水足迹理论下的农业用水分析等
潘海英、郑垂勇、袁汝华著，《效率导向下水权市场交易机制设计与政府责任研究》，2020 年 9 月	提出了包括市场交易制度在内的若干因素，建立了水权市场交易机制设计实验研究的理论框架和虚拟水权交易市场，比较了不同交易制度下水权市场效率以及水权成交数量和成交价格的差异，并考察了交易成本、市场势力、跨期存储因素及其交互组合对水权市场运行效果的影响
杨扬、王赛、崔永德著，《东江流域水环境与水生态研究》，2020 年 9 月	介绍了东江流域的概况、水环境特征及水生态调查方法，分类鉴定了东江流域常见大型底栖动物和鱼类，阐述了如何应用底栖动物生物完整性指数评价河流生态健康状况及如何利用 Ecopath 模型模拟水生食物网的物质循环与能量流动
刘家宏、陈伟伟、王文晖等著，《缺水地区非常规水利用方案研究》，2020 年 10 月	介绍了非常规水利用的理论和技术，调研分析了缺水地区非常规水源的利用潜力和模式，并以中国厦门市、山西省及海岛国家马尔代夫为例进行研究，提出了适合不同类型缺水地区的非常规水利用方案
邵东国、谭学志、陈述等著，《灌区水转化机制与用水效率评估方法》，2020 年 10 月	围绕灌区水转化机制与用水效率评估方法，揭示了变化环境下灌区水转化过程及效应，提出了不同尺度农业用水效率定量表征及提升方法，建立了多水源调配-渠系输配水-作物耗水多尺度协同高效用水机制与调控模式
郑丙辉、张佳磊、王丽婧等著，《三峡水库水环境特征及其演变》，2020 年 10 月	论述了三峡水库运行后干流水体水文水动力、水质、水生态演变过程，以及流域氮、磷污染源输入和水库消落带土壤与沉积物的特征，以大宁河支流回水区为典型，探讨了三峡水库支流回水区氮、磷迁移转化和水华形成机制

续表

作者，书名，出版时间	内　容　摘　要
程国栋、傅伯杰、宋长青等著，《"黑河流域生态-水文过程集成研究"重大计划最新研究进展》，2020 年 11 月	以流域为研究单元，瞄准陆地表层研究的难点问题，建立系统研究的思路，分别介绍了黑河计划的背景、天空地观测系统、数据制备手段与方法、生态-水文过程与驱动机制、生态-水文集成模型以及水资源管理决策支持系统
宋永会等著，《辽河流域水污染治理技术集成与应用示范》，2020 年 11 月	总结了"十一五"水体污染控制与治理科技重大专项实施以来，辽河流域十余年的研究进展和成效，包含共性技术研发、区域综合示范、产业化发展等主要内容
江源、黄晓霞、刘全儒等著，《流域水生态功能分区：陆水耦合的地理生态分区理论与实践》，2020 年 11 月	阐述了流域水生态功能分区的原则、依据、策略、层级体系和方法等理论原理，提出了分区的命名、编码等基本规则和要求，重点研究了耦合陆地和水体特征的流域地理生态分区——东江流域水生态功能分区
陈长林、贾俊涛、邓跃进等译，《QGIS 水利和灾害应用》，2020 年 11 月	展示了处理水利和风险问题过程中如何使用 QGIS 的应用案例，包括沿海湿地地形和生物演化、水库水文监测卫星影像分析、网络分析与路径选择、城市及周边地区排水网络提取、旱灾制图、基于景观指标的空间采样设计在害虫调节中的应用以及应用 RUSLE 方程构建侵蚀灾害模型
胡振鹏著，《鄱阳湖水文生态特征及其演变》，2020 年 11 月	研究了鄱阳湖地形地貌特征及其产生的水文生态效应，揭示了鄱阳湖水文及其相关因素的变化过程和特征，定量研究了鄱阳湖浮游生物、湿地植被、底栖动物、鱼类和越冬候鸟等生物种群的分布、结构、演变过程及其驱动因素，提出了鄱阳湖枯水期最低生态需水过程和保护鄱阳湖湿地生态系统健康的建议
窦明、张彦、米庆彬等著，《闸控河流水环境模拟与调控理论研究》，2020 年 11 月	建立了水质多相转化数学模型，分析了不同情景下的水质多相转化规律，识别了影响水质浓度变化的主要因子并构建了水质浓度变化率与主要因子的量化关系，分析了水闸调度对水质改善可调性及闸坝建设对径流变化的影响，模拟了不同情景闸坝群联合调控下水质水量的变化过程
王根绪、张志强、李小雁等著，《生态水文学概论》，2020 年 11 月	总结了从叶片到流域尺度的生态水文学主要理论进展及前沿发展方向；从学科体系角度，分别阐述了陆地植被生态水文、水域生态水文、环境生态水文、城市生态水文以及流域生态水文等主要领域的基本内容、理论方法及其实践应用
田义超、王世杰、白晓永等著，《赤水河流域生态水文过程研究》，2020 年 11 月	在不同的时空尺度上分析了流域气候变化特征及其土地利用的时空差异性特征，建立了喀斯特流域的生态水文过程模型，预估了气候变化和人类活动对生态水文过程的影响，采用生态补偿核算方法及 SOFM 自组织神经网络算法建立了赤水河流域的生态补偿标准和生态安全分区方案
王建华、李海红、冯保清等著，《水资源红线管理基础与实施系统设计》，2020 年 11 月	建立了最严格水资源管理制度理论框架，研究了"三条红线"互动关系，建立了包含用水总量、万元工业增加值用水量、农田灌溉水有效利用系数、水功能区水质达标率等四项考核指标的监测统计技术方法与方案，提出了不同来水条件下用水总量折算方法，设计了实行最严格水资源管理制度考核系统与方案
顾世祥、陈刚等著，《滇池流域水资源系统演变及生态替代调度》，2020 年 11 月	针对滇池、普渡河、牛栏江等流域，开展了与水有关的自然地理、气候环境、社会经济、水资源等调查分析，揭示了滇池流域水文水资源特性及其开发利用规律，运用 MIKEBASIN、ARC＿WAS 等模拟优化技术，构建了高原湖泊流域的健康水循环调控模式

续表

作者，书名，出版时间	内 容 摘 要
高峰、刘伟、郑国臣等著，《松花江流域省界缓冲区水环境监测与评价》，2020 年 12 月	研究了水质评价方法（单因子评价法、趋势分析法、主成分分析法、物元分析法、聚类分析法、神经网络预测法），开展了水体的微生物监测与评价，构建了流域水质监测系统和评价系统，探讨了人工智能算法在松花江流域省界缓冲区水质评价与预测的应用
卢金友等著，《长江中下游河道整治理论与技术》，2020 年 12 月	从防洪安全、航道畅通、涉水工程运行安全、岸线水土资源利用与保护等诸多方面系统介绍了长江中下游河道整治的基本理论与关键技术及工程实践
王沛芳、钱进、侯俊等著，《生态节水型灌区建设理论技术及应用》，2020 年 12 月	创建了生态节水型灌区建设理论体系，提出了灌区节水与面源污染防控协同创新方法，研发了灌区节水减污、面源污染源头防控与资源化、耦合于排灌沟渠河道的带状与面状湿地净污系统构建与生态化、灌区智能化网络监控与优化决策系统等核心技术

12.3　中国水利水电出版社

中国水利水电出版社（China Water & Power Press）是中央级科技出版社。其前身是 1956 年元旦成立的水利出版社。1993 年被中宣部、新闻出版署评选为首批 15 家"全国优秀出版单位"之一。按照中宣部和水利部有关改革要求，出版社已于 2010 年年底转为全民所有制企业，于 2018 年 12 月改制更名为中国水利水电出版社有限公司。

中国水利水电出版社始终践行"服务水电，传播科技，弘扬文化"的办社宗旨，坚持"为人民服务，为社会主义服务"的出版方向，认真履行水利科技传播和文化建设责任，将社会效益放在首位、实现社会效益和经济效益相统一，出版了大量优秀的水利水电科技图书和相关出版物，为传播水利水电科技信息、推广水利水电科技成果、普及水利水电科学知识、培养水利水电科技人才做出了重要贡献。迄今为止，中国水利水电出版社有限公司已发展成为一家以水利电力专业为基础、兼顾其他学科和门类的综合性出版企业，每年出版各种出版物 2000 多种，一大批优秀出版物获得国家级和省部级奖励。中国水利水电出版社 2019—2020 年出版有关水科学的学术著作见表 12.2。

表 12.2　中国水利水电出版社 2019—2020 年出版的有关水科学的学术著作一览表

作者，书名，出版时间	内 容 摘 要
张永明主编，《漳卫南运河水资源承载能力和生态修复研究》，2019 年 3 月	主要内容包括：漳卫南运河水资源承载能力评价、河流水生态修复模式与方案设计、漳卫新河河口生态修复和保护研究、河湖连通及水资源配置研究、岳城水库饮用水源地达标建设等
江恩慧、李军华、陈建国等著，《黄河下游宽滩区滞洪沉沙功能及滩区减灾技术研究》，2019 年 3 月	揭示了黄河下游滩槽水沙交换机理及漫滩洪水水沙运移与滩地淤积形态的互馈机制，提出了下游宽滩区泥沙配置潜力和可兼顾下游防洪与滩区发展的洪水泥沙调控模式、减灾技术和运用机制，构建了同时反映河流自然属性和社会属性的宽滩区滞洪沉沙功效二维评价指标体系和评价模型
王冬梅、梁士楚、任远等著，《漓江流域水陆交错带生态修复理论与技术》，2019 年 3 月	运用聚类分析方法汇总分类了漓江流域水陆交错带现有植被配置型式，通过对各种植被配置型式的生态特征分析，探讨了漓江流域现有的不同植被配置型式的退化状况及其存在的生态退化问题和原因，并提出了生态恢复建议

续表

作者，书名，出版时间	内　容　摘　要
董哲仁著，《生态水利工程学》，2019 年 3 月	阐述了水生态系统的特征和河湖生态模型基础理论，介绍了河湖调查与栖息地评价方法，阐述了包括生态水文学、生态水力学、景观分析、环境流以及河道演变在内的生态要素分析与计算方法，提出了水生态修复规划准则，阐述了河流廊道自然化工程、湖泊与湿地生态修复工程、河湖水系连通工程以及鱼道工程的规划设计方法
郑航、王忠静、赵建世著，《水权分配、管理及交易——理论、技术与实务》，2019 年 4 月	梳理了水权分配和交易的基本理论及国内外研究进展，总结了我国水权制度建设的历史沿革、典型案例与发展动态，构建了水权制度建设的基本框架，分析了我国水权和水市场建设所需要的制度基础、机制条件及所面临的风险，建立了初始水权分配的多准则优化数学模型，提出了水权调度实现及其风险度的概念和计算方法，阐述了应用互联网平台开展水权交易的业务流程和实践经验
雷薇、杨春友、张和喜等著，《乡村振兴战略背景下的山区高效节水灌溉关键技术研究》，2019 年 5 月	分析了乡村振兴战略内涵和外延意义，总结了贵州高效节水灌溉发展历程，研究了高效节水灌溉技术、应用和推广问题，提出了高效节水灌溉项目效益评价指标体系和方法
陈成豪、李龙兵、黄国如等著，《海南岛河湖水系连通与水资源联合调配研究》，2019 年 5 月	明晰了河湖水系连通的基本概念、内涵和特征，分析了海口市水资源水环境问题，评估了海口市河湖水系连通工程，进行了河湖水系连通水量调度数值模拟研究，构建了海口市水资源优化配置模型，开发了海口市河湖水系连通系统
张世殊、冉从彦、赵小平等著，《高山峡谷区大型水库岸坡变形破坏机理与防治研究》，2019 年 6 月	归纳了岸坡倾倒变形破坏演化机制、稳定性评价及危害性评估等内容，探讨了地震作用下反倾岸坡的变形破坏模式及稳定性分析方法，阐述了硬壳覆盖层岸坡的变形破坏机制及灾害效应，研究了水库岸坡灾变预警及其防治方法
付宏、芦绮玲、那巍等著，《水库大坝安全监控技术与实践》，2019 年 6 月	主要内容包括：大坝安全监测的建设内容和设计、大坝渗压渗流监测仪器选型优化、大坝表面变形自动化监测新技术的研究、大坝安全监测数据自动化采集与传输、大坝安全智能巡检系统应用、大坝三维建模与全景感知展示、大坝安全智能监控云平台和大坝安全智能监控系统应用等
左其亭、王中根著，《现代水文学（新 1 版）》，2019 年 6 月	阐述了现代水文学的基础理论、技术方法及应用实践，总结了水文学新理论方法和应用实践成果，全书共分 3 篇 15 章，第 1 篇是对现代水文学理论基础的介绍，第 2 篇是对现代水文学中新技术方法的介绍，第 3 篇是对现代水文学应用实践内容的介绍
刘俊萍、曹飞凤、韩伟等著，《河川径流对变化环境的脉冲响应研究》，2019 年 6 月	主要内容包括：渭河流域和陕西省概况、气象水文序列趋势突变研究方法、渭河流域上游气象因子变化特征分析、渭河流域上游径流变化特征分析、基于 BP 神经网络的渭河流域上游径流预测、渭河流域中游气象因子变化特征分析、渭河流域中游径流变化特征分析、基于 RBF 神经网络的渭河流域中游径流预测等
马巍、李翀、班静雅等著，《山区小流域水生态文明建设评价与关键技术研究》，2019 年 6 月	介绍了水生态文明建设的相关概念与理论内涵，建立了适合雁栖湖自然环境特点的水生态文明建设评价指标体系，确定了评价指标目标阈值及其相关计算方法，评估了雁栖湖生态发展示范区水生态文明状况及近期建设目标的可实现程度，提出了符合雁栖河示范区水资源特点、水生态条件的河域水生态文明建设对策与建议
康晓梅著，《河北省水利风景资源调查与保护利用研究》，2019 年 7 月	评价了河北省水利风景资源，探讨了其开发前景，给出了保护和开发建议，分析了水利风景区建设与保护成功案例，理清了河北省水利风景资源数量、类型、规模、特点、质量、空间分布及开发利用、管理保护现状

作者，书名，出版时间	内　容　摘　要
魏恒志、刘永强主编，《白龟山水库分布式洪水预报模型》，2019 年 8 月	从理论分析、物理模型、参数优选等方面，阐述了白龟山水库洪水预报调度研究及成果的实际运用效果，主要内容包括：水库概况、洪水预报模型国内外研究发展趋势、水文资料整编与分析、入库洪水预报模型理论及构建、流溪河模型入库洪水预报系统等
高占义、陈皓锐、王少丽等著，《灌区节水的尺度效应评价及调控》，2019 年 8 月	阐述了尺度问题的研究背景、水科学尺度研究的基本问题和研究进展，给出了尺度划分方式和用水效率评价指标选择，构建了水平衡要素模拟模型并进行了验证，揭示了河北石津灌区用水效率尺度效应，分析了东北三江平原别拉洪河水稻灌区节水的尺度效应
朱丽芳、夏银锋等编著，《水污染与水环境治理》，2019 年 8 月	涵盖了水环境监测、水污染及其防治、水体富营养化及其防治、水环境质量评价、环境法规和水环境管理、水环境保护规划等内容，介绍了影响河湖水环境和水生态健康的主要污染来源及其防治措施，针对河流综合治理、湖（库）富营养化治理以及水污染控制规划提供了实例
郭萍、李红娜、李峰著，《塘坝水源地污染控制技术与应用》，2019 年 9 月	围绕养殖引起的塘坝水源地污染及饮水安全等问题，从塘坝水源地的污染特征和水质监测研究、塘坝水源地污染的微生物溯源技术研究、水源源头污染控制与原水修复综合技术体系以及小型消毒过滤工艺及设备的开发等角度分析了塘坝型地表水源地和饮用水安全问题的相关技术适用性
冶运涛、蒋云钟、梁犁丽等著，《流域水循环虚拟仿真理论与技术》，2019 年 9 月	研究了数字流域水循环过程时空数据模型和数字流域水循环虚拟仿真理论与方法，研创了三维虚拟环境中水文过程可视化、基于元胞自动机的坡面产流产沙三维可视化、基于河网模型的流域洪水演进三维可视化等技术，研发了数字流域水循环综合虚拟仿真平台
张玉虎、向柳、陈秋华著，《水资源系统风险评估技术及应用》，2019 年 9 月	以水资源系统及其要素为研究对象，开展了水资源系统及其要素的风险机理探讨、实证分析和综合技术集成，构建了水资源系统及其要素风险评估的一系列关键支撑技术和方法体系
刘思敏著，《安徽淮北平原暴雨事件演变规律及作物雨涝风险分析》，2019 年 9 月	分析了气候变化下场次暴雨事件的历史演变特征，通过典型作物试验阐述了雨涝事件致灾机理，构建了暴雨致涝指标，预估了未来暴雨发生的风险
白涛、李瑛、黄强著，《汉江上游梯级水库优化调度理论与实践》，2019 年 10 月	研究了汉江上游梯级水库防洪和兴利调度，介绍了汉江流域水电站的概况，分析了径流特征，揭示了汉江上游径流的基本规律，介绍了水库防洪的理论与方法，总结了汛限水位动态控制和水库风险调度的原理和方法，模拟了汉江上游河道的生态径流过程，建立了发电量很大和生态缺水量小的多目标调度模型
赵玲玲著，《流域水文循环模拟中蒸散发估算方法研究》，2019 年 10 月	汇总分类了现有水文模型中常用蒸散发估算方法，分析了常用水文模型的重要输入量潜在蒸散发的适用性及它们对气候变化的敏感性，比较了水文模型中常用的土壤湿度折算函数，构建了新的土壤湿度折算函数，采用考虑二氧化碳等环境因子胁迫的 Jarvis 方法，实现了 DTVGM 模型水-碳耦合模拟
黄智华、周怀东、刘晓波著，《三峡库区农业非点源污染机理与负荷估算——以香溪河流域为例》，2019 年 10 月	介绍了香溪河流域的自然地理背景、农业非点源污染主要来源等，分析了香溪河及库湾回水区的地表水环境特征，研究了区坡地径流氮磷流失机理以及香溪河流域农业非点源污染时空分布特征，开展了香溪河流域农业非点源污染管理措施的情景模拟

续表

作者，书名，出版时间	内 容 摘 要
章四龙、侯爱中、吴志勇等编著，《中小型水库抗暴雨能力关键技术研究》，2019 年 10 月	提出了中小型水库抗暴雨能力预警指标，给出了预警指标的计算方法，构建了水库产汇流计算方案，提出了一种适用于大多数中小型水库的通用洪水调度模型，针对强降雨超过中小型水库抗暴雨能力的情况，给出了溃坝洪水及淹没分析计算方法，并在典型流域进行了实践应用
梁士奎著，《闸控河流生态需水调控理论方法及应用》，2019 年 10 月	阐述了众多闸坝条件下的河流生态需水问题，选取具有典型闸控河流特征的沙颖河为研究对象，介绍了多闸坝河流生态需水调控的理论基础、研究体系、量化方法和应用研究成果
许秀丽著，《鄱阳湖典型湿地水分运移及其与植被分布的作用关系研究》，2019 年 10 月	介绍了鄱阳湖典型洲滩湿地水土环境因子的变化规律，以及影响植被群落空间分布的主控因子，揭示了湿地中生、挺水和湿生 3 种不同生态型植被群落地下水-土壤-植被-大气系统的界面水分交换规律，量化了湿地水分的补排关系，预测了不同气候水文情景对鄱阳湖植被群落水分补给来源和蒸腾用水的影响
程晓陶、吴浩云编著，《洪水风险情景分析方法与实践——以太湖流域为例》，2019 年 10 月	主要内容包括：流域洪水动因响应分析、区域高分辨台风模式、气候变化、城镇化与经济社会发展等人类活动对流域水文过程的影响、平原河网区大尺度水力学模型、堤防工程可靠性分析、经济社会发展预测与水灾损失评估、洪水风险情景分析集成平台、太湖流域防灾减灾能力评估和风险演变趋势分析等
邵东国、顾文权、付湘等编著，《水资源系统分析原理》，2019 年 10 月	阐述了水资源系统分析基本原理及其新理论、新方法与新技术在水资源规划设计、运行管理中的应用，介绍了水资源系统分析基本原理与方法，分析了水资源系统优化调度与配置基本理论方法及其应用，研究了水资源系统风险、复杂性理论与方法
郭旭宁、蔡思宇、雷晓辉等著，《跨流域水库群联合调度理论研究》，2019 年 10 月	提出了调水规则和供水规则相结合的跨流域供水水库群联合调度规则，建立了确定水库群调水、供水规则的二层规划模型，采用并行种群混合进化的粒子群算法对调水控制线和供水调度图进行分层优化
刘聚涛、温春云、胡芳等编著，《江西省水生态文明建设评价方法及应用》，2019 年 10 月	阐述了江西省"县、乡（镇）、村"水生态文明建设内容和技术，研究了江西省水生态文明建设评价指标体系、模型和方法，提出了江西水生态文明管理体制机制建设建议
吴海真、刘颖、王姣等著，《暴雨型滑坡失稳机理及预警预报——以江西省为例》，2019 年 10 月	在对江西省降雨特征和滑坡特征进行统计分析的基础上，研究了江西省自然边坡降雨入渗机理，揭示了边坡稳定性的影响因素和变化规律，提出了暴雨型自然边坡滑坡的预警预报方法
温天福、许新发编著，《流域水资源承载能力方法研究与应用——以袁河为例》，2019 年 10 月	阐述了水资源承载能力的基本概念、内涵、主要特性，构建了基于集对关系的水资源承载能力评价法，针对袁河流域水资源特点和开发利用现状，提出了提高水资源承载能力的建议和对策
高博、万晓红、赵健等著，《白洋淀典型污染物水环境过程及效应》，2019 年 11 月	介绍了白洋淀不同环境介质中典型污染物的水环境过程及效应，主要内容包括：重金属、持久性有机污染物等典型污染物在白洋淀水环境中的空间分布特征、赋存规律、污染评价、来源解析，以及环境效应评估，氮元素的时空分布特征及其生物地球化学过程等
钟凌著，《山洪预警关键技术研究》，2019 年 11 月	整理分析了山洪危险性理论、基于临界雨量的山洪预警方法以及基于水文气象耦合的山洪预报方法，研究了中小流域山洪预报预警相关方法
郭庆超、董先勇、於三大等著，《金沙江下游干流及主要支流推移质沙量研究》，2019 年 11 月	研究了金沙江下游干流卵石推移质输沙量及沿程变化、推移质输沙规律，以及主要支流的卵石推移质输沙规律及输沙量，给出了金沙江下游干流和主要支流推移质输沙量，揭示了推移质输沙规律，建立了推移质输沙率与水流关系

作者，书名，出版时间	内 容 摘 要
张先起、赵文举、穆玉珠等著，《人民胜利渠灌区地下水演变特征与预测》，2019 年 11 月	主要内容包括：地下水动态特征研究综述、人民胜利渠概况、地下水监测体系、地下水质变化特征、地下水分运移、地下水位预测理论与方法等
陈根发、贺骥、王海锋等著，《适应节水优先战略的工业节水管理政策研究与实践》，2019 年12 月	介绍了我国工业用水现状及节水水平，预测了未来工业用水增长趋势，介绍了计划用水管理、建设项目节水设施管理、用水计量管理制度、水平衡测试管理制度和用水定额管理制度等行政管理政策，介绍了工业节水的经济激励机制，总结我国在工业节水管理工作中进行的一系列政策实践
曹文洪、毛继新、赵慧明等著，《荆江河道冲刷下切规律及数值模拟》，2019 年 12 月	揭示了荆江河段冲刷下切、河床组成、江湖水沙交换等变化规律，研发了荆江河段冲刷下切平面二维数学模型，分析了荆江河段冲刷下切发展模拟精度，预测了未来 50 年荆江河段冲刷下切幅度及其发展过程
王海燕、鲍玉海、贾国栋等编，《水土保持功能价值评估研究》，2019 年 12 月	提出了水土保持功能价值评估的指标体系和测算模型，并在全国 8 个水土保持一级分区、29 个二级分区、35 个三级分区选取典型进行测算
陈建著，《MIKE21 水动力模型在河道规划中的应用实例》，2019 年 12 月	汇集了 MIKE 21 软件应用的部分教学和实践案例，选取部分在防洪评价、河道整治、洪水演进及水库泥沙防治中的应用实例，介绍了部分实例的研究思路、研究内容、模型建立、计算方案设计及结果分析
付意成、徐贵、臧文斌等著，《基于水环境容量总量控制的流域水生态补偿标准研究》，2019 年12 月	研究了基于水功能分区-入河排污口-控制单元的水环境容量总量分配技术方法，提出了以水功能区水质达标为导向的控制单元污染物排放总量分配方案，建立了污染物控制模型和补偿标准测算方法，构建了基于水环境容量总量控制的浑河流域水生态补偿标准计算方法体系
刘卫林、彭友文、梁艳红著，《中小河流溃堤洪水风险分析与预警》，2019 年 12 月	针对水文资料缺乏的中小河流，从洪水的危险性和承灾体的易损性两方面探讨了洪水风险综合评价方法，评价了研究区域的洪水风险，并对洪水风险分布进行了区划，通过中小流域水文计算和水动力模型研究了洪水预警指标，提出了临界水位预警指标的确定方法
何建兵、李敏、吴修锋等著，《长三角典型复杂江河湖水资源联合调度关键技术研究与应用》，2019 年 12 月	构建了"水文-外边界-水质异常事件"交互的多维研究情景，提出了复杂水系水资源联合调度多目标协同策略和协同准则，形成了基于多目标协同的水资源联合调度关键技术，建立了太湖流域复杂江河湖水资源联合调度智能决策系统，提出了保障太湖流域水安全的水资源联合调度技术方案，并开展了应用示范
李原园、赵钟楠、王鼎等编著，《河流生态修复——规划和管理的战略方法》，2019 年 12 月	通过回顾国内外河流生态修复的理论和实践，从宏观和战略层面阐述了有关河流生态修复的理论、框架、方法和规划技术及要求
江辉著，《小河流生态护岸技术与应用》，2020 年 1 月	介绍了河流生态系统、小河流以及生态护岸的相关概念和功能等，阐述了生态护岸规划设计的总体思路，介绍了生态混凝土护岸的作用机理和相关技术、土工格室护岸技术以及活木桩等生物工程的护岸技术、生态护岸技术在河流治理工程中的应用等
陈金木、王俊杰、吴强等著，《水权交易制度建设》，2020 年2 月	梳理了内蒙古黄河流域水权交易制度沿革，运用制度评估方法对内蒙古黄河流域水权交易制度进行了评估，归纳了交易制度创新路径和内容，构建了能够满足当前和今后一段时期需要的水权交易制度框架，阐述了交易制度建设重点
屈忠义、黄永江、刘晓民等著，《节水技术与交易潜力》，2020 年2 月	分析了内蒙古黄河流域水资源开发利用现状，开展了盟市内及盟市间水权交易工程实施情况与效果评估，进行了引黄灌区农业耗水结构与时空变化分析，进行了引黄灌区水权转化项目实施后灌区灌溉水利用效率的提高程度和农业与工业用水交易潜力分析，总结了农业及工业节水新技术、新模式

续表

作者，书名，出版时间	内 容 摘 要
陈攀、李剑平著，《组合调水工程和气候变化对汉江水环境生态的影响研究》，2020年3月	开展了环境流体动力学模型研究，分析了丹江口库区污染源，预测了组合调水工程对库区的影响，定量区分了气候变化及人类活动的影响，推求了满足水功能区与水生态保护目标的环境流量
宋利祥、胡晓张等著，《洪水实时模拟与风险评估技术研究及应用》，2020年4月	介绍了河网洪水实时模拟技术、二维洪水演进高速模拟方法、多尺度耦合洪水演进数学模型、洪灾评估与风险区划方法，以珠江流域西江浔江段防洪保护区为例，构建了洪水实时模拟与洪灾动态评估平台
王重洋、陈水森、杨骥著，《河口近岸悬浮泥沙遥感监测研究》，2020年4月	建立了一种基于Landsat系列卫星数据的悬浮泥沙定量遥感反演模型，结合1987—2015年的Landsat长时间序列遥感影像数据，反演并分析了珠江、漠阳江和韩江河口海岸区域悬浮泥沙含量的空间格局特征、时序演变规律，探索了相关环境因素对悬浮泥沙含量时空变化的作用规律和强度
吴浓娣、王建平、李发鹏等著，《城市水治理》，2020年4月	提出了评估城市水治理状况的分析框架，分析了影响城市水治理的诸多因素，总结了各级政府和服务提供商的角色和职责划分，找出了城市水政策的有效制定、实施与评估中存在的主要治理差距，提出了多尺度、多部门、多政策领域统筹协调的城市水治理框架
高玉琴、方国华著，《水利工程管理现代化评价研究》，2020年4月	界定了水利工程管理现代化的内涵，分析了水利工程管理现代化的特征、建设目标及建设内容，多角度构建水利工程管理现代化评价指标体系，建立了水利工程管理现代化的评价模型，并设计了基于改进GA-BP人工神经网络的评价算法
赵钟楠著，《河流生态系统生态风险评价——理论、方法与应用》，2020年4月	构建了基于生态系统水平的河流生态风险评价模型，利用该模型评价分析了中国主要河流的生态风险现状特征及中长期发展趋势，提出了基于生态系统水平的中长期中国河流管理政策建议
李瑛、白涛、杜小洲等著，《引汉济渭跨流域复杂水库群联合调配研究》，2020年5月	开展了引汉济渭跨流域复杂水库群联合调度研究，分析了汉江与渭河的径流特征，揭示了引汉济渭工程调水区汉江流域与受水区渭河流域径流的丰枯遭遇规律，构建了工程调水区水库群联合调度模拟模型，制定了引汉济渭工程联合运行的调度图和调度函数，阐明了多年调节水库三河口年末水位的消落规律
姜加虎、窦鸿身，苏守德等著，《洪泽湖与淮河洪涝灾害的关系及治淮》，2020年6月	介绍了洪泽湖的形成与治淮关系，基于古今资料和实地调研、考察的成果，提出了对淮河流域洪涝灾害形成机理和治淮方略的认识和看法
于伟东、崔文彦、周绪申等著，《漳卫南河系健康评估研究》，2020年6月	综合分析了漳卫南河系的现状，运用综合指数法对河流生态健康状况进行了合理的评价分析，对河流健康所存在的问题提出了相应的生态修复技术方案，研究了河流健康评价及生态修复的基本理论
李卫平、宋智广、杨文焕等著，《寒旱区湿地环境特征及生态修复研究》，2020年6月	研究了我国北方寒旱地区湿地的环境特征及生态修复，以包头黄河湿地水质及土壤物理指标为切入点，阐明了浮游植物、微生物、重金属、有机碳等与寒旱区湿地水土环境的响应关系，通过工程技术示范对寒旱区湿地的生态修复进行了探究
庞靖鹏、唐忠辉、严婷婷等著，《节水理论创新与政策实践研究》，2020年6月	从理论、制度、实践三个层面对节水有关政策与制度体系进行了综合性分析和创新性研究，分析了节水理论和政策、需水管理、合同节水管理等政策和制度以及水资源双控行动等，展望了节水工作未来推进思路和方向
张修宇著，《变化环境下引黄灌区水安全保障研究》，2020年7月	主要内容包括：河南省辖黄河水资源开发利用情势、引黄灌区水循环转化关系、变化环境下引黄灌区水资源承载力计算模型构建、变化环境下引黄灌区水资源动态承载力分析、变化环境下典型引黄灌区水资源优化配置、变化环境下河南黄河水资源开发利用理念及战略规划建议等

作者，书名，出版时间	内　容　摘　要
龙岩、雷晓辉、马超等著，《跨流域调水工程突发水污染事件应急调控决策体系与应用》，2020年7月	概述了实际需求、相关研究进展、研究工作意义与技术难点，开展了闸控方式优选和污染物快速识别、应急调控决策和预案研究，提出了调水工程突发水污染事件追踪溯源方法、应急调控决策模型，建立了多类型突发水污染事件应急调控预案库，构建了适用于调水工程的突发水污染事件应急调控决策体系
左其亭著，《人水和谐论及其应用》，2020年7月	主要内容包括：人水和谐的有关概念及人类认识的变化，人水关系研究基础，和谐论理论方法及应用，人水和谐论的提出及研究展望，人水和谐理论方法及应用体系，人水和谐论五要素及和谐度方程，人水和谐平衡理论，人水和谐辨识、和谐评估、和谐调控三方面的核心方法，人水和谐论的典型应用实例等
贾兵强、张泽中、山雪艳等著，《现代水治理与中国特色社会主义制度优势研究》，2020年8月	运用综合交叉研究的方法，从理论和案例两个维度，多方面探讨了中国水治理事业取得举世瞩目成绩的动因，以及中国特色社会主义制度优越性在现代水治理事业中的地位和作用
郭少磊著，《地下滴灌农田水分高效管理》，2020年8月	以大田试验和精细室内试验为基础开展研究，介绍了地下滴灌土壤水分监测方法，建立了不同作物生长、产量和灌溉水分利用效率与地下滴灌土壤水分监测点的土壤水分状况的关系，提出了有效防止地下滴灌根系入侵的毛管埋设深度与灌溉控制方法
刘森、左其亭、王静等著，《水资源税改革"河北模式"及效果评价》，2020年8月	挖掘和总结了河北省水资源税改革工作的典型经验和工作亮点，提出了水资源税改革"河北模式"，阐述了"河北模式"的内涵和工作经验，评价了水资源税改革的整体效果，分析指出了改革实施中存在的问题，并提出了有针对性的解决方案，分析了该模式在全国推广的可能性，包括推广经验、推广条件和推广途径等
杨广、何新林、刘兵等著，《节水条件下玛纳斯河流域水循环过程模拟研究》，2020年9月	分析了节水技术对流域降水、径流、入渗和蒸散发水循环要素的影响，提出了节水条件下区域水循环过程模拟模型，分别从现状总结与分析、水循环要素影响、水循环模型构建、模型验证与应用四个方面展开了相关研究
董磊华、熊立华、张丛林等著，《考虑气候模式影响的径流模拟不确定性研究》，2020年9月	构建了气候模式影响下的径流模拟不确定性分析框架，以汉江上游流域为例，采用广义似然不确定性估计法（GLUE）分析了新安江模型、SMAR模型和SIMHYD模型的参数敏感性，基于传统BMA方法提出了单层BMA和双层BMA两种方案，应用于考虑气候模式和水文模型双重不确定性下综合径流的模拟计算
李凌琪、熊立华著，《水文径流数据随机时空插值方法》，2020年10月	从基于实测数据驱动型的随机水文理论的角度，介绍了流域径流数据随机时空插值方法，主要内容包括：考虑河网拓扑结构的Kriging插值法、考虑河网水量平衡的Kriging水文随机插值法、基于河网整体时空相关性的经验正交函数插值法等
何楠、胡德朝著，《现代生态水利项目可持续发展——基于定价的PPP模式与社会效益债券协同研究》，2020年10月	引入了社会效益债券（SIBs）模式，将PPP和SIBs协同研究，形成了两者协同共建的理论与实践体系，构建了SIBs下生态水利项目PPP模式，对饮马河生态水利项目进行分析，将结果与同类项目收益率进行了对比
赵钟楠著，《水生态文明建设战略——理论、框架与实践》，2020年10月	分析了我国水生态文明建设的现状形势，提出了我国水生态文明建设的总体战略，明确了流域区域和城乡水生态文明建设的总体布局，提出了推进水生态文明建设的主要对策

续表

作者，书名，出版时间	内 容 摘 要
郑勇著，《新疆克州水资源高效利用与保护》，2020年10月	围绕新疆克孜勒苏柯尔克孜自治州经济发展中存在的水资源突出问题，提出了水资源合理开发、优化配置、高效利用、有效保护和综合治理的总体布局及应用方案，提出了与新疆克州发展相适应的水资源供水方案
李肇桀等编，《再生水利用政策法规与制度建设》，2020年10月	主要内容包括：再生水利用法律法规、扶持政策、管理制度、技术标准等，在总结现状的基础上，分析了再生水利用的政策法规与制度建设存在的问题，提出了促进再生水利用的政策法规与制度体系建设的措施建议
戴国飞、胡建民、杨平等著，《鄱阳湖流域主要水体藻类分布与防控》，2020年10月	介绍了2014—2017年鄱阳湖流域主要河流湖库的藻类分布和蓝藻水华风险，论述了鄱阳湖湖区的蓝藻分布现状和暴发风险，总结了蓝藻水华控制和蓝藻毒素去除的技术手段和方法，重点介绍了去除蓝藻水华的改性红壤法及其实践应用情况，探讨了凝胶离子材料和改性活性炭在蓝藻毒素去除中的初步效果
李瑞清等编著，《江汉平原河湖生态需水研究》，2020年11月	总结了河湖生态需水的概念、内涵及常用计算方法，重点针对江汉平原范围内汉江中下游干流以及具有一定工作基础的典型支流、重要湖泊等河湖水系开展生态需水研究，提出了不同区域、不同类型河湖适宜的生态需水计算方法和成果，提出了生态需水保障的措施体系以及保障工程建议
蒋小欣著，《城市防洪与水环境治理——以平原水网城市苏州为例》，2020年11月	介绍了苏州市城市防洪和改善水环境的具体方案，分析了方案的优点和不足，以京杭大运河堤防建设为例，介绍了防洪堤防和城市景观、休闲健身、海绵城市建设、世界遗产保护等功能相结合的具体做法
冶运涛、蒋云钟、赵红莉等著，《智慧流域理论、方法与技术》，2020年11月	主要内容包括：智慧流域的起源与时代背景、智慧流域的科学基础与理论框架、智慧流域智能感知技术体系、面向智能感知的降水传感网节点布局优化技术、面向智能感知的水情测报遥测站网论证分析技术、面向智能感知的水质多参数监测设备研制技术、面向智能仿真的水动力水质三维虚拟仿真技术等
郭生练、田晶、杨光等著，《汉江流域水文模拟预报与水库水资源优化调度配置》，2020年11月	主要内容包括：汉江流域分布式水文模型、气候和土地利用变化对汉江径流的影响、丹江口水库防洪兴利综合调度、安康-丹江口梯级水库多目标联合调度、汉江中下游水质模拟和水华控制、水资源承载能力和优化配置等
何建兵、王建革、李敏等著，《太湖流域治水历史及其方略概要》，2020年12月	梳理了太湖及其周边主要水系的自然历史演变过程，总结回顾了流域治水历程，分析了不同历史时期的主要治水方略，并结合当代治水实践，凝练了流域治水理念的传承与发展脉络

12.4 黄河水利出版社

黄河水利出版社是由水利部黄河水利委员会主管、主办的以出版黄河治理开发与管理科技图书，流域自然地理、环境、人文、历史等普及性读物及水利水电、土木建筑类科技图书和教材为主的专业性出版机构。黄河水利出版社2019—2020年出版的有关水科学的学术著作见表12.3。

表12.3　　黄河水利出版社2019—2020年出版的有关水科学的学术著作一览表

作者，书名，出版时间	内 容 摘 要
罗秋实、崔振华、沈洁等著，《黄河下游滩区洪水淹没风险实时动态仿真技术》，2019年1月	主要内容包括：黄河下游概况、黄河下游设计洪水、河道冲淤与中水河槽过流能力、滩区生产堤与决口条件、黄河下游二维水沙演进模型、黄河下游滩区洪水淹没风险、GIS在洪水风险分析中的应用、洪水淹没风险动态演示系统等

作者，书名，出版时间	内 容 摘 要
李舟、孙娟著，《基于坡向判断的寒区流域分布式水资源模拟模型研究及应用》，2019 年 1 月	分析了西北内陆河流域的基本特征，对无资料地区降水进行空间网格插值计算研究，提出了基于网格坡向判断的融雪径流模型，并将其与分布式新安江产汇流模型进行耦合，构建符合寒区实际的流域水循环系统，模拟分析了甘肃省石羊河流域水文过程及对气候变化的响应
李金燕、张维江著，《生态优先的宁夏中南部干旱区域水资源合理配置理论与模式研究》，2019 年 1 月	在可持续发展的水资源合理配置概念和内涵研究的基础上，研究了模式具备的条件、配置的方法和过程，根据研究区域特点提出了基于生态优先的宁夏中南部干旱区域水资源合理配置理论框架，建立了研究区域生态目标、经济目标、社会目标等多目标水资源合理配置模型
张金良、刘继祥、罗秋实等著，《黄河下游堤防决口与防洪保护区洪水淹没风险研究》，2019 年 1 月	构建了大范围淹没区复杂流动自适应复合模拟模型，解决了大范围淹没区复杂流动自适应模拟难题，提出了优化利用水库库容削减堤防决口流量的调度技术，探明了多沙河流悬河堤防冲蚀、口门展宽和河道分流分沙过程以及淹没区内多源洪水与复杂构筑物互馈效应和洪水淹没风险形成机制，开发了洪水淹没风险实时仿真和动态演示系统
薛祺、武蕴晨、马川惠等著，《无定河流域水文化研究》，2019 年 1 月	系统梳理了无定河流域水文化，归纳了区域水文化的演变规律，从物质、制度和精神三个角度将水文化分类，阐述了水文化在不同角度下的定义和内涵，采用定量分析的方法，系统评价了研究区域的水文化价值，并针对评价结果和区域水文化内涵，提出了研究区域的水文化传承和发展对策
张明武著，《滩地植被复式河槽水流特性与弯道影响研究》，2019 年 4 月	分析了滩地植被复式河槽中水流特征，建立了考虑淹没植被影响的复式河槽水流流速分布模型，研究了滩地植被复式河槽对水流特性的影响，建立了复式断面水流泥沙因子横向分布模型，提出了横断面形态对断面冲淤调整的影响，揭示了弯道曲率对复式河道水流泥沙因子横向分布的影响机制
杨军生、孙西欢主编，《太原市山洪灾害评价与防控研究》，2019 年 5 月	介绍了太原市山洪灾害的现状和防治的目的与意义，对太原市各县（市）山洪灾害进行了分析评价，提出了利用非工程措施进行山洪灾害防控的建议与方法
李爱民、陈彦平主编，《山西省山洪灾害调查评价》，2019 年 5 月	以小流域为单位，开展了山洪灾害基本情况、小流域基本特征、水文、社会经济等情况的调查，分析了小流域洪水规律，评价了山洪灾害重点防治区内沿河村落、集镇、城镇的防洪能力现状，划分了不同等级危险区，科学确定了预警指标和阈值
刘红珍、张志红、李超群等著，《黄河上游河道凌情变化规律与防凌工程调度关键技术》，2019 年 7 月	分析了宁蒙河段凌情特征变化以及在热力、动力和河道边界条件等方面的成因，研究了黄河上游河道凌情变化规律和流凌封河期、稳定封河期以及开河期等凌汛期关键阶段的河道防凌控制流量指标，开发了应对凌汛的水库群联合防凌补偿调度技术，优化了龙羊峡、刘家峡等水库联合防凌调度运用方案及应急分凌区分凌调度方式
谢莹、杨春生、王慧亮等编著，《中国北方典型流域水质目标管理技术研究》，2019 年 7 月	建立了控制单元分级划分体系，对各控制单元中特定污染物的污染负荷进行了模拟计算和情景分析，研究了控制单元的水环境容量计算方法和不同情景下的污染负荷削减方案，提出了滦河流域水质目标管理的对策建议
任焕莲、刘娜著，《漳泽水库沉积物中氮磷污染特性分析研究》，2019 年 8 月	研究了漳泽水库富营养化现状和多年变化情况，剖析了引起水体氮磷富集的内源和外源因素，着重在室内静态模拟试验条件下，分析了外源截断情况下内源对水体的二次污染，建立了对应的内源营养物质释放模型，并对 2018 年内源氮磷释放进行了预测和合理性验证
陈文元、徐晓英著，《高海拔地区河流生态治理模式及实践》，2019 年 8 月	阐述了高海拔地区河流生态治理内涵及发展趋势、高海拔地区河流现代特征、生态河流的生态系统组成及相互关系、生态河道构建及工程措施等方面的内容，并结合工程实例，总结了有代表性的高海拔地区河流生态治理方案

续表

作者，书名，出版时间	内 容 摘 要
丁志宏、徐向广、孙天青等著，《基于分区的海河流域农业节水潜力研究》，2019 年 8 月	主要内容包括：海河流域农业节水分区及合理性分析、海河流域 8 个省（自治区、直辖市）的现行农业灌溉定额标准体系汇编、海河流域各农业节水分区的 3 种类型节水潜力量值估算、促进海河流域农业节水灌溉高质量发展的体制机制优化建议研究
薛祺、师小雨、丁鹏等编著，《黄土高原地区水生态环境及生态工程修复研究》，2019 年 8 月	介绍了区域自然地理、社会经济、河流水系情况，针对水资源供给、水生态、水环境、防洪排涝、水文化景观、水管理现状进行了分析和问题研判，提出了总体目标和任务，并提供了具体的水生态修复、水环境治理、水安全保障、水资源配置、水文化培育、水管理强化措施，并给出了项目投资估算和效益分析
丁志宏、冯宇鹏、朱琳著，《基于 ET 的黄河流域水资源综合管理》，2019 年 9 月	提出了融合 ET 管理理念，由地表水资源管理体系、ET 管理体系和地下水资源管理体系所组成的黄河流域水资源综合管理技术体系，补充和完善了现行的以"八七"分水方案为主体框架的黄河流域水资源管理体系，进而对该综合管理技术体系所涉及的若干重要问题进行深入界定、分析、研究和探讨
魏洪涛、孟景、姚振国等编著，《西南山丘区大型灌区规划研究》，2019 年 9 月	以弥灌区为典型研究西南山丘区灌区规划，分析了灌区水土资源条件，提出了灌区农业发展和经济社会发展在水资源开发利用中存在的问题，研究了当地气候条件、水土资源分布特点、区位优势和未来经济社会发展趋势，结合当地农民脱贫致富和区域特色农业发展的要求，考虑山丘区水资源的特点，提出了灌区总体规划布局方案
赵恩来、刘洪武、王晓勇主编，《河南省山洪灾害分析与评价》，2019 年 9 月	分析了山洪灾害防治区暴雨特性、小流域特征和社会经济情况，研究了历史山洪灾害情况，分析了小流域洪水规律，综合研究评价了防治区沿河村落、集镇和城镇的防洪现状，划分了山洪灾害危险区，绘制危险区图，确定了预警指标和阈值
李晓宇、牛茂苍、胡著翱等著，《内陆行政区水资源配置案例研究》，2019 年 9 月	主要内容包括：水资源调查评价、水资源开发利用情况调查评价、需水预测、节约用水、水资源保护、供水预测、水资源配置、总体布局与实施方案、规划实施效果评价等
程得中、邓泄瑶、胡先学主编，《中国传统水文化概论》，2019 年 11 月	主要内容包括：治水在大一统国家构建中的作用、诸子百家对水的哲学体悟、历代文人墨客对水的吟咏记叙、艺术家对水的描摹刻画、中华人民共和国成立以来的水利发展方略等
黄玉芳、何智娟、张效艳等著，《伊洛河流域综合规划环境影响研究》，2019 年 12 月	主要内容包括：伊洛河流域综合规划概况、流域自然概况和社会经济概况、规划分析及评价指标体系构建、已有治理开发取得的环境效益和不利环境影响、规划对伊洛河流域水文水资源及水环境的影响、对水生生态和陆生生态的影响等
闫大鹏、蔡明、郭鹏程等著，《南方沿海流域治理方略与规划研究》，2019 年 12 月	介绍了国内外流域治理的发展历程与趋势、新形势与新政策对流域治理工作的要求，分析了南方沿海流域的特点及问题，研究提出了南方沿海流域的治理方略理论，以深圳市茅洲河流域为例，研究并编制了茅洲河流域综合治理规划方案
裴青宝著，《红壤水分溶质运移及滴灌关键技术参数研究》，2020 年 1 月	阐述了红壤水分溶质运移规律及建模过程中所需相关参数的测定和确定，通过室内与田间试验分析确定了适用于脐橙的滴灌技术参数，并评价了红壤地区脐橙滴灌实施效果

作者，书名，出版时间	内　容　摘　要
刘娟、刘杨、张瑞海等著，《西北高原地区中小河流洪水风险研究》，2020 年 1 月	选择具有西北内陆地区河流代表性的格尔木河和巴音河进行研究，构建了水动力学洪水分析模型，研究了连续密集拦河建筑物概化及其对城市防洪的影响，探讨了西北高原地区洪灾损失率，并提出了针对性的防洪减灾策略
屈璞、杨殿亮、赵艳红等著，《沂沭泗河防洪及生态调度研究与实践》，2020 年 1 月	主要内容包括：国内外防洪调度研究、流域概况及历史典型洪水、洪水调度设计、设计洪水调度研究、洪水预调度研究、流域预调度时效分析、国内外生态调度实践、生态流量调度等
高久珺著，《城市水污染控制与治理技术》，2020 年 4 月	论述了城市污水处理的工艺、设备、设计和运行等内容，讨论了不同废水处理技术的作用机制、影响途径及降低不利影响的措施
郭书林著，《当代中国治理黄河方略与实施的历史考察》，2020 年 5 月	主要内容包括：中华人民共和国成立前历代治理黄河方略的述评、新中国成立初期的治黄方略与实施、"大跃进"时期"蓄水拦沙"方略的全面实施、国民经济调整时期的治黄方略与实施、"文化大革命"时期的治黄方略与实施、改革开放初期"上拦下排，两岸分滞"方略的实施、社会主义市场经济条件下和十八大以来的治黄方略与实施、当代中国治理黄河的成就、不足与发展方向等
康德奎、王磊编著，《内陆河流域水资源与水环境管理研究——以石羊河流域为例》，2020 年 5 月	主要内容包括：石羊河流域概况、水环境质量评价、水环境管理、水环境管理模式优化、地下水超采区评价与划分、地下水管理评估体系构建、农业用水现状分析、灌区农业灌溉用水效率指标、灌溉用水技术效率评估等
惠磊、张宏祯、欧阳宏等著，《疏勒河灌区信息化系统升级耦合及应用研究》，2020 年 5 月	构建了灌区信息化系统升级耦合总体设计体系，提出了基于桌面云总体架构、云终端等灌区桌面云建设方案和信息超融合建设方案，全方位介绍了疏勒河灌区信息化系统升级耦合成果
吕锡芝、左仲国主编，《黄土高原典型流域坡面植被对水循环要素的影响研究》，2020 年 5 月	揭示了降水在植被垂直层次传输和组分转换的规律，定量评估了植被结构对降水输入、输出过程的影响，揭示了草地植被对坡面产流调控的机制，确定了产流过程变化下的草地植被覆盖度临界阈值，建立了植被结构参数单因子、多因子与水循环要素之间的响应关系模型，构建了考虑植被结构变化的动态水文过程模拟方案
李舒、刘姝芳、张丹等著，《井工矿开采下流域水资源变化情势》，2020 年 6 月	在系统总结煤矿开采对水文循环影响机制的基础上，利用分布式水文模型、数理统计、GRACE 重力卫星工具构建了一个研究多个矿区的煤矿开采对流域水资源影响的综合方法，并成功地将该方法应用于窟野河流域
游海林、张建华、吴永明等著，《赣江流域水资源综合利用与规划管理》，2020 年 6 月	主要内容包括：绪论、水利工程施工组织、施工合同管理、施工质量管理、施工进度管理、施工成本管理、施工安全与环境管理、水利工程建设项目验收、水利工程档案管理等
曹琦欣、冯普林、石常伟等编著，《渭河洪水特性与风险研究》，2020 年 6 月	总结了渭河高含沙洪水特点，提出了适用于渭河高、低含沙水流且量纲和谐的挟沙力公式，建立了渭河中游河道洪水演进计算及演示系统，计算绘制了渭河下游南、北两岸洪水风险图 582 张，分析了渭河全线整治后中下游河道的过洪能力，总结了后续河道工程设计与管理可资借鉴的经验与教训
刘继祥、刘红珍、付健等著，《黄河中下游洪水泥沙分类管理研究》，2020 年 6 月	采用理论探讨、实测资料分析、数学模型计算等多种研究手段，分析了黄河中下游洪水泥沙分类分级的定量指标，提出了不同类型、不同量级的洪水泥沙管理模式和控制指标

续表

作者，书名，出版时间	内 容 摘 要
代稳著，《水系连通性变异下长江荆南三口水资源态势及调控机制》，2020 年 7 月	分析了研究区水资源年内、周期和趋势变化规律，识别了研究区水文干旱特征，对比分析了水系连通变异下该地区水文干旱历时、水文干旱强度与水文干旱峰值的变化特征，并剖析了变异下水资源开发利用的影响，构建了基于水资源安全的 SD 模型，模拟不同情境下水资源供需状况，提出了实施基于水资源安全的调控措施
刘华平、张晓今、胡红亮著，《节水社会建设分区节水模式与评价标准研究》，2020 年 7 月	基于工业和农业产业分类，分区研究了湖南省节水型社会建设并提出了分区评价指标体系，通过对湖南省典型灌区、工业园区的调研分析，参考相关省市成果，提出了湖南省节水型灌区和工业园区的评价标准，结合湖南省节水社会建设实际，提出了 9 个针对性建议
刘钢、董国涛、范正军等著，《黑河生态水量调度优化研究》，2020 年 7 月	梳理了黑河干流现行水量分配方案的编制背景及实施情况，总结了水量调度实施的经验与存在的问题，分析了影响干流水量调度的控制要素及关键指标，研究了绿洲生态演化规律及驱动机制，探索了黑河干流水量调度的优化方法，提出了水量调度优化建议
李薇、周建中、侯新等著，《流域概率水文预报方法研究》，2020 年 7 月	简要介绍了水文预报的方法和研究现状，以柘溪流域为应用实例介绍了新安江模型的应用，阐述了采用贝叶斯概率方法进行流域概率水文预报的方法，介绍了采用小波分析-投影寻踪回归和基于理想边界的多元线性回归预报模型两种概率水文预报方法、采用主成分分析筛选预报因子进行中长期水文预报的方法
赵玮、方祖辉、叶世忠著，《龙行大地：黄河历史与文化》，2020 年 8 月	主要内容包括：史海撷英、解读黄河汛期、"工防"的演变与发展、"人防"的重要地位和作用、不可小觑的防汛石料、两句河防谚语的科学内涵、厄尔尼诺现象对黄河的影响、黄河两次严重秋汛的启示、黄河泥沙的功与过、黄河流域几次严重的旱灾、地震的次生灾害——水灾及对水利工程的影响等
吴卿、杨峰、李宝亭等著，《水土保持弹性景观功能》，2020 年 9 月	提出了水土保持弹性景观功能基本概念与基本理论，构建了水土保持弹性景观功能指标体系，建立了水土保持弹性景观功能模型，并以淮河干流上游出山店水库为对象进行了应用研究，提供了区域生态环境保护与规划技术支撑
李纯洁、胡珊著，《郑州市水资源开发利用及保护对策研究》，2020 年 9 月	分析了郑州市水资源及其开发利用现状，并提出区域水资源开发利用存在的问题，预测了各规划水平年的水资源需求，客观分析了不同水平年的水资源供需情况，提出了生活、生产和生态用水的优化配置方案和水资源保护、调度和管理对策
牛最荣、张永胜著，《河长制网格化管理信息系统研究与应用》，2020 年 9 月	介绍了黄土高原典型中小河流——甘肃省定西市关川河的河长制网格化管理信息系统研究的成果，主要内容包括：关川河河道的基本现状、水文水资源现状、社会服务功能状况、河道管理网格划分、河长制网格化管理信息系统构建等
王庆利、查文著，《南水北调中线渠道工程降排水优化研究》，2020 年 9 月	指出了南水北调中线渠道工程大部分渠基土岩性主要为黄土状重粉质壤土、粉质黏土或粉细砂，且地下水位较高，存在施工排水问题，采用数值模拟的手段，以渗流量、等值线分布和水力坡降为指标进行了安全性评价，选取水文地质条件变化的南水北调中线典型工程，分析了其降排水方案优化过程
李莉、杨吉山、刘真真著，《黄土高原典型小流域淤地坝调查研究》，2020 年 10 月	主要内容包括：黄河流域淤地坝发展和研究现状、淤地坝坝系蓄洪拦沙级联调控作用研究、次暴雨条件下小理河流域淤地坝拦沙量调查研究、基于淤地坝的流域沟道侵蚀产沙研究等

续表

作者，书名，出版时间	内 容 摘 要
吴永、徐茂昌、王德臣等编著，《地下水工程地质问题及防治》，2020 年 10 月	主要内容包括：地下水概论、地下水的运动、地下水产生的工程地质问题及防治、疏排水工程、基坑降水工程、地下水取水工程、地下水分析与评价、地下水保护、工程案例等
李向阳、李庆林主编，《珠江河流健康评价理论与方法》，2020 年 10 月	分析了珠江河流健康现状及影响健康的主要因素，研究了健康珠江的内涵，建立了珠江河流健康评价指标体系、评价标准及评价方法，并对珠江流域按水系及上下游关系分区进行实例分析，针对性地提出了"维护河流健康，建设绿色珠江"的建议
李彩霞、孙景生、汪顺生著，《交替隔沟灌溉条件下农田水热传输与模拟》，2020 年 11 月	主要内容包括：交替隔沟灌溉的作物需水理论和水热能量传输理论、交替隔沟灌溉条件下玉米生产能力、农田蒸发蒸腾、玉米根系形态与吸水模型、土壤水分传输、土壤热分布、农田水热传输模拟等
高徐军、何敏、张彦庆等著，《老城区海绵城市建设策略与关键技术研究》，2020 年 11 月	介绍了海绵城市建设背景、建设理论及新老海绵城市建设差异，提出了老城区海绵城市建设意义，研究了海绵城市建设总策略，论述了内涝调蓄治理方案及老旧城区海绵改造方案，研究了海绵城市智能管控需求分析及关键技术，建立了海绵城市智能管控系统
时文博、李华栋、宋颖等编著，《黄河山东水环境监测现状及发展》，2020 年 11 月	主要内容包括：黄河山东段水质概况、黄河山东水质监测、水功能区监测、其他水质监测、入河排污口调查监测、黄河口地区补充监测与评价、突发性水污染应急监测能力建设、黄河山东水环境监测中心质量控制、水质监测资料整编汇编、实验室计量认证、七项制度发布及执行、黄河山东水环境研究、黄河口地区水环境研究、黄河山东水环境监测中心发展规划等
陈伟伟、胡亚伟编著，《饮水型氟超标防治技术研究与实例》，2020 年 11 月	主要内容包括：饮水型氟超标地方病概况、饮水型氟超标地方病防治工作必要性和可行性、目标任务、工程建设、工程方案、投资估算与资金筹措、工程管理管护、分期实施意见、保障措施等
朱喜、胡云海主编，《河湖污染与蓝藻爆发治理技术》，2020 年 12 月	提出了治理"三湖"等大中型浅水湖泊必须建立消除蓝藻暴发的目标，总结了治理直至消除蓝藻暴发的治理富营养化、打捞削减蓝藻和恢复湿地的三大策略，总结了河湖污染防治和黑臭水体治理的控源截污、打捞削减蓝藻、清淤、调水、恢复湿地的五大技术集成综合措施，总结了全国调水和洪涝防治的经验教训，提出了平原城市高标准洪涝防治的思路
毕远杰、雷涛著，《微咸水灌溉模式对土壤水盐运移影响研究》，2020 年 12 月	主要内容包括：试验区概况与研究方案、连续灌溉条件下不同矿化度对土壤水盐入渗及分布特征影响、矿化度-周期数-循环率耦合条件下土壤水盐入渗及分布特征、灌溉方式-矿化度耦合条件下土壤水盐入渗及分布特征、灌溉方式-交替次序耦合条件下土壤水盐入渗及分布特征、微咸水灌溉田间土壤水流运动及水盐分布特征、微咸水间歇灌溉水盐耦合灌水模型研究等
鲁俊、梁艳洁、王小鹏著，《黄河宁夏河段洪水冲淤特性研究——以 2018 年洪水为典型》，2020 年 12 月	分析了历史洪水冲淤变化规律，重点分析了 2018 年黄河上游洪水形成与演进过程、河道冲淤变化以及中水河槽变化，分析了河道治理工程适应性，论证提出了有利于输沙的调控指标

12.5　中国环境科学出版社

中国环境科学出版社成立于 1980 年，是生态环境部直属事业单位，也是目前国内唯一一家以环境科学书刊为主要出版对象的专业出版社。它以环境保护基本国策和党在出版方面的方针、政策为导向，坚持环境效益、经济效益和社会效益相统一的原则，努力提高全民族的环境意识，促进环境保护与经济建设和我国环保事业的发展，主要从事编辑、出版、发行环境领域各类科技书刊及音像制品。中国环境科学出版社 2019—2020 年出版有关水科学的学术著作见表 12.4。

表 12.4　中国环境科学出版社 2019—2020 年出版有关水科学的学术著作一览表

作者，书名，出版时间	内　容　摘　要
生态环境部对外合作与交流中心著，《水环境管理国际经验研究之加拿大》，2019 年 4 月	通过对加拿大水环境现状和治理历程、加拿大流域管理体系的分析和对美国饮用水水源地保护管理相关研究以及管理过程中出现的典型案例的分析研究，提出了以我国水环境管理质量为目标的水环境管理制度体系相关政策制定的启示
许秋瑾、胡小贞等著，《水污染治理、水环境管理与饮用水安全保障技术评估与集成》，2019 年 5 月	围绕污染源系统治理技术、水体修复技术两大技术系统，基本构建形成了系统、完整的水污染治理技术体系，围绕饮用水安全保障工程技术、全过程饮用水安全监管技术两大技术系统，基本构建形成了全流程、多层级的饮用水安全保障监管技术体系，集成形成了水环境管理、总量控制、风险管理和政策保障四大技术系统，初步构建了我国水环境管理技术体系
高爽、张磊、陈婷等著，《太湖流域水环境治理：决策机制、绩效评估及政策建议》，2019 年 6 月	以太湖水危机事件为时间节点，在回顾 2007 年以来太湖流域水环境治理政策的基础上，从环境政策体系、执行过程中的配套机制、政策环境经济效益 3 个角度对政策全过程进行了评估，分析了环境政策在决策、执行、绩效方面的现状，总结了政策决策、实施的成功经验及存在的问题
王晓燕、南哲、杜伊等著，《国内外水质基准与标准研究》，2019 年 6 月	对比了各国水质基准的发展历程、理论体系和推导方法及各国现在使用的、不同目标水质基准值和水质标准值，特别是对水生生物基准进行了详细总结，针对当前我国水质基准和水质标准，指出了目前存在的问题，对分类标准制定原则提出建议
中国环境科学研究院、辽宁省生态环境厅、吉林省生态环境厅编，《辽河流域水污染综合治理技术集成与工程示范研究（第一阶段）》，2019 年 8 月	介绍了"水体污染控制与治理"科技重大专项"辽河流域水污染综合治理技术集成与工程示范"项目及所属课题的主要成果、关键技术、技术示范案例以及规范标准等
陈曦、［乌］马赫穆多夫·伊纳扎等编著，《乌兹别克斯坦水资源及其利用》，2019 年 9 月	主要内容包括：乌兹别克斯坦基本地理环境特征，河流水文与水资源管理与利用，地下水资源及其利用，湖泊和水库及其利用情况，社会经济和农业用水现状，灌溉农业与水利工程和土壤改良方法，阿姆河流域中、下游耕地开发与水资源可持续利用，阿姆河流域水资源利用与咸海变化的关系等
吴建强、黄沈发、王敏等著，《水体污染生态工程控制修复技术与实践》，2020 年 10 月	分析了水体污染的现状、特征、趋势以及水体污染控制的相关技术，对比分析了传统物理化学治理技术和生物-生态修复技术的优缺点，提出了水体污染生态工程控制技术理念和思路，结合工程示范，介绍了各项生态工程技术的设计、建设和应用方法，评估了生态工程水体污染控制效果

12.6　其他出版社

除以上几个出版社外，国外还有很多出版社热衷于出版有关水科学方面的书籍，以下列举部分代表性出版社，包括长江出版社、中国建筑工业出版社、中国农业出版社、化学工业出版社、气象出版社、社会科学文献出版社、中国环境出版社、中国社会科学出版社、冶金工业出版社、中国经济出版社、经济科学出版社、人民出版社、中国财政经济出版社、清华大学出版社、武汉大学出版社、四川大学出版社、河海大学出版社、中国地质大学出版社、吉林大学出版社、浙江大学出版社、东南大学出版社、复旦大学出版社等。表 12.5 列出了 2019—2020 年其他部分出版社出版的有关水科学的学术著作。

表 12.5　　　　其他部分出版社 2019—2020 年出版有关水科学的学术著作一览表

作者，书名，出版时间	内 容 摘 要
和吉、崔立军、葛建文等著，《基于现代智能技术的灌区水资源利用研究》，中国农业出版社，2019 年 1 月	结合我国灌区水资源管理的需要与现状，依据近年来多项灌区水资源优化配置及实时调度课题的研究成果，介绍了基于现代智能技术的灌区水资源利用、农业干旱风险分析及评估研究的理论和方法
李振峰、王勤山著，《黄河三角洲水文化研究》，黄山书社，2019 年 1 月	主要内容包括：水文化概论、黄河三角洲文化之根——水、黄河三角洲物质形态的水文化、黄河三角洲制度形态的水文化、黄河三角洲精神形态的水文化等
王丙毅著，《水权界定、水价体系与中国水市场监管模式研究》，经济科学出版社，2019 年 2 月	探讨了初始水权界定与分配的制度与机制，分析了水市场的形成条件、制约因素、运行模式及水价形成机制，研究了水权管理与水市场监管的体制、机制与治理模式等问题，提出了中国水权水市场制度建设和水权管理与市场监管模式建设的路径与对策
陈玉秋著，《水资源资产产权制度探索与创新》，中国财政经济出版社，2019 年 2 月	主要内容包括：关于水的认识、水资源资产管理概述、我国水资源管理的现状与问题、国外水资源资产管理实践与借鉴、我国其他自然资源资产管理的实践与借鉴、我国创新水资源配置方式的探索、我国现行水资源资产管理的相关政策制度的阐述、我国水资源资产管理制度框架等
左其亭、王亚迪、纪璎芯等著，《水安全保障的市场机制与管理模式》，湖北科学技术出版社，2019 年 3 月	研究了保障水安全的市场机制与管理模式，介绍了利用工程措施、非工程措施及非传统水资源保障水安全的市场机制与管理模式
李万明著，《玛纳斯河流域水资源产权与效率研究》，中国农业出版社，2019 年 3 月	主要内容包括：相关概念及理论基础、干旱区流域生态、经济协调可持续发展理论、以城镇为中心的景观格局优化配置、玛纳斯河流域水资源管理制度变迁、水权变迁的制度分析、水资源利用效率评价、水资源利用效率影响因素分析、水权主要管理模式分析、水资源管理制度优化、水权管理优化对策等
徐晋涛主编，《水资源与水权问题经济分析》，中国社会科学出版社，2019 年 5 月	主要内容包括：中国水资源状况和问题的回顾与分析，中国水资源管理体制、政策与制度回顾，水权理论回顾、评估和中国水权体制建设的思路，部门间水权交易的潜在收益研究，我国目前开展的农村用水管理制度的改革分析等
张卫、覃小群、易连兴等著，《以地面沉降为约束的地下水资源评价：以上海地区为例》，中国地质大学出版社，2019 年 6 月	基于对上海地区的水文地质、工程地质、地下水资源及土体力学性质的多年研究，建立了以控制地面沉降为约束的三维水流——一维沉降地下水流模型，评价并预测了上海地区地下水资源及开采引起的地面沉降问题，提出了上海地区地下水资源开发利用管理方案
王亚敏著，《居民幸福背景下的水资源管理模式创新研究》，吉林大学出版社，2019 年 6 月	主要内容包括：水资源管理基础理论及发展沿革，居民幸福背景下水资源经济福利、社会福利、政治福利、文化福利及生态福利管理模式研究，居民幸福背景下水资源管理模式创新思考等
汪跃军著，《淮河流域水资源系统模拟与调度》，东南大学出版社，2019 年 6 月	主要内容包括：流域基本概况、淮河水资源系统研究目标、水资源系统模拟、水工程系统联合运行模拟仿真、典型区水量水质联合调度、水资源优化调度决策支持系统、研究结论等
付廷臣、张保林著，《城市水资源价格定价机制研究》，经济科学出版社，2019 年 7 月	指出了现行定价实践中存在的悖论，分析了城市水目标价格体系、目标价格分离性，提出了"中介市场-市场联动定价"的城市水资源定价新机制，探索了新定价机制均衡价格的存在性，验证了"新的定价机制在均衡状态下具有信息有效性和激励兼容性，可以实现目标价格和水资源管理目标"

续表

作者，书名，出版时间	内 容 摘 要
张建斌、刘清华著，《内蒙古沿黄地区水权交易的政府规制研究》，经济科学出版社，2019年7月	阐释了水权交易的市场失灵和对水权交易进行规制的内在逻辑及在水权交易中的作用，阐述了内蒙古沿黄地区水权交易制度构建的现实基础和水权交易发展现状，分析了其开展水权交易的积极作用和潜在风险，提出了内蒙古沿黄地区水权交易规制的基本思路
王光焰、孙怀卫、陈长清等著，《塔里木河流域干流水资源配置原理与实践》，武汉大学出版社，2019年7月	分析了流域内降水特性、蒸散发时空变化特征、流域丰枯遭遇、虚拟水平衡等流域基础信息，研究了"三条红线"约束下的水资源分配与优化配置，得到了能够指导实践应用的水量分配优化结果
钟行明著，《经理运河：大运河管理制度及其建筑》，东南大学出版社，2019年8月	全面系统地梳理了元明清三代大运河管理制度的演进，总结了大运河管理制度的二元结构、分段管理、程限管理等重要特征，研究了大运河管理制度运作与沿线管理建筑设置的关联性，重点研究了山东段运河管理制度运作与管理建筑，分析了运河管理制度运作及管理建筑对淮安、济宁的城市布局、文化景观、地方建设等方面的影响，探讨了管理建筑平面布局以及内部空间与运河管理制度运作之间的关系
吴宏伟著，《中亚水资源与跨界河流问题研究》，中国社会科学出版社，2019年8月	主要内容包括：中亚水资源概况、中亚各国水资源及其开发利用、中亚水资源问题的由来及其焦点问题、中亚水资源问题的解决、水资源领域的国际合作、中国与中亚水资源问题等
褚钰著，《基于政策网络的流域水资源帕累托优化配置研究》，中国社会科学出版社，2019年9月	构建了流域水资源政策网络，阐释了基于政策网络的流域水资源帕累托优化配置机理，研究了流域水资源配置的帕累托改进路径，构建了考虑公平及效率的流域水资源帕累托优化配置模型，设计了基于响应面模型的流域水资源帕累托优化配置求解算法，研究了清漳河流域水资源帕累托优化配置
何建兵、李敏、蔡梅著，《太湖流域江河湖水资源联合调度实践与理论探索》，河海大学出版社，2019年9月	回顾了太湖流域调度的发展演变历程，分析验证了基于多目标的水利工程体系联合调控对于保障水资源安全的作用，剖析了太湖流域江河湖水资源联合调度需求，识别出流域时空尺度多目标协同情景，初步探索并提出了复杂水系水资源联合调度多目标协同准则，构建了太湖流域江河湖水资源联合调度多目标决策模型
党丽娟著，《水资源的人口和产业承载力评价》，中国建筑工业出版社，2019年9月	搭建了区域水资源承载力评价总体框架，构建了水资源人口和产业承载力评价指标体系、方法及模型，按照不同情景下的高、低用水方案，测算了2020年、2030年锦界工业园区和榆林市的人口数量和产业规模，提出了引导未来人口集聚和产业布局的对策建议
孙媛媛著，《水权制度改革路径选择》，经济科学出版社，2019年9月	主要内容包括：水权赋权、水权制度分类、水权制度适用条件、典型国家水权制度发展过程、实施效果比较与评价、中国水权制度改革建议等
韩叶著，《国际河流：规范竞争下的水资源分配》，社会科学文献出版社，2019年9月	分析了水权争议和规范竞争对流域国家建构的因果关系，明确了社会结构对行动者的影响，在结构与行动者之间插入一个新的层次，分析了流域文化、身份以及流域历史记忆所构成的流域关系对社会结构的形成与行动者认知的作用及意义
张长征、田鸣著，《中国和老挝的跨境水战略协同》，河海大学出版社，2019年10月	研究了中国和老挝跨境水战略协同模式及其应用，构建了跨境水战略协同共生系统，探讨了"一带一路"倡议下中老经济共生关系，提出了中老跨境水战略协同的"海外江苏"模式，并以老挝沙湾水经济区域为例进行应用研究
李铁键、李家叶、傅汪等著，《空中水资源的输移与转化》，长江出版社，2019年10月	厘清了空中水资源的概念，提出采用白水通量代表空中水资源，建立了空中水资源输移及其降水转化分析的方法体系，分析了陆地降水来源和空中水资源的降水效率

续表

作者，书名，出版时间	内 容 摘 要
单平基著，《私法视野下的水权配置研究》，东南大学出版社，2019 年 11 月	主要内容包括：私法配置水权的理论、水权的生成路径——水资源之上权利层次性解读、水权初始配置之优先位序规则的立法建构、水权市场配置规则的私法选择、排水权的私法配置——基于 695 件排水纠纷的分析等
生态环境部环境与经济政策研究中心编著，《水环境管理的理论、实践与技术》，中国环境出版社，2019 年 11 月	主要内容包括：流域水环境管理、城市与工业水环境管理、饮用水与地下水环境管理、水环境管理法治研究、水环境管理研究、农业面源污染治理措施及优化、农业面源污染的技术与方法等
王浩、汪林主编，《农业高效用水卷：中国农业水资源高效利用战略研究》，中国农业出版社，2019 年 11 月	主要内容包括：中国农业水资源高效利用战略研究、保障我国粮食安全的水资源需求阈值及高效利用战略研究、现代农业高效用水模式及有效管理措施、中国农业非常规水灌溉安全保障策略等
王军、杨江澜、张玲著，《农村水治理政策实验理论方法与实务》，经济管理出版社，2019 年 12 月	编制了政策实验技术指南，辨析了农村水问题，构建了农村水资源与环境治理的政府、农户、企业等多元生态补偿共治体系，改进了"一提一补"节水模型，构建了农村水污染治理"征补共治"互动机制，提出了由政府"独治"经"二元共治"到"多元善治"的农村水治理模型演进路径，开展了政策基地建设实务操作
龚春霞著，《水权制度研究——以水权权属关系为中心》，湖北人民出版社，2019 年 12 月	从水权权属关系出发，以水权权属关系为中心，厘清了水权制度建设中的困境和问题，提供了可能的完善方向，明确了水资源从所有到利用的转变原因
邓光耀著，《中国多区域农业虚拟水贸易政策研究》，中国商业出版社，2019 年 12 月	结合理论界提出的"虚拟水贸易"概念和现阶段中国各区域虚拟水贸易政策的现状，在水资源经济学相关理论、贸易相关理论以及一般均衡理论的指导下，利用空间计量方法以及可计算一般均衡方法系统研究了虚拟水贸易政策
鲁冰清著，《生态文明视野下我国水权制度的反思与重构》，中国社会科学出版社，2019 年 12 月	主要内容包括：水权制度概述、我国水权制度的历史演变与现状评析、国外水权制度考察、我国水权制度重构的价值取向、我国水权制度重构的基本思路等
徐涛、赵敏娟著，《节水农业补贴政策设计——全成本收益与农户偏好视角》，社会科学文献出版社，2019 年 12 月	主要内容包括：节水灌溉技术补贴政策研究的理论基础与总体框架、补贴政策的发展与实践、补贴政策的激励效果分析、节水灌溉技术采用的全成本测算、补贴政策实施方式的农户偏好分析、节水灌溉技术补贴政策的优化与建议等
王培华编，《清代河西走廊的水资源分配制度》，河南人民出版社，2019 年 12 月	研究了清代河西走廊争水矛盾的类型、原因、性质等，并与其他地区争水矛盾相比较，介绍了当地政府为解决争水矛盾建立的各种不同层次的分水制度，详述了分水的技术方法、制度原则等
韩光辉等著，《古今北京水资源考察》，中国国际广播出版社，2020 年 1 月	主要内容包括：历史时期北京水资源及其文化景观、清代直隶地区水利营田演变、20 世纪后二十年北京城市水资源研究、目前北京及其上游地区水资源状况、北京供水安全和水资源可持续利用研究、水库区移民给水源上游生态补偿的启示等
胡保卫、程隽著，《"五水共治"多中心治理模式研究》，中国环境出版社，2020 年 1 月	主要内容包括："五水共治"的理论渊源、水资源系统的组成要素、水资源多中心治理的动因——组织失灵、多中心治理模式、多中心治理模式下的"五水共治"、"五水共治"的多中心治理等
王青娥、曾磊、陈辉华等编著，《高速公路路域水环境突发事件应急管理研究》，人民交通出版社，2020 年 4 月	梳理了我国突发事件应急应对的现况和环境突发事件应急管理研究现状，提出了情境相符的解决方案和应急预案、全过程监测、及时处理水环境突发事件等构成的高速公路路域水环境突发事件应急管理框架，论述了高速公路路域水环境突发事件应急管理内容和方法

续表

作者，书名，出版时间	内　容　摘　要
方兰著，《生态文明视域下农业水资源优化配置研究：基于西北地区的研究》，中国社会科学出版社，2020 年 4 月	探索了生态文明与水资源优化配置的理论关系、实践含义及全新要求，基于中国西北地区的数据及相关案例，综合考虑水资源节约集约利用的资源要素、农业高质量发展的经济要素以及生态系统健康发展的安全要素，提出了生态文明视域下西北地区农业水资源优化配置的基本思路、发展方略及实现路径
孙凤华主编，《东北地区气候变化及对水资源影响》，辽宁科技出版社，2020 年 4 月	主要内容包括：东北地区百年气候变化，东北地区近 50 年气候变化，东北地区异常气候事件的时空分布和变化规律，东北地区极端天气气候事件的时空分布和变化规律，气候变暖与对特征气候带和天气气候事件的影响，气候变化对东北地区、辽宁及典型流域水资源影响等
深圳市城市规划设计研究院、胡爱兵、杨晨等编著，《非常规水资源规划方法创新与实践》，中国建筑工业出版社，2020 年 5 月	分析了非常规水资源利用规划产生的背景与发展历程，阐述了非常规水资源利用规划的编制方法，剖析了多个不同规划范围、不同规划深度的非常规水资源利用规划的典型案例
谭志坚、王易萍编著，《西江水韵》，西南交通大学出版社，2020 年 5 月	主要内容包括：水与西江流域的经济发展、水与西江流域的习俗信仰、水与西江流域的特殊族群——水上居民、水与西江流域的灾害文化、水与西江流域的民间建筑、水与西江流域的生态保护习俗等
李静著，《资源与环境双重约束下的产业用水效率研究》，中国社会科学出版社，2020 年 5 月	梳理了水资源效率的测度方法，构建了科学合理的用水效率评价方法系统，实证估计了我国不同省份和细分产业的用水效率、研究区域及细分产业用水效率的差异及演化规律与态势，考察了不同因素对产业用水效率的作用，研究了绿色偏向技术进步的节水减排效果、"真实"市场条件下的工农业用水价格，探究了改革现行产业供水和用水体制以及水价改革的可行性
徐子蒙著，《长江经济带水源涵养生态补偿机制研究》，测绘出版社，2020 年 6 月	提出了基于地理国情监测成果的生态服务价值核算模型，剖析了不同地域水源涵养量、价值量的时空动态驱动机制，分析了长江经济带水源涵养量的时空分布特点和流动变化特征，建立了基于水源涵养空间流动和区域发展差异的生态补偿核算模型，提出了长江经济带水源涵养直接补偿与异地横向补偿、现金补偿与实物补偿相结合等政策建议
周天勇、冯立果等著，《大国之策（调水改土与世纪复兴之路）》，北京联合出版公司，2020 年 7 月	主要内容包括：中国经济发展面临的关键制约因素、国外调水经验、国内热议的几种调水设想的必要性与可行性、调水的成本与风险、水资源的空间重配与未利用土地改造可行性等
张学礼、许清海著，《新中国 70 年华北平原水生态环境的变迁——以滹沱河流域为例》，人民出版社，2020 年 7 月	以自然科学研究为基础，研究了华北水环境变迁中的"人地关系"互动，分析了人类活动、社会运行机制、社会心态与思维意识等因素在流域水环境变迁中的作用
王建群、谭忠成、陆宝宏编著，《水资源系统优化方法》，河海大学出版社，2020 年 7 月	主要内容包括：水资源系统分析的基本概念，动态规划与水库优化调度，多目标规划及近年来应用广泛的群体智能优化算法等的基本理论、方法及其应用等
王孟、刘兆孝、邱凉著，《地方水资源保护立法理论与实践》，长江出版社，2020 年 8 月	主要内容包括：水资源保护立法概述、地方水资源保护立法原理、水资源保护立法状况、水资源保护管理体制等
李本高、纪轩、王辉编著，《炼化企业非常规水资源利用技术与实例》，中国石化出版社，2020 年 8 月	主要内容包括：炼化企业用水特点、炼化污水特点、污水串级利用、污水适度处理回用、污水深度处理回用、市政中水利用和淡化海水利用等

续表

作者，书名，出版时间	内 容 摘 要
郭延军著，《澜湄水资源合作：从多元参与到多层治理》，世界知识出版社，2020 年 8 月	分析了澜湄流域国家、非政府组织、国际组织以及域外国家多元参与澜湄水资源合作及其合作的未来发展趋势，提出了构建澜湄水资源合作多层治理机制的可行性与路径选择
王勇、李胜著，《协同政府（流域水资源的公共治理之道）》，中国社会科学出版社，2020 年 9 月	主要内容包括：流域水资源公共治理的地方协同机制缘起及类型、地方科层型协同机制、地方市场型协同机制、地方公共参与型协同机制、我国跨行政区流域污染协同治理现实考察、走向"利益协调"型流域水资源公共治理模式等
耿雷华、黄昌硕、卞锦宇等著，《水资源承载力动态预测与调控技术及其应用研究》，河海大学出版社，2020 年 9 月	提出了重点地区水资源承载力诊断体系，研发了水资源承载动态预测与调控技术，以黄河流域、沂沭泗流域、长江中下游地区、珠江三角洲、吉林省等 5 个重点区域为应用对象，预测了各重点地区未来水资源承载状况，提出了各重点地区水资源承载能力提升与负荷削减调控方案
马兴冠、薛向欣编，《污水处理与水资源循环利用》，冶金工业出版社，2020 年 9 月	主要内容包括：污水处理方法及原理、城市污水再生利用系统、矿山工业废水处理及循环利用、冶金工业废水处理及循环利用、电镀废水处理及循环利用、化工行业废水处理及循环利用等
李涛、王洋洋著，《我国流域水质达标规划制度评估与设计》，中国经济出版社，2020 年 10 月	提出了流域水质达标规划制度设计及论证该制度设计的理论框架，论证了我国水质达标规划制度存在的主要问题，构建了适合我国国情和水情的流域水质达标规划制度框架设计和流域水质达标规划编制技术导则设计
陈潇潇著，《基于数据挖掘的水政监察管理系统设计》，复旦大学出版社，2020 年 11 月	研究和讨论了数据挖掘技术相关理论，提出了基于支持度计数工作和候选项目集规则优化的改进算法，引入决策协调度对算法的计算复杂度进行改进，构造了具有良好结构特征和可操作性的算法模型，选取合适的技术和框架设计并实现了基于数据挖掘的水政监察管理系统
朱海风著，《中国水文化发展前沿问题研究》，人民出版社，2020 年 11 月	主要内容包括：中国水文化发展理论前沿热点问题、人水和谐路径及方式、提升水工程文化内涵和品位、水文化资源信息数据库建设、水文化普及与认同等
杨珍华著，《中印跨界水资源开发利用法律问题研究》，武汉大学出版社，2020 年 11 月	介绍了跨界水资源开发利用的历史与现状，研究了其他的跨界水资源开发利用的实践与法律渊源，解析了中印跨界水资源开发利用的水权问题，提出了中印跨界水资源开发利用的法律问题解决路径与建议
于开红著，《海绵城市建设与水环境治理研究》，四川大学出版社，2020 年 12 月	分析了万州区城市规划、海绵城市建设等方面现状及问题，构想了峡谷高山地区海绵城市的建设，提出了重视海绵城市的理论建设、因地制宜地应用海绵技术、构建海绵城市建设投融资机制、注重原生态景观建设、构建立体的雨洪循环利用系统等建议
王四春著，《城市水资源结构性供需失衡及对策研究》，中国经济出版社，2020 年 12 月	讨论了我国水资源基本概况及开发利用情况，从生活用水、生产用水和生态环境用水三个方面分析了我国各地区的城市用水需求，从供水量、供水结构、供水综合生产能力、城市供水设施建设状况、城市供水相关行业与企业发展状况等方面分析了我国各地区的城市供水能力
魏凤、邓阿妹、郑启斌等编著，《长江经济带水环境质量与防治技术专利分析》，浙江大学出版社，2020 年 12 月	主要内容包括：长江经济带的发展机遇、长江经济带水环境质量分析、水污染及其防治技术、全球水污染防治技术专利比较分析、水污染防治技术专利国别分析、水污染防治技术专利主要专利权人分析等
于开红著，《海绵城市建设与水环境治理研究》，四川大学出版社，2020 年 12 月	主要内容包括：海绵城市的不同理念及其理论基础重构、海绵城市建设与水环境治理的关系、三峡库区水环境与城市建设现状及问题、国内外海绵城市建设的模式、以海绵城市建设为契机促进水环境治理的方案等

续表

作者，书名，出版时间	内 容 摘 要
干有成编著，《秦淮水韵》，河海大学出版社，2020 年 12 月	主要内容包括：秦淮区境内的水系格局与特点、地域历史演进中的水文化、运河文化及相关遗产、境内的古桥文化与古井遗存、秦城墙水工遗产与护城河体系、涉水民俗与传说故事、水文化主题景观与公园等
王喜峰著，《水资源协同安全制度体系研究》，中国社会科学出版社，2020 年 12 月	主要内容包括：安全视野下的水资源协同安全、水资源系统与社会经济系统的作用机制、协同安全视野下的水资源管理制度现状等

本章撰写人员

本章撰写人员：吴青松、张志卓。

本章所列内容均引自相关网站，均为公开资料，特此说明，在此一并感谢。有些专著可能因为资料没有上网，或者搜索时漏掉，没有被收录，请谅解！

第13章 引用文献统计分析

13.1 概述

（1）从本书以上章节内容的介绍可以看出，水科学研究成果多，作者多，单位多。为了从一个侧面横向反映水科学研究的力量，本章对《中国水科学研究进展报告》自2011年以来引用的文献数量按照第一作者姓名和单位进行统计。

（2）需要说明的是，本章的统计只是基于《中国水科学研究进展报告》2011年以来引用的文献，而不是发表的全部中文文献，不全面，可能不具代表性，也没有区分论文水平和期刊（著作）质量，只从数量上进行统计；特别是很多单位的目标定位在面向高水平期刊甚至是国外高水平SCI期刊，所以仅从引用的中文文献数量上无法真实反映一些单位的学术水平，本章统计结果仅供参考。

（3）在统计的时候，引用的学术论文、著作分开统计，两者之和即为引用文献总次数。学术论文按照水文学、水资源、水环境、水安全、水工程、水经济、水法律、水文化、水信息、水教育10个分类进行统计。总次数包括多章重复引用情况，也就是一篇文章如果在两章中引用就算2次引用，以此类推。

（4）本章首先介绍了《中国水科学研究进展报告2019—2020》的引用文献统计结果（按第一作者姓名统计、按单位统计），接着简要分析最近10年每2年的变化情况。需要补充说明的是，《中国水科学研究进展报告2011—2012》中没有介绍水工程、水教育研究进展，所以，没有对这两方面进行统计比较。另外，著作作者所在的单位不一定准确，有个别无法确定的就没有统计。

13.2 《中国水科学研究进展报告2019—2020》引用文献统计结果

13.2.1 按作者姓名统计

按照第一作者姓名拼音顺序排列，先统计各分类引用文献次数，再汇总总次数。分类编号代表的含义分别为：1-水文学、2-水资源、3-水环境、4-水安全、5-水工程、6-水经济、7-水法律、8-水文化、9-水信息、10-水教育、11-著作；括号中"次数"为本类中引用文献的次数。其中，分类编号1～10括号中数值为引用的学术论文文献数，分类编号11括号中数值为引用的著作数。各个分类次数之和即为引用文献总次数。因为涉及人员太多，逐个列表所占篇幅过大，就没有把此表列出来，只介绍统计结果。

从统计结果来看，《中国水科学研究进展报告2019—2020》引用文献总计3359次，涉及第一作者2686人，一人最多引用文献23次，绝大多数人员引用文献1次，引用文献超过3次（含3次）的只有120人，仅占到所涉及的全部作者总数的4.5%。

13.2.2 按单位统计

把同一单位中的所有第一作者引用文献总次数加起来，就为该单位的引用文献总次数。从统计结果来看，《中国水科学研究进展报告 2019—2020》引用文献总计 3359 次，第一作者单位涉及 850 个，一个单位最多引用文献 238 次。其中排名前 20 的单位依次是：河海大学（238 次）、中国水利水电科学研究院（127 次）、武汉大学（107 次）、华北水利水电大学（87 次）、郑州大学（70 次）、北京师范大学（61 次）、西安理工大学（61 次）、西北农林科技大学（53 次）、长江水利委员会（52 次）、清华大学（42 次）、南京水利科学研究院（41 次）、内蒙古农业大学（34 次）、中国科学院地理科学与资源研究所（34 次）、中国科学院大学（29 次）、中山大学（29 次）、黄河勘测规划设计研究院有限公司（28 次）、华中科技大学（28 次）、天津大学（28 次）、三峡大学（27 次）、南京大学（24 次）。如表 13.1，按照第一作者单位的拼音顺序排列，仅列出引用文献总次数超过 10 次（含 10 次）的单位，共计 69 个，仅占到所涉及全部单位总数的 8.1%，见表 13.1。

表 13.1 《中国水科学研究进展报告 2019—2020》引用文献按单位统计部分结果

序号	单位	次数	序号	单位	次数
1	北京大学	11	24	南昌大学	13
2	北京林业大学	15	25	南昌工程学院	13
3	北京师范大学	61	26	南京大学	24
4	成都理工大学	18	27	南京水利科学研究院	41
5	大连理工大学	13	28	南京信息工程大学	16
6	东北农业大学	10	29	内蒙古农业大学	34
7	广西大学	14	30	宁夏大学	19
8	贵州大学	11	31	清华大学	42
9	贵州师范大学	15	32	三峡大学	27
10	合肥工业大学	14	33	山东科技大学	10
11	河海大学	238	34	山东农业大学	10
12	河南理工大学	12	35	陕西师范大学	12
13	黄河勘测规划设计研究院有限公司	28	36	生态环境部环境规划院	15
14	湖南师范大学	17	37	石河子大学	15
15	华北电力大学	13	38	水利部发展研究中心	21
16	华北水利水电大学	87	39	水利部水利水电规划设计总院	11
17	华中科技大学	28	40	水利部太湖流域管理局	10
18	华中师范大学	10	41	四川大学	22
19	黄河水利科学研究院	14	42	太原理工大学	13
20	黄河水利委员会	21	43	天津大学	28
21	兰州大学	16	44	同济大学	10
22	兰州交通大学	14	45	武汉大学	107
23	辽宁师范大学	16	46	西安建筑科技大学	10

序号	单　位	次数	序号	单　位	次数
47	西安理工大学	61	59	中国地质调查局	14
48	西北大学	10	60	中国地质科学院	20
49	西北农林科技大学	53	61	中国环境科学研究院	19
50	西北师范大学	19	62	中国科学院大学	29
51	西南大学	10	63	中国科学院地理科学与资源研究所	34
52	新疆农业大学	18	64	中国科学院南京地理与湖泊研究所	20
53	扬州大学	10	65	中国科学院西北生态环境资源研究院	12
54	长安大学	14	66	中国农业大学	10
55	长江水利委员会	52	67	中国水利水电科学研究院	127
56	长沙理工大学	12	68	中山大学	29
57	浙江大学	12	69	重庆交通大学	11
58	郑州大学	70			

注　按照第一作者单位的拼音顺序排列。

13.3　引用文献数量变化分析

为了反映引用文献数量的变化情况，按照 10 个论文分类和 1 个著作类别共 11 个分类，统计了历年引用文献数量，见表 13.2。2011—2012 年报告中没有介绍水工程、水教育研究进展，未统计。从表 13.2 来看，①划分的 10 个方面，其研究队伍规模存在比较大的差异，其中水文学、水资源、水环境引用的文献较多，研究队伍规模可能较多（引用文献多只是判断的一个因素，不能绝对化）；②涉及的研究人员多、研究单位多，2 次统计的涉及第一作者总人数分别为 2278、2679，绝大多数人员引用文献仅 1 次，涉及第一作者单位总个数分别为 791、850；③引用的文献数量总体比较平稳，但也由于作者撰写时的详细程度不同，选择的文献数量出现比较大的差异，人为影响因素比较大，这是本书编撰的一个难以控制的因素，希望以后稳定编撰队伍，在实践中不断摸索经验，尽量保持引用文献的纵向可比性。

表 13.2　　　　　　　　　　　　引用文献数量变化一览表

时　段	2011—2012 年	2013—2014 年	2015—2016 年	2017—2018 年	2019—2020 年
"1-水文学"引用文献总次数	646	528	592	632	635
"2-水资源"引用文献总次数	323	577	574	542	453
"3-水环境"引用文献总次数	549	511	340	380	407
"4-水安全"引用文献总次数	367	378	348	369	298
"5-水工程"引用文献总次数	—	249	437	395	469
"6-水经济"引用文献总次数	142	148	149	161	176
"7-水法律"引用文献总次数	85	147	138	174	195

时　　段	2011—2012 年	2013—2014 年	2015—2016 年	2017—2018 年	2019—2020 年
"8 -水文化" 引用文献总次数	53	154	150	183	113
"9 -水信息" 引用文献总次数	147	340	227	296	284
"10 -水教育" 引用文献总次数	—	70	65	66	69
"11 -著作" 引用文献总次数	330	348	244	201	260
引用文献合计总次数	2642	3254	3264	3399	3359
涉及第一作者总人数	2278	2701	2536	2613	2679
一个人最多引用文献次数	11	14	18	20	23
引用文献超过 3 次(含 3 次)的个人数	65	99	124	133	119
涉及第一作者单位总个数	791	831	867	802	850
一个单位最多引用文献次数	127	196	228	270	23
引用文献超过 10 次(含 10 次)的单位个数	49	66	50	75	69

仅按照本书引用文献数量大小,列出了排名前 50 的单位,见表 13.3,仅供大家对比参考。在今后的每两年一次的进展报告中,我们还将继续按单位进行排名。在本章的最后,再一次重申,本章的统计只是基于《中国水科学研究进展报告》2011 年以来引用的文献,而不是发表的全部中文文献,可能不具代表性,也没有区分论文水平和期刊(著作)质量,只从数量上进行统计;特别是很多单位的目标定位在面向高水平期刊甚至是国外高水平 SCI 期刊,所以仅从引用的中文文献数量上无法真实反映一些单位的学术水平,本章统计结果仅供参考(引自本章 13.1 节)。

表 13.3　　　　　　　　　　根据引用文献数量排名前 50 的单位一览表

排名序号	2011—2012 年	2013—2014 年	2015—2016 年	2017—2018 年	2019—2020 年
1	河海大学	河海大学	河海大学	河海大学	河海大学
2	武汉大学	中国水利水电科学研究院	中国水利水电科学研究院	中国水利水电科学研究院	中国水利水电科学研究院
3	中国水利水电科学研究院	武汉大学	武汉大学	武汉大学	武汉大学
4	北京师范大学	郑州大学	清华大学	西安理工大学	华北水利水电大学
5	西安理工大学	西安理工大学	华北水利水电大学	华北水利水电大学	郑州大学
6	中国科学院地理科学与资源研究所	清华大学	北京师范大学	郑州大学	北京师范大学、西安理工大学
7	清华大学	北京师范大学	中国科学院地理科学与资源研究所	北京师范大学	
8	华北水利水电大学	华北水利水电大学	西安理工大学	天津大学	西北农林科技大学
9	西北农林科技大学	南京水利科学研究院	郑州大学	清华大学	长江水利委员会

续表

排名序号	2011—2012 年	2013—2014 年	2015—2016 年	2017—2018 年	2019—2020 年
10	中国科学院寒区旱区环境与工程研究所	南京大学	南京大学	西北农林科技大学	清华大学
11	郑州大学	中国科学院地理科学与资源研究所	四川大学	中国科学院地理科学与资源研究所	南京水利科学研究院
12	中山大学	西北农林科技大学	天津大学	长江水利委员会	内蒙古农业大学、中国科学院地理科学与资源研究所
13	南京水利科学研究院	中国地质大学	长江科学院	新疆大学、长江勘测规划设计研究院、中国科学院大学、中山大学	
14	天津大学	中国环境科学研究院	水利部发展研究中心		中国科学院大学、中山大学
15	兰州大学	天津大学	中国科学院寒区旱区环境与工程研究所		
16	中国科学院新疆生态与地理研究所	中国科学院寒区旱区环境与工程研究所	兰州大学		华中科技大学、河南省黄河勘测规划设计有限公司
17	南京大学	大连理工大学	中国环境科学研究院	南京水利科学研究院、四川大学	
18	西北师范大学	吉林大学	西北农林科技大学		三峡大学、天津大学
19	长安大学	南京信息工程大学	新疆大学	黄河水利委员会、西北师范大学	
20	大连理工大学	兰州大学、中山大学	中山大学		南京大学
21	中国海洋大学		大连理工大学	珠江水利科学研究院	四川大学
22	华东师范大学、内蒙古农业大学、四川大学、西北大学、中国科学院南京地理与湖泊研究所	太原理工大学	南京水利科学研究院	合肥工业大学、长安大学	黄河水利委员会、水利部发展研究中心
23		中国农业大学	长安大学		
24		北京林业大学、长安大学	内蒙古农业大学	中国科学院西北生态环境资源研究院	中国地质科学院、中国科学院南京地理与湖泊研究所
25			黄河水利委员会、中国农业大学	南京大学、三峡大学	
26		东北农业大学、华北电力大学			宁夏大学、西北师范大学、中国环境科学研究院

续表

排名序号	2011—2012 年	2013—2014 年	2015—2016 年	2017—2018 年	2019—2020 年
27	北京林业大学、华中科技大学、南京信息工程大学、中国地质大学（武汉）		三峡大学、浙江大学、中国气象局兰州干旱气象研究所	大连理工大学	
28		辽宁师范大学		北京大学、长江科学院、中国科学院南京地理与湖泊研究所	
29		合肥工业大学、三峡大学			成都理工大学、新疆农业大学
30			吉林大学		
31	北京大学、吉林大学、中国气象局兰州干旱气象研究所	沈阳农业大学	北京大学、华中科技大学、新疆农业大学	同济大学	湖南师范大学
32		华中科技大学、新疆大学		兰州大学、中国科学院新疆生态与地理研究所	兰州大学、辽宁师范大学、南京信息工程大学
33					
34	中国地质大学（北京）、中国科学院水利部成都山地灾害与环境研究所	环境保护部环境规划院、长江勘测规划设计研究院、西南大学、浙江大学、中国科学院南京地理与湖泊研究所	重庆交通大学、合肥工业大学、南京信息工程大学	河南省黄河勘测规划设计有限公司、吉林大学、中国地质大学、中国环境科学研究院	
35					北京林业大学、贵州师范大学、生态环境部环境规划院、石河子大学
36	合肥工业大学、南京师范大学、中国科学院生态环境研究中心				
37			陕西师范大学、西安交通大学法学院、西北师范大学		
38				华中科技大学、陕西师范大学、西南大学、中国气象局兰州市干旱气象研究所	

续表

排名序号	2011—2012 年	2013—2014 年	2015—2016 年	2017—2018 年	2019—2020 年
39	成都理工大学、重庆大学、辽宁师范大学、水利部水利水电规划设计总院、浙江水利水电专科学校、中国科学院大气物理研究所、中国农业大学	北京大学、中国科学院新疆生态与地理研究所			广西大学、黄河水利科学研究院、兰州交通大学、长安大学、中国地质调查局、合肥工业大学
40			石河子大学、首都师范大学、水利部水利水电规划设计总院、太原理工大学		
41		四川大学、西北师范大学、中华人民共和国水利部			
42				河北工程大学、华北电力大学、石河子大学、西安建筑科技大学、浙江大学、中国科学院生态环境研究中心	
43					
44		黄河勘测规划设计有限公司、内蒙古农业大学、新疆农业大学、扬州大学、中国地质调查局	成都理工大学、辽宁师范大学		
45					大连理工大学、华北电力大学、南昌大学、南昌工程学院、太原理工大学
46	福建师范大学、哈尔滨工业大学、同济大学、中国地质科学院水文地质环境地质研究所		东北农业大学、云南农业大学、中国人民大学		
47					

续表

排名序号	2011—2012 年	2013—2014 年	2015—2016 年	2017—2018 年	2019—2020 年
48				东北农业大学、内蒙古农业大学、山东农业大学、新疆农业大学、中国农业科学院	
49		首都师范大学、水利部发展研究中心、中国科学院东北地理与农业生态研究所	黄河勘测规划设计有限公司、中国地质科学院		
50					河南理工大学、陕西师范大学、长沙理工大学、浙江大学、中国科学院西北生态环境资源研究院

本章撰写人员

本章撰写人员：张志卓、吴青松、王孟飞。